Baudenkmale in Hessen Wetteraukreis I

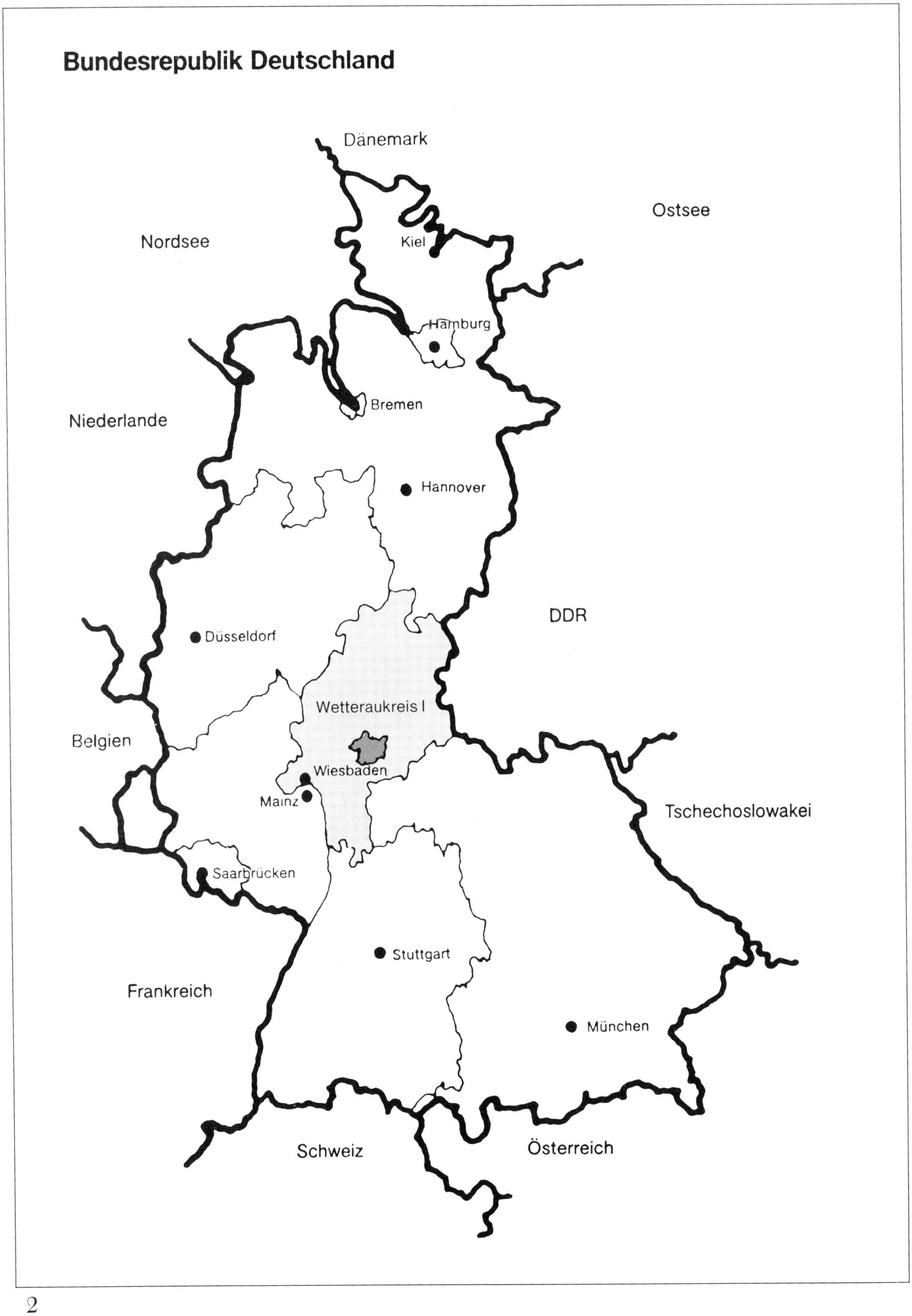
Bundesrepublik Deutschland
Dänemark
Ostsee
Nordsee
Kiel
Hamburg
Bremen
Niederlande
Hannover
DDR
Düsseldorf
Wetteraukreis I
Belgien
Wiesbaden
Mainz
Tschechoslowakei
Saarbrücken
Stuttgart
Frankreich
München
Schweiz
Österreich

Denkmaltopographie Bundesrepublik Deutschland

Baudenkmale in Hessen
Wetteraukreis I

Herausgegeben vom Landesamt für Denkmalpflege Hessen

Siegfried RCT Enders und Christoph Mohr

Friedr. Vieweg & Sohn
Braunschweig/Wiesbaden 1982

Kulturdenkmäler gem. §§ 2 und 9 HDSchG

Gesamtanlage gem. § 18 HDSchG
zu schützende bauliche Anlagen

zu schützende Grünanlagen

zu schützende Wasserflächen

Kulturgut, das gem. Kap. I Art. 2 dem Schutz der Haager Konvention zum Schutz von Kulturgut bei bewaffneten Konflikten unterliegt

Kulturgut, das dem Sonderschutz gem. Kap. II Art. 8 der Haager Konvention zum Schutz von Kulturgut bei bewaffneten Konflikten unterliegt

Gemeindegrenzen

Grenzen der Ortsteile

▽▽▽ denkmalpflegerischer Interessenbereich

CIP-Kurztitelaufnahme der Deutschen Bibliothek
Baudenkmale in Hessen/hrsg. vom Landesamt für Denkmalpflege Hessen. Siegfried RCT Enders u. Christoph Mohr. — Braunschweig, Wiesbaden: Vieweg.
(Denkmaltopographie Bundesrepublik Deutschland)
NE: Enders, Siegfried R. C. T. [Hrsg.]; Hessen/ Landesamt für Denkmalpflege
Wetteraukreis.
1. (1982)
ISBN 3-528-06231-2

Luftfotos freigegeben unter Nr. 2070/79 vom Regierungspräsident in Darmstadt
Mitarbeit:
Günter Kilian
Annemarie Pätzold
Birgit Waldschmidt
Steffen Winkelhaus
Heinz Wionski
alle Landesamt für Denkmalpflege Hessen

Karten und Pläne:
Kreiskarte Maßstab 1 : 200000
Kartengrundlage: TÜK 200 Blatt Nr. CC 5518/6318
Vervielfältigungsgenehmigung des Hess. Landesvermessungsamtes Nr. 81-1-03

Gemeindekarten Maßstab 1 : 50000
Kartengrundlage: TK 50
Gemeindekarte Büdingen
Vervielfältigungsgenehmigung des Hess. Landesvermessungsamtes Nr. 79-497
übrige Gemeindekarten Nr. 81-1-03

Karten der Ortsteile Maßstab 1 : 5000
Pläne der Gesamtanlage Maßstab 1 : 2500
Katasterplanausschnitte Maßstab 1 : 1000 (M 1 : 2000)
Alle Pläne sind genordet
Bearbeitungsstand 1980
Zeichnungen und Risse stammen, falls nicht anders vermerkt aus dem Archiv des Landesamtes für Denkmalpflege
Reproduktion: Industriedienst, D-6200 Wiesbaden
Kartographie: Karto Studio Sturm + Dinges, D-6233 Kelkheim
Satz und Druck: Druckerei Schanze oHG, D-3500 Kassel

ISBN 3-528-06231-2

NIEDERSACHSEN
NORDRHEIN-WESTFALEN
KASSEL
WALDECK-FRANKENBERG
WERRA-MEISSNER-KREIS
REG.-BEZ. KASSEL
DDR
SCHWALM-EDER-KREIS
HERSFELD-ROTENBURG
MARBURG - BIEDENKOPF
REG.-BEZ. GIESSEN
VOGELSBERGKREIS
LAHN-DILL-KREIS
GIESSEN
FULDA
LIMBURG-WEILBURG
WETTERAUKREIS
HOCHTAUNUS-KREIS
RHEINLAND
REG.-BEZ. DARMSTADT
MAIN-KINZIG-KREIS
RHEINGAU-TAUNUS KREIS
MAIN-TAUNUS-KREIS
WIESBADEN
FRANKFURT AM MAIN
OFFENBACH
PFALZ
BAYERN
GROSS-GERAU
DARMSTADT
DARMSTADT-DIEBURG
BERGSTRASSE
ODENWALDKREIS
BADEN-WÜRTTEMBERG

Inhaltsverzeichnis Seite

Vorwort

Der in dieser Denkmaltopographie behandelte ehemalige Landkreis Büdingen zeichnet sich durch Kulturdenkmäler von außerordentlicher Qualität aus. Die Stadt Büdingen, deren Altstadt ein Kulturdenkmal von nationalem Rang darstellt, Herrnhaag und Ortenberg haben klangvolle Namen und ziehen jährlich große Besucherzahlen an.
Der Wetteraukreis ist sich seiner Verantwortung für den Denkmalschutz bewußt. Allein im Jahr 1981 wurden im Haushalt rd. DM 200.000,– für die Denkmalpflege aufgebracht. Welchen Stellenwert der Denkmalschutz im Wetteraukreis einnimmt, kommt auch mit der Schaffung eines eigenen Amtes, das mit einem Diplom-Ingenieur als Amtsleiter und zwei Ingenieuren als Sachbearbeiter besetzt ist, zum Ausdruck. Damit wurden auch die verwaltungsmäßigen Voraussetzungen für einen effektiveren und erfolgreichen Denkmalschutz im Wetteraukreis geschaffen.
Es erfüllt uns mit großer Freude und Dankbarkeit, daß wir der erste hessische Landkreis und nach Lüneburg der zweite in der Bundesrepublik sind, für den eine Denkmaltopographie herausgegeben wird. Wir erblicken hierin nicht nur eine Anerkennung der Bedeutung unserer Kulturdenkmale, sondern auch der erfolgreichen Arbeit unseres Amtes für Denkmalschutz. Damit wird auch das personelle und finanzielle Engagement des Wetteraukreises für den Denkmalschutz mitgewürdigt.
Mit dieser Denkmaltopographie kann unser Amt für Denkmalschutz effektiver und transparenter tätig werden. Für unsere Bürger und alle Interessenten wird dieser Band eine Orientierungshilfe sein, wodurch auch das Verständnis für den Denkmalschutz gefördert wird.
Das Zustandekommen dieses Bandes haben die Kreissparkasse Büdingen in Nidda und die Oberhessischen Versorgungsbetriebe (OVAG) mit ermöglicht, wofür wir ebenso wie all den anderen Beteiligten unseren Dank aussprechen möchten.

Helmut Münch
Landrat

Dr. Walter Sper
Erster Kreisbeigeordneter
und zuständiger Dezernent

Von der Gründung einer staatlichen Denkmalpflege an, war die systematische Erfassung der zu schützenden Denkmäler eine ihrer wichtigsten Aufgaben. Sie wird bereits in der ersten Denkmalschutzverordnung im Großherzogtum Hessen vom Jahre 1818 festgelegt.
Am Ende des 19. Jahrhunderts entwickelte die Denkmalpflege das Großinventar als Instrument der Bestandsaufnahme aller Kulturdenkmäler. Es hat bis heute seinen Wert behalten, erfordert aber wegen der sorgfältigen Archivarbeit sehr viel Zeit und liegt deshalb erst für einen Teil des Bundesgebietes vor, wobei die Bände aus der Zeit vor dem Ersten Weltkrieg so veraltet sind, daß sie völlig neu bearbeitet werden müßten. Da die Großinventarisation kaum vor der Mitte des nächsten Jahrhunderts abgeschlossen werden kann, mußte eine Methode zur Schnellerfassung der Kulturdenkmäler entwickelt werden, die dennoch den Ansprüchen der Wissenschaft und denkmalpflegerischen Praxis genügt. Dieses ist der Vereinigung der Landesdenkmalpfleger in der Bundesrepublik Deutschland in der Denkmaltopografie Bundesrepublik Deutschland gelungen. Aus einem Probelauf in Niedersachsen wurden bundeseinheitliche Richtlinien entwickelt, die nach dem Beschluß der Ständigen Konferenz der Kultusminister vom 28. 5. 1980 in allen Bundesländern angewandt werden sollen. Die Richtlinien verpflichten die Länder vor allem zur bundeseinheitlichen Gestaltung des Kartenwerkes, was in Hessen zu erheblichen finanziellen Aufwendungen für die Denkmalpflege führte, da bei uns nicht wie in den anderen Ländern die Deutsche Grundkarte 1 : 5000 überall vorhanden ist, sondern erst angefertigt werden mußte.
Beim Katalog der Kulturdenkmäler ist es jedem Bundesland überlassen wie ausführlich er ausfällt. Hessen hat sich zu der bisher ausführlichsten Behandlung der Kulturdenkmäler entschlossen, weil mit der Denkmaltopografie die gesamte Tätigkeit der Denkmalpflege auf eine bessere Grundlage gestellt werden soll. So ist beabsichtigt, alle in diesem Band aufgeführten Kulturdenkmäler auch in das Denkmalbuch gemäß den §§ 9, 10 und 18 HDSchG (Hessisches Denkmalschutzgesetz) einzutragen. Deshalb wurde eine strenge Auswahl der Objekte vorgenommen und diese vor Beginn der Drucklegung im Rahmen der Anhörung nach § 10 (3) HDSchG mit den Gemeinden abgestimmt. Um für die Anhörung der Eigentümer eine solide wissenschaftliche Begründung zu besitzen, ist jedes Kulturdenkmal abgebildet, mit einem Lageplan versehen und in seinem Denkmalwert erläutert worden. Mit dieser gründlichen Behandlung aller Kulturdenkmäler kann nicht nur die Führung des Denkmalbuches beschleunigt, sondern auch die denkmalpflegerische Praxis zum Beispiel bei der Bearbeitung von Bauanträgen verbessert werden. Auch sollen Kartenwerk und Katalog der Kulturdenkmäler allen planenden und bauenden Behörden als Grundlage für ihre Tätigkeit dienen und sie somit frühzeitig auf die Berücksichtigung des Denkmalschutzes beim Bau von Straßen, beim Aufstellen von Bauleitplänen, bei Planfeststellungsverfahren der Deutschen Bundesbahn, bei Maßnahmen der Wasserwirtschaft, bei der Flurbereinigung u. a. aufmerksam machen. Mit diesem Werk ist aber auch eine Übersicht für notwendige Investitionen im Rahmen der Altstadtsanierung, Dorferneuerung und Altbaumodernisierung vorhanden. Zugleich wird es nicht nur der Wissenschaft in den Disziplinen Kunstgeschichte, Volkskunde, Architektur, Städtebau und Landesgeschichte das Grundlagenmaterial für weitere Forschungen liefern, sondern auch ein wichtiges Instrument zur Verbreitung des Denkmalschutzgedankens in der Bevölkerung sein. Dabei wird ein besonderes Gewicht auf die Benutzung im Schulunterricht gelegt. Der Wetteraukreis ermöglicht dies wie auch das Erscheinen des Bandes überhaupt durch die Beschaffung der Mittel für den Ankauf eines Teiles der Auflage, wofür die Denkmalpflege sehr dankbar ist.

Professor Dr. Gottfried Kiesow
Leiter des Landesamtes für Denkmalpflege Hessen

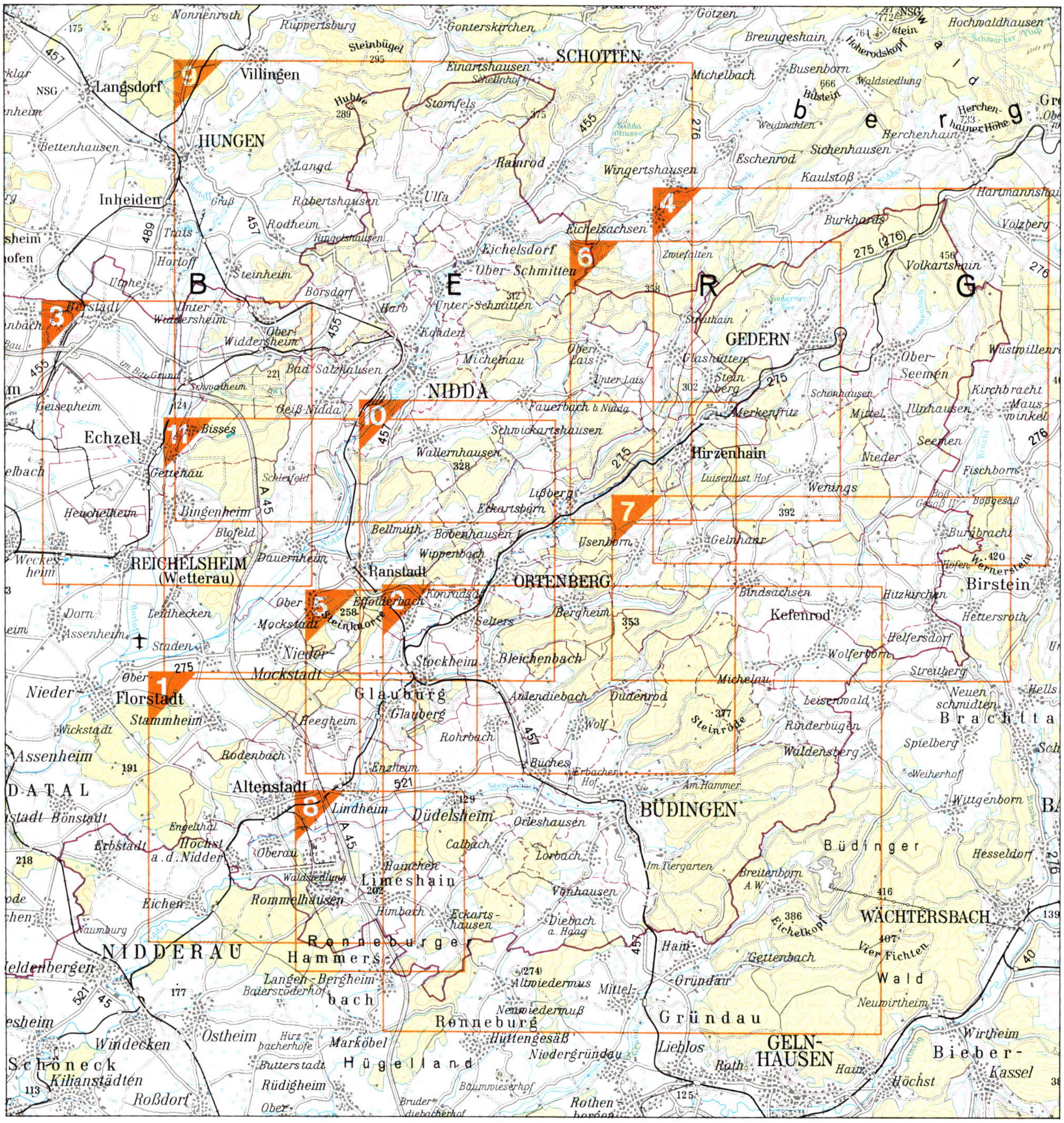

Übersichtskarte Maßstab 1 : 200000

Durch das hessisch-darmstädtische Organisationsedikt wurden 1821 in Hessen erstmals Landkreise als Gebietskörperschaften eingerichtet und die Landratsbezirke Nidda und Büdingen geschaffen.
Die Verwaltungsreform von 1832 führte u. a. in der Provinz Oberhessen zur Bildung der Landkreise.
1848 wurde das Großherzogtum Hessen in 10 von Regierungskommissionen geleitete Regierungsbezirke aufgeteilt, 1852 jedoch die frühere Einteilung in Kreise wiederhergestellt. Nach weiteren Gebietsreformen (1874 und 1938) war schließlich aus den drei Kreisen Büdingen, Nidda und Schotten der Kreis Büdingen entstanden.
Dieser ging 1972 zusammen mit dem Altkreis Friedberg im Wetteraukreis auf, allerdings nicht ohne Abtrennung einiger Gebietsteile. So fielen einige Friedberger Kreisgemeinden in der südlichen Wetterau an Frankfurt und Bad Homburg und Schotten wurde in den neuen Vogelsbergkreis eingegliedert.
Der vorliegende Band Wetteraukreis I hat mit geringen Abweichungen, die durch die Gebietsreform bedingt sind, im wesentlichen das Gebiet des Altkreises Büdingen zum Gegenstand.

In die Karte ist eine Blattübersicht der auf der nächsten Maßstabebene folgenden Blätter der topographischen Gemeindekarten im Maßstab 1 : 50000 (rote Linien) mit fortlaufenden Nummern eingezeichnet.

Territoriale Gliederung der östlichen Wetterau

Ähnlich wie das Mutterland Hessen selbst ist das Gebiet des östlichen Teiles des heutigen Wetteraukreises in seiner Entstehung nicht das Ergebnis einer geradlinigen territorialgeschichtlichen Entwicklung, sondern durch verschiedene wechselnde Einflüsse bestimmt. Neben den beiden Hauptmächten Hessen-Darmstadt und Hessen-Kassel sind viele kleine Standesherrschaften, Ganerbschaften und Markgemeinschaften sowie Klöster an der territorialen Gliederung des Gebietes beteiligt.

Kernstück des Büdinger Landes ist die Grafschaft Büdingen, deren Herren ursprünglich Verwalter des um Büdingen liegenden Reichsforstes waren. Dazu gruppieren sich die Gräflich-Stolbergischen Besitzungen im Raum Ortenberg-Gedern. Die Gebiete der ritterschaftlichen Dörfer Höchst und Lindheim, beides alte Ganerbschaften, und die Dörfer der Mark Altenstadt. Außerdem die Besitzungen der Grafen von Ziegenhain und Orte, die den Grafen von Hanau gehörten und später an Hessen-Kassel fielen. Das Haus Hessen-Darmstadt hatte sich bis zum Ende des 18. Jahrhunderts eine Anzahl von Besitzungen gesichert.

Alle diese Territorien mit Ausnahme der Ysenburger Gebietsteile kamen 1806 unter die Hoheit des Großherzogs von Hessen-Darmstadt. 1822 wurde der „Großherzoglich Hessische Fürstlich und Gräflich Isenburgische Landraths-Bezirk Büdingen" geschaffen. 1836 verzichteten sämtliche Linien des Hauses Ysenburg aus freien Stücken auf die ihnen zustehende Gerechtsame. Die Behörde nannte sich jetzt „Der Großherzoglich Hessische Kreisrath des Bezirkes Büdingen".

Landschafts- und Siedlungsformen

Der östliche Teil des heutigen Wetteraukreises, der Altkreis Büdingen, ist charakterisiert als Übergangslandschaft zwischen der westlich davon gelegenen fruchtbaren Ebene der Wetterau und dem nördlichen Vogelsberg. Die hügeligen Ausläufer des Vogelsberges verlaufen von Nordosten nach Südwesten und werden durch fünf Flüsse und deren Täler gegliedert. Von Westen nach Osten sind das die Flüsse Horloff, die Nidda, die Nidder mit dem Bleichenbach als Nebenfluß und der Seemenbach. Außerhalb des Gebietes münden diese Flüsse zusammen in die Nidda und fließen schließlich zum Main.

Bedingt durch den hügeligen Charakter der Landschaft ist der Altkreis Büdingen sehr abwechslungsreich gegliedert in Feldlagen und Waldungen.

Der westlichste Teil unseres Gebietes mit den Gemeinden Echzell und Altenstadt gehörte zu römischem Siedlungsgebiet. Unmittelbar östlich dieser Gemeinden verlief der Limes in nordsüdlicher Richtung und knickte dann südlich von Hungen nach Westen ab und bildete bis Butzbach verlaufend eine Nase, die die fruchtbare Ebene der Wetterau mit in das römische Gebiet einbezog. Abgesehen von diesem römischen Teil gehört der Altkreis Büdingen zu den sog. altbesiedelten Gebieten Mitteldeutschlands, von denen man annimmt, daß sie im 8. Jahrhundert schon so weit besiedelt waren, daß der größte Teil der heutigen Siedlungen vorhanden war. In jedem Fall ist die Hauptsiedlungszeit in diesem Gebiet mit dem 15. Jahrhundert abgeschlossen.

Die topographische Situation der von Südwesten nach Nordosten verlaufenden Höhenrücken begünstigte die geographische Bedeutung dieser Landschaft als Durchzugsgebiet zwischen dem Rheingebiet und Thüringen. Zwischen dem 9. und 12. Jahrhundert entstanden die mittelalterlichen Hauptverkehrsstraßen, von denen drei Hauptstraßen in südwestnordöstlicher Richtung das Gebiet durchziehen. Es sind das von Süden nach Norden die Hohe Straße, die Nidderstraße und die Niddastraße. Sie führen aus dem Maingebiet nach Fulda bzw. weiterführend nach Thüringen. Nidderstraße und Niddastraße spalten sich zu einer jeweiligen rechten und linken Straße, die auf den Höhenrücken der Flußtäler verlaufen. Diese mittelalterlichen Hauptstraßen beeinflußten jedoch nicht die Lage der Siedlungen, da sie zeitlich gesehen nach der Hauptbesiedlung dieses Gebietes entstanden sind, verdeutlichen aber die geographische Bedeutung als Durchzugsgebiet, die es wohl auch vor dem organisierten Straßenbau des Mittelalters gehabt hat. Die überwiegende Mehrzahl der Siedlungen ist vielmehr an den Flüssen des Gebietes gelegen, was sie in ihrer Siedlungsform dann auch sehr stark geprägt hat (Abb. Bleichen-

Bleichenbach

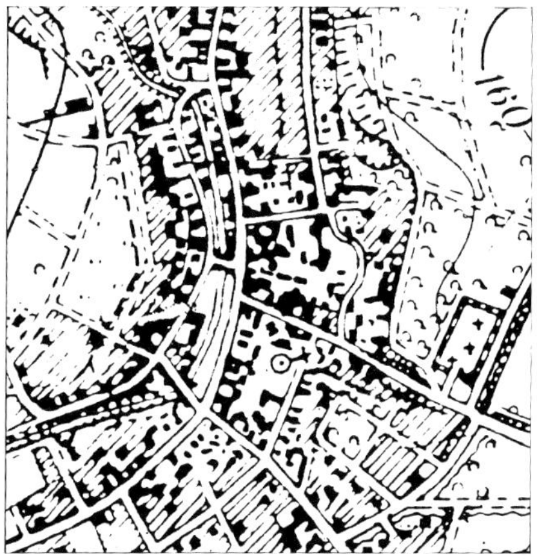

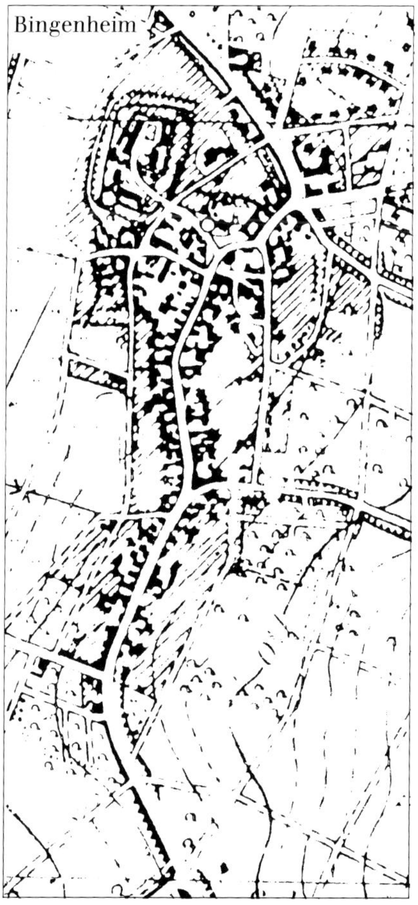

bach).

Abgesehen von den Siedlungen römischen Ursprunges – Altenstadt und Echzell – finden die meisten Dörfer und Städte dieses Gebietes ihre erste Erwähnung im 12. und 13. Jahrhundert. Nach ihrer Funktion in dem damaligen politischen Gefüge sind sie zu unterscheiden zwischen Städten und Dörfern, wobei eine ganze Reihe von Dörfern Marktrechte hatte und einen Gerichtsstandort vorwies. Von den Städten konnten Büdingen, Gedern, Nidda und Ortenberg den städtischen Charakter erhalten und ausbauen, während Wenings und Lißberg wieder einen dörflichen Charakter angenommen haben.

Die Siedlungsformen im Altkreis Büdingen sind von ihrem Erscheinungsbild her nicht in ländliche und städtische Siedlungsformen zu trennen, wenn man sie nur von den Siedlungsstrukturen her beurteilt. Eindeutig kann man die vier Städte Büdingen, Gedern, Nidda und Ortenberg als mittelalterliche Städte charakterisieren, die im Schutze einer Burg oder eines Schlosses im Laufe der Zeit sich entwickelt haben. Von den übrigen Siedlungen war im Mittelalter ein erheblicher Teil befestigt und die Art der Befestigung war unterschiedlich. So konnten diese Siedlungen zu Burgen oder Fluchtburgen gehören, sie konnten neben einer Kirchenbefestigungsanlage liegen oder selbst durch einen sog. Bering, das waren Graben, Gebück, Hecke, Hain oder Hag oder Mauern umgeben sein. Man schätzt, daß zwei Drittel aller Siedlungen der Wetterau im Mittelalter befestigt waren (Abb. Bingenheim und Aulendiebach).

Siedlungsform und Siedlungsstruktur wurden durch die periphere Befestigung in ihrem Charakter geprägt. Nach außen wirkt jede umschlossene Siedlung als geschlossenes Ganzes. Da die Befestigung eine Siedlungsgrenze darstellte, zwang sie bei fortschreitendem Ausbau zu einer gedrängten und nicht ganz willkürlichen Bebauung innerhalb des Befestigungsringes. Der Charakter des Ortsbildes wird daher in solchen Dörfern durch eine dichtere Bebauung gekennzeichnet. Die Häuser sind direkt aneinander gebaut, so daß geschlossene Straßenbilder mit fast städtischem Erscheinungsbild entstehen.

Der Siedlungsgrundriß der Dörfer im Wetteraukreis ist mannigfaltig. Hauptgegensatz in der Art der Straßenführung einer Siedlung ist Planlosigkeit und Regelmäßigkeit. Typische Beispiele für eine planmäßige Anlage sind Altenstadt und Ulfa.

Die einzelnen Typen regelmäßiger Siedlungsgrundrißformen sind durch den Straßenverlauf charakterisiert, die am häufigsten vorkommenden Arten sind Radform, Rippenform, Leiterform, Gitterform. Von den genannten Typen lassen sich im Wetteraukreis Beispiele finden; z. B. Rohrbach als ein Vertreter einer Radformsiedlung und Himbach als Vertreter einer Leiterformsiedlung.

Der Gegensatz zwischen richtungslosem und mehr oder weniger geregeltem Grundriß läßt sich zurückführen auf verschiedene Arten der Entstehung: die Grundrißform ist als Quelle zur Entstehungsgeschichte einer Siedlung anzusehen. Planloser Straßenverlauf bildet sich in solchen Siedlungen, die sich zwanglos entwickelten. Bei nachträglicher Befestigung ist die so entstandene Anlage bestehen geblieben. Ein regelmäßiger Grundriß dagegen läßt darauf schließen, daß die Siedlung gegründet, planmäßig geschaffen wurde. Die Bebauung der regelmäßig angelegten Straßenzüge und die Errichtung der Befestigung erfolgten in diesem Fall annähernd gleichzeitig. Der Unterschied im Charakter der Grundrißformen steht nicht nur für die Städte, sondern auch für befestigte Dörfer. Dadurch kann für diese in derselben Weise auf die Entstehungsart geschlossen werden. Verlaufen die Dorfstraßen innerhalb des Beringes regellos, dann deutet dies darauf hin, daß eine ältere vorhandene Ortslage umwehrt wurde. Zeigt aber der Grundriß eine Regelung, so ist anzunehmen, daß Befestigung und Siedlung gleichzeitig entstanden. Die Umwehrungen ländlicher Orte sind im allgemeinen im 13. und 14. Jahrhundert errichtet worden. Die Siedlungen selbst sind jedoch meistens wesentlich älter. Aus diesem Grund kann wohl für die Entstehungsart vieler befestigter Dörfer geschlossen werden, daß ähnlich wie bei der Gründung von Städten an Stelle einer älteren Siedlung z. Zt. der Befestigung eine regelrechte Neuanlage erfolgt ist.

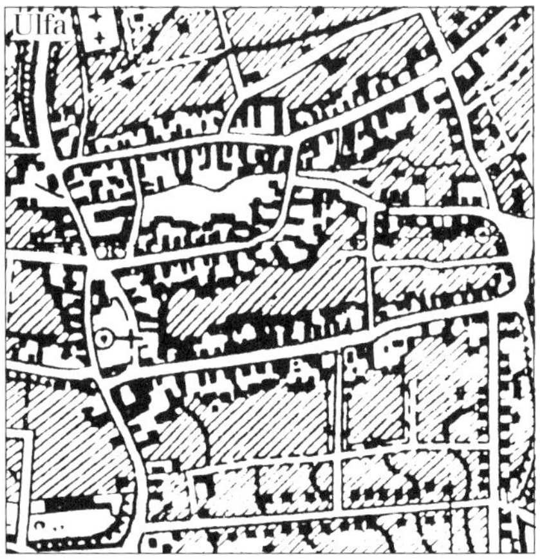

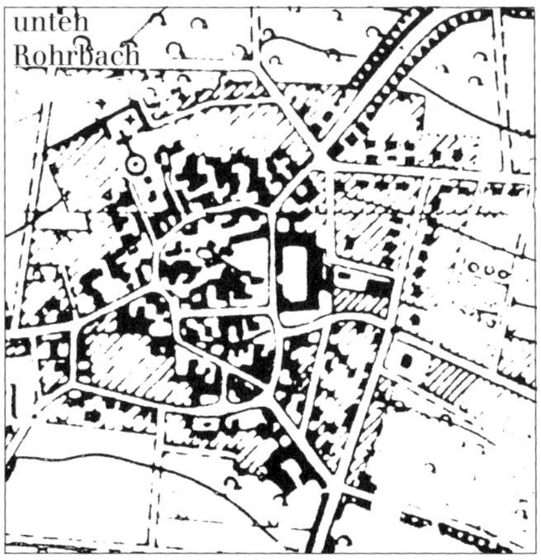

Die übrigen, etwa ein Drittel der Siedlungen des Gebietes, sind charakterisiert durch die lose Aneinanderreihung von Bauernhöfen, meistens an einer Durchgangsstraße oder an dem Fluß (Bach) gelegen. Es sind dies die kleineren Orte aus der Zeit nach dem 17. Jahrhundert mit ungeordnetem Siedlungscharakter.

In der jüngeren Geschichte des 19. und insbes. des 20. Jahrhunderts erfahren die Siedlungen, bedingt durch die Umstrukturierung der landwirtschaftlichen Betriebe eine ständige Veränderung. Besonders nach dem 2. Weltkrieg läßt sich diese Tendenz feststellen. Kleinere Betriebe werden zu Nebenerwerbsbetrieben, größere werden ausgelagert, nicht mehr benötigte Stallungen und Scheunen werden ersetzt durch Wohnbauten, die von Pendlern, die im Rhein-Main-Ballungsgebiet arbeiten, bewohnt werden. An den Ortsrändern entstehen z. T. neue Wohnsiedlungen, überwiegend Einfamilienhäuser, die eine fortlaufende Zersiedlung der Landschaft einleiten. Diese Entwicklung nimmt mit der wachsenden Entfernung vom Ballungsraum Frankfurt ab. In dieser Situation ist es oft schwer, den historischen Teil der Siedlung abzulesen, und Aufgabe der Städte- und Siedlungsplanung, durch planerische Maßnahmen die alte Ortsstruktur zu erhalten, abzugrenzen und zu sichern.

Baugeschichte, Bauformen

Sakralbauten.

Sakrale Großbauten des Mittelalters sind in der östlichen Wetterau in einigen bedeutenden Beispielen enthalten:
die Pfarrkirche von Großendorf (siehe Büdingen), die Urzelle von Büdingen, ein ottonischer Bau mit Westquerriegel.
Das Prämonstratenserkloster Konradsdorf, um 1145 von den Herren von Büdingen gestiftet. Erhalten sind die Pfeilerbasilika mit Ostapsis und das sog. Nonnenhaus, wahrscheinlich das Wohnhaus des Abtes, beide Bauten sind um 1170 errichtet worden.
Eine ungewöhnlich aufwendige Dorfkirche ist in der Basilika von Geiß-Nidda erhalten, einem Bau der 2. Hälfte des 13. Jahrhunderts.
Die Kirche des ehemaligen Augustinerklosters St. Maria in Hirzenhain, eine Hallenkirche des 14. Jahrhunderts. Die Stadtkirche und die Schloßkapelle in Büdingen, zwei spätgotische Bauten mit reicher Ausstattung. Mit der Evangelischen Stadtkirche zum Heiligen Geist – erbaut 1616-18 – in Nidda ist einer der Gründungsbauten des Protestantismus in Hessen erhalten.
Bezeichnend für den Kirchenbau in der östlichen Wetterau sind jedoch die zahlreichen ländlichen Kirchenbauten meist des 18. Jahrhunderts, oft auch barocke Umformung älterer Vorgängerbauten. Von ihnen wird das Dorfbild bestimmt. Der Grundtyp ist der Saalbau mit 3/8-Schluß und Westturm oder Dachreiter. Charakteristisch sind die oft mehrfach abgetreppten, polygonalen Hauben der Türme. Eine seltene Sonderform, die in Kombination von Betraum, Rathaus und Spritzenhaus besteht, hat sich in Bellmuth erhalten.

Burgen, Schlösser und Herrenhäuser.

Entsprechend der differenzierten Territorialgeschichte und der Bedeutung der Herrschaften sind Herrensitze verschiedener Größenordnung erhalten.

Am Anfang steht die Burg von Büdingen, der Sitz der bedeutendsten Grundherren, der Grafen von Ysenburg und Büdingen, ein selten geschlossen erhaltenes Beispiel einer staufischen Herrenburg. Zu den Anlagen des späten Mittelalters zählt das Schloß Bingenheim, eine Wasserburg, die im 17. Jahrhundert dem Landgrafen von Hessen-Homberg-Bingenheim als Residenz diente. Die ehemalige Wasserburg Leustadt bei Stockheim, um 1400 als Besitz der Herren von Wolfskehlen erbaut. Daneben die Schlösser und Burgen von Echzell, Ortenberg, Nidda, Gedern und Lißberg.

Anlagen in Form von Herrenhäusern sind u. a. erhalten im Sommerschlößchen Tiergarten bei Büdingen (1671), im Günderrode'schen Besitz in Höchst a. d. Nidder (1718), im Sommersitz des Großherzogs in Konradsdorf (um 1830) und das Herrenhaus in Lindheim (1842).

Unter den Schloßbauten und Herrenhäusern finden sich außer allgemeinen kunstlandschaftlichen Ähnlichkeiten an Einzelgliedern keine spezifisch lokalen Merkmale und typologischen Eigenheiten.

Bauten der Industrie und des Handwerks.

In der agrarisch bestimmten Wetterau sind solche Bauten in der Regel nur vorhanden, soweit sie der Landwirtschaft dienen. Es finden sich in relativ großer Zahl Mühlen verschiedener Art, meist alte Anlagen, die im Laufe der Zeit mehrfach überformt und erneuert wurden.

Jedes größere Dorf besaß eine Hufschmiede, von denen einige wenige in ihrer ursprünglichen Form erhalten sind.

In den Städten Büdingen, Ortenberg und Nidda ist das Ackerbürgerhaus oft auch Handwerker- oder Händlerhaus, ohne daß für solche Nutzungen entsprechende Bauformen entwickelt worden wären.

Neben Versuchen der Salzgewinnung in Büdingen und Bad Salzhausen hat sich die Industrie nur in Hirzenhain in nennenswerter Form entwickelt, wo seit dem Mittelalter eine Eisenhütte existierte. 1678 wurden dort die ersten Hochöfen erbaut. Das Werk existiert bis heute und hat eine Reihe wichtiger Industrie- und Wohnbauten am Ort geschaffen.

Rathäuser, Schulen.

In den beiden wichtigsten Städten des Altkreisgebietes, Büdingen und Ortenberg, sind die beiden spätmittelalterlichen Rathäuser in einmaliger Form erhalten. Im Erdgeschoß massiv, besitzen sie im Obergeschoß Fachwerkaufbauten und später angefügte Treppentürme.

Neben diesen herausragenden, frühen Beispielen sind einige des für Oberhessen und die Wetterau charakteristischen Bautyps des kombinierten

Schul- und Rathauses erhalten. Sie stammen in der Mehrzahl aus dem 18. Jahrhundert und stellen eine vergrößerte Variante des Wohnhauses des fränkischen Hakenhofes dar. Die Funktionen Schule, Rathaus (meist nur ein Zimmer für den Schultheißen) und oft auch Wohnung für den Lehrer sind unter einem Dach vereinigt. Der Dachreiter betont die öffentliche Funktion des Gebäudes im Dorfverband. In vielen Fällen unterscheidet sich das Schul- bzw. Schul- und Rathausgebäude nur durch seine Stellung im Ort und das Abweichen vom üblichen Hofschema von der übrigen Dorfbebauung.

Städtische Hausformen.
Die Residenzstadt der Herrschaft Büdingen, die Städte Ortenberg und Nidda, sind bestimmt von Ackerbürgerhäusern in verschiedenen Varianten. Selbst die prächtigsten Beispiele, die Büdinger Burgmannenhöfe, folgen meist dem Schema der fränkischen Bauernhofreite, die Höfe sind jedoch durch Portalanlagen zur Straße geschlossen.
Die Masse der Ackerbürgerhäuser entspricht dem Typ des Hakenhofes teilweise mit Abweichungen, die durch die Enge der städtischen Parzellen oder durch die Kombination verschiedener Nutzungen bedingt sind. In Ortenberg und Nidda kommt recht häufig der Typ des hochaufgeständerten, giebelständigen Ackerbürgerhauses mit Hallengeschoß für Handwerk und Handel und aufgesatteltem Wohngeschoß in Rähmbauweise vor, eine mittelalterliche Hausform, heute jedoch in den frühesten erhaltenen Ausprägungen aus dem 17. Jahrhundert stammt.
Daneben existiert die Masse der städtischen Fachwerkbebauung, die vom reinen Hakenhof über Mischformen bis zum bescheidenen eingeschossigen Einhaus reicht, entsprechend der sozialen Differenzierung.

Das Gehöft in der östlichen Wetterau.
Das untersuchte Gebiet ist bestimmt von drei Gehöftformen, die sich in räumlicher und typologischer Beziehung überlagern.
Die dominierende Hofform ist das fränkische Gehöft, seiner Form wegen als Haken- oder Zweiseithof bezeichnet.
Das zweigeschossige Wohnhaus ist giebelständig hart an die Straße gerückt und prägt ihr Bild. Im rechten Winkel zu ihm schließt sich die große Scheune mit der Traufe dem Straßenverlauf folgend an. Die Parzelle ist in dieser Grundform schmal und in die Tiefe orientiert. Das Wohnhaus ist quer in drei Zonen geteilt, deren mittlere ursprünglich die Feuerstelle, den Ern barg, den zentralen wichtigsten Raum, um den sich die Räume für Mensch und Vieh gruppierten, zur Straße hin die Stube, zum hinteren Hofteil der Stall. Im Obergeschoß liegen weitere Stuben und Kammern, oft die Räucherkammer. Das Dach dient zur Aufbewahrung der Frucht.
Ein Haus dieser Stufe, die bis in das 18. Jahrhundert relativ unverändert blieb, ist nicht erhalten, jedoch kann aus späteren Umformungen auf den

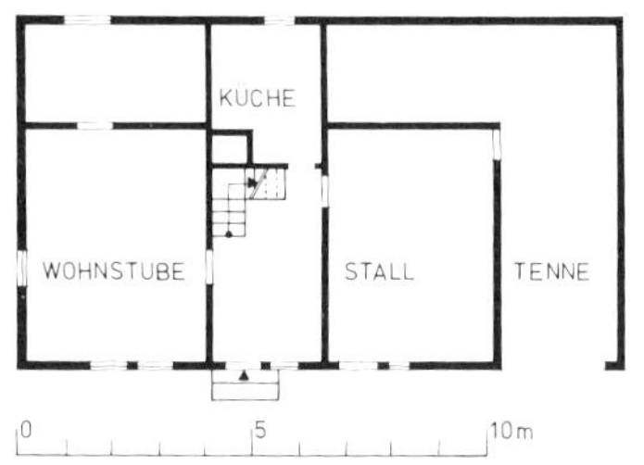

Einhaus

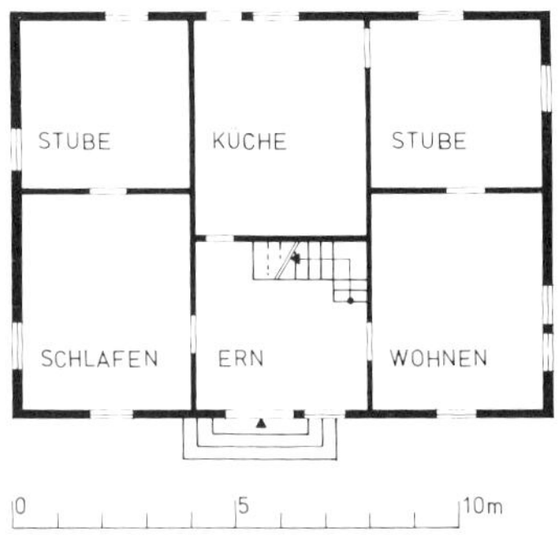

Wohnhaus eines Hakenhofes

Urzustand geschlossen werden.
Der offene Ern wurde wegen der Brandgefahr (Strohdach) und landesherrlicher Brandschutzverordnungen allmählich aufgegeben, der Raum, den er ehemals einnahm, teilte sich in Flur und Küche. Der Stall wurde im Laufe des 19. Jahrhunderts vom Wohnhaus separiert und als eigenständiges Gebäude aufgeführt, wodurch die Form des Dreiseithofes entstand. Geblieben ist jedoch die Dreiteilung des Wohnhauses.
Die Verlagerung des Stalles kann in dieser Form oder als Verlängerung des Wohnhauses und damit zur Schließung des Raumes zwischen Wohnhaus und Scheune geschehen. Die Scheune, die den rückwärtigen Teil der Parzelle oft ganz ausfüllt, ist entsprechend den guten Bodenverhältnissen in der Wetterau relativ groß dimensioniert.
Die Dachform von Wohnhaus und Scheune ist der Sattel, im späten 18. und frühen 19. Jahrhundert seltener auch das Mansardsatteldach.
Der Hof ist in der Regel durch ein hölzernes Hoftor mit Pforte zur Straße abgeschlossen. Oft erhalten sind die steinernen Torpfosten, meist des 18. Jahrhunderts. Die hölzernen Tore wurden im 19. und 20. Jahrhundert oft durch kunstvolle schmiedeeiserne Arbeiten ersetzt.
Im östlichen Teil des untersuchten Gebietes fließen Hausformen des Vogelsberges ein. Entsprechend der durch die Höhe rauheren Witterung und die geringeren Erträge kommt hier die Form des Einhauses vor. Das Auftreten dieser Hausform, die ursprünglich niederdeutsch genannt wurde, hat in der Wetterau wirtschaftliche und topographische Gründe, oft sind es die ärmeren Gehöfte innerhalb eines Dorfes mit fränkischen Hofreiten, die als Einhaus erscheinen.
Das Einhaus vereinigt alle Funktionen des bäuerlichen Lebens und Produzierens — Wohnen, Tierhaltung und Bevorratung — unter einem Dach. Anders als die niederdeutschen Varianten, die meist längsaufgeschlossen sind, d. h. die Räume gliedern sich in Firstrichtung hintereinander, ist das „oberhessische" Einhaus quer aufgeschlossen, d. h. die Funktionen sind auf die Traufseite ausgerichtet, auch wenn die Räume teilweise untereinander verbunden sind. Durch spätere Anbauten von Wirtschaftsgebäuden wird die Grundform oft verunklärt.
Die dritte, im Untersuchungsgebiet vorkommende Gehöftform ist der sogenannte Hüttenberger Hof, benannt nach der Landschaft bei Gießen, aus der diese Form stammt. Es handelt sich dabei um einen zur Straße geschlossenen Hof mit überbauter Hofeinfahrt, der in seiner reinen Form als geschlossener Dreiseithof und einheitlich entstandener Riegel hier selten vorkommt. Häufig sind hybride Formen, die durch Anfügung eines Querriegels an das giebelständige Wohnhaus eines Hakenhofes entstanden sind. Das Tor wird dabei überbaut und der Eindruck eines Hüttenberger Hofes entsteht, obwohl es sich um die Addition zeitlich oft weit auseinanderliegender Bauteile handelt.
In einzelnen Orten war es üblich, die Hakenhöfe mit einer verdachten Toreinfahrt zu versehen, ohne diese zu überbauen und ohne den aufwendigen Schmuck des Hüttenberger Landes.

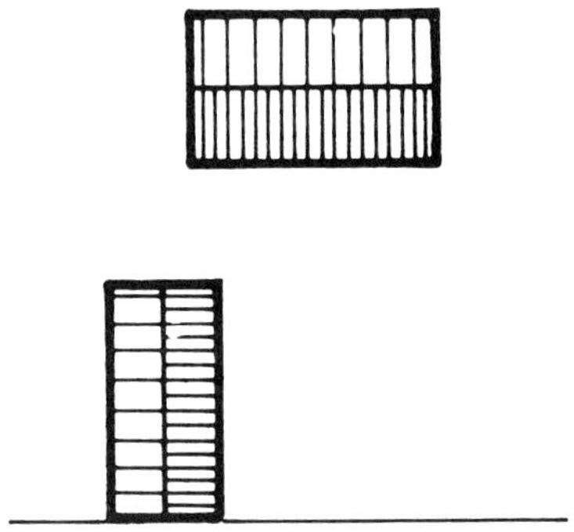

Hakenhof

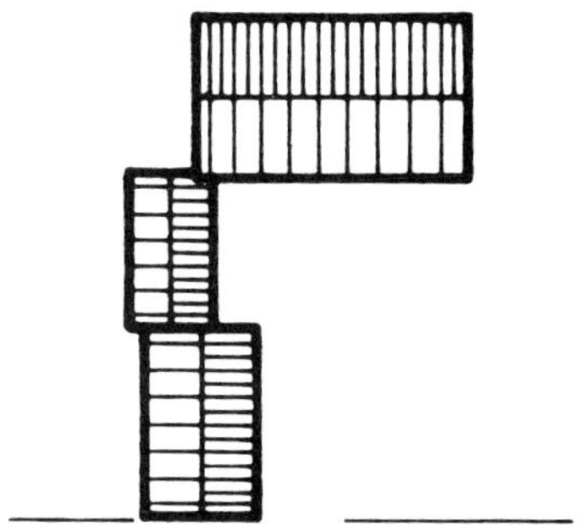

Hakenhof

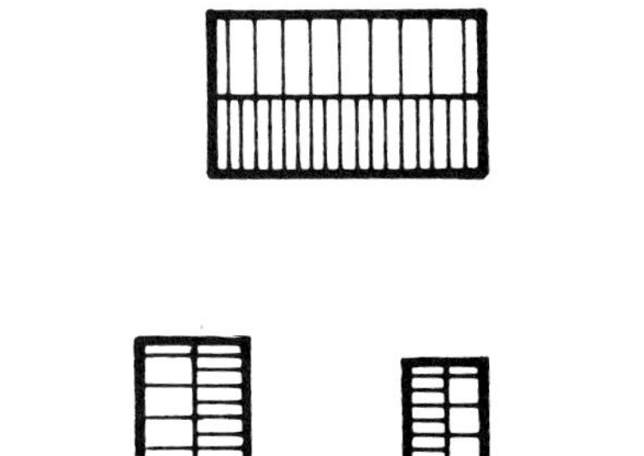

Dreiseithof

Mit der Mitte des 19. Jahrhunderts endet die Bautradition auf dem Land, das Fachwerk wird aufgegeben zu Gunsten massiver Bauweisen. In der 2. Hälfte des 19. Jahrhunderts werden im Zuge der Intensivierung der Landwirtschaft, hervorgerufen durch die Entwicklung in der Chemie und die neuen Erkenntnisse in der Viehhaltung neue Anforderungen an die Architekten gestellt. Es entstehen neue Höfe meist in Backsteinbauweise, oft in reizvollen Ausprägungen, die dennoch die traditionelle Form des Zwei- oder Dreiseithofes beibehalten.
Neben diesen Grundformen des Gehöfts in der östlichen Wetterau existieren untergeordnete Nutzungs- und Wohnformen kleinerer sozialer Schichten, die wegen ihrer untergeordneten Bedeutung oft schwer zu erkennen sind und dennoch zur Gesamtheit des komplexen Gebildes Dorf zählen. Es sind dies die Häuser und Höfe von Klein- und Nebenerwerbsbauern, von Landarbeitern und Knechten. Die Wohnhäuser von Juden, die meist als Viehhändler fungierten, die Häuser der Gemeindehirten.

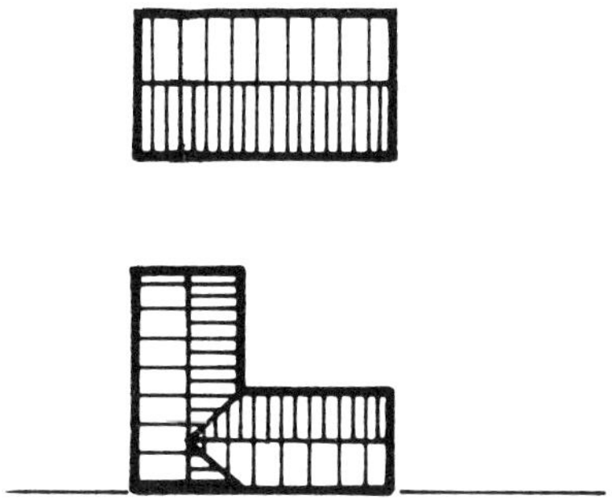

Dreiseithof Hüttenberger Art

Baumaterialien, Bauweise.
Das wichtigste Baumaterial in der Wetterau bis zum 19. Jahrhundert war die Eiche. Das Hausgerüst wurde vom Zimmermann erstellt, fast alle anderen Arbeiten wurden in Eigenhilfe vom Dorf geleistet.
Die Sockel wurden aus Bruch- oder Feldsteinen unter die bereits verbundenen Schwellen gemauert. Die Gefache wurden mit Stakungen (senkrechte Knüppel mit Weidengeflecht) versehen und mit Lehm, vermischt mit Häcksel, ausgefüllt. Die Gefache waren meist gekalkt, die Balken unbehandelt grau verwittert, nur bedeutendere Gebäude wurden farbig gefaßt.
Das Dach wurde bis in das 18. Jahrhundert mit Stroh, später mit rötlichen Tonziegeln, den Biberschwänzen gedeckt. Die Wetterseiten der Gebäude wurden mit Holzschindeln verkleidet, in den rauheren Gebieten des Vogelsbergabhanges auch das gesamte Haus. Im 19. Jahrhundert kommt die vorher hier unübliche Verschieferung auf, die sich in handwerklich gekonnten Varianten erhalten hat.

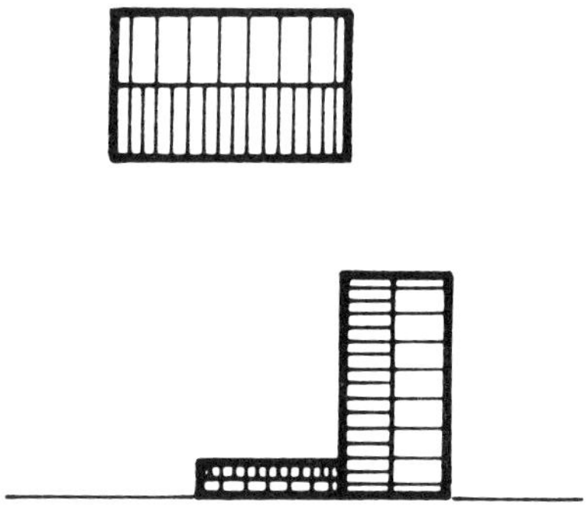

Hakenhof mit Hüttenberger Tor

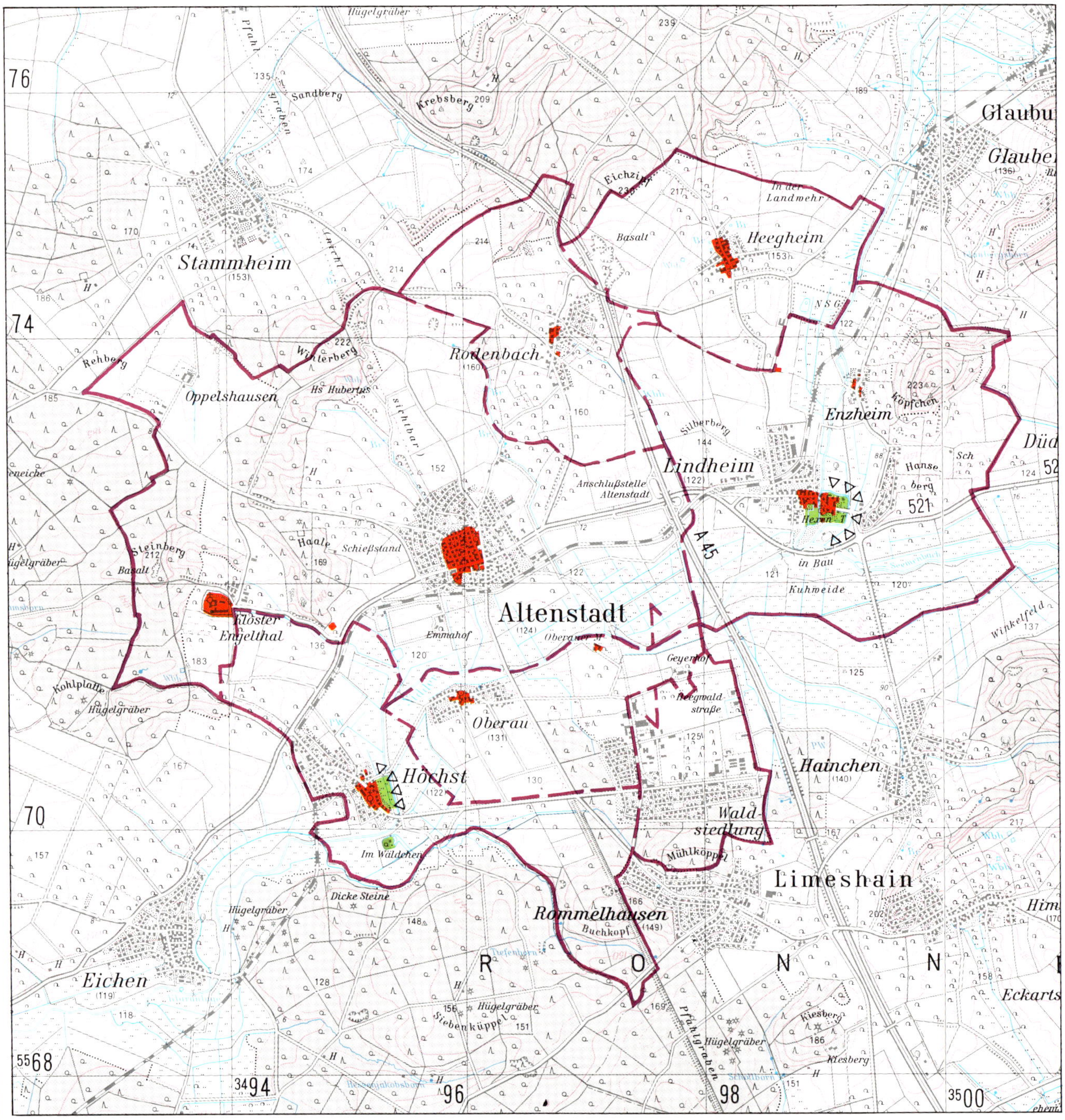

Erläuterung zu Karte 1 (M 1:50000): Gemeinde Altenstadt

Die Karte zeigt das im Südwesten des Altkreises gelegene Gebiet der Gemeinde Altenstadt. Es gehört zu dem flachen Teil der Wetterau und wird von Nordosten nach Südwesten von der Nidder durchflossen.

Zu der Gemeinde gehören neben Altenstadt sechs weitere Ortsteile (Heegheim, Höchst, Lindheim, Lindheim-Enzheim, Oberau und Rodenbach). Auch aus historischer Sicht ist Altenstadt als Zentrum dieser Gemeinde anzusehen. Unmittelbar am Limes gelegen, der das Gemeindegebiet diagonal von Nordwesten nach Südosten durchzieht, war die Existenz eines römischen Kastells von 83 bis 242 n. Chr. wohl der Ausgangspunkt dieser Siedlung. Der heute noch gut erkennbare historische Teil besteht aus L-förmigen Hofreiten aus dem 17. und 18. Jh. Die Gesamtanlage dieses strukturell noch gut erhaltenen Landortes umfaßt den größten Teil dieses historischen Kerns.

Als weiterer bedeutender Ort für die Denkmalpflege ist das östlich gelegene Lindheim anzusehen, das heute entlang der Durchgangsstraße einen geschlossenen Ortskern mit den typischen L-förmigen, giebelständigen Hofreiten aufweist. Und daran anschließend den noch gut aus der Topographie ablesbaren Bereich einer ehemaligen Burg und der Ganerbensiedlung aus dem 13. Jh.

In der Reihenfolge der historischen Bedeutung ist als nächster Ort Höchst a. d. Nidder zu nennen. Ausgangspunkt der Siedlung war auch hier eine Burg, die vom 13. bis ins 15. Jh. existierte, allerdings heute nicht mehr vorhanden ist. Das heutige Schloß wurde als Herrenhaus 1718 unmittelbar neben der für dieses Gebiet wirtschaftlich so bedeutenden Mühle des Klosters Engelthal errichtet. Südlich des Ortes ist in der Topographie noch gut ablesbar die Eremitage,

die bis 1950 durch eine Baumallee mit dem Schloß verbunden war, zu erkennen. Die entlang der Mittelstraße gelegene Siedlung schmaler Zweiseithöfe aus dem 18. Jh. macht noch einen geschlossenen Eindruck, der besonders gut von den Nidderauen vom Osten her erkennbar ist. Diese sollten von einer Bebauung freigehalten werden, um das geschlossene historische Ortsbild, das sich schon aus der Ferne den Ort heraushebt, zu erhalten.
Eine historisch bedeutende Klosteranlage ist Kloster Engelthal, westlich von Altenstadt in einer kleinen Talmulde gelegen. Ursprünglich als Zisterzienserinnenkloster 1268 gestiftet, ist es heute noch ein Kloster der Benediktinerinnen. Die übrigen Orte Heegheim, Lindheim-Enzheim, Rodenbach und Oberau haben in ihren Ortskernen verschieden große Gesamtanlagen, bestehend aus der Aneinanderreihung der für die Wetterau typischen Hofreiten.
Zwischen Altenstadt und Kloster Engelthal und zwischen Lindheim und Heegheim sind in der Feldlage zwei gut erhaltene Judenfriedhöfe vorhanden.

Altenstadt

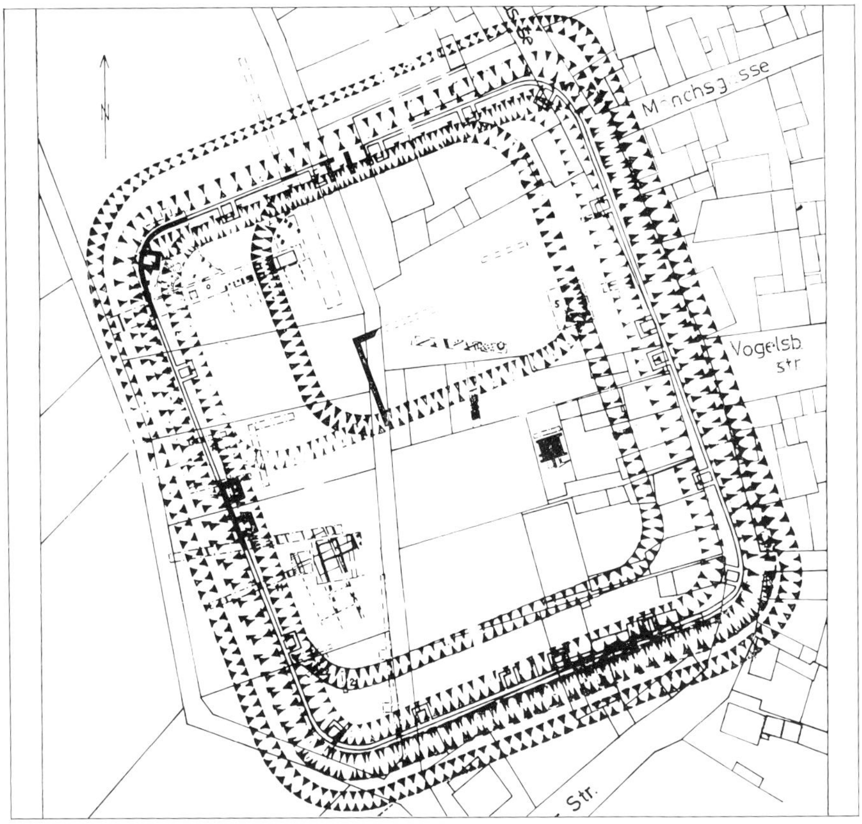

Altenstadt war als Landort und Marktort ein Mischgebilde zwischen Dorf und Kleinstadt. Der Ortsname deutet auf eine frühe Besiedelung, steht jedoch wahrscheinlich mit dem römischen Kastell in Zusammenhang, das im 19. Jh. wiederentdeckt wurde.

Es war 83 n. Chr. oder kurz danach zur Sicherung des Limes gegen den Glauberg errichtet worden. 1884 wurde die Lage des Kastells durch Grabungen nachgewiesen; es befand sich am südwestlichen Rand des Ortes, wo ein alter Flurname „Auf der Mauer" die Lage auch mündlich überliefert hatte. Es wurden sieben Bauphasen bis zur Aufgabe des Kastells nach 242 n. Chr. nachgewiesen.

Das Erscheinungsbild Altenstadts ist geprägt von einer geschlossenen regelmäßigen Aneinanderreihung L-förmiger Hofreiten, deren giebelständige, zweigeschossige Wohnhäuser zusammen mit teilweise erhaltenen ursprünglichen Sandsteinumfriedungen und -pfosten das Straßenbild bestimmen. Die frühesten erhaltenen Bauten datieren in das späte 17. Jh. (Vogelsbergstr. 2, Mönchgasse 5, Kirchgasse 10, Obergasse 22). Außer einigen herausragenden Einzelgehöften und –bauten ist Altenstadt vor allem in der Homogenität des städtebaulichen Zusammenhangs bedeutend. Der regelmäßige Grundriß der Straßenanlagen und des Parzellenzuschnitts legen den Gedanken an eine regelmäßige Überplanung des Ortes mit Befestigung im Mittelalter nahe.

Am heutigen Grundriß läßt sich mit einiger Wahrscheinlichkeit die Lage und der Verlauf des Haingrabens bzw. des „Gebück" feststellen. Die Kirche mit ihrem Wehrkirchhof und Turm bildete einen Teil des Befestigungssystems und diente als letzte Zuflucht, falls das Gebück vom Angreifer überwunden worden war.

Eine Federzeichnung vor 1725 zeigt, wenn auch sehr schematisch und mit topographischen Fehlern behaftet, den Ort innerhalb der durch undurchdringliches Dornengestrüpp gebildeten Befestigung, die sich in drei (oder vier?) massiven Torgebäuden öffnet. Die drei Tore führen auf die Straßen nach Frankfurt, Friedberg und Büdingen, ein viertes, das Pförtchen oder die Heilige Pforte schloß sich an die Kirchgasse an. Die Wohnhäuser bzw. Hofreiten sind auf der Abbildung eher symbolisch zu sehen, denn sie entsprechen in Anzahl, Lage und Aufbau nicht der Realität um 1725, die ja heute noch am Ort ablesbar ist.

Nach einem Einwohnerverzeichnis von 1545 hatte Altenstadt etwa 400 Einwohner, wobei ein Fünftel der Familien Gesinde beschäftigt hatte. Zu dieser Zeit war der Ort innerhalb seines Befestigungssystems voll besiedelt.

1834 zählt man 1014 Einwohner, darunter 883 Lutheraner, 70 Katholiken und 57 Juden. Als Berufe werden genannt 43 Ackerleute, 61 Gewerbsleute, 32 Acker- und Gewerbsleute. 15 Tagelöhner, 52 männliche und weibliche Dienstboten, 9 Beamte, 16 Handwerksgesellen und Lehrlinge. Altenstadt hatte damals 163 Wohnhäuser und 4 öffentliche Gebäude. In 300 Jahren hatte sich die Bevölkerungszahl etwas mehr als verdoppelt. Die Sozialstruktur änderte sich mit dem Bau der Eisenbahnlinie, die das Einpendeln in das Ballungsgebiet Frankfurt ermöglichte, das für ärmere Kleinbauern und Tagelöhner Arbeitsmöglichkeiten erschloß. Obwohl es den Nebenerwerbslandwirt in Altenstadt schon früher gab, wird diese soziale Doppelexistenz als Bauer und Arbeiter bestimmend für das 20. Jahrhundert.

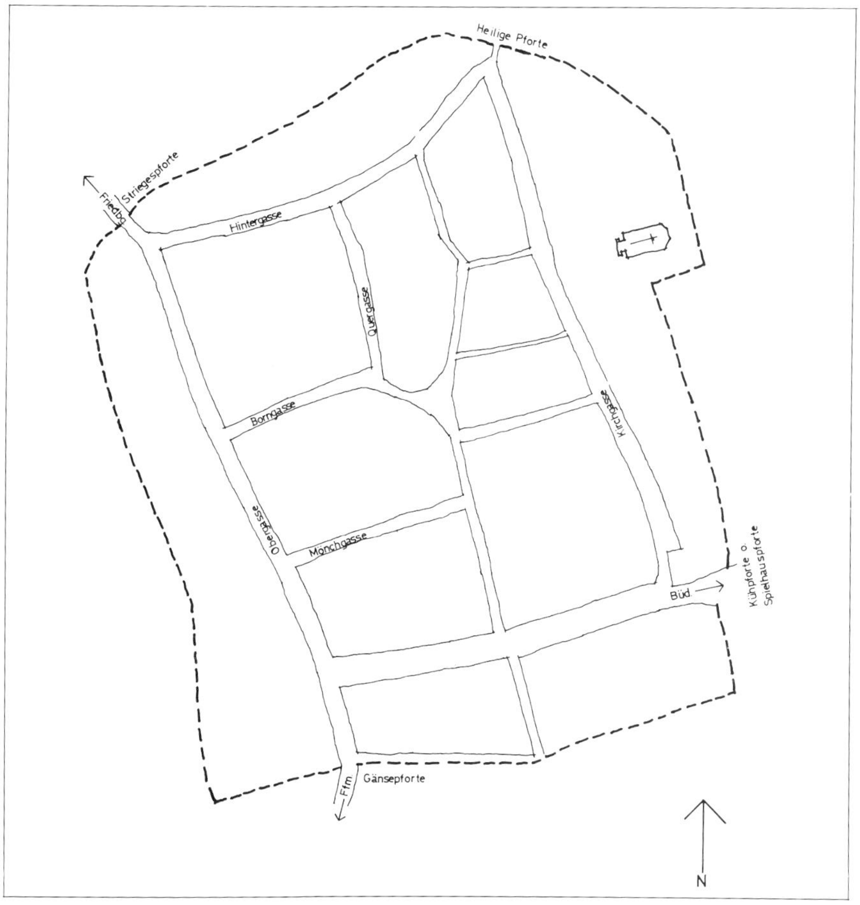

Versuch einer Rekonstruktion des Verlaufs von Gebück und Haingraben

Die Siedlungsstruktur des historischen Kerns von Altenstadt war schon im Mittelalter festgelegt. Die Erneuerung der durch natürlichen Abgang und den dreißigjährigen Krieg reduzierten Bausubstanz des 15. und 16. Jhs. setzte in der 2. Hälfte des 17. Jhs. ein und war um 1750 abgeschlossen. Die barocke Hofreite bestimmt noch das heutige Bild von Altenstadt und macht in der relativ großen Zahl erhaltener Exemplare den geschichtlichen und städtebaulichen Wert des Ortes aus.

Kirche mit Umgebung;
Vorkriegsaufnahme

Altenstadt – Gesamtanlage

Der größte Teil des historischen Kerns von Altenstadt, der nördlich des heutigen Geschäftszentrums liegt, stellt sich als städtebaulich homogene, baugeschichtlich dichte Siedlungsfläche dar. Das Bild dieses Ensembles wird geprägt von kleineren bis mittelgroßen Hofreiten vor allem des 18. Jhs. in der typischen Hofanordnung von giebelständigem Wohnhaus an der Straße, hinter diesem angebaut oder freistehend ein ein- oder zweigeschossiges schmales Stallgebäude in gleicher Traufrichtung. Als hinterer Abschluß der L-förmigen Anlage direkt das oft großvolumige Scheunengebäude mit Traufrichtung parallel zur Straße. Die Hofreite wird zur Straße hin abgeschlossen durch hölzerne Hoftore, die an oft noch ursprüngliche barocke Sandsteinpfeiler angeschlagen sind.

Der Kern der Gesamtanlage Altenstadt wird umschlossen von Obergasse, Hintergasse, Kirchgasse und Vogelsbergstraße. Südlich der Vogelsbergstraße haben sich einige kleine, für das Ortsbild typische Gruppen von Hofreiten des 19. Jhs. erhalten.

Wegen des noch unversehrt erhaltenen, geschlossenen Grundrisses eines mittelalterlichen Marktortes und der großen Anzahl einfacher, aber in ihrer Häufung und Aneinanderreihung bedeutender Ensembles von guterhaltenen Fachwerkhofreiten des 18. Jhs. wird der historische Kern von Altenstadt als Gesamtanlage geschützt.

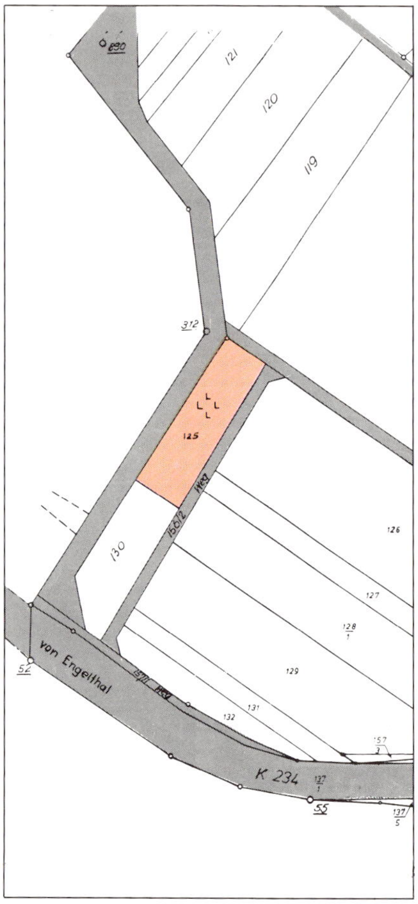

Judenfriedhof

Außerhalb von Altenstadt gelegen, zwischen Altenstadt und Engelthal, am Waldrand noch einige Grabsteine aus der Zeit von 1850-1930 vorhanden. Gesamtanlage aus geschichtlichen (religions- und ortsgeschichtlichen) Gründen.

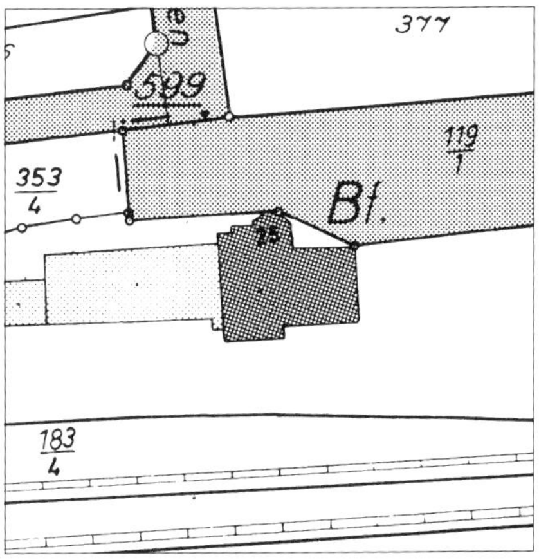

Bahnhofstraße 25
Flur 4 Flurstück 936
Bahnhof

Sandsteingebäude mit Jugendstilstaffelgiebeln und Bossengliederung. Entstanden um 1905, ermöglichte die neue Strecke das Einpendeln ins Rhein-Main-Ballungsgebiet. Kulturdenkmal wegen seiner Bedeutung für die Ortsgeschichte und wegen seines baukünstlerischen Wertes als von Darmstädter Jugendstilströmungen beeinflußt.

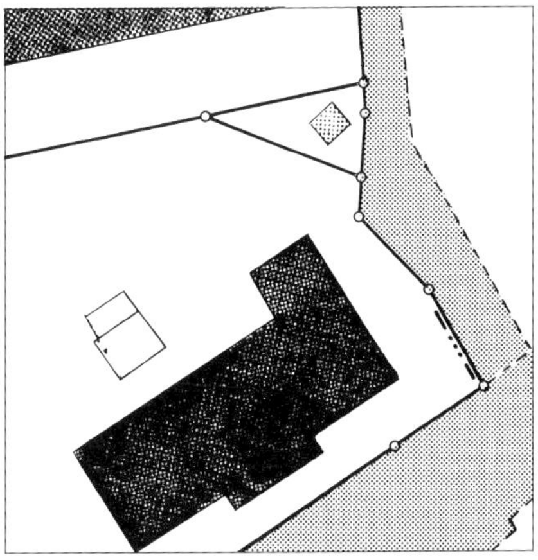

Frankfurter Straße 11
Flur 1 Flurstück 57
Rathaus, ehem. Amtsgericht

Neoklassizistischer mehrachsiger Bau mit Mittelrisalit und Giebel. Zweiläufige gewundene Freitreppe mit barocken Balustern, Portal mit gesprengtem Giebel und Kartusche mit Justitia, dort Datum 1925. Als zurückhaltendes, neoklassizistisches Nutzgebäude Kulturdenkmal wegen seiner Bedeutung für die Ortsgeschichte und als Beispiel des ländlichen Verwaltungsbaues der 20er Jahre.

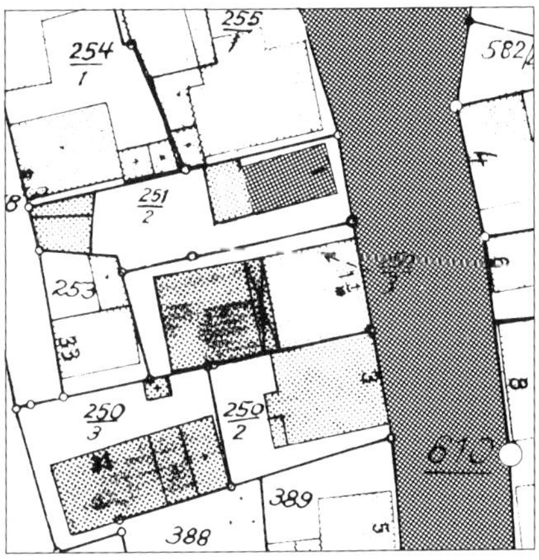

Hanauer Straße 1
Flur 1 Flurstück 251/2

Kleines Fachwerkwohnhaus aus der 1. Hälfte des 18. Jhs. mit urwüchsigem Strebensystem. Rest der ursprünglichen Bebauung der Straße mit Hakenhöfen, jetzt durch maßstablose Neubauten umstrukturiert. Kulturdenkmal wegen seiner ortsentwicklungsgeschichtlichen Bedeutung.

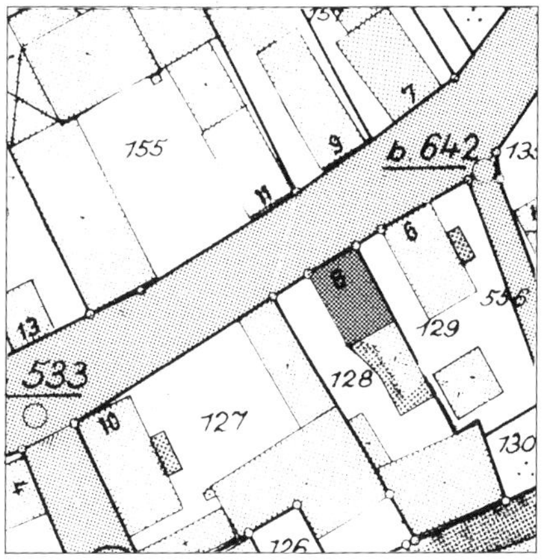

Hintergasse 8
Flur 1 Flurstück 128

Giebelständiges Wohnhaus eines Hakenhofes. Das Obergeschoß und der Giebel holzverschindelt, jedoch mit Geschoßübersetzung. Entstanden im 18. Jh.; nach den Proportionen ist auf einen guten, barocken Zierfachwerkbau zu schließen. Kulturdenkmal wegen seiner künstlerischen Bedeutung.

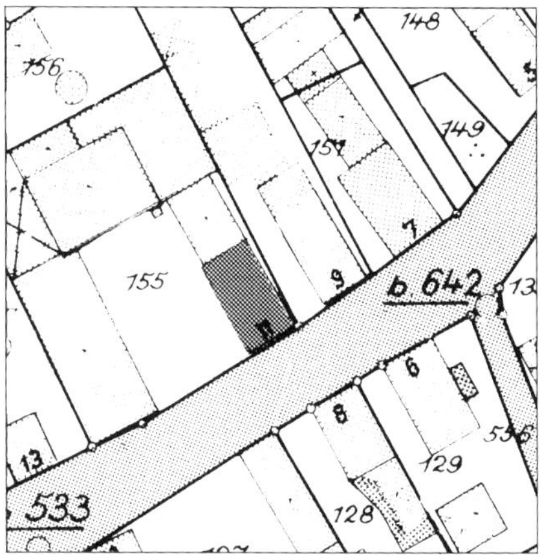

Hintergasse 11
Flur 1 Flurstück 155

Spätbarocker Hakenhof, das Wohnhaus im Straßenbild dominierend. Fachwerk der Zeit des Übergangs vom 18. zum 19. Jh. mit starken barocken Reminiszenzen, z. B. Kopfbänder und Geschoßübersetzungen. Kulturdenkmal wegen seiner städtebaulichen Bedeutung.

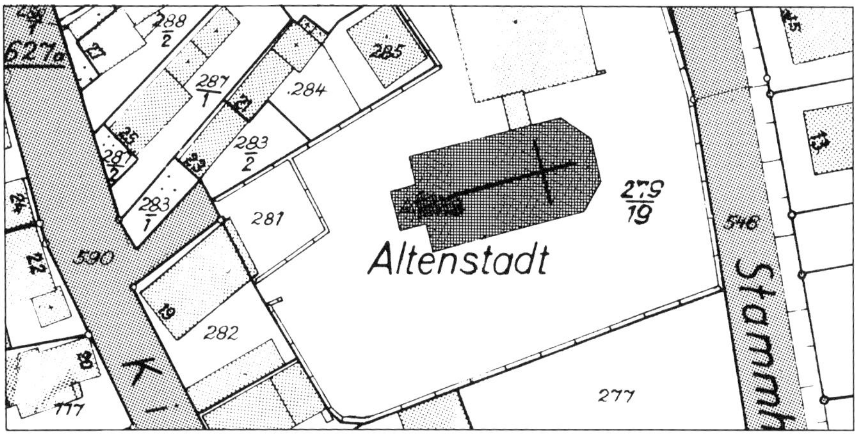

Kirchgasse
Evang. Pfarrkirche
Flur 1 Flurstück 279/19

Die Kirche war mit ihrem befestigten und mit Schießscharten versehenen Westturm (2. H. 15. Jh.) und mit dem befestigten Kirchhof im Mittelalter Teil der mit „Gebück" und Haingraben versehenen Befestigungsanlagen. 1718-20 wurde das mittelalterliche Kirchenschiff durch einen einfachen, längsorientierten Saalraum mit dreiseitigem Chorabschluß versetzt. Bemerkenswert das Südportal mit Datum 1718 und gleichzeitiger kassettierter zweiflügeliger Tür. Im Innern Ausstattung aus der Erbauungszeit, u. a. Emporen mit Brüstungsmalereien nach der von Dillher 1656 in Nürnberg herausgegebenen Bilderbibel, Orgel, Kanzel und Chorgestühl. Auf dem Kirchhof qualitätvolle Grabsteine des 18.-19. Jhs. Die Kirche mit Kirchhof ist Kulturdenkmal wegen ihrer beherrschenden Lage im Ortsbild, der Bedeutung der frühen Wehranlage des 15. Jhs. und der Geschlossenheit der barocken Erneuerung mit ursprünglicher Ausstattung des frühen 18. Jhs.

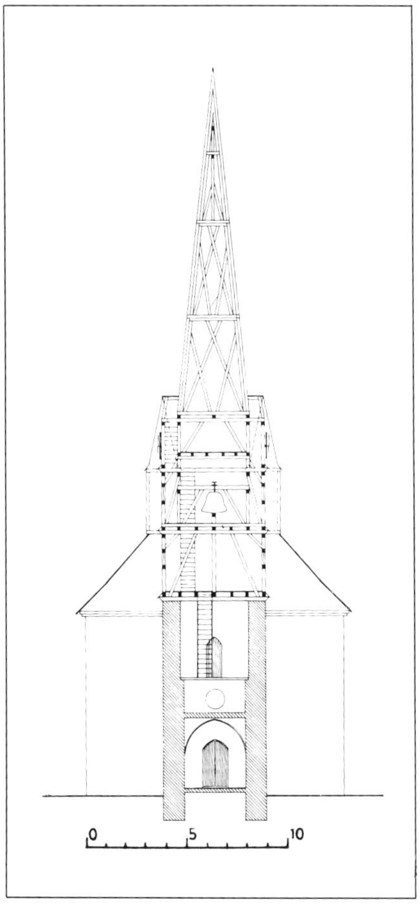

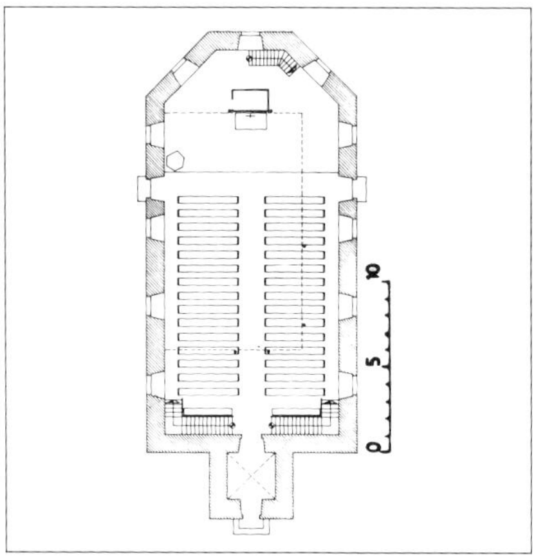

Schnitt durch den Turm
Grundriß

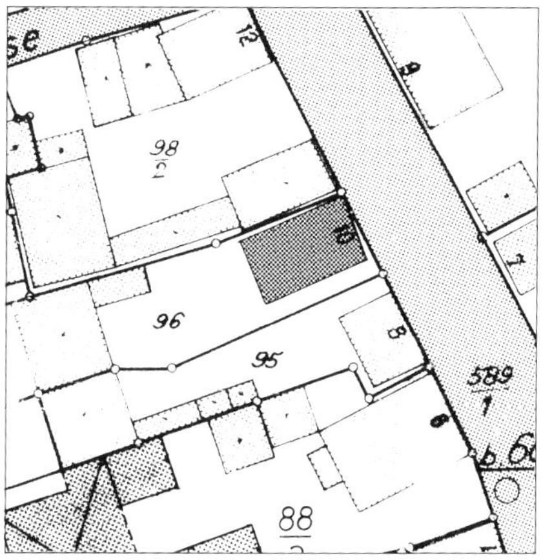

Kirchgasse 10
Flur 1 Flurstück 96

Wohnhaus zu einer Fachwerkhofreite, giebelständig mit seltenem, paarigen, polygonal gebrochenen Fenster und stehendem Stuhl im Giebel, reich profilierten Schwellen und Rähm, Eckpfosten mit gedrehtem Säulchen und urwüchsigen, starken Wilde Mann-Formen. Fachwerk im Erdgeschoß teilweise im 19. Jh. erneuert, sonst ursprünglich um 1700. Kulturdenkmal wegen seiner baukünstlerischen und geschichtlichen Bedeutung als einer der seltenen frühen Fachwerkbauten am Ort.

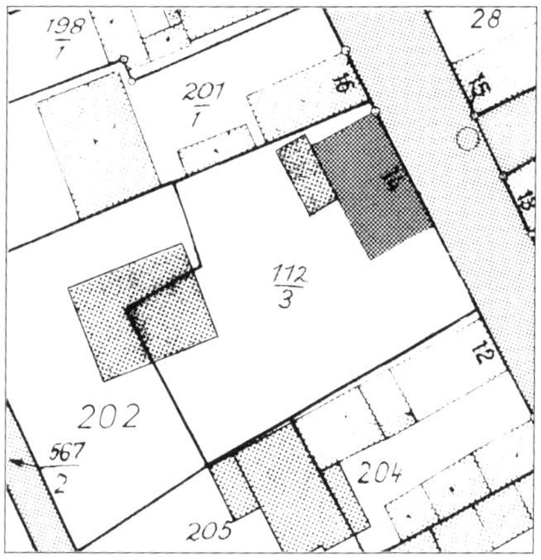

Kirchgasse 14
Flur 1 Flurstück 112/3

Traufenständiges, zweigeschossiges, auch ursprünglich verputztes Fachwerkhaus mit zweiläufiger Freitreppe und Mittelportal. Regelmäßige Anordnung der Fenster, Krüppelwalmdach. Städtebaulich beherrschende Lage an der Ecke Borngasse/Kirchgasse. Ursprüngliche spätbarocke Tür und Sandsteinpfeiler mit hölzernem Hoftor ebenfalls erhalten. Entstanden um 1800. Kulturdenkmal wegen seiner künstlerischen und städtebaulichen Bedeutung.

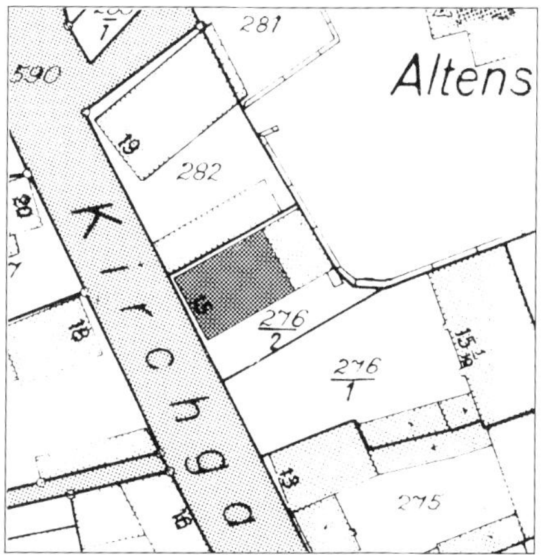

Kirchgasse 15
Flur 1 Flurstück 276/1

Giebelständiges Fachwerkwohnhaus direkt an die Wehrkirchhofmauer angebaut in ortsbildlich notwendiger Rahmenfunktion am Zugang zum Wehrkirchhof. Der Bau mit Asbestzementplatten verkleidet, jedoch wegen der Fensterabstände, der Proportionen, der Geschoßüberstände und Dachform ein unversehrtes, mit gutem Fachwerk versehenes Haus aus der Mitte des 18. Jhs. zu erwarten. Wegen seiner städtebaulichen Bedeutung für die Kirche und das Ortsbild Kulturdenkmal.

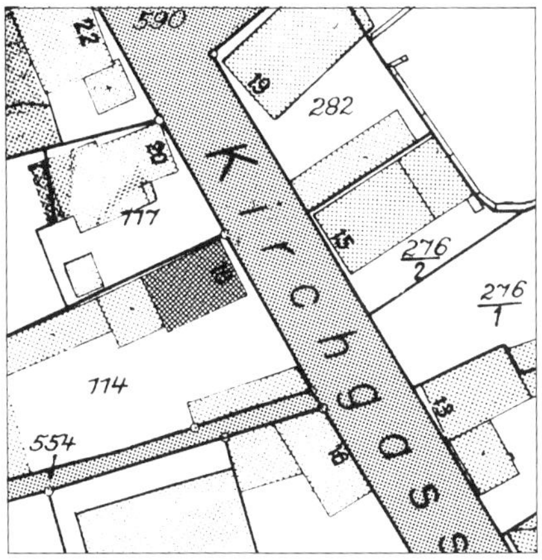

Kirchgasse 18
Flur 1 Flurstück 114

Große L-förmige Hofreite, welche die Ecke der Einmündung der Kleinen Gasse in die Kirchgasse bildet und sie städtebaulich bestimmt. Das Wohnhaus in klarem, konstruktiven Fachwerk der Zeit um 1820. Ausgewogene funktionale Hofanlage mit allen typischen Merkmalen der Spätzeit. Bestes Beispiel dieser Art am Ort. Kulturdenkmal wegen seiner typengeschichtlichen und städtebaulichen Bedeutung.

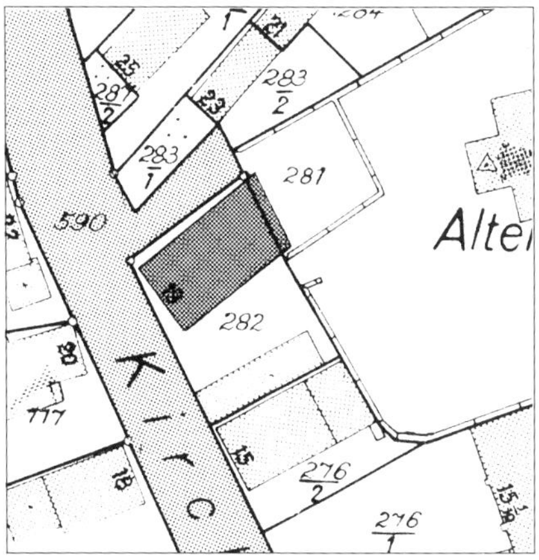

Kirchgasse 19
Flur 1 Flurstück 282

Großvolumiges giebelständiges Fachwerkhaus auf hohem Sockel in ortsbildlich hervorgehobener Lage unmittelbar an die Kirchhofsmauer angebaut, seitliche Begrenzung des Zugangs zur Kirche. Verkleidet, jedoch anhand von Geschoßhöhen, -überständen und Dachform als qualitätvolles barockes Wohnhaus um 1700 identifizierbar. Wegen seiner rahmenden Lage neben der Kirche und der individuellen baukünstlerischen Qualität Kulturdenkmal.

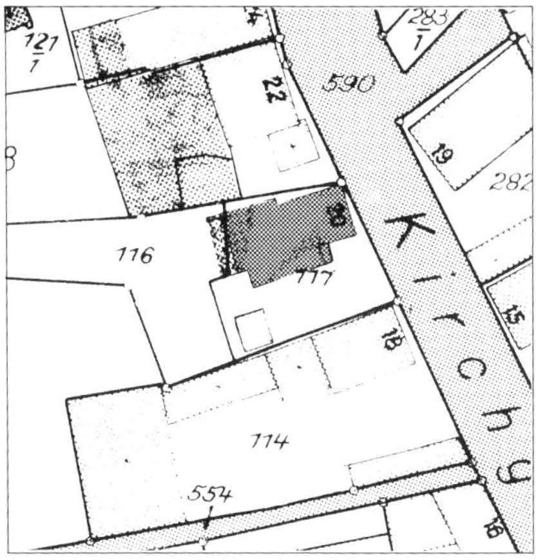

Kirchgasse 20
Flur 1 Flurstück 117

Giebelständiges Fachwerkhaus in korrespondierender Lage gegenüber dem Aufgang zum Wehrkirchhof. Verkleidete Balkenlage, liegender Dachstuhl, Ladeneinbau des 19. Jhs. im Erdgeschoß. Ursprüngliche alte Türpfosten versetzt erhalten, dort Datum 1703, das mit der Entstehungszeit des Wohnhauses zusammenpaßt. Im Hof kleines Stallgebäude des 19. Jhs. Die Ausgewogenheit des Fachwerks des Wohnhauses und seine Lage bedingen die Wertung als Kulturdenkmal wegen seiner künstlerischen Bedeutung.

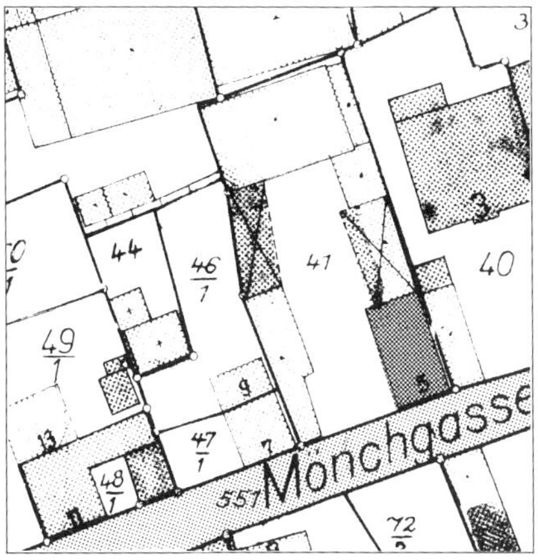

Mönchgasse 5
Flur 1 Flurstück 41

Giebelständige Fachwerkhofreite mit Wohnhaus aus dem späten 17. Jh.; starke, natürlich gewachsene Streben, reiche Fachwerkverstrebung, durchlaufende Profilierung, im Erdgeschoß Fachwerk teilweise erneuert. Ursprünglich noch die barocke Einfriedung mit Sandsteinpfosten. Kulturdenkmal wegen seiner wissenschaftlichen Bedeutung als seltener und frühester Vertreter des Typus des Wetterauer Bauernhauses noch des 17. Jhs. am Ort.

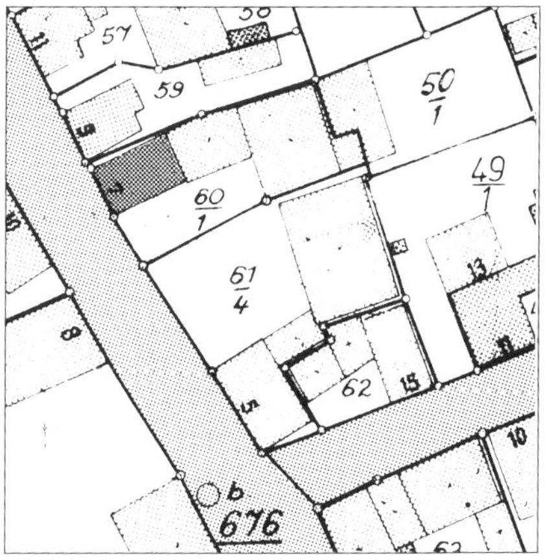

Obergasse 7
Flur 1 Flurstück 60/1

Giebelständige, L-förmige Hofreite, das Wohnhaus mit Krüppelwalm, profilierten Schwellen, zweiläufiger Freitreppe und alter Toreinfassung aus Sandsteinpfeilern. Im hinteren Teil teilweise erneuerte Stall- und Wirtschaftsgebäude erhalten. Über dem Eingang ursprüngliches biberschwanzgedecktes Schutzdach. Die Anlage wird wegen ihres guten Erhaltungszustandes des Gesamtzusammenhanges aus baugeschichtlichen Gründen als Kulturdenkmal eingestuft.

Obergasse 12
Flur 1 Flurstück 204

Giebelständiges, zweigeschossiges Fachwerkwohnhaus. Das voluminöse, in den Geschossen übersetzte Haus mit Krüppelwalm wirkt stark in den Straßenraum. Proportionen, Fensterstellung und Geschoßüberstände weisen auf eine Entstehung in der 1. Hälfte des 18. Jhs. und ein relativ reiches Schmuckfachwerk hin. Wegen seiner Bedeutung für das Straßenbild und seiner handwerklich-künstlerischen Qualitäten Kulturdenkmal.

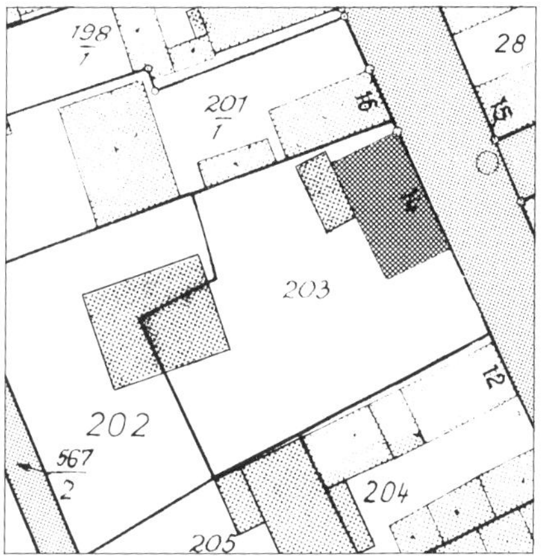

Obergasse 14
Flur 1 Flurstück 203

Traufenständiges, breitgelagertes Fachwerkwohnhaus unmittelbar gegenüber der Einmündung der Borngasse in für das Ortsbild bestimmender Lage. Symmetrische Anlage des Portals in dem dreizonigen Bau aus dem Beginn des 18. Jhs., der im frühen 19. Jh. erneuert wurde. Die Wirtschaftsgebäude insgesamt abgebrochen, die alten Portalpfosten erhalten sowie eine Abschlußmauer zum Reul. Das eiserne, kassettierte Tor abgängig. Wegen seiner Bedeutung für die städtebauliche Situation Kulturdenkmal.

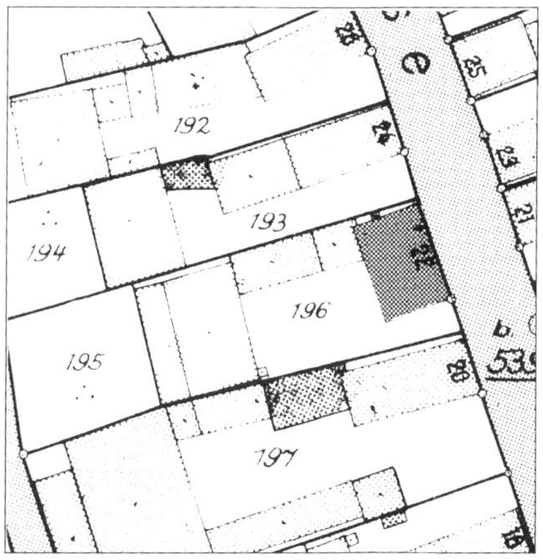

Obergasse 22
Flur 1 Flurstück 196

Hakenförmige Hofreite mit traufständigem Fachwerkwohnhaus. Dieses mit stark profilierter Schwelle mit plastischen Füllhölzern. Im Obergeschoß kraftvolle breite Streben mit Kopfband und Gegenstrebe, im nördlichen Hausteil z. T. erneuert. Der Bau stellt einen der wenigen frühen, in das späte 17. Jh. datierenden Bauten am Ort dar und hat eine wichtige Position im Straßenbild. Deshalb Kulturdenkmal aus wissenschaftlichen und städtebaulichen Gründen.

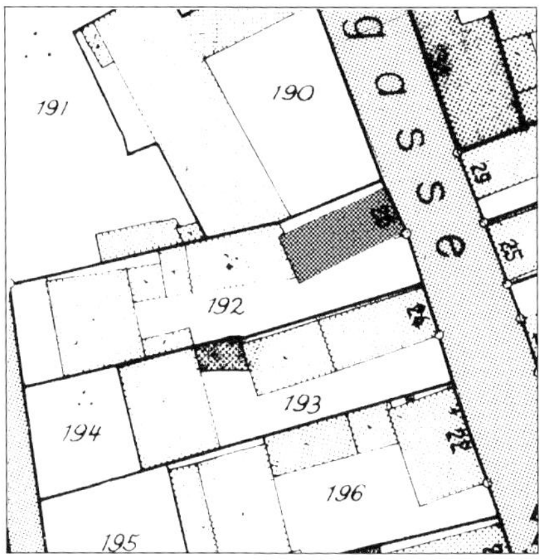

Obergasse 26
Flur 1 Flurstück 192

Giebelständiges Fachwerkwohnhaus, Teil einer L-förmigen Hofreite; um 1700 mit reichem baukünstlerischen Dekor: urwüchsig gebogene Streben mit Kopfbändern im Obergeschoß, im Giebel stehender Stuhl mit rautenförmiger Aussparung und bekrönendem Feuerbock. Barocke, steinerne Torpfosten mit eisernem Tor mit Gußornamentik, 2. Hälfte 19. Jh. Kulturdenkmal wegen der handwerklich-baukünstlerisch originellen, seltenen Ausgestaltung der Fachwerkornamentik.

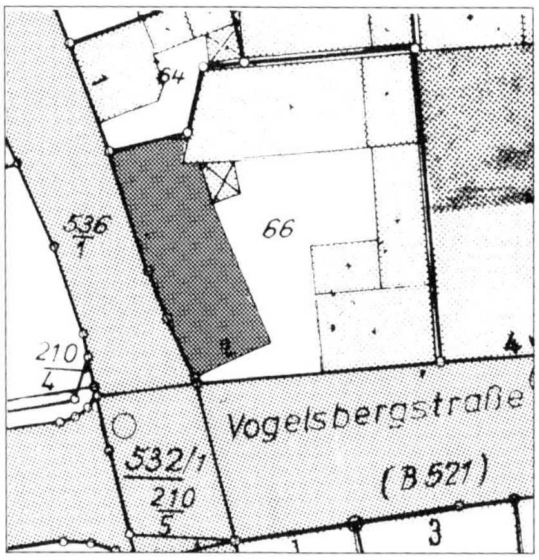

Vogelsbergstraße 2
Flur 1 Flurstück 66

Giebelständiges Fachwerkhaus von zwei Geschossen, mit der Traufseite weit in die Obergasse hineinreichend, zwei Bauabschnitte, Bestandteil einer großen Hofanlage, datiert 1667. Im Giebel reiche Fachwerkfiguration, Andreaskreuz und Rauten. Ursprüngliches Wirtshausschild mit Ausleger, spätes 18. Jh. Der Bau befindet sich in wichtiger Lage am Ortseingang an einer alten Straßengabelung, der Straße nach Friedberg und der Straße nach Frankfurt.
Wegen des baukünstlerischen Wertes des Fachwerks, der ortshistorischen Bedeutung als alter Gasthof am Ortsausgang, sowie der städtebaulichen Situation ist das Haus als Kulturdenkmal zu werten. Der Ausleger mit Schild gilt als Bestandteil des Kulturdenkmals.

links: Kloster Engelthal
oben: historische Gesamtaufnahme
oben rechts: Langer Bau
rechts: Ökonomiegebäude
mitte: „Nonnenbau"
rechts: Äbtissinnenbau

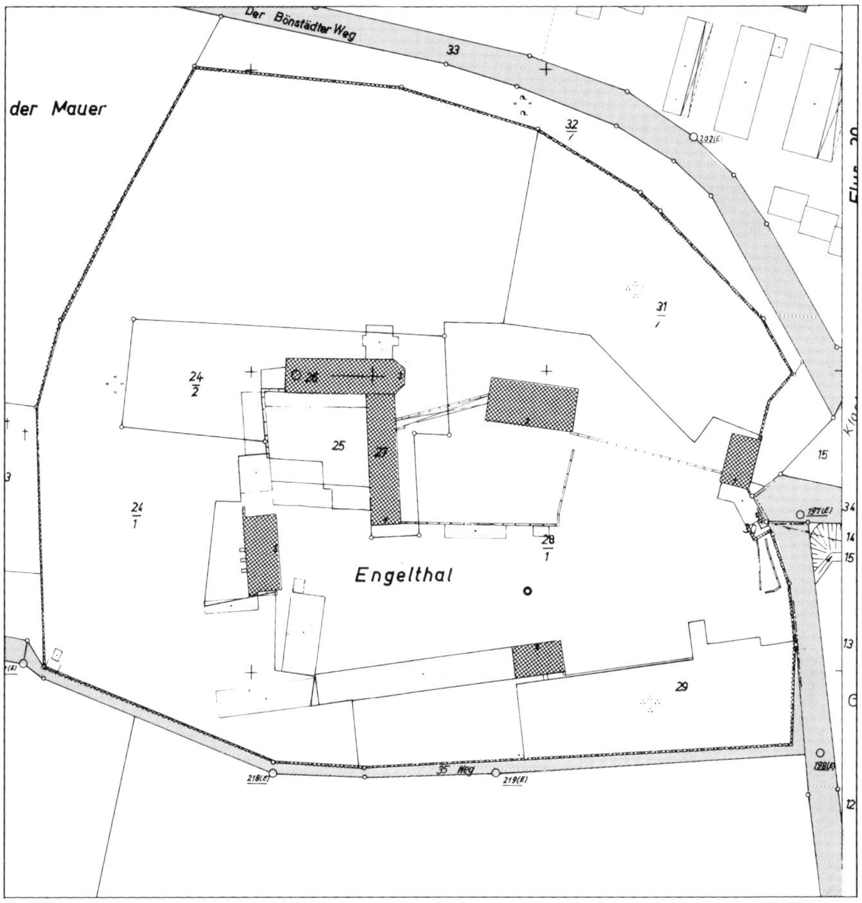

Kloster Engelthal
Flur 20 Flurstück 24/1, 24/2, 28/1, 29, 31

Geschlossene, ummauerte Klosteranlage, 1268 von den Herren von Buches und einem Ritter von Carben als Zisterzienserinnenkloster gestiftet, frei in einer Talmulde gelegen, den Anforderungen des Ordens entsprechend. Der mittelalterliche Kern in Grundriß und Kellern erhalten. Nach Zerstörungen im 30-jährigen Krieg Wiederaufbau und Erweiterung. Im Kern frühgotische, einschiffige Klosterkirche mit Dreiseitschluß; 1692 grundlegend erneuert, 1962 neugestaltet. Barockes Altarretabel 1701, Dekoration 1731, Orgel 1715/20. Stiftergrabmal Konrad von Buches 1294. Im Süden anschl. der sog. Lange Bau, 1666, mit verputztem Fachwerk-OG und die spätgotischen Keller des Westflügels. An der Südwestecke der Kernanlage der sog. „Nonnenbau", das Dormitorium, im EG 13. Jh., OG um 1750 aufgestockt. Östlich der Kirche Äbtissinnenbau, 1750, mit Portal u. Freitreppe. Parallel zur südlichen Klausurmauer Wirtschaftsgebäude mit Gesindehaus, 18. Jh., Torhaus 1740. Das Kloster mit Klausurmauer und allen Gebäuden ist als Sachgesamtheit Kulturdenkmal aus geschichtlichen und künstlerischen Gründen.

Gesamtanlage Brunnenstraße

Gleichmäßige, städtebaulich eindrucksvolle Aneinanderreihung von hakenförmigen Hofreiten, überwiegend des 18. Jhs. mit einfachem, konstruktiven Fachwerk, leicht profilierten Schwellen und Rähm. Die ursprüngliche Situation ist weitestgehend erhalten und nur teilweise durch moderne Anbauten gestört. Ursprünglicher Laufbrunnen vor dem Grundstück Nr. 11 mit alter, gußeiserner Brunnensäule um 1880 erhalten. Die Grundstücksgrößen dieser Gesamtanlage sind unterschiedlich. Am Ortsausgang zwei übergroße Höfe mit L-förmigem Grundriß und Anbauten. Als Sonderform zur Straße hin hohe Speicherbauten mit Seilzugausleger. Die beiden großen Ökonomiehöfe mit ihren Bruchstein-Wirtschafts- und Stallgebäuden stammen aus der Zeit um 1870, der eine Speicherbau ist ebenfalls in dunklem Basaltbruchstein, die Gewände in Sandbruchstein, die Ecken in Haustein hervorgehoben.

Gesamtanlage Rodenbacher Straße

Ursprüngliche, L-förmige Hofreiten erhalten in einfachem, konstruktiven Fachwerk aus dem frühen 19. Jh. Die Scheunen bemerkenswert mit massivem Bruchsteinmauerwerk und Hausteinkanten. Die homogene Abfolge der Hofreiten bildet einen wichtigen Akzent im Ortsbild. Die Erhaltung der Gesamtanlage liegt im öffentlichen Interesse.

links unten
Blick in die Brunnenstraße
unten
Blick in die Poststraße

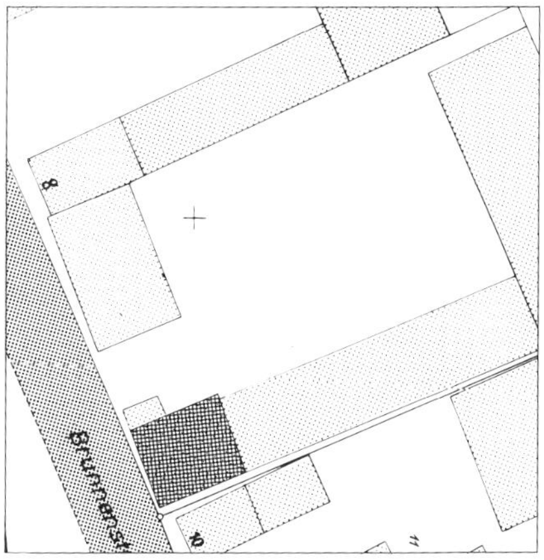

Brunnenstraße 8
Flur 1 Flurstück 9

Innerhalb der Gesamtanlage Brunnenstraße 8-24 liegt das sog. Brennhaus, ein zweigeschossiger massiver Basaltbruchsteinbau mit Sandsteingliederungen aus der Zeit um 1870. Das Gebäude, das innerhalb des Ortsbildes durch Material und Größe auffällt, diente als Bestandteil des Hofes zur Branntweindestillation, heute zu Lagerzwecken genutzt. Wegen seiner technikgeschichtlichen Aussage und seiner Bedeutung für die Ortsgeschichte Kulturdenkmal.

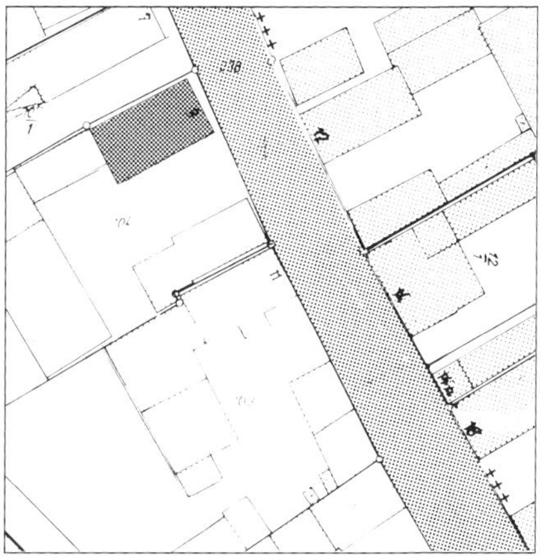

Brunnenstraße 9
Flur 1 Flurstück 104

Geschlossen erhaltene L-förmige Hofanlage mit giebelständigem Wohnhaus zur Straße hin. Einfaches, geometrisches Fachwerk aus der Zeit um 1800, ebenso die Scheune. Schwach profilierter Schwellenrähmbereich, im Giebel regelmäßiger, verbreiterter Anfangssparren. Kulturdenkmal wegen seiner städtebaulichen Bedeutung innerhalb des Straßenraumes als Fixpunkt in der Gesamtanlage und wegen der Geschlossenheit der Hofreite.

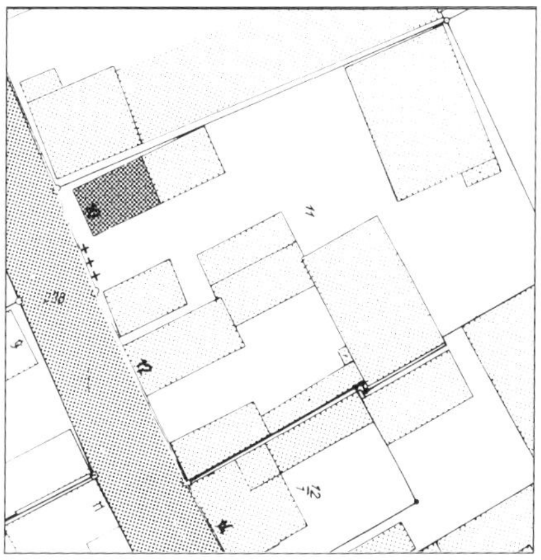

Brunnenstraße 10
Flur 1 Flurstück 11

L-förmige Hofreite mit giebelständigem Fachwerkwohnhaus. Geschweifte Eckstreben, geschwungene Kopfbänder auf dem Brüstungsriegel aufliegend. Um 1700. Der Scheunenbau aus Basaltbruchstein mit Sandsteingewänden um 1870 in klaren, funktionalen Formen. Als frühester, erhaltener Vertreter des Fachwerkbaues am Ort und wegen der seltenen Fachwerkfigurationen Kulturdenkmal aus wissenschaftlichen und baugeschichtlichen Gründen.

Brunnenstraße 11
Flur 1 Flurstück 103

Fachwerkhof in L-förmiger Ausrichtung, die Scheune datiert 1788, teilweise massiv erneuert; das Wohnhaus in Giebelstellung zur Straße mit symmetrisch ornamentiertem Giebel und seltenem Rundbogenfenster im Giebeldreieck; durchlaufende Profilierung. Die Schwelle ebenfalls profiliert, die Balkenköpfe konvex verschalt; erbaut im späten 18. Jh. Kulturdenkmal wegen seiner künstlerischen Bedeutung als qualitätvoller Vertreter des Übergangsstils vom barokken Fachwerk (Giebel) zum klassizistisch-konstruktiven (1. Obergeschoß).

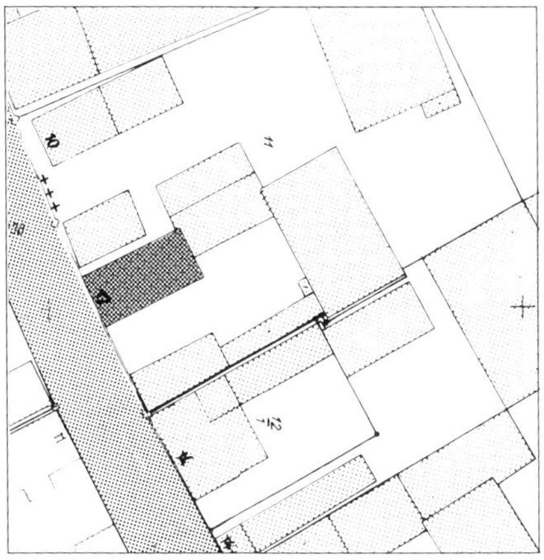

Brunnenstraße 12
Flur 1 Flurstück 11

Ursprünglich erhaltene, geschlossene Hofreite. Parallel zum Wohnhaus in Giebelstellung massives Sandsteingebäude mit Fachwerkgiebel um 1800. Das Wohnhaus giebelständig mit profilierten Schwellen und Rähm, steilen, einwärts gekehrten Eckstreben und Fußgegenstreben, spätes 18. Jh. Kulturdenkmal wegen seiner baugeschichtlichen Bedeutung als komplett erhaltene Hofreite mit qualitätvollen Fachwerkfiguren des Spätbarock am Wohnhaus.

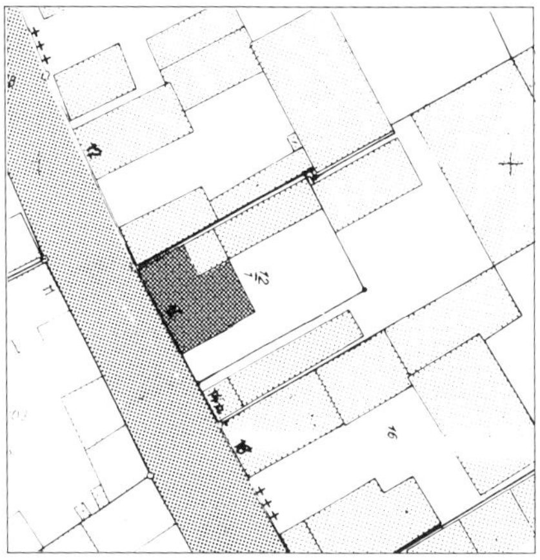

Brunnenstraße 14
Flur 1 Flurstück 12/1

Unregelmäßige Hofanlage, das Haus in Traufstellung zur Straße, heute mit Asbestzementplatten verkleidet; Geschoßüberstände, die Fenster zum großen Teil noch am ursprünglichen Ort. Unter der Verkleidung gutes Zierfachwerk des 18. Jhs. Der Bau durchbricht das Giebelschema der Wohnhäuser und bereichert mit seiner Traufenansicht das Straßenbild, deshalb aus städtebaulichen Gründen Kulturdenkmal.

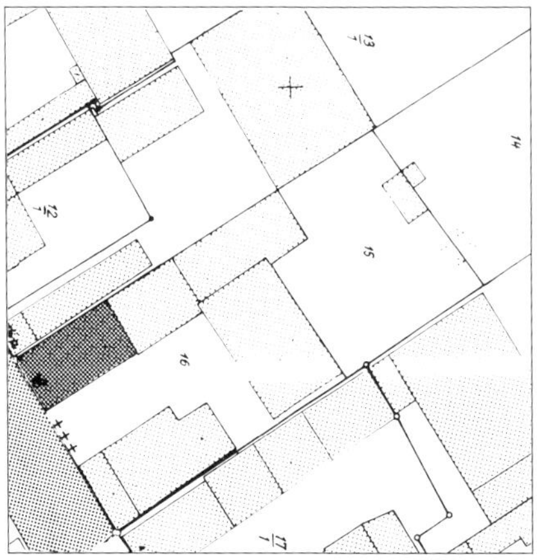

Brunnenstraße 16
Flur 1 Flurstück 16

Dreiseithofanlage, Wohnhaus giebelständig zur Straße, einfaches konstruktives Fachwerk mit seltsamen Viertelkreisgegenstreben und Andreaskreuz sowie parallel schräg verlaufenden Fachwerkzierverbänden. Um 1820. Scheunen- und Stallgebäude im Sandsteinsockel datiert 1850. In sich geschlossene, völlig ungestörte Anlage. Kulturdenkmal wegen ihrer künstlerischen Bedeutung als qualitätvoller Vertreter eines frühen Historismus im Fachwerk.

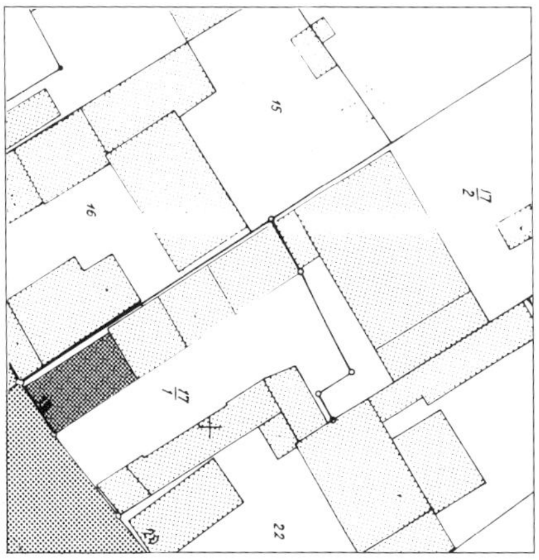

Brunnenstraße 18
Flur 1 Flurstück 17/1

Hofanlage mit längsorientiertem, giebelständigen Wohnhaus an der Straße, dahinter Stall- und Scheunengebäude, kleines Altenteilhäuschen. Wohngebäude um 1800 mit innenlaufenden Gegenstreben. Bemerkenswertes eisernes Tor, um 1900. Kulturdenkmal aus städtebaulichen und künstlerischen Gründen als besonderer Akzent in der Gesamtanlage sowie der guten handwerklichen Details des späten 19. Jhs.

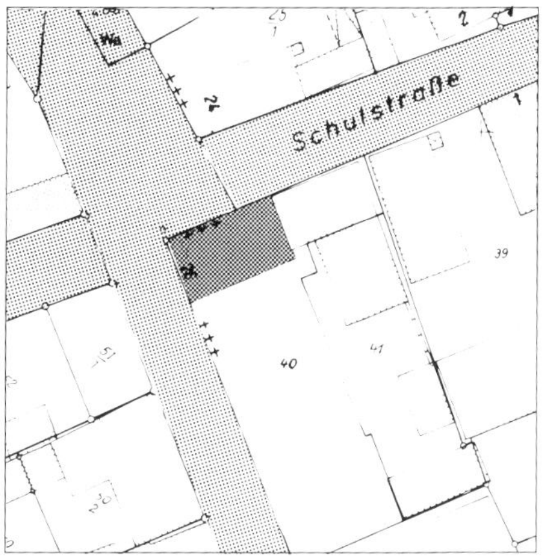

Brunnenstraße 26
Flur 1 Flurstück 40
Rathaus

Zweigeschossiger Fachwerkbau an der Gabelung der drei wichtigsten Ortsstraßen als zentraler Blickpunkt. Giebelseite verkleidet, Dach mit Krüppelwalmschopf. Nach innen gekehrte Streben, seltene viertelkreisartige Gegenstreben. Um 1770. Kulturdenkmal aus städtebaulichen Gründen, wegen der geschichtlichen Bedeutung und aus künstlerischen Gründen wegen der seltenen Fachwerkausformung.

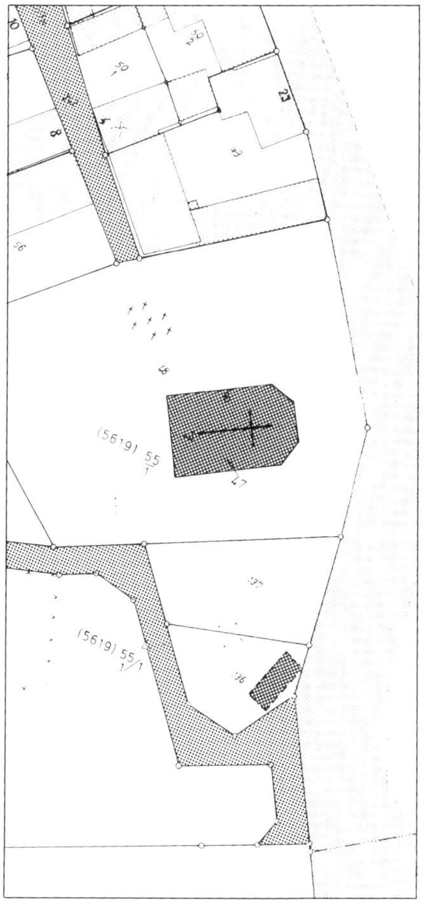

Poststraße 6
Flur 1 Flurstück 47
Evangelische Kirche

Einfacher Saalbau mit dreiseitigem Chor und Giebeldachreiter. Nordportal, im Sturz datiert mit dem Erbauungsjahr 1737, darüber Segmentgiebel mit Ysenburger Wappen. Im Innern nach Brand 1945 neu ausgestattet. Die Kirche ist Kulturdenkmal wegen ihrer Bedeutung für die Ortsgeschichte, wegen ihrer prägnanten Lage als Auftakt am Ortseingang und wegen der baukünstlerischen Qualität der Einzelteile. Zur Kirche gehört der Friedhof mit Umfassungsmauer und einfachen, handwerklich gut ausgeführten Grabdenkmalen des 18. und 19. Jhs. Der Friedhof ist Gesamtanlage.

Poststraße 6
Flur 1 Flurstück 136

An die Gesamtanlage Kirchhof schließt ein in seine Böschung hineingetriebener Keller, wohl der Pfarrkeller, an, ebenfalls 18. Jh., dessen Stirnseite in Bruchstein aufgemauert ist, in der zwei Rundfenster sitzen. Seltener Vertreter eines in der östlichen Wetterau früher typischen Vorratslagers für Wein u. a., deshalb Kulturdenkmal wegen seiner Bedeutung für die Wissenschaft.

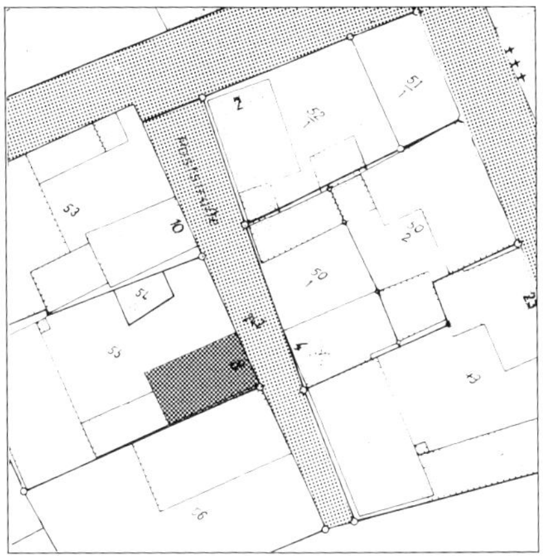

Poststraße 8
Flur 1 Flurstück 55

Der Bau dominiert im Gäßchen und bildet gemeinsam mit dem gegenüberliegenden Haus die äußere Begrenzung einer torartigen Situation. Ungestörter Fachwerkverband der 1. Hälfte des 18. Jhs. mit symmetrisch angeordneten Wilde Mann-Formen, Kopfgegenstreben. Fachwerk im Erdgeschoß z. T. erneuert, der umfangreiche Scheunenbau als hinterer Hofabschluß aus gleicher Zeit. Kulturdenkmal aus städtebaulichen und künstlerischen Gründen.

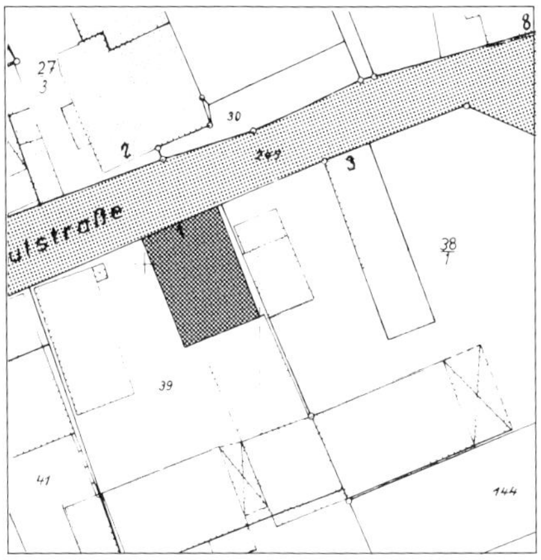

Schulstraße 1
Flur 1 Flurstück 39

Fachwerkscheune, Mitte 18. Jh., mit massivem Stallteil. Das Fachwerk in urwüchsiger, dreizinkiger Anordnung mit Viertelkreisfußstreben, eine eigentümliche, im 18. Jh. sonst unübliche Sonderform. Der Bau hat auch in städtebaulicher Hinsicht Bedeutung, da er mit der Giebelseite den durch Abbrüche entstandenen Platz vor dem Rathaus rahmt.. Kulturdenkmal aus wissenschaftlichen Gründen sowie wegen seiner Funktion im Ortsbild.

Höchst an der Nidder

Die Burg Höchst, 1245 zum ersten Mal genannt, war im Mittelalter berüchtigt als Raubritterburg. 1405 geschleift, 1424 Neuerrichtung an anderer Stelle; die Lage der beiden Anlagen ist heute unbekannt.

Das Dorf entwickelte sich wohl erst in der Folge entlang einer Straße, die parallel zum Mühlgraben verläuft. Eine wichtige Mühle, die Klostermühle von Engelthal, wurde hier seit dem Mittelalter betrieben, die jetzige Anlage wurde 1718 errichtet. Im gleichen Jahr erbauten die Herren von Carben ein Herrenhaus mitten im Ort direkt neben dem Kirchhofbereich. Ob dort ein Vorgängerbau bestand, ist nicht bekannt. 1756 gerieten Schloß und Herrschaft durch Verkauf an den Freiherren von Günderrode. Entlang der Mittelstraße reihen sich schmale Zweiseithöfe, vor allem des 18. Jhs., die zum Teil noch unversehrt erhalten sind. Der Schwerpunkt des Dorfes liegt im Bereich der Aufweitung der Mittelstraße zwischen alter Schule und Kirche. Dort lag auch das alte Pfarrhaus, ein bedeutender Renaissancefachwerkbau, der um 1970 abgebrochen wurde. Dennoch ist das Straßendorf mit dem ungestörten Übergang der Parzellen der örtlichen Bebauung der Mittelstraße in die Flur als Einheit in historischer und dorfbaulicher Hinsicht zu sehen.

Gesamtanlage
Mittelstraße

Der guterhaltene Kernbereich des Dorfes wird gebildet von kleinen giebelständigen Hakenhofreiten des 18. und 19. Jhs. mit meist intakten Stall- und Scheunengebäuden. Im Bereich des Chors der Kirche ist diese Baugruppe für das Ortsbild von besonderer Bedeutung, aber auch von sozialgeschichtlichem Wert, da hier ursprünglich nicht vermögende Bauern, sondern Landarbeiter und Kleinbauern, die sich bei der Herrschaft verdingten, ihren Wohnsitz hatten.

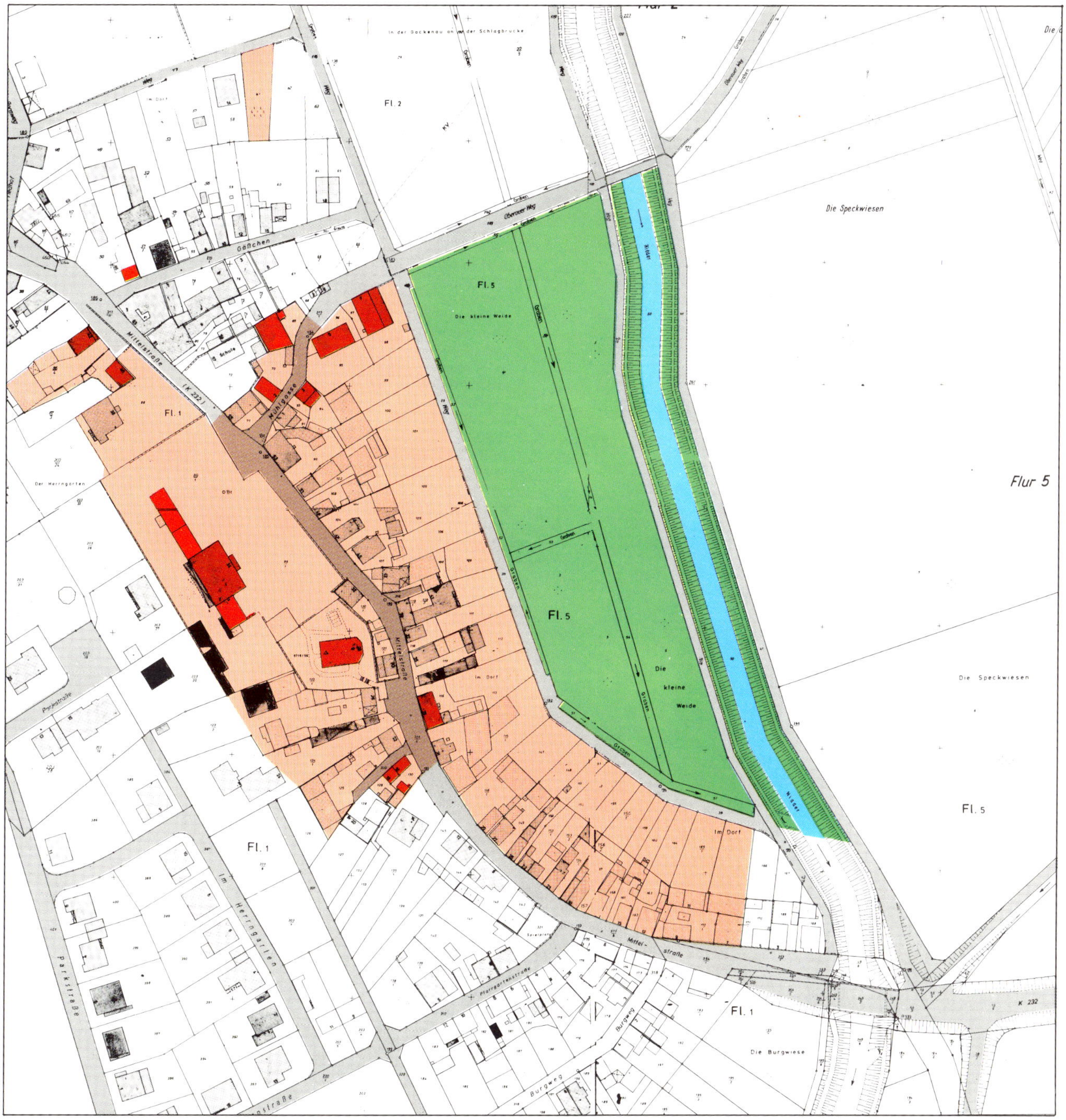
Fl. 2
Fl. 5
Die kleine Weide
Die Speckwiesen
Flur 5
Fl. 1
Im Dorf
Die Burgwiese
K 232
Parkstraße

Judenfriedhof
Flur 1 Flurstück 61

Längsorientierte Parzelle unmittelbar am Ortsrand gelegen. Regelmäßig aufgereihte Sandsteingrabsteine, teilweise mit Giebel- oder Halbrundbekrönung. Grabsteine überwiegend in rotem Sandstein, teilweise hebräisch und deutsch beschriftet. Die frühesten Bestattungen Anfang des 19. Jhs.; die jüngsten Steine in schwarzem Granit, eine Bestattung 1898, jeweils eine 1904, 1917 und 1925. Wegen der Bedeutung für die jüdische Kultur und die Geschichte des Ortes Gesamt anlage

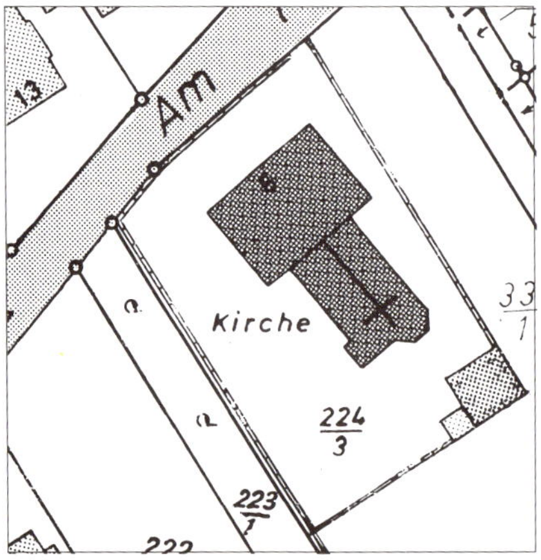

Am Herrenzaun 5
Flur 1 Flurstück 224/3
Ev. Luth. Pfarrkirche
Ausgefallene Kombination von Pfarrhaus und Pfarrkirche in Ziegelmauerwerk, unverputzt mit Werksteinteilen. Im Inneren hölzernes Kreuzgewölbe von drei Jochen, sparsame neugotische Ausstattung. Das Pfarrhaus ist der Kirche im Westen vorgelagert. Entstanden 1884. Das Anwachsen einer lutherischen Gemeinde im 19. Jh. war Ursache für den Bau einer zweiten Kirche. Wegen der interessanten Lösung der beiden Nutzungen und wegen der Bedeutung für die Glaubensgeschichte am Ort Kulturdenkmal.

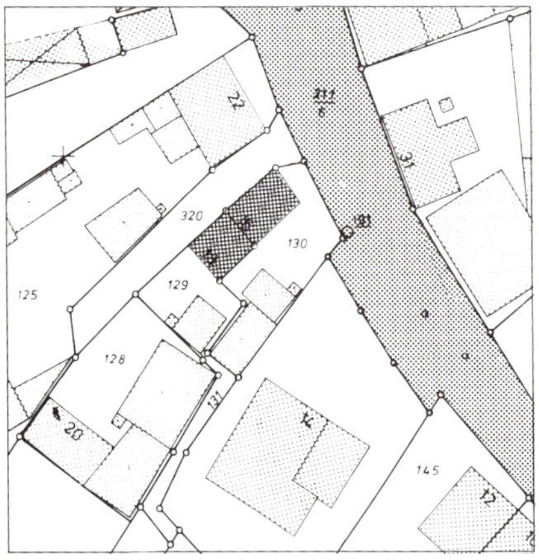

Mittelstraße 16/18
Flur 1 Flurstück 129/130
(2 Eigentümer)

Kleiner, giebelständiger Fachwerkbau aus der 1. Hälfte des 18. Jhs. in einfachem, konstruktiven Fachwerk, selten der erhaltene kleine Stall- und Wirtschaftsbau aus der gleichen Zeit. Im Giebel ungewöhnliche Dachstuhlform mit breiten Sparrenvorsätzen. Kulturdenkmal wegen seiner sozialgeschichtlichen Bedeutung als Hof eines Landarbeiters in Verbindung mit einem selten gut erhaltenen Zusammenhang der Einzelteile der Hofreite.

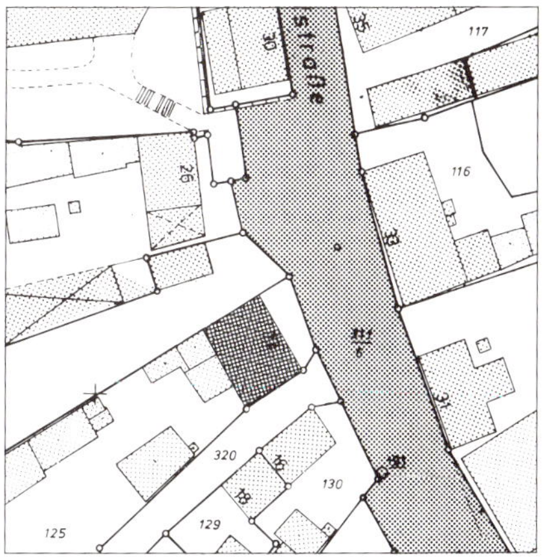

Mittelstraße 22
Flur 1 Flurstück 125

Fachwerkbau aus der Mitte des 18. Jhs. mit doppelt profilierter Schwelle und verschalten Balkenköpfen, im Obergeschoß Wilder Mann. Erdgeschoß im Traufenbereich massiv erneuert. Ursprüngliche barocke Füllungstür aus der 1. Hälfte des 18. Jhs. erhalten. Wegen der baukünstlerischen Qualität des Fachwerks und der seltenen Ausstattung (Tür), ebenso wegen der platzrahmenden Funktion des Baues Kulturdenkmal (künstlerische und städtebauliche Bedeutung).

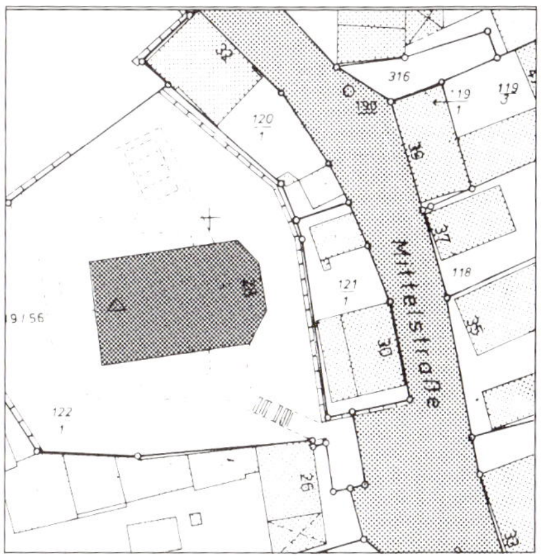

Mittelstraße 28
Flur 1 Flurstück 122/1
Evangelische Pfarrkirche

Saalbau mit dreiseitigem Schluß, die Silhouette des Dorfes prägend, datiert 1601. Schmuckloser Innenraum, gute historisierende Glasfenster; Empore der gleichen Zeit mit Szenen aus dem Leben Jesu. Kanzel 17. Jh. Auf der Empore Orgelprospekt, spätes 17. Jh. Zahlreiche Grabsteine, 17. u. 18. Jh. Kulturdenkmal aus künstlerischen, geschichtlichen und städtebaulichen Gründen.

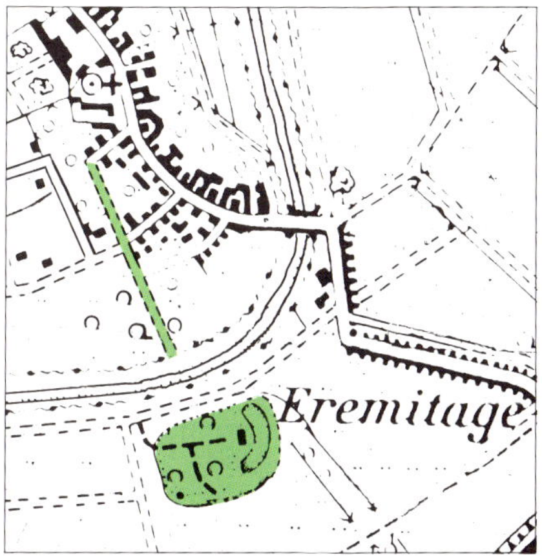

Gesamtanlage
Eremitage

Reste einer barocken Einsiedelei, die durch eine bepflanzte Achse mit dem Schloßgarten in Verbindung stand. Heute ein Wäldchen mit Lichtung. Die ursprüngliche Einheit von Schloß, Garten und Eremitage ist noch ablesbar. Gesamtanlage aus gartenkünstlerischen und ortsgeschichtlichen Gründen.

Luftfoto:
Freigabe Nr. Präs. Da HLVA 18/78
mit Genehmigung des Hess. LVA
Vervielfältigungs-Nr. 8/82

Mittelstraße 34
Flur 1 Flurstück 89/1
Schloß der Freiherren von Günderrode

Zweigeschossiges Herrenhaus mit Mansarddach, zweiläufiger Freitreppe, Mittelportal mit später angebrachtem Balkon im Obergeschoß. Seitlich zurückgesetzter Bibliothekspavillon v. 1766 bzw. später Fachwerkanbau. Erbaut 1718 (Datum im Sturz des Portals). Die Balustrade mit Putten vor der Pavillonterrasse modern. Balkonkonsolen Anfang 19. Jh. Das Herrenhaus wurde insgesamt um 1820 innen und außen erneuert und war ursprünglich zur Straße hin von Wirtschaftsbauten verdeckt, die heute abgebrochen sind. In der Lünette Wappen mit Stern und Vogel. Einfacher, jedoch klar gegliederter barocker Bau, der die politische Geschichte des Ortes im 18. Jh. repräsentiert und auch noch heute im Dorfbild dominiert. Deshalb Kulturdenkmal aus künstlerischen, geschichtlichen und städtebaulichen Gründen.

Schloß, Ostansicht

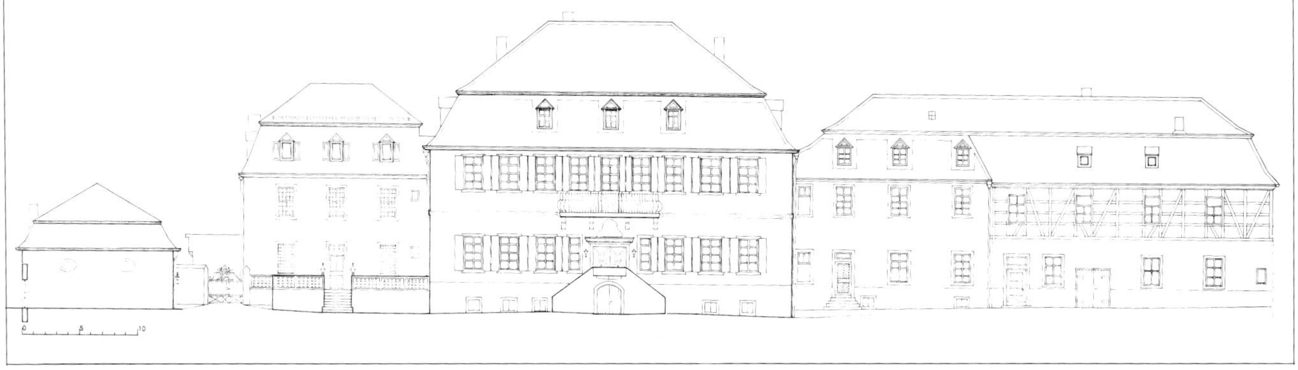

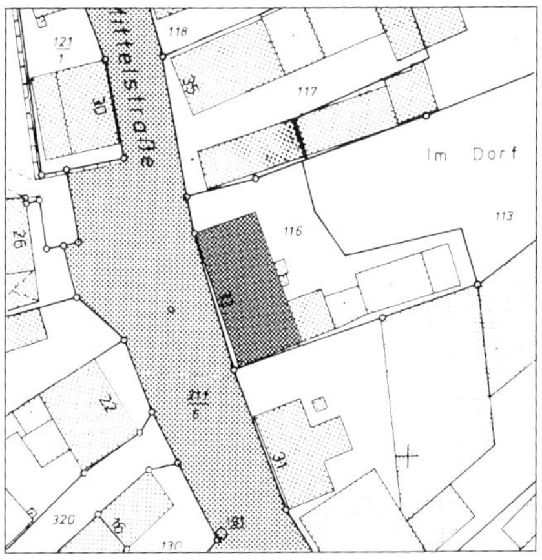

Mittelstraße 33
Flur 1 Flurstück 116
ehemalige Schule

Zweigeschossiges, traufständiges Fachwerkhaus mit Basaltsockel, in der Mittelachse durchgehende Wilde Mann-Form, entstanden Anfang 18. Jh. Der Bau in seinen zurückhaltenden klaren Formen hat eine wichtige Funktion im Straßenbild gegenüber dem ehemaligen Pfarrhaus und bildet die Rückwand einer kleinen, platzartigen Erweiterung der Straße im Ortsmittelpunkt. Wegen dieser Funktion und wegen seiner Bedeutung für die Ortsgeschichte als alte Schule Kulturdenkmal.

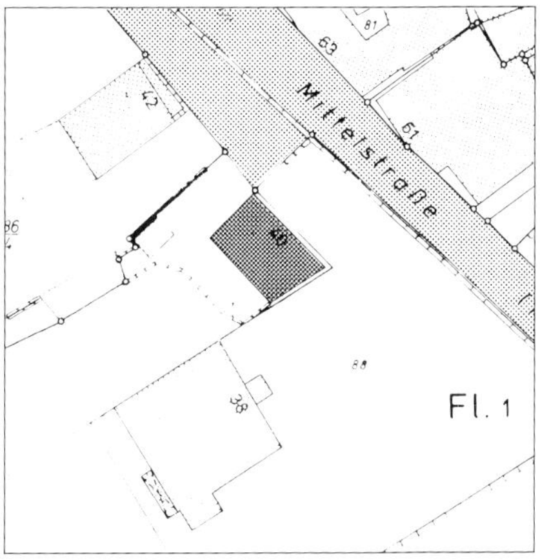

Mittelstraße 40
Flur 1 Flurstück 87/3

Verputzter barocker Fachwerkbau unmittelbar am alten Eingangsbereich zum Schloßgebäude. Da die ursprüngliche Fensterteilung und das Krüppelwalmdach erhalten sind, ist ein guter Bau — nach den Proportionen Anfang 18. Jh. — mit Zierfachwerk zu erwarten. Das Haus nimmt eine prominente Lage im Straßenbild vor dem Schloß ein und ist deshalb und wegen seiner baukünstlerischen Qualität als Kulturdenkmal einzustufen.

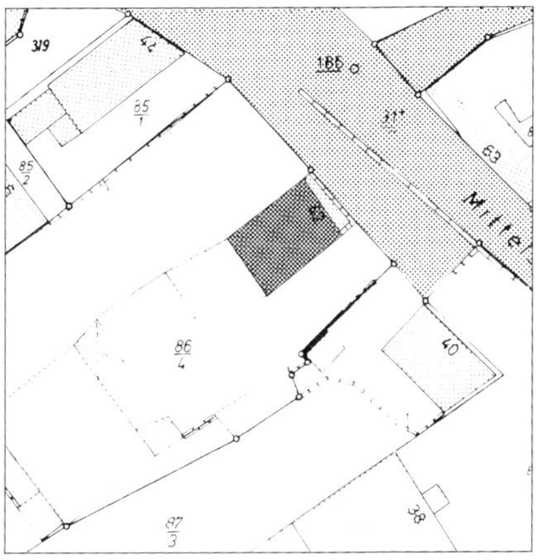

Mittelstraße 42
Flur 1 Flurstück 86/4

Verschindelter Fachwerkbau des 18. Jhs. mit reicher Gründerzeitausstattung (Fensterumrahmungen, Verschindelung, Geländer an der Freitreppe). Das Haus ist wegen der topographischen Situation — starkes Gefälle zur Mittelstraße vor der Gesamtanlage Schloßbereich — wichtig. Deshalb und wegen der baukünstlerischen Bedeutung des Barockbaus mit Gründerzeitausstattung Kulturdenkmal wegen der städtebaulichen und künstlerischen Bedeutung.

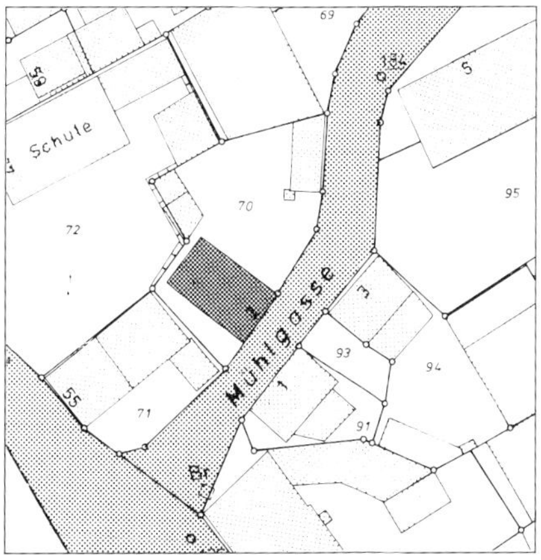

Mühlgasse 2
Flur 1 Flurstück 70

Kleines Fachwerkhaus in Giebelstellung zur Mühlgasse, vorderes Hausdrittel ursprünglich frühes 18. Jh., hinterer Teil stark erneuert. Das Haus zeichnet sich durch starke Wirkung im Straßenraum aus und wirkt städtebaulich als Pendant zur Engelthaler Mühle. Deshalb Kulturdenkmal aus städtebaulichen Gründen.

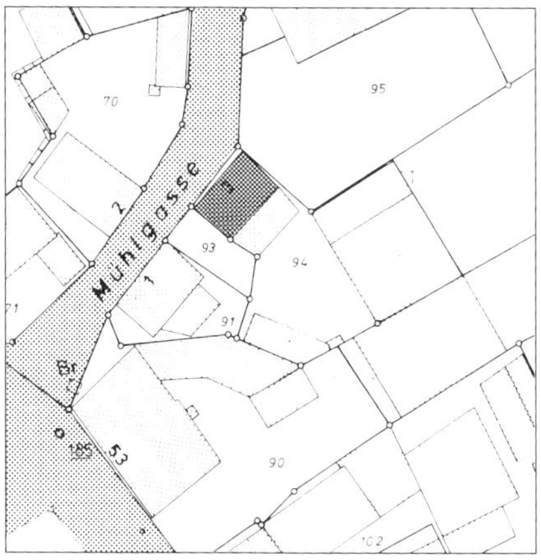

Mühlgasse 3
Flur 1 Flurstück 94

Kleines, traufständiges Wohnhaus, wohl eines Landarbeiters, zum Schloß gehörig. Schmucklos, mit Karnies in der Obergeschoßschwelle. Entstanden in der Mitte des 18. Jhs. Alte Tür um 1840 erhalten. Wegen seiner sozialgeschichtlichen Bedeutung als Wohnhaus unterer Schichten und seiner Wirkung im Straßenbild Kulturdenkmal wegen seiner geschichtlichen und städtebaulichen Bedeutung.

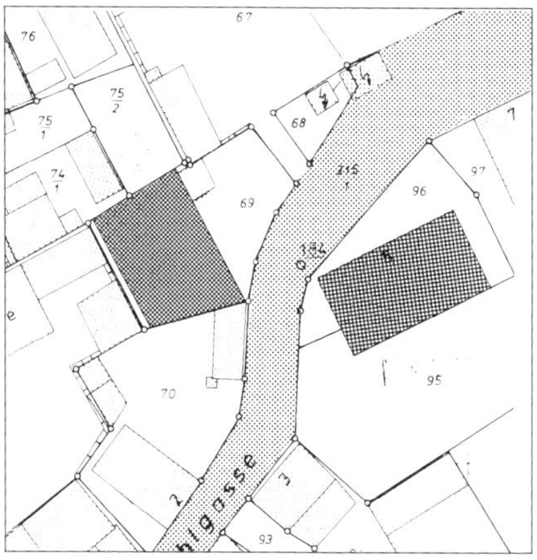

Mühlgasse 5
Flur 1 Flurstück 96
Klostermühle

Herrenhaus. Das Haupthaus auf massivem Sockelgeschoß, Obergeschoß Fachwerk; frühes 18. Jh. An der Traufseite steinernes Portal mit seltener Doppeltür aus der Zeit. Im Giebelstein Inschrift „Juliana Schmidt. Fuldensis abbatissa Engelthal me posuit 1708", darüber Wappen, in den Ecken Voluten mit Akanthusblättern. Die Mühle gehörte mit dem Nachbarhaus und der gegenüberliegenden Scheune dem Kloster Engelthal und wurde unter der Äbtissin Juliana Schmidt erbaut. Kleiner Vorgarten mit barocken Sandsteinpfeilern. Wegen seiner baukünstlerischen Bedeutung als großvolumiger Zweckbau des Barock mit ausgezeichneten Ausstattungsteilen, seiner Bedeutung für die Lokalgeschichte und seiner betonten Lage am Ortsrand Kulturdenkmal.
Gegenüber vom Äbtissinnenhaus die ursprüngliche Klosterscheune, im Sturz datiert 1727; die alte Mechanik des Scheunentors erhalten, ebenfalls ursprünglich die Eingangstür. Obergeschoß konstruktives Fachwerk. Wegen der Unversehrtheit der Ausstattungsteile und der lokal- und herrschaftsgeschichtlichen Bedeutung Kulturdenkmal.

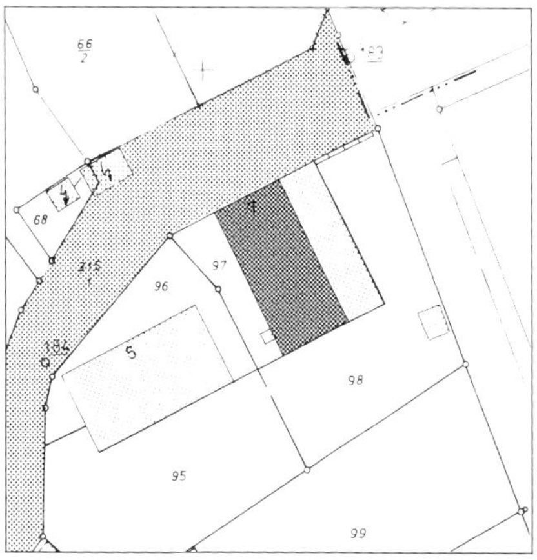

Mühlgasse 7
Flur 1 Flurstück 97

Zur Mühlenanlage gehörig als ehemalige Produktionsstätte. Massiver Hausteinbau aus der Mitte des 19. Jhs. mit Fachwerkobergeschoß, Satteldach mit Krüppelwalm; ursprünglich wohl zum Äbtissinnenhaus gehörig, am hinteren Teil Reste älterer Bauteile. Wegen seiner Bedeutung für die Ortsgeschichte und wegen seiner technikgeschichtlichen Bedeutung Kulturdenkmal.

Industrie-
straße
Bahnhof-
straße
Schule
Bahnhof
Im Schlag
Nidder
Sackgas.
Altenstädter Straße
Altenstädter Str.
Friedhofs-
kapelle
Dudelsheimer
Straße
Mühlgraben
Kirchturm
Kirche
Hexenturm
Schoppenweg
Ochsenweg
Nidder

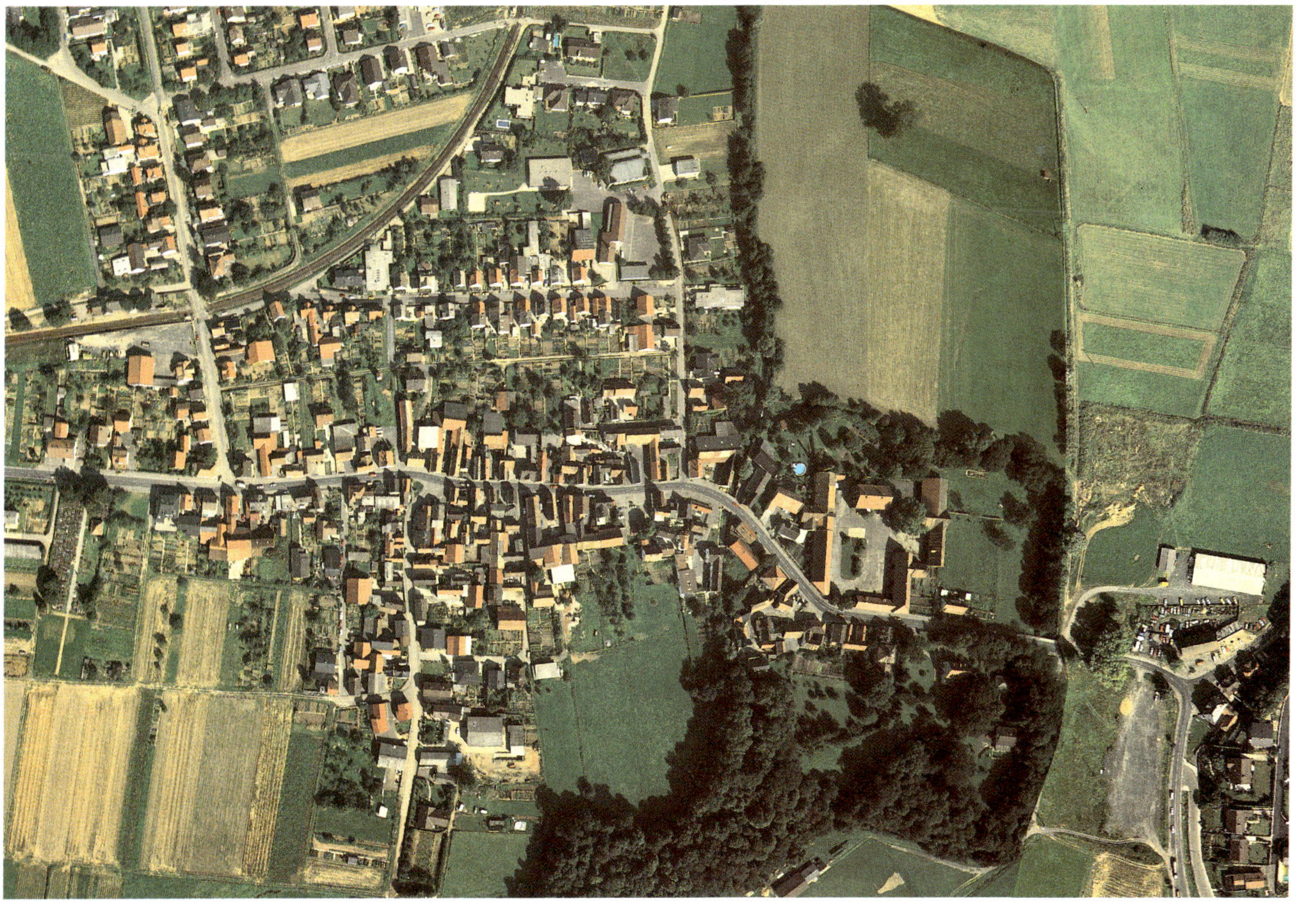

Lindheim

Die älteste Burg als Kern der ersten Ansiedlung — im Knie der Nidder heute noch am Flurnamen „Die Alteburg" ablesbar — wurde Ende des 13. Jhs. aufgegeben. Ab 1289 bildete Lindheim eine reichsritterschaftliche Besitzung, die dem Kaiser direkt unterstand. Die Herrschaft wurde von einem reichsritterschaftlichen Adelsverband ausgeübt, der jenseits der Alteburg durch Ableitung des Flusses eine annähernd quadratische Burganlage mit Wall und Graben schuf.

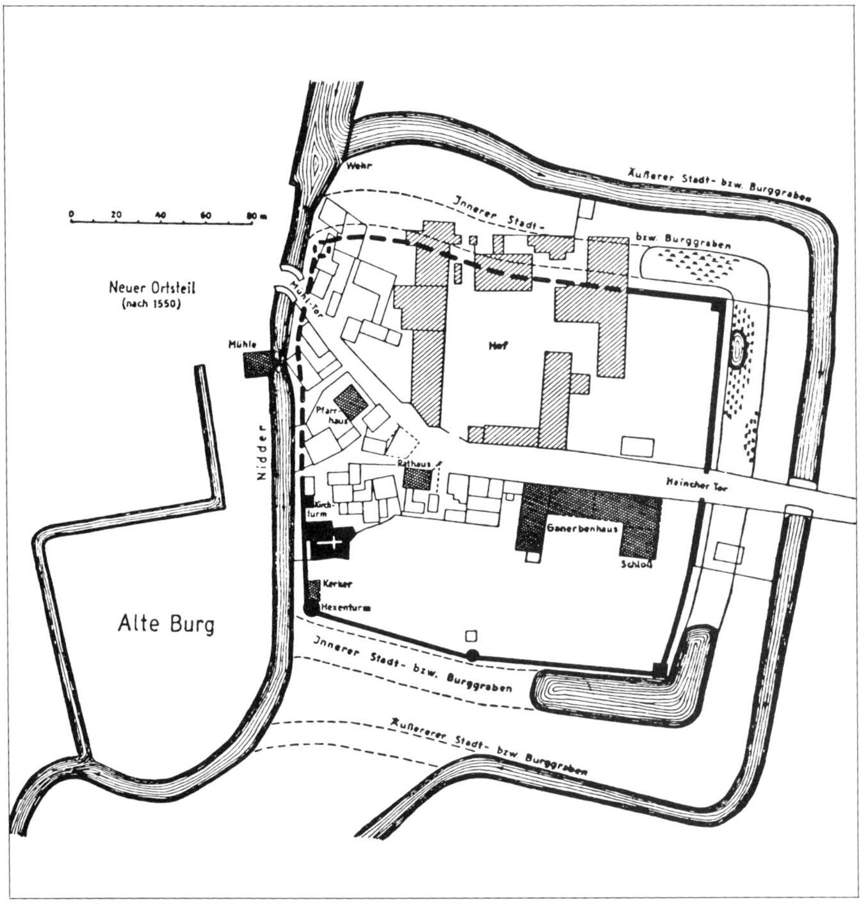

Ganerbenburg, Rek. K. E. Demandt

Die neue Anlage wurde fast regelmäßig von Ost nach West von der Büdingen-Altenstädter-Straße durchquert und beidseitig von den Ganerbenhöfen und Siedlungshöfen gesäumt. Von den mittelalterlichen Befestigungen sind nur noch Reste, der Kirchturm und der sog. Hexenturm südlich der Kirche erhalten. In dem sog. Moller-Schlößchen sind angeblich Reste des Ganerbenhauses enthalten. Zusammen mit dem Nachbarhaus Nr. 23 soll es — durch einen Mittelbau verbunden — ehemals Teil einer Dreiflügelanlage gewesen sein.

Die Burgsiedlung war im späten Mittelalter durch die große Zahl der Ganerbenfamilien zu eng geworden — über sechzig Namen sind überliefert —, weshalb 1550 nach einem Brand die Erweiterung der Siedlung jenseits der Nidder beschlossen wurde.

Kirche mit Umgebung;
Vorkriegsaufnahme

Durch das unbebaubare, noch mit Wall und Graben versehene Areal der alten Burg gezwungen, legte man den neuen Ortsteil etwas nördlich, aus der Achse der Burgsiedlung verschoben, an. Wahrscheinlich diente die Erweiterung vor allem dazu, nicht adligen Siedlern und Bauern Bauplätze unmittelbar vor der Burg zuzuweisen.

Ganerbenburg um 1650, Zeichnung A. Demandt
1 Rathaus
2 Hexenturm
3 Karzer
4 Kirche
5 Kirchturm
6 Alte Schule
7 2 Mühlen
8 Oynhausen (Schloß 1694)
9 Moller-Bau 1841
10 Brauhaus
11 Bierbrauerei
12 Stimmel
13 Wallenstein
14 Hanau, dann Kassel
15 Rosenbach
16 Grube
17 Tore
18 innerer Graben
19 erhaltener Teil
20 äußerer Graben
21 zugeschütteter Teil
22 Zwinger

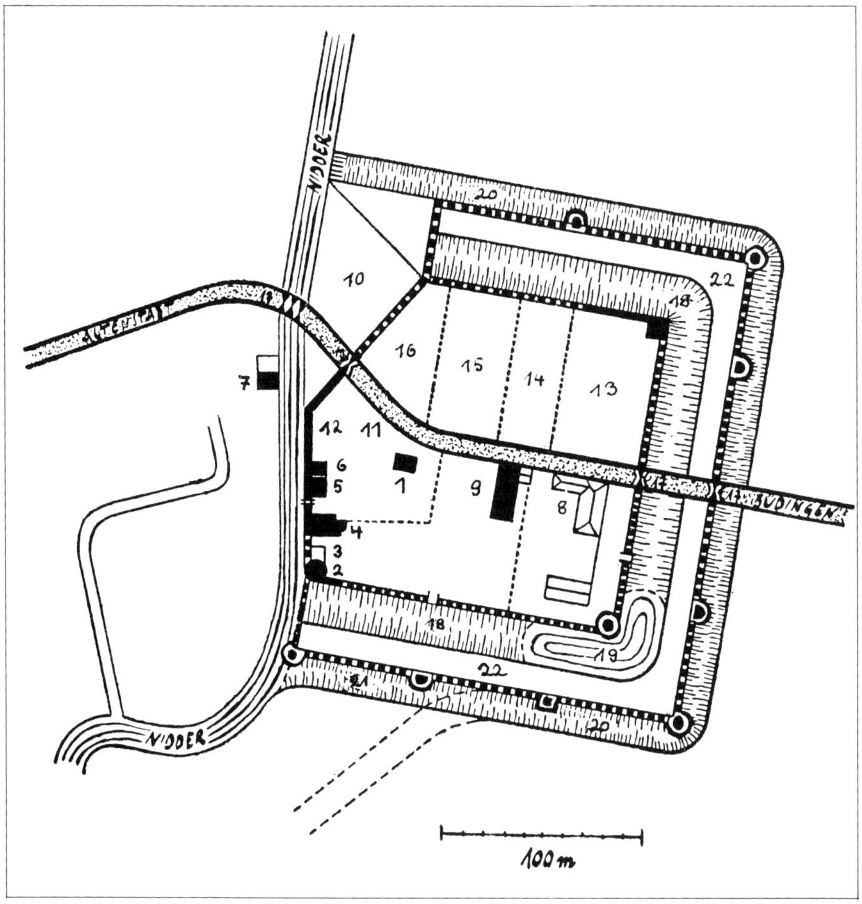

Während sich noch heute der alte Kern mit Rathaus, den Resten der Ganerbenhäuser, der Befestigung und der Kirche mit ihrer eigenartigen Gerichts- oder Turnierlaube fast geschlossen innerhalb des gut erkennbaren Stadtgrabens zeigt, bietet die Hauptstraße jenseits des Mühltores das Bild eines guterhaltenen Straßendorfes mit städtebaulich anschaulicher Staffelung giebelständiger Wohnhäuser zu Hofreiten vor allem des 18. und 19. Jhs. In den Häusern Altenstädter Straße 22 (2. H. 17. Jh.) und Düdelsheimer Straße 5 (datiert 1661) sind jedoch noch zwei architektonische Zeugen der Zeit erhalten als in Lindheim die berüchtigten Hexenverfolgungen stattfanden.

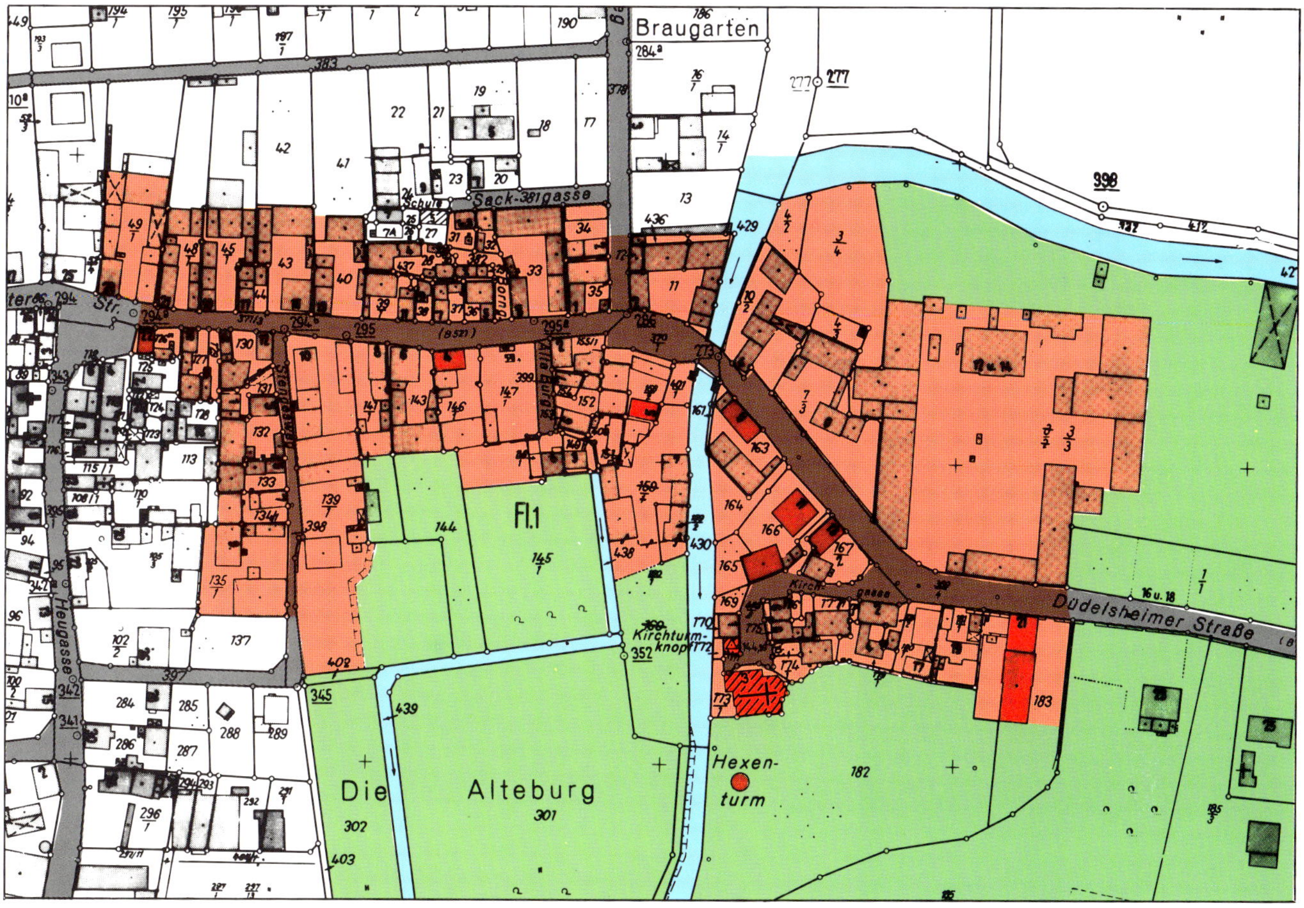

Gesamtanlage

Die schützenswerte Gesamtanlage umfaßt den heute noch ablesbaren, von der Nidder und dem Mühlgraben umgrenzten Burgbezirk sowie die ab 1550 begonnene Erweiterung nach Westen.

Das Ortsbild ist bestimmt von der Lage der Reste der Ganerbenburg, die vom Wassergraben umschlossen sind sowie von der Geschlossenheit der Vorstadt mit ihren gleichartigen gestaffelten, giebelständigen Häusern des 17. bis 19. Jhs. Diese Ortsbildcharakteristik macht die städtebauliche Qualität von Lindheim aus.

Gesamtanlage Altenstädter Straße
Links: Blick von Osten
Blick von Westen

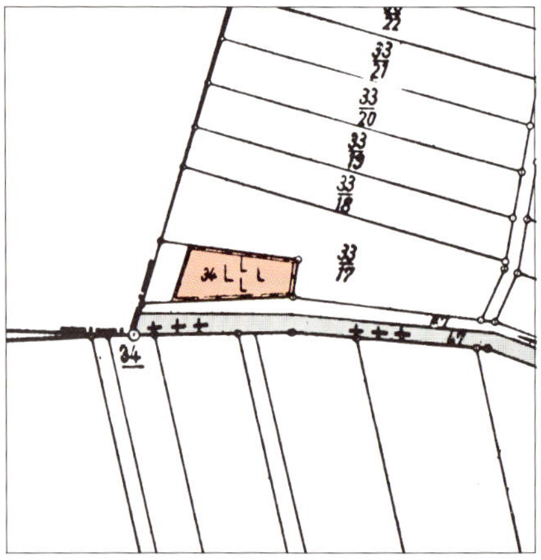

Jüdischer Friedhof
Flur 2 Flurstück 34
außerhalb der Ortslage

Längsrechteckige Anlage mit Kunststeineinfriedung, am rechten Portalpfosten Inschrift: „Meinen Eltern gewidmet, Isaak Schuster". Reste von umgestürzten Grabsteinen, der früheste Stein in Sandstein mit Akroterengiebel, Beerdigung 1904. Die letzte Beerdigung fand 1936 statt. Gesamtanlage wegen seiner Bedeutung für die Geschichte des Judentums am Ort.

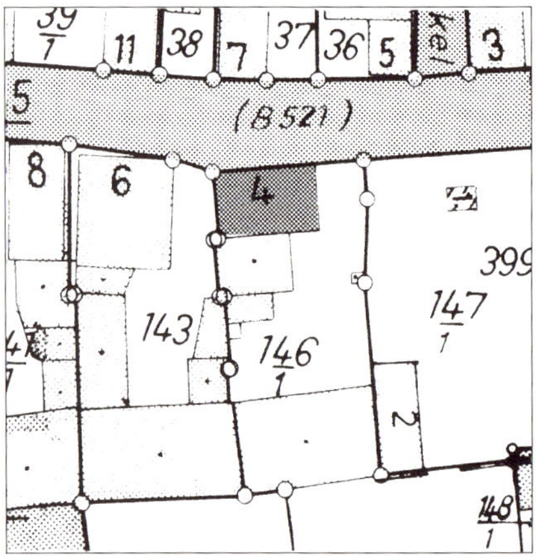

Altenstädter Straße 4
Flur 1 Flurstück 146/1

Zweigeschossiges, traufständiges Fachwerkhaus aus der Mitte des 18. Jhs. mit ursprünglicher Eingangssituation; Karnies als Türumrahmung sowie zweiläufige Freitreppe erhalten. Am Eingang zur Hofreite ursprünglicher barocker Pfosten mit Pinienzapfen. Das Haus steht an wichtiger Stelle innerhalb des Ortsbildes als Auftakt der Altenstädter Straße nach dem freien Platz an der alten Burg. Deshalb Kulturdenkmal wegen seiner städtebaulichen Bedeutung sowie wegen der Vollständigkeit der Erhaltung der architektonischen Details.

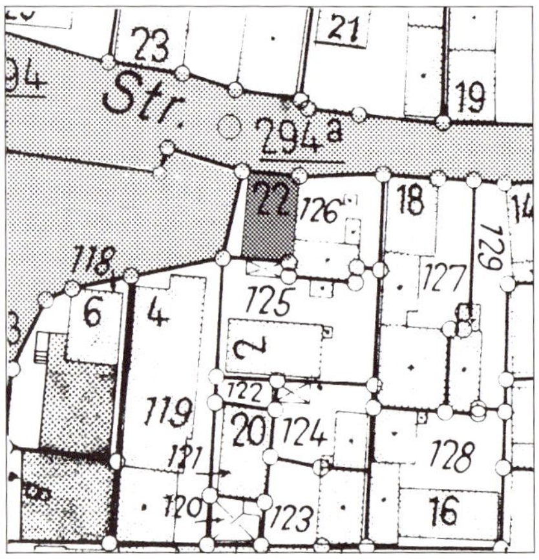

Altenstädter Straße 22
Flur 1 Flurstück 126

Giebelständiges, zweigeschossiges Fachwerkwohnhaus an der Gabelung Altenstädter Straße/Ecke Heugasse. Kleine Hofreite, Wohnhaus aus der 2. Hälfte des 17. Jhs. mit ursprünglicher Türsituation und alter Tür um 1800. Einläufige Freitreppe. Das Erdgeschoß im 19. Jh. erneuert, im 1. OG aufwendige, reich verzierte Eckstäbe mit Masken und Voluten (Unikum). Wegen seiner künstlerischen, handwerklichen und städtebaulichen Bedeutung sowie als zweiter noch aus dem 17. Jh. erhaltener Fachwerkbau am Ort Kulturdenkmal.

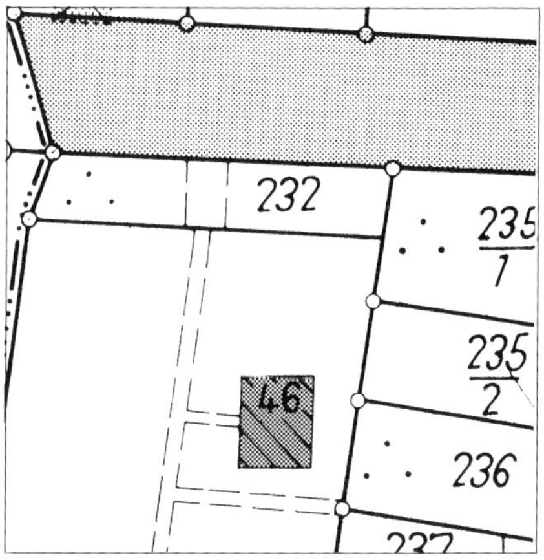

Altenstädter Straße 46
Friedhofskapelle
Flur 1 Flurstück 233/1

Einfacher, quadratischer Bau mit Walmdach, im Portal datiert 1691. Einfache zweiteilige Fenster. Grabstein von Ludwig K. von Schrautenbach (gest. 1783). Wegen seiner Bedeutung für die Ortsgeschichte und für die Religionsgeschichte ist der Bau Kulturdenkmal.

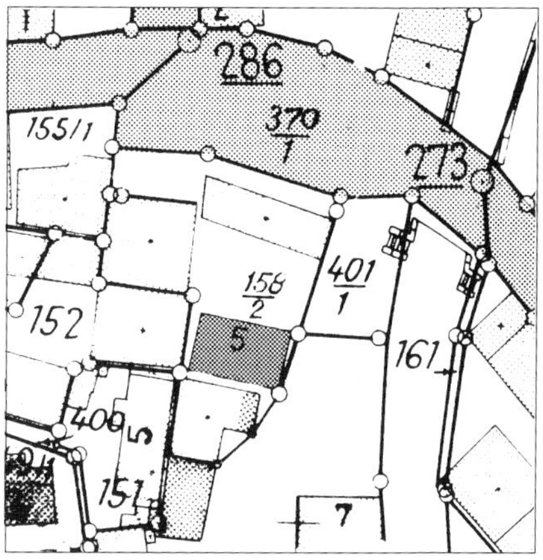

Düdelsheimer Straße 5
Flur 1 Flurstück 158/2

Kleines, zweigeschossiges Fachwerkhaus als Teil einer intakten Hofreite mit Giebelstellung zum Mühlgraben hin. Im 1. OG reich ausgebildetes frühbarockes Fachwerk mit starken, durchgebogenen Streben und geschweiften Knaggen. Im Giebel umlaufender Zahnschnitt und Knaggenornamentik. In der Giebelspitze datiert 1661. Wegen seiner baukünstlerischen Bedeutung und seiner Datierung als frühestes erhaltenes Fachwerkhaus am Ort Kulturdenkmal.

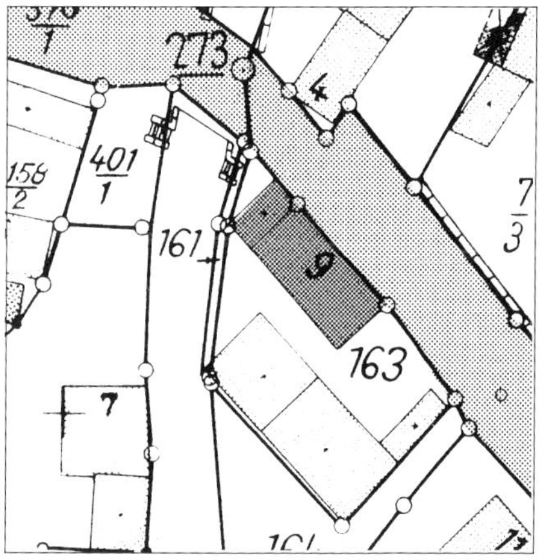

Düdelsheimer Straße 9
Flur 1 Flurstück 163

Traufenständiges dreizoniges Fachwerkhaus aus der Mitte des 18. Jhs. mit durchgehenden Füllhölzern, profilierten Schwellen und Giebel; starre Wilde Mann-Formen. Das Haus wurde unmittelbar nach der Erbauung um eine Achse nach Norden erweitert und liegt an einer für das Ortsbild bedeutenden Stelle vor der Brücke über die Nidder. Aus diesem Grunde Kulturdenkmal wegen seiner städtebaulichen Bedeutung.

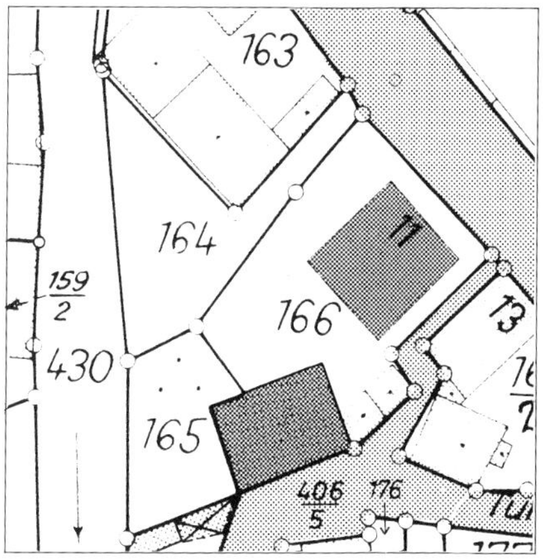

Düdelsheimer Straße 11
Flur 1 Flurstück 166

Kubisches, klassizistisches Sandsteinhaus mit Zeltdach und gefalzten Sandsteingewänden. Zweigeschossig zu je drei Achsen, an der Schmalseite Treppenaufgang mit historisierenden Eckkonsolsteinen. Pfarrhaus, entstanden um 1830. Im Hof gut erhaltene Fachwerkscheune aus der 2. Hälfte des 18. Jhs. in starken archaischen Fachwerkformen. Das Pfarrhaus ist wegen seiner ortsgeschichtlichen und baukünstlerischen, die Scheune wegen ihrer handwerklichen Bedeutung als Kulturdenkmal zu werten.

Links:
Scheune Düdelsheimer Str. 11

Mitte:
Detail Düdelsheimer Straße 13

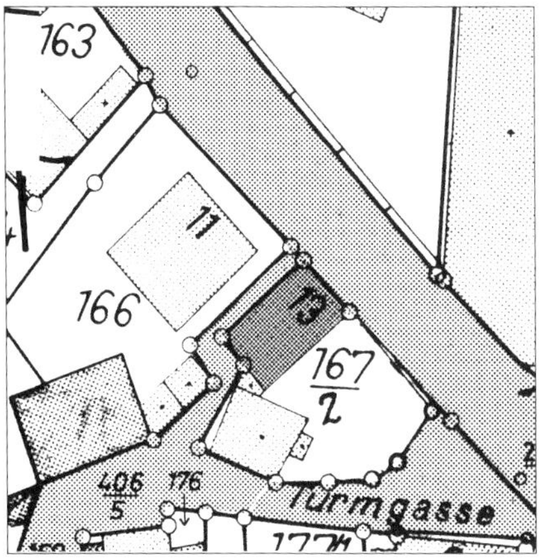

Düdelsheimer Straße 13
Flur 1 Flurstück 167/2

Giebelständiges Fachwerkwohnhaus mit Geschoßvorsprüngen, heute verkleidet. Städtebaulich hervorragende Lage am Eckpunkt zwischen Düdelsheimer Straße und Turmgasse, im Sockel eingemauert sitzender Löwe, wohl 16. Jh. Kulturdenkmal wegen seiner städtebaulichen Bedeutung sowie wegen des bedeutenden zu erwartenden Zierfachwerks des 17./18. Jhs. Der Löwe genießt als Wahrzeichen ebenfalls Schutz.

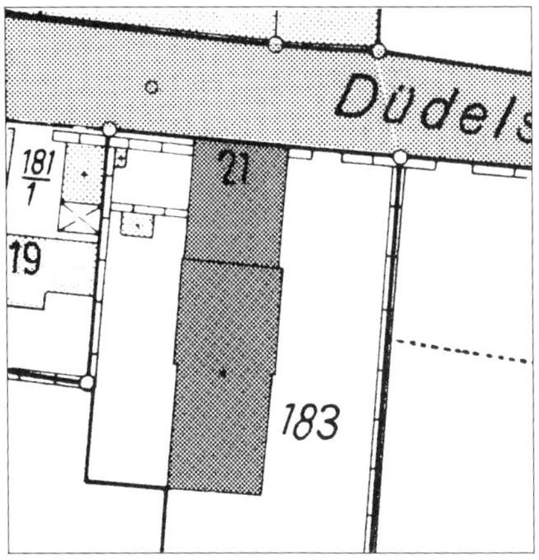

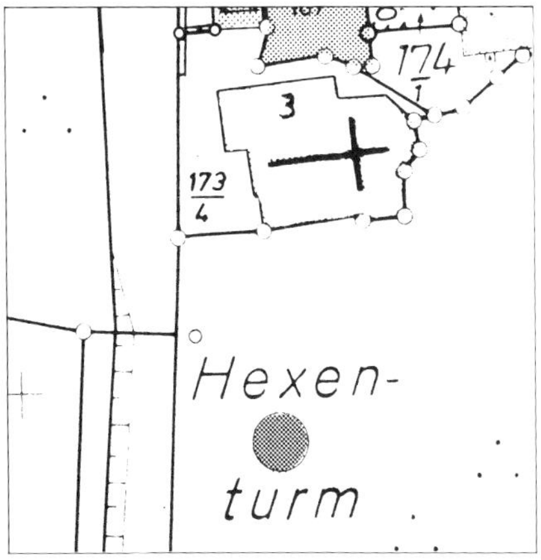

Düdelsheimer Straße 21
Flur 1 Flurstück 183 sowie 182

Im Kern Westflügel des 1694 durch Chr. Ludwig von Oeynhausen erbauten Schlosses. 1841-42 Neubau durch Georg Moller als kleines, selbständiges Schlößchen mit kubischem, zweigeschossigen Herrenhaus mit Zeltdach und Dachreiter sowie zwei erdgeschossigen Wirtschafts- und Remisenflügeln. Mehrere spätbarocke Wappensteine wurden wiederverwendet. Wohlproportionierte, bescheidene Anlage des Biedermeier. Im Park des Schlößchens liegt der sog. Hexenturm, der zu Beginn des 19. Jhs. gesichert und als romantische Ruine mit neugotischen Werksteinteilen versehen wurde.
Wegen seiner Bedeutung für die Geistesgeschichte (Schrautenbach u. Sacher-Masoch), seiner Bedeutung für die Architekturgeschichte und Wissenschaft sind Schlößchen und Hexenturm Kulturdenkmale. Die Reste des Parkes sind ebenfalls geschützt.

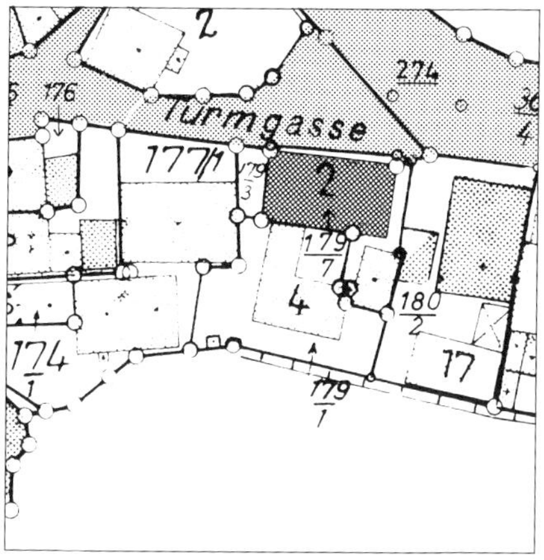

Kirchgasse 2
Flur 1 Flurstück 179/7
Ehemaliges Rathaus

Umgebaut. Im 1. OG hölzerne Wappentafel des älteren Rathauses mit der Inschrift „Lindheim Civis et Sigillum N O", der Linde in der Mitte und den befestigten Ecktürmen der Stadt. „Als man zählt 1669 Jahr hat ein wahrer Rat und ganze Bürgerschaft dieses Haus gebaut, da Gott behüte es vor aller Gefahr."
Kulturdenkmal wegen seiner Bedeutung für die Geschichte des Ortes.

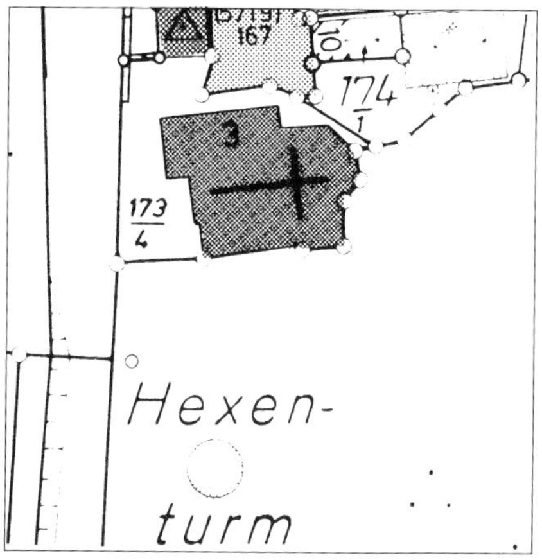

Kirchgasse 3
Flur 1 Flurstück 173/4
Kirche.

Erste Anlage nach 1280, davon nur die Rundpfeiler erhalten; Chor und Sakristei in der Mitte des 14. Jhs. angefügt. 1442-48 wurden die Seitenschiffe erneuert. Das nördliche Seitenschiff mit drei ehemals offenen Arkaden hat Loggiencharakter, was zusammen mit anderen bauplastischen Details auf eine nichtsakrale Verwendung dieses Bauteils durch die Ganerbenschaft hindeutet. (Gerichtslaube – Versammlungsort?)
Zur Kirche gehört als Glockenturm ein quadratischer mittelalterlicher Turm, der ursprünglich zur Stadtbefestigung gehörte. Im Innern Grabsteine der Ganerben, 17. und 18. Jh. Wegen ihrer baukünstlerischen, geschichtlichen, wissenschaftlichen und städtebaulichen Bedeutung ist die Kirche Kulturdenkmal.

Links unten: Ostansicht
Mitte: Grundriß
Unten: Turm, Schnitte

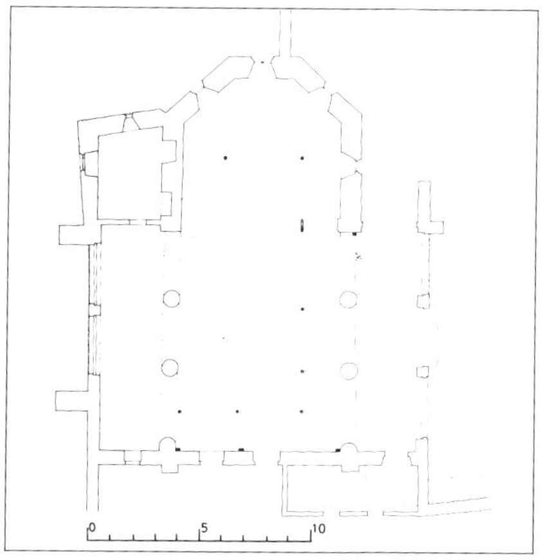

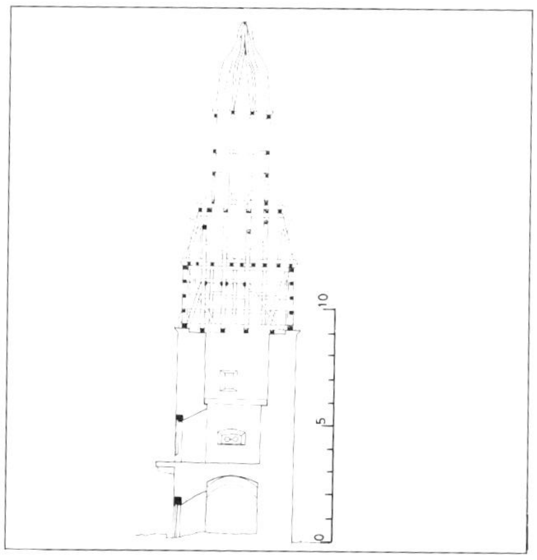

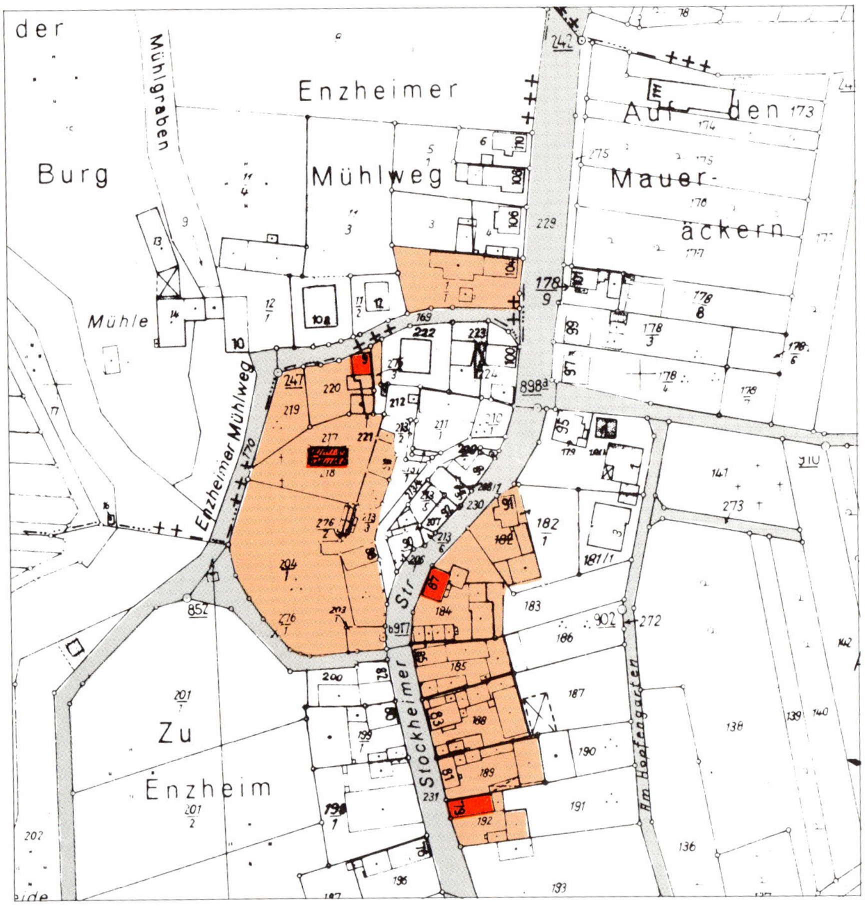

Gesamtanlage

Der historische Ortskern, der sich dem wasserumflossenen Gewann „Auf der Burg" — wohl ehemals befestigter Herrensitz — als kleiner Mühlort angelagert hat. Der Ortskern ist geprägt von der am Mühlgraben inmitten einer Grünfläche liegenden Kirche und der Gehöftreihe Stockheimer Straße, die an dieser Stelle noch die geschlossene dörfliche Struktur mit weitgehend erhaltenen Hofreiten repräsentiert.

Stockheimer Straße

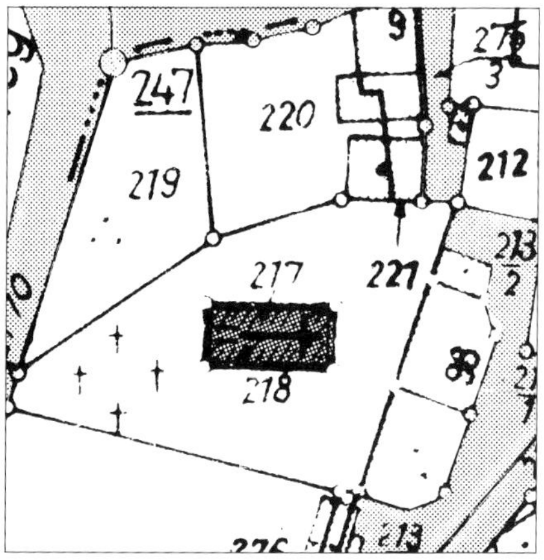

Evangelische Pfarrkirche
Flur 1 Flurstück 217/218

Einfacher Saalbau mit glattem Chorschluß und mittigem Dachreiter. Im Portal Datum 1777. Im Inneren Empore und Orgel aus der 1. Hälfte des 19. Jhs. Kulturdenkmal wegen seiner ortsgeschichtlichen und städtebaulichen Bedeutung.

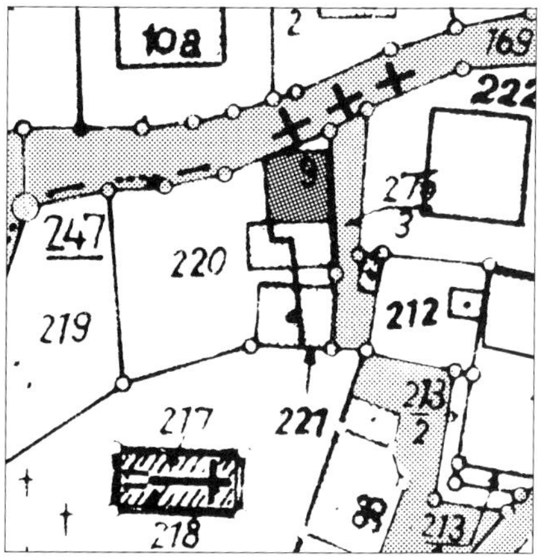

Mühlweg 9
Flur 1 Flurstück 221

Kleines Fachwerkhaus in Ständerbauweise mit Drempel, ehemaliges Schäferhaus. (Nach dem Dreißigjährigen Krieg wurde die Kirche zeitweise als Schafstall benutzt.) Unregelmäßige Fachwerkfiguration, ursprüngliche Fenster teilweise erhalten. Entstanden Ende 17. Jh. Kulturdenkmal aus ortsgeschichtlichen Gründen.

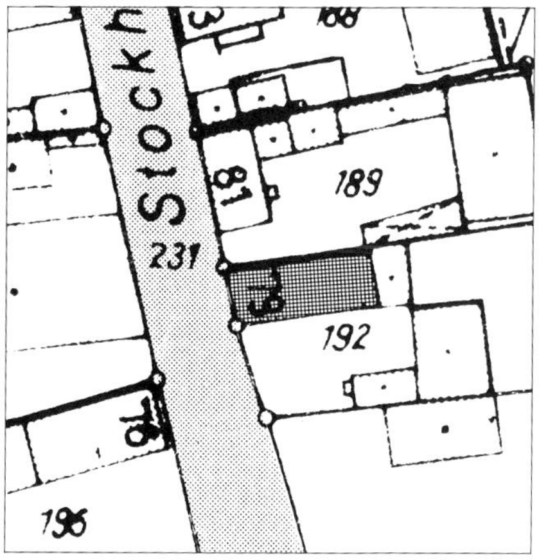

Stockheimer Straße 79
Flur 1 Flurstück 192

Giebelständiges, dreizoniges Fachwerkhaus in weitgehend originalem Zustand, Obergeschoß verschiefert; Mitte 18. Jh. Als Auftakt in der Eingangssituation des historischen Ortes von Bedeutung. Kulturdenkmal aus städtebaulichen Gründen.

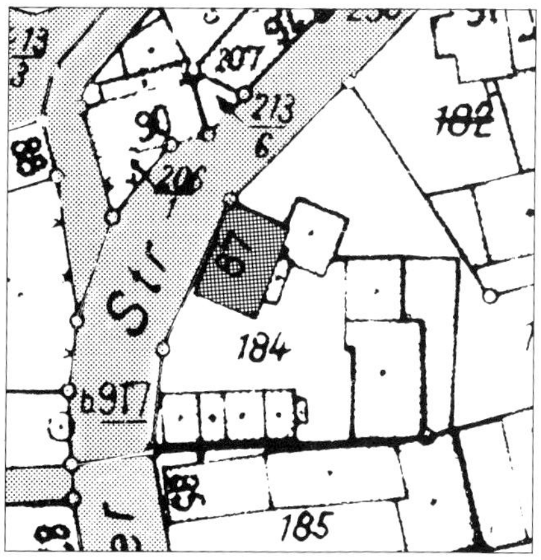

Stockheimer Straße 87
Flur 1 Flurstück 184

Dreizoniges Haus mit Traufstellung in dominanter städtebaulicher Situation und als Abschluß einer Gesamtanlage. Das Haus ist verschindelt und wahrscheinlich in weitgehend originalem Zustand erhalten. Datierung Ende 17. Jh. Kulturdenkmal wegen seiner städtebaulichen und wissenschaftlichen Bedeutung.

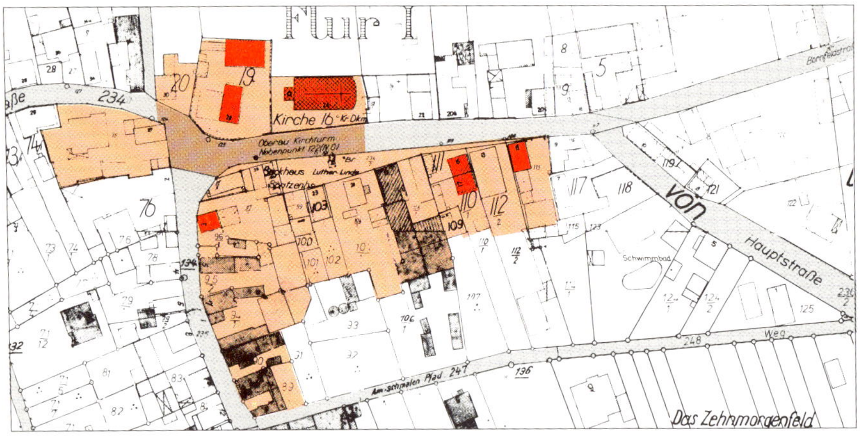

Gesamtanlagen

An der Kreuzung Hauptstraße/Kochgasse ist der historische Kern von Oberau in Form von regelmäßigen Aneinanderreihungen typischer Wetterauer Hofreiten des 18. und 19. Jhs. in durch Um- und Neubauten teilweise leicht beeinträchtigter Form erhalten. An dieser Stelle ergibt sich eine Verdichtung des Ortsbildes durch das Zusammenwirken von Pfarrhaus, Kirche und der reizvoll gestalteten regelmäßigen Bebauung der gegenüberliegenden Straßenecken von Kochgasse und Hauptstraße. An der Gabelung der Bornfeldstraße mit der Hauptstraße ergibt sich ein weiterer charakteristischer Schwerpunkt für das Ortsbild. Dort findet sich eine reizvolle Gruppierung kleiner giebelständiger Fachwerkwohnhäuser mit kleinen Scheunen und Wirtschaftsgebäuden (Hauptstraße 18, Bornfeldstraße 2). Im Blickpunkt der Straßengabelung das Haus Hauptstraße 10, mansarddachgedecktes kleines Arbeiterwohnhaus des frühen 19. Jhs. Ortsbildlich wichtige Straßengabelung.

Blick in die Hauptstraße von Westen

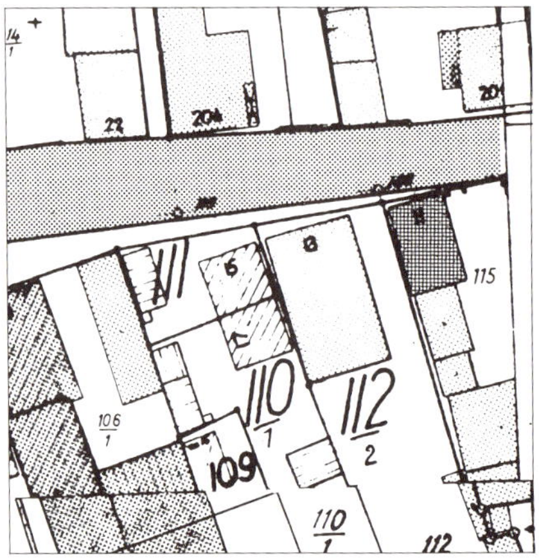

Hauptstraße 11
Flur 1 Flurstück 115

Hakenförmige Hofreite mit einfachem, im Fachwerk klar gegliederten Wohnhaus aus der Zeit um 1790. Die Giebelseite holzverschindelt. Der Bau bildet mit zwei weiteren Nachbarhäusern eine wirkungsvolle, in sich gestaffelte städtebauliche Einheit. Deshalb Kulturdenkmal wegen seiner Bedeutung für das Ortsbild.

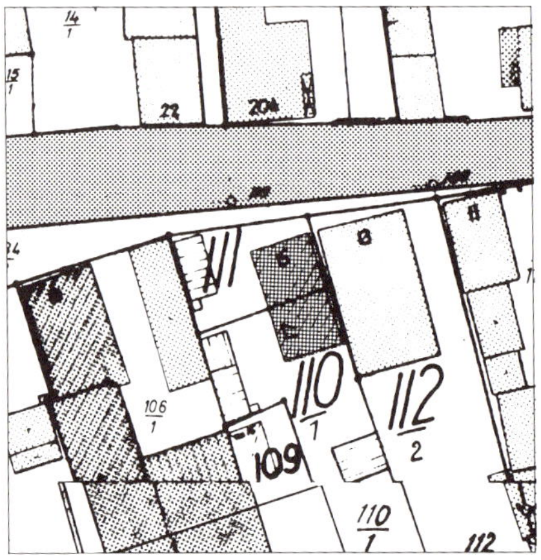

Hauptstraße 15/17
Flur 1 Flurstück 111/110

Seltener Typ eines Doppelhauses mit winzigen Stallgebäuden, was auf ein Landarbeiterwohnhaus als ursprüngliche Nutzung schließen läßt. Das Haus breitgelagert in den Proportionen noch des 17. Jhs. giebelständig zur Straße. Die Teilung geht quer durch das Haus, dessen handwerkliche Details in das 17. Jh. weisen. Kulturdenkmal wegen seiner wissenschaftlichen Bedeutung.

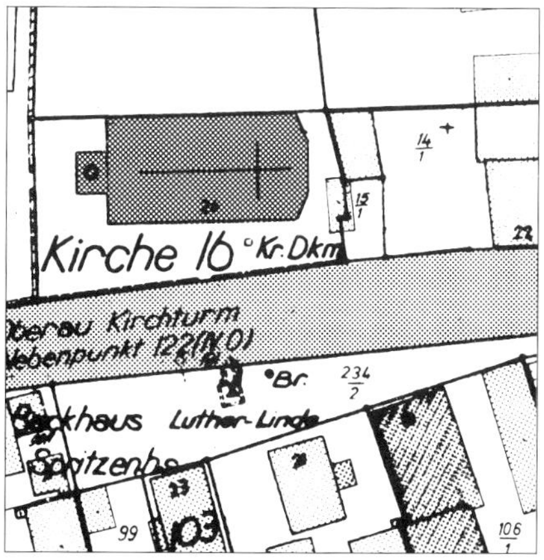

Hauptstraße 26
Flur 1 Flurstück 16
Kirche

Saalbau mit polygonalem Chor. Das Äußere durch hohe Rundbogenfenster bestimmt. Einfache spätklassizistische Formen. Der Turm 1899. Der Bau dominiert durch seine Lage auf einem Rücken das Dorf.
Wegen seiner städtebaulichen Bedeutung und aus lokalgeschichtlichen Gründen Kulturdenkmal.

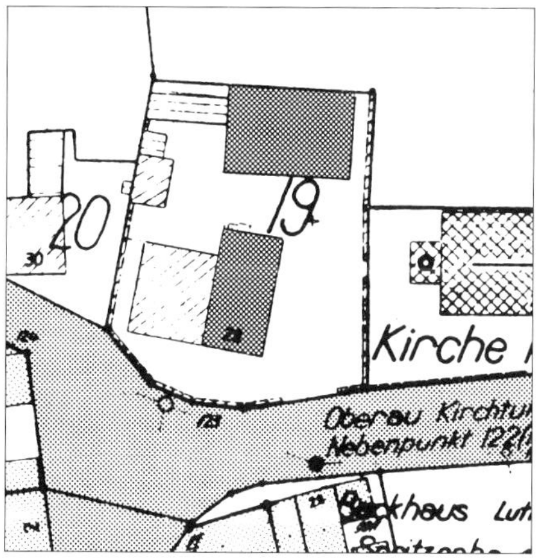

Hauptstraße 28
Flur 1 Flurstück 19

Pfarrhaus mit Pfarrscheune. Das Wohnhaus in prägnanter Lage direkt neben der Kirche. Im Erdgeschoß massiv, sonst holzverschindelt, zeigt es in Proportion und Geschoßübersetzungen die Merkmale des 17./18. Jhs. Als hinterer Abschluß der Hofreite große Bruchsteinscheune mit großer Einfahrt, 1. Hälfte 19. Jh. Wegen der Qualität der Bauten, ihrer Geschlossenheit und Lage ist die Anlage Kulturdenkmal aus künstlerischen, geschichtlichen und städtebaulichen Gründen.

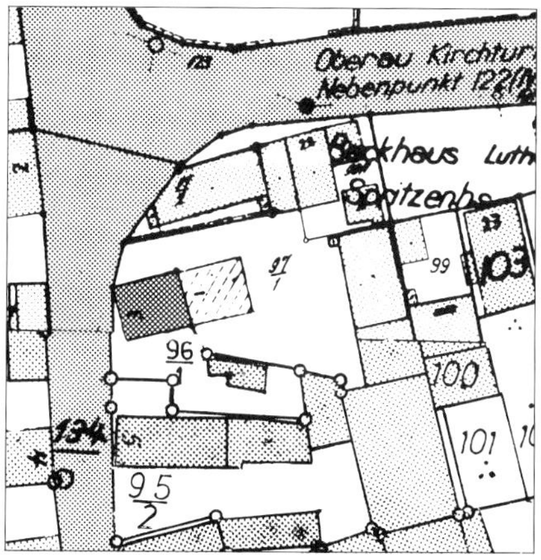

Kochgasse 3
Flur 1 Flurstück 97/1

Kleines, seltenes Landarbeiterhaus mit dem Rücken an ein anderes, unbedeutendes angebaut. Ständerbauweise gepaart mit einem Drempelgeschoß. Keinerlei Zier, sondern nur die nötigen Streben, jedoch in klarer symmetrischer Anordnung. Der Bau bestimmt mit seiner Giebelseite den Straßenraum. Wegen seiner Bedeutung für das Straßenbild Kulturdenkmal, außerdem aus wissenschaftlichen Gründen wegen seiner Bedeutung für die Hausforschung.

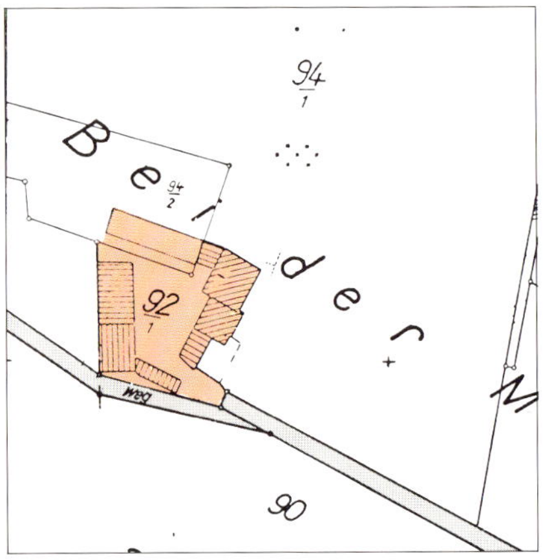

Oberauer Mühle

Guterhaltener Mühlenhof mit Wohnhaus, Mühlengebäude erneuert (Scheune und Stallungen). Die gesamte Anlage aus dem Ende 18., Anfang 19. Jh. noch vollständig erhalten. Gesamtanlage aus siedlungsgeschichtlichen Gründen.

RODENBACH

Rodenbach Gesamtanlage

An der Ortenberger Straße hat sich eine regelmäßige Abwicklung geschlossener, meist U-förmiger Hofreiten des 18. und 19. Jhs. erhalten. Das Straßenbild wird bestimmt durch den Wechsel von größeren Wohn- und kleineren Stall- bzw. Auszüglergebäuden in freiliegendem und verputztem Fachwerk und teilweise Backstein.

Ortenberger Straße, Blick von Süden

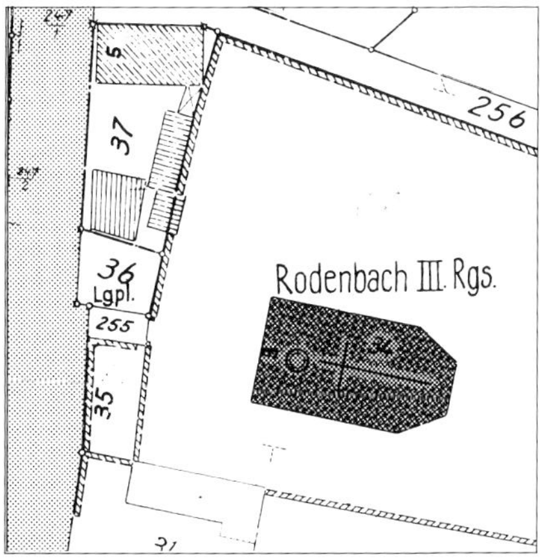

Ortenberger Straße 3
Flur 1 Flurstück 33
Evangelische Kirche

Saalbau mit polygonalem Hauben-Dachreiter im Westen und dreiseitigem Chorabschluß; erbaut 1752-53. Kanzel und Taufstein aus der Erbauungszeit. Orgelunterteil mit Spieltisch 1621, Prospekt Mitte 18. Jh. Die am Ortsrand liegende Kirche ist von einem geschlossenen Kirchhof umgeben, der als Gesamtanlage zum Kulturdenkmal gehört. Der Kirchenbau selbst ist Kulturdenkmal wegen seiner künstlerischen, geschichtlichen und städtebaulichen Bedeutung.

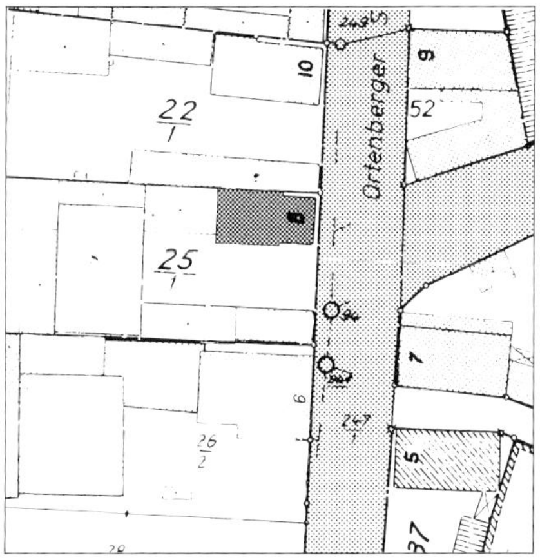

Ortenberger Straße 8
Flur 1 Flurstück 25/1
Ehemals hakenförmiger Hof, die Scheune durch Neubau mit Wohnnutzung ersetzt. Zur Straße hin giebelständig der alte Wohnbau aus der Mitte des 18. Jhs. mit einfachen Zierformen. Dieser Bau im hinteren Bereich umfangen von größerem Fachwerkwohnbau aus der 1. Hälfte des 19. Jhs. Innerhalb der als Gesamtanlage schützenswerten Straßenzeile hat dieser Hof besonderes Gewicht, da er durch die ungewöhnliche Staffelung des Wohnhauses einen Anfangsakzent setzt. Deshalb Kulturdenkmal wegen seiner städtebaulichen Bedeutung.

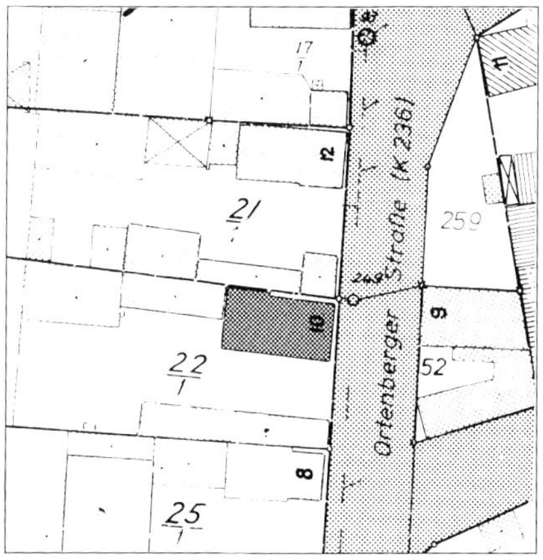

Ortenberger Straße 10
Flur 1 Flurstück 22/1

Intakte Hofreite mit vollständiger Ausstattung. Das Wohnhaus verputzt, verschalte Balkenlage, jedoch als guter Fachwerkbau der 1. Hälfte des 18. Jhs. erkennbar. Im hinteren Bereich durch Erweiterungsbau des 19. Jhs. hinterfangen. Abgeschlossen durch ein schmales Stall- und Auszüglergebäude um 1900 in Backstein und ein Eisentor, frühes 20. Jh. Wegen der künstlerischen Bedeutung und Geschlossenheit der Anlage Kulturdenkmal.

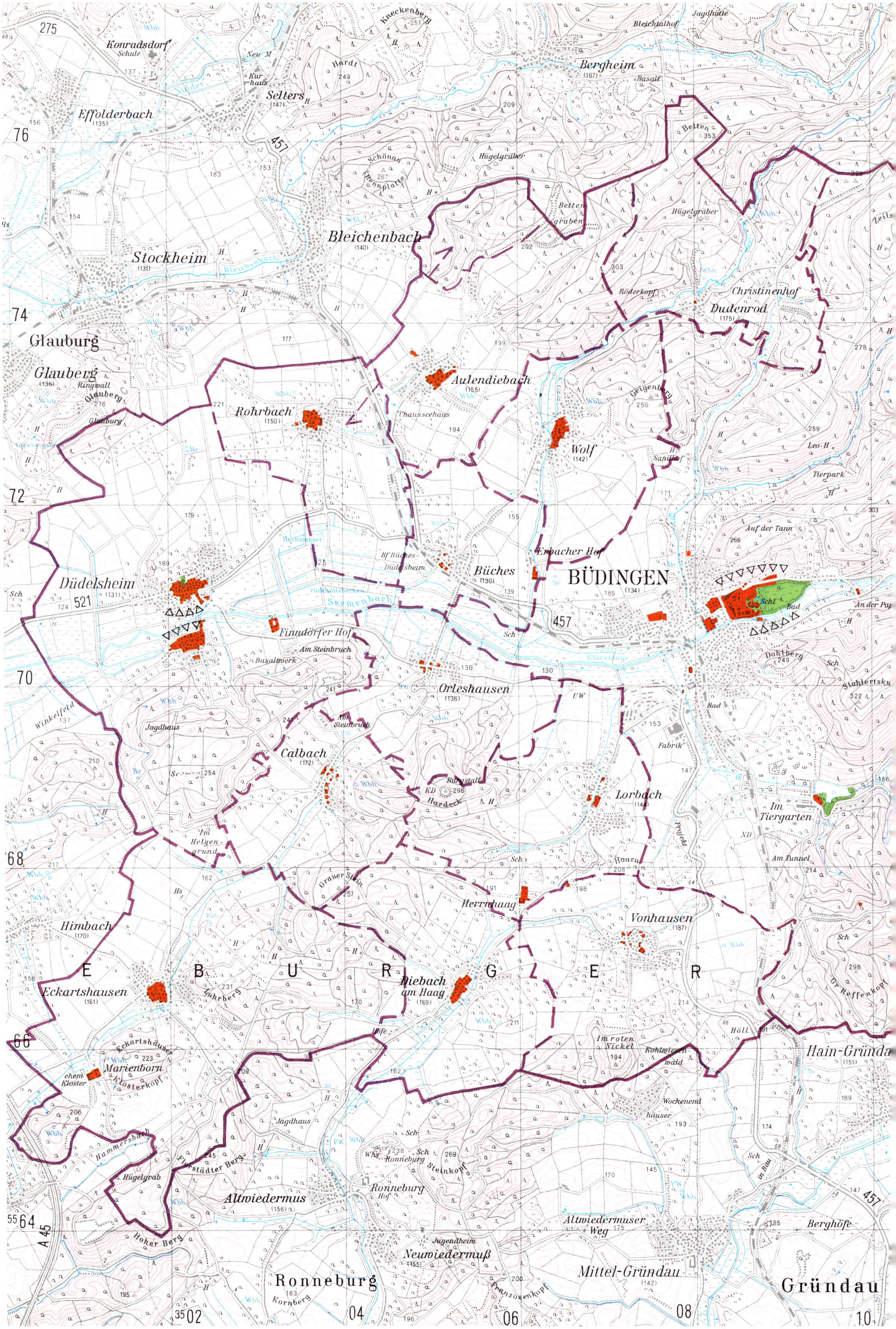

Konradsdorf
Effolderbach
Selters
Kneckenberg
Bergheim
Bleichenbach
Stockheim
Glauburg
Glauberg
Dudenrod
Christinenhof
Aulendiebach
Rohrbach
Wolf
Düdelsheim
Büches
Erbacher Hof
BÜDINGEN
Finndorfer Hof
Seemenbach
Orleshausen
Calbach
Lorbach
Im Tiergarten
Himbach
Herrnhaag
Vonhausen
Eckartshausen
Diebach am Haag
E B U R G E R
Marienborn
Hain-Gründau
Altwiedermus
Ronneburg
Neuwiedermuß
Mittel-Gründau
Gründau
Hardeck
Hammersbach
Hügelgrab
457
521
A 45

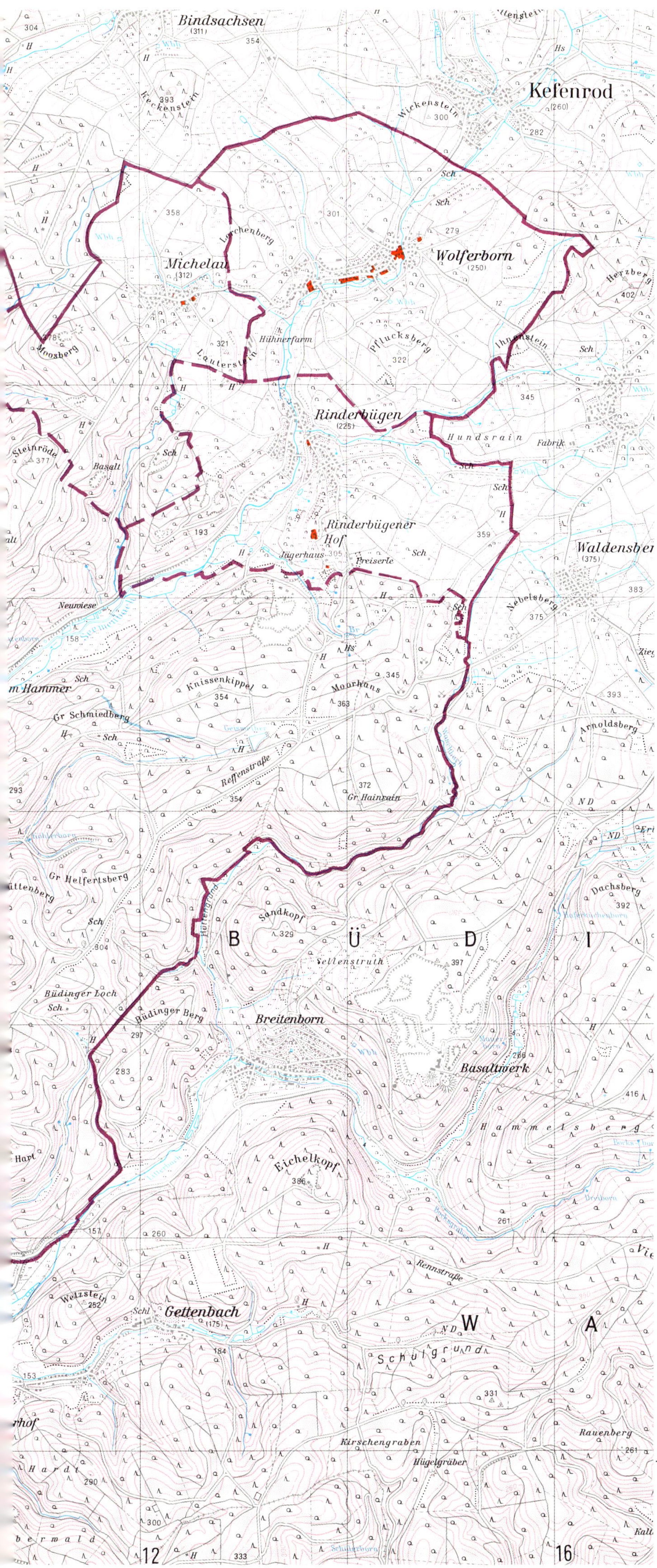

Erläuterung zu Karte 2 (M 1:50000):
Gemeinde Büdingen

An der Südgrenze des Altkreises gelegen nimmt die Gemeinde Büdingen mit ihren fünfzehn Ortsteilen den größten Bereich des Untersuchungsgebietes in Anspruch. Das Gemeindegebiet wird von zwei gewaltigen Hügelketten von Nordosten nach Südwesten durchzogen, die von den kleinen Tälern des Seemenbaches und seiner Nebenflüsse gegliedert werden. Westlich von Büdingen erweitert sich das Seemenbachtal nach Limeshain hin.

Büdingen selbst als alter politischer und kultureller Schwerpunkt der östlichen Wetterau ist bestimmt durch den unverfälschten Erhaltungszustand und die Dichte der historischen Bebauung. Durch die kontinuierliche Herrschaft einer Familie und den fehlenden wirtschaftlichen Aufschwung im 19. und 20. Jh. hat sich das äußere Bild einer geschlossenen mittelalterlichen Stadtanlage mit dominierender Burg erhalten. Deshalb ist die gesamte Altstadt innerhalb der Befestigungsanlage als denkmalgeschützte Fläche ausgewiesen, der sich östlich das Schloß und der grün dargestellte Schloßpark anschließen. Diesem historischen Kern lagern sich westlich die Vorstadt als Stadterweiterung des 18. Jhs. und südwestlich die Brunostraße als bürgerliches Wohnviertel der Zeit um 1900 vor. Außerhalb im Westen der Friedhof Großendorf mit der Remigiuskirche. Im Norden zeichnet sich als rotes Dreieck der Judenfriedhof ab. Im Osten am Seemenbach liegen zwei technikgeschichtlich interessante Mühlen und der Hammer. Südlich erscheint die Fläche des gräflichen Sommer- und Jagdschlosses Tiergarten mit der Fläche des künstlich angelegten Teiches. Die Einbettung der historischen Stadt mit dem anschließenden Schloßbereich in den sich nach Osten verengenden Taleinschnitt des Seemenbaches ist topographisch im Zusammenhang mit den nördlichen und südlichen Hügelketten zu sehen, die als denkmalpflegerischer Interessenbereich ausgewiesen wurden.

Von den übrigen Ortsteilen der Gemeinde ist Düdelsheim für die Denkmalpflege am bedeutendsten. Der Ort gliedert sich in zwei Teile, die durch den Seemenbach und sein Überschwemmungsgebiet voneinander getrennt sind. Diese historisch gewachsene Situation, durch die Topographie bedingt, sollte erhalten bleiben und wurde daher als denkmalpflegerischer Interessenbereich gekennzeichnet. Beide Ortsteile weisen noch eine geschlossene dörfliche Baustruktur auf mit einer großen Anzahl von gut erhaltenen Hofreiten.

Eckartshausen und Diebach im Süden sowie Rohrbach, Aulendiebach und Wolf im Norden gehören zu den Ortsteilen mit relativ großen, zusammenhängenden Gesamtanlagen in den historischen Ortskernen. Die übrigen Orte sind in ihrer historischen Dorfstruktur nicht mehr gut erhalten. Hier konnten nur Einzelobjekte als Kulturdenkmale ausgewiesen werden.

Im Gemeindegebiet liegen außerhalb der Ortslagen einige historisch bedeutsame Hofgüter und Mühlen. Hierzu gehören von Westen nach Osten der Zinndörfer Hof bei Düdelsheim, der Erbacher Hof bei Büches und der Rinderbügener Hof südlich von Rinderbügen.

Marienborn, ein ehemaliges Kloster und Burganlage, liegt westlich von Eckartshausen, ist heute ebenfalls ein Hofgut. Die historische Bedeutung dieser Anlage läßt sich noch an den Mauerresten des ehemaligen Klosters aus dem 13. Jh. erkennen.

Eine besondere Erwähnung verdient die ehemalige Siedlung der Herrnhuter Brüdergemeinde Herrnhaag, südwestlich von Lorbach gelegen (1738-1750). Ihre Bedeutung als erste modellhafte Ansiedlung der Herrnhuter Brüdergemeinde kann man weltweit sehen, da sie als Schema für viele spätere Gründungen in Europa und Übersee benutzt wurde. Wenngleich von den ehemals 17 Gebäuden nur noch drei erhalten sind, läßt sich doch die Anlage noch gut in der Topographie ablesen.

Büdingen

Büdingen liegt in einer Mulde an einer Furt der Bergstraße durch den Seemenbach, die Remigiuskirche als ehemalige Pfarrkirche Büdingens, am Schnittpunkt dieser mit der Geygenbergstraße. Die Remigiuskirche, um 1000 entstanden, liegt im westlichen Ortsteil Großendorf, dem wohl ursprünglichen Kern Büdingens. Erst durch den Bau der Wasserburg verlagerte sich die Ansiedlung.

Die in ihrer Entstehung in die Mitte des 12. Jhs. zurückreichende Wasserburg war Sitz der Verwaltung des Reichswaldes, die den edelfreien Herren zu Büdingen übertragen war.

Von der Burg ging die Entwicklung Büdingens zur Stadt aus. Sie war als Talburg mit Wassergraben umgeben, der auch die Vorburg von der Hauptburg trennte.

Der staufische Eindruck der Hauptburg ist in den romanischen Umfassungsmauern, die Buckelquader mit Randschlag wie Gelnhausen oder Münzenberg zeigen, fast unverfälscht erhalten. Der unter Hartmann von Büdingen (1166-95 nachweisbar) errichtete Bau bildet ein dreizehnseitiges Vieleck, innerhalb dessen sich der romanische Palas, der Kapellenbau, der Torbau und der Bergfried gruppieren. Im 15. und 16. Jh. wurde die Anlage von Ludwig II. (1461-1511) und Anton (1518-60) ergänzt und abgeschlossen. 1495-99 Errichtung einer neuen Kapelle über dem romanischen Untergeschoß. Im Innern aufwendige Renaissance-Ausmalungen, vor allem in Grisaille, im »gemalten Zimmer« u. a. das Musikbild von Erhard Sansdorffer aus Gelnhausen, bez. 1553, eine stark oberitalienisch beeinflußte Darstellung höfischen Lebens. Im »Bankettsaal« historische Darstellungen aus der Geschichte des Hauses von Rudolf Hoffmann aus Darmstadt, entstanden 1853.

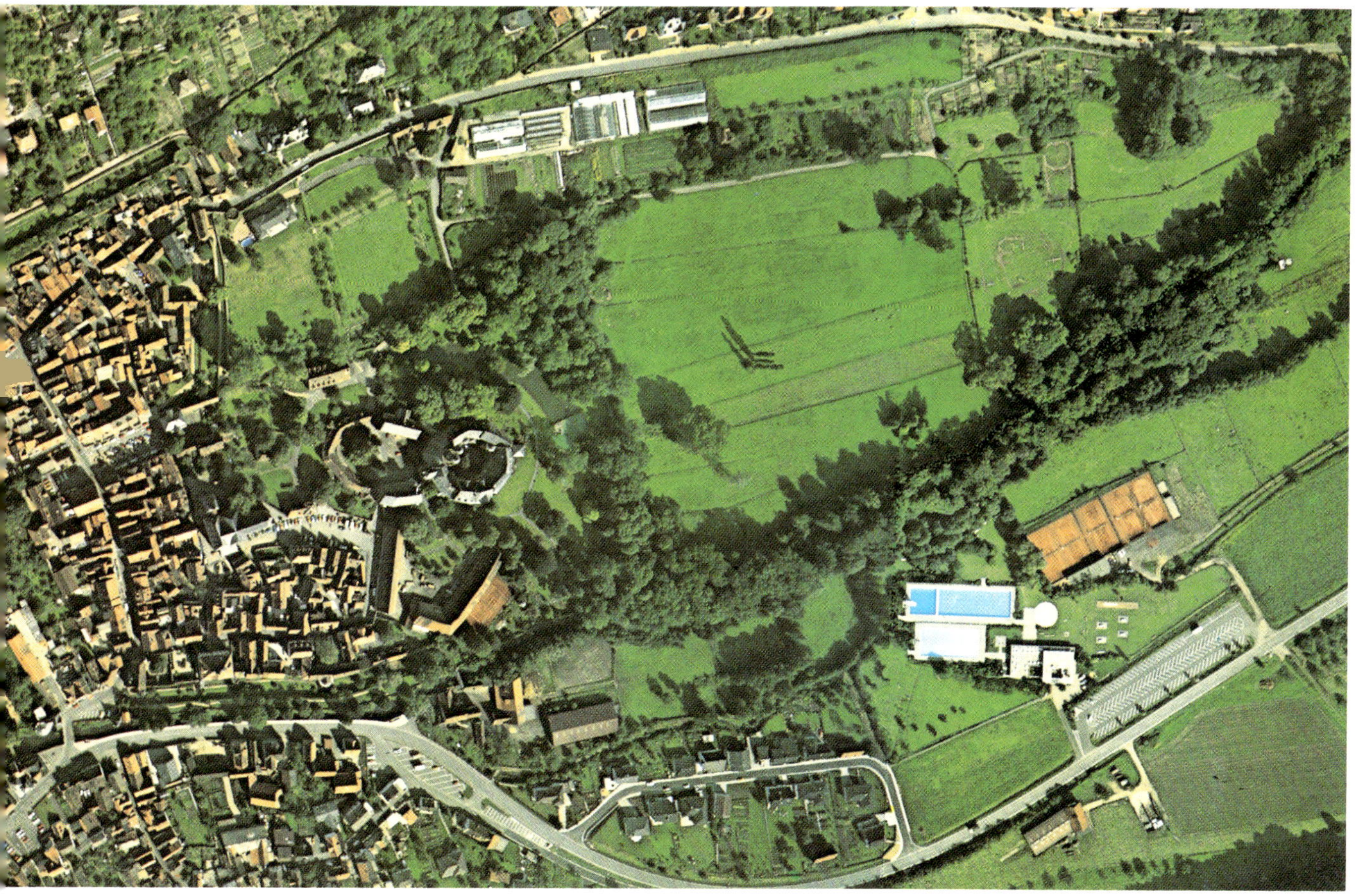

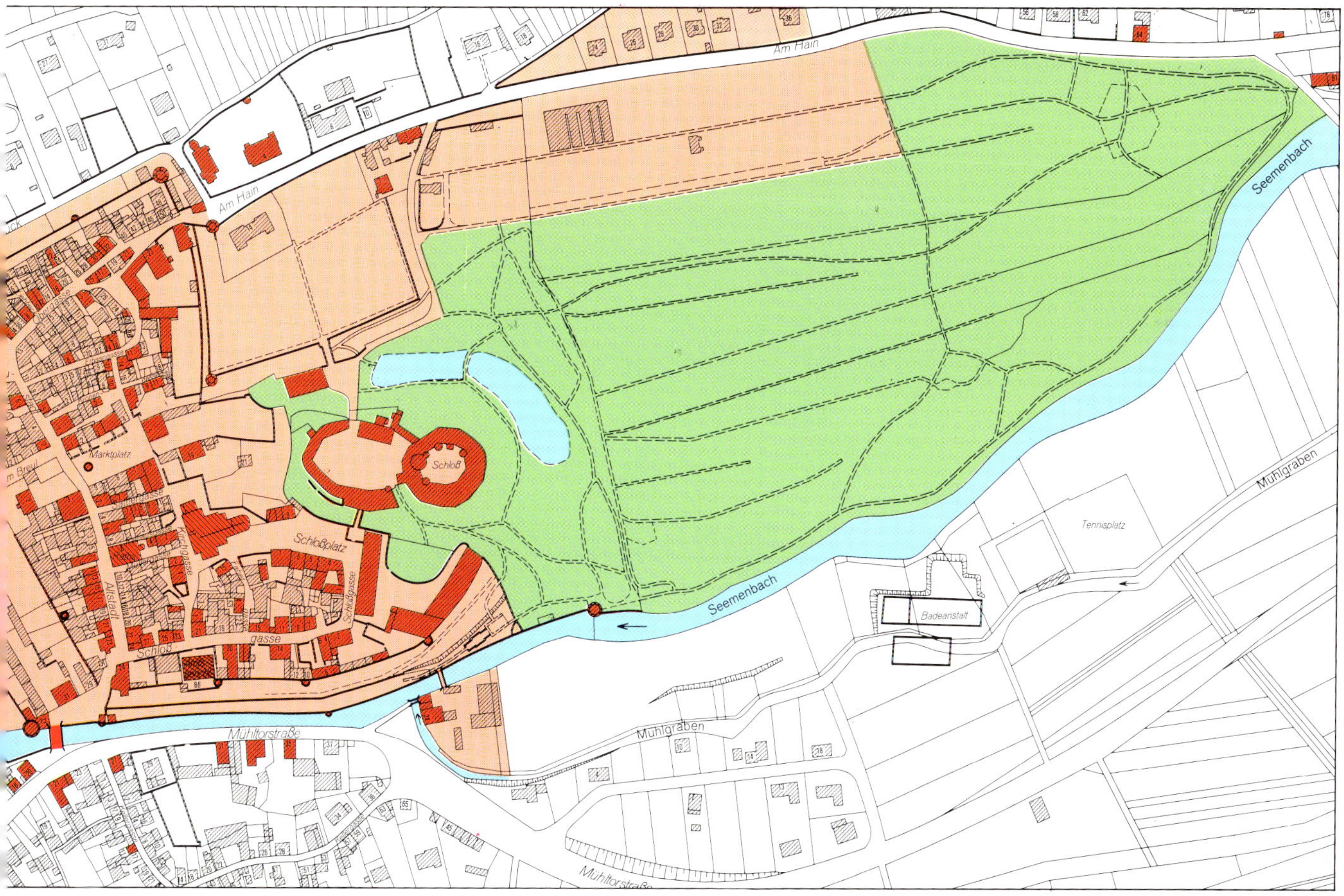
Am Hain
Seemenbach
Marktplatz
Schloß
Schloßplatz
Tennisplatz
Badeanstalt
Mühlgraben
Mühltorstraße

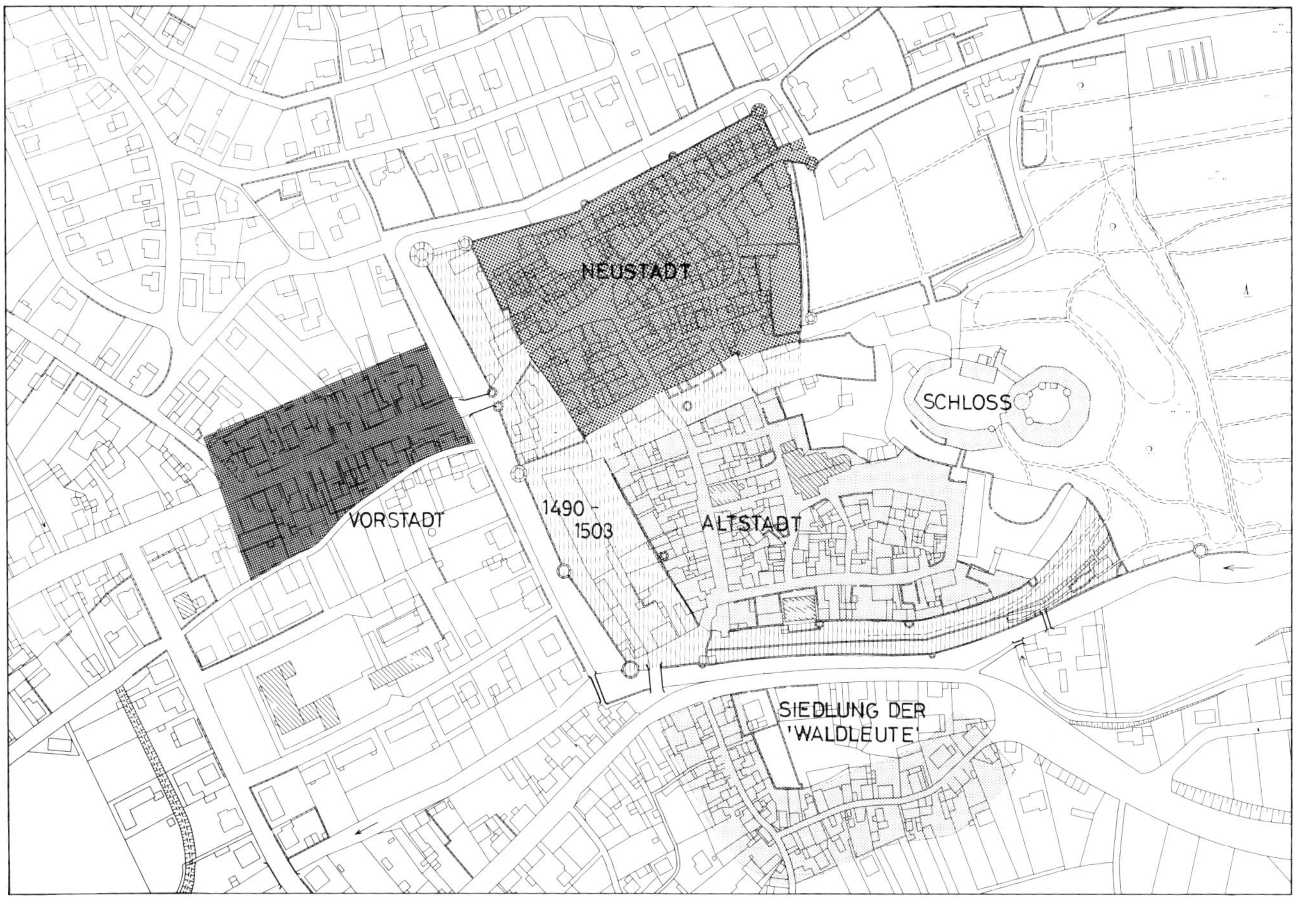

Die wirtschaftliche und administrative Funktion der Burg brachte es mit sich, daß sich in südwestlicher Richtung, ebenfalls im Schutz des Seemenbaches eine Burgmannensiedlung (Schloßgasse) entwickelte und jenseits am Rand des Reichsforstes »hinter der Burg« eine Ansiedlung von Waldleuten (Kellergasse). 1330 erfolgt die Marktrechtsverleihung an die bereits 1321 als »Stadt« bezeichnete Altstadt. Mitte des 14. Jhs. ist die Befestigung dieses Stadtteils mit Wall und Graben, einer Mauer mit Wehrgang und Tortürmen abgeschlossen.

Da die Altstadt offenbar schon gegen die Mitte des 14. Jhs. keinen Platz mehr bot, entstand in nördlicher Richtung zum Hang hin eine neue Ansiedlung vor allem wohl von Handwerkern. Auch dieser Stadtteil ist regelmäßig errichtet mit rechtwinklig aufeinanderstoßenden Straßen und ausgerichtet auf den großen Querriegel des Dammes, der zuerst Alt- und Neustadt trennte und erst später, nach seiner Einebnung, um 1628 Marktplatz wurde. Um 1390 ist die Befestigung der Neustadt vollendet. Gleichzeitig erhält die Neustadt die gleichen Rechte wie die Altstadt. 1428 erfolgte die Vereinigung von Neustadt und Altstadt. Unter Ludwig II. von Ysenburg (1461-1511) wurden beide Stadtteile auch festungsmäßig vereinigt. Dabei wurden die alten Befestigungsanlagen teilweise integriert und mit einem System von Mauer-, Turm- und Zwingeranlagen umgeben. Hierbei kamen modernste fortifikatorische Gesichtspunkte zum Tragen, die auf Kenntnis zeitgenössischer italienischer Traktate und Beispiele schließen lassen (großes Bollwerk). Im »Jerusalemer Tor«, das den krönenden Abschluß der sich von 1490-1503 hinziehenden Arbeiten bildet, ist sicher nicht unbewußt gleichzeitig das Triumphbogenmotiv mitbenutzt. Die Bürgerschaft hatte die Pforten, Brücken, Gräben und Mauern baulich zu unterhalten und die wehrfähige Mannschaft zu stellen (nach einem Verzeichnis von 1544 — 234 Schützen).

Der politische Typus der Stadt war eigentümlich zwischen Residenz- und autonomer Bürgerstadt angesiedelt. Über das Stadtregiment übte jedoch die Herrschaft einen starken Einfluß aus. Der Schultheiß wurde von ihr be-

Städtebauliche Entwicklung

Schloß 12. Jh.

Altstadt, 1321 »Stadt«, ca. 1350 Fertigstellung der Befestigung.

Neustadt, um 1390 Fertigstellung der Befestigung.

Neue Befestigungsanlage für die 1428 vereinigten Stadtteile 1490-1503.

Vorstadt, 1712-1725.

Steinernes Haus, Ecke Altstadt-Schloßgasse, Aufnahme um 1910.

stimmt, die beiden Bürgermeister von Alt- und Neustadt wurden vom Rat in doppelter Zahl vorgeschlagen und von der Herrschaft ausgewählt. Der Rat ergänzte sich selbst durch Vorschlag, Auswahl und Bestätigung erfolgte durch die Herrschaft.

Unter der Büdinger Bürgerhausarchitektur sind keine ausgesprochen lokalen Typen zu finden. Im Haus Kronengasse 14 ist ein Bau erhalten, der Aufschluß geben kann über Büdinger Wohnformen im späten Mittelalter. Das Haus ist in der zweiten Hälfte des 15. Jhs. entstanden und in dem Gefüge der Giebelseite und der Aufteilung im Innern noch ursprünglich erhalten. Das Obergeschoß kragt auf starken Knaggen vor, ebenso wie das Giebeldreieck mit umlaufender Schiffskehle und hinterblattetem Firstständer. Im Innern findet sich eine klare Vierteilung des Grundrisses.
Aus der gleichen Zeit stammen die sog. Herberge gegenüber der Pfarrkirche und der Fachwerkaufbau des Rathauses. Typisch für dieses spätmittelalterliche Stadium des Büdinger Fachwerks sind die steilen Proportionen, die regelmäßige Anordnung der Vorform des Mannes und die ihn begleitenden Viertelkreisfußstreben. Eine Besonderheit der Büdinger Bürgerhausarchitektur, die hohen Steinsockel bzw. die fast durchgehenden steinernen Erdgeschosse, sind Folge einer Feuerschutzverordnung der Herrschaft aus dem späten 15. Jh., die besagte, daß die Erdgeschosse der Häuser an Kreuzungen und wichtigen Straßeneinmündungen massiv herzustellen seien. Der nahegelegene Bruch lieferte das dazu notwendige Sandsteinmaterial. Das Holzmaterial für die Hauptkonstruktion des Hauses bekam jeder »eingeforstete Mann« kostenlos.

Als bedeutender Fachwerkwohnbau aus der Zeit um 1500 ist der sog. Luckische Hof in der Schloßgasse 11 in reiner Form erhalten. Trotz der Verwendung spätmittelalterlicher Fachwerkelemente sind die Hölzer in ihrer Zierfunktion betont. Mannform steht auf Mannform, so daß die Mittelachse durch alle Geschosse den Bau in seinen Renaissance-Proportionen zusammenbindet.

Gleichzeitig mit der erstarkenden Bautätigkeit der Bürger im 16. Jh. festigt die gräfliche Familie ihre Herrschaft auch innerhalb der Stadt durch die Anlage des Steinernen Hauses, welches Ludwig II. für seinen Sohn Johann bauen ließ. Der repräsentative Bau in seinen höfischen Formen der Spätgotik ist in städtebaulich eindrucksvoller Weise an einen strategisch günstigen Punkt der Stadt gesetzt und in die Verteidigungsanlagen des Mühltores einbezogen; er setzt sich darüberhinaus als steinerner Bau beherrschend über die ihn umgebende bürgerliche und bäuerliche Architektur. Am entgegengesetzten Ende der Neustadt ließ Georg zu Ysenburg 1569-71 den Oberhof als Witwensitz für seine Frau Barbara geb. Gräfin zu Wertheim von Conrad Leonhard errichten (Obergasse 23). Überwiegend massiv in Renaissanceformen, jedoch mit demonstrativ eingesetztem nachgotischen Dekor hebt sich auch dieser Bau beherrschend über die umliegenden Fachwerkhäuser der Neustadtbürger. Gleichzeitig hat er strategische Bedeutung gegen Feinde von außen und innen.

Neben diesen feudalen Wohngebäuden ragen neben der Liebfrauenkirche das Rathaus und das Gasthaus zum Schwan als Massivbauten aus der Menge der Fachwerkhäuser heraus, beide für öffentlich-bürgerliche Nutzung erbaut, wenn auch unter der Oberaufsicht der Herrschaft. Das Gasthaus zum Schwan in der Altstadt war Herberge und Gaststätte mit Schankrecht für Wein (Auf dem Damm 3), ihm entsprach die Krone in der Neustadt und später der Stern in der Vorstadt (Vorstadt 3). Die Monumentalität der Architektur des Schwanen, der in seiner jetzigen Form als gegen 1500 entstanden anzusehen ist, läßt sich nicht hinreichend aus den Schankprivilegien ableiten. Der Staffelgiebel als Hoheitsform, die regelmäßige Reihung der Kreuzstockfenster und die gesamte Erscheinung des Baues lassen an weitergehende Öffentlichkeits- bzw. Repräsentationsfunktionen innerhalb des Gemeinwesens denken.

Das Rathaus, in der Achse der Stadtkirche im Zentrum der Altstadt gelegen, besaß in mehrfacher Hinsicht die öffentliche Bedeutung. Neben Ratssit-

Blick in die Altstadt mit Rathaus, alle Fachwerkhäuser verputzt, Aufnahme um 1910.

Neustadt, Blick in die Obergasse, Fachwerk weitgehend unter Putz, Aufnahme um 1890.

Blick in die Vorstadt von Westen.

zungen dienten die Räume für Feste und Hochzeiten, das Erdgeschoß mit seiner Halle als Kaufhaus. Der Anspruch der Architektur ist bescheiden, trotz des um 1500, fünfzig Jahre nach Erbauung zugefügten steinernen Staffelgiebels. Vielleicht liegt hierin ein Ausdruck der eingeschränkten Darstellungsmöglichkeit des Bürgertums und der Corporationen des Handwerks.
Nachdem sich die Stadt entfernt von ihrer Pfarrkirche in Großendorf im 14. Jh. sprunghaft vergrößert hatte, ließ Johann I. die hölzerne Liebfrauenkapelle 1377 durch einen steinernen Bau ersetzen. Im Laufe des 15. Jhs. lief die Kapelle der Pfarrkirche St. Remigius den Rang ab, ab 1495 wird sie nicht mehr Kapelle genannt und erhält das Taufrecht. Der Bau von 1377 wurde von Ludwig II. ab 1476 unter Verwendung alter Bauteile zu einer Hallenkirche erweitert. 1556/57 wird der Bau der Neuen Schule eingefügt und 1602 die Hohe Schule angebaut: 1778 wurde der Turmbau vollendet. Die Verbindung von geistlicher Stätte und Stätte der Gelehrsamkeit ist typisch für ein

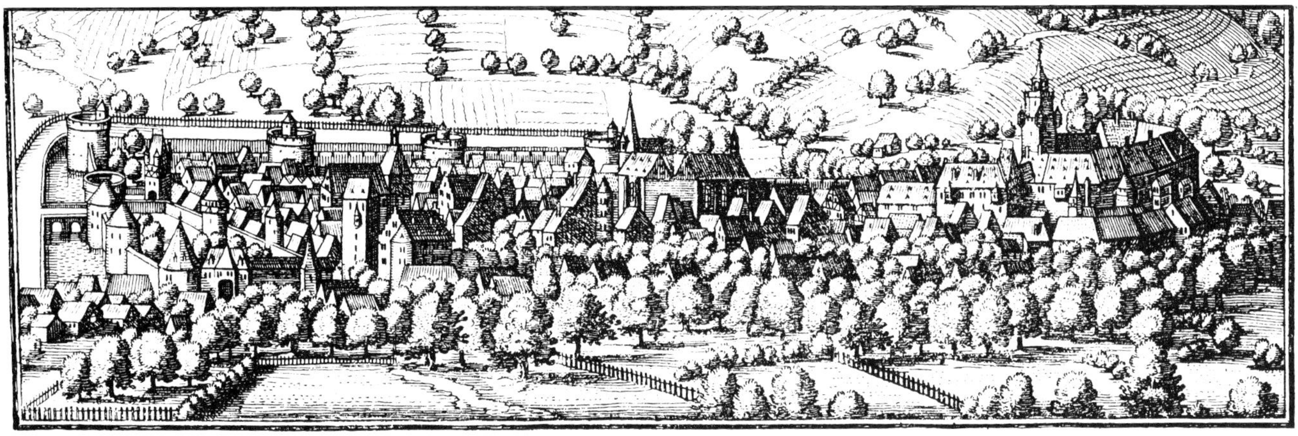

Büdingen, 1646 M. Merian, Topographia Hassiae

aufgeklärtes Fürstentum, das die Ausbildung einer Schicht fähiger Verwaltungsbeamter selbst betrieb.

Erst längere Zeit nach dem Zusammenwachsen von Alt- und Neustadt wurde die große städtebauliche Chance genutzt, den Damm und Graben, der zwischen Alt- und Neustadtbefestigung lag, einzuebnen und die entstehende Fläche als neues Zentrum der Gesamtstadt auszuweisen. Die Anlage des Straßensystems bei Planung der Neustadt im 14. Jh. hat schon auf diese zukünftige Möglichkeit Rücksicht genommen. Der Schwerpunkt des öffentlichen Lebens wurde dadurch vom Schloßplatz weg in die genaue Mitte der Stadt verlagert.

Nach dem Dreißigjährigen Krieg gab es städtebaulich bedeutende Initiativen erst zu Beginn des 18. Jhs. unter Ernst Casimir I. von Ysenburg, der ganz in der Art des aufgeklärt-absolutistischen Fürsten eine Stadterweiterung außerhalb der befestigten Stadt in die Wege leitete. Um das Konkurrenzprinzip in der Büdinger Wirtschaft stärker zu betonen, wurden Händler, Handwerker und Gewerbetreibende aufgefordert, sich unter günstigen Bedingungen in Büdingen niederzulassen:

»V. Wie nun also, wer bauen will, das Holtz umsonst hat, also kann er auch Steine auß dem nahe der Stadt liegenden Steinbruch umsonst, den Kalk auch gleich dabey um gar geringen Preiß ... haben. VI. Alle neuen Gebäude von 2 Stockwerk sollen 10 Jahr die Freyheit von allen Aufflagen und Beschwerungen ohnverbrücklich genießen.« (Aus dem Edikt vom 29. März 1712.)

Die Bau- und Erschließungsarbeiten der Vorstadt gingen zügig voran, um 1730 war die Anlage im großen Ganzen abgeschlossen. Offensichtlich wurden dem Bauwilligen von landesherrlicher Seite typisierte fertige Baupläne an die Hand gegeben, wie es bei absolutistischen Stadterweiterungen und Stadtumbauten üblich war. Das einfache Typenhaus ist eine städtische Variante des Vogelsberger Bauernhauses mit Freitreppe in der Mittelachse, rechts und links des Flurs eine Kammer und hinten die Küche. Die Mittelachse der Häuser mit einfachen Fachwerkzierformen ist durch ein Zwerchhaus akzentuiert. In den zwanziger Jahren ist eine großzügigere Variante des Typs mit mehr Volumen und hohem Mansarddach mit Gauben entwickelt worden. Mit der Errichtung des dritten Städtischen Gasthauses, dem Stern 1755, war die Entwicklung des neuen Stadtteils abgeschlossen.

Mit dem Bau der Eisenbahnlinie Gießen-Gelnhausen trat ab 1869/70 auch Büdingen in eine neue städtebauliche Entwicklungsphase. Zwischen Vorstadt und Bahnhof wurde ein bescheidenes System von Straßen angelegt, an denen vom kleineren Mehrfamilienmietshaus bis zur freistehenden Villa mit Garten die Wohn- und Komfortbedürfnisse der Gründerzeit befriedigt werden konnten. Im letzten Jahrzehnt des 20. Jhs. begann man mit der Bebauung der ehemaligen Weinberge, die mit ihren Weinberghäuschen des 18. Jhs. dem Büdinger Bürgertum ehemals Raum für sommerliche Muße boten, nach der Eröffnung der Eisenbahnlinie aber allmählich eingingen.

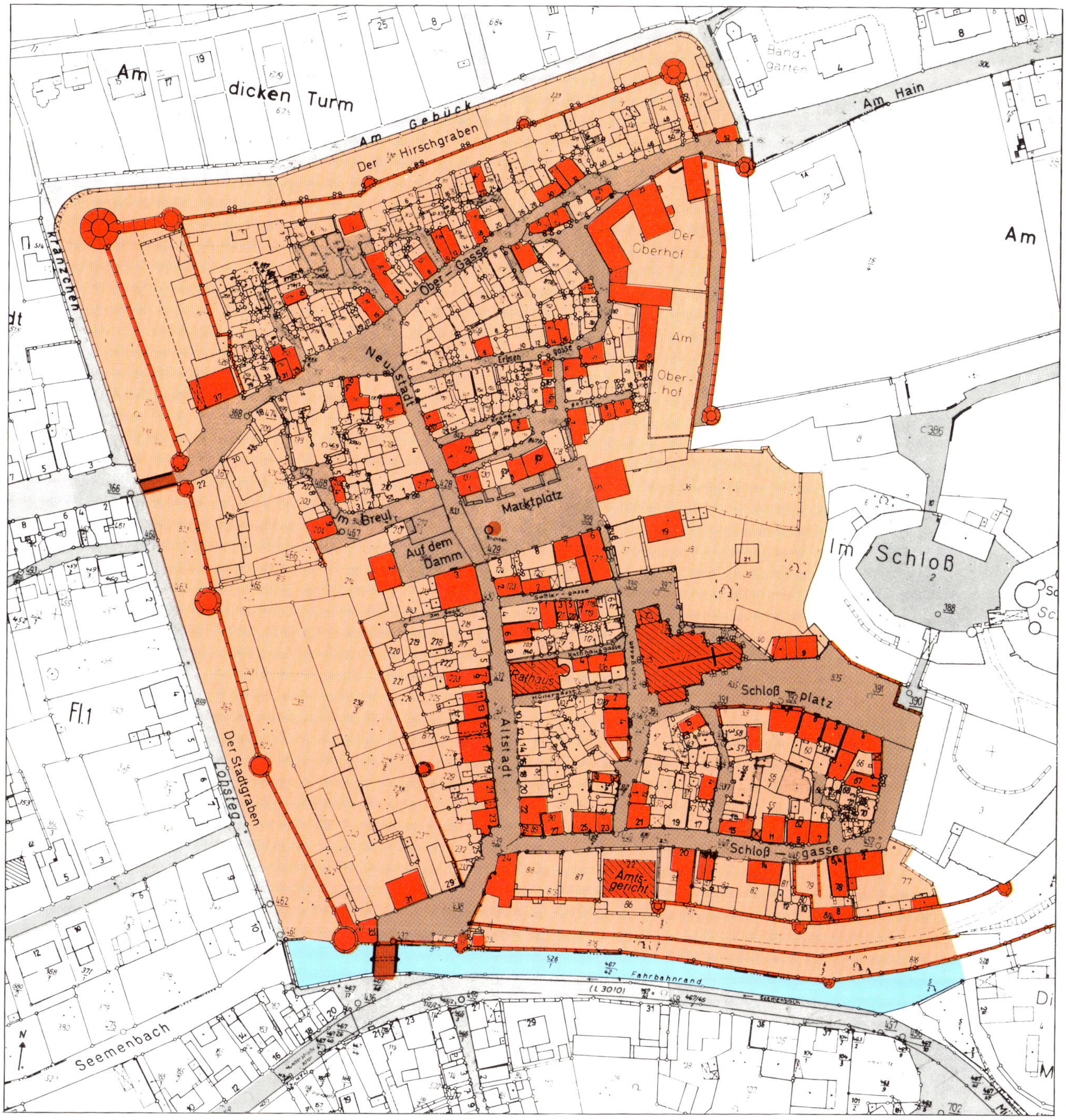

Gesamtanlage Altstadt

Die Gesamtanlage »befestigte Altstadt« wird begrenzt im Norden durch den Weg Am Gebück, im Osten durch den Damm am Oberhof, weiterhin durch Teile der Stadtmauer und die Parzellengrenze, die dem Verlauf der Vorburg folgt und am großen Stallgebäude in südlicher Richtung weiterführt. Die Begrenzungslinie läuft weiter bei Flur 1 Flurstück 77 über den Seemenbach und folgt dem Verlauf der Mühltorstraße. Weiter den Lohsteg und das Kränzchen entlang schließt sich die Umgrenzung am Gebück an der Ecke der großen Bastion.

Die Gesamtanlage umfaßt die Stadtteile Altstadt und Neustadt, die im Laufe des 14. Jhs. befestigt und 1428 zu einer Stadt vereinigt wurden. 1490-1503 wurde die Stadt mit neuen Befestigungsanlagen umgeben, die mit ihren Gräben und Wällen noch heute die klar ablesbare Einfriedung der Stadt bilden.
Innerhalb der Mauern findet sich neben den fürstlichen und kirchlichen Großbauten aus Stein eine einmalig geschlossen erhaltene Ansammlung von Handwerker-, Ackerbürger- und Burgmannenhäusern, überwiegend in Fachwerk errichtet auf dem planmäßigen Straßengrundriß des Mittelalters.

Die Erhaltung dieser Gesamtanlage aus wissenschaftlichen, geschichtlichen und künstlerischen Gründen liegt im öffentlichen Interesse.

Luftaufnahme von Osten, 1979, vorn Schloßanlage, in der Mitte Alt- und Neustadt, oberer Bildrand links: Vorstadt.

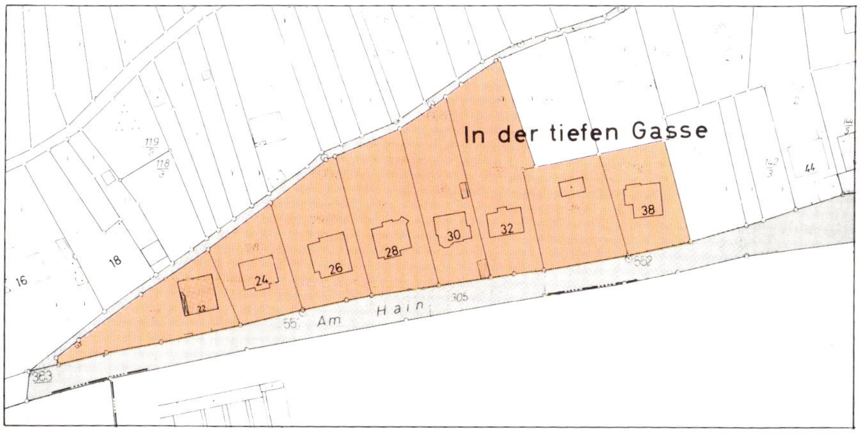

Gesamtanlage Am Hain

Die Gesamtanlage Am Hain wird begrenzt im Süden durch die Straße Am Hain, im Osten durch die Grenzen der Flurstücke 135, 134 und 132 der Flur 2. Im Nordwesten wird die Grenze gebildet durch den Verlauf des Weges an der Rückseite der Grundstücke, der spitzwinklig auf die Straße Am Hain trifft. Die Umfassungsmauern des Weges und an der Straße Am Hain sind Teil der Gesamtanlage.
Es handelt sich um eine Gruppe etwa gleichzeitig — um 1900 — entstandener Einfamilienhäuser des gehobenen Bürgertums in großzügigen Gärten auf ehemaligem Wingertgelände gelegen. Diese Bauten boten im Gegensatz zur unkomfortablen Enge der Altstadt die Annehmlichkeiten des Wohnens, die man im späten 19. und frühen 20. Jh. von Seiten des Bürgertums erwartete.
Die Bauten folgten in der Aufteilung dem Schema des Historismus und sind im Äußeren geprägt durch reiche Fachwerkgiebel und Erker, meistens mit Krüppelwalmdach.
An der Erhaltung der Baugruppe besteht aus geschichtlichen Gründen ein öffentliches Interesse.

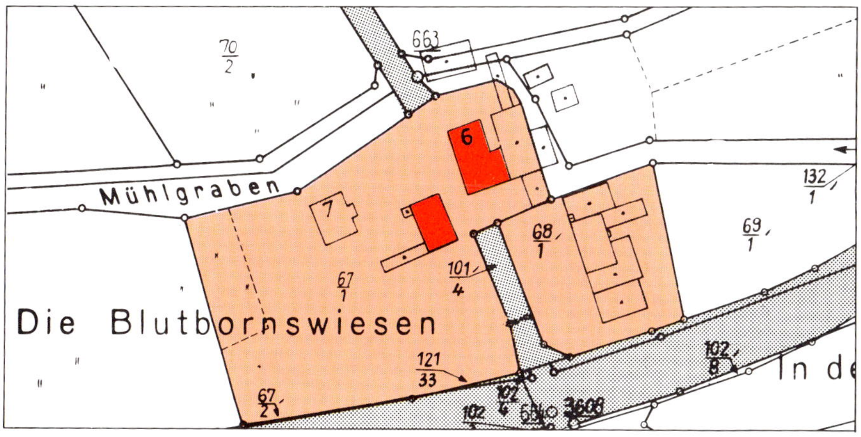

Gesamtanlage Papiermühle

Die Gesamtanlage Papiermühle wird begrenzt vom Mühlgraben im Norden, im Osten von der Grenze des Flurstücks 68/1, im Süden von der Landstraße und im Westen von der Grenze des Flurstücks 67/1.
Es handelt sich um eine Produktionsanlage des 18./19. Jhs. zur Papierherstellung, deren Existenz für die seinerzeitige Versorgung des Fürstentums in wirtschaftsgeschichtlicher Hinsicht von Bedeutung war.

Verwaltungshaus
Untergeschoß massiv Bruchstein, mit Hausteinkanten und -gewänden, Obergeschoß Fachwerk, spätes 18. Jh.; Traufseite verschindelt.

Gesamtanlage Brunostraße

Die Gesamtanlage Brunostraße wird begrenzt im Südosten durch den Verlauf des Seemenbaches, die Grenzen der Flurstücke 382 und 383/1 der Flur 1, die Schulstraße, folgt im Osten der Parzellengrenze der Stadtschule, Flurstück 393/2 Flur 1, der Grenze der Parzelle Flur 1 Flurstück 441. Im Norden bildet die Straße Mäusfall die Grenze, sie folgt der Parzellengrenze des Flurstücks 438/3 der Flur 1 und trifft auf den Bach, der die westliche Grenze bildet und im Süden in den Seemenbach mündet.

Die Gesamtanlage setzt sich aus einer Gruppe gleichartiger kubischer Villen mit Eckerkern und komplizierten Dachaufbauten zusammen, die alle im ersten Jahrzehnt des 20. Jhs. entstanden sind. Es finden sich darunter mehrere Bauten mit unversehrt erhaltener Innenausstattung des Jugendstils, die als Kulturdenkmäler einzuordnen sind. Den Kernpunkt der Anlage bildet das Gymnasium, ein monumentaler Bau in symmetrischer Anordnung auf den kleinen Platz ausgerichtet, ebenfalls als Kulturdenkmal bezeichnet.

Die Anlage wird räumlich umfangen durch eine Baugruppe der zwanziger und dreißiger Jahre des 20. Jhs. in der Hannerstraße und den Kopfbau der Schulstraße.

Die Erhaltung der Gesamtanlage als individuelle und städtebauliche Leistung des späten Historismus liegt im öffentlichen Interesse.

Blick in die Brunostraße von Süden

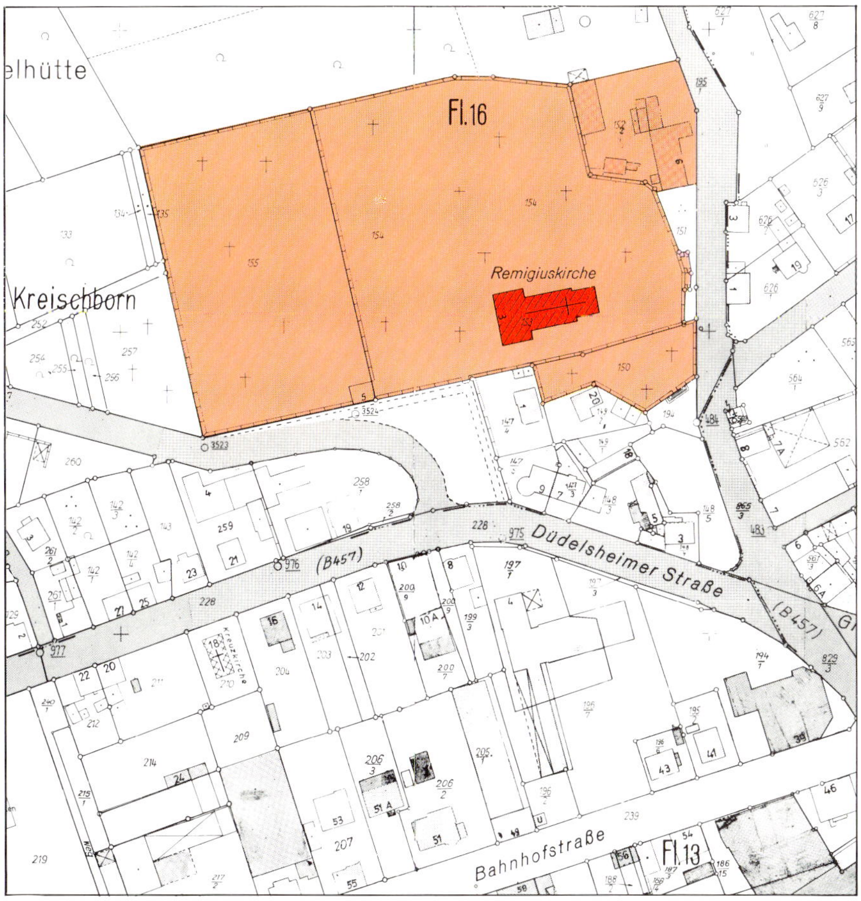

Gesamtanlage Großendorf-Friedhof

Die Gesamtanlage Großendorf-Friedhof umfaßt das gesamte Friedhofsgelände innerhalb der Friedhofsmauer, Flur 16 Flurstücke 150, 153, 154, 155 sowie einen auf Flur 16 Flurstück 152 liegenden Hof – Am Ziegelberg 9 –, der sich direkt an die Friedhofsmauer anlehnt.

Der Friedhof ist um die frühere Pfarrkirche Büdingens St. Remigius entstanden, die, um 1000 erbaut, ihre Funktion als Pfarrkirche schon im späten Mittelalter verlor.

Mit Portalen und Umfassungsmauer beinhaltet er eine größere Anzahl historisch und künstlerisch bedeutsamer Grabplatten, Grabsteine und Grabmonumente, vor allem des 18. und 19. Jhs.

An der Erhaltung der Gesamtanlage besteht aus geschichtlichen, künstlerischen und wissenschaftlichen Gründen ein öffentliches Interesse.

Grabstein eines Geistlichen, Ritzzeichnung, um 1500
(oben links)

Kindergrabstein 1639
(oben Mitte)

Grabstein, dat. 1737
(oben rechts)

Grabstelle, dat. 1768
(links)

Grabstelle, dat. 1809

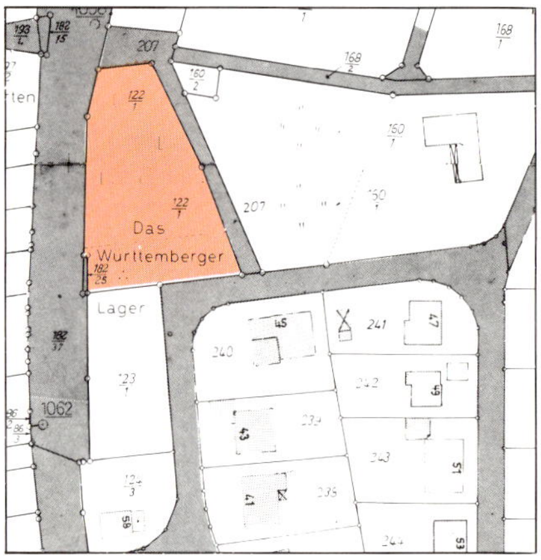

Gesamtanlage Israelitischer Friedhof

Der israelitische Friedhof liegt an der Vogelsbergstraße in Richtung Bindsachsen und beinhaltet die Flurstücke 122/1 und 182/25 der Flur 18.
Die Grabsteine sind einfacher Machart, überwiegend in Sandstein. Die frühesten erhaltenen Steine stammen von 1840, die letzten Bestattungen haben 1937 stattgefunden.
An der Erhaltung der Gesamtanlage Israelitischer Friedhof besteht aus geschichtlichen Gründen ein öffentliches Interesse.

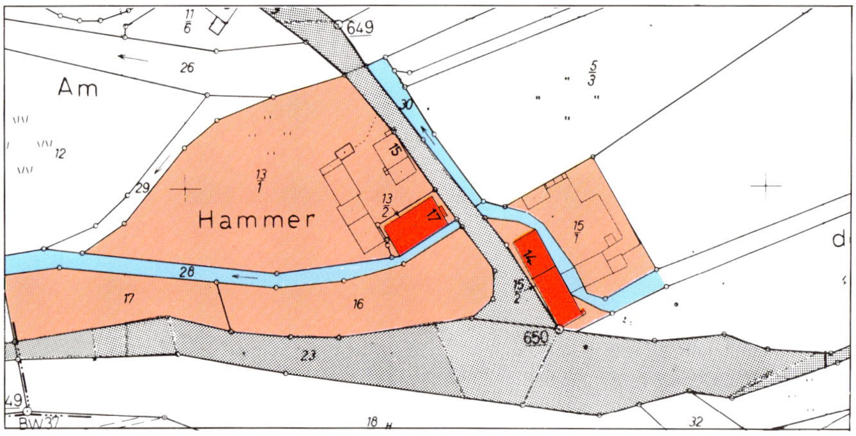

Gesamtanlage Hammermühle

Die Gesamtanlage Hammermühle wird im Osten begrenzt durch die Begrenzung des Flurstücks 15/1 der Flur 4, beinhaltet den Mühlgraben, der ein Knie bildet und die Flurstücke 13/1 und 13/2 der Flur 4, die vom Mühlgraben, Flurstück 28 und 30 umflossen werden. Die gesamten Wasseranlagen des Mühlenkomplexes sind Teil der Gesamtanlage.
Es handelt sich um die Gebäudegruppe eines ehemaligen Hammerwerkes mit zwei Mühlenhäusern, an deren Längsseite der Mühlgraben entlangführt. Jeweils rechtwinklig dazu angeordnet Lager und Fabrikationsgebäude. Im Innern stark verändert.
Die Anlage manifestiert eine Epoche der Technikgeschichte der Stadt Büdingen des frühen 19. Jhs., an ihrer Erhaltung besteht aus geschichtlichen Gründen ein öffentliches Interesse.

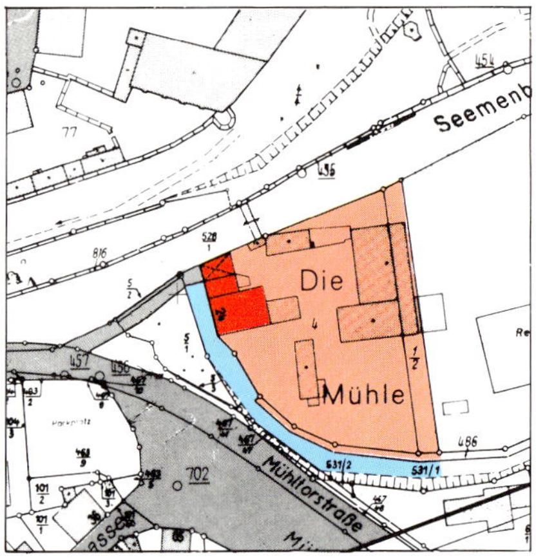

Gesamtanlage Mühle

Die Gesamtanlage Mühle wird begrenzt im Süden und Südwesten durch den Verlauf des ehemaligen Mühlgrabens, im Norden durch den Seemenbach und im Osten durch die Grenze des Flurstückes 1/2 der Flur 6.
Es handelt sich um die bauliche Anlage der herrschaftlichen Mühle mit dem Mühlhaus und Nebengebäuden. Im frühen 18. Jh. entstanden, kommt dieser Baugruppe eine wichtige Stelle innerhalb der Wirtschaftsgeschichte der Grafschaft zu. Ihre Erhaltung liegt aus geschichtlichen und wissenschaftlichen Gründen im öffentlichen Interesse.

Gesamtanlage Schloßbereich

Die Gesamtanlage Schloßbereich wird begrenzt vom Seemenbach im Süden, der Straße Am Hain im Norden, im Westen durch den Damm am Oberhof und den unregelmäßigen Verlauf des östlichen Teils der Altstadt.
Die Gesamtanlage beinhaltet das Schloß mit seinen Nebengebäuden, die Baugruppe am Waisenhaus und deckt sich mit der Fläche des fürstlichen Schloßparks innerhalb seiner historischen Grenzen und einem unbebauten, teilweise als Park genutzten Grüngelände, das der Form des Tales folgt und sich östlich von der Talburg erstreckt. Nordwestlich der Burg ist die Lage des barokken Gartens ablesbar, südöstlich sind im Teich und im Wegesystem Reste eines Englischen Parks erhalten.
Die Lage des Schlosses am Rand der Stadt zwischen zwei Bergrücken und der sich in nordöstlicher Richtung zum Wald hin erstreckende, unbebaute Park stellen die Substanz der schützenswerten Gesamtanlage dar, an deren Erhaltung aus geschichtlichen, künstlerischen und wissenschaftlichen Gründen ein öffentliches Interesse besteht.

Luftaufnahme von Westen

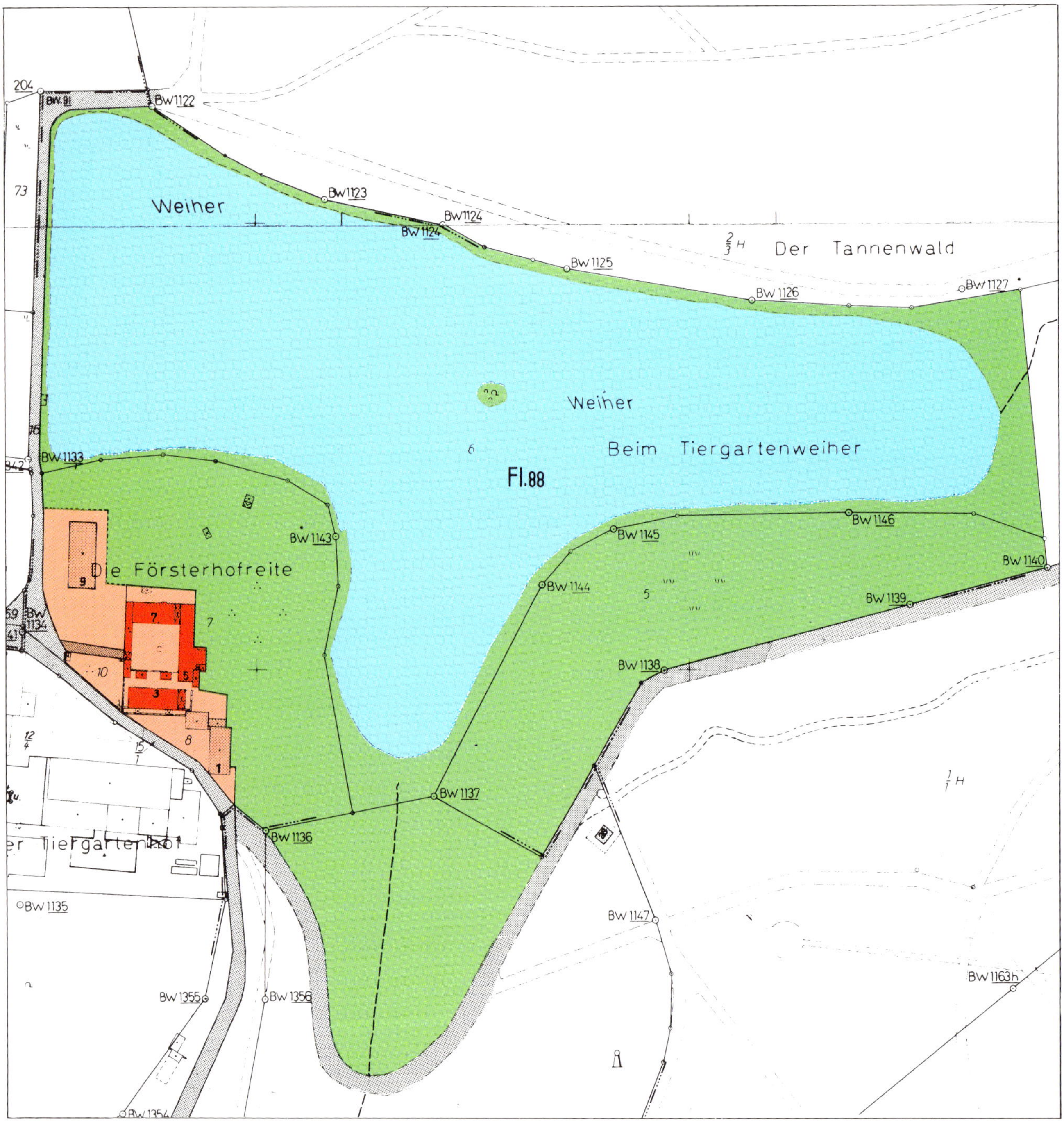

Gesamtanlage Tiergarten
Sommerschloß

Die Gesamtanlage umfaßt das vierflügelige Schloß, das stufenförmig zum See hin abfallende Parterre, sowie den See. Das 1670-71 für Johann Ernst v. Ysenburg errichtete Schloß mit seinen Tiergehegen und dem Teich stellt eine typische hochbarocke ländliche Jagdschloßanlage einer kleinen Grafschaft dar.
An der Erhaltung der Gesamtanlage besteht aus geschichtlichen und künstlerischen Gründen ein öffentliches Interesse.

Gesamtanlage Vorstadt

Die Gesamtanlage Vorstadt wird im Süden begrenzt von der Straße Mäusfall, im Norden und Osten von der Straße Am Rosenkränzchen, im Westen durch den Pferdsbacherweg und die südwestliche Begrenzung der Parzellen Flur 1 Flurstück 494 und 487, wo wiederum die Straße am Mäusfall berührt wird.
Es handelt sich bei der Vorstadt um einen zwischen 1712 und 1725 planmäßig errichteten Stadtteil vor dem Jerusalemer Tor, der der Ansiedlung vor allem von Handwerkern und Gewerbetreibenden dienen sollte. Im Toleranzedikt von 1712 schuf Ernst Casimir, Graf von Ysenburg und Büdingen die politischen und wirtschaftlichen Voraussetzungen für die Gründung der Vorstadt. Nach planerischen Gesichtspunkten wurde das Terrain abgesteckt, Baumaterial wurde verbilligt geliefert, die Häuser wurden nach festen Typen errichtet, wobei ein dreizoniger, eingeschossiger Typ mit zentralem Zwerchhaus am häufigsten vorkommt neben einem kleineren Reihenhaustyp und dem Mansarddachtyp auf hohem Sockel mit zweiläufiger Treppe. Die Erhaltung der Gesamtanlage liegt als hervorragendes Beispiel absolutistisch-aufgeklärter Stadtbaukunst aus wissenschaftlichen, künstlerischen und geschichtlichen Gründen im öffentlichen Interesse.

Luftaufnahme von Osten

Abwicklung Altstadt Westseite
von P. Nieß, 1951

Abwicklung Altstadt Ostseite
von P. Nieß, 1951

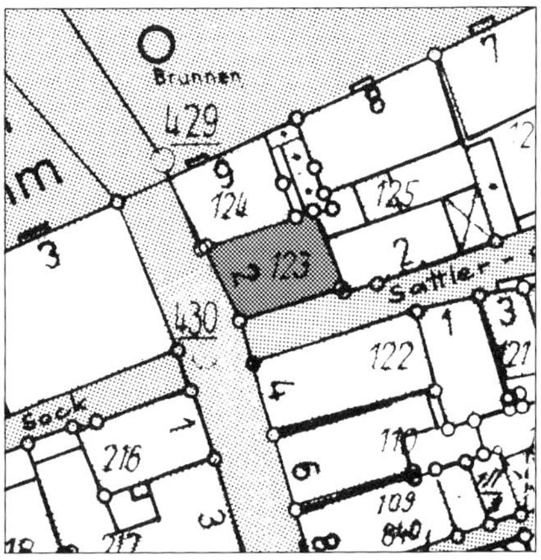

Altstadt 2
Flur 1 Flurstück 123

Fachwerkbau über hohem, massiven Hallengeschoß in Bruchsteinmauerwerk mit Hausteinkante. Wichtige Ecklage. In der Traufseite über stark profiliertem Schwellengesims noch Konstruktionsreste aus dem 16. Jh., Giebel im 19. Jh. konstruktiv erneuert.
Kulturdenkmal wegen seiner städtebaulichen Bedeutung.

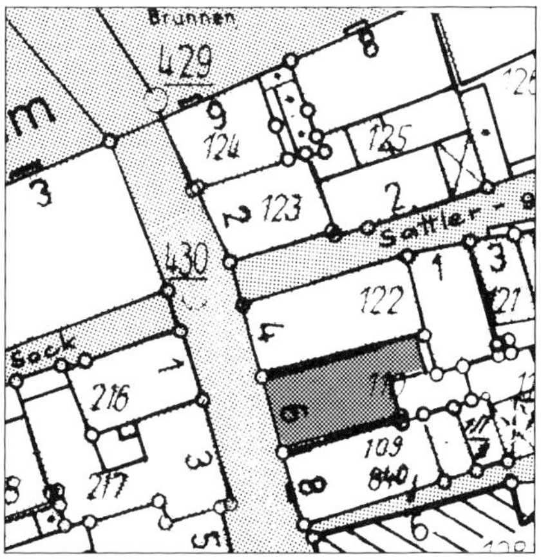

Altstadt 6
Flur 1 Flurstück 110

Giebelständiger, verputzter Fachwerkbau des 16. Jhs. über massivem Sockelgeschoß mit stark vorkragendem Giebel. Stichbogenportal mit Kerbschnittornamentik und Wappen im Zwickel, datiert 1576.
Kulturdenkmal wegen seiner künstlerischen und städtebaulichen Bedeutung.

Altstadt 6

Portal, bezeichnet 1576.
(Abb. links)

Altstadt 7/9

Portal um 1500.
(Abb. Mitte)

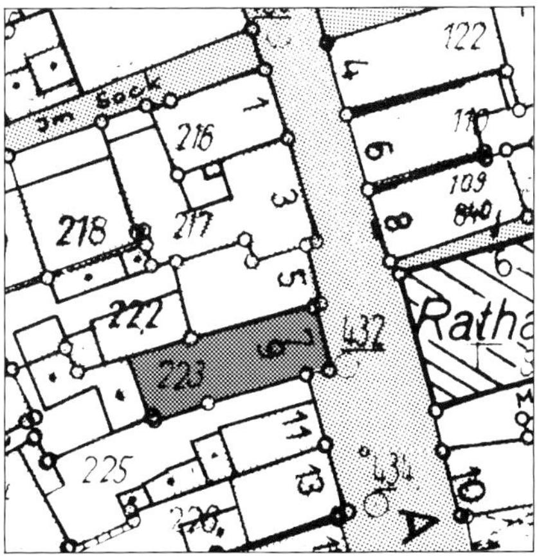

Altstadt 7/9
Flur 1 Flurstück 223

Giebelständiger Fachwerkbau über massivem Sockelgeschoß, spätmittelalterliches, gestäbtes Portal und frühbarocker Wappenstein im Erdgeschoß, dieser ursprünglich Kirchgasse 5. Das Obergeschoß stark verändert, der Giebel ursprünglich, mit umlaufenden Hohlkehlen. Der Fachwerkaufbau im späten 15. Jh. entstanden, teilweise im 19. Jh. verändert.
Kulturdenkmal wegen seiner künstlerischen und geschichtlichen Bedeutung.

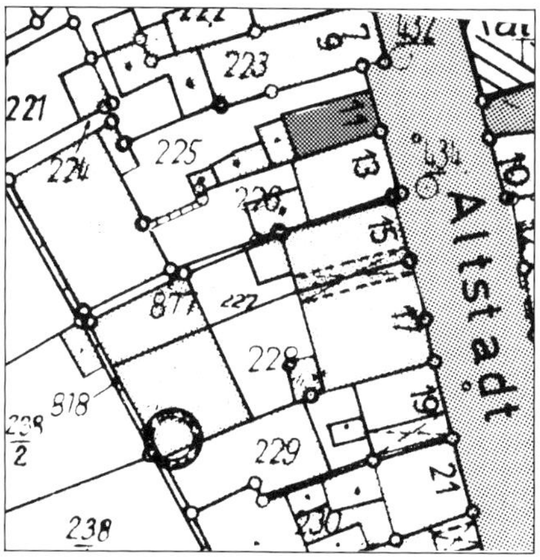

Altstadt 11
Flur 1 Flurstück 225

Fachwerkaufbau auf weit ausladenden Knaggen über massivem Steinsockel, Portal datiert 1811. Ursprünglicher, spätmittelalterlicher Teil in Traufenstellung zur Straße, die Ansichtsseite zur Gasse orientiert; im 18. Jh. Giebel vorgeblendet. Kulturdenkmal wegen seiner geschichtlichen und wissenschaftlichen Bedeutung.

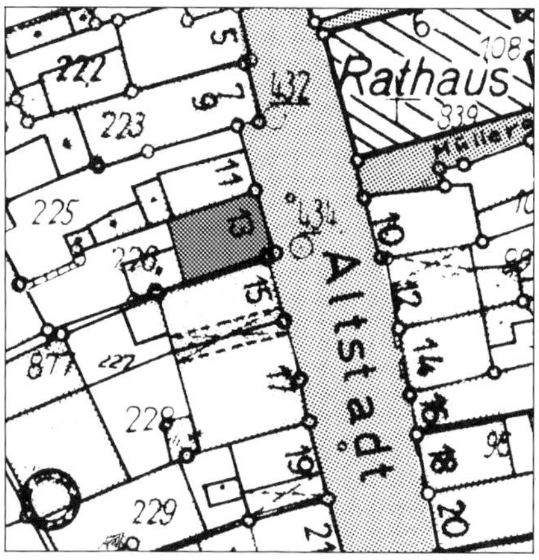

Altstadt 13
Flur 1 Flurstück 226

Breitgelagerter Fachwerkbau über massivem Sockelgeschoß. Reich profilierte Schwellen und Giebelteile. Andreaskreuze in den Brüstungen. Entstanden um 1700.
Kulturdenkmal wegen seiner künstlerischen und städtebaulichen Bedeutung.

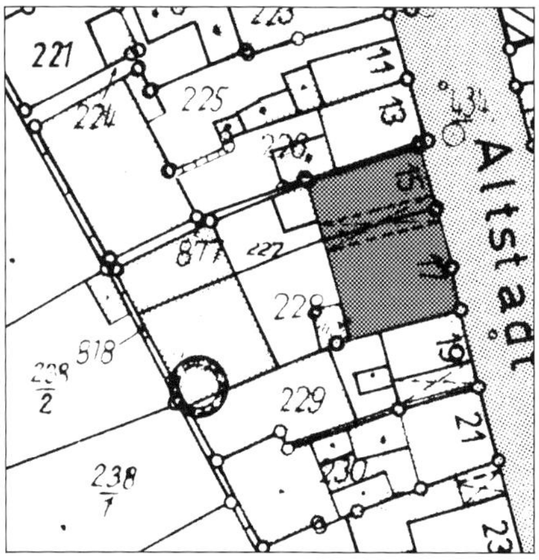

Altstadt 15/17
Flur 1 Flurstück 227 und 228

Bestehend aus zwei Hausteilen mit gemeinsamer, rundbogiger Toreinfahrt. Der verputzte und der unverputzte Bauteil des Fachwerkgebäudes bilden baugeschichtlich eine Einheit. Reich ornamentierte Fachwerkbrüstung mit Andreaskreuz- und Rautenmotiven. Entstanden im frühen 18. Jh. Korbbogiges Portal, datiert 1816.
Kulturdenkmal wegen seiner künstlerischen Bedeutung.

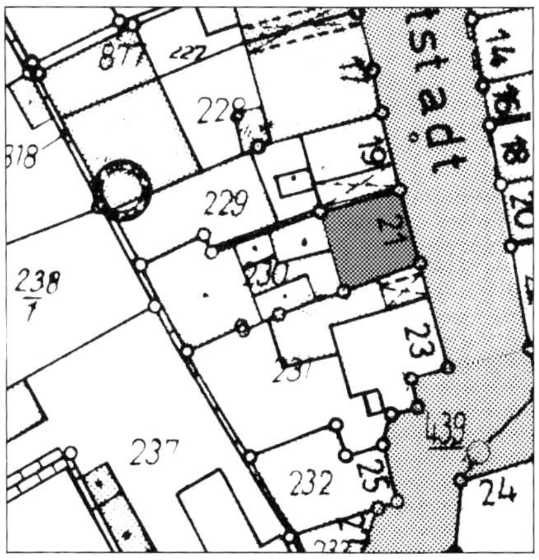

Altstadt 21
Flur 1 Flurstück 230

Traufenständiges Fachwerkwohnhaus über massivem Sockelgeschoß mit großem, diamantierten Rundbogenportal und Portalbekrönung mit reicher Rollwerkornamentik und Wappenstein. Entstanden in der Mitte des 17. Jhs., das Fachwerk im Obergeschoß ursprünglich verputzt mit konstruktiver Bedeutung.
Kulturdenkmal wegen seiner künstlerischen Bedeutung.

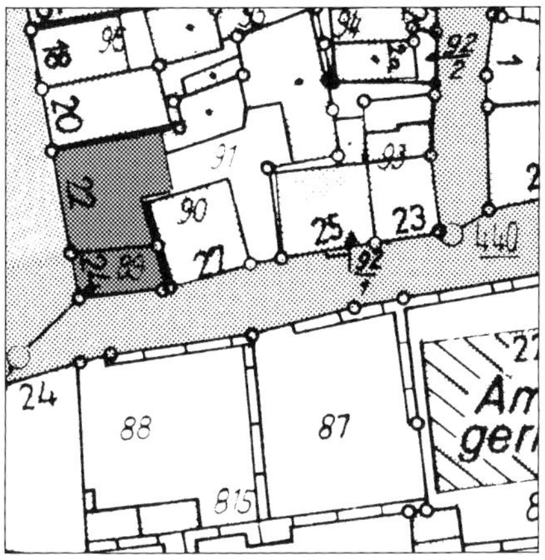

Altstadt 22/24
Flur 1 Flurstück 91 und 89

Großvolumiges Fachwerkgebäude über massivem Sockelgeschoß, die Portale datiert 1714 bzw. 1833. In den Obergeschossen durchlaufende, gekehlte Schwelle und Rähm, Viertelkreis-Streben sowie Vorform des Wilden Mannes. Verband des späten Mittelalters an der Schmalseite noch gut erhalten. Entstanden in der 2. Hälfte des 15. Jhs., Veränderungen im 19. Jh.
Kulturdenkmal wegen seiner wissenschaftlichen und städtebaulichen Bedeutung.

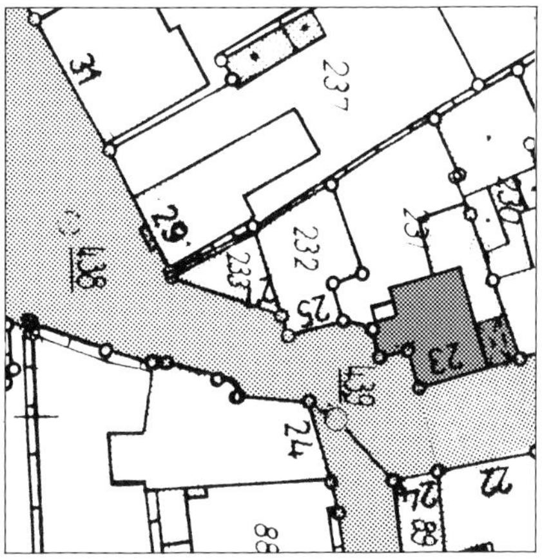

Altstadt 23
Flur 1 Flurstück 231

Überhöhter, massiver Eckbau in wichtiger Lage gegenüber dem Steinhaus. Rustiziertes Sockelgeschoß, Fachwerkobergeschosse gleichmäßig in Rauten und Kreisform in den Brüstungen ornamentiert. Datiert 1904. Städtebaulich motivierter Anpassungsversuch der Heimatstilbewegung.
Kulturdenkmal wegen seiner geschichtlichen und städtebaulichen Bedeutung.

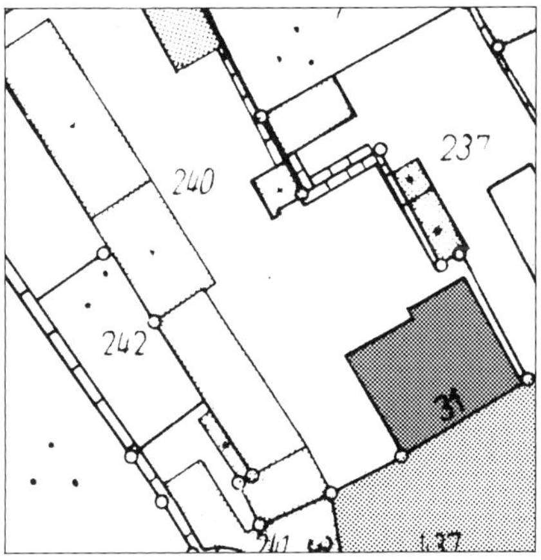

Altstadt 31
Flur 1 Flurstück 240

Gut proportioniertes barockes Fachwerkhaus, ursprünglich zwei Häuser, an wichtiger Eingangssituation zur Altstadt. Fassade unter Putz, an der Seite reich profiliertes Gesims und ungestörter Fachwerkverband aus der 1. Hälfte des 18. Jhs. Im Dach klassizistischer, später angefügter Zwerchgiebel.
Kulturdenkmal wegen seiner städtebaulichen Bedeutung.

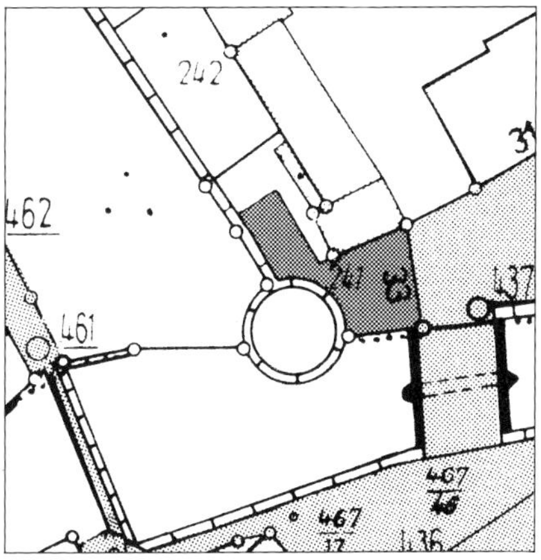

Altstadt 33
Flur 1 Flurstück 241

Sog. Melior'sches Haus; Quaderbau von 1860 in feinen neugotischen Formen mit Staffelgiebel. An der Giebelseite Verwendung von älteren Mauerresten und eines vorkragenden dreiseitigen Erkers des früheren Mühltors aus dem Ende des 15. Jhs.
Kulturdenkmal wegen seiner geschichtlichen, künstlerischen und städtebaulichen Bedeutung.

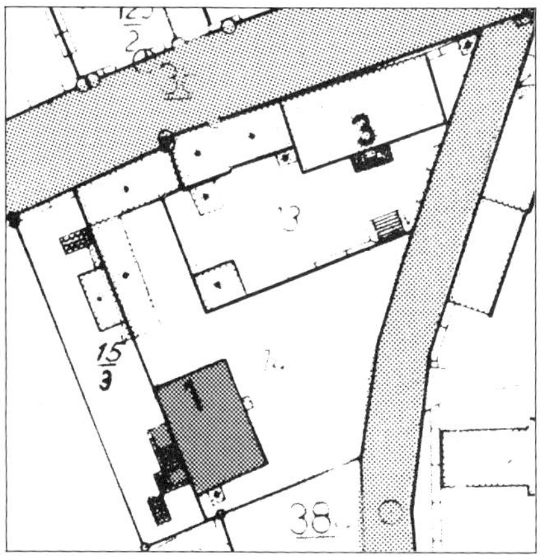

Am Hain 1
Flur 2 Flurstück 14

Verputzter, zweigeschossiger Fachwerkbau mit Krüppelwalmdach in symmetrischer Anordnung der Achsen. Gemeinsam mit Am Hain 3 malerische Gruppe mit Nebengebäuden am Rande des Schloßgartens zum Waisenhaus gehörig. Barocke Freitreppe mit Balustergeländern aus Sandstein an der Rückseite; erbaut um 1720.
Kulturdenkmal wegen seiner geschichtlichen und künstlerischen Bedeutung.

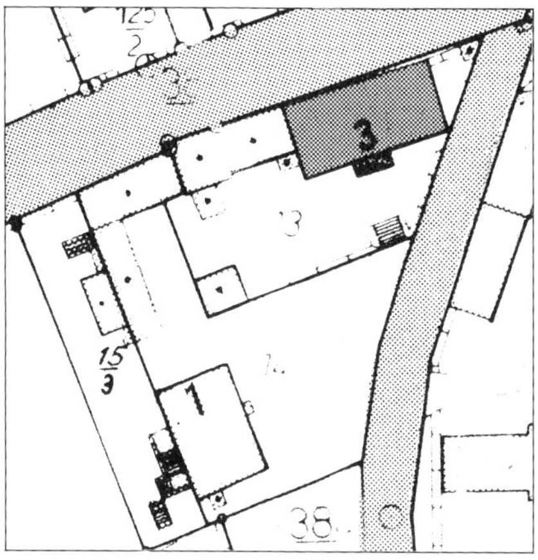

Am Hain 3
Flur 2 Flurstück 13

Waisenhaus; stattlicher, verputzter Fachwerkbau mit Zwerchhaus, Freitreppenanlage und reizvollen Wirtschaftsgebäuden. Erbaut um 1715 von Ernst Casimir, Graf von Ysenburg u. Büdingen.
Kulturdenkmal wegen seiner geschichtlichen und künstlerischen Bedeutung.

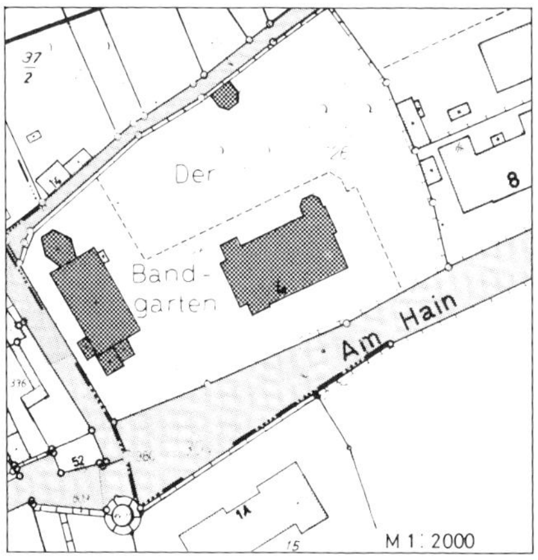

Am Hain 4
Flur 2 Flurstück 126

Fürstliche Rentkammer, erbaut 1902. Aufwendig historisierend zwischen deutscher Neorenaissance und norddeutscher Spätgotik mit vorfunktionalistischen und Jugendstilanklängen.
Bedeutendster Bau seiner Art in Büdingen.
Kulturdenkmal wegen seiner geschichtlichen und künstlerischen Bedeutung.

Sog. Bandhaus, datiert 1572 mit Ysenburg-Wertheimschen Wappen. Herrschaftlicher Nutzbau aus Bruchsteinmauerwerk mit großem Gewölbekeller. Fachwerkvorbau. Einbeziehung eines Turmrestes an der Rückseite.
Kulturdenkmal wegen seiner geschichtlichen und künstlerischen Bedeutung.

Wingerthaus mit Terrassen- und Stützmaueranlage. Entstanden in der 1. Hälfte des 18. Jhs., stellt dieser Bau ein letztes Beispiel des früher weit verbreiteten Weinberghäuschens in Büdingen dar.
Kulturdenkmal wegen seiner künstlerischen und geschichtlichen Bedeutung.

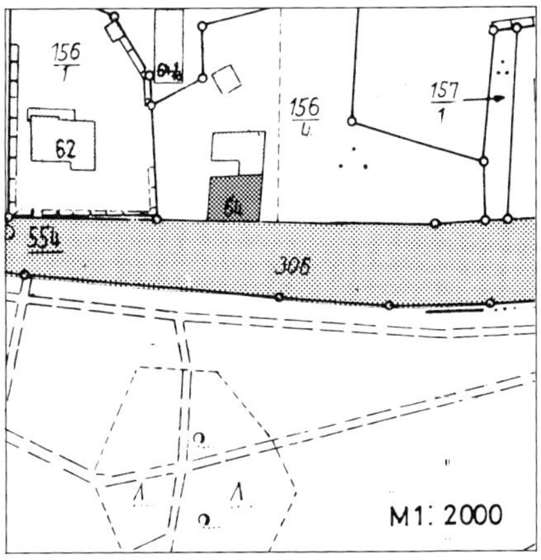

Am Hain 64
Flur 2 Flurstück 156/4

Spätklassizistisches, einfaches Wohnhaus ganz aus Sandsteinquadern errichtet mit feinen Details in Steinmetzarbeit, um 1870. Der aufwendige Einsatz von Sandstein steht wohl in Zusammenhang mit dem nahegelegenen Steinbruch.
Kulturdenkmal wegen seiner geschichtlichen Bedeutung.

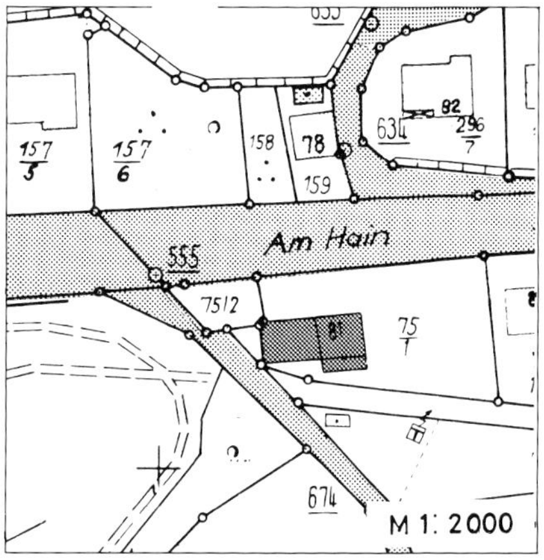

Am Hain 81
Flur 5 Flurstück 75/1

Einfaches Wohnhaus mit Scheunenanbau, ganz in Hausteinbauweise. Erbaut um 1860. Der Aufwand an Sandsteinmaterial und Steinmetzarbeiten liegt im nahen Steinbruch begründet, mit dessen Ausbeutung diese Anlage zusammenhängt.
Kulturdenkmal wegen seiner geschichtlichen Bedeutung.

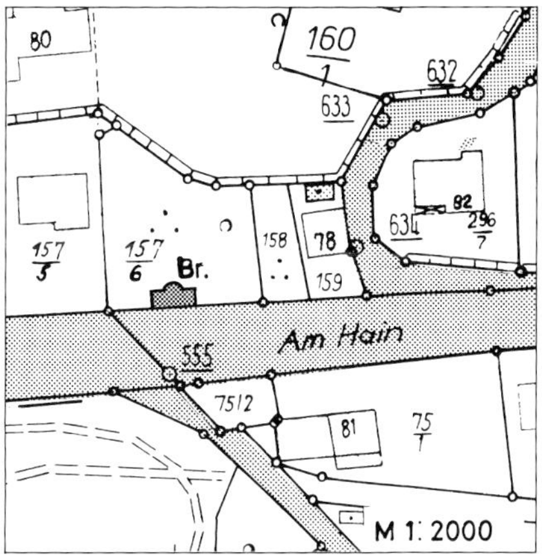

Am Hain
Flur 2 Flurstück 157/6
von Gehren'scher Brunnen, sog. Eselsborn

In Sandstein gefaßte Brunnenanlage, die Quelle in Nischenform mit Korbbogenabschluß. Im Keilstein datiert 1810, an der Treppe Inschrift: Eselsborn 1974 erneuert.
Kulturdenkmal wegen seiner geschichtlichen Bedeutung.

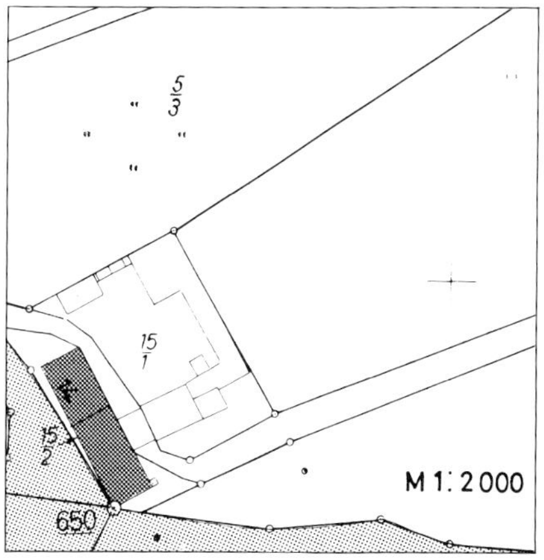

Am Hammer 14
Flur 4 Flurstück 15/2

Hausteingebäude, zweigeschossig, mit rechteckiger Freitreppe, über dem Eingang Ysenburger Wappen, datiert 1840. Fenstergewände und Ecken fein behauen. Giebel in Fachwerk. Im Hof Wirtschafts- und Stallgebäude noch des 18. Jhs., teilweise ruinös. Teile der Gesamtanlage.
Kulturdenkmal wegen seiner geschichtlichen und technischen Bedeutung.

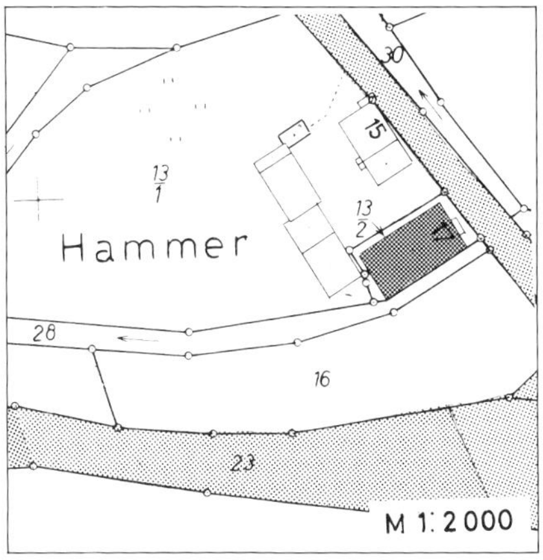

Am Hammer 17
Flur 4 Flurstück 13/2

Ehemaliges Mühlengebäude am Mühlbach, Anfang 19. Jh. entstanden, verputztes Fachwerk auf massivem Sockel. Das Haus ist Teil der ehemaligen Hammeranlage.
Kulturdenkmal wegen seiner technischen und geschichtlichen Bedeutung.

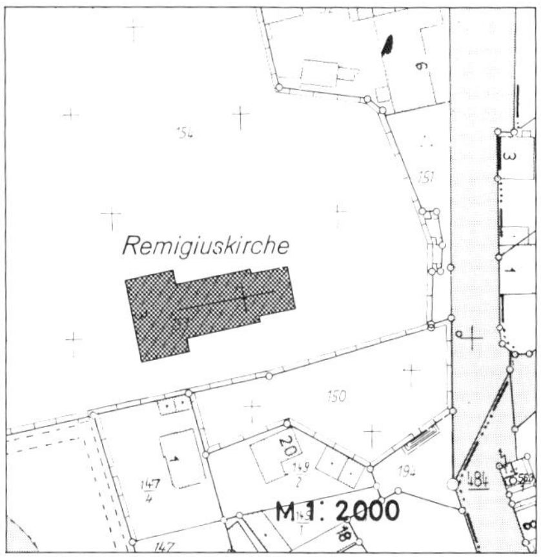

Am Kreischborn 3
Flur 16 Flurstück 153
Pfarrkirche St. Remigius

St. Remigius war ursprünglich die Pfarrkirche des Ortes Büdingen, wurde jedoch im Laufe des 15. Jhs. von der in der Stadt liegenden neuen Pfarrkirche abgelöst. Nach der Einführung der Reformation ging St. Remigius als Pfarrkirche ein. Saalkirche mit vorgelagertem, querliegenden Westbau. Entstanden um 1000. Kleine Kreisfenster im Untergeschoß des Westbaus. Dieser gehört mit einem Teil des Schiffes zu einem ersten Bauabschnitt. Der übrige Teil mit der ehemaligen Ostapsis stammt aus einem zweiten Bauabschnitt ebenfalls ottonischer Zeit. Die Aufstockung mit den steilen Rundbogenfenstern muß bald darauf erfolgt sein. Noch im 11. Jh. Einzug einer Scheidewand mit drei Arkaden zwischen Schiff und Westbau, die im 15. Jh. wieder entfernt wurde. Ende 14. Jh. wurde die Apsis durch den quadratischen, kreuzrippengewölbten Chor ersetzt. Im 15. Jh. Einbau der Empore, der Holzstützen und des Daches des Westbaues. 1655 werden die Holzstützen und das Dach des Schiffes errichtet.
Reste von Wandmalereien um 1400, Steinkanzel von 1646. Grabsteine des 16. Jhs., u. a. Katharina Treschin (1505) und Elisabeth Riedesel (1532).
Kulturdenkmal wegen seiner künstlerischen, geschichtlichen und wissenschaftlichen Bedeutung.

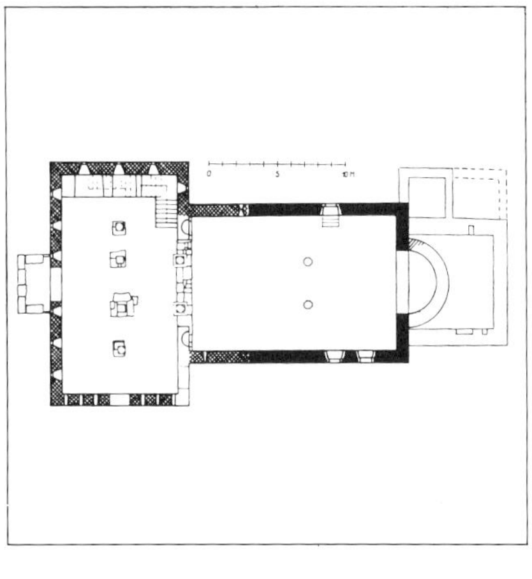

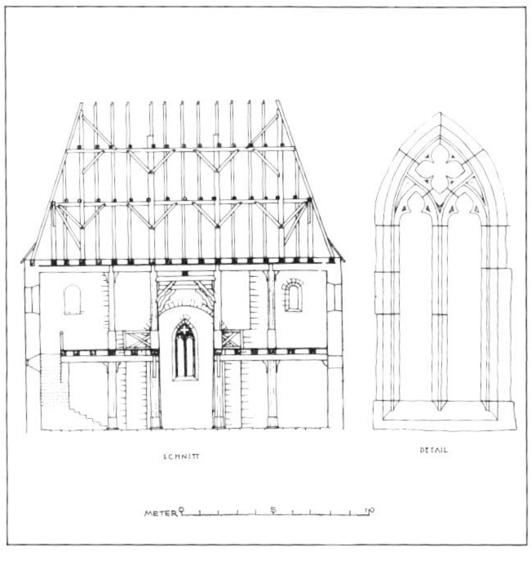

Grundriß (nach Walbe).

Schnitt durch den Westbau.

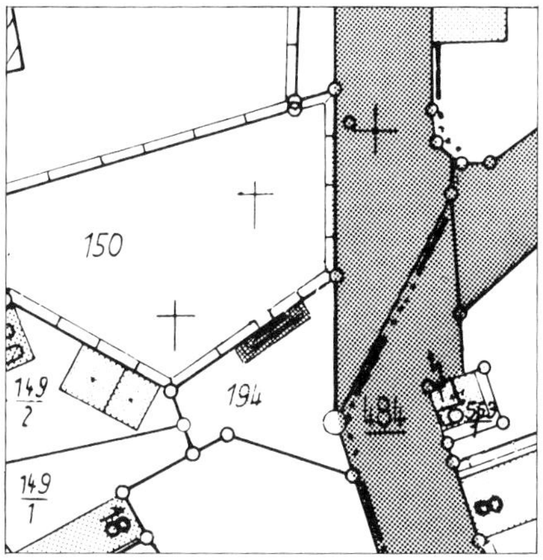

Am Kreischborn 3
Flur 16 Flurstück 194
Friedhof

Fürstlich Ysenburgisches Eingangsportal zum Friedhof in feinen, neuromanischen bzw. Rundbogenstilformen mit Ysenburgischem Wappen, gekrönt von einem gußeisernen Kreuz. Entstanden um 1850. Die Freitreppe und die anschließenden Mauerteile noch 18. Jh. Kulturdenkmal wegen seiner geschichtlichen und künstlerischen Bedeutung.

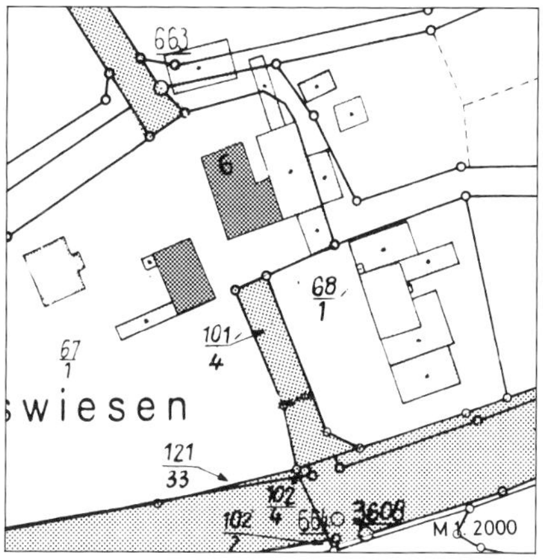

An der Papiermühle 6
Flur 5 Flurstück 67/1

Verwaltungs- und Wohnhaus des Mühlenkomplexes. Einfacher Nutzbau, das Erdgeschoß in Bruchstein mit Hausteinkanten und -gewänden. Obergeschoß in Fachwerk um 1800; die Traufseite holzverschindelt.
Kulturdenkmal wegen seiner technischen und geschichtlichen Bedeutung.

An der Papiermühle 6
Flur 5 Flurstück 67/1

Parallel zum Verwaltungshaus etwas zurückgesetztes Lager- und Produktionsgebäude in Bruchstein mit regelmäßig verzahnten, scharierten Eckquadern und liegend ovalen Okuli. Der Giebel in konstruktivem Fachwerk. Entstanden im letzten Viertel des 18. Jhs.
Kulturdenkmal wegen seiner technischen und geschichtlichen Bedeutung.

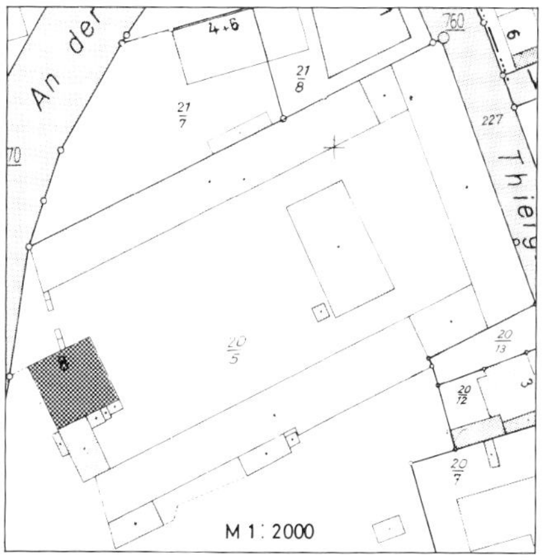

An der Saline 8
Flur 13 Flurstück 20/5

Kubischer spätklassizistischer Bau mit Ecklisenen und umlaufenden Gesimsbändern. Mezzaningeschoß unter Zeltdach. Entstanden als Wohn- und Verwaltungsgebäude des ehemaligen Salinenhofes um 1840.
Kulturdenkmal wegen seiner technischen und geschichtlichen Bedeutung.

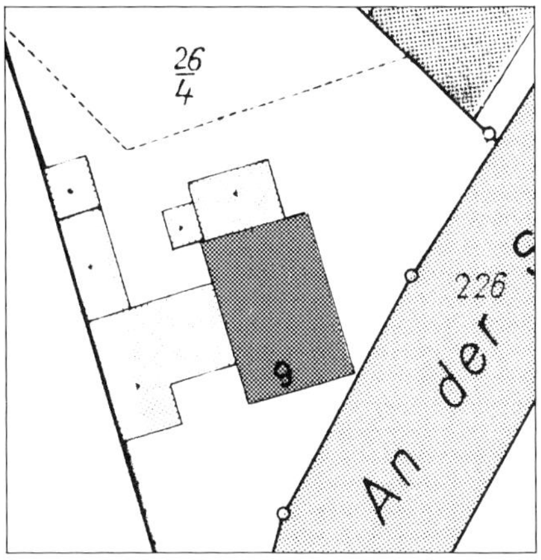

An der Saline 9
Flur 13 Flurstück 26/4

Verwaltungsgebäude der gräflichen Salinenanlage. Massives Bruchsteingebäude mit Hausteinteilen. Durchlaufendes, scharfes Gesims in der Mittelachse, Portal mit Freitreppe, im Giebel datiert 1729. Hohes Krüppelmansarddach mit den typischen steilen Gauben.
Kulturdenkmal wegen seiner technischen, geschichtlichen und künstlerischen Bedeutung.

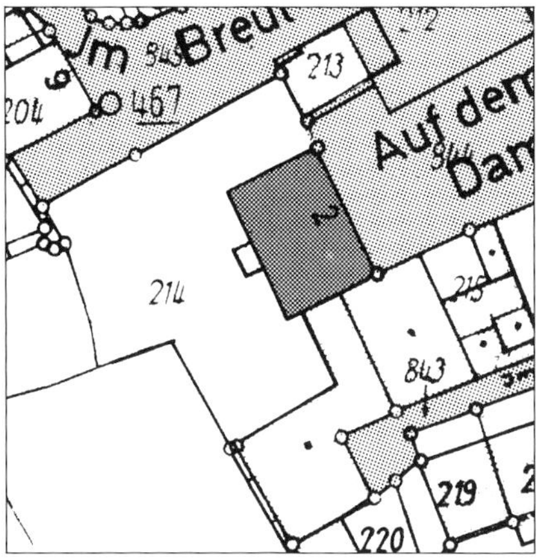

Auf dem Damm 2
Flur 1 Flurstück 214
Westermann'sches Haus

Riegelartig gelagerter, voluminöser Fachwerkbau von 1698 als südwestliche Begrenzung des Marktplatzes. Achsialsymmetrische Anordnung der Hölzer und des Zwerchhauses. Andreaskreuze in den Brüstungen, der Bau im 19. Jahrhundert teilweise erneuert.
Kulturdenkmal wegen seiner städtebaulichen und künstlerischen Bedeutung.

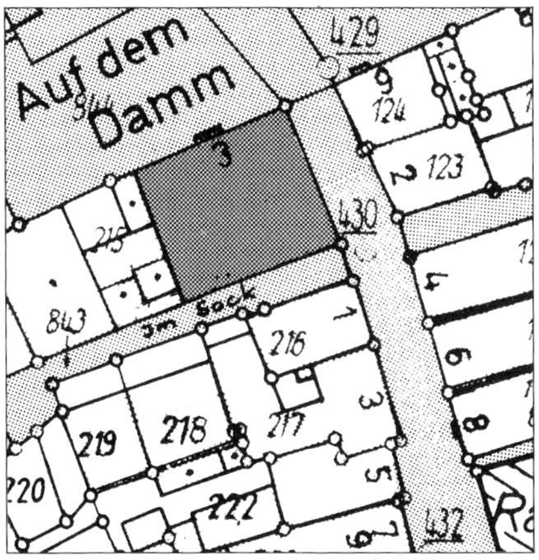

Auf dem Damm 3
Flur 1 Flurstück 215

Gasthaus „Zum Schwanen" erbaut um 1500 auf Teilen der alten Stadtmauer und der Karlspforte. Die Stadtsilhouette überragender, spätgotischer Massivbau mit Resten des ursprünglichen Staffelgiebels und profilierten Fenster- und Portalgesimsen. Ursprünglich städtisches Gasthaus mit Schankrecht. Kulturdenkmal wegen seiner geschichtlichen, künstlerischen und städtebaulichen Bedeutung.

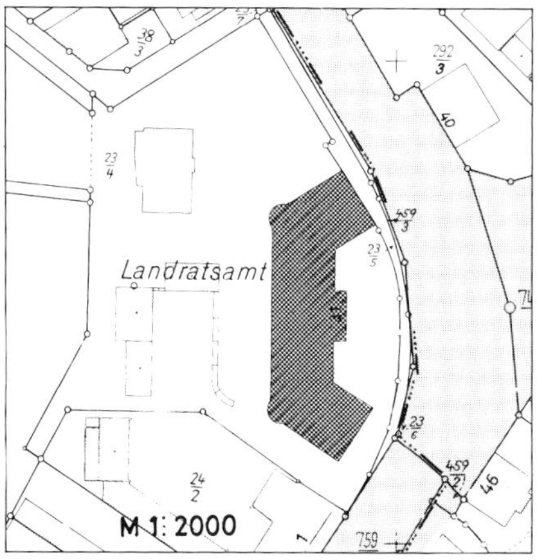

Bahnhofstraße 31
Flur 13 Flurstück 23/4
»Neues Kreisamt«

Die platzartige Straßenkreuzung beherrschender neoklassizistischer Bau in erstarrten Formen, entstanden um 1920. Symmetrische Anlage mit zentralem Risalit und stumpfwinklig geknickten Flügeln. Hohes Mansarddach mit Giebel- und Fledermausgauben.
Kulturdenkmal wegen seiner städtebaulichen und geschichtlichen Bedeutung.

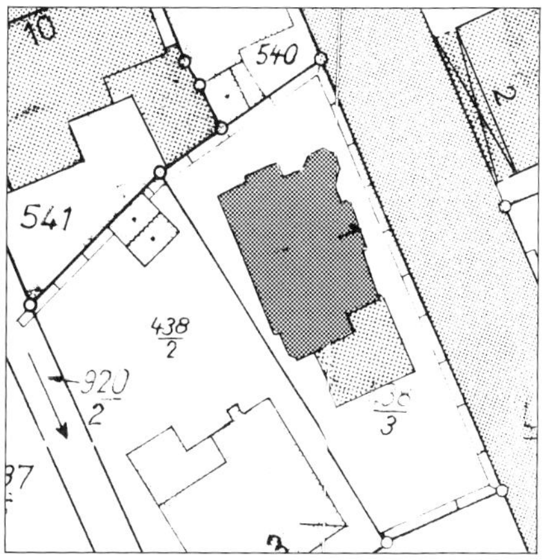

Brunostraße 1
Flur 1 Flurstück 438/3

Plastisch durchgestaltete Villa, erbaut 1902 von Thamm, mit Tuffsteinsockel, Hochparterre in gelbem Klinker, Treppengeschoß und Dachausbau in Holzfachwerk. Durchgeschobener Risalit mit Krüppelwalmdach frei auf Gespärre vorkragend, polygonaler Eckturm mit Haube und Wetterfahne. Retardierende spätgründerzeitliche Ausgestaltung mit wenigen Jugendstilanklängen.
Kulturdenkmal wegen seiner städtebaulichen Bedeutung.

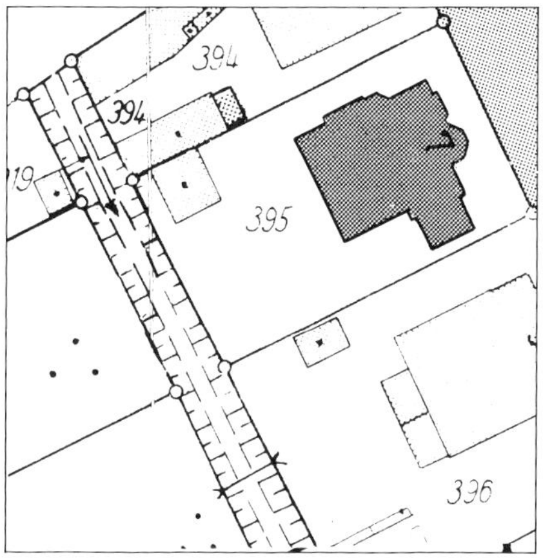

Brunostraße 7
Flur 1 Flurstück 395

Plastisch durchgestaltetes Gründerzeitwohnhaus mit polygonalem Erker an der Front, Rollwerkgiebel, durchgeschobenem Treppenhaus und Fachwerkanbau. Ganz in Haustein errichtet mit neobarocken bzw. klassizistischen Stilmerkmalen. Die Villa entspricht bis in die Einzelheiten dem Typ Brunostraße 1, setzt sich jedoch in Material und Stilform von diesem Bau ab. Erbaut um 1900 von Thamm.
Kulturdenkmal wegen seiner städtebaulichen Bedeutung.

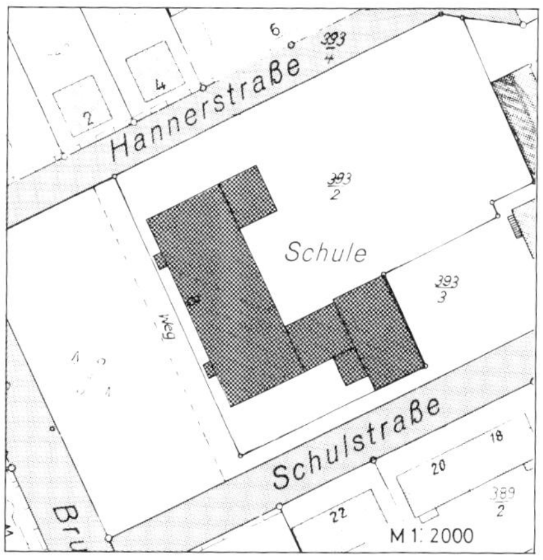

Brunostraße 8
Flur 1 Flurstück 393/2
Schule

Breitgelagerter, dreigeschossiger Bau in Bossenmauerwerk mit bossierten Lisenen und zwei symmetrischen, neoklassizistischen Portalen mit wappentragenden Putten. In der Mittelachse Dachreiter mit Uhr. Im Hof kleiner Zierbrunnen. Der Schulbau bildet den krönenden Mittelpunkt der Gesamtanlage Brunostraße. Erbaut 1909.
Kulturdenkmal wegen seiner geschichtlichen, künstlerischen und städtebaulichen Bedeutung.

Brunostraße 8

Portal.

Märchenbrunnen von 1934/35

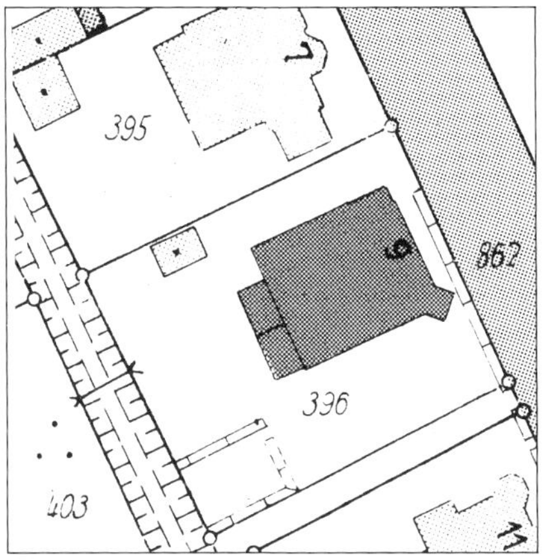

Brunostraße 9
Flur 1 Flurstück 396

Verwinkelter Massivbau mit Fachwerkerker bzw. Holzaltan. Giebel im Dachgeschoß und Erker mit mittelalterlichen Hauben abgedeckt. Das Haus entspricht dem gründerzeitlichen kubischen Typus mit angefügten Vorbauten, der auch sonst in dieser Straße vorkommt. Im Innern gute Holztäfelung und feines Jugendstilfenster im Eckerker. Entstanden 1904, Architekt Thamm.
Kulturdenkmal wegen seiner städtebaulichen und künstlerischen Bedeutung.

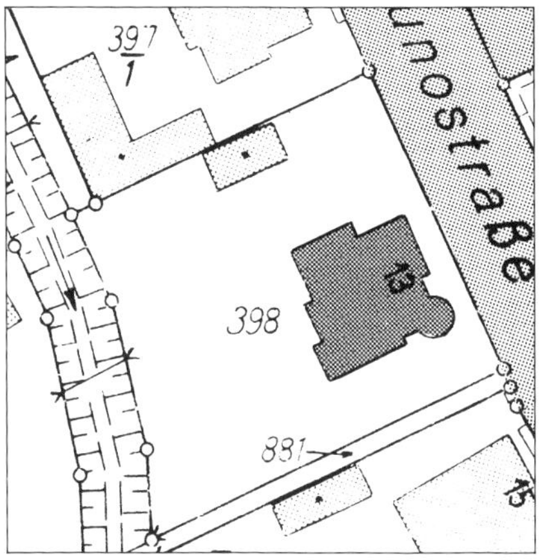

Brunostraße 13
Flur 1 Flurstück 398

Kubusartig verschachtelte Villa, erbaut 1907 von Trapp mit städtebaulich wirksamem Eckturm. Die Dachzone in Fachwerk, die Giebel auf Freigespärre, reiche Dachausbildung in Krüppelwalm und welscher Haube. Trotz einiger »moderner« Anklänge dem Historismus verpflichtet.
Kulturdenkmal wegen seiner städtebaulichen Bedeutung.

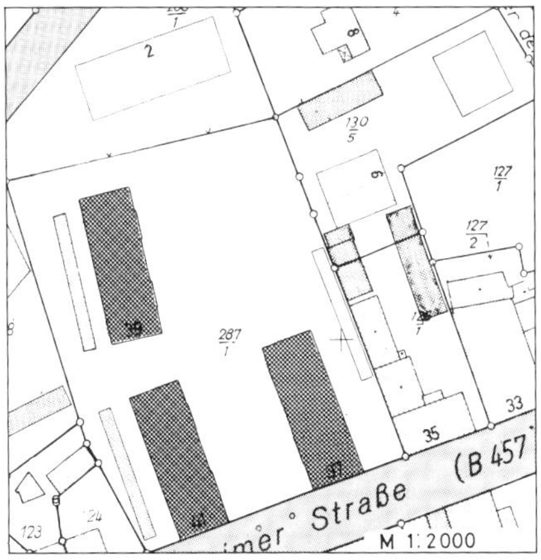

Düdelsheimer Straße 37, 39, 41
Flur 16 Flurstück 287/1

Gruppe von drei gleichartigen Doppelwohnblocks, als Arbeitersiedlung errichtet um 1890 durch die Büdinger Glashütte. Der einzelne Block ist jeweils als Doppelwohnhaus mit zwei risalitartig vorgezogenen Treppenhäusern konzipiert. Die Bauten sind in einfachen funktionalen Formen aus Bruchstein erstellt. Kulturdenkmal wegen ihrer geschichtlichen und technischen Bedeutung.

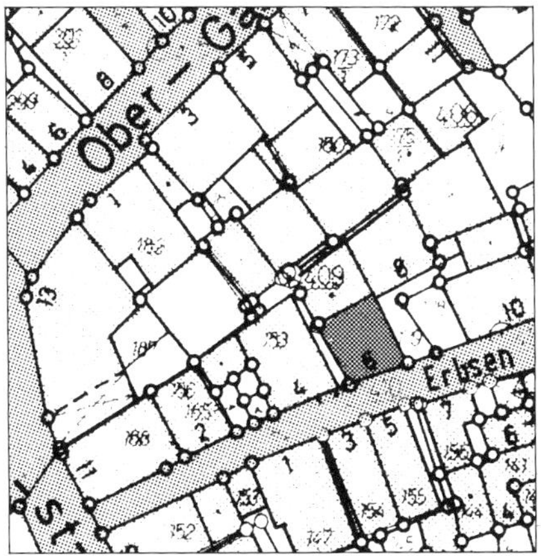

Erbsengasse 6
Flur 1 Flurstück 179

Verputztes, traufständiges Fachwerkwohnhaus mit Zwerchgiebeln über hohem, in qualitätsvoller Steinmetzarbeit erstelltem Untergeschoß mit 3teiligem Steinstockfenster. Datiert 1719.
Kulturdenkmal wegen seiner künstlerischen Bedeutung.

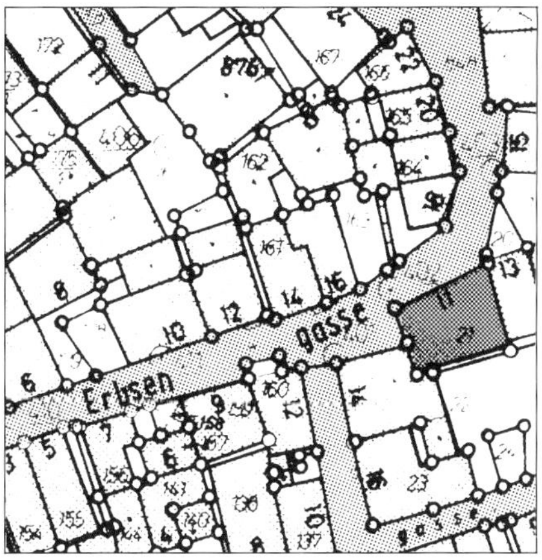

Erbsengasse 11
Flur 1 Flurstück 21

Reiner Vertreter des traufständigen Scheunentyps der Ackerbürgerstädte Oberhessens. Im Sturz datiert 1734. Ursprüngliche, gestippte Putzstruktur, sowie Farbreste in Putz und auf dem reich profilierten Sturz erhalten.
Kulturdenkmal wegen seiner wissenschaftlichen und geschichtlichen Bedeutung.

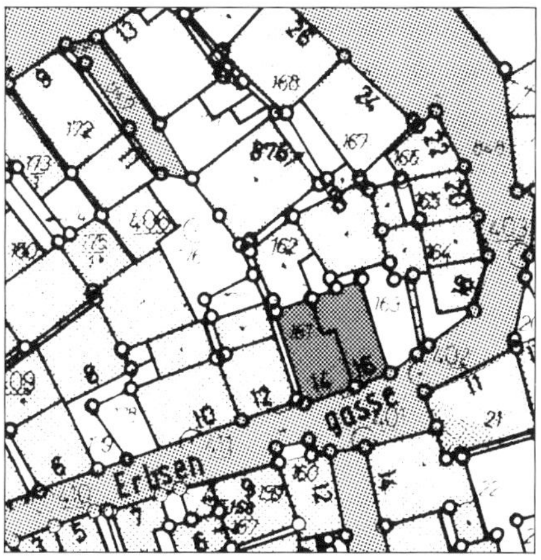

Erbsengasse 14/16
Flur 1 Flurstück 161 bzw. 163

Beherrschender Bau an einer Straßeneinmündung, erstellt als großvolumiger Fachwerkwohnbau in der 2. Hälfte des 17. Jhs., im 19. Jh. erneuert. Barockes Butzenfenster an der östlichen Traufseite.
Kulturdenkmal wegen seiner künstlerischen und geschichtlichen Bedeutung.

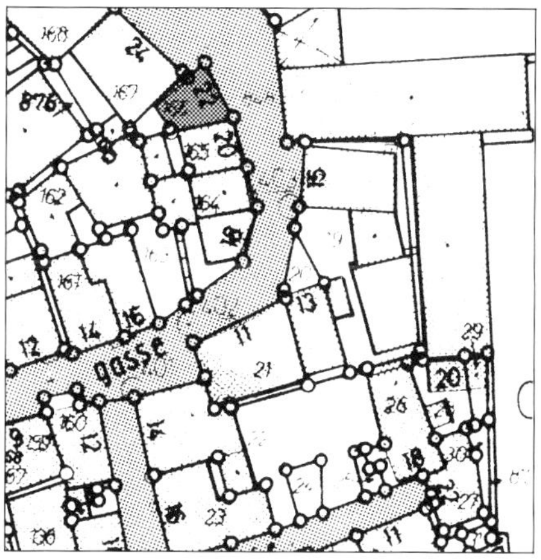

Erbsengasse 22
Flur 1 Flurstück 166

Fachwerkwohnhaus des frühen 18. Jhs. mit reich profilierter Schwelle und Rähm. Die ursprüngliche Türsituation mit umlaufendem Profil erhalten. Der Bau sperrt als Riegel eine Aufweitung im Knie der Erbsengasse.
Kulturdenkmal wegen seiner künstlerischen und städtebaulichen Bedeutung.

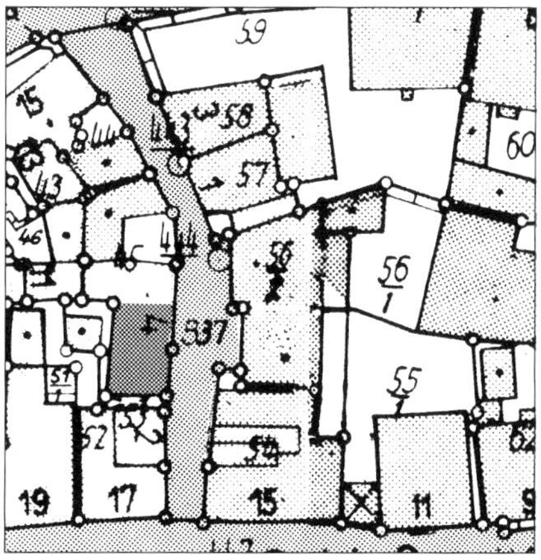

Färbergasse 4
Flur 1 Flurstück 45

Verputzter, schlanker Fachwerkbau aus dem Ende des 15. Jhs. mit steilem Satteldach. Gekehlte Rähmteile sichtbar. Alter Kellereingang mit hölzernem Rundbogensturz. Ursprüngliche Türsituation mit umlaufendem Karnies erhalten. Im rückwärtigen Teil spätgotische Konstruktion sichtbar.
Kulturdenkmal wegen seiner künstlerischen, geschichtlichen und wissenschaftlichen Bedeutung.

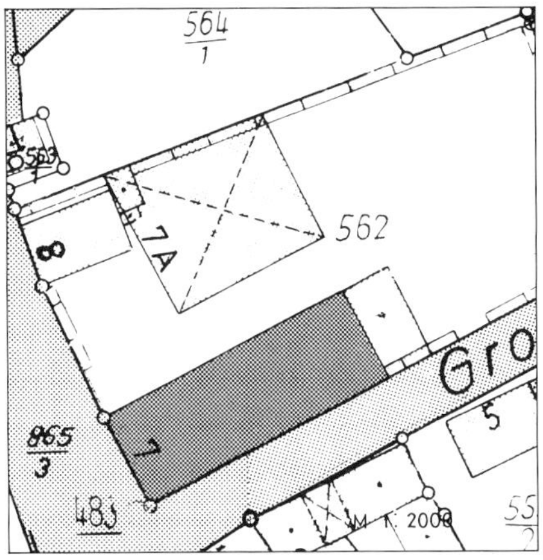

Grossendorf 7
Flur 1 Flurstück 562

Massiver Bruchsteinbau mit Hausteingliederung an den Ecken. Ehemaliger Verwendungszweck als Wirtschaftsgebäude des 18. Jhs. noch in den Okuli nachweisbar. Mitte des 19. Jhs. Umbau zum Wohnhaus, dabei Einbau von Steinstockfenstern und Zwerchhäusern. Zur Straße Grossendorf hin noch ehemalige rundbogige Einfahrt an der Giebelseite erkennbar.
Kulturdenkmal wegen seiner geschichtlichen Bedeutung.

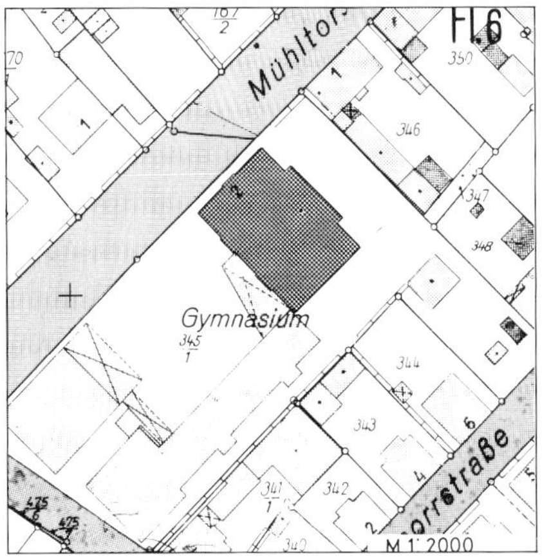

Gymnasiumstraße 2
Flur 6 Flurstück 345/1
Gymnasium

Spätklassizistischer kubischer Bau mit Sandsteingliederungen. Zurückhaltende Bauzier, Schaufassade zur Straße, die Nebenseiten durch Risalite gegliedert. Erbaut 1878/79. Einfacher Nutzbau mit für die Zeit der Entstehung ungewöhnlichen Stilkombinationen.
Kulturdenkmal wegen seiner geschichtlichen Bedeutung.

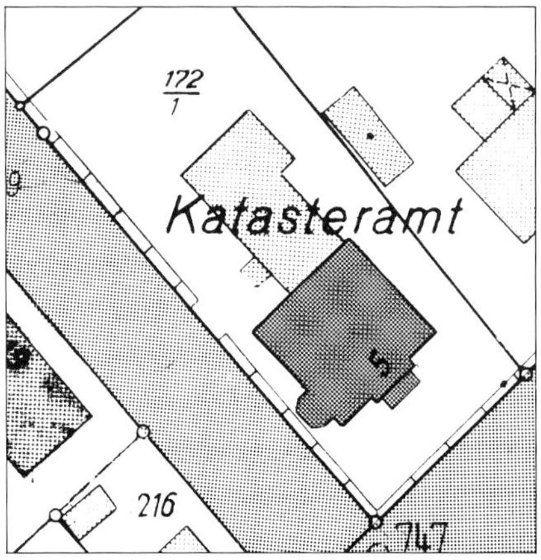

Gymnasiumstraße 5
Flur 6 Flurstück 172/1

Hausteinbau mit polygonalen Erkern, durchgeschobenem Risalit und gußeisernem Balkon. Auf Knaggen vorkragendes Krüppelwalmdach. Durchlaufende Gurtgesimse in den Geschossen, Hausteinfenstergewände. Als Wohnhaus für den gehobenen Bedarf erbaut um 1890.
Kulturdenkmal wegen seiner geschichtlichen und städtebaulichen Bedeutung.

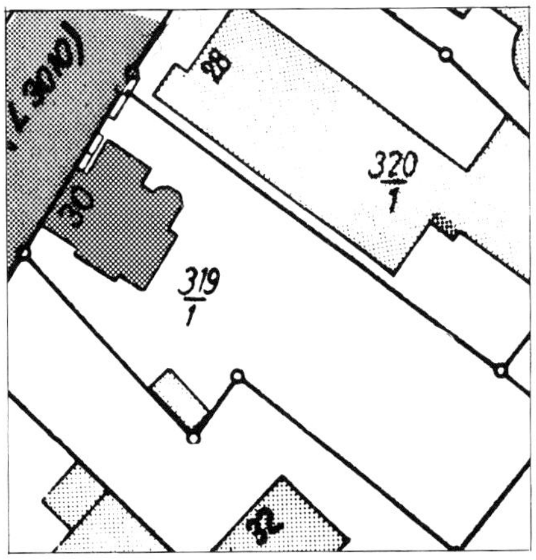

Gymnasiumstraße 30
Flur 6 Flurstück 319/1

Kubisch verschachtelte Villa mit feinem Fachwerkdrempel und Dachgeschoß, Turm in der NO-Ecke; erbaut 1895-96 von Thamm. Innerhalb der Reihe ähnlicher Villen von Thamm an der Brunostraße stellt der Bau den frühesten Vertreter dar. Gutes Beispiel einer Kleinstadtvilla des Historismus.

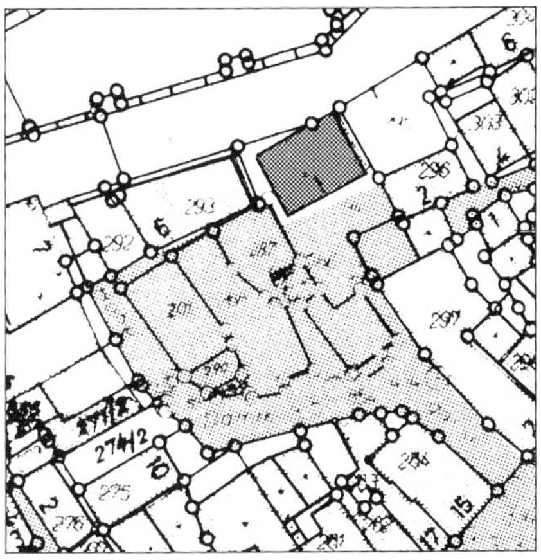

Hohe Dammgasse 1
Flur 1 Flurstück 294

Im Fachwerk reich ornamentiertes Wohngebäude des frühen 18. Jhs. auf hohem Steinsockel, dieser 1618 datiert. Durch Abbrüche davorliegender Gebäude heute als rückwärtige Begrenzung eines neuen Platzes wirkend.
Kulturdenkmal wegen seiner künstlerischen Bedeutung.

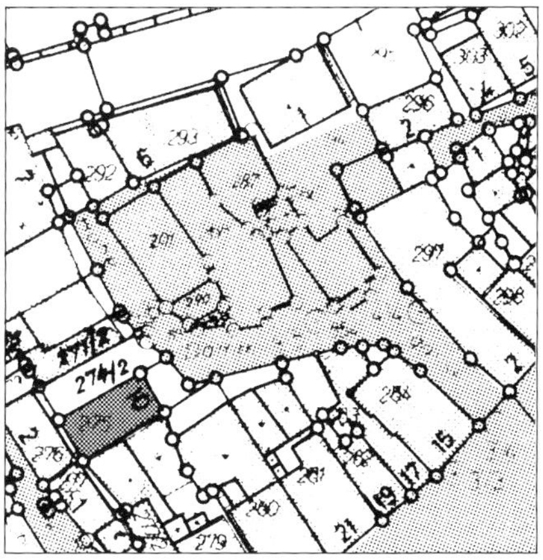

Hohe Dammgasse 10
Flur 1 Flurstück 275

Kleines Fachwerkwohnhaus in klaren konstruktiven Fachwerkformen der Zeit um 1800. Die ursprüngliche Eingangssituation und Tür erhalten.
Kulturdenkmal wegen seiner geschichtlichen Bedeutung.

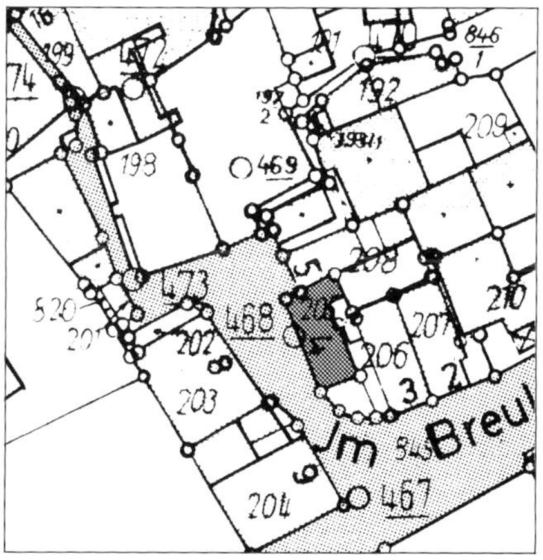

Im Breul 4
Flur 1 Flurstück 205

Kleines traufenständiges Fachwerkhaus mit massivem Erdgeschoß. An der Traufseite Fachwerkreste des 16. Jhs. Im Giebel Firstsäule des 15./16. Jhs. und überblattete Streben erhalten.
Kulturdenkmal wegen seiner wissenschaftlichen Bedeutung.

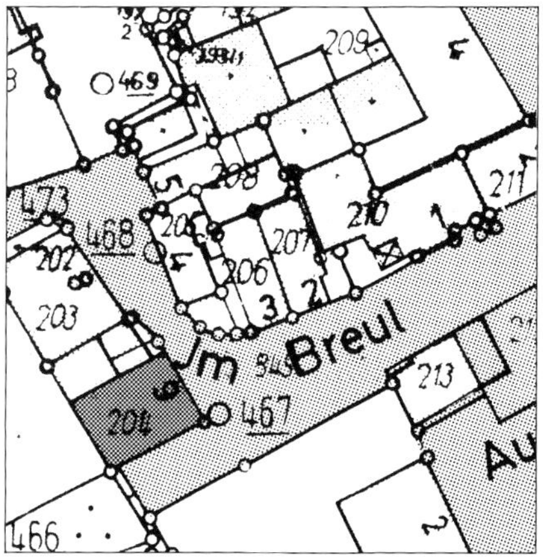

Im Breul 9
Flur 1 Flurstück 204

Platzbestimmendes Fachwerkwohnhaus auf hohem, steinernen Hallengeschoß direkt an die Altstadtmauer angebaut. Reiche Fachwerkornamentik in Rautenformen. Im Portal datiert 1735.
Kulturdenkmal wegen seiner künstlerischen und städtebaulichen Bedeutung.

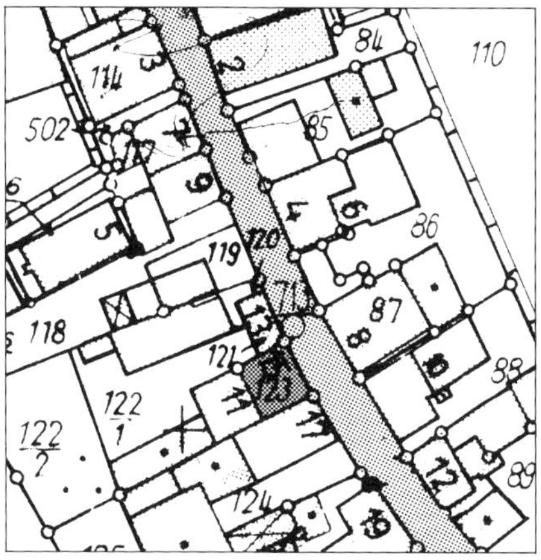

Kellergasse 15
Flur 6 Flurstück 123

Giebelständiges Fachwerkwohnhaus auf massivem Erdgeschoß und Sockel mit Freitreppe. Eigenartige Abfangung der Schwelle auf Steinkonsole, starke Wilde Mann-Form. Erbaut um 1700. Einer der letzten typischen Vertreter der Kellergassenbebauung.
Kulturdenkmal wegen seiner geschichtlichen und städtebaulichen Bedeutung.

unten: Abwicklung Kirchgasse;
P. Nieß, 1951

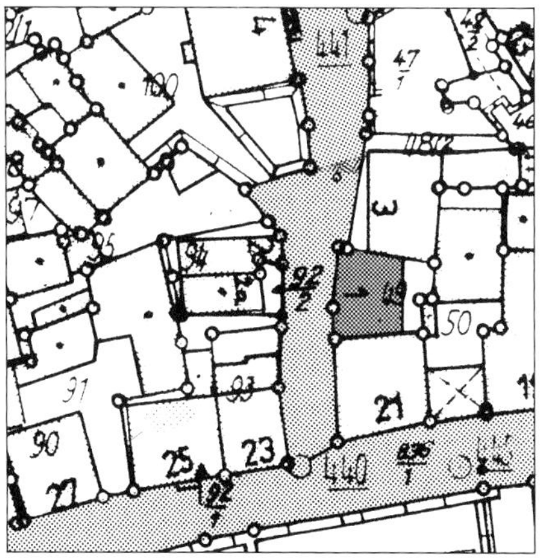

Kirchgasse 1
Flur 1 Flurstück 49

Schmaler Fachwerkbau über massivem Sockel, das 2. OG stark vorkragend, die Knaggen zum großen Teil neu. Stehende Andreaskreuze, im 2. OG große Gefachdimensionen, gekehlte Schwelle. Ursprünglich wohl im 15. Jh. entstanden, wurde der Bau mehrfach im 16. und 19. Jh. verändert.
Kulturdenkmal wegen seiner wissenschaftlichen Bedeutung.

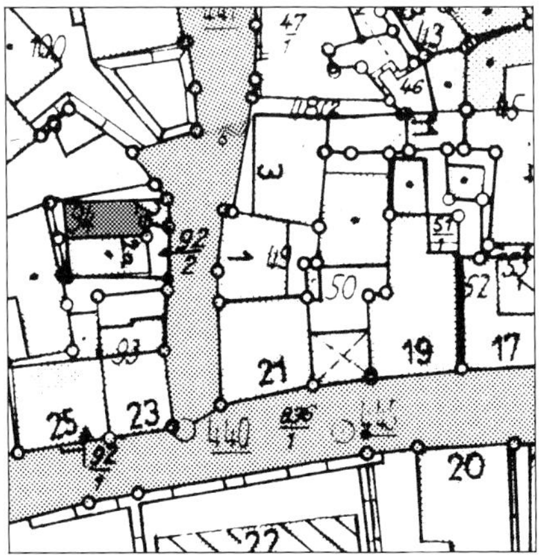

Kirchgasse 2a
Flur 1 Flurstück 94

Zweigeschossiges Fachwerkhaus über schmalem, längsrechteckigem, massivem Sockelunterbau, profilierte Schwelle, geschwungene Fußstreben mit Doppelnasen. Entstanden um die Mitte des 18. Jhs. unter Benutzung von Resten des 16. Jhs. In jüngster Zeit erweitert.
Kulturdenkmal wegen seiner städtebaulichen Bedeutung.

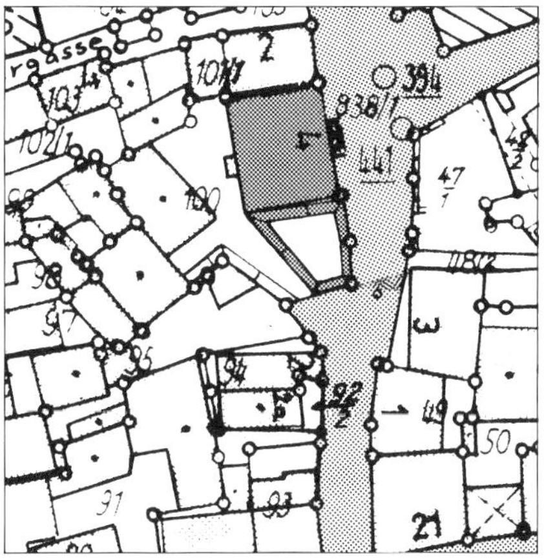

Kirchgasse 4
Flur 1 Flurstück 100
Sog. „Freihaus", ev. Pfarrhaus.

Traufseitig zur Kirche hin orientiertes Fachwerkhaus mit durchlaufenden, beinahe symmetrischen Erkern. Zweiteilige Fenster sowie Portal mit Kerbschnittornamentik, letzteres datiert 1562. Andreaskreuze bzw. Feuerböcke; eigenartiger Bau innerhalb der Typologie des oberhessischen Fachwerks. Dazugehörig durch eine Sandsteinmauer abgeschlossener Hofbereich mit breitem Portal. Kulturdenkmal wegen seiner wissenschaftlichen, künstlerischen und städtebaulichen Bedeutung.

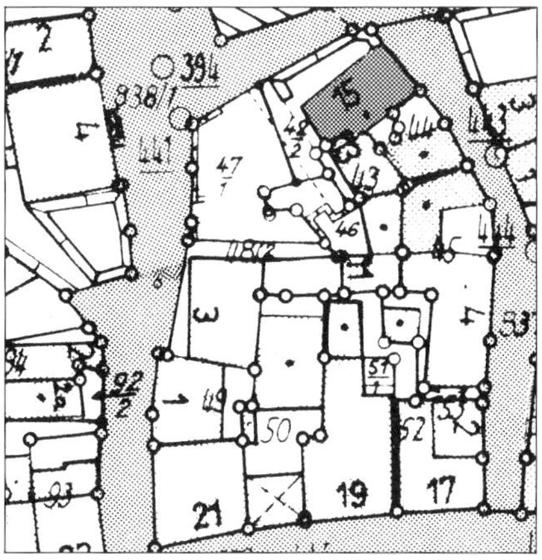

Kirchgasse 15
Flur 1 Flurstück 42/2

Fachwerkwohnhaus auf massivem Sockelgeschoß mit wuchtigen Konsolsteinen. Stark veränderte Konstruktion mit zugesetzten, segmentbogigen Fenstern, gekehlten Kopfbändern und umlaufendem Karnies. Entstanden wohl um 1600. Kulturdenkmal wegen seiner städtebaulichen Bedeutung.

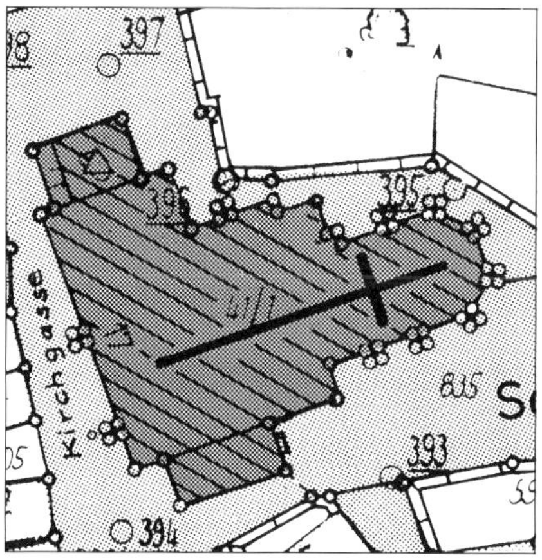

Kirchgasse 17
Flur 1 Flurstück 41/1
Evang. Stadtkirche (Ehem. St. Maria)

Dreischiffige Hallenkirche 1476-91 erbaut. Vorgängerbau von 1377 teilweise im heutigen Bau erhalten. Turm an der Nordwestseite mit geschweifter Haube von 1776/77, Verbindungsbau von 1556/57. 1602 Anbau der „Hohen Schule" an der Südseite des Langhauses. Im Chor Netzgewölbe mit Wappenschilden wahrscheinlich von Siegfried Ribsche. Über dem Triumphbogen Jüngstes Gericht als Wandgemälde, Ende 15. Jh. Steinkanzel von 1745. Kruzifix, Holz um 1500. Grabsteine des 15. und 16. Jhs., darunter Doppelgrabdenkmal des Grafen Anton von Ysenburg und Elisabeth von Wied, bzw. CWR 1563.
Kulturdenkmal wegen seiner geschichtlichen, künstlerischen, wissenschaftlichen und städtebaulichen Bedeutung.

Innenansicht, Blick nach Westen
S 90
Grundriß u. Längsschnitt

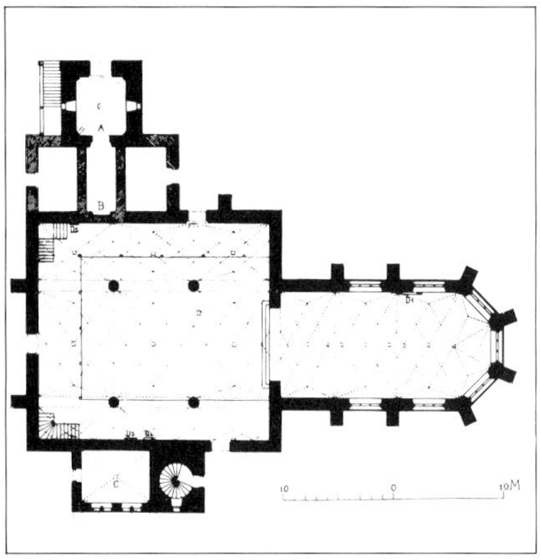

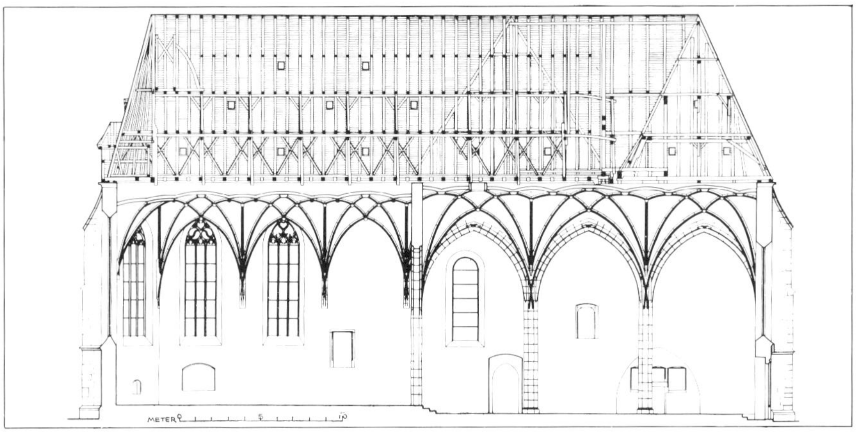

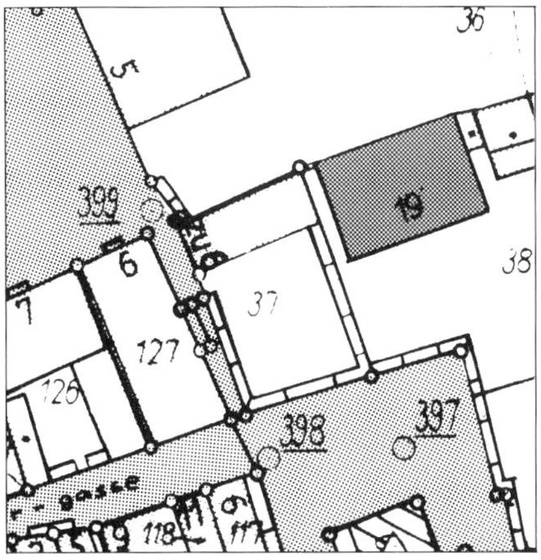

Kirchgasse 19
Flur 1 Flurstück 38
Ehemaliges Hospital

Verputzter Fachwerkbau mit steilem Satteldach in großem Garten gegenüber der Kirche freistehend. Ursprüngliche Fachwerkstruktur noch ungestört. Entstanden wohl im 18. Jh. Kulturdenkmal aus geschichtlichen und städtebaulichen Gründen.

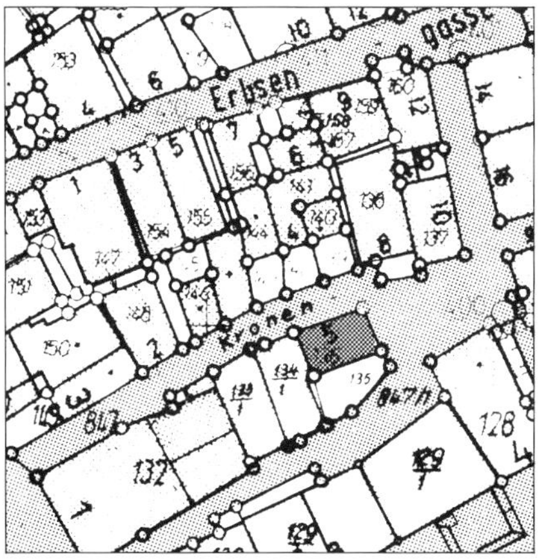

Kronengasse 5
Flur 1 Flurstück 136

Giebelständiges Fachwerkwohnhaus auf massivem Untergeschoß in platzbestimmender Funktion. Stark profilierte Schwellen, genaste Fußstreben, profilierte Giebelumrahmung. Im Fachwerk ausgewogener Wohnbau aus der 1. Hälfte des 18. Jhs.; Konstruktion teilweise erneuert.
Kulturdenkmal aus städtebaulichen und künstlerischen Gründen.

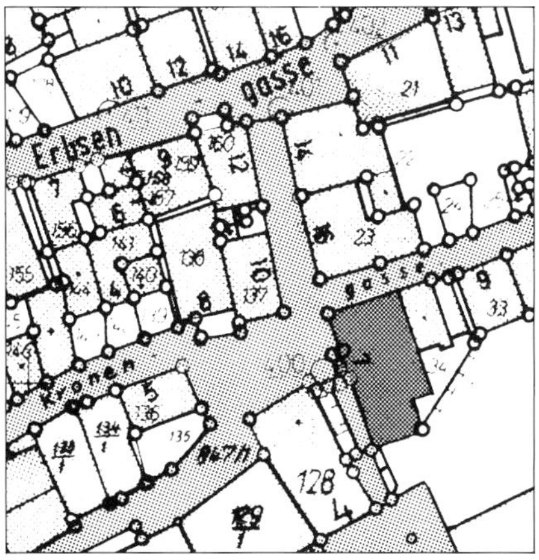

Kronengasse 7
Flur 1 Flurstück 34

Zweigeschossiges, traufständiges Fachwerkhaus mit nachträglich aufgesetztem Zwerchhaus. Stark profilierte Schwellen-Rähmpartie, durchlaufender profilierter Brustriegel auf Konsolen, reich ornamentierte Fachwerkformen, besonders im Giebel, starker Einfluß aus dem östlichen Vogelsberggebiet. Entstanden im 1. Viertel des 18. Jhs. Kulturdenkmal wegen seiner künstlerischen und wissenschaftlichen Bedeutung.

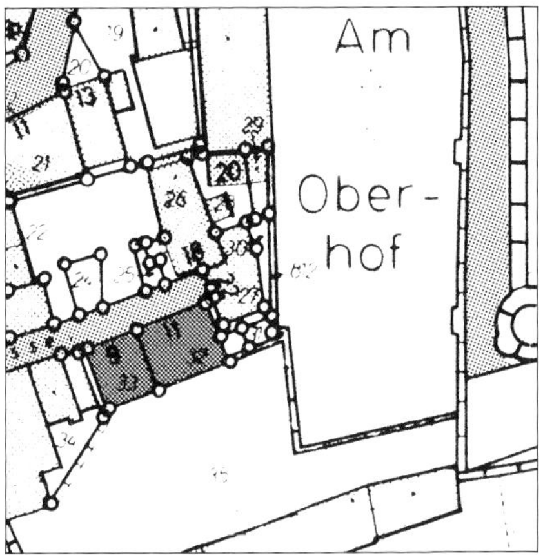

Kronengasse 9/11
Flur 1 Flurstück 33 bzw. 32

Giebelständiges Doppelhaus, in breiten gedrungenen Proportionen, Fachwerk verputzt. Gefüge noch in ursprünglicher Form erhalten. Entstanden wohl in der 1. Hälfte des 18. Jhs.
Kulturdenkmal wegen seiner wissenschaftlichen Bedeutung.

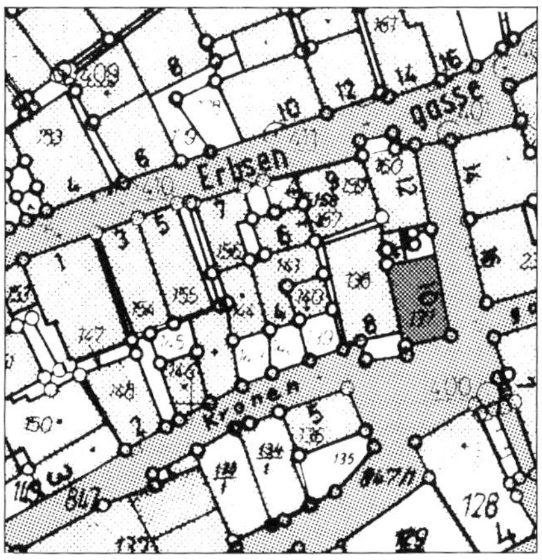

Kronengasse 10
Flur 1 Flurstück 137

Rein erhaltener kleiner Fachwerkbau in eckbetonender Funktion. Geometrisierende Strebenformen, vorkragende, profilierte Schwelle, im Türsturz datiert 1685.
Kulturdenkmal wegen seiner geschichtlichen und städtebaulichen Bedeutung.

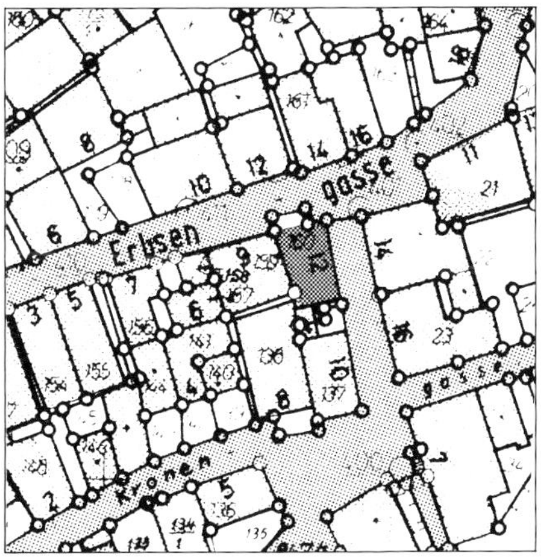

Kronengasse 12
Flur 1 Flurstück 160

Städtebaulich wichtiger Eckbau, Sockelgeschoß in Bruchstein, an der Ecke Radabweiser. Das Obergeschoß auf Knaggen stark vorkragend, verputzt. Entstanden wohl in der 2. Hälfte des 17. Jhs.
Kulturdenkmal wegen seiner städtebaulichen Bedeutung.

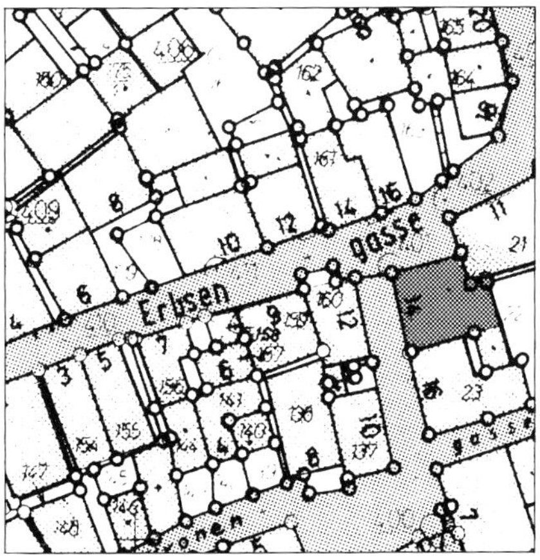

Kronengasse 14
Flur 1 Flurstück 22

Zweigeschossiges Fachwerkhaus, das Obergeschoß auf kräftigen Knaggen an der Giebelseite weit vorkragend, durchgehende Firstsäule, überblattete Brustriegel, überkreuzte Eckstreben. Entstanden Mitte des 15. Jhs. Traufseite konstruktiv erneuert. Bedeutender früher Bau, wichtig für die Geschichte des oberhessischen Fachwerks.
Kulturdenkmal wegen seiner geschichtlichen und wissenschaftlichen Bedeutung.

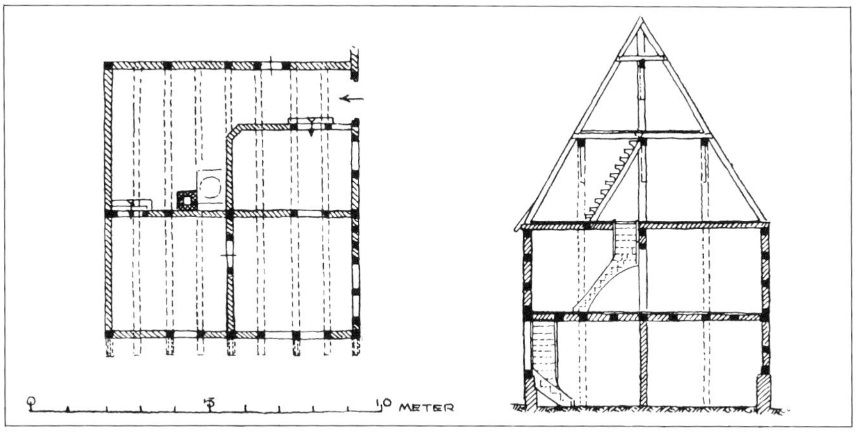

Kronengasse 14

Grundriß des Erdgeschosses, Balkenlage gestrichelt.

Querschnitt (Nach Winter).

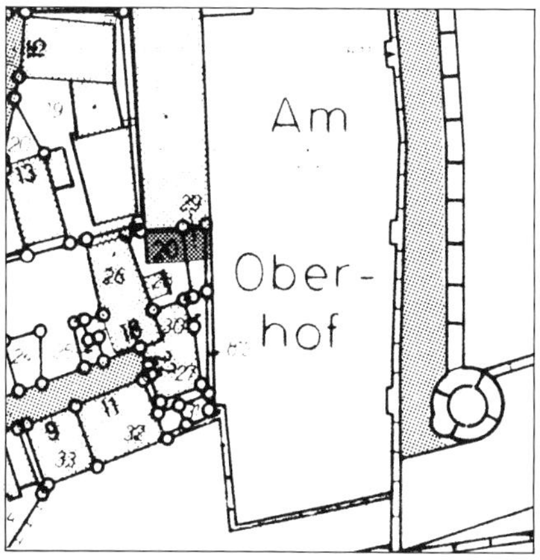

Kronengasse 20
Flur 1 Flurstück 28

Kleines Fachwerkwohnhaus in eingebauter Lage. Einfache Konstruktion mit profilierten Eckpfosten aus der Zeit um 1700. Ehemalige Herberge der Handwerksburschen.
Kulturdenkmal wegen seiner geschichtlichen Bedeutung.

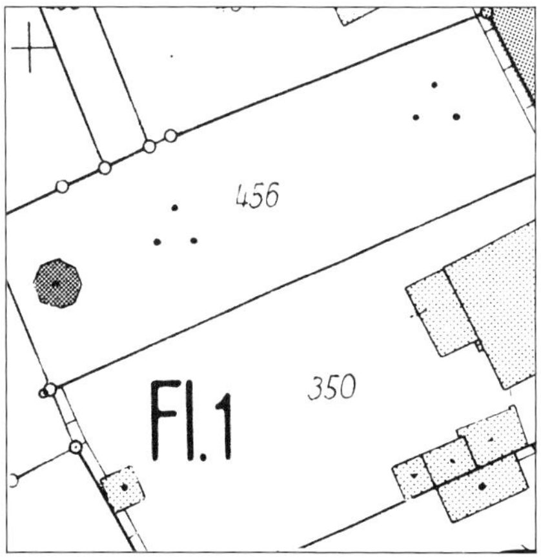

Lohsteg 3
Flur 1 Flurstück 456

Oktogonales Gartenhaus mit Freitreppe, Fachwerk verputzt. Pagodendach mit chinoisierenden Anklängen, als Knauf auf der Dachspitze ursprünglich Vase mit Festons. Letzter Vertreter eines ehemals in den Weingärten um Büdingen häufig vorkommenden Architekturtypus des 18. Jhs. Solche Bauten dienten als Ersatz für die Sommervilla zur Erholung und Erbauung des gehobenen Bürgertums. Entstanden um 1760.
Kulturdenkmal wegen seiner geschichtlichen, wissenschaftlichen und künstlerischen Bedeutung.

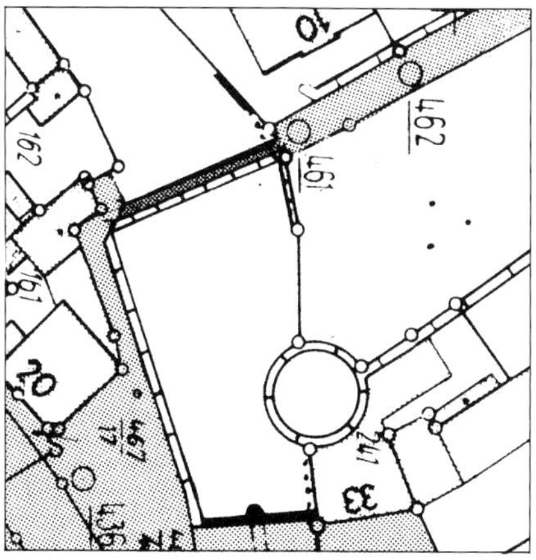

Der Lohsteg

Schmale Fußgängerbrücke über den Seemenbach unterhalb der Mühlpforte. Zwei mit Eisbrechern versehene Pfeiler tragen drei Korbbögen. Die Brüstung massiv. Entstanden im 17. Jh.
Kulturdenkmal wegen seiner geschichtlichen und technischen Bedeutung.

Abwicklung Marktplatz Südseite;
P. Nieß, 1951

Abwicklung Marktplatz Nordseite;
P. Nieß, 1951

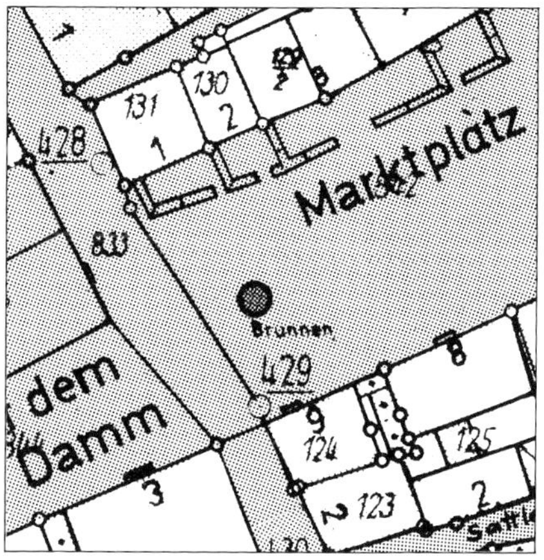

Marktbrunnen
Flur 1 Flurstück 842

Laufbrunnen mit Brunnenstock, Trog und origineller umlaufender Steinbank. Entstanden wohl im 17. Jh., 1754 verändert (Inschrift). Als Darstellung auf dem Brunnenstock wappenhaltender Löwe. Kulturdenkmal wegen seiner künstlerischen, geschichtlichen und städtebaulichen Bedeutung.

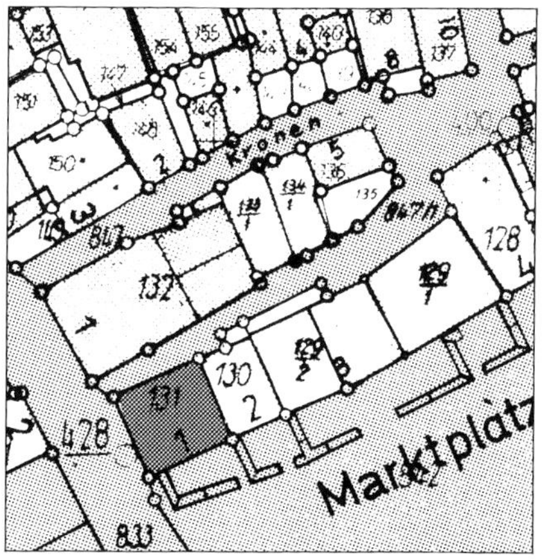

Marktplatz 1
Flur 1 Flurstück 131

Großvolumiges, den Platz einleitendes Fachwerkwohnhaus mit Konstruktionsresten aus dem späten 15. Jh., besonders ausgeprägt an der Traufseite zur Gasse hin. Der Bau insgesamt im frühen 19. Jh. stark erneuert.
Kulturdenkmal aus städtebaulichen und künstlerischen Gründen.

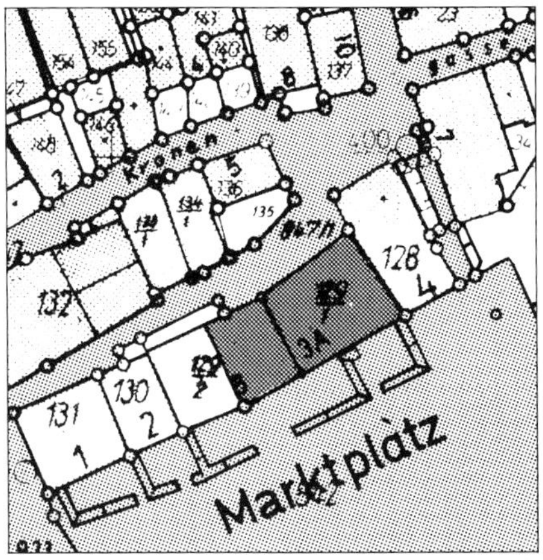

Marktplatz 3
Flur 1 Flurstück 129/2

Ergänzungsbau zu Haus Nr. 3 a in konstruktivem, zum Verputz vorgesehenen Fachwerk, das spiegelbildliche Zwerchhaus derart angeordnet, daß eine symmetrische Situation entstand, als man beide Häuser zusammenfügte und verputzte. Entstanden in der 1. Hälfte des 18. Jhs.
Am untergeordneten Anschlußgebäude zum Markt hin auf Kniekonsolen des frühen 19. Jhs. reizvoller Biedermeier-Erker als Schaufensterauslage.
Kulturdenkmal wegen seiner städtebaulichen und geschichtlichen Bedeutung.

Marktplatz 3 a
Flur 1 Flurstück 129/1

Symmetrisch angelegtes, in den Fachwerk-Figurationen reich ornamentiertes Wohnhaus mit bestimmendem Zwerchhaus über der Mittelachse. Erbaut im frühen 18. Jh. Ursprünglich als symmetrischer Bau mit Haus Nr. 3 unter Putz.
Kulturdenkmal aus künstlerischen und städtebaulichen Gründen.

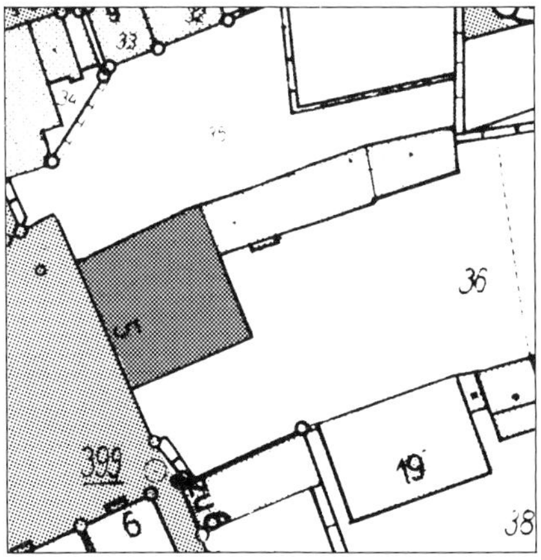

Marktplatz 5
Flur 1 Flurstück 36

Breitgelagerter Fachwerkbau aus der 1. Hälfte des 18. Jhs. mit weit heruntergezogenem Krüppelwalm. Dem ursprünglichen Kernbau ist der südliche Anbau unter einem gemeinsamen Dach wohl um 1800 angefügt. Der Bau riegelt den Marktplatz nach Osten ab.
Kulturdenkmal wegen seiner städtebaulichen Bedeutung.

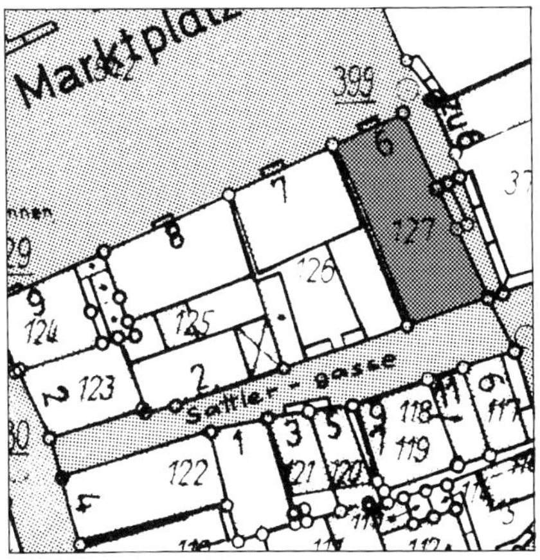

Marktplatz 6
Flur 1 Flurstück 127

Längsgelagerter, platzbegrenzender Fachwerkbau aus dem Anfang des 19. Jhs. Im Kern wohl älter. Konstruktives Fachwerk, das Erdgeschoß an der Giebelseite völlig erneuert. Der Bau bildet mit seiner Traufseite die Begrenzung einer Verbindungsgasse zwischen Markt und Kirche.
Kulturdenkmal wegen seiner städtebaulichen Bedeutung.

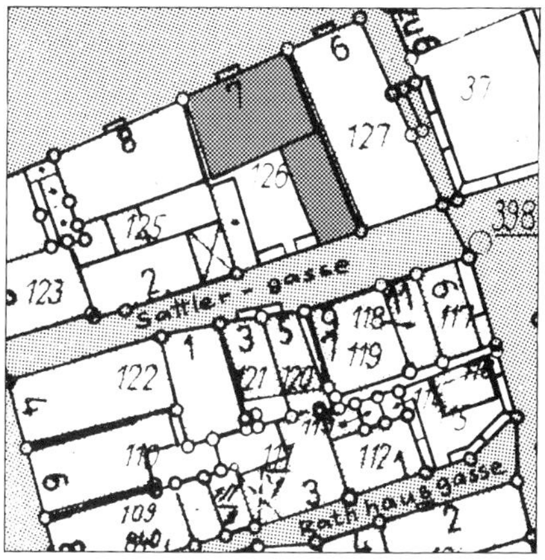

Marktplatz 7
Flur 1 Flurstück 126

Aus zwei Bauteilen bestehender Fachwerkbau über gemeinsamem massiven Sockelgeschoß mit Hausteinportal, datiert 1753. Der rechte Fachwerkteil entstanden noch im 1. Viertel des 16. Jhs. mit überkreuzten Eckstreben, der linke Teil in Traufstellung 1. Hälfte 18. Jh. Rückwärtige Bebauung, kleines Fachwerkwohnhaus um 1700.
Kulturdenkmal wegen seiner kunstgeschichtlichen und städtebaulichen Bedeutung.

Marktplatz 7
Flur 1 Flurstück 126

Rückwärtige Bebauung. Schmaler verputzter Fachwerkbau, entstanden um 1700, in Giebelstellung zur Gasse. Der kleine Hof durch Bruchsteinmauer mit Korbbogenportal (um 1800 abgeschlossen).
Kulturdenkmal wegen seiner künstlerischen und städtebaulichen Bedeutung.

Detail Vordergebäude: Zunftzeichen eines Steinmetzen über dem Portal, um 1700.

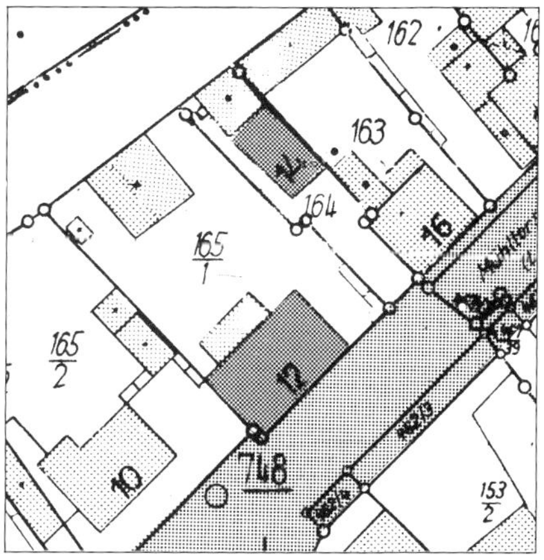

Mühltorstraße 12
Flur 6 Flurstück 165/1

Vorderhaus: Traufständiger Fachwerkbau in einfachen konstruktiven Formen aus der Zeit um 1800. Ehemalige Synagoge.
Hinterhaus: Israelitische Schule und Bad. Mischbau mit massiven Bruchsteingiebeln, die Traufenseiten teilweise in Fachwerk. Giebel mit Attika und feinprofilierten, rundbogigen Öffnungen. Erbaut um 1860.
Kulturdenkmal wegen seiner geschichtlichen Bedeutung.

Mühltorstraße 12

Detail Hinterhaus: Türgriff des Portals.

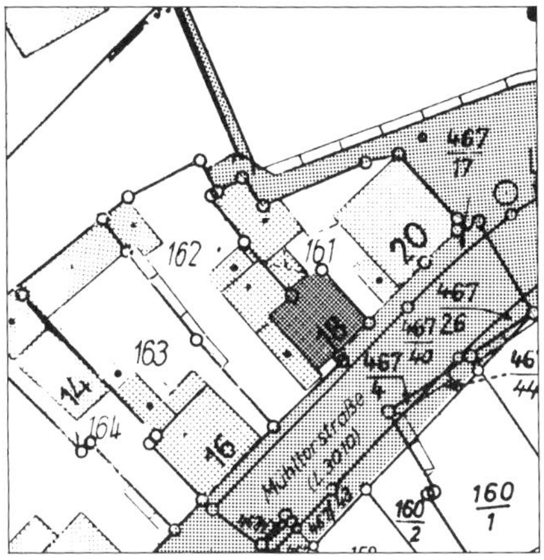

Mühltorstraße 18
Flur 6 Flurstück 162

Kleiner kubischer Fachwerkwohnbau aus der Mitte des 18. Jhs., schon ursprünglich verputzt. Entstellender Anbau des 20. Jhs. Reich profilierte Gesimse am Mansardwalmdach, gekoppelte Gauben. Reizvoller vorstädtischer Spätbarockbau.
Kulturdenkmal wegen seiner künstlerischen und städtebaulichen Bedeutung.

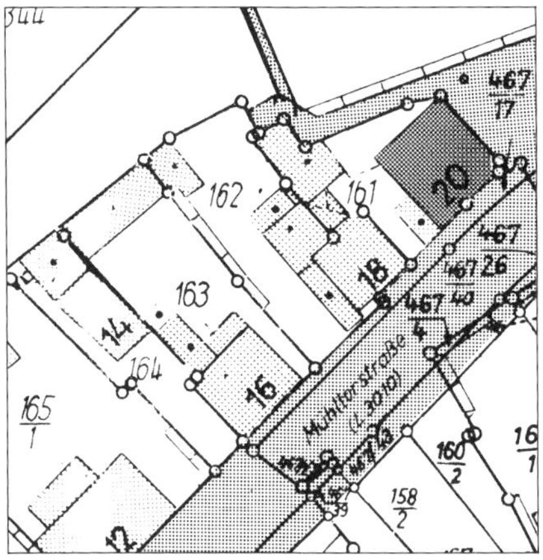

Mühltorstraße 20
Flur 6 Flurstück 161

Kleines Fachwerkwohnhaus des frühen 18. Jhs. hart am Rande der Altstadt in exponierter Lage. Starke Streben, symmetrische Anordnung der Hölzer.
Kulturdenkmal wegen seiner städtebaulichen Bedeutung.

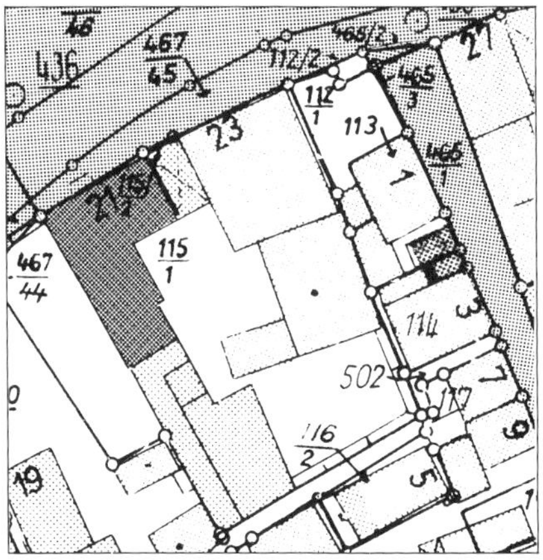

Mühltorstraße 21
Flur 6 Flurstück 115/2

Traufenständiges Fachwerkhaus in der Achse der Seemenbachbrücke gegenüber dem Mühltor gelegen. Massive, rhombenförmige Brüstungsfüllungen, starres Fachwerk. Erbaut um 1750.
Kulturdenkmal wegen seiner städtebaulichen Bedeutung.

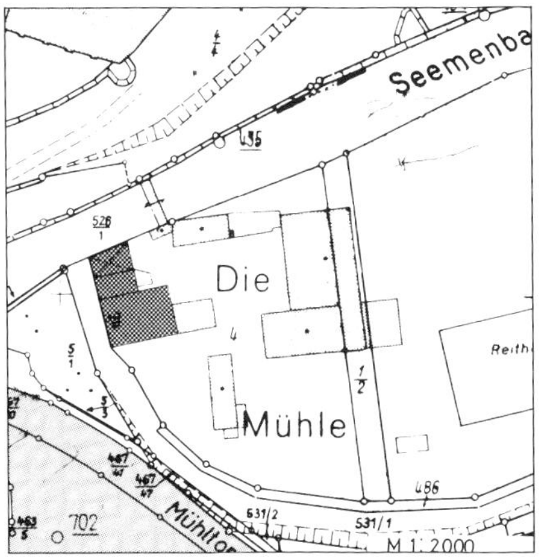

Mühltorstraße 24
Flur 6 Flurstück 4
Schloßmühle

Zweigeschossiger Fachwerkbau mit massivem Sockel zum Mühlgraben hin, konstruktives Fachwerk mit Schmuckformen an der Hofseite. Entstanden in der 1. Hälfte des 18. Jhs. Ursprüngliche Türumrahmung und Tür des 18. Jhs. erhalten. Im Inneren noch teilweise die alte Raumaufteilung mit dem großen Mahlraum vorhanden. Gemeinsam mit diesem Bau bilden mehrere Nebengebäude eine Gesamtanlage.
Kulturdenkmal wegen seiner geschichtlichen und technischen Bedeutung.

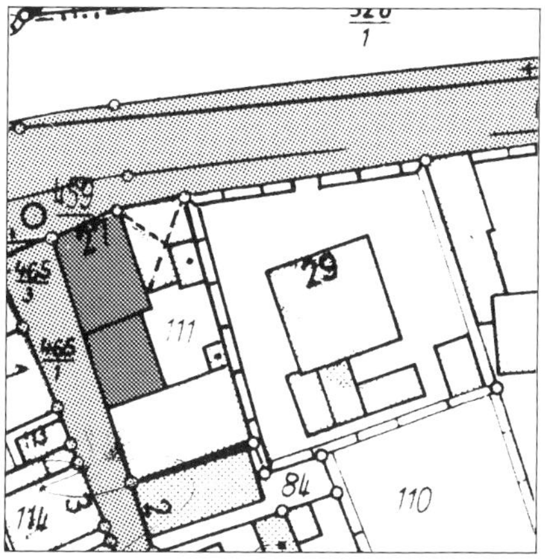

Mühltorstraße 27
Flur 6 Flurstück 111

Wohngebäude eines Hofes in breiten Proportionen direkt gegenüber der Altstadt. Geschwungene Brüstungsstreben, starres Fachwerk aus dem späten 18. Jh.
Kulturdenkmal wegen seiner städtebaulichen Bedeutung.

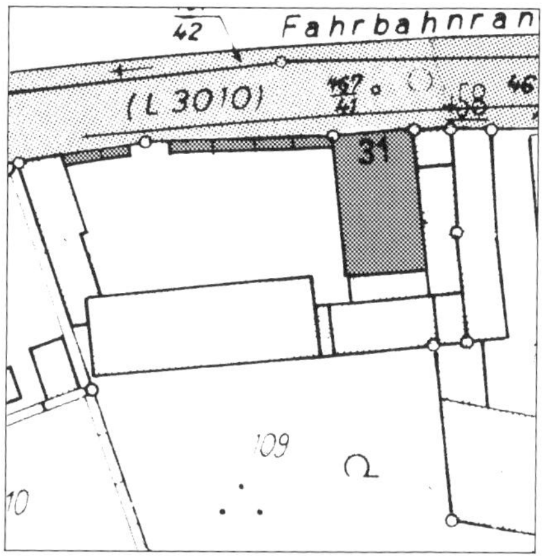

Mühltorstraße 31
Flur 6 Flurstück 109

Wohngebäude eines Hofes in repräsentativer Lage gegenüber der Altstadt. Konstruktives Fachwerk um 1800 unter Putz liegend. Abschlußmauer zur Straße in Bruchstein.
Kulturdenkmal wegen seiner städtebaulichen Bedeutung.

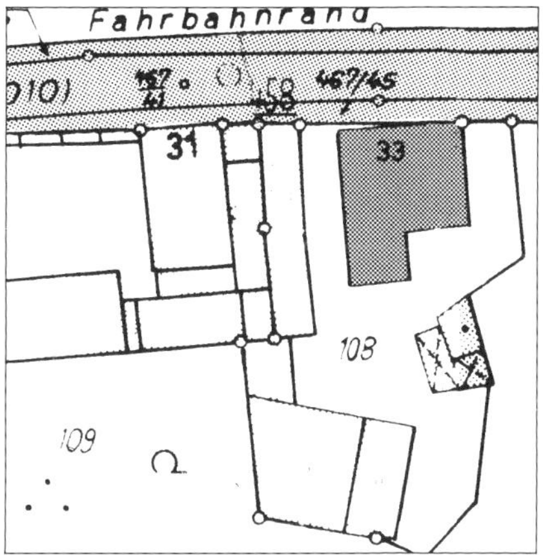

Mühltorstraße 33
Flur 6 Flurstück 108

Breitgelagerter Wohnbau in auffälliger Lage gegenüber der Altstadt. Hohes, massives Erdgeschoß mit gekoppelten Fenstern und rundbogigen Kellerzugängen. Reiche Fachwerkzier, vor allem in Rautenform. Erbaut im frühen 18. Jh.
Kulturdenkmal wegen seiner städtebaulichen und künstlerischen Bedeutung.

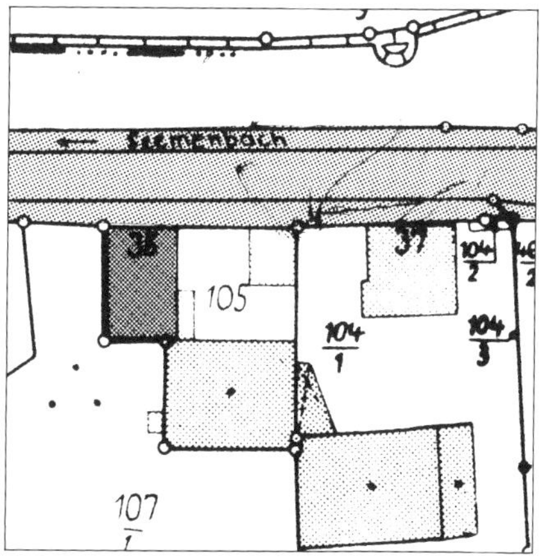

Mühltorstraße 35
Flur 6 Flurstück 105

Giebelständiger Hof in direkter Sichtbeziehung gegenüber der Altstadt. Konstruktive, ausgewogene Fachwerkformen aus der Zeit um 1800.
Kulturdenkmal wegen seiner städtebaulichen Bedeutung.

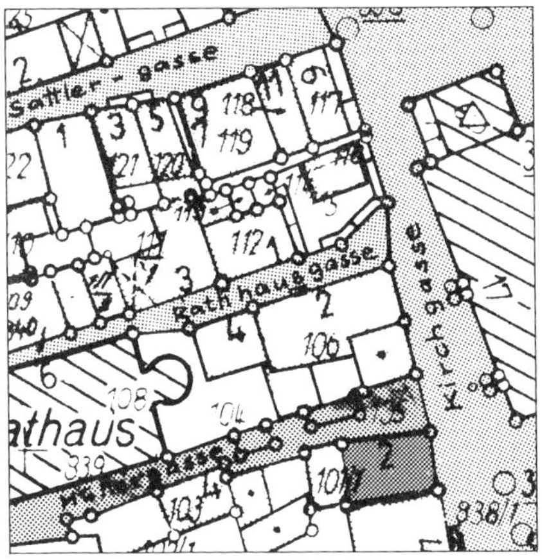

Müllergasse 2
Flur 1 Flurstück 101/1

Fachwerkwohnhaus in wichtiger Eckfunktion gegenüber der Kirche mit runden, ornamentierten Eckstäben und durchlaufendem Rundstab auf der Schwelle. Entstanden um 1700. Kulturdenkmal wegen seiner städtebaulichen Bedeutung.

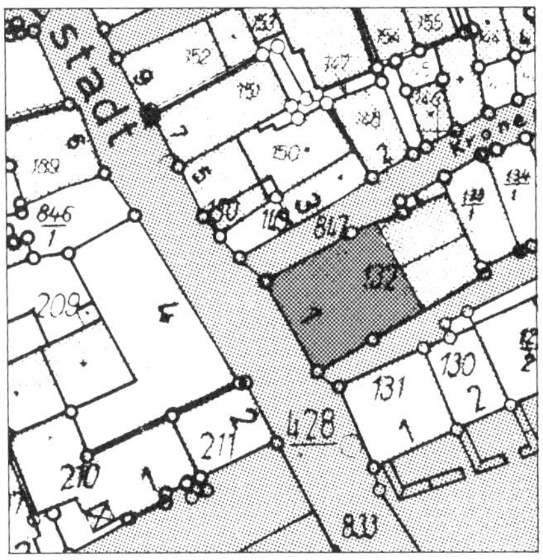

Neustadt 1
Flur 1 Flurstück 132

Verputzter Fachwerkbau über massivem Sockelgeschoß mit stichbogigen Hausteingewänden. Streng achsialer Bau aus der Mitte des 18. Jhs., Zwerchgiebel Anfang 19. Jh.
Kulturdenkmal wegen seiner künstlerischen Bedeutung.

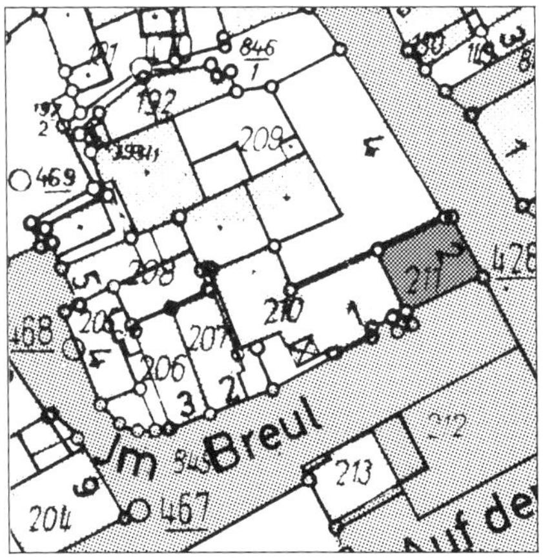

Neustadt 2
Flur 1 Flurstück 211

Stark konstruktiv orientierter spätbarokker Sichtfachwerkbau mit durchlaufendem Karnies und eigenartigen Paneelen auf den Eckständern. Entstanden im letzten Viertel des 18. Jhs.
Kulturdenkmal wegen seiner städtebaulichen Bedeutung.

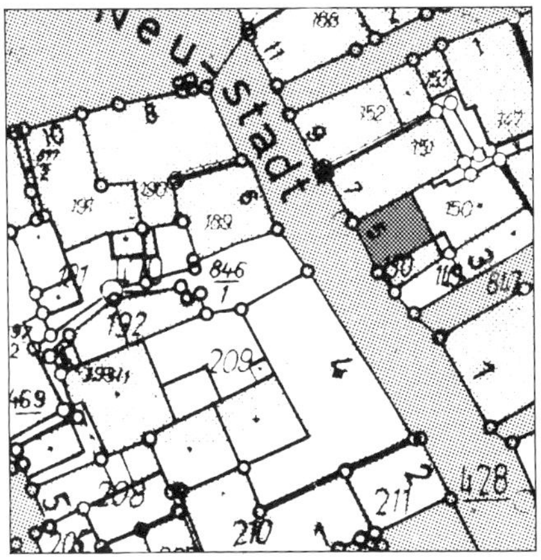

Neustadt 5
Flur 1 Flurstück 150

Zweigeschossiges, giebelständiges Haus mit eigenwilligen, hier unüblichen Fachwerkfigurationen. Urwüchsige Behandlung des gewachsenen Holzes. Entstanden in der 2. Hälfte des 17. Jhs.
Kulturdenkmal wegen seiner wissenschaftlichen und städtebaulichen Bedeutung.

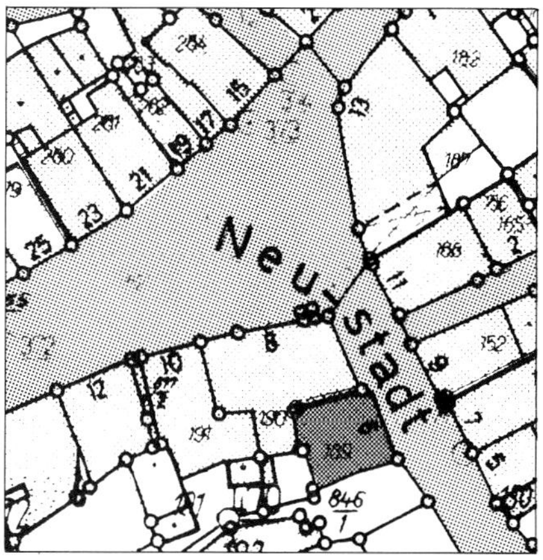

Neustadt 6
Flur 1 Flurstück 189

Giebelständiger Fachwerkbau unmittelbar vor der platzartigen Aufweitung der Neustadt. Erbaut um 1700, im späten 19. Jh. verputzt und dekoriert. Erdgeschoß modern gestört.
Kulturdenkmal wegen seiner städtebaulichen Bedeutung.

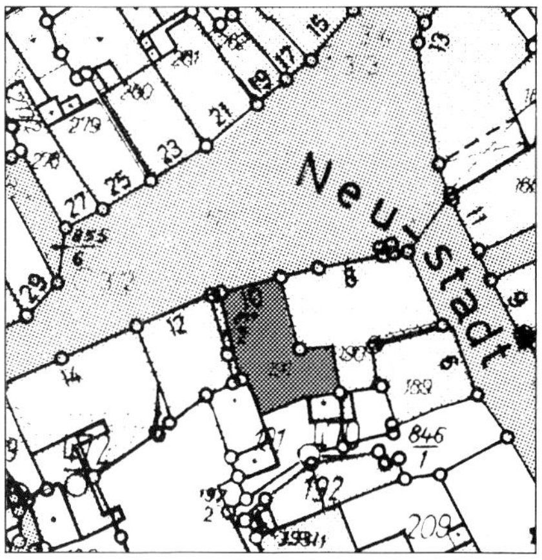

Neustadt 10
Flur 1 Flurstück 191

Symmetrisch ausgerichteter, zweigeschossiger, traufständiger Fachwerkbau über massivem modernen Geschoß, das 2. OG in der Brüstung durchgehend rauten- bzw. andreaskreuzförmig ornamentiert. Im Eckständer datiert 1661.
Kulturdenkmal wegen seiner künstlerischen Bedeutung.

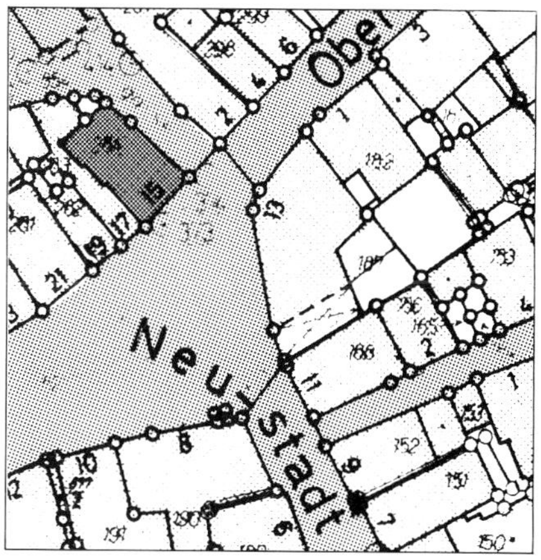

Neustadt 15
Flur 1 Flurstück 284

Fachwerkbau des 16. Jhs. über massivem Sockelgeschoß, außergewöhnliche Bauplastik. Im Gefüge mehrere Bauphasen vom späten Mittelalter an ablesbar. Der Bau begrenzt die platzartige Erweiterung der Neustadt.
Kulturdenkmal aus künstlerischen und städtebaulichen Gründen.

Neustadt 15

Detail: Narrenmaske an der Gebäudeecke zur Straßenkreuzung hin. Frühes 16. Jh.

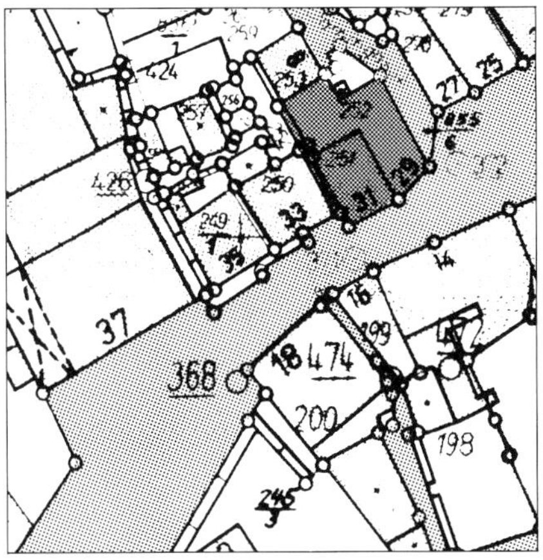

Neustadt 29/31
Flur 1 Flurstück 252 u. 251

Platzbegrenzender Bau mit bestimmendem Eckerker. Nr. 29 in frühen Formen des Übergangsstils um 1500. Mit diesem Bau verbunden ein späteres, eingeschobenes, giebelständiges Haus, wohl 17./18. Jh.
Kulturdenkmal aus künstlerischen und städtebaulichen Gründen.

Neustadt 29

Ansicht der Giebelseite von Osten.

Neustadt 37

Portal.

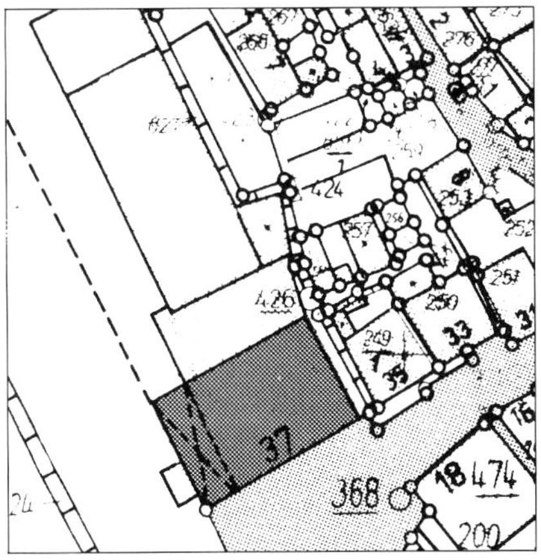

Neustadt 37
Flur 1 Flurstück 247

Aufwendiger, palaisartiger Bau über hohem, massiven Sockelgeschoß mit repräsentativer Freitreppe in der Mittelachse und genuteter Toreinfahrt. Reiche Hausteinarbeiten, gutes ornamentales Fachwerk mit Rhombenbrüstungen und genasten Streben. Erdgeschoß teilweise modern verändert. Datiert 1733.
Kulturdenkmal wegen seiner geschichtlichen und künstlerischen Bedeutung.

Abwicklung Neustadt 37 (linkes Gebäude) bis 29.

Abwicklung Neustadt Nordseite;
P. Nieß, 1951

Abwicklung Neustadt Südseite;
P. Nieß, 1951

Abwicklung Neustadt Ostseite;
P. Nieß, 1951

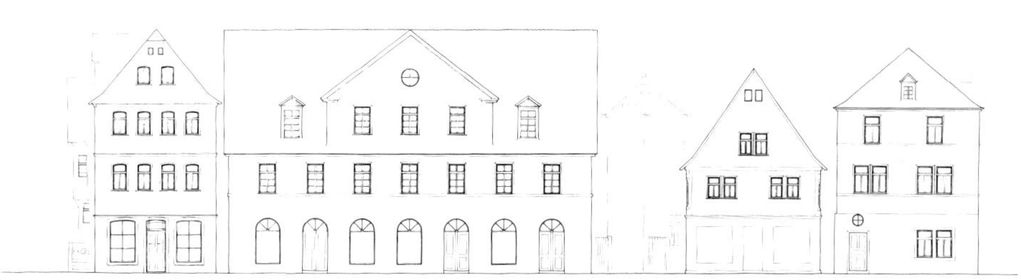

Abwicklung Neustadt Westseite;
P. Nieß, 1951

Abwicklung Obergasse Nordseite;
P. Nieß, 1951

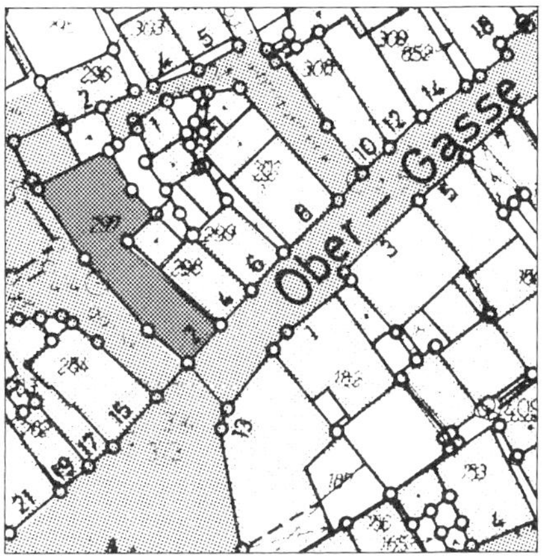

Obergasse 2
Flur 1 Flurstück 297

Aus drei Teilen bestehende Hausgruppe, der Giebel zur Obergasse hin Ende 16. Jh., der Mittelteil 1. Hälfte 18. Jh., der rückwärtige Teil im Sturz datiert 1690. Wichtige Baugruppe, die die Abschlußwand eines durch Abbrüche jetzt neu entstandenen platzartigen Gebildes darstellt.
Kulturdenkmal wegen seiner künstlerischen und städtebaulichen Bedeutung.

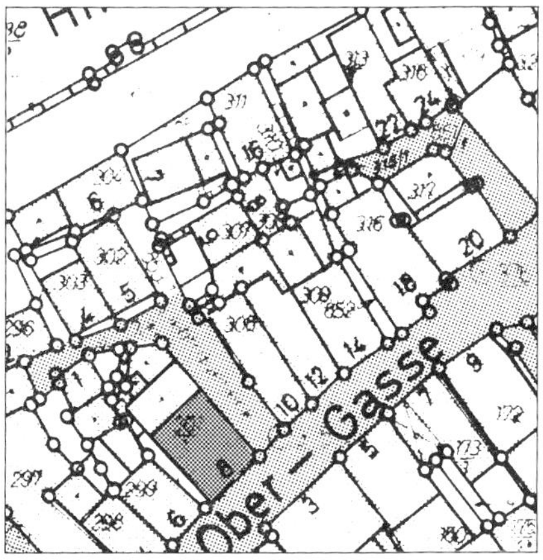

Obergasse 8
Flur 1 Flurstück 301/1

Giebelständiger Fachwerkbau mit reich ausgebildeten Fachwerkfigurationen des späten 17. Jhs. (Feuerböcke). Im Giebel gründerzeitliches Doppelfenster mit Zierumrahmung.
Kulturdenkmal wegen seiner künstlerischen Bedeutung.

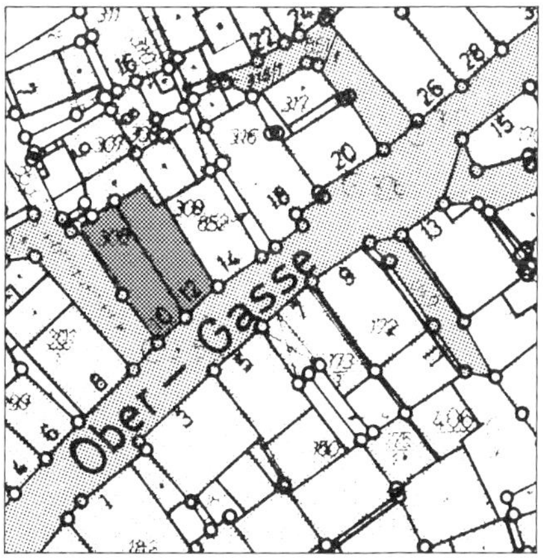

Obergasse 10/12
Flur 1 Flurstück 308 u. 309

Verputzter, geteilter Fachwerkbau wohl des 18. Jhs., raumgreifender Akzent innerhalb einer Reihe kleinerer Fachwerkhäuser.
Kulturdenkmal wegen seiner städtebaulichen Bedeutung.

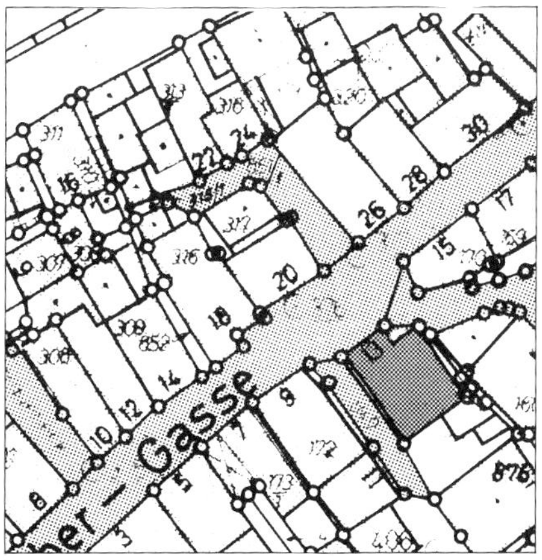

Obergasse 13
Flur 1 Flurstück 171

Fachwerkwohnhaus mit Erkervorbau über massivem Sockelgeschoß, im Portal datiert 1610. Fachwerkobergeschoß mit gestäbten Eckpfosten. Reizvolle, schuppenartige Giebelverschieferung.
Kulturdenkmal wegen seiner künstlerischen, geschichtlichen und städtebaulichen Bedeutung.

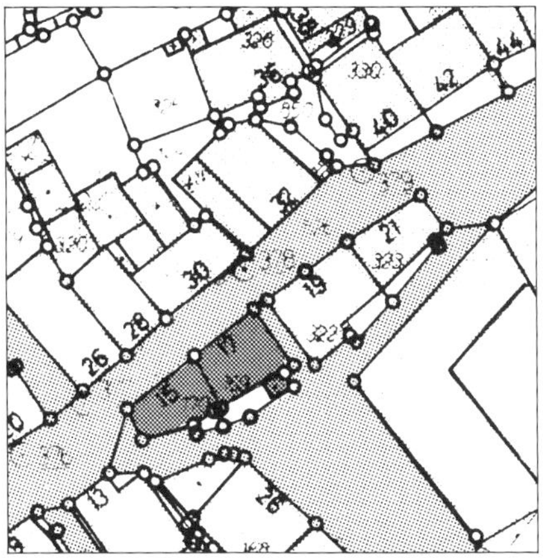

Obergasse 15/17
Flur 1 Flurstück 170 u. 169

Kopfbau einer inselartigen Baugruppe zwischen Obergasse und Erbsengasse, die das Straßenbild entscheidend prägt. Stark konstruktiv orientiertes Fachwerk aus der Mitte des 16. Jhs. Kulturdenkmal wegen seiner städtebaulichen und künstlerischen Bedeutung.

Obergasse 15/17

Medaillons mit den Profilansichten eines Mohren und einer Mohrin am rückwärtigen Kellerportal, datiert 1550.

Wetterfahne auf dem First von Haus Nr. 15, datiert 1802.

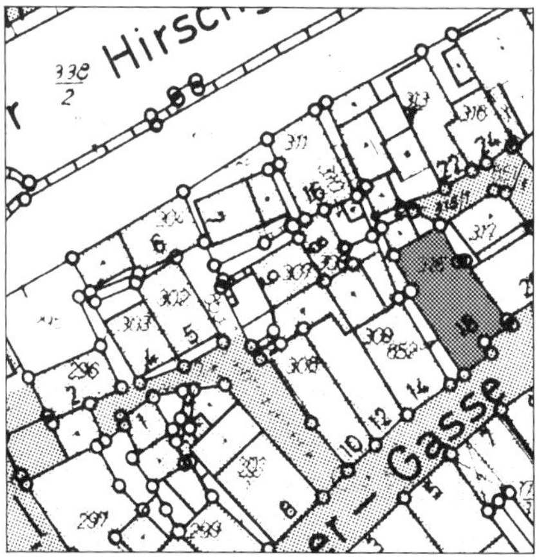

Obergasse 18
Flur 1 Flurstück 316

Fachwerkhaus des frühen 18. Jhs. mit prägnantem fränkischen Erkervorbau, hierbei die Biegung der Straße genutzt. Geschweifte und genaste Fußstreben. Kulturdenkmal wegen seiner künstlerischen und städtebaulichen Bedeutung.

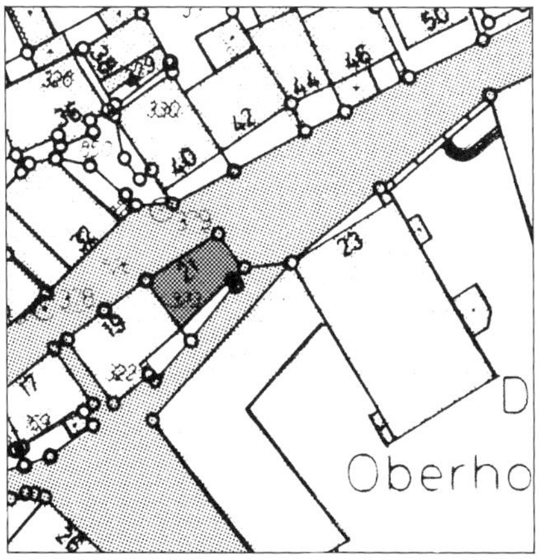

Obergasse 21
Flur 1 Flurstück 323

Abschließender Kopfbau an der Gabelung zweier Gassen. Qualitätvolles konstruktives Fachwerk in steilen Proportionen, entstanden im frühen 19. Jh. Kulturdenkmal wegen seiner städtebaulichen Bedeutung.

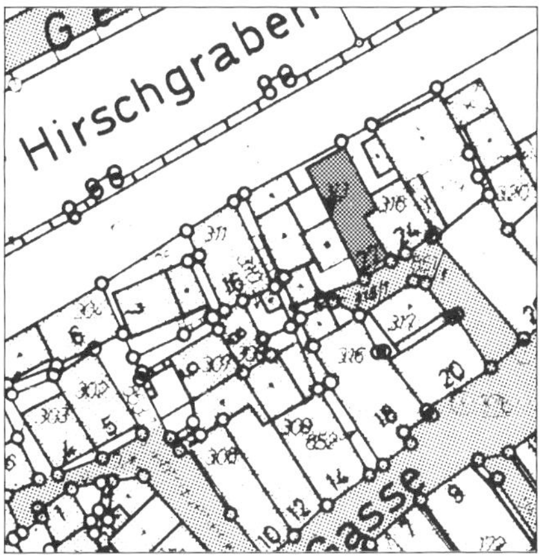

Obergasse 22
Flur 1 Flurstück 313

Verkleideter Fachwerkbau über massivem Sockelgeschoß, datiert im Sturz 1753. Die diamantierte, hölzerne Verkleidung ist vom Tor des Oberhofs entlehnt und als originelle Leistung des Historismus zu werten.
Kulturdenkmal wegen seiner künstlerischen Bedeutung.

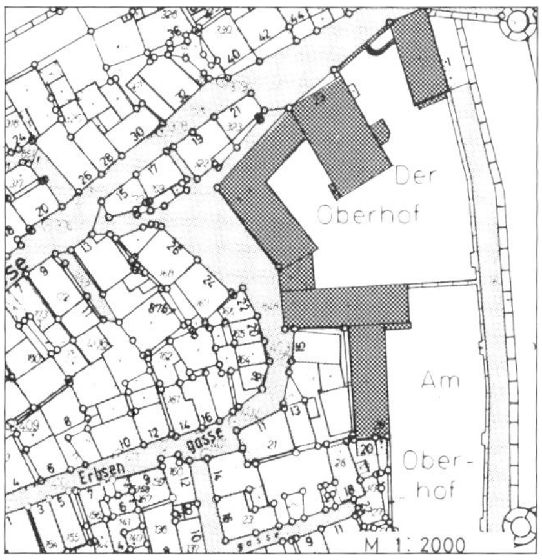

Obergasse 23
Flur 1 Flurstück 18
Oberhof

Durch Georg v. Ysenburg und seine Frau Barbara groß angelegter Herrschaftssitz innerhalb der Stadtbefestigung. Reiche Renaissance-Anlage mit bedeutendem Dekor. Am Herrenhaus originale Putzreste mit Architekturbemalung. Im Erdgeschoß gewölbte Vorhalle und Küchenanlage, kreuzgewölbter Saal. Im Obergeschoß Kamin, Kammern und kleiner Erkerraum mit feinem Sterngewölbe.
Zur Anlage gehören mehrere Stall- und Wirtschaftsgebäude. Erbaut zwischen 1569 und 1571 von Conrad Leonhard. Nebengebäude 1570 bzw. 1620.
Kulturdenkmal wegen seiner geschichtlichen, künstlerischen und städtebaulichen Bedeutung.

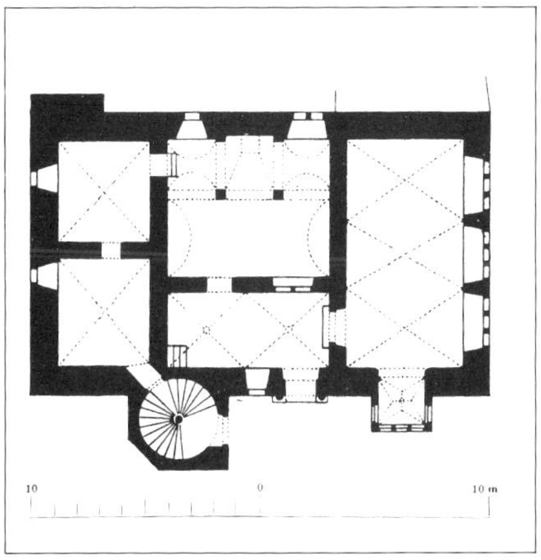

Wohn- und Verwaltungsgebäude des 16. Jh., im 19. Jh. stark verändert.
(Abb. links)

Grundriß des Erdgeschosses.
(Abb. Mitte)

Scheunen- und Wirtschaftsgebäude in Bruchsteinmauerwerk, mit dem Portalgebäude verbunden, zweite Hälfte 16. Jh.
(Abb. links)

Portal, datiert 1570, originale, diamantierte Eichenholztür.
(Abb. Mitte)

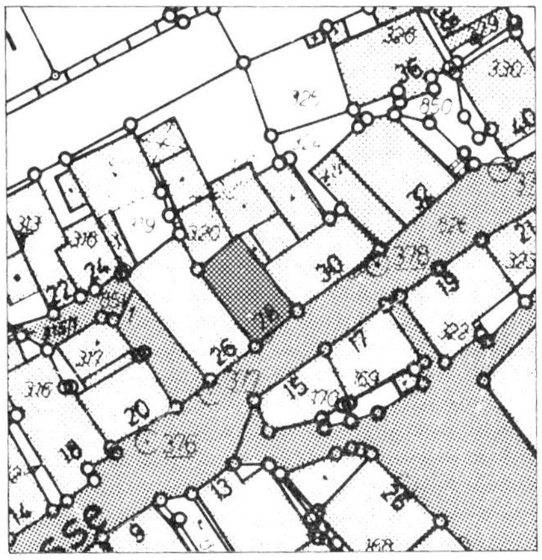

Obergasse 28
Flur 1 Flurstück 320

Verputzter Fachwerkbau, der sich in Geschoßhöhe und Fensteröffnungen an den Nachbarbau anlehnt. Ursprünglich gleiche Traufhöhe, später aufgestockt. Analog zum Nachbarbau reiches Zierfachwerk des frühen 18. Jhs. zu erwarten. Kulturdenkmal wegen seiner künstlerischen Bedeutung.

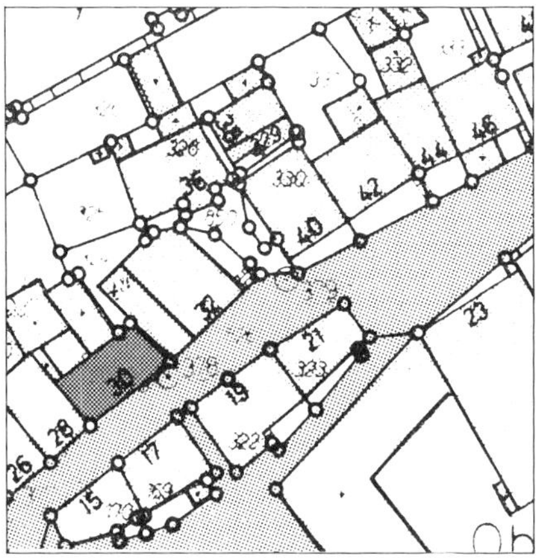

Obergasse 30
Flur 1 Flurstück 321

Reich ornamentiertes Fachwerkhaus mit hohem Hallengeschoß; mächtige Streben, in den Brüstungen genaste Rauten, entstanden im frühen 18. Jh. Kulturdenkmal wegen seiner künstlerischen Bedeutung.

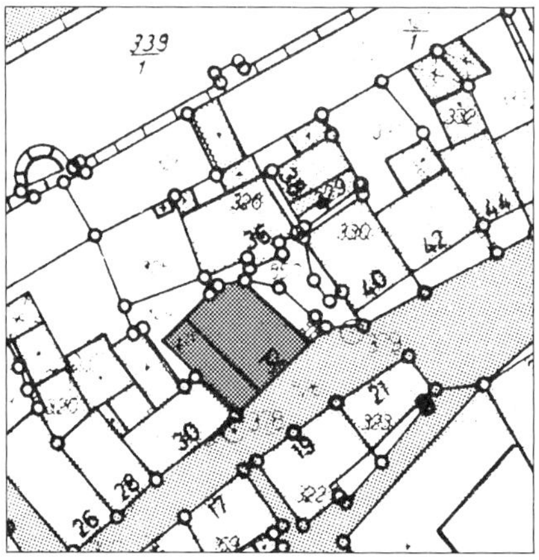

Obergasse 32
Flur 1 Flurstück 324

Großvolumiger Sichtfachwerkbau aus der 1. Hälfte des 18. Jhs., heute verputzt. Massives Sockelgeschoß, hohes Mansarddach mit ursprünglichem Seilzugausleger im Giebel.
Kulturdenkmal wegen seiner künstlerischen und wissenschaftlichen Bedeutung.

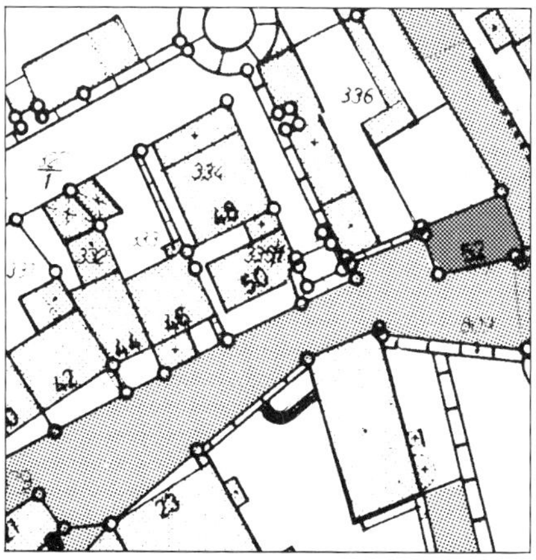

Obergasse 52
Flur 1 Flurstück 336

Schlichter Sichtfachwerkbau aus dem 1. Viertel des 19. Jhs. mit umlaufendem Karniesprofil in den Schwellen. Der Bau ist entstanden unter Einbeziehung der Verteidigungsanlagen des Obertors als Kopfbau am Eingang zur Altstadt.
Kulturdenkmal wegen seiner städtebaulichen und geschichtlichen Bedeutung.

Abwicklung Obergasse Südseite;
P. Nieß, 1951

links: Abwicklung Erbsengasse (Wagenplatz) Westseite; P. Nieß, 1951

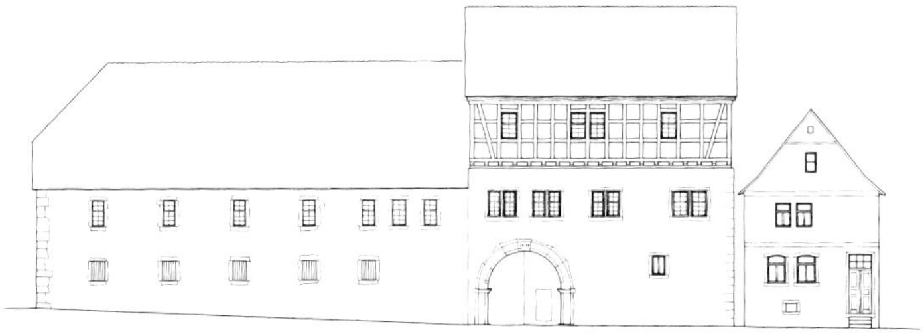

Abwicklung Erbsengasse (Wagenplatz) Ostseite; P. Nieß, 1951

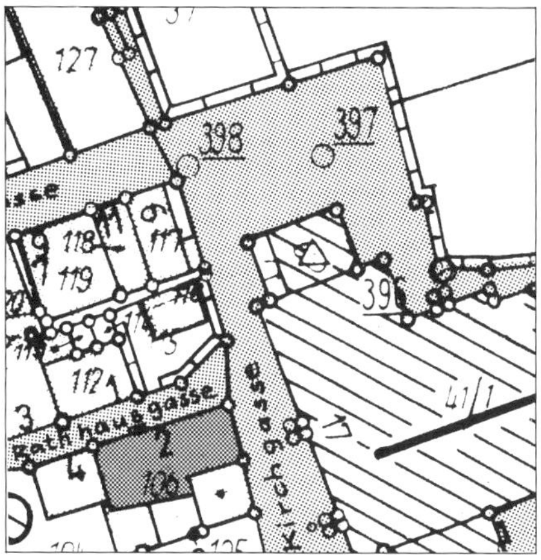

Rathausgasse 2
Flur 1 Flurstück 106
sog. Altes Rathaus

Zweigeschossiges Fachwerkhaus in Giebelstellung zur Kirche, Obergeschoß auf eleganten Knaggen weit vorkragend, gekehlte Schwelle, dreiteilige, offene Laube. Die Fachwerkformen sind denen des Rathauses eng verwandt und in der zweiten Hälfte des 15. Jhs. entstanden. Anbau in gleichen Proportionen, datiert 1540, Fachwerkobergeschoß aus der gleichen Zeit.
Kulturdenkmal wegen seiner künstlerischen, geschichtlichen, wissenschaftlichen und städtebaulichen Bedeutung.

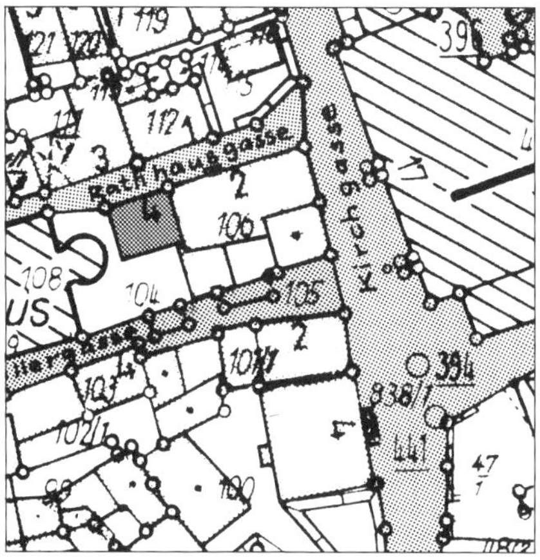

Rathausgasse 4
Flur 1 Flurstück 104

Fachwerkbau auf massivem, zweigeschossigen Steinsockel mit 1597 datiertem Portal mit Kerbschnittornamentik, kleines Fenster datiert 1599, Stadtwappen als Relief an der Eckquaderung, zweiteiliges Steinstockfenster. Das Obergeschoß einfaches konstruktives Fachwerk mit scharf profilierter durchlaufender Schwelle, ebenfalls um 1600.
Kulturdenkmal wegen seiner geschichtlichen und künstlerischen Bedeutung.

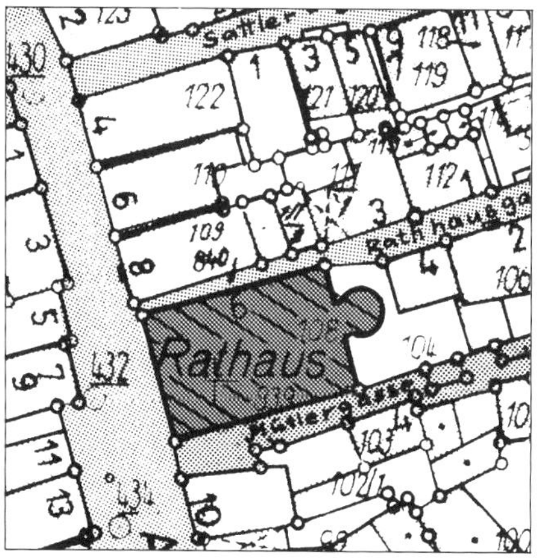

Rathausgasse 6
Flur 1 Flurstück 108
Rathaus

Spätgotischer Quaderbau mit Kreuzstockfenstern, 1458 errichtet. Der Treppengiebel und Treppenturm um 1500 angefügt, zur gleichen Zeit Erneuerung des Fachwerkaufbaus im rückwärtigen Teil. Dieser in ausgewogenen Formen des „Übergangsstils" mit überkreuzten Streben, durchlaufendem Brustriegel, Viertelkreisfußstreben. Die Fensterstöcke sind denen des steinernen Unterbaus nachgebildet. Die Innenkonstruktion aus Holz. Im Erdgeschoß große Halle (ehem. öffentlicher Verkaufsraum mit Ständen). Die Geschosse jeweils von vier polygonalen Holzstützen getragen. Im Obergeschoß Ratssaal und Schreibstuben.
Kulturdenkmal wegen seiner geschichtlichen, künstlerischen, wissenschaftlichen und städtebaulichen Bedeutung.

Ansicht des Rathauses von Nordosten. (Abb. links)

Hauptfassade zur Altstadt, Wappenstein des Diether zu Ysenburg und Büdingen, datiert 1458.
(Abb. Mitte)

Grundriß Obergeschoß.

Querschnitt durch den Steinbau.

Südansicht.

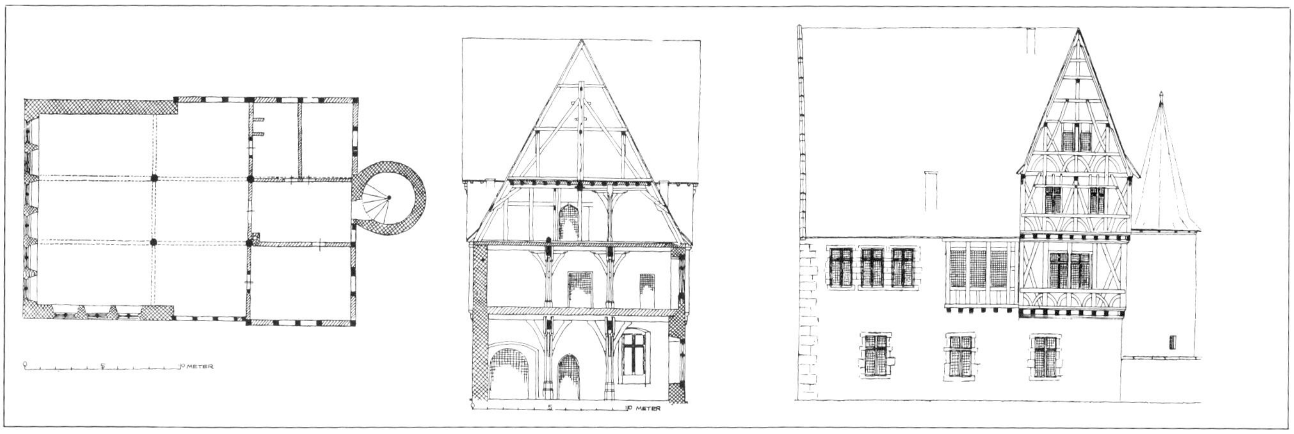

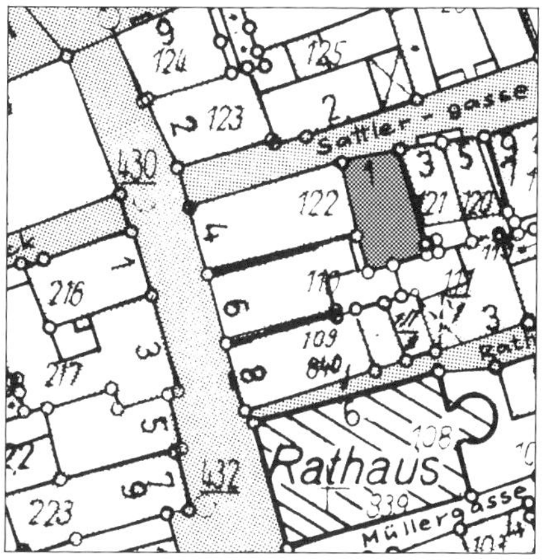

Sattlergasse 1
Flur 1 Flurstück 122

Verschindelter Fachwerkbau über massivem Sockelgeschoß mit korbbogigen Öffnungen. Traufseite unverschindelt. Entstanden in der Mitte des 18. Jhs.
Kulturdenkmal wegen seiner städtebaulichen Bedeutung.

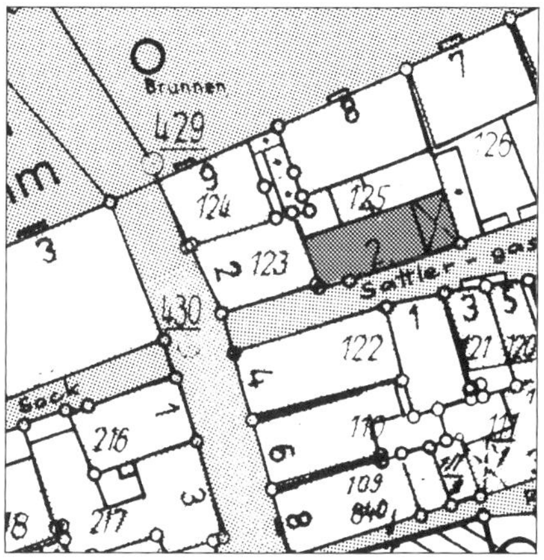

Sattlergasse 2
Flur 1 Flurstück 125

Längsgelagertes, traufenständiges Fachwerkwohnhaus des frühen 18. Jhs. mit einfachen konstruktiven Fachwerkformen. Das Haus prägt entscheidend das Erscheinungsbild der Sattlergasse.
Kulturdenkmal wegen seiner städtebaulichen Bedeutung.

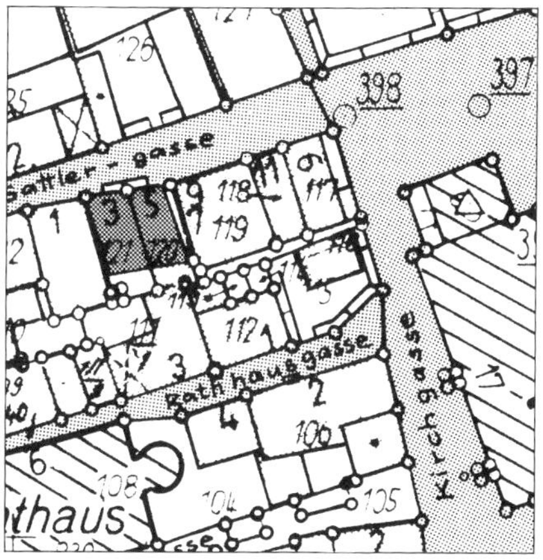

Sattlergasse 3/5
Flur 1 Flurstück 121 bzw. 120

Breitgelagertes Fachwerkwohnhaus, heute als Doppelhaus genutzt, mit Mann-Formen und gekrümmten Brüstungsstreben. Stark profilierte Schwellen und Rähm. Entstanden in der 1. Hälfte des 18. Jhs.
Kulturdenkmal wegen seiner städtebaulichen Bedeutung.

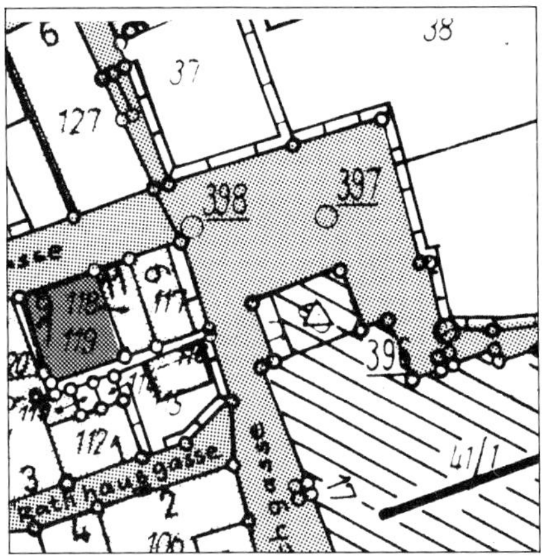

Sattlergasse 7/9
Flur 1 Flurstück 119

Fachwerkhaus über massivem Hallengeschoß mit zwei gekoppelten Fenstern und einem zugesetzten, polygonal gebrochenen Erdgeschoßfenster. Im Obergeschoß konkav gekehlte Schwelle, an der Traufseite überblatteter Brustriegel. Ursprünglich wohl um 1500, in späteren Jahrhunderten stark erneuert.
Kulturdenkmal wegen seiner wissenschaftlichen und städtebaulichen Bedeutung.

Abwicklung Sattlergasse Südseite; P. Nieß, 1951

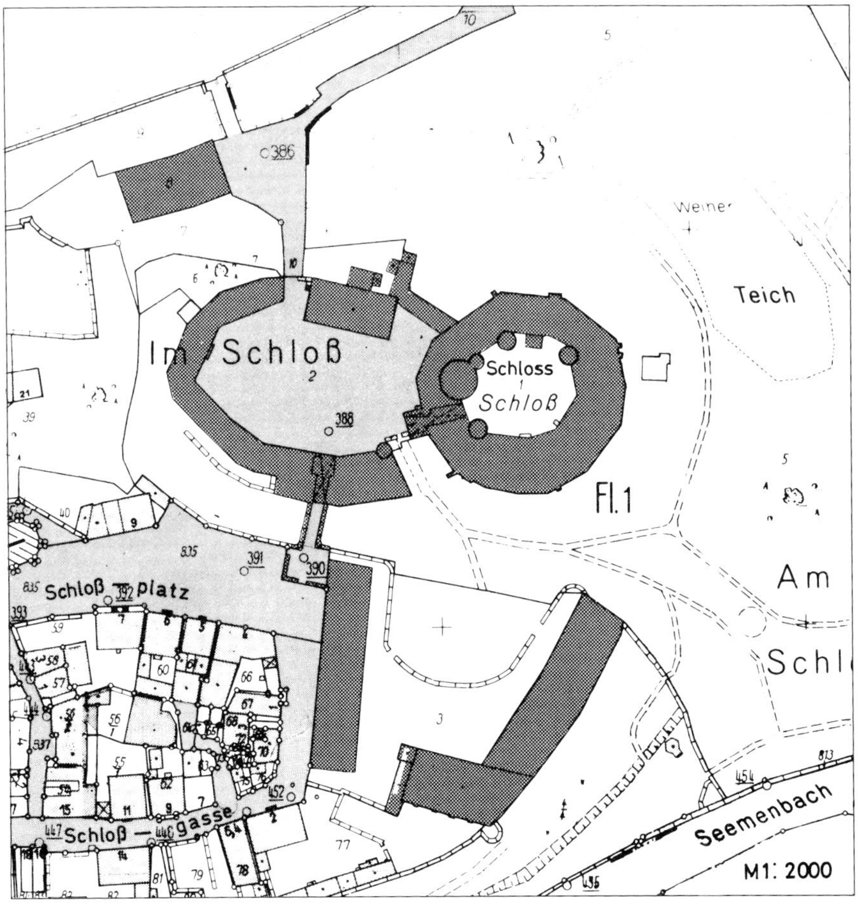

Schloß 1-3
Flur 1 Flurstück 1, 2, 3
Schloß des Fürsten zu Ysenburg und Büdingen

Eindrucksvolle Burganlage der Stauferzeit, erbaut unter Hartmann von Büdingen im letzten Drittel des 12. Jhs. Als Talburg spornartig an die Stadt angebunden und ehemals von Wall- und Grabensystem umgeben. Die äußere Wehrmauer der Hauptburg, mit Buckelquadern besetzt, bildet die Außenwand der annähernd kreisförmig angeordneten Wohngebäude. Im Innern ebenfalls kreisrunder, malerischer Innenhof. Neben der Außenmauer als staufische Bauteile noch erhalten die alte Kapelle mit Säulenportal, Ende 12. Jh. (Das Niveau des Hofes ursprünglich ca. 1 m tiefer.) Aus der gleichen Zeit der Palas mit zugesetzten romanischen Fenstern in der westlichen Giebelwand, Zugang ursprünglich über hölzerne Freitreppen vom Innenhof aus. Runder Bergfried, im 13. Jh. als Ersatz für einen abgebrannten Vorgänger errichtet (ergraben). Der Aufbau und der Treppenturm um 1500, die Laterne 1758. – Über dem romanischen Untergeschoß der Kapelle auf frühgotischen Resten 1496-99 eine neue Kapelle aufgestockt. Sie folgt im Grundriß der romanischen Wehrmauer. Der unregelmäßige Grundriß wird geschickt benutzt und durch Galerie und Empore überdeckt.

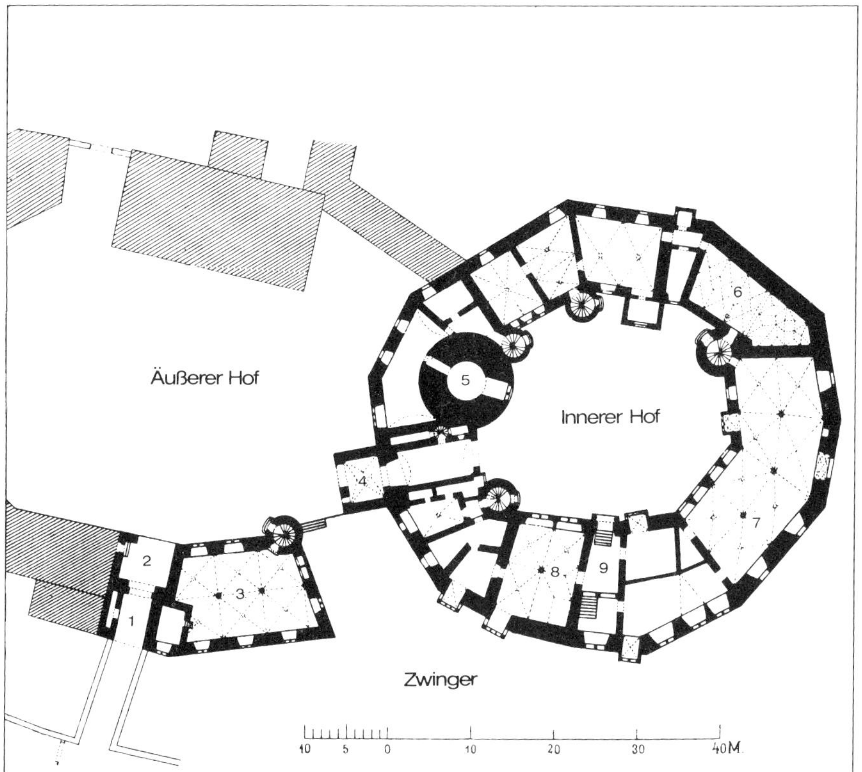

Intimer spätestgotischer Raum mit feinem Maßwerk und unregelmäßigen Diagonalrippen bzw. Sterngewölbe. Als Ausstattung bedeutendes Chorgestühl von Peter Schantz und Michael Silge aus Worms, 1497-99. Sandsteinkanzel mit polygonalem Korb auf Säule von Konrad Büttner aus Büdingen. 1610. Kruzifix und Vesperbild Ende 15. Jh. – Die übrigen Umbauten und Erweiterungen vor allem unter Ludwig III. (1461-1511) und Anton (1518-60). – Westlich der Hauptburg die ovale Vorburg mit dem Wachtbau von 1533, dem »Neuen Bau« von 1833-36 und den niedrigen Nutz- und Verwaltungsbauten, die das Oval schließen. Im Süden das langgestreckte Stallgebäude, Anfang 17. Jh., übrige Wirtschaftsgebäude 18./19. Jh. Im Innern der Wohngebäude bedeutende Ausmalungen der Renaissance, Scheinarchitekturen und mythologische Szenen in Grisaille. U. a. sog. Musikbild von Erhard Sanßdorffer aus Gelnhausen, bzw. 1547. Historische Ausmalung des »Bankettsaales« im Küchenbau mit Themen der Geschichte des Hauses, 1853 von Rudolf Hofmann aus Darmstadt. Die Wohnräume mit Möbeln und Bildern des 16.-19. Jhs. ausgestattet.
Kulturdenkmal wegen seiner künstlerischen, geschichtlichen und städtebaulichen Bedeutung.

Schloß Haupträume:

1: Torhalle; 2: Torhalle; 3: Wachtbau; 4: Torhalle; 5: Bergfried; 6: Schloßkapelle; 7: Krummer Saal; 8: Bankettsaal; 9: Treppenhaus.

Westansicht des inneren Torbaues. (Abb. oben links)

Südansicht. (Abb. oben Mitte)

Blick in den Inneren Hof. (Abb. links)

Blick auf den Wachtbau. (Abb. Mitte)

Innerer Hof: Altan
(Abb. links)

Äußerer Hof: Erker über dem Torbau.
(Abb. Mitte)

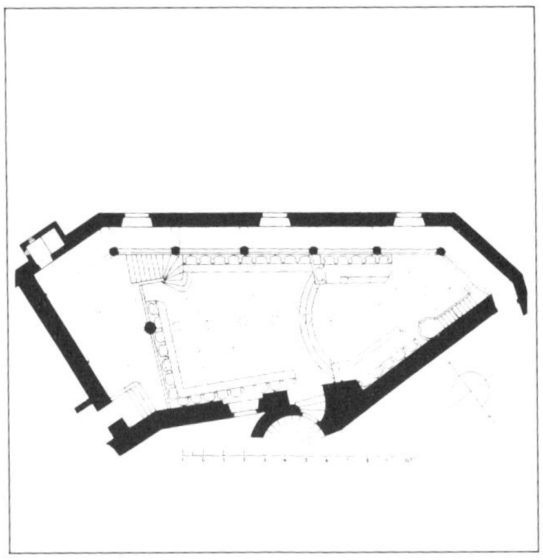

Schloßkapelle: Innenansicht

Schloßkapelle: Grundriß

Schloß

Brauhaus, 17./18. Jh., im 19. Jh. stark verändert.
(Abb. links)

Blick in den Wirtschaftshof.
(Abb. Mitte)

Schloß Stallgebäude, 1603-1611

Pferdeboxen.
(Abb. links)

Ansicht von Nordwest, schmiedeeisernes Tor von 1803.
(Abb. Mitte)

Abwicklung Schloßgasse Südseite;
P. Nieß, 1951

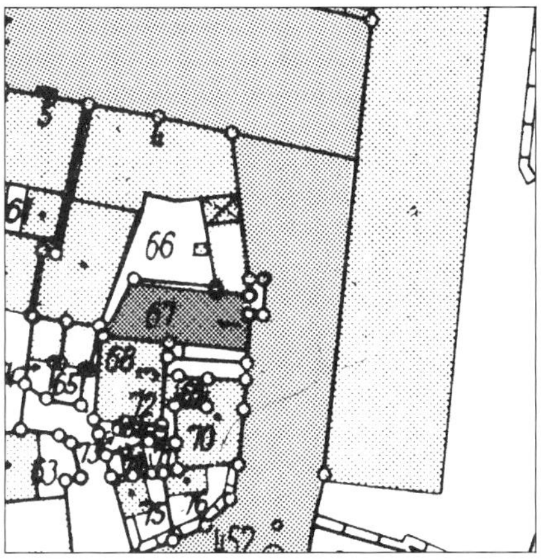

Schloßgasse 1
Flur 1 Flurstück 67

Giebelständiges Wohnhaus mit stark vorkragendem Obergeschoß, Firstsäule im Giebel, durchgehende Ständerbauweise an der Traufwand. Entstanden wohl in der 1. Hälfte des 16. Jhs. Kulturdenkmal wegen seiner geschichtlichen und städtebaulichen Bedeutung.

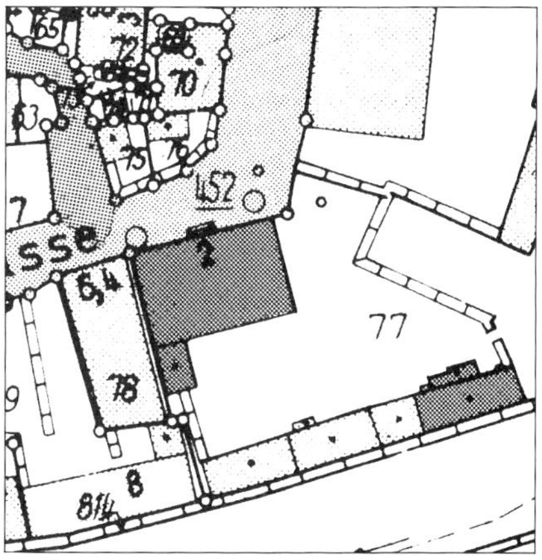

Schloßgasse 2
Flur 1 Flurstück 77

Zweigeschossiges, achsialsymmetrisches Fachwerkhaus mit großem Zwerchhaus. Rauten- und Andreaskreuzornamente in den Brüstungen, hohe Wilde-Mann-Form; datiert 1703. Eindrucksvoller Bau im Knie der Schloßgasse, er bildet die städtebauliche Achse zwischen Schloß und Schloßgasse. Kulturdenkmal wegen seiner geschichtlichen, künstlerischen und städtebaulichen Bedeutung.

Schloßgasse 2
Flur 1 Flurstück 77

Wirtschaftsgebäude in Traufenstellung zum Wohnhaus mit offenem, vorgesetzten Schutzgiebel und massiver Freitreppe mit Eingang zum Kellerhals. Die Konstruktionsformen z. T. noch mittelalterlich.
Kulturdenkmal wegen seiner wissenschaftlichen Bedeutung.

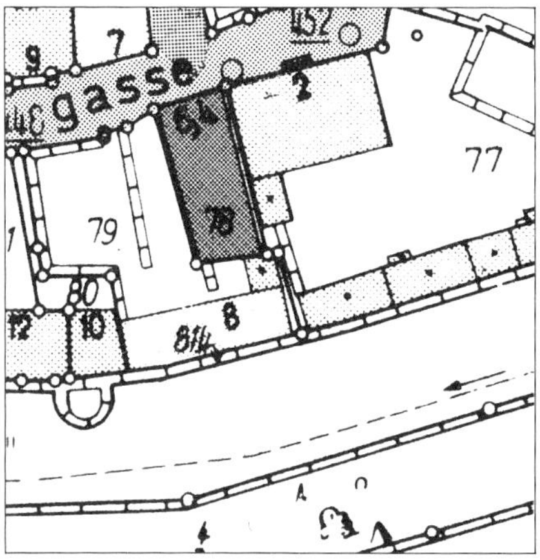

Schloßgasse 4/6
Flur 1 Flurstück 78

Giebelständiger Kopfbau zur Schloßgasse hin, im Eckständer datiert 1620. Massives Sockelgeschoß, im hinteren Bauteil mittelalterliche Fachwerkreste, die jedoch modern verblendet sind, wohl noch spätes 15. Jh.
Kulturdenkmal wegen seiner künstlerischen und städtebaulichen Bedeutung.

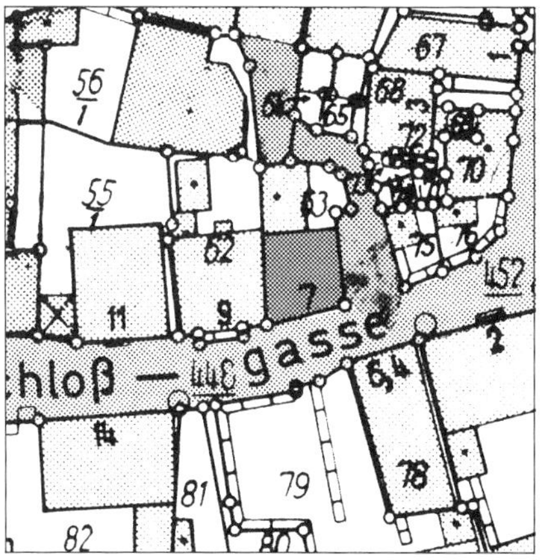

Schloßgasse 7
Flur 1 Flurstück 63

Über Eck gestellter, zweigeschossiger Fachwerkbau der Mitte des 18. Jhs., die Traufseite ungleichmäßig vorkragend auf ausladenden Knaggen. Zur Straße hin Zwerchhaus.
Kulturdenkmal wegen seiner künstlerischen und städtebaulichen Bedeutung.

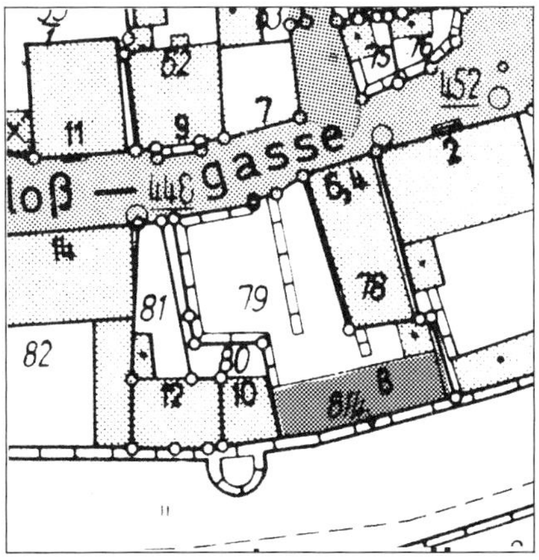

Schloßgasse 8
Flur 1 Flurstück 79

Zweigeschossiger Massivbau mit Fachwerkobergeschoß, zu $^2/_3$ eingezogener runder Treppenturm. Im Portal datiert 1569. Ursprünglich Burgmannenhaus. Der Fachwerkoberbau im 19. Jh. teilweise erneuert.
Kulturdenkmal wegen seiner geschichtlichen und künstlerischen Bedeutung.

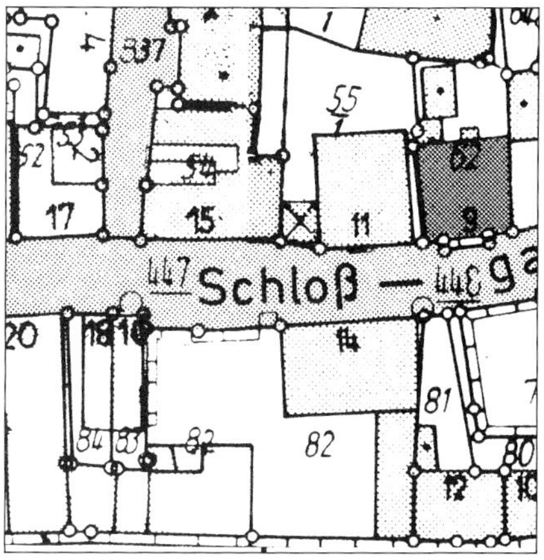

Schloßgasse 9
Flur 1 Flurstück 62

Zweigeschossiger Fachwerkbau auf hohem Sockel mit Freitreppe. Starkes, durchlaufendes Gesimsband, zentrales Zwerchhaus. Erbaut in der Mitte des 18. Jhs.
Kulturdenkmal wegen seiner städtebaulichen Bedeutung.

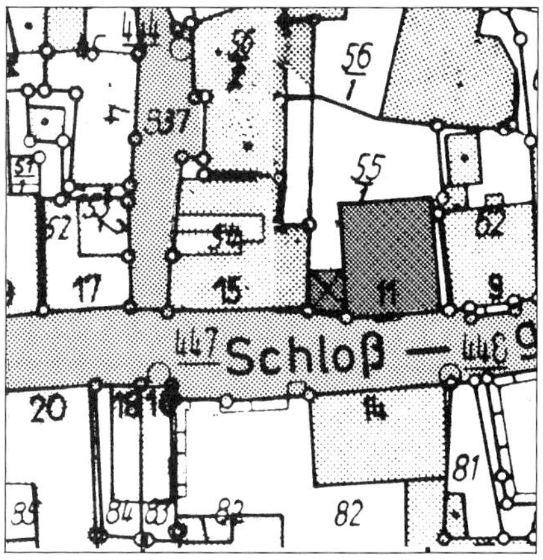

Schloßgasse 11
Flur 1 Flurstück 55/1

Sog. Luckisches Haus, zweigeschossiger Fachwerkbau, um 1500 entstanden mit später angefügtem Torgebäude, datiert 1593. In der Toreinfahrt geometrische Stuckdecke. Reiche, spätmittelalterliche Fachwerkform, Vorform des Wilden Mannes, gekehlte Schwellen und Rähm.
Kulturdenkmal wegen seiner künstlerischen, wissenschaftlichen und geschichtlichen Bedeutung.

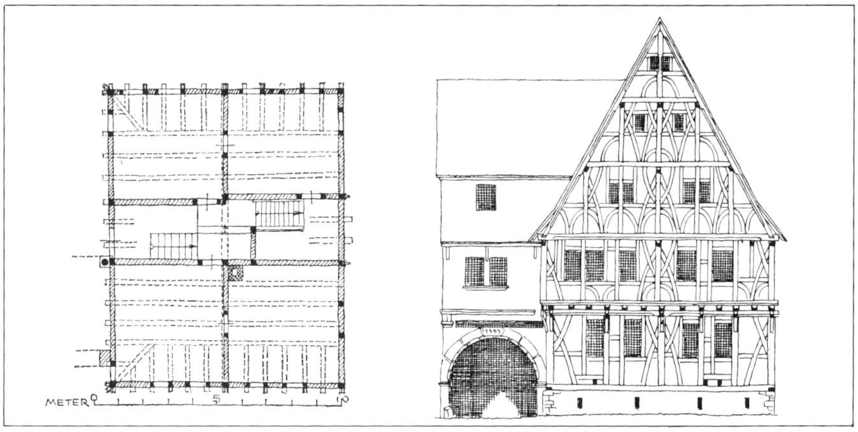

Schloßgasse 11

Grundriß Erdgeschoß

Ansicht

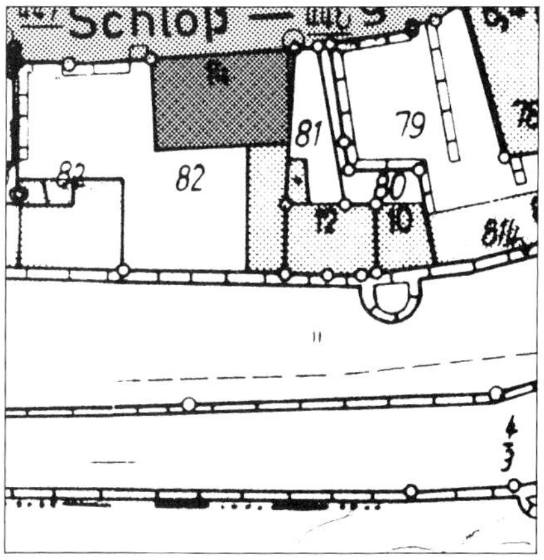

Schloßgasse 14
Flur 1 Flurstück 82

Zweigeschossiger Massivbau mit ursprünglichem Portal in der Mittelachse, datiert 1718. Hohes Mansarddach mit schlanken Zwerchhäusern.
Kulturdenkmal wegen seiner künstlerischen und geschichtlichen Bedeutung.

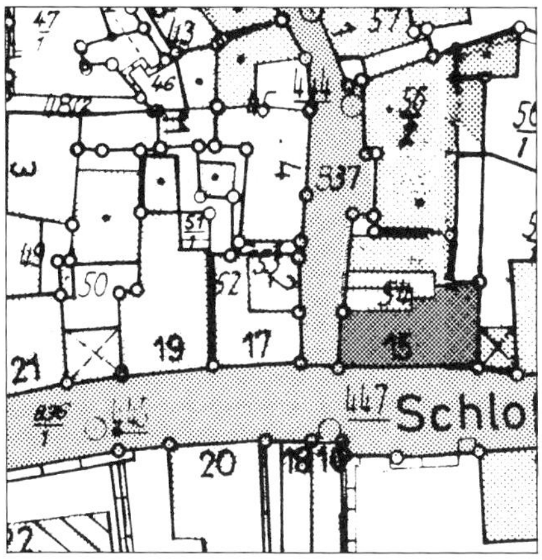

Schloßgasse 15
Flur 1 Flurstück 54
Ehem. Pfarrhaus und Rektoratshaus.

Massives Sockelgeschoß mit polygonalem Eckerker, darüber traufenständiges Fachwerkobergeschoß. Der Fachwerkoberteil, 2. Hälfte 15. Jh., sehr ähnlich dem Rathaus, der Eckerker datiert 1560 mit nachgotischen Maßwerkzierformen. Kulturdenkmal wegen seiner künstlerischen, geschichtlichen und städtebaulichen Bedeutung.

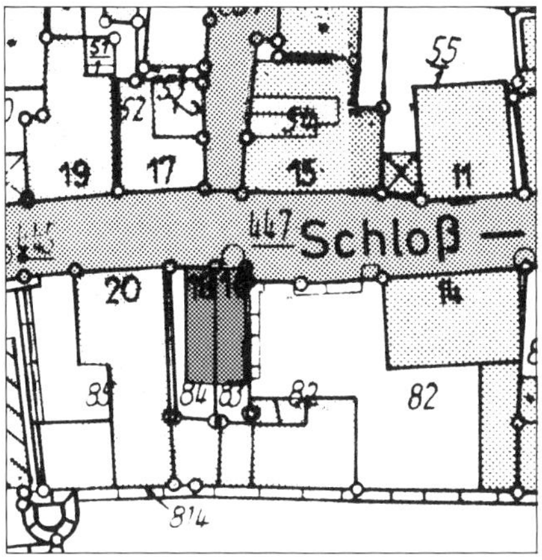

Schloßgasse 16/18
Flur 1 Flurstück 83 bzw. 84

Strenger Fachwerkbau aus dem Ende des 17. Jhs., das Gefüge im 19. Jh. erneuert. Stäbe an den Eckpfosten. Kulturdenkmal wegen seiner städtebaulichen Bedeutung.

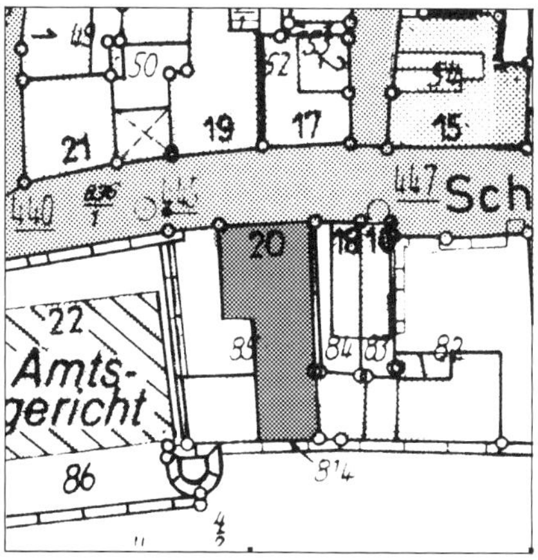

Schloßgasse 20
Flur 1 Flurstück 85

Burgmannenhaus mit massivem Sockelgeschoß, zweiteiligen, profilierten Fenstern, Renaissance-Portal, zweigeschossiger Fachwerkoberbau mit umlaufendem Karnies. Datiert 1609 im Türsturz, in der Einfahrt datiert 1610. Kulturdenkmal wegen seiner geschichtlichen, künstlerischen und städtebaulichen Bedeutung.

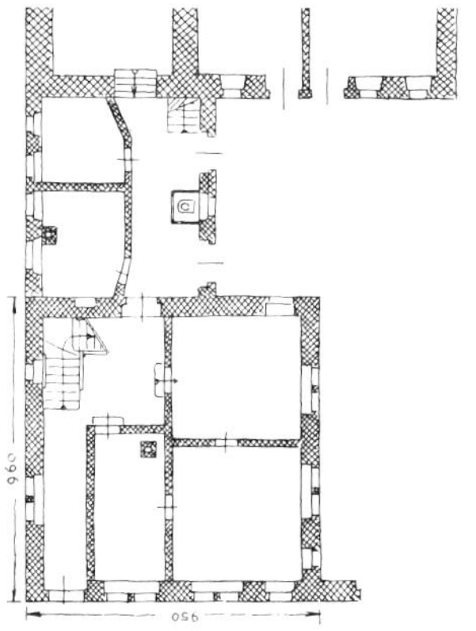

Schloßgasse 20

Ansicht der Giebelseite. (Abb. links)

Grundriß des Erdgeschosses. (Abb. Mitte)

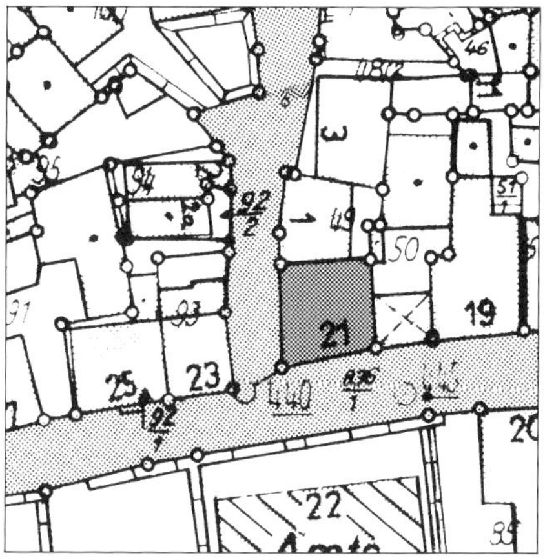

Schloßgasse 21
Flur 1 Flurstück 50

Verschindelter Fachwerkbau wohl des 18. Jhs. über massivem älteren Sockelgeschoß. Späterer Anbau mit Toreinfahrt. Kulturdenkmal wegen seiner städtebaulichen Bedeutung.

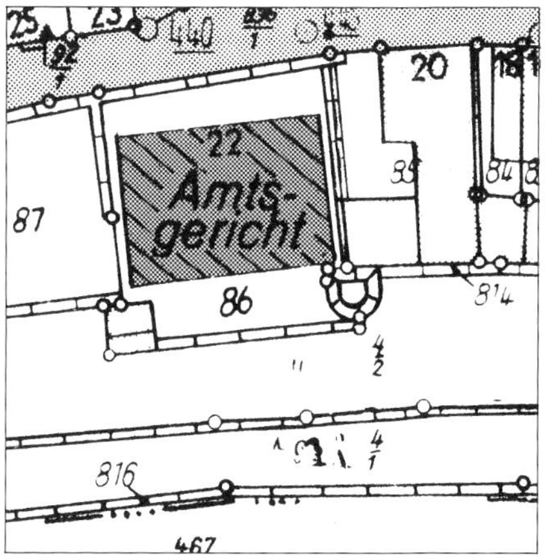

Schloßgasse 22
Ehem. lutherische Kirche
Flur 1 Flurstück 86

Erbaut 1770-74. Großvolumiger Massivbau in einfachen, spätbarocken Formen. Hohes Walmdach mit Hauben-Dachreiter, ab 1828 Gymnasium, ab 1880 Amtsgericht.
Kulturdenkmal wegen seiner geschichtlichen, künstlerischen und städtebaulichen Bedeutung.

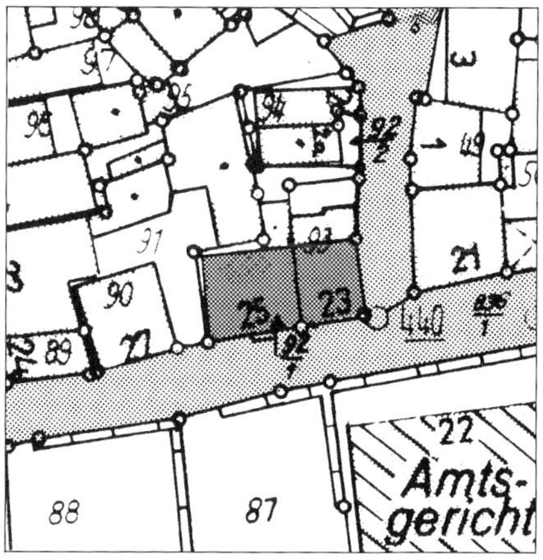

Schloßgasse 23/25
Flur 1 Flurstück 93 und 92/1

Haus Nr. 23: Verputzter, traufenständiger Fachwerkbau aus der Mitte des 18. Jhs. in städtebaulich wichtiger Lage. Erdgeschoß massiv in Sandstein mit reizvollem Ladeneinbau aus der Gründerzeit. Haus Nr. 25: Verputzter, traufenständiger Fachwerkbau mit Zwerchhaus in der Mittelachse. Erdgeschoß massiv mit profilierten Steinstockfenstern. Ursprünglicher Eingang zerstört. Entstanden gegen 1600.
Kulturdenkmäler wegen ihrer städtebaulichen und künstlerischen Bedeutung.

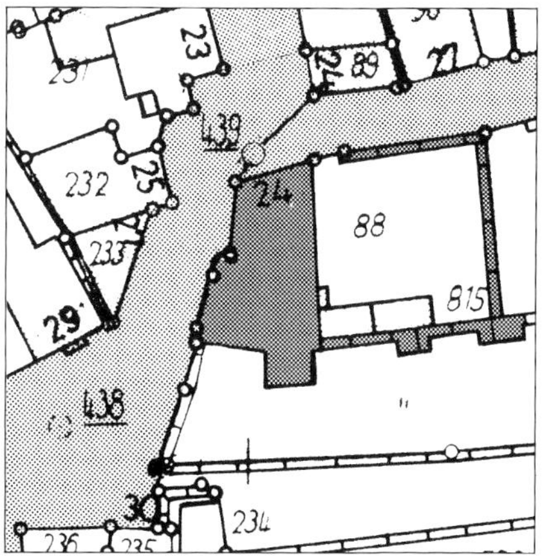

Schloßgasse 24
Flur 1 Flurstück 88
Steinernes Haus

Spätgotischer Steinbau mit Staffelgiebel an der ehemaligen Mühlpforte. Ein zierlicher, elegant gebrochener Eckerker über zwei Geschosse bindet das Haus exakt in die städtebauliche Situation ein. An den Bau schließt ein großer Wehrhof an, der mit dem Verteidigungssystem der Stadt in Verbindung stand. Die ursprünglichen Kreuzstockfenster z. T. ausgebrochen oder zugesetzt. Im 1. OG geometrische Stuckdecke des frühen 17. Jhs., im Erkerstübchen feines Rippengewölbe um 1500. Der Bau wurde um 1500

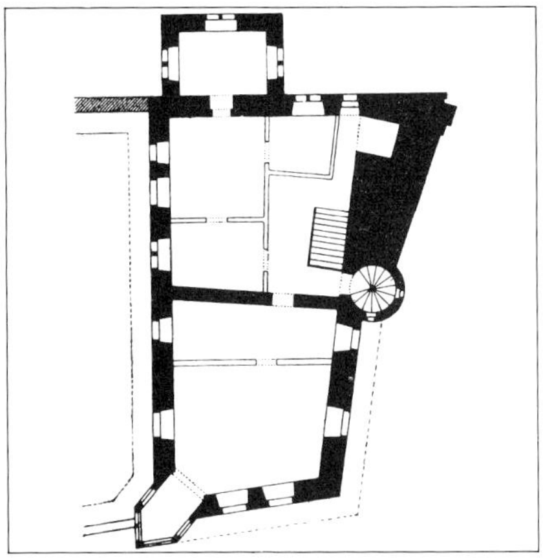

von Graf Ludwig II. von Ysenburg-Büdingen für seinen Sohn Johannes erbaut. Neben dem Oberhof das zweite feudale Bauwerk für Wohnzwecke innerhalb der Bürgerstadt.
Kulturdenkmal wegen seiner künstlerischen, geschichtlichen und städtebaulichen Bedeutung.

Ziehbrunnen im Wehrhof, 16. Jh.

Grundriß des Erdgeschosses.

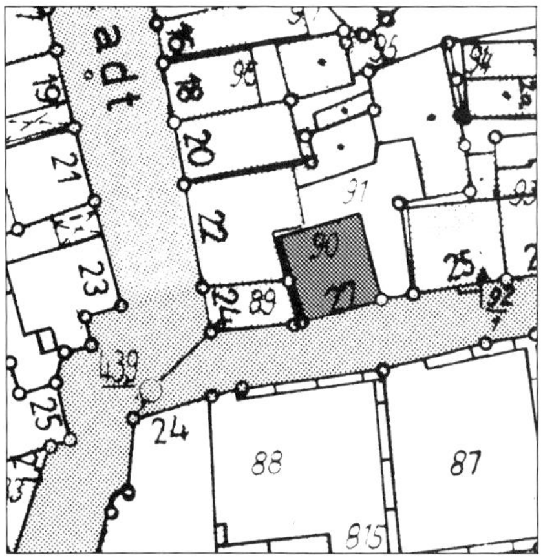

Schloßgasse 27
Flur 1 Flurstück 90

Einfacher giebelständiger Fachwerkbau aus der 2. Hälfte des 18. Jhs. in städtebaulich wichtiger Lage gegenüber dem Wehrhof des Steinernen Hauses.
Kulturdenkmal wegen seiner städtebaulichen Bedeutung.

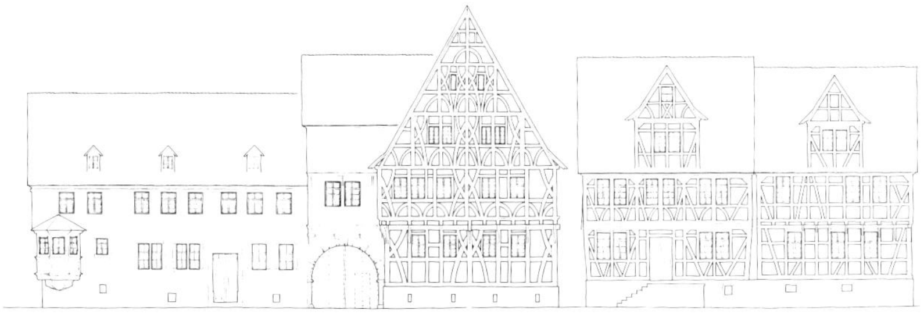

Abwicklung Schloßgasse Nordseite; P. Nieß, 1951

Schloßgasse Westseite

Schloßgasse, Steinernes Haus mit Mühltor

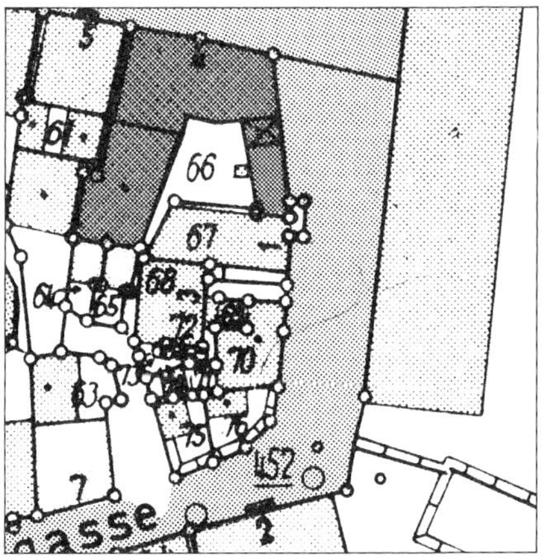

Schloßplatz 4
Flur 1 Flurstück 66

Platzbestimmender Eckbau aus 2 Baukörpern, 1. Viertel 18. Jh.; durchgehendes steinernes Untergeschoß, stark vorspringender Rähm-Schwellenbereich mit konvexen Füllungshölzern. Rauten mit Nasen sowie rautenförmige Brüstungsfüllungen. Ein Zwerchhaus und ein Giebel jeweils zur Platzseite hin — zur Betonung der Ecksituation — gewendet. Kulturdenkmal wegen seiner künstlerischen und städtebaulichen Bedeutung.

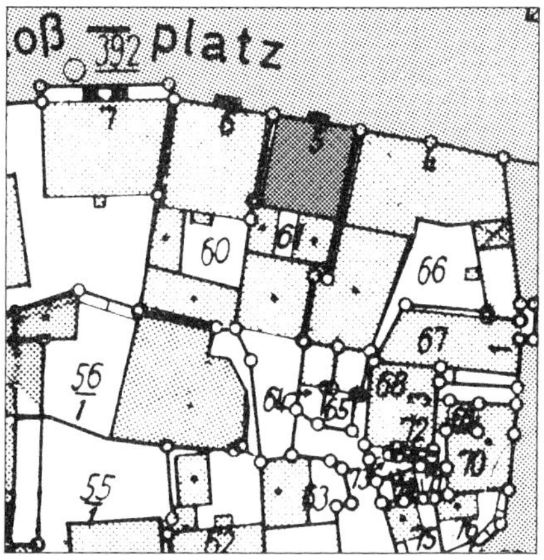

Schloßplatz 5
Flur 1 Flurstück 61

Giebelständiges Fachwerkwohnhaus aus der 1. Hälfte des 18. Jhs. über hohem, verputzten Hallengeschoß. Umlaufende Profilierung im Giebel, Brüstungsfüllung Andreaskreuz.
Kulturdenkmal wegen seiner künstlerischen und städtebaulichen Bedeutung.

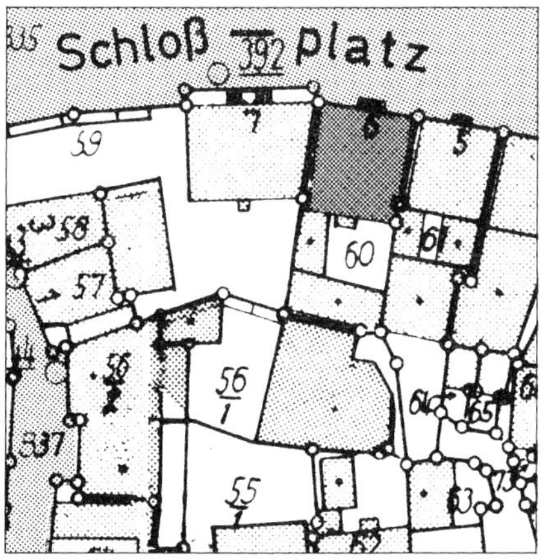

Schloßplatz 6
Flur 1 Flurstück 60

Großdimensionierter giebelständiger Fachwerkbau auf massivem Hallengeschoß mit symmetrisch angeordneten polygonalen Ladeneinbauten und gekoppelten Doppelfenstern. Fachwerkobergeschoß mit überkreuzten Streben und Vorformen des Wilden Mannes. Entstanden in der Mitte des 16. Jhs.
Kulturdenkmal wegen seiner künstlerischen und städtebaulichen Bedeutung.

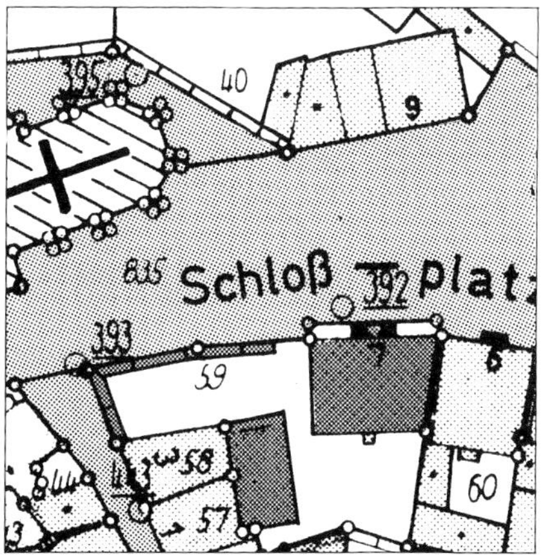

Schloßplatz 7
Flur 1 Flurstück 59

Repräsentatives, palaisartiges Fachwerkwohnhaus auf hohem Sandsteinuntergeschoß mit zweiläufiger Freitreppe und massiver Brüstung. Hohes Mansarddach mit steilen Gauben. Erbaut um 1730. Große, geschwungene Wandstreben, diagonal durchkreuzte Brüstungsfelder, scharf profilierte Schwelle. Gequaderte Sandsteinpfosten mit Pinienzapfen als Toreinfahrt. Im Hof interessantes Wirtschaftsgebäude mit eigenartiger doppelter Bogenkonstruktion.
Kulturdenkmal wegen seiner künstlerischen und städtebaulichen Bedeutung.

Schloßplatz 9
Flur 1 Flurstück 40
Ehem. Küchenmeisterhaus

Annähernd kubischer Bau mit der Fassade zum Schloßplatz hin orientiert, auf eine ältere Sockelmauer aufgesetzt, zur Kirche hin Annexbau. Genutete Torpfeiler. Steiles Mansarddach und ursprüngliches Zwerchhaus. Ehemals verputzter, rein konstruktiver Fachwerkbau aus der 2. Hälfte des 18. Jhs. von wichtiger städtebaulicher Bedeutung als maßstabbildender Bau zwischen Schloß und Kirche. Kulturdenkmal wegen seiner geschichtlichen und städtebaulichen Bedeutung.

Abwicklung Schloßplatz Südseite; P. Nieß, 1951

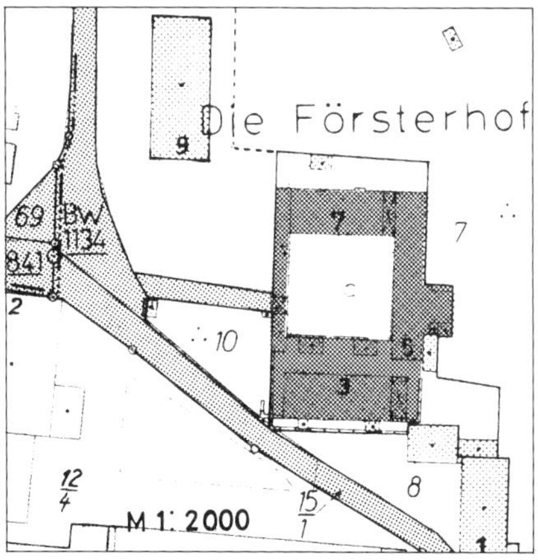

Tiergarten Sommerschloß
Flur 88 Flurstück 8

Vierflügelige Hofanlage, Eingangsportal mit manieristischer Ornamentik, Bossenquadern und grotesker Maske um 1600. Entsprechendes Portal auf dem gegenüberliegenden Flügel und im Treppensockel. Der Abschluß des Hofes durch niedriges, querliegendes Wirtschaftsgebäude mit Fenstergewänden um 1600, der Fachwerkaufbau neu.
Das Herrenhaus selbst zweigeschossig; verputztes Fachwerk mit Krüppelwalmdach, symmetrische Anordnung zweier Eingänge. Entstanden 1670-71 für Graf Johann Ernst. Breite, zweiläufige Freitreppe in der Höhe des Sockels, in der Mittelachse manieristisches Portal, das in den Keller führt. In der Achse des Schlößchens künstlich angelegter regelmäßiger See, davor mehrere Terrassen. Im Innern hinter den beiden symmetrisch angelegten Eingängen – die Türen mit Originalbeschlägen um 1800 – befinden sich zwei ebenfalls symmetrische, einläufige Treppen mit Balustrade. Um 1700.
Kulturdenkmal wegen seiner künstlerischen, geschichtlichen und städtebaulichen Bedeutung.

Wiederverwandter Wappenstein am westlichen Treppenaufgang.
Hauptportal mit grotesker Maske, um 1600.

Westflügel der Hofanlage.
(Abb. links)

Ostflügel
(Abb. Mitte)

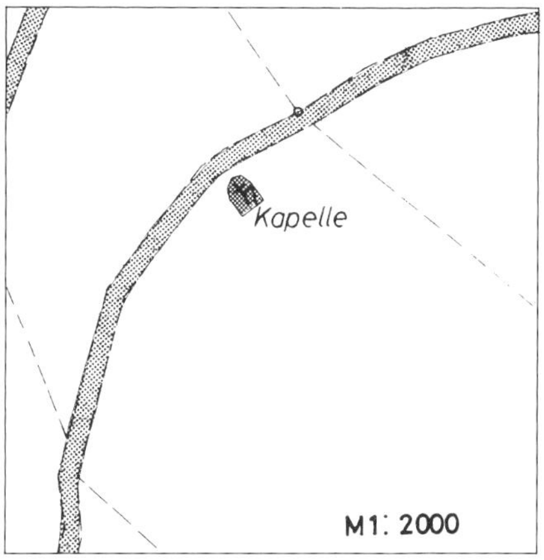

Waldkapelle
Flur 98 Flurstück 1

Fachwerkkapelle, im Wald gelegen und zum Tiergartenkomplex gehörig. Kleiner Saalbau mit polygonalem Schluß und Dachreiter, angespitzte Fensterformen. Das konstruktive Fachwerk ganz mit Holzschindeln verkleidet. Entstanden um die Mitte des 19. Jhs.
Kulturdenkmal wegen seiner geschichtlichen Bedeutung.

Abwicklung Vorstadt Nordseite;
P. Nieß, 1951

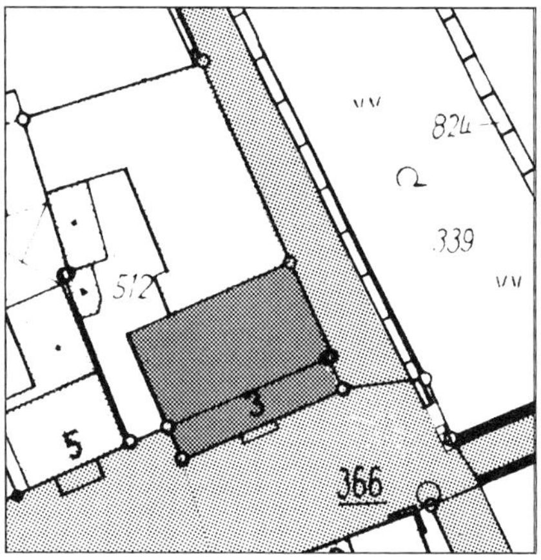

Vorstadt 3
Flur 1 Flurstück 512
Ehemalig herrschaftliches Wirtshaus „Zum Stern"

Zweigeschossiger Putzbau mit giebelbekröntem Portal, dort Datum 1755. Obergeschoß ursprünglich verputzt, genutete Ecklisenen, Mansarddach. Pergola-Vorbau mit gußeiserner Vordachkonstruktion um 1900.
Kulturdenkmal wegen seiner geschichtlichen und städtebaulichen Bedeutung.

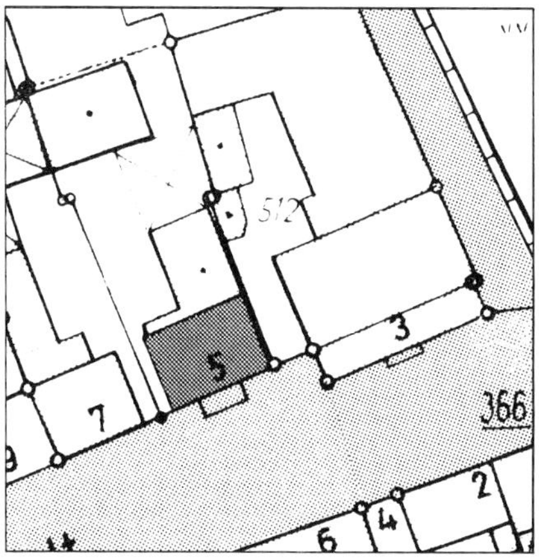

Vorstadt 5
Flur 1 Flurstück 515/1

Verputztes, zweigeschossiges Fachwerkhaus mit Krüppelmansarddach und ursprünglicher, erhaltener Freitreppe aus der Mitte des 18. Jhs. Im Treppensockel Eingang zum Kellerhals. Erbaut um 1725.
Kulturdenkmal wegen seiner geschichtlichen und städtebaulichen Bedeutung.

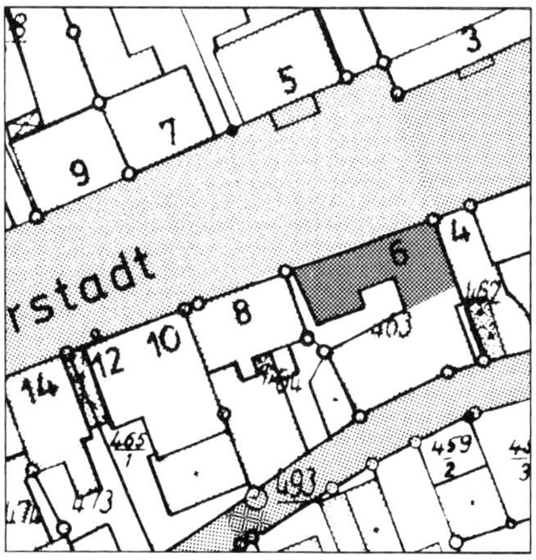

Vorstadt 6
Flur 1 Flurstück 463

Dreizoniges, zweigeschossiges Vorstadttypenhaus mit zentralem Zwerchhaus, geschweiften Fußstreben und Rautenornamentik. Stark profilierter massiver Schwellenbereich. Erbaut um 1720.
Kulturdenkmal wegen seiner geschichtlichen und städtebaulichen Bedeutung.

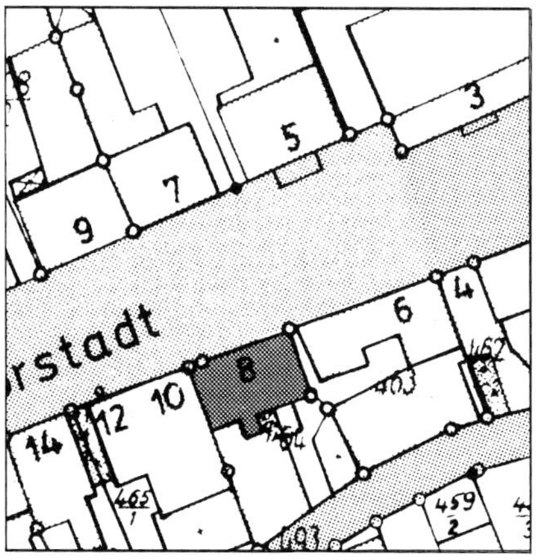

Vorstadt 8
Flur 1 Flurstück 464

Breitgelagertes Eckhaus mit gedrungenem Zwerchhaus über der Mittelachse; dort in der Schwelle Datum 1714. Rechts und links der Mittelachse Wilde Mann-Form. Durchgehender massiver Schwellen-Rähmbereich, Erdgeschoß zum Teil zerstört, zum Teil ursprünglich massiv.
Kulturdenkmal wegen seiner geschichtlichen und städtebaulichen Bedeutung.

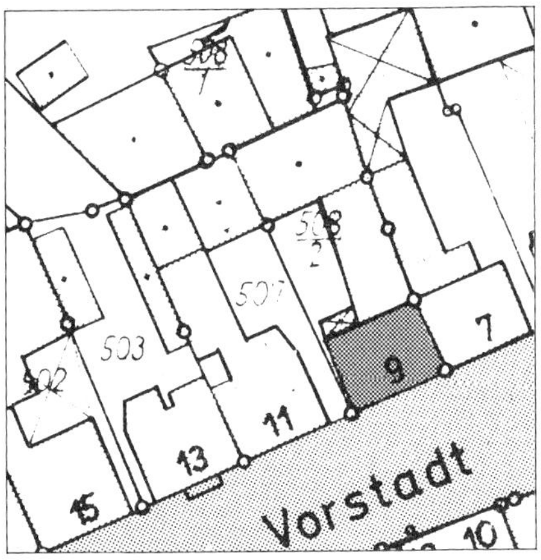

Vorstadt 9
Flur 1 Flurstück 508/2

Dreizoniges Typenhaus mit reicher Brüstungsornamentik, Zwerchhaus erneuert. Dort alter Türsturz mit Datum 1715 angebracht. Erdgeschoß modern erneuert und gestört.
Kulturdenkmal wegen seiner geschichtlichen und städtebaulichen Bedeutung.

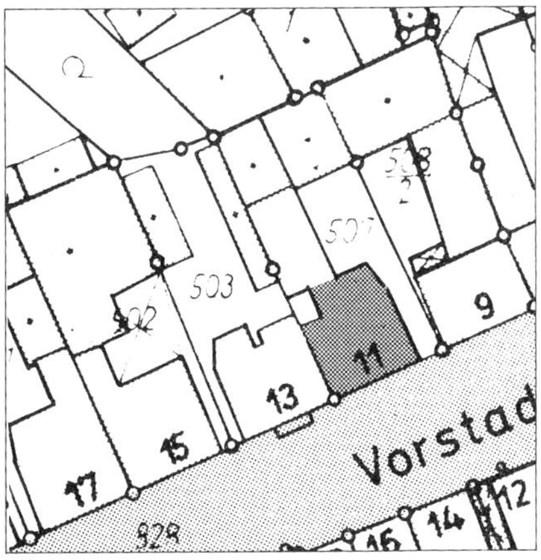

Vorstadt 11
Flur 1 Flurstück 507

Dreizonaler Typenbau mit ornamentierten Brüstungsfüllungen, Zwerchhaus etwas aus der Mittelachse gerückt. Profilierter Schwellen-Rähmbereich, Erdgeschoß modern erneuert und gestört. Erbaut um 1715.
Kulturdenkmal wegen seiner geschichtlichen und städtebaulichen Bedeutung.

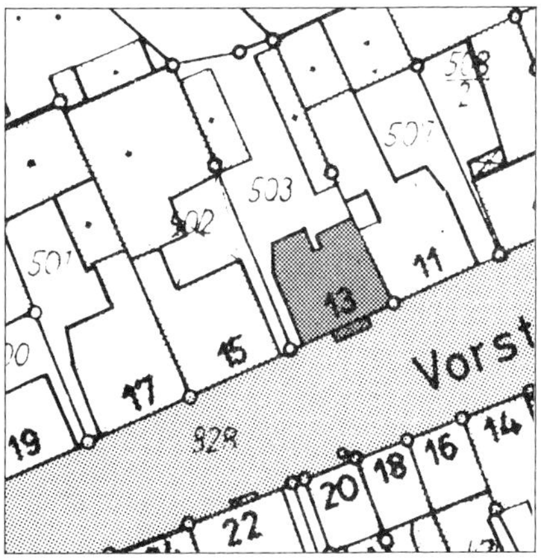

Vorstadt 13
Flur 1 Flurstück 503

Linker Teil eines ehemalig symmetrischen Doppelhauses in dreizoniger Aufteilung. Ursprüngliche Freitreppe erhalten, auch Erdgeschoßfachwerk in der ursprünglichen Anordnung erhalten.
Kulturdenkmal wegen seiner geschichtlichen und städtebaulichen Bedeutung.

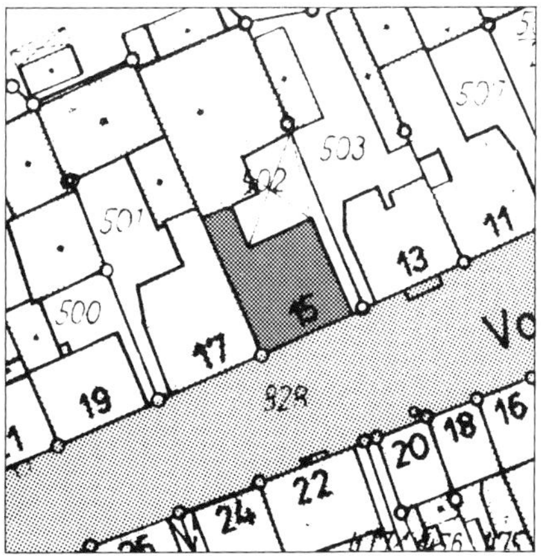

Vorstadt 15
Flur 1 Flurstück 502

Fachwerkobergeschoß auf hohem, massiven Sockelgeschoß mit genuteten Lisenen, Krüppelwalmdach, stark profilierter Schwellen-Rähmbereich; erbaut um 1725. Innerhalb der Bebauung der Vorstadt ein Bau des Typus Vorstadt 32/34.
Kulturdenkmal wegen seiner geschichtlichen und städtebaulichen Bedeutung.

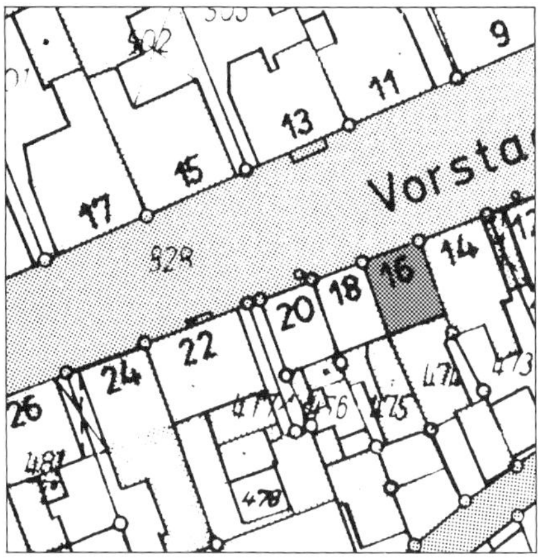

Vorstadt 16
Flur 1 Flurstück 474

Kleines, in die geschlossene Bebauung eingepaßtes Fachwerkhaus, das sich der Reihe Haus 16, 18, 20 unterordnet. Reich profilierter Schwellen-Rähmbereich, Fachwerk in konstruktiver Anordnung, Erdgeschoß modern erneuert und beeinträchtigt.
Kulturdenkmal wegen seiner geschichtlichen und städtebaulichen Bedeutung.

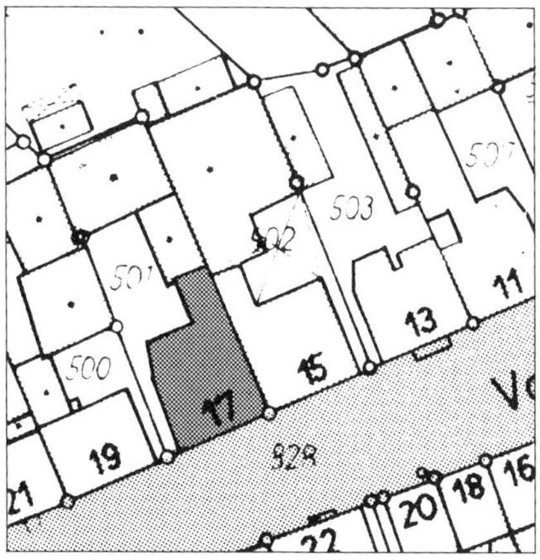

Vorstadt 17
Flur 1 Flurstück 501

Zweigeschossiges Fachwerkhaus des dreizonigen Typus mit Zwerchhaus in der Mittelachse. Erdgeschoß teilweise modern verändert und gestört. Erbaut um 1725.
Kulturdenkmal wegen seiner geschichtlichen und städtebaulichen Bedeutung.

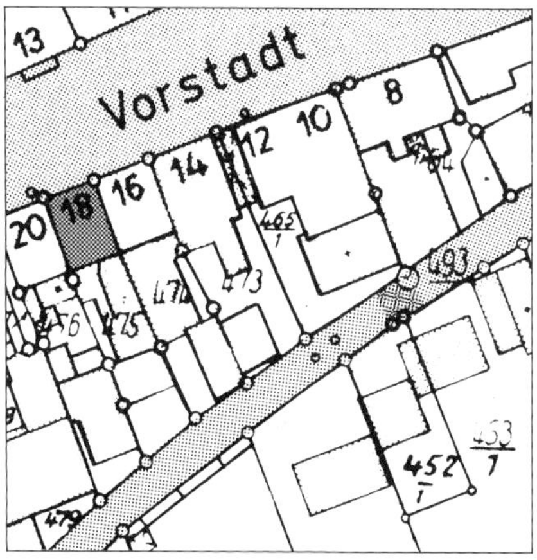

Vorstadt 18
Flur 1 Flurstück 475

Linke Hälfte eines Doppelhauses mit Rautenornamentik in den Brüstungen, Zwerchhaus und massivem Schwellenrähmbereich. Erdgeschoß teilweise erneuert und gestört. Entstanden um 1715.
Kulturdenkmal wegen seiner geschichtlichen und städtebaulichen Bedeutung.

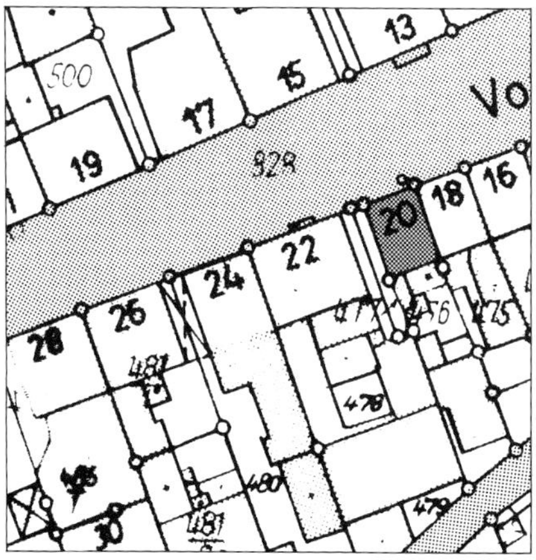

Vorstadt 20
Flur 1 Flurstück 476

Vertreter des kleineren Doppelhaustypus, rechte Hälfte einer symmetrischen Anlage mit Vorstadt 18. Ornamentierte Brüstungsfelder. Zwerchhaus. Erdgeschoß modern erneuert, erbaut um 1715.
Kulturdenkmal wegen seiner geschichtlichen und städtebaulichen Bedeutung.

Vorstadt 21
Flur 1 Flurstück 499

Vertreter des dreizonigen Vorstadttypenhauses mit gerader, von Wangen eingefaßter Treppe. Im Erdgeschoß Fachwerk teilweise erneuert. Erbaut um 1725. Kulturdenkmal wegen seiner geschichtlichen und städtebaulichen Bedeutung.

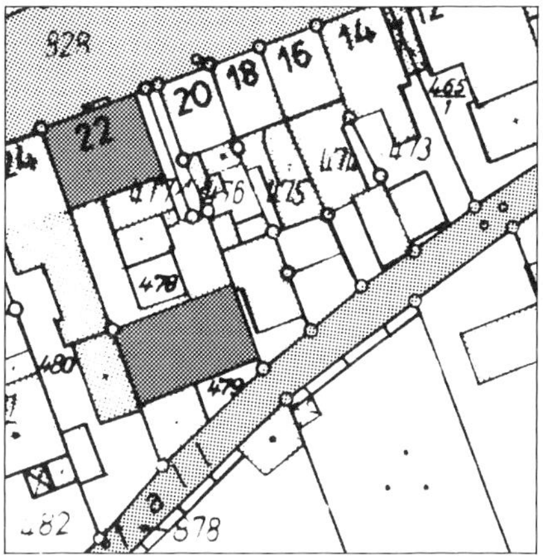

Vorstadt 22
Flur 1 Flurstück 478

Dreizoniges Typenhaus mit in der Mittelachse stehendem Zwerchhaus und regelmäßiger Wilder Mann-Anordnung. Im Erdgeschoß noch die ursprüngliche Eingangssituation mit zweiteiliger Tür erhalten. Im Sturz der Tür 1723 datiert. Kulturdenkmal wegen seiner künstlerischen, geschichtlichen und städtebaulichen Bedeutung.

Vorstadt 22, rückwärtige Bebauung
Flur 1 Flurstück 479

Zweigeschossiges, verschindeltes Fachwerkhaus mit Krüppelmansarddach und Zwerchhaus über der Mittelachse. An den Giebelseiten Fachwerk teilweise freiliegend, profilierte Schwelle und Rähm. Ursprüngliche Eingangstür erhalten, erbaut um 1725.
Kulturdenkmal wegen seiner geschichtlichen und künstlerischen Bedeutung.

Detail Vorderhaus: ursprüngliche, zweiteilige Füllungstür, im Sturz bezeichnet FWM 1723.

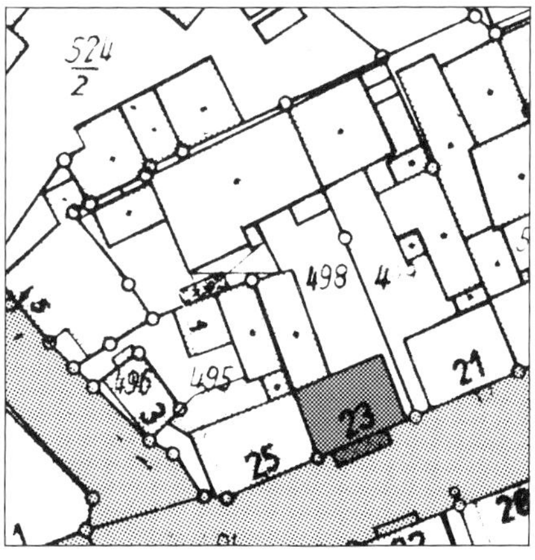

Vorstadt 23
Flur 1 Flurstück 498

Guterhaltener Vertreter des dreizonigen Vorstadttypenhauses mit zentralem Zwerchhaus. Massiver, profilierter Schwellen-Rähmbereich, zweiläufige Freitreppe, Fachwerk im Erdgeschoß teilweise erneuert. Tür Anfang 19. Jh. mit feinen Biedermeierbeschlägen. Erbaut um 1725.
Kulturdenkmal wegen seiner geschichtlichen und städtebaulichen Bedeutung.

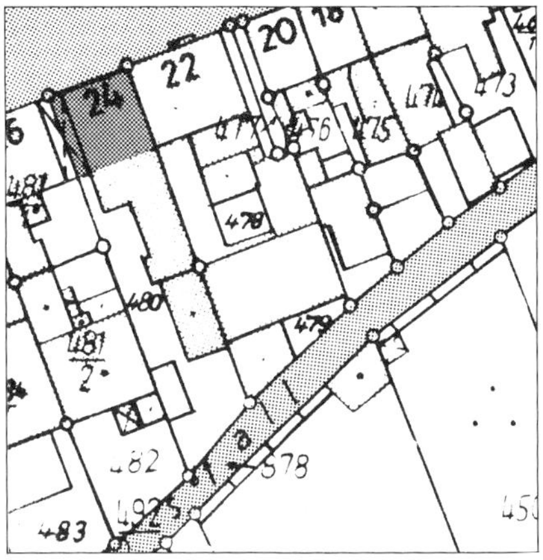

Vorstadt 24
Flur 1 Flurstück 480

Doppelhaus gemeinsam mit Vorstadt 22. Starke Schwellen-Rähmzone, ornamentierte Brüstungsfelder, Zwerchhaus. Erdgeschoß modern erneuert und gestört.
Kulturdenkmal wegen seiner geschichtlichen und städtebaulichen Bedeutung.

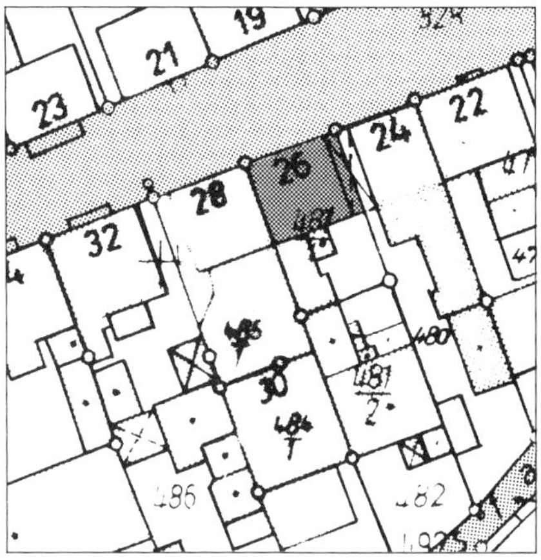

Vorstadt 26
Flur 1 Flurstück 481

Dreizoniges Typenhaus mit Zwerchhaus in der Mittelachse und reizvollem überbauten Durchgang. Ornamentierte Brüstungsfelder, breiter Schwellen-Rähmbereich, Erdgeschoß modern erneuert und gestört.
Kulturdenkmal wegen seiner geschichtlichen und städtebaulichen Bedeutung.

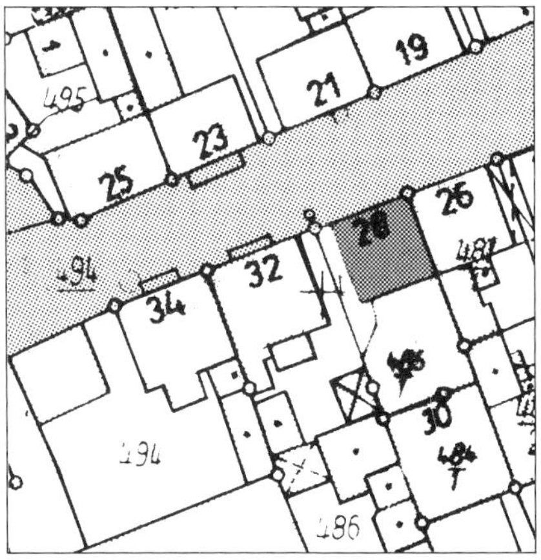

Vorstadt 28
Flur 1 Flurstück 485/1

Dreizoniges Typenhaus um 1720, deckungsgleich mit dem Nachbarhaus Nr. 26. Erdgeschoß modern erneuert und gestört.
Kulturdenkmal wegen seiner geschichtlichen und städtebaulichen Bedeutung.

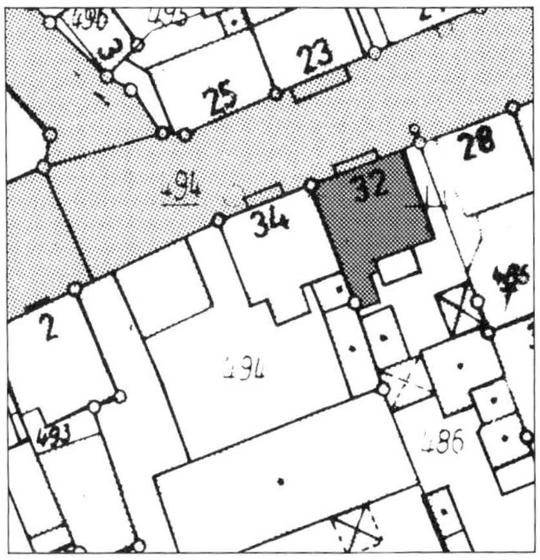

Vorstadt 32
Flur 1 Flurstück 486

Linke Hälfte des symmetrischen Doppelhauses. Krüppelmansarddach, zweiläufige Freitreppe, durchlaufendes Gesimsband, insgesamt verschindelt. Erbaut um 1725. Tür Mitte 19. Jh.
Kulturdenkmal wegen seiner geschichtlichen und städtebaulichen Bedeutung.

Vorstadt 34
Flur 1 Flurstück 494

Rechte Hälfte eines symmetrischen Doppelhauses mit Krüppelmansarddach und hohen Zwerchhäusern. Durchgehend profilierter Schwellen-Rähmbereich, zweiläufige Freitreppe, Tür mit ursprünglichen Füllungsteilen. Erbaut um 1725.
Kulturdenkmal wegen seiner geschichtlichen und städtebaulichen Bedeutung.

Abwicklung Vorstadt Südseite; P. Nieß, 1951

Befestigungsanlagen

Die Befestigungsanlagen bestehen aus der im 14. Jh. angelegten Befestigung der Altstadt, der um 1390 vollendeten Befestigung der Neustadt sowie der neuen Fortifikation, die zwischen 1490 und 1511 den beiden alten vorgebaut wurde und sie verbindet.
Der Altstädter Teil der Anlagen ist im Süden besonders gut erhalten und durch drei turmartige Vorbauten und einen eingezogenen Turm geschützt. Am Steinernen Haus sind Reste des Mühltors mit dem Fallgatterfalz erhalten. Die Befestigung der Neustadt (1390 vollendet) ist im Westen teilweise erhalten und im Norden in die neue Befestigung aus der Zeit um 1500 aufgegangen. Das Obertor der Neustadt im Haus Obergasse 52 ist teilweise erhalten. Im Osten entspricht die Stützmauer der neuen Befestigung dem Verlauf der Neustadtmauer des 14. Jhs.
Unter Ludwig II. ab 1490 umgreifende Neubefestigung der mittlerweile vereinten Stadt nach neuesten fortifikatorischen Gesichtspunkten.
Im Norden unter Benutzung der alten Mauer durch Hinzufügung des »dicken Turms« völlige Neugestaltung. Die am höchsten gelegene Nordwestecke wird durch das große Bollwerk mit der Streichwehr verteidigungstechnisch auf neuesten Stand gebracht. Dem Untertor im Westen vorgelagert repräsentatives, triumphbogenartiges Doppelturmportal mit feinem Blendmaßwerk als krönender Abschluß der Anlagen und Haupteingang in die Stadt 1503 vorgelagert. Von der Mühlpforte im Süden (1494 vollendet) ist nur das Brückenhaus erhalten.

Die Befestigungsanlagen mit ihren sichtbaren und eingebauten Teilen sind Kulturdenkmal wegen ihrer geschichtlichen, städtebaulichen, künstlerischen und wissenschaftlichen Bedeutung.

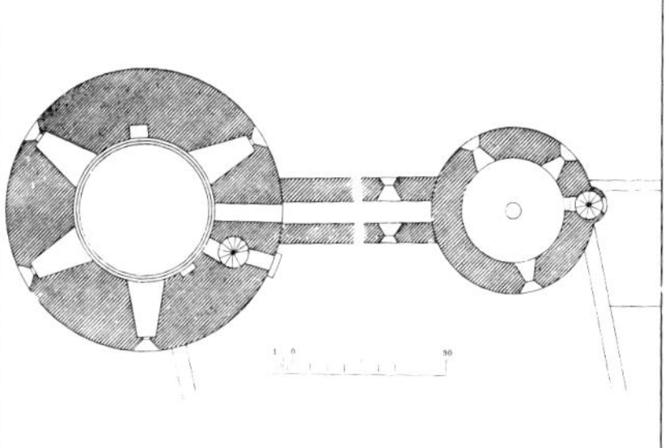

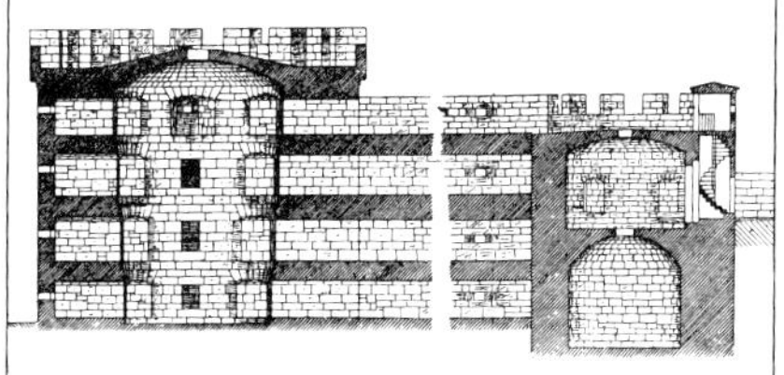

Bollwerk, nordwestlicher Eckturm und Gefängnisturm. (Hexenturm)

Grundriß

Längsschnitt.

Befestigungsanlagen

Nordöstlicher Turm, sog. Folterturm.
(Abb. oben links)

Stadtmauer, östlicher Teil mit Schießscharten.
(Abb. oben Mitte)

Wachturm an der äußeren Befestigung im Süden.
(Abb. oben rechts)

Luftaufnahme von Südwesten.

Turm am westlichen Teil der Altstadtmauer.
(Abb. unten links)

Südlicher Teil der Altstadtmauer, Blick nach Westen.
(Abb. unten Mitte)

Äußere Mühlpforte, mit Schlaghaus.
(Abb. unten rechts)

Befestigungsanlagen

Bollwerk, von Nordosten gesehen.
(Abb. links)

Obertor, von Nordosten gesehen.
(Abb. Mitte)

Jerusalemer Tor.
(Abb. unten links)

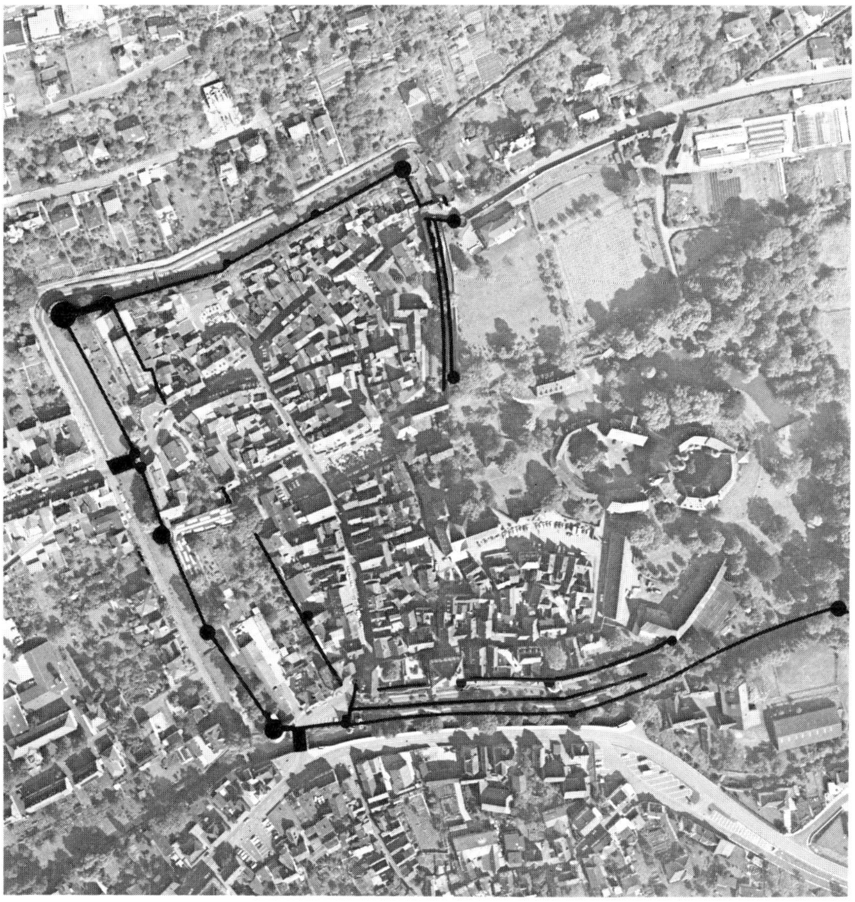

Brücke zum Jerusalemer Tor, 17./18. Jh.
(Abb. oben links)

Neue Befestigung, westlicher Teil.
(Abb. links)

Neue Befestigung, Eckturm am Mühltor und Seemenbachbrücke, letztere im Pfeiler dat. 1780. Im Vordergrund die Lohstegbrücke von 1617.
(Abb. Mitte)

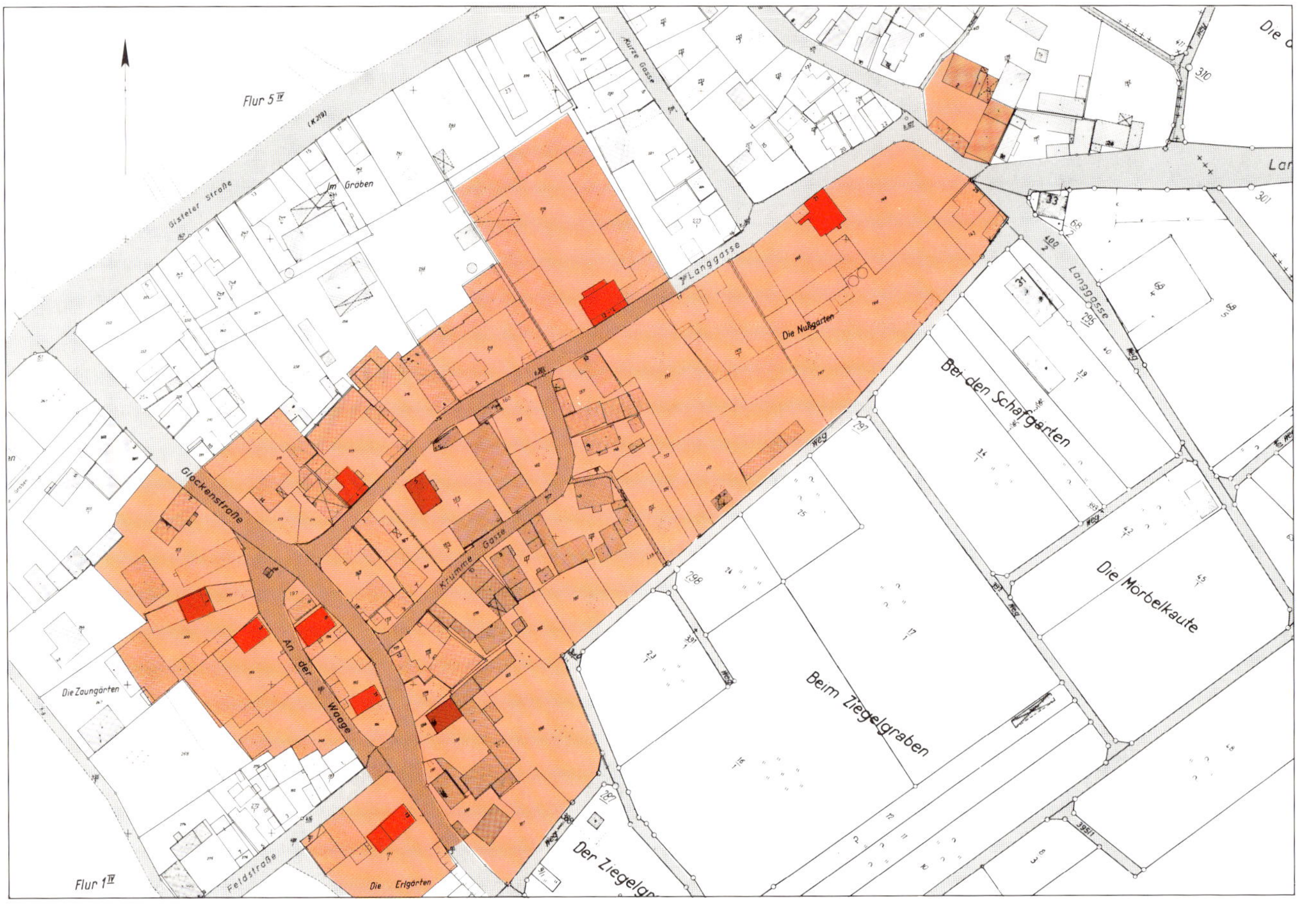

Blick in die Gabelung Glockenstraße — An der Waage von Süden

Gesamtanlage

Der alte Dorfkern von Aulendiebach gibt sich durch die Anhäufung gut erhaltener Höfe des 18. und frühen 19. Jhs. um die Gabelung von Glockengasse/An der Waage zu erkennen. Zwischen diesen Straßen liegt eine Insel, die beherrscht wird durch den riegelartig quergestellten Bau des barocken Rathauses. Von dieser Insel gehen zwei alte Gassen ab, die Krumme und die Lange Gasse, um kurz vor dem herrschaftlichen Hof der Ysenburger aufeinanderzutreffen. Zwei weitere, gut erhaltene Hofanlagen reihen sich an der Langgasse hintereinander und schließen den Ortskern nach Norden ab. Damit ist der historische und auch städtebauliche Schwerpunkt des barocken Ortes umschrieben. Seine Dominante ist eigentümlicherweise durch das Schul- und Rathaus gebildet — die mittelalterliche Wehrkirche liegt außerhalb —, was auf eine Verlegung der Ortschaft nach dem Mittelalter hindeutet.

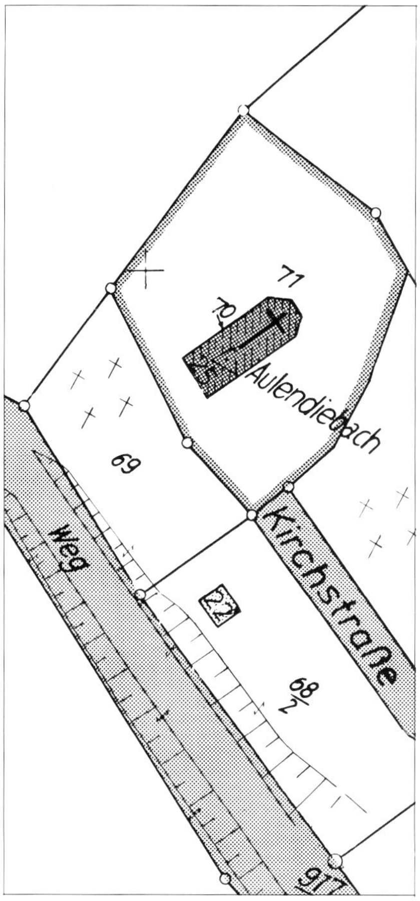

Evangelische Kirche
Flur 6 Flurstück 70

Befestigter Wehrkirchhof weit außerhalb des heutigen Dorfes. Die Bruchsteinummauerung mit Schießscharten und großem spitzbogigen Tor versehen. Die Kirche vom Ende des 14. Jhs., 1861 restauriert mit hohen Spitzbogenfenstern und Haubendachreiter des 18. Jhs. Seltene geschlossene Anlage. Kulturdenkmal wegen ihrer künstlerischen und geschichtlichen Bedeutung.

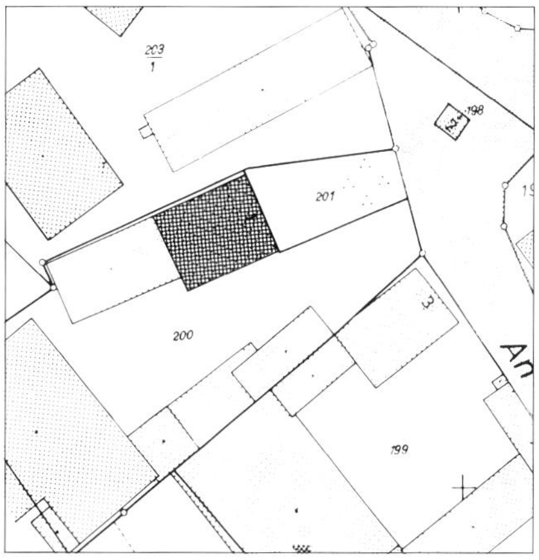

An der Waage 1
Flur 1 Flurstück 200

Giebelständiges Fachwerkhaus in unmittelbarer Nachbarschaft des Rathauses; Krüppelwalmschopf, stark profilierte Schwelle, das Fachwerk teilweise im 19. Jh. verändert, ursprünglich Mitte 18. Jh. Im oberen Drittel des Giebels Rundfenster, die Konstruktion in einfachen, geometrisierenden Formen. Wegen seiner Bedeutung für das Ortsbild in Korrespondenz zum Rathaus und als Rahmen der platzartigen Erweiterung davor ist der Bau Kulturdenkmal.

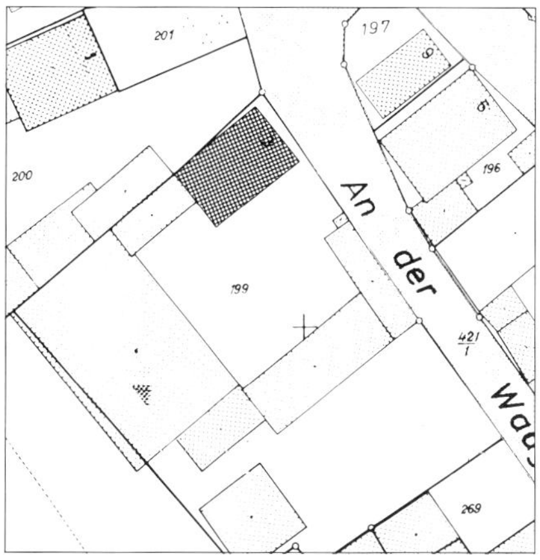

An der Waage 3
Flur 1 Flurstück 199

Großvolumiges Fachwerkwohnhaus um 1800 in ortsbildlich exponierter Lage. Die Wirtschaftsbauten z. T. erneuert, zur Straße kleines Hausteinstallgebäude, das Obergeschoß einfaches konstruktives Fachwerk um 1850. Gemeinsam mit dem Nachbarhof Nr. 1 bildet der Bau den räumlichen Abschluß einer platzartigen Straßenerweiterung. In dieser Funktion ist der Bau Kulturdenkmal wegen seiner städtebaulichen Bedeutung.

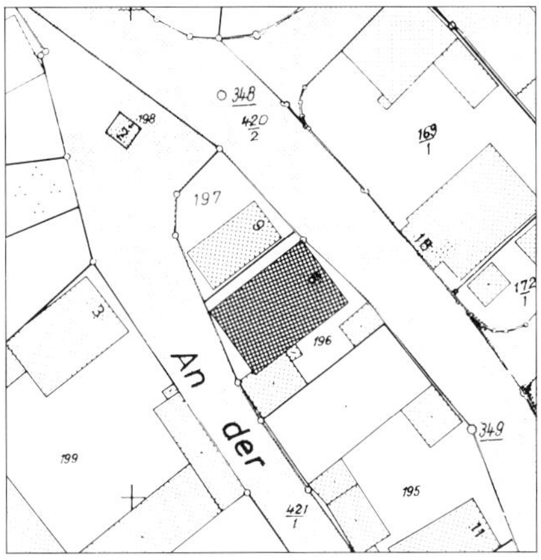

An der Waage 6
Flur 1 Flurstück 196
Ehemaliges Rathaus und Schule

Riegelartig in die Straßengabelung quergestellter Fachwerkbau mit zentralem, oktogonalen Dachreiter mit Uhr. In der Wetterfahne Datum 1742. Ungestörtes barockes Zierfachwerk; an der Schauseite, die Freitreppe verdeckend, entstellender erdgeschossiger Anbau. Wegen seiner Lage im Ortsbild, der baukünstlerischen Qualität und der Bedeutung für die Ortsgeschichte Kulturdenkmal.

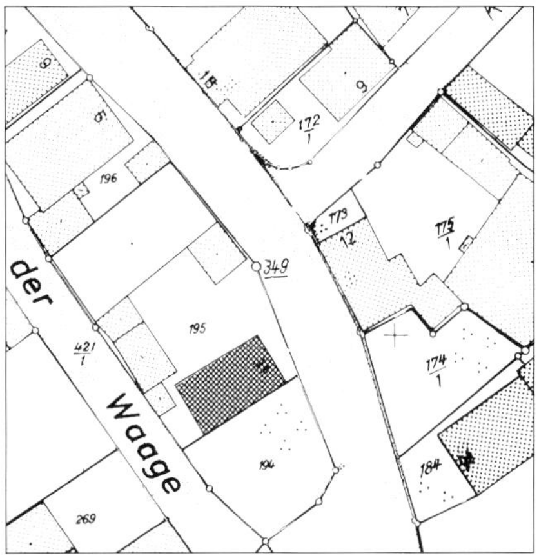

Glockenstraße 11
Flur 1 Flurstück 195

Fachwerkhofreite aus der Zeit um 1800 in einfachen, ausgewogenen Fachwerkformen, an der Traufseite Karnies in der Schwelle und verschalte Köpfe der Balkenlage. Zweiläufige Freitreppe. Dazu U-förmig angebaut Wirtschafts- und Stallgebäude aus der 1. Hälfte des 19. Jhs. Auf Grund der exponierten Lage am nördlichen Ende der inselförmigen Baugruppe und der städtebaulichen Bedeutung im Straßenraum Kulturdenkmal.

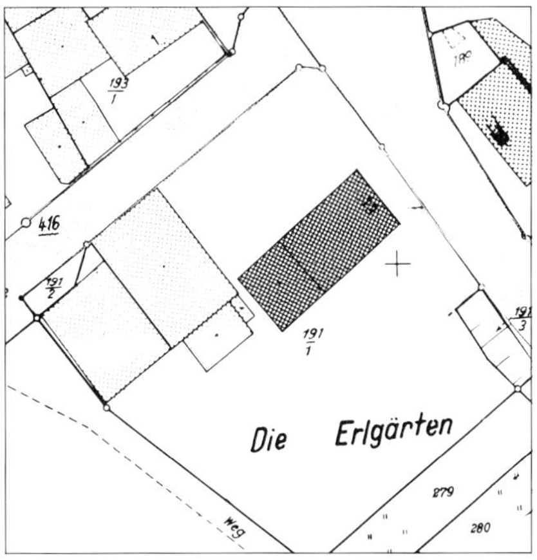

Glockenstraße 13
Flur 1 Flurstück 191/1

Großvolumige L-förmige Hofreite am Ortseingang in ortsbildlich prägender Funktion; hohes Bruchsteingeschoß, einfaches konstruktives Fachwerk des 18. Jhs., die zweiläufige Freitreppe an der Traufseite entfernt, das ganze Haus umorientiert. Dazu gehörig Scheune aus der Zeit um 1800; insgesamt intakt erhaltene Anlage. Wegen seiner Lage im Straßenbild und seiner starken Prospektwirkung in Verbindung mit ungestört überkommenem Erhaltungszustand und Zusammenhang Kulturdenkmal.

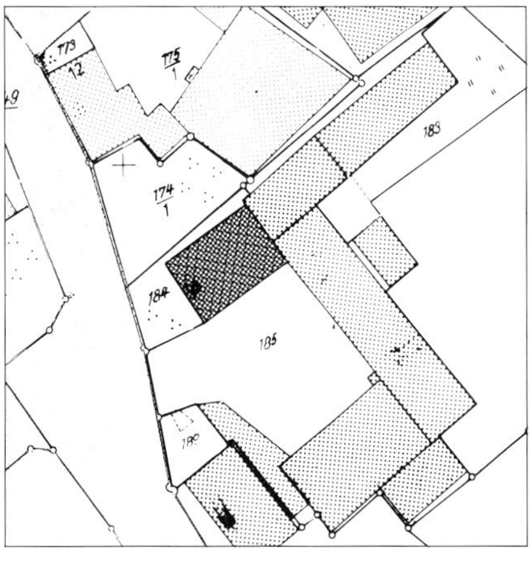

Glockenstraße 24
Flur 1 Flurstück 184

Geschlossene U-förmige Hofreite mit giebelständigem Wohnhaus; verputztes Fachwerk, Mitte 18. Jh., in ausgewogenen Proportionen. Scheunenbau mit klarem, konstruktiven Sichtfachwerk, 1. Hälfte 18. Jh. Geschlossen erhaltene, qualitätvolle Anlage, zu der auch die Bruchsteinmauer zur Straße gehört. Wegen der raumbegrenzenden Wirkung im Platzbild, der baukünstlerischen Bedeutung und des ungestörten Gesamtzusammenhanges ist der Bau Kulturdenkmal.

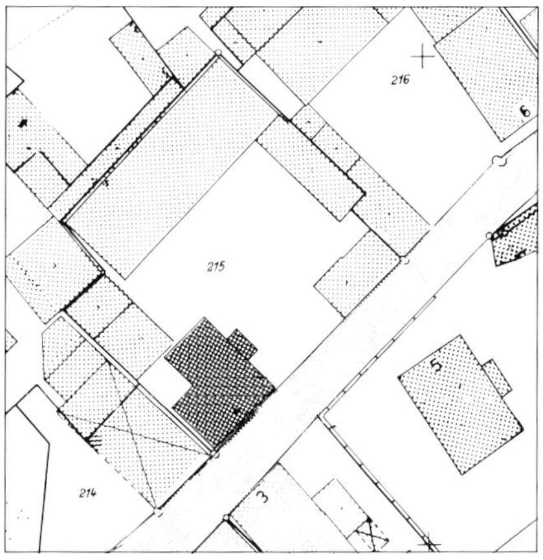

Langgasse 4
Flur 1 Flurstück 215

Geschlossene, u-förmige Hofreite mit alter Umfassungsmauer und ursprünglichem Sandsteinstock. Giebelständiges Wohnhaus in starkem Fachwerk, 1. Hälfte 18. Jh., mit scharf profilierter Schwelle; das EG teilweise erneuert, ebenso der Fachwerkaufsatz über dem ehemaligen Hauseingang. Im Hintergrund Scheune, frühes 19. Jh. und Stallgebäude zur Straße, teilweise in gelbem Kalksandstein-Bruchmauerwerk. Insgesamt reizvolle geschlossene Anlage von baukünstlerischer und städtebaulicher Bedeutung, deshalb Kulturdenkmal.

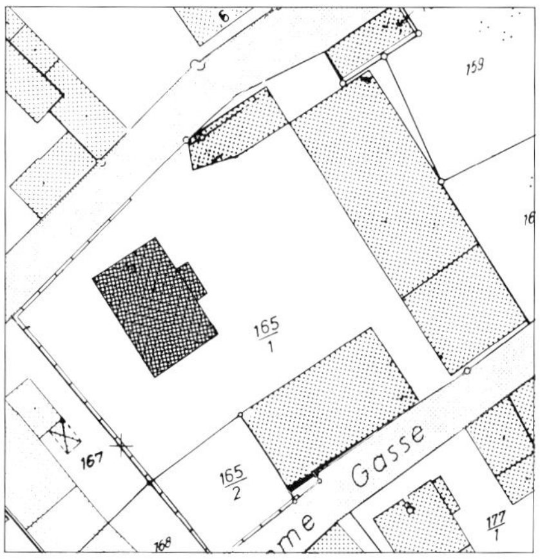

Langgasse 5
Flur 1 Flurstück 165/1

Große, durch eine Bruchsteinmauer umschlossene Hofanlage mit spätbarocken Eingangspfosten und ursprünglicher Basaltpflasterung. Das Wohnhaus giebelständig zur Straße, Fachwerk aus der Zeit um 1800, heute verputzt; zweiläufige Freitreppe mit Vordach, ursprüngliche klassizistische Tür und Oberlicht erhalten. Stall- und Wirtschaftsgebäude 1. Hälfte 19. Jh. Wegen der Geschlossenheit des Erhaltungszustandes, auch der handwerklichen Details des Hofes sowie wegen seiner Bedeutung für das Straßenbild Kulturdenkmal.

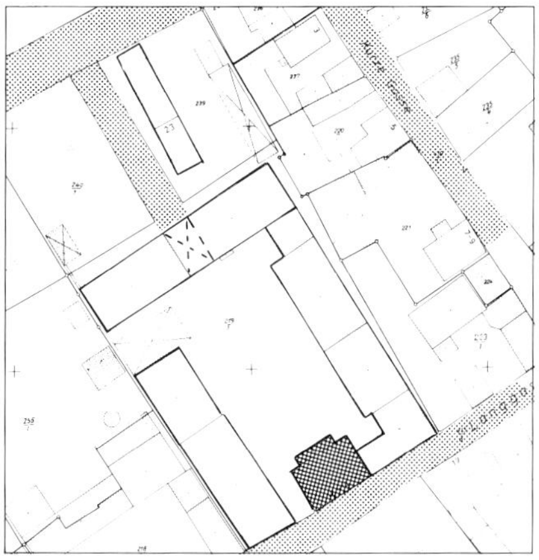

Langgasse 12-14
Flur 1 Flurstück 219/1

Ehemalige Fürstlich-Ysenburgische Ökonomieanlage, vierseitig geschlossen, an einem Scheunengebäude Datum 1791, bezeichnet „G Z Y u. B" — Ysenburg und Büdingen. Wohnhaus über hohem, massiven zweigeschossigen Sockel aus Basaltbruchstein mit Sandsteineckquadern, Mitte 19. Jh. In der Einfahrt altes Ökonomiegebäude in Bruchstein mit Fachwerkteil, 18. Jh. Kulturdenkmal wegen seiner Bedeutung für die Wirtschafts- und Sozialgeschichte des Ortes.

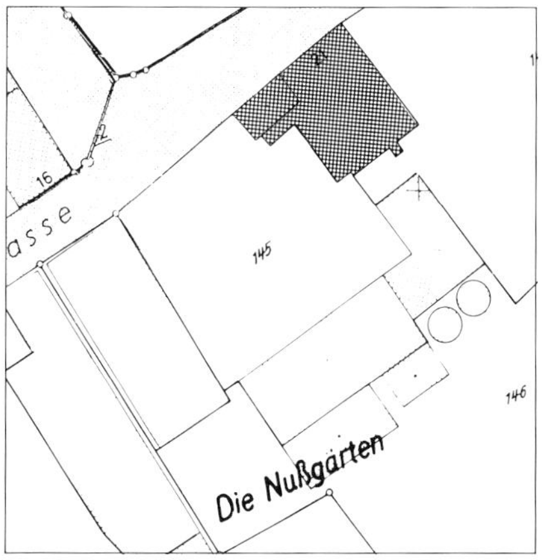

Langgasse 21
Flur 1 Flurstück 145

Großvolumige, u-förmige Hofreite mit Bruchsteinabschluß zur Straße hin, das Wohnhaus mit Bruchsteinsockel und Fachwerkobergeschoß aus der Zeit um 1830. Die Scheunen und Wirtschaftsgebäude teilweise in wohlerhaltenem Fachwerk, ebenfalls frühes 19. Jh. Kulturdenkmal wegen seiner wissenschaftlichen und geschichtlichen Bedeutung in seiner beispielhaften Ausgestaltung als Musterhof des frühen 19. Jhs.

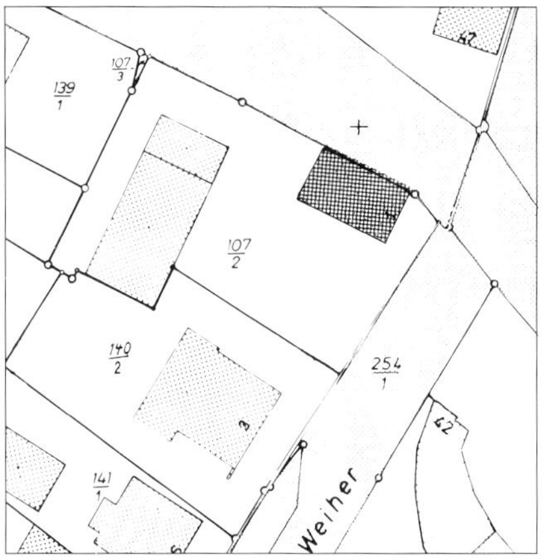

Am Weiher 1
Flur 1 Flurstück 107/2

Kleindimensioniertes, verputztes Fachwerkhaus unmittelbar an einer Straßenecke in städtebaulich wirksamer Lage am Ortsanfang. Geschoßüberstand; ursprüngliche Fensterteilung erhalten. Unter Verputz ungestörtes Fachwerk des 18. Jhs. zu vermuten. Zu dem Hof gehört als Teil der Gesamtanlage eine guterhaltene Scheune aus der Zeit um 1780. Kulturdenkmal wegen seiner städtebaulichen Bedeutung.

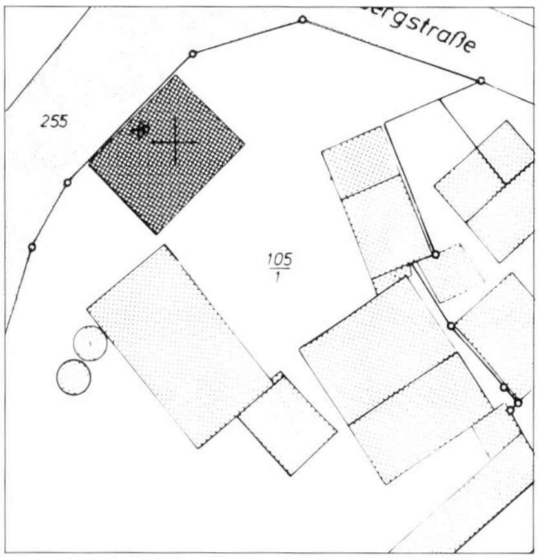

Bergstraße 26
Flur 1 Flurstück 105/1

Für das Dorf untypisches, kubisches zweigeschossiges Wohnhaus mit kolossalen Rustikagliederungen aus bossiertem Sandstein und interessantem überdachten Jugendstilportal an der Hofseite. Zur Straße schmiedeeisernes, geometrisierendes Jugendstiltor. Zum Wohnhaus gehören relativ einfache Scheunen und Wirtschaftsbauten des 19. Jhs. Der Bau ist an diesem Ort ein Unikum; von Maurer aus Büdingen 1913 an Stelle eines abgebrochenen Fachwerkhauses erbaut. Kulturdenkmal wegen seiner künstlerischen Bedeutung.

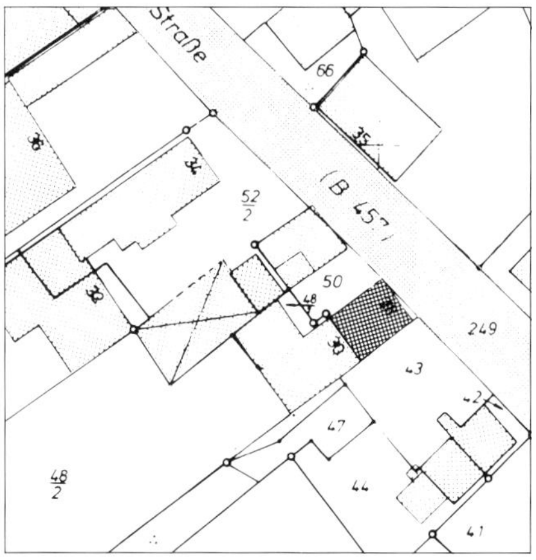

Frankfurter Straße 28
Flur 1 Flurstück 50

Giebelständiges Fachwerkwohnhaus, die Achse des Giebels zur Straße hin leicht verdreht, als Blickpunkt stark in den Straßenraum wirkend. Durchlaufendes Karnies an Schwellen und Giebel, dort genaste, geschweifte gegenläufige Streben. Ursprünglicher Fachwerkverband aus der 1. Hälfte des 18. Jhs. erhalten, ebenso eine originale Tür aus der Mitte des 18. Jhs. Wegen seiner städtebaulichen Bedeutung und wegen der Bedeutung der handwerklichen Details Kulturdenkmal.

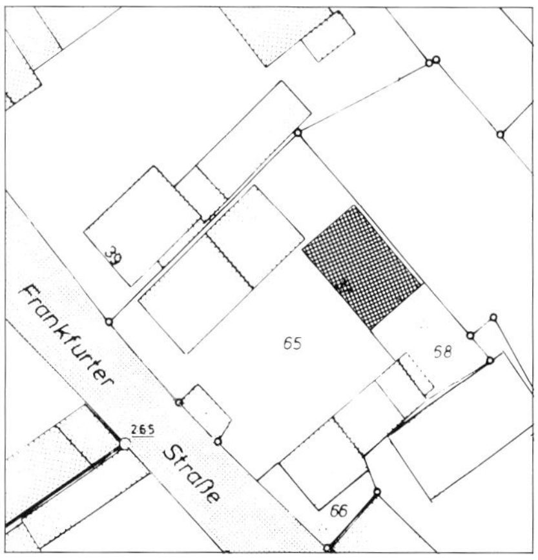

Frankfurter Straße 37
Flur 1 Flurstück 65

Regelmäßige guterhaltene Hofanlage mit vierseitiger Bebauung, im hinteren Bereich traufständiges Fachwerkwohnhaus mit Krüppelwalm und übersetzten Geschossen, 2. Hälfte 18. Jh. Rechtwinklig dazu Scheune, 19. Jh., dieser gegenüber Wirtschaftsgebäude. Als Abschluß zur Straße kleiner, bruchsteingemauerter Stall. Ursprüngliche Hofpflasterung erhalten. Kulturdenkmal wegen seiner künstlerischen Bedeutung als große, komplette barocke Hofanlage.

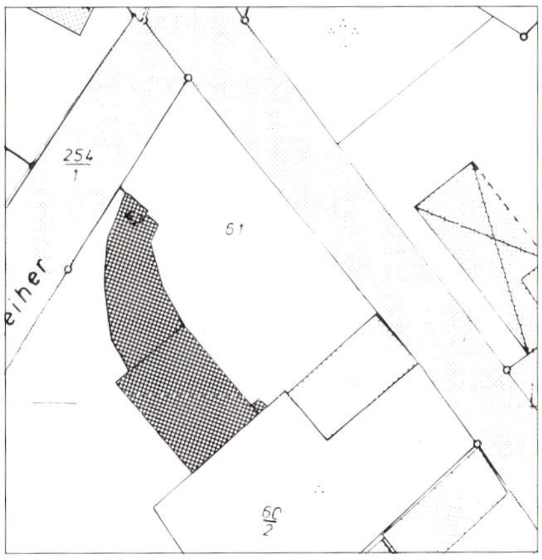

Frankfurter Straße 42
Flur 1 Flurstück 61

Baugruppe auf hohem Bruchsteinuntergeschoß mit separat angefügter Scheune in symmetrischen Fachwerkformen, Mitte 18. Jh. Der untere massive Teil des Wohngebäudes wohl ursprünglich Rest einer befestigten Anlage, die sich aus dem viertelkreisförmigen Grundriß ableiten läßt. Die Baugruppe bildet einen Schwerpunkt im Ortsbild, deshalb Kulturdenkmal wegen ihrer städtebaulichen Bedeutung und ihrer Bedeutung für die Ortsgeschichte.

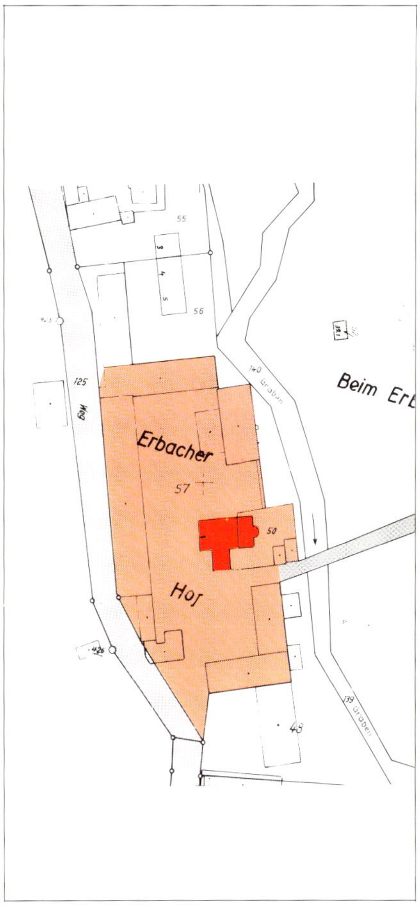

Erbacher Hof
Flur 1 Flurstück 57

Große Hofanlage mit Resten einer mittelalterlichen Wehranlage, durch Abbrüche und Umbauten stark verändert. Das Herrenhaus aus dem 18. Jh. mit Fachwerkobergeschoß, holzverschindelt. Die Ecken sind durch Lisenen gegliedert; Sandsteingewände, Walmdach mit Gauben. Die Hofanlage insgesamt längsrechteckig und heute bestimmt durch Ökonomie- und Stallgebäude des 19. Jhs. Unmittelbar anschließend an den Wohnbau noch Verteidigungsanlagen mit Schießscharten. Ein Durchgang durch die Wehrmauer neu eingebrochen, ebenso die Umrahmung der Schießscharten, diese offensichtlich moderne Zutat. Die daran anschließenden Bauten sind abgebrochen, das Herrenhaus selbst T-förmig im Grundriß. Zum Bach hin kleines Fachwerkgebäude außerhalb der Umfassungsmauer, das ebenfalls zur Anlage gehört. Der Erbacher Hof mit allen Bestandteilen, auch dem Flußlauf, ist als Gesamtanlage zu betrachten, innerhalb derer das Kulturdenkmal Herrenhaus liegt. Wegen seiner historischen Bedeutung als Gutshof der Ysenburger und wegen der Seltenheit und Dimension der Ökonomieanlagen Kulturdenkmal wegen seiner historischen, baugeschichtlichen und wirtschaftsgeschichtlichen Bedeutung.

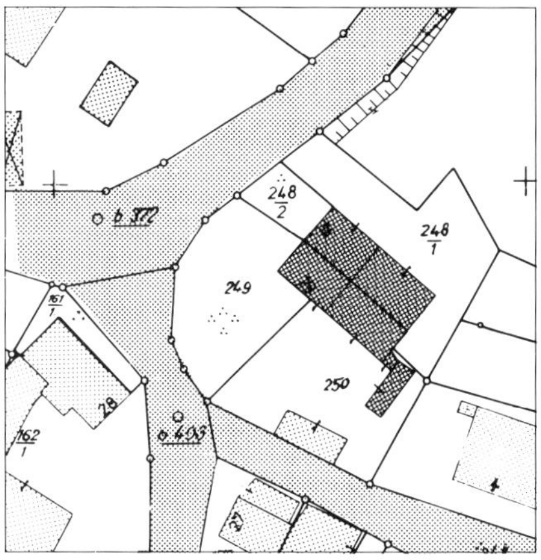

Im Höhlchen 29/Mittelstraße 12
Flur 1 Flurstück 250 und 248/1

Breitgelagertes Einhaus mit starker ortsbildlicher Wirkung als Blickpunkt erhöht am Rand der Ortslage. Breites, konstruktives Fachwerk aus der Mitte des 18. Jhs., das die Urwüchsigkeit des alten Einhaustypus verstärkt. Wegen seiner Bedeutung für das Ortsbild Kulturdenkmal aus städtebaulichen Gründen, außerdem auch wissenschaftliche Bedeutung.

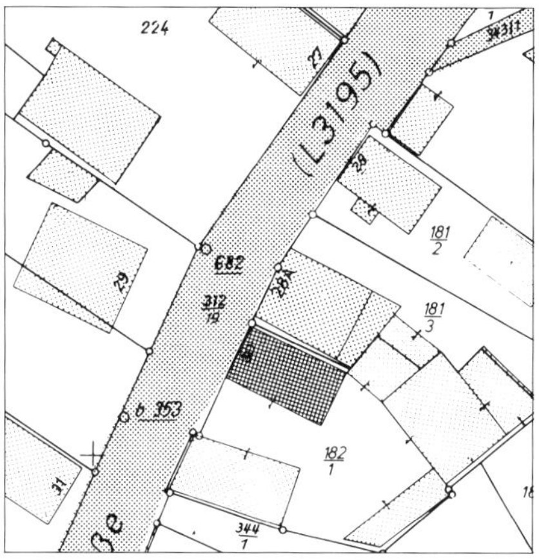

Limesstraße 30
Flur 1 Flurstück 182/1

Fachwerkwohnhaus als Teil einer unregelmäßigen Hofanlage. Einfaches, konstruktives Fachwerk des späten 18. Jhs., die Balkenköpfe verschalt, darüber Karnies, ebenso im Giebel. Die Traufseite verschindelt, teilweise massiv erneuert. Eisernes Tor um 1900. Klarer Vertreter des mitteldeutschen bäuerlichen Wohnhaustypus. Kulturdenkmal wegen seiner wissenschaftlichen Bedeutung.

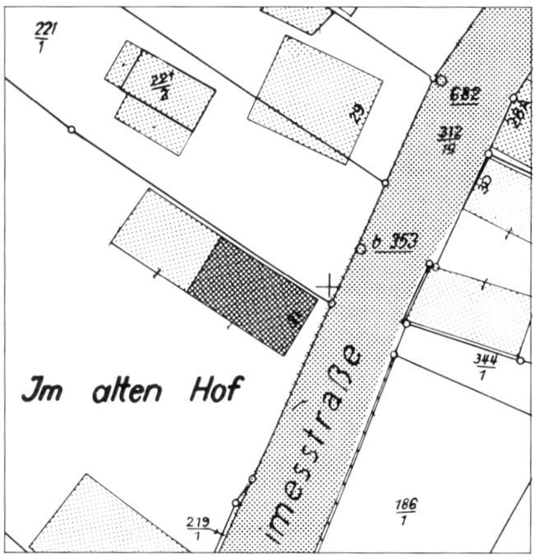

Limesstraße 31
Flur 1 Flurstück 219/1

Giebelständiges großes Fachwerkwohnhaus mit zweiläufiger Freitreppe, Rest einer großzügigen Ökonomie-Hofanlage um 1800. Die Wirtschafts- und Stallgebäude z. T. abgebrochen. Ursprüngliche, klassizistische Torpfosten und Basaltmauer zur Straße erhalten sowie eisernes Tor mit Holzplanken und Löwenköpfen um 1880. Der Flurname „Im alten Hof" deutet auf Kontinuität der Anlage. Kulturdenkmal aus ortsgeschichtlichen und künstlerischen Gründen.

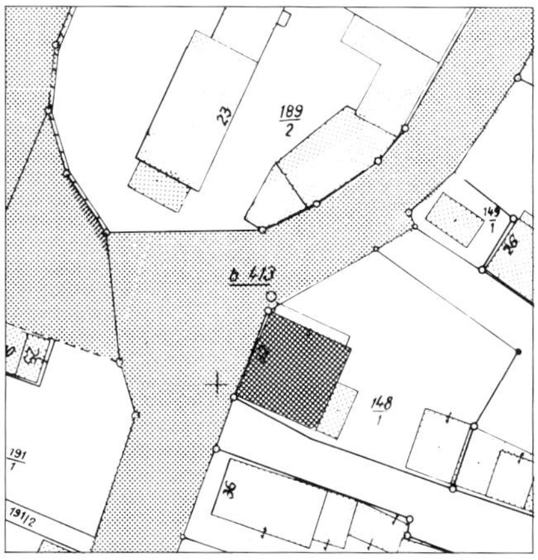

Mittelstraße 32
Flur 1 Flurstück 148/1

Hohes, zweigeschossiges Schulhaus auf überhohem Sockelgeschoß mit Freitreppe in städtebaulich beherrschender Lage. Rein konstruktives Fachwerk, kubischer Grundriß, quadratischer Dachreiter. Inschrift: „Dieses neue Schulhaus ist erbaut worden von der Gemeinde Calbach durch den großherzoglichen Bürgermeister Rau." Erbaut um 1830. Kulturdenkmal wegen seiner ortsgeschichtlichen und städtebaulichen Bedeutung.

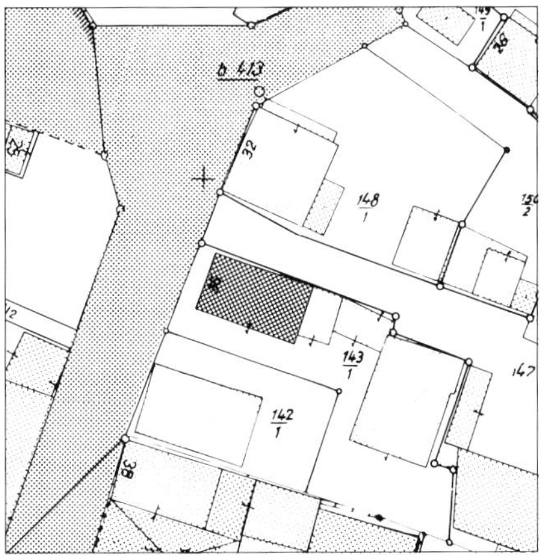

Mittelstraße 36
Flur 1 Flurstück 143/1

Fachwerkwohnhaus als Rest einer ehemaligen Hofreite in städtebaulich prominenter Lage direkt neben der alten Schule. Entstanden um 1720, das Erdgeschoß teilweise im 19. Jh. erneuert. Qualitätvolle Giebelgestaltung mit Viertelkreisstreben und umlaufender Profilierung; Füllhölzer konvex. Das Wohnhaus ist Teil einer Hakenhofanlage, im hinteren Bereich liegt die quergestellte Scheune aus dem 19. Jh. mit konstruktivem Fachwerk. Das Wohnhaus ist Kulturdenkmal wegen seiner künstlerischen und städtebaulichen Bedeutung.

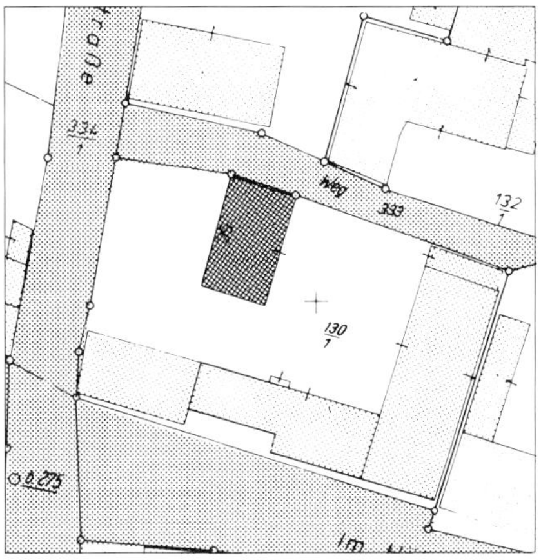

Mittelstraße 50
Flur 1 Flurstück 130/1

Großvolumiger Wohnbau, Rest einer ehemals bedeutenden Hofanlage. Spätbarockes Fachwerk mit Rhombenfüllungen und Andreaskreuzen. Zweiläufige Freitreppe, hoher Bruchsteinsockel. Wegen der künstlerischen Bedeutung der Baudetails und der Seltenheit in den Dimensionen des Baus Kulturdenkmal.

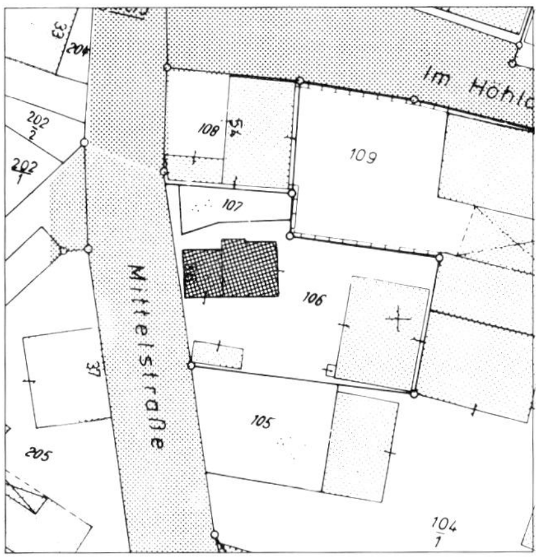

Mittelstraße 56
Flur 1 Flurstück 106

Kleines Landarbeiter-Doppelhaus aus der Zeit um 1800. Die beiden Bauteile versetzt aneinandergebaut. Konstruktives Fachwerk in urwüchsiger Anordnung – die Schwellen in die Ständer eingezapft. Ursprüngliche Eingänge ablesbar, neuer Eingang – jedoch mit alter ursprünglicher, zweigeteilter Tür aus der Zeit um 1800 – im massiv erneuerten Teil. Kulturdenkmal wegen seiner sozialgeschichtlichen und wissenschaftlichen Bedeutung.

Gesamtanlage

Diebach ist in seiner ursprünglichen Form als Straßendorf sehr gut erhalten. Eine fast lückenlose Aneinanderreihung von Hofreiten überwiegend des späten 18. Jhs. bildet den dichten Straßenraum, der geprägt ist von bauhistorisch interessanten Wohngebäuden verschiedener Art, meist in Giebelstellung gestaffelt. Der Ort ist auch durchsetzt von typologisch interessanten Nebengebäuden wie Scheunen und Altenteilen. Geschlossene Straßendörfer dieser Qualität sind in Hessen selten geworden.

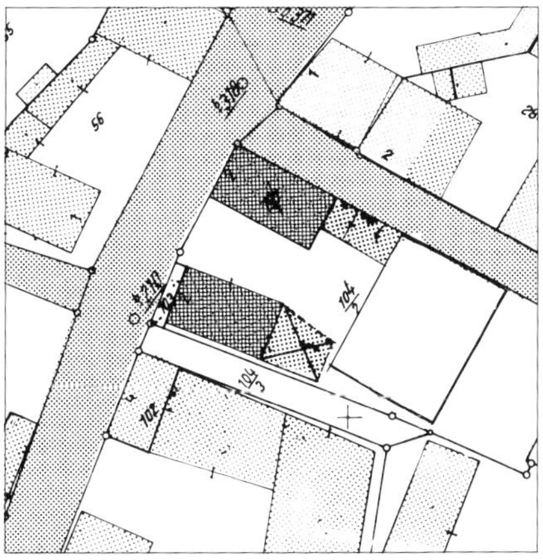

Altwiedermuser Straße 2
Flur 1 Flurstück 104/1 und 104/2

Der nördlich gelegene Bau einfaches, eingeschossiges Landarbeiterhaus aus der Zeit um 1780 mit ursprünglicher Eingangssituation, umlaufendem Karnies und ursprünglich profiliertem Giebel erhalten. Das gegenüberliegende zweigeschossige Haus ebenfalls um 1780 mit qualitätvollen Profilierungen und umlaufender Giebelornamentik. Beide Häuser haben im Ortsbild eine Schlüsselposition an einer Kreuzung. Kulturdenkmale wegen ihrer künstlerischen, sozialgeschichtlichen und städtebaulichen Bedeutung.

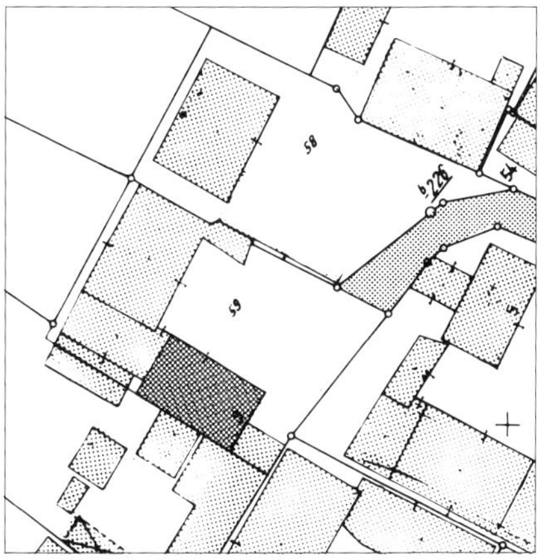

Altwiedermuser Straße 3
Flur 1 Flurstück 59

Hakenförmige Hofreite, spätes 18. Jh., durch Abbruch heute freigestellt. Das Wohnhaus in geometrischem Fachwerk; die Eckständer des 1. Obergeschosses eigenartig ornamentiert mit gedrehtem Zopf, ausgeschnittenen Paneelen und Sternornamenten. Das ursprüngliche, aus dem Schwellenbereich herauswachsende Vordach erhalten. Schmuckloser Scheunenbau der gleichen Zeit. Das Wohnhaus ist Kulturdenkmal wegen der künstlerischen Bedeutung seiner Fachwerkornamentik.

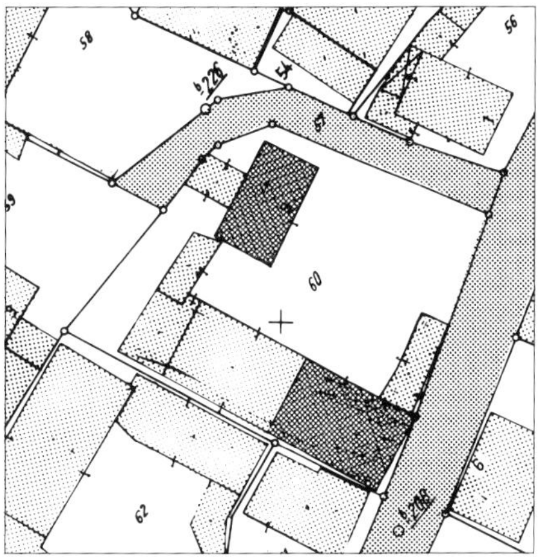

Alterwiedermuser Straße 5
Flur 1 Flurstück 60

Große Hofreite mit Wohnhaus, Scheune, Stall und Wirtschaftsgebäuden. Das Wohnhaus traufständig zurückgesetzt zur Straße, regelmäßiges, geometrisierendes Fachwerk um 1780, im Obergeschoß Fachwerkreste um 1700. Ursprüngliches Vordach und zweiläufige Freitreppe. Große, spätbarocke Scheune mit Kniestock, profilierter Schwelle, stark in den Straßenraum wirkend. Wohnhaus und Scheune sind Kulturdenkmale aus künstlerischen und städtebaulichen Gründen.

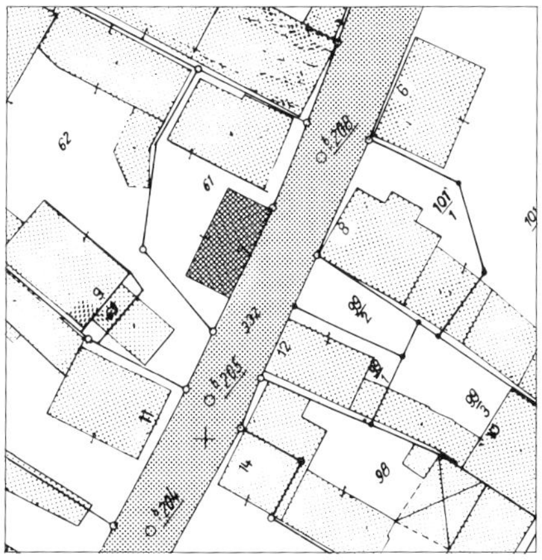

Altwiedermuser Straße 7
Flur 1 Flurstück 61

Altenteilhaus, wohl ursprünglich zum Hof Nr. 9 gehörend. Eigenartiger, seltener Bau aus der Mitte des 18. Jhs. mit doppeltem Karnies auf Rähm und Schwelle, darüber Kniestock. Wegen seiner Bedeutung für die Bauforschung und die Sozialgeschichte Kulturdenkmal aus wissenschaftlichen und geschichtlichen Gründen.

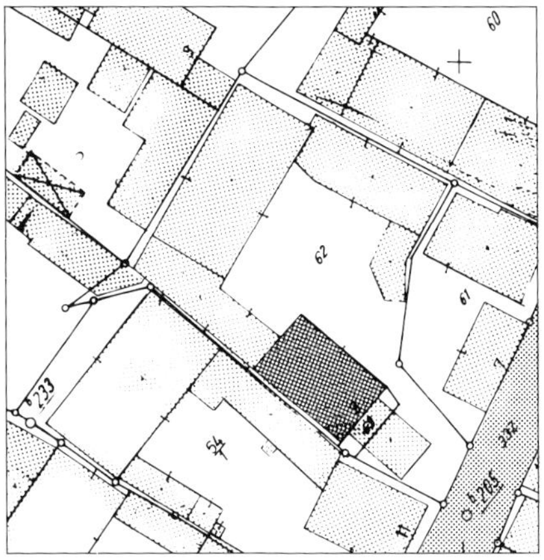

Altwiedermuser Straße 9
Flur 1 Flurstück 62

Große, geschlossene Fachwerkhofreite aus der 2. Hälfte des 18. Jhs., das Herrenhaus typisch für den Ort mit einläufiger Freitreppe, zweigeschossig mit stehenden Quadraten als Brüstungsfüllungen und genasten Streben. Der Giebel fein profiliert, ebenso Schwelle und Rähm. Im hinteren Bereich große, hohe Scheune aus dem frühen 19. Jh. und massiver Stallteil um 1880. Das Wohnhaus ist Kulturdenkmal wegen seiner künstlerischen Bedeutung.

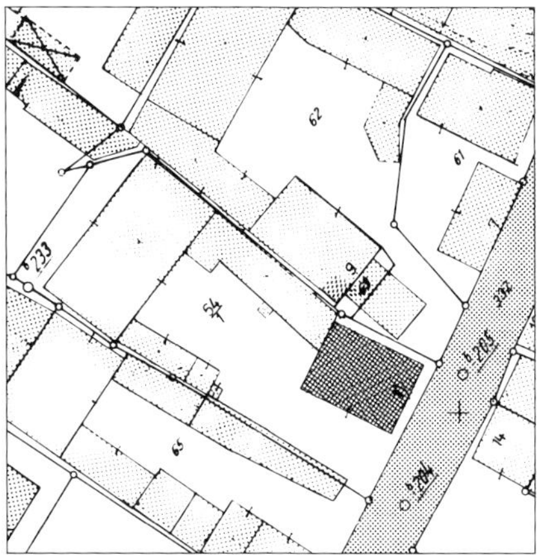

Altwiedermuser Straße 11
Flur 1 Flurstück 54/1

Mit dem benachbarten Wohnhaus Nr. 13 fast deckungsgleich als Pendant im Straßenbild wirkend. Entstanden ebenfalls um 1780, das Fachwerk insgesamt etwas schlechter erhalten, dagegen aber ursprüngliche spätbarocke Treppe und Vordach. Die Scheune unmittelbar in gleicher Firstrichtung an die Nachbarscheune angebaut. Wegen seiner künstlerischen und städtebaulichen Bedeutung Kulturdenkmal.

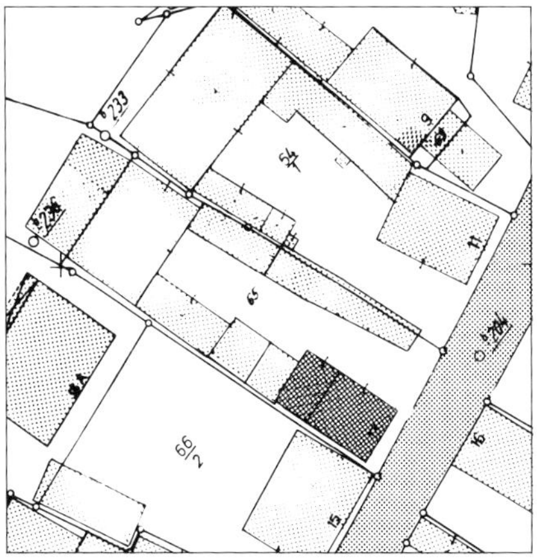

Altwiedermuser Straße 13
Flur 1 Flurstück 65

Intaktes Fachwerkgehöft in ursprünglich L-förmiger Anordnung um 1780. Wichtige Lage im Ortsbild. Wohnhaus auf hohem Bruchsteinsockel, stark geometrisierendes Fachwerk mit fein profilierter Schwelle und quadratischen Brüstungsfüllungen. Als hinterer Hofabschluß Scheune aus der gleichen Zeit. Haupteingang mit Freitreppe ursprünglich in der Mittelachse der Traufseite. Kulturdenkmal aus künstlerischen und städtebaulichen Gründen.

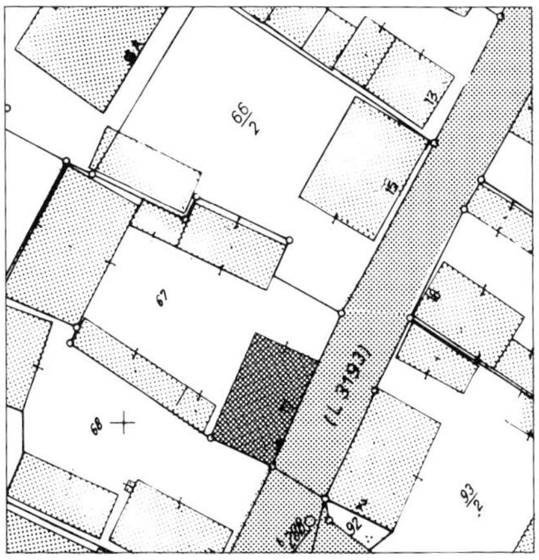

Altwiedermuser Straße 17
Flur 1 Flurstück 67

Großvolumiges Fachwerkwohnhaus, Teil eines Dreiseithofes, die Wirtschaftsbauten von untergeordneter Bedeutung. Klares, regelmäßiges Fachwerk mit gitterartigen Strukturen, um 1820. Nachbarocke Fachwerkzier in Rhombenform in den Brüstungsfeldern des Giebels. Auffälliger Blickfang im Straßenbild an einer Einmündung. Wegen seiner städtebaulichen Bedeutung und der Qualität der handwerklichen Ausführung Kulturdenkmal.

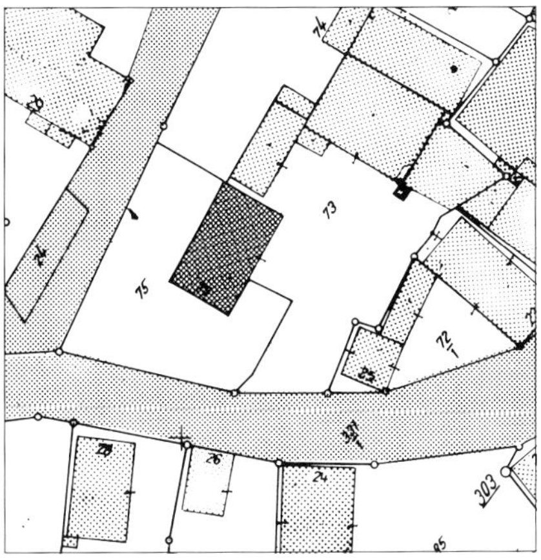

Altwiedermuser Straße 27
Flur 1 Flurstück 73

Großvolumige, topographisch erhöht liegende Hofreite am Ortseingang; das Fachwerkwohnhaus mit dem Giebel zur Altwiedermuser Straße weisend, Fachwerk des späten 18. Jhs. mit scharf profilierten Schwellen und auf der Spitze stehenden quadratischen Füllungen in den Brüstungen. Die Scheune ebenfalls spätes 18. Jh., weitere Wirtschaftsgebäude des 19. Jhs. Geschlossene Anlage. Kulturdenkmal wegen seiner Bedeutung für das Ortsbild und wegen der handwerklichen Details.

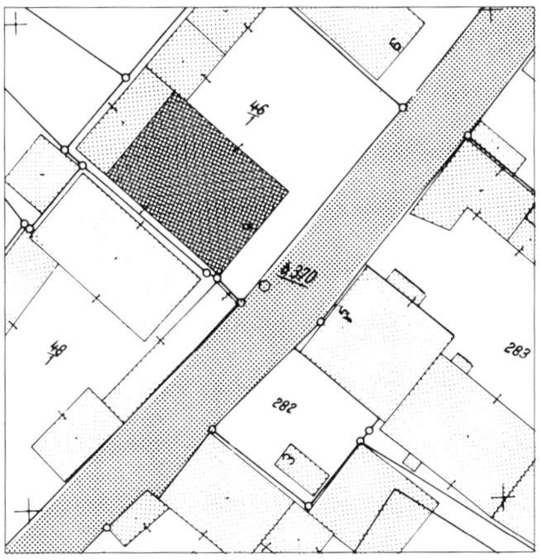

Büdinger Straße 4
Flur 1 Flurstück 46/1

Rathaus, ursprünglich Schule und Lehrerwohnung. Giebelständiges Fachwerkhaus bzw. Massivbau im Erdgeschoß, mit starker Wirkung im Straßenbild. An der Traufseite zweiportaliger, barocker Eingang, datiert 1739; die Portale sind mit Ohren versehen, teilweise sind in den Portalen alte Füllungsteile wiederverwandt. Vorderseite wohl Schule, rückwärtiger Teil Lehrerwohnung. Auf dem Dach polygonaler Dachreiter. Kulturdenkmal wegen seiner geschichtlichen und städtebaulichen Bedeutung.

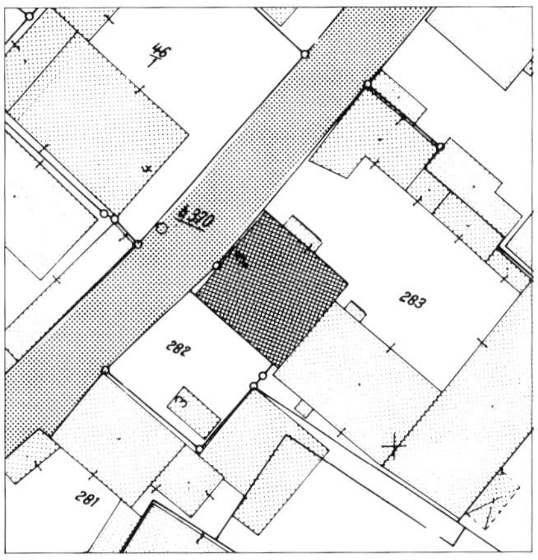

Büdinger Straße 5
Flur 1 Flurstück 283

Giebelständige Fachwerkhofreite gegenüber der alten Schule in ortsbildlich wichtiger Lage. Konstruktives Fachwerk; ursprünglich freiliegend, aus der Zeit um 1800, die Eckständer des 1. Obergeschosses mit Paneelen ausgebildet. Freitreppe, ursprüngliche Tür erhalten, ebenso Überdachung. Das Dach eigenartigerweise in Mansardform. Im Hintergrund Scheune des 19. Jhs., zur Straße hin massiver Abschlußteil um 1900. Das Wohnhaus ist als Kulturdenkmal wegen seiner künstlerischen und städtebaulichen Bedeutung zu werten.

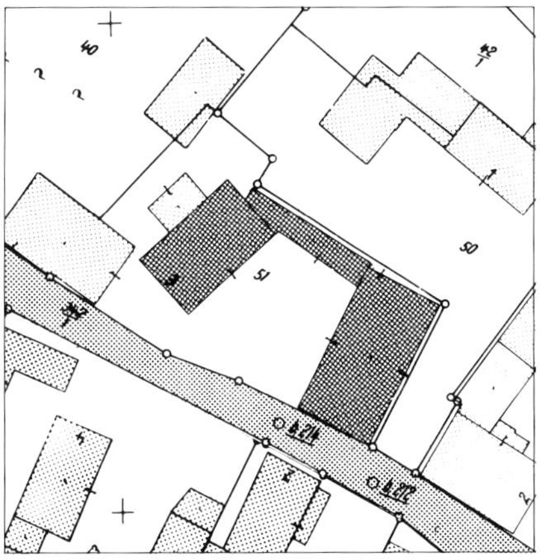

Calbacher Weg 3
Flur 1 Flurstück 51

U-förmige Fachwerkhofreite, spätes 18. Jh., mit typischem Schalgesims. Im Obergeschoß stehende Quadrate in den Brüstungsfüllungen. Die Scheune, datiert 1810. Alte Schutzdachholzkonstruktion und Stall als Verbindungsbau ebenfalls von Bedeutung. Einer der ursprünglichen Toreinfahrtspfosten und die Bruchsteinmauer aus der Zeit erhalten. Wegen der künstlerischen Bedeutung der Einzelbauten und der noch kompletten Ausstattung ist der ganze Hof Kulturdenkmal.

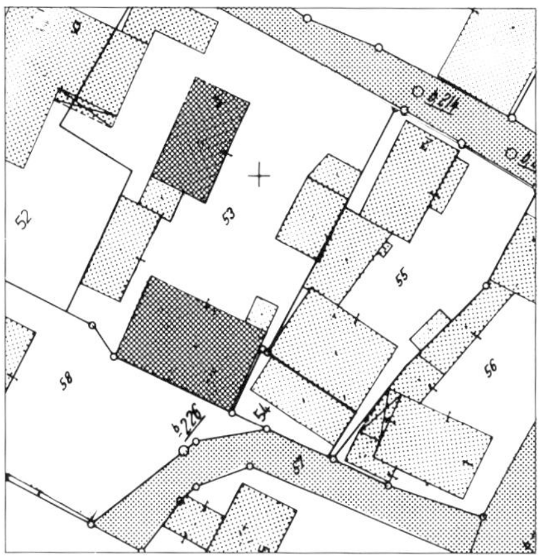

Calbacher Weg 4
Flur 1 Flurstück 53

L-förmige Hofreite am Ortsausgang mit hohem Bruchsteinsockelgeschoß und Fachwerkaufbauten, entstanden um 1720; Erdgeschoß durch konstruktives Fachwerk um 1800 erneuert, im Obergeschoß Wilde Mann-Form; ursprüngliche Treppensituation erhalten. Im hinteren Hofbereich große Scheune mit sehr guten Stipp-Putzresten, datiert und bezeichnet „1800 JOHANNES ROPP". Wohnhaus und Scheune sind als Kulturdenkmale wegen ihrer künstlerischen Bedeutung zu bezeichnen.

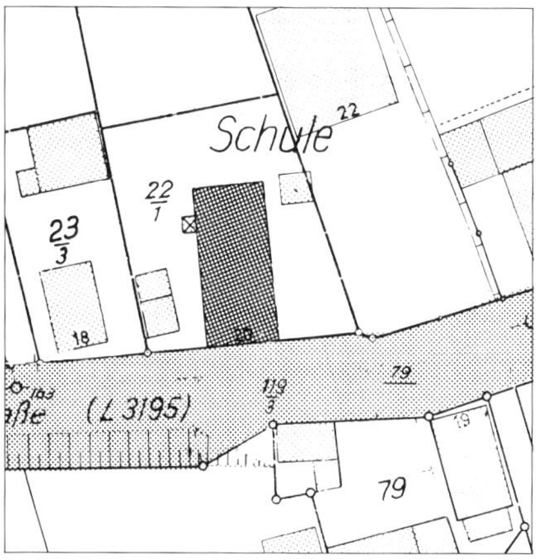

DUDENROD

Wolferstraße 20
Flur 1 Flurstück 22/1
ehem. Schulgebäude und Amtshaus.

Eingeschossiger Fachwerkbau in breiten Proportionen. Einfaches, regelmäßiges Fachwerk des späten 18. Jhs. Hoher Hausteinsockel mit ursprünglicher einläufiger Treppe. Das ehemalige Schul- und Amtshaus bildet einen Schwerpunkt im Dorfbild. Wegen seiner lokalhistorischen und städtebaulichen Bedeutung Kulturdenkmal.

Düdelsheim

Die beiden Teile von Düdelsheim, der Ort Düdelsheim und das sog. Oberndorf sind durch das Überschwemmungsgebiet des Seemenbachs voneinander geschieden. Der historische Kern befindet sich in Düdelsheim mit der Kirche, dem in den 60er Jahren unseres Jahrhunderts abgebrochenen barocken Schul- und Amtshaus sowie einem Gewann, das den Namen „Burg" trägt, was auf den ehemaligen Standort einer befestigten Anlage hinweist. Der Ort umschließt die alte Landstraße nach Büdingen. Unmittelbar nördlich der Ortslage beginnen die ehemaligen Weinberge, auf die verschiedene Gassenbenennungen hinweisen. In vielen Höfen sind noch Teile oder Zugänge von massiven Weinkellern erhalten. Im Jahre 1606 wurden in Düdelsheim immerhin 40.000 Liter Wein erzeugt.

Dieser nördliche Teil des Ortes ist relativ dicht besetzt mit oft komplett erhaltenen Hofreiten in hakenförmiger Anordnung, meist aus dem 18. Jh., selten auch aus der 2. Hälfte des 17. Jhs.

Die Mühlstraße verbindet in Nord-Süd-Richtung Düdelsheim mit Oberndorf. An der Seemenbachbrücke lag die bedeutende Untermühle, die in den 60er Jahren abgebrochen wurde. Der jüngere südliche Ortsteil ist geprägt von teilweise großen zwei- und dreiseitig geschlossenen Hofreiten vor allem des späten 18. und frühen 19. Jhs.

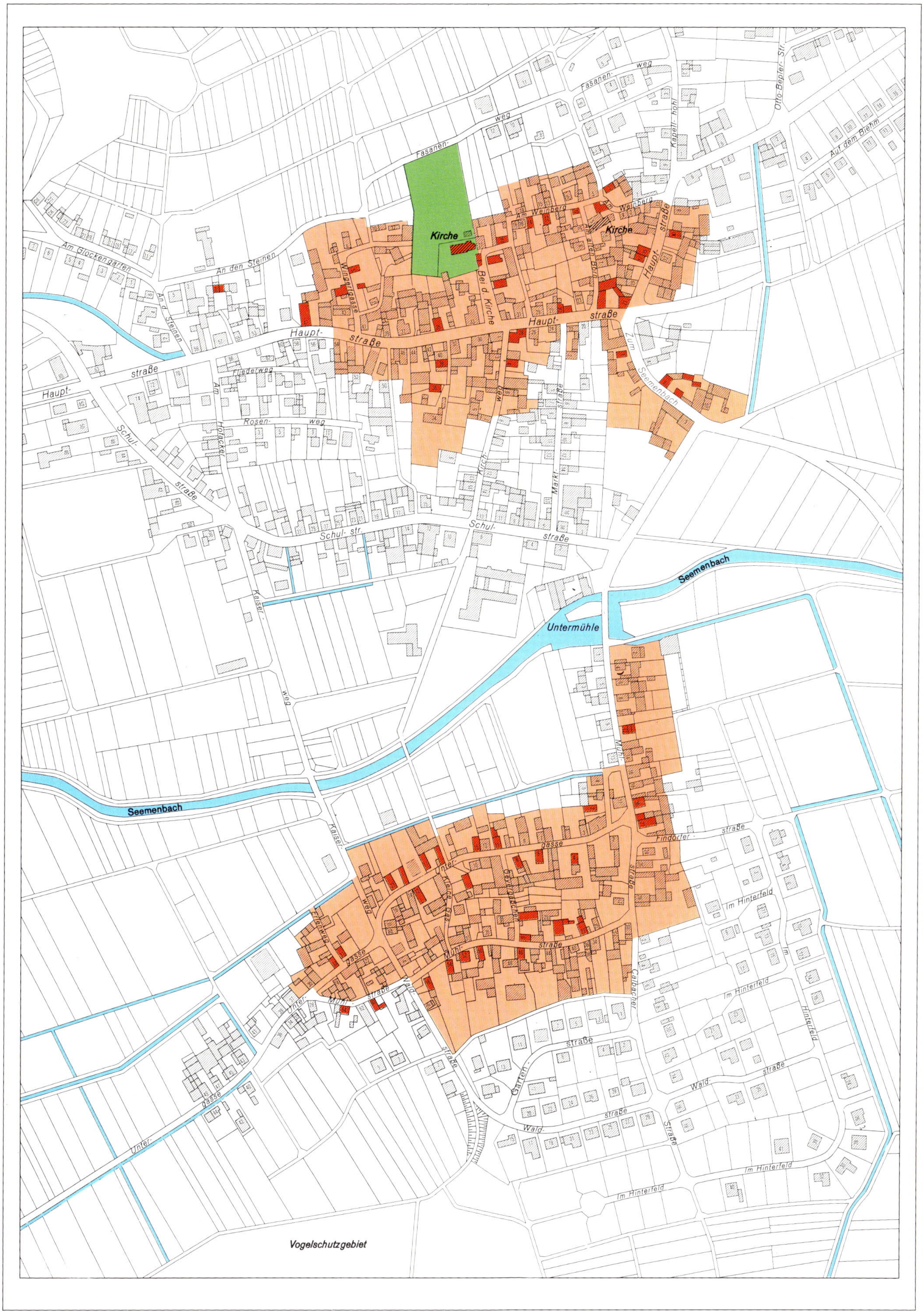

Kirche
Kirche
Untermühle
Seemenbach
Seemenbach
Vogelschutzgebiet
Im Hinterfeld
Im Hinterfeld

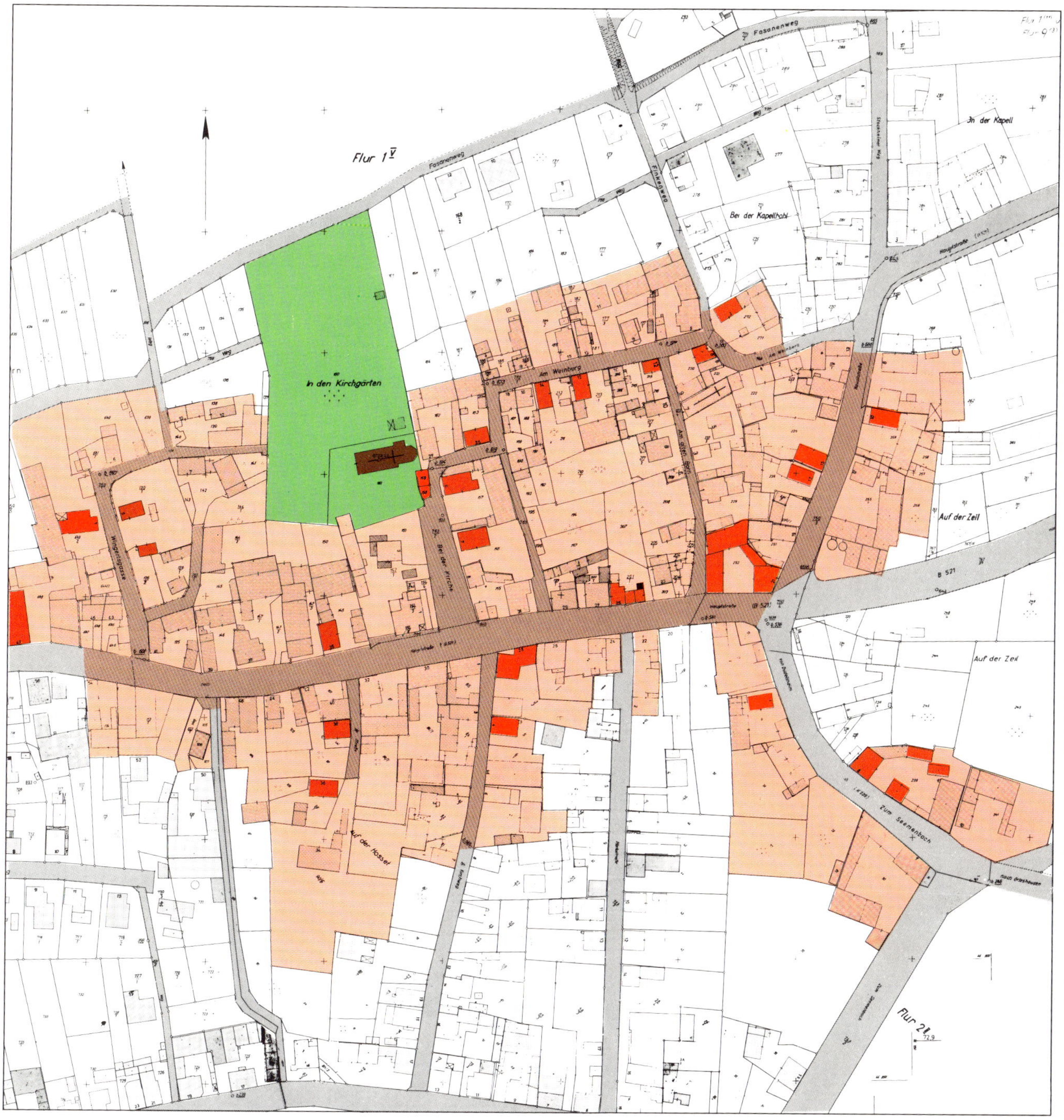

Gesamtanlagen

Im nördlich des Seemenbachs gelegenen Ortsteil bilden kleinere geschlossene Hofreiten des 18. Jhs. architektonische Schwerpunkte im Ortsbild, besonders in den mehrfach geknickten Gassen, die früher die Weinberge erschlossen. Die Hauptstraße wird gesäumt von verschiedenartigen Einzelgebäuden und Gehöften des 17. bis 20. Jhs., die in ihrem Zusammenwirken trotz einiger durch Abbrüche hervorgerufener Lücken ein abwechslungsreiches geschlossenes Straßenbild im Sinne eines Ensembles geben.

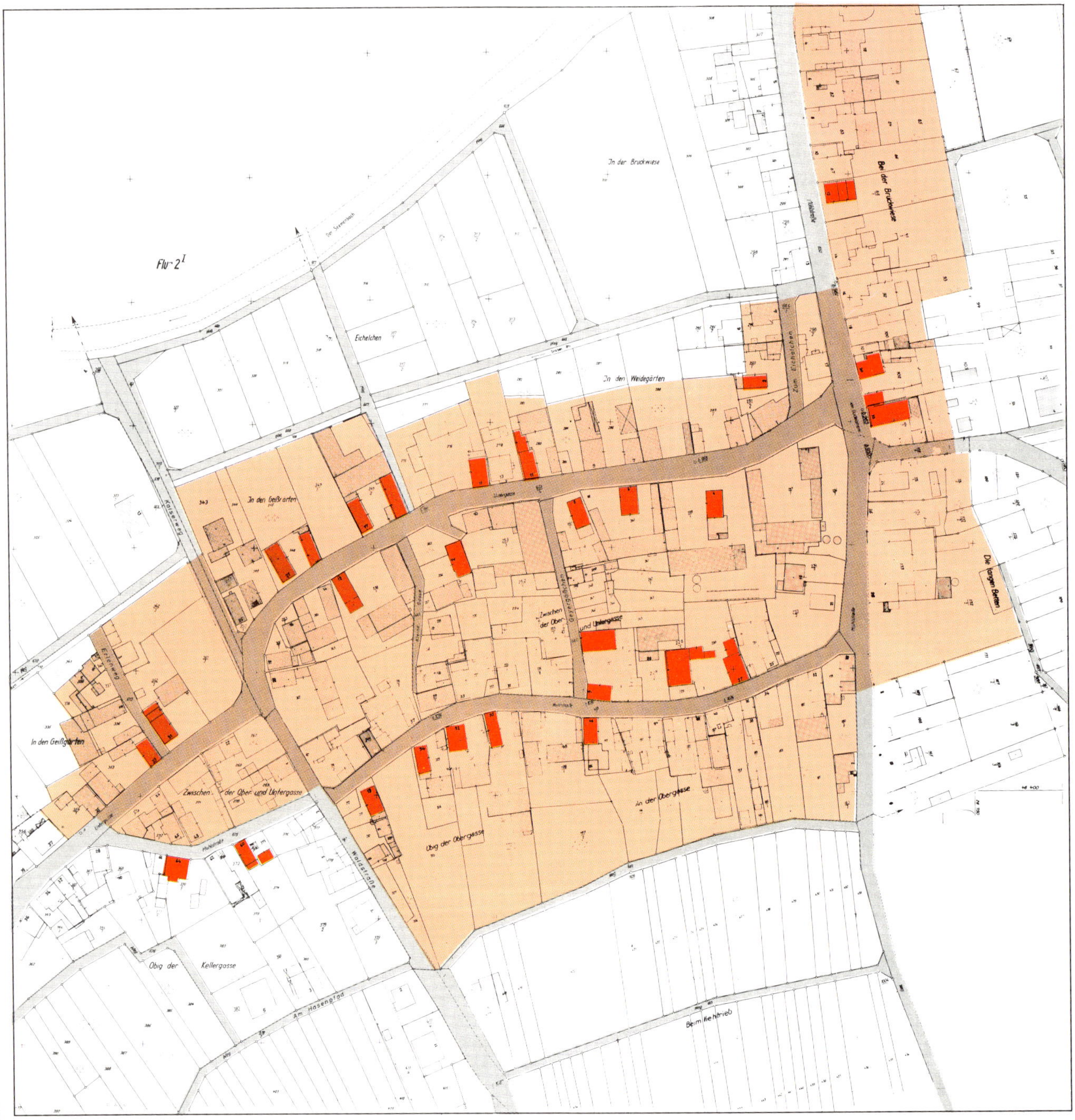

Südlich des Seemenbachs erstrecken sich zwischen Mühlstraße, Calbacher Straße und Waldstraße und deren Verbindungsgassen regelmäßig angeordnet mittelgroße bis große Höfe des 18. und 19. Jhs., die als Gruppen einheitliche typische Straßenabwicklungen von hohem städtebaulichen Reiz ergeben.

links:
Blick in die Untergasse
Blick in die Mühlstraße

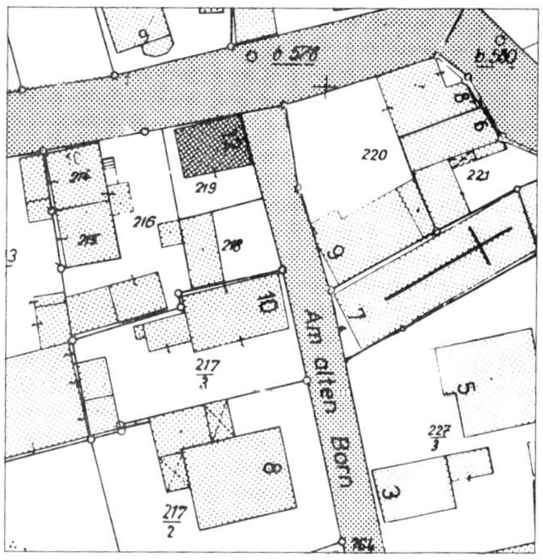

Am alten Born 12
Flur 1 Flurstück 219

Kleine Landarbeiterhofreite des späten 18. Jhs., das Wohnhaus in Ständerbauweise mit eingezapftem Drempel; keine vorspringenden Teile, konstruktives Fachwerk in klarer, funktioneller Anordnung. Kulturdenkmal wegen seiner sozialgeschichtlichen Bedeutung als Wohnhaus der unteren Landarbeiterschicht.

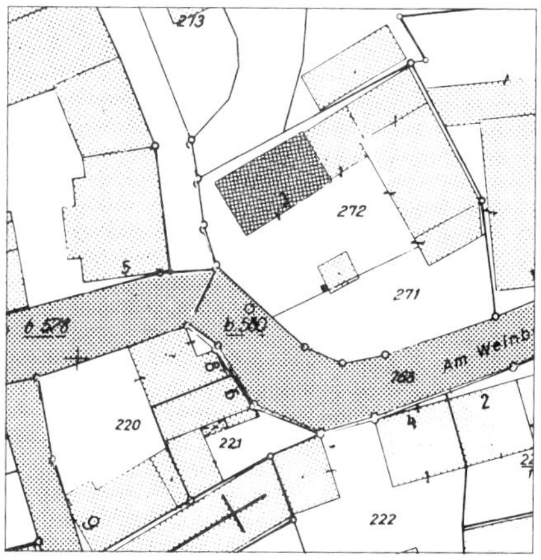

Am Weinberg 3
Flur 1 Flurstück 272

Hakenförmige Hofreite aus der 1. Hälfte des 18. Jhs. mit zweiläufiger Freitreppe, der holzverschindelte Giebel als Blickpunkt zur Straßenkreuzung hinwirkend. An der Traufseite konstruktives Fachwerk und starkes Karnies. Die Scheune aus der gleichen Zeit, jedoch teilweise erneuert. Wichtige Ecksituation. Kulturdenkmal wegen seiner städtebaulichen Bedeutung.

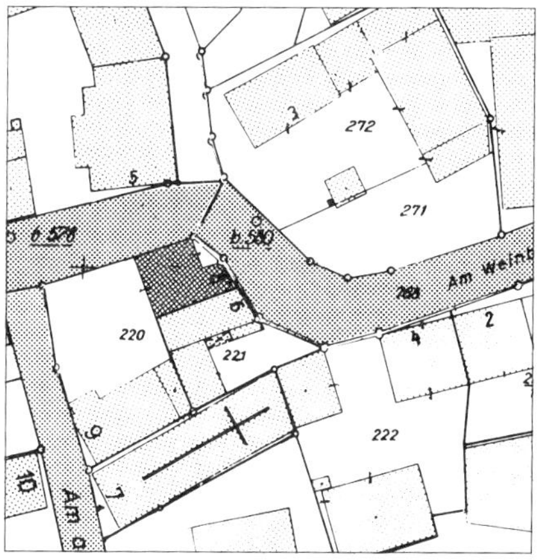

Am Weinberg 8
Flur 1 Flurstück 220

Über Eck gestelltes Fachwerkhaus an einer dreiteiligen Straßengabelung; der ursprüngliche Kernbau Mitte 18. Jh. mit feinen, scharf profilierten Schwellen und geradem, konstruktiven Fachwerk. An der Traufseite zwei spätere Anbauten, die die städtebauliche Situation ausnutzen und sich nach hinten abtreppen. Kulturdenkmal wegen seiner Bedeutung für das Ortsbild.

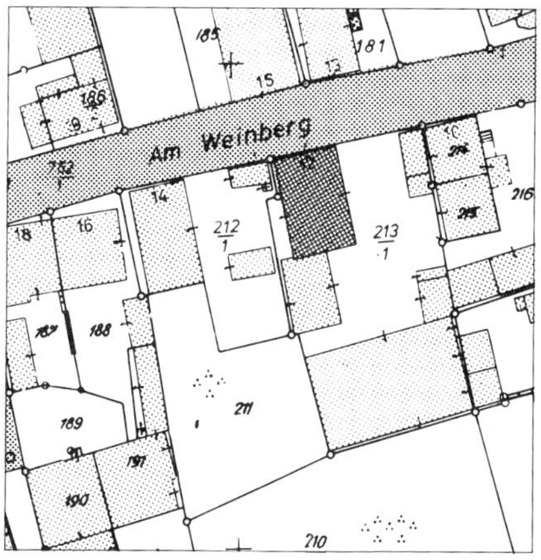

Am Weinberg 12
Flur 1 Flurstück 213/1

Hakenförmige Hofreite; das Wohnhaus in Fachwerk giebelständig zur Straße. Interessante, ausgefallene Fachwerkfigurationen, zangenartiges Ornament in der Brüstung, gebogene Streben, starre Eckstreben mit Kopfgegenstreben; der liegende Dachstuhl mit umlaufendem Karnies. Das Wohngebäude aus der Zeit um 1750, die Wirtschafts- und Stallgebäude — massiv — 19. und 20. Jh. Das Wohnhaus ist als Kulturdenkmal wegen seiner künstlerischen Bedeutung zu betrachten.

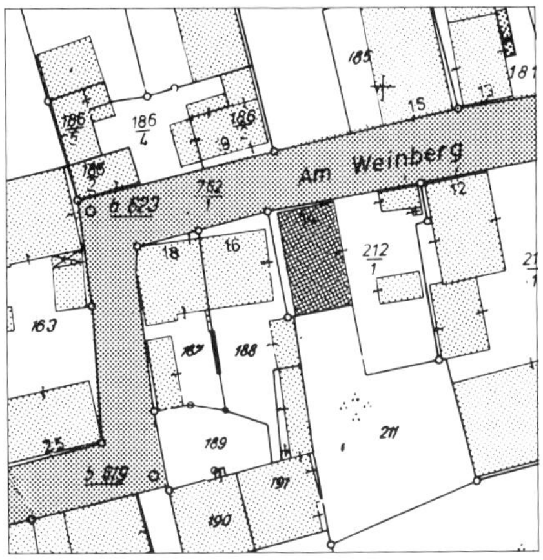

Am Weinberg 14
Flur 1 Flurstück 212/1

Kleine guterhaltene Fachwerkhofreite, das Wohnhaus verschindelt, mit Geschoßüberständen, 2. Hälfte 18. Jh., mit ungestörter Fachwerkfiguration. Zweiläufige Freitreppe mit interessantem Geländer um 1800. Zur Straße seltenes Fachwerkstallgebäude in Ständerbauweise, spätes 18. Jh., in unversehrtem Erhaltungszustand von wissenschaftlicher Bedeutung. Die Hofreite ist Kulturdenkmal wegen ihrer Geschlossenheit und der Qualität des Fachwerks.

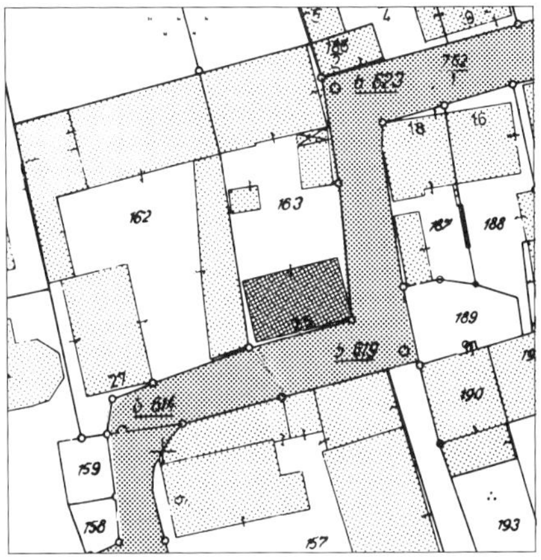

Am Weinberg 25
Flur 1 Flurstück 163

Hart an die Ecke gerückter Fachwerkwohnbau in einer engen, verwinkelten Situation, wo sich drei Straßen kreuzen. Interessante, urwüchsige Fachwerkfiguration, einwärts gekehrte gebogene Streben, s-förmige Streben am Giebel, jedoch nur die Traufseiten durch mit Karnies profilierte Schwelle und Füllhölzer betont. Wilde Mann-Form mit einwärts leicht gebogenen Streben und eigentümliche Innengegenstreben mit Nasen. Erbaut um 1720. Kulturdenkmal wegen seiner künstlerischen und städtebaulichen Bedeutung.

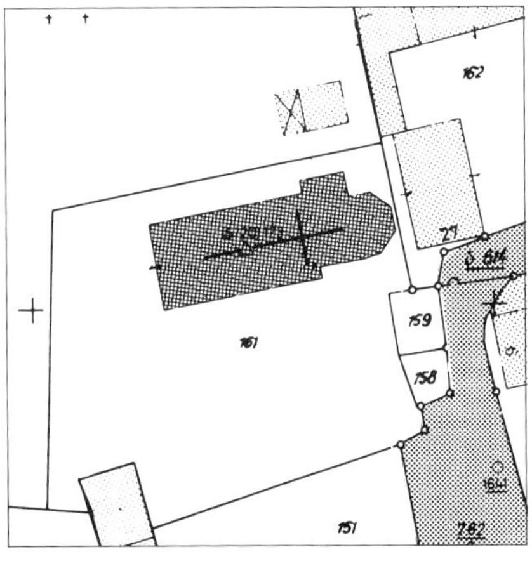

Bei der Kirche
Flur 1 Flurstück 161
Evangelische Pfarrkirche

Saalbau mit großen Rundbogenfenstern von 1859; Chor eingezogen mit Maßwerkfenstern des 15. Jhs.; Haubendachreiter. Brand 1919, danach völlige Neugestaltung. Die Kirche liegt in nördlicher Ortsrandlage in der Nähe des ehemaligen Weinbaugebietes. Wegen ihrer geschichtlichen und künstlerischen Bedeutung Kulturdenkmal.

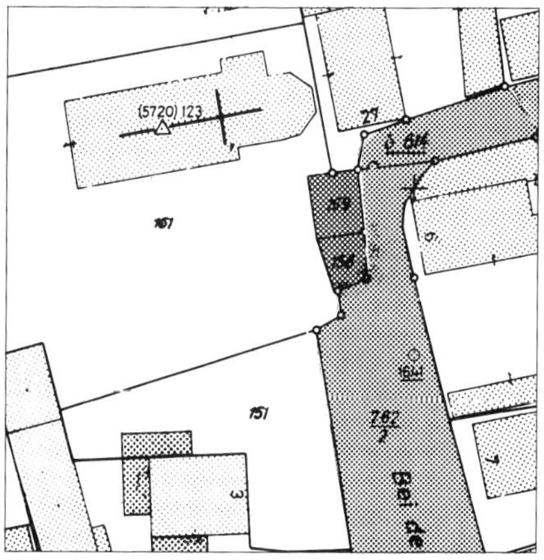

Bei der Kirche
Flur 1 Flurstück 159 und 158

An die Kirchhofmauer am Straßenknick Bei der Kirche/Am Weinberg angebaute Keller- und Scheunengebäude, giebelständig im Blickpunkt der Straße, parallel mit der Traufe zum Straßenverlauf. Rundbogige Kellereingänge, ursprünglich wohl Weinkeller, der linke datiert 1621, die Fachwerkaufbauten jünger. Die beiden kleinen Wirtschaftsgebäude, die mit der früher reichen Weinproduktion zusammenhängen, sind als Kulturdenkmale aus geschichtlichen und städtebaulichen Gründen zu betrachten.

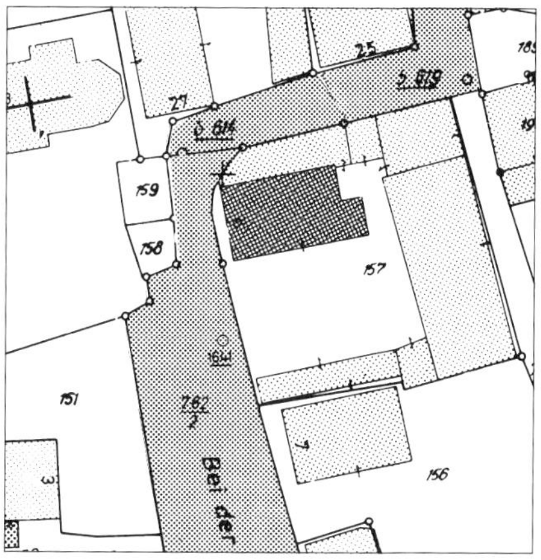

Bei der Kirche 6
Flur 1 Flurstück 157

U-förmige Fachwerkhofreite in unmittelbarer Nachbarschaft der Kirche in einer für das Ortsbild wichtigen Lage. Zur Straße hin durch Basaltbruchsteinmauer abgeschlossen, das Wohnhaus mit Krüppelwalm, die Giebelseite mehrfach übersetzt. Die Traufseite glatt in reinem, konstruktiven Fachwerk, frühes 19. Jh. Geschlossene, gut erhaltene Anlage. Kulturdenkmal wegen ihrer Bedeutung für das Ortsbild.

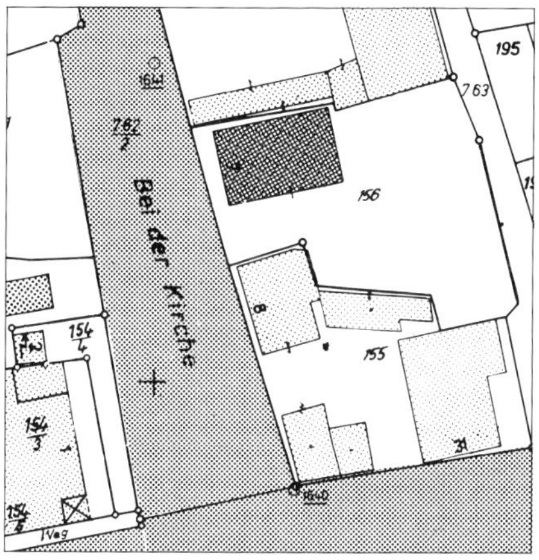

Bei der Kirche 7
Flur 1 Flurstück 156

Giebelständiger Fachwerkbau als Teil eines Hofes, dessen hinterer Bereich jedoch abgebrochen wurde. Von der ehemaligen Hofreite nur das Wohnhaus, jetzt Gemeindehaus, erhalten. Sehr gutes Fachwerk aus der Zeit um 1700, eselsrückengeschmückte Knaggen, scharf profilierte Schwellen und Rähm, im Erdgeschoß teilweise erneuert. Giebel holzverschindelt. Kulturdenkmal wegen der künstlerischen Bedeutung des Zierfachwerks.

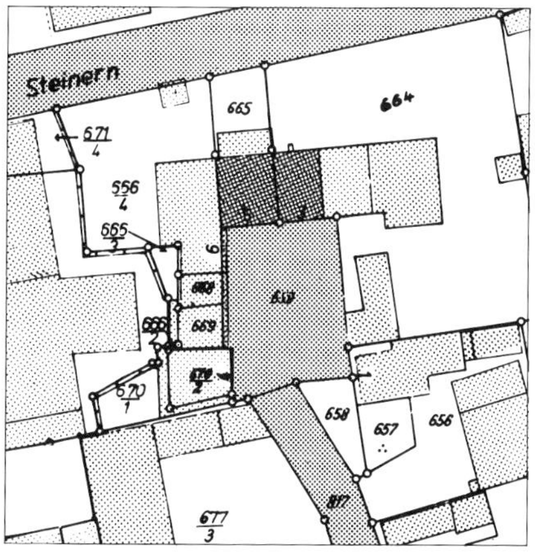

Burg 3/5
Flur 1 Flurstück 664 u. 665

Reste eines mehrteiligen, giebelständigen Hofes mit seltsamen, starken Zahnschnittfriesen und schiffskehlenartigen Füllhölzern, starken Wilde Mann-Formen; die Ständer selbst mit Zopfornamentik ausgebildet. Auf den Kopfbändern figürliche Darstellung eines Mannes und einer Frau in der Tracht des 17. Jhs. Urwüchsige Fachwerkform aus der Zeit um 1670/80, frühestes erhaltenes Fachwerkhaus innerhalb des nördlichen Ortsteiles. Kulturdenkmal wegen seiner künstlerischen und wissenschaftlichen Bedeutung.

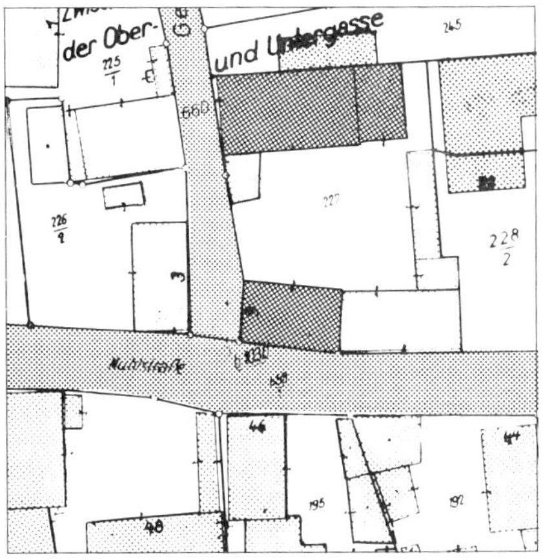

Geyergäßchen 6
Flur 1 Flurstück 227

Ortsbildlich wichtiges Eckhaus an der Einmündung Geyergäßchen in die Mühlstraße. Das Fachwerk an zwei Seiten verschindelt; qualitätvolles, stark profiliertes Fachwerk, 1. Hälfte 18. Jh. Im Obergeschoß gut erhalten, im Erdgeschoß z. T. massiv. Gut erhaltene Scheune, 1. Hälfte 18. Jh., mit eigentümlichem, zackenornamentierten Sturz über der Scheunentür. Wohnhaus und Scheune sind Kulturdenkmale aus städtebaulichen, künstlerischen und wissenschaftlichen Gründen.

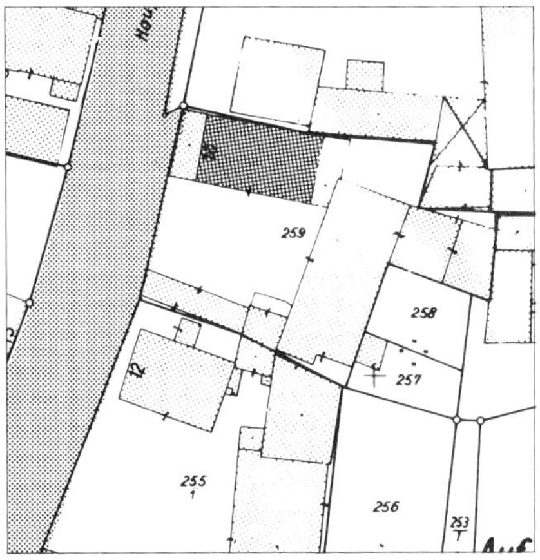

Hauptstraße 10
Flur 1 Flurstück 259

Intakt erhaltene, dreiseitige Hofreite mit ursprünglicher Eingangssituation, barocken Pfosten. Dem Wohnhaus später störender Laden angefügt. Das Wohnhaus Ende 18. Jh. mit scharf profilierten Schwellen und regelmäßigem, geometrisierenden Fachwerk; Traufseite holzverschindelt. Die Scheune als hinterer Abschluß des Hofes mit konstruktivem Fachwerk, im Sturz des Weinkellereinganges datiert 1788; beachtenswert der alte Kellereingang der Scheune. Kulturdenkmal wegen seiner künstlerischen Bedeutung.

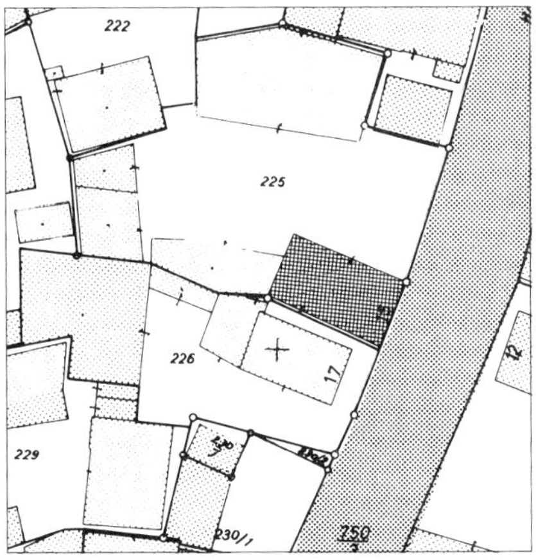

Hauptstraße 15
Flur 1 Flurstück 225

Große unregelmäßige Fachwerkhofreite um 1800. Das Wohnhaus auf Bruchsteinbasaltsockel, darüber zwei Fachwerkgeschosse; im Giebel Taubenschlagöffnung mit Vergitterung erhalten. Zweiläufige Freitreppe und alter Torabschluß mit Sandsteinsäulen erhalten. Große Fachwerkscheune auf parallelogrammartigem Grundriß mit gegenläufiger, gabelförmiger Fachwerkfiguration um 1800. Kulturdenkmale aus künstlerischen und städtebaulichen Gründen.

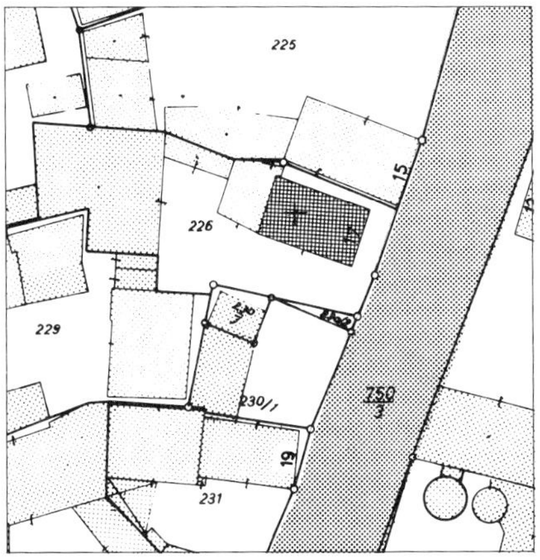

Hauptstraße 17
Flur 1 Flurstück 226

Kleine Hofreite aus der Mitte des 18. Jhs., das Wohnhaus etwas zurückgesetzt, giebelständig zur Straße. Karnies in der Schwelle, durchgängig verkleidete Balkenköpfe, im 1. Obergeschoß Wilder Mann. L-förmig im Hintergrund die Scheune. Kleine, geschlossene Anlage, die wichtig für das Straßenbild ist. Kulturdenkmal wegen ihrer städtebaulichen Bedeutung.

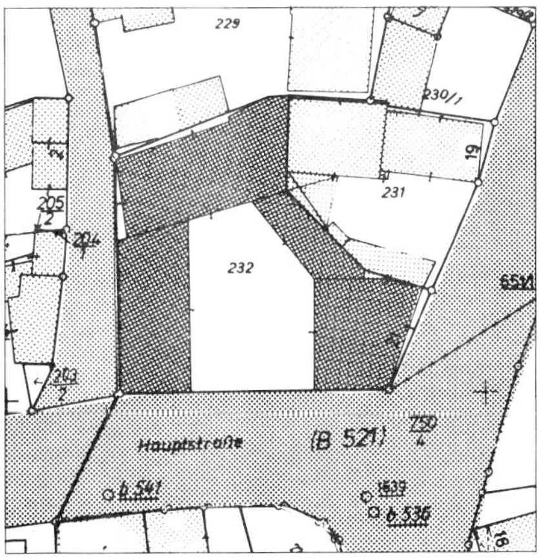

Hauptstraße 21
Flur 1 Flurstück 232

Polygonale Hofreite in wichtiger Ecklage an einer Straßengabelung. Wohnhaus um 1800 mit späterem Giebelaufbau. Die ursprüngliche Torsituation der Zeit um 1800 erhalten. Das später angefügte Stallgebäude im Erdgeschoß aus unregelmäßig behauenem Bruchstein mit fein profilierten Fenster- und Türgewänden. Insgesamt ein bedeutender Akzent im Ortsbild direkt am Ortseingang. Kulturdenkmal wegen seiner städtebaulichen Bedeutung.

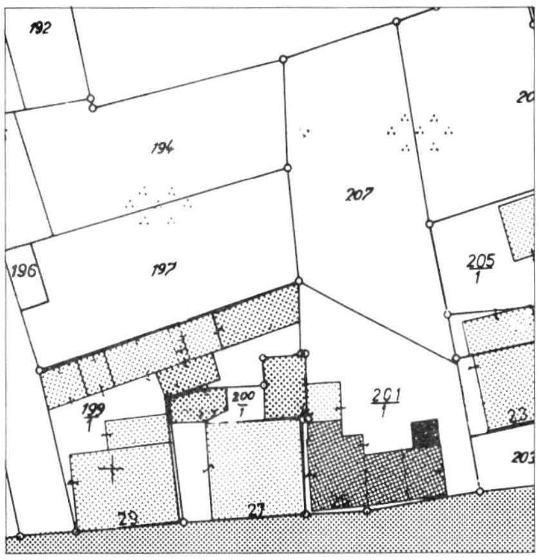

Hauptstraße 25
Flur 1 Flurstück 201/1

Kleine giebelständige Hofanlage mit überbauter Durchfahrt zur Hofreite. Das Fachwerkwohnhaus spätes 18. Jh., Bruchsteinsockel, der Giebel holzverschindelt. Der typologisch interessante, überbaute Scheunendurchgang um 1900, von einer Stütze getragen. Eine für den Ort untypische Anlage, die jedoch für das Straßenbild unmittelbar neben einer bereits abgebrochenen Hofreite von großem Interesse ist. Kulturdenkmal wegen ihrer städtebaulichen Bedeutung.

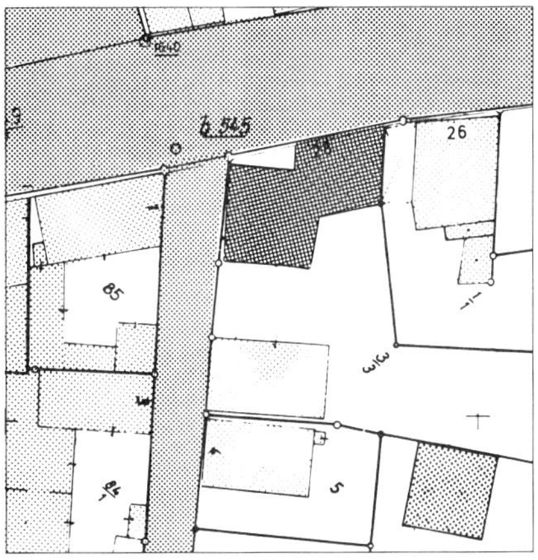

Hauptstraße 28
Flur 1 Flurstück 3/3

Bedeutendes Fachwerkwohnhaus in städtebaulich wichtiger Lage. Der Kernbau, noch des 17. Jhs., durch einen späteren Anbau verunstaltet, jedoch in seiner Substanz erhalten. Entstanden um 1690 mit fibelartigen Schneckenornamenten auf den Eckständern und genasten Gegenstreben. Die ursprüngliche Fensterteilung in den Gefachen noch erkennbar. An der Traufseite Fachwerk teilweise im 19. Jh. erneuert. Kulturdenkmal wegen seiner künstlerischen und städtebaulichen Bedeutung.

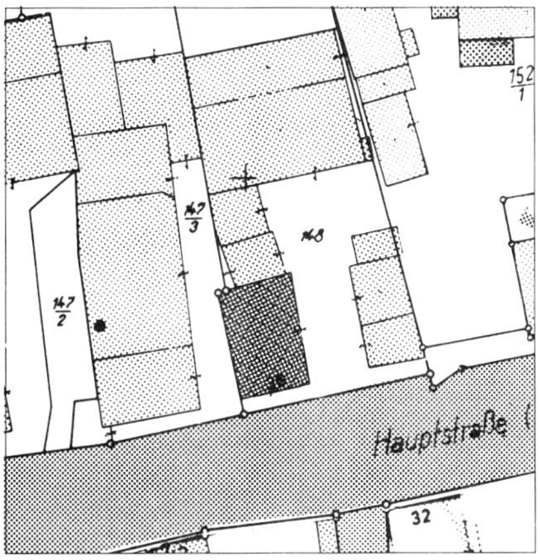

Hauptstraße 35
Flur 1 Flurstück 148

Großzügige Hofanlage, entstanden um 1890, mit städtischen Schmuckformen, das Erdgeschoß in feingearbeitetem Haustein mit Segmentbögen. Entlastungsbögen über den Fenstern, das Obergeschoß in konstruktivem, an Stahlkonstruktionen erinnerndem Fachwerk. Die übrigen Hofteile, Scheune noch 18. Jh., der Stall ebenfalls älter. Einziges Beispiel am Ort einer Hofreite aus dem beginnenden Industriezeitalter in qualitätvollen Formen dieser Zeit. Kulturdenkmal wegen seiner künstlerischen Bedeutung.

Hauptstraße 36
Flur 1 Flurstück 98/1

Hofreite, das Wohnhaus um 1800 mit zweiläufiger Freitreppe und Tür aus der Zeit. Erhaltene Überdachung mit Taubenschlagausflug über dem Portal. Gutes, konstruktives Fachwerk in sehr gutem Zustand über Steinsockel. Parallel gegenüber traufständig Scheune der gleichen Zeit; ursprünglich erhaltenes Vordach, kleinere Stall- und Wirtschaftsgebäude. Kulturdenkmal wegen seiner künstlerischen Bedeutung und der vollständigen Ausstattung.

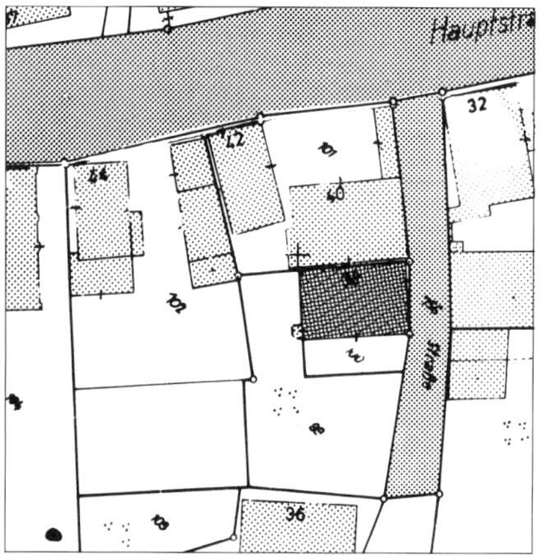

Hauptstraße 38
Flur 1 Flurstück 100

Ursprünglich Wohnhaus eines Juden, sog. Mosches-Häuschen; keine Hofreite, sondern einzeln stehendes Wohnhaus aus der Zeit um 1780, kleine Scheune abgebrochen. Der hintere, später angebaute Hausteil aus zwei Gefachen bestehend. Sehr schöner, uriger Lungensteinbruchsockel und einläufige Freitreppe aus der Zeit. Kulturdenkmal wegen seiner sozialgeschichtlichen Bedeutung.

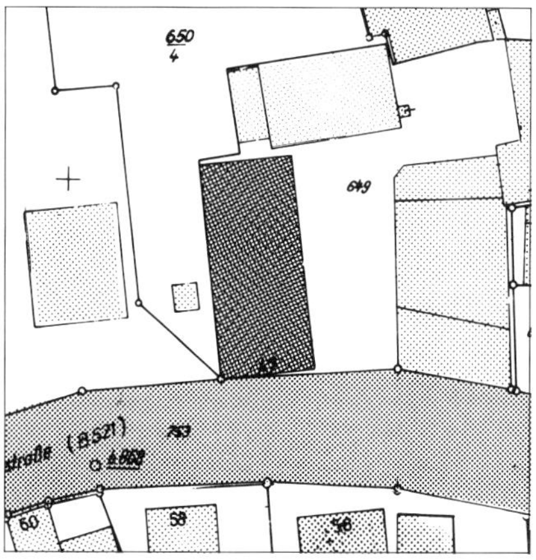

Hauptstraße 47
Flur 1 Flurstück 649

Wohnhaus; verschindelter Fachwerkbau um 1800 mit original erhaltener Fachwerkstruktur und mächtigen Dimensionen unmittelbar am Beginn des historischen Ortskerns. Der Bau wirkt stark in den Straßenraum hinein und betont eine Zäsur im Straßenablauf. Zur originalen Ausstattung des Hofes gehört ein schmiedeeisernes Eingangstor aus der Zeit um 1890. Kulturdenkmal wegen seiner städtebaulichen Bedeutung.

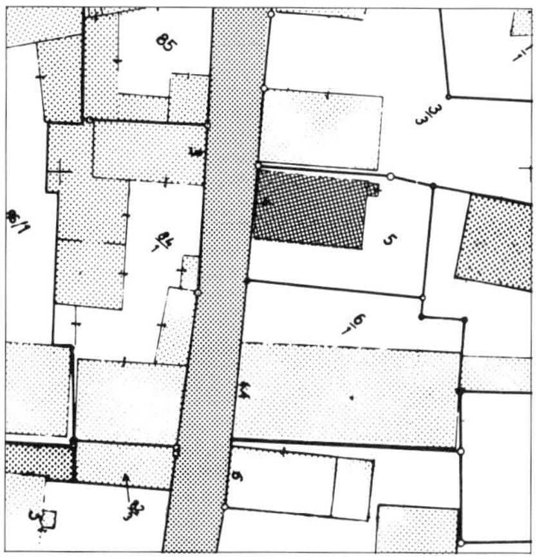

Kirchweg 4
Flur 1 Flurstück 5

Kleines, giebelständiges Landarbeiterhaus (evtl. auch Altenteil) auf Basaltsockel mit Hausteinkanten; feines, genastes Fachwerk, Karnies im Giebel, genaste Brüstungsstreben; zweiläufige Freitreppe nicht ursprünglich. Die Schwelle urwüchsig krumm wie gewachsen auf den Sockel aufgelegt. Über dem Portal bezeichnet: „VON HEINRICH SCHEIDT ERBAUT IM JAHR 1818". Kulturdenkmal wegen seiner künstlerischen und sozialgeschichtlichen Bedeutung.

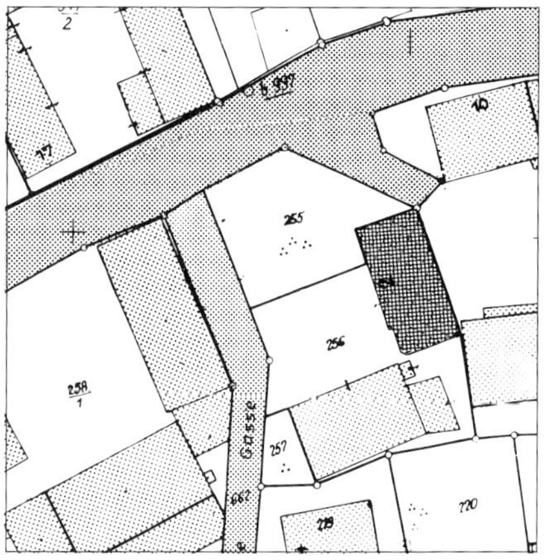

Kleine Gasse 2
Flur 1 Flurstück 256

Hakenförmige Hofanlage, das Wohnhaus entstanden um 1750 in qualitätvollem ungestörten Fachwerkverband; der in den Straßenraum wirkende Giebel verschindelt. Das Haus markiert die Einmündung der Kleinen Gasse in die Untergasse. Wegen seiner Bedeutung für das Straßenbild Kulturdenkmal aus städtebaulichen Gründen.

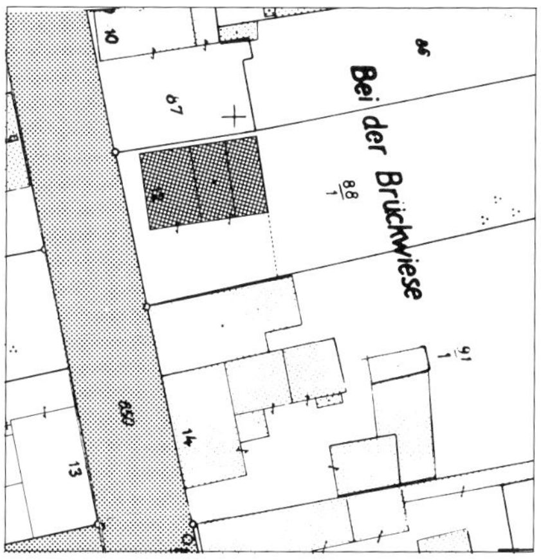

Mühlstraße 12
Flur 1 Flurstück 88/1

Urwüchsiges Einhaus, giebelständig zur Mühlstraße. Zweigeschossiger Wohnteil, im Giebel mit interessanter Fachwerkfiguration, im 1. Obergeschoß z. T. erneuert. An der Traufseite Diagonalstreben mit Fußgegenstreben, Schwelle mit starkem Profil. Kernbau frühes 18. Jh. Im hinteren Teil Scheune mit schwerem, profilierten Tragbalken und ursprünglicher Scheunenflügelmechanik. Kulturdenkmal aus wissenschaftlichen und künstlerischen Gründen.

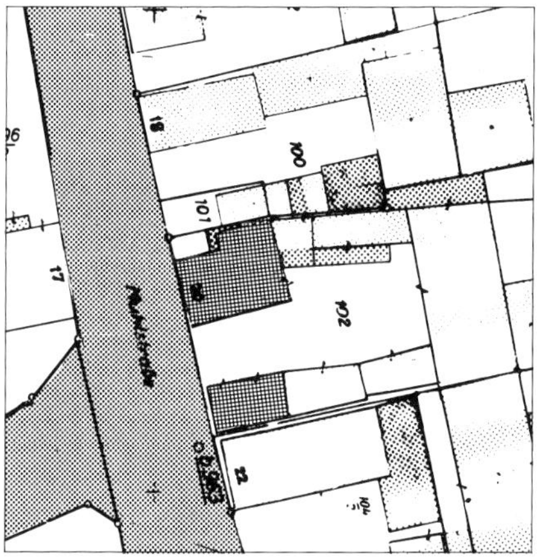

Mühlstraße 20
Flur 1 Flurstück 102

U-förmige Hofreite in ortsbildlich exponierter Lage. Völlig verkleidetes Wohnhaus; spätes 18. Jh., Fensterteilung ursprünglich. Große Scheunenanlage als Riegel quergestellt, um 1800. Als Abschluß kleines interessantes Fachwerkgebäude um 1800, feine Hausteinwand 1852 davorgeblendet, Giebel holzverschindelt. Hausteinwand bezeichnet „A. DAUT 1852". Der Hof ist Kulturdenkmal aus städtebaulichen und künstlerischen Gründen.

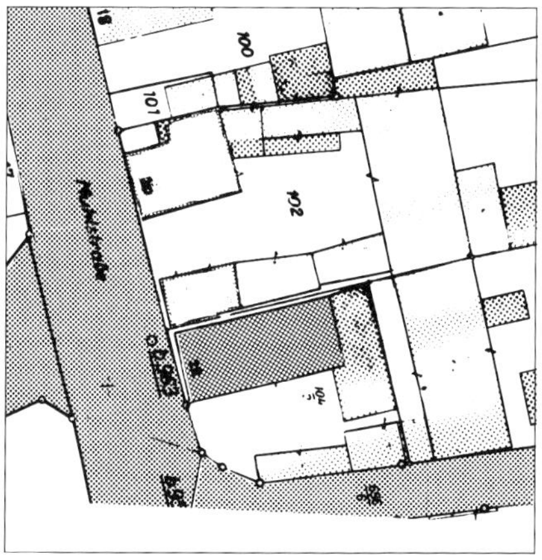

Mühlstraße 22
Flur 2 Flurstück 104/2

Fachwerkhofreite in ortsbildlich wichtiger Lage an einer Einmündung von der unbebauten Landschaft in den Ort und der Gabelung Mühlstraße/Untergasse. Wirtschaftsgebäude bedeutungslos, nur für das Ortsbild wirksam. Das Wohngebäude verkleidetes Fachwerk, 17./18. Jh., mit profilierten Steinstockfenstern des 17. Jhs. im hinteren Bereich, modern gestört. Der Bau liegt mit seinem Giebel zur Straße und bildet mit der daneben liegenden Gruppe eine Einheit. Kulturdenkmal aus künstlerischen und städtebaulichen Gründen.

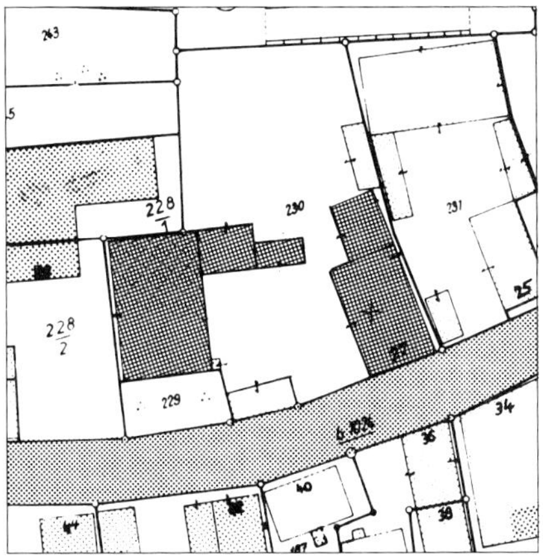

Mühlstraße 27
Flur 1 Flurstück 230

Große intakte Hofreite mit mehreren unregelmäßig zueinander gruppierten Wirtschafts- und Stallgebäuden. Das Wohnhaus giebelständig regelmäßig zur Straße ausgerichtet, insgesamt mit Asbestzementplatten verkleidet. Bruchsteinbasaltsockel, zweiläufige Freitreppe mit Bruchsteinwangen mit Sandsteinabdeckungen, korbbogiger Kellereingang in der Türmitte. Ursprüngliche Tür aus dem späten 18. Jh. erhalten. Der Bau ebenfalls um 1800, auf der Treppenwange unleserliches Datum, wohl 1808. Im Hof zwei kleine, typologisch interessante Stallgebäude, eigenständig nebeneinander gesetzt, erdgeschossig mit traufenständigen Satteldächern, das größere von beiden mit Taubenschlagöffnung. Angebaut an die große, Satteldach mit Krüppelwalmschopf gedeckte Scheune mit Bruchsteinsockel und qualitätvollem konstruktiven Fachwerk aus der Zeit um 1800. Zur Straße hin kleinere Nebengebäude, heute nicht mehr vorhanden. Pflasterung aus dem späten 19. Jh. erhalten. Die sehr qualitätvolle Anlage ist aus wissenschaftlichen, künstlerischen und städtebaulichen Gründen als Kulturdenkmal zu betrachten.

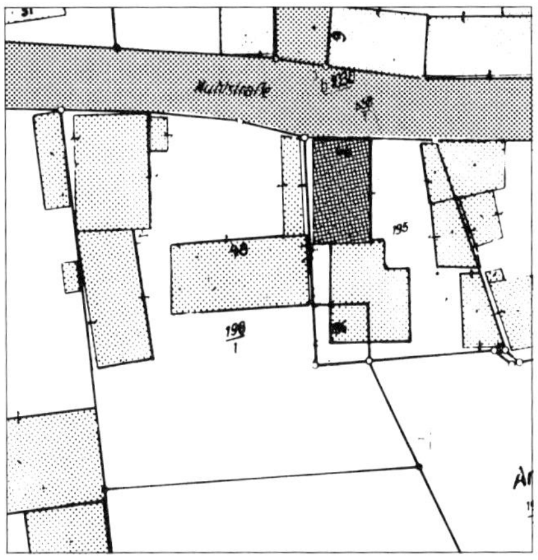

Mühlstraße 46
Flur 1 Flurstück 195

Wohnhaus einer Hofreite. Im hinteren Teil entstellender Neubau. Das Wohnhaus giebelständig zur Straße, scharf profilierte Schwellen und Rähm, einfaches konstruktives Fachwerk um 1800. Gut erhalten bis ins Detail des Taubenausflugsloches mit Vergitterung. Das Haus wirkt stark im Straßenraum und liegt gegenüber der Einmündung eines Gäßchens. Kulturdenkmal wegen seiner städtebaulichen Bedeutung.

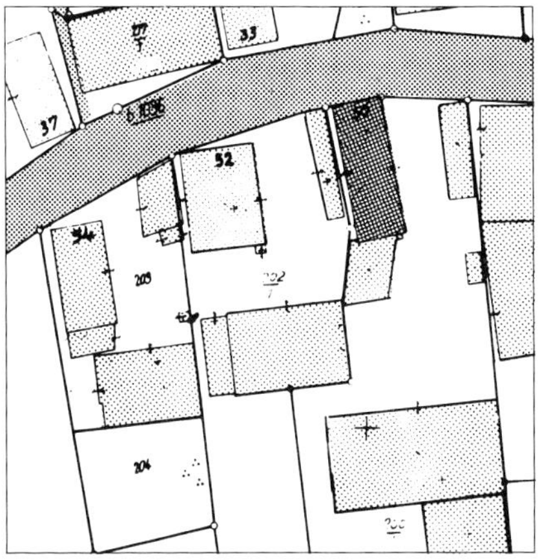

Mühlstraße 50
Flur 1 Flurstück 200/1

Unregelmäßige Hofreite. Das Wohnhaus ebenfalls wie die Nachbarhäuser gestaffelt, der Straßenbiegung angepaßt. Das Fachwerk einfach konstruktiv aus der Zeit um 1800, der hintere Hausteil später angefügt. Parallel dazu kleines reizvolles Stallgebäude, ebenfalls in Fachwerk. Im Hintergrund als großer Riegel die Scheune. Ursprüngliche Hofpflasterung ebenfalls erhalten. Die Giebelfront in Kunststoffplatten verkleidet. Kulturdenkmal wegen seiner städtebaulichen Bedeutung.

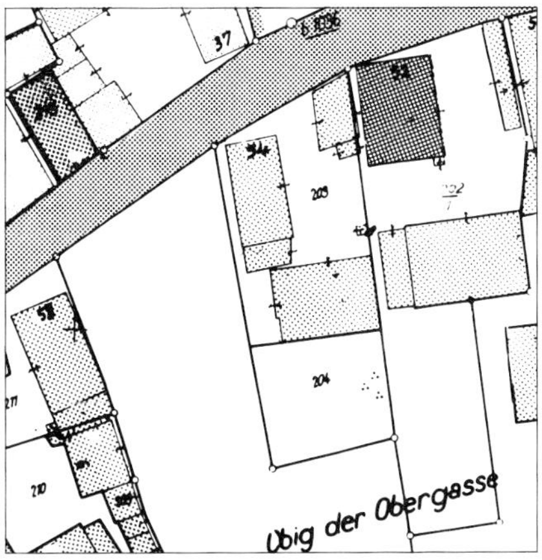

Mühlstraße 52
Flur 1 Flurstück 202/1

Hakenhof, prominent an einem für das Ortsbild wichtigen Knick der Mühlstraße gelegen. Stattliches Fachwerk in starken Dimensionen mit reicher Zier an Schwelle und Eckpfosten, entstanden um 1680, im EG teilweise erneuert. Kulturdenkmal wegen seiner künstlerischen und städtebaulichen Bedeutung.

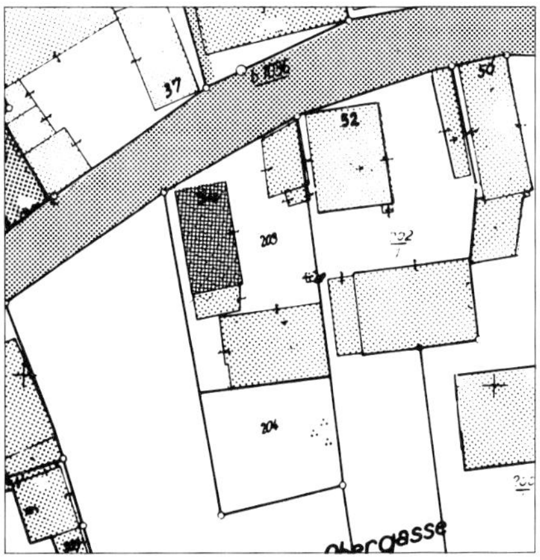

Mühlstraße 54
Flur 1 Flurstück 203

Kleine hakenförmige Hofreite, frühes 18. Jh., in ursprünglichem Erhaltungszustand mit später vorgebautem Basaltbruchsteinstallgebäude. Scheune mit Hausteinsockel und altem Scheunentor. Giebelständiges Wohnhaus, leicht versetzt der Straßenkrümmung folgend auf rustiziertem Basaltbruchsteinsockel, z. T. ursprüngliche Pflasterung. Einfache Kleinbauernhofreite. Kulturdenkmal aus städtebaulichen und sozialgeschichtlichen Gründen.

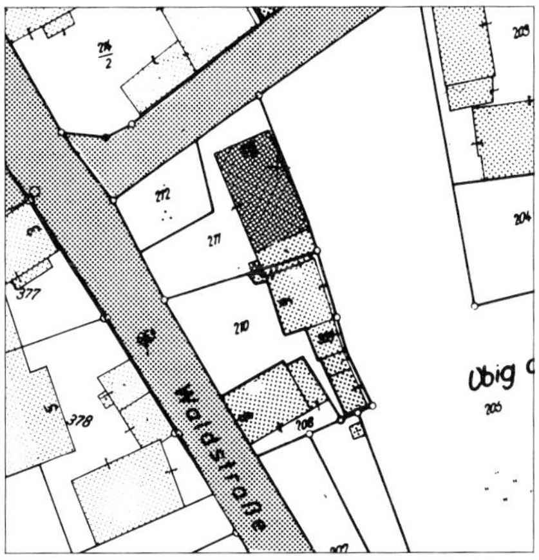

Mühlstraße 58
Flur 1 Flurstück 211

Kleines Fachwerkeinhaus in ortsbildlich wichtiger Lage an einer Straßenkreuzung in ursprünglichem Erhaltungszustand mit Vordach und kleinem Wirtschaftsanbau. Ebenmäßiges Fachwerk aus der Zeit um 1750 in einfachen, aber wohlproportionierten Formen. Das Haus wurde wohl ehemals für Kleinbauer oder Landarbeiter errichtet. Kulturdenkmal wegen seiner städtebaulichen und sozialgeschichtlichen Bedeutung.

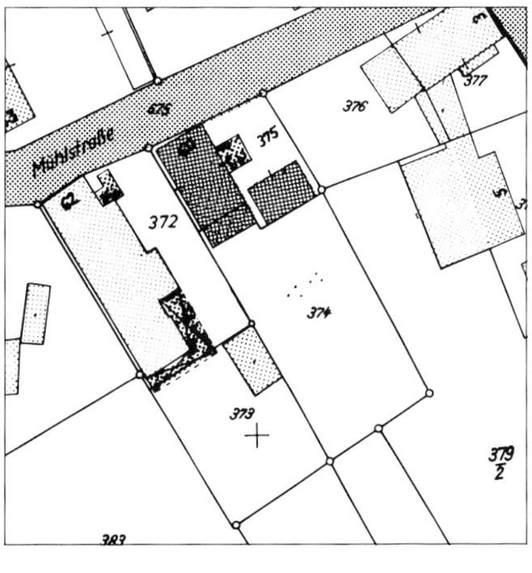

Mühlstraße 60
Flur 1 Flurstück 375

Kleines eingeschossiges Einhaus aus der Zeit um 1800 in einfachem, konstruktiven Fachwerk auf Bruchsteinsockel. L-förmig dazu kleiner Ständerbau des 18. Jhs. in interessanter Drempelkonstruktion. Urwüchsig gebogene Streben, aus zwei Bauteilen bestehend, mit zwei Türen. Seltenes Kleingebäude in Fachwerk, heute auf dem Lande nicht mehr oft vorkommend. Kulturdenkmal aus wissenschaftlichen und sozialgeschichtlichen Gründen.

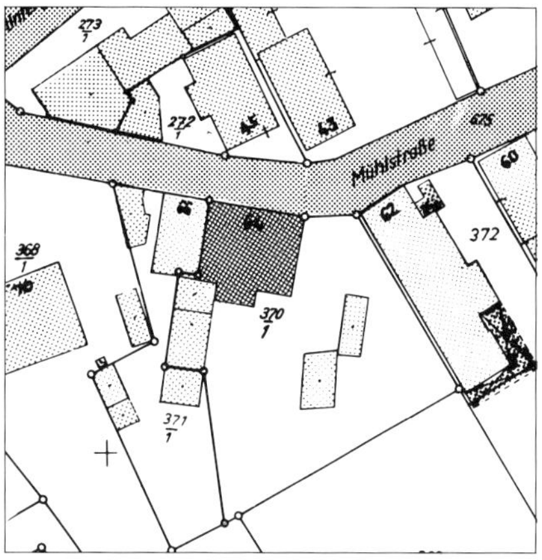

Mühlstraße 64
Flur 1 Flurstück 370/1

Fachwerkwohnhaus, der Straßenbiegung folgend versetzt, gemeinsam mit den benachbarten Häusern Nr. 54 und 58 eine prägnante Einheit im Dorfbild. Das Wohnhaus der Hofreite bedeutend, spätes 17. Jh. mit breiten, gekrümmten Eckstreben und Tau am Eckständer. Scharfe Profilierung und vorragende Schwelle. Im Erdgeschoß Fachwerk teilweise erneuert; ursprüngliche Türsituation erhalten. Scheune und Wirtschaftsgebäude unbedeutend. Kulturdenkmal wegen seiner künstlerischen und städtebaulichen Bedeutung.

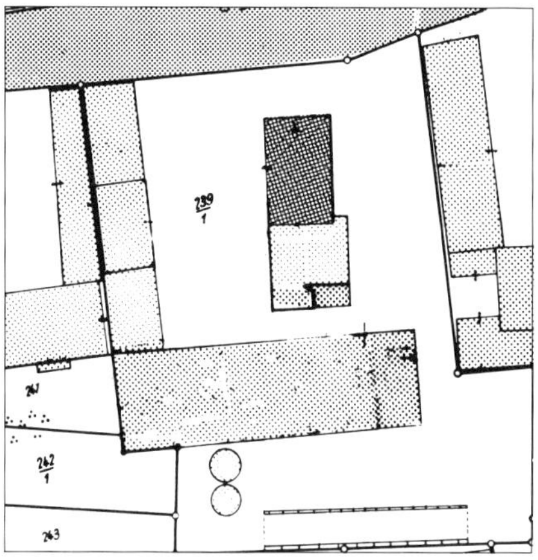

Untergasse 4
Flur 1 Flurstück 239/1

Geschlossene Hofreite mit Fachwerkwohnhaus, Mitte 18. Jh., als Auftakt der Gasse (Datierung im Sandsteintorpfosten 1761). Der Wohnbau giebelständig etwas zurückgesetzt zur Straße mit starken, krummen Eckstreben im Obergeschoß (Reste eines Baus des 17. Jhs.) und doppeltem umlaufenden Karnies im Giebel. Fachwerk im Erdgeschoß z. T. im 19. Jh. erneuert. Zweiläufige Freitreppe. Kulturdenkmal wegen seiner künstlerischen und städtebaulichen Bedeutung.

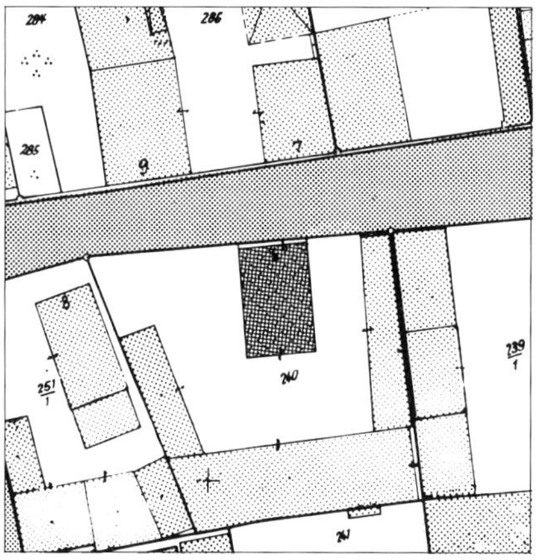

Untergasse 6
Flur 1 Flurstück 240

Hofreite in Fachwerk, die Wirtschaftsgebäude teilweise im Erdgeschoß massiv erneuert, im Obergeschoß Fachwerk aus der Zeit um 1800. Ziemlich geschlossen erhaltene Anlage, die sich in das Gesamtbild der Straße einreiht. Das Wohnhaus hart an die Straße gerückt, einfaches konstruktives Fachwerk mit flachem umlaufenden Karnies um 1800. Kulturdenkmal wegen seiner städtebaulichen Bedeutung.

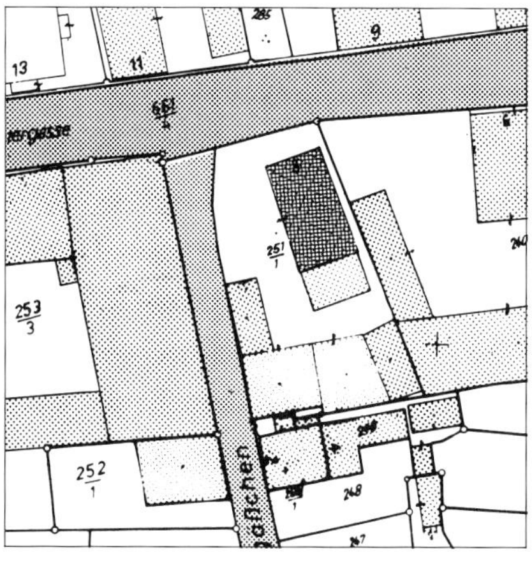

Untergasse 8
Flur 1 Flurstück 251/1

Hakenförmige Hofreite auf schmalem Grundriß am Ende der Gesamtanlage in städtebaulich prominenter Situation an der Ecke Geyergäßchen. Das Wohnhaus in seinen Fachwerkteilen holzverschindelt mit leichten Geschoßübersetzungen und original erhaltenem Fachwerk, an den Fenstern ablesbar. Entstanden 2. Hälfte 18. Jh., die Scheune ebenfalls 18. Jh. mit breitem Eichenholzfachwerk, ornamental angeordneten Streben und Resten ursprünglichen Stipp-Putzes. Kulturdenkmal wegen seiner städtebaulichen Bedeutung.

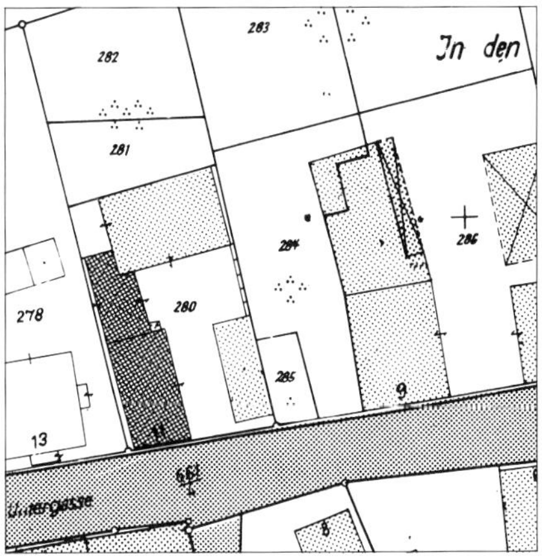

Untergasse 11
Flur 1 Flurstück 280

Kleines, eingeschossiges Fachwerkwohnhaus, die ursprüngliche hintere Hofbebauung entfernt. Behausung für Knecht oder Handelsjuden. Vorgebautes Zwerchhaus über dem Eingang, dort noch barocke Taubenschlagreste. Der Bau ganz verschindelt, Fachwerkfiguration aber noch komplett erhalten. Basaltbruchsteinsockel mit qualitätvoll gehauenen scharierten Kelleröffnungen. Kulturdenkmal aus geschichtlichen Gründen.

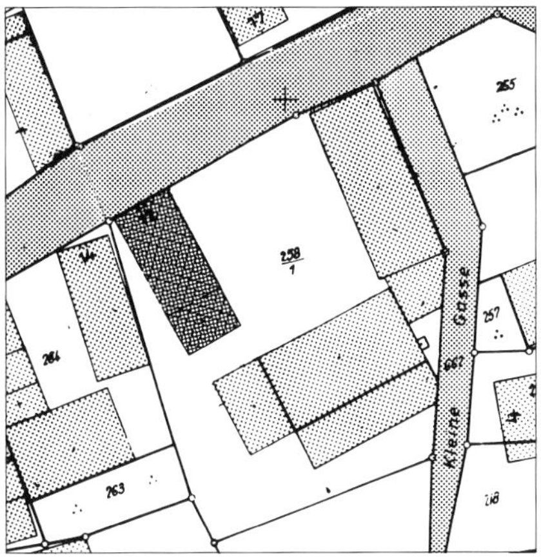

Untergasse 12
Flur 1 Flurstück 258/1

Große u-förmige Hofreite in ortsbildlich wichtiger Lage. Die Wirtschafts- und Stallgebäude auf massivem Sockelgeschoß, teilweise in Lungenstein, die Obergeschosse in Fachwerk. Sockel des Wohnhauses in Basaltbruch mit hausteingequaderten Kanten und Belüftungsöffnungen. Der Fachwerkaufbau in einfachem, geraden konstruktiven Fachwerk mit schwachem scharfgeschnittenen Karnies. Kulturdenkmal wegen seiner städtebaulichen Bedeutung.

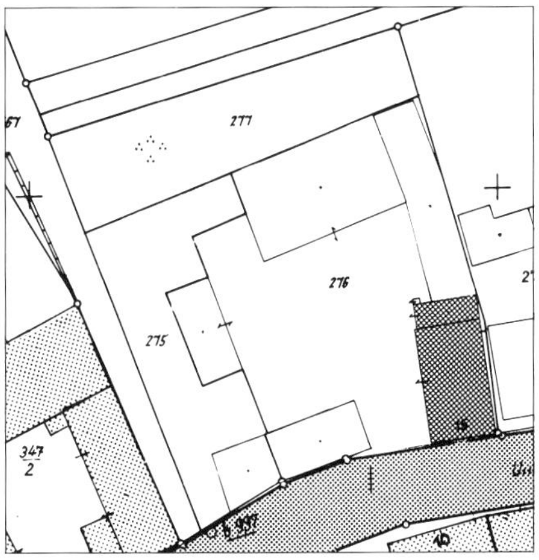

Untergasse 15
Flur 1 Flurstück 276

Gut erhaltene, straßenbildprägende Hofreite. Übersetzter Fachwerkwohnbau des 18. Jhs., völlig holzverschindelt. Fenster zum großen Teil noch ursprünglich. Über dem Eingang auf der Freitreppe aufsitzender Balkenvorbau, spätes 19. Jh. Alte steinerne Torpfosten mit Bez. „1893. H. PINSL". Im Hof quergelagerte Scheune mit massivem Untergeschoß, einfachem, konstruktiven Fachwerk. Zur Straße moderner Neubau. Kulturdenkmal aus städtebaulichen Gründen.

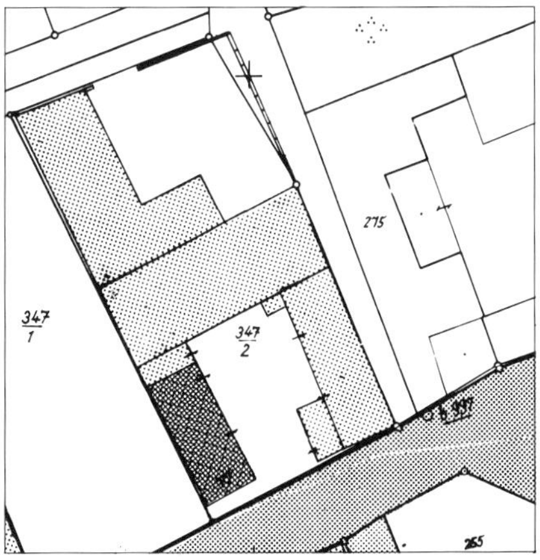

Untergasse 17
Flur 1 Flurstück 347/2

Geschlossene u-förmige Hofanlage, das Wohngebäude asbestzementverschindelt mit übersetzten Geschossen, 18. Jh., im Fachwerk relativ ungestört. In wichtiger städtebaulicher Lage gegenüber einer Straßeneinmündung. Dazu gehört ein interessantes Stallgebäude aus Basaltbruchstein mit Hausteineckquadern und Belüftungen als Okuli ausgebildet. Der Giebel in Fachwerk, ebenfalls um 1800. Das Wohnhaus und Stallgebäude sind als Kulturdenkmal wegen ihrer städtebaulichen Bedeutung zu betrachten.

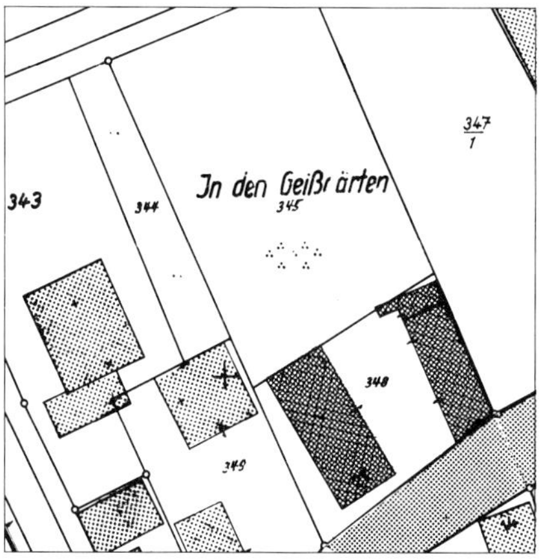

Untergasse 21
Flur 1 Flurstück 348

Freistehendes Fachwerkwohnhaus parallel zu einem kleinen Stallteil mit Fachwerkaufsatz, Untergeschoß massiv. Zur Landschaft hin durch Abbruch geöffnet. Einfaches Fachwerkgebäude des frühen 18. Jhs. mit übersetzten Geschossen, die ursprüngliche Fensterteilung noch erhalten. Selten das gegenüberliegende Stallgebäude mit einfachem konstruktiven Fachwerk und ursprünglich erhaltenen Taubenausflugslöchern. Wohnhaus und Stall sind wegen ihrer städtebaulichen und wissenschaftlichen Bedeutung Kulturdenkmale.

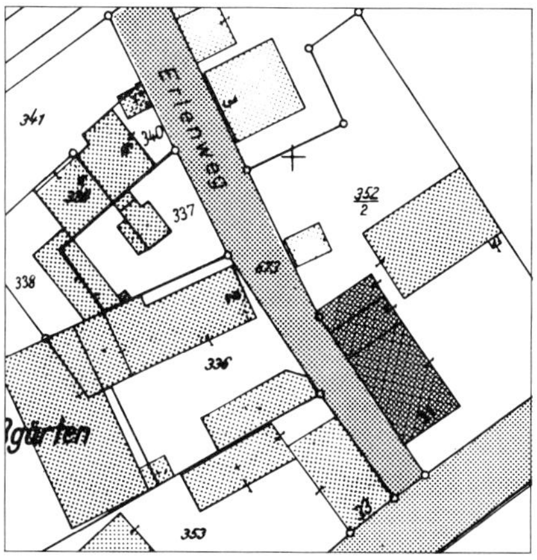

Untergasse 31
Flur 1 Flurstück 352/2

Kleines Landarbeiterhaus wichtiger Lage im Ortsbild. Eingeschossig mit scharf profilierter Schwelle und ursprünglich erhaltenem Taubenschlag. Über dem Eingang Zwerchhaus auf Ständern in gleicher Firsthöhe wie der Hauptbau. Im Giebel Inschrift und Datierung 1822. Kulturdenkmal wegen seiner sozialgeschichtlichen Bedeutung als kleines Landarbeiterhaus und aus städtebaulichen Gründen.

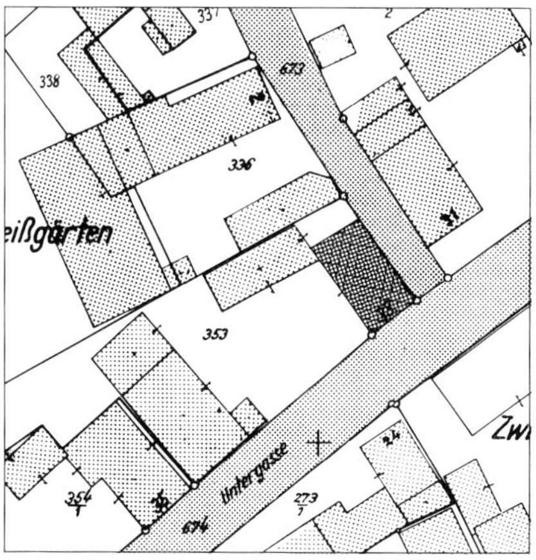

Untergasse 33
Flur 1 Flurstück 353

Kleines Fachwerkwohnhaus an der Ecke Am Erlenweg. Ungestörtes Fachwerk in ursprünglichem Verband, heute asbestzementschieferverkleidet. Städtebaulich wichtige Position, deshalb Kulturdenkmal wegen seiner städtebaulichen Bedeutung.

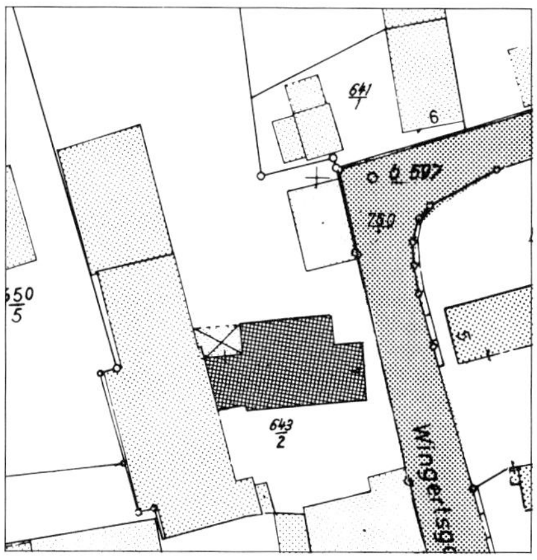

Wingertsgasse 4
Flur 1 Flurstück 643/2

U-förmige Hofreite mit Fachwerkwohnhaus aus der Mitte des 18. Jhs. mit eigenartigem Schwellenprofil und starren Streben. Wilde Mann-Form mit Gegenstreben, zweiläufige Freitreppe, ursprüngliche Sandsteinummauerung mit halbrunder Mauerkrone erhalten; die Scheunen- und Wirtschaftsgebäude 19. und 20. Jh. Das Wohnhaus als Parallelbau mit dem gegenüberliegenden Bau Nr. 5 als wichtiger Blickpunkt innerhalb der Straße Am Wingert. Als Kulturdenkmal zu werten wegen seiner städtebaulichen Bedeutung.

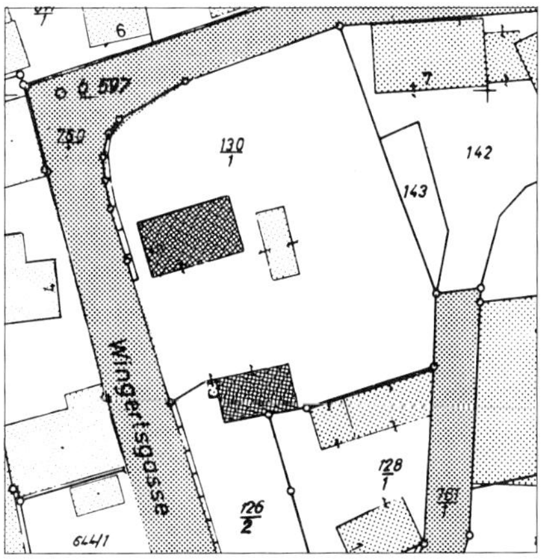

Wingertsgasse 5
Flur 1 Flurstück 130/1

Dem gegenüberliegenden Haus Nr. 4 im großen Ganzen sehr ähnlich, außerdem noch überdachter Vorbau an der zweiläufigen Freitreppe. Ähnliche Profilierung, ebenso einfaches geometrisches Fachwerk aus der Zeit um 1750. Im hinteren Teil ältere Bauteile aus der 1. Hälfte des 18. Jhs. Parallel zum traufenständigen Bau kleineres seltenes Stallgebäude, Fachwerk um 1800. Beide Bauten sind als Kulturdenkmale wegen ihrer wissenschaftlichen und städtebaulichen Bedeutung zu werten.

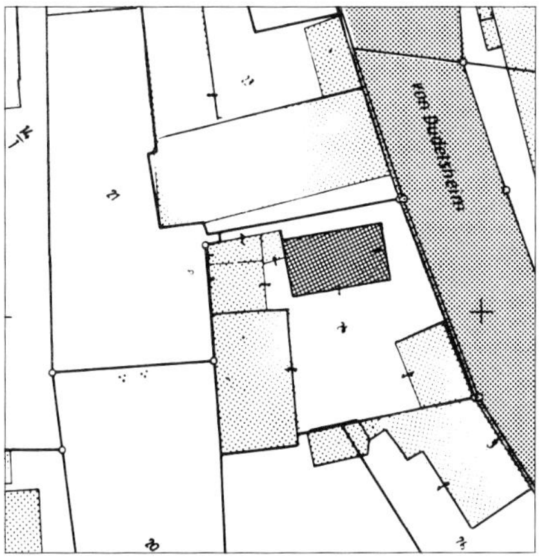

Zum Seemenbach 1
Flur 1 Flurstück 74

Polygonale Hofreite mit ursprünglicher Einfriedung mit Sandsteinpfosten. Zur Straße giebelständiges Wohnhaus mit feinen, geometrisierenden Fachwerkformen, genasten Streben, verschalten Balkenköpfen. Im Dach ursprüngliche Schleppgaube mit Taubenschlagausflug. Entstanden um 1720. Altes Vordach erhalten. Scheune um 1800 auf massivem Sandsteinsockel. Das Wohnhaus ist Kulturdenkmal aus künstlerischen Gründen und wegen der kompletten Baudetails.

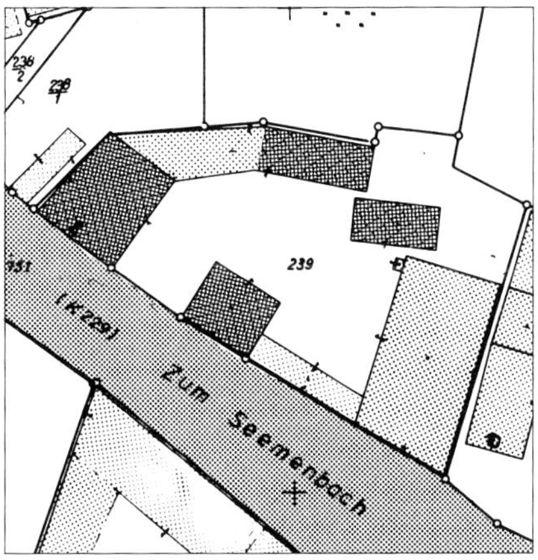

Zum Seemenbach 8
Flur 1 Flurstück 239

Großdimensionierte Musterhofreite auf unregelmäßigem Grundriß. Aufwendige Nutzarchitektur nach neuesten landwirtschaftlichen Gesichtspunkten um 1800. Das Wohnhaus gleichzeitig, klassizistische Proportionen mit historisierenden, fischgrätartigen Fachwerkformen. Wegen der Bedeutung für die Geschichte der landwirtschaftlichen Produktion und der Stellung im Ortsbild Kulturdenkmal aus wissenschaftlichen, künstlerischen und städtebaulichen Gründen.

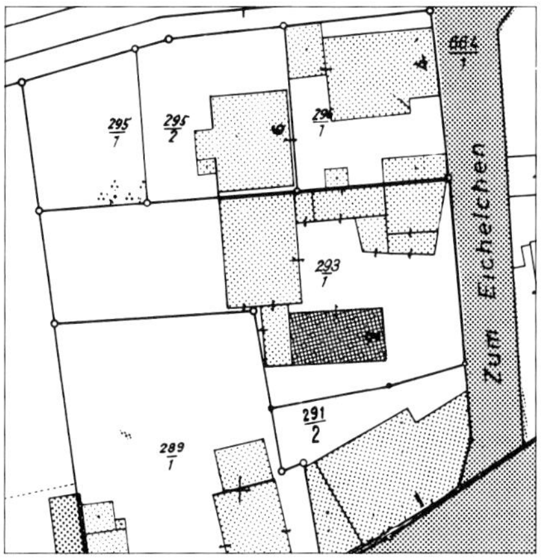

Zum Eichelchen 2
Flur 1 Flurstück 293/1

Kleinformatige hakenförmige Hofreite, etwas zurückgesetztes, giebelständiges Wohnhaus. Fachwerk in breiter konstruktiver Anordnung, leicht abgefaste Schwelle, breite Eckständer. An der Traufseite Eckstreben mit Gegenstreben an der Kopfseite, stark vorkragende Schwelle. Urwüchsiger Fachwerktyp um 1720, Scheune spätes 18. Jh. Das Wohnhaus der Kleinbauernhofreite ist Kulturdenkmal aus künstlerischen und geschichtlichen Gründen.

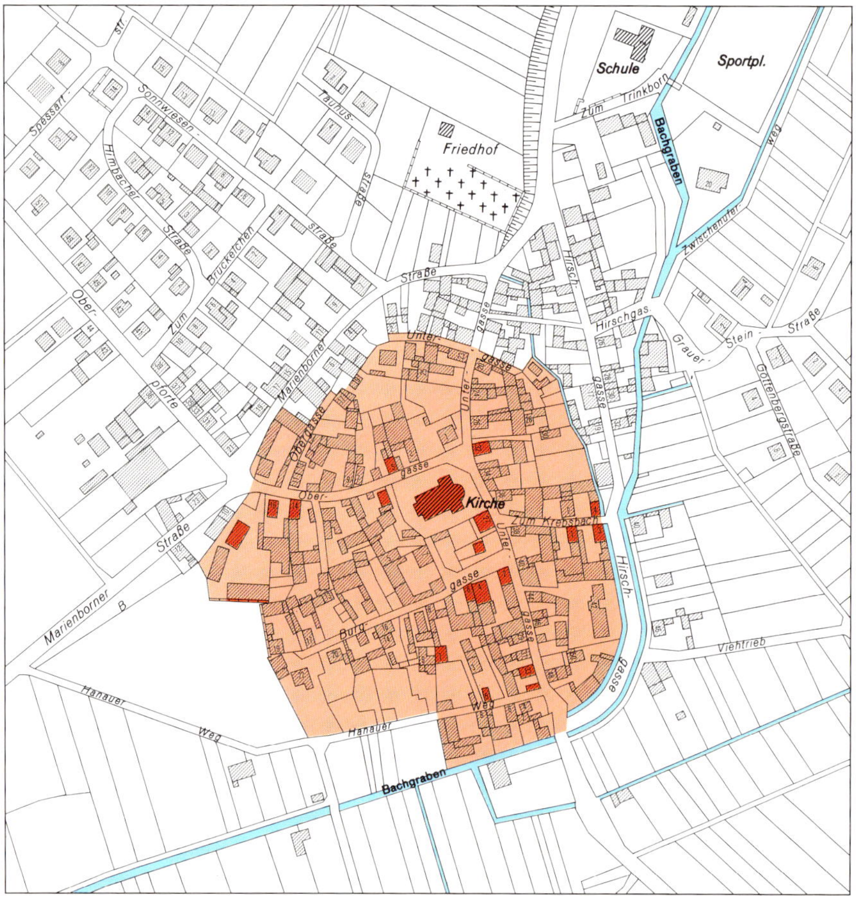
Schule
Sportpl.
Friedhof
Kirche
Bachgraben
Bachgraben
Zum Trinkborn
Hirschgas
Viehtrieb
Hanauer Weg
Sonnwiesen
Gottenbergstraße

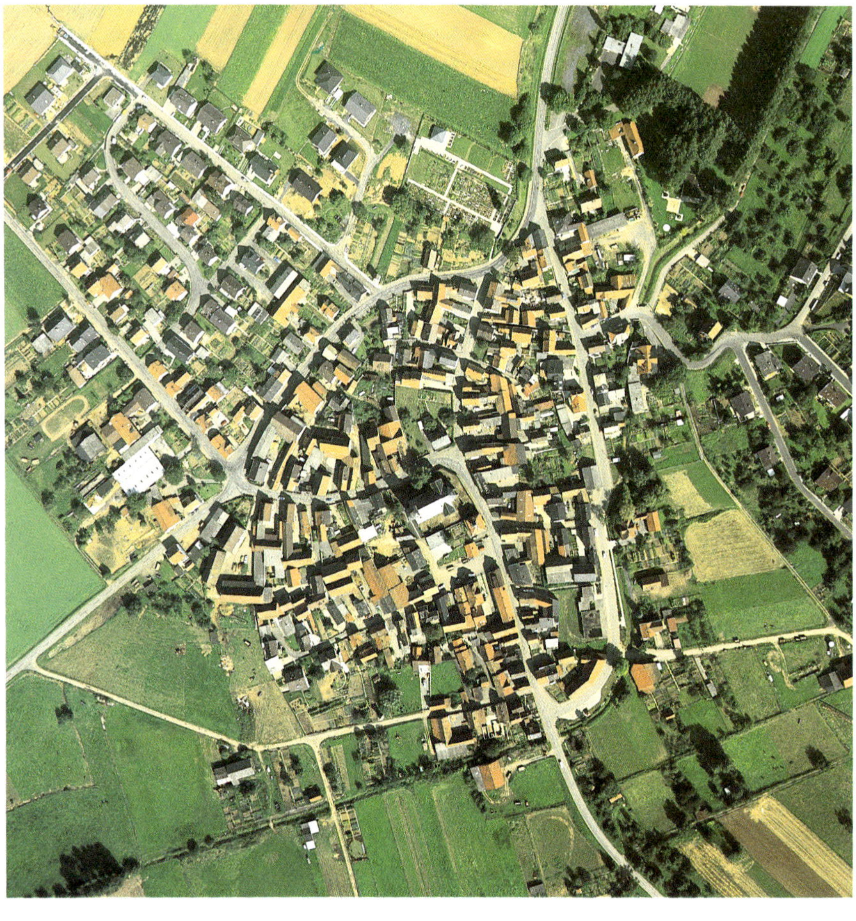

Eckartshausen

Die Katasterkarte von 1831 zeigt den Stand der damaligen Ausdehnung des Ortes. Die mittelalterliche steinerne Befestigungsanlage ist teilweise noch vorhanden und ablesbar. Die Mauer folgt im Osten dem Verlauf des Bachgrabens, der Teil der Befestigungsanlage ist. Im Norden und Nordwesten wird sie von Unter- und Obergasse markiert. Im Westen liegt vorgeschoben als Teil der Befestigungsanlage der große Würzburger Lehenshof. Deutlich ablesbar ist das Straßensystem einer breiten, nordsüdlich orientierten Gasse, die auf die Unterpforte führte und einem westlichen ebenso breiten Abzweig, der auf die Oberpforte führte. Der große Platz südlich der Kirche ist heute noch vorhanden.

Urkataster 1831, mit Rekonstruktionsversuch des Verlaufes der Stadtmauer

Gesamtanlagen

Die Geschlossenheit des historischen Kerns, der sich im heutigen Grundriß des Ortes noch gut ablesen läßt, ist im Aufriß der Straßenräume nur zum Teil erhalten.
Längs der Unterpforte ergeben sich durch Aneinanderreihung guterhaltener Zweiseithöfe des 18. und 19. Jhs. dichte ortsbildprägende Anlagen. Die Krebsgasse eröffnet von Osten her, gerahmt von Wohnbauten des 18. Jhs., einen reizvollen Prospekt auf die Kirche und das Rathaus. In der Oberpforte — südliche Gassenseite — finden sich geschlossene,

qualitätvolle barocke Höfe, die in der Anlage eines großen, frühbarocken Ökonomiehofes ihren Abschluß finden.

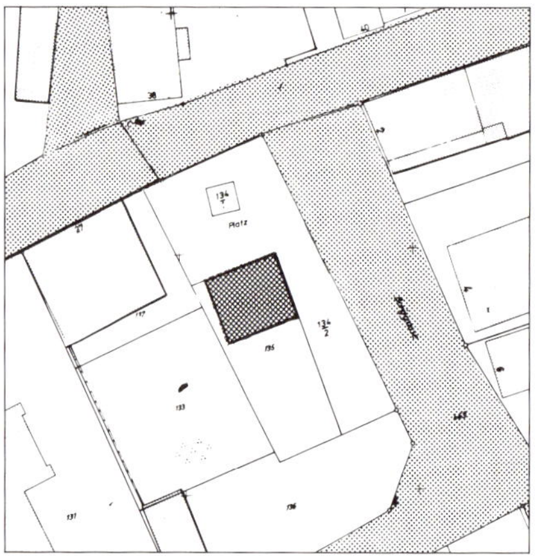

Burggasse 1
Flur 1 Flurstück 135
Backhaus.

Zweckbau in konstruktivem Fachwerk mit geschweiften Knaggen und schiffskehlenartiger Ausarbeitung der Schwelle, 1. Hälfte 18. Jh. Zwei Eingänge, über der linken Tür den Erbauer zitierende Inschrift; alte geteilte Türen erhalten. Doppelfunktion, weil Ober- und Unterdorf jeweils ein Backhaus benutzten. Seltene Anlage im Ortsmittelpunkt. Kulturdenkmal aus geschichtlichen und städtebaulichen Gründen.

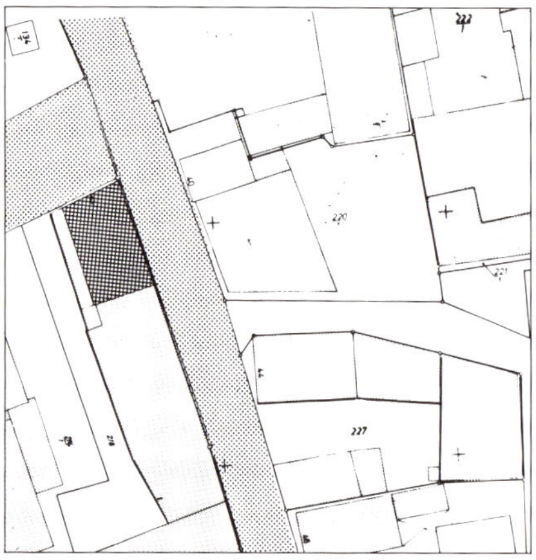

Burggasse 2
Flur 1 Flurstück 218

Städtebaulich prominenter Eckbau zwischen Unterpforte und Burggasse als Begrenzung der platzartigen Aufweitung der Burggasse. Solides, konstruktives Fachwerk aus der Zeit um 1730 mit plastischem Karnies und liegenden Rhomben unter den Fensterbrüstungen; umlaufendes Profil im Giebel. An der Traufseite Anbau des 20. Jhs. Ansonsten Fachwerk relativ ungestört. Kulturdenkmal wegen seiner städtebaulichen und künstlerischen Bedeutung.

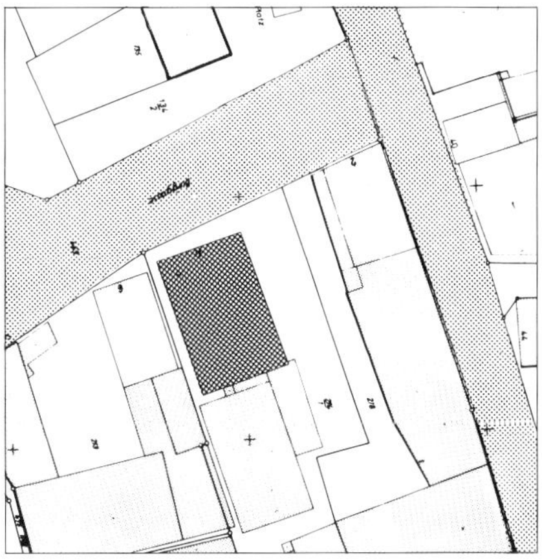

Burggasse 4
Flur 1 Flurstück 214/1

Großes, platzbestimmendes Haus an der Erweiterung der Burggasse mit aufwendigem Fachwerkdekor; an der Traufseite Doppelportal mit alter Füllungstür. Im Portalgesims Inschrift: „JOHANN CASPAR KAICKHOFF 22. APRIL 1710"; Zwerchhaus mit Viertelkreisstreben und S-förmigen genasten Gegenstreben. Reichornamentiertes städtisches Fachwerkhaus. Kulturdenkmal aus künstlerischen, geschichtlichen und städtebaulichen Gründen.

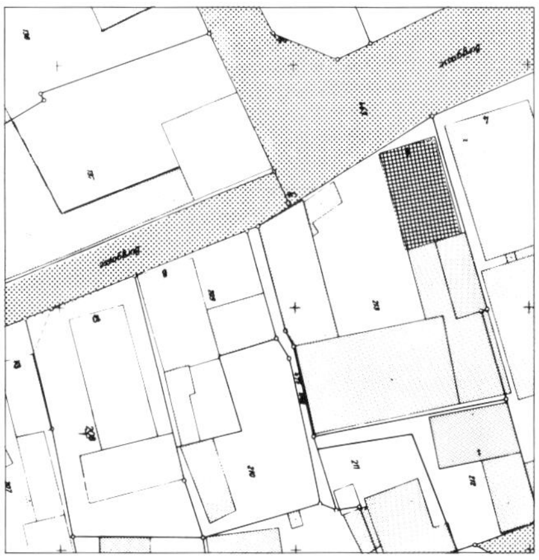

Burggasse 6
Flur 1 Flurstück 213

Kleine Fachwerkhofreite direkt neben dem beherrschenden Haus Nr. 4, Traufseite verschindelt, Giebelseite zum Platz hin wirkend. Konstruktives Fachwerk um 1800 in symmetrischer Anordnung mit zahlreichen senkrechten Kniepfosten. Die Wirtschafts-, Scheunen- und Stallgebäude aus der gleichen Zeit. Der Bau ist in ortsbildlicher Hinsicht bedeutend, da er gemeinsam mit den Häusern Nr. 2 und 4 die Platzwand gegenüber der platzartigen Erweiterung des Backhauses bildet. Kulturdenkmal wegen seiner städtebaulichen Bedeutung.

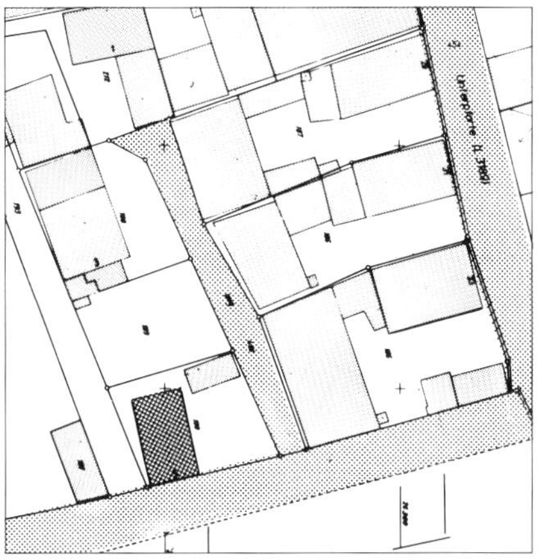

Hanauer Weg 5
Flur 1 Flurstück 190

Kleines eingeschossiges Auszügler- oder Judenhaus, die Schwelle altertümlich in die Eckständer eingezapft, der Giebel vorkragend. Über dem Portal unleserliche Inschrift mit Datum „ANNO 1719". Typologisch seltener interessanter Bau. Kulturdenkmal wegen seiner geschichtlichen und wissenschaftlichen Bedeutung.

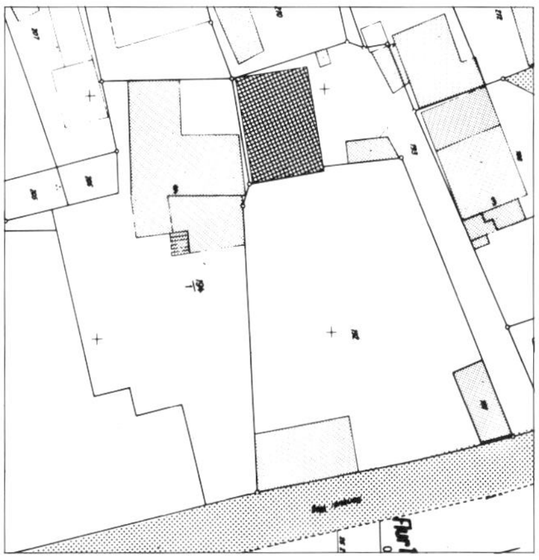

Hanauer Straße 7
Flur 1 Flurstück 193
Ehem. jüd. Schule u. Synagoge

Typus des zweigeschossigen Wetterauer Fachwerkwohnhauses des 18. Jhs., heute durch Anbau verunstaltet und völlig verputzt. Das ursprüngliche Fachwerk wohl noch vorhanden. Kulturdenkmal wegen der Bedeutung für die Ortsgeschichte und die jüdische Kultur am Ort.

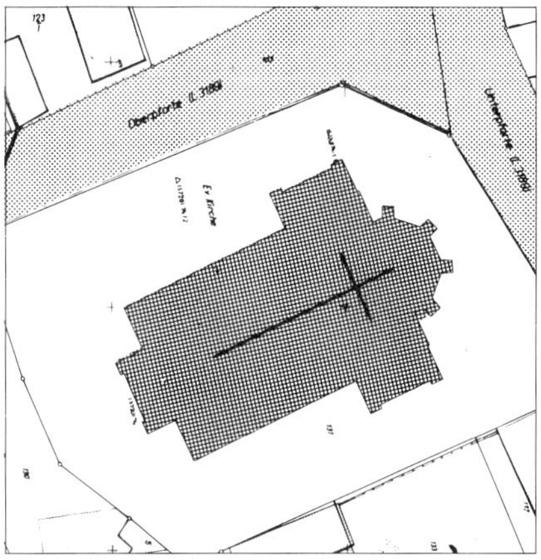

Oberpforte 2
Flur 1 Flurstück 131
Evangelische Pfarrkirche.

Neoromanischer Bruchsteinbau mit Westturm und fünfseitigem Chorhaupt. Ostquerhaus, vierachsiges Langhaus. Im Westportal datiert 1879. Der voluminöse Bau dominiert im Ortsbild. Wegen seiner historischen und künstlerischen Bedeutung Kulturdenkmal.

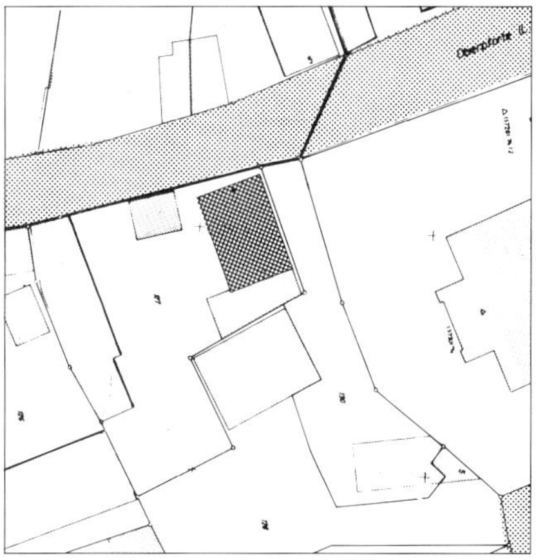

Oberpforte 4
Flur 1 Flurstück 127

Große u-förmige Hofreite in direkter Nachbarschaft der Kirche und in ortsbildlich beherrschender Lage hart an der Straße. Das Wohnhaus um 1800 mit konstruktivem Fachwerk und doppeltem Karnies; die Stallgebäude und die Scheune 18. bzw. 19. Jh. Das Haus hat eine wichtige Funktion unmittelbar gegenüber der Kirche, seine Rückwand bildet die Begrenzung und einen Prospekt zur Kirche hin. Kulturdenkmal wegen seiner städtebaulichen Bedeutung.

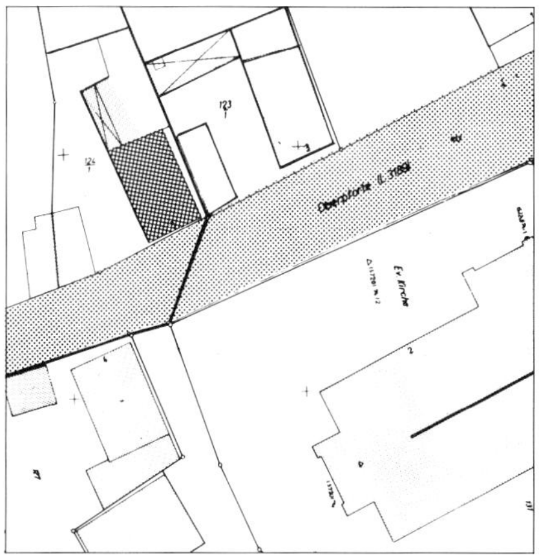

Oberpforte 5
Flur 1 Flurstück 124/1

Spitzwinklig-L-förmige Fachwerkhofreite aus der Mitte des 18. Jhs. mit reinem ursprünglich erhaltenen Fachwerkgerüst und einer Scheune aus der gleichen Zeit. Im hinteren Teil des Wohnhauses Anbau aus dem 20. Jh., Stallgebäude datiert 1887. Die Hofreite liegt unmittelbar gegenüber der Kirche und bildet zusammen mit dem Nachbarhaus eine ortsbildlich wichtige Anlage. Kulturdenkmal aus städtebaulichen Gründen.

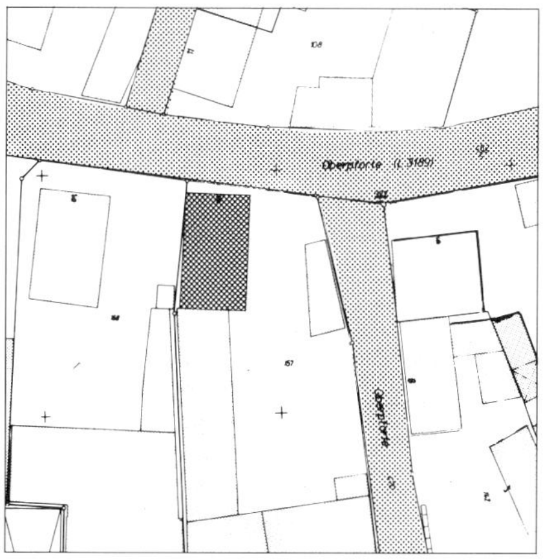

Oberpforte 14
Flur 1 Flurstück 157

Zweigeschossiges, giebelständiges Fachwerkwohnhaus, Teil einer Hofreite. Über der ursprünglich mit Karnies umrahmten Tür datiert 1834. Einfaches konstruktives Fachwerk mit schwach profilierter Schwelle und Rähm. Zur Gasse hin Wirtschaftsgebäude und im Hintergrund große Scheune, ebenfalls frühes 19. Jh. Die ursprüngliche Torsituation erhalten. Das Wohnhaus reiht sich ein in eine geschlossene Anlage von drei gleichartigen giebelständigen Häusern und ist aus städtebaulichen Gründen als Kulturdenkmal zu werten.

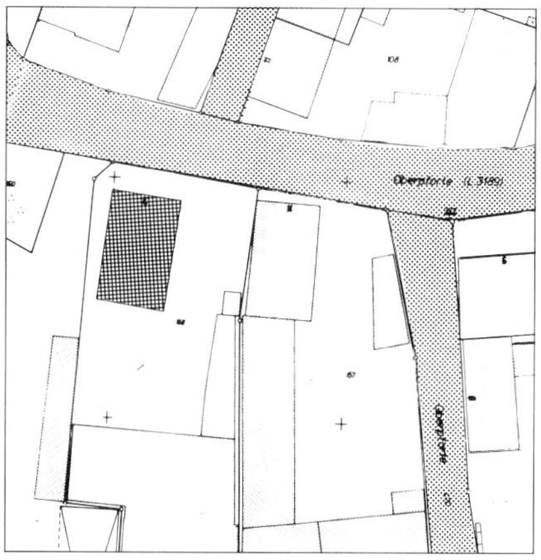

Oberpforte 16
Flur 1 Flurstück 158

Giebelständiger Fachwerkbau, frühes 19. Jh., in gleicher gestaffelter Ausrichtung wie das Nebenhaus. Umlaufende Profilierung in Schwelle, Rähm und Giebeldreieck. Im Giebel Zahnschnittfries im Krüppelwalm und kreuzförmige Taubenschlagausflugslöcher. Alte einläufige Freitreppe erhalten. Zusammen mit den Nachbarhäusern bildet der Bau eine ortstypische Gruppe am Rand des historischen Bereichs. Kulturdenkmal aus städtebaulichen Gründen.

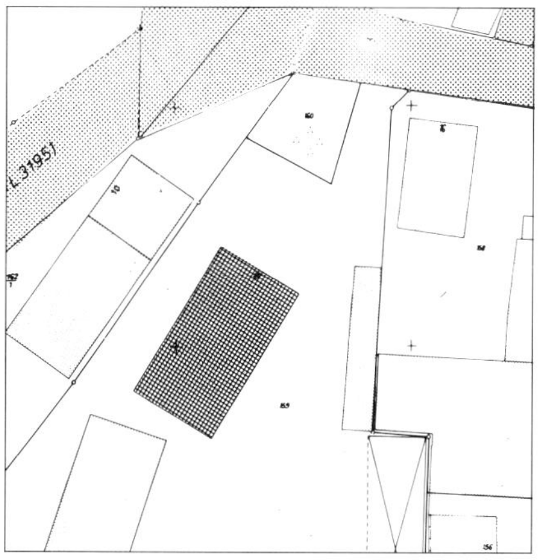

Oberpforte 18
Flur 1 Flurstück 159

Großer Ökonomiehof; ursprünglich Würzburger Lehen, dann zum Kloster Marienborn gehörig. Bedeutendes Fachwerkwohnhaus um 1710, Portal in der Mittelachse, reiches Zierfachwerk. Im Hintergrund große Scheune um 1800, Bruchstein mit Krüppelwalmdach. Am hinteren Scheunenteil noch Reste der alten Stadtmauer. Zur Oberpforte ursprünglich Torhaus, Ende 19. Jh. abgebrochen. Kulturdenkmal aus künstlerischen und geschichtlichen Gründen.

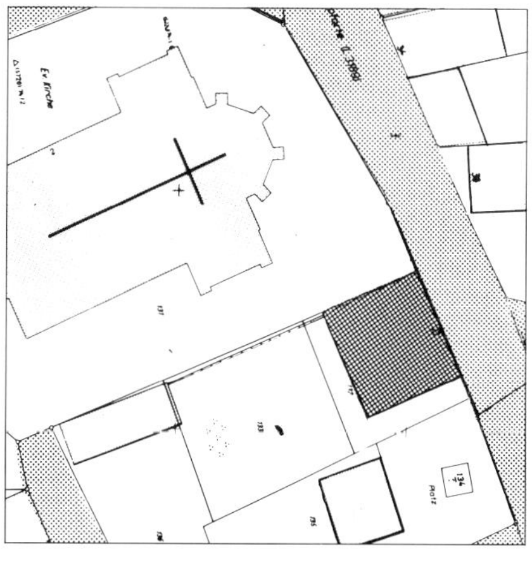

Unterpforte 27
Flur 1 Flurstück 132
ehem. Gericht, Schule und Rathaus.

Massivbau, fünfachsig mit zweiläufiger Freitreppe, geohrtem Portal und Segmentbogengiebel, dort Inschrift: „ANNO 1733 C F G Z I Y U B ECKARTSHÄUSER GERICHTS-, RAT- UND SCHULHAUS." In der Mitte Ysenburger Wappen. Hohes Mansarddach mit Dachreiter. Der einfache, qualitätvolle Barockbau in prominenter Lage an der Ecke Burggasse/-Unterpforte ist Kulturdenkmal wegen seiner künstlerischen, geschichtlichen und städtebaulichen Bedeutung.

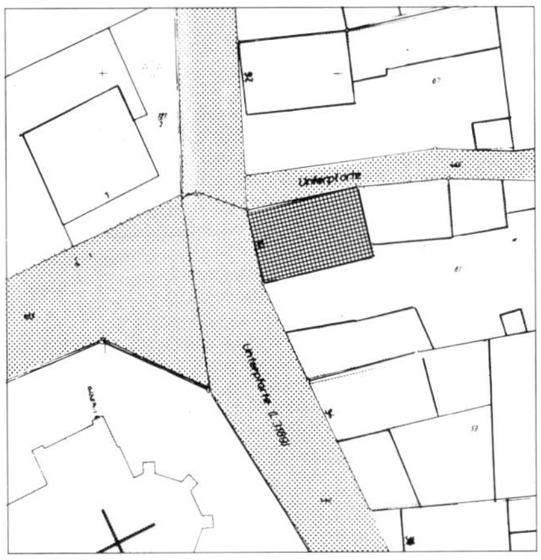

Unterpforte 32
Flur 1 Flurstück 61

Fachwerkhofreite in ortsbildlich wichtiger Lage an der Gabelung Oberpforte/Unterpforte direkt gegenüber der Kirche. Das Wohnhaus giebelständig mit Krüppelwalm, scharf profilierten Schwellen; umlaufender Zahnschnitt an der Traufe mit Inschrift, datiert 1824. Im hinteren Bereich Scheune, ebenfalls aus dieser Zeit sowie Stallanbauten, spätes 19. Jh. Das Haus ist als Kulturdenkmal zu bezeichnen wegen seiner für das Ortsbild wichtigen Lage und Ausprägung eines einfachen, konstruktiven, aber qualitätvollen Fachwerks.

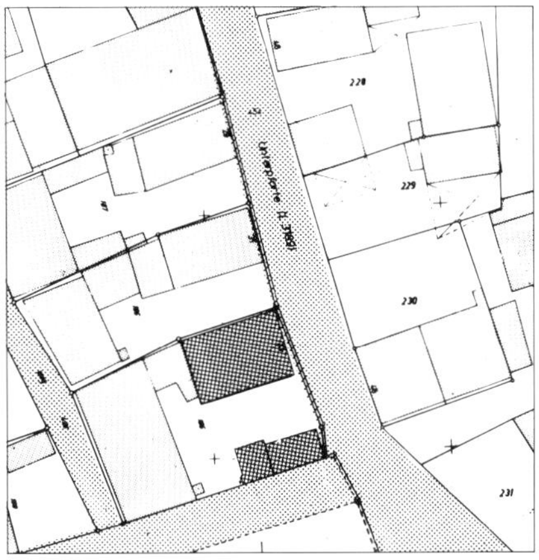

Unterpforte 33
Flur 1 Flurstück 185

Geschlossene Hofanlage an wichtiger Stelle am Ortsanfang. Wohnhaus mit aufwendiger Fachwerkornamentik: plastisch diamantierte Rhomben, kleeblattartig geschweifter Feuerbock; frühes 18. Jh. Wirtschafts- und Stallgebäude spätes 18. bzw. spätes 19. Jh. Die Anlage ist Kulturdenkmal wegen ihrer künstlerischen und städtebaulichen Bedeutung.

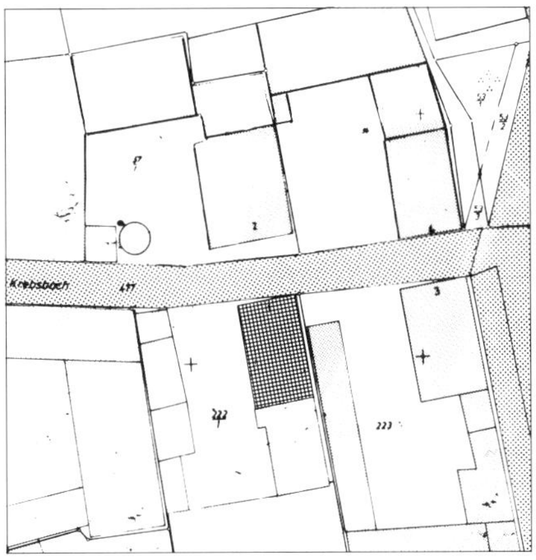

Zum Krebsbach 1
Flur 1 Flurstück 222/1

Wohnhaus einer Hofreite aus der Mitte des 18. Jhs., starke Überkragung im 1. Obergeschoß, durchgehend verkleidete Balkenköpfe; einfaches, konstruktives Fachwerk mit Wilde Mann-Formen, umlaufend profiliertes Giebelgesims. Der Bau ragt mit seinem Giebel in den Straßenraum hinein und bildet zusammen mit dem Nachbarhaus Nr. 3 einen ortsbildlich wichtigen Akzent. Kulturdenkmal aus künstlerischen und städtebaulichen Gründen.

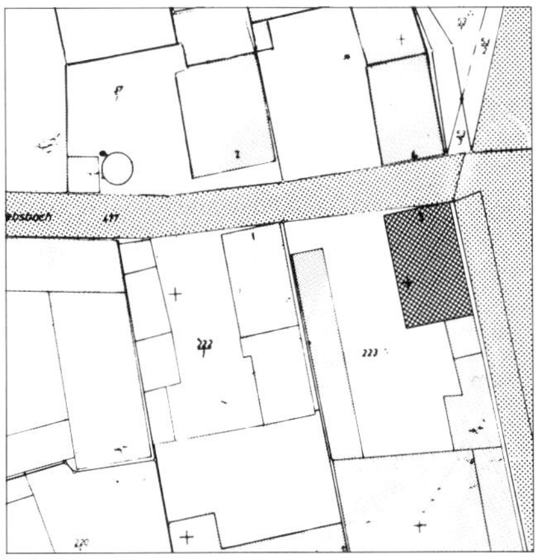

Zum Krebsbach 3
Flur 1 Flurstück 223

Ortsbildlich wichtiges Fachwerkhaus an der Kreuzung Krebsgasse/Hirschgasse gelegen. Relativ einfaches konstruktives Fachwerk mit flachem Karnies und eigenartigem Zackenband in der Schwelle. Entstanden im frühen 19. Jh. Die Wirtschafts- und Stallgebäude ebenfalls aus dieser Zeit. Kulturdenkmal wegen seiner städtebaulichen und wissenschaftlichen Bedeutung.

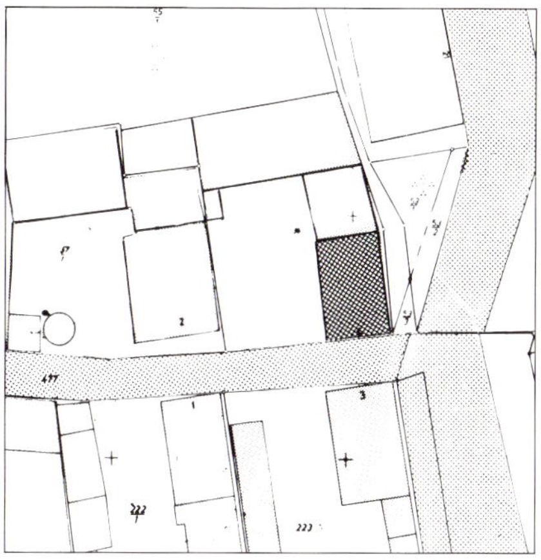

Zum Krebsbach 4
Flur 1 Flurstück 54

Fachwerkwohnhaus unmittelbar gegenüber von Krebsgasse 1; bildet mit diesem zusammen eine torartige Situation am Eingang zur Altstadt. Einfaches Fachwerk aus der Zeit um 1800 mit weiten Streben, regelmäßigen Füllungsteilen. Kulturdenkmal wegen seiner städtebaulichen Bedeutung.

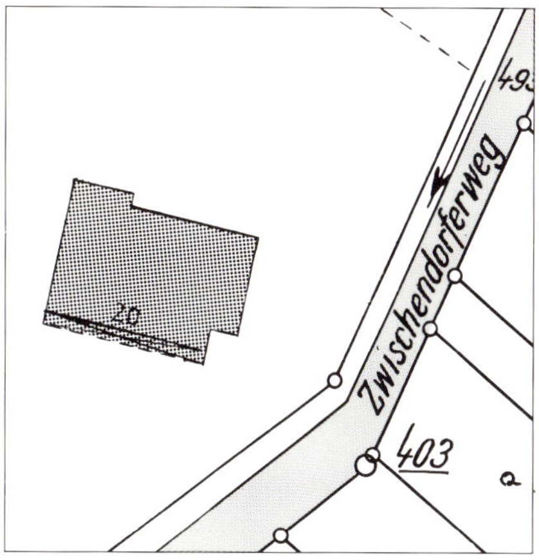

Eckartshäuser Mühle
Flur 1 Flurstück 343/1

Frei am Ortsrand gelegenes Mühlenhaus mit hohem Hausteinsockel und stattlichem Fachwerkoberbau mit Krüppelwalmdach; entstanden um 1810. Mühlbach und Wirtschaftsgebäude sind verschwunden. Trotzdem gute Wirkung im Ortsbild durch die Korrespondenz von historischer Randbebauung und freistehendem Mühlenbau. Kulturdenkmal wegen seiner städtebaulichen und geschichtlichen Bedeutung.

Marienborn, ehem. Kloster
Flur 14 Flurstück 1/4 u. 2

1274 Verlegung des Zisterzienserinnenklosters von Haag hierher. Grablege der Herren und Grafen von Ysenburg-Büdingen. Das Kloster 1599 aufgelöst. 1673-1725 Residenz des Grafen Karl August. 1737-47 Wohnsitz des Grafen Zinzendorf mit Herrenhuter Niederlassung.
Von dem Zisterzienserinnenkloster, das 1274 von Haag hierher verlegt wurde, ist nur die Ruine der Kirche erhalten. Einschiffiger, frühgotischer Bau von 6 Jochen mit Fünfachtelschluß. Die vier westlichen Joche später in einen Teil des Schlosses einbezogen, der Rest der Kirche bis in Kämpferhöhe erhalten. Außen einfache Strebepfeiler. Das barocke Schloß zum größten Teil 1890 abgebrochen. Erhalten sind ein Wohngebäude um 1700 mit stattlichem Fachwerk, langgestreckt, polygonale Vorhalle in Fachwerk, 20. Jh. Durch eine Mauer mit Torbogen (bez. 1708) damit verbunden Wirtschaftsgebäude, im Erdgeschoß massiv, Fachwerkobergeschoß und Giebel in gutem barocken Fachwerk, Anfang 18. Jh. Die Reste des Klosters und der Ysenburger Schloßanlage mit den beiden großen Fachwerkbauten sind Kulturdenkmale wegen ihrer künstlerischen und geschichtlichen Bedeutung.

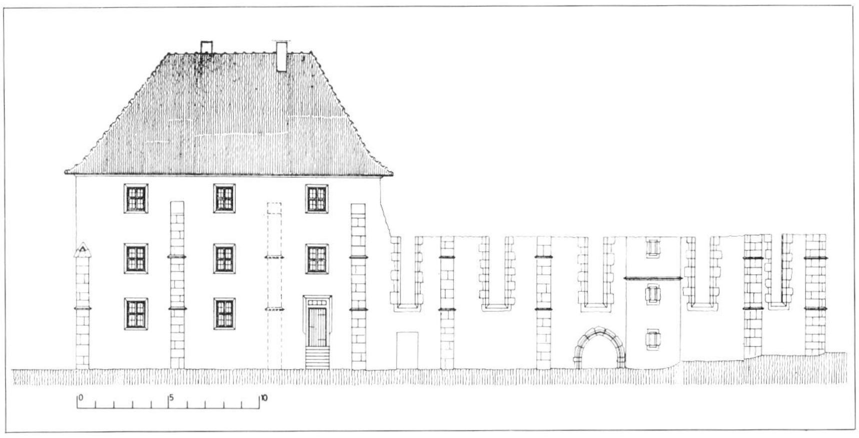

ehemalige Klosterkirche, Südansicht

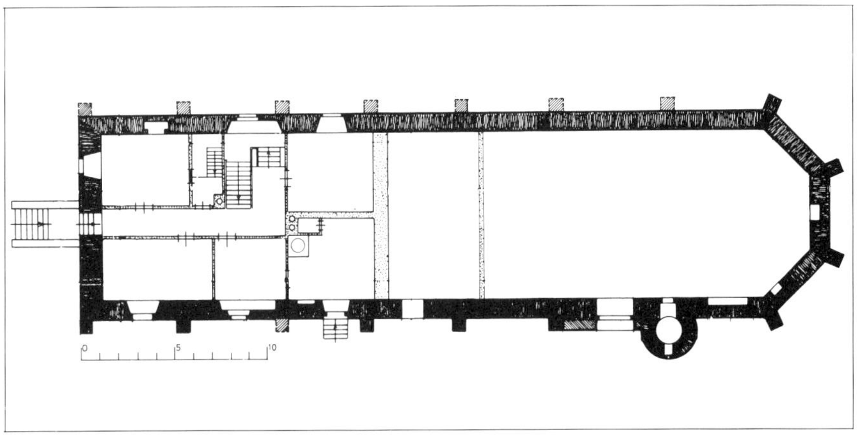

Erdgeschoß

1. Obergeschoß

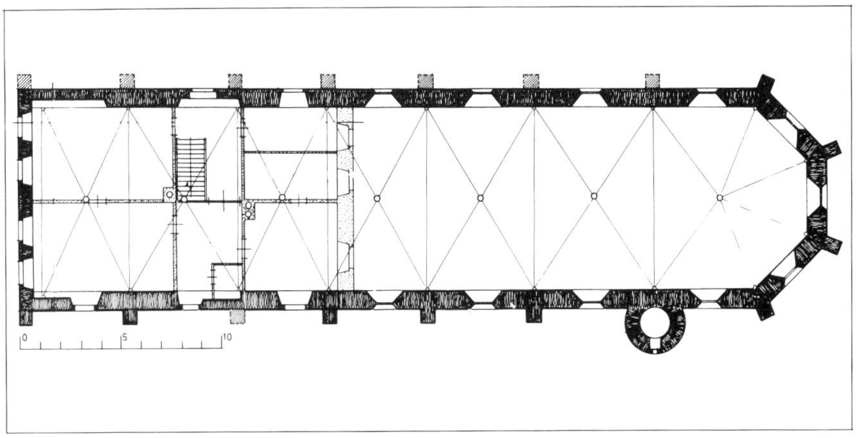

links unten: Ruine der ehem. Klosterkirche
unten Mitte: Verwalterhaus
unten rechts: Wirtschaftsgebäude

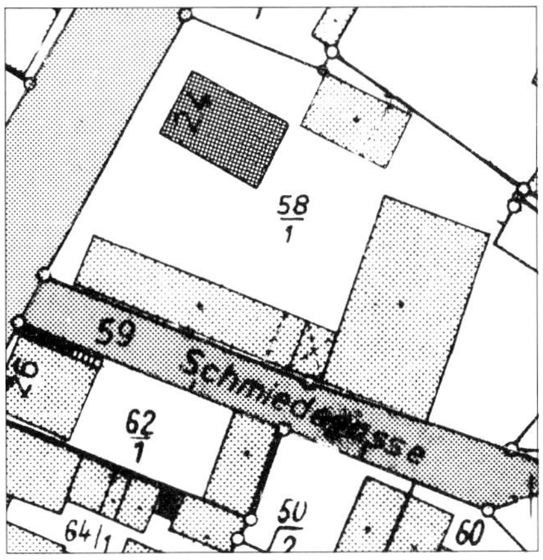

Herrnhuter Straße 24
Flur 1 Flurstück 58/1

Intakte Hofreite aus der Zeit um 1800, die den Auftakt des noch erhaltenen historischen Ortsteils bildet. Das Wohnhaus giebelständig zur Straße, an drei Seiten asbestzementverkleidet, an der Längsseite konstruktives Fachwerk aus der Zeit um 1800 in regelmäßiger Anordnung. Scheune und Stallgebäude ebenfalls frühes 19. Jh. Kulturdenkmal wegen seiner städtebaulichen Bedeutung für das Ortsbild.

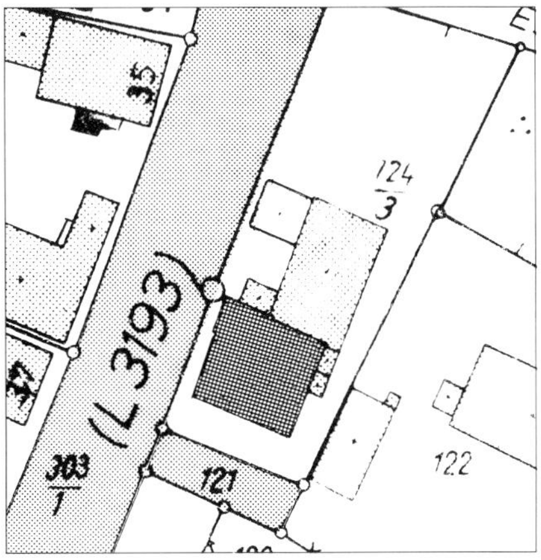

Herrnhuter Straße 40
Flur 1 Flurstück 124/3

Ehemaliges Schul- und Rathausgebäude in der Form einer gründerzeitlichen Villa, beherrschend in der Mitte der Ortslage. Risalitartig vorspringender Eckturm mit hoher Walmhaube, zwei Uhrengauben, Wetterfahne, dort Datum 1895. Das Dachgeschoß in Fachwerk, pittoresker Baukörper innerhalb des Fachwerkensembles. Kulturdenkmal wegen seiner Bedeutung für die Ortsgeschichte und das Ortsbild.

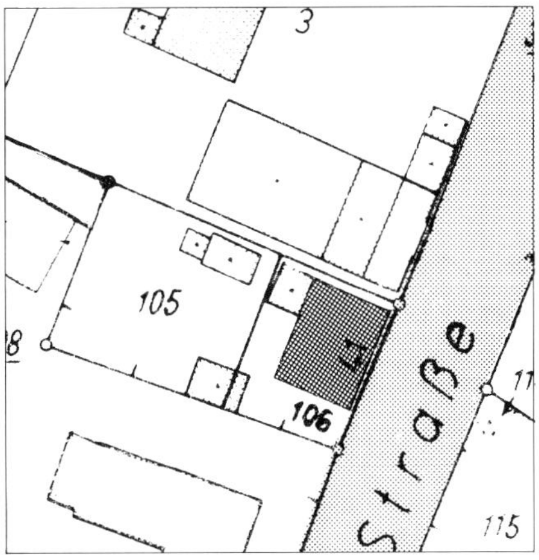

Herrnhuter Straße 41
Flur 1 Flurstück 106

Parallel zur Straße ausgerichtetes Wohnhaus eines städtischen Typus in Hausteinmauerwerk. Das Drempelgeschoß und die Dachgaube in konstruktivem, abgefasten Fachwerk. Sehr aufwendige Detailornamentik in Dachkonstruktion und Ortgängen in handwerklich hoher Qualität mit Anklängen an die Schweizerhausmode. Entstanden um 1890. Kulturdenkmal wegen seiner künstlerischen Bedeutung.

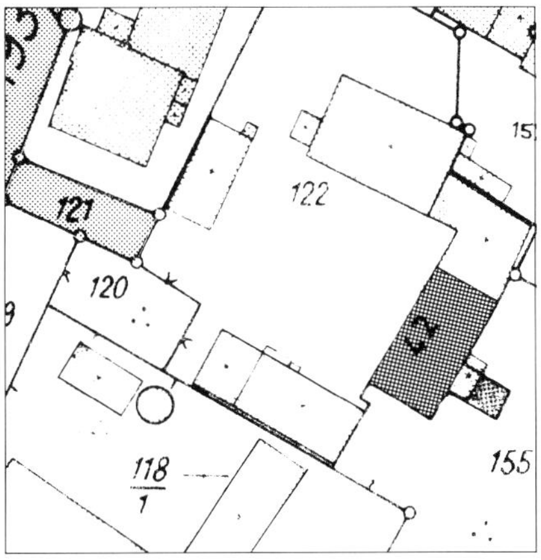

Herrnhuter Straße 42
Flur 1 Flurstück 122

Geschlossene Hofanlage mit Stall- und Scheunengebäuden des 18. Jhs., das Wohnhaus 17./18. Jh., insgesamt holzverschindelt. Die ursprünglichen Fensterteilungen sind erhalten, ebenso eine ursprünglich freilaufende Treppe, heute durch einen reizvollen Altanvorbau zugebaut. Unter der Verschindelung sicher interessantes Fachwerk des 17./18. Jhs. zu erwarten. Das Haus stellt eines der ungestörten Beispiele einer Hofreite des Barock dar. Kulturdenkmal wegen seiner künstlerischen und wissenschaftlichen Bedeutung.

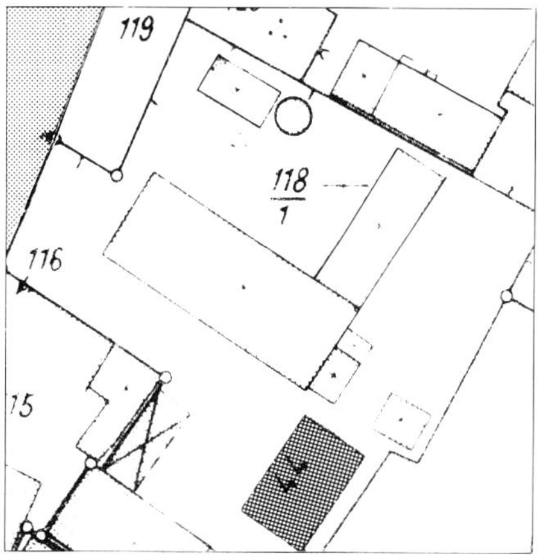

Herrnhuter Straße 44
Flur 1 Flurstück 118/1

Wohnhaus innerhalb einer L-förmigen Hofreite als hinterer Abschluß parallel zur Straße. Qualitätvolles, symmetrisch ausgerichtetes Fachwerk mit geraden Streben und genasten, geschwungenen Brüstungsfüllungen; scharf geschnittene Profile in der Schwelle. Entstanden um 1790. Herausragendes Beispiel innerhalb der Fachwerkarchitektur des Ortes. Die Scheunengebäude unbedeutend, die Oberteile großenteils erneuert. Kulturdenkmal wegen seiner künstlerischen Bedeutung.

Herrnhaag
Flur 5 Flurstück 11/1, 16, 16/1 u. 22

1738 als Brüdergemeinde von den Herrnhutern gegründet, auf einem Höhenrücken südwestlich von Büdingen nahe dem Hegeplatz gelegen. Daraus abgeleitet des „Herren Haag". In der Planung der Ansiedlung sind zum ersten Mal beispielhaft die Grundzüge eines Schemas ablesbar, das zum Modell für viele spätere Gründungen in Europa und Übersee wurde.

Um einen quadratischen Platz sind die Wohn- und Arbeitsgebäude der Lebens- und Arbeitsgemeinschaften, der sog. Chöre gruppiert. Das Zentrum des Platzes bildet ein technisch bemerkenswertes Brunnenbauwerk, das bis 1956 von einem polygonalen Pavillon geschützt wurde, der zur Blütezeit von einem kunstvollen Uhren- und Glockenspiel bekrönt war. Der quadratische Platz ist durch zwei kreuzförmig aufeinandertreffende Wege in vier ebenfalls quadratische Kompartimente eingeteilt. 1750, zwölf Jahre nach der Gründung, waren 17 Gebäude fertiggestellt, die Ansiedlung zählte fast 1000 Einwohner. Im gleichen Jahr wurde die Ansiedlung aus politischen Gründen wegen Auseinandersetzungen mit dem Landesherren verlassen. Nach Phasen der Vernachlässigung und Zerstörung ist nur ein Teil der Gebäude bis heute erhalten geblieben.

Das 1739-41 erbaute Haus der ledigen Männer (1), das Brüderhaus, ein breitgelagerter, strenger Fachwerkbau mit holzverschindelten Teilen und Krüppelwalmdach. Die mit Wirtschafts- und Arbeitsgebäuden versehene Vierflügelanlage, die sich im heutigen Gut und seinen Wirtschaftsgebäuden erhalten hat, diente als Fabrikationsstätte für feine Metallarbeiten und Kunsthandwerk wie Uhrmacherei, Gold- und Silberschmiede, Petschierstechen, Bau- und Kunst-

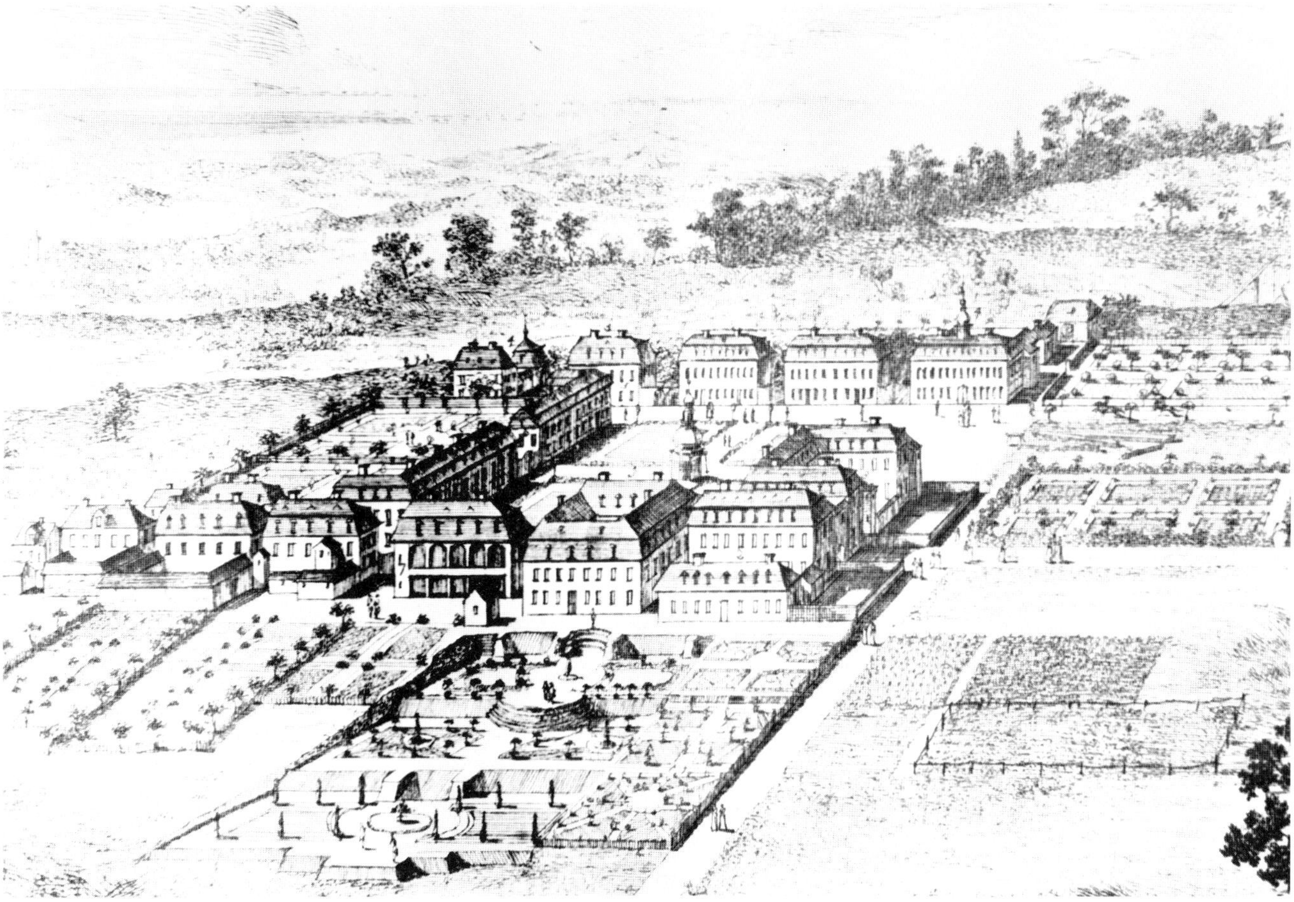

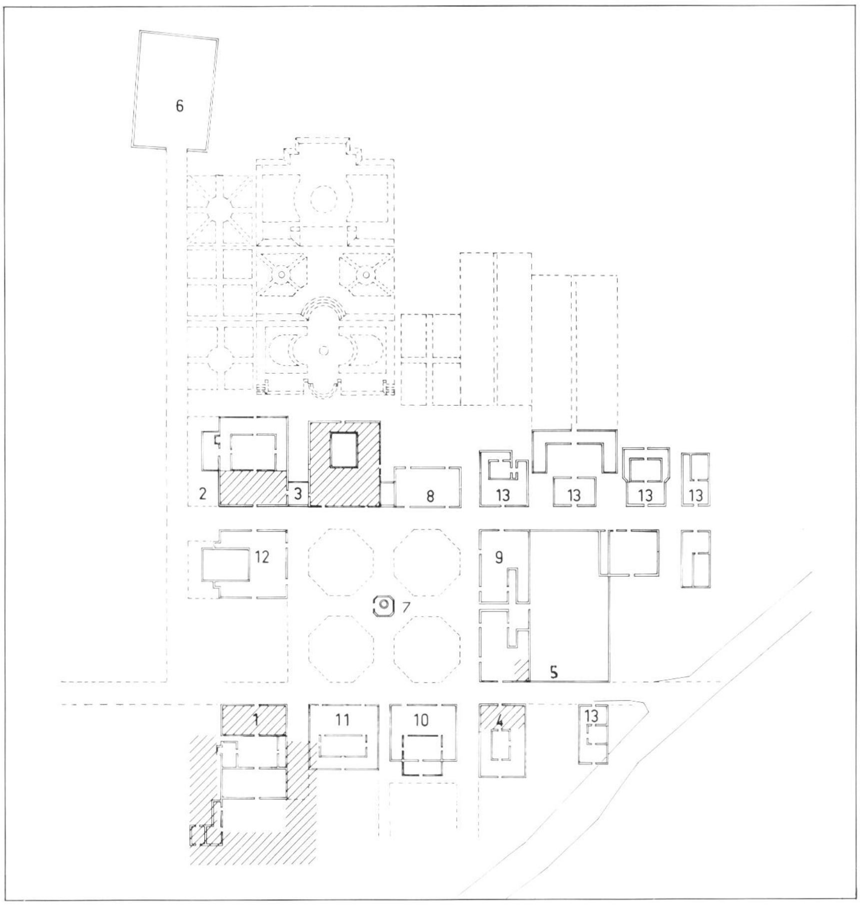

handwerk.

Das Haus der ledigen Schwestern (2), das Schwestern- und Jungfernhaus, 1743 vollendet, liegt an der Nordwestecke des Platzes. Ein zweigeschossiger strenger, doch repräsentativer Bau mit hohem Mansarddach. Im Mansardengeschoß lagen die Schlafsäle und der sog. Chorsaal, wie er zu jedem Gemeinschaftsgebäude der Brüdergemeinde gehört.

An der Nordseite des Platzes, neben dem Schwesternhaus erbaute Siegmund August von Gersdorff 1744 das Wohnhaus des Grafen Zinzendorf (3), des geistigen Oberhauptes der Gemeinde. In der Fassade zum Platz hin ist der Bau fast identisch mit dem Schwesternhaus. Es handelt sich jedoch um einen Vierflügelbau mit großem Kirchensaal im Mansardgeschoß. Dies Haus, dessen Saal gemeinschaftlichen Zwecken diente, wurde „Lichtenburg" genannt (Erleuchtung).

Im östlichen Eingangsbereich der Anlage steht das 1742 erbaute, ehemalige Gemeinlogis (4), das für fremde Gäste, die die Gemeinde kennenlernen wollten, bestimmt war. Ein einfacher, zweigeschossiger verputzter Stein-Fachwerk-

Mischbau mit Krüppelwalmdach. Gegenüber ein kleines Gebäude mit Resten der ehemaligen Apotheke, im Türsturz 1738 bezeichnet (5). In dem ehemaligen Doppelhaus befand sich in der 2. Hälfte das Chorhaus der Witwer.

Die verschwundenen Gebäude sind in ihren Grundmauern noch teilweise erhalten. Zu ihnen gehören:

(7) Brunnen, ehem. Brunnenhaus,
(8) Chorhaus der Witwen, 1747,
(9) ehem. Doppelhaus, das dem Maler Valentin Haidt und dem Bürgermeistersohn des damaligen Schweizer Stadtkantors Hofer als Wohnung diente,
(10) ehem. Haus des Arztes Dr. Schönberg (Ausbildungsstätte für die ärztliche Mission)
(11) ehem. Haus des Herrn von Peistel
(12) Gemeinhaus (1740), diente zunächst als Pilgerherberge und später als Waisenhaus. Im Erdgeschoß befand sich der „Gemeinladen".
(13) Privathäuser (z. B. Möbelwerkstatt Abraham Roentgen)

An verschiedenen Stellen, vor allem an der Nordseite des Platzes, ist das barokke Pflaster mit dem alten Straßenprofil erhalten. Die großartige, in Zeichnungen überlieferte Gartenanlage mit ihren verschiedenen Terrassen, Balustraden und Bassins ist nur noch im Geländeprofil nach Norden abfallend ablesbar. Den Abschluß der Anlage bildet der alte Gottesacker (6) mit der für die Herrnhuter typischen Grabordnung nach Chören und Geschlechtern getrennt, wie im Leben. Von den über 400 Bestattungen sind ungefähr zwei Dutzend flache, schmucklose Platten erhalten.

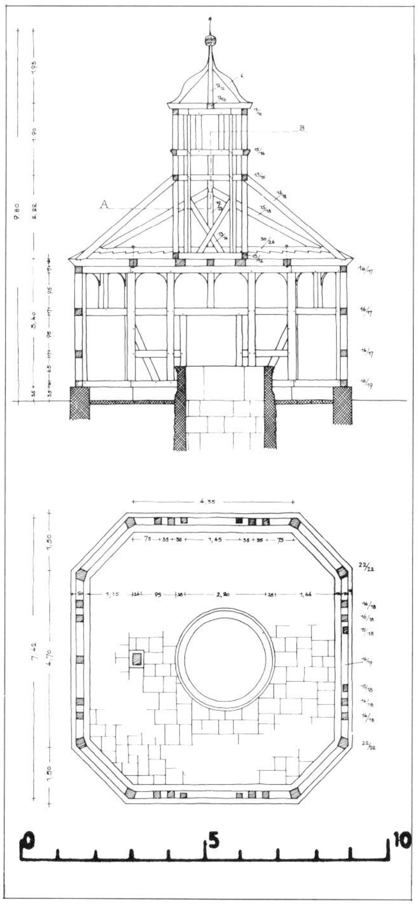

Haus der ledigen Schwestern
und „Lichtenburg"
Mitte links: Haus der ledigen Männer
Mitte rechts: ehemaliges Gemeinlogis
Brunnen, ehem. Brunnenhaus,

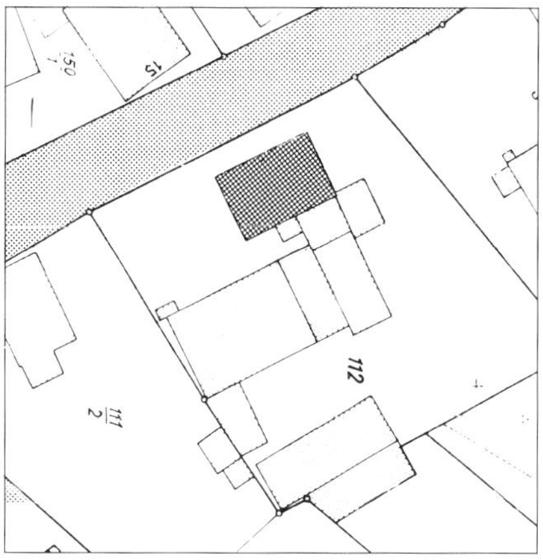

Moosbergstraße 18
Flur 1 Flurstück 112

Parallel zur Straße gelagerte Hofreite, bestehend aus bitumenplattenverkleidetem Fachwerkhaus mit übersetztem Obergeschoß; ursprüngliche Fachwerkaufteilung großenteils erhalten. Eine der wenigen guten Fachwerkhofreiten am Ort. Treppe verändert. Parallel dazu Scheunengebäude aus der Zeit um 1800. Die gleiche Entstehungszeit ist wohl auch für das Wohngebäude zu erwarten. Kulturdenkmal wegen seiner ortsgeschichtlichen Bedeutung.

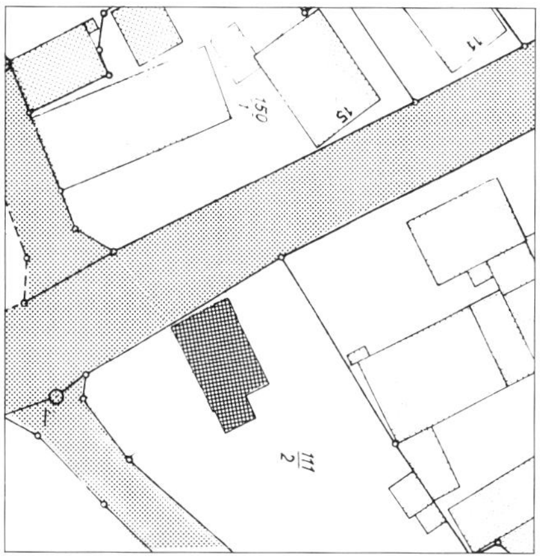

Moosbergstraße 20
Flur 1 Flurstück 111/2

Ehemalige Schule, heute als Kirche genutzt. Einfaches, vierachsiges Basaltbruchsteingebäude mit Haustein-Eckquaderung, Glockenturm, umlaufendem Zahnschnittgesims, Walmdach. Der einfache Bau liegt heute nach dem Abbruch eines Nebengebäudes relativ frei inmitten der Ortslage und stellt einen lokalhistorischen Bezugspunkt dar als ehemalige Schule, die heute als Kirche genutzt wird. Kulturdenkmal wegen seiner lokalhistorischen Bedeutung.

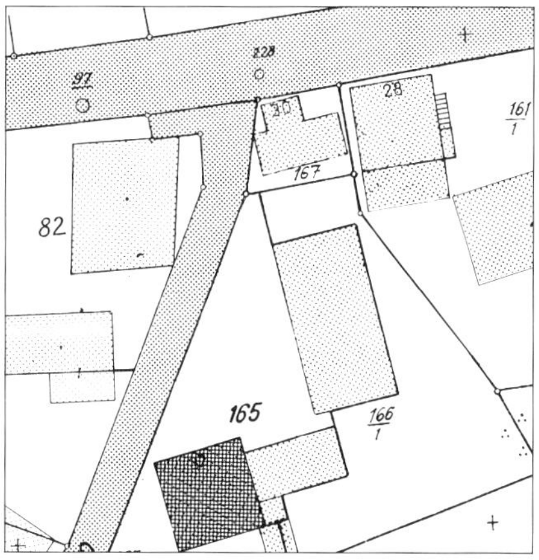

Moosbergstraße 32
Flur 1 Flurstück 165

Kleines, freistehendes Fachwerkwohnhaus, Bestandteil einer Hofreite. Einfaches Fachwerk um 1800 mit einwärts gekehrten Streben und Fußgegenstreben. Originale Tür des frühen 19. Jhs. Giebelseite mit Langschindeln verkleidet. Einfacher, reizvoller Bau am Rand der Ortslage von lokaler Bedeutung als bestes Fachwerkhaus am Ort. Kulturdenkmal wegen seiner künstlerischen Bedeutung.

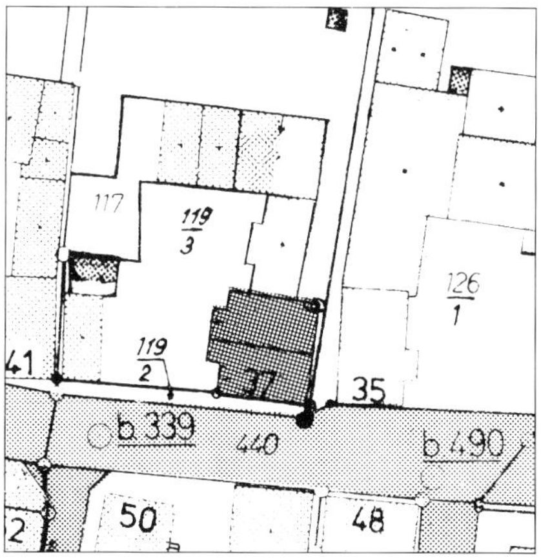

ORLESHAUSEN

Orleshäuser Hauptstraße 37
Flur 1 Flurstück 119/3

Breitgelagertes, kubisches Fachwerkwohnhaus aus der Zeit um 1760, im vorderen Bereich später erneuert. Im hinteren Bereich Wilde Mann-Formen. Verschaltes Quergebälk. Einfacher Bau mit Wirtschaftsgebäuden des 19. und 20. Jhs. Auf Grund seiner Lage im Ortsbild Kulturdenkmal wegen seiner städtebaulichen Bedeutung.

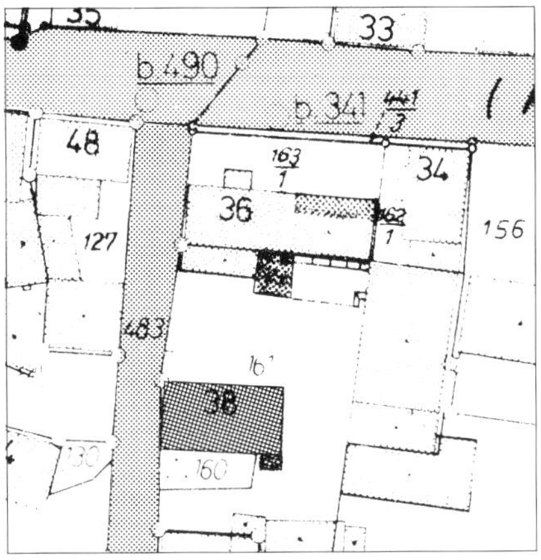

Orleshäuser Hauptstraße 38
Flur 1 Flurstück 161

Hakenhofreite des frühen 19. Jhs. in unversehrtem Erhaltungszustand. Schmuckloses, klar konstruiertes Wohnhaus mit geometrisierenden Streben und original überdachter, zweiläufiger Freitreppe; die Giebelseite teilweise verschiefert. Die Scheunen und Wirtschaftsgebäude um 1820. Kulturdenkmal wegen seiner wissenschaftlichen Bedeutung als reiner Vertreter eines spätklassizistischen Hoftyps.

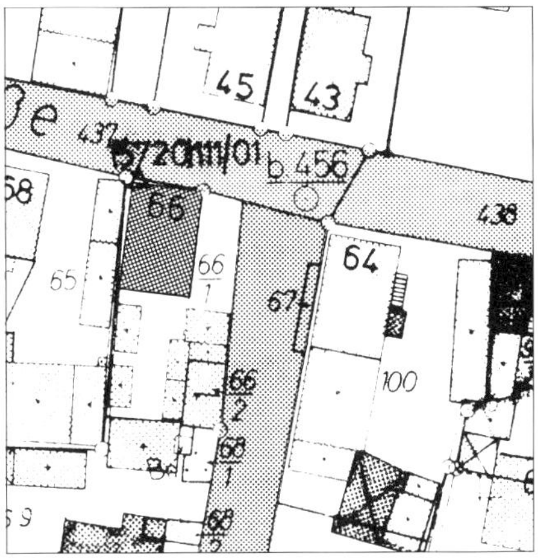

Orleshäuser Hauptstraße 66
Flur 1 Flurstück 66/1

Herausragender Bau, der im Straßenbild einer Kreuzung dominiert. Der Typ des Wetterauer Bauernhauses in vergrößerter Form als Schulbau. Elegante Freitreppe, über dem Portal Inschrift. Im Krüppelwalmgiebel Schmuckmotive. Wegen seiner ortsgeschichtlichen, künstlerischen und städtebaulichen Bedeutung Kulturdenkmal.

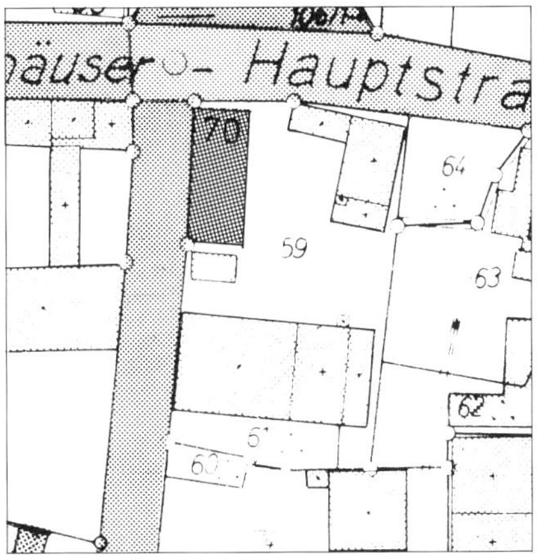

Orleshäuser Hauptstraße 70
Flur 1 Flurstück 59

Qualitätvolle Hofanlage des 18. Jhs. in prominenter Lage im Ortsbild. Das Wohnhaus in starken Fachwerkformen um 1750 als Eckpfeiler an der wichtigen Straßenkreuzung wirkend. Massives Stallgebäude zur Straße als Abschluß des Hofes. Kulturdenkmal wegen seiner künstlerischen und städtebaulichen Bedeutung.

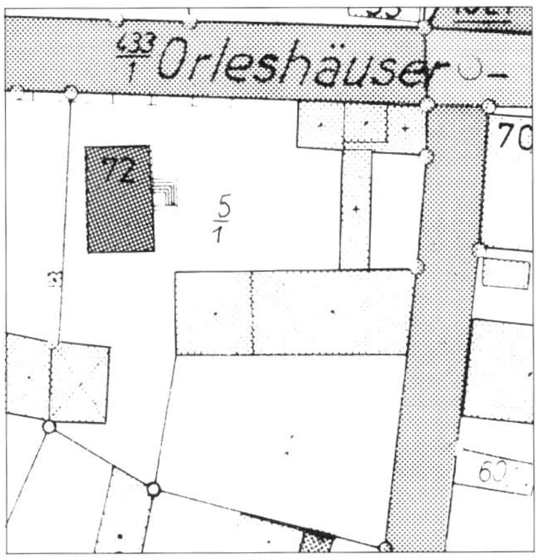

Orleshäuser Hauptstraße 72
Flur 1 Flurstück 5 / 1

Unregelmäßige, große Hofanlage mit massiver Umfassungsmauer. Das Wohnhaus etwas zurückgesetzt mit kräftigen Eckpfosten, auffallenden Wilde Mann-Motiven und geschweiften Brüstungsriegeln. Der in der 1. Hälfte des 18. Jhs. entstandene Bau wurde später z. T. erneuert. Wegen seiner künstlerischen Bedeutung Kulturdenkmal.

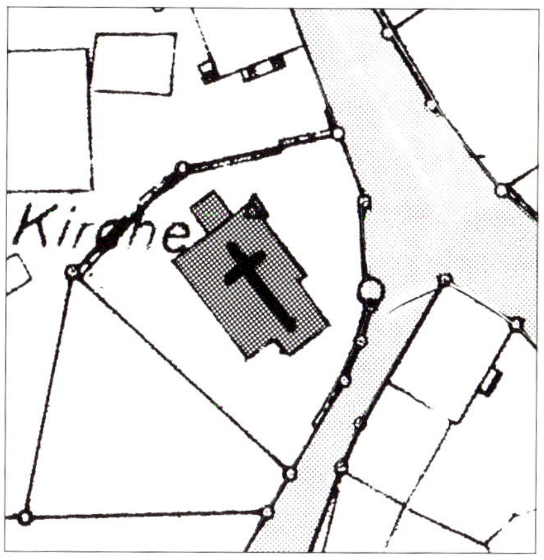

Rinderbüger Hauptstraße 11
Flur 1 Flurstück 84
Evangelische Kirche.

Saalbau mit schmalem Rechteckchor und polygonalem Dachreiter. Nach den Maßwerkformen des Chors z. T. noch in die 1. Hälfte des 14. Jhs. zu setzen. Der Fachwerkgiebel mit Firstsäule und Überblattungen wohl 15. Jh. Der zierliche Bau ist auf Grund seiner Details und Proportionen von hohem Reiz. Kulturdenkmal wegen seiner wissenschaftlichen und künstlerischen Bedeutung.

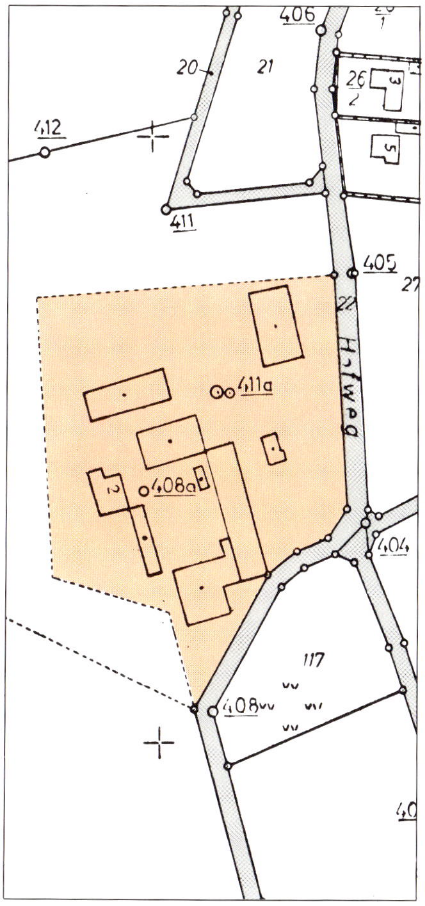

Rinderbügener Hof

Barocker Ökonomiehof mit Herrenhaus und Wirtschaftsgebäuden in Bruchstein. Einfache, quadratische Hofanlage, die Architektur in sparsamer Ausprägung. Entstanden in der 2. Hälfte des 18. Jhs. Gesamtanlage wegen der ortsgeschichtlichen Bedeutung.

Zechenhaus
Flur 48 Flurstück 1

Frei gelegenes Fachwerkgebäude, im Kern 19. Jh., zu Beginn des 20. Jhs. erweitert. Das „Zechenhaus" ist Zeuge der früheren Erzgewinnung in dieser Gegend. Wegen seiner Bedeutung für die Wirtschaftsgeschichte Kulturdenkmal.

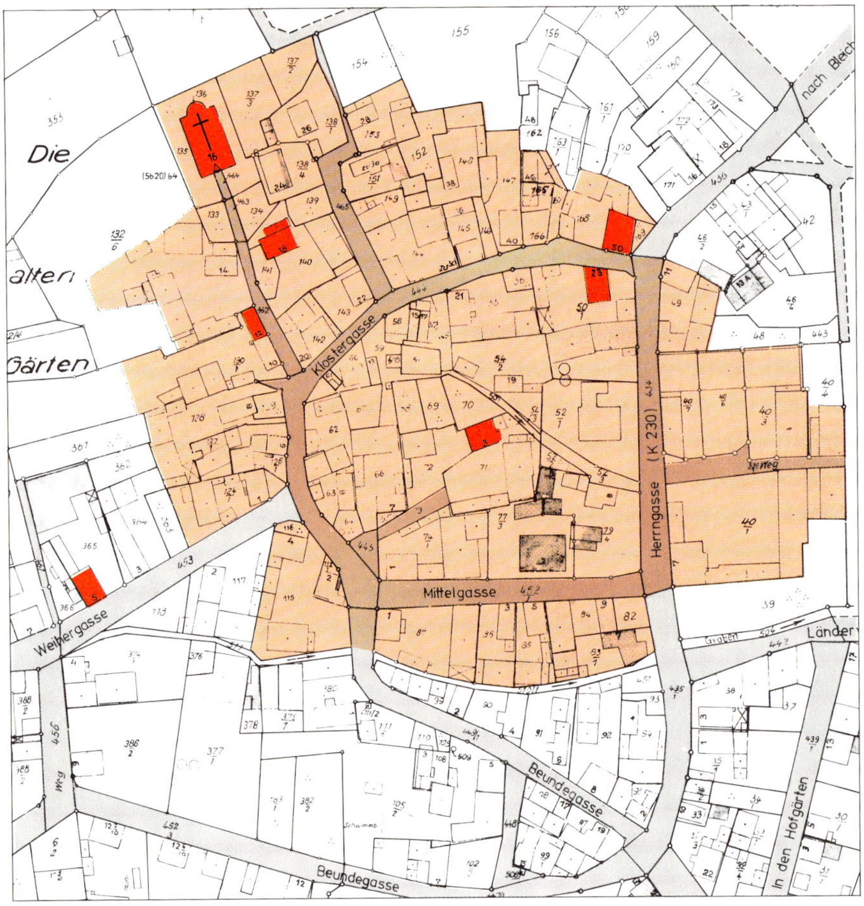

Gesamtanlage

Der Ortskern, der von den Straßen Klostergasse, Herrngasse und Mittelgasse umgeben ist, wird an seinem Rand geprägt von giebelständigen Fachwerkhöfen und Kleinbauernhöfen in einfachen Konstruktionen aus der Mitte des 18. Jhs. An der Ecke Klostergasse/Weihergasse bildet sich vor dem Prospekt der höhergelegenen Dorfkirche eine reizvolle geschlossene Anlage.
Die Mittelgasse ist bestimmt von relativ gleichartigen Hofreiten des frühen 19. Jhs. mit großen Scheunen als rückwärtige Begrenzung; ein einheitliches Straßenbild.
Die Häuser Klostergasse 3-9 stellen den ursprünglichen, inneren Kern des Ortes dar. Es handelt sich um eine Gruppe sehr kleiner, früher Fachwerkhäuser, teilweise noch im 17. Jh. bzw. um 1700 entstanden, mit kleinen, spitzwinkligen Hofanlagen. Die fehlende Erschließung deutet auf ursprüngliche größere Gebäudezusammenhänge, vielleicht eine Klosteranlage.

unten links: Blick von der Kirche
Mitte: Blick in die Klostergasse
rechts: Blick in die Mittelgasse

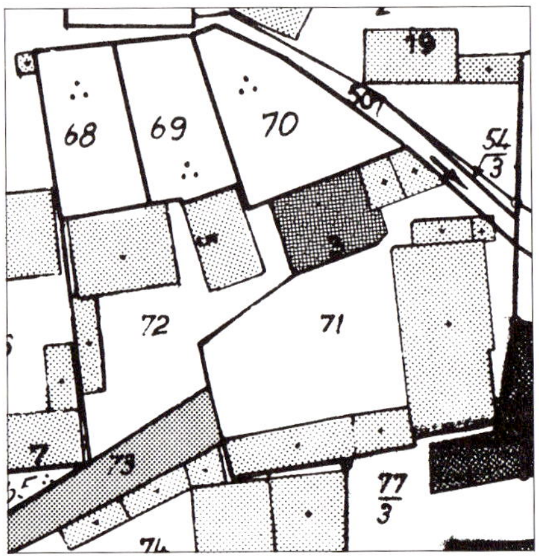

Klostergasse 3
Flur 1 Flurstück 71

Eingebaut liegende Hofreite im Innern der von der Klostergasse umgebenen Insel. Das Wohnhaus total asbestzementverschiefert, anhand der gedrungenen, breiten Proportionen und der Dachform wohl noch in das 17. Jh. zu setzen. Gutes Zierfachwerk zu erwarten. Die übrigen Bauteile der Hofreite unbedeutend, 19. Jh. Wegen seiner Seltenheit für den Ort (Häuser des 17. Jhs. sind relativ selten) als Kulturdenkmal aus baugeschichtlichen Gründen einzustufen.

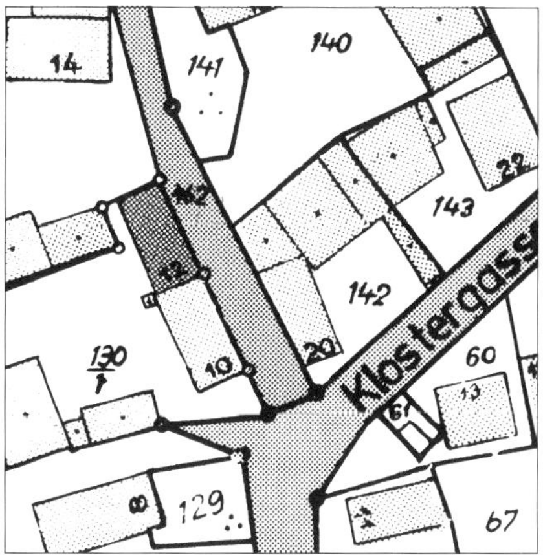

Klostergasse 12
Flur 1 Flurstück 130/1

Ausgefallene Doppelorganisation eines kleinen Hofes. Die beiden Häuser sind gleichwertig, jedoch wird Haus Nr. 12 durch eigenartige geschweifte Gegenstreben hervorgehoben, starkes, konstruktives Fachwerk um 1740. Auch liegt das Haus in der Gesamtanlage an einer ortsbildlich wichtigen Stelle gegenüber dem Eingang zur Kirche. Kulturdenkmal aus künstlerischen und städtebaulichen Gründen.

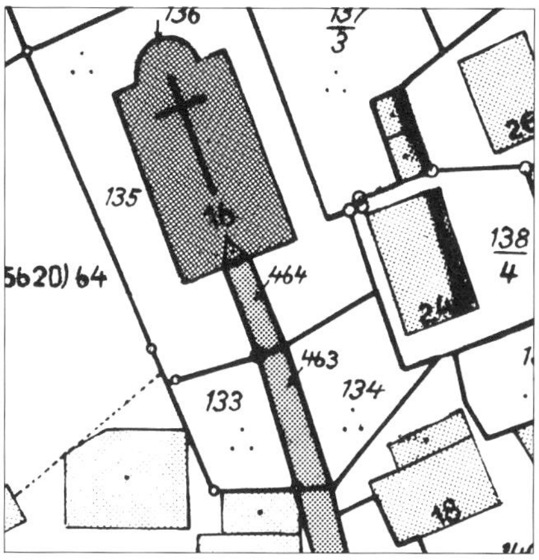

Klostergasse 16
Flur 1 Flurstück 135 und 136
Evangelische Pfarrkirche.

Ungewöhnlicher Bau in herausgehobener Lage am Rande des Dorfes. Steilproportionierte Kirche in römisch-klassizistischen Formen. Im Giebel Blendarkade mit Triumphbogenmotiv mit Giebel und Turm. Antikisch-basilikale Apsis. Im Osten umlaufendes Klötzchengesims. Im Innern Seitenschiffempore und kassettiertes Tonnengewölbe. Originelle Dorfkirche des Klassizismus, erbaut 1820-21 nach Plänen des Büdinger Hofkammerrates Hofmann. Kulturdenkmal wegen seiner wissenschaftlichen, künstlerischen und städtebaulichen Bedeutung.

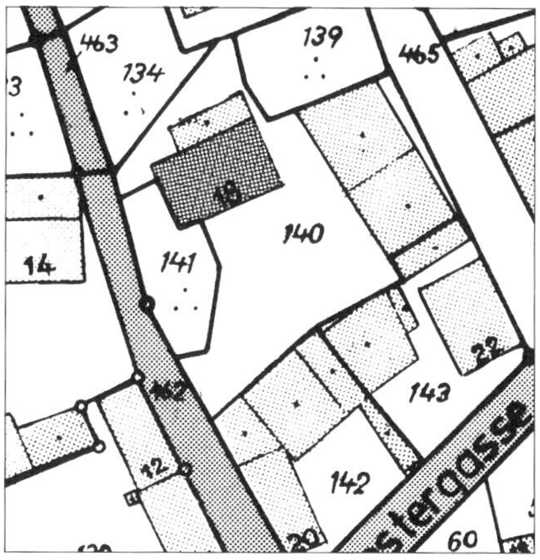

Klostergasse 18
Flur 1 Flurstück 140
Pfarrhaus.

Verschindelter Fachwerkbau mit Geschoßübersetzungen und ungestörten, ursprünglichen Fensteröffnungen. Großvolumiger Bau in den Proportionen des 17. Jhs. in wichtiger Lage im Ortsbild. L-förmig angeschlossen die Pfarrscheune. Moderne Inschrift „Domus Anno Christi 1688 Renovator 1907" weist ebenfalls auf das 17. Jh. als Entstehungszeit hin. Kulturdenkmal wegen seiner geschichtlichen und städtebaulichen Bedeutung.

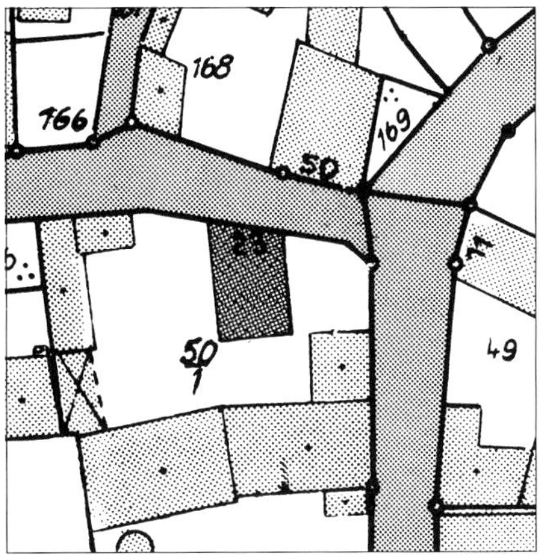

Klostergasse 23
Flur 1 Flurstück 50/1

Große Fachwerkhofreite auf polygonalem Grundriß; Wohnhaus giebelständig zur Straße, Ende 18. Jh. Konstruktives Fachwerk, zweiläufige Freitreppe mit Wange, ursprüngliche Überdachung, Tür um 1800. Scheune als hinterer Hofabschluß in starkem Fachwerk über Bruchsteinsockel, frühes 19. Jh. Wegen der Einheitlichkeit der Hofanlage baugeschichtlich und wegen der ortsbildprägenden Lage städtebaulich von Bedeutung, deshalb Kulturdenkmal.

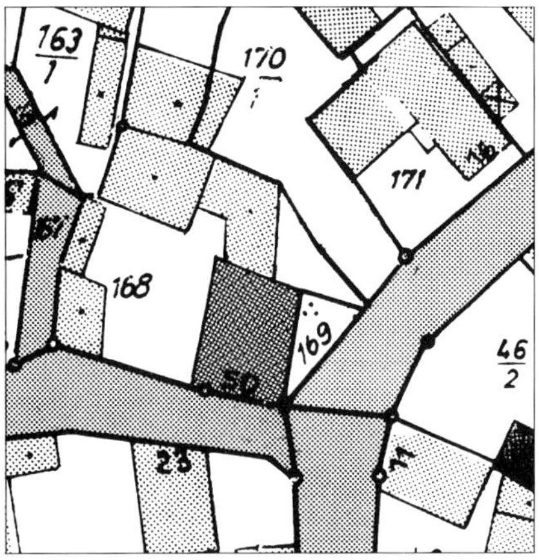

Klostergasse 50
Flur 1 Flurstück 168

Voluminöser Fachwerkbau auf Basaltbruchsteinsockel; Ausfachung mit Basaltbruchstein, entstanden um 1820/30. Der Hof liegt beherrschend am Beginn der Klostergasse gegenüber Haus Nr. 23. Die Scheunengebäude im hinteren Teil ebenfalls um 1800, Stallgebäude modern erneuert. Hofgut seit 1798 in ehem. Fürstlich Büdingschem Besitz. Kulturdenkmal aus geschichtlichen und städtebaulichen Gründen.

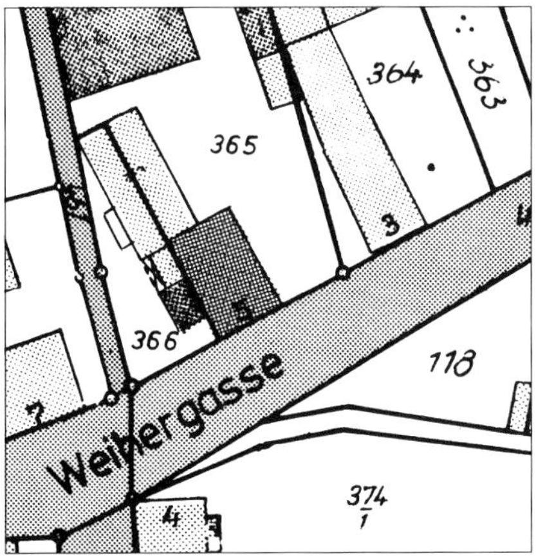

Weihergasse 3
Flur 1 Flurstück 365

Sandsteinportal mit vielfacher Abtreppung und Ohren. Holztür, zweiteilig mit reichen Kassettenschnitzereien mit schönen Akanthus- und Rocailleformen. Türanschlag in Pilasterform mit Kapitell, sehr feine Messingknäufe. Die Tür und das Portal wurden nach Auskunft der Bewohner vom Urgroßvater des Besitzers von einem Klosterabbruch erworben. Die Hofreite selbst bauhistorisch unbedeutend, 1. Hälfte 19. Jh. Tür und Portal sind Kulturdenkmale wegen ihrer künstlerischen Bedeutung.

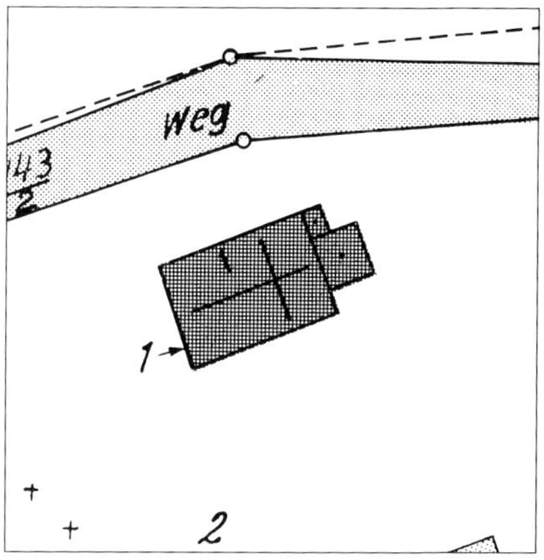

Evangelische Kirche.
Flur 2 Flurstück 1

An Stelle des ehemaligen Zisterzienserinnenklosters frei auf einem Höhenrükken abseits des Ortes gelegen. Einfacher, klassizistischer Saalbau mit Dachreiter und Sakristei in Form eines Chores. Gesprengte Giebel, gekoppelte, rundbogige Fenster am „Chor". Erbaut 1834/35 nach Plan von Hoffmann (1828). Auf dem Friedhof einige gute Grabdenkmale des 18. und 19. Jhs. Kulturdenkmal wegen seiner künstlerischen und geschichtlichen Bedeutung.

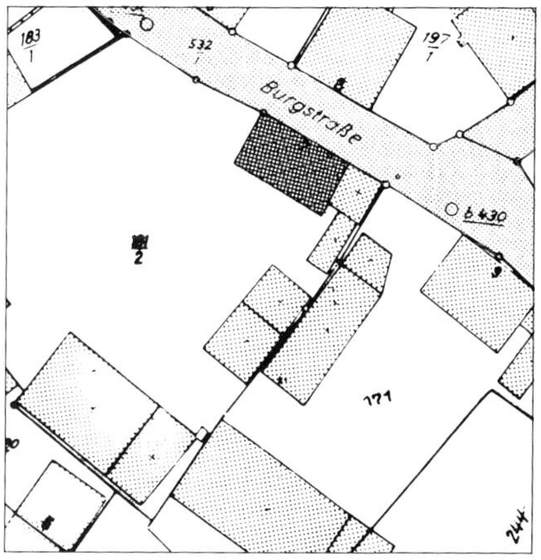

Burgstraße 7
Flur 1 Flurstück 181/2

Kleines Fachwerkwohnhaus, Bestandteil einer Hofreite, Scheunen und Stallgebäude 18. bzw. 19. Jh. Das Wohnhaus traufseitig zur Straße in Ständerbauweise um 1700 mit üppig gekehlten Füllhölzern und Balkenköpfen, Giebelseite verschindelt. Krumm gewachsene Schwelle, mit Bruchstein untermauert. Interessantes frühes Beispiel. Ursprüngliche Stipp-Putz-Ornamentik. Kulturdenkmal aus künstlerischen und wissenschaftlichen Gründen.

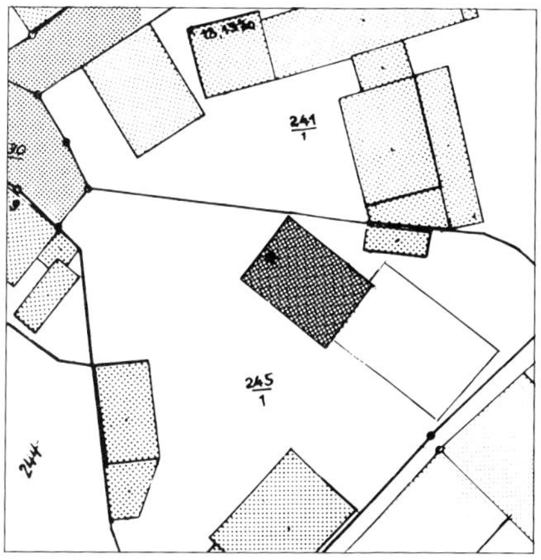

Burgstraße 11
Flur 1 Flurstück 245/1

Dreizoniges, an zwei Seiten verschiefertes Fachwerkhaus aus der Zeit um 1700. Ausgezeichnete, klare Wilde Mann-Form, kastenartige Ausgestaltung der Geschoßübersetzung. Freitreppe in der Mittelachse. Die Hofreite ist eingefangen zwischen zwei Straßen. Zum Grundstück gehört auch eine Scheune, ebenfalls 18. Jh., z. T. mit Bruchstein ausgemauert sowie ein massives Stallgebäude. Durch einen unproportionierten Neubau ist die Hofreite stark gestört. Kulturdenkmal wegen ihrer künstlerischen Bedeutung.

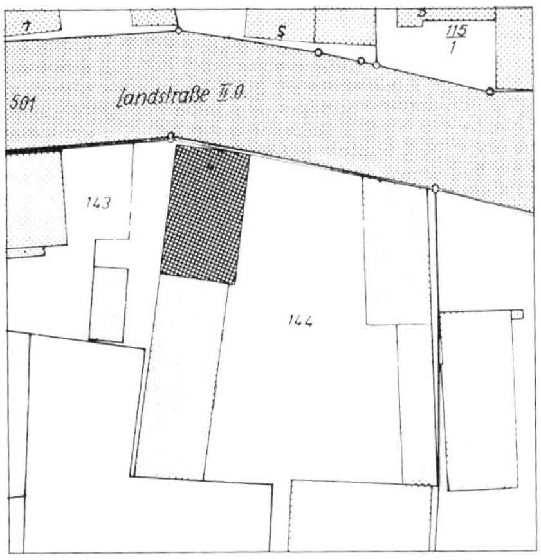

Diebacher Straße 4
Flur 1 Flurstück 144

Komplett erhaltene Hofreite des frühen 19. Jhs. Wohnhaus über hohem Bruchsteinsockel mit zweiläufiger Basaltbruchsteinfreitreppe, dort Inschriftenplatte über dem Kellersturz, bez. 1827. Regelmäßig konstruktives Fachwerk mit abwechselnd einwärts und auswärts gekehrten Streben, ursprüngliche Tür und Türumrahmung erhalten. Das Wohnhaus wirkt stark in den Straßenraum. Kulturdenkmal aus städtebaulichen und künstlerischen Gründen.

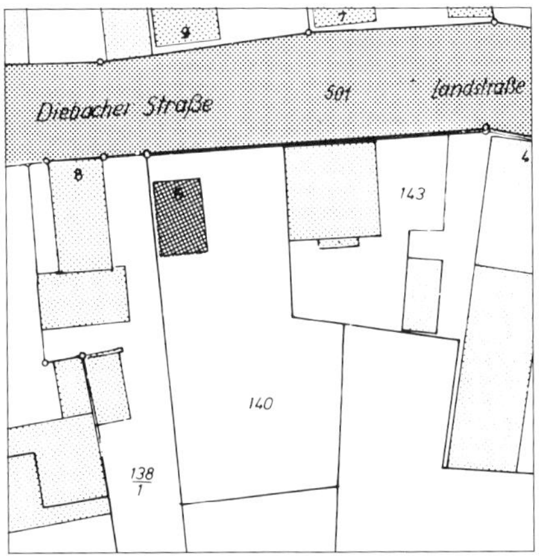

Diebacher Straße 6
Flur 1 Flurstück 140
Spritzenhaus.

Etwas zurückgesetzt von der Front der giebelständigen Bebauung. Kleines Fachwerkgebäude, Nadelholzfachwerk mit Ziegeln ausgefacht und im hinteren Teil verschieferter Schlauchturm. Einfaches, technisches Gebäude des frühen 20. Jhs., das für die Ortsgeschichte von Bedeutung ist. Deshalb Kulturdenkmal wegen seiner geschichtlichen Bedeutung.

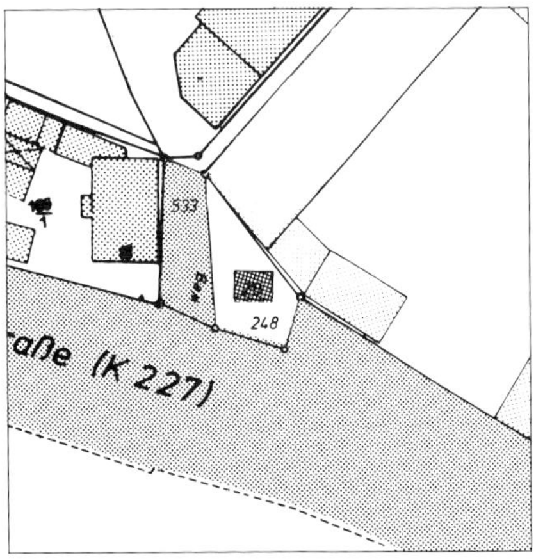

Friedensstraße 20
Flur 1 Flurstück 248
Waage.

Kleines schmales Fachwerkgebäude des frühen 20. Jhs. in Traufenstellung zur Straße, davor gußeiserne Waage auf zwei Säulen. Im Ortsbild der Hauptstraße prägnanter Nutzbau. Haus und Waage sind Kulturdenkmäler wegen ihrer orts- und technikgeschichtlichen Bedeutung.

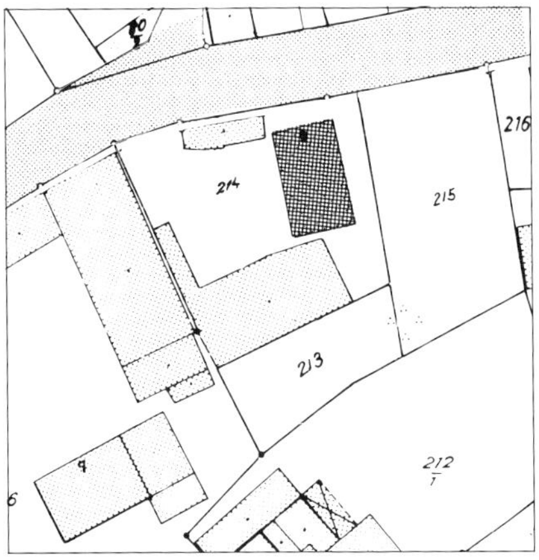

Im Oberdorf 9
Flur 1 Flurstück 214

Kleine, nur unwesentlich durch Umbauten beeinträchtigte Hofreite aus der Zeit um 1700. Das Wohnhaus giebelständig zur Straße mit kastenförmigen Füllungshölzern und umlaufendem Karnies; starre, breite Wilde Mann-Form im Obergeschoß. Im Erdgeschoß Schwelle in Ständer eingezapft. Parallel zur Straße kleines massives Stallgebäude des 19. Jhs. Den hinteren Abschluß bildet L-förmig die Scheune, ebenfalls um 1700. Frühes, ausgezeichnet erhaltenes Ensemble, das Wohnhaus Kulturdenkmal wegen seiner kunstgeschichtlichen Bedeutung.

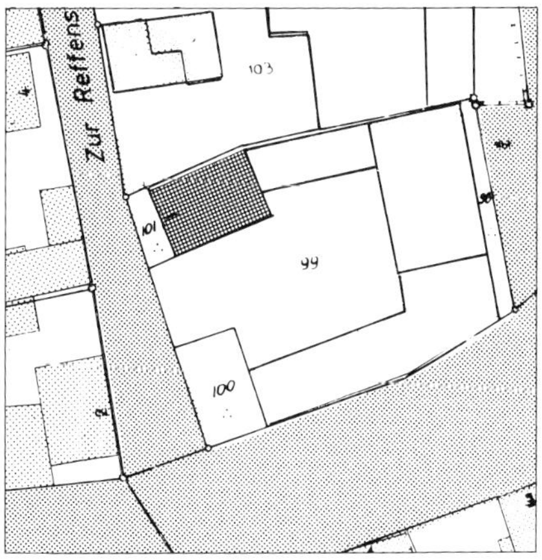

Zur Reffenstraße 1
Flur 1 Flurstück 99

Leicht aus der Straßenachse verschobenes giebelständiges Wohnhaus, Giebelseite verputzt. An der Traufseite regelmäßiges, konstruktives Fachwerk, starre Wilde Mann-Formen des späten 18. Jh., blockartige Füllhölzer. Zweiläufige Freitreppe mit gestörtem Oberbau. Die Hofreite im Grundriß noch erkennbar, Wirtschafts- und Stallgebäude modern. Das Haus wirkt stark im Straßenraum. Kulturdenkmal wegen seiner städtebaulichen Bedeutung.

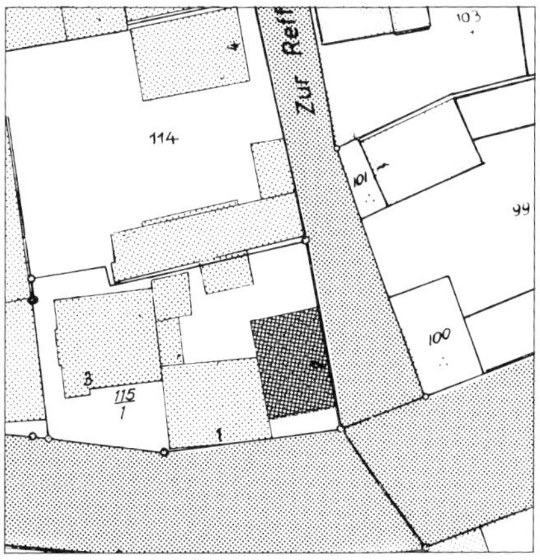

Zur Reffenstraße 2
Flur 1 Flurstück 115/1
Ehemaliges Rathaus.

Zweigeschossiger, gutproportionierter spätbarocker Bau in ortsbildlich prominenter Lage an einer Straßenecke. Krüppelwalmdach mit polygonalem, zweifach abgestuften Dachreiter. Das einfache, unregelmäßige Fachwerk um 1780. Kulturdenkmal wegen seiner künstlerischen, geschichtlichen und städtebaulichen Bedeutung.

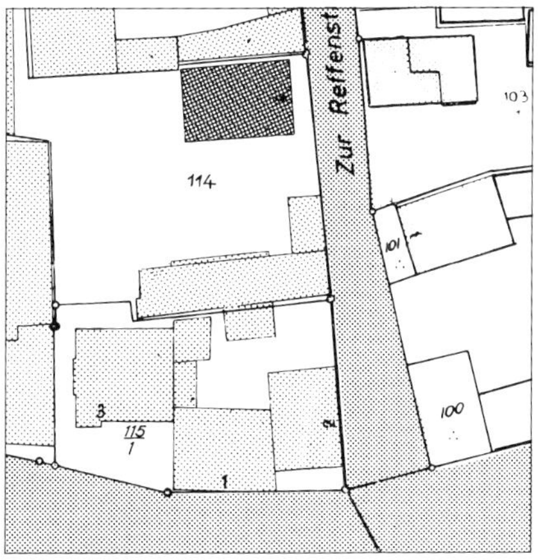

Zur Reffenstraße 4
Flur 1 Flurstück 114

Ehemals geschlossene Hofreite, im hinteren Bereich heute gestört durch neue Gerätehalle. Zur Straße hin mit Bruchsteinmauer sowie alten Sandsteinpfosten abgeschlossen. Das Wohnhaus giebelständig zur Straße, zweigeschossig mit regelmäßig in drei Zonen angeordnetem Fachwerk, umlaufendem Karnies in Schwelle und Giebeldreieck. Entstanden um 1790. Ursprünglich das Vordach über der Freitreppe sowie die Tür, ebenfalls Ende 18. Jh. Das Haus ist wegen der Qualität der Details und der Vollkommenheit der Ausstattung Kulturdenkmal.

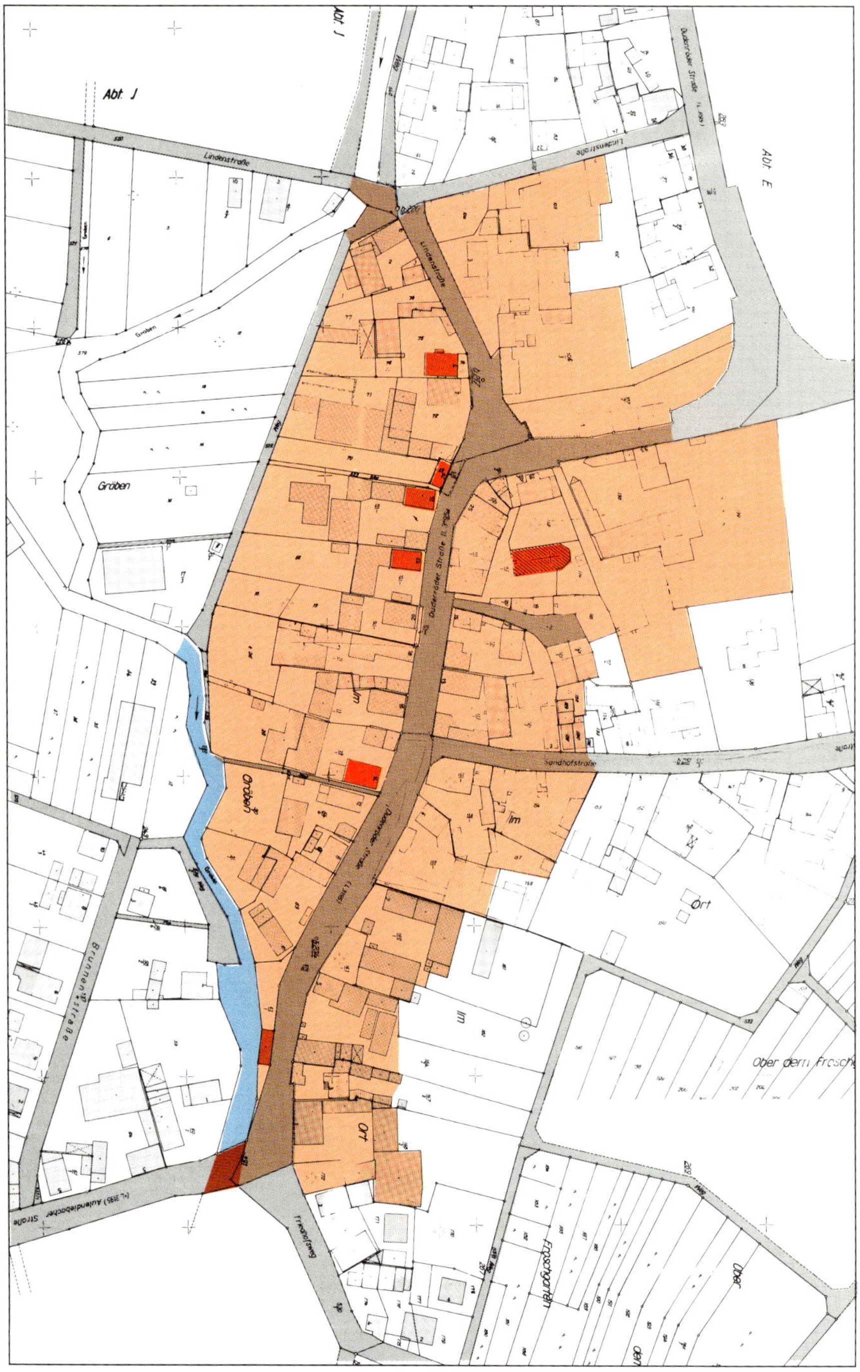

Gesamtanlage

Die gesamte Dudenrodter Straße wird als Gesamtanlage ausgewiesen, da sich hier noch ein relativ ungestörtes, mannigfach gestaltetes Ortsbild bietet. Der Wechsel zwischen größeren zweigeschossigen Wohnhäusern zu Hofreiten, kleinen Ackerbürgerhäusern und Auszüglerhäusern sowie dem erhaltenen Back- und Spritzenhaus, größeren Gütern und der Kirche bietet reizvolle interessante Abwicklungen, wie sie heute relativ selten geworden sind.

unten: Blick in die nördliche und südliche Dudenröder Straße

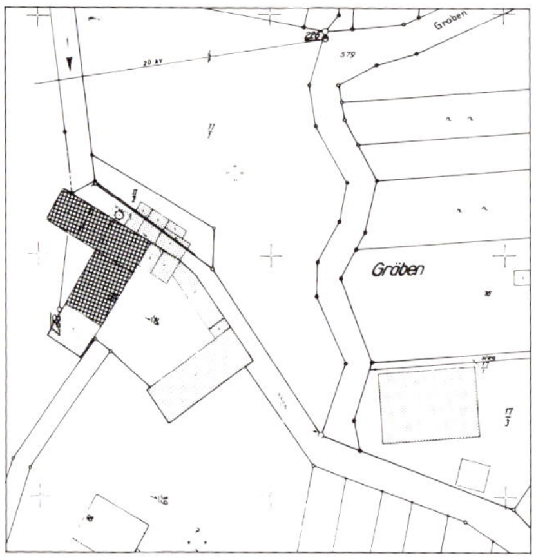

Zur Wolfer Mühle 16
Flur 1 Flurstück 30/1
Wolfer Mühle

Das Kerngebäude der Mühlenanlage stammt aus dem 1. Viertel des 18. Jhs. mit barocker Tür und später aufgesetztem Zwerchhaus. Im rechten Winkel dazu Erweiterung des 19. und 20. Jhs. mit großem, mansardgedeckten Lagerhaus und hohem Speichergebäude, das weit hin sichtbar das Ortsbild mitbestimmt. Kulturdenkmal wegen seiner geschichtlichen und städtebaulichen Bedeutung.

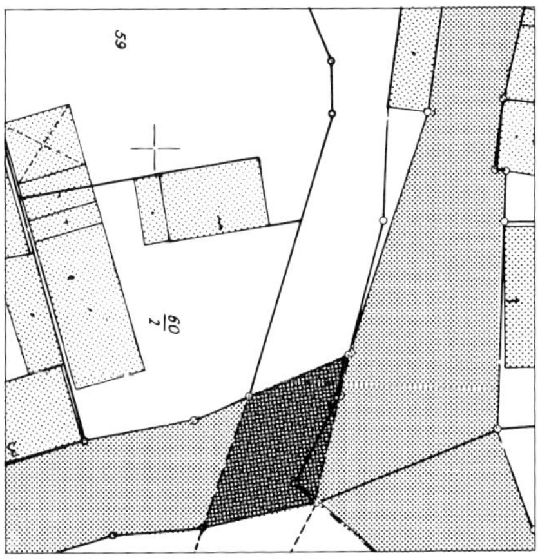

Brücke über den Graben in Richtung Büches
Flur 1 Flurstück 514/21

Bruchsteinbrücke mit niedriger Brüstung und unregelmäßigem, gedrückten Rundbogen, wohl 17./18. Jh. Einfache Landbrücke, wie sie heute immer seltener werden. Kulturdenkmal wegen ihrer technischen Bedeutung.

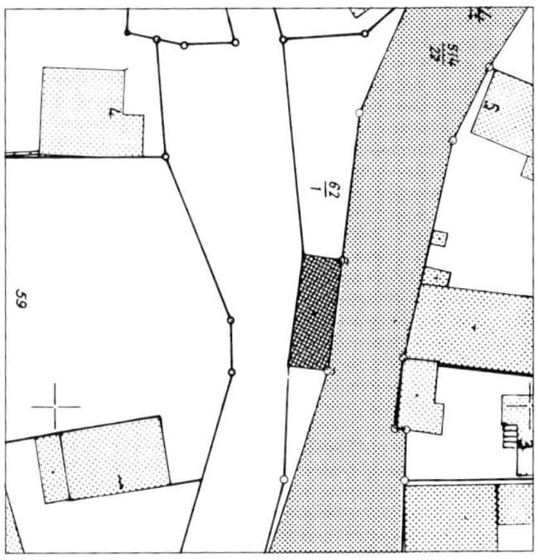

Dudenrodter Straße 4
Flur 1 Flurstück 62/1
Spritzenhaus.

Parallel zum Graben, traufseitig orientiert. Einfacher Bruchsteinbau mit typischen Scharierungen aus der Mitte des 19. Jhs. und Hausteingewänden an den Fenstern. Der Giebel in einfachem, konstruktiven Fachwerk. Kleine Spritzenhausanlage, wie sie früher für oberhessische Dörfer typisch war. Kulturdenkmal wegen ihrer ortsgeschichtlichen Bedeutung.

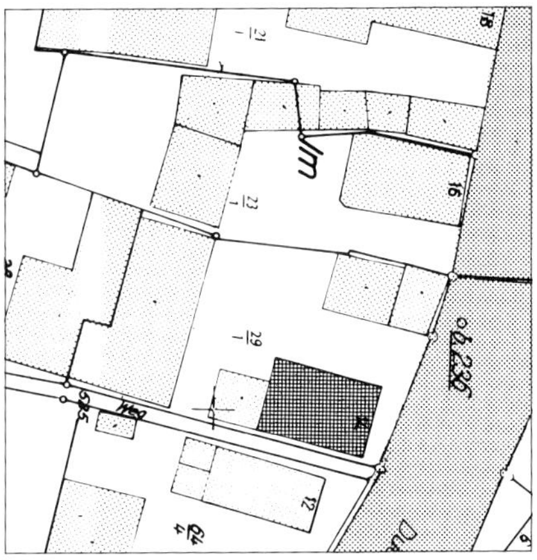

Dudenrodter Straße 14
Flur 1 Flurstück 29/1

Komplett erhaltene Hofreite mit giebelständigem Wohnhaus an der Straße in klaren, konstruktiven Fachwerkformen des späten 18. Jhs. mit Rhombenornamentik und umlaufendem Karnies in Schwelle und Giebeldreieck. Die ursprüngliche Eingangssituation erhalten, ebenso die Scheune aus dem 18. Jh. Geschlossene Anlage in wichtiger Lage innerhalb der Gesamtanlage mit individuellen baukünstlerischen Qualitäten. Deshalb Kulturdenkmal wegen ihrer städtebaulichen und künstlerischen Bedeutung.

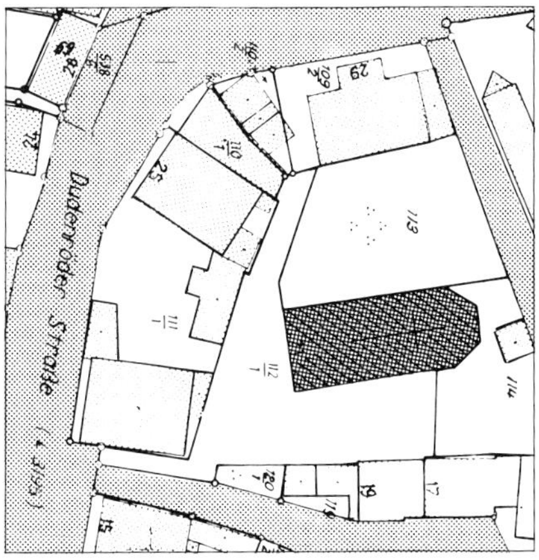

Dudenrodterstraße 21
Flur 1 Flurstück 112/1
Evangelische Pfarrkirche.

Dreiseitig geschlossener Saalbau, im Kern romanisch; östlicher Teil von 1750. Im Norden und im Süden unregelmäßig verteilte Fensteröffnungen. An der Nordseite noch zwei der winzigen Rundbogenfenster erhalten, sonst Rechteckfenster verschiedener Größe; auf der Südseite ein gekuppeltes Rechteckfenster, bezeichnet 1750. Im Westen Rechteckportal mit Sturzinschrift „1723. D. 13. JULY RENOVIRT". An der Nordwestecke unregelmäßige Mauerverzahnung;

achtseitiger Haubendachreiter. Im Innern Flachdecke über zwei Längsunterzügen. Dreiseitige Emporen aus verschiedenen Bauzeiten, die Stützen sind teilweise bis zur Decke hinaufgeführt und tragen die Unterzüge. An der Südwand Kanzel. Kulturdenkmal wegen ihrer künstlerischen und geschichtlichen Bedeutung.

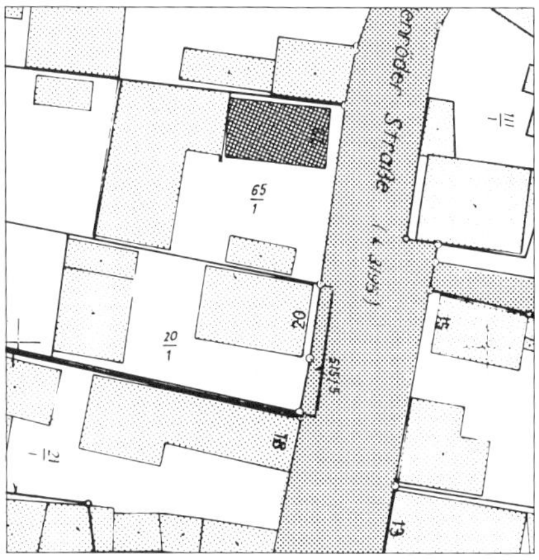

Dudenrodter Straße 22
Flur 1 Flurstück 65/1

Fachwerkwohnhaus, giebelständig zur Straße. Ehemaliges Wohnhaus einer Hofreite, Mitte 18. Jh. Qualitätvolle symmetrisch angeordnete Fachwerkfigurationen, starke Profilierungen in der Schwelle, Wilde Mann-Form und Gegenstreben. Im hinteren Teil eigenartige Diagonal-Parallel-Streben. Wegen der städtebaulichen Bedeutung in der Gesamtanlage und der wissenschaftlichen Bedeutung des Fachwerks Kulturdenkmal.

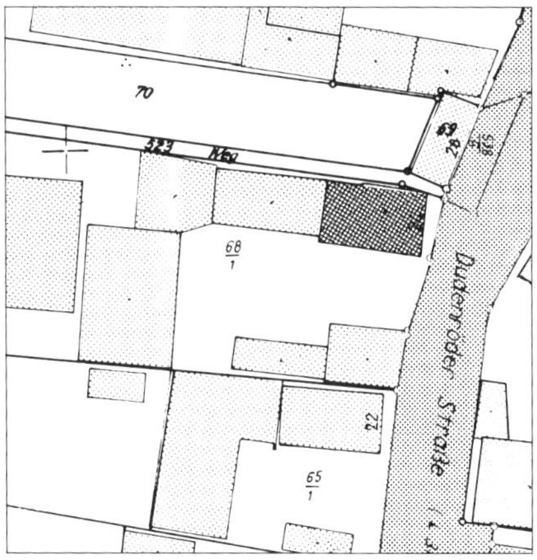

Dudenrodter Straße 24
Flur 1 Flurstück 68/1

Giebelständiges Fachwerkwohnhaus, Teil einer großen L-förmigen Hofreite mit Schmiede. Die Schmiede frühes 20. Jh., das Wohnhaus 3. Drittel 18. Jh.; umlaufendes Karnies in Schwelle und Giebeldreieck. Leicht geschweifte Wilde Mann-Form, gut erhaltenes starkes Fachwerk. Wegen der Lage am Beginn einer Straßenbiegung hart neben dem Backhaus und der baukünstlerischen Qualität innerhalb des Fachwerks am Ort Kulturdenkmal.

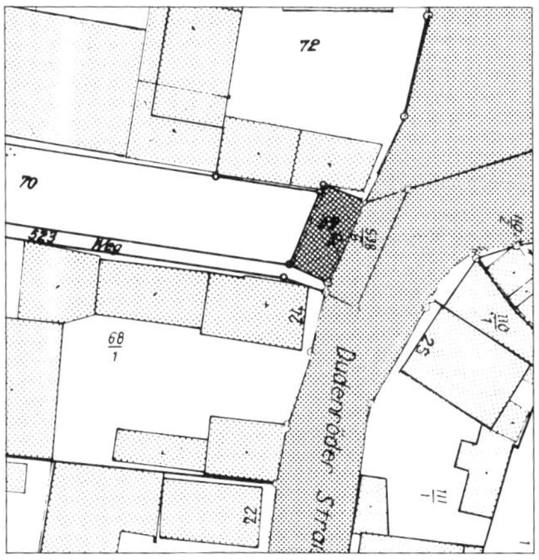

Dudenrodter Straße 26
Flur 1 Flurstück 69
Backhaus.

Parallel zur Straßenführung am Beginn der Kurve, die zum Ortsausgang führt. Massives Hausteingebäude mit Satteldach, der Giebel in Fachwerk; ursprüngliche Tür aus dem späten 18. Jh., das ganze Gebäude um 1780. Kulturdenkmal wegen seiner Bedeutung für das Brauchtum und die Ortsgeschichte.

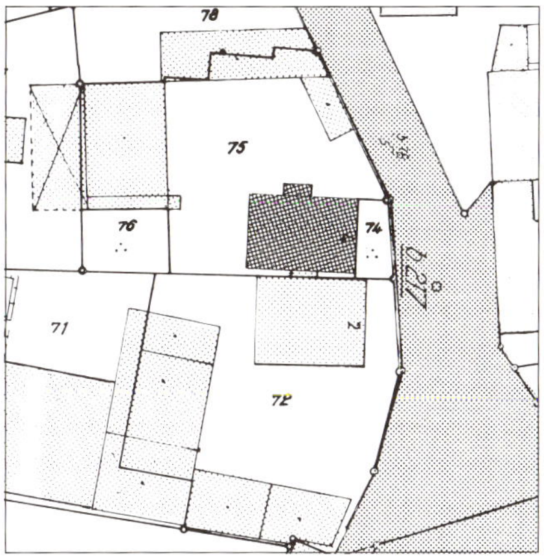

Lindenstraße 4
Flur 1 Flurstück 75

Giebelständiges Fachwerkwohnhaus in aufwendigen Zierformen bester Qualität, entstanden nach der Mitte des 18. Jhs. Gewichtig auf das Ortsbild einwirkend zur Kreuzung Lindenstraße/Dudenrodter Straße hin. Aufwendige Brüstungsfüllungen in Rhomben und liegenden Andreaskreuzformen, umlaufendes Karnies und verschalte Balkenköpfe. Dazu einfache Scheune, ebenfalls Mitte 18. Jh. Das Wohnhaus ist Kulturdenkmal wegen seiner künstlerischen und städtebaulichen Bedeutung.

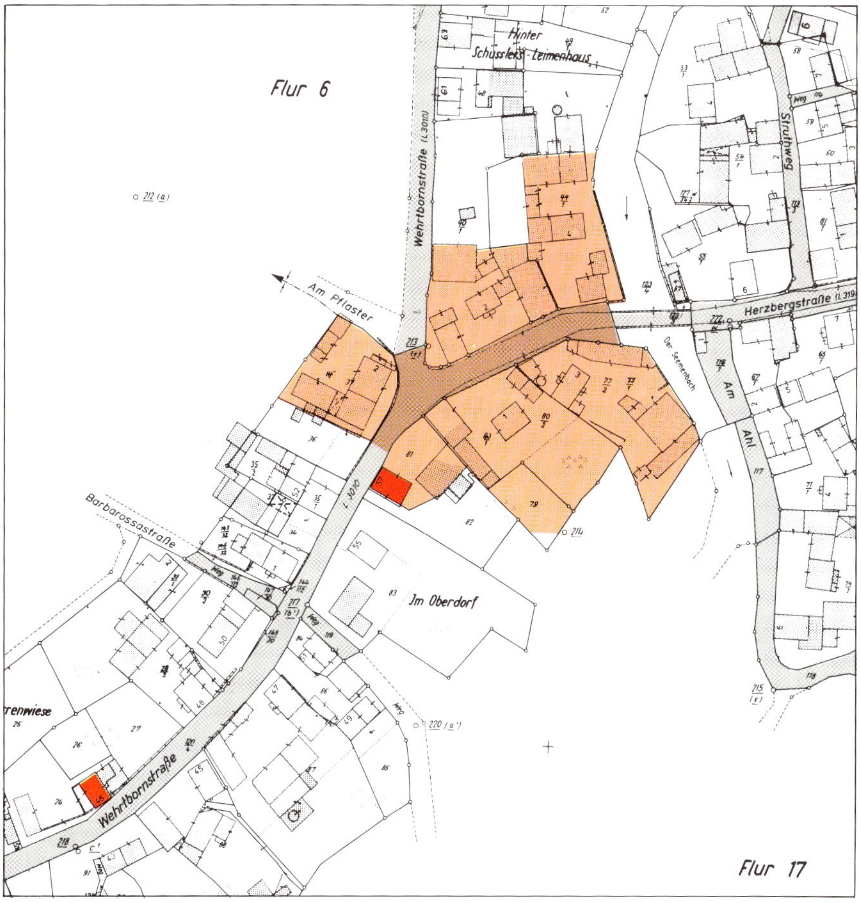

Wolferborn

Gesamtanlagen

Das langgezogene Dorf ist durch übertriebenen Straßenausbau an manchen Stellen gestört. Im Bereich der Einmündung der Herzbergstraße in die Wehrtbornstraße findet sich eine Ansammlung guterhaltener Haken- und Dreiseithöfe vor allem des 18. Jhs., die die frühere Entwicklungsstufe des Ortes repräsentiert. In südwestlicher Richtung liegt an der Wehrtbornstraße eine komplett erhaltene Mühlenanlage des 19. Jhs. von ortsgeschichtlicher Bedeutung.

Wehrtbornstraße

östliche Wehrtbornstraße

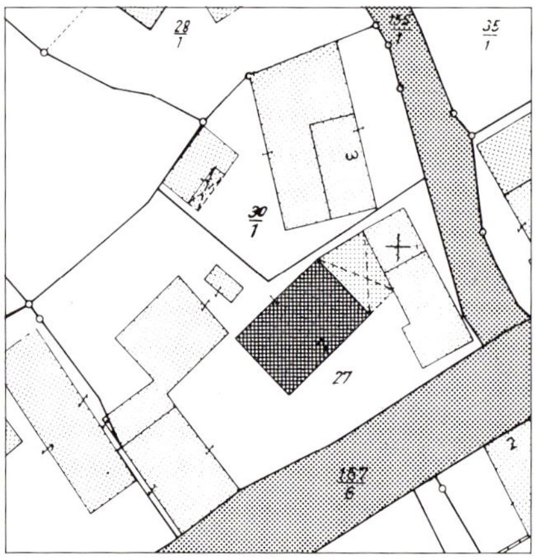

Am Kaspersberg 7
Flur 1 Flurstück 27

Unregelmäßige, offene Hofreite; wegen der Grundstücksenge liegt das Wohnhaus hart an der Straße. Dazu unregelmäßig gruppiert verschiedene Stall- und Scheunengebäude. Wohnhaus, 2. Hälfte 18. Jh., mit Feuerböcken, S-förmigen Brüstungsornamenten, Karnies in der Schwelle, zweiläufiger Freitreppe, im 19. Jh. erneuert. Innerhalb des Ortes bedeutender Bau wegen seiner Fachwerkornamentik und dem Erhaltungszustand der Hölzer. Kulturdenkmal aus künstlerischen Gründen.

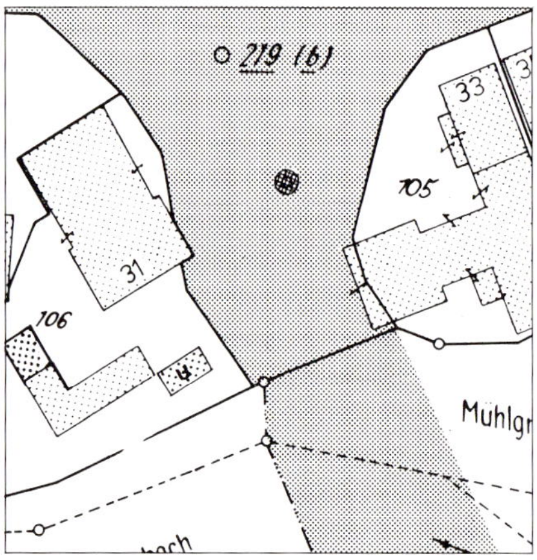

Brunnen an der Wehrtbornstraße
Flur 1 Flurstück 219 (b)

Quellenfassung als Brunnensäule viereckig im Grundriß mit vier Blendarkaden und kleiner Laterne auf Zeltdach. Jeweils zwei gußeiserne Auslaßrohre in Tröge. Symmetrische Anlage. Ursprünglich wohl Hauptzapfstelle des Oberdorfes. Kulturdenkmal wegen seiner technischen Bedeutung.

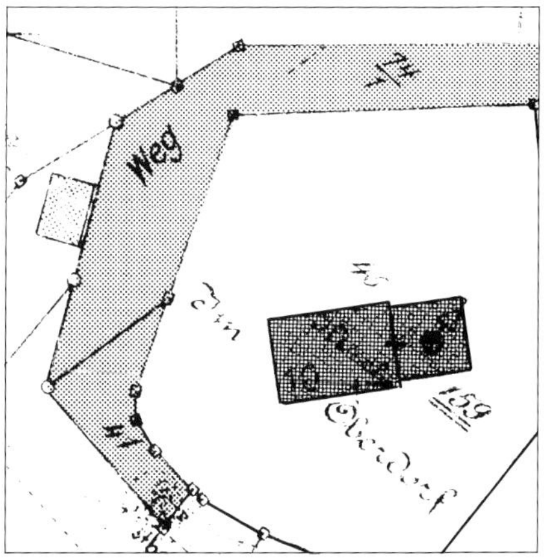

Herzbergstraße 10
Flur 11 Flurstück 45
Evangelische Pfarrkirche.

Ehemals geschlossener Wehrkirchhof, außerhalb des Dorfes gelegen. Kleiner Saalbau romanischen Ursprungs, 1712 verändert. Wehrhafter Chorturm um 1480, Turmaufsatz 1834. Im Chor Netzgewölbe, im Schiff Wandmalereien der 1. Hälfte des 14. Jhs. Holztonne, Emporen und Kanzel 1712. Kulturdenkmal wegen seiner geschichtlichen und künstlerischen Bedeutung.

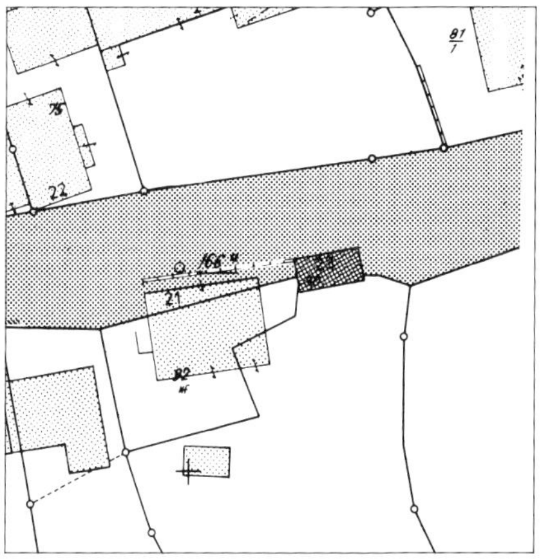

Wehrtbornstraße 23
Flur 1 Flurstück 17
Backhaus.

Parallel zur Straße liegend. Kleines Gebäude, verputzt mit Hausteinkanten, der Giebel in Fachwerk. Insgesamt noch in gutem Zustand. Kulturdenkmal wegen seiner Bedeutung für die Ortsgeschichte und das lokale Brauchtum.

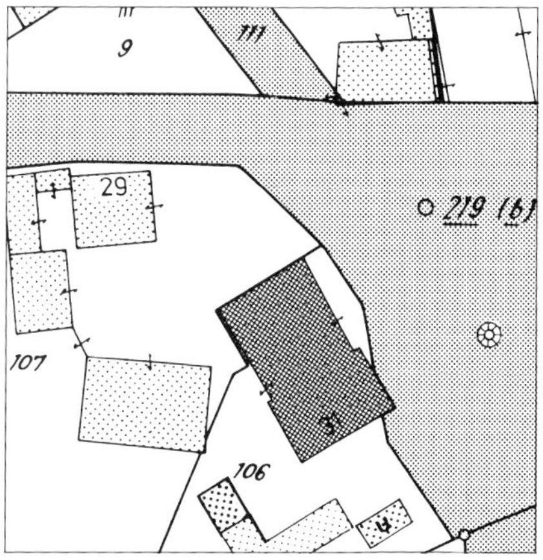

Wehrtbornstraße 31
Flur 1 Flurstück 106
Schule.

Spätklassizistischer Bau mit verwinkeltem, etwas unbeholfenen Dachaufbau, polygonalem Turm hinter einer Luke, stichbogigen Fenstern und Attika-Giebeln. Entstanden im späten 19. Jh. mit retardierenden Momenten, die Vorbilder stammen aus der Mitte des 19. Jhs. Kulturdenkmal wegen seiner Bedeutung für die Ortsgeschichte.

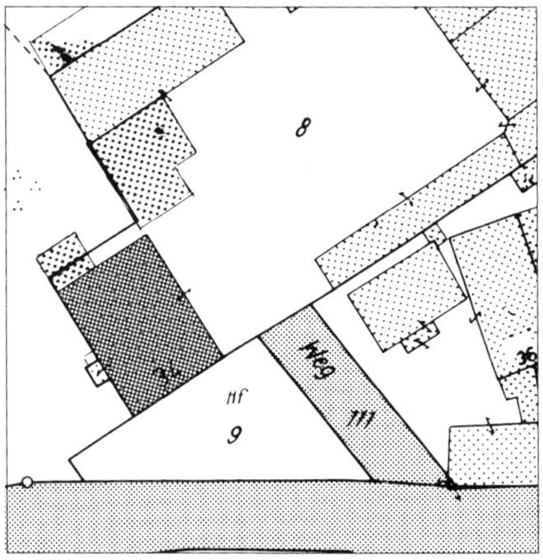

Wehrtbornstraße 34
Flur 1 Flurstück 8

Große gutsartige, geschlossene Hofanlage mit Basaltbruchsteingebäuden, Ställen und Scheune, letztere 18. Jh.; teilweise abgebaut und niedriger gesetzt mit ursprünglichem, barocken Traufgesims. Das Wohnhaus um 1800, großvolumig in wichtiger exponierter Lage an der Straße. Regelmäßiges, konstruktives Fachwerk, ursprüngliche Tür erhalten. Das Wohnhaus und die Scheune sind wegen ihrer städtebaulichen und künstlerischen Bedeutung Kulturdenkmäler.

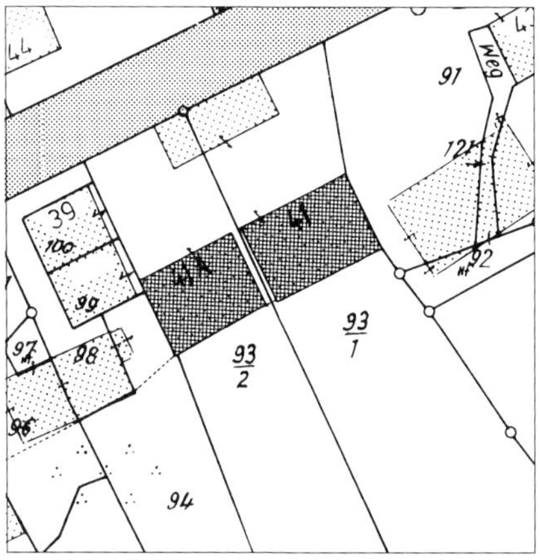

Wehrtbornstraße 41 und 41a
Flur 1 Flurstück 93/2 / 1

Durch Abbrüche freiliegendes Fachwerkwohnhaus mit dreiachsigem Aufbau. Zweiläufige Freitreppe, ursprüngliche Türumrahmung, doppeltes Karnies vollplastischer Ausbildung. Über den Obergeschoß-Fenstern profiliertes Gesims, das jeweils zwei Fenster zusammenfaßt. Entstanden in der 2. Hälfte des 18. Jhs. Dazugehörend in gleicher Traufrichtung angeschlossene Scheune aus der gleichen Zeit. Kulturdenkmal wegen seiner künstlerischen Bedeutung.

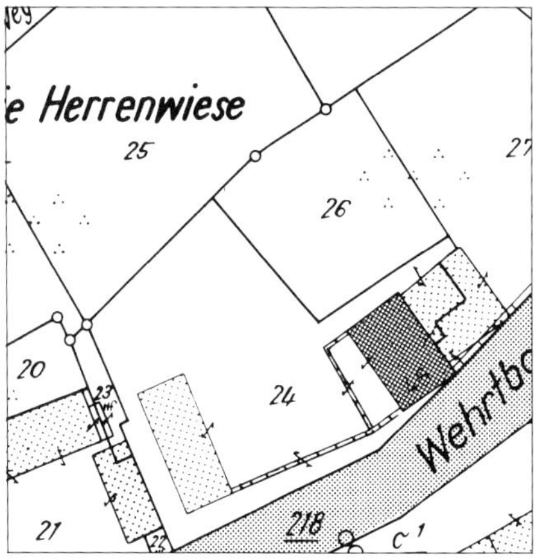

Wehrtbornstraße 46
Flur 1 Flurstück 24

Wohnhaus giebelständig zur Straße mit Geschoßübersetzungen, insgesamt holzverschindelt, entstanden wohl um 1800. Der Bau bestimmt das Straßenbild an dieser Stelle. Dazu winkelförmig Anbau aus dem frühen 20. Jh. Die Pfosten der Hofumrahmung in Bossenquadern aus dem frühen 20. Jh., Kulturdenkmal wegen seiner Bedeutung für das Ortsbild.

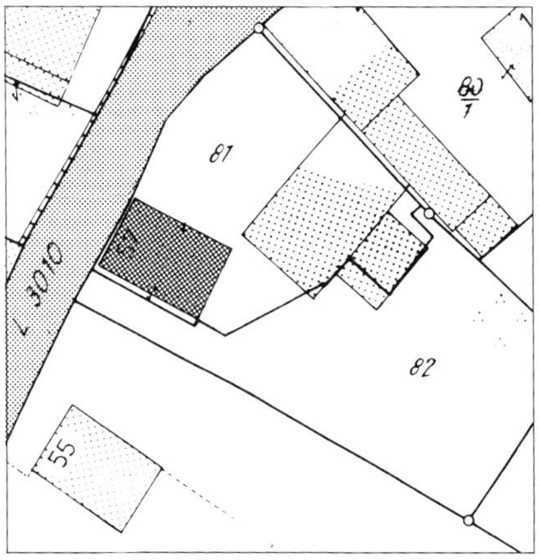

Wehrtbornstraße 57
Flur 1 Flurstück 81

L-förmige Hofreite offen zur Straße hin, das Wohnhaus giebelständig. Konstruktives Fachwerk mit reizvollen Schmuckformen. Über der Tür herzförmige Aussparung durch zwei s-förmige Streben, andere s-förmige Streben unter den Fenstern im Obergeschoß. In der Schwelle bezeichnet Anno 1789. Das Haus bildet einen Blickpunkt an einer wichtigen Straßenkreuzung und weist einfallsreiche Schmuckgestaltung der Ornamentfüllungen auf; aus diesen Gründen Kulturdenkmal.

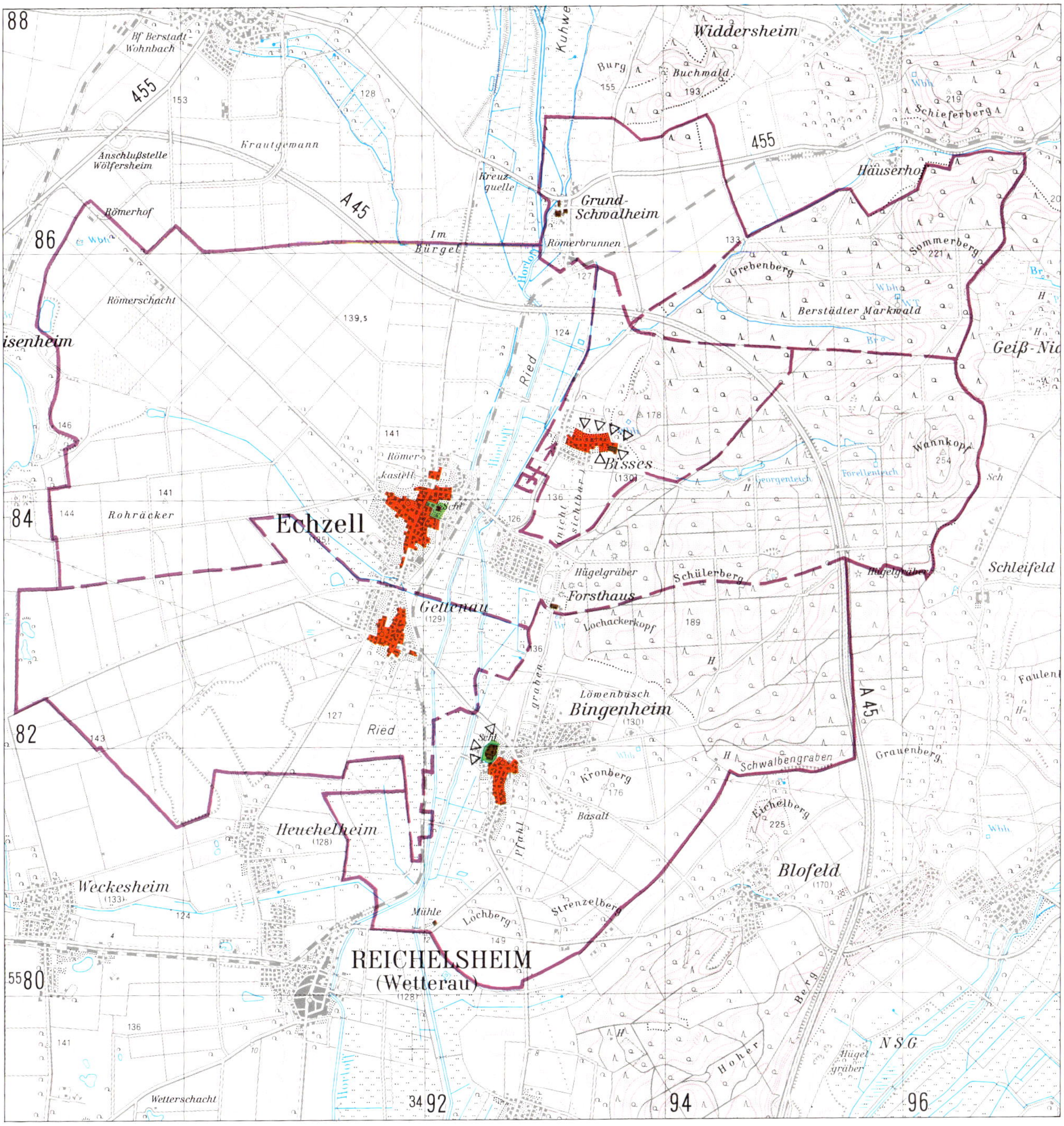

Erläuterung zu Karte 3 (M 1:50000):
Gemeinde Echzell

Das Gemeindegebiet liegt am nordwestlichen Rand des Altkreises und gehört zur fruchtbaren Ebene der Wetterau. Die Gemeinde besteht neben Echzell aus vier weiteren Ortsteilen, die alle (bis auf Grund-Schwalheim) historisch von großer Bedeutung sind. Das kommt sowohl in der großen Anzahl der ausgewiesenen Kulturdenkmale als auch in der gut erhaltenen geschlossenen Struktur der historischen Ortskerne zum Ausdruck.

Echzell und Gettenau sind im 18. und 19. Jh., als die Grenzen der mittelalterlichen Befestigungen überschritten wurden, zusammengewachsen. Beide Orte liegen an der Landstraße, die parallel zu dem Flüßchen Horloff von Norden nach Süden verläuft. Echzell ist historisch von großer Bedeutung. Basierend auf einem römischen Grenzkastell kann es auf eine fast zweitausendjährige Geschichte zurückblicken, von der noch einige bedeutsame bauliche Zeugen vorhanden sind. Neben der über römischen Mauerresten errichteten Kirche ist hier vor allem die Wasserburg zu nennen, die der mittelalterlichen Befestigung vorgelagert war. Beide Orte verfügen über eine große Zahl von geschlossenen Hofreiten in bemerkenswert gut erhaltenem Zustand.

Bingenheim, im Südosten von Echzell gelegen, ist ein weiterer historisch bemerkenswerter Ort. Ursprünglich nur Standort einer Burg, entwickelte sich nach dem 15. Jh. eine Siedlung von Burgmannenhöfen, die im 17. und 18. Jh. entlang der Landstraße erweitert wurde. Die Burganlage und die Struktur der Siedlung sind noch gut erhalten.

Im Nordosten liegt Bisses, ein Ort, der ebenfalls im Zusammenhang mit einem befestigten Sitz mit Wassergraben entstanden sein muß. Er zeichnet sich

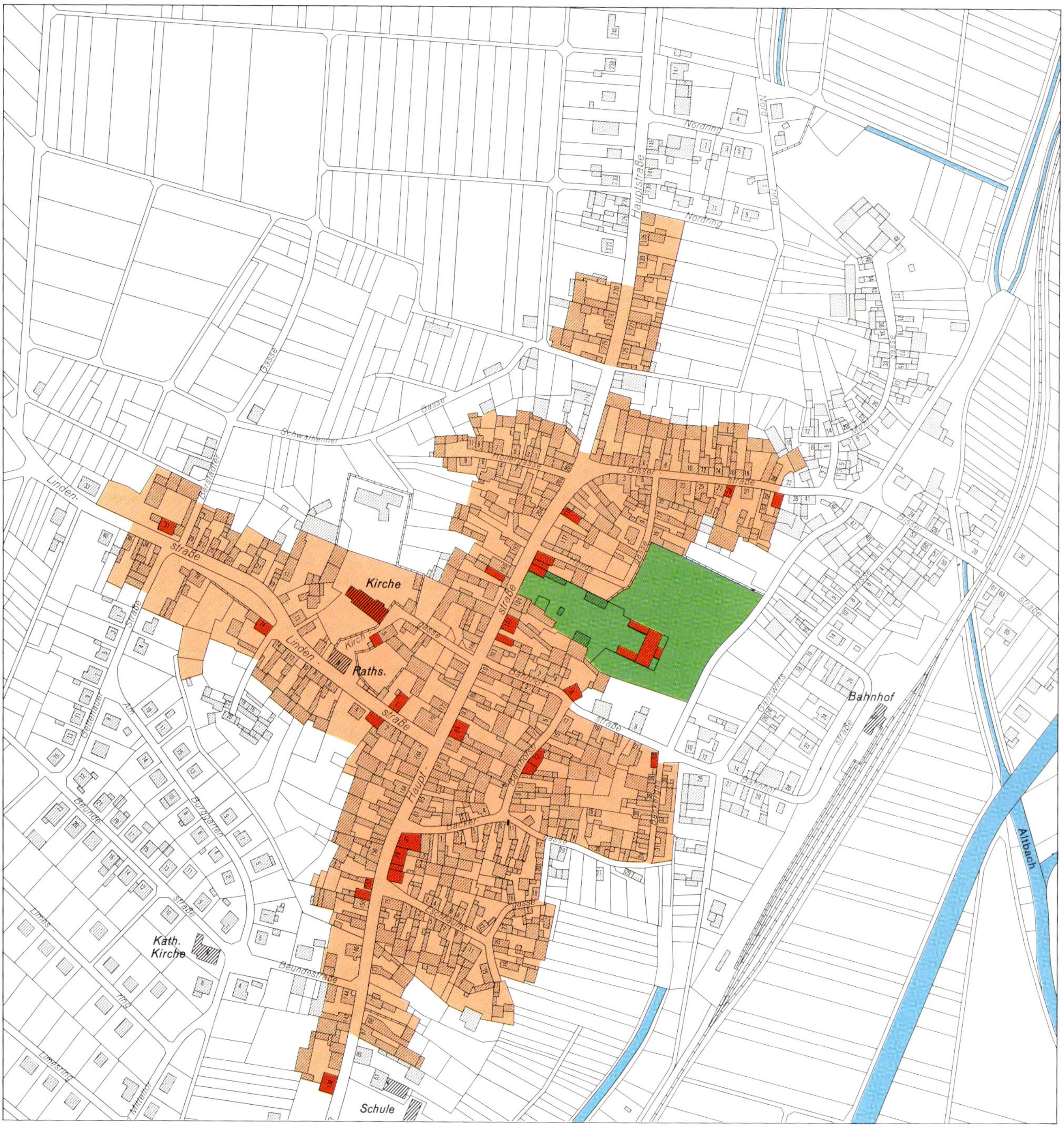

besonders durch seine geschlossene Struktur und deren deutliche Abgrenzung zur Feldlage hin aus. Es liegt im Interesse der Erhaltung dieses Ortsbildes, daß die Planung auf diese Situation Rücksicht nimmt. Daher wurde hier ein denkmalpflegerisches Interessengebiet an den Ortsrändern ausgewiesen.
Außerhalb der Ortslagen sei noch auf die Mühle bei Bingenheim am südlichen Rand des Gemeindegebietes und auf das Forsthaus zwischen Bingenheim und Bisses hingewiesen.

Der Ort liegt an der Stelle, wo der Limes die sumpfige Horloffniederung durchquerte; er war Standort eines römischen Grenzkastells. Direkt nordwestlich der Kirche lag das hadrianische Kastell der „Ala I Flavia Gemina", einer Reitertruppe. Es finden sich drei zeitlich aufeinanderfolgende Kastelle. 782 schenkt Karl der Große das Fiskalgut der Abtei Fulda. Die sog. Fuldische Mark ist seit 1311 in der Hand der Grafen von Ziegenhain; 1437 kommt sie an Hessen.

Auf den Grundmauern einer alten Wasserburg, wohl Der von Echzell, wurde das seit 1737 von Prettlacksche Schloß erbaut. Der alte Kern des Dorfes befand sich um Kirche und Rathaus als Zentrum. Nordwestlich der Kirche ist der alte Haingraben ablesbar, der die mittelalterliche Ortsbefestigung abschloß.

Südlich und östlich ist der weitere Verlauf des Haingrabens wohl im Verlauf der Bäckerstraße – Bahnhofstraße zu sehen. Die Wasserburg war der

Befestigung als Sporn vorgelagert.

In der Gegend der Kirchgasse und der Lindenstraße finden sich mit der Kirche über dem Standort des hadrianischen Kastells, dem Pfarrhaus von 1663, dem Kerner und der Lateinschule des Mittelalters bzw. von 1718 sowie dem Hof der Familie von Rabenau, wohl im 16. Jh. entstanden, die historisch bedeutsamsten Bauten.

Entlang der Hauptstraße als Rückgrat reiht sich ein geschlossenes Ensemble von Höfen – teils L-förmige Hakenhofreiten und teils geschlossene Hofanlagen des Hüttenberger Typs. Die heutige Bebauung stammt vor allem aus dem 18. und 19. Jh.; zu dieser Zeit wurden die Grenzen des mittelalterlichen, befestigten Ortes überschritten. In der Bäckergasse, Hollergasse und Hundsgasse liegen die Gebiete der Kleinbauern und Landarbeiter, wobei die Hofformen den L-förmigen Hoftypus repräsentieren, wenn auch in verkleinerter Form.

Schwalheimer Gasse
Holler-Gasse
Bisseser Straße
Bisseser Straße
Hundsgasse
Echzell
Kirch-gasse
Rathaus
Lindenstraße
Bahnhofstraße
Bahnhofstraße
Gänswirts-
Backergasse
Bäcker-gasse
Eschbaums-gasse
Hauptstr.
In der
Kälbergasse
Die
Gans
Berufsschule
Fl.1
Fl.1

Gesamtanlage

Gemeinsam mit dem historischen Kern in der Gegend der Kirche bilden die Hauptstraße und die Bisserstraße das Rückgrat einer beidseitig geschlossenen Gesamtanlage, besetzt mit gut erhaltenen Fachwerkhofreiten vor allem des 18. Jhs. in geschlossener (Hüttenberger Typus) und offener Ausprägung (Hakenhofreite). In den Seitenstraßen sind teilweise noch die Wohngebiete abzulesen, wo die Kleinbauern und Tagelöhner ihre Wohn- und Produktionsstätten errichteten. Neben dem alten Ortskern um die Kirche mit der heute noch ablesbaren Befestigung (Haingraben) bildet die ursprüngliche mittelalterliche Burganlage in ihrer barocken Umformung mit Park den zweiten ortsgeschichtlichen und ortsbildlichen Schwerpunkt.
Die Hauptstraße wird bestimmt durch die Abfolge von alternierenden quergestellten Hüttenberger Haustypen bzw. L-förmigen Hofreiten. Insgesamt durch geschlossene bzw. im Oberteil vergitterte Tore abgeschlossen. Reizvolle Anlage mit Bauten des frühen 19. Jhs., die das Straßenbild bestimmen. Es kommen neben dem Hüttenberger Typus in giebelständiger Bauweise auch Häuser vor wie Nr. 220 oder Nr. 125 u. 127: fünfachsig, regelmäßig mit mittlerem Treppenaufgang mit drei Stufen, rechts und links je ein Fensterpaar, im Obergeschoß fünf Fenster, traufständig. Ein Haustyp der Biedermeierzeit. Hollergasse und Bäckergasse sind mit reizvollen giebelständigen, kleinen Hofreiten typische Kleinbauern- und Landarbeitergebiete des 18./19. Jhs. Sie sind aus siedlungs- und sozialgeschichtlichen Gründen von Interesse.

oben: Blick in die Hauptstraße von Norden
Hauptstraße, Ostseite
Hauptstraße, Blick nach Süden
unten links: Bäckergasse
Bäckergasse
nach Westen
Blick in die Bahnhofstraße
nach Osten

Im nördlichen Teil der Hauptstraße kommen neben dem Hüttenberger Typus in giebelständiger Bauweise auch traufständige klassizistische Häuser vor, wie das Haus Nr. 220 oder das Haus Nr. 125 u. 127; fünfachsig, regelmäßig mit mittlerem Treppenaufgang. Außerdem eine Reihe von kleinen giebelständigen Häuschen zu fünf Achsen mit überhängendem Zwerchhaus.

nördliche Hauptstraße

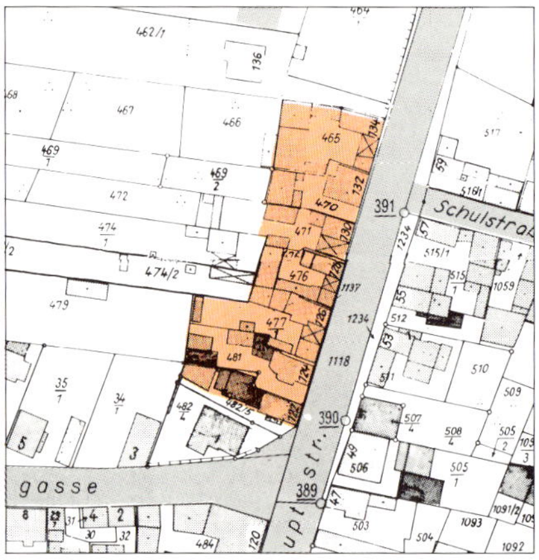

Hinter der Sackgasse weitet sich die Lindenstraße blasenförmig auf und bildet einen kleinen Platz. Darauf, gerahmt von zwei großen Linden, Kriegerdenkmal 1870/71 – bezeichnet an allen vier Seiten mit Namen. Sockelinschrift: „Gewidmet von den dankbaren Bewohnern Echzells."

unten: Blick in die Lindenstraße nach Osten
Blick in die Lindenstraße nach Westen
südliche Hauptstraße

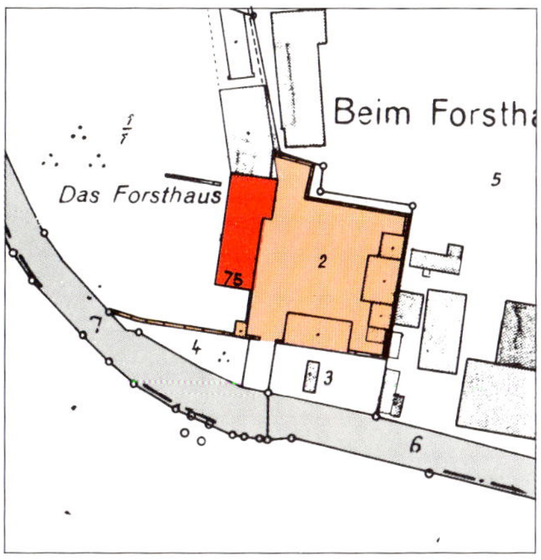

Gesamtanlage
ehem. Jagdschloß

Vom ehemaligen Großherzoglich-Darmstädtischen Jagdschloß, südöstlich von Echzell am Waldrand gelegen, ist noch eine geschlossene Hofanlage mit einem barocken Kernbau, Remise und Stallgebäude erhalten. Die ursprüngliche barocke Hofeinfahrt und eine Basaltbruchsteinmauer grenzen das Anwesen ab. Wegen ihrer Bedeutung für die Ortsgeschichte ist diese Gesamtanlage erhaltenswert.

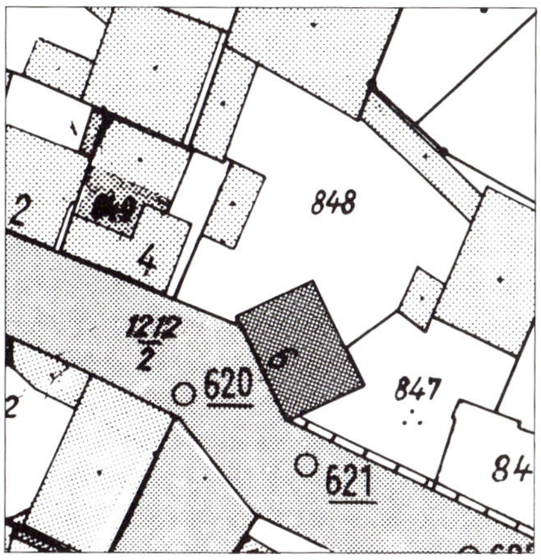

Bahnhofstraße 6
Flur 1 Flurstück 848

Großer, verputzter barocker Fachwerkbau in wichtiger Lage, über Eck in den Straßenraum geschoben. Weit heruntergezogenes Krüppelwalmdach, übersetztes Geschoß; ungestörte Fensterteilung. Nach Proportionen und Volumen um 1680. Vor dem Mitteleingang Freitreppe mit Radabweiser. Kulturdenkmal wegen seiner baukünsterlischen Qualität und der städtebaulich bedeutsamen Lage im Straßenraum.

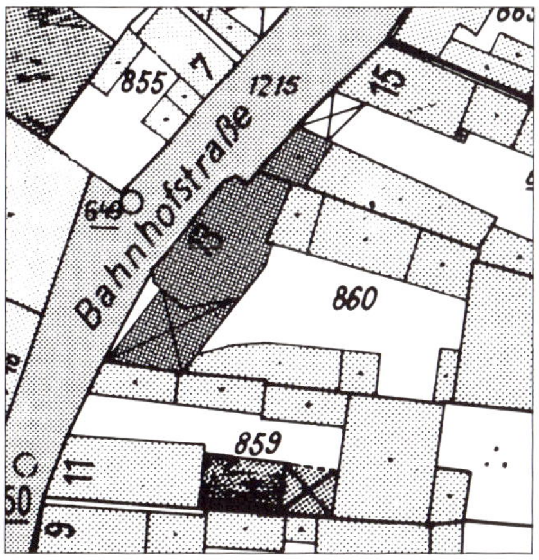

Bahnhofstraße 13
Flur 1 Flurstück 860

Großer Hof in Jugendstil/Heimatstil-Fachwerkformen mit polygonal übersetztem Eckerker, in den Straßenraum hineinragend. Krüppelgewalmtes Zwerchhaus, Bruchsteinsockel und spitzwinkelig angebautes Hoftorgebäude mit Hüttenberger Tor. Entstanden um 1910. Kulturdenkmal wegen seiner Bedeutung für die Heimatstilbewegung und aus städtebaulichen Gründen.

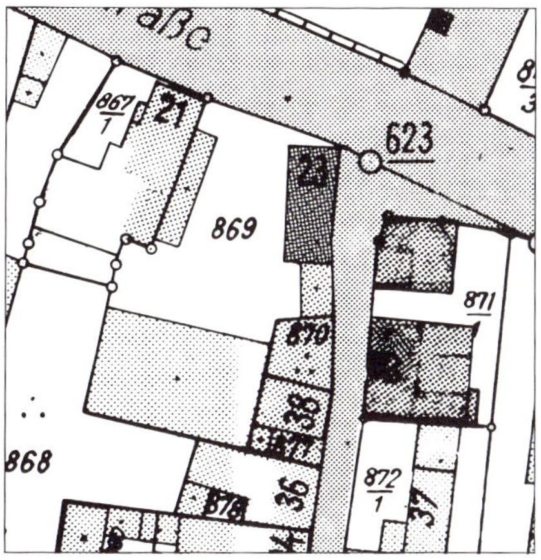

Bahnhofstraße 23
Flur 1 Flurstück 869

Geschlossen erhaltene Hofreite aus der Zeit um 1700 an der Straßenecke Bahnhofstraße/Bäckergasse. Das Wohnhaus dominiert im Straßenraum. EG massiv, im OG noch ursprüngliches Fachwerk aus der Zeit um 1700. Kleinere landwirtschaftliche Nebengebäude ebenfalls in Fachwerk. Im Hof im Hintergrund als Riegel L-förmig die große Scheune mit ursprünglicher stehender Ziegelausmauerung, 18. Jh. Wegen seiner Lage in der Straße und seiner Bedeutung für das Ortsbild Kulturdenkmal.

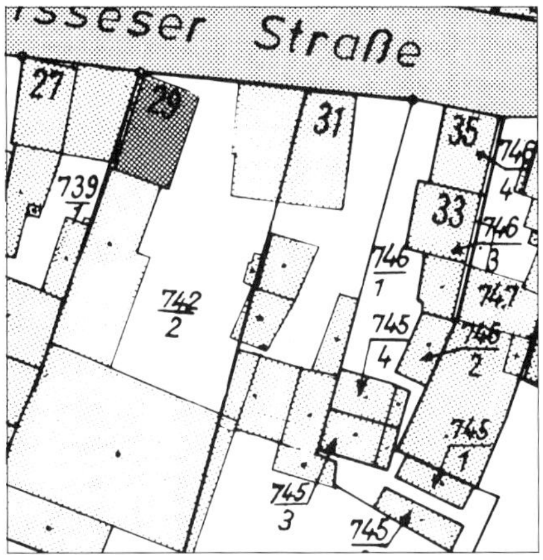

Bisser Straße 29
Flur 1 Flurstück 742/2

Hofreite mit traufständigem, abgewalmten Dach und breiter Toreinfahrt. Reiches Fachwerk mit breiten Streben und Viertelkreisfußstreben. Schwelleninschrift: „ANNO 1706, DEN 26. AUGUST HAT HANS STOLL UND SEINE HAUSFRAU ANNA DIESES HAUS AUFGESCHLAGEN. GOTT BEHÜTE ES VOR FEUER UND BRAND. AMEN." Überbaute Einfahrt spätes 19. Jh. Kulturdenkmal aus künstlerischen Gründen wegen des alten Fachwerkteils mit interessanter Strebengestaltung.

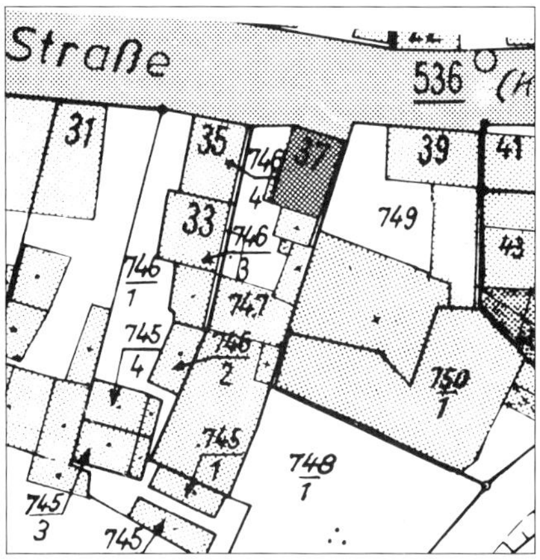

Bisser Straße 37
Flur 1 Flurstück 747

Kleine typische Wetterauer Hofreite aus der Mitte des 18. Jhs. in Hakenform. Das Wohnhaus verputzt, giebelständig mit starker Wirkung im Straßenbild. Gutes Schmuckfachwerk des 17. Jhs. unter Putz zu erwarten. Wegen seiner städtebaulichen und kunstgeschichtlichen Bedeutung Kulturdenkmal.

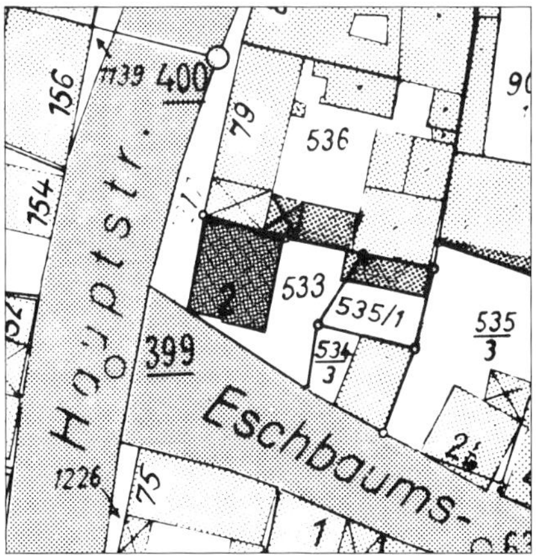

Eschbaumgasse 2
Flur 1 Flurstück 533

Eckbau, Ecke Hauptstraße/Eschbaumgasse in städtebaulich bedeutender Lage. Verputzt, jedoch anhand von Proportionen und hervortretenden Balkenköpfen als ein Bau noch des 16. Jhs. erkennbar. Im Giebel z. T. massiv. Trotz Veränderungen Kulturdenkmal wegen seiner Seltenheit am Ort als früher Vertreter der Holzbaukunst des 16. Jhs. von wissenschaftlicher und städtebaulicher Bedeutung.

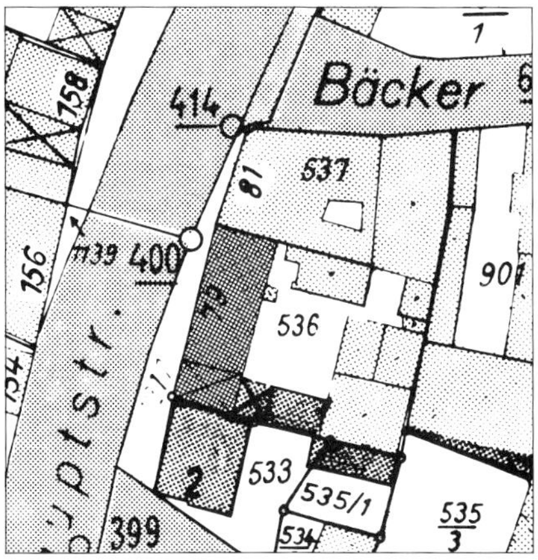

Hauptstraße 79
Flur 1 Flurstück 536

Langgezogenes, verputztes Traufenhaus auf überhohem Sockelgeschoß, das jüngere Tor an den rechten äußeren Rand gerückt. Nach Proportion, Fensteranordnung und Größenverhältnissen ein Bau des 17./18. Jhs. Neben dem Deutschen Haus Ecke Hauptstraße/Eschbaumgasse erfüllt der Bau eine wichtige Funktion. Er ist wegen seiner wissenschaftlichen Bedeutung als früher bäuerlicher Fachwerkwohnbau und aus städtebaulichen Gründen Kulturdenkmal.

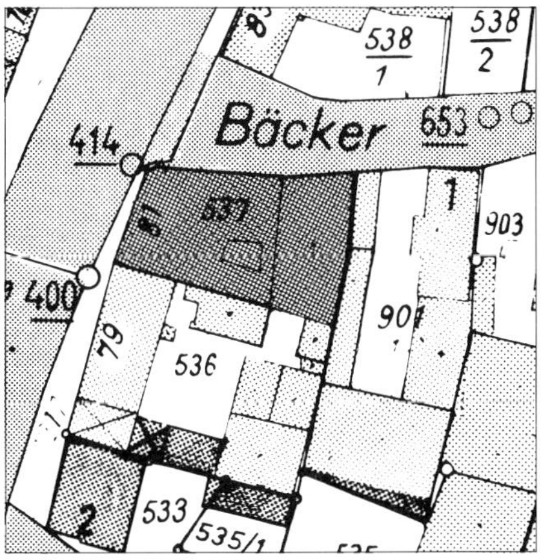

Hauptstraße 81
Flur 1 Flurstück 537

In städtebaulich wichtiger Lage, schon von weitem als Blickpunkt wirkt das stark plastisch durchgebildete Eckhaus mit massivem UG und auf Knaggen weit übersetztem OG mit reicher Fachwerkornamentik, verschiedenen Erkern im Dachraum und Jugendstilanklängen. Kulturdenkmal wegen seiner städtebaulichen Bedeutung und seiner Bedeutung als Versuch einer angepaßten landlichen Wirtshaus- und Hofarchitektur aus der Zeit um 1910.

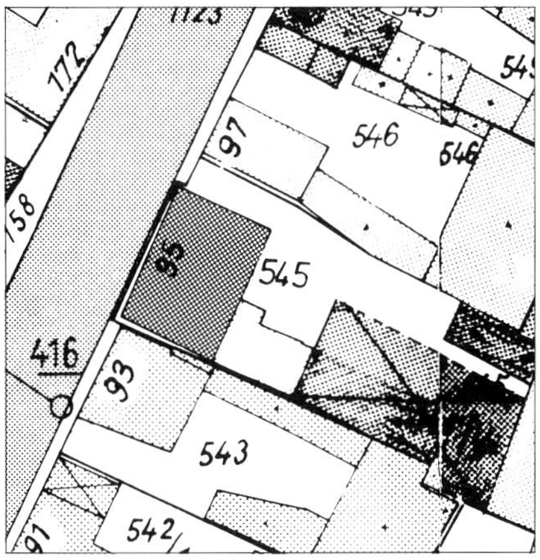

Hauptstraße 95
Flur 1 Flurstück 545

Großvolumiges, traufständiges Fachwerkwohnhaus als vorderer Abschluß einer großen Hofreite der Biedermeierzeit, Hoftor erhalten. Hochparterre, der Eingang etwas aus der Achse gerückt, regelmäßige Fensteraufteilung. Unter Putz reiches, konstruktives Fachwerk zu erwarten. Kulturdenkmal wegen seiner wissenschaftlichen Bedeutung als großer Hoftyp des frühen 19. Jhs.

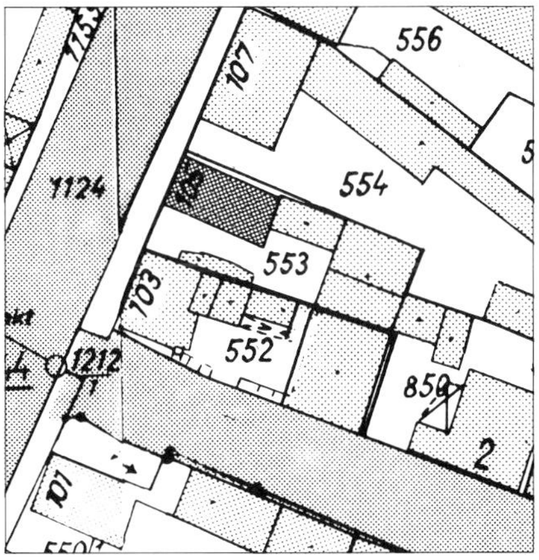

Hauptstraße 105
Flur 1 Flurstück 553

Kleine giebelständige Hofreite, das Wohnhaus unter Putz mit starkem Geschoßüberstand und ungestörter Fenstersituation. Deshalb Fachwerkbau des 17./18. Jhs. in reicher Ausbildung zu erwarten. Zusammen mit dem Nachbarhaus Nr. 107 bildet der Bau einen städtebaulich wichtigen Akzent innerhalb der Straße. Kulturdenkmal wegen der baukünstlerischen und städtebaulichen Wertigkeit.

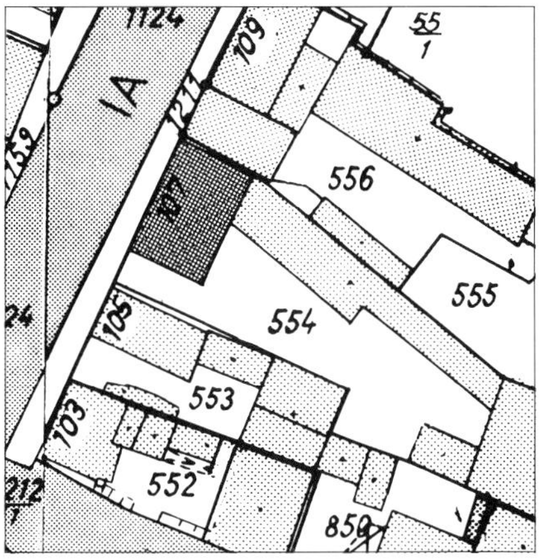

Hauptstraße 107
Flur 1 Flurstück 554

Traufständiges Fachwerkwohnhaus mit weit heruntergezogenem Krüppelwalmdach und regelmäßiger Anordnung der Fenster; insgesamt unter Putz. Das Haus ist als Kulturdenkmal einzustufen wegen seiner Wertigkeit im Straßenraum als herausragender Bau.

Schloß
Flur 1 Flurstück 557/2

An der Stelle einer mittelalterlichen Wasserburg – der Graben ist noch gut erkennbar –, ehemals vielleicht Stammsitz Der von Echzell. 1737 von der Familie von Prettlack erworben, wohl gleichzeitig Neubau als einfacher Querriegel mit Treppenhausanbau und Mansarddach. Zu Beginn des 19. Jhs. an die Familie von Harnier. In der Folge Erneuerung und Vergrößerung der Freitreppe, Anbringung eines konsolengetragenen Balkons zur Betonung der Mittelachse. Mitte des 19. Jhs. Anfügung der beiden Flügelbauten und Gewinnung einer cour d'honneur. Das von einer Bruchsteinmauer umschlossene Gebäude wohl ehemals als englischer Park angelegt (Idealplan erhalten). Kulturdenkmal wegen seiner geschichtlichen und künstlerischen Bedeutung.

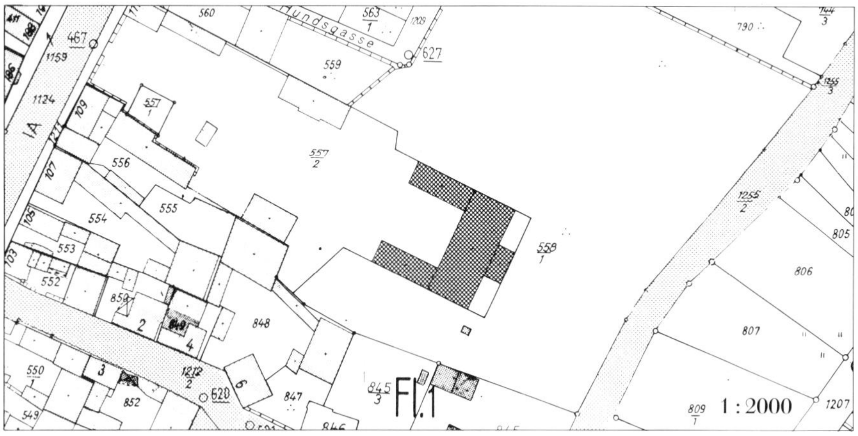

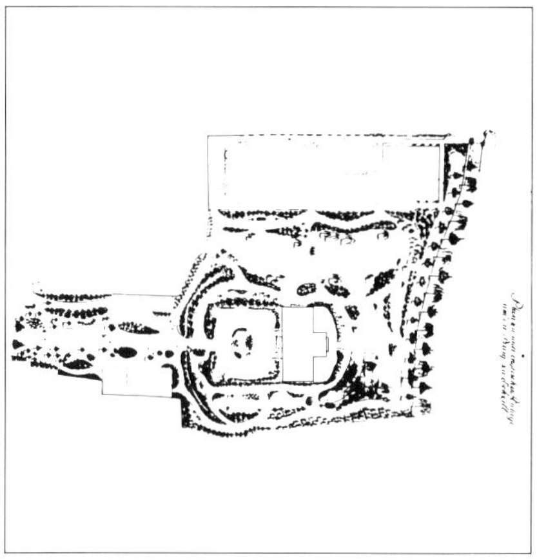

Plan zur Anlage eines englischen Parks, um 1825

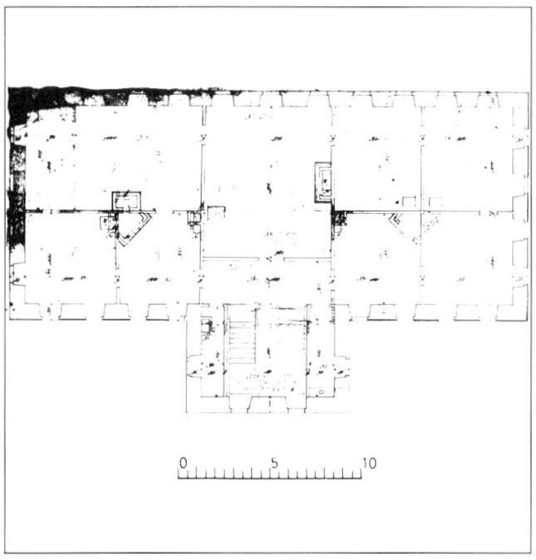

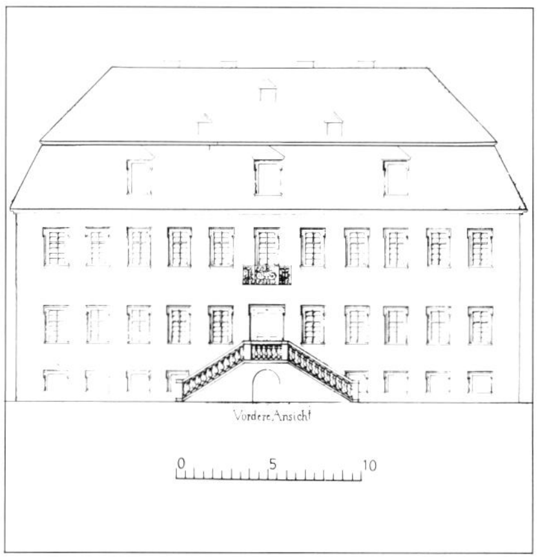

links: Grundriß des 1. Stocks, Plan zur Umgestaltung, 1. Hälfte 19. Jh.
Ansicht, Plan zur Errichtung eines Balkons und einer neuen Treppe, 1. Hälfte 19. Jh.

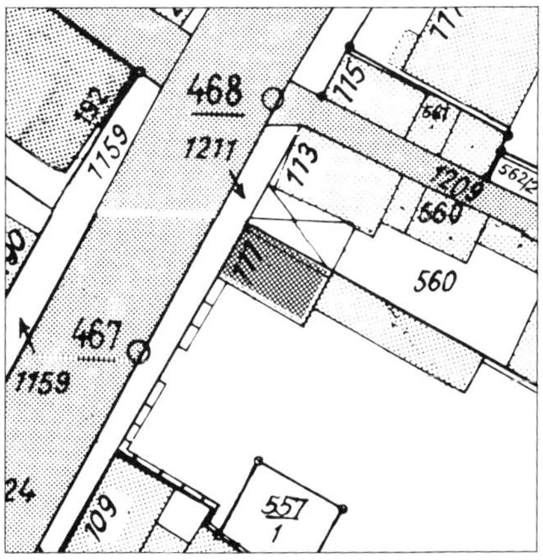

Hauptstraße 111
Flur 1 Flurstück 557/2

Giebelständiges, reichverziertes Fachwerkwohnhaus. In der Schwelle Inschrift: „ANNO 1707, DEN 25. TAG IM APRIL JAKOB SCHÄFER UND SEINE EHELICHE HAUSFRAU ANNA MARGARETA HABEN DIESEN BAU ERBAUET. GOTT ALLEIN DIE EHR. AMEN". Direkt an die Umfriedungsmauer angebaut, akzentuiert der Bau das Ortsbild im Eingangsbereich zur Burg. Bemerkenswerte Konstruktion. Kulturdenkmal aus geschichtlichen, wissenschaftlichen und städtebaulichen Gründen.

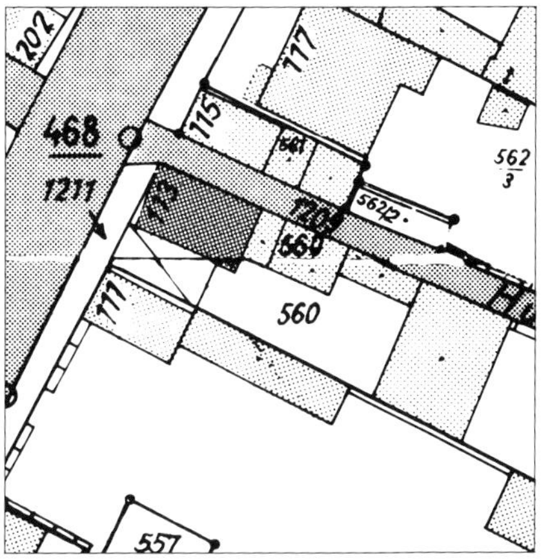

Hauptstraße 113
Flur 1 Flurstück 560

Hofreite mit überdachter Pforte und giebelständigem Wohnhaus. Interessante Ausprägung einer Mischform zwischen „fränkischer Hofreite" in Hakenform und Hüttenberger Hoftyp. Der Wohnbau verputzt, gutes Fachwerk um 1700 zu erwarten. Der Toranbau um 1900. Die Hofreite bestimmt das Ortsbild an dieser Straßenecke und leitet zum Eingangbereich der Burg über. Kulturdenkmal wegen seiner städtebaulichen und wissenschaftlichen Bedeutung.

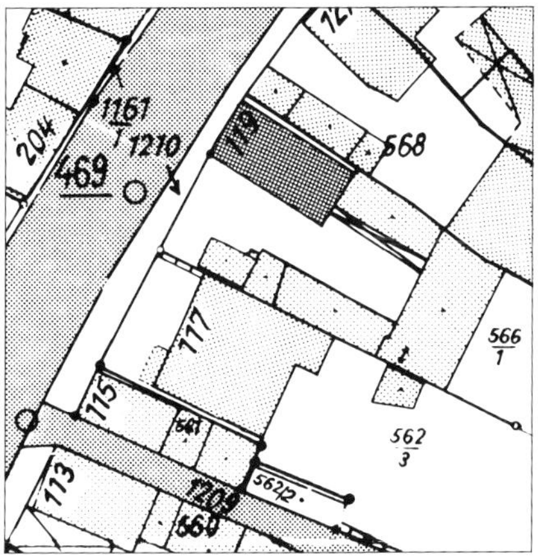

Hauptstraße 119
Flur 1 Flurstück 566/1

Mit Asbestzement und PVC-Material verkleidetes Fachwerkwohnhaus einer intakten Hofreite aus der Mitte des 18. Jhs. mit Zierfachwerk. Zur Straße hin durch ein Tor abgeschlossen. In Proportionen und Lage im Straßenbild prägnanter Barockbau. Kulturdenkmal wegen seiner städtebaulichen Bedeutung.

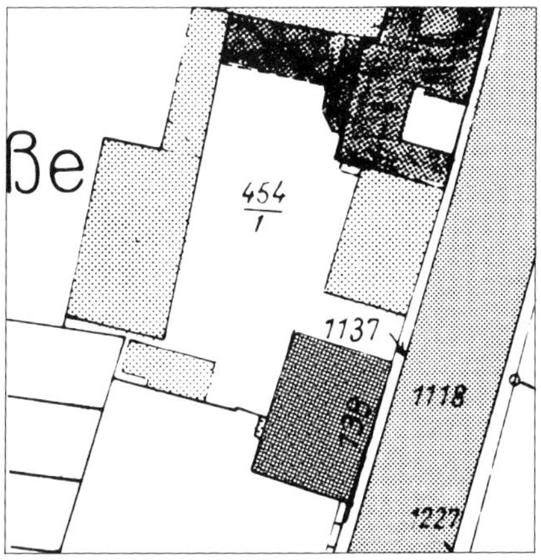

Hauptstraße 138
Flur 1 Flurstück 454/1

Große herrschaftliche Hofreite mit zentralem, halbkreisförmig durch Bogen geöffneten Portal mit Keilstein. Das Herrenhaus verputztes Fachwerk, 2. Hälfte 18. Jh. Symmetrisch dazu Scheunenbau über Basaltbruchsteinsockel mit liegenden Okuli-Öffnungen. Im hinteren Hofbereich jüngere Wirtschafts- und Scheunenbauten in Ziegelstein. Wegen ihrer ortsgeschichtlichen Bedeutung und baukünstlerischen Qualität ist die Hofreite Kulturdenkmal.

Hauptstraße 152
Flur 1 Flurstück 431/3

Große barocke Hofreite des Hüttenberger Typus mit abgewalmtem Dach. Im linken Teil Übersetzung des Obergeschosses, d. h. Einbeziehung eines ehemals giebelständigen Wohnbaues des frühen 19. Jhs. Der Bau bildet gegenüber der Eschbaumgasse einen städtebaulich wichtigen Akzent. Deshalb und wegen der gut ablesbaren, auf landwirtschaftliche Strukturveränderungen des 19. Jhs. hinweisenden Mischform Kulturdenkmal aus städtebaulichen und wissenschaftlichen Gründen.

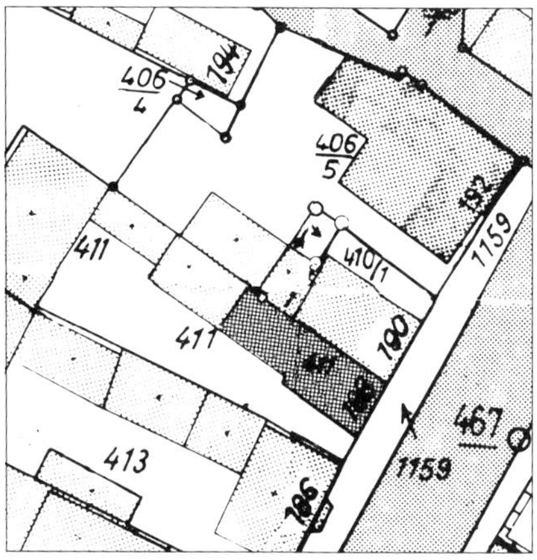

Hauptstraße 188
Flur 1 Flurstück 411

Giebelständiges Fachwerkhaus mit langem, hinteren Hofteil, insgesamt verputzt, jedoch mit Vorkragung. Proportionen und Fensterteilung lassen auf einen guterhaltenen Schmuckfachwerkbau des frühen 18. Jhs. schließen. Kulturdenkmal wegen seiner künstlerischen Bedeutung.

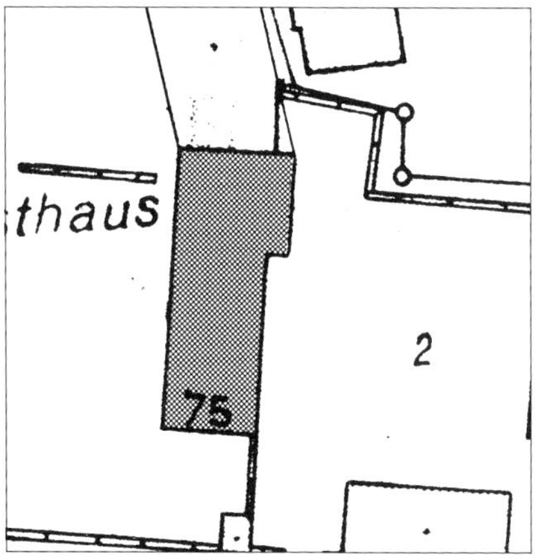

Jagdschloß
Flur 23 Flurstück 1/1

Ehemaliges Großherzoglich-Darmstädtisches Jagdschloß, heute Internat. Die barocken Kernbauten weitgehend verändert. Ursprüngliche Hofeinfahrt mit diamantierten Pfeilern um 1700 sowie die Umfassungsmauer mit halbrundem Abschluß; Scheune im Hof, datiert 1747. Im Kernbau Treppe um 1750 mit gedrechselten Docken, profilierten Anfangspfosten und kassettierter Untersicht; Eingangstür um 1800. Kulturdenkmal aus künstlerischen und historischen Gründen.

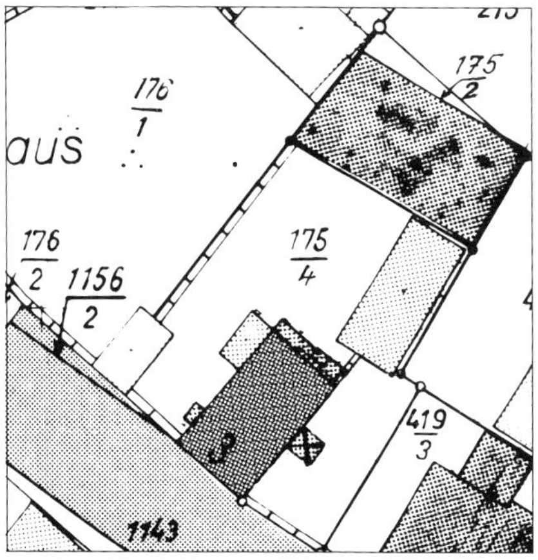

Lindenstraße 3
Flur 1 Flurstück 175/4

Großer Adelshof Der von Rabenau, 17. Jh. Rundbogig abgeschlossene Hofeinfahrt mit Muschelnischen, diamantierten Quadern. Das kleinere Portal bezeichnet „HZ 1620 ML". Über der Pforte Wappenstein mit Allianzwappen. Bedeutende Hofanlage der typischen Hakenform mit den adligen Stand der Bauherren betonenden Zutaten. Am Wohnhaus unter Schiefer reiches Fachwerk des 17. Jhs. Kulturdenkmal aus geschichtlichen und künstlerischen Gründen.

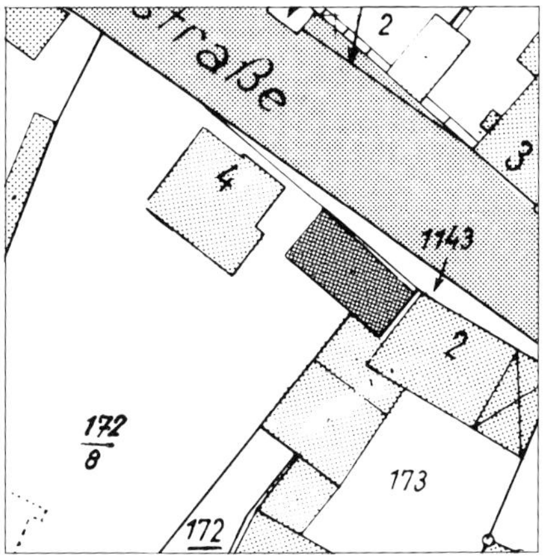

Lindenstraße 4
Flur 1 Flurstück 172/8
Ehem. Pfarrhaus

Einfaches, kleinformatiges Fachwerkgebäude, insgesamt verputzt. An der Giebelseite Schwelleninschrift: „AEDIBUS HIS CUM CHORTE BONUS BENEDICAT IOVA FROMENTA AC HOMINES PROTEGAT ET PECORA. ANNO 1663, 18. JUNIUS . . .” Das Gebäude hat Bedeutung vor allen Dingen in ortshistorischer Hinsicht und auch im Ortsbild als Pendant zum großen Adelshof in Blickweite gegenüber. Deshalb Kulturdenkmal wegen seiner historischen und städtebaulichen Bedeutung.

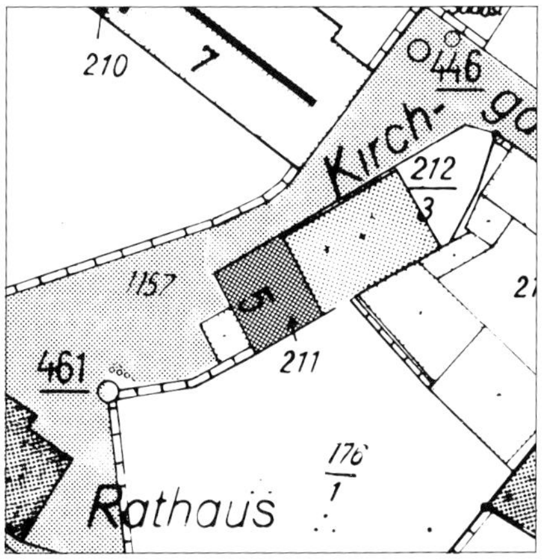

Lindenstraße 5
Flur 1 Flurstück 211

Ehemaliges Beinhaus und Schulhaus. Dann bis 1969 Rathaus. Über massivem mittelalterlichen Sockel Hochparterre mit einläufiger Treppe; darauf vorkragend Fachwerkoberbau um 1700 mit urwüchsig gebogenen Streben und Viertelkreisfußstreben. Der Bau liegt in beherrschender Lage unmittelbar neben der Kirche und hat daher und wegen seiner ehemaligen Nutzungen städtebauliche und historische Bedeutung als Kulturdenkmal.

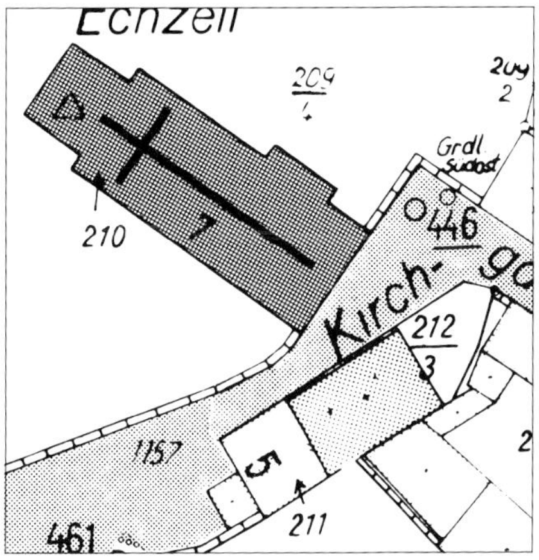

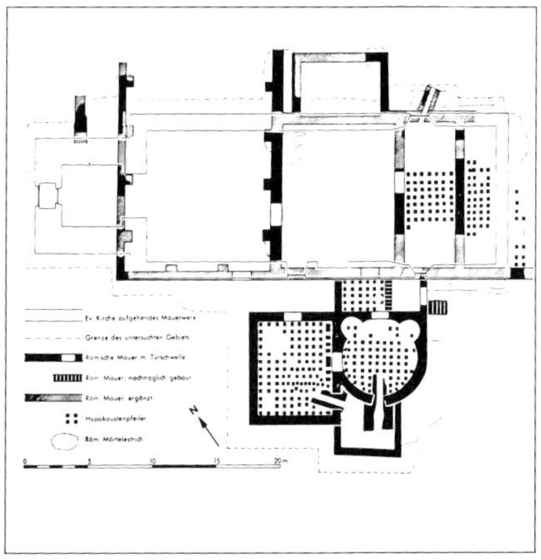

Lindenstraße 7
Flur 1 Flurstück 210
Evang. Pfarrkirche

Langgestreckter Rechteckbau mit bedeutender Baugeschichte. Er steht in der Kontinuität seit römischer Zeit. Beträchtliche Teile der Kirche sind auf den Fundamenten des hadrianischen Kastellbades errichtet. Ein älterer Westturm wurde in der 2. Hälfte des 13. Jhs. abgebrochen und die Kirche nach Westen erweitert. Der heutige Westturm Ende 15. Jh., 1724 Chorneubau; Stukkaturen der Langhausdecke 1751. Wandmalereien 14. Jh., Orgel 1742. Kulturdenkmal wegen seiner wissenschaftlichen, geschichtlichen und künstlerischen Bedeutung.

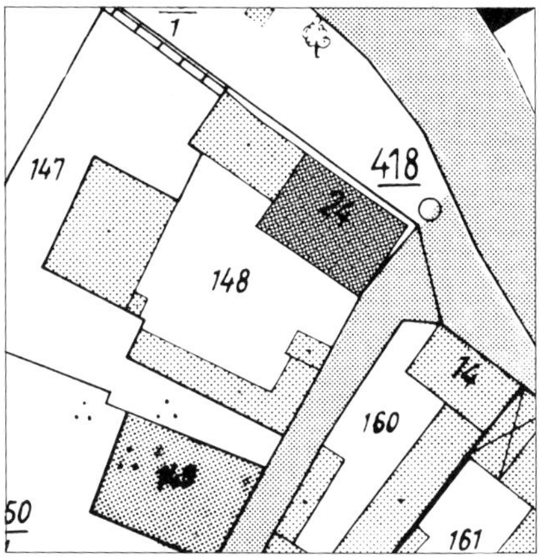

Lindenstraße 24
Flur 1 Flurstück 148

Großer, die Straße beherrschender Hof mit giebelständigem Wohnhaus mit Krüppelwalm. Verputzt, jedoch stellenweise sehr aufwendiges Schmuckfachwerk um 1680 erkennbar. Das Scheunengebäude ebenfalls 17. Jh., Stallgebäude wohl 18. und 19. Jh. Seltenes, guterhaltenes Exemplar eines hochbarokken, größeren Gehöftes. Kulturdenkmal aus baugeschichtlichen sowie aus städtebaulichen Gründen wegen seiner überragenden Wirkung im Straßenbild.

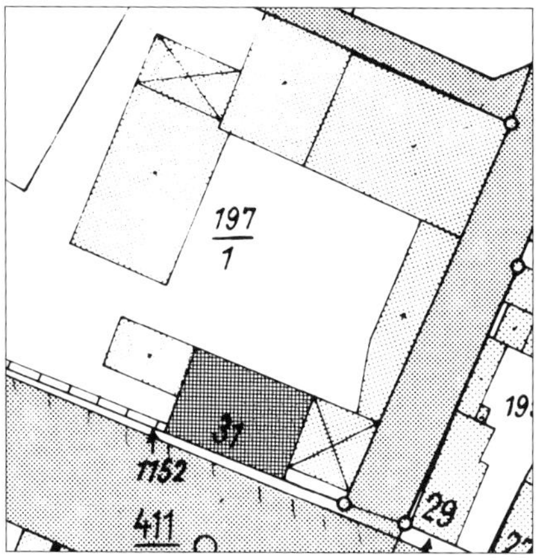

Lindenstraße 31
Flur 1 Flurstück 197/1

Großvolumiger Hof am Ortsausgang in neobarocken Fachwerkformen. Über dem Hüttenberger Eingangstor, über der Mann-Pforte datiert 1910. Das Wohnhaus traufständig zur Straße mit großem Walm und Zwerchhaus, polygonal vorspringendem Erker und gedrückten Rautenfachwerkornamenten. Das Hoftor fein gestaltet mit Gittern und Zahnschnittfries sowie aufgedoppelten Türen. Geschlossene Anlage des Historismus. Eine besondere Leistung in diesem ländlichen Gebiet, deshalb Kulturdenkmal wegen seiner künstlerischen Bedeutung.

Bingenheim

Bis in das 15. Jahrhundert nur Burg im sumpfigen Gelände mit einigen Burgmannenhöfen. 1357 Stadtrechte, die jedoch zu keiner Entwicklung führten.

Bis 1423 zu Kloster Fulda gehörend, war die Burg Bingenheim Mittelpunkt der Fuldischen Mark; 1570 kamen Burg und Dorf an Hessen-Marburg, von dem sie 1604 an Hessen-Darmstadt übergingen. 1648-81 war Bingenheim Residenz von Wilhelm Christoph Landgraf von Hessen-Bingenheim.

In Korrespondenz zur Burg entwickelte sich auf der Grundlage einiger Burgmannenhöfe ein Dorf mit Zentrum an der Kreuzung Weidgasse/Kronstraße. Im Bereich der Erbsengasse läßt sich am Verlauf der Parzellengrenzen gleichzeitig der Verlauf der Dorfbefestigung wohl mit Gebück und Haingraben ablesen. Entlang der nordsüdlich verlaufenden Landstraße, des Raun, entwickelte sich im Laufe des 17. und 18. Jahrhunderts eine straßendorfartige Erweiterung.

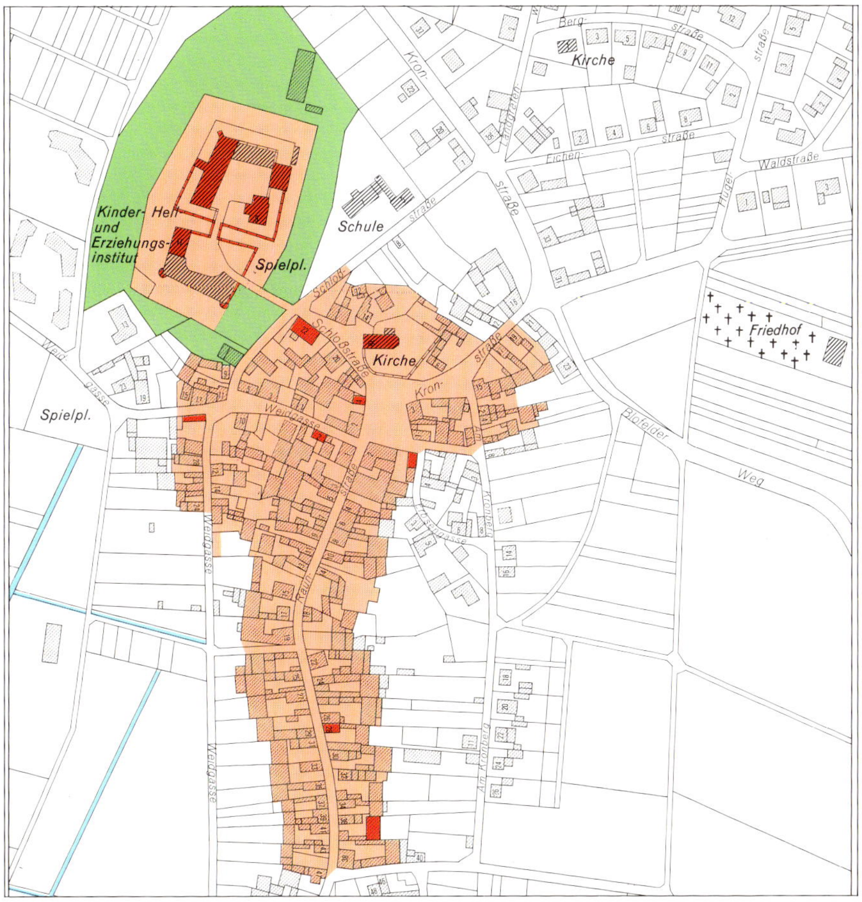
Kinder- Heil
und
Erziehungs-
institut
Spielpl.
Schule
Kirche
Friedhof
Spielpl.
Kirche
Waldstraße
Weg

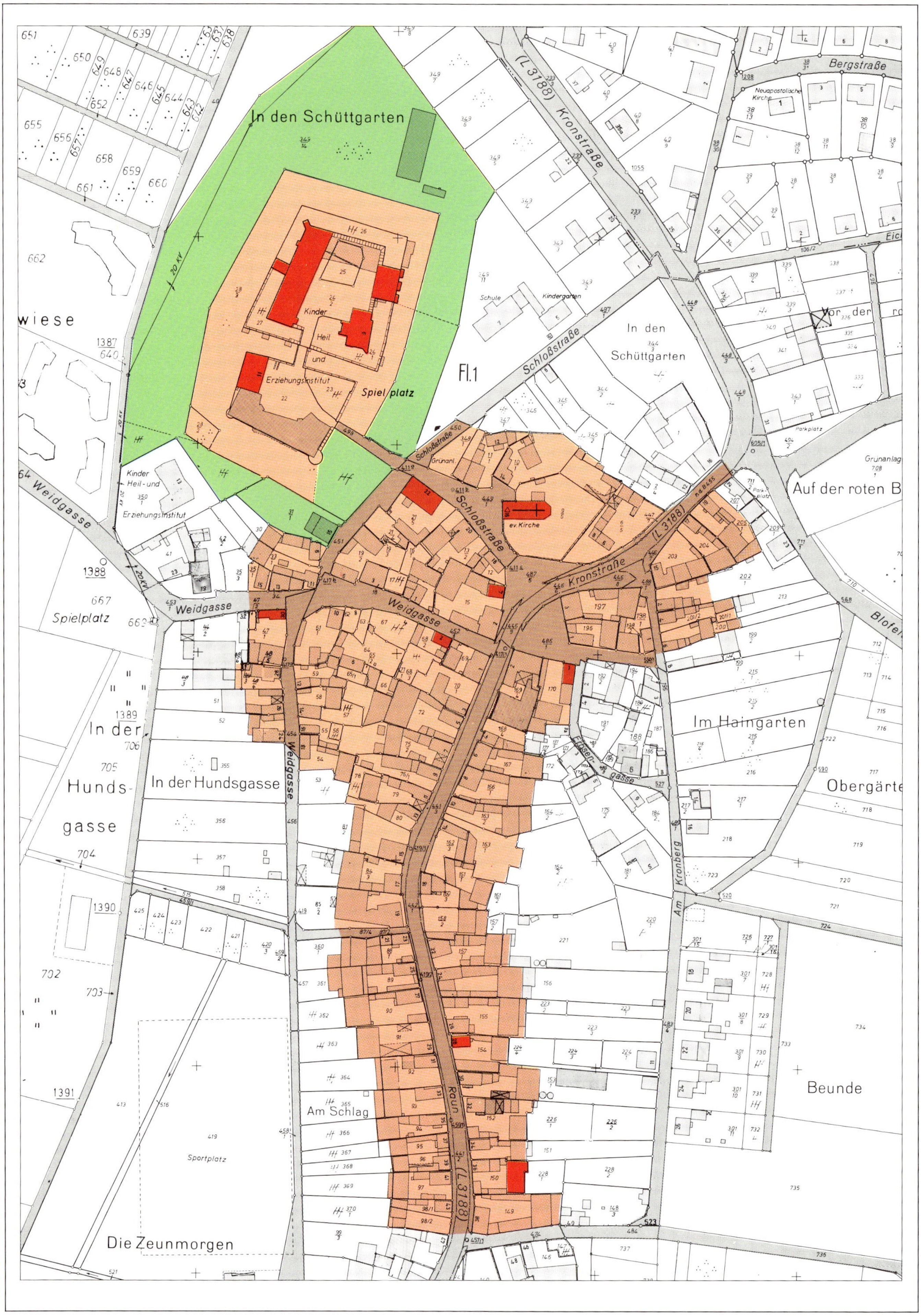

In den Schüttgarten
Kinder Heil und Erziehungsinstitut
Spiel platz
Fl.1
Schloßstraße
Kronstraße
(L 3188)
Bergstraße
Neuapostolische Kirche
Schule
Kindergarten
In den Schüttgarten
Vor der
Auf der roten B
Grünanlage
Parkplatz
Weidgasse
ev. Kirche
Grünanl.
Kinder Heil- und Erziehungsinstitut
wiese
Spielplatz
In der Hundsgasse
In der Hundsgasse
Im Haingarten
Obergärte
Am Kronberg
Raun (L 3188)
Am Schlag
Sportplatz
Die Zeunmorgen
Beunde

oben links: Blick in den Raun nach Süden
oben Mitte: Blick vom Dorfplatz nach Osten
links: Blick in den Raun
rechts: Blick vom Dorfplatz zur Kirche

Gesamtanlage

Obwohl der Ort seinen historischen Kern in der Gegend Schloßgasse-Weidgasse-Kronstraße hat, wird sein heutiges Bild geprägt von der Erweiterung des 17./18. Jhs. in Form eines Straßendorfes in Richtung Süden. Der Raum ist besetzt mit einer fast lückenlosen Reihung von kleineren barocken Hakenhofreiten, was die ortsentwicklungsgeschichtliche Qualität der Gesamtanlage im Gegenüber zum Schloß ausmacht.

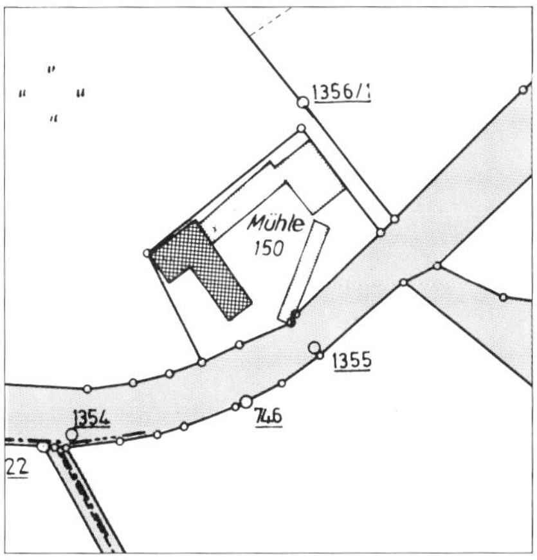

Bingenheimer Mühle
Flur 3 Flurstück 150

Geschlossene Hofanlage auf freiem Feld. Das Wasser wurde der Mühle künstlich zugeleitet. Kernbau ist das Mühlenhaus über hohem Sandsteinsockel; das Mühlrad ehemals freiliegend im Sockel, seine Aufhängung ist noch erkennbar. Der imposante Fachwerkbau darüber verputzt, die Proportionen lassen auf eine Entstehungszeit um 1600 schließen. Spätere Anbauten des 18. und 19. Jhs. Wegen seiner Bedeutung für die Ortsgeschichte und aus baugeschichtlichen Gründen Kulturdenkmal.

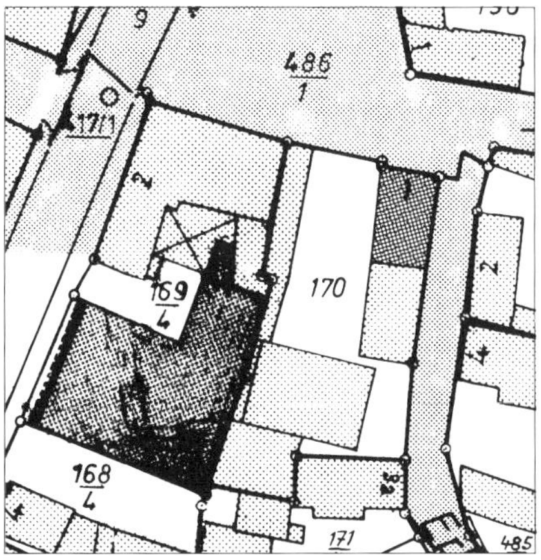

Erbsengasse 1
Flur 1 Flurstück 170

L-förmige Anlage, Scheune und Nebengebäude in einfachem, konstruktiven Fachwerk um 1800. Wohngebäude in steilen Proportionen mit starken Geschoßübersetzungen. Alte Fensterteilungen erhalten, Fachwerk des 17. Jhs. Aufwendiges schmiedeeisernes Tor mit Holzfüllungen um 1920. Die große, den Platz überschattende Linde von malerischer Wirkung. Wegen der ortsbildprägenden Lage am Dorfplatz und der baukünstlerischen Qualität Kulturdenkmal.

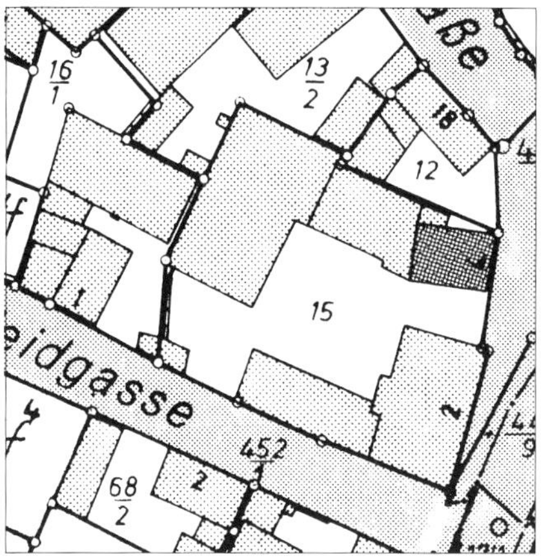

Kronstraße 4
Flur 1 Flurstück 15

Kleines Fachwerkhaus in ortsbildlich herausgehobener Lage an der Hauptstraßengabelung gegenüber der Kirche. Feines Zierfachwerk um 1700. Selten die Verwendung der Ständerbauweise im Erdgeschoß. Der Bau ist wegen seiner Bedeutung für das Ortsbild an dieser Stelle und wegen der hervorragenden Ausprägung des Fachwerks Kulturdenkmal.

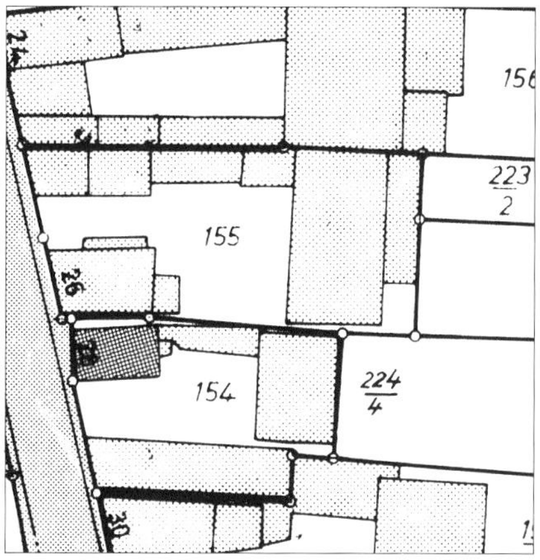

Raun 28
Flur 1 Flurstück 154

Schlankes, giebelständiges Fachwerkwohnhaus über niedrigem Bruchsteinsockel, das hohe Fachwerkerdgeschoß durch eine einläufige Treppe erschlossen; darüber weit überkragend das 1. OG und der Giebel. Proportionen und unter dem schadhaften Putz teilweise freiliegende Fachwerkteile lassen auf ein Entstehungsdatum in der 2. Hälfte des 17. Jhs. schließen. Der Bau befindet sich in historisch wichtiger Lage unmittelbar neben dem Rathaus und dem Feuerwehrspritzenhaus, ist wegen seiner zu erwartenden Qualität des Fachwerks und als sehr früher Bau innerhalb der Reihe der Fachwerkbauten am Ort Kulturdenkmal. Zusätzliche Bedeutung als Kulturdenkmal auch wegen seiner Lage im Straßenraum, gestaffelt neben Rathaus und dem benachbarten großen Fachwerkbau des 19. Jhs.

Schloßstraße 9/11
Ehem. Wasserburg
Flur 1 Flurstück 22-27

Regelmäßige, längsrechteckige Anlage mit Vorburg und Hauptburg von gut erhaltenen, ehemals nassen Gräben umgeben. Zur Vorburg führt eine dreibogige Brücke von 1729. Die Vorburg zinnenbewehrt mit runden Ecktürmen um 1500. Innerhalb der Vorburg das Amtshaus, ein bedeutender Zierfachwerkbau mit Walmdach, 1723 von Helfrich Müller aus Gießen. Der Fruchtspeicher in den siebziger Jahren abgebrochen und durch unpassenden Wohnflügel ersetzt.

Zur Hauptburg führt eine zweibogige Steinbrücke, 1729 errichtet anstelle der verfallenen Zugbrücke. Dort dominierend der sog. Hohe Bau, ein mächtiger Wohnturm des 15. Jhs. mit auf Konsolen auskragenden Ecktürmchen. Treppenbau 1679 angefügt, aus dieser Zeit wohl auch das Walmdach. Daneben der kubische Küchenbau aus der 1. Hälfte des 18. Jhs. mit Mansarddach. Die ganze Länge der Hauptburg nimmt der sog. Lange Bau ein, eine im Kern spätgotische Anlage mit Staffelgiebeln, die 1675 erneuert und ausgebaut wurde. Kulturdenkmal wegen seiner künstlerischen und geschichtlichen Bedeutung.

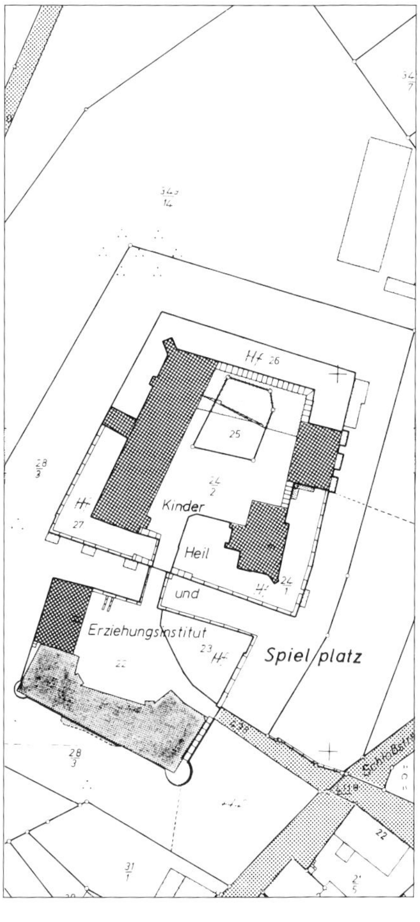

links: Hoher Bau
unten links: Amtshaus
unten Mitte: Langer Bau, Portal

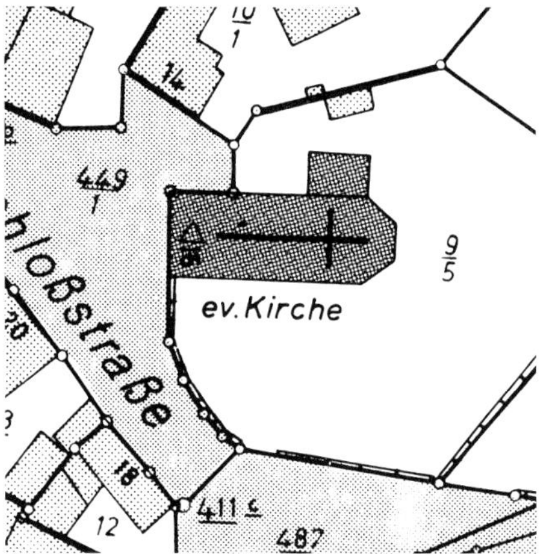

Schloßstraße 16
Flur 1 Flurstück 9/5
Evang. Pfarrkirche

Kleiner, spätgotischer Saalbau mit Sakristei, dort Datum 1471. Die Kirche 1859 durchgreifend erneuert und umgebaut. Barocke Kanzel, Kruzifix Ende 15. Jh. Der Bau beherrscht die platzartige Aufweitung der Schloßstraße. Wegen seiner geschichtlichen, künstlerischen und städtebaulichen Bedeutung Kulturdenkmal.

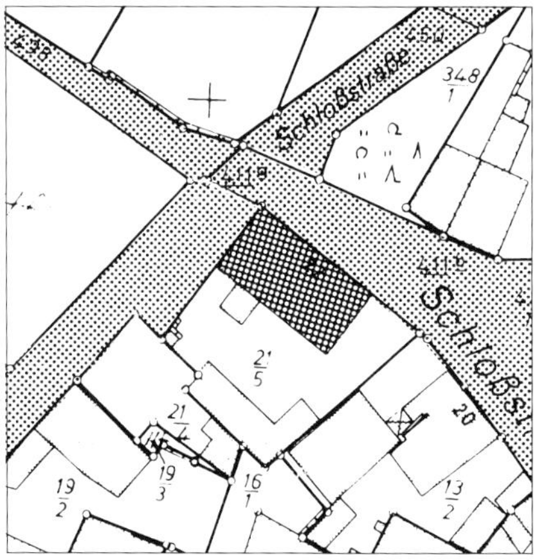

Schloßstraße 22
Flur 1 Flurstück 21/5

Großvolumiges, spätklassizistisches Fachwerkwohngebäude, entstanden in der Mitte des 19. Jhs., mit zentralem Zwerchhaus über der Traufe. Der in Zusammenhang mit dem Schloß stehende Mehrfamilienwohnbau vermittelt im Hinblick auf das Ortsbild zwischen Kirche und Schloß. Wegen seiner geschichtlichen und städtebaulichen Bedeutung Kulturdenkmal.

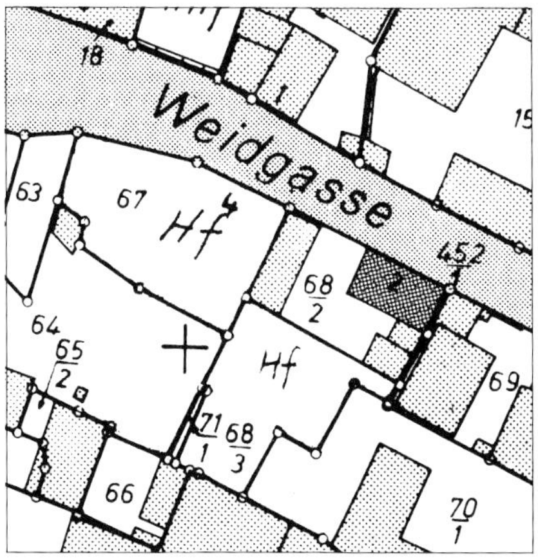

Weidgasse 2
Flur 1 Flurstück 68/2

Fachwerkwohnhaus, völlig verkleidet, Sockel mit Klinkern zugemauert. Unter der Verkleidung verputzter Fachwerkbau des 17. Jhs. mit starken Geschoßüberständen. Die Fensterteilung ungestört, die Fachwerkkonstruktion noch intakt erhalten. Der Bau repräsentiert innerhalb der Fachwerkbauten des Ortes ein frühes Exemplar in guter Ausprägung. Kulturdenkmal wegen seiner baugeschichtlichen Bedeutung.

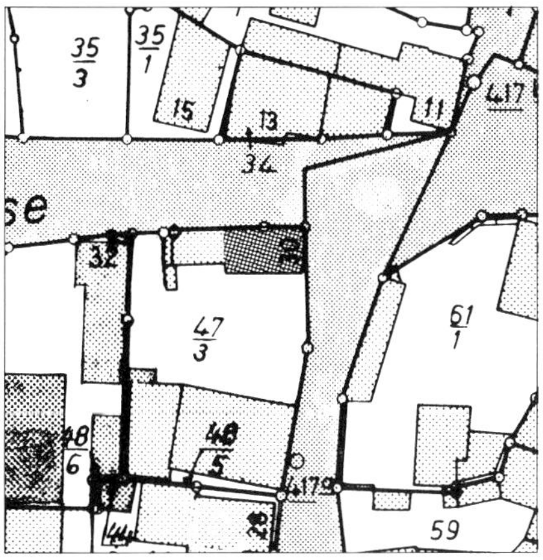

Weidgasse 30
Flur 1 Flurstück 47/3

Kleine Fachwerkhofreite in städtebaulich wichtiger Lage an der Ecke Weidgasse/Schloßstraße. Der Wohnbau unmittelbar an der Straßenecke gelegen, schmal, hochproportioniert mit ursprünglicher Fensteraufteilung, insgesamt verputzt. Wohl 2. Hälfte des 18. Jhs. Die Scheune aus der Mitte des 19. Jhs. Das Wohnhaus wirkt stark in den Straßenraum hinein und stellt den Typus des Kleinbauernhofes dar. Kulturdenkmal wegen seiner sozialgeschichtlichen und städtebaulichen Bedeutung.

Bisses

Langgestrecktes Straßendorf mit eigentümlicher, platzartiger Aufweitung in der Mitte (Markt ?). Am östlichen Ende des Dorfes quadratischer Teich mit der Flurbezeichnung „Burg". Wohl ehemals befestigter Sitz mit Wassergraben. Die überwiegend giebelständig an der Straße aufgereihten Hakenhöfe des 18. Jhs. nur an wenigen Stellen durch traufständige Höfe mit überdachter Toreinfahrt durchbrochen.
Es dominiert der ehemalige Besitz der Familie Nagel, der aufwendige Fachwerkkomplex Georgenstr. 24/26 mit Diagonalerker und die gegenüberliegende, ehemalige Schule, die auf einen Bau des 16. Jhs. gründet.

Zwischen beiden Gebäuden das Kriegerdenkmal von 1870/71 in Form eines Obelisken. Am östlichen Ortsausgang findet man den jüdischen Friedhof, was ebenso wie die platzartige Aufweitung für eine frühere, über den Charakter eines Pfarrdorfes hinausgehende, wirtschaftliche Bedeutung spricht.

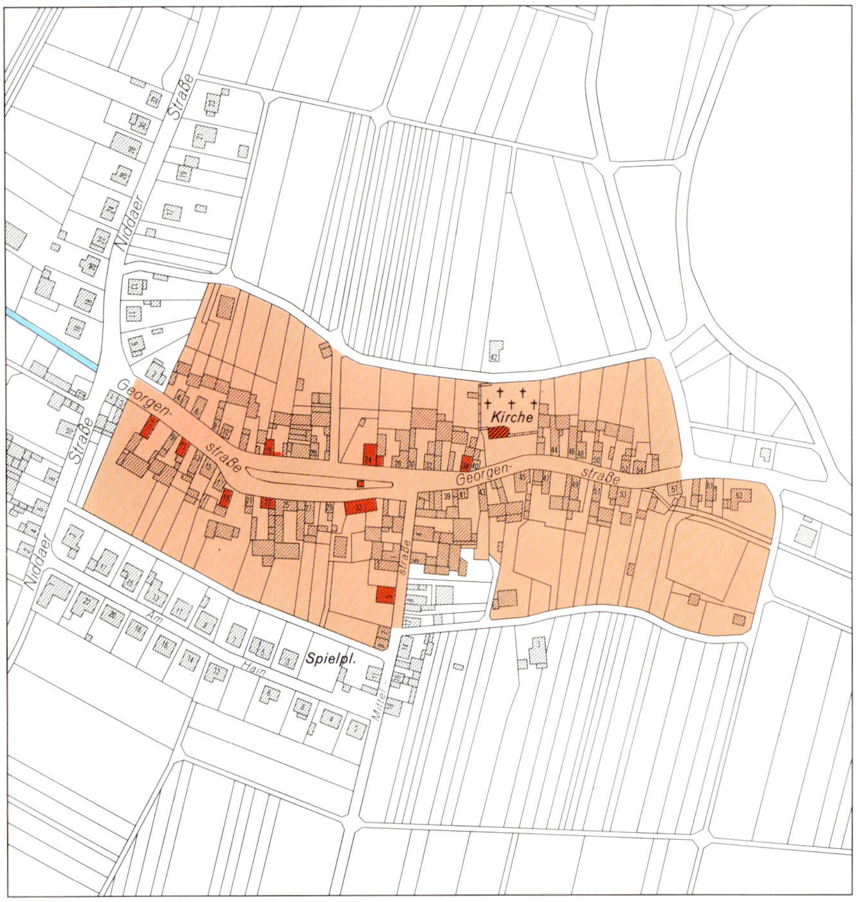
Niddaer Straße
Georgen-straße
Georgen-straße
Kirche
Spielpl.
Am Hain
Niddaer Straße
Mittel-straße

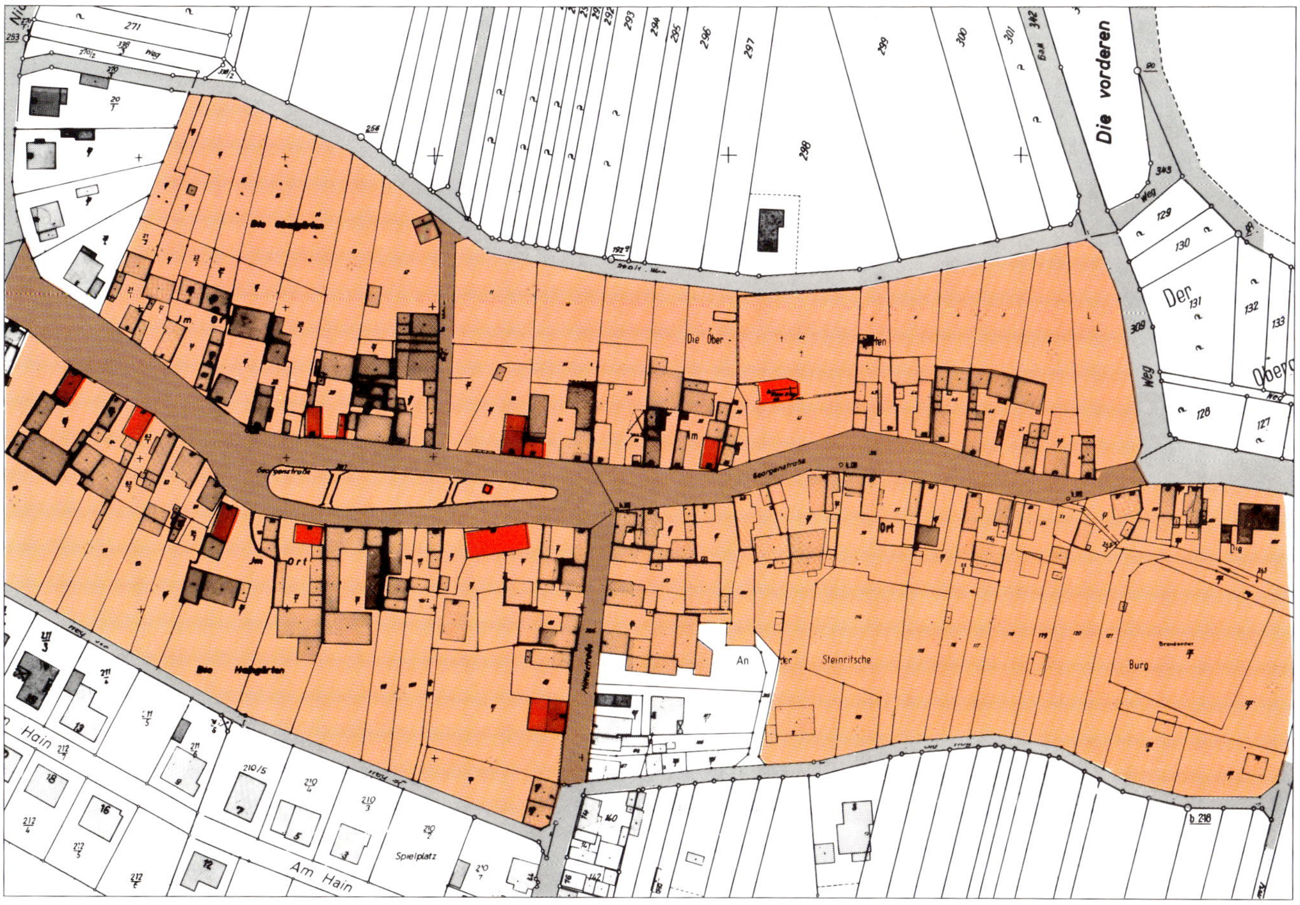

Gesamtanlage

Das Straßendorf mit seinem länglichen zentralen Platz wird durch guterhaltene, überwiegend giebelständige Hakenhofreiten gebildet. Diese Reihung wird nur von Schule, Kirche und dem ehemaligen Anwesen der Familie Nagel unterbrochen. Im Westen ist die Anlage begrenzt durch die nord-südlich verlaufende Nidder Straße, im Osten durch das Gelände der ehemaligen Burg und des Judenfriedhofes. Bisses stellt einen, in diesem relativ ungestörten Zustand in der Wetterau seltenen, Straßendorftypus dar, der sich nicht an einer Durchgangsstraße entwickelte. Vielmehr ist Bisses an einem sackartig aufgeweiteten Weg entstanden, an dessen geschlossenem Ende sich der Sitz der Herrschaft befand.

Jüdischer Friedhof am Ende der Georgenstraße

Von Basaltbruchsteinmauer mit eiserner Pforte umgebene Anlage des frühen 19. Jhs. Drei Grabsteine aus dieser Zeit mit hebräischer Inschrift in umgestürztem Zustand erhalten. Gesamtanlage wegen ihrer Bedeutung für die Ortsgeschichte Kulturdenkmal.

oben: Georgenstraße nach Osten
links: Georgenstraße nach Westen
hintere Georgenstraße

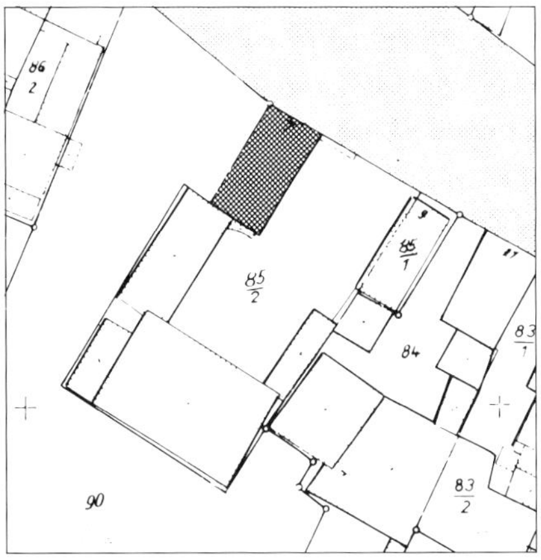

Georgenstraße 7
Flur 1 Flurstück 85/2

L-förmige intakte Hofreite des 18. Jhs. am Ortsteingang mit wichtiger, rahmender Funktion kurz vor dem Beginn der Aufweitung der Georgenstraße. Das Wohnhaus giebelständig, mit Geschoßüberstand, einläufiger Freitreppe des späten 19. Jhs. Die kleinen Fenster lassen auf ungestörtes Fachwerk schließen. Im Hofhintergrund L-förmig große Scheune, auch intakt erhalten mit einfachem Fachwerk um 1800. Wegen der Bedeutung im Ortsbild sowie als herausragender, gut erhaltener Barockbau Kulturdenkmal.

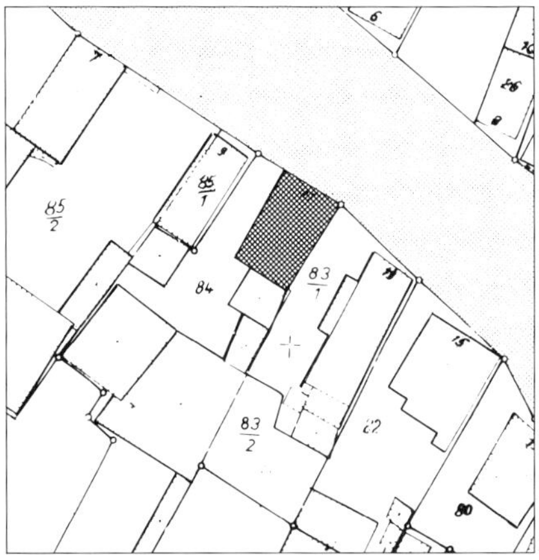

Georgenstraße 11
Flur 1 Flurstück 84

Barocke Anlage, das Wohnhaus im Erdgeschoß massiv, im Obergeschoß reiches Schmuckfachwerk mit stehenden Rhomben unter dem Doppelfenster, Streben mit starken Ausbildungen und Gegenstreben; im Giebel interessantes, schmales Parallelfachwerk mit umlaufendem Karnies und kleinem Krüppelwalmschopf. Der Bau wirkt mit seinem Giebel stark in den Straßenraum hinein und die barocke Fachwerksubstanz ist bedeutend, deshalb Kulturdenkmal wegen seiner städtebaulichen und künstlerischen Bedeutung.

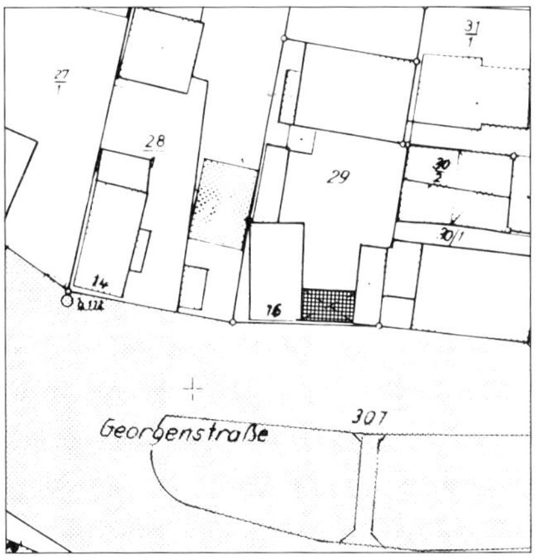

Georgenstraße 16
Flur 1 Flurstück 29

Intakte Hofreite des frühen 19. Jhs. mit überdachtem Tor, direkt an das Wohngebäude angebaut; dieses giebelständig ohne Geschoßübersetzungen, verputzt, rein konstruktives Fachwerk zu erwarten. An der anderen Seite lehnt sich das Tor an ein ehemaliges Stall-, heute Altenteilgebäude an. Für das Platzbild ist der Bau mit seinem Tor von eminenter Bedeutung, da er ebenso wie das bedeutende Haus Nr. 24/26 als Eckrahmung fungiert. Kulturdenkmal wegen seiner städtebaulichen Bedeutung.

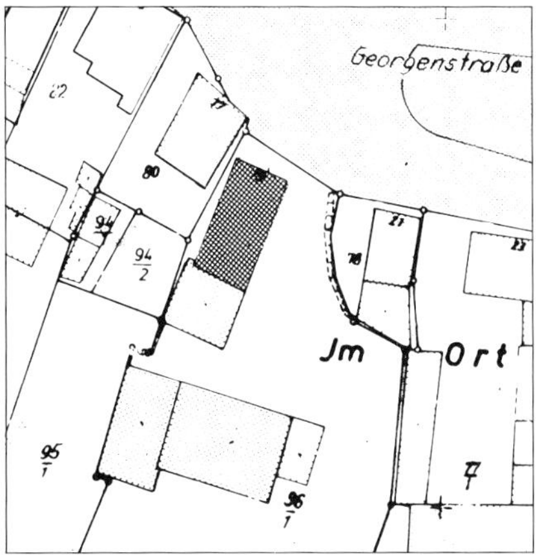

Georgenstraße 19
Flur 1 Flurstück 96/1

Fachwerkhofreite unmittelbar am Knick, dem Beginn der platzartigen Erweiterung der Georgenstraße. Giebelständiges Wohnhaus in klaren Proportionen, Mitte 18. Jh.; ursprüngliche Fensterteilung mit kleinen Fenstern noch erhalten, deshalb Fachwerk unter Putz insgesamt ungestört. Der Bau formt das wechselvolle Bild des interessanten Straßendorfs durch seine Originalsubstanz, deshalb Kulturdenkmal aus städtebaulichen Gründen.

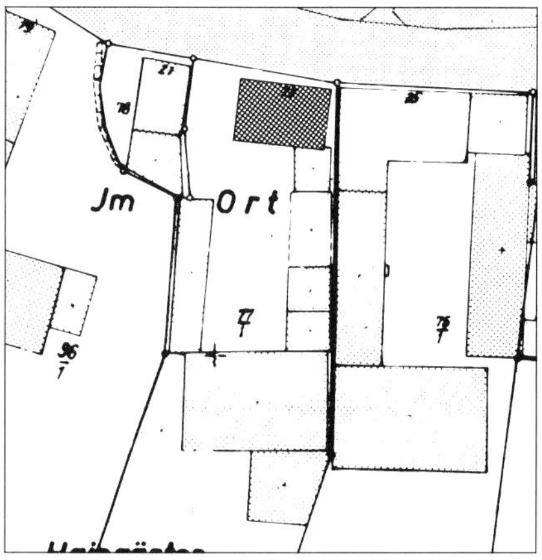

Georgenstraße 23
Flur 1 Flurstück 77/1

Bescheidenes, traufständiges Wohnhaus mit angebautem Hallentor mit Mann-Pforte, das Tor einfach, jedoch für die Wirkung zum Platz hin hervorragend. Das Wohnhaus verputzt, an Hand der Proportionen und der gedrungenen Form der Fensterteilung u. U. noch ein Bau des 17. Jhs. zu erwarten. Kulturdenkmal wegen seiner städtebaulichen Bedeutung für den Straßenraum sowie aus baugeschichtlichen Gründen.

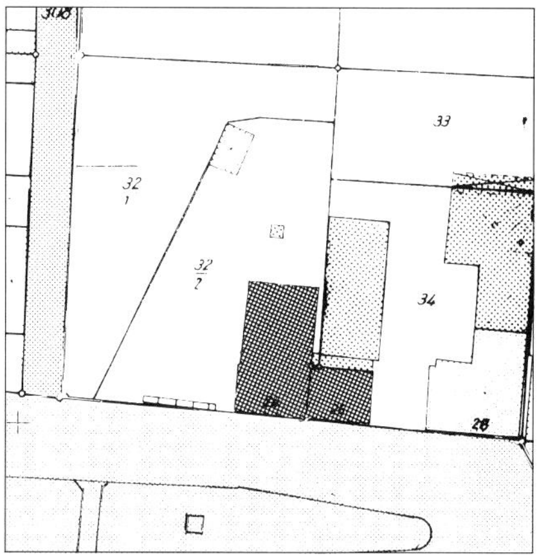

Georgenstraße 24/26
Flur 1 Flurstück 32/2 und 34

Giebelständiges Fachwerkwohnhaus mit reich profilierten Eckständern, großen geschweiften Streben und Kopfbändern mit Herzornament. Auf der verschieferten Giebelseite Zwillingsfenster mit Rundbogenabschluß. In der Schwelle Inschrift: „MIT GOTTES GNAD UND GUT . . . ALLE MEINE HABE IST GOTTES GABE, 10. TAG JULII 1596 JAHR. WER VERTRAUT AUF GOTT ALLEIN DEN MENSCHEN HILFT ER IM GLAUBEN." Weitere Inschrift im linken Teil der Schwelle: „JOHANN ART, DER HAT DIES HAUS GEMACHT. 1596." Das Erdgeschoß in der Giebelseite massiv, an der Traufseite verputztes Fachwerk. Das Haus gehörte ehemals der Familie Nagel. Dem linken Hausteil der Renaissance ist das Haus Nr. 26 rechts angebaut. Ein traufständiger, ebenfalls bedeutender Fachwerkbau des späten 17. Jhs. mit weit auf Bügen mit Schnecken- und Nasenornamentik vorkragendem Erker mit reich profilierten geschuppten, mit Masken verzierten Ecksäulchen. In der Erkerbrüstung gebogene Rautenornamentik. Großartiger Baukomplex, wichtig für die hessische Fachwerkgeschichte, den Platz akzentuierend. Kulturdenkmal aus künstlerischen, geschichtlichen und städtebaulichen Gründen.

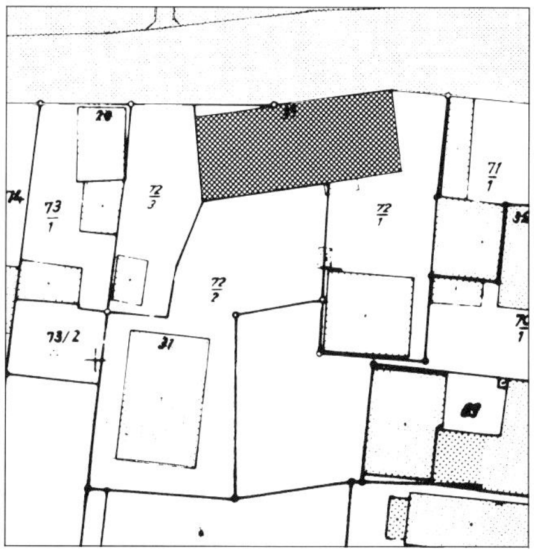

Georgenstraße 33
Flur 1 Flurstück 72/1
ehem. Schule

Traufständiger, von dem ortstypischen Haus abweichendes Gebäude; im linken, östlichen Hausteil und auch im Obergeschoß noch Reste des 16. Jhs., worauf die Datierung im Gewände des rundbogigen Kellereingangs – 1576 – hinweist. Um 1900 durch Zwerchhaus in der Mitte verändert und zu einer gewissen Symmetrie gebracht. Ehemals im Besitz der am Ort begüterten Familie Nagel. Kulturdenkmal wegen seiner ortsgeschichtlichen Bedeutung.

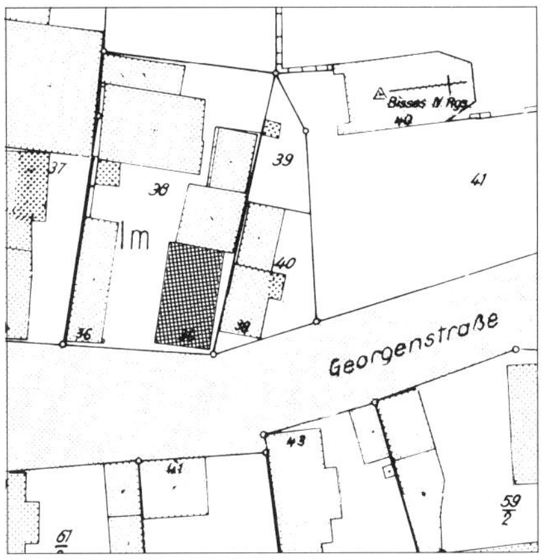

Georgenstraße 36
Flur 1 Flurstück 38

Mit Asbestzementplatten verkleidetes, barockes Fachwerkhaus aus dem späten 17. Jh. Ein altes Archivfoto läßt erkennen, daß an den oberen beiden Zwillingsfenstern ein starkes Zahnschnittprofil verlief; die Geschoßüberstände und Proportionen lassen auf bedeutendes Schmuckfachwerk aus der Zeit um 1680 schließen. Die Hofreite insgesamt komplett erhalten, der Bau liegt an dem Beginn der Aufweitung der Georgenstraße zum Platz hin. Wegen seiner baukünstlerischen und städtebaulichen Bedeutung Kulturdenkmal.

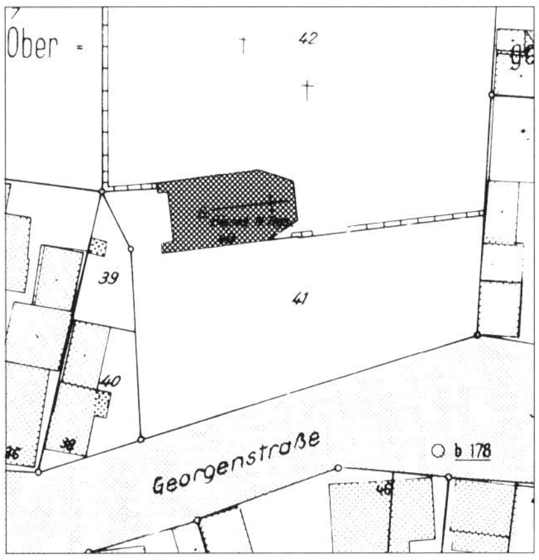

Georgenstraße 40
Flur 1 Flurstück 42
Evang. Pfarrkirche

Saalbau von 1503 mit dreiseitigem Chorschluß und polygonalem Dachreiter. Im 18. Jh. verändert. Auf den Emporen volkstümliche Brüstungsmalereien von 1770 bzw. 1781. Orgel um 1800. Kulturdenkmal wegen seiner künstlerischen und geschichtlichen Bedeutung.

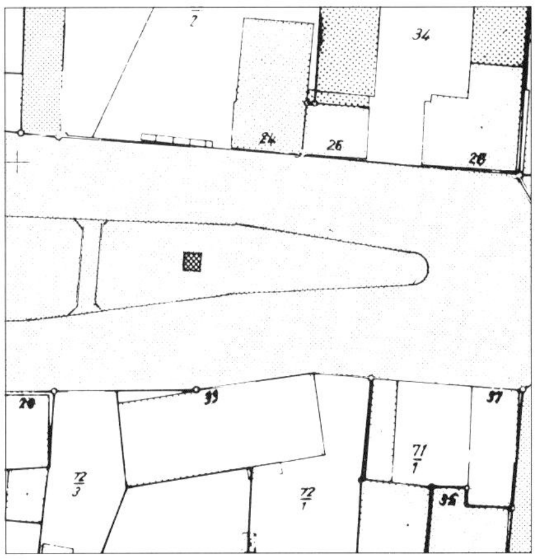

Kriegerdenkmal
Flur 1 Flurstück 301

Gegenüber dem Haus Georgenstraße 33 auf dem Platz Ehrenmal für den Krieg 1870/71 mit von vier Löwentatzen getragener Stele, dort eisernes Kreuz mit Eichenlaub. „Zur Erinnerung an den Feldzug 1870. Gott war mit uns, ihm sei die Ehre." Auf der Rückseite: „Mit Gott für Fürst und Vaterland." Signatur: Schmall, Gießen. Kulturdenkmal wegen seiner Bedeutung für die Orts- und Landesgeschichte.

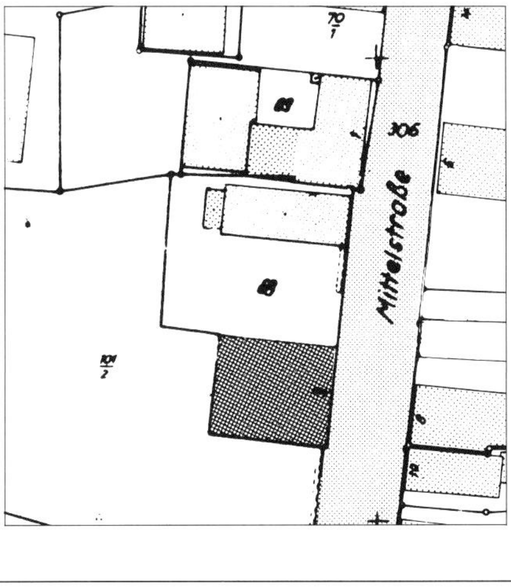

Mittelstraße 3
Flur 1 Flurstück 101/2
Ehem. Pfarrhaus.

Geschlossene Anlage mit ursprünglicher, vergitterter Toreinfahrt. Das Wohnhaus in Ziegelbauweise mit mehrschichtigem Maueraufbau, Vor- und Rücksprüngen, stichbogigen Fenstern, auf Knaggen vorkragendem Dach; stark profilierte Wand, zweiläufige Freitreppe mit stichbogigen Portal und neugotischer Tür. Scheunen- und Stallgebäude original. Typische Pfarrhofanlage um 1890. Kulturdenkmal aus ortsgeschichtlichen Gründen.

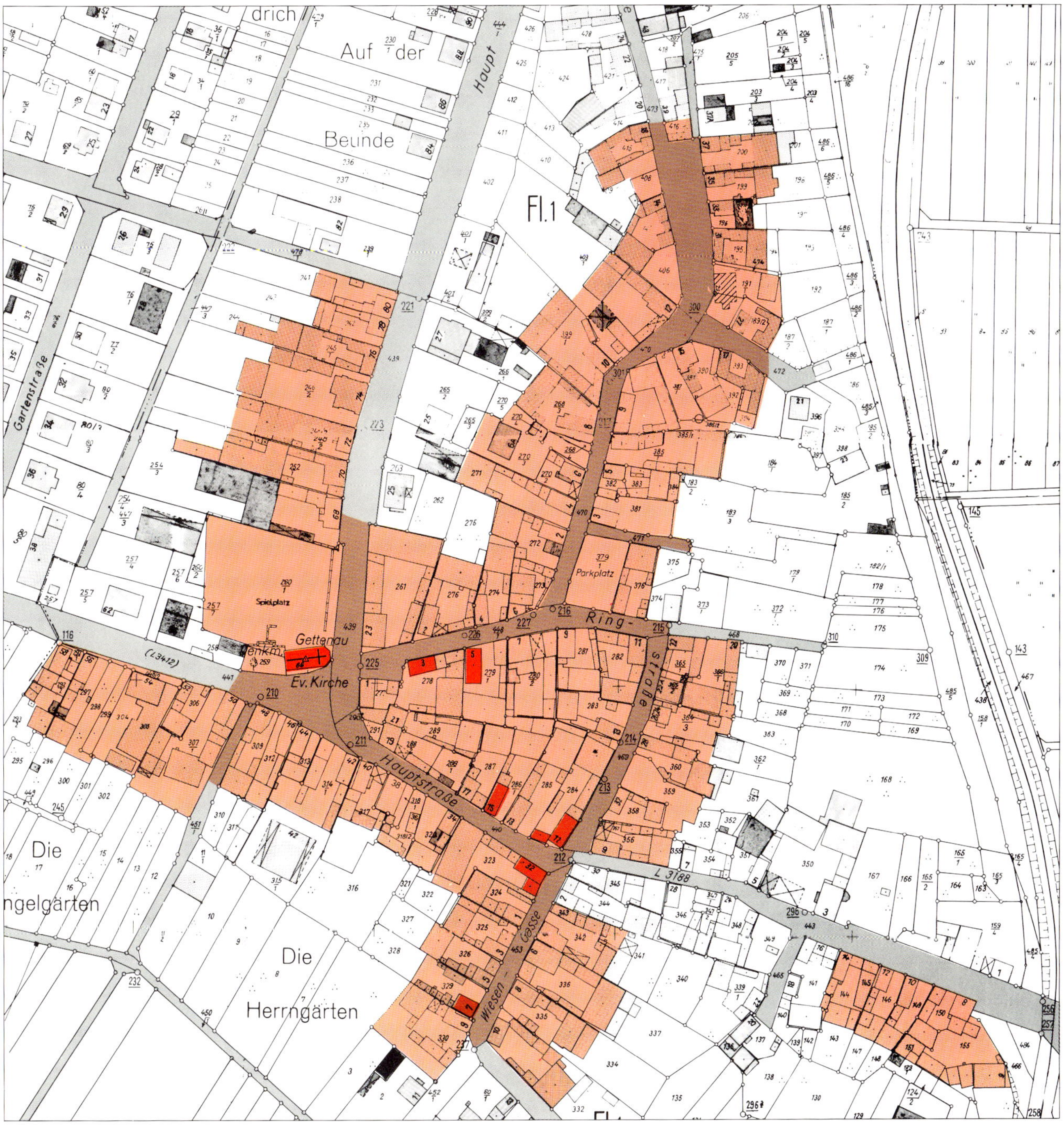

Gesamtanlage

Die Kreuzungen von Hauptstraße, Ringstraße, Wiesengasse und Untergasse sind trotz Zerstörungen durch den Straßenbau geprägt von einer reichen, differenzierten Abfolge von Wetterauer Hakenhöfen, Höfen mit Hallentor und Hüttenberger Höfen. Es ergibt sich ein eindrucksvolles Bild der oberhessischen dörflichen Bauformen. Die Gesamtanlage ist durchsetzt mit bauhistorisch wertvollen Einzelgebäuden.

Wiesengasse
Untergasse

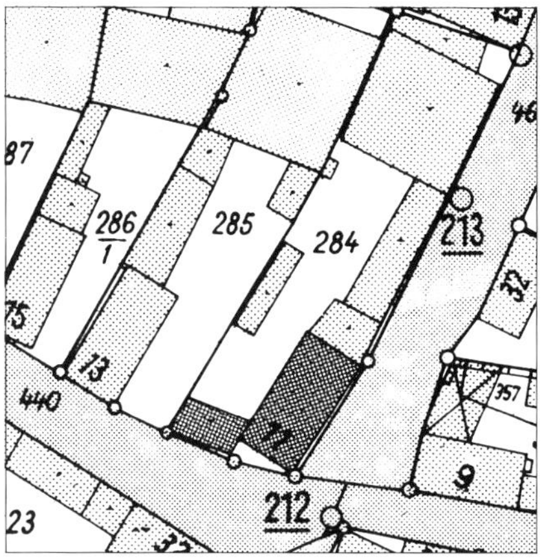

Hauptstraße 11
Flur 1 Flurstück 284

Große Fachwerkhofreite mit bedeutendem barocken Wohnhaus an einer wichtigen Straßenkreuzung in städtebaulich beherrschender Lage. Am Wohnhaus starke Geschoßübersetzungen; Krüppelwalmschopf, alte Fenstergrößen noch erhalten. Ungestörtes ursprüngliches Zierfachwerk. Entstanden um 1700. Hüttenberger Hoftor um 1900 in einfachen Formen, zum Ensemble gehörend. Kulturdenkmal wegen seiner städtebaulichen und baugeschichtlichen Bedeutung.

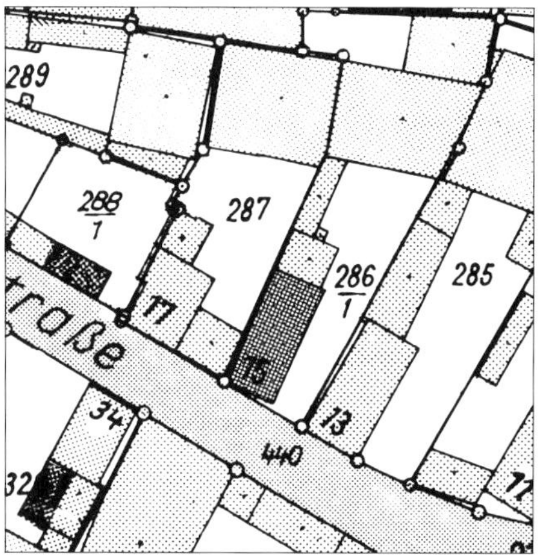

Hauptstraße 15
Flur 1 Flurstück 286/1

Kleine, das Straßenbild bestimmende Hofreite mit großer, barocker Scheune als hinterem Hofabschluß. Das Wohnhaus giebelständig zur Straße, verputzt mit Geschoßüberstand, alter Fensterteilung und den Maßverhältnissen des 18. Jhs. Kulturdenkmal wegen seiner städtebaulichen und künstlerischen Bedeutung.

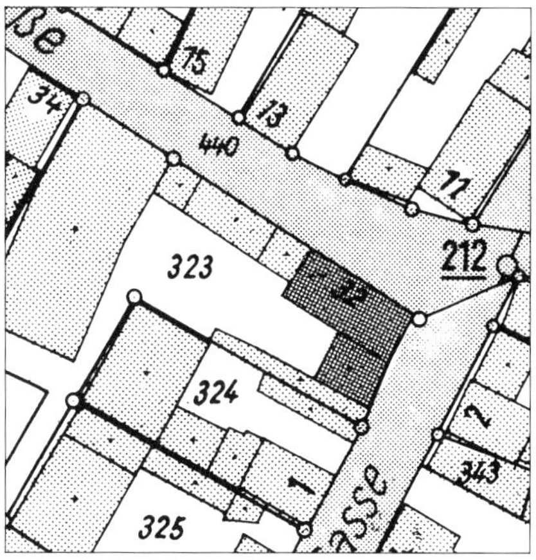

Hauptstraße 32
Flur 1 Flurstück 323

Langgestreckter, im Grundriß rechteckiger Hof mit Geschoßübersetzung. Im hinteren Teil massiv mit klassizistischen Thermenfenstern, zur Wiesengasse zweiflügeliges Hoftor. Der Bau in seinem vorderen Teil Mitte 18. Jh., im hinteren Teil Anbau um 1800. Im 18. Jh. Hakenhof, im frühen 19. Jh. unter Einbezug der barocken Teile Umbau zum geschlossenen Hof. Bedeutende Anlage an ortsbildlich wichtigem Punkt. Deshalb sowie aus künstlerischen Gründen Kulturdenkmal.

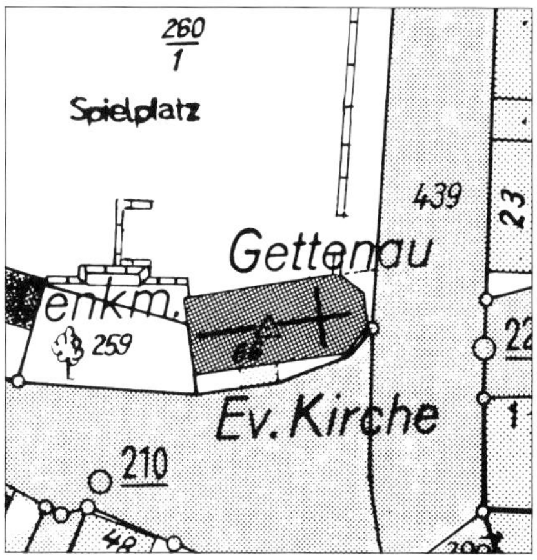

Hauptstraße 66
Flur 1 Flurstück 260/1
Evang. Pfarrkirche

Einschiffiger Bau mit dreiseitigem Chorschluß. Fassade mit eigenartigem, hier sonst nur bei Rathäusern vorkommenden Staffelgiebel und Dachreiter. Erbaut 1485. Der Bau prägt das Bild des Ortes entscheidend. Das Maßwerk 1929 rekonstruiert. Kulturdenkmal wegen seiner geschichtlichen, künstlerischen, wissenschaftlichen und städtebaulichen Bedeutung.

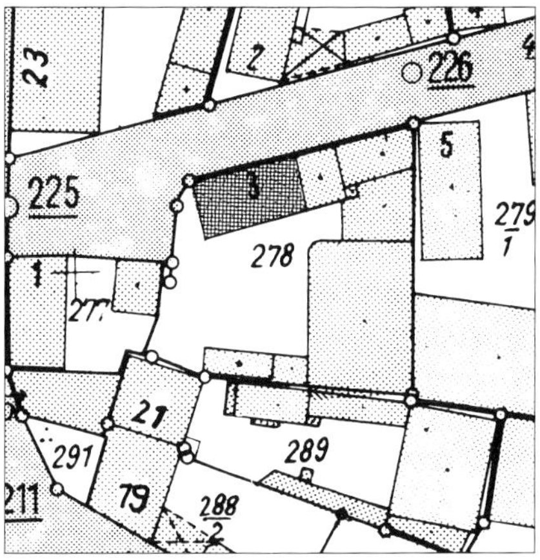

Ringstraße 3
Flur 1 Flurstück 278

L-förmige Hofreite. Das qualitätvolle Wohnhaus mit der Giebelseite in unmittelbarer Beziehung zur Kirche. An den Traufseiten im 1. OG außergewöhnlich gutes Fachwerk um 1720. Starkes Karnies in der Schwelle, genaste Gegenstreben, s-förmige Kopfstreben; Unikum halbes Quadrat mit Rhombus am Fuß des Wilden Mannes. Wegen seiner Sichtbeziehung zur Kirche und der Qualität des Zierfachwerks Kulturdenkmal wegen seiner städtebaulichen, künstlerischen und wissenschaftlichen Bedeutung.

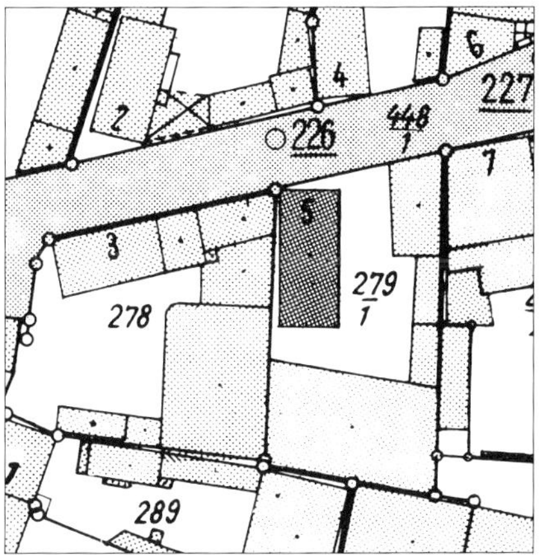

Ringstraße 5
Flur 1 Flurstück 279/1

Hakenhofreite des Hallentor-Typus, Wohnhaus und Hallentor parallel zur Straßenkrümmung versetzt. Das Wohnhaus verputzt, aber guterhaltenes Fachwerk des späten 17. Jhs. zu erwarten. Das Hoftor 19. Jh. mit reizvoller Vierkantstabvergitterung, Stall- und Scheunengebäude z. T. verkleidet. Das Wohnhaus hat eine wichtige Funktion im Straßenbild, deshalb Kulturdenkmal wegen seiner künstlerischen und städtebaulichen Bedeutung.

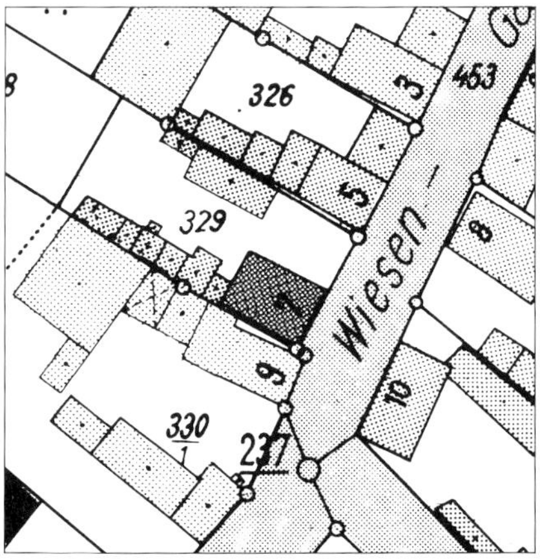

Wiesengasse 7
Flur 1 Flurstück 329

Giebelständiger Fachwerkwohnbau auf massivem EG, herausragend in einem Ensemble ähnlicher Bauten. Im OG ausgefallene Figurationen: Feuerböcke, genaste Streben, gespreizter Wilder Mann mit Gegenstreben, umlaufende Giebelprofilierung. Um 1600 mit seltener, z. T. ursprünglicher Fensterteilung. Wegen der einmaligen Zierformen und der bestimmenden Lage Kulturdenkmal aus wissenschaftlichen, künstlerischen und städtebaulichen Gründen.

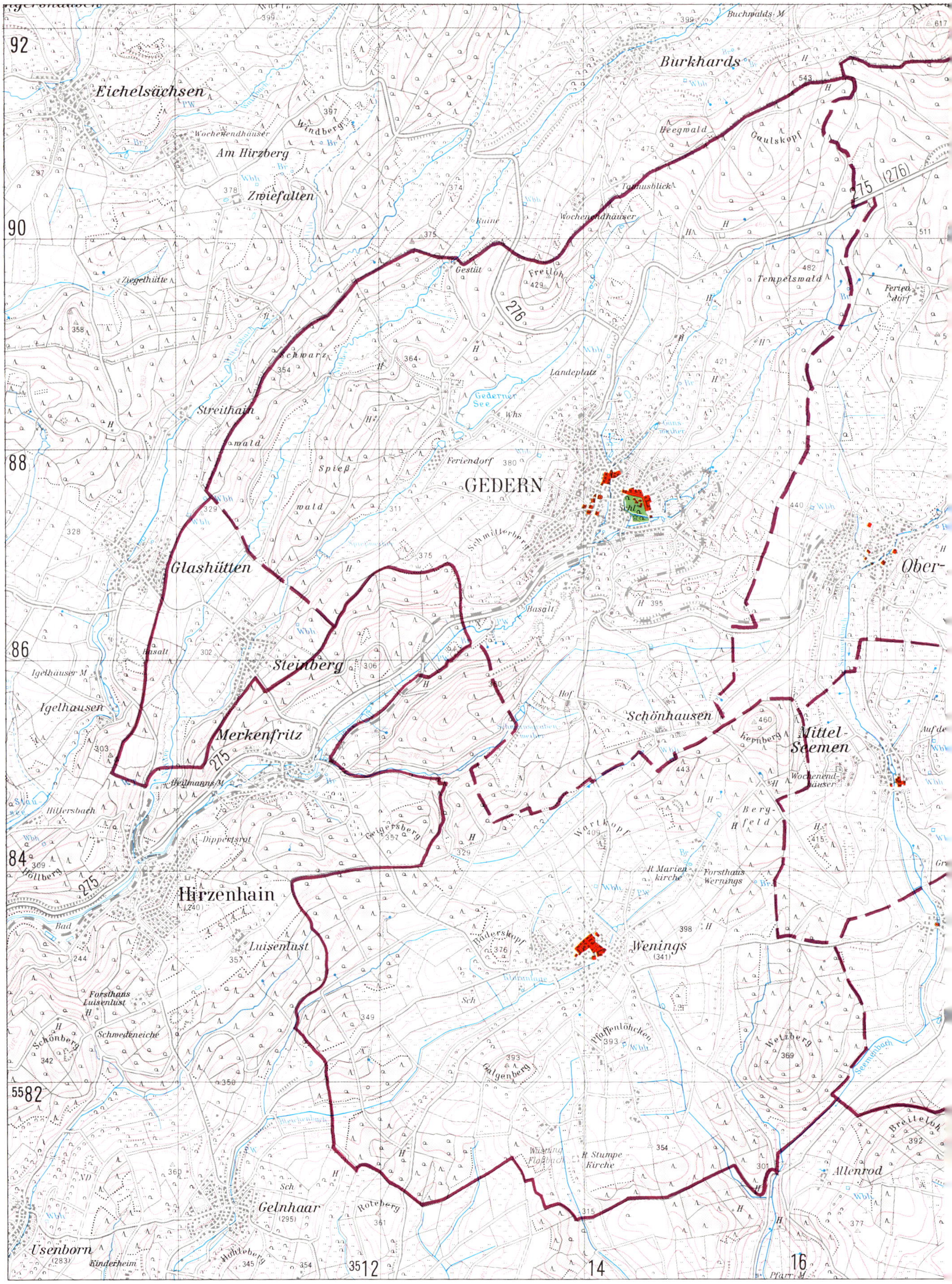
Eichelsachsen
Am Hirzberg
Zwiefalten
Windberg
Burkhards
Heegwald
Gaulskopf
Freiloh
Tempelswald
Landeplatz
Gederner See
Schwarz
Streithain
Spieß
wald
Feriendorf
GEDERN
Schmitterberg
Glashütten
Steinberg
Igelhausen
Merkenfritz
Hof
Schönhausen
Kernberg
Mittel-Seemen
Ober-
Hillersbach
Dippertsrot
Geigersberg
Wartkopf
Bergfeld
Hirzenhain
Luisenlust
Forsthaus Luisenlust
Schönberg
Schwedeneiche
Wenings
Forsthaus Wernings
Pfaffenlöhchen
Galgenberg
Wetzberg
Breiteloh
Allenrod
Gelnhaar
Roteberg
Usenborn
Kinderheim
92
90
88
86
84
5582
3512
14
16

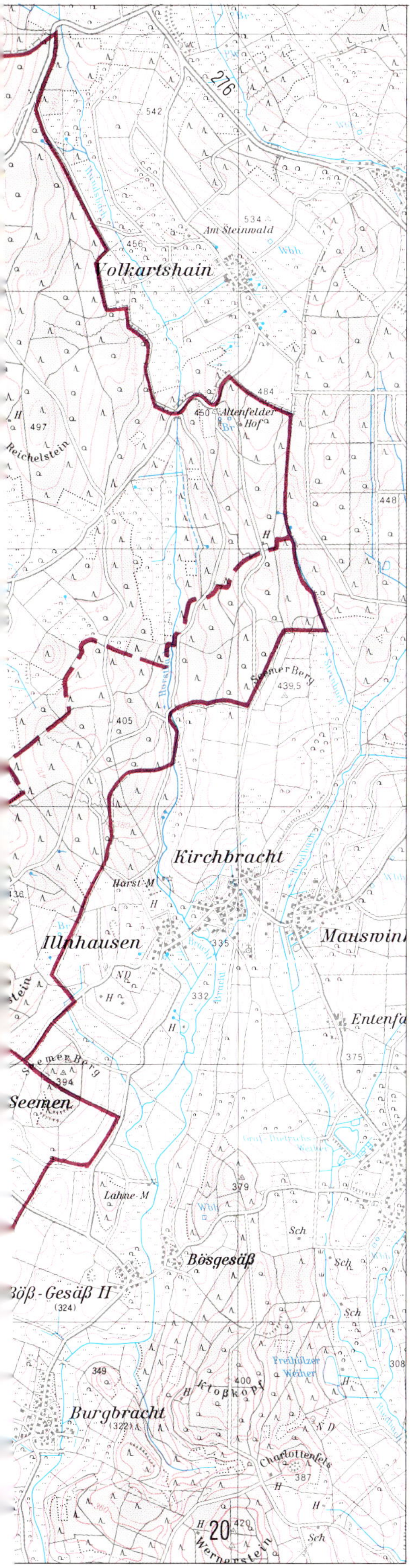

Erläuterung zu Karte 4 (M 1:50000): Gemeinde Gedern

Das Gemeindegebiet liegt im nordöstlichen Bereich des Altkreises und wird topographisch stark von den diagonal von Nordosten nach Südwesten gerichteten Ausläufern des Vogelsberges geprägt. Die Nidder mit ihren Nebenflüssen und der Seemenbach durchfließen die relativ engen Täler.

Dem Charakter dieses Durchzugsgebietes entsprechend haben die Orte bis auf Gedern und Wenings keine besondere historische Bedeutung erhalten. Gedern selbst wird geprägt durch seine mittelalterliche Burganlage. Da eine ablesbare, geplante Stadtentwicklung nie stattgefunden hat, lassen sich auch keine zusammenhängenden Gebiete ausmachen, die von ihrer historischen Struktur her von Bedeutung wären.

Obwohl der Ort Wenings durch Straßenbaumaßnahmen in jüngster Zeit erheblich in seiner Struktur gestört ist, läßt sich an dem noch vorhandenen seine ehemalige historische Bedeutung erkennen. Seit 1321 als Herrensitz erwähnt, verfügte er seit 1357 über ein Schloß, war im Mittelalter mit einer Mauer umgeben. Trotz der störenden Eingriffe stellt der Ort immer noch die bedeutendste historische Siedlung im Gemeindegebiet dar.

Die drei Orte des Seemenbachtales — Ober-, Mittel- und Nieder-Seemen — lassen keine historisch zusammenhängenden Dorfstrukturen erkennen. Hier konnten nur einzelne Höfe und Mühlen als Kulturdenkmale ausgewiesen werden.

Schloß von Osten

Gedern

Gedern liegt in einer von Bergen eingeschlossenen Talmulde. Eine einheitliche Siedlung hat es nie gegeben, der Ort entwickelte sich vom Schloßberg aus in Richtung Gänsbachtal.

Nach mehrfachem Besitzwechsel (Breuberg, Trimberg, Eppstein, Eppstein-Königstein, Lißberg, Rodenstein) 1535 an Stolberg, von 1677 Stolberg-Gedern; ab 1804 Stolberg-Wernigerode, 1806 Hessen-Darmstadt.

Trotz der beträchtlichen Ausdehnung der mittelalterlichen Burganlage und der Verleihung von Frankfurter Stadtrecht im Jahr 1356 durch Karl IV. hat sich Gedern nie über den ländlich-dörflichen Charakter einer kleinen Residenz hinausentwickelt. Die Stadtentwicklungsgeschichte ist am Grundriß schwer abzulesen, da sich zwischen Hauptstraße und Schloßberg der Ort einigermaßen unregelmäßig entwickelte. Von einer Befestigung wird berichtet, Überreste oder im Grundriß erkennbare Strukturen einer solchen Anlage sind nicht zu erkennen. In den Straßen herrscht ein vom Vogelsberger Einhof abgewandelter, kleiner Traufenhaustyp vor. Die Bevölkerung war abhängig von der herrschaftlichen Kleinindustrie: Blechherstellung, Wollspinnerei, Stecknadelfabrikation.

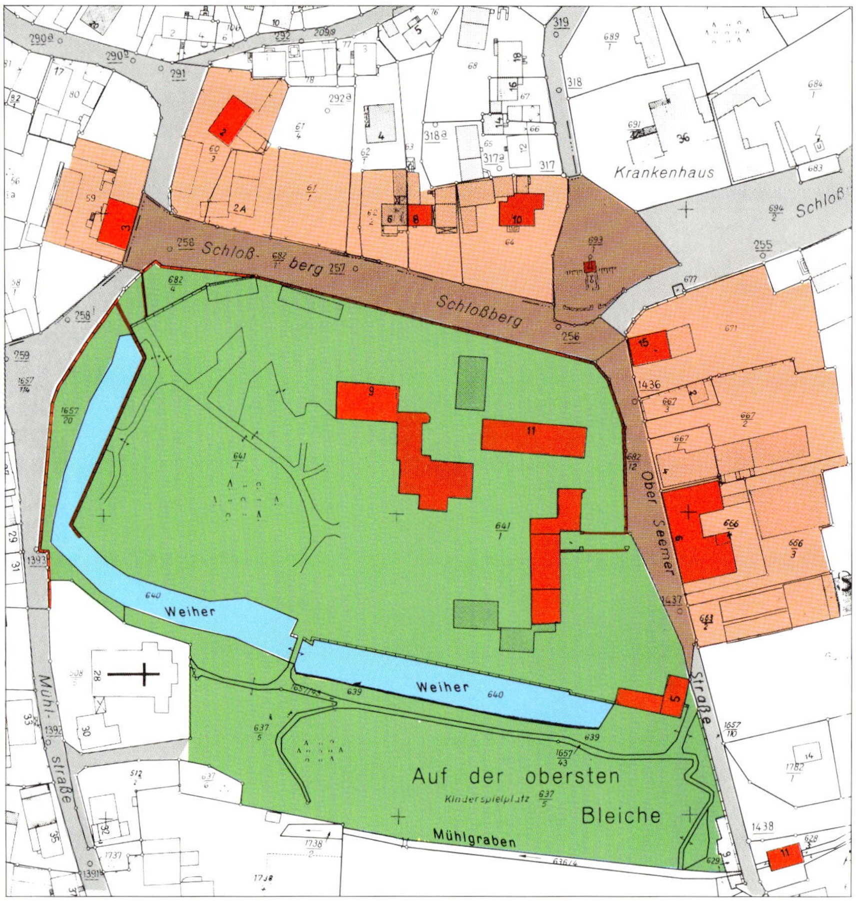

Gesamtanlagen

Vom Schloßberg ausgehend hatte sich die Siedlung Gedern in Richtung Schloßstraße in das Gänsbachtal ausgedehnt. Um die Einmündung der Schloßstraße in die Lauterbacher Straße findet sich zusammenhängende dichte Fachwerksubstanz, vor allem traufständige Einhaustypen des 17. und 18. Jhs.

Das Schloßgelände mit dem im 19. Jh. anglisierten Park mit bedeutendem alten Baumbestand, umgeben vom mittelalterlichen Bering mit noch teilweise nassem Graben bildet den Kern der Gesamtanlage Schloßberg. Dazu gruppieren sich als unbebaute Grünzone nach Osten das Gebiet der Bleiche, die vom Schloß abhängigen Wirtschaftsgebäude in der Ober-Seemer Straße sowie die westliche Randbebauung des Schloßbergs als architektonische Rahmung desselben.

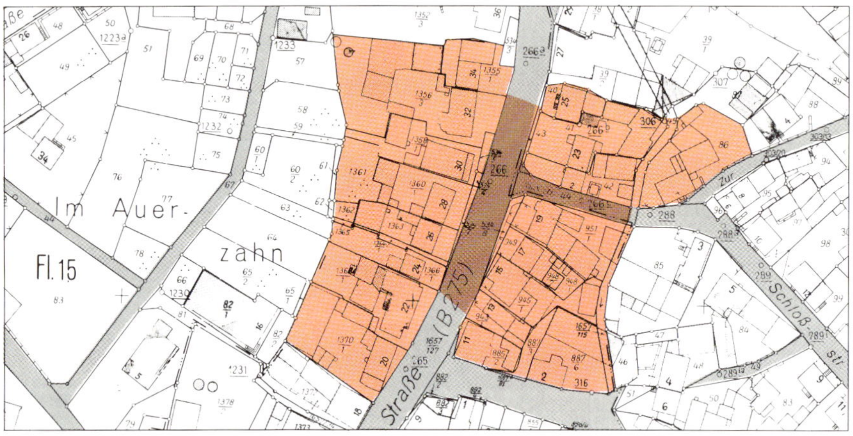

oben: Am Schloßberg

Hauptstraße

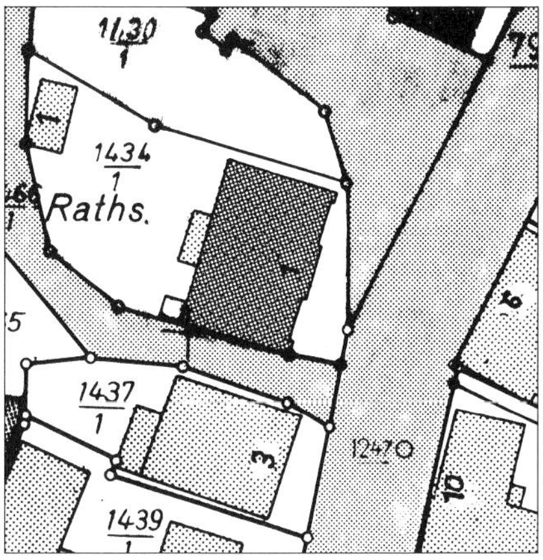

Frankfurter Straße 1
Flur 1 Flurstück 1434/1
Rathaus

Zweigeschossiger Bruchsteinbau in Traufstellung in spätklassizistischen feinen Formen; zentraler Eingang mit stichbogigem Portal. Typischer Rathausbau einer oberhessischen Kleinstadt von großstädtischen Wohnhausformen abgeleitet. Entstanden um 1885. Kulturdenkmal wegen seiner ortsgeschichtlichen und wissenschaftlichen Bedeutung.

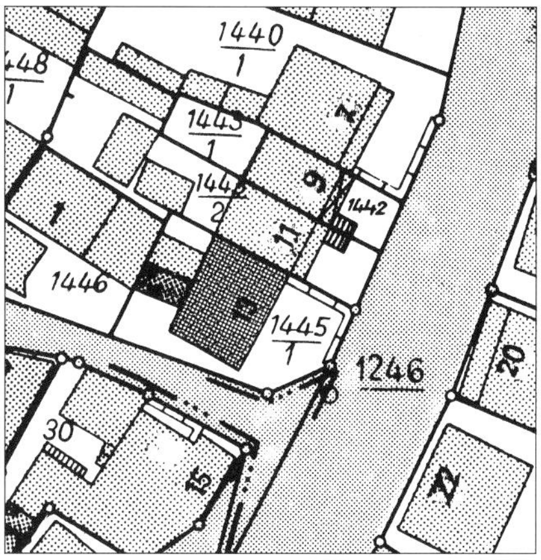

Frankfurter Straße 13
Flur 1 Flurstück 1445/1

Traufständiges Wohnhaus mit sehr frühen Fachwerkbestandteilen. Im Erdgeschoß starke Eckstrebe um 1650, aus der gleichen Zeit die tauartig gedrehten Füllhölzer. Der Verband im frühen 19. Jh. erneuert. Kulturdenkmal wegen seiner wissenschaftlichen Bedeutung für die Geschichte des Holzbaues in Oberhessen.

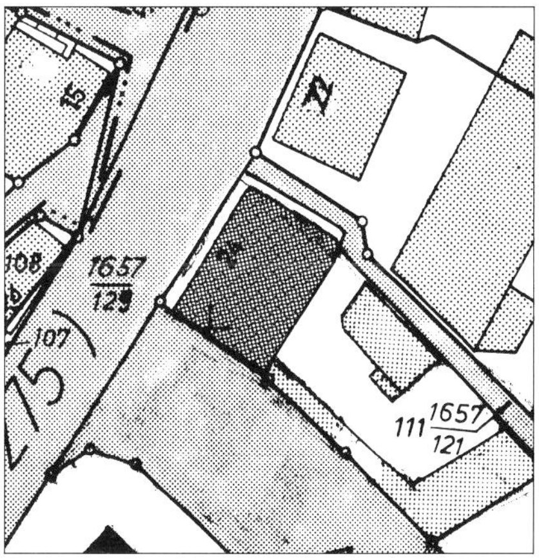

Frankfurter Straße 24
Flur 1 Flurstück 111

Wohn- und Geschäftshaus der Wende vom 19. zum 20. Jh. von großer Bedeutung für das Ortsbild am Beginn des Ortskerns. Massivbau mit mittlerem Fachwerkrisalit in neobarocken Formen. Die Brandwand verschiefert. Kulturdenkmal wegen seiner städtebaulichen Bedeutung.

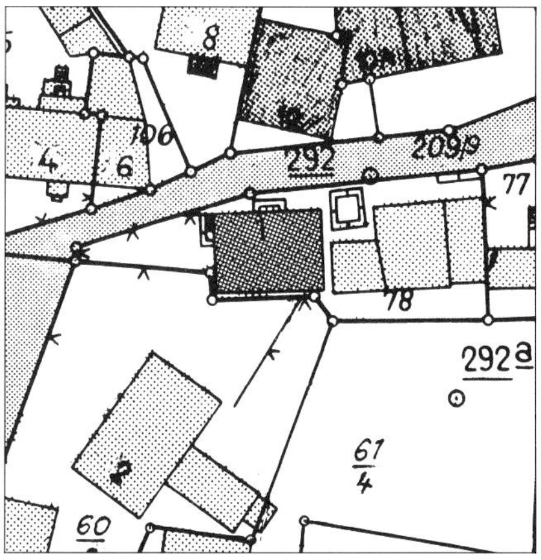

Hinter den Berghäusern, Sachteil
Flur 1 Flurstück 78

Tür von 1906 als Sachteil. Späthistoristische, zweiflügelige Neorenaissancetür vom Kunstschreiner Pfarr, von dem mehrere ähnliche Türen am Ort erhalten sind. Kulturdenkmal wegen ihrer künstlerischen Bedeutung.

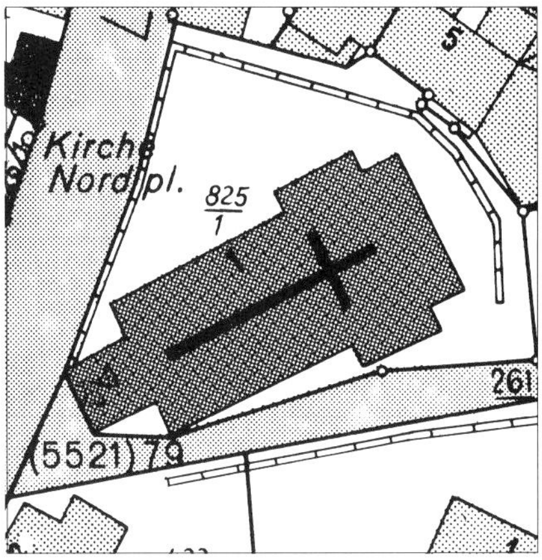

Lauterbacher Straße 1
Flur 1 Flurstück 825/1
Evang. Pfarrkirche

Quadratischer, spätgotischer Wehrturm um 1500 mit Haube von 1738. Wichtige Lage im Ortsbild. Das Schiff erneuert 1845-47 von Kreisbaumeister Gladbach. Der Saalbau mit Querschiff 1962 stark verändert. Grabsteine des 16. und 17. Jhs. Kulturdenkmal wegen seiner historischen und städtebaulichen Bedeutung.

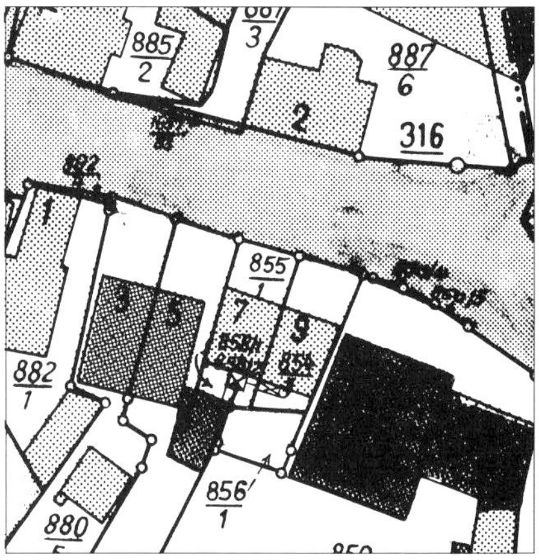

Mühlstraße 3/5
Flur 1 Flurstück 859/2

Doppelhaus, kleines Ackerbürgerhaus in frühen Formen, die rechte Haushälfte z. T. modern erneuert. Einfaches, starkes Fachwerk um 1680 mit guten Füllholzschnitzereien. Typologisch interessanter Bau. Kulturdenkmal wegen seiner wissenschaftlichen und künstlerischen Bedeutung.

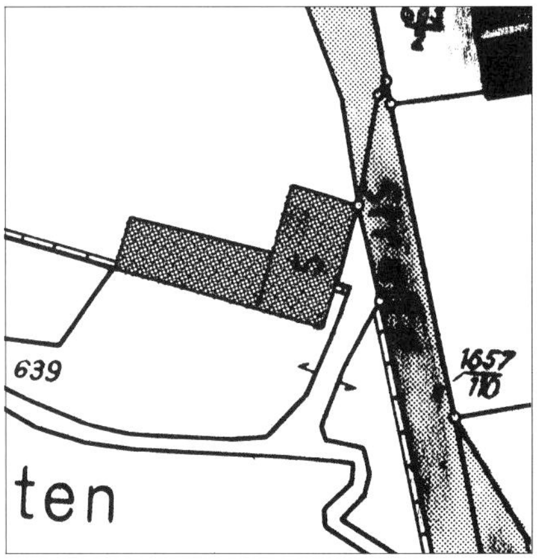

Ober-Seemer Straße 5
Flur 1 Flurstück 641/1

Hakenförmiges Wohn- und Wirtschaftsgebäude des Barock, massiver Sockel mit Hausteinquaderung an den Ecken, darüber verschindeltes Fachwerkobergeschoß mit Walmdach. Der Bau gehört zum Schloßkomplex und hat orts- und baugeschichtliche Bedeutung, deshalb Kulturdenkmal.

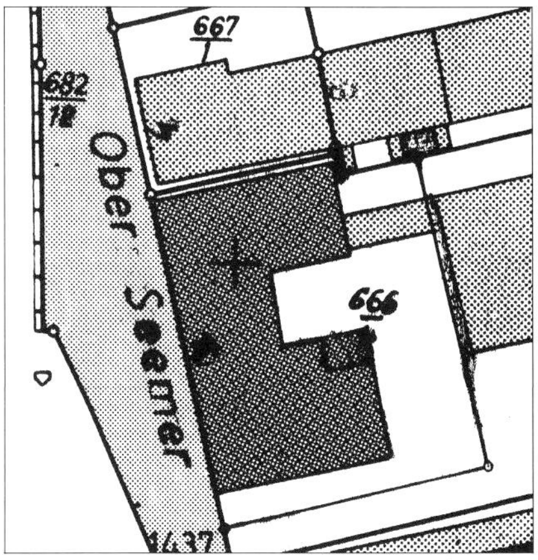

Ober-Seemer Straße 6
Flur 1 Flurstück 666/4

U-förmiges Stall- und Wirtschaftsgebäude, auf das Schloß bezogen. Massive Bruchsteinfassade mit rundbogigen Toren. Seitenflügel z. T. in Fachwerk. Stein mit Stolberger Wappen und Datum 1679 bzw. Renovatum 1744. Kulturdenkmal wegen seiner geschichtlichen und städtebaulichen Bedeutung.

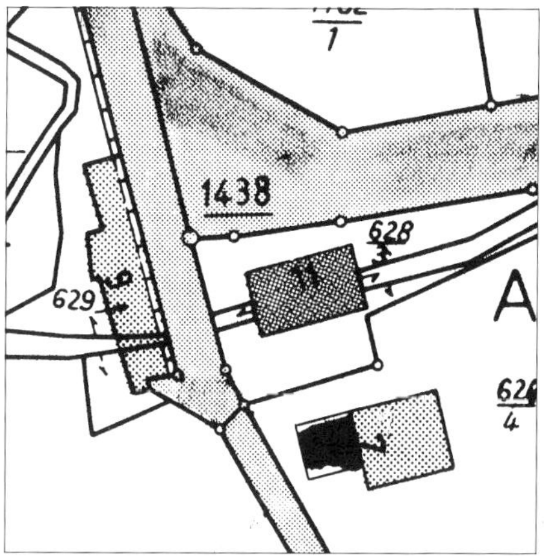

Ober-Seemer Straße 11
Flur 1 Flurstück 628/3

Barockes, eingeschossiges Fachwerkhaus mit Krüppelwalmdach, über den Mühlgraben gespannt. Zum Graben längsorientiert, der genau die Mitte des Gebäudes durchfließt. Der Bau ist Bestandteil der einstigen Papiermühle. Erbaut in starkem, konstruktiven Fachwerk um 1700. Kulturdenkmal wegen seiner wissenschaftlichen und geschichtlichen Bedeutung.

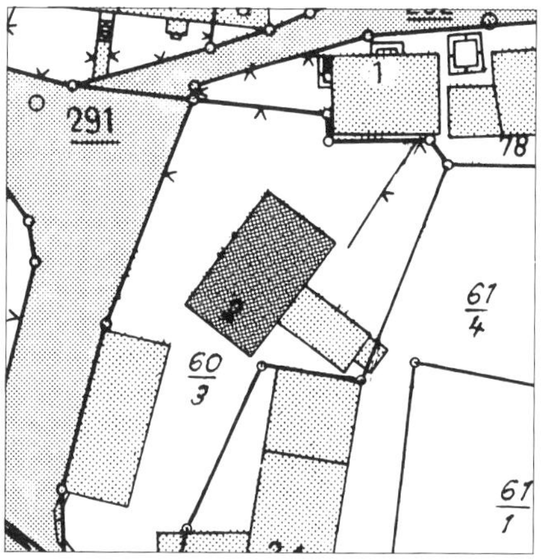

Schloßberg 2
Flur 1 Flurstück 60/3

Großes, quergestelltes Fachwerkwohnhaus mit flacher Dachneigung, fast vollständig holzverschindelt; an einer Seite ursprüngliches Fachwerk sichtbar. Dort interessante Stipp-Putz-Ornamentik. Schwelle erkennbar mit stark profiliertem Karnies. Der Bau stammt von der Typologie her aus dem südlichen Vogelsberggebiet und ist im 18. Jh. entstanden. Wegen seiner Lage an einer wichtigen Straßengabelung und seiner typologischen Bedeutung am Ort Kulturdenkmal aus städtebaulichen und wissenschaftlichen Gründen.

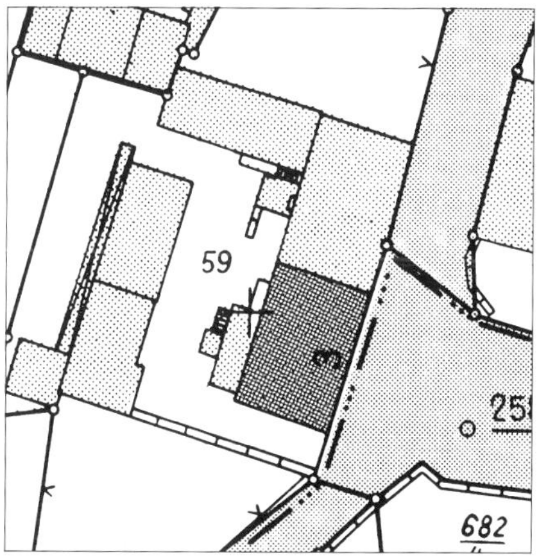

Schloßberg 3
Flur 1 Flurstück 59

Stattliches Wohn- oder Verwaltungsgebäude im Zusammenhang mit dem Stolberg'schen Schloß. Fünfachsig, zweigeschossig mit Mansarddach und Mitteleingang mit geohrtem Portal, dort Baudatum 1736. Kulturdenkmal wegen seiner künstlerischen und geschichtlichen Bedeutung.

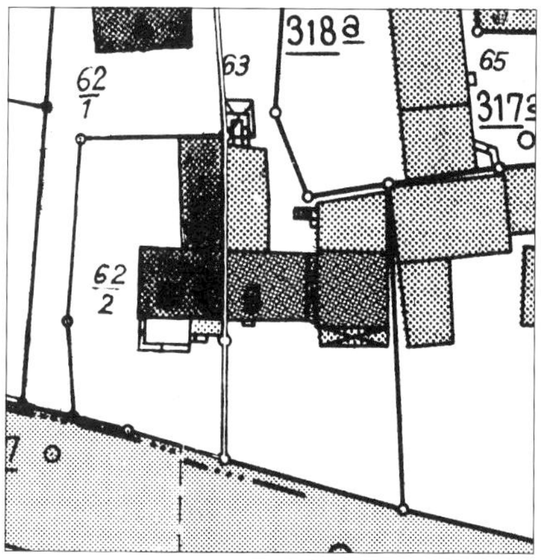

Schloßberg 8
Flur 1 Flurstück 63

Doppelhaus in unmittelbarer Sichtbeziehung gegenüber dem Schloß. Die linke Haushälfte freiliegend, die rechte verschindelt. Konstruktives Fachwerk aus der Zeit um 1800. Der Bau hat wichtige, ortsbildprägende Funktion und ist deshalb Kulturdenkmal.

Schloßberg 9/11
Flur 1 Flurstück 641/1
Schloß

Im Ursprung mittelalterliche Anlage mit großem Bering. Sie war Ausgangspunkt der Stadtentwicklung. Das Schloß mit dem viergeschossigen Hauptbau, Mansarddach und Glockenturm. Das Treppenhaus als Vorbau mit Holztreppe von 1730. Der Bau insgesamt schmucklos, jedoch gut proportioniert. An der Rückseite anschließend Mittelbau mit rundem Treppenturm von 1706, spätgotischer Turm an der Südwestecke eingebaut. Der Nordwestflügel als separater Baukörper zweigeschossig mit Mansarddach, ebenfalls schmucklos.
Parallel zum Hauptbau nach Osten versetzt, das Rentamt von 1710 mit Zwerchgiebel; einfacher, regelmäßiger Verwaltungsbau, Hauptzugang von Osten über Brücke und Torhaus von 1605-09. Angrenzend Wirtschaftsgebäude. Das Schloß mit Haupt- und Nebengebäuden ist Kulturdenkmal wegen seiner wissenschaftlichen, geschichtlichen, künstlerischen und städtebaulichen Bedeutung.

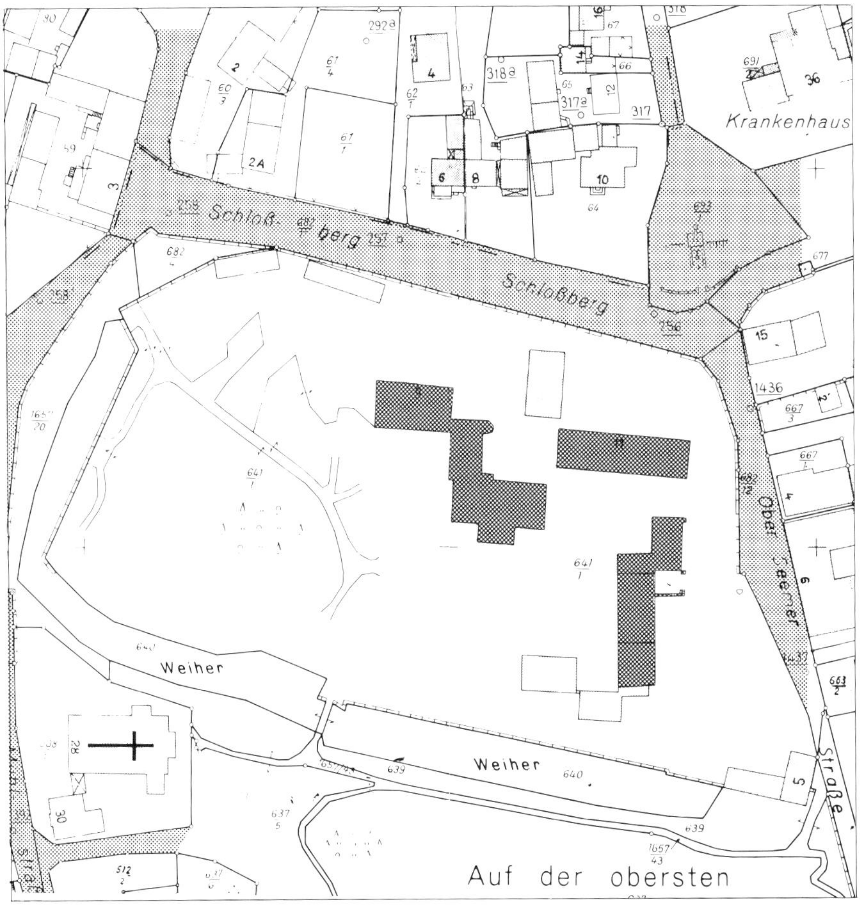

Rentamt
Schloß Hauptbau

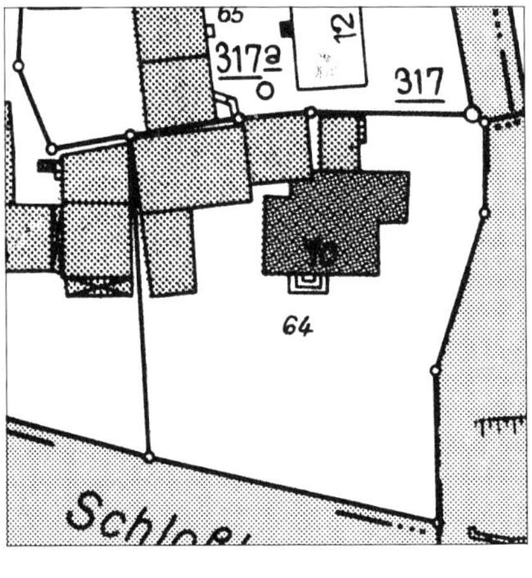

Schloßberg 10
Flur 1 Flurstück 64

Freistehendes Fachwerkwohnhaus, z. T. massiv erneuert. Schaufassade zum Schloß in prächtigem Fachwerk um 1700, teilweise erneuert. In der Mittelachse großer Wilder Mann mit krummen, ausgreifenden, S-förmigen Streben. Schöne Tür um 1900 von Pfarr in Neobarockformen mit Löwenköpfen, ähnlich der Tür des benachbarten kleinen Hauses. Kulturdenkmal wegen seiner Prospektwirkung in Korrespondenz zum Barockschloß und aus künstlerischen Gründen.

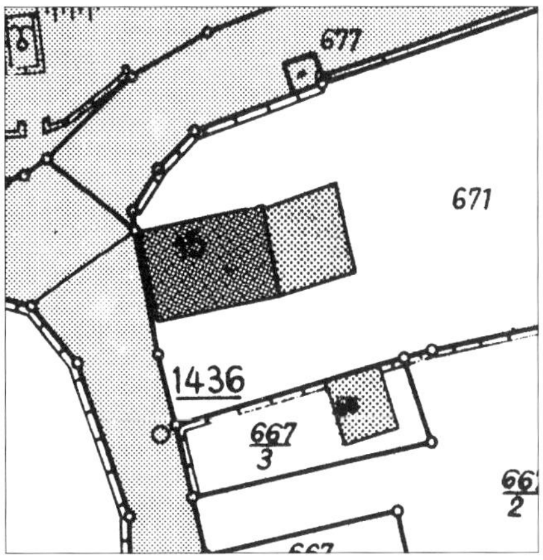

Schloßberg 15
Flur 1 Flurstück 671

Hohes, barockes Wohnhaus über hohem Sockelgeschoß, am Hang gelegen; holz- bzw. schieferverkleidet. Hohe, schmale Gauben; originales Mansarddach mit Gauben aus dem frühen 18. Jh. erhalten. Die ursprüngliche Fensterteilung ist vorhanden. Wichtiger Bau innerhalb des Areals in der Umgebung des Schlosses, Wohnhaus eines Hofbediensteten oder Adligen. Entstanden in der 1. Hälfte des 18. Jhs. Kulturdenkmal wegen seiner künstlerischen, historischen und städtebaulichen Bedeutung.

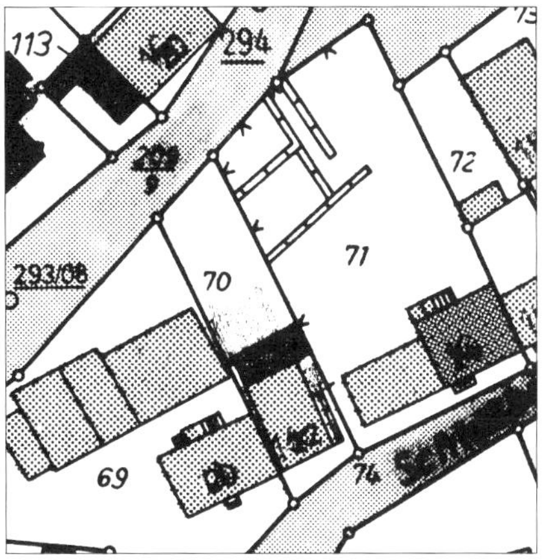

Schloßberg 24, Sachteil
Flur 1 Flurstück 71

Historische Holztür mit Holzumrahmung und eisernen Gittern; hergestellt von Schreiner Pfarr. Im Türsturz Schreinerwerkzeuge: Säge, Hobel, Zirkel und Meßwinkel. Rechts und links Kaiserbüste, die Tür selbst in Neorenaissance- bzw. Neobarockformen in reicher Ausgestaltung. Kulturdenkmal wegen ihrer künstlerischen Bedeutung.

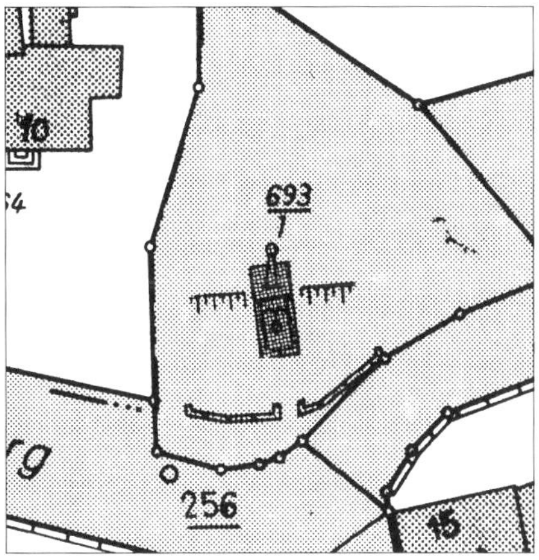

Schloßberg
Flur 1 Flurstück 693/1
Kriegerdenkmal

Im Grundriß ein quadratischer Baldachin über Basaltbruchsteinsockel, ägyptisierende Vierkantpfeiler, einfache glatte Kapitelle. Unter dem Zeltdach stahlhelmbesetzte Stele. Inschrift: „Sie starben für uns." Außen Inschrift, von zwei eisernen Kreuzen gerahmt: „Unseren Helden 1914/18." Für das Platzbild wichtige Anlage historischer Bedeutung, deshalb Kulturdenkmal.

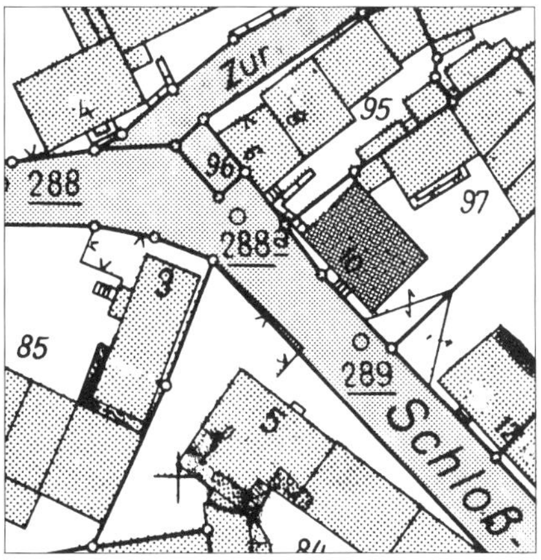

Schloßstraße 10, Sachteil
Flur 1 Flurstück 97

Zweiflügelige, historistische Tür von Kunstschreiner Pfarr. Aufwendige, diamantierte Kassetten und Schnitzarbeiten. Etwas retardierend entstanden um 1900, ähnlich einigen anderen Türen am Ort von der gleichen Hand. Kulturdenkmal wegen ihrer handwerklich künstlerischen Bedeutung.

Gesamtanlage

Der langgestreckte Mühlenort besitzt im Bereich der Schule seinen ortsbildlichen Schwerpunkt. Mehrere barocke Hakenhöfe und eine Mühle des 18./19. Jhs. bilden im Einklang mit dem Mühlbach und seinen Stegen eine malerische Einheit.

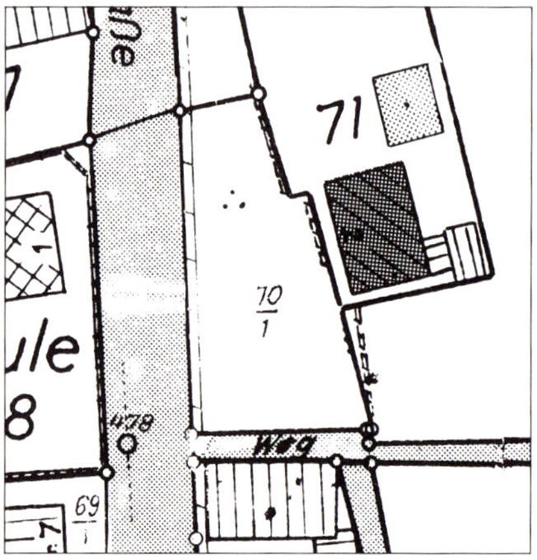

Büdinger Straße 2
Flur 1 Flurstück 71

Fachwerkwohnhaus, traufständig versetzt zur Straße. Holzverschindelt; Proportionen und alte Fenstergrößen in Verbindung mit den deutlichen Übersetzungen in Geschoß und Giebel weisen auf ein durch seine Hanglage hervorragendes Zierfachwerkwohnhaus aus der Mitte des 18. Jhs. hin. Das Grundstück ist mit einer alten Bruchsteinmauer umfriedet. Kulturdenkmal wegen seiner künstlerischen und städtebaulichen Bedeutung.

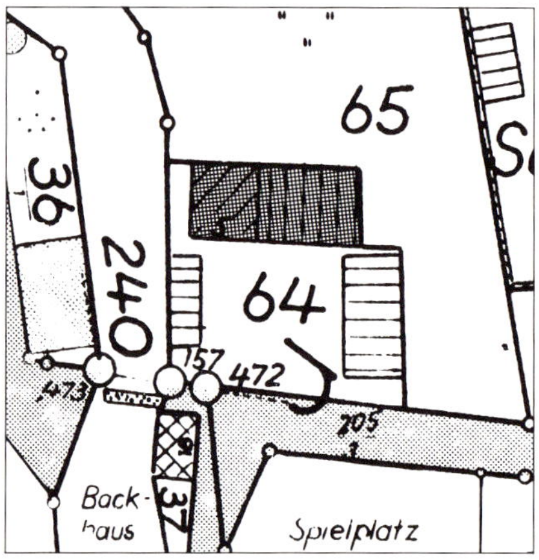

Büdinger Straße 5
Flur 1 Flurstück 64

Holzverschindelter Einhaushof mit später angefügten Nebengebäuden. Entstanden 1. Hälfte 17. Jh. Links der Wohnteil mit z. T. alten Fensteröffnungen. Im Erdgeschoß der im 19. Jh. massiv erneuerte Stall, anschließend die große Scheune. Seltenes, gut erhaltenes Beispiel dieses aus dem hohen Vogelsberg herüberwirkenden Hoftyps. Kulturdenkmal wegen seiner wissenschaftlichen Bedeutung.

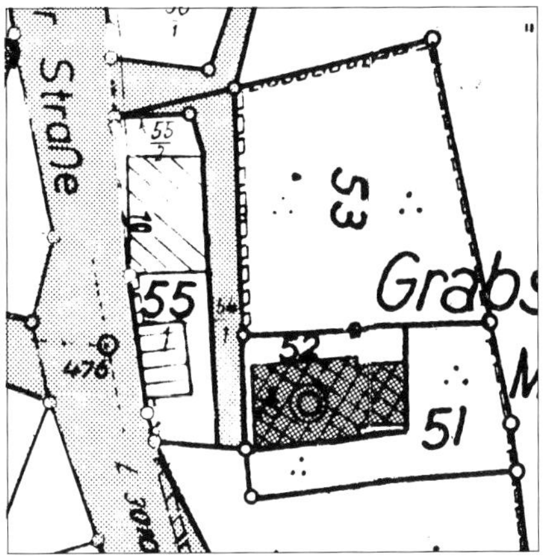

Evang. Pfarrkirche
Flur 1 Flurstück 52

Einfacher, spätgotischer Saalbau mit quadratischem Choranbau. Das Langhaus flachgedeckt, der Chor kreuzgratgewölbt mit freigelegten Resten einer zeitgenössischen Ausmalung. Kulturdenkmal wegen seiner künstlerischen und geschichtlichen Bedeutung.

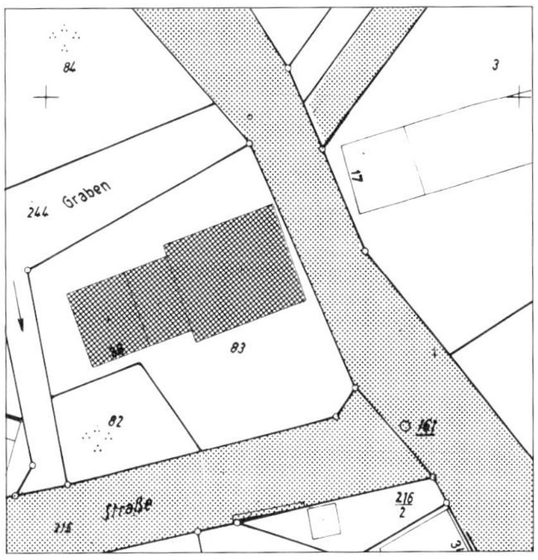

Hoherodskopfstraße 36
Flur 1 Flurstück 83

Barocker Einhaushof mit Wohnhaus und breiterer Scheune unter einem First. Spätbarockes Zierfachwerk mit s-förmigen Brüstungsstreben. An der Wetterseite seltene, typische Langschindelverkleidung. Kulturdenkmal wegen seiner wissenschaftlichen Bedeutung.

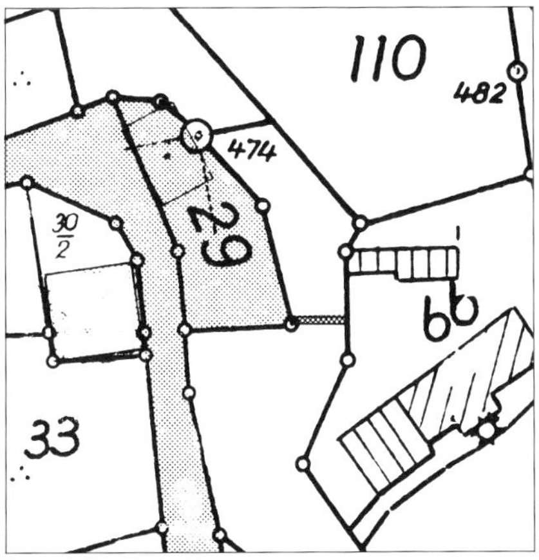

Seemenbachbrücke
Flur 1 Flurstück 240

Historischer Steg wohl des 18. Jhs. Zwei Sandsteinblöcke, in die Sandsteinpfosten eingesteckt sind, die das hölzerne Geländer trugen, dienen als Auflager. Darauf liegt der Steg aus zwei jeweils ca. 2,50 m langen Sandsteinplatten bestehend, die das Bachbett frei überspannen (vgl. Steg im Büdinger Schloßpark). Kulturdenkmal wegen seiner technischen Bedeutung als historisches Brückenbauwerk.

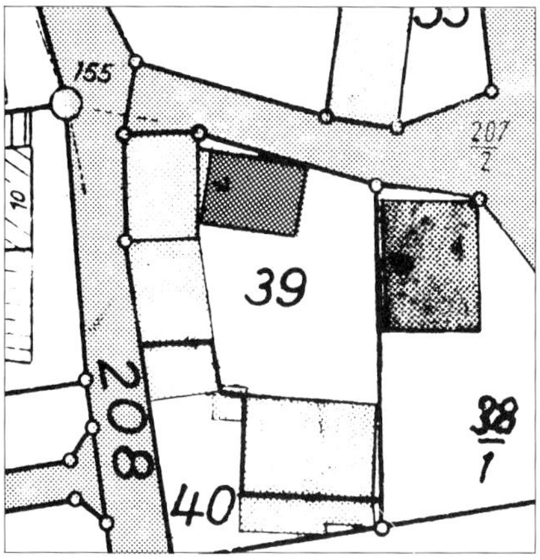

Seemenbachstraße 7
Flur 1 Flurstück 39

Traufständiges Fachwerkwohnhaus aus der Mitte des 18. Jhs. mit alten Fensteröffnungen und übersetztem Geschoß. Alte ortsübliche Holzverschindelung über barockem Sichtfachwerk. Kulturdenkmal wegen seiner wissenschaftlichen Bedeutung.

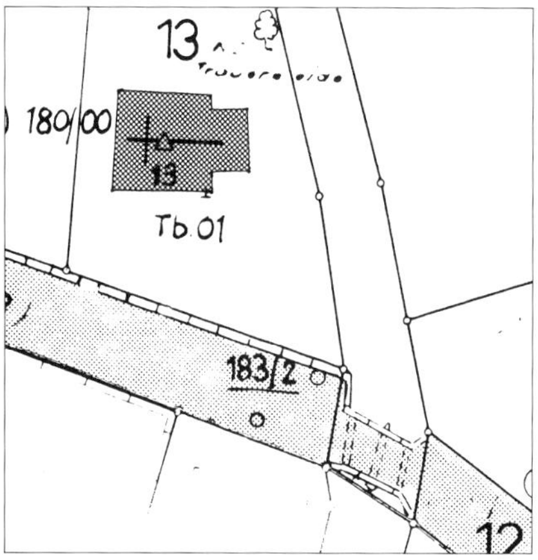

NIEDER-SEEMEN

Kirchstraße 13
Flur 1 Flurstück 13
Evang. Kirche

Spätgotischer Saalbau, entstanden um 1500. Einfaches, flachgedecktes Schiff mit Rechteckchor. Kulturdenkmal wegen seiner geschichtlichen Bedeutung.

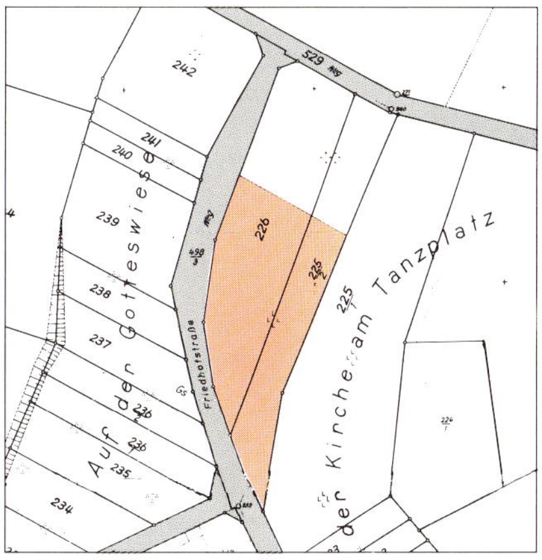

Gesamtanlage
Jüdischer Friedhof

Große Anlage, die als Begräbnisstätte für die umliegenden Dörfer diente. Gute Steine mit Ritzzeichen und klassizistischen Aufbauten ab etwa 1800. Gesamtanlage wegen seiner geschichtlichen Bedeutung.

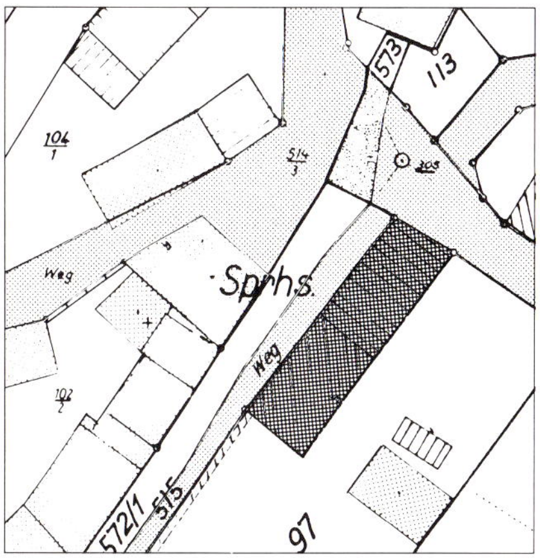

Am Römer 5
Flur 1 Flurstück 97

Zehntscheune mit Wohnteil. An beiden Traufseiten der Scheune rundbogige Tore, an einem Stolbergsches Wappen, 18. Jh. Bruchsteinmauerwerk mit Hausteingewänden und -ecken. Kulturdenkmal wegen ihrer geschichtlichen Bedeutung.

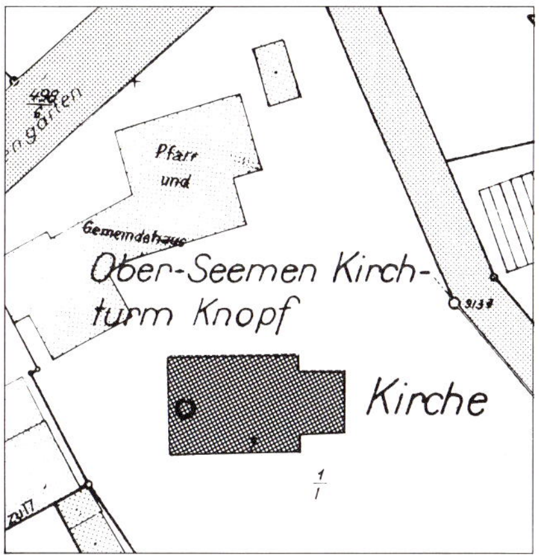

Gederner Straße 7
Flur 1 Flurstück 1/1
Evang. Pfarrkirche

Kleiner Saalbau mit eingezogenem Rechteckchor, dieser mittelalterlich mit Kreuzrippengewölbe und Wandmalereien. Das Schiff 1764 neugestaltet und mit neuer Ausstattung versehen – zweigeschossige Emporen und spätbarocke Orgel. Im Westen Haubendachreiter mit elegantem Aufbau. Kulturdenkmal wegen seiner künstlerischen und geschichtlichen Bedeutung.

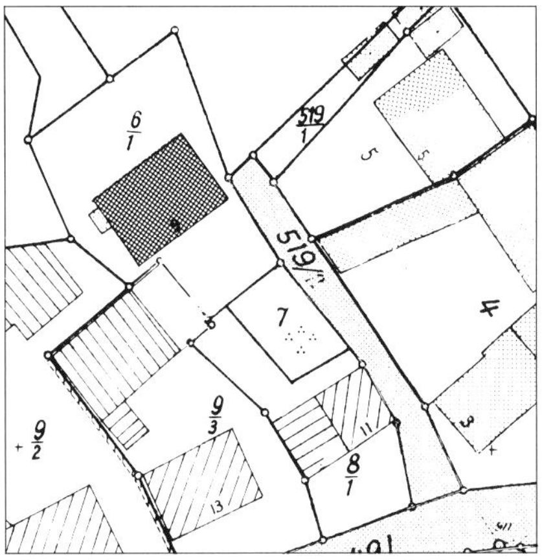

Gederner Straße 9
Flur 1 Flurstück 6/1

Giebelständiges Fachwerkwohnhaus in direkter räumlicher Beziehung zur Kirche. Gutes Sichtfachwerk aus der Zeit um 1740, im EG teilweise im 19. Jh. erneuert. Kulturdenkmal wegen seiner städtebaulichen Bedeutung.

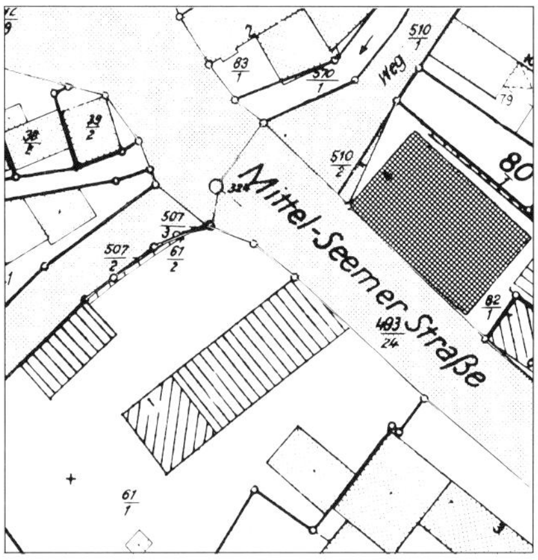

Mittelseemer Straße 4
Flur 1 Flurstück 82/1
Synagoge

Aufwendiger, orientalisierender Bruchsteinbau mit Rundbogenfenstern, Pilastergliederung und Bruchsteinmauerwerk. Erbaut 1901. Innerhalb der ländlichen Synagogen Oberhessens ein ungewöhnlicher Bau, der von der städtischen Synagogenarchitektur des Historismus abhängt. Kulturdenkmal wegen seiner geschichtlichen, künstlerischen und wissenschaftlichen Bedeutung.

Wenings

Wenings ist seit 1321 im Besitz der Herren von Ysenburg. Im 14. Jh. gab es eine Ritterfamilie, die sich nach Wenings benannte. 1336 verlieh König Ludwig auf Bitten Luthers von Ysenburg Wenings die gleichen Rechte und Freiheiten wie sie die Stadt Gelnhausen besaß. Im Jahr 1357 wird erstmals ein Schloß erwähnt. 1517 kam Wenings an die erste Birsteiner Linie. Ab 1816 an Hessen-Darmstadt. Die Anzahl der befestigten Herrensitze und die Ausdehnung der Befestigung lassen auf die ehemalige städtische Bedeutung des Ortes schließen. Aufrecht stehende Teile, ein langer Mauerring mit rundem Eckturm mit Schlitzscharten sind an der Untergasse erhalten. Ausgehend von den erhaltenen Teilen ist der Verlauf der Mauer einigermaßen sicher zu rekonstruieren, sie traf am Knick der Hintergasse auf den Vorgängerbau des Schlosses. Der südöstliche Verlauf ist hypothetisch rekonstruiert, sie lief wohl zuerst neben der Gasse Im Tal, um dann auf die Türme an der „Kemenate" Im Tal 12 zu treffen. Von dort aus weiter den Pachthof der Ysenburger umschließend zum Obertor.

Die Stadtmauer war von einem nassen Graben umgeben und besaß drei Eingänge in die Stadt, das Obertor, das Untertor und das Herrgottstor.

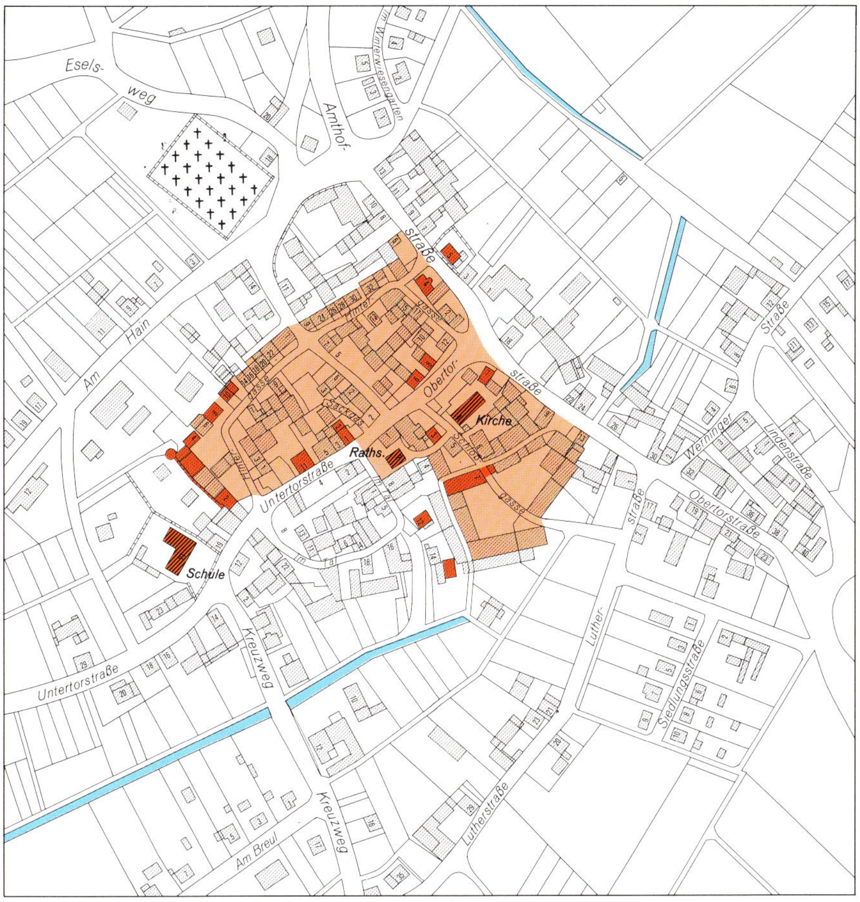

Rekonstruktion der Stadtbefestigung nach dem Urkataster von 1831

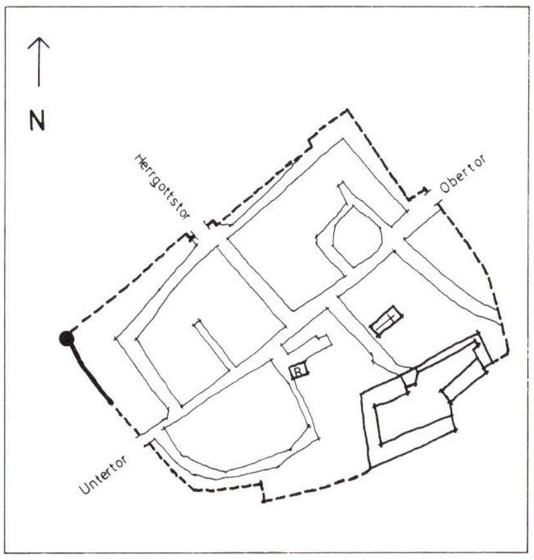

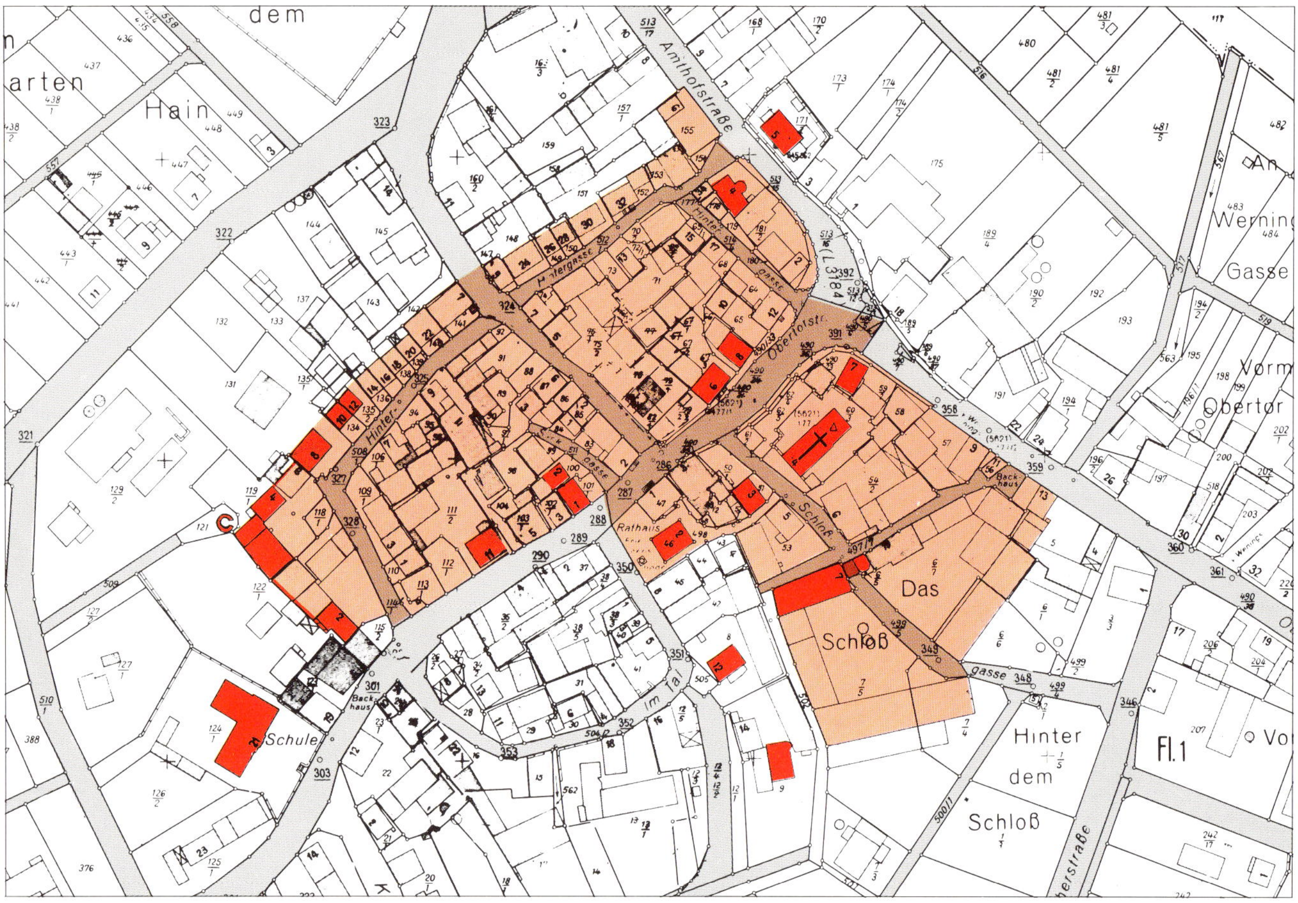

Gesamtanlage

Die Gesamtanlage umfaßt Teile der historischen Stadt, deren Bestand noch an einigen Stellen ablesbar ist. Dazu gehört die Hintergasse, die in ihrer ganzen Länge dem Verlauf der sich ehemals von Südwesten nach Nordosten erstreckenden Stadtmauer folgt. Die Hintergasse ist bestimmt von meist guterhaltenen Ackerbürgerhöfen kleineren Zuschnitts vor allem der weniger begüterten Bürger, deren Häuser sich z. T. direkt an die Stadtmauer anlehnen.
Im Bereich des Obertors, der Kirche, dem Schloß und dem Hofgut ist trotz des übertriebenen Ausbaus der Straßen und den damit verbundenen Verlusten noch eine dichte Situation im Ortsbild erhalten, die etwas von der früheren Bedeutung von Wenings vermittelt.

oben: Obertorstraße Nordseite
links: Hintergasse westlicher Teil
Hintergasse östlicher Teil

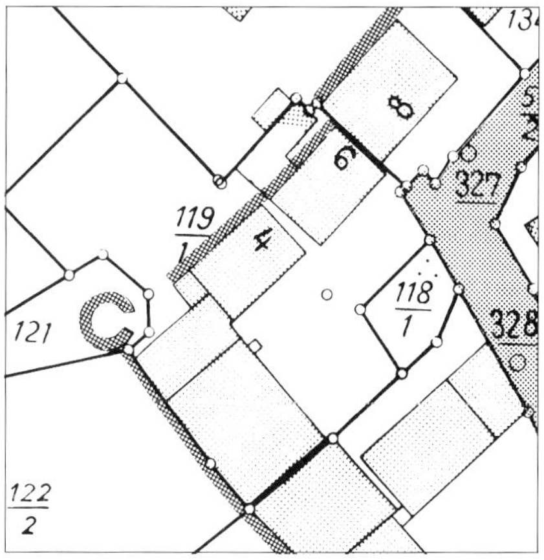

Befestigungsanlage
Flur 1 Flurstücke 121 u. 122/1

Nordwestliche Ecke der mittelalterlichen Stadtbefestigung im gesamten Verlauf zwischen dem Untertor und dem Eckturm der nordwestlichen Ecke im aufgehenden Bruchsteinmauerwerk erhalten. Am Turm Schlitzscharten. An die Stadtmauer sind innenliegend Gebäude der Hintergasse angebaut. Kulturdenkmal wegen ihrer wissenschaftlichen, ortsgeschichtlichen und stadtentwicklungsgeschichtlichen Bedeutung.

Schloß
Amthofstraße 4
Flur 1 Flurstück 181/2

Befestigter Herrensitz der Herren von Ysenburg-Birstein, ehemals unmittelbar im Verbund mit der Stadtmauer. Erbaut anstelle einer mittelalterlichen Burg. Zweigeschossiger Massivbau in klaren Formen des frühen 16. Jhs. über winkelförmigem Grundriß mit Treppenturm im Winkel. Giebel und Turmobergeschoß in Fachwerk des 18. Jhs. Wegen seiner künstlerischen und ortsgeschichtlichen Bedeutung Kulturdenkmal.

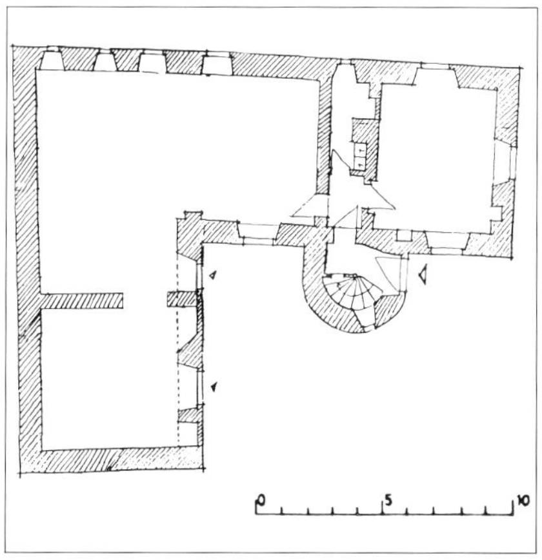

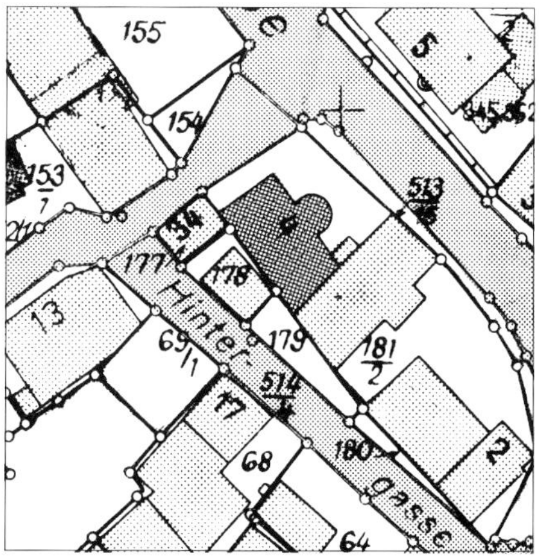

links: Grundriß

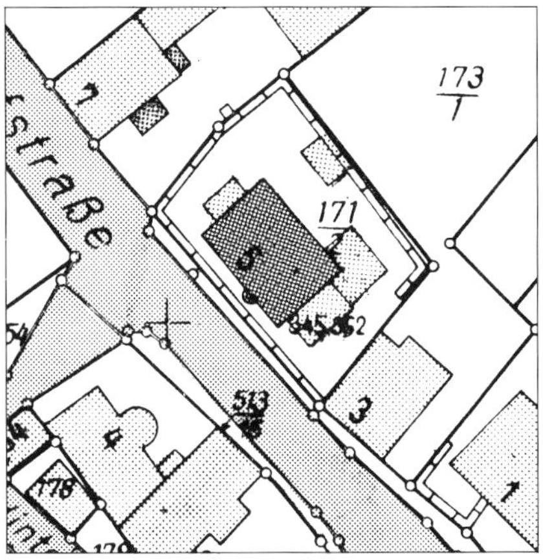

Amthofstraße 5
Flur 1 Flurstück 171/2
Katholische Kirche

Ehemalige Synagoge, erbaut 1875. Einschiffiges Basaltbruchsteingebäude mit Sandsteingliederung und Sandsteinfenstereinfassungen sowie einem Zinnenfries an dem Trauf- und Giebelabschluß. In den anschließenden Gebäuden befand sich die Schule, das Lehrerhaus und das Bad. Kulturdenkmal wegen seiner religionsgeschichtlichen Bedeutung.

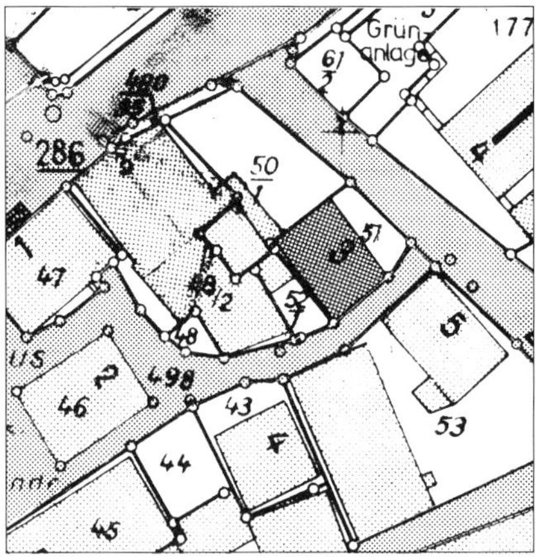

Burgstraße 3
Flur 1 Flurstück 51

Traufständiger, zweigeschossiger Fachwerkwohnbau am Eingang zum Ysenburger Hof in rahmender Funktion mit dem Portal der Kirche. Dreizoniger Bau, im Untergeschoß teilweise erneuert. Entstanden in der Mitte des 18. Jhs.; Gefüge im großen Ganzen erhalten. Kulturdenkmal wegen seiner städtebaulichen Bedeutung am Eingang zum Burgbereich.

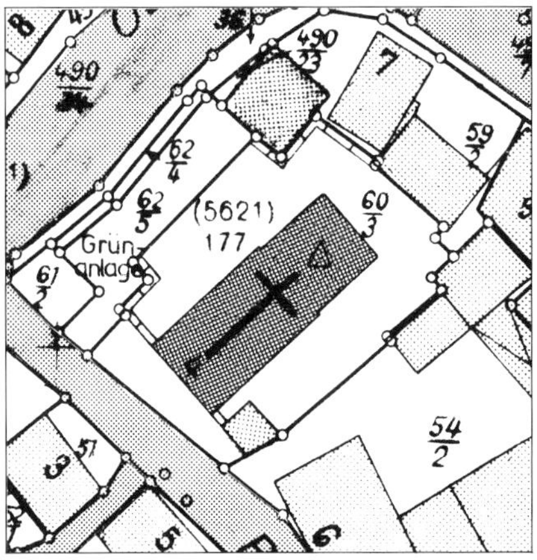

Burgstraße 4
Flur 1 Flurstück 60/3
Evang. Pfarrkirche

Vorgängerbau von 1357 urkundlich nachgewiesen. Der jetzige Saalbau mit polygonalem Dachreiter über dem leicht eingezogenen Chor 1748 von Benedikt Kößler, darin zweigeschossige Empore. Der quadratische Chorraum mit Kreuzrippengewölbe Mitte 15. Jh. Kulturdenkmal wegen seiner künstlerischen, geschichtlichen und städtebaulichen Bedeutung.

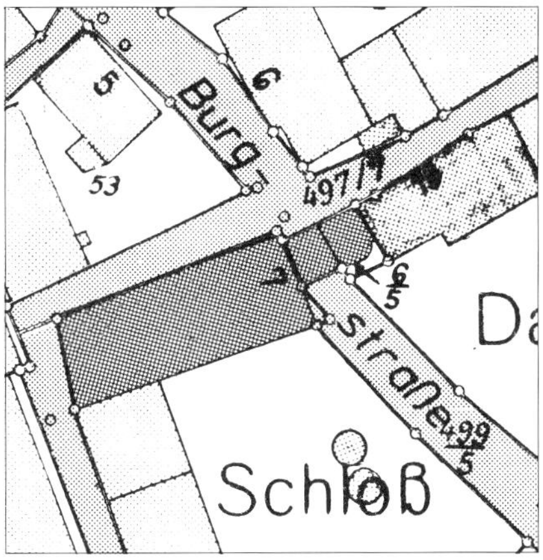

Burgstraße 7
Flur 1 Flurstück 6/5, 7/5
Ehemalig Ysenburg-Birsteiner Hof;
Torgebäude

Große geschlossene Pachthofanlage von unregelmäßigem Grundriß. Die Wohn- und Wirtschaftsgebäude ehemals von einer Wehrmauer umgeben. Bedeutendster Rest der Anlage ist ein spätgotischer Torbau mit schönem Kielbogenfenster und rundem Treppenturm mit Fachwerkaufbau. Im Schlußstein das Ysenburgische Wappen mit Datum 1537. Kulturdenkmal wegen seiner künstlerischen und geschichtlichen Bedeutung.

Das Torgebäude ist eingebunden in ein Fachwerkwohnhaus aus der 2. Hälfte des 17. Jhs. mit teilweise massivem Untergeschoß. Gute, konstruktive Formen mit starken Hölzern, gespreizten Wilde Mann-Formen. Neben dem Torgebäude stellt dieser Bau den bedeutenden Rest der herrschaftlichen Hofanlage dar. Kulturdenkmal wegen seiner geschichtlichen und künstlerischen Bedeutung.

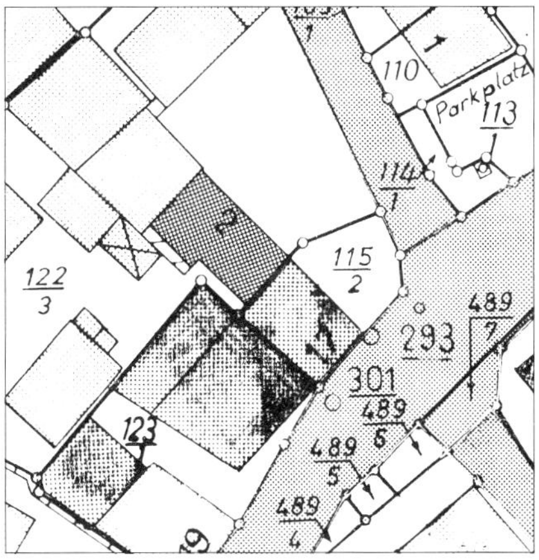

Hintergasse 2
Flur 1 Flurstück 122/1

Hakenförmige Hofreite mit stark verändertem Scheunen- und Wirtschaftsteil, das Wohnhaus asbestzementverkleidet; jedoch ist an Hand der Fensteröffnungen auf die ursprüngliche Fachwerkteilung in barockem Zierfachwerk zu schließen. Steiles Satteldach. In Traufstellung zur Hintergasse, wahrscheinlich 17. Jh. Kulturdenkmal wegen seiner künstlerischen Bedeutung.

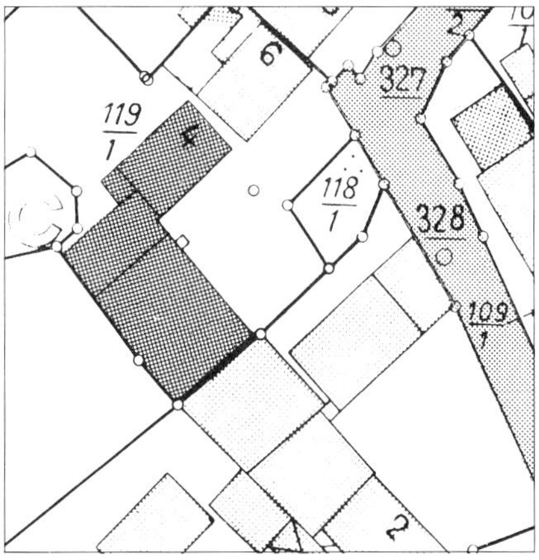

Hintergasse 4
Flur 1 Flurstück 119/1

Hakenförmige Hofreite mit langgestrecktem Scheunengebäude, dieses teilweise zerstört. Wohl frühes 19. Jh. mit alten Stipp-Putz-Mustern. Dazu das traufständige zweigeschossige Fachwerkwohnhaus mit zweiläufiger Freitreppe, reich profiliertem Schwellenrähmbereich, regelmäßigem Fachwerk aus der Zeit um 1800. Wohnhaus und Scheune lehnen sich mit ihrer äußeren Wand unmittelbar auf die mittelalterliche Stadtmauer bzw. sie dient ihnen als Fundament. Sie sind als Teil dieser Anlage als Kulturdenkmal zu betrachten.

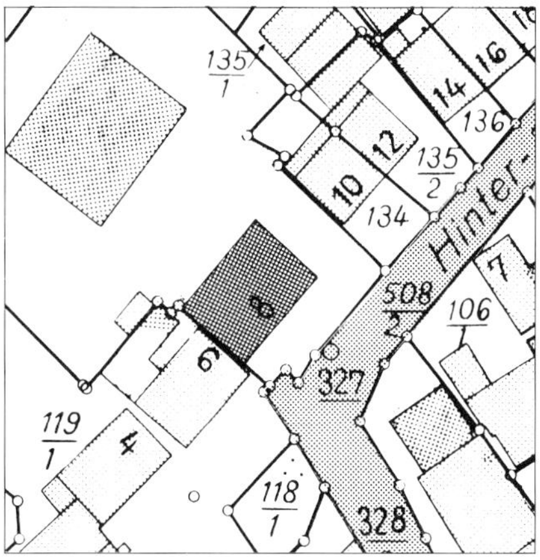

Hintergasse 8
Flur 1 Flurstück 131

Zweigeschossiges, traufständiges Fachwerkhaus, direkt an die Stadtmauer angebaut; verkleidet, Geschoßüberstände zwischen Erdgeschoß und 1. Obergeschoß. Die Fensterteilung läßt eine Erhaltung des ursprünglichen Fachwerkverbandes erwarten. Der Bau des 18. Jhs. ist Kulturdenkmal wegen seiner stadtbaugeschichtlichen Bedeutung.

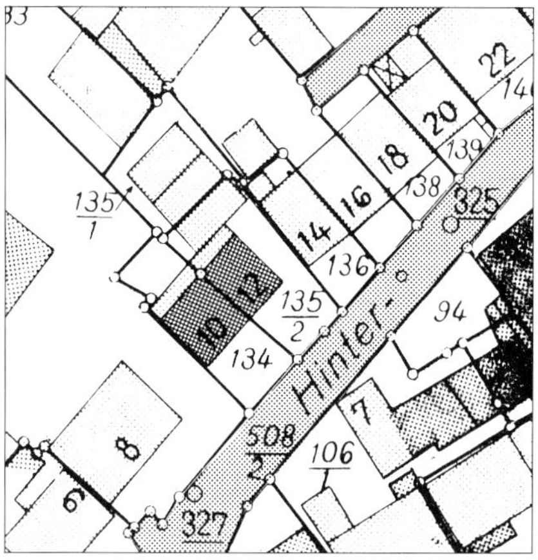

Hintergasse 10/12
Flur 1 Flurstück 134 und 135/2

Zweigeschossiges Fachwerkhaus, im Obergeschoß noch der ungestörte Verband erhalten. Durchlaufender, profilierter Brustriegel mit Eierstab und Kehlenornamentik, darunter Konsolen; in der Schwelle gedoppelte Tauornamente. Dieser frühe, um 1675 entstandene Bau besitzt besondere Qualitäten innerhalb der Holzarchitektur der Gegend. Die Giebelwand des Hauses Nr. 10 wurde schon vor längerer Zeit massiv ergänzt, das Erdgeschoß z. T. erneuert. Kulturdenkmal wegen seiner künstlerischen und wissenschaftlichen Bedeutung.

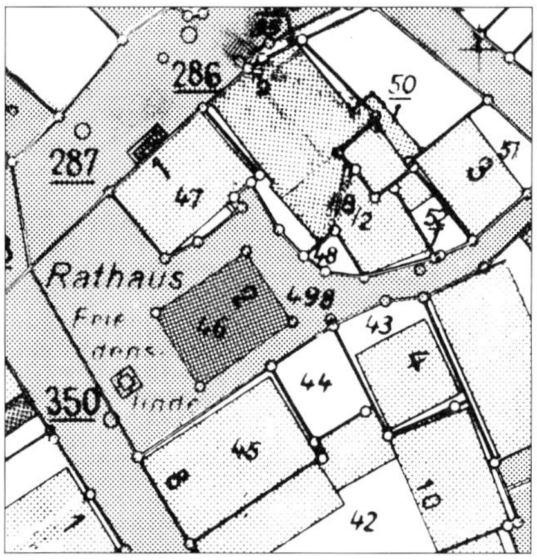

Im Tal 2
Flur 1 Flurstück 46
Altes Rathaus

Fachwerkgeschoß über massivem Erdgeschoß, dort Amtsstube und Spritzenhaus; Hausteinquaderung an den Ecken und Gewänden. Das Obergeschoß in geradem Zierfachwerk mit Krüppelwalmdach. Der Bau ist um 1800 entstanden, vielleicht anstelle eines älteren Vorgängerbaues. Kulturdenkmal wegen seiner ortsgeschichtlichen und stadtbaugeschichtlichen Bedeutung.

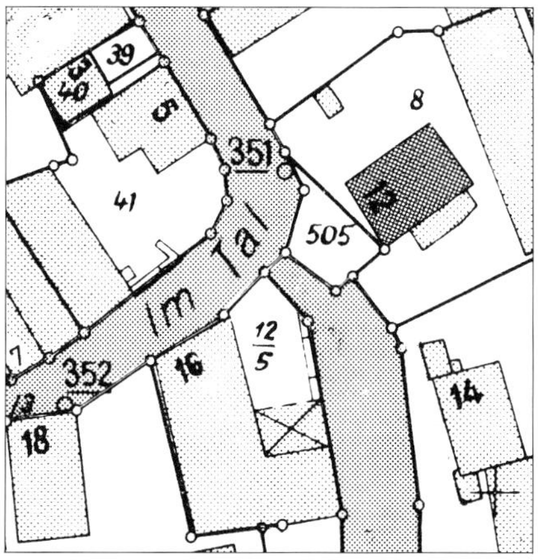

Im Tal 12
Flur 1 Flurstück 8

Giebelständiges Fachwerkhaus aus der 2. Hälfte des 18. Jhs. mit fast unversehrt erhaltenem Gefüge. Nur im Erdgeschoß teilweise erneuert. Reich profilierter Schwellrähmbereich, klare Streben mit Fußgegenstreben. Kulturdenkmal wegen seiner wissenschaftlichen Bedeutung.

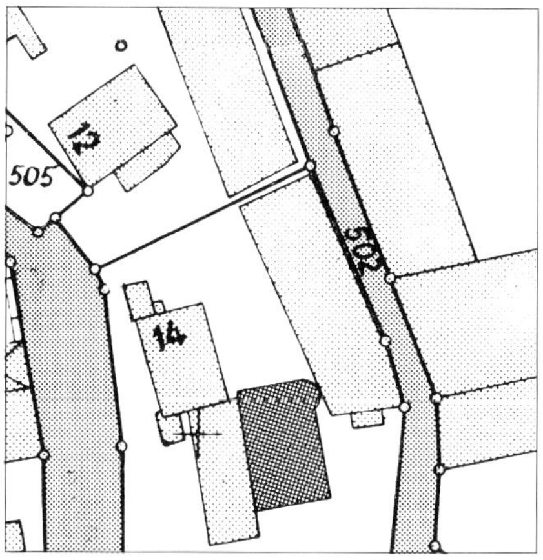

Im Tal 14
Flur 1 Flurstück 9/1
„Brauhaus"

Mittelalterlicher Kemenatenbau in schlanken Proportionen mit Kreuzstockfenstern; Kreuzstöcke heute herausgebrochen. Im Obergeschoß Aborterker auf Sandsteinkonsolen. An der östlichen Gebäudeecke Rest eines Rundturmes; hier trifft die mittelalterliche Stadtmauer auf das Gebäude. Entstanden 1. Hälfte 15. Jh., lokal- und baugeschichtlich besonders bedeutend, deshalb Kulturdenkmal.

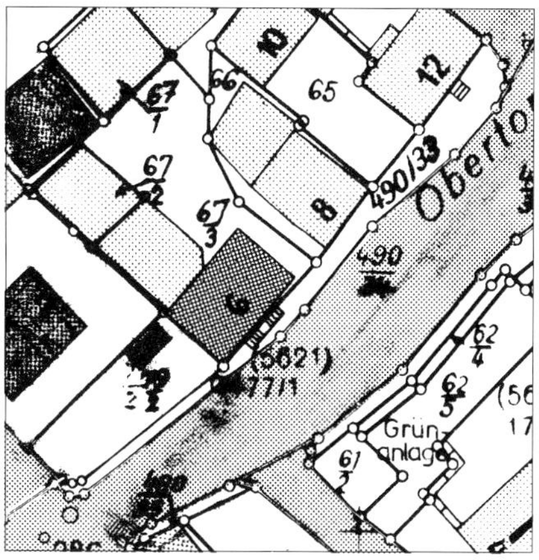

Obertorstraße 6
Flur 1 Flurstück 67/3

Traufständiges, zweigeschossiges Fachwerkwohnhaus in städtebaulich exponierter Lage gegenüber der Kirche, nachdem ein dazwischenstehender Bau beseitigt wurde. Reiches Zierfachwerk aus der 1. Hälfte des 18. Jhs. mit Andreaskreuzen und Rauten in den Brüstungen, starker Wilde Mann-Form mit Fußgegenstreben; im Erdgeschoß Fachwerk teilweise erneuert. Kulturdenkmal wegen seiner künstlerischen und städtebaulichen Bedeutung.

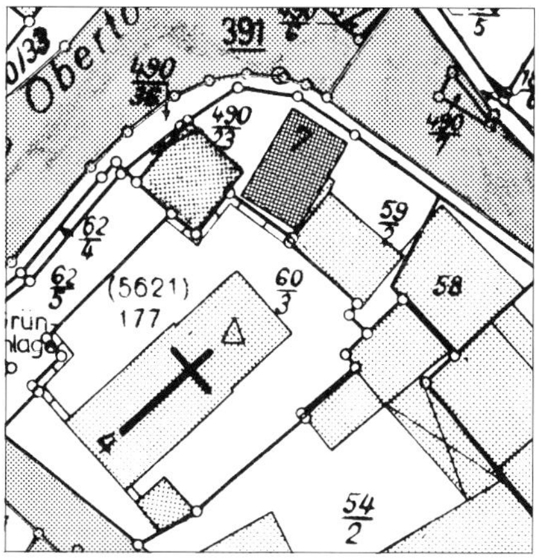

Obertorstraße 7
Flur 1 Flurstück 59/2

Zweigeschossiges Fachwerkhaus aus dem letzten Viertel des 18. Jhs. in städtebaulich wichtiger Ecklage, an der Gabelung von Amthofstraße und Obertorstraße. Einfaches, konstruktives Fachwerk, scharf profilierte Schwellen und verdeckte Balken. Kulturdenkmal wegen seiner städtebaulichen Bedeutung.

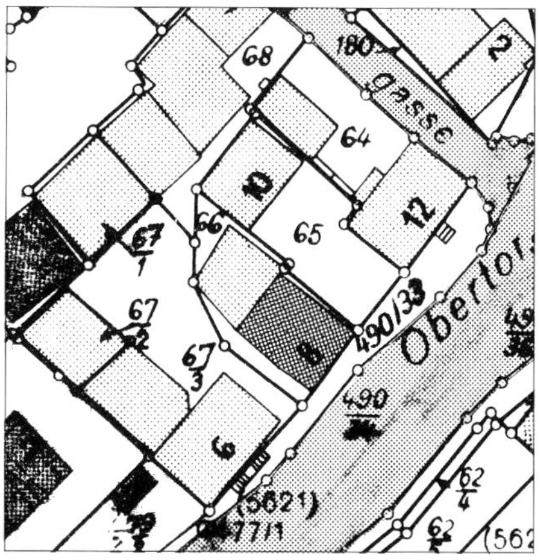

Obertorstraße 8
Flur 1 Flurstück 66

Giebelständiges, zweigeschossiges Fachwerkhaus gegenüber der Kirche in herausragender städtebaulicher Lage, nachdem ein dazwischenliegender Bau entfernt wurde. Geradliniges, konstruktives Fachwerk mit starren Wilde Mann-Formen mit Fußgegenstreben; durchgehend profilierte Schwelle mit verdeckten Balkenköpfen. Erdgeschoß und Giebel im 19. Jh. erneuert. Kulturdenkmal wegen seiner städtebaulichen Bedeutung.

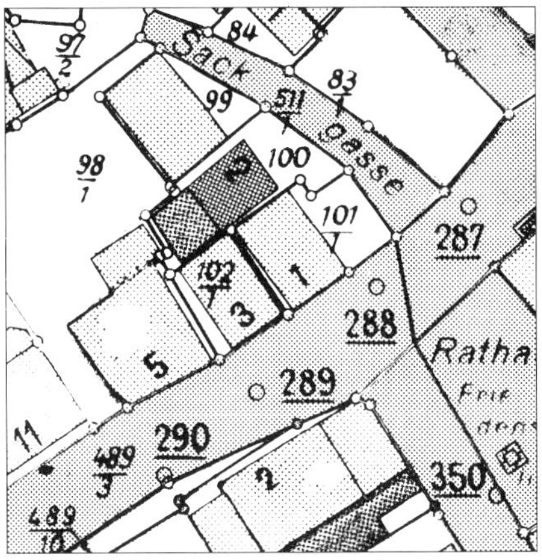

Sackgasse 2
Flur 1 Flurstück 100

Kleines Tagelöhnerhaus mit Scheune in zeilenförmiger Anordnung, verschalte und profilierte Balkenlage. Einfaches, konstruktives Fachwerk aus der Zeit um 1800. Kulturdenkmal wegen seiner sozialgeschichtlichen Bedeutung.

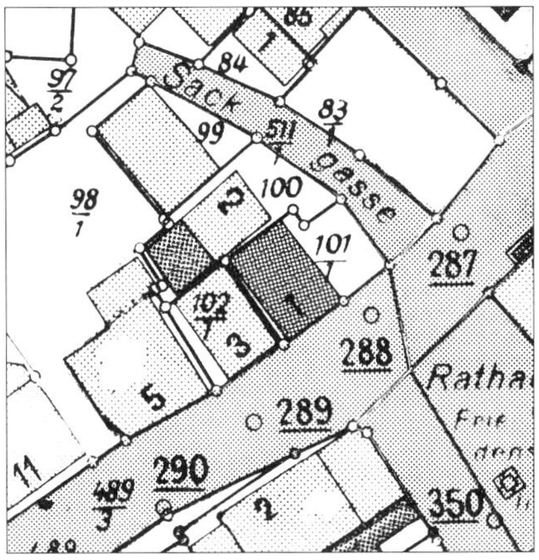

Untertorstraße 1
Flur 1 Flurstück 101/1

Giebelständiges Fachwerkhaus mit verschindelter Giebelseite; an der Traufseite seltene, reiche Zackenbandornamentik in doppelter Ausführung bzw. Schwelle und Füllholz in gleicher Art ornamentiert. Im Obergeschoß starke Wilde Mann-Form. Das Haus liegt in direkter Sichtbeziehung zum gegenüberliegenden Rathaus und besitzt in dieser Funktion städtebauliche Bedeutung. Entstanden um 1700. Kulturdenkmal wegen seiner künstlerischen und städtebaulichen Bedeutung.

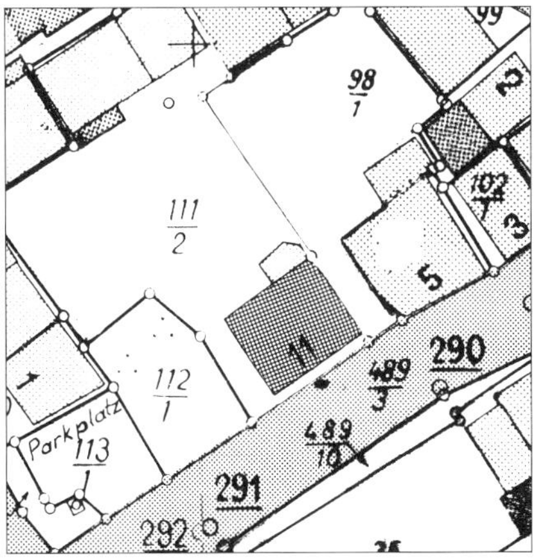

Untertorstraße 11
Flur 1 Flurstück 111/2
Pfarrhaus

Großvolumiges, verschindeltes Fachwerkhaus über hohem, massiven Sockelgeschoß mit zweiläufiger Freitreppe und rundbogigem Kellereingang. Regelmäßige Eckquaderung. An drei Seiten holzverschindelt, die Rückseite liegt im 1. Obergeschoß im Fachwerk frei. Dort konstruktives Fachwerk von 1800. Das Haus liegt in exponierter Lage inmitten des Ortes und ist durch Abbrüche umliegender Gebäude freigestellt. Kulturdenkmal wegen seiner geschichtlichen und künstlerischen Bedeutung.

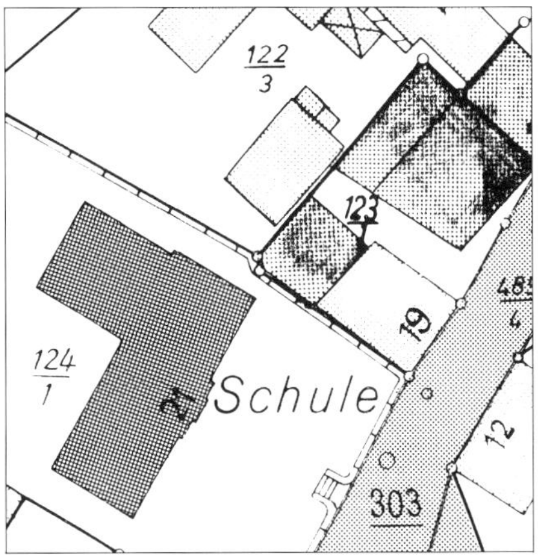

Untertorstraße 21
Flur 1 Flurstück 124/1
Schule

Mehrachsiger Klinkerbau in wechselnden Farben, Grundton gelb, Ornamente rot; Mittelrisalit mit Pilaster und giebelbekröntem Portal. Ursprüngliche Tür erhalten; im Tympanon Uhr und bekrönende Lunette. Einfacher Landschulbau in sicheren Proportionen und ausgewogenen Formen aus der Zeit um 1890. Kulturdenkmal wegen seiner ortsgeschichtlichen Bedeutung.

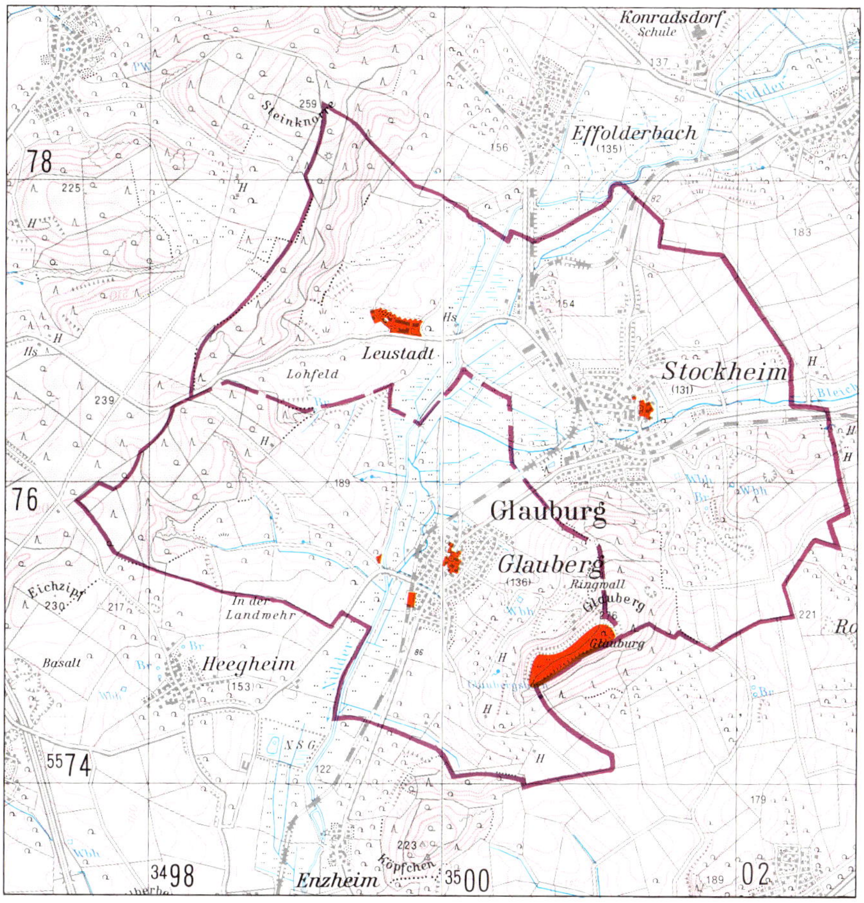

Erläuterung zu Karte 5 (M 1:50000): Gemeinde Glauburg

Nördlich von Altenstadt liegt am westlichen Rand des Gebietes die Gemeinde Glauburg. Sie besteht aus nur zwei Ortsteilen – Glauberg und Stockheim – und gehört somit zu den Kleinen des Kreises. Topographisch wird das Gemeindegebiet an seiner Südgrenze durch einen hohen Basaltrücken geprägt, auf dem die historisch bedeutsame Festungsanlage der Glauburg liegt. Ihre Besiedlung reichte von der Vorgeschichte bis ins Mittelalter.

Am nordwestlichen Fuß des Berges liegt Glauberg, eine Siedlung mit gut erhaltenem Ortskern und einigen bedeutsamen Hakenhofreiten des 18. Jhs.

Der historisch bedeutsame Ortskern von Stockheim reduziert sich auf einige Hofreiten, die um die Kirche gelegen sind.

Das Hofgut Leustadt im Nordwesten des Gemeindegebietes hat eine wechselvolle Geschichte erlebt, was sich in seiner Anlage und den Gebäuden wiederspiegelt. Es ist für die Gemeinde Glauburg von besonderem geschichtlichen Wert.

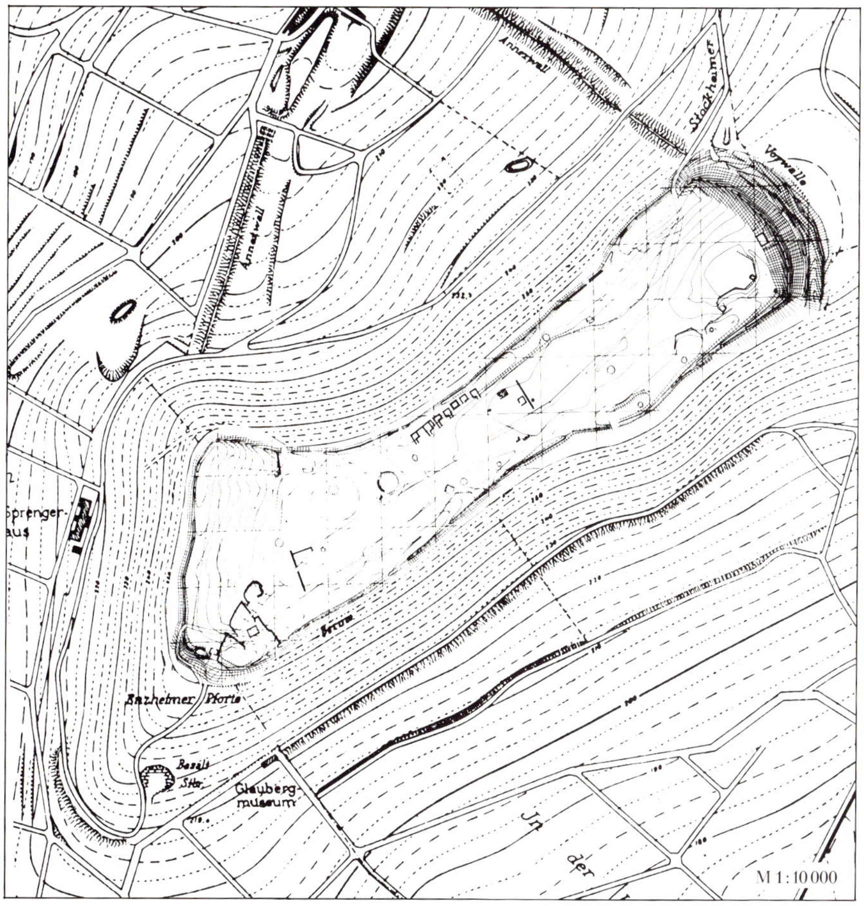

Glauburg
Befestigungsanlage

Vorgeschichtliche Festungsanlage auf hohem Basaltrücken südöstlich des Dorfes. Ausgedehnte Anlage freigelegter Ringwälle, Anschlußwälle und Vorwerke. Besiedlung seit dem Neolithikum bis zum Hochmittelalter. Die Anlage dabei mehrmals erneuert und erweitert. Zuletzt Errichtung der bedeutenden staufischen Reichsburg Glauberg im Nordostteil, 1247 erstmals erwähnt, nach 1255 zerstört; Rest am Abschnittswall erhalten. Die Anlage bietet in ihrer Schichtenfolge einen repräsentativen Querschnitt durch die frühe Besiedlungsgeschichte der Wetterau. Sie ist Kulturdenkmal aus geschichtlichen und wissenschaftlichen Gründen.

S. 240
Luftfoto: Freigabe-Nr. Reg. Präs. Da HLVA 13/79

mit Genehmigung des Hess. LVA Vervielfältigungs-Nr. 8/82

Gesamtanlage

Der Ortskern von Glauberg bietet noch ein ziemlich geschlossenes Bild eines von Wetterauer Hakenhofreiten des 18. Jhs. gebildeten oberhessischen Dorfes. Der Wechsel zwischen giebelständigen Wohnhäusern und traufständigen Wirtschaftsgebäuden einerseits und zwischen Verputz, Verschieferung und freiliegendem Fachwerk andererseits macht den Reiz des Ortsbildes aus.

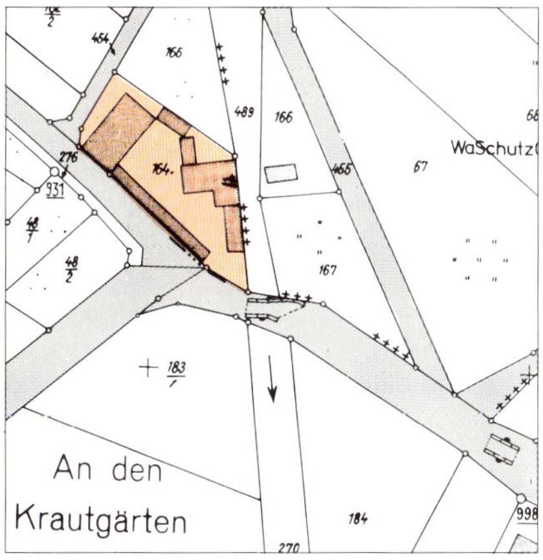

Gesamtanlage
Mühle

Nördlich des Dorfes Glauberg liegt an der Nidder ein gut erhaltener Mühlenhof des 19. Jhs. Mühlengebäude mit Bruchsteinerdgeschoß und Fachwerkobergeschoß sowie Stall- und Nebengebäude vermitteln ein geschlossenes Bild. Als wesentliches Versorgungsinstitut der Gemeinde ist die Mühle Gesamtanlage aus ortsgeschichtlichen Gründen.

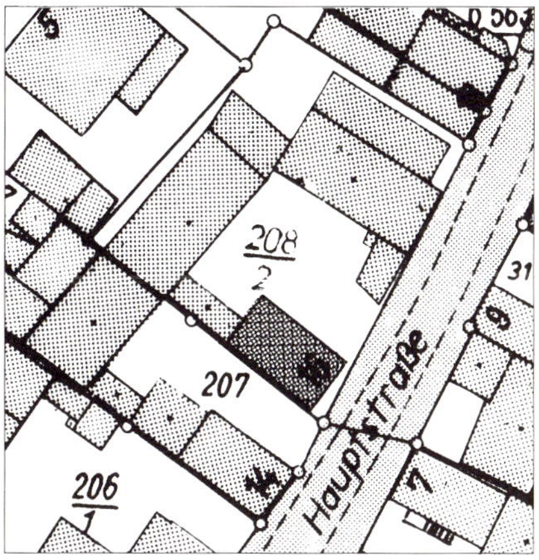

Hauptstraße 16
Flur 1 Flurstück 208/2

Gut erhaltene, geschlossene Hakenhofanlage des späten 18. Jhs. Wohnhaus giebelständig, verschiefert mit Krüppelwalm, ausgewogene Proportionen; gutes Fachwerk zu erwarten. Die alten, spätbarocken Sandsteinpfosten des Tores erhalten. Kulturdenkmal wegen seiner künstlerischen und wissenschaftlichen Bedeutung.

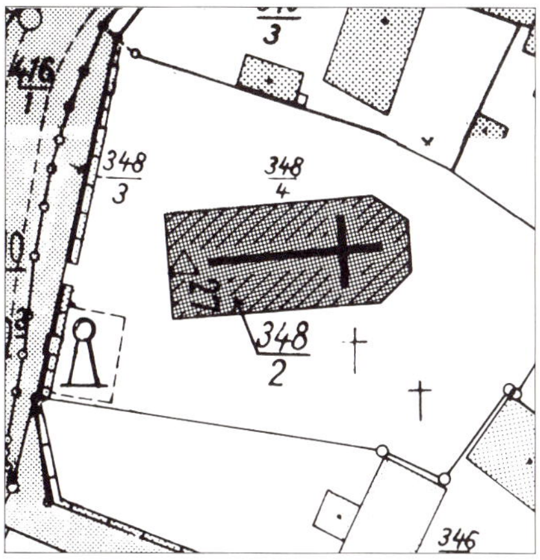

Hauptstraße 27
Flur 1 Flurstück 348/2
Evang. Kirche

Teile des Mauerwerkes und das Westportal um 1180; 1732-33 Neubau durch Hans Heinrich Winter. Einfacher, für die Gegend typischer Saalbau mit dreiseitigem Chorschluß und Haubendachreiter über der Westfassade. Barocke Ausstattung, Kanzel, Orgel und Emporen. Kulturdenkmal wegen seiner künstlerischen und geschichtlichen Bedeutung.

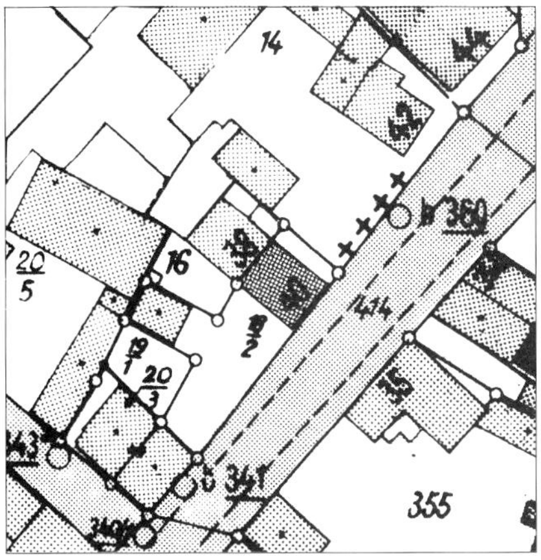

Hauptstraße 40
Flur 1 Flurstück 18/2

Kleines, giebelständiges Fachwerkhaus von wichtiger Wirkung im Straßenbild. Zweiachsig mit interessanter Fachwerkfiguration, geschwungenen Eckstreben und profilierter Schwelle. Anfang 18. Jh. Kulturdenkmal wegen seiner baugeschichtlichen und städtebaulichen Bedeutung.

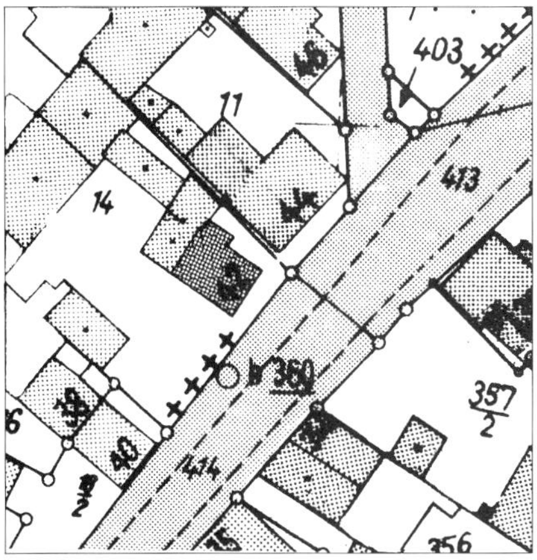

Hauptstraße 42
Flur 1 Flurstück 14

Frühes, giebelständiges Fachwerkhaus mit klaren Fachwerkfigurationen, profilierten Schwellen und Mann-Figuren. Im vorderen Teil vollständig erhalten. Entstanden um 1700. Kulturdenkmal aus baugeschichtlichen Gründen.

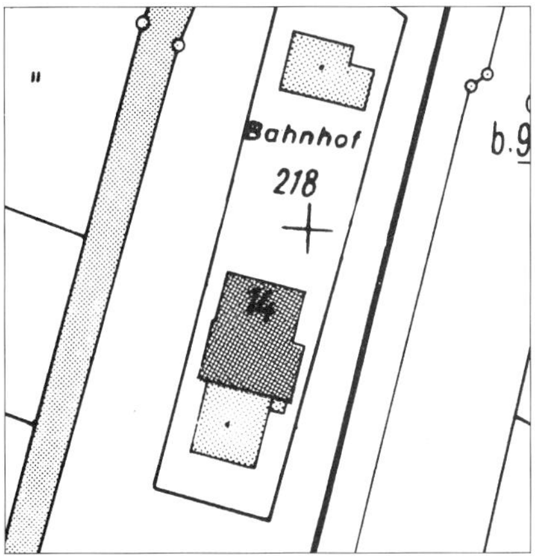

Heegheimer Straße 14
Flur 1 Flurstück 218
Bahnhof

Kleiner Landbahnhof in Sandsteinbossenmauerwerk mit Anklängen Darmstädter Jugendstils. Parallel zu den Gleisen prägnanter Fachwerkgiebel in Anlehnung an das ortsübliche Fachwerk um 1700. Der Bau ist um 1900 entstanden. Kulturdenkmal wegen seiner lokal- und technikgeschichtlichen Bedeutung.

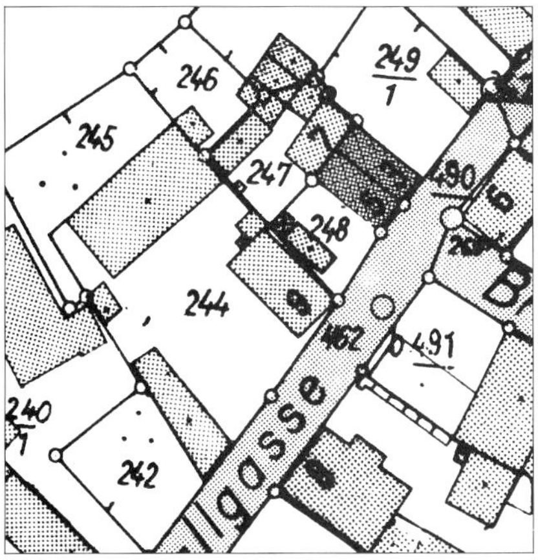

Wallgasse 3 und 5
Flur 1 Flurstück 248

Giebelständiges Fachwerkbauernhaus in frühen Formen, im Kern um 1700, mit profilierten Schwellen und geschnitzten Eckpfosten. DieBraugasse führt direkt auf das Haus zu und findet hier ihren Abschluß, daher Kulturdenkmal aus städtebaulichen Gründen und außerdem aufgrund der reichen Schnitzereien von künstlerischer Bedeutung.

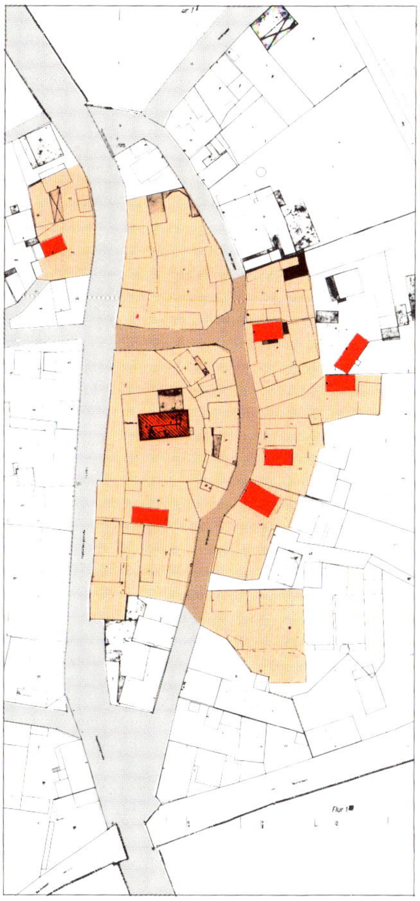

Gesamtanlage

Um die Kirche herum gruppieren sich geschlossene Hakenhöfe des 18. bzw. 19. Jhs. Die Höfe sind z. T. besetzt mit kleinen landwirtschaftlichen Nebengebäuden in Bruchstein mit Fachwerkgiebeln, die im Zusammenwirken mit den Fachwerkwohnhäusern reizvolle Straßenbilder ergeben. Das dadurch umschriebene Gebiet deckt sich mit dem entwicklungsgeschichtlich bedeutsamen Ortskern.

Vordergasse
links oben: Blick nach Norden
unten: Blick nach Süden

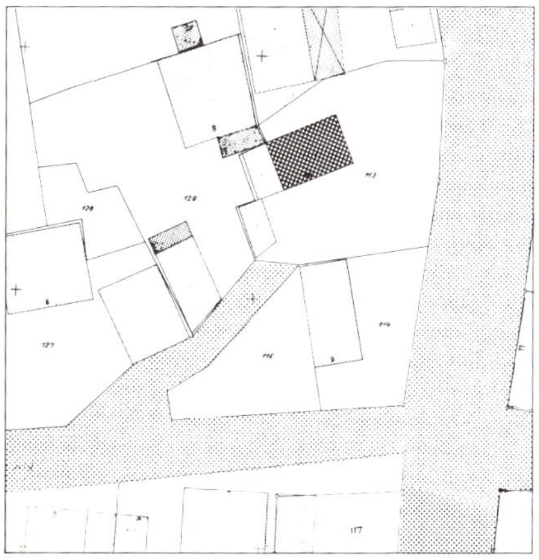

Auf dem Berg 10
Flur 1 Flurstück 113

Freistehendes Fachwerkwohnhaus in Holzverschindelung mit Geschoßüberständen und ursprünglichen Fenstern; insgesamt gut erhalten. Nach Freilegung gutes Zierfachwerk zu erwarten. Der Bau befindet sich in prominenter Lage auf der steilen Straßenböschung mit Bedeutung für das Ortsbild. Deshalb Kulturdenkmal aus städtebaulichen Gründen.

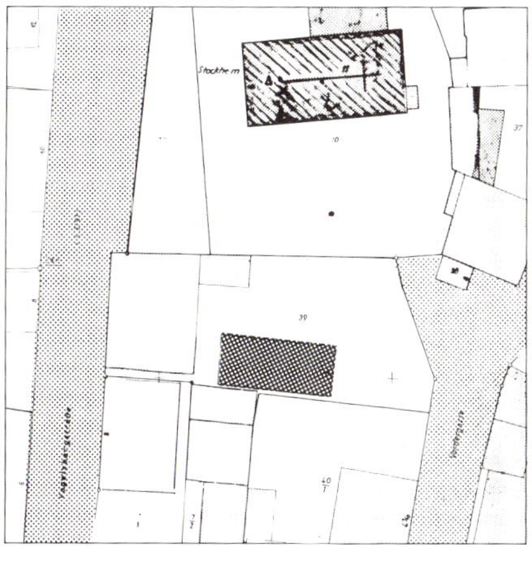

Vordergasse 6
Flur 1 Flurstück 39

Hakenförmige Hofreite, direkt an die Wehrkirchhofmauer angelehnt. Die Scheune, großenteils in modernen Ziegeln erneuert, frühes 20. Jh. Das Wohnhaus in barockem Fachwerk um 1750 mit z. T. erneuerten Streben an der Giebelseite und im EG. An der Traufseite gutes Wilde Mann-Fachwerk, zweizonig; im hinteren Bereich offenbar angebaut. Die Giebelseite mit schön profiliertem, umlaufenden Karnies; sie bildet eine wichtige Ergänzung zum Prospekt des Kirchhofeinganges. Kulturdenkmal wegen ihrer Bedeutung für das Ortsbild.

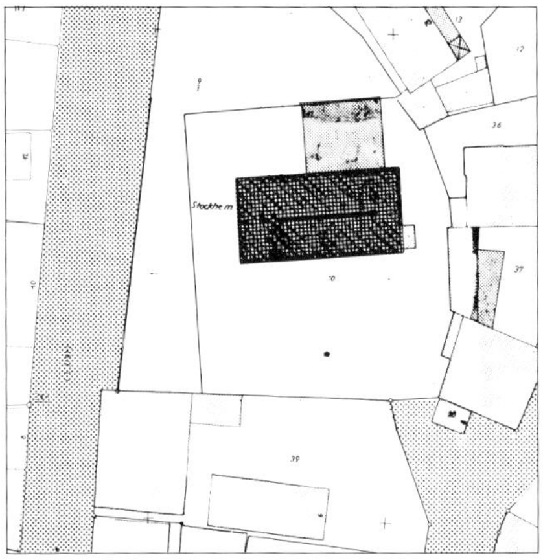

Vordergasse 6
Flur 1 Flurstück 10
Evangelische Kirche

Einfacher, barocker Saalbau von 1724 mit westlichem Dachreiter. Portal mit Lunette, dort Wappen mit Datum 1722 und Inschrift „JOHANN PHILIPPS MAY UND JOHANN ADAM WENEL, BAUMEISTER". Der Kirchhof mit Wehrmauer, von Scheunen und Häusern umgeben. Gut erhaltene, ursprüngliche Situation. Im Kirchhof gute klassizistische Grabmale. Kulturdenkmal wegen der künstlerischen und geschichtlichen Bedeutung.

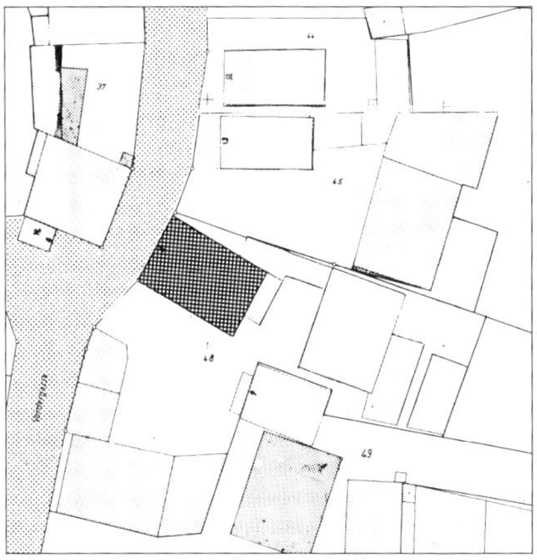

Vordergasse 11
Flur 1 Flurstück 48

Großer Hof auf unregelmäßigem Grundriß. Zur Straße geschlossen durch massives Bruchsteinstallgebäude mit schönem barocken Fachwerkgiebel. Das Wohnhaus selbst groß dimensioniert, breit gelagert, um 1800; ganz flache Profilierung in der verschalten Balkenlage. Ansonsten regelmäßiges, geometrisierendes Fachwerk mit sehr kleinen Gefachen. Der Bau hat eine wichtige Funktion im Straßenbild am Knick der Vordergasse, deshalb Kulturdenkmal.

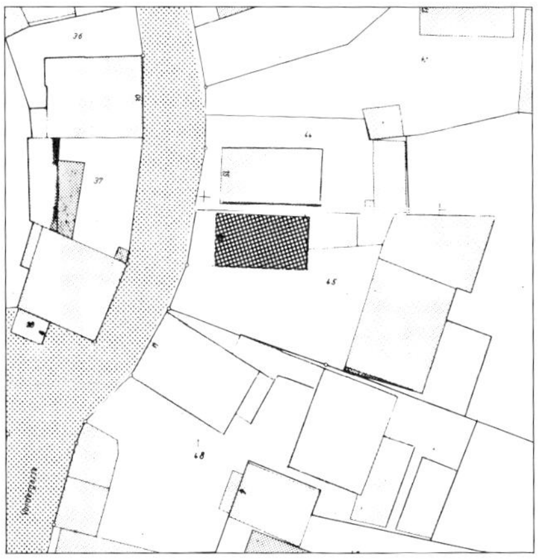

Vordergasse 13
Flur 1 Flurstück 45

Wohnhaus als Rest einer Hofreite mit wichtiger Funktion im Straßenbild. Das Wohnhaus in gedrungenen Proportionen mit übersetzten Geschossen; auch im Giebel zweifache Übersetzung. Verschindelt, jedoch mit z. T. ungestörten Fensteröffnungen. Einläufige Freitreppe. Unter den Schindeln gutes Zierfachwerk der 1. Hälfte des 18. Jhs. zu erwarten. Kulturdenkmal wegen seiner baukünstlerischen und städtebaulichen Bedeutung.

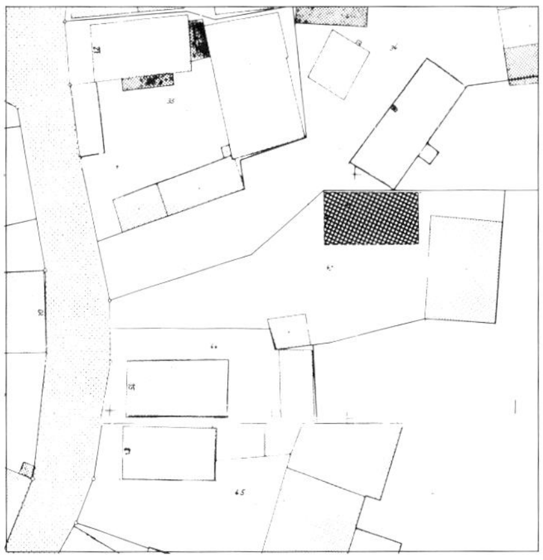

Vordergasse 17
Flur 1 Flurstück 42

Intakt erhaltene Hakenhofreite am Ortsrand; Scheune Ende 18. Jh. Aus gleicher Zeit das Wohnhaus, zweigeschossig mit zweiläufiger Freitreppe. Das Fachwerk im Obergeschoß urwüchsig in krummen Formen; Untergeschoß z. T. erneuert. Im hinteren Teil massiv untermauert. Die Giebelseite, zum Dorf hinweisend, holzverschindelt. Kulturdenkmal wegen seiner wissenschaftlichen und künstlerischen Bedeutung.

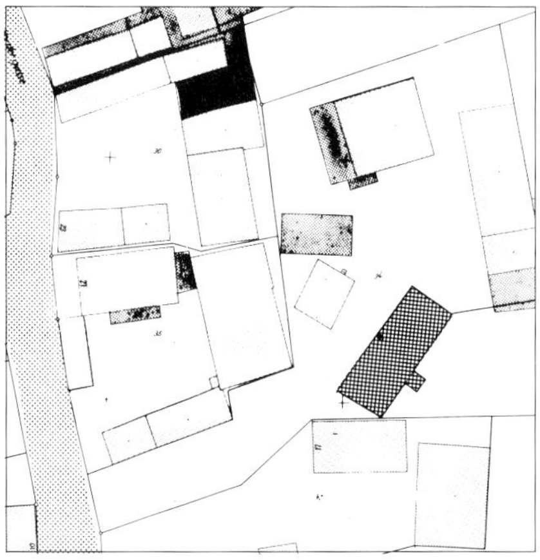

Vordergasse 19
Flur 1 Flurstück 34

Unregelmäßig aus der Achse verschobenes Fachwerkwohnhaus am Ortsrand. Scheunen und Stallgebäude durch Wohnhausneubauten ersetzt. Das Fachwerkhaus außergewöhnlich durch schiffskehlenartige Profilierung der Füllhölzer und gut erhaltene frühe Wilde Mann-Formen. Dreizonig, um eine weitere Zone ergänzt, dort Datum „I B W MARIA 1707", darunter „B H W". Kulturdenkmal wegen seiner baukünstlerischen Bedeutung.

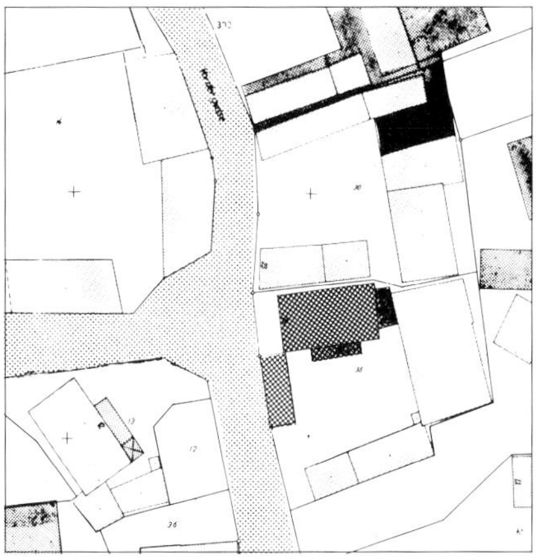

Vordergasse 21
Flur 1 Flurstück 35

Geschlossene Hofreite auf unregelmäßigem Grundriß; im hinteren Bereich, zum Ortsrand hin, die Scheune durch Neubauten ersetzt. Das Wohnhaus giebelständig zur Straße, total holzverschindelt, jedoch mit Geschoßübersetzungen und alten, ursprünglichen Fensteröffnungen. Um 1750 in gutem Zierfachwerk. Als Besonderheit weist der Bau ein quergestelltes, kleines Gebäude parallel zur Straße mit hohem Bruchsteinsockel und Fachwerkdrempelgeschoß auf. Stall- oder Lagergebäude um 1800. Von wichtiger Bedeutung für das Straßenbild. Kulturdenkmal wegen seiner künstlerischen und städtebaulichen Bedeutung.

Hofgut Leustadt
Flur 11 Flurstück 1/1

Burg und Dorf Leustadt befanden sich 1401 im Besitz der Herren von Wolfskehlen, die um 1600 ausstarben. 1725 an Ysenburg-Büdingen, Mitte des 18. Jhs. Sitz einer kleinen Herrnhutergemeinde. Ehemalige Wasserburg, annähernd runde Anlage.

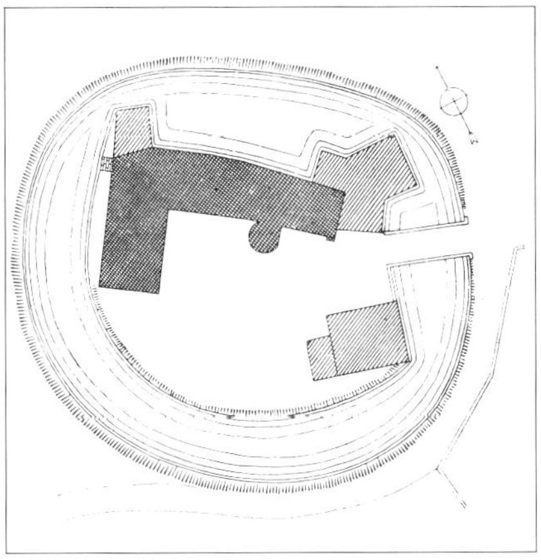

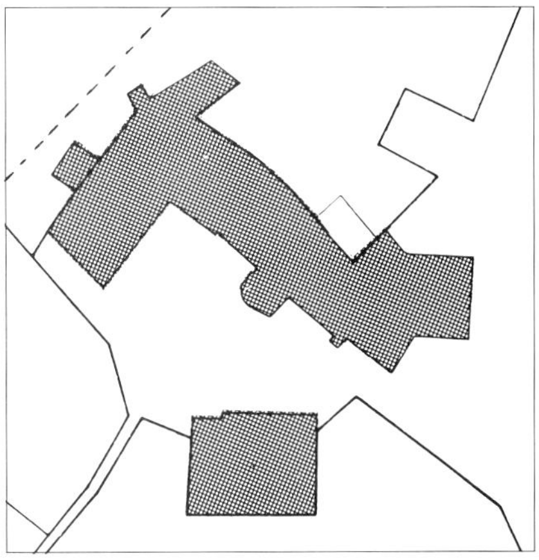

Das Schloß schlank und hoch, im Grundriß hakenförmig. Langer Flügel mit rundem Treppenturm, über spätgotischem Eingang datiert 1537; kurzer Flügel mit Fachwerkobergeschoß. Im Hauptflügel großer Herrensaal, im 2. Obergeschoß ehemalige Schloßkapelle mit Sakramentsnische um 1400. An der Nordseite der Hofmauer guter Renaissance-Grabstein des Wolf von Wolfskehlen (gest. 1554) und seiner Gemahlin (gest. 1543). An den Hauptflügel angebaut bzw. ihm gegenüber Wirtschaftsgebäude, 18. und 19. Jh. Kulturdenkmal wegen seiner künstlerischen und geschichtlichen Bedeutung.

oben links:
Grundriß der ursprünglichen Anlage
links: Schloß
Schloß von Osten
unten links: Wirtschaftsgebäude
unten Mitte: Doppelgrabmal von 1554

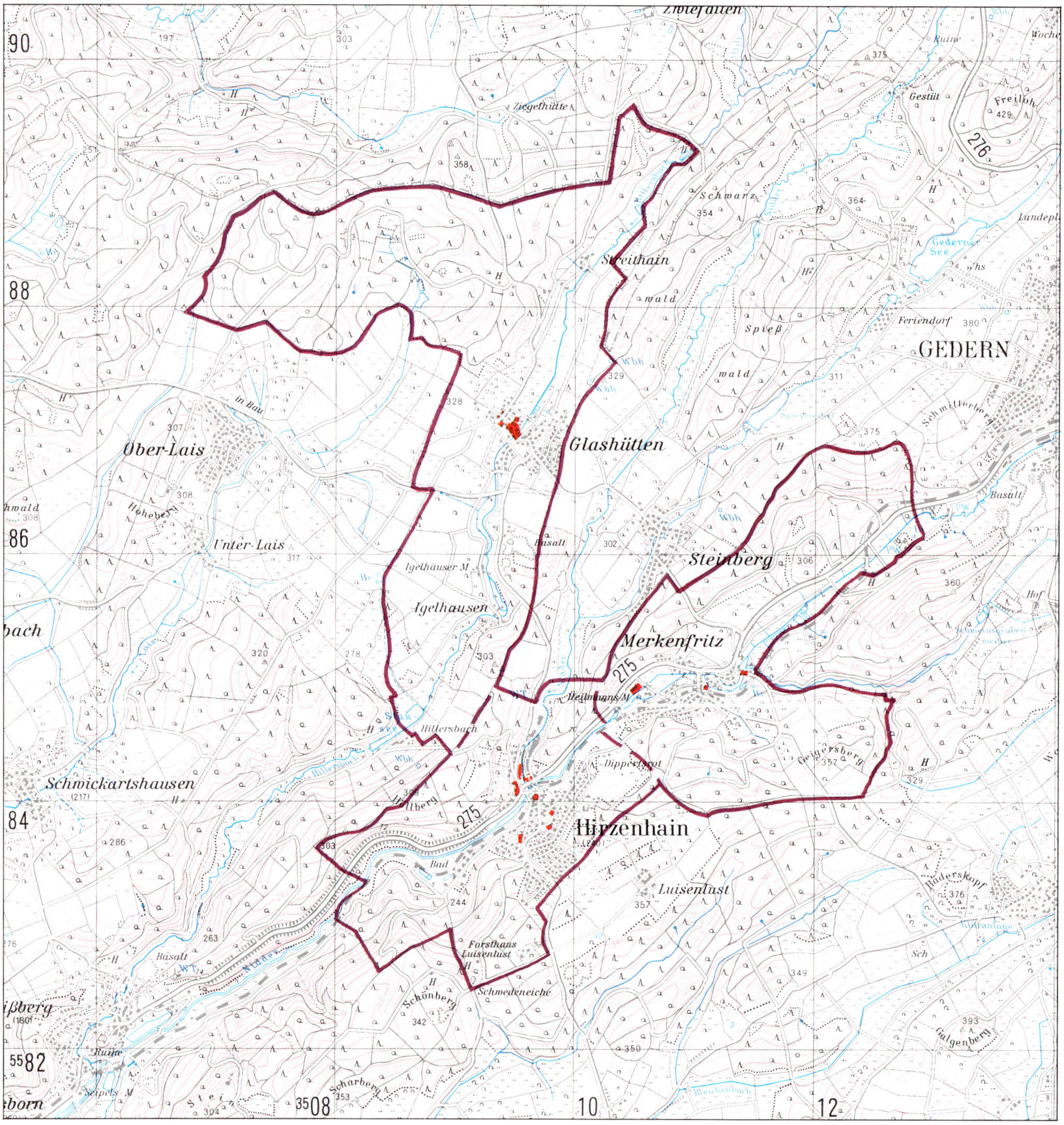

Erläuterung zu Karte 6 (M:50000):
Gemeinde Hirzenhain

Das Gemeindegebiet von Hirzenhain gehört zu der nördlichen Hügellandschaft der Vogelsbergausläufer. Die drei Ortsteile Hirzenhain, Merkenfritz und Glashütten liegen in den Tälern der Nidder bzw. eines ihrer Seitenarme.

Glashütten verfügt noch über eine kleinere Gesamtanlage von Hakenhofreiten des 18. und 19. Jhs., die als Ensemble schützenswert ist. Die übrigen historischen Ortskerne von Hirzenhain und Merkenfritz sind durch Baumaßnahmen der jüngsten Zeit weitgehend entstellt, sodaß sich kein zusammenhängender Bereich als schützenswerte Gesamtanlage ausweisen läßt.

Die historische Bedeutung der Gemeinde Hirzenhain machen einige Einzelbauten aus. Von besonderem Wert ist hier die Kirche des ehemaligen Augustinerklosters St. Maria. Als herausragende industrielle Kulturdenkmale des Kreises sind einige Gebäude des Hüttenwerkes anzusehen.

Gesamtanlage Friedhof
Grabstätte der Familie Buderus

Bemerkenswertes Familiengrab der Besitzer der Gießhütte, angelegt Mitte 19. Jh. Interessante, gußeiserne Umzäunung in neogotischem Maßwerk, Portal, gußeiserne Abschlußpfosten. Einzelne Grabdenkmäler von künstlerischer Bedeutung: Grabmal von Rudolf Buderus mit der Aufschrift: „Sieh Herr, ich hab nichts verdorben, sie blieb von selber stehen. Unvergessen, geb. 1888, gest. 1912." Feines Jugendstilgrabmal mit bronzener Urne und Scheinarchitektur in Granit. In der Lunette Heiland, der die Seele empfängt, die durch einen aus einem Boot steigenden Engel vermittelt wird. Grabmal mit stehendem Heiland, bezeichnet: „Hugo Richard Otto Ernst Buderus, geheimer Kommerzienrat. Hirzenhain 1841, gest. 1907. Der Herr behüte deinen Ausgang." Grabmal im Stil der Florentiner Frührenaissance, gute Qualität. „Elisabeth Rosa Luise Buderus, geb. von Bavier, geboren zu Zürich 1845, gestorben zu Paris 1874." Ausgezeichnete Arbeit im Stil der Florentiner Frührenaissance in weißem Marmor. Der Friedhof ist Gesamtanlage wegen seiner künstlerischen und geschichtlichen Bedeutung.

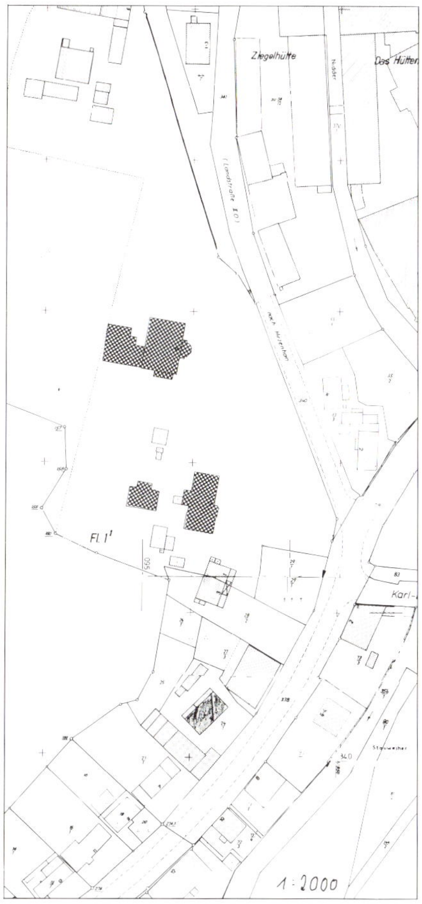

Am Wannberg 4+8
Flur 1 Flurstück 42/1

Freistehende Villa in großem, parkartigen Gelände. Fachwerkbau mit verschindeltem Erdgeschoß. Im Obergeschoß wandhohe Andreaskreuze in starren, konstruktivistischen Formen um 1870. Durch Erker und Gauben reich gestaltete Dachzone mit Drempel. Dahinter kleines „Kutscherhaus" in feinen historistischen Formen, Fachwerk und durchbrochener Verbretterung. Seltener Haustyp. Kulturdenkmale aus künstlerischen und ortsgeschichtlichen Gründen.

Am Wannberg 8
Flur 1 Flurstück 42/1

Freistehende Villa mit Park. Klassizistischer Baukörper mit polygonalem Mittelrisalit. An der Rückseite Anbau. Überdachter Balkonvorbau an der Giebelseite. Sehr gute gußeiserne Balkongitter und Fensterbrüstungen der Buderus'schen Gießerei aus der Zeit um 1860. Der Bau ist um 1860 entstanden und stellt eine spätklassizistische Variante der Fabrikantenvilla dar. Kulturdenkmal wegen seiner künstlerischen, geschichtlichen und wissenschaftlichen Bedeutung.

Bahnhofstraße 4
Flur 1 Flurstück 210/4
Ehem. Augustinerkloster St. Maria

Seit der zweiten Hälfte des 14. Jhs. Wallfahrten hierher belegt. 1439-1534 Augustinerkloster.
Zwei Bauteile. Der Chor, die ehemalige Wallfahrtskapelle Ende des 14. Jhs. begonnen, nach 1431 vollendet. Zwei Joche mit 5/8-Schluß und Rippengewölbe. An der Nordseite Sakristei. An diese Kapelle, die zum Chorraum umgenutzt wurde, ab 1437 eine turmlose, dreischiffige Halle angebaut, 1488 vollendet. Drei mal drei Joche mit Achteckpfeilern und Kreuzrippengewölbe. Der Raum ist entstanden unter dem Einfluß der Frankfurter Schule. Gutes, einfaches Maßwerk und einfache, schmucklose Fassade im Westen. Mehrfach abgetreppte Strebepfeiler mit über Eck gestellten Fialen. Bedeutende Ausstattung, sehr guter Lettner von 1440-48 in der Nachfolge Madern Gertheners mit plastischen Arbeiten, vielleicht von Conrad Kuene, dem späteren Kölner Dombaumeister. Zwei bemerkenswerte Muttergottes-Statuen um 1430 bzw. Ende 15. Jh. Weitere spätgotische Plastik von hervorragender Qualität. Spätmittelalterliche Grabsteine, Grabmal von Eppstein von 1535 in Frührenaissanceformen. Im Bereich der Straße an der Klostermauer und jenseits der Wilhelm-

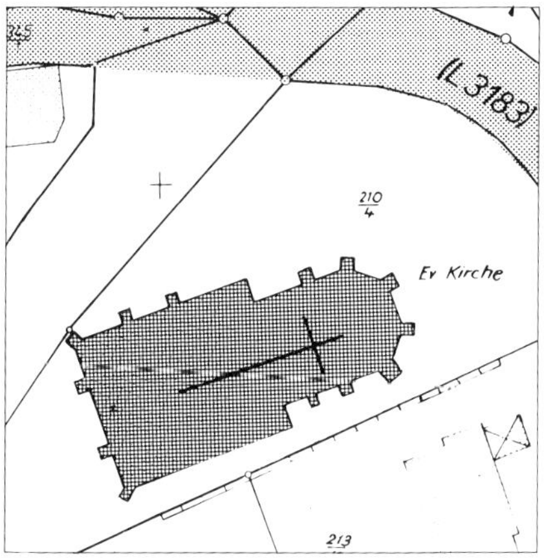

Leuschner-Straße sind Reste der mittelalterlichen Klosterbefestigung erhalten. Bau und Ausstattung gehören zum künstlerisch Bedeutendsten im Kreis. Kulturdenkmal wegen seiner künstlerischen, geschichtlichen und wissenschaftlichen Bedeutung.

Kirche, links Innenaufnahme

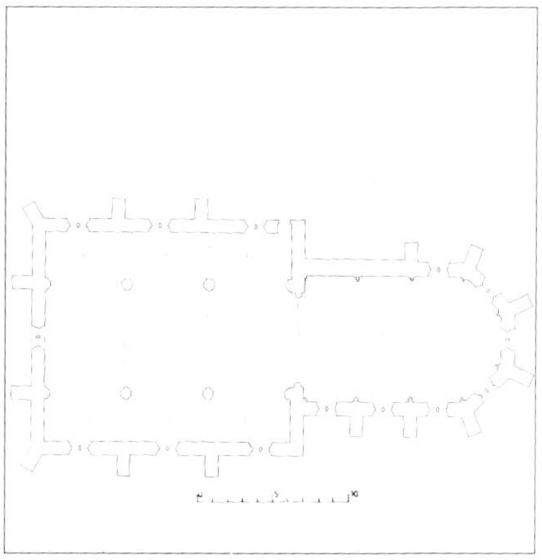

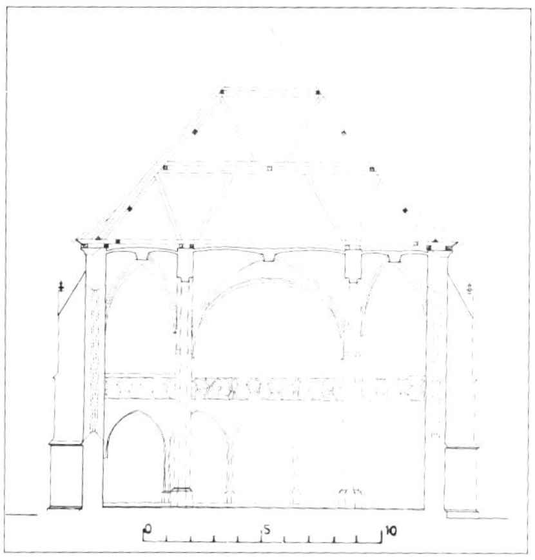

oben links: Längsschnitt
oben Mitte: Grundriß
oben rechts: Querschnitt
links: Verlauf der Reste der Klostermauer

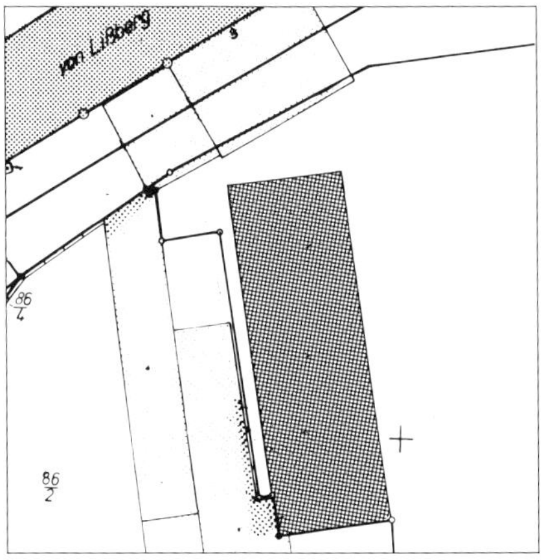

Gederner Straße 3
Flur 1 Flurstück 86/1

Große zweigeschossige Fabrikhalle, Erdgeschoß in Ziegelbauweise, die beiden Obergeschosse in konstruktivem Fachwerk mit großen stehenden Andreaskreuzen und zackenartigen Fensterabschlüssen. Um 1870 entstandener Bau mit seltener, neue Wege gehender Fachwerkfiguration; repräsentiert die früheste, erhaltene zweigeschossige Fabrikhalle dieser Qualität in Oberhessen.

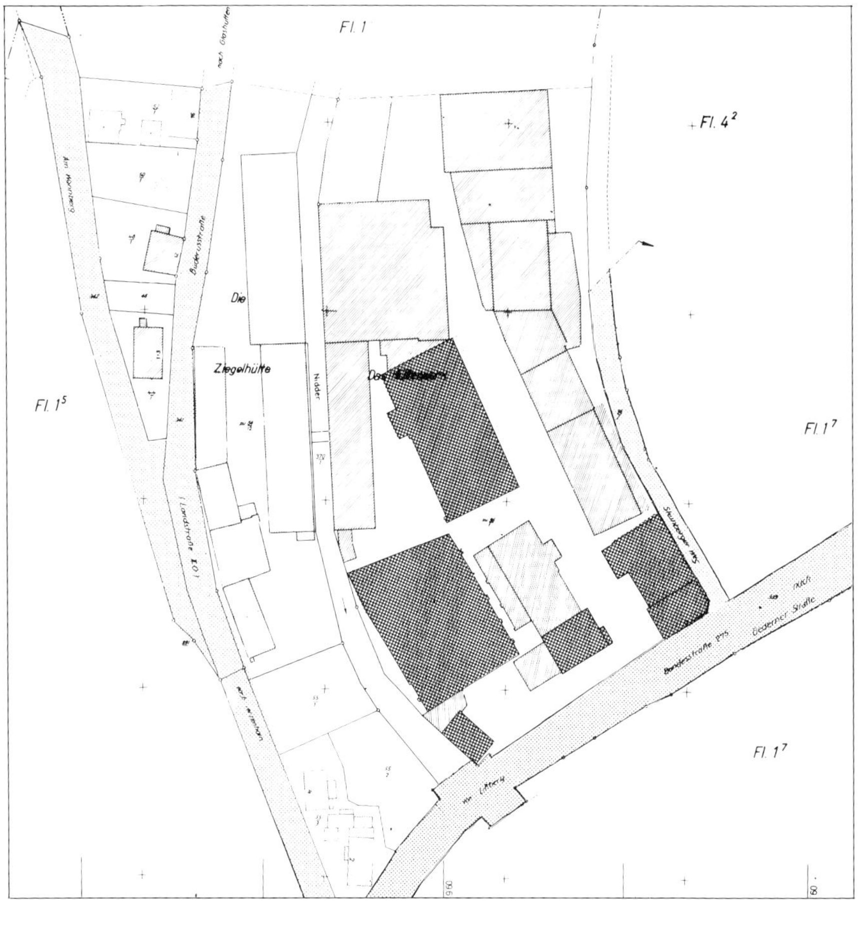

Gederner Straße
Hüttenwerk Buderus

Seit 1375 Waldschmiede; seit Mitte des 15. Jhs. bestanden ein Bergwerk und eine Eisenhütte unter den Grafen von Stolberg. Nach Erliegen im Bauernkrieg 1555 wieder in Betrieb, Zusammenbruch im Dreißigjährigen Krieg. 1678 durch die Familie Buderus als Erbpächter die ersten Hochöfen erbaut. Sie erwarben 1869 das Werk. 1882 Stillegung des Hammers und 1885 des Hochofens. Weiterführung bis heute als metallverarbeitender Betrieb.

Arbeiterwaschhaus.

Kapellenartiges Gebäude mit dem Giebel zur Durchgangsstraße, künstlerisch bedeutende historisierende Formen mit Jugendstilanklängen, ausgefallener Bauornamentik. Aufwendiges Portal, vorkragende Vorhalle. Der Bau ist ein herausragendes Beispiel für die Arbeitshygiene der Zeit um 1900.
Werkhalle.
Aus zwei, jeweils dreischiffigen, pseudobasilikalen Hallen bestehend. Die gut gegliederte Schaufassade zur Straße in farbig alternierendem Klinker, Gliederungen gelb, Wand rot. Wichtig für die Geschichte der Hütte.

Verwaltungsbau.
An der Südostecke des Werksgeländes gelegen. Zweigeschossig in roh scharriertem Haustein mit durch Überhöhung und Balkons betonter, im Straßenbild wirksamer Ecke; umlaufender Basaltklötzchenfries an der Traufe. An der Rückseite Biforienfenster. Erbaut 1847 mit feinen historisierenden Details.
Pförtnerbau.
Ehemaliges Mühlengebäude auf hohem Hausteinsockel mit Fachwerkobergeschoß um 1870. Loggiaartiger Vorbau in Holz um 1900. Der Bau stellt im Kern einen der frühen Gründungsbauten dar.
links: Arbeiterwaschhaus
Mitte: Werkhalle

Große Werkhalle.

Funktionalistischer Baukörper mit starker Betonung der Vertikalen durch Ziegellisenen, hinter denen die Fenster zurücktreten. Expressionistische Details an Hauptgesims und durchlaufender Gaube. Entstanden um 1925 stellt die Halle das bedeutendste Beispiel für den funktionalistischen Fabrikbau im Kreis dar.
Diese Bauteile der Hütte sind als Sachteile Kulturdenkmal wegen ihrer technischen, geschichtlichen und künstlerischen Bedeutung.
links: Verwaltungsgebäude
Mitte: Pförtnerbau, ehem. Mühle

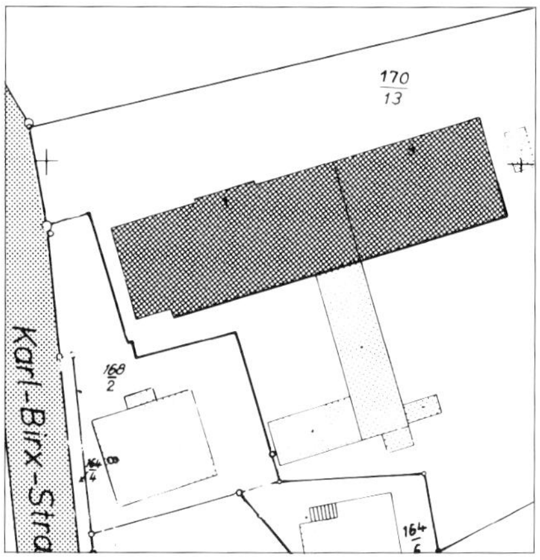

Karl Birx-Straße 1 und 3
Flur 1 Flurstück 170/13

Wohnhaus in Basaltbruchstein mit Sandsteineckquadern sowie durchgehenden Hausteinlisenen. Das OG z. T. in Ziegel, z. T. in konstruktiven Fachwerk des frühen 20. Jhs. Die an ortsübliche Bauweisen gebundene Jugendstilarchitektur ist von Darmstädter Strömungen beeinflußt. Entstanden um 1914. Kulturdenkmal wegen seiner städtebaulichen und künstlerischen Bedeutung im Gegenüber zum Chor der Kirche.

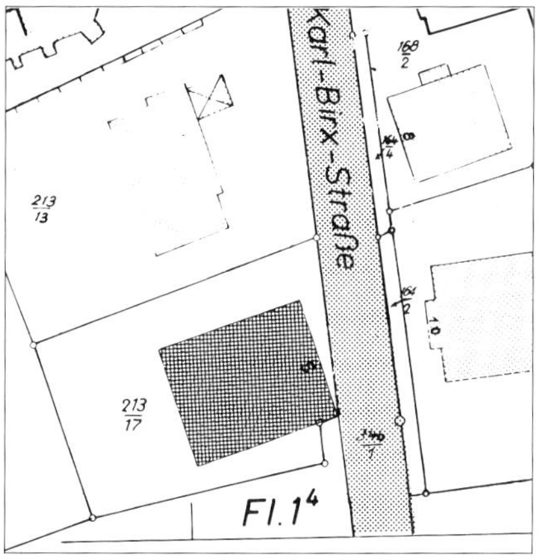

Karl Birx-Straße 5
Flur 1 Flurstück 213/17

Großvolumiges, spätbarockes Fachwerkhaus über Bruchsteinsockel, weit in den Straßenraum hineinragend und etwas über die Ecke verschoben. Die Fenstergewände im EG in Haustein, ebenso die Ecken; im OG regelmäßiges, konstruktives Fachwerk. Erbaut Mitte des 18. Jh. wohl auf älteren Resten. Kulturdenkmal wegen seiner geschichtlichen und städtebaulichen Bedeutung.

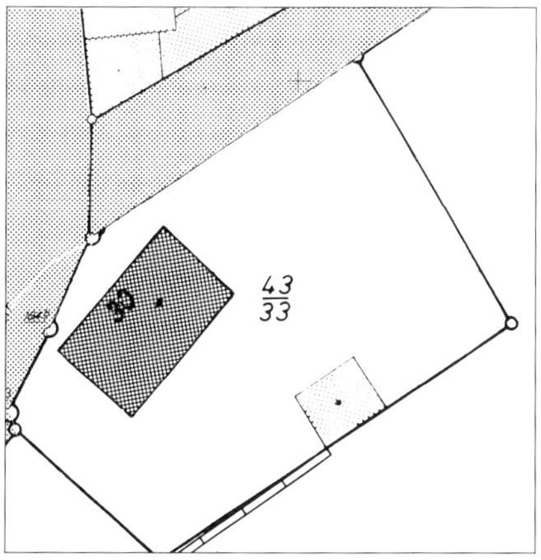

Karl Birx-Straße 30
Flur 1 Flurstück 43/33
Rathaus

Neobarockes Gebäude, das vom Tal aus als Blickpunkt wirkt. Symmetrischer Doppeleingang mit zweiläufiger Treppe. Die Eingänge überdacht auf fein gearbeiteten Holzstützen. Wegen der städtebaulichen Wirkung im Ortsbild und der ortsgeschichtlichen Bedeutung Kulturdenkmal.

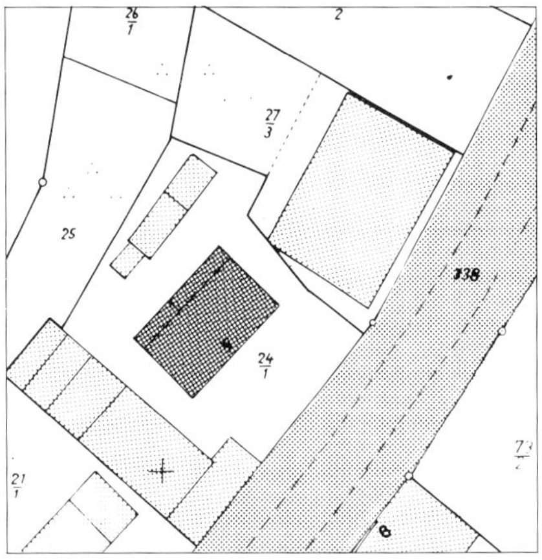

Lißberger Straße 5
Flur 1 Flurstück 24/1

Wohlproportioniertes, barockes Wohnhaus, sehr ähnlich dem Haus Lißberger Straße 27. Ebenfalls um 1800 mit geschoßhohen Streben, verschalter Balkenlage und fein profilierter Schwelle. Die Streben in gleichförmiger, im OG in gabelförmiger Anordnung. Das Zwerchhaus aus der 2. Hälfte des 19. Jhs. Ursprüngliches Satteldach mit Krüppelwalmschopf. Einläufige Freitreppe. Wegen seiner Bedeutung für das Straßenbild und seiner ortsgeschichtlichen Bedeutung in Zusammenhang mit der Hütte Kulturdenkmal.

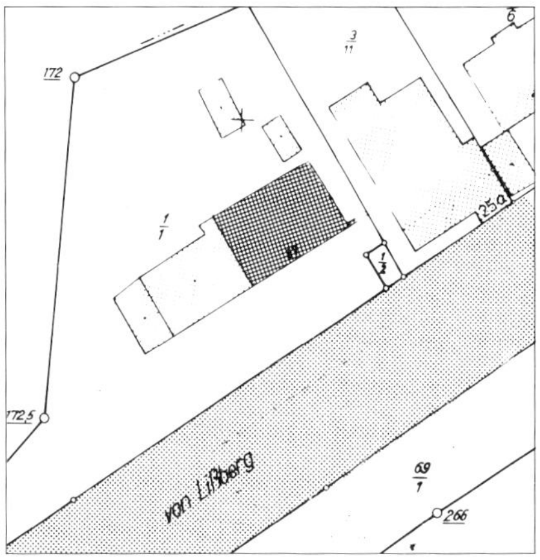

Lißberger Straße 27
Flur 1 Flurstück 1/1

Kubischer, spätbarocker Fachwerkbau. Erdgeschoß und Obergeschoß in symmetrisch gestaltetem Fachwerk in reduzierten, dünnen Formen aus der Zeit um 1800. Im Obergeschoß zinkenartige Figuren, die Balkenlage durchgehend verschalt und fein profiliert. An der Seite späterer Wirtschaftsanbau, ebenfalls frühes 19. Jh. Der ausgewogene, wohlproportionierte Bau ist wegen seiner Lage am Ortsrand und wegen seiner individuellen baukünstlerischen Qualität als Kulturdenkmal einzustufen.

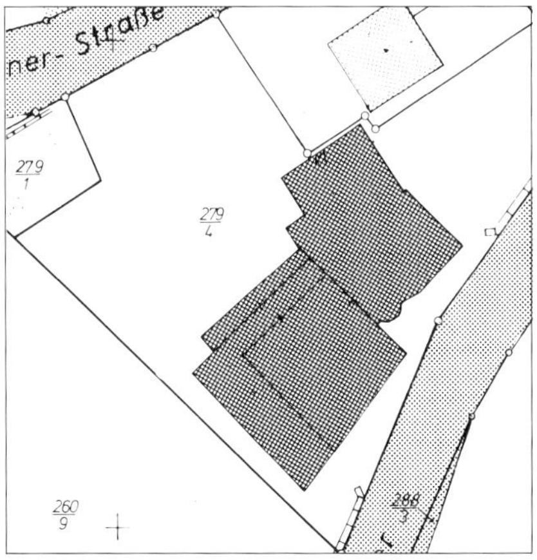

Wilhelm Leuschner-Straße 17
Flur 1 Flurstück 279/4
Klosterkeller

Große, verschachtelte historisierende Anlage, teilweise auf alten Klostermauern. Imponierend durch die massierte Verwendung von Basaltbruchstein. Zum Tal hin ergibt sich deshalb ein festungsartiger Charakter. Die Aufbauten teilweise in historisierendem Fachwerk, welches die Formen des 18. Jhs. wieder aufnimmt. Entstanden um 1920. Kulturdenkmal wegen seiner städtebaulichen und geschichtlichen Bedeutung und wegen seiner künstlerischen Bedeutung als qualitätvoller Vertreter der Heimatstilbewegung vor dem 2. Weltkrieg.

Gesamtanlage

Die Gesamtanlage umfaßt ein Ensemble von Einhäusern und Hakenhofreiten des 18. und 19. Jhs., die sich entlang der gewundenen Schulstraße aufreihen und in ihrem Wechsel von Fachwerk, Schindeln und Schiefer ein reizvolles, charakteristisches Ortsbild ergeben.

Hauptstraße

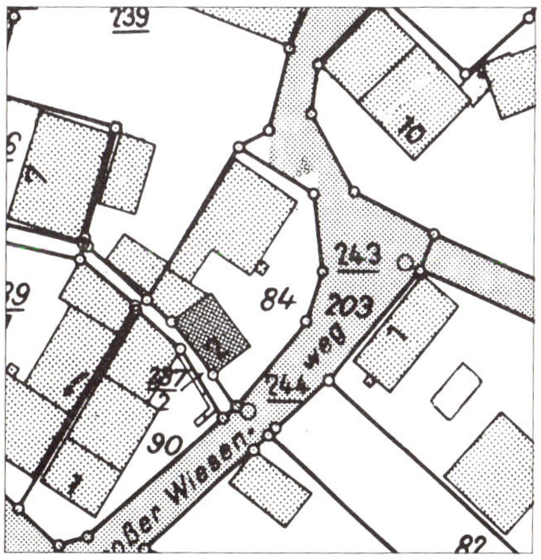

Großer Wiesenweg 2
Flur 1 Flurstück 84

Kleiner Fachwerkhof auf unregelmäßigem Grundriß am Knie der Straße gelegen. Das Wohnhaus verplattet, jedoch an Hand der Proportionen und Geschoßüberstände frühes Zierfachwerk der Zeit um 1700 zu erwarten. Kulturdenkmal wegen seiner wissenschaftlichen Bedeutung.

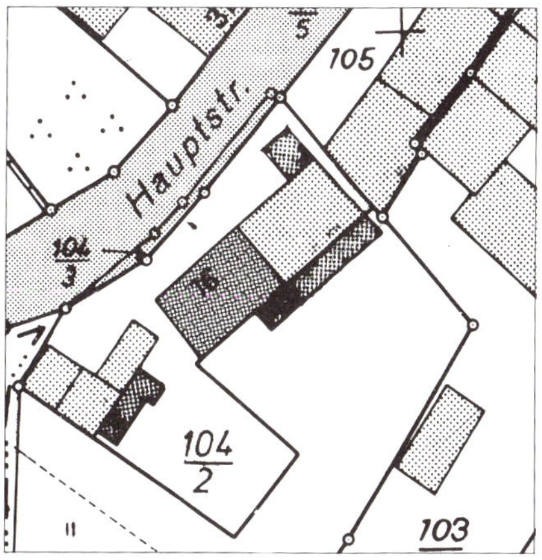

Hauptstraße 16
Flur 1 Flurstück 104/2

Längsgestreckter Wohnteil eines ehemaligen Einhaushofes. Gutes barockes Fachwerk mit weit gespreizten Wilde Mann-Formen. Der Bau hat eine wichtige Funktion im Ortsbild. Kulturdenkmal wegen seiner wissenschaftlichen und städtebaulichen Bedeutung.

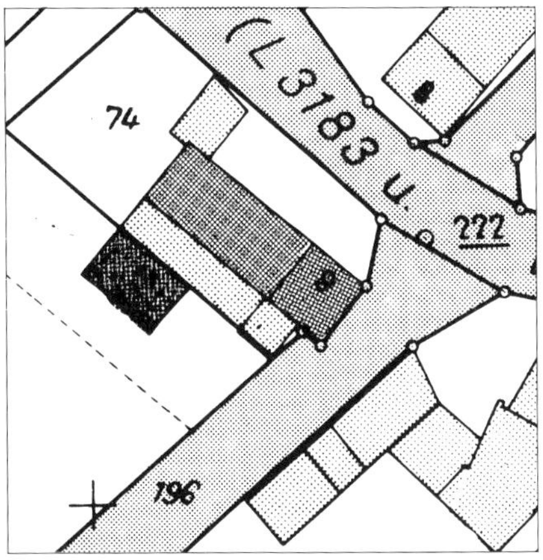

Schulstraße 9
Flur 1 Flurstück 74

Breitgelagerter Einhaushof am Beginn des alten Dorfkerns. Bis auf Fenstereinbrüche sehr gut erhaltenes Beispiel des Einhauses aus dem hohen Vogelsberg. Entstanden im 18. Jh. Wohnteil verschindelt, Scheune freiliegend. Kleines Stallgebäude später angebaut. Kulturdenkmal wegen seiner wissenschaftlichen und städtebaulichen Bedeutung.

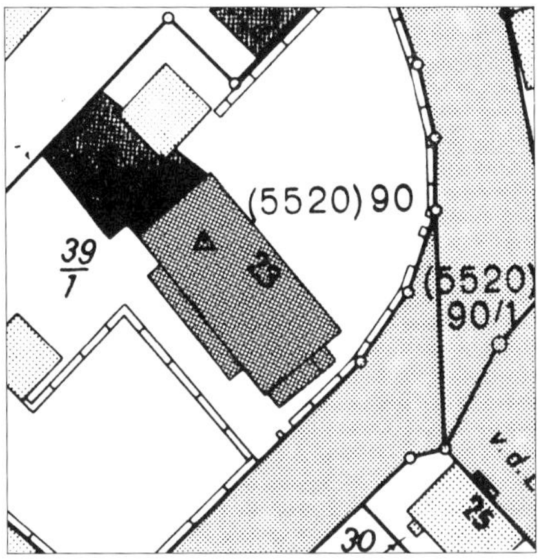

Schulstraße 23
Flur 1 Flurstück 39/1
Schule

Die Straßengabelung beherrschender Schulbau im Heimatstil. Orientiert am Wetterauer Haus, nur in größeren Proportionen mit Geschoßüberständen. Erbaut um 1910 von der Darmstädter Großherzoglichen Verwaltung. Kulturdenkmal wegen seiner geschichtlichen und künstlerischen Bedeutung.

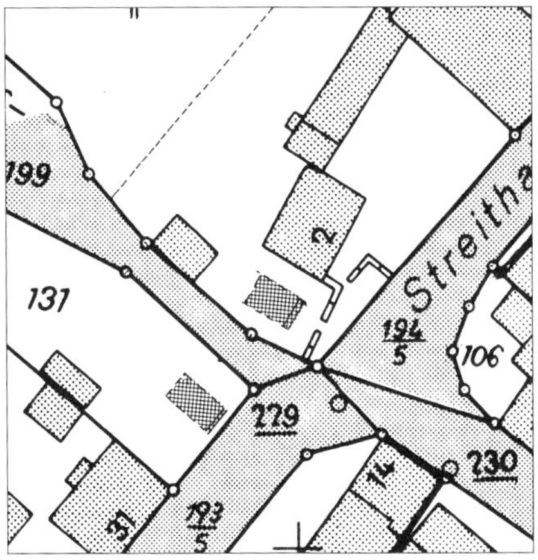

Hauptstraße und Streithainer Straße 2
Flur 1 Flurstück 131, Flur 1 Flurstück 130

Zwei Vorratskeller an der Aufmündung der Hauptstraße auf die Streithainer Straße. Einfache, durch Eingraben bzw. Aufschütten gewonnene Anlagen mit Sandsteingewände im Zugang. Entstanden im 1. Drittel des 19. Jhs. Typische, früher weit verbreitete Form der Vorratshaltung; von den einst unzähligen Kellern heute nur noch wenige erhalten. Kulturdenkmal wegen ihrer wissenschaftlichen Bedeutung.

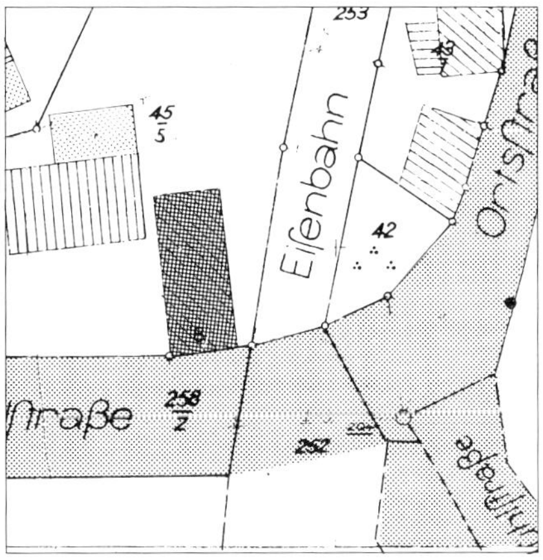

Mühlstraße 8
Flur 1 Flurstück 45/5

Kleines, traufständiges, eingeschossiges Landarbeiterhaus mit Krüppelwalmdach, im Portal bezeichnet „JOHANN HEINRICH KLEISS 1774". Außergewöhnliche Barocktür in Zweiteilung mit oberem, aufklappbaren Teil erhalten. Dort Darstellung auf Kassetten: zwei Einhörner und zwei Löwen. Auch die ursprüngliche Profilierung des Eingangsbereiches ist erhalten. Ansonsten einfaches, konstruktives Fachwerk des 18. Jhs., die Traufseite holzverschindelt. L-förmig dazu die Scheune jüngeren Datums, die jedoch gemeinsam mit dem Wohnhaus ein Ensemble ergibt. Im linken Hausteil noch eine gabelförmige Fachwerkanordnung des 17. Jhs. Der ursprüngliche Bewohner soll Fleischbeschauer oder Förster gewesen sein. Kulturdenkmal wegen seiner künstlerischen und geschichtlichen Bedeutung.

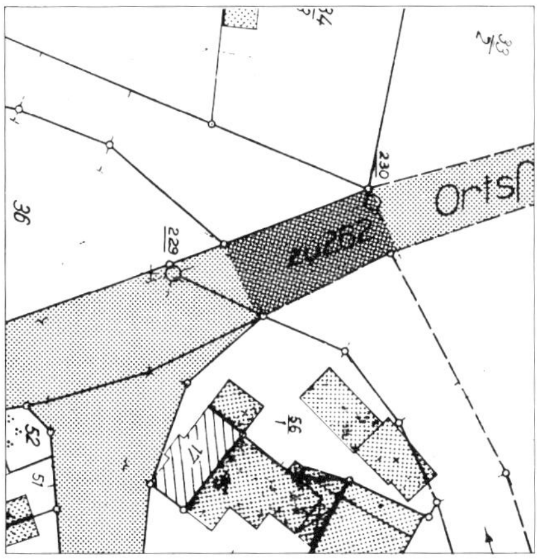

Ortsstraße
Flur 1 Flurstück 262

Steinerne, dreibogige Brücke über den Mühlgraben. Einfache Konstruktion in Sandstein, leicht scharriert, mit zwei Pfeilern im Bachbett. Die Führung dreibogig mit Stichbogen; Haustein mit Abdeckplatten. Zur Straße hin jeweils auf jeder Seite drei Radabweiser. Einfaches Verkehrsbauwerk aus der Zeit um 1800. Zur Fließrichtung hin keilförmige Eisbrecher. Wegen ihrer ortsgeschichtlichen Bedeutung als wichtiger Übergang über den Bach und wegen der Seltenheit der Anlage Kulturdenkmal.

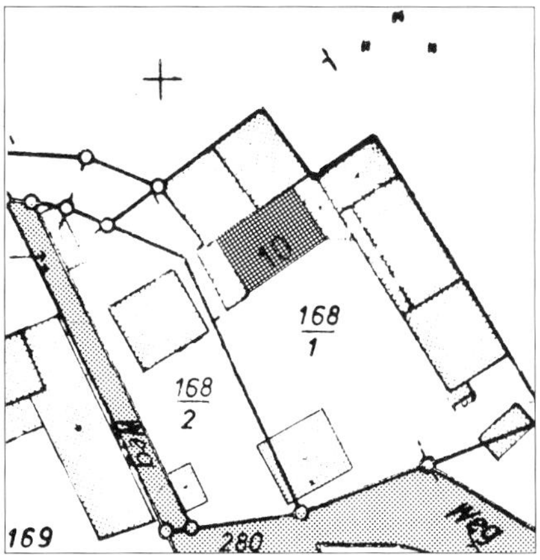

Henkelsmühle
Flur 9 Flurstück 168/1

Traufständiger, verputzter Fachwerkbau, zweigeschossig mit zentralem Zwerchhaus. Volumen und Proportionen des Wohnhauses gehen zusammen mit einer lokalen Überlieferung, die 1680 als Baudatum angibt. Unter Putz gutes barockes Zierfachwerk zu erwarten. Kulturdenkmal wegen seiner künstlerischen und geschichtlichen Bedeutung.

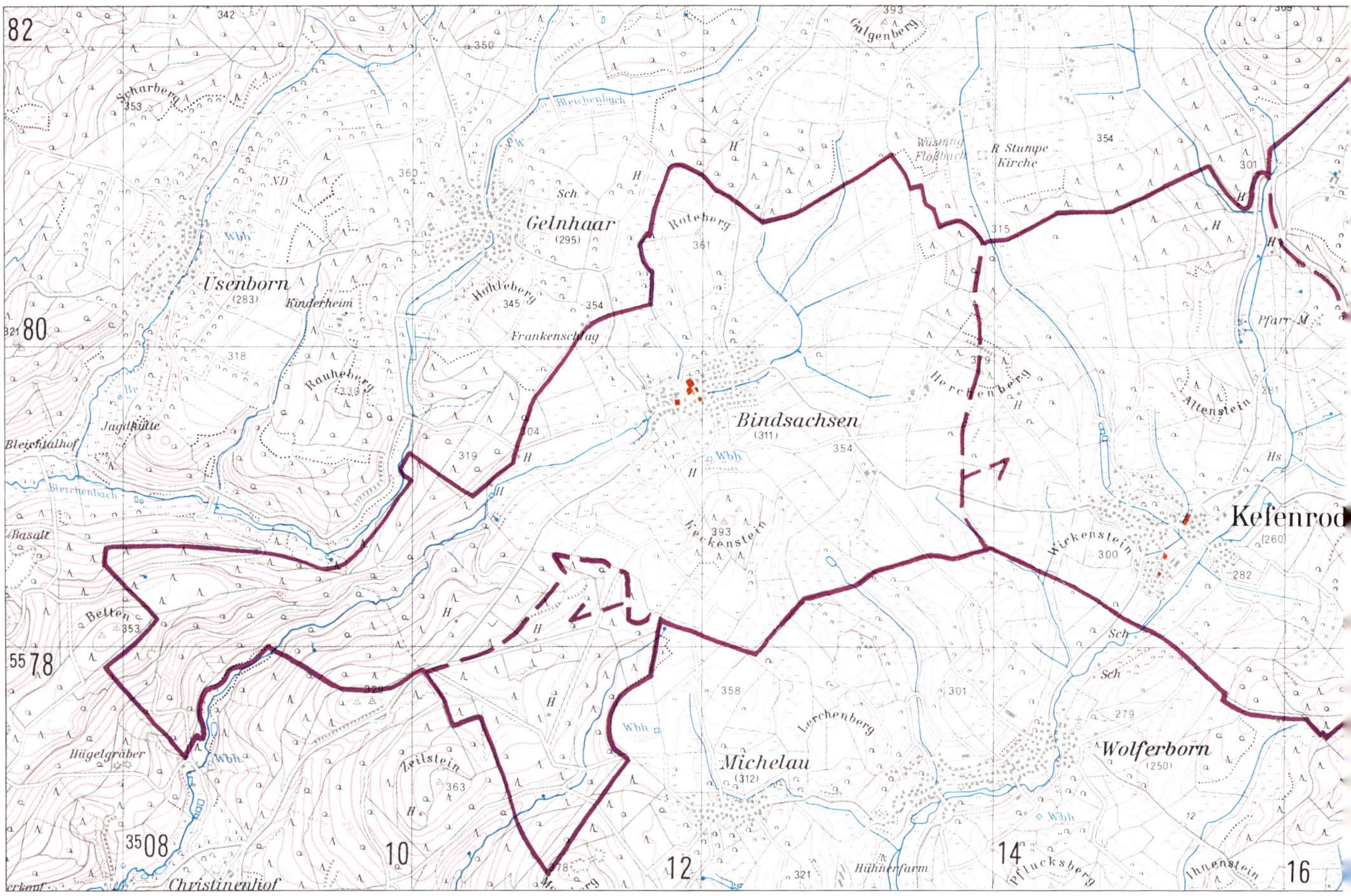

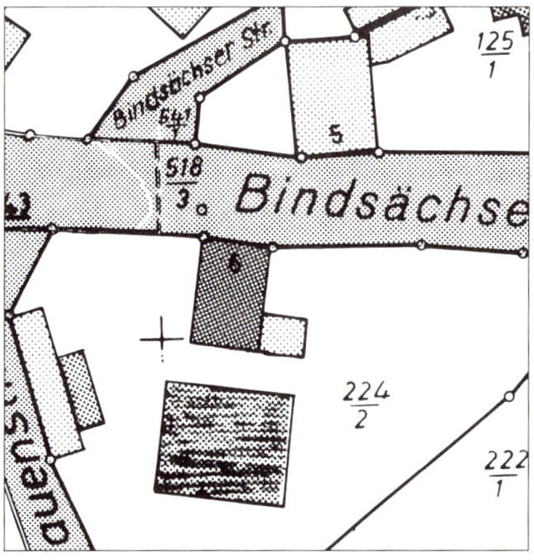

Bindsachser Straße 6
Flur 1 Flurstück 224/2

Giebelständiges Wohnhaus, einer ehemaligen Hofreite, heute durch Wohnhausneubau in den Straßenraum an einer Weggabelung stark prägend. Ein interessanter Einzelbau des späten 17. Jhs. mit umlaufendem Zahnschnittfries im Giebel, weit ausgreifender Wilde Mann-Form im 1. OG mit geschweiften Fußstreben und scharf profilierter Schwelle. Im EG Fachwerk z. T. erneuert. Baugeschichtlich interessanter Bau am Ort. Kulturdenkmal wegen seiner künstlerischen und städtebaulichen Bedeutung.

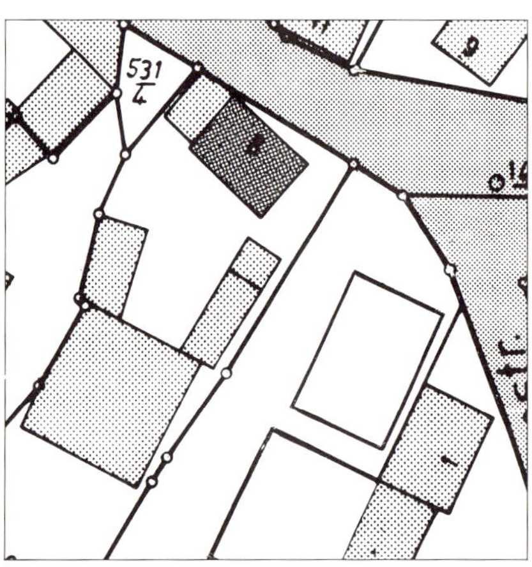

Bindsachser Straße 8
Flur 1 Flurstück 100/1

Großes, aus der Achse gedrehtes Fachwerkwohnhaus mit ortsbildbestimmender Wirkung. Dreizonig mit guterhaltenem, klassizistischen Fachwerk, die rechte Achse später angebaut. Entstanden um 1800. Kulturdenkmal wegen seiner städtebaulichen Bedeutung.

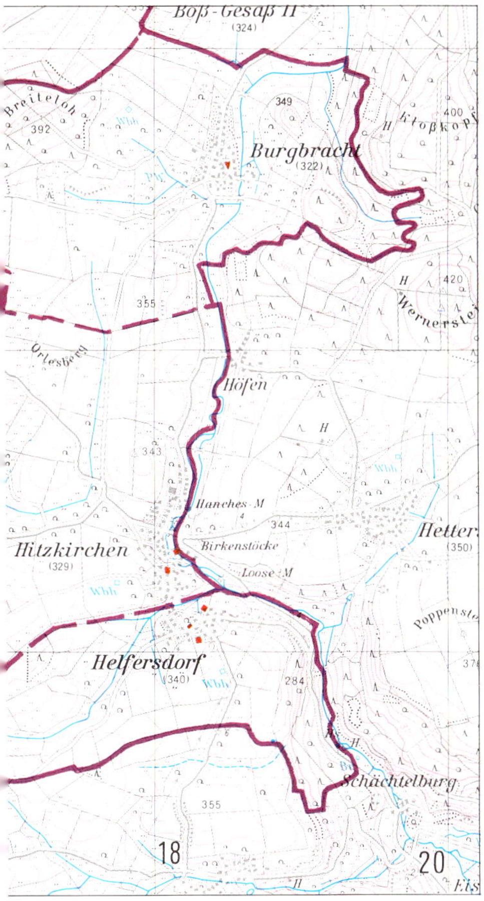

Erläuterung zu Karte 7 (M 1:50000):
Gemeinde Kefenrod

Das Gemeindegebiet von Kefenrod erstreckt sich im mittleren Bereich des Altkreises in einem schmalen Streifen von Westen nach Osten bis an die Kreisgrenze. Es gehört damit zur Hügellandschaft der Vogelsbergausläufer.

Kefenrod und seine Ortsteile Burgbracht, Hitzkirchen, Helfersdorf und Bindsachsen verfügen über keine historisch bedeutsamen Ortsstrukturen, die den Charakter einer Gesamtanlage gehabt hätten.

Allerdings konnte eine Reihe von gut erhaltenen Einzelbauten und Hofreiten als Kulturdenkmale ausgewiesen werden.

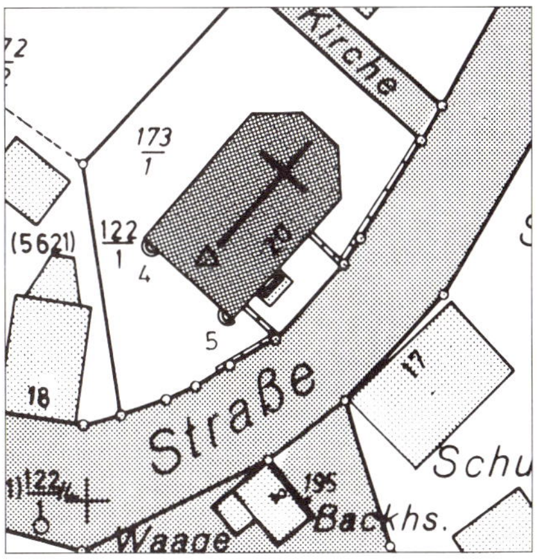

Hitzkirchener Straße 20
Flur 1 Flurstück 173/1
Evang. Pfarrkirche

Einfacher Saalbau des ortsüblichen Typs mit dreiseitigem Chorschluß und elegantem, polygonalen Haubendachreiter über der Westfassade. Erbaut 1740-42. Ursprüngliche Ausstattung, Kanzel, Altargitter, Orgel und Empore. Die Kirche ist Kulturdenkmal wegen ihrer künstlerischen und geschichtlichen Bedeutung.

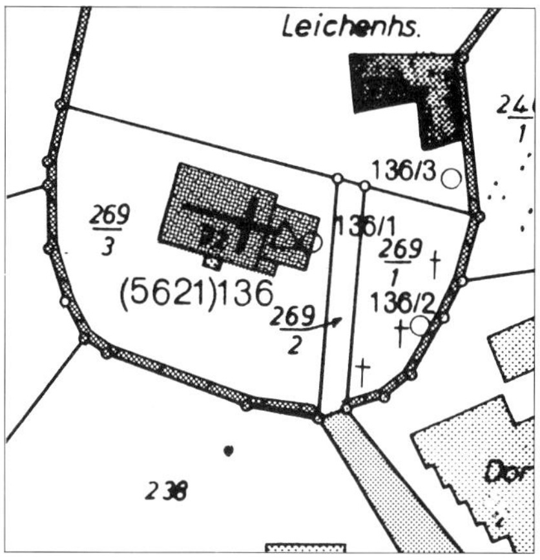

Lindenstraße
Flur 1 Flurstück 269
Wehrkirche

Kleine Wehrkirchhofanlage mit teilweise erhaltener, ursprünglicher Umfassungsmauer mit Schießscharten. Die Kirche mit spätgotischem, wehrhaften Chorturm um 1500. Im Erdgeschoß zweiteilige Lanzettmaßwerkfenster; im Obergeschoß Doppelschießscharten. Darüber Fachwerkgeschoß, quadratisch ins Oktogon übergehend. Das Schiff mit seltsamen starkem Strebepfeiler, im Westen glatte Fassade, schmucklos einfach. Im Kern romanischer Saalbau, 1694 beim Einbau der Emporen erhöht und mit Holztonne überwölbt. Kulturdenkmal wegen seiner künstlerischen und geschichtlichen Bedeutung.

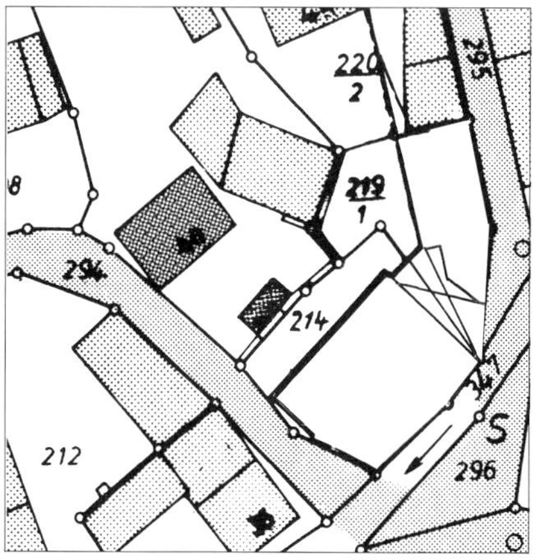

Lindenstraße 40
Flur 1 Flurstück 215/1

Kleine Hofreite auf L-förmigem Grundriß. Scheune Mitte 17. Jh. mit profiliertem Türsturz. Zweigeschossiges Wohnhaus, im Erdgeschoß Fachwerk, 19. Jh., im Obergeschoß frühbarockes Sichtfachwerk mit überblattetem, durchlaufenden Brüstungsriegel, einer Konstruktionsform des 15. Jhs. In der Brüstung reiche Fachwerkfiguration, spätes 17. Jh. Kulturdenkmal wegen seiner wissenschaftlichen und künstlerischen Bedeutung.

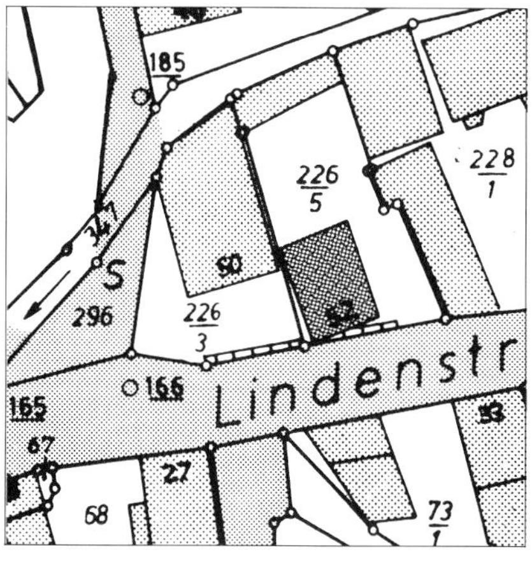

Lindenstraße 52
Flur 1 Flurstück 226/5

Fachwerkwohnhaus, der Hof teilweise durch Abbrüche gestört. Reiches, frühbarockes Zierfachwerk, besonders im 1. Obergeschoß gut erhalten. Mit stark geschwungenen Streben, starker Übersetzung des Geschosses mit reicher Tauornamentik. Im Giebel Wilder Mann, dort auch doppelte Übersetzung und umlaufende Profilierung. Der Bau wirkt als Auftakt einer Abwicklung von Hofreiten mit giebelständigen Wohnhäusern. Kulturdenkmal wegen seiner künstlerischen und städtebaulichen Bedeutung.

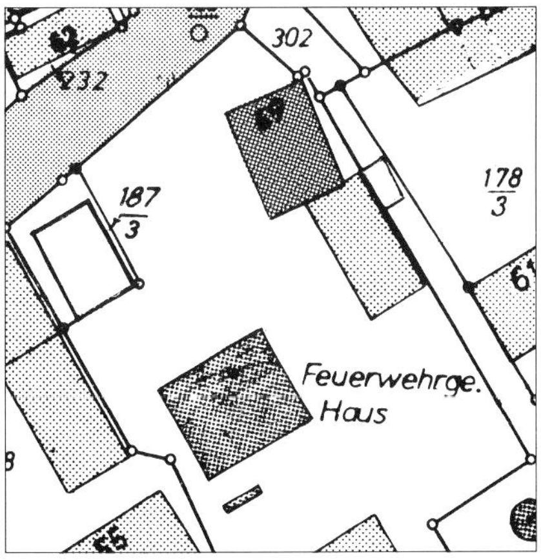

Lindenstraße 59
Flur 1 Flurstück 187/2

Fachwerkwohnhaus, Rest einer Hofreite, mit steilem Dach und starkem Geschoßüberstand; zur Traufseite zweiläufige Freitreppe. Im ganzen Aufbau Firstsäulentyp. Blechverkleidete Traufseite, dort auch ungestörtes Fachwerk zu erwarten. Nach der Fachwerkanordnung im Giebel ist der Bau ein seltenes, frühes Beispiel des späten 16. Jhs. Kulturdenkmal aus baugeschichtlichen und wissenschaftlichen Gründen.

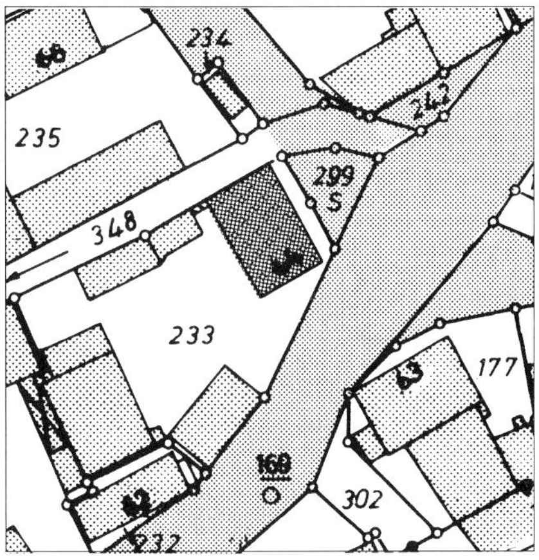

Lindenstraße 64
Flur 1 Flurstück 233

Spätbarockes Fachwerkwohnhaus als Teil einer großen, unregelmäßigen Hofanlage an einer wichtigen Gabelung der Webergasse/Lindenstraße. Regelmäßiges konstruktives Fachwerk in symmetrischer Anordnung, im Giebel Krüppelwalmschopf mit profiliertem Brett und ursprünglicher Taubenausflugsöffnung. Der Bau wirkt sehr stark in den Straßenraum hinein und bildet an dieser Stelle einen Blickpunkt im Ortsbild. Kulturdenkmal wegen seiner städtebaulichen Bedeutung.

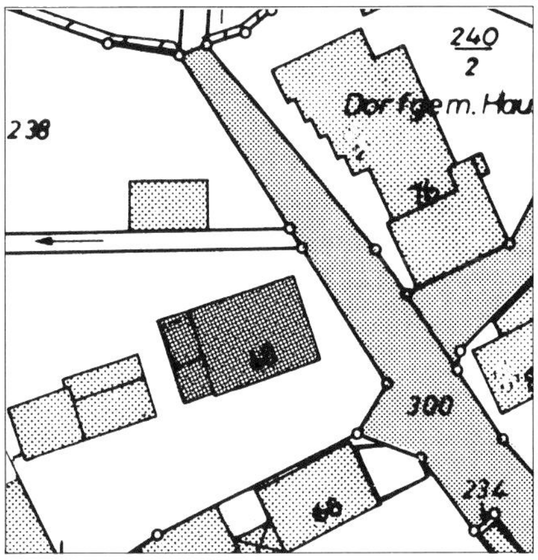

Lindenstraße 68
Flur 1 Flurstück 236/1

Wohnhaus einer Hofanlage, die zum großen Teil massiv erneuert wurde. Das Wohnhaus selbst zweigeschossig in sehr starken, die Horizontale betonenden Fachwerkverbänden; das Erdgeschoß zum großen Teil noch ursprünglich in starken, urwüchsigen Hölzern mit großen dreieckigen Kopfbändern und regelmäßigem Gitterwerk. Im Obergeschoß geschwungener Wilder Mann mit T-förmiger Kopfgegenstrebe. Erbaut im letzten Drittel des 17. Jhs. Kulturdenkmal wegen seiner wissenschaftlichen Bedeutung.

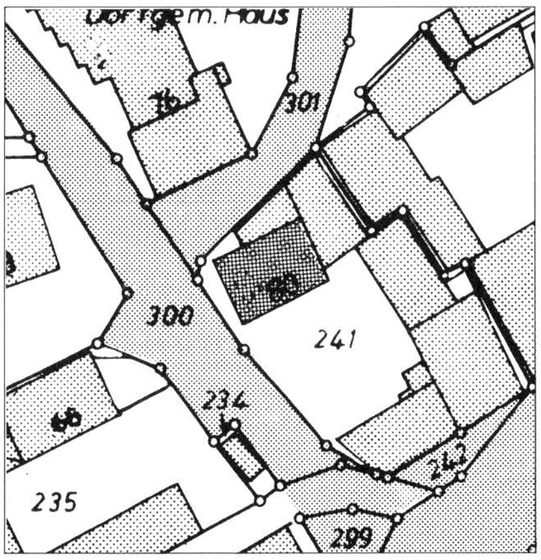

Lindenstraße 80
Flur 1 Flurstück 241

Kleine, unregelmäßige, dreiseitig geschlossene Hofanlage. Das Wohnhaus ein seltener, thüringisch beeinflußter Typ, 2. Hälfte 17. Jh., mit durchlaufender Konsole in Kniehöhe, den gesamten Brüstungsbereich durchziehend. Durchlaufender profilierter Brüstungsriegel im Mittelteil. Unterer Teil der geschweiften Eckstreben z. T. im 19. Jh. erneuert, Drempel im 19. oder 20. Jh. aufgesetzt. Kulturdenkmal aus wissenschaftlichen und baukünstlerischen Gründen.

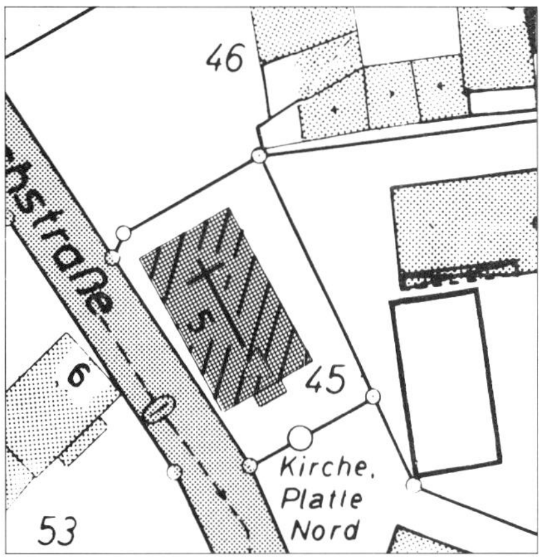

Kirchstraße 5
Flur 1 Flurstück 45
Evang. Kirche

Kleiner Saalbau mit polygonalem Turm über der Westfassade, Stichbogenfenstern, geohrten Portalen; über dem Westportal das Erbauungsjahr 1738. Darüber Ysenburg-Birsteiner Wappen. Der Innenraum ist querorientiert mit Emporen, Altarschranken und Kanzel aus der Erbauungszeit. Kulturdenkmal wegen seiner künstlerischen und geschichtlichen Bedeutung.

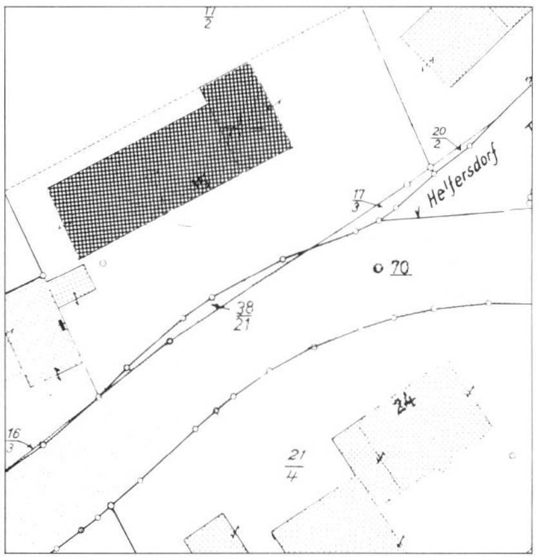

HELFERSDORF

Höhenstraße 15
Flur 1 Flurstück 17/2

Langgestreckter Hof eines Sondertyps in linearer Ausrichtung mit Fachwerkwohnhaus. Daran anschließend Scheune und Stallungen, teilweise massiv. Das Wohnhaus in schlichtem Fachwerk der Zeit um 1800, vorwiegend in originaler Bausubstanz erhalten. Kulturdenkmal wegen seiner wissenschaftlichen Bedeutung.

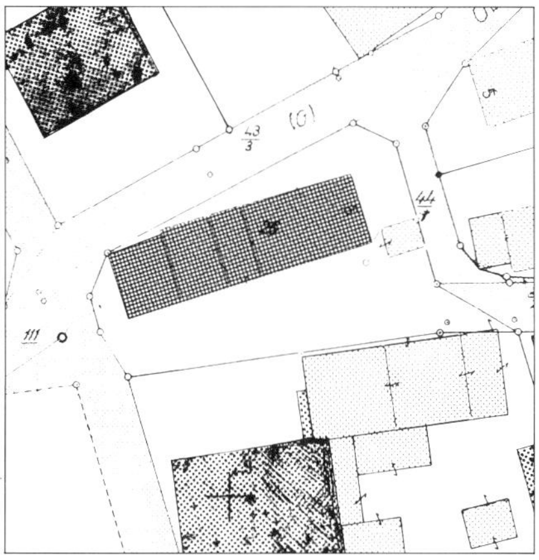

Obergasse 6
Flur 1 Flurstück 26

Schlichter Einhaushof aus dem Beginn des 18. Jhs. mit Wohnhaus, daran anschließender Scheune und Stallung mit massivem Sockelgeschoß; alte Langschindelverkleidung. Die Anlage ist ungestört und repräsentiert den aus dem hohen Vogelsberg herüberwirkenden Hoftyp des 18. Jhs. Kulturdenkmal wegen seiner wissenschaftlichen Bedeutung.

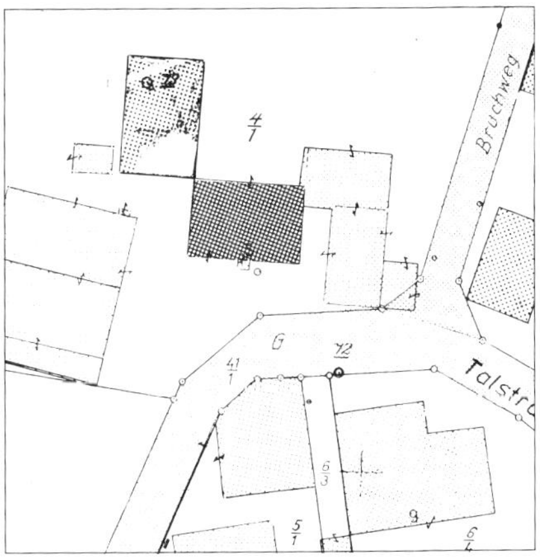

Talstraße 5
Flur 1 Flurstück 4/1

Fachwerkwohnhaus in ursprünglichem Erhaltungszustand mit seltener, ortsüblicher Langverschindelung. Erbaut in der 2. Hälfte des 18. Jhs. Kulturdenkmal wegen seiner wissenschaftlichen Bedeutung.

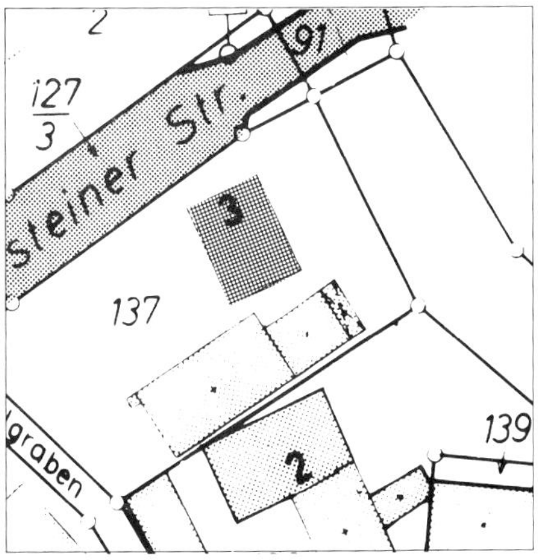

Birsteiner Straße 3
Flur 1 Flurstück 137

Kleine L-förmige Hofreite in malerischer Lage an der Brücke über die Bracht. Zweigeschossiges Wohnhaus mit Geschoßüberstand, in der Mittelachse Zugang zum Ern. Typisches kleines Vogelsberger Bauernhaus wohl des frühen 18. Jhs.; gut erhalten, mit Langschindeln verkleidet, um Fenster und Geschoßvorsprünge mit Kleinschindeln. Selten gewordene, für die Gegend typische Verschindelungsart. Kulturdenkmal aus wissenschaftlichen und städtebaulichen Gründen.

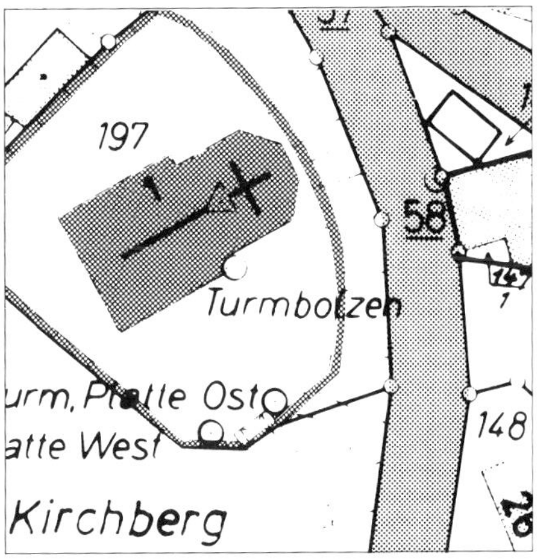

HITZKIRCHEN

Hauptstraße 1
Flur 1 Flurstück 197
Evang. Pfarrkirche

Befestigter Wehrkirchhof, prominent auf einer Anhöhe am Dorfrand gelegen. Spätmittelalterliche Kirchhofsmauer aus Bruchstein mit Torbau von 1739. Die Kirche mit quadratischem Hauptraum und Chor mit dreiseitigem Schluß, westlicher Staffelgiebel. Der Kirchenraum im Innern dreiachsig und dreijochig mit vier achteckigen Stützen, flachgedeckt (vgl. Büdingen und Hirzenhain). Entstanden Ende des 15. Jhs. Chor mit guten Maßwerkfenstern und feinem Sterngewölbe, datiert 1514. Über dem Chor seltsamer, querrechteckiger Glokkenturm mit Schießscharten. Das Turmobergeschoß mit Rundbogenfries und Ecktürmchen, spätes 17. Jh. Kulturdenkmal wegen ihrer künstlerischen, geschichtlichen, wissenschaftlichen und städtebaulichen Bedeutung.

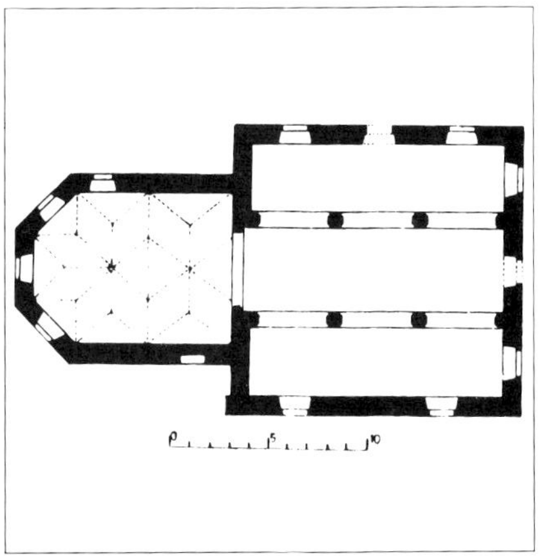

Grundriß

Kirche
Innenaufnahmen

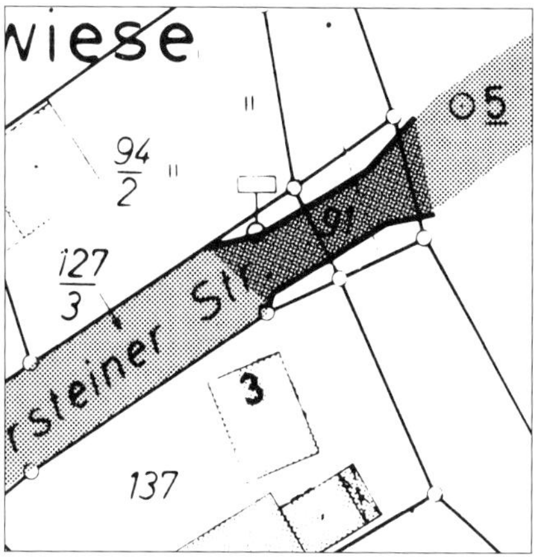

Brücke über die Bracht
Flur 1 Flurstück 91

Zweibogige Bruchsteinbrücke mit aufscherenden Wangen, die zu der als Damm aufgeschütteten Straße führen. In der Mitte Eisbrecher. Einfache Korbbogenbrücke aus dem 18. Jh., von denen es jedoch nur noch wenige Exemplare in Hessen gibt. Kulturdenkmal wegen ihrer technischen Bedeutung.

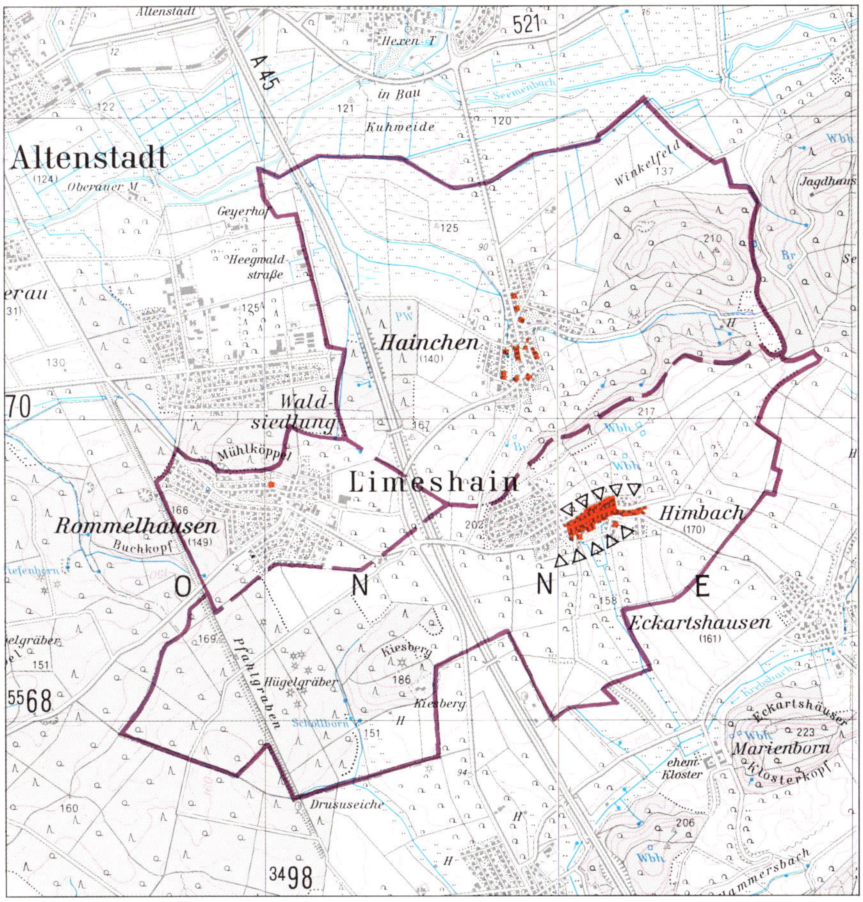

Erläuterung zu Karte 8 (M 1:50000):
Gemeinde Limeshain
Limeshain mit den Ortsteilen Hainchen, Himbach und Rommelshausen liegt am südwestlichen Rand des Gebietes und zählt zu den kleineren Gemeinden des Kreises. An seiner Südwestseite grenzt es an den römischen Limes, was die Gemeindereformer dazu veranlaßt hat, diesen drei Ortsteilen den neuen Namen Limeshain zu geben. Das Gemeindegebiet gehört somit zum flacheren Teil der Wetterauebene. Allerdings deuten einige Hügel den Übergang zu den Vogelsbergausläufern schon an.
Als herausragendes Ortsbild ist Himbach zu nennen. Die geschlossene Struktur der aneinandergereihten Wetterauer Hakenhöfe ergibt das typische Bild eines oberhessischen Straßendorfes. Besonders gut erkennbar ist der geschlossene Dorfcharakter durch die scharfe Abgrenzung zur Feldlage hin. Diesen Ortsrand gilt es zu erhalten. Daher wurde jeweils ein Streifen nördlich und südlich des Dorfes zum denkmalpflegerischen Interessengebiet erklärt.
In den Ortsteilen Hainchen und Rommelshausen wurde eine Reihe von bemerkenswerten Einzelbauten und Hofreiten als Kulturdenkmale ausgewiesen.

HAINCHEN

Gesamtanlage Hintergasse

Drei in gleichen Proportionen errichtete erdgeschossige Landarbeiterhäuser in Giebelstellung zur Straße, das mittlere im Fachwerk des frühen 18. Jhs. Gleicher Parzellenzuschnitt, gleichförmige Ausrichtung der Wohngebäude. Im hinteren Bereich durch Neubauten gestört.

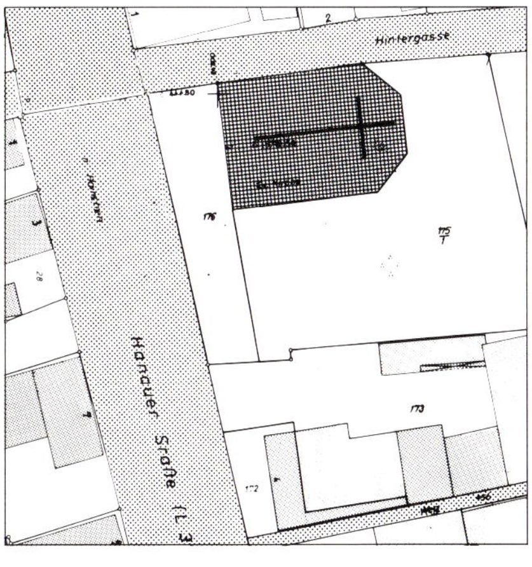

Hanauer Straße 2
Flur 1 Flurstück 175/1
Evang. Pfarrkirche

Einfacher, für die Wetterau typischer Saalbau mit dreiseitigem Schluß. Im Westen Haubendachreiter über dem Giebel. Ausstattung aus der Zeit. Entstanden im frühen 18. Jh. Kulturdenkmal wegen seiner geschichtlichen und städtebaulichen Bedeutung.

Kirche, Innenaufnahmen

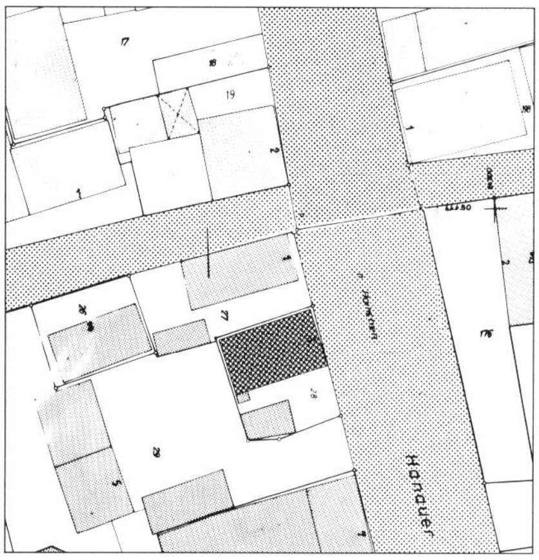

Hanauer Straße 3
Flur 1 Flurstück 28

Kleines eingeschossiges Wohnhaus einer Landarbeiterhofreite. Gut erhaltenes, starkes Eichenfachwerk aus der Zeit um 1750 mit regelmäßigen Figurationen und ornamental ausgebildetem Giebel. Der Bau im hinteren Teil massiv mit Zwerchhaus bzw. Ladeluke. Das Häuschen liegt direkt gegenüber der Westfassade der Kirche und ist wegen seiner sozialgeschichtlichen, wissenschaftlichen und städtebaulichen Bedeutung Kulturdenkmal.

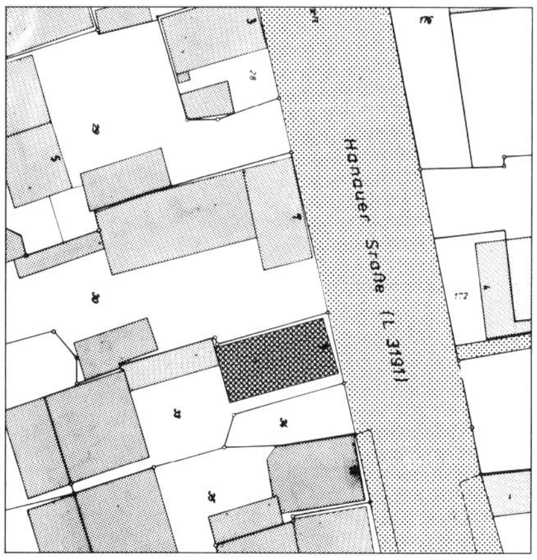

Hanauer Straße 9
Flur 1 Flurstück 33

Fachwerkwohnhaus mit Wohnhaus giebelständig zur Straße, stark in den Blickpunkt gerückt, mit sehr reicher, außergewöhnlicher Fachwerkfiguration. Im Giebeldreieck merkwürdige, massive Holzplatte mit beschlagwerkähnlichem Ornament. Der Bau ist in das letzte Viertel des 17. Jhs. zu datieren und ist wegen seiner außergewöhnlichen Bauornamentik und seiner Lage im Ortsbild Kulturdenkmal.

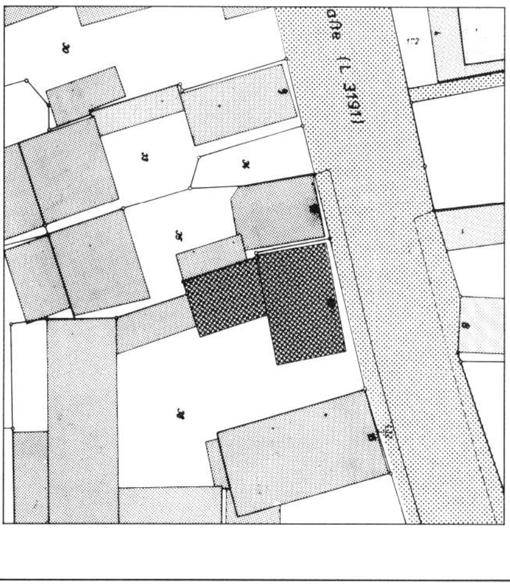

Hanauer Straße 13
Flur 1 Flurstück 36

Giebelständiger Fachwerkbau des späten 17. Jhs. mit starken Veränderungen, ursprünglich noch die Eckpfosten mit sehr qualitätvoller Tau- und Maskenornamentik. Zwei Wilde Männer mit Schnitzerei auf dem Pfosten, sehr starke ausgreifende Streben. Im rückwärtigen Hofbereich L-förmiger Anbau aus der 1. Hälfte des 18. Jhs.; im Erdgeschoß ehemals Stall, im Obergeschoß Tenne. Wegen der qualitätvollen Details an den Pfosten im Obergeschoß und wegen seiner reizvollen Wirkung im Ortsbild Kulturdenkmal.

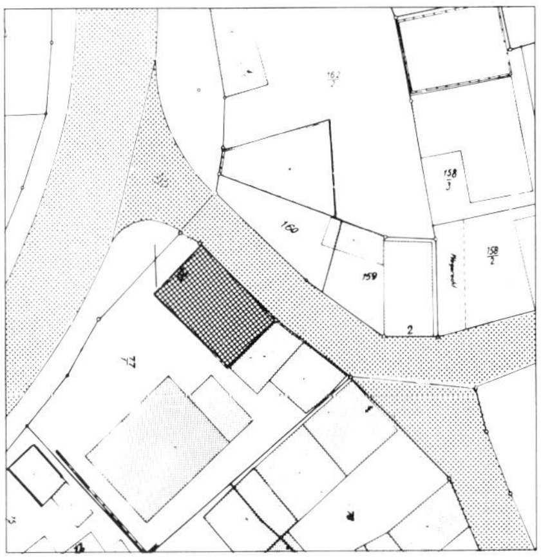

Hanauer Straße 26
Flur 1 Flurstück 77/1

Fachwerkhaus an einer für das Ortsbild wichtigen Straßengabelung. Die Wirtschaftsgebäude nicht mehr vorhanden. Das Haus steht einzeln in einem Knie der Straßengabelung. Die Giebelseite verputzt, an den beiden Traufseiten gut erhaltenes Fachwerk aus dem 1. Drittel des 17. Jhs. mit klaren Wilde Mann-Formen mit Gegenstreben sowie verschalter Balkenlage. Kulturdenkmal wegen seiner künstlerischen und städtebaulichen Bedeutung.

Hanauer Straße 29
Flur 1 Flurstück 56/1

L-förmige Hofreite, das Wohnhaus giebelständig etwas versetzt zur Straße. Ausgewogenes Fachwerk um 1730. Die Balkenlage an der Giebelseite verschalt. In der Mittelachse Wilder Mann, Kopfbänder an den Ecken, genaste Gegenstreben. Im Giebel starkes, umlaufendes Karnies. Das Fachwerk an der Traufseite teilweise erneuert. In der Schwelle ebenfalls umlaufendes Karnies. Kulturdenkmal wegen seiner künstlerischen und städtebaulichen Bedeutung.

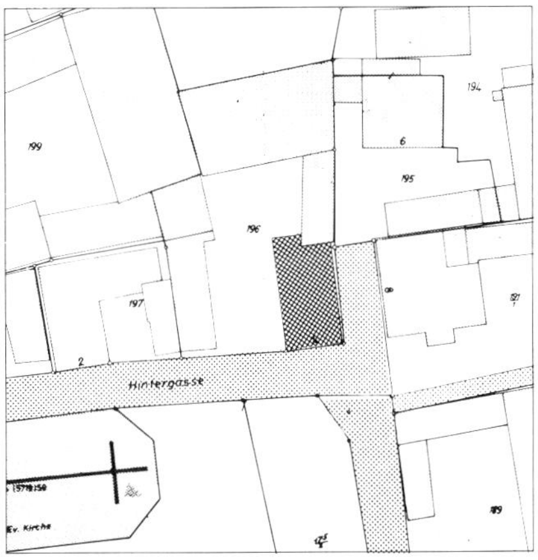

Hintergasse 4
Flur 1 Flurstück 196

U-förmige Hofreite des 18./19. Jhs. in einem Straßenknick unmittelbar hinter dem Chor der Kirche in ortsbildlich wichtiger Lage. Die Giebelseite holzverschindelt. Das Wohnhaus 18. Jh., die Wirtschafts- und Stallgebäude 19. und 20. Jh. Städtebauliche Bedeutung im Ortsbild, deshalb Kulturdenkmal.

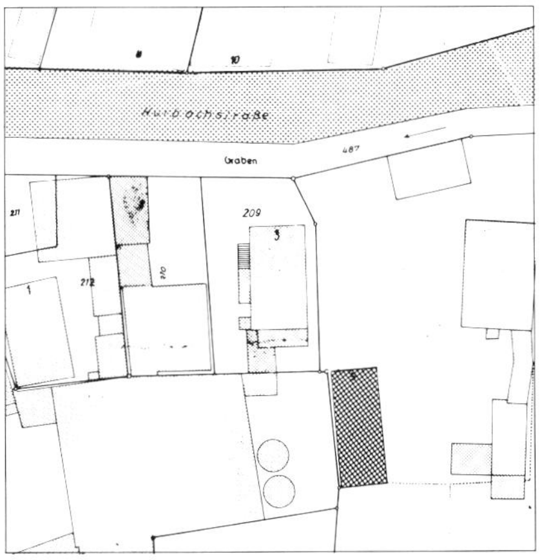

Horbachstraße 5
Flur 1 Flurstück 206/2

Kleines, von der Straße zurückgesetztes Wohnhaus in ursprünglichem Erhaltungszustand mit Bruchsteinsockel, ursprünglicher Freitreppe; Fachwerk mit Kopf- und Gegenstreben, 2. Hälfte 18. Jh. Typologisch interessanter Bau mit durchgehend verschalten Balkenköpfen an der Giebelseite, an der Traufseite halbe Wilde Mann-Formen und durchlaufendes Karnies. Kulturdenkmal wegen seiner wissenschaftlichen Bedeutung.

Lindheimer Straße 3
Flur 1 Flurstück 199

Große U-förmige Hofreite, das Wohnhaus um 1800 mit einfachem, regelmäßigen Fachwerk. Zur Straße hin originaler, steinerner Abschluß mit ornamentierten Pfosten. Parallel zum Wohnhaus Stall- oder Altenteilergebäude in Bruchstein bzw. Ziegelmauerwerk. Im Hof als Abschluß große Fachwerkscheune, ebenfalls frühes 19. Jh. Der Hof ist bedeutend wegen seiner Dimension und wirkt stark als Akzent in der Straße. Kulturdenkmal wegen seiner städtebaulichen Bedeutung.

Lindheimer Straße 5
Flur 1 Flurstück 202

Intakte Hofreite, 2. Hälfte 18. Jh. Wohnhaus giebelständig zur Straße als Auftakt einer reizvollen Häuserfolge, die sich zur Kirche hin entwickelt. Zwei Seiten verputzt, jedoch Fensterteilung gut erhalten sowie die zweiläufige Freitreppe. Im Hintergrund L-förmig als Abschluß Scheune mit Sandsteinstall, darüber Fachwerk mit Ziegeln ausgemauert. Ursprüngliche Scheunentormechanik erhalten, ebenso die Schlupfpforte. Kulturdenkmal aus städtebaulichen und künstlerischen Gründen.

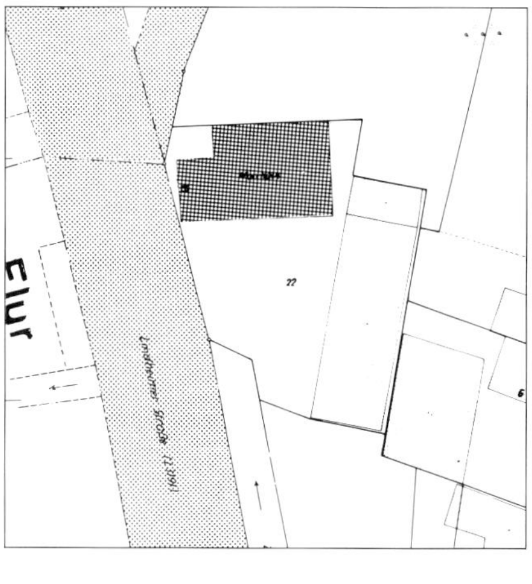

Lindheimer Straße 13
Flur 1 Flurstück 22
Ehem. Pfarrhaus mit Pfarrscheuer

Am Ausgang des historischen Ortsteiles gelegen, L-förmig; das Wohnhaus weit in den Straßenraum hineinwirkend, wenn man von der Kirche her den Ort verläßt. Einfaches, konstruktives Fachwerk um 1820, Giebelseite verschindelt, Traufseite wohl ursprünglich auch verputzt oder verschindelt. Im rechten Winkel dazu die Pfarrscheuer mit originellen Ausfachungen in stehenden Ziegeln, im Untergeschoß Bruchstein mit Hausteinecken und -gewänden; das Fachwerk früher als das Wohnhaus, noch 17. Jh. Die ursprüngliche Eingangssituation mit den Biedermeiersandsteinpfosten erhalten. Kulturdenkmal wegen seiner geschichtlichen Bedeutung als Pfarrhaus und wegen seiner städtebaulichen Bedeutung als wichtiger Blickpunkt am Ortsausgang.

Gesamtanlage

Der Ort repräsentiert auf eindrucksvolle Weise das typische oberhessische Straßendorf. Entlang der von West nach Ost verlaufenden Straße reihen sich Hof an Hof Anlagen des Wetterauer Hakenhoftyps in hervorragenden Ausprägungen und Varianten. Das Straßenbild wird beherrscht von barocken Höfen einer begüterten Bauernschicht vor allem aus der Zeit zwischen 1700 und 1750. Daneben existiert eine Fülle von Kleinbauernhöfen des 18. und 19. Jhs. von exemplarischer wissenschaftlicher und sozialgeschichtlicher Bedeutung. Schließlich fallen im Straßenbild die großformatigen Hofreiten und Wohnhäuser des frühen 19. Jhs. auf, die eine Folge der intensiveren Bodennutzung sind. Anhand des alten Katasterplanes von 1832 ist ablesbar, daß die Bausubstanz und Struktur des Ortes in den letzten 150 Jahren nur relativ wenig Veränderungen erfahren haben.

Gesamtanlagenplan
links: Luftschrägaufnahme

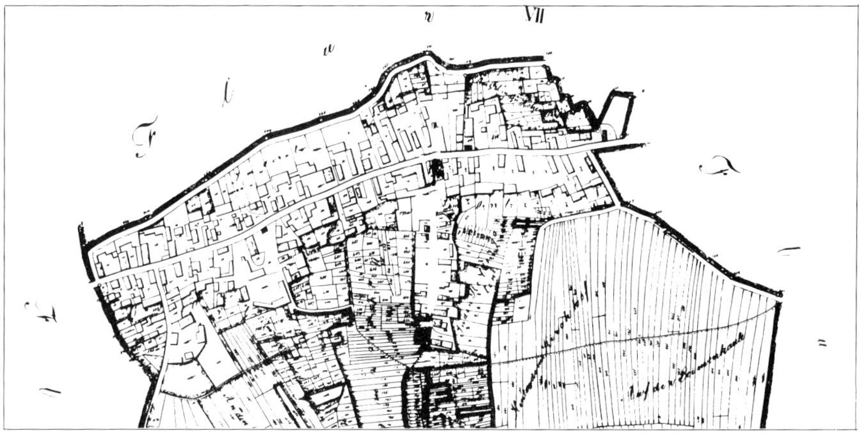

Urkataster von 1832, Ausschnitt

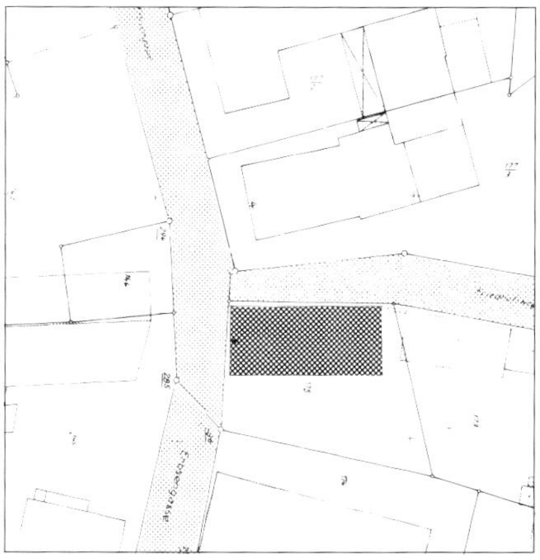

Erbsengasse 6
Flur 1 Flurstück 175

Groß angelegte Hofreite aus dem frühen 19. Jh. Die Wirtschaftsgebäude zum großen Teil erneuert. Das Wohnhaus in konstruktiven, geometrischen Formen aus der Zeit um 1800. Die ursprüngliche Freitreppe im späten 19. Jh. mit Altan überdeckt. Der Bau stellt einen typischen Vertreter des neuen Typs der Großen Hofreite nach 1800 dar, der bis zum späten 19. Jh. bestimmend blieb. Kulturdenkmal wegen seiner wissenschaftlichen Bedeutung.

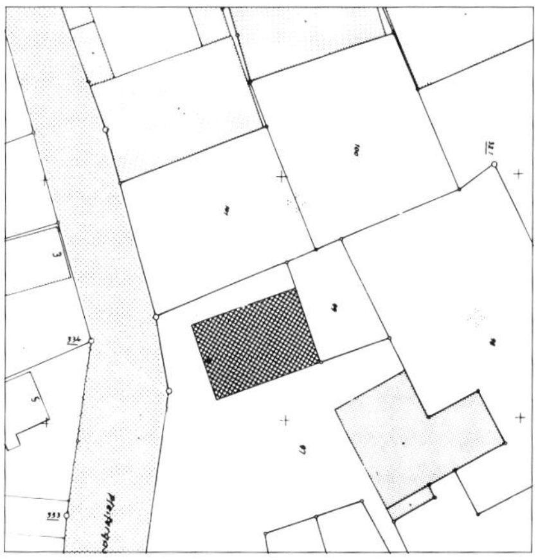

Pfeifergasse 4
Flur 1 Flurstück 97

Freistehendes, verputztes Fachwerkwohnhaus, die Fensterteilung noch in ursprünglicher Form erhalten. Als Indizien für die Bedeutung des Hauses dienen die Proportionen, das Verhältnis von Höhe zu Breite und ein aufwendiges, barockes Gesims über dem Eingangsportal mit verkröpften Kapitellen, die ehemals über Pilastern saßen. Unter dem Putz bedeutendes Fachwerk der Zeit um 1700 zu erwarten. Kulturdenkmal wegen seiner künstlerischen und wissenschaftlichen Bedeutung.

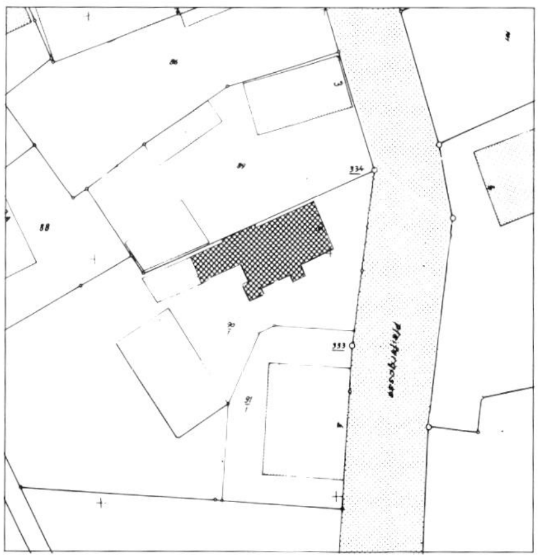

Pfeifergasse 5
Flur 1 Flurstück 90/1

Kleinbauernhofreite mit großer Scheune im Hintergrund. Das Wohnhaus eingeschossig mit stark profiliertem Giebel, aufwendigem, doppelten Karnies. Merkwürdiger massiver Anbau im hinteren Bereich mit zwei massiven, wohl älteren Mauerzungen in Bruchstein mit Hausteinquaderkanten. Ursprung unbekannt. Die Kleinbauernhofreite ist Kulturdenkmal wegen ihrer wissenschaftlichen und geschichtlichen Bedeutung.

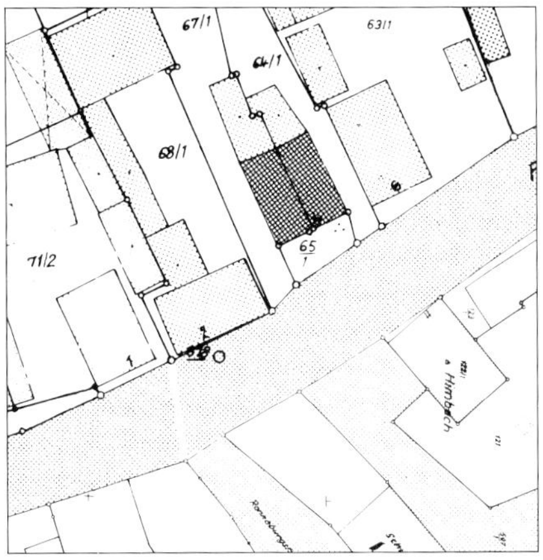

Ronneburgstraße 4
Flur 1 Flurstück 67/1   64/1

Doppelwohnhaus, im First geteilt, völlig asbestzementverschindelt, jedoch mit ursprünglicher Fensterteilung und kleinen Fenstern. Der Bruchsteinsockel und die Kubatur des Hauses lassen auf eine Entstehungszeit im 18. Jh. und auf Zierfachwerk schließen. Innerhalb des Straßenbildes hat der Bau eine wichtige Funktion gegenüber dem Rathaus als städtebauliches Pendant, deshalb Kulturdenkmal wegen seiner künstlerischen und städtebaulichen Bedeutung.

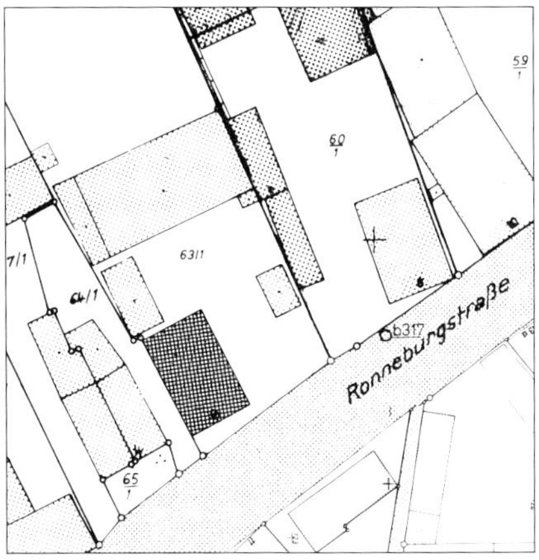

Ronneburgstraße 6
Flur 1 Flurstück 63/1

Kleinbauernhofreite mit erhaltener Hofsituation. Im Hintergrund Doppelscheune, die zur einen Hälfte zum nächsten Grundstück gehört und kleine Stallgebäude. Ganz verkleidet, die Fensterteilung und Kubatur des Hauses lassen jedoch auf einen baugeschichtlich interessanten Landarbeiterhof des späten 18. Jhs. schließen. Außerdem besitzt der Bau eine prägende Funktion innerhalb des Straßenbildes. Deshalb Kulturdenkmal aus städtebaulichen und wissenschaftlichen Gründen.

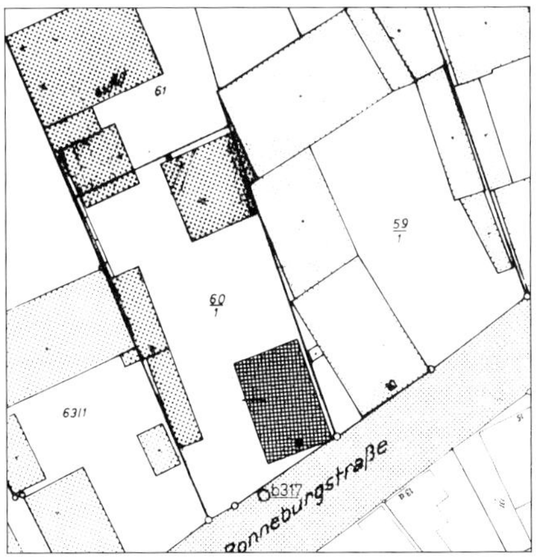

Ronneburgstraße 8
Flur 1 Flurstück 60/1

Ehemalige Hakenhofreite, der hintere Teil durch Neubauten aufgelöst. Zur Straße aber ursprüngliches Fachwerkwohnhaus holzverschindelt erhalten mit alter Fensterteilung und interessantem Bruchsteinsockel mit Segmentbogenöffnung, wohl Mitte des 18. Jhs. Unter den Holzschindeln ist Schmuckfachwerk des 18. Jhs. zu erwarten. Innerhalb des Straßenbildes stellt der Bau einen wichtigen städtebaulichen Akzent unmittelbar hinter dem Rathaus dar. Kulturdenkmal wegen seiner städtebaulichen und künstlerischen Bedeutung.

Ronneburgstraße 10
Flur 1 Flurstück 59/1

Großer komplett erhaltener Hof um 1800 mit spätbarockem Portal. Große Bruchsteinscheune mit Segmentbogentor, um 1800. Das Wohnhaus im Giebel kunststoffverkleidet, an der Traufseite freiliegend mit alter Freitreppe und Vordach. Regelmäßiges Fachwerk, frühes 19. Jh., verschalte Balkenköpfe. Der hintere Bereich älter mit Wilde Mann-Form. Wohnhaus und Scheune sind Kulturdenkmal wegen der Geschlossenheit der Anlage und ihrer baukünstlerischen Qualität.

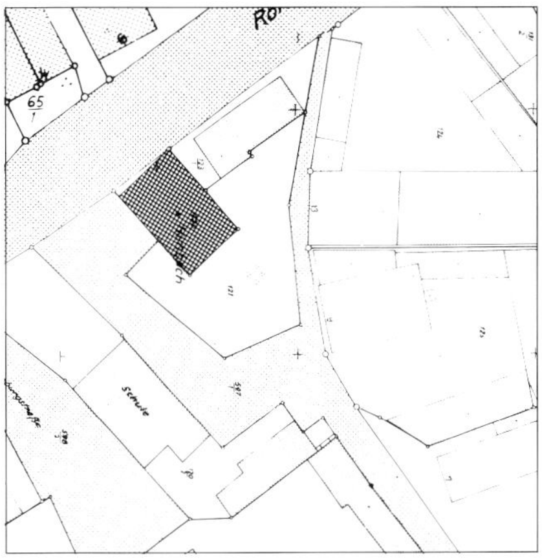

Ronneburgstraße 11
Flur 1 Flurstück 122/1
Ehem. Schule und Rathaus

Barocker, zweigeschossiger Fachwerkbau mit großem Krüppelwalm, wichtiger Blickpunkt im Straßenraum. Die Balkenlage durchgehend verschalt, relativ einfaches konstruktives Fachwerk aus der Mitte des 18. Jhs. Auf dem Krüppelwalmdach polygonaler Dachreiter mit Schallarkaden und Zwiebelhaube, darüber Wetterfahne. Kulturdenkmal wegen seiner Bedeutung für die Ortsgeschichte und das Ortsbild.

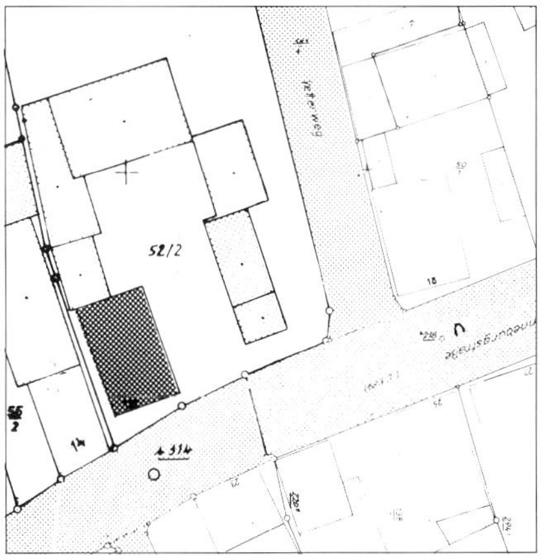

Ronneburgstraße 16
Flur 1 Flurstück 52/2

Große U-förmige Hofanlage, zur Straße durch Toranlage abgeschlossen. Stall- und Scheunengebäude – Ende 18. Jhs. – in ursprünglichem Zustand erhalten. Wohnhaus ebenfalls spätes 18. Jh., Giebelseite im 19. Jh. großenteils erneuert. Funktionales, regelmäßig parallel laufendes Fachwerk. Die Anlage bildet in ihrer Geschlossenheit und durch ihr Volumen einen starken Akzent im Straßenbild. Kulturdenkmal wegen der wissenschaftlichen Bedeutung für die Topologie der Hofreite und aus städtebaulichen Gründen.

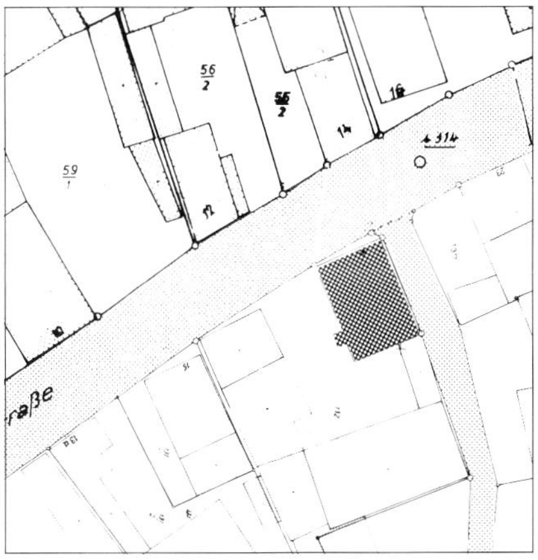

Ronneburgstraße 17
Flur 1 Flurstück 132

Wohnhaus eines ehemaligen Hofes, aus der Achse zur Straße gedreht, zweigeschossig in ortsbildlich wichtiger Funktion. Steifes, parallel ausgerichtetes Fachwerk, im Türsturz datiert 1808. Im Giebel spätbarocke Anklänge mit umlaufendem Karnies. Einläufige Freitreppe, ursprüngliche Türsituation und altes Vordach erhalten. Wegen der Bedeutung im Ortsbild und der wissenschaftlich interessanten Fachwerkdetails Kulturdenkmal.

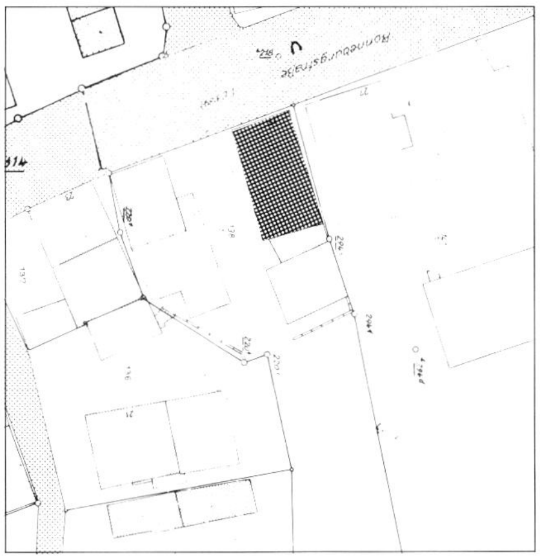

Ronneburgstraße 25
Flur 1 Flurstück 138/1

Kleines, guterhaltenes Landarbeiterhaus mit einläufiger Freitreppe, in konstruktivem Fachwerk. Erbaut um 1790. Über dem Eingang Zwerchhaus, im 19. Jh. aufgesetzt. Heute selten gewordener Bautyp. Kulturdenkmal wegen seiner sozialgeschichtlichen und wissenschaftlichen Bedeutung.

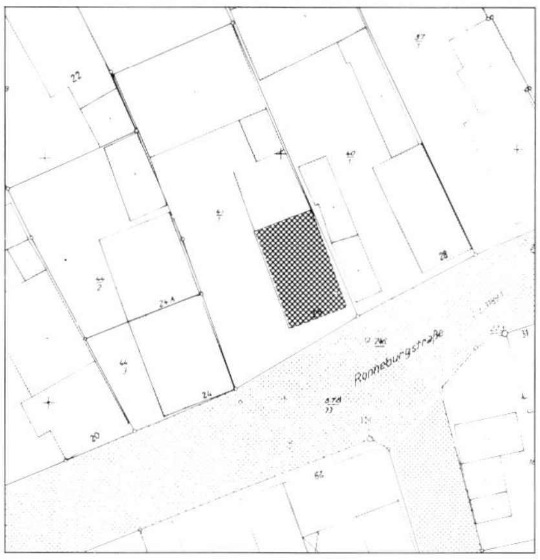

Ronneburgstraße 26
Flur 1 Flurstück 41/1

Fachwerkwohnhaus als Teil einer Hofreite, die Wirtschafts- und Scheunengebäude stark verändert. Das Wohnhaus bedeutend, Fachwerk aus der Zeit um 1700 mit mehrfach auftretenden genasten, s-förmigen Fuß- und Kopfstreben. Verschalte Geschoßvorsprünge, regelmäßige Anordnung der Fenster. Der Bau bildet zusammen mit dem gegenüberliegenden Haus Nr. 29 einen Schwerpunkt im Ortsbild an einer Straßeneinmündung. Kulturdenkmal wegen seiner künstlerischen und städtebaulichen Bedeutung.

Ronneburgstraße 29
Flur 1 Flurstück 142

Großes platzbeherrschendes Eckhaus mit Krüppelwalm in Traufstellung zur Straße. Ursprüngliche Eingangssituation mit umlaufendem Karnies erhalten. Seltene, untypische Anlage, vom Schema der oberhessischen Hofreite abweichend. In die Gasse hinein Anbau des frühen 19. Jhs. Das Haus ist Kulturdenkmal wegen seiner städtebaulichen und wissenschaftlichen Bedeutung.

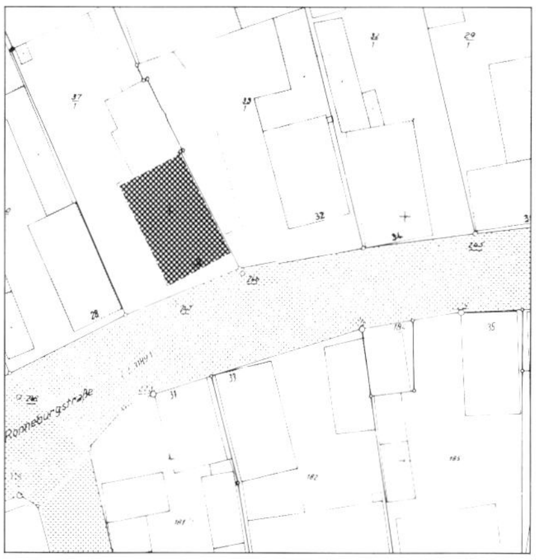

Ronneburgstraße 30
Flur 1 Flurstück 37/1

Asbestzementverschindeltes Fachwerkwohnhaus als Teil einer komplett erhaltenen Hofanlage. Kubatur und Fensterteilung lassen qualitätvolles Sichtfachwerk mit Zierrat aus der 1. Hälfte des 18. Jhs. vermuten. Wie das Nachbarhaus Kulturdenkmal wegen seiner künstlerischen Bedeutung.

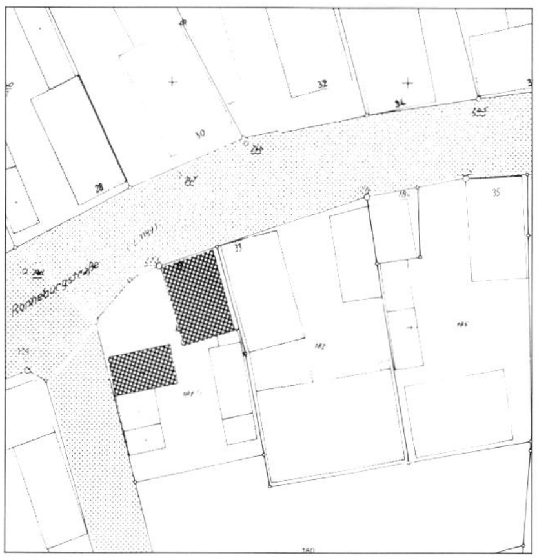

Ronneburgstraße 31
Flur 1 Flurstück 181/1
Öffentliche Waage

Seltene Baugruppe mit Wohnhaus und Waagengebäude. Wohnhaus im Türsturz bezeichnet: „CASPAR W. E. IOST. W. E. 1753". Einfaches Landarbeiterhäuschen, wohl im Zusammenhang mit der öffentlichen Waage. Das Waagenhäuschen in regelmäßigem, konstruktiven Fachwerk, Mitte 18. Jh. Späterer Bruchsteinanbau, öffentliche Viehwaage. Kulturdenkmal aus technischen und lokalgeschichtlichen Gründen.

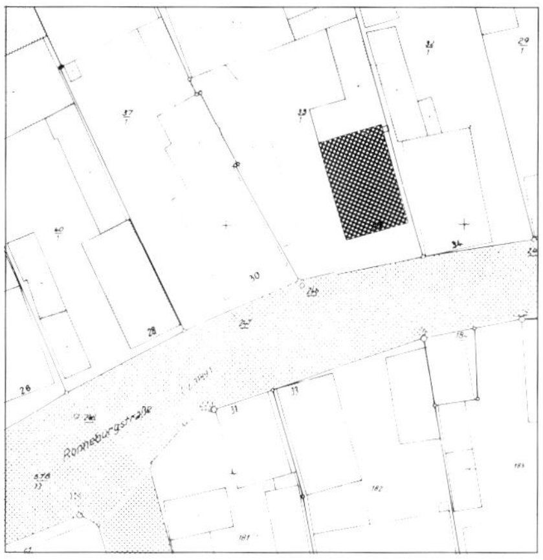

Ronneburgstraße 32
Flur 1 Flurstück 33/1

Kleine, intakt erhaltene Hofreite in U-förmiger Anordnung. Das Wohnhaus zweigeschossig, holzverschindelt; die Anordnung der Fenster und die Kubatur des Hauses lassen einen qualitätvollen Fachwerkbau aus der 1. Hälfte des 18. Jhs. mit Zierfachwerk vermuten. Innerhalb des Straßenbildes als Kulturdenkmal herausgehoben wegen seiner baukünstlerischen Qualitäten.

Ronneburgstraße 39
Flur 1 Flurstück 193

U-förmige Hofanlage, Scheune, Schuppen und Stallgebäude mehrfach umgebaut, 19. Jh. Wohnhaus giebelständig zur Straße, gutes geometrisierendes Fachwerk um 1800. Kleiner Krüppelwalmschopf, im Giebel umlaufendes, flaches Karnies, an der Traufe Klötzchengesims. Zweiläufige Freitreppe mit steinerner Wange, bez. „I H R 1808". Ebenfalls erhaltene alte Sandsteineingangspfosten mit zwiebelförmigem Abschluß. Kulturdenkmal aus künstlerischen Gründen.

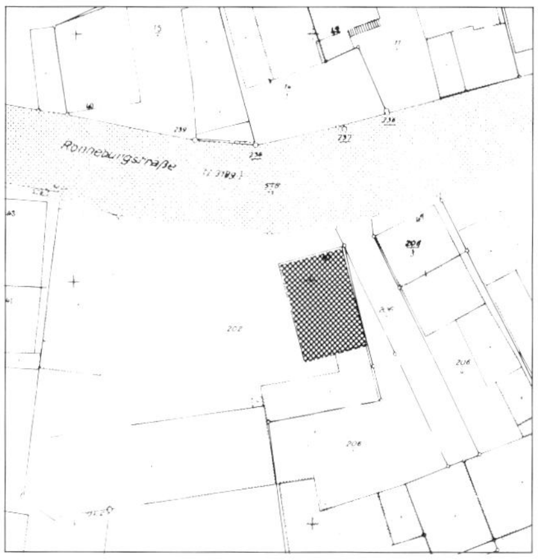

Ronneburgstraße 45
Flur 1 Flurstück 202/2

Ähnlich dem benachbarten Hof in fast gleicher Stellung, etwas kleiner dimensioniert. Scheunen- und Stallgebäude teilweise modern verändert, nur von städtebaulicher Bedeutung. Das Wohnhaus in reichem Fachwerk aus dem 1. Drittel des 18. Jhs. mit symmetrischer Anlage, Wilde Mann-Form, Rhombenfüllungen, Andreaskreuz und Rauten. Der Bau bildet gemeinsam mit den beiden Nachbarbauten einen Schwerpunkt im Ortsbild kurz vor dem Straßenknick. Kulturdenkmal wegen seiner künstlerischen und städtebaulichen Bedeutung.

Ronneburgstraße 47
Flur 1 Flurstück 206/3

Große Hofreite mit giebelständigem Wohnhaus, zweiläufiger Freitreppe, reicher Fachwerkornamentik. Qualitätvoller Bau, 1. Drittel 18. Jh. Im hinteren Hofbereich Scheunenneubau unter Verwendung alter Bauteile. Der Bau bildet den Schwerpunkt einer Gruppe relativ gleichartiger, baugeschichtlich bedeutender Höfe. Kulturdenkmal wegen seiner künstlerischen und städtebaulichen Bedeutung.

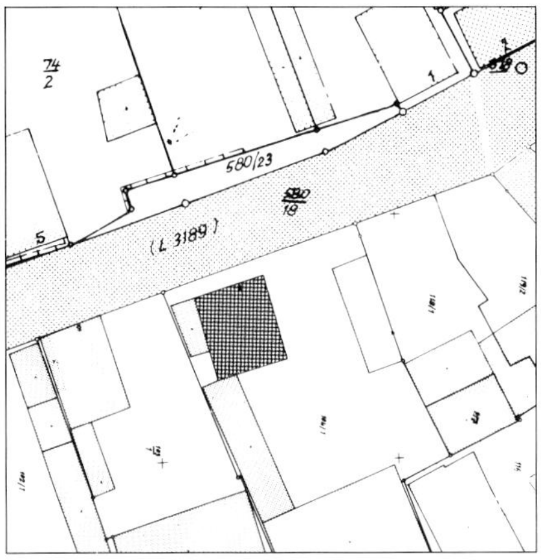

Taunusstraße 4
Flur 1 Flurstück 104/1

Intakt erhaltene Hofreite mit zurückliegender großer Scheune, diese wohl 19. Jh. Das Wohnhaus zur Straße hin giebelständig in breiten gedrungenen Proportionen, mit starken Geschoßübersetzungen und ursprünglicher Fensterteilung; völlig holzverschindelt. Die Proportionen des Baues lassen jedoch auf sehr frühes Fachwerk, noch des 17. Jhs. schließen. Kulturdenkmal wegen seiner wissenschaftlichen Bedeutung.

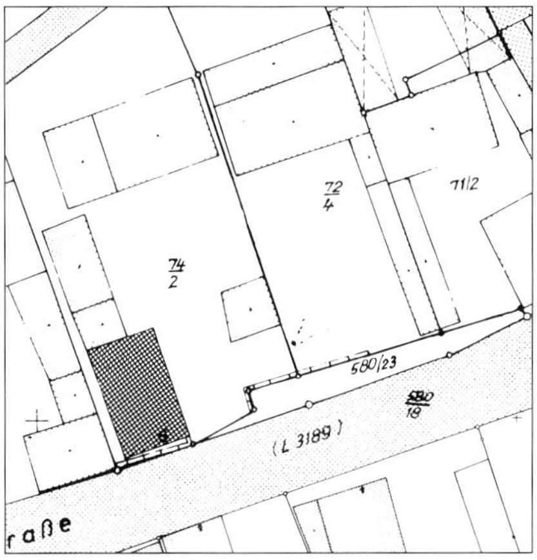

Taunusstraße 5
Flur 1 Flurstück 74/2

Fachwerkhofreite in L-förmiger Anordnung. Scheune und Wohnhaus in einfachen konstruktiven Formen des frühen 19. Jhs., ursprüngliche Türsituation mit einläufiger Freitreppe erhalten. Umlaufendes, flaches Karnies und ursprüngliche Überdachung. Das Haus wirkt mit seinen gestreckten Proportionen stark in den Straßenraum, deshalb Kulturdenkmal aus städtebaulichen Gründen.

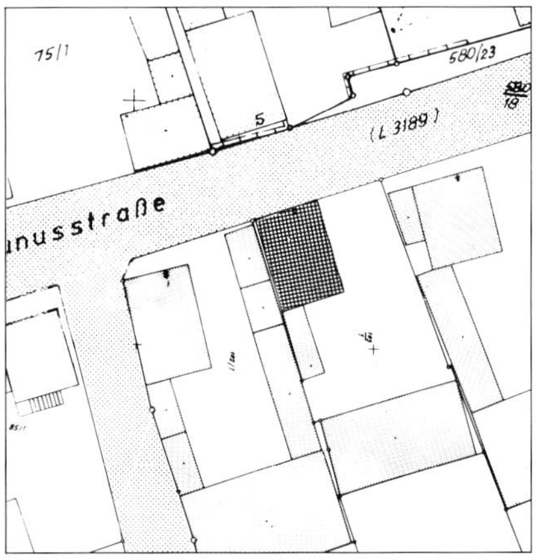

Taunusstraße 6
Flur 1 Flurstück 103/1

Geschlossen erhaltene Hofanlage der 1. Hälfte des 18. Jhs. Zur Straße alte Eingangssituation, Eisentor mit gußeisernem Kamm um 1890. Das Wohnhaus in guten, zurückhaltenden Formen um 1740; verschalte Balkenlage, S-förmige genaste Brüstungsstreben. Im Giebel umlaufendes Profil. Der weit in den Straßenraum geschobene Bau bildet mit den Nachbarhöfen eine für das Straßenbild wichtige Dreiergruppe. Kulturdenkmal aus künstlerischen und städtebaulichen Gründen.

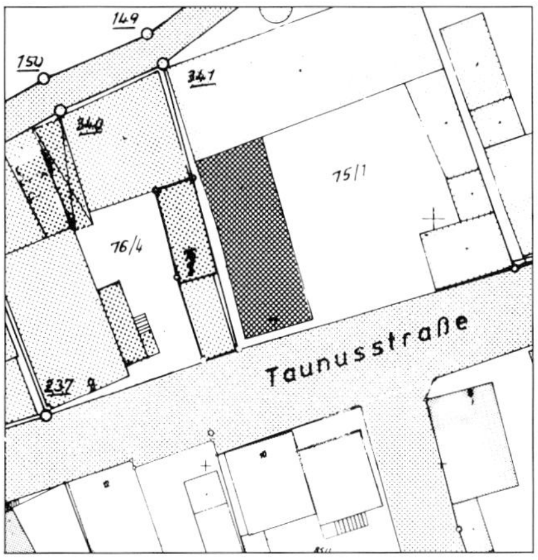

Taunusstraße 7
Flur 1 Flurstück 75/1

Große, unregelmäßige Hofreite, die Wirtschafts- und Stallgebäude 19. Jh., das Wohnhaus asbestzementverschindelt mit gründerzeitlichem Schutzdach; Geschoßüberstände. Die ursprüngliche Fensteranordnung und die Kubatur lassen einen interessanten Schmuckfachwerkbau aus der Zeit um 1730 erwarten. Kulturdenkmal wegen seiner künstlerischen Bedeutung.

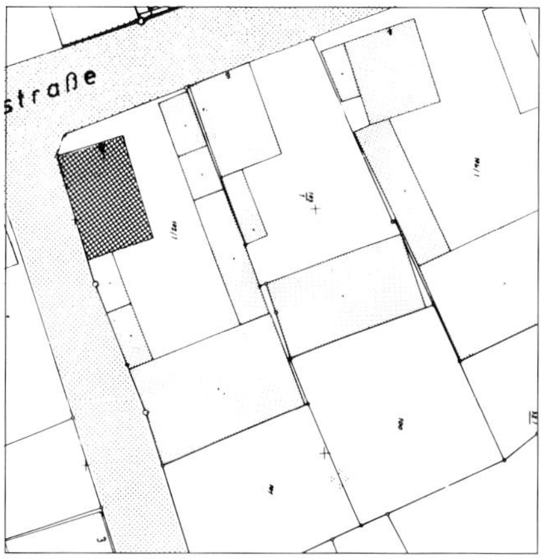

Taunusstraße 8
Flur 1 Flurstück 102/1

U-förmige Hofanlage mit großer Fachwerkscheune aus der Zeit um 1800. Die Stallgebäude z. T. später, das Wohnhaus an der Straßenecke liegend, von ortsbildprägender Bedeutung. Stattliches, gerade ausgerichtetes Fachwerk von ca. 1780 mit liegendem Stuhl und quadratisch ornamentiertem Giebeldreieck, verschalter Balkenlage und umlaufendem Karnies. Kulturdenkmal wegen seiner städtebaulichen und künstlerischen Bedeutung.

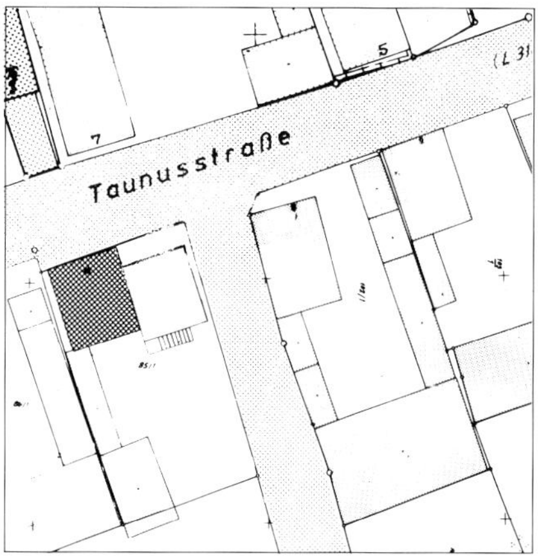

Taunusstraße 10
Flur 1 Flurstück 85/1

Giebelständiges Fachwerkwohnhaus, Teil einer Hofreite mit späterem Anbau, der die alte Eingangssituation des Hofes verdeckt. Der Giebel wirkt jedoch sehr stark zur Straße hin in breiten, gedrückten Proportionen der Zeit um 1720. Im Obergeschoß geschweifte Halsriegel und starke Streben. Kulturdenkmal wegen seiner städtebaulichen Bedeutung.

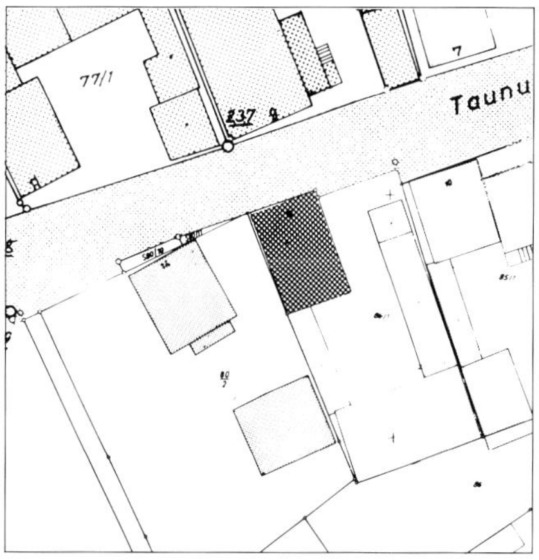

Taunusstraße 12
Flur 1 Flurstück 84/1

Große Hofreite mit intakt erhaltener Scheune als hinterem Hofabschluß. Stallgebäude 20. Jh., die Scheune frühes 19. Jh. Das Wohnhaus in den voluminösen Proportionen der Zeit um 1810 wirkt zur Straße hin als Auftakt des historischen Ortsbildes. Spätbarocke Formen im Giebel mit liegendem Dachstuhl, geometrische Füllungen und verschalter Balkenlage. Alte Eingangssituation erhalten. Kulturdenkmal wegen seiner städtebaulichen Bedeutung.

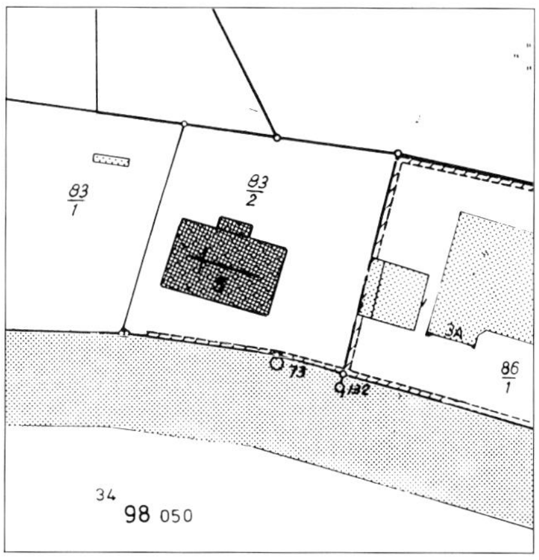

ROMMELSHAUSEN

Hauptstraße 5
Flur 1 Flurstück 83/2
Evang. Kirche

Schlichter Saalbau des späten 18. Jhs. mit Stichbogenfenstern, Krüppelwalmdach und polygonalem Haubendachreiter. Barockkanzel, zweiseitige Empore. Kulturdenkmal wegen seiner geschichtlichen Bedeutung.

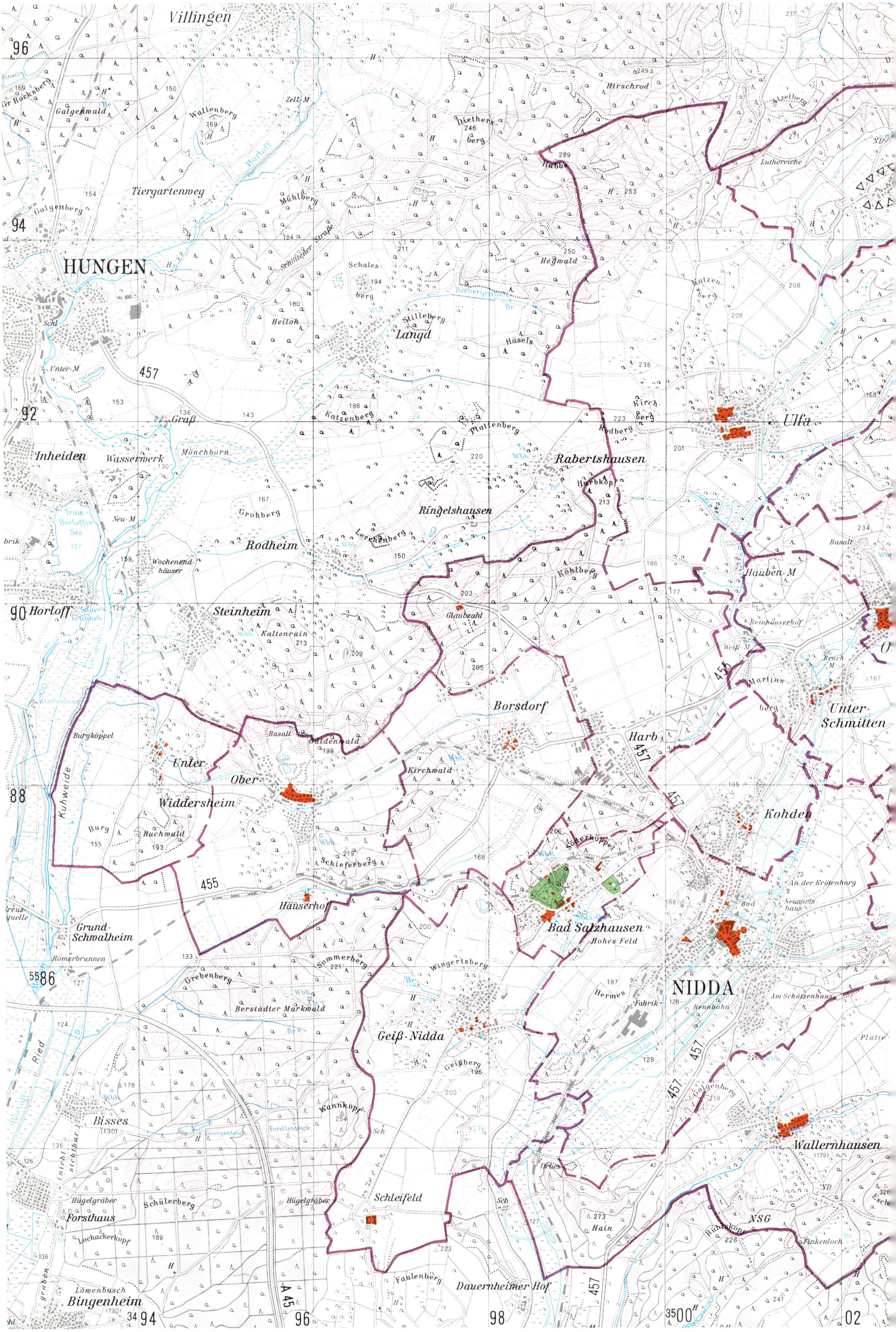

Villingen
96
Gr. Röcksberg
Galgenwald
Zell
Wallenberg
Horloff
Tiergartenweg
Mühlberg
Galgenberg
94
HUNGEN
Schales
berg
Heiloh
Stilleberg
Langd
Hegwald
Häsels
Hirschrod
Diethers-
berg
Hubbe
Atzelberg
Luthereiche
Katzen-
berg
457
Graß
Katzenberg
Plattenberg
Kirch-
berg
Ulfa
Rodberg
92
Inheiden
Wasserwerk
Mönchborn
Rabertshausen
Herbkopf
Grohberg
Ringelshausen
Lerchenberg
Rodheim
Wochenend-
häuser
Köhlberg
Hauben-M
Basalt
90 Horloff
Steinheim
Kaltenrain
Glaubzahl
Reinhäuserhof
Weiß-M
Martins-
berg
Unter-
Schmitten
Burgköppel
Basalt
Baldenwald
Borsdorf
Harb
457
Unter-
Ober-
Widdersheim
Kirchwald
Kuhweide
88
Kohden
Burg
Buchwald
Schieferberg
Söderköppel
455
Häuserhof
An der Krötenburg
Bad Salzhausen
Hohes Feld
Grund-
Schwalheim
Römerbrunnen
Sommerberg
Wingertsberg
86
Grebenberg
Berstädter Markwald
Hermes
Fabrik
NIDDA
Rennbahn
Am Schützenhaus
Geiß-Nidda
Geißberg
Ried
Galgenberg
Wannkopf
Bisses
Georgenteich
Forellenteich
Wallernhausen
Hügelgräber
Forsthaus
Schülerberg
Lochackerkopf
Schleifeld
Hain
Rühelskopf
NSG
Finkenloch
Löwenbusch
Bingenheim
A 45
Faulenberg
Dauernheimer Hof
457
94
96
98
3500
02

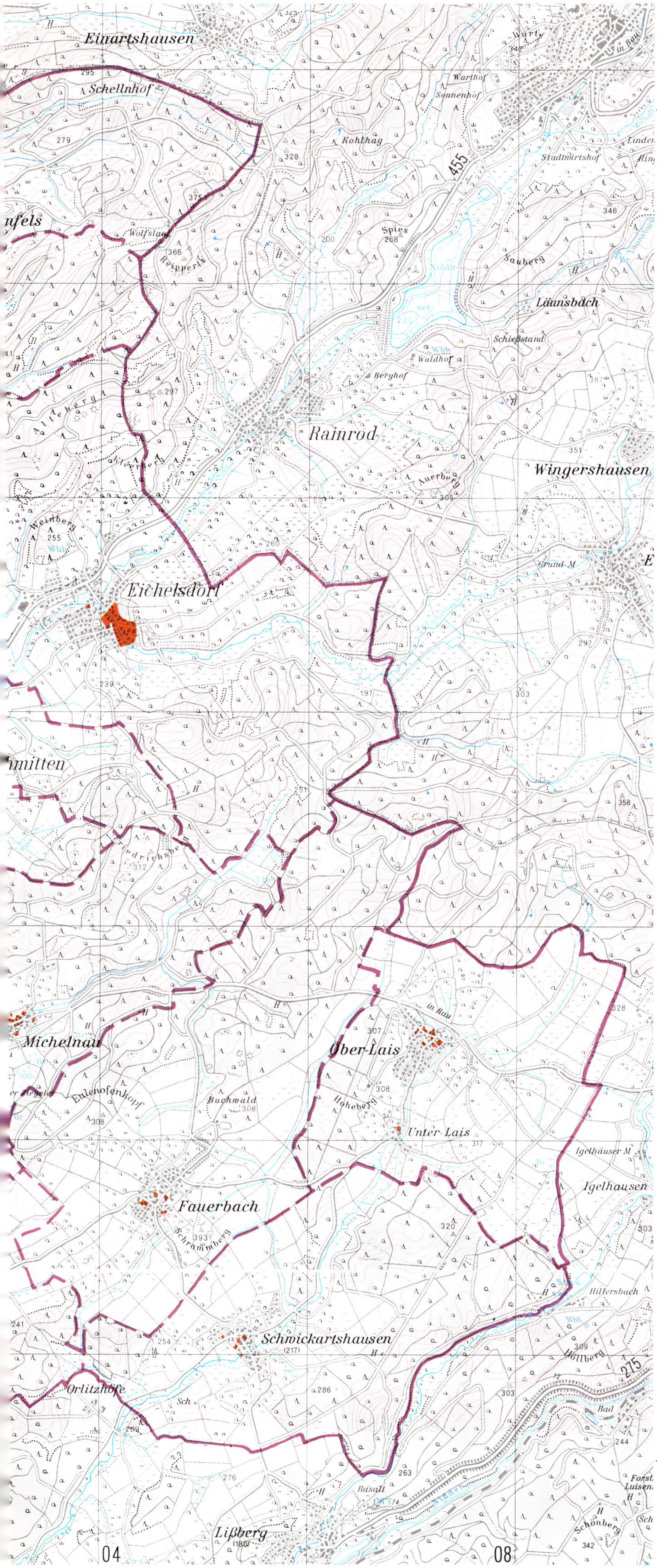

Erläuterung zu Karte 9 (M 1:50000): Gemeinde Nidda

Das Gemeindegebiet umfaßt mit seinen achtzehn Ortsteilen den größten Teil des nordwestlichen Altkreises. Es wird von mehreren bewaldeten Hügelketten diagonal durchzogen. In den Einschnitten fließen die Nidda und ihre Nebenflüsse.

Die größte historische Bedeutung kommt der Kerngemeinde Nidda zu. Erstmals 1260 erwähnt, hat sie sich neben einer hochmittelalterlichen Wasserburg im Niddatal zu einer für das Gebiet bedeutenden Stadt entwickelt, die wirtschaftlich durch Markt, Handwerker und Ackerbürger geprägt war. Im Bereich der historischen Altstadt ist ein großer zusammenhängender Bereich der mittelalterlichen Ackerbürgersiedlungsstruktur ablesbar. Im Zuge der Erweiterung des 19. und 20. Jhs. erfolgt u. a. eine Erweiterung zum Bahnhof hin mit einigen bemerkenswerten Gründerzeitbauten. Neben dem Schloß und der Kirche ist eine Reihe von wertvollen Ackerbürgerhäusern erhalten.

Eichelsdorf, Ober-Schmitten im Norden von Nidda, Wallernhausen im Süden und Ober-Widdersheim im Westen gehören zu den Ortsteilen, die in ihrem Kern noch über einen geschlossenen Bereich der historischen Dorfstruktur verfügen. Die typischen Wetterauer Hofreiten sind an den jeweiligen Hauptstraßen aneinandergereiht.

Ulfa im Norden von Nidda verfügt über eine historische Ortsstruktur, deren annähernd quadratische Fläche von drei Straßen durchzogen wird und die schon fast städtischen Charakter zeigt. Für das Gebiet, dessen Orte in der Regel Straßendörfer sind, ist eine solche flächenhafte Struktur ungewöhnlich und auffallend. Wenngleich die eigentliche Bausubstanz zum großen Teil störend geändert ist, weisen große Bereiche zusammenhängende Hofstrukturen auf, die als Gesamtanlagen zu erhalten sind.

Auf einer Bergkuppe weithin sichtbar liegt Stornfels im äußersten Norden des Gebietes. Das Dorf selbst ist in seiner Struktur stark durch Neubauten gestört, sodaß es keine zusammenhängende Gesamtanlage aufweist. Die außergewöhnlich isolierte Lage des Ortes und seines Ursprungsbaues, der mittelalterlichen Burg auf dem schmalen Bergrücken und die völlig ungestörten, von Bebauung freigehaltenen Abhänge und weitere Umgebung machen die landschaftsbezogene Qualität der Siedlung aus. Das rechtfertigt die Ausweisung eines denkmalpflegerischen Interessengebietes.

Im Gemeindegebiet von Nidda liegt das Staatsbad Salzhausen. Die Kuranlage mit dem Kurhaus, dem Badehaus und dem Kurpark aus der 1. Hälfte des 19. Jhs. ist als historisch bedeutsame Gesamtanlage zu sehen.

Die übrigen Orte verfügen über eine Vielzahl von gut erhaltenen historischen Hofanlagen und Gebäuden, die jedoch in keinem strukturellen Zusammenhang mit anderen stehen und als Einzelkulturdenkmale ausgewiesen wurden.
Außerhalb der Ortslagen sind drei bedeutsame Hofanlagen zu nennen: das alte Forsthaus Glaubzahl im Nordwesten, der Häuserhof im Westen, das Hofgut Schleifeld im Südwesten.

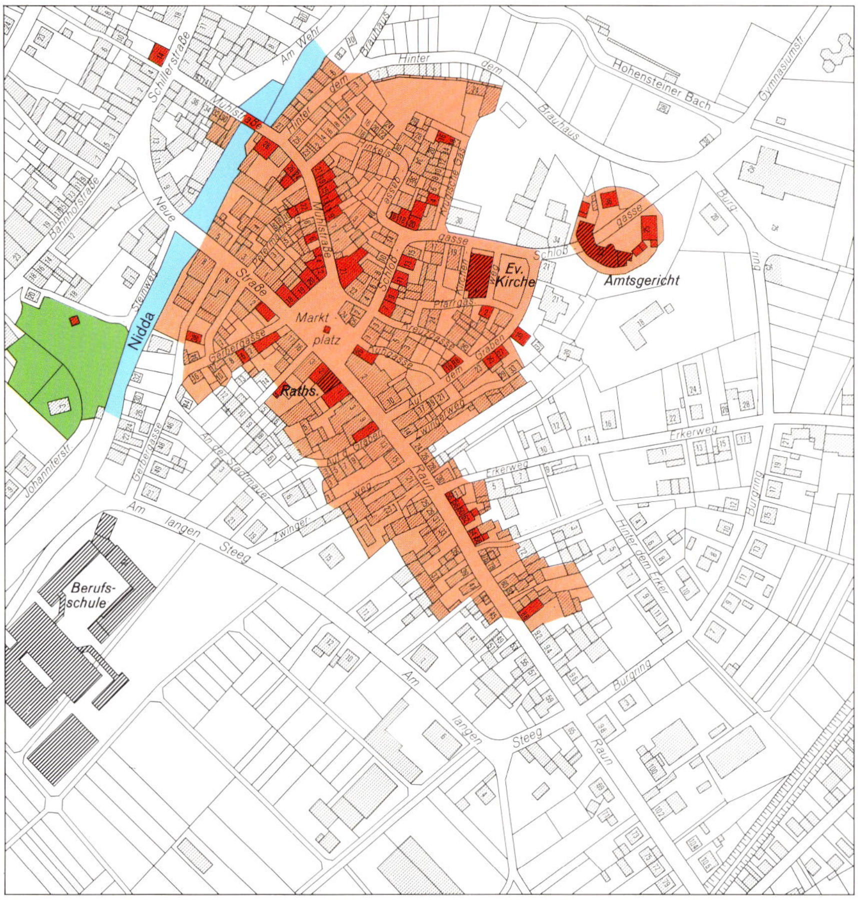

Nidda

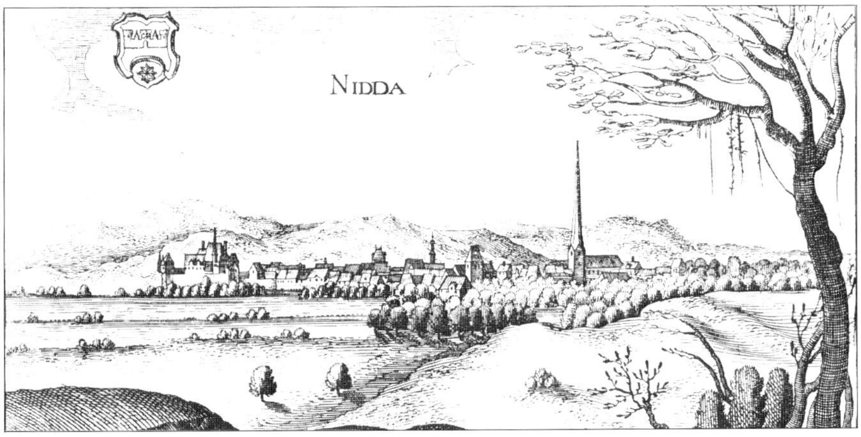

Ansicht von Nidda; Stich von Wilhelm Dilich 1605

Nidda

Eine Altstadt Nidda wird 1260-1335 erwähnt, sie lag wohl rechts des Flusses um die romanische Pfeilerbasilika, das spätere Johanniterkloster. Das spätere Nidda lag mit seinem Stadtkern westlich der hochmittelalterlichen Wasserburg der Grafen von Nidda, vergleichbar der Lage Büdingens zum Schloß.

1104 sind die Grafen von Nidda als Herrschaft genannt, zu Beginn des 13. Jhs. ihre Nachfolger, die Grafen von Ziegenhain. 1311 wurde das Stadtprivileg erteilt, was bereits eine stadtähnliche befestigte Siedlung voraussetzt. Ab 1450 hessisch, 1604 an Hessen-Darmstadt.

Der große quadratische Marktplatz, an dem die Alte Stadtkirche und das Alte Rathaus standen, bildet den Mittelpunkt des Stadtkerns. Das einigermaßen regelmäßige Straßennetz ist bezogen auf Burg (Schloßgasse), „Altstadt" mit der alten Pfarrkirche und den Vorort Kohden (Mühlstraße) und zuletzt auf die Vorstadt „Rauna" im Südosten. Die massive Mauer mit Wall und Graben, die die Stadt umzog, war durch zwei Tore geöffnet, das Mühltor und die Rauner Pforte.

Auf dem Kataster der dreißiger Jahre des 19. Jhs. ist der Verlauf der Stadtmauer noch genau erkennbar. Die Stadt ist ungefähr eiförmig der Burg südwestlich vorgelagert. 1681 wurde die ehemals selbständige Siedlung Raun zur Stadt Nidda geschlagen. 1842 erfolgte der Straßendurchbruch der Neuen Straße. 1870 erfolgte der Anschluß an die Eisenbahnlinie Gießen-Gelnhausen und es kam zu der typischen gründerzeitlichen Stadterweiterung zwischen dem etwas außerhalb liegenden Bahnhof und dem alten Ortskern, allerdings der Bedeutung des Ortes entsprechend, in architektonisch bescheidener Ausprägung.

Die Wirtschaftsgeschichte Niddas ist bestimmt in erster Linie von Landwirtschaft und Handwerk und von Märkten. Dem zufolge ist die Struktur der Gassen und der Wohngebäude je nach Funktion verschieden. Hofreiten und Nutzgebäude landwirtschaftlicher Bestimmung finden sich Auf dem Graben, vereinzelt in der Mühlstraße, der Hinkelsgasse und in dem später eingemeindeten Vorort Raun.

Durch die Enge der befestigten mittelalterlichen Stadt ließ sich der reine Hakenhoftyp oft nicht verwirklichen und es finden sich spitz- und stumpfwinklige Varianten auf enger Parzelle. Die Wohnhäuser dieser Hofreiten sind in der Regel giebelständig zur Straße ausgerichtet. Bestimmend und charakteristisch für Nidda sind jedoch Handwerker- und Händlerhäuser eines bestimmten Typs.

Nachdem Nidda 1605 unter die Herrschaft von Hessen-Darmstadt kam, erfolgte offensichtlich ein Aufschwung in der Stadtentwicklung. Die Stadtkirche wurde neu erbaut, die Burg erneuert, eine massive Brücke über die Nidda errichtet. Es entstanden gleichzeitig eine Reihe sehr repräsentativer und aufwendiger Fachwerkbauten, z. B. das Stadtwirtshaus „Zum Stern" 1632, das alte Rathaus auf dem Marktplatz und eine ganze Reihe überdurchschnittlich ausgestatteter Bürgerhäuser. Eine größere Zahl dieser Häuser

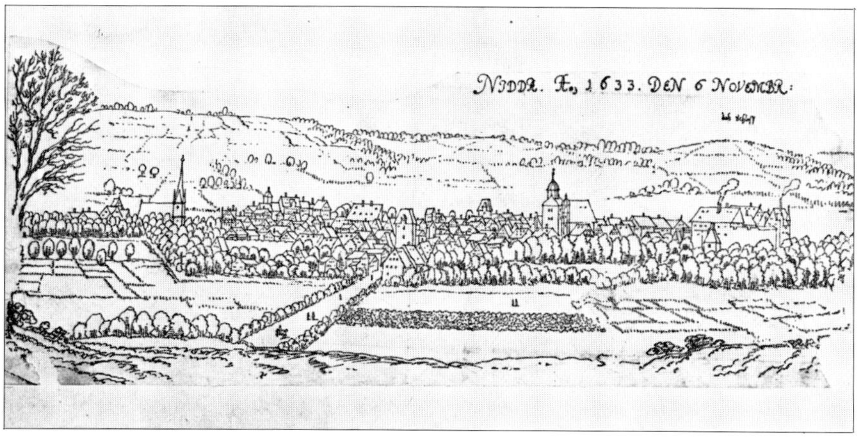

Historische Stadtansicht von 1633

aus der 1. Hälfte des 17. Jhs., die trotz der Schwierigkeiten des Dreißigjährigen Krieges entstehen konnten, sind in der Mühlstraße (ehem. Alte Gasse), der Krug'schen Gasse und in der Schloßgasse erhalten. Es handelt sich hierbei um giebelständige Häuser mit zwei Geschossen. Die Besonderheit ist ein überhohes Erdgeschoß mit Halle in Ständerbauweise, in das, wie aus erhaltenen Beispielen anderer Städte bekannt, oft ein niederes Zwischengeschoß eingeschoben war. Der vordere Teil der Halle diente jedoch als Werk- und Verkaufsraum für den Handwerker und als Lager und Verkaufsraum für den Händler.

Auf der in die Tiefe orientierten, längsrechteckigen Halle sitzt in Rähmbauweise das Wohngeschoß und der Dachraum.

Der gleiche Haustyp ist auch aus anderen ober- und mittelhessischen Städten bekannt, nur kommt er in Nidda noch ziemlich häufig und in oft gutem Erhaltungszustand trotz seines hohen Alters vor.

Stadtgrundriß, Urkataster von 1837

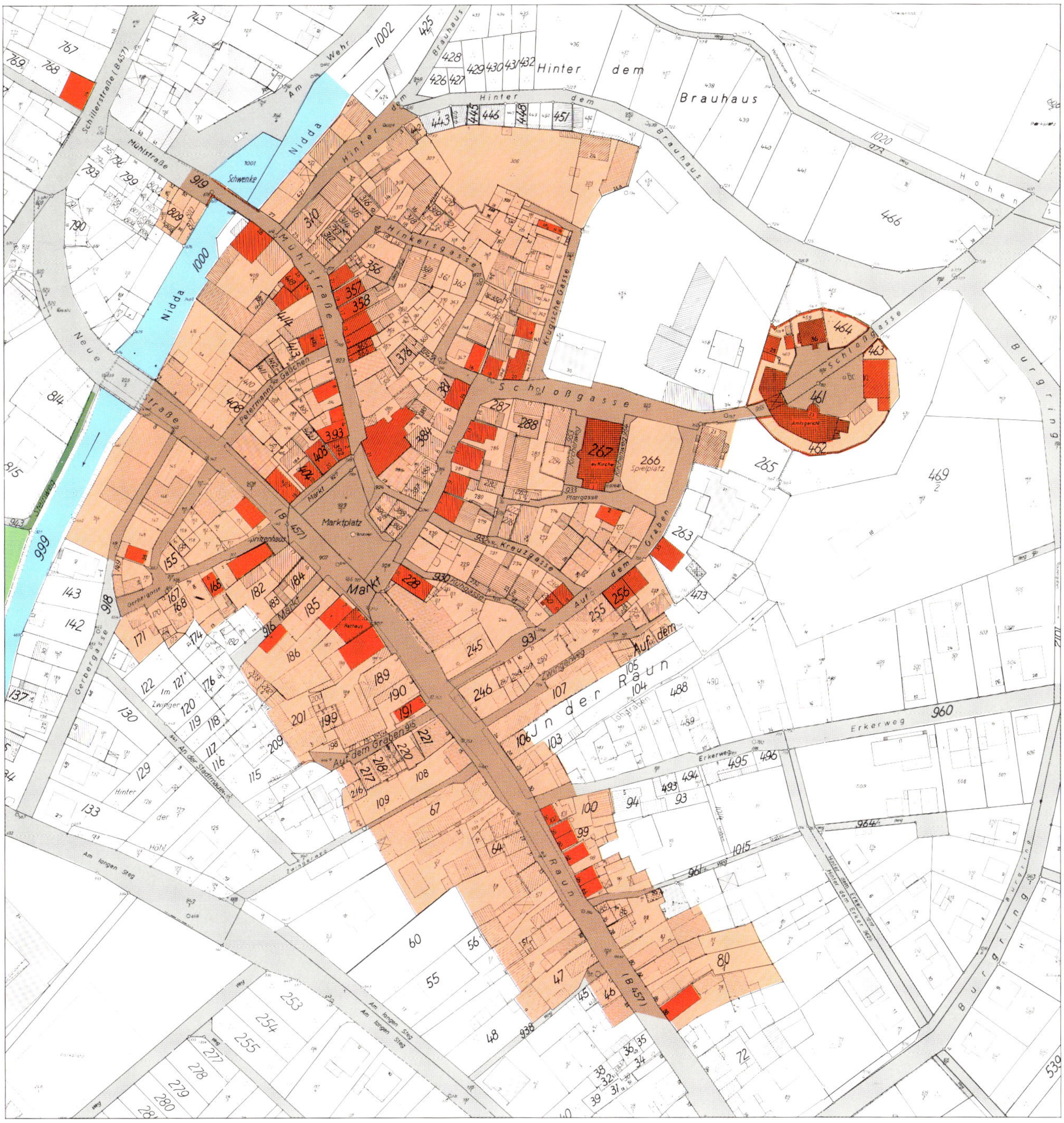

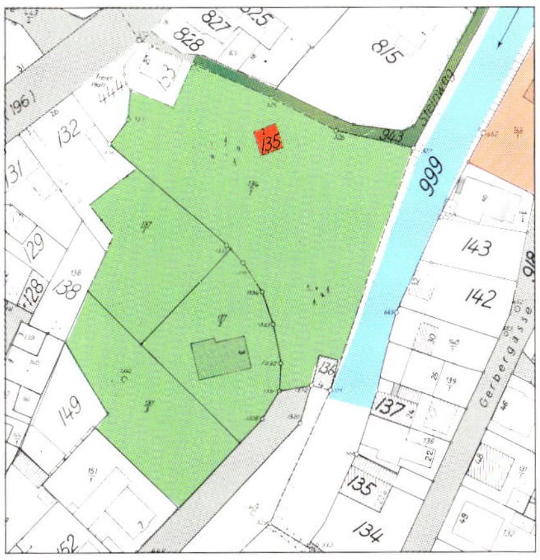

Gesamtanlage

Die Gesamtanlage ist definiert durch den Kern der mittelalterlichen Stadt innerhalb der Befestigungen. Dieses Areal ist bestanden von einer Menge verschiedenartiger Ackerbürgerhäuser und Hofreiten des 16. bis 19. Jhs., die das trotz Abbrüchen noch erhaltene, differenzierte Stadtbild bestimmen. Östlich an die Altstadt schließt sich der kreisrunde Schloßbereich an. Südlich gehört die 1681 zur Stadt geschlagene Siedlung Raun mit gutem Baubestand des 17. und 18. Jhs. zur Gesamtanlage. Westlich der Altstadt ist die Gesamtanlage abgeschlossen durch die historische Eingangssituation des ehemaligen Kohdener Tors mit einem Abschnitt der Nidda mit der Anlage der Stadtmühle und der alten Brücke. Dieser Teil der Nidda bestimmt die Stadtansicht wesentlich. Gegenüber dieser Anlage liegt das Areal des ehemaligen Johanniterklosters mit dem Turmrest und der parkartigen Umgebung als vermutlicher Rest der ältesten Siedlung Nidda.

Luftaufnahme des Stadtkerns

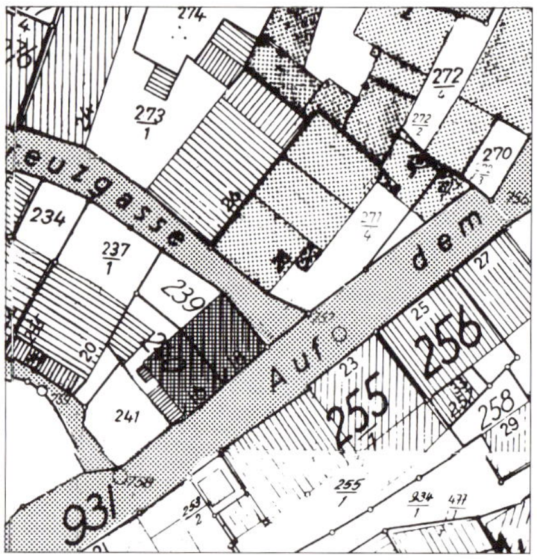

Auf dem Graben 16/18
Flur 1 Flurstück 239 und 240

Barockes Doppelhaus in Fachwerk, völlig verputzt bzw. verplattet. Dreigeschossig mit übersetzten Geschossen, gutes Zierfachwerk aus dem Beginn des 18. Jhs. zu erwarten. Städtebaulich wichtiger Akzent an der Gabelung Auf dem Graben/Kreuzgasse. Kulturdenkmal wegen seiner künstlerischen und städtebaulichen Bedeutung.

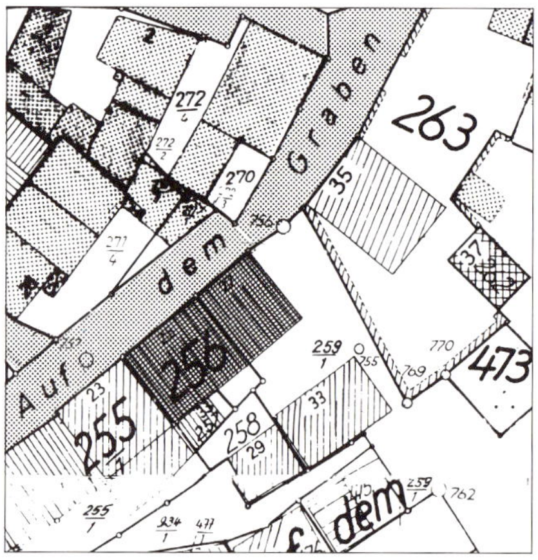

Auf dem Graben 25 und 27
Flur 1 Flurstück 256

Seltene, zur Straße hin orientierte Doppelscheunenanlage in Ständerbauweise, die Schwelle eingezapft. Übermannshohe, gebogene Streben, die beide Geschosse übergreifen. Entstanden Ende 17. Jh. Einmalige Situation, wie sie nur noch selten in den Ackerbürgerstädten Hessens anzutreffen ist. Sonderform der Hofreite mit traufständiger Scheune zur Straße, die Wohnhäuser im hinteren Hofbereich. Kulturdenkmal wegen ihrer wissenschaftlichen Bedeutung.

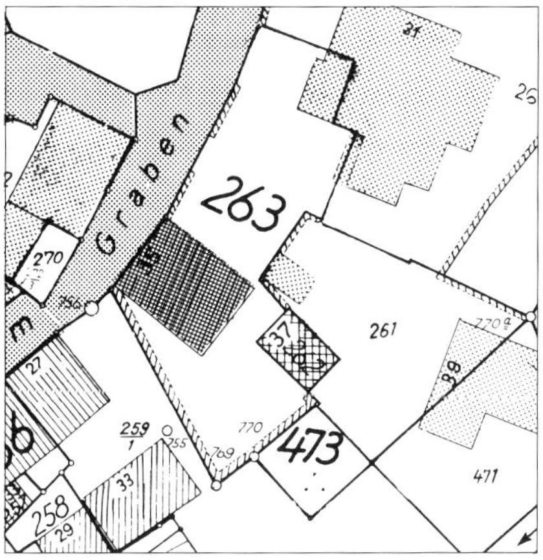

Auf dem Graben 35
Flur 1 Flurstück 263
Altes Hospital.

Barockes Fachwerkhaus mit mächtigen Dimensionen in den Hölzern. Reich ornamentiert, Wilde Mann-Form, gebogene Eckstreben. In der Giebelschwelle Inschrift: „WIR WERDEN HÄUSER BAUEN UND BEWOHNEN, SIE WERDEN WEINBERGE PFLANZEN UND DERSELBIGEN FRICHTEN GENIESSEN, DIE WERDEN NICHT TUN, DASS EIN FREMDER BEWOHNE.“ Um 1680. Kulturdenkmal aus künstlerischen und geschichtlichen Gründen.

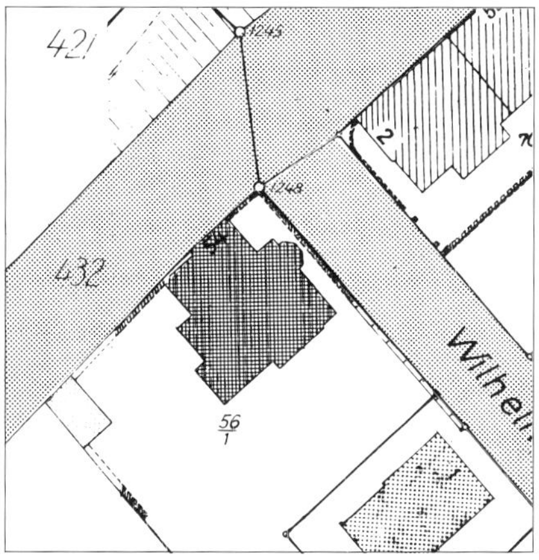

Bahnhofstraße 54
Flur 1 Flurstück 56/1

Geschlossen erhaltene Anlage des späten Historismus um 1900 mit bossiertem Sockel und interessanter wehrhafter Ummauerung. Im Erdgeschoß korbbogige Fenster mit profilierter Fensterteilung und aufwendigen Jugendstilfenstern. Im Obergeschoß neobarockes Fachwerk; polygonaler Erker, vom Steinernen Haus in Büdingen abzuleiten. Die komplett erhaltene Anlage ist die qualitätvollste dieser Epoche am Ort, deshalb Kulturdenkmal aus künstlerischen Gründen.

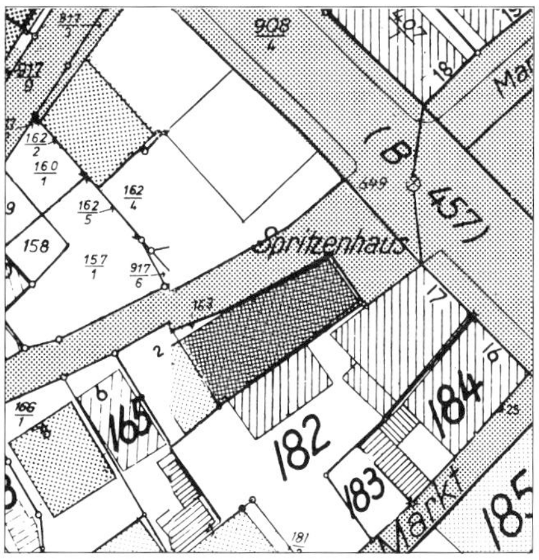

Gerbergasse 2
Flur 1 Flurstück 163
Feuerwehrgerätehaus.

Umgebautes Fachwerkwohnhaus des 18. Jhs. mit originellem, massiven Unterbau in Sandstein mit Bossenquaderung und Belüftungsluken. Städtebaulich gelungene Lösung der Heimatstilbewegung um 1900, die als Platzbegrenzung für den Markt wirkt. Kulturdenkmal wegen seiner geschichtlichen und städtebaulichen Bedeutung.

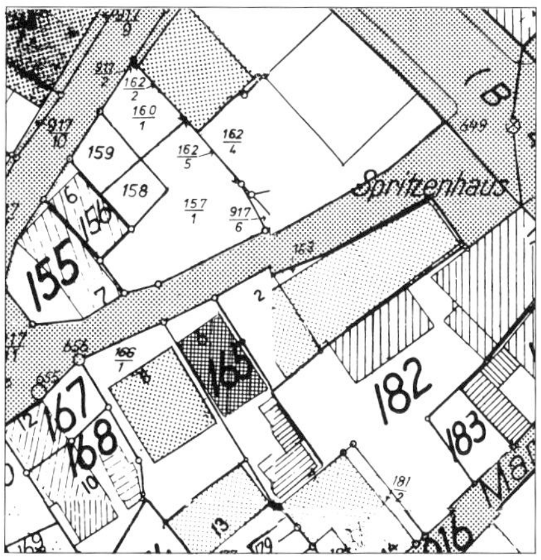

Gerbergasse 6
Flur 1 Flurstück 165

Fachwerkwohnhaus mit hohem Hallengeschoß und eingeschobenem Zwischengeschoß. Im Obergeschoß starke Übersetzung, verschiefert. Auf der Schwelle des 1. Obergeschosses folgende Inschrift: „CONRAT STORCK, BAUHERR OB DIRS SCHWER WIRDT MIT DEINER NAHRUNG UND ACKERBAUW DAS LAS DICH NICHT VERDRISSEN DAN GOTT WIRD DICH NICHT VERLASSEN. SYR KAPITEL RP. 7 HANS WEIGEL 1612“. Kulturdenkmal wegen seiner geschichtlichen und wissenschaftlichen Bedeutung.

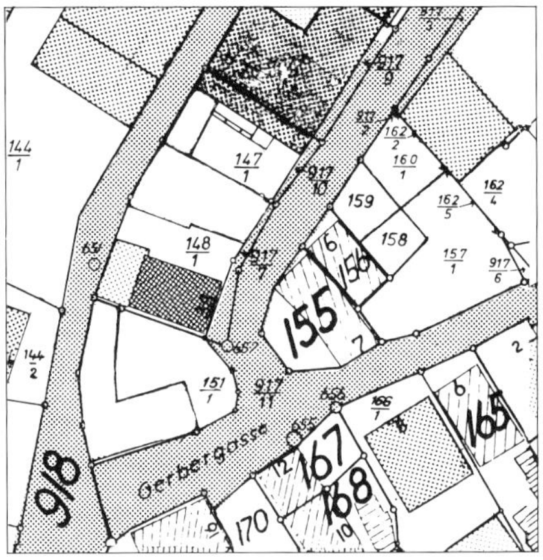

Gerbergasse 38
Flur 1 Flurstück 148/1

Freistehendes Fachwerkwohnhaus in merkwürdigen Mischformen; breite Holzpfosten mit Inschrift „HB" und Mainzer Rad, im oberen Bereich mit Datum „1525 HARTMAN B E R". Im Fachwerk Einzelheiten, die auf eine Entstehung im 16. Jh. deuten. Große, nach oben geschwungene Eckstreben, in der Schwelle verwitterte Inschriftreste, im Giebel doppelte Profilierung mit Firstsäule. Kulturdenkmal aus wissenschaftlichen, geschichtlichen und künstlerischen Gründen.

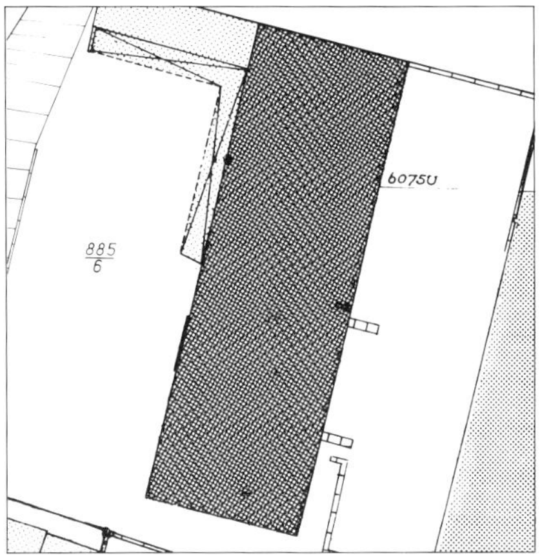

Hindenburgstraße 2
Flur 1 Flurstück 885/6
Ehemalige Realschule.

Bau im Zackenstil der Zwanziger Jahre des 20. Jhs. mit von mehreren Säulen mit expressionistischen Kapitellen getragenem Mittelrisalit und regelmäßiger Fensterreihung. Zwei Figurenbrunnen im Garten, links Hans im Glück, rechts Till Eulenspiegel. Ausgewogener typischer Bau der Zeit von Bedeutung für den Kreis. Kulturdenkmal wegen seiner geschichtlichen und künstlerischen Bedeutung.

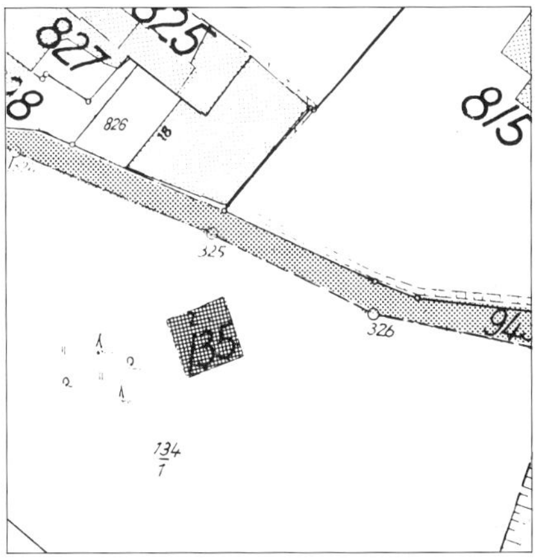

Johanniterturm
Flur 1 Flurstück 135

Rest der Johanniterkirche St. Johannes Bapt. Ursprünglich romanische Pfeilerbasilika, der Turm 1491 hinzugefügt. Quadratisch mit vier Steingiebeln und Spitzhelm. Die spätere Johanniterkirche war ursprünglich Pfarrkirche des rechts der Nidda liegenden Kerns der ersten Siedlung. Kulturdenkmal wegen seiner geschichtlichen, künstlerischen und städtebaulichen Bedeutung.

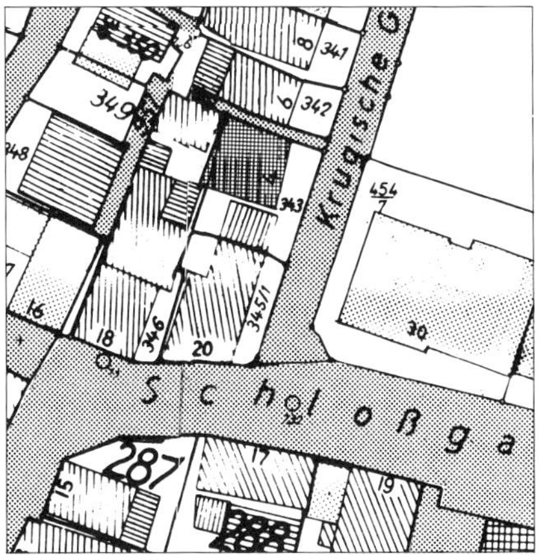

Krug'sche Gasse 4
Flur 1 Flurstück 343

Guterhaltenes Fachwerkwohnhaus des 17. Jhs. mit Hallengeschoß. Die Schwelle abgefault und höhergesetzt, ursprünglich bis zum Boden gehend; große diagonale Strebe auf der einen Seite erhalten. Schwach profilierte Schwelle und Rähm, im OG durchgebogene Strebe, umlaufendes Karnies. Typologisch interessanter Bau aus der Zeit um 1700. Kulturdenkmal wegen seiner wissenschaftlichen Bedeutung.

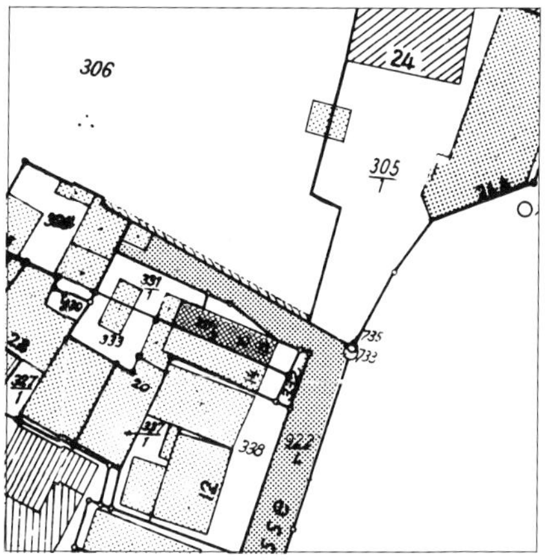

Krug'sche Gasse 18
Flur 1 Flurstück 331/2

Fachwerkwohnhaus, unter Verputz liegend mit regelmäßiger Fensteranordnung ohne Geschoßübersprünge. Im Giebel von Hand aufgemalt die moderne Zahl 1688, die jedoch durchaus auf das Entstehungsdatum des Baus passen könnte. Kleine Fensteröffnungen, hohes Hallengeschoß im Erdgeschoß. Nach Freilegung guter früher Fachwerkbau zu erwarten. Kulturdenkmal wegen seiner wissenschaftlichen Bedeutung.

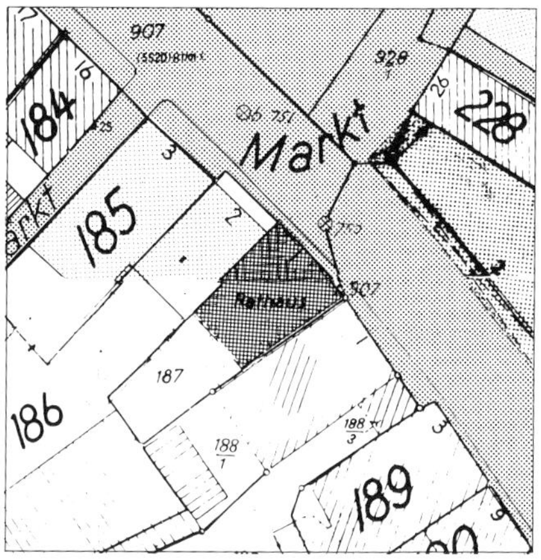

Markt 1
Flur 1 Flurstück 187
Rathaus

Verputzter klassizistischer Fachwerkbau von 1811, Giebel und Haubendachreiter mit Glockenturm, Kartusche mit Stadtwappen. An einer Ecke Stein mit Datum 1661, rechts und links des Portal Inschriftsteine. Rechts „ANNO 1811", links längere Inschrift. Über der Kartusche Inschrift „STADT NIDDA WABEN". Die Spolien vom alten Rathaus, das auf der nordöstlichen Seite des Marktes stand. Kulturdenkmal aus geschichtlichen und künstlerischen Gründen.

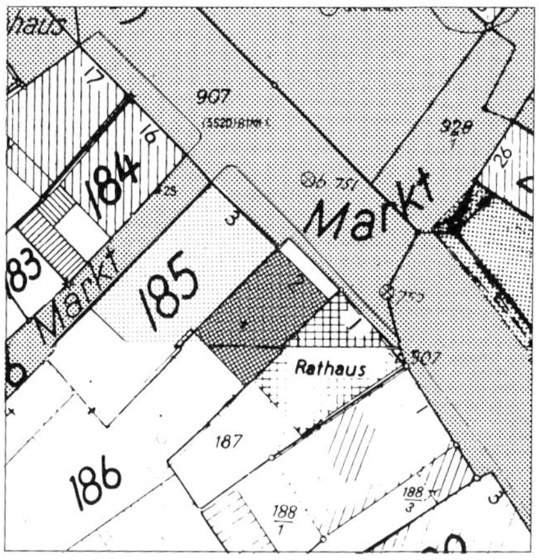

Markt 2
Flur 1 Flurstück 186

Reste des Krug'schen Hauses. Renaissance-Portal mit Konsolen, dort Inschrift „R K", Datierung 1599. Der übrige Bau unpassend. Kulturdenkmal als Sachteil wegen seiner historischen und künstlerischen Bedeutung.

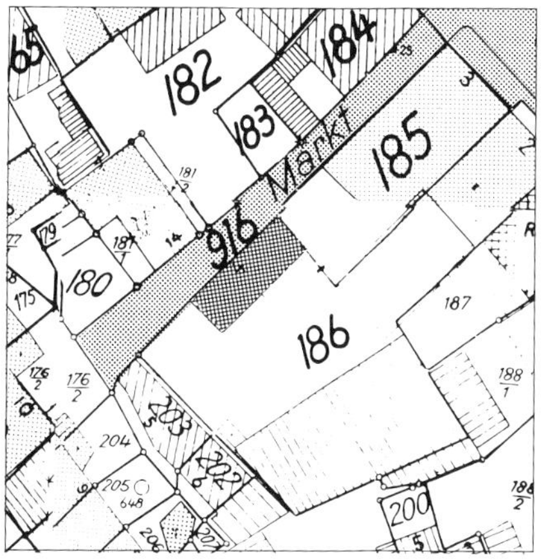

Markt 4
Flur 1 Flurstück 186

Kleine Stichstraße hinter dem Markt, das Fachwerkwohnhaus langgestreckt, traufständig zur Gasse in steilen Proportionen mit stark übersetztem Obergeschoß. Das Fachwerk ganz verputzt. Steile Proportionen und der Überhang lassen eine frühe Entstehungszeit vermuten, 16. oder 17. Jh. Kulturdenkmal wegen seiner wissenschaftlichen Bedeutung.

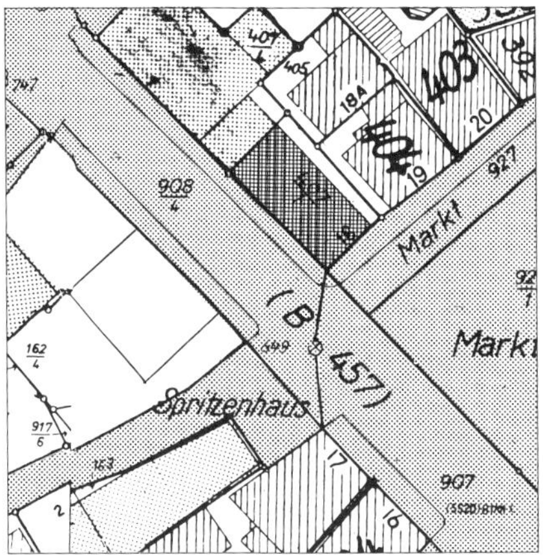

Markt 18
Flur 1 Flurstück 407/1

Eckhaus zwischen Markt und Neue Straße. Im Erdgeschoß gestört durch Ladeneinbau. Die Ecke aufgebrochen; im Obergeschoß Fachwerk erhalten mit Übersetzungen im Giebel. Relativ einfaches Fachwerk aus dem späten 18. Jh., jedoch von eminenter städtebaulicher Wichtigkeit am bereits gestörten Marktplatz. Kulturdenkmal wegen seiner städtebaulichen Bedeutung.

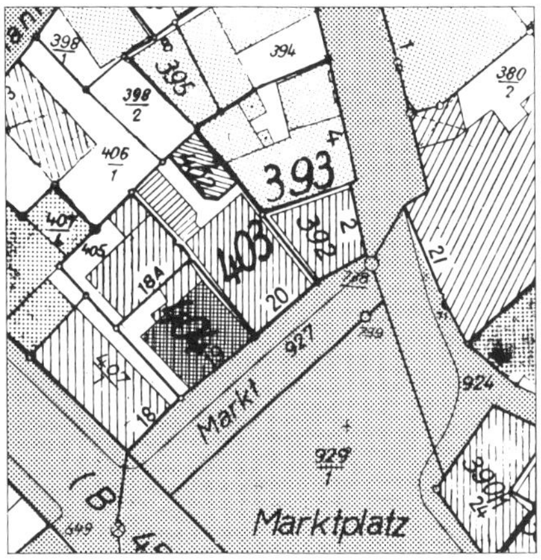

Markt 19
Flur 1 Flurstück 404

Giebelständiges, eingeschossiges Fachwerkhaus mit stark gestörtem Erdgeschoß, im Obergeschoß ungestörtes verputztes Fachwerk. Die ursprüngliche Fensterteilung erhalten. Es ist gutes Zierfachwerk aus dem 18. Jh. zu erwarten. Wichtige Funktion innerhalb des Platzbildes. Kulturdenkmal wegen seiner städtebaulichen Bedeutung.

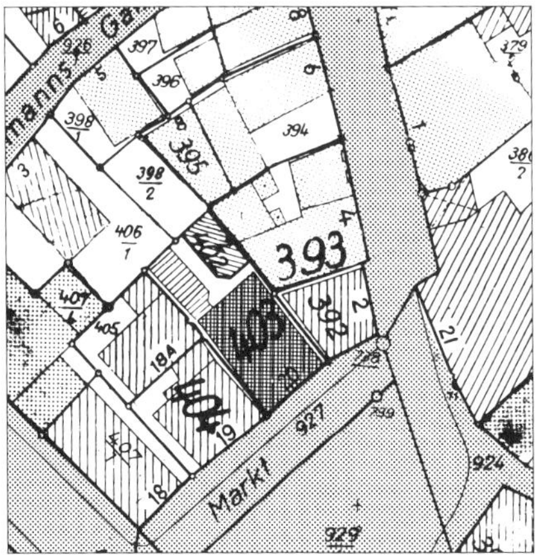

Markt 20
Flur 1 Flurstück 403

Eingeschossiges Fachwerkhaus. Im Erdgeschoß massiv erneuert mit störenden Ladeneinbauten. Im Obergeschoß ursprüngliche Fensterteilung erhalten. Zweimal gekoppelte jeweils Dreiergruppe, im Giebel Doppelfenster. Das Fachwerk im Obergeschoß und im Giebel wohl erhalten, barockes Zierfachwerk zu erwarten. Das Haus besitzt eine wichtige platzbildende Funktion neben dem Eckhaus zur Mühlstraße hin. Kulturdenkmal wegen seiner städtebaulichen Bedeutung.

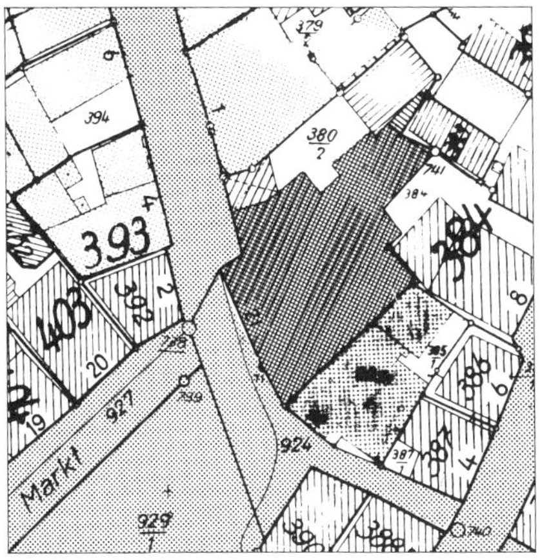

Markt 21
Flur 1 Flurstück 380/2

Großes platzbestimmendes Fachwerkhaus in gedrungenen Proportionen mit mächtigem Krüppelwalm. Holzverschindelt mit gekoppelten Fenstern. Es ist davon auszugehen, daß ältere Bauteile vorhanden sind, vielleicht zwei Einzelhäuser, die zusammengezogen wurden. Wegen seiner platzbestimmenden Lage am Marktplatz und als historisches Gasthaus Kulturdenkmal aus städtebaulichen und ortsgeschichtlichen Gründen.

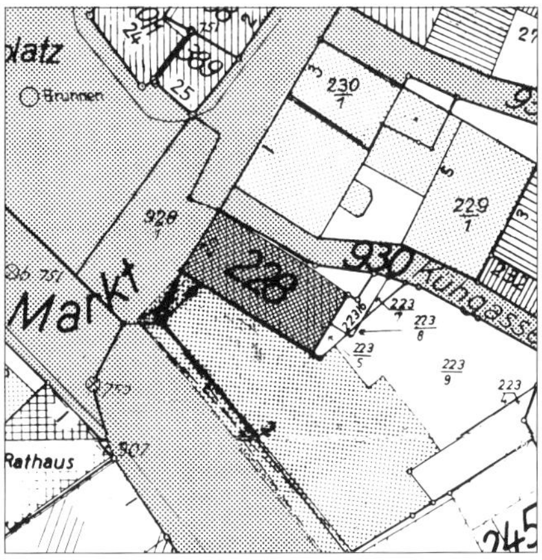

Markt 26
Flur 1 Flurstück 228

Giebelständiges Fachwerkwohnhaus mit wichtiger Wirkung am Marktplatz. Im Erdgeschoß durch Ladeneinbau gestört, im Obergeschoß ursprüngliches, frühbarockes Fachwerk aus der Zeit um 1700 erhalten. Im Giebel Wilder Mann mit geschwungenen Streben. Wegen seiner wichtigen Prospektwirkung am Marktplatz Kulturdenkmal aus städtebaulichen Gründen.

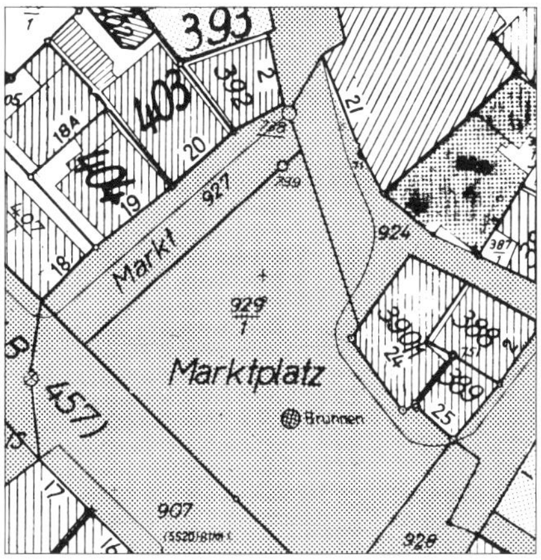

Marktbrunnen
Flur 1 Flurstück 929/1

Ziehbrunnen mit runder Sandsteinfassung. Von zwei Vierkantpfeilern getragener Querbalken, dort Inschrift mit Stadtwappen und Datum 1650. Im 19. Jh. Anbringung zweier Pumpen. Kulturdenkmal wegen seiner technischen und künstlerischen Bedeutung.

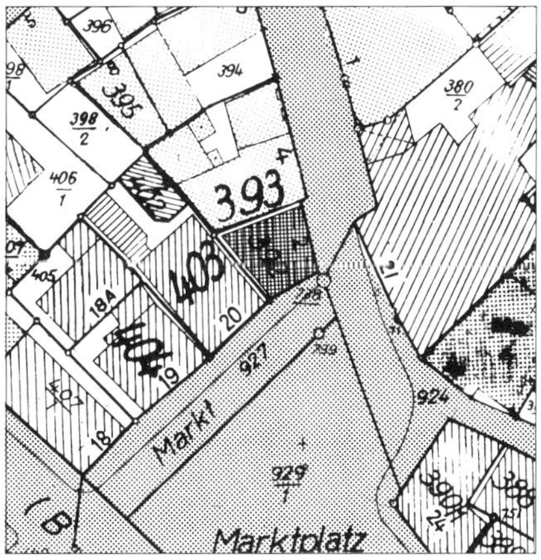

Mühlstraße 2
Flur 1 Flurstück 392

Fachwerkbau in städtebaulich wichtiger Eckfunktion zwischen Mühlstraße und Marktplatz. Das Erdgeschoß an der Giebelseite massiv erneuert (ehem. Hallengeschoß), darüber zwei Räume in einfachen, geraden Fachwerkformen aus der Mitte des 18. Jhs. Stark profilierte Gesimse im Giebeldreieck, dort Krüppelwalm. Der Bau stellt ein interessantes Beispiel für einen Fachwerkbau um 1750 dar, der seine barocken Proportionen zu Gunsten einer städtebaulichen Situation opfert. Kulturdenkmal wegen seiner städtebaulichen Bedeutung.

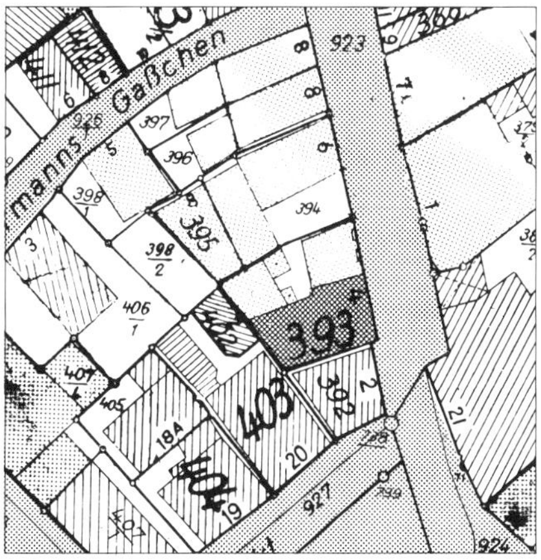

Mühlstraße 4
Flur 1 Flurstück 393

Giebelständiges Fachwerkwohnhaus, Ende 15. Jh. Schönes Fachwerkbild durch regelmäßig angeordnete Viertelkreisstreben, von einem Radornament im Giebeldreieck gekrönt. Das früheste Holzhaus am Ort, von genereller Bedeutung für das hessische Fachwerk. Anbau um 1900 in einfachen, historisierenden Fachwerkformen. Alter Ladeneinbau im Erdgeschoß. Kulturdenkmal aus künstlerischen, wissenschaftlichen und städtebaulichen Gründen.

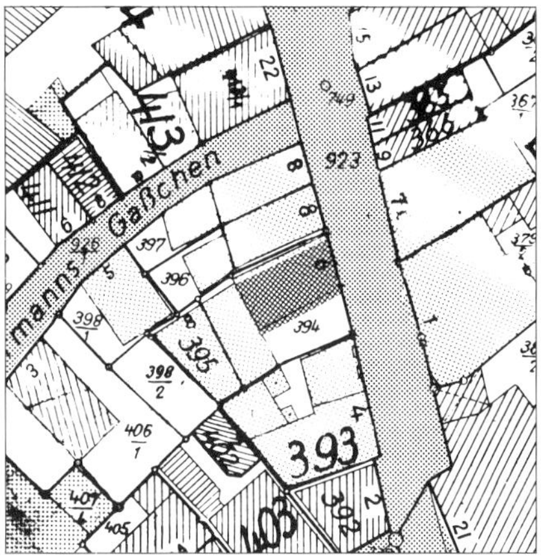

Mühlstraße 6
Flur 1 Flurstück 394

Zweigeschossiges, giebelständiges Fachwerkwohnhaus, Teil einer ehemaligen Ackerbürgerhofreite mit qualitätvoller Fachwerkfiguration im Giebel. Ehemaliges Hallengeschoß durch Ladeneinbau gestört, im oberen Teil die großen Streben im Ansatz erhalten. Weit ausladende krumme Streben, 2. Hälfte 17. Jh. Darüber im Giebel Wilde Mann-Form. Der Bau ist Kulturdenkmal aus kunstgeschichtlichen und wissenschaftlichen Gründen.

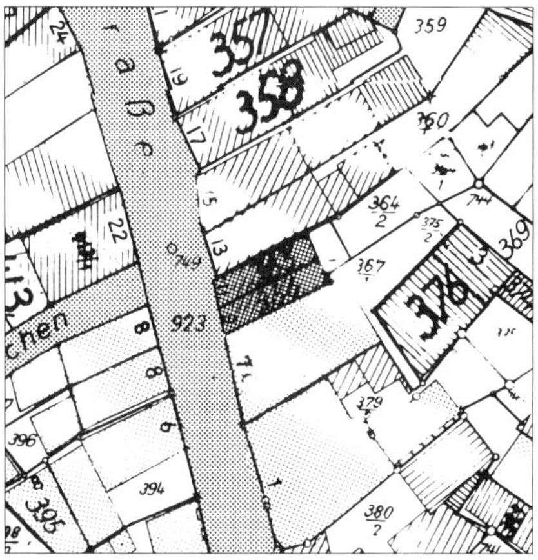

Mühlstraße 9/11
Flur 1 Flurstück 366 und 365

Frühes Doppelhaus mit hohem Ständergeschoß und übersetztem Obergeschoß, entstanden auch im 17. Jh., als Abschluß dieser hochbedeutenden Baugruppe Mühlstraße, die eine einmalige, geschlossene Bebauung des 17. Jhs. repräsentiert. Kulturdenkmal wegen seiner wissenschaftlichen und städtebaulichen Bedeutung.

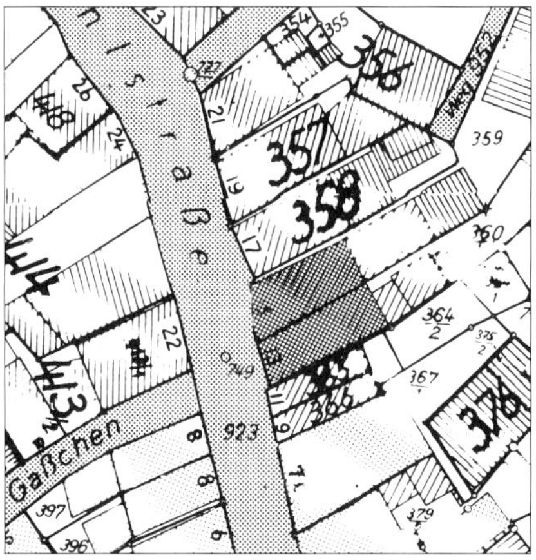

Mühlstraße 13/15
Flur 1 Flurstück 360/1 u. 359

Verschliffenes Doppelhaus mit einem hohen, eingebauten Haupthaus, dem offensichtlich zwei kleinere Häuser vorgesetzt sind. Die Trennung heute verschliffen. Die ganze Anlage unter Verputz und Schiefer, das Fachwerk jedoch erhalten. Die Parzellengrenze des Grundstücks in der Fassade voll ausgenutzt. Ortsbildprägende Funktion im Straßenbild. Entstehungszeit 17. Jh. Kulturdenkmal wegen seiner wissenschaftlichen und städtebaulichen Bedeutung.

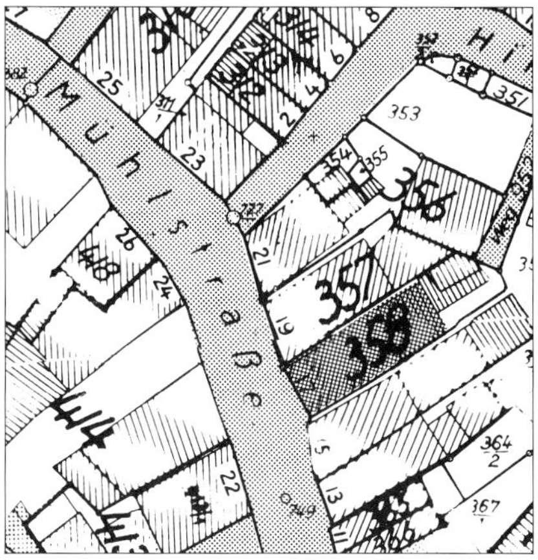

Mühlstraße 17
Flur 1 Flurstück 358

Wichtiger Bestandteil des Straßenbildes. Gleicher früher Bautyp mit Halle im Erdgeschoß, darüber alte Dreierfenstergruppe, das Hallengeschoß besitzt offenbar noch das ursprüngliche Schmuckfachwerk. Darüber verschiefertes Obergeschoß. Entstanden im 17. Jh. Kulturdenkmal wegen seiner wissenschaftlichen und städtebaulichen Bedeutung.

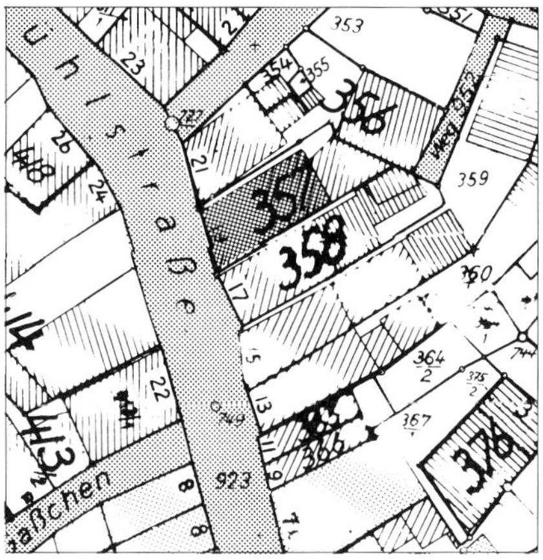

Mühlstraße 19
Flur 1 Flurstück 357

Ähnlicher Bau wie das Nachbarhaus Nr. 21, ebenfalls mit glattem zweigeschossigen Ständerunterbau. Im Erdgeschoß durch Laden leicht gestört, im Obergeschoß starke Übersetzungen, ganz verputzt bzw. verschiefert. Als Entstehungszeit ist ebenfalls Mitte 17. Jh. anzunehmen. Wichtiger Bestandteil der malerischen Häusergruppe Mühlstraße 21-9. Kulturdenkmal wegen seiner wissenschaftlichen und städtebaulichen Bedeutung.

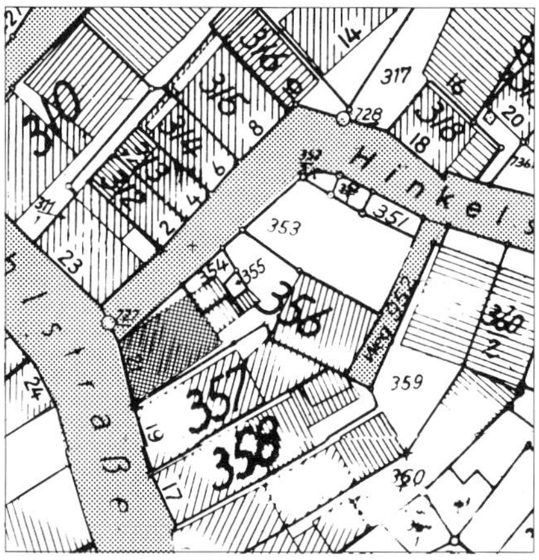

Mühlstraße 21
Flur 1 Flurstück 356

Eckhaus auf parallelogrammartigem Grundriß; Halle im Erdgeschoß z. T. durch Ladeneinbau gestört. In der Schwelle dat. 1655 und Inschrift „DIESES HAUS STEHT IN GOTTES HAND. GOTT BEWAHR'S FÜR FEWER UND BRAND. WER GOTT VERTRAUE, HAT WOL GEBAUWE. IM HIMMEL UND AUF ERDEN. R B HH W B M". Das baugeschichtlich interessante Haus ist Kopfbau einer Gruppe schräg gestaffelter giebelständiger Häuser, deshalb Kulturdenkmal aus wissenschaftlichen und städtebaulichen Gründen.

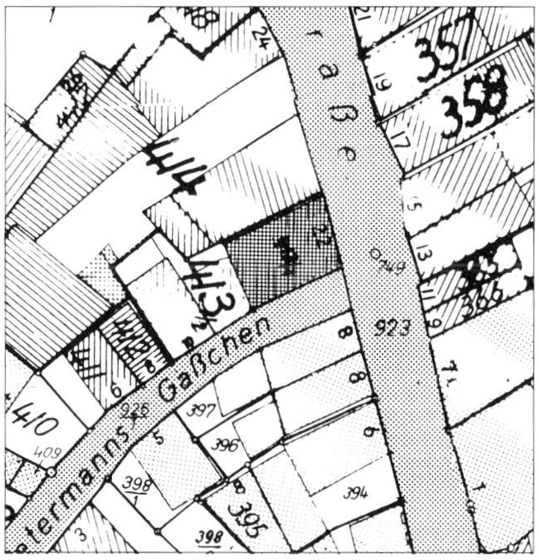

Mühlstraße 22
Flur 1 Flurstück 413/2

Hohes zweigeschossiges Wohnhaus, ehemals auf Ständergeschoß, dieses jedoch stark gestört, teilweise massiv erneuert. Die beiden Obergeschosse und der Giebel ganz asbestzementverkleidet, jedoch ursprünglich kleine Fensterteilung des 17. Jhs. erhalten. Der Bau vermittelt städtebaulich zwischen Federmannsgäßchen und Mühlstraße, außerdem läßt er in seiner Ausdehnung und der Fensteranordnung qualitätvolles Zierfachwerk des Frühbarock erwarten. Kulturdenkmal wegen seiner künstlerischen und städtebaulichen Bedeutung.

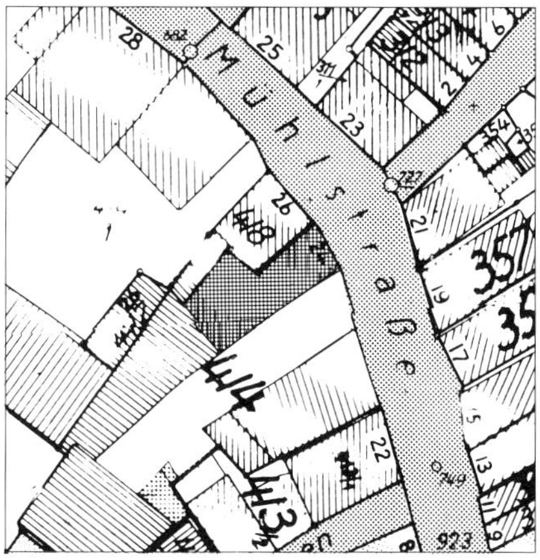

Mühlstraße 24
Flur 1 Flurstück 414

Große Fachwerkhofreite in hakenförmiger Anlage mit Scheunen und Stallgebäuden im Hintergrund. Das Wohnhaus selbst sehr steil, zweigeschossig, zur Straße hin übersetzt, total verputzt, jedoch ursprüngliche Fensterteilung erhalten. Der Bau bildet den Blickpunkt beim Austritt aus der Hinkelsgasse und kündigt sich in Proportionen und Gliederung als ein Bau aus der Mitte des 17. Jhs. an. Kulturdenkmal wegen seiner städtebaulichen und wissenschaftlichen Bedeutung.

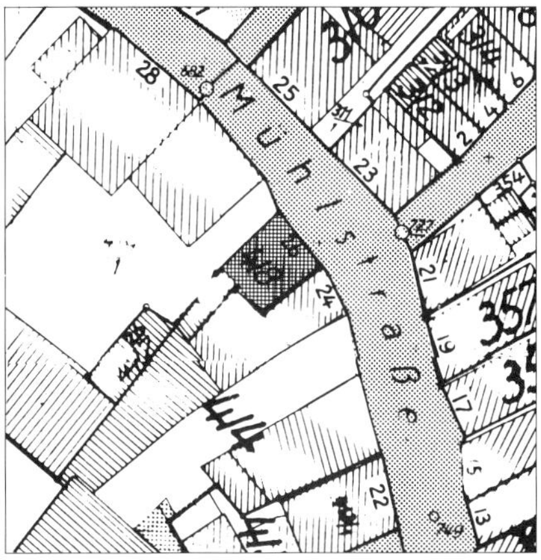

Mühlstraße 26
Flur 1 Flurstück 418

Zweigeschossiger verputzter Fachwerkbau mit weit heruntergezogenem Krüppelwalm. Die ursprüngliche Fensterteilung in den Obergeschossen erhalten, im Erdgeschoß teilweise massiv durch moderne Ladeneinbauten gestört. Nach Proportion und Kubatur stammt der Bau aus dem 17. Jh. und ist unter seiner Putzhaut im Zierfachwerk intakt erhalten. In den beiden Obergeschossen Übersetzungen. Kulturdenkmal wegen seiner städtebaulichen und künstlerischen Bedeutung.

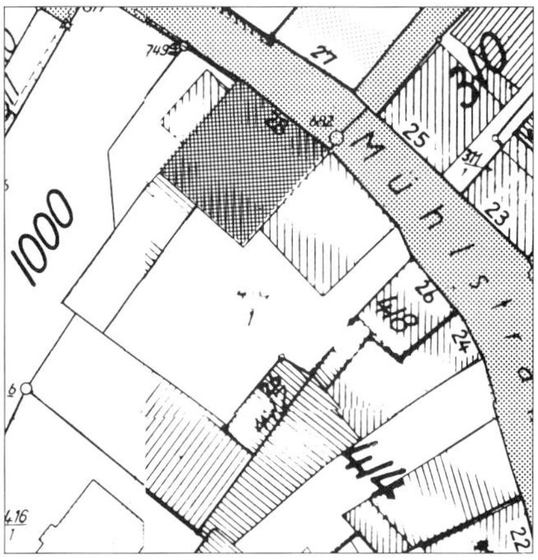

Mühlstraße 28
Flur 1 Flurstück 419/1
Niddaer Stadtmühle.

Die Mühle selbst ursprünglich bedeutender Nutzbau, jedoch durch falsche Vereinheitlichung und Kratzputz verunstaltet. Mühlrad erhalten. An der Ecke Inschriftsteine unleserlich mit Datum 1804. Über dem Portal einfache rechteckige Platte mit Inschrift verschiedener Namen, dort ebenfalls Datum 1804; darüber Stadtwappen. Die Mühle ist wegen ihrer Bedeutung für das Ortsbild und auch wegen ihrer lokal- und technikgeschichtlichen Bedeutung Kulturdenkmal.

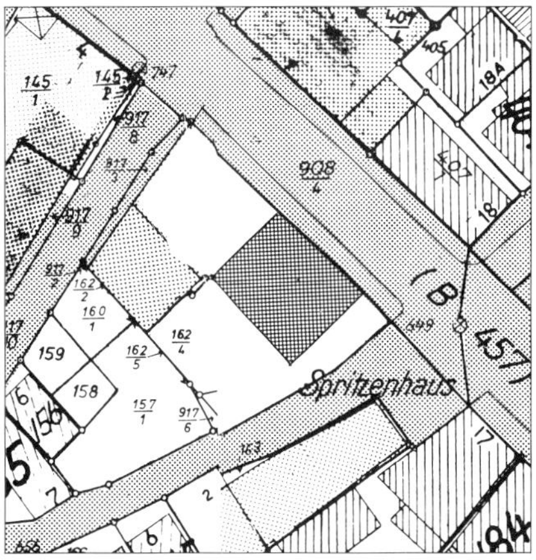

Neue Straße 2
Flur 1 Flurstück 162/4

Großes, das Bild des Marktplatzes bestimmendes Eckhaus mit sehr ausgefallenen Flachschnitzereien des 17. Jhs.; große Wilde Mann-Form am Giebel, stehender Dachstuhl mit übersetztem Giebel, kleiner Krüppelwalmschopf. Im EG massiv erneuert, an der Traufseite schwaches Fachwerk, 19. Jh. Im hinteren Bereich polygonaler Eckturm mit Konsole, 20. Jh. Gute Stuckdecke, 1. Hälfte 17. Jh. im 1. OG vom Meister des Stucks in der Stadtkirche. Kulturdenkmal wegen seiner städtebaulichen und künstlerischen Bedeutung.

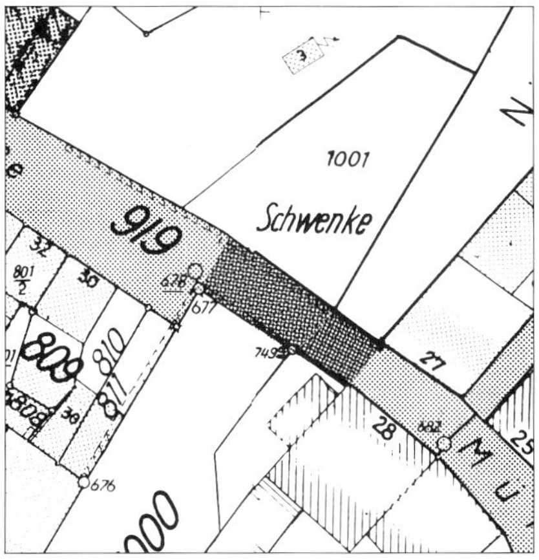

Niddabrücke
Flur 1 Flurstück 919

Dreibogige Anlage von 1607, vor der unmittelbar ein Wehr liegt, das den Wasserlauf umleitet. Die Brücke relativ schmucklos in Bruchstein mit hüfthohen Brüstungen, die mit Sandsteinplatten belegt sind. Kegelförmige Eisbrecher, an der Rückseite Strebepfeiler. Inschriftsteine „1607" und „Reno. 1844/1971". Kulturdenkmal wegen ihrer geschichtlichen, technischen und städtebaulichen Bedeutung, da sie als sehr frühes Verkehrsbauwerk gut erhalten ist und den städtebaulichen Auftakt zur Altstadt bildet.

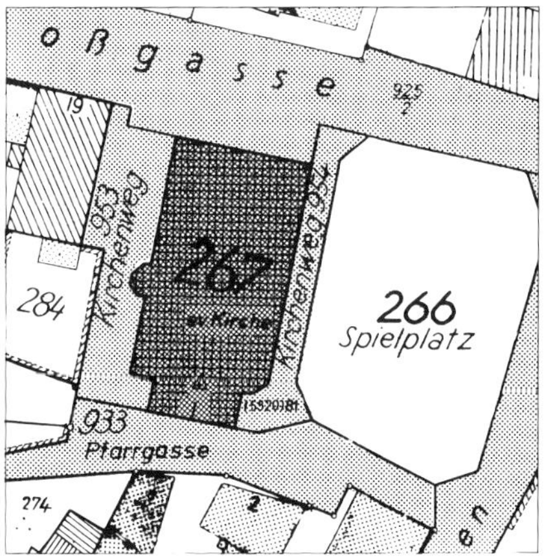

Pfarrgasse 1
Flur 1 Flurstück 267
Evang. Stadtkirche zum Heiligen Geist.

1616-18 auf einem von Landgraf Ludwig geschenkten Grundstück erbaut durch den „fürstlichen Baumeister und Mainzer Werkmeister", vermutlich Jakob Wustmann. Breitgelagerter Saalbau mit südlichem Chorturm und seitlichen Treppentürmen. Steiles Satteldach, hohe, beide Geschosse überspannende Fenster an der Fassade. Durch das Äußere bewußt den Eindruck eines Profanbaues hervorgerufen. Im Innern durchgehende Holzstützen, die die Decke und die Emporen tragen. Die Flachdecke mit drei Längsunterzügen und die Untersichten der Emporen hervorragend stukkiert – geometrisierend in Medaillons und Vierpässen mit Wappen des Landesherren und seiner Gemahlin (Ludwig V. von Hessen-Darmstadt und Magdalena von Brandenburg) und Darstellung von Doppeladler, Phönix und Pelikan, Datum 1616. Gute Kanzel von 1616, Orgel 2. Hälfte 18. Jhs., Taufstein um 1618. Türen des 17. Jhs. Bedeutender Gründerbau des protestantischen Kirchenbaus in Hessen. Wichtiger Ansatz, einen eigenen Kirchentyp aus der Tradition der Schloßkapelle entgegen der spätmittelalterlichen Bautradition zu entwickeln. Kulturdenkmal wegen seiner künstlerischen, wissenschaftlichen und geschichtlichen Bedeutung.

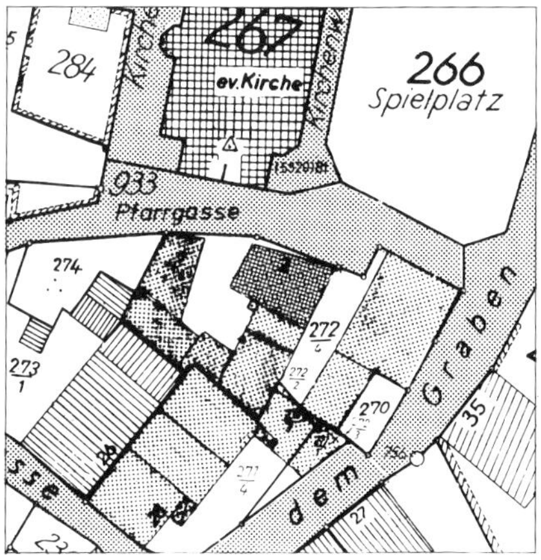

Pfarrgasse 2
Flur 1 Flurstück 272/4

Direkt gegenüber dem Chorturm der Kirche liegendes, zweigeschossiges Fachwerkhaus, ganz verputzt mit zweiläufiger Freitreppe. Die Eckständer jedoch freiliegend mit reich ornamentierter Palmettensäule und Weintraubenkapitell an der einen Ecke, an der anderen Ecke gedrehter Stab mit Seraphim und Beschlagwerk. Entstanden in der 2. Hälfte des 17. Jhs. Außergewöhnliche Qualität in den Schnitzereien. Kulturdenkmal wegen seiner künstlerischen und städtebaulichen Bedeutung.

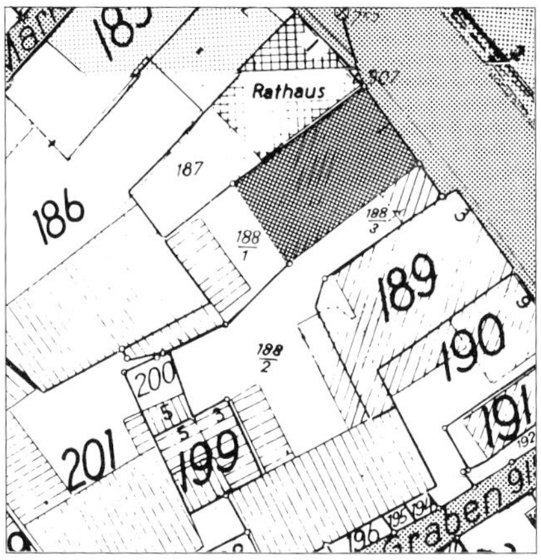

Raun 1
Flur 1 Flurstück 188/1

Ehemaliges Stadtwirtshaus „Zum Goldenen Stern", 1632 erbaut. Großes, zweigeschossiges Fachwerkhaus, aus zwei Bauteilen bestehend, mit starker Wirkung im Platzbild. Der rechte, größere Teil mit großem karniesumrahmten Rundbogenportal, darüber zwei Geschosse mit reichen Eckstreben und Feuerböcken in den Brüstungen. Giebel mehrfach übersetzt mit genasten Feuerböcken. Der linke Bauteil, ebenfalls giebelständig, überspannt die Hofdurchfahrt durch einen eleganten, von polygonalen Säulen mit doppeltem Eselsrükken getragenen Torbau; dort Datum „1632 HENRICH OTTERBEIN DER MEISTER WAR", darüber ähnliches Fachwerk wie am benachbarten Bau. Innerhalb der oberhessischen Fachwerkgeschichte einer der bedeutenden, kunsthistorisch wertvollen Bauten von Meister Otterbein aus Langd in vorzüglicher Erhaltung mit reicher Fachwerkfiguration. Kulturdenkmal wegen seiner künstlerischen, geschichtlichen und städtebaulichen Bedeutung.

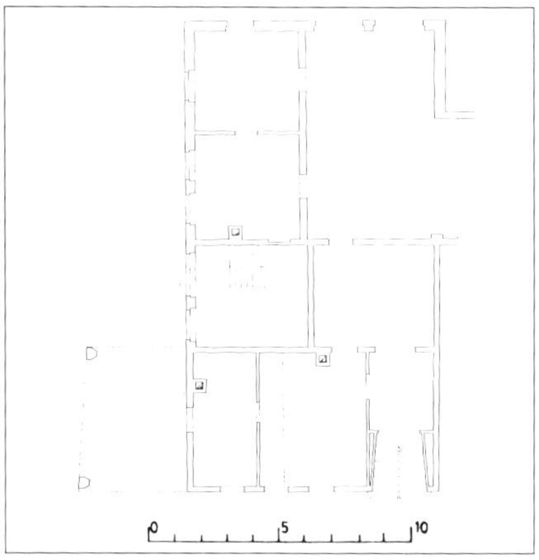

links: Ansicht
Mitte: Grundriß Erdgeschoß

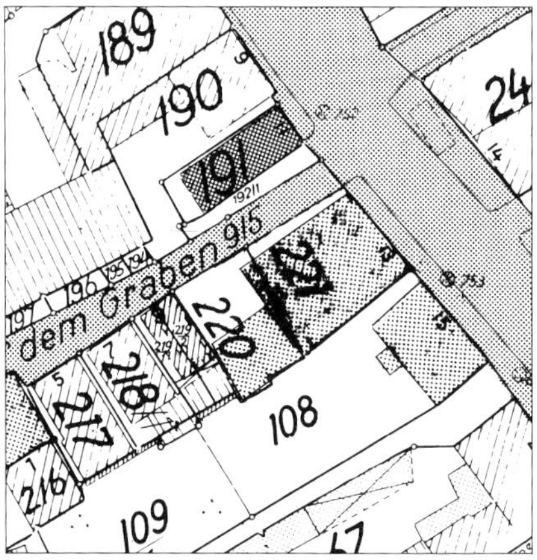

Raun 11
Flur 1 Flurstück 191

Giebelständiges Fachwerkwohnhaus in städtebaulich wichtiger Position. Schmaler, steil proportionierter Bau um 1700 mit ausgefallenen Kopfbändern mit Herzornamentik, genasten S-förmigen Streben im Giebel, umlaufendem Karnies. Im Erdgeschoß Halle, zwei Geschosse in Ständerbauweise. Kulturdenkmal wegen seiner künstlerischen und städtebaulichen Bedeutung.

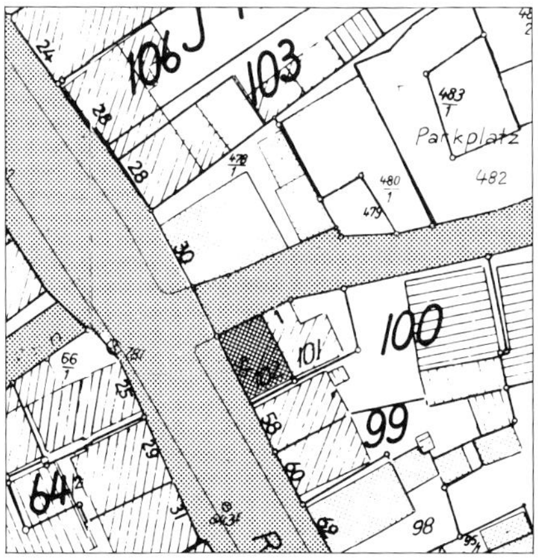

Raun 56
Flur 1 Flurstück 102

Kleines traufständiges Fachwerkwohnhaus mit ungewöhnlichem, bogenförmigen Eingang, die Freitreppe in das Haus hineinlaufend; Sonderform. Ursprüngliches Fachwerk unter Putz vorhanden, im hinteren Teil Anbau. Entstanden wohl im 17. Jh. Wegen seiner Wirkung im Straßenraum, der ungewöhnlichen Eingangssituation und der frühen Erbauungszeit Kulturdenkmal wegen seiner städtebaulichen und wissenschaftlichen Bedeutung.

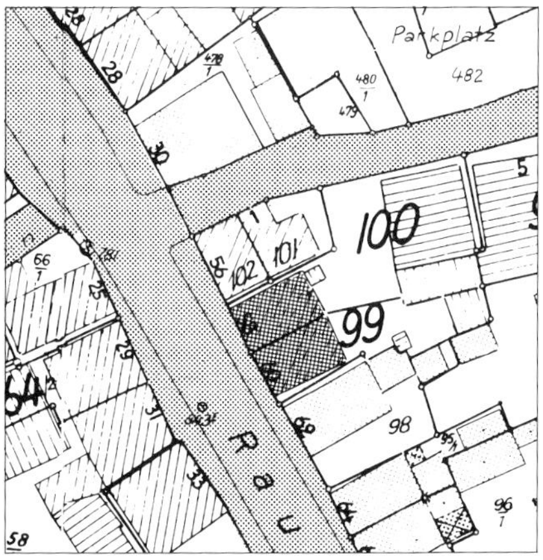

Raun 58/60
Flur 1 Flurstück 100 und 99

Frühes traufständiges Doppelwohnhaus mit teilweise massiv erneuerter Giebelwand zum Ortsausgang hin, zur Straße hin verputzt. Zweigeschossig, die ursprüngliche Fensterteilung erhalten. An der Rückseite starkes Eichenfachwerk mit geschwungenen Eckstreben, noch des 17. Jhs., erkennbar. Kulturdenkmal wegen seiner wissenschaftlichen und städtebaulichen Bedeutung.

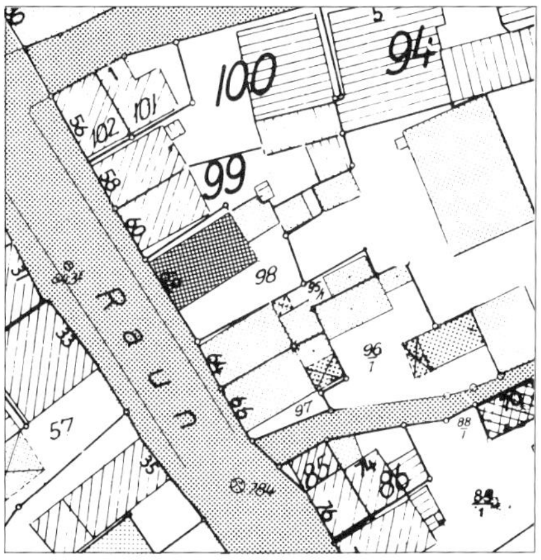

Raun 62
Flur 1 Flurstück 98

Giebelständiges, holzverschindeltes bzw. verputztes Fachwerkwohnhaus mit zweiläufiger Freitreppe. Im hinteren Bereich Fachwerk unverputzt, dort elegant gebogene Streben und Karnies des späten 17. Jhs. Unter der Verkleidung baukünstlerisch wertvoller früher Fachwerkbau zu erwarten. Kulturdenkmal wegen seiner künstlerischen Bedeutung.

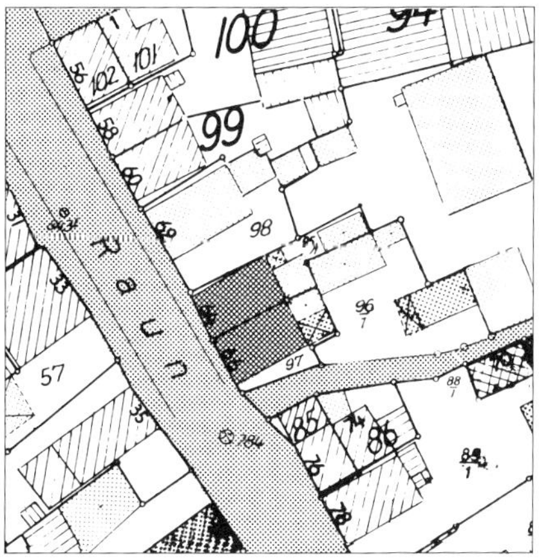

Raun 64 und 66
Flur 1 Flurstück 95/1 und 97

Herausragendes, frühes Fachwerkhaus im Straßenbild. Hohes EG in Ständerbauweise, ebenso das 1. OG. Das 2. OG als Rähm aufgesetzt. Weit ausladendes Krüppelwalmdach. Als Doppelhaus konzipiert, völlig verputzt mit nur geringen Veränderungen. Nach Proportion und Dachform ein Bau noch des 17. Jhs. Leicht aus der Straßenachse verdreht wirkt der Bau als städtebaulicher Blickpunkt. Kulturdenkmal aus wissenschaftlichen, künstlerischen und städtebaulichen Gründen.

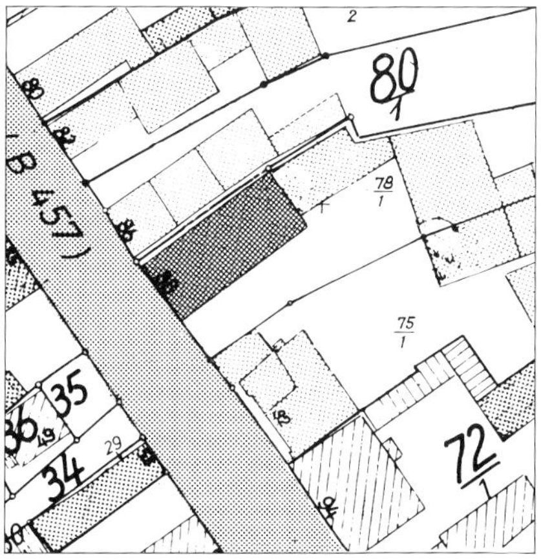

Raun 88
Flur 1 Flurstück 78/1

Große L-förmige Hofreite am Ortseingang, giebelständiges, großes Fachwerkwohnhaus, als städtebaulicher Auftakt des alten Ortsteils Raun. Erdgeschoß im 19. Jh. erneuert. Im Obergeschoß urwüchsige Wilde Mann-Form mit Fußgegenstreben, Kopfbändern. Inschrift: „PSA 7, DER HERR BEHÜTE DEINEN AUSGANG VON NUN AN BIS IN EWIGKEIT. ANNO 1681. GOTTES GÜTHE UND TREW WIRD ALLE MORGEN NEW.“ Kulturdenkmal wegen seiner künstlerischen und städtebaulichen Bedeutung.

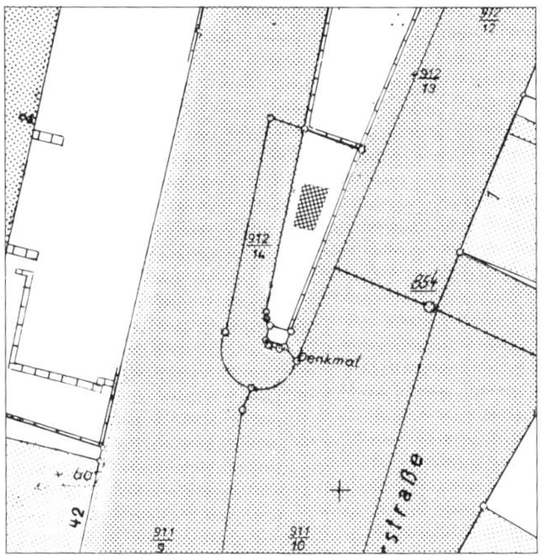

Kriegerdenkmal
Flur 1 Flurstück 912/14

Aus grauem Granit mit Inschrift „In Treue fest". Löwenkopf als Wasserspeier in Bronze und bronzener Adler auf Weltkugel. Kulturdenkmal wegen seiner geschichtlichen Bedeutung.

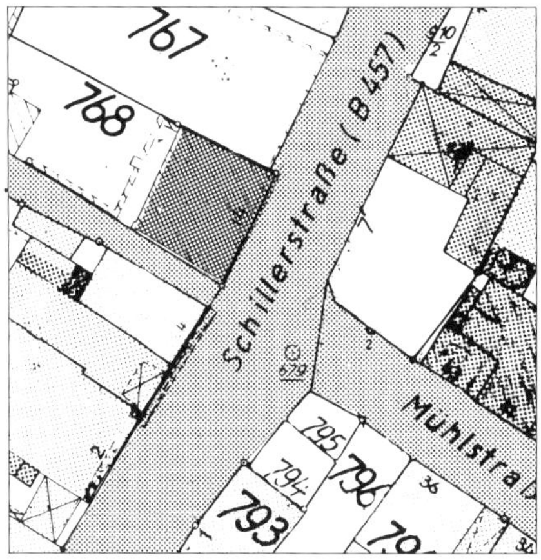

Schillerstraße 14
Flur 1 Flurstück 768

Gründerzeitliches Wohnhaus mit zwei Etagen, in der Achse der Mühlstraße. Giebel betont, dort Datum 1902. Gekoppelte Fenster, Mittelrisalit, Bossenquader an den Ecken. Eingang aus der Achse nach rechts versetzt. Einfacher Bau, noch in der Formensprache der Gründerzeit. Kulturdenkmal wegen seiner städtebaulichen Bedeutung und auch wegen seinem lokalhistorischen Wert als bestes erhaltenes Wohnhaus dieser Zeit.

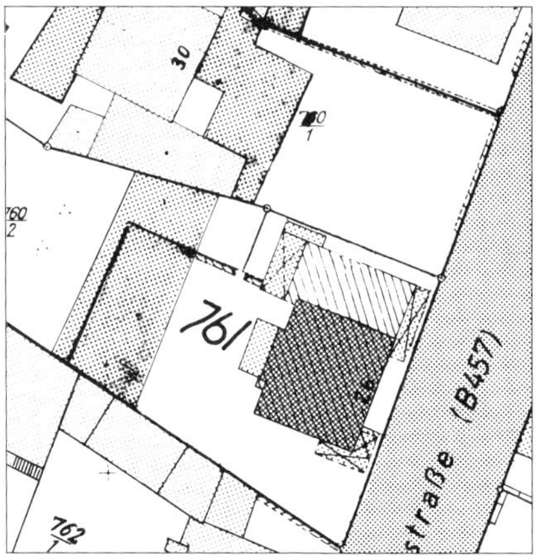

Schillerstraße 26
Flur 1 Flurstück 761
Münch'sche Apotheke

Interessanter spätklassizistischer Wohnbau in Kubusform mit nach einer Seite ausscherendem Altan, zweiläufiger Freitreppe und Mezzaningeschoß. Über dem Eingang alte Inschrift „Apotheke". Der Bau ist für die Entwicklungsgeschichte Niddas interessant, da er einen der ersten großen Wohnbauten außerhalb des Stadtkerns im 19. Jh. darstellt. Erbaut um 1840. Kulturdenkmal aus wissenschaftlichen und geschichtlichen Gründen.

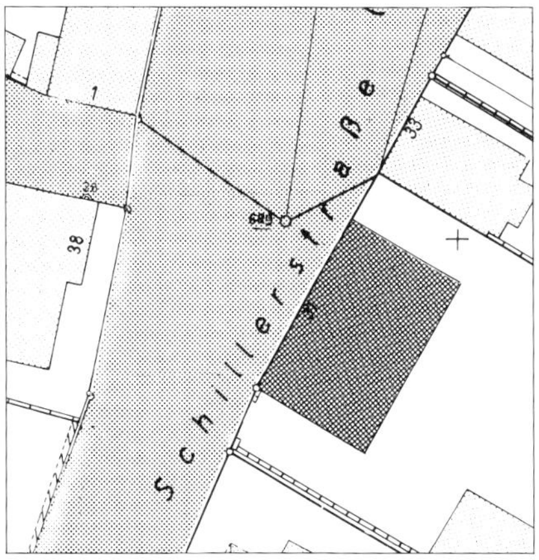

Schillerstraße 31
Flur 1 Flurstück 749/1

Zweigeschossiger, klassizistischer Steinbau mit zweiläufiger Freitreppe, traufständig zur Straße mit Sandsteinfenstergewänden mit umlaufender Nut, Fensterbrüstungen in Gußeisen mit interessanter Palmettenornamentik. Der Bau steht weit in den Straßenraum hinein und bildet einen städtebaulichen Bezugspunkt für das schräg gegenüberliegende klassizistische Haus Nr. 42. Kulturdenkmal wegen seiner städtebaulichen und künstlerischen Bedeutung.

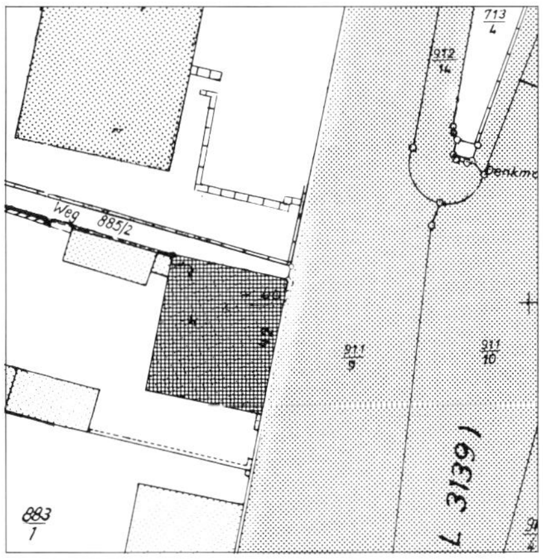

Schillerstraße 42
Flur 1 Flurstück 884/4

Qualitätvoller, klassizistischer Villen- oder Verwaltungsbau, zweigeschossig mit feinem, scharf profilierten Dekor, umlaufenden Friesen, Balkon in der Mittelachse, genuteten Fensterumrahmungen, flachem Zeltdach auf vorgetäuschtem Konsolengesims. Klar ausgewogener kubischer Baukörper um 1820. Für den Ort selten. Kulturdenkmal wegen seiner kunstgeschichtlichen Bedeutung, ebenso aufgrund seiner städtebaulichen Bedeutung als beherrschender Blickpunkt im Aufeinandertreffen von Schillerstraße und Hindenburgstraße.

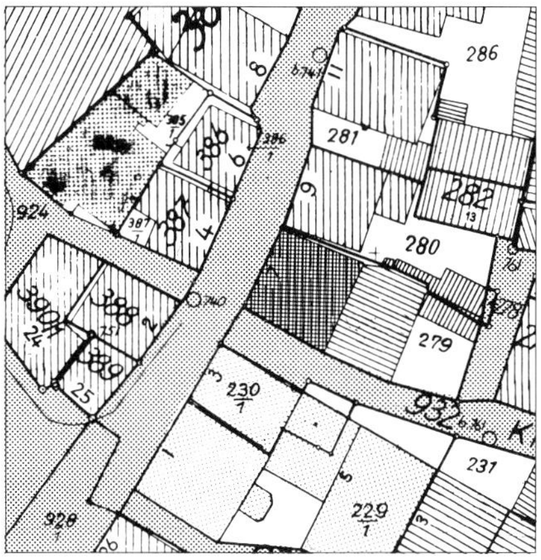

Schloßgasse 7
Flur 1 Flurstück 279

Großer, mehrfach übersetzter Fachwerkbau mit zentralem innenliegenden Eingang und mehrstufiger Treppe. Der Fachwerkbau verputzt bzw. holzverschindelt, im Giebel verschiefert. An manchen Stellen karniesprofilierte Schwelle sichtbar. Der Bau ist ungestört was an den Fensterformen ablesbar ist. Reiches Zierfachwerk des 17. Jhs. zu erwarten. Der Bau wirkt stark in den Straßenraum. Kulturdenkmal wegen seiner künstlerischen und städtebaulichen Bedeutung.

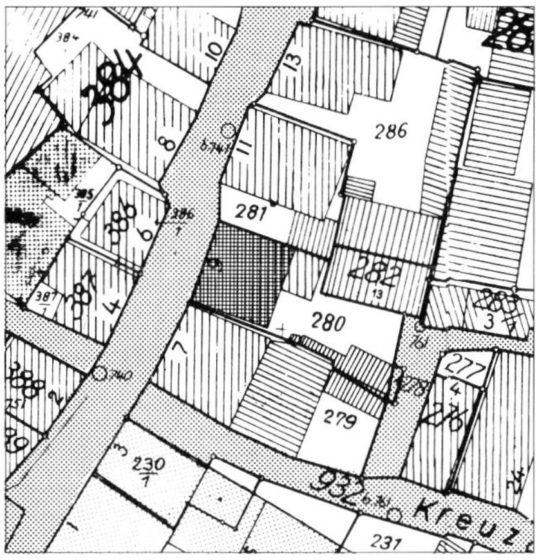

Schloßgasse 9
Flur 1 Flurstück 280

Im Straßenbild auffallendes Fachwerkgebäude des 17. Jhs., das im 19. Jh. überarbeitet wurde. An den Traufseiten frühbarocke Schwellen erkennbar. Im Giebel mehrfache Übersetzungen, sehr ähnliche Eingangssituation wie beim benachbarten Nebenhaus mit innenliegender Treppe. Fachwerk noch weitgehend ungestört. Kulturdenkmal wegen seiner baugeschichtlichen und städtebaulichen Bedeutung.

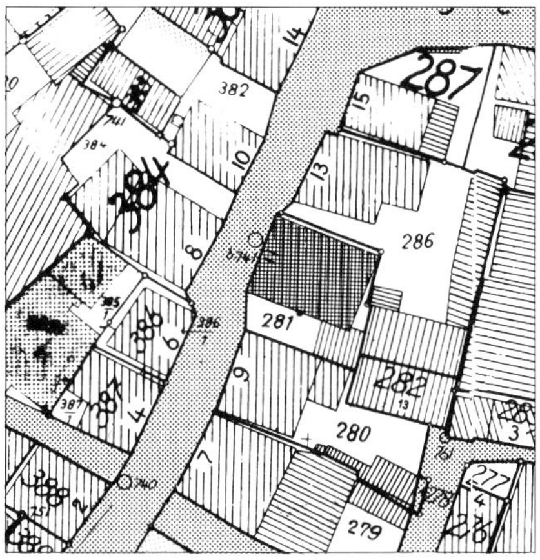

Schloßgasse 11
Flur 1 Flurstück 281

Frühes Haus mit ähnlichen Proportionen wie die beiden Nachbarbauten mit innenliegender Treppe. Erdgeschoß in Fachwerk verputzt, ungestört. Darüber auf gekehlter Schwelle stattliches Renaissance-Fachwerk mit durchlaufendem Brustriegel. An den Ecken halbe Vorform des Wilden Mannes mit überkreuzten Eckstreben. Verschindelter Giebel. In der Schwelle Inschrift „ANNO 1597". Kulturdenkmal wegen seiner wissenschaftlichen und künstlerischen Bedeutung.

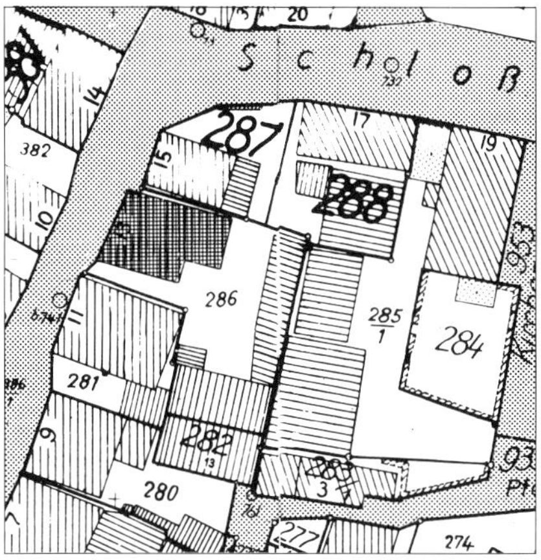

Schloßgasse 13
Flur 1 Flurstück 286

Benachbart dem frühen Bau Schloßgasse 11 in ähnlichen Proportionen, die Giebelfassade verputzt, die Traufseite mit Übersetzungen asbestzementverschindelt. Im obersten Giebel der Krüppelwalm von gedrehter Konsole getragen. Die ursprüngliche Fenstereinteilung ist vorhanden. Anhand der Proportionen und des winzigen Krüppelwalms im Obergeschoß ist der Bau in das frühe 17. Jh. einzuordnen. Kulturdenkmal wegen seiner wissenschaftlichen und künstlerischen Bedeutung.

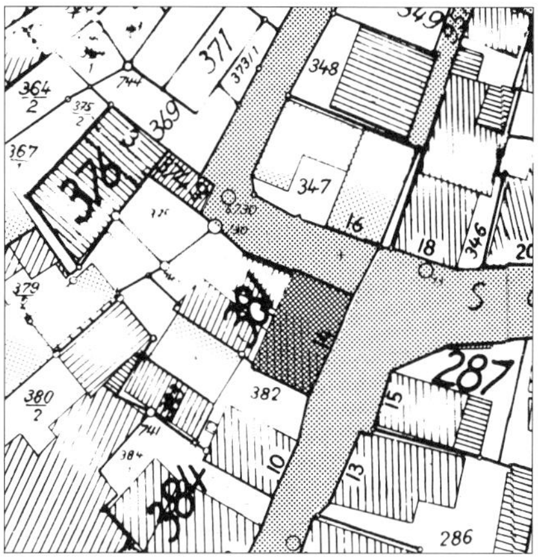

Schloßgasse 14
Flur 1 Flurstück 381

Dreizoniger Fachwerkbau in wichtiger Lage an einer Straßengabelung. Klares, konstruktives Fachwerk, Mitte 17. Jh. Ungewöhnliche Inschrift in Latein, vielleicht ursprünglich geistlicher Besitz; heute Gasthaus. Wegen der künstlerischen Qualität (frühes Fachwerk in guter Ausprägung) und des geschichtlichen Hintergrundes (lat. Inschrift) Kulturdenkmal wegen seiner künstlerisch-geschichtlichen und städtebaulichen Bedeutung.

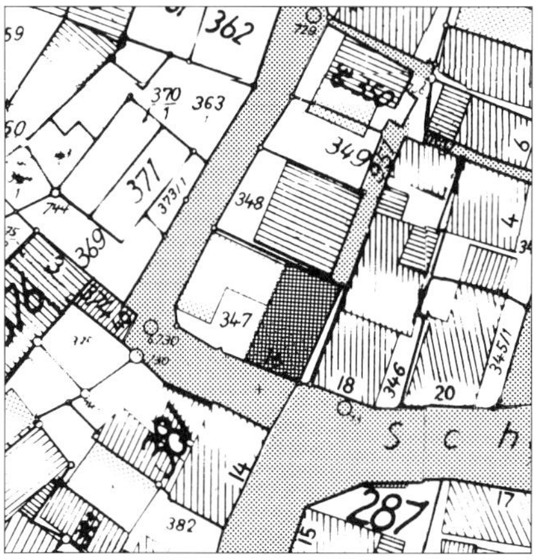

Schloßgasse 16
Flur 1 Flurstück 347

Verplattetes Fachwerkhaus des 18. Jhs. mit ursprünglicher Fensterteilung, das EG modern verändert; ursprünglich wohl das Hallengeschoß im UG, daraus heute ein massives und ein Fachwerkgeschoß gemacht. Der Bau bildet zusammen mit den Häusern Nr. 18 und 20 eine reizvolle Dreiergruppe in städtebaulich wichtiger Lage unmittelbar vor der Biegung zur Kirche und zum Schloß. Kulturdenkmal wegen seiner städtebaulichen Bedeutung.

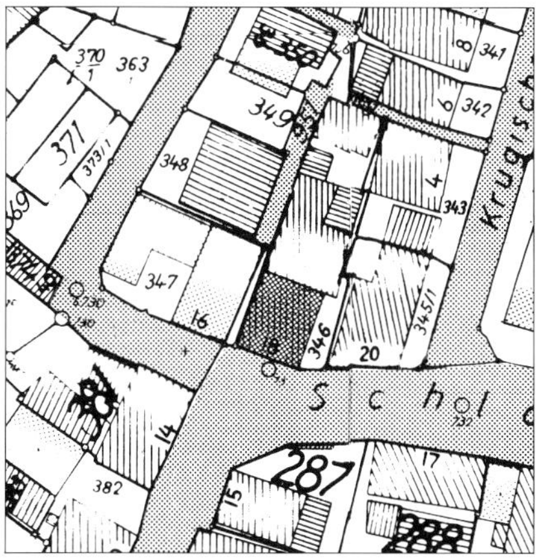

Schloßgasse 18
Flur 1 Flurstück 346

Geradliniger, gut proportionierter früher Bau genau in der Blickachse von der Schloßgasse auf die Gabelung Schloßgasse/Hinkelsgasse. Erdgeschoß verputzt, jedoch Fachwerk original erhalten; im Obergeschoß reizvolle altdeutsche Verschieferung. Auf dem Giebel Wetterfahne, dort Datum 1741. Der Bau ist nach Volumen und Größenverhältnissen im 17. Jh. entstanden. Kulturdenkmal wegen seiner städtebaulichen und wissenschaftlichen Bedeutung.

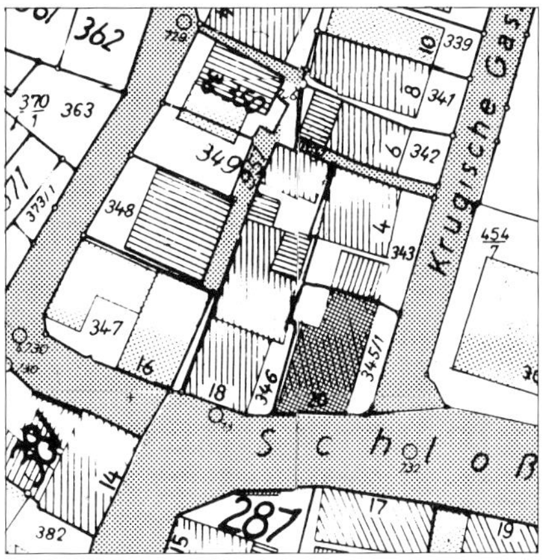

Schloßgasse 20
Flur 1 Flurstück 345/1

Eckbau Schloßgasse/Krug'sche Gasse in wichtiger, ortsbildprägender Funktion. Zweigeschossiges Fachwerkwohnhaus mit Geschoßübersetzungen, im Erdgeschoß massiv, Obergeschoß verschiefert. Das Dach mit Krüppelwalm und kleinem Knauf auf dem Giebel. Die regelmäßigen kleinen Fensteraufteilungen lassen auf ursprünglich gut erhaltenes Fachwerk der Zeit um 1700 schließen. Kulturdenkmal wegen seiner städtebaulichen und künstlerischen Bedeutung.

Schloß
Flur 1 Flurstück 464/461/462

Ehemalige Wasserburg, umgeben von Mauern und Gräben. Kreisrunde Anlage, dem östlichen Ende der Stadtbefestigung vorgelagert. Im 19. Jh. waren nasse Gräben und Wehranlagen noch vorhanden. Von den Ursprungsbauten des Mittelalters sichtbar nichts mehr erhalten. Der älteste Bau, der „Niddaische Bau", 2. Hälfte 16. Jh. mit Treppenturm und Renaissance-Portal, im Obergeschoß Sandsteinkamin. Daran anschließend angepaßter Torbau von 1907-08.
Im 19. Jh. wurde das Schloß Amtsgericht. Aus dieser Zeit das Wohnhaus des Amtsrichters und Remisen, Anfang 19. Jh. sowie der Gefängnisbau, 1. Hälfte 19. Jh.

Urkataster des Schlosses von 1837

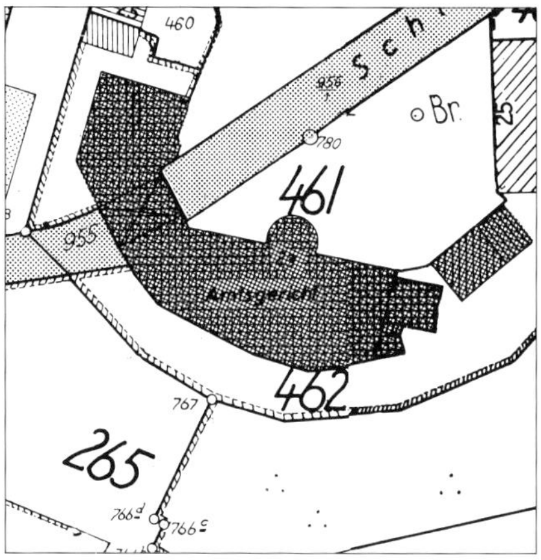

Schloßgasse 23
Flur 1 Flurstück 461

Neobarocker Bau, der sich der städtebaulichen Situation des Wasserschlosses anpaßt. Rundbogige Tordurchfahrt mit angeputzter Kassettendecke, die Fenster abgefast im Stil des 16. Jhs. Auf der Rückseite in Kartusche mit Jugendstilanklängen die Bezeichnung „Erbaut 1907/08". Kulturdenkmal wegen seiner städtebaulichen Bedeutung.

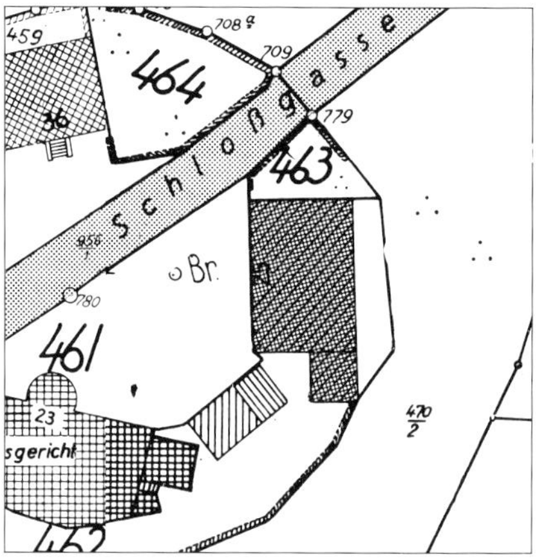

Schloßgasse 25
Flur 1 Flurstück 463

Klassizistischer, zweigeschossiger, holzverschindelter Bau mit zweiläufiger Freitreppe und Walmdach. Heute Grundbuchamt. Ursprünglich Wohnhaus des Landrichters nach Umbau des Schlosses zum Amtsgericht. Beherrschender Baukörper, der als Pendant zum Schloßbau wirkt. Kulturdenkmal wegen seiner geschichtlichen und städtebaulichen Bedeutung.

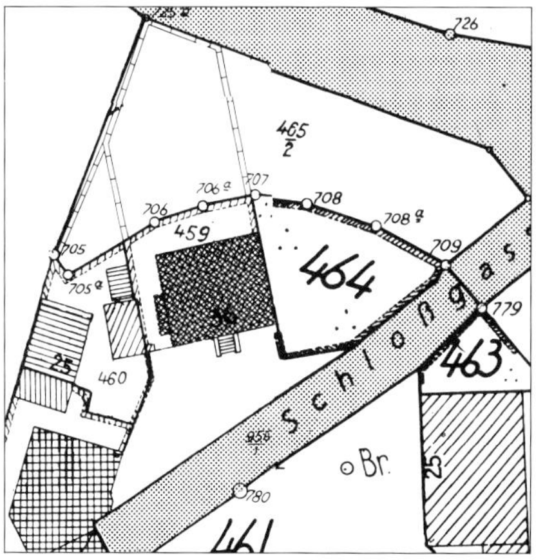

Schloßgasse 36
Flur 1 Flurstück 459
Ehem. Gefängnis.

Kubischer Bau mit klassizistischem Zeltdach, im Obergeschoß Zellen mit schmalen liegenden Schlitzfenstern. Ursprüngliche Vergitterung. Entstanden um die Mitte des 19. Jhs. Kulturdenkmal wegen seiner geschichtlichen Bedeutung.

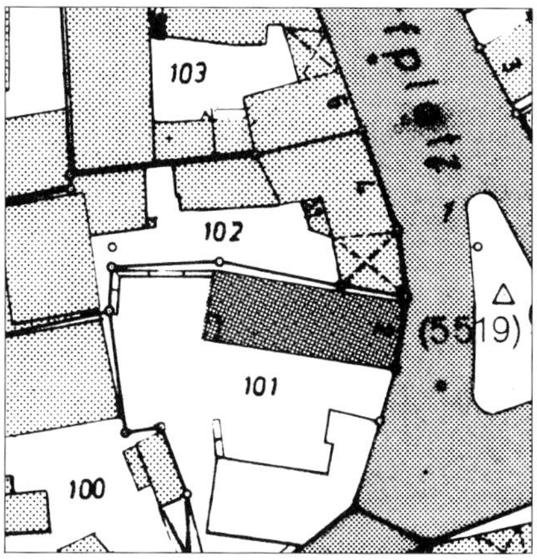

BORSDORF

Dorfplatz 2
Flur 1 Flurstück 101

Ehemals dreiseitig geschlossene Hofreite in wichtiger Funktion für das Ortsbild. Konstruktives Fachwerk, frühes 19. Jh. Inschrift: „DIESEN BAU HAT ERBAUT JOHANN ADAM BELZER UND SEINE EHELICHE HAUSFRAU KATHARINA. DER ZIMMERMEISTER WAR MICHEL FRIED ALLHIER IN BORSDORF WAR AUFGESCHLAGEN IM JAHR DEN 3. MAI 1821". Kulturdenkmal wegen seiner städtebaulichen und geschichtlichen Bedeutung.

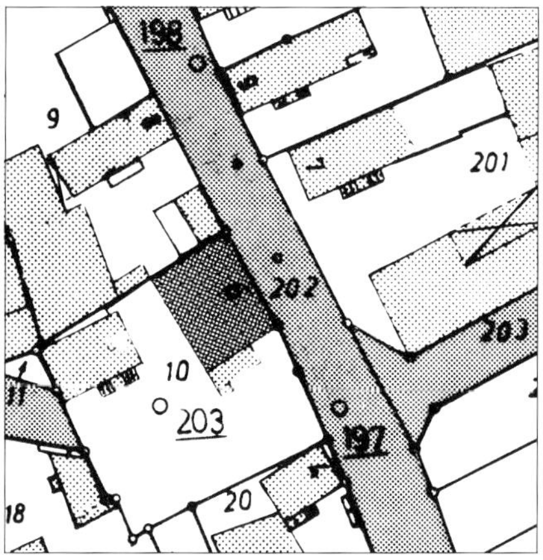

Glaubzahler Straße 6
Flur 1 Flurstück 203

Unregelmäßige Hofreite, Scheune parallel zur Straße, in klaren Formen des frühen 18. Jhs. Ständerbau. Dreizinkige Fachwerkfiguration. Starke Wirkung im Straßenraum. Daran angebaut das Bruchsteinwirtschaftsgebäude. Versteckt im Hof das Wohnhaus, stattlicher Fachwerkbau um 1750. Wegen seiner wissenschaftlichen und städtebaulichen Bedeutung Kulturdenkmal.

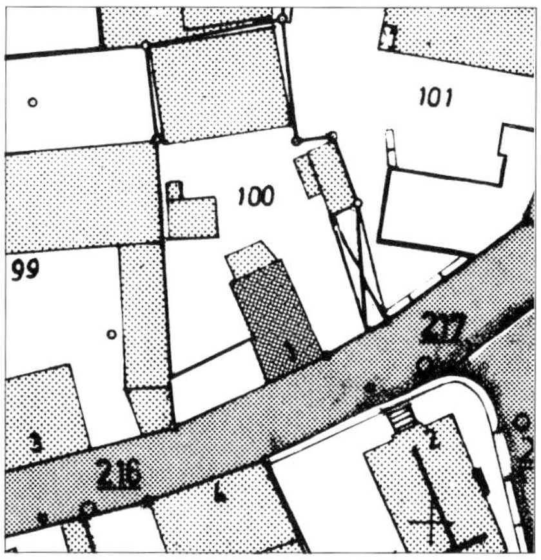

Kirchstraße 1
Flur 1 Flurstück 100

Stattlicher Fachwerkbau des späten 17. Jhs., teilweise später verändert, in wichtiger, korrespondierender Funktion zur Kirche. Frühes Fachwerk mit einwärts geschweiften Eckstreben. Kulturdenkmal wegen seiner städtebaulichen Bedeutung.

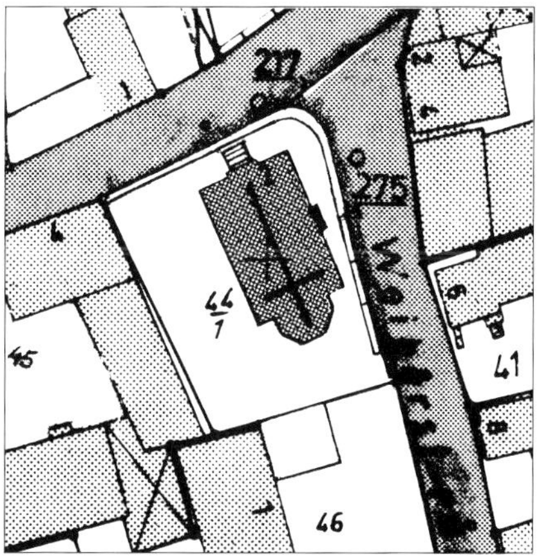

Kirchstraße 2
Flur 1 Flurstück 44/1
Ev. Kirche

Auf etwas über das Geländeniveau erhobenem Basaltsockel stehend, sehr interessanter Bau in neoromanischen Formen, Basaltbruchstein, die Gliederung in gehauenem Sandstein mit Lisenen und Bogenfries. Im Norden Haupteingang, das Westportal durch Risalit mit dem Turm verbunden, Inschrift mit Erbauungsjahr 1873. Ursprüngliche Tür vorhanden. Kulturdenkmal wegen seiner künstlerischen Bedeutung.

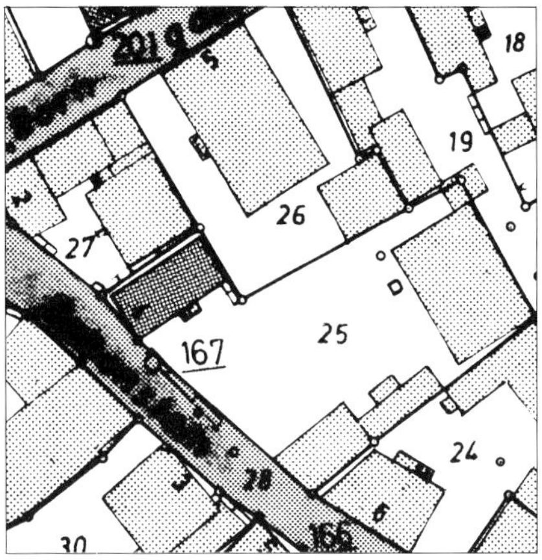

Rabensteinstraße 4
Flur 1 Flurstück 25

Verputztes Fachwerkwohnhaus, die Hofsituation unregelmäßig, im Hintergrund Scheune. Das Fachwerkwohnhaus in Proportionen und Fensteraufteilung als Fachwerkbau des 18. Jhs. zu identifizieren. Das Zierfachwerkgerüst noch relativ ungestört. Kulturdenkmal wegen seiner künstlerischen Bedeutung.

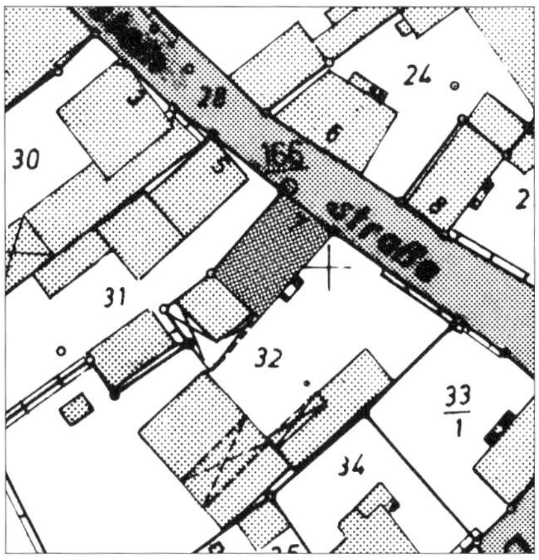

Rabensteinstraße 7
Flur 1 Flurstück 32

Dreiseitige Hofreite. Das Wohnhaus bedeutender frühbarocker Fachwerkbau in sehr qualitätvoller Ausprägung. Starke durchgebogene Streben mit Fußgegenstreben. Im Giebel stehende Raute und Andreaskreuz, mehrfach profilierter Giebel. In der Schwelle Karnies, im Rähm des 1. Obergeschosses moderne Inschrift „Erbaut 1701, renoviert 1965“. Nach örtlicher Überlieferung als Pfarrhaus von Romrod hierher übertragen. Kulturdenkmal aus künstlerischen und geschichtlichen Gründen.

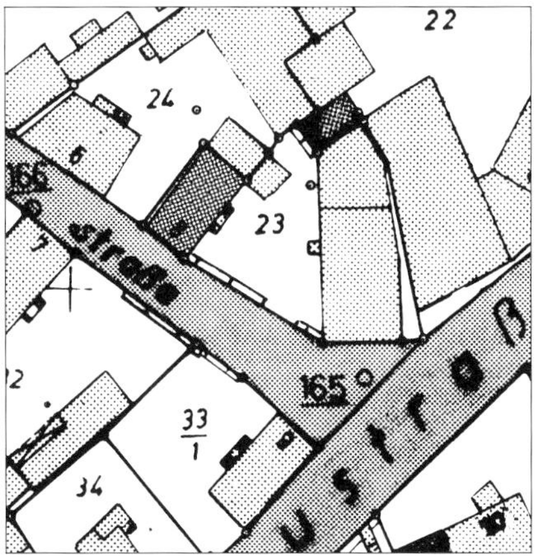

Rabensteinstraße 8
Flur 1 Flurstück 23

Kleines, verputztes Fachwerkwohnhaus als Teil einer unregelmäßigen Hofreite. Klare, ausgewogene Proportionen. Die Fenster noch in der ursprünglichen kleinen Teilung, alles deutet auf einen interessanten Zierfachwerkbau des frühen 18. Jhs. hin. Der Bau liegt gegenüber dem „Romroder Pfarrhaus“. Kulturdenkmal wegen seiner künstlerischen Bedeutung, ebenso aus städtebaulichen Gründen als Auftakt des Straßenbildes.

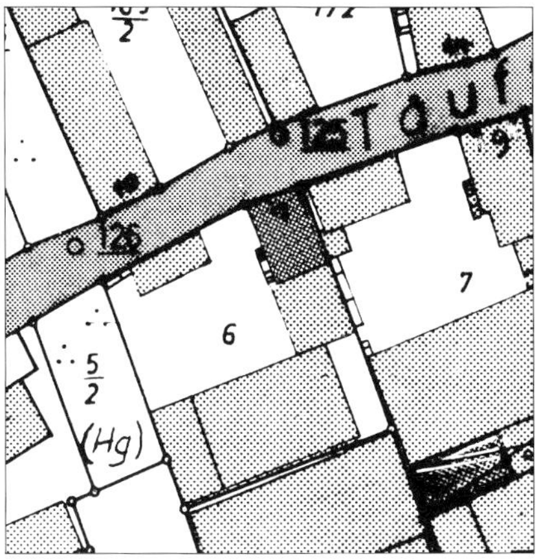

Taufsteinstraße 7
Flur 1 Flurstück 6

Intakte Fachwerkhofreite mit verschiedenen Gebäudeteilen, großer Scheune im Hintergund, kleinem Stallgebäude parallel zur Straße. Das Wohnhaus giebelständig mit starken Eckpfosten, zweigeschossig. Im Giebel Übersetzungen, im 1. Obergeschoß starke geschwungene Eckstreben und Wilde Mann-Form mit Fußgegenstreben. Geschuppte Ecksäulchen mit Zwiebelornamentik. Entstanden um 1680. Schönes Beispiel einer Wetterauer Hofreite des Frühbarock. Kulturdenkmal wegen ihrer künstlerischen und wissenschaftlichen Bedeutung.

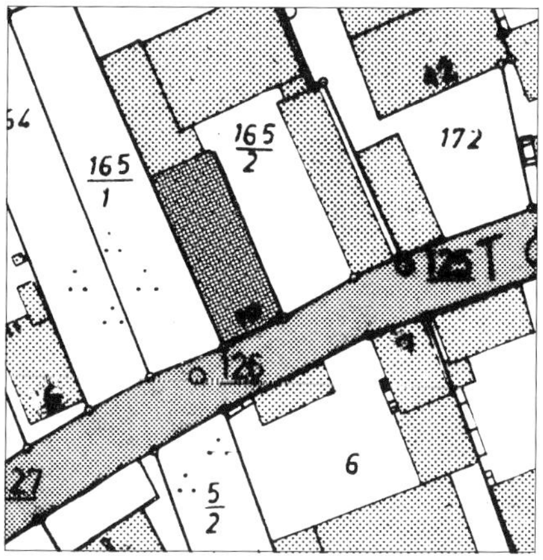

Taufsteinstraße 10
Flur 1 Flurstück 165/2

Geschlossene Fachwerkhofreite, entstanden um 1820. Großvolumiges Wohnhaus ohne Geschoßübersetzungen mit feinem Karnies. Die Giebelseite verschindelt. Regelmäßiges Fachwerk mit dreizinkigen Abbünden. Die Scheune komplett erhalten, ebenso das Wirtschaftsgebäude, das die dritte Seite der Baugruppe schließt. Einheitliche Anlage des frühen 19. Jhs. von typologischer Bedeutung, deshalb Kulturdenkmal aus wissenschaftlichen Gründen.

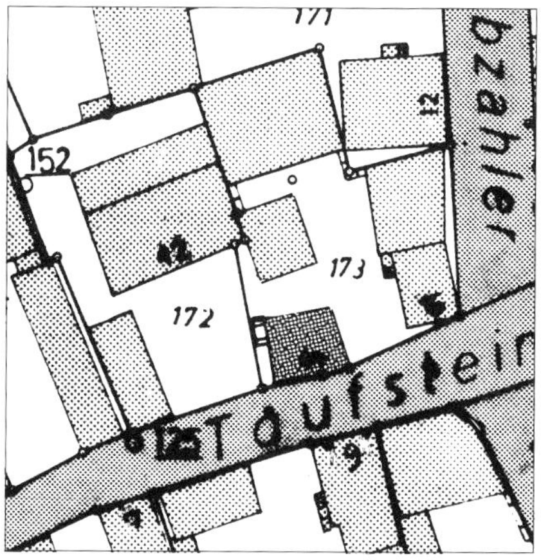

Taufsteinstraße 14
Flur 1 Flurstück 173

Kleines Fachwerkwohnhaus, etwas über Eck versetzt und in den Straßenraum geschoben, in ursprünglichem Zustand erhalten mit Basaltbruchsteinsokkel, zweiläufiger Freitreppe und urwüchsigen, wildgewachsenen Fachwerkfigurationen. Verschalte Balkenlage an der Giebelseite, stark durchgebogene Wilde Mann-Strebe mit Fußgegenstreben. Einfaches Altenteiler- oder Kleinbauernhaus um 1680 von volkskundlichem und baugeschichtlichem Wert, deshalb Kulturdenkmal wegen seiner wissenschaftlichen Bedeutung.

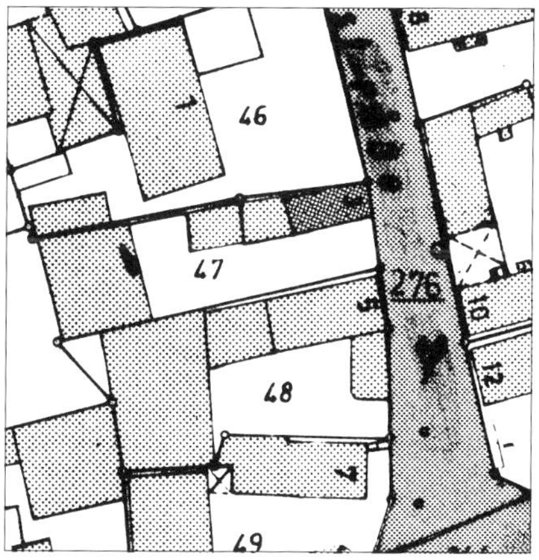

Weiherstraße 3
Flur 1 Flurstück 47

Hakenhofreite, das Wohnhaus giebelständig zur Straße in urwüchsigen Fachwerkformen der Zeit um 1700. Starke Eckständer im Erdgeschoß mit schrägem Wasserschlag und einwärts gekehrten Eckstreben. Im Obergeschoß weit ausladende Eckstreben und Wilde Mann-Form, Eckstäbe. Im Giebeldreieck Feuerbock. Kulturdenkmal wegen ihrer künstlerischen und wissenschaftlichen Bedeutung.

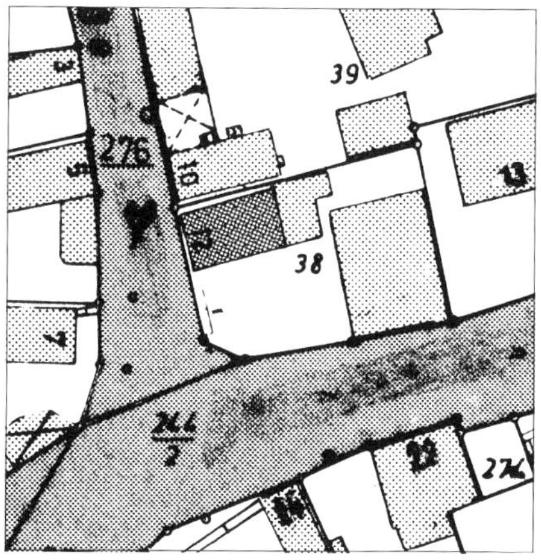

Weiherstraße 12
Flur 1 Flurstück 38

Hakenförmige Hofreite als städtebaulicher Abschluß der Weiherstraße. Das Scheunengebäude des 19. Jhs. teilweise umgebaut und gestört. Das Wohnhaus in Fachwerk, unter Putz liegend, giebelständig zur Straße mit übersetztem Geschoß. Der Giebel verschiefert. An der Traufseite im Reul sehr interessantes frühes Fachwerk noch des 17. Jhs. Starkes Karnies mit Hohlkehle. Kulturdenkmal wegen seiner künstlerischen und wissenschaftlichen Bedeutung.

Gesamtanlage

Längs des Eichelbachs aufgereiht findet sich eine intakte Abwicklung Wetterauer Hofreiten mit giebelständigen Fachwerkwohnhäusern des 18. und 19. Jhs. Das bedeutende und einmalige Ortsbild besteht aus dem Zusammenhang zwischen Eichelbach und der ihn begrenzenden historischen Bebauung.

unten:
3 Blicke in die Eichelstraße mit dem Eichelbach

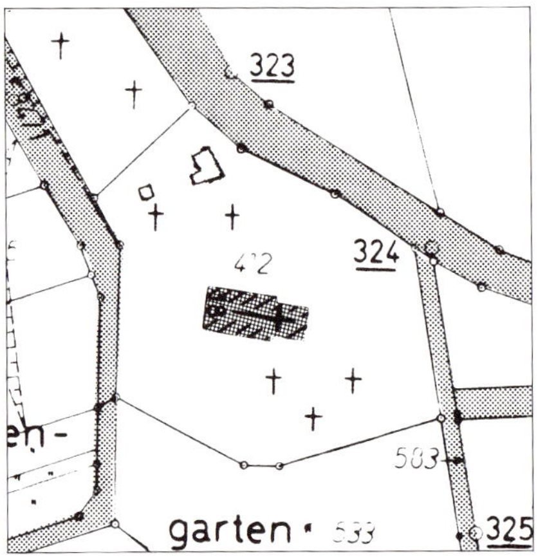

Evangelische Pfarrkirche
Flur 1 Flurstück 412

Außerhalb des Ortes auf einer Anhöhe gelegen. Kleiner, spätromanischer Saalbau mit krabbenbesetztem Westportal. An der Langschiffswand zwei konisch abgefaste Rundbogenfenster, 13. Jh. Der Chor 1. Hälfte 13. Jh. An der Südwand die romanischen Fenster aufgegeben zu Gunsten barocker Öffnungen, Dachreiter 17. Jh. Der Wehrkirchencharakter wird unterstrichen durch die z. T. erhaltene Ummauerung des Kirchhofs. Kulturdenkmal aus geschichtlichen und künstlerischen Gründen.

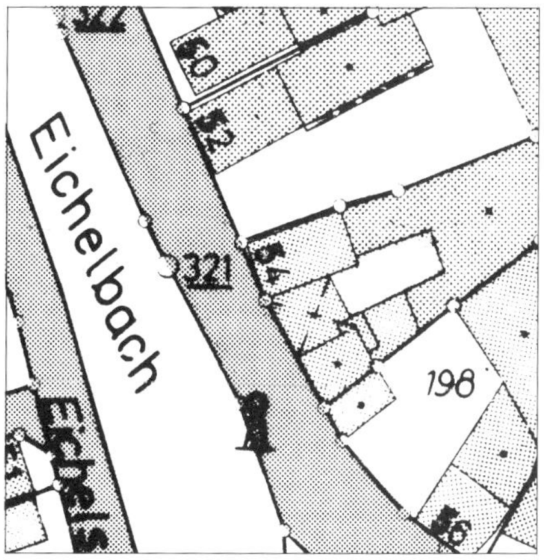

Eichelstraße
Flur 1 Flurstück 554
Kriegerdenkmal am Bach vor der Brücke

Obelisk aus schwarzem Granit auf rohem Granitsockel, darauf Metalladler auf Kugel. 1870/71 mit einem Kreuz „Es kämpften für das Vaterland ...", dann eine Reihe von Namen. Mit Eichenlaubeinritzung. Kulturdenkmal wegen seiner geschichtlichen Bedeutung.

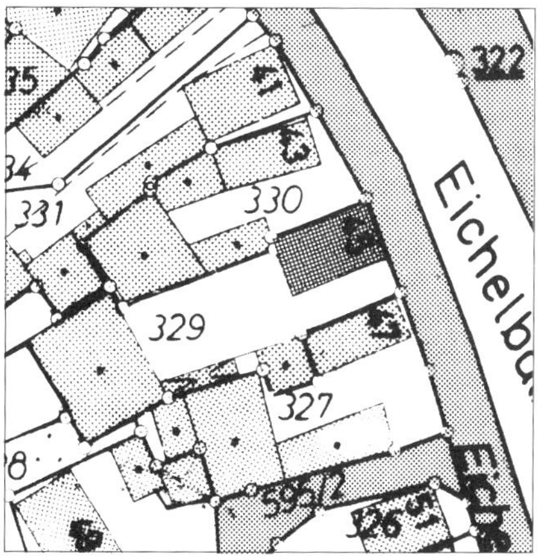

Eichelstraße 45
Flur 1 Flurstück 329

Herausragender Fachwerkwohnbau mit relativ reich ausgestatteter Fassade, giebelseitig zum Bach hin. Die Eckpfosten des Erdgeschosses noch frühes 18. Jh., ebenso der Giebel mit originaler Profilierung im Giebeldreieck. Das Fachwerk ansonsten im späten 18. Jh. teilweise erneuert, jedoch insgesamt ungestörter Verband. Wichtige raumgreifende Funktion innerhalb der Baugruppe (größeres Volumen als die Nachbarbauten und weiteres Vorspringen aus der Flucht). Kulturdenkmal wegen seiner städtebaulichen Bedeutung.

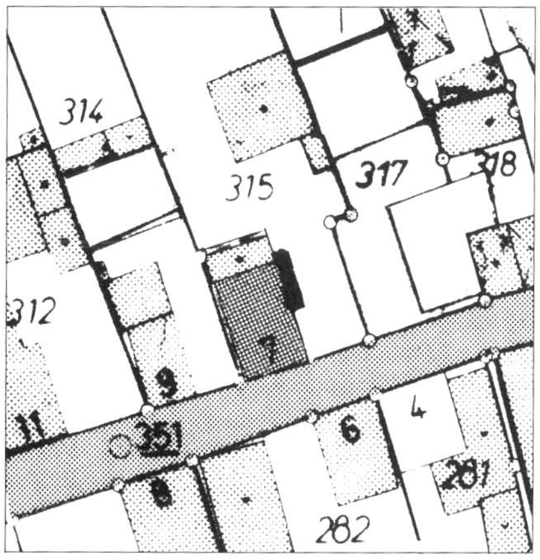

Schlaggasse 7
Flur 1 Flurstück 315

Wohnhaus als Teil einer ehemaligen Hofreite, die Scheune holzverkleidet, die Eingangssituation durch massiven Anbau gestört. Merkwürdige, hakenartige Fachwerkstreben unter dem Doppelfenster. Das Haus ist entstanden in der 2. Hälfte des 18. Jhs.; Giebelseite asbestzementverschindelt, jedoch ursprüngliche Fachwerkaufteilung im großen Ganzen erhalten. Wegen der ausgefallenen Fachwerkdetails Kulturdenkmal wegen seiner wissenschaftlichen Bedeutung.

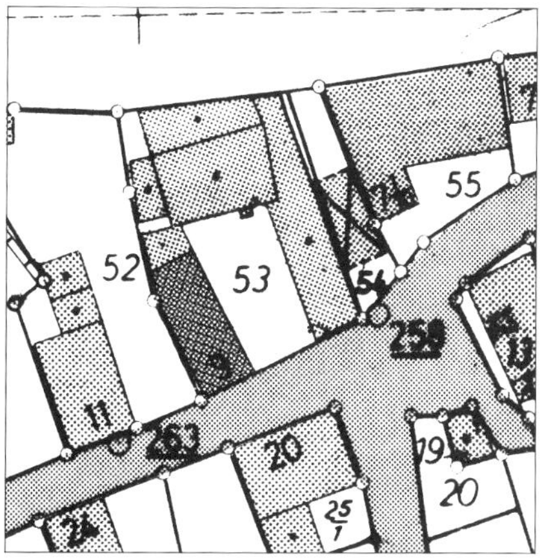

Zur Köhlermühle 9
Flur 1 Flurstück 53

Gut erhaltenes Fachwerkwohnhaus als Teil einer hakenförmigen Hofreite, die Giebelseite holzverschindelt, an der Traufseite Fachwerk aus der 1. Hälfte des 18. Jhs. in gutem Zustand erhalten. Im hinteren Stallbereich teilweise erneuert. Große, massive Streben mit Brüstungsgegenstreben, regelmäßiges quadratisches Fachwerk. Kulturdenkmal wegen seiner künstlerischen Bedeutung.

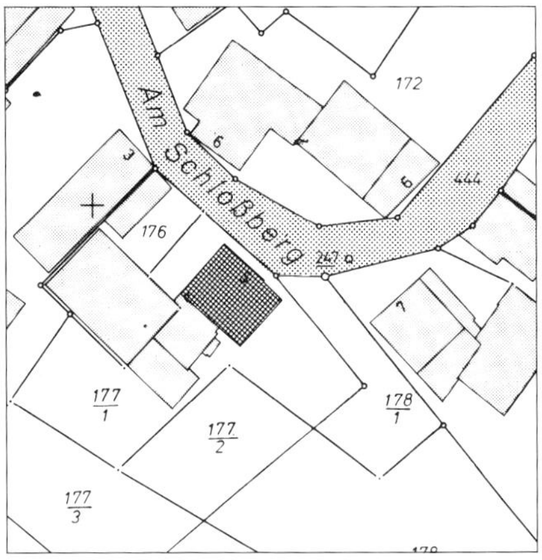

Am Schloßberg 5
Flur 1 Flurstück 177/1

Wohnhaus eines U-förmigen Kleinbauernhofes in gedrückten Proportionen. Reizvolle Fachwerkfigurationen, qualitätvolle profilierte Verschalung der Balkenlage, ursprüngliche Fensterteilung z. T. erhalten und alte Tür. Fachwerk aus der 2. Hälfte des 18. Jhs. Die Anlage am Ortsrand ist als Hoftyp aus sozialgeschichtlichen Gründen Kulturdenkmal.

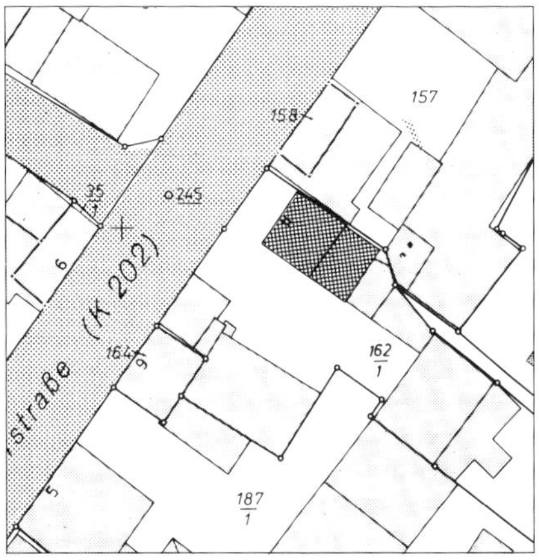

Bürgerstraße 11
Flur 1 Flurstück 162/1

Kleine Hofreite auf schmalem Grundstück, das Wohnhaus etwas aus der Straßenflucht zurückgesetzt, giebelständig, zweigeschossig. Das Fachwerk im Erdgeschoß teilweise massiv bzw. in Fachwerk erneuert um 1900. Im 1. Obergeschoß in der linken Zone im Giebel ursprüngliches Fachwerk mit halben Wilde Mann-Formen, starken, durchgebogenen Streben mit Fußgegenstreben. Umlaufende Profilierung im Giebel. Im Giebeldreieck Datierung 1698. Kulturdenkmal wegen seiner wissenschaftlichen Bedeutung als früher Bau.

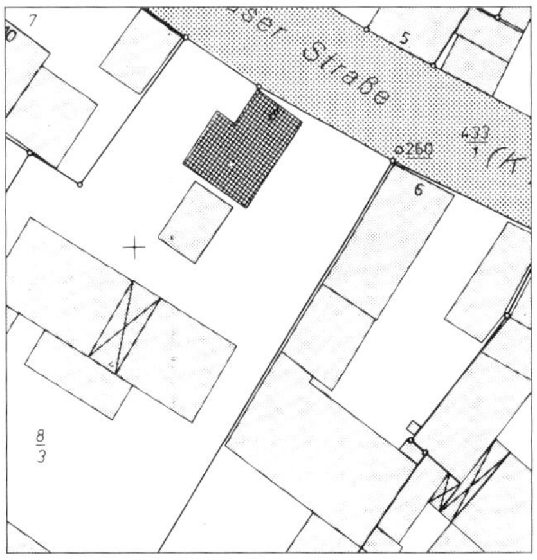

Wallernhauser Straße 8
Flur 1 Flurstück 8/3

Kleiner, giebelständiger Wohnbau in urwüchsigen Fachwerkformen, spätes 17. Jh. Eckig profiliertes Rähm, alte Fensterteilungen erhalten. Im hinteren Bereich massiver Anbau. Das Haus hat eine Besonderheit: ein seltenes barockes Schutzdach über einläufiger Freitreppe, von profilierten Balustern mit alten Farbspuren getragen. Wegen der Stellung im Straßenraum und der Einmaligkeit der Vordachkonstruktion Kulturdenkmal aus städtebaulichen und wissenschaftlichen Gründen.

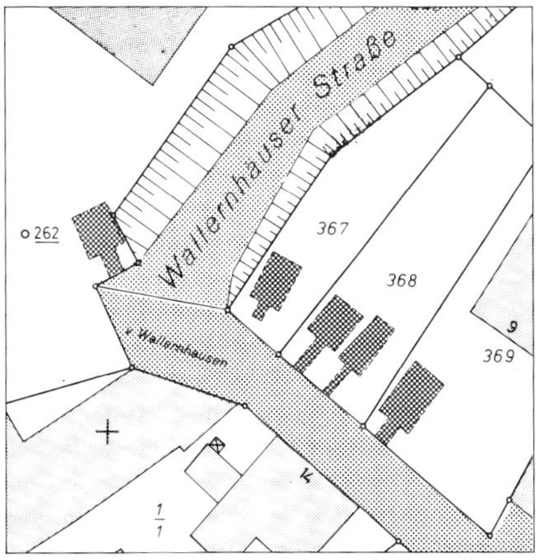

Wallernhauser Straße
Ortsausgang
Flur 1 Flurstück 262

Alter Erdkeller mit Bruchsteinstirnwand und rundbogigem Portal. Wichtig für die Vorratshaltung bei nichtunterkellerten Wohngebäuden. Einziges, guterhaltenes Beispiel am Ort. Kulturdenkmal wegen ihrer wissenschaftlichen Bedeutung.

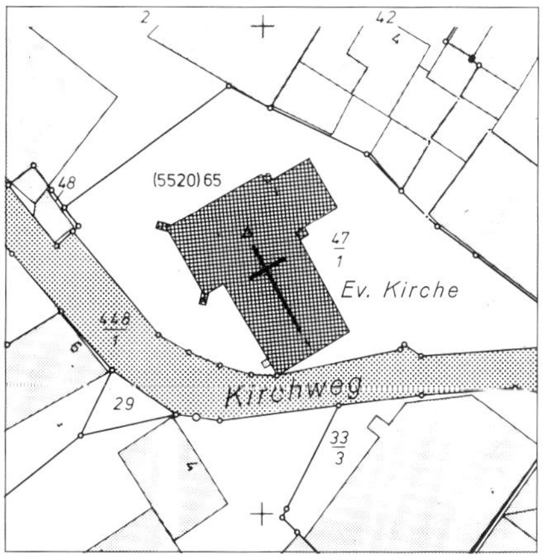

Kirchweg 1
Flur 1 Flurstück 47/1
Evang. Kirche

Mehrfach umgebaut, das jetzige Querhaus die ehemalige spätromanische Kirche. Spätgotische Bauteile. Im Kreuzungspunkt der Dächer spitzer Haubendachreiter. Gute Wirkung im Ortsbild. Die Innenausstattung neu. Kulturdenkmal wegen ihrer geschichtlichen Bedeutung.

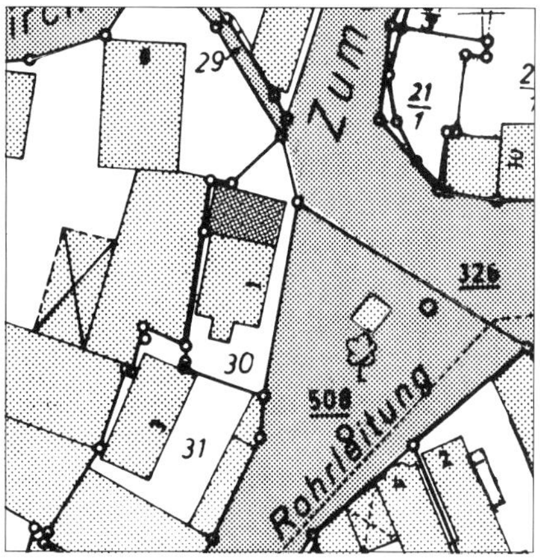

GEISS-NIDDA

Lindenbaum 1
Flur 1 Flurstück 30

Eigenartiges Backhaus, traufständig zur Straße in Verbindung mit einem neueren, in Ziegelbauweise erstellten Spritzenhaus. Das Backhaus in einfachem, konstruktiven Fachwerk aus dem frühen 19. Jh. mit klassizistischer Freitreppe, ursprünglichem Türbeschlag. Die Gefache mit Ziegeln ausgefüllt. Kulturdenkmal wegen seiner Bedeutung für die Ortsgeschichte und seiner Lage im Ortsbild an der platzartigen Erweiterung mit Dorflinde.

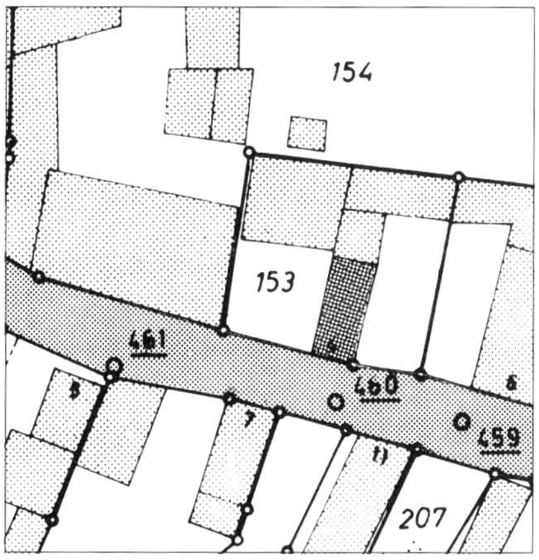

Mühlgasse 4
Flur 1 Flurstück 153

Kleine, intakt erhaltene L-förmige Hofreite des späten 17. Jhs. Das Wohnhaus giebelständig zur Straße in einfachen, jedoch feinen Fachwerkformen aus der Zeit um 1690. Umlaufendes Karnies, Kopfstreben, einwärts gekehrte Eckstreben. Die Scheune teilweise modern verändert und aufgestockt. Das Wohnhaus ist Kulturdenkmal wegen seiner baukünstlerischen Bedeutung.

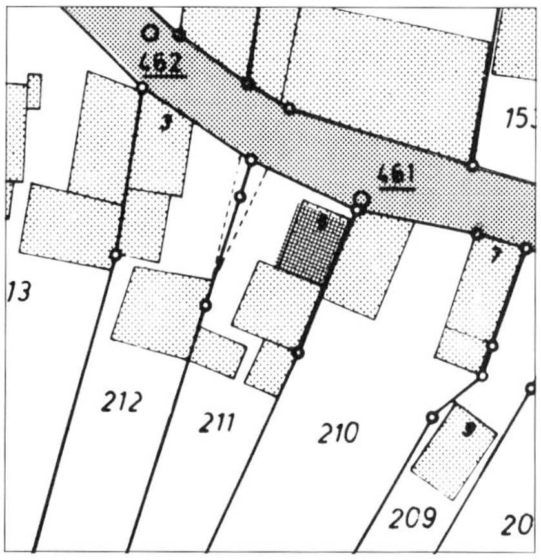

Mühlgasse 5
Flur 1 Flurstück 211

Einfache Kleinbauernhofreite in urwüchsigen Fachwerkformen auf hohem Bruchsteinsockel mit sehr frühen einwärts gebogenen Streben, noch des 17. Jhs. An der Traufseite durchlaufendes Karnies; an der Giebelseite kein Geschoßüberstand. Die Scheune teils aus der gleichen Zeit in außergewöhnlicher Firstausrichtung. Kulturdenkmal wegen seiner sozialgeschichtlichen und wissenschaftlichen Bedeutung.

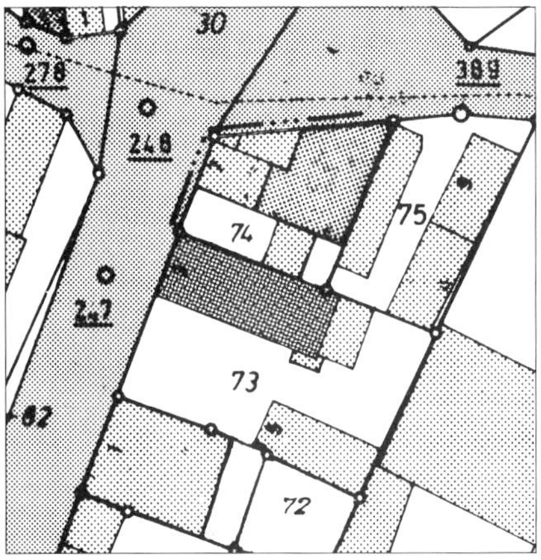

Parkstraße 3
Flur 1 Flurstück 73

Teilweise verputztes Einhaus, giebelständig zur Straße. An Stellen, wo der Putz herabgefallen ist, sehr gutes Fachwerk aus der Mitte des 18. Jhs. zu entdekken. Im hinteren Teil im Scheunenbereich gute Kratzputzornamentik. Regelmäßiges, solides Fachwerk, im vorderen Bereich großenteils verputzt, über Basaltsockel. Zweiläufige Freitreppe, umlaufendes starkes Karnies. Der einzige, komplett erhaltene barocke Einhaushof in der Gegend. Kulturdenkmal wegen seiner wissenschaftlichen Bedeutung.

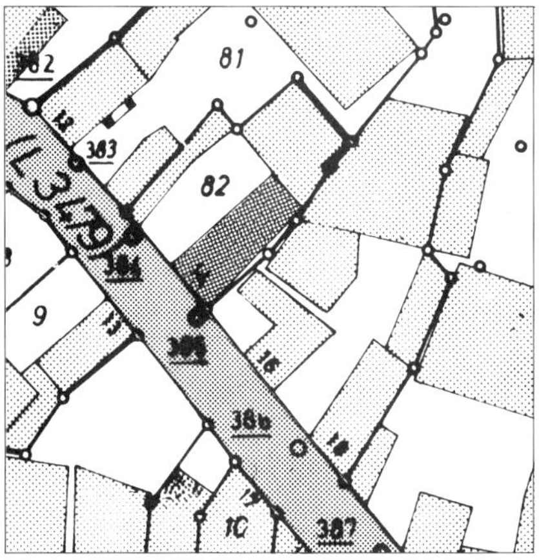

Zum Kreuz 14
Flur 1 Flurstück 82

U-förmige Hofreite mit verputztem Fachwerkwohnhaus, giebelständig zur Straße. Beiderseitig Geschoßüberstände. Unter abfallendem Putz Fachwerk des frühen 18. Jhs. erkennbar. Gut proportionierter, ungestörter Bau, jedoch in schlechtem Zustand. Im hinteren Bereich Scheunengebäude, ebenfalls desolat. Kulturdenkmal wegen seiner baukünstlerischen Bedeutung.

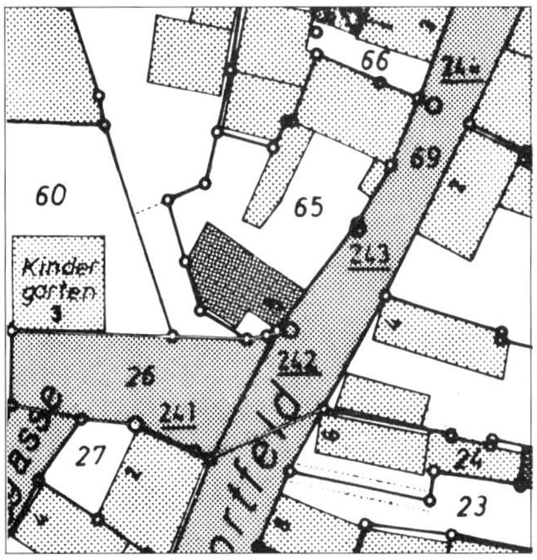

Zum Sportfeld 5
Flur 1 Flurstück 65

Kleine Hofreite an einer für das Ortsbild wichtigen Straßenkreuzung. Das Fachwerkwohnhaus dominierend, um 1700, mit fein ausgearbeitetem Profil, verschalten Balkenköpfen, geschweiften Streben und Fußgegenstreben. Kulturdenkmal wegen seiner städtebaulichen und baukünstlerischen Bedeutung.

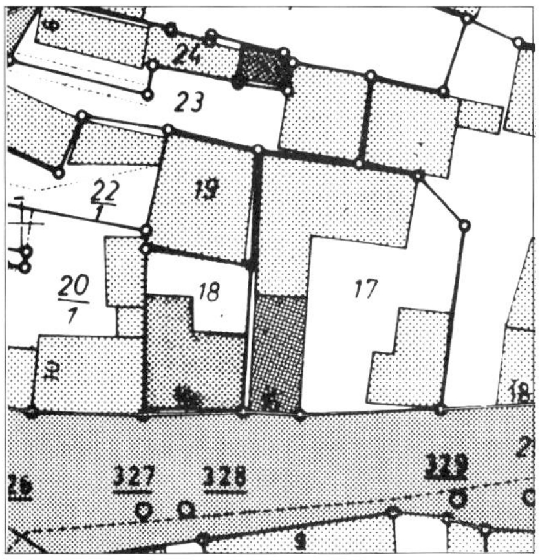

Zum Sportfeld 16
Flur 1 Flurstück 17

Hofreite, L-förmig, das Haus giebelständig zur Straße. Scheunengebäude einfach. Das Wohnhaus stark verändert, jedoch mit bedeutenden Resten eines Fachwerkbaues des 17. Jhs. Sehr gute geschuppte Eckständer mit gedrehtem Säulchen und Sonnenradmotiv an der Giebelseite; umlaufendes Karnies. Das Fachwerk sonst teilweise stark verändert, jedoch wegen der Details Kulturdenkmal aus baukünstlerischen und handwerklichen Gründen.

Kirchgasse 8
Flur 1 Flurstück 37
Evang. Pfarrkirche

Auf einer Anhöhe gelegene Basilika mit Westturm. Dieser um 1200, danach Planwechsel; frühgotisches Langhaus, 2. Hälfte 13. Jh., das den Turm aus der Achse rückt. Dreiachsiges Schiff mit gedrungenen Spitzbogenarkaden, die von alternierenden Pfeilern mit Vorlagen getragen werden. Feine Knospenkapitelle mit pflanzlichen und figürlichen Ornamenten. Von den Pfeilern gehen Dienste aus, die das Rippengewölbe tragen. Die Rippen zwischen Birnstab und Hohlkehle um 1300. Die sehr starken Langhausmauern mit kaum hervortretenden Strebepfeilern. Der Chor als letzter Bauabschnitt, Mitte 14. Jh., mit Kreuzrippengewölbe und Maßwerkfenstern. Haupteingang an der Nordseite mit mehrfach abgetrepptem Stufenportal mit Knospenkapitellen, spitzen Archivolten und Wimperg. Im Tympanon deftige Kreuzigungsgruppe mit Bischof (Hl. Bonifatius) und knieendem Donator (Abt von Fulda?). Ausstattung: Stehende Muttergottes und Kruzifix, um 1500; Taufstein 1660. Die Kirche ist Kulturdenkmal wegen ihrer wissenschaftlichen und geschichtlichen Bedeutung.

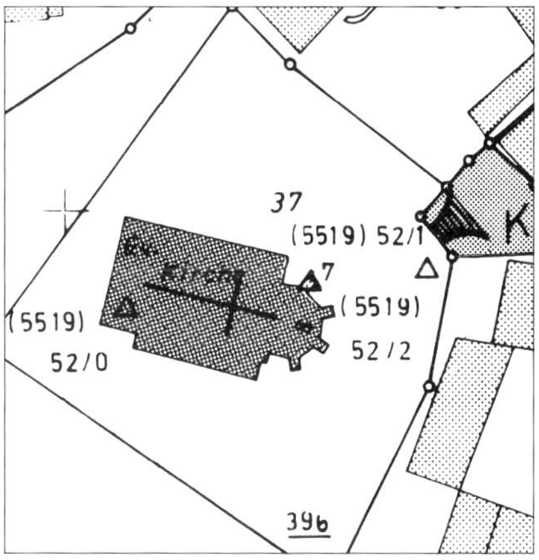

unten Mitte: Längsschnitt
unten: Grundriß

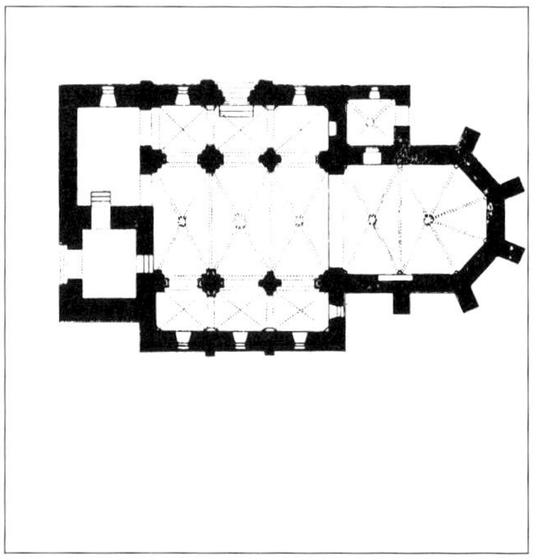

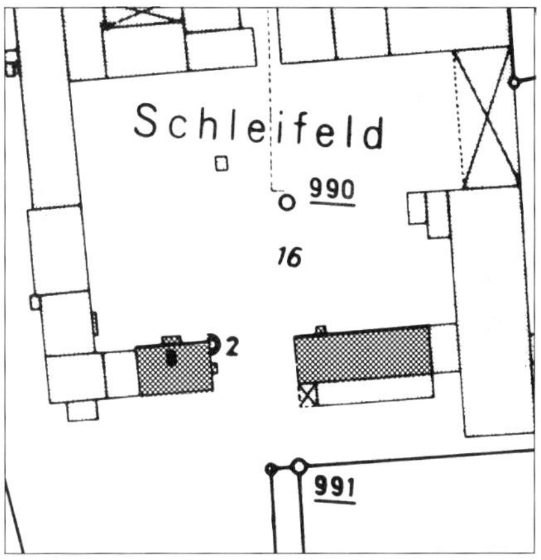

Schleifelder Hof
Flur 9 Flurstück 16

Weit außerhalb südlich des Ortes Geiß-Nidda gelegen. Zweigeschossiges Herrenhaus mit hohem Mansarddach in spätbarocken Proportionen, aus der Zeit um 1800 stammend. Ganz verschiefert, die Hofanlage beherrschend. Die ursprünglich geschlossene Umgrenzung der Hofanlage teilweise aufgebrochen. Stall- und Scheunengebäude in Bruchstein bzw. Fachwerk, ebenfalls um 1800. Interessante Ökonomieanlage des Klassizismus. Das Wohnhaus ist Kulturdenkmal wegen seiner künstlerischen Bedeutung.

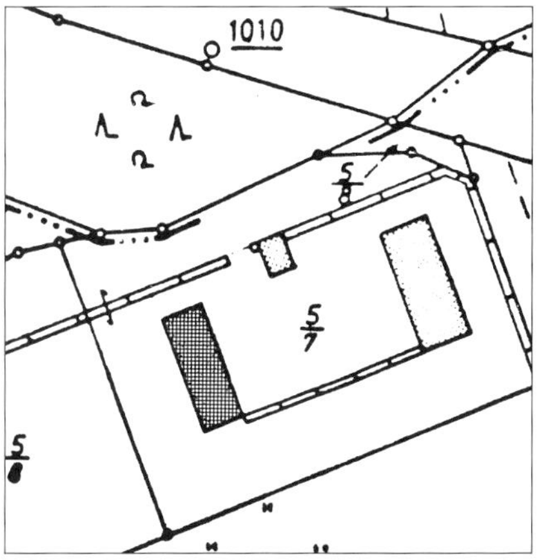

Harb
Nidda

Ehemaliges Forsthaus Glaubzahl
Flur 7 Flurstück 5/7

Bei dem 1634 erbauten Forsthaus handelt es sich um ein barockes, gut proportioniertes, eingeschossiges Steingebäude mit Sandsteingewänden; im Türsturz ein Wappen. Es ist Bestandteil eines großen, mit einer Mauer umgebenen Wirtschaftshofes. Das dem Forsthaus gegenüberliegende Bruchsteinwirtschaftsgebäude ist aus dem 18. Jh. Wegen seiner Einzigartigkeit ist das Forsthaus aus geschichtlichen Gründen ein Kulturdenkmal. Der barocke Sandsteinbogen in der Mauer mit Pflanzenornamentik und einem Teufelskopfrelief im Schlußstein ist Kulturdenkmal wegen seiner künstlerischen Bedeutung.

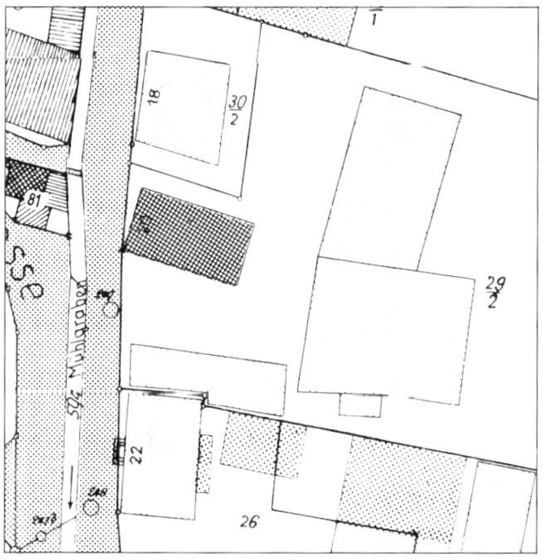

Bachgasse 20
Flur 1 Flurstück 29/2

Wohnhaus einer Hofreite in U-förmiger Ausrichtung, im hinteren Bereich durch Neubauten massiv gestört. Das Wohnhaus in der Einmündung der Bachgasse, total verputzt, jedoch mit ursprünglichen kleinen Fenstern und Übersetzungen in den Geschossen, besonders im Giebel, was auf eine Entstehungszeit in der Mitte des 18. Jhs. schließen läßt. Wichtiger Bau in der Straßeneinmündung. Kulturdenkmal wegen seiner städtebaulichen Bedeutung.

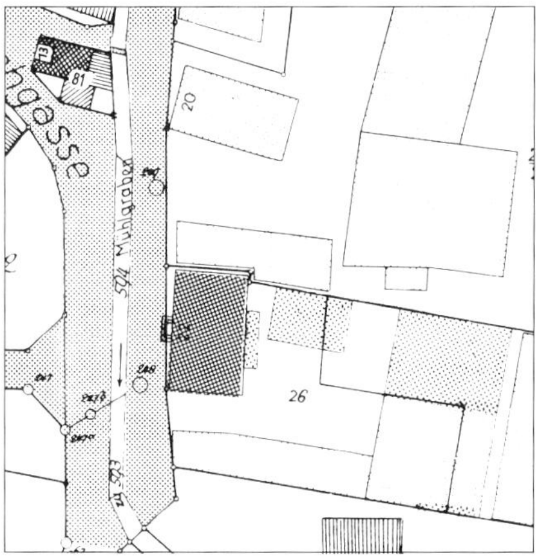

Bachgasse 22
Flur 1 Flurstück 26

Quergelagertes, klassizistisches Fachwerkhaus mit regelmäßiger Fensteraufteilung, Krüppelwalmdach. Entstanden wohl um 1810. Das Haus hat eine wichtige Funktion an der platzartigen Erweiterung der Bachgasse. Häßlich verkleidet, jedoch an der Giebelseite im Reul starkes Eichenfachwerk in klassizistischer Anordnung erkennbar. Kulturdenkmal wegen seiner städtebaulichen Bedeutung.

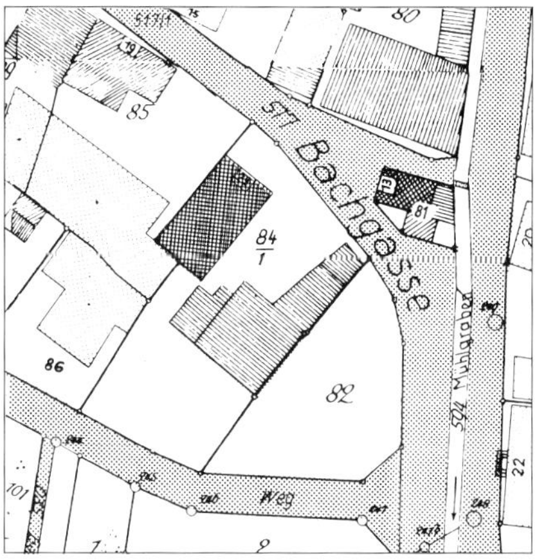

Bachgasse 23
Flur 1 Flurstück 84/1

Guter früher Fachwerkwohnbau aus der Mitte des 17. Jhs. mit aufwendigen Figurationen. Wilde Mann-Form, Brustriegel durchlaufend erhalten. Erbaut angeblich 1667. Erdgeschoß massiv erneuert. Kulturdenkmal wegen seiner künstlerischen Bedeutung.

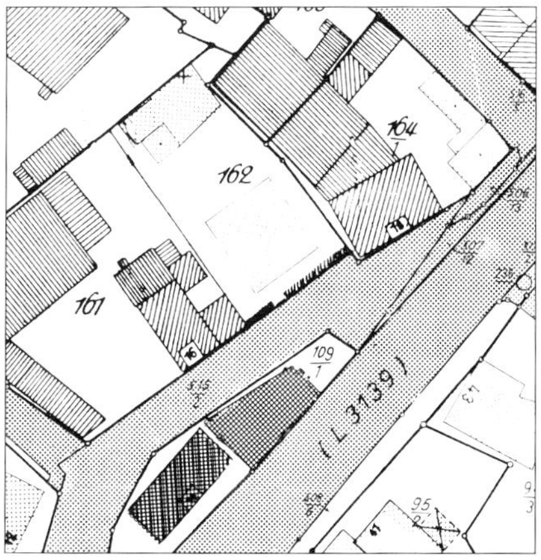

Hoherodskopfstraße 14
Flur 1 Flurstück 109/1

Kleine Fachwerkhofreite auf einer Straßeninsel an der Stelle, wo sich die Hoherodskopfstraße teilt. Das Wohnhaus mit verschiefertem Giebel in einfachen, konstruktiven Fachwerkformen des frühen 19. Jhs. gut erhalten. Der Stall- und Scheunenbereich in der 2. Hälfte des 19. Jhs. angebaut, etwas verbreitert. Die ganze Gruppe akzentuiert den Straßenraum. Sie ist Kulturdenkmal aus städtebaulichen Gründen.

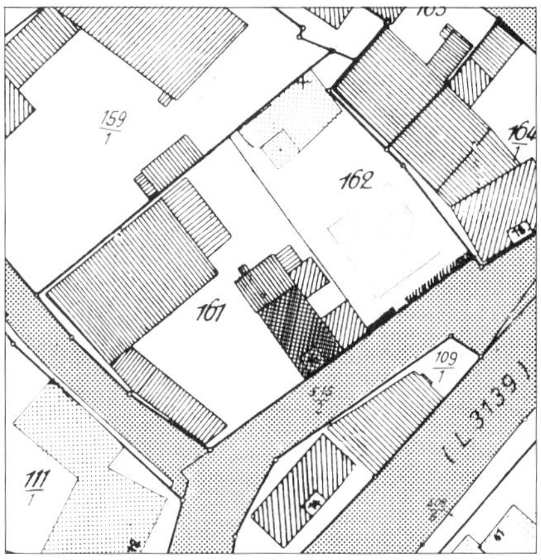

Hoherodskopfstraße 16
Flur 1 Flurstück 161

U-förmige, geschlossene Hofreite in unversehrtem Erhaltungszustand. Wohnhaus giebelständig zur Straße, verputzt. Im hinteren Teil ein Eckständer sichtbar in starken Dimensionen, elegant geschwungen, auf die Mitte des 17. Jhs. als Bauzeit deutend. Fachwerk im großen Ganzen unversehrt erhalten. Das Wohnhaus ist Kulturdenkmal wegen seiner baukünstlerischen und wissenschaftlichen Bedeutung als früher Vertreter des Fachwerkbaus am Ort.

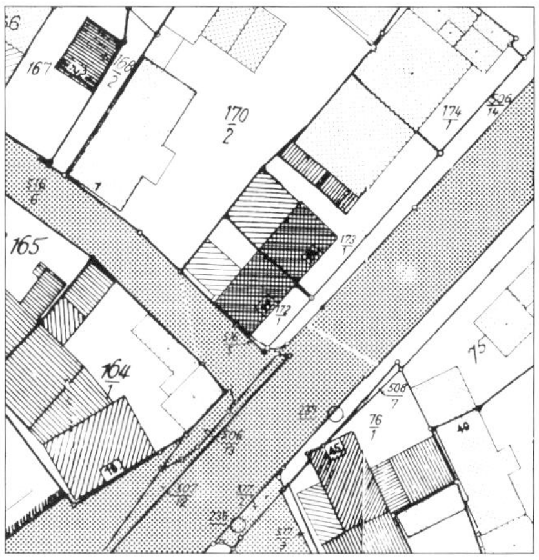

Hoherodskopfstraße 22/24
Flur 1 Flurstück 172/1 und 173/1

Doppelwohnhaus, traufständig zur Straße von Wichtigkeit für das Straßenbild. Einfache Kleinbauernhöfe mit angebauten Scheunen. Urwüchsiges Fachwerkgerüst aus der Zeit um 1660. Kulturdenkmal wegen seiner wissenschaftlichen, sozialgeschichtlichen und städtebaulichen Bedeutung.

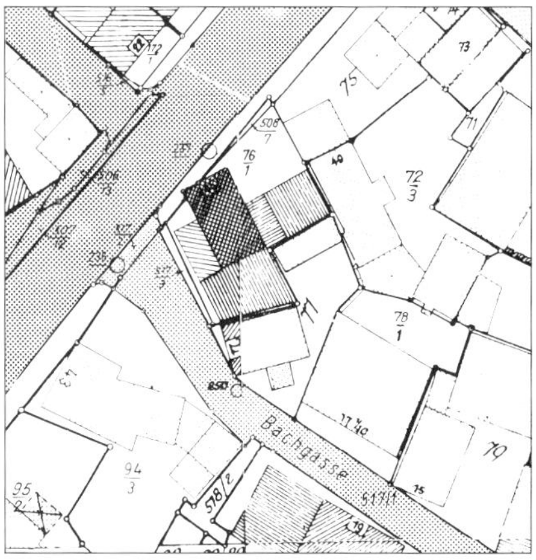

Hoherodskopfstraße 45
Flur 1 Flurstück 76/1

Giebelständiger Fachwerkbau des Frühbarock mit späteren Veränderungen. Über Eck gestellt von eminenter Bedeutung für das Straßenbild. Urwüchsiges Fachwerk von ca. 1690 mit späteren Veränderungen und Anbauten. Kulturdenkmal wegen seiner städtebaulichen Bedeutung.

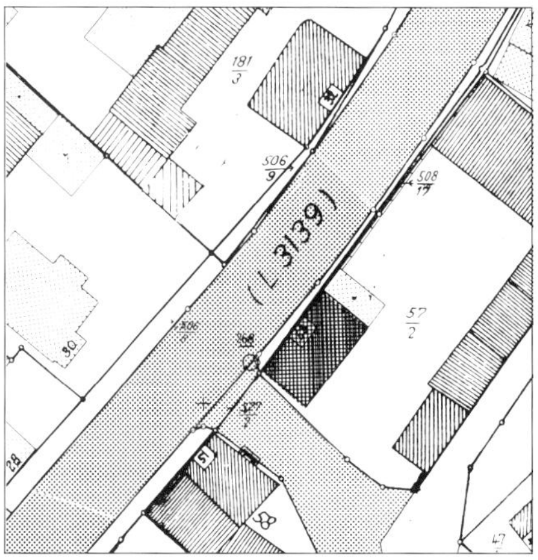

Hoherodskopfstraße 53
Flur 1 Flurstück 57/2

Fachwerkwohnhaus, traufständig zur Straße. Zweigeschossig mit starker Übersetzung, urwüchsig gebogenen Eckstreben, Wilder Mann-Form im Giebel, geschuppten Eckständern mit Radsymbol, doppelt profilierter Schwelle. Kurze, in den Brustriegel eingezapfte Pfosten mit Radornamentik und Kreissymbolen. Frühes 17. Jh. Nach einer früheren Inschrift angeblich 1618 erbaut. Kulturdenkmal aus wissenschaftlichen, künstlerischen und geschichtlichen Gründen.

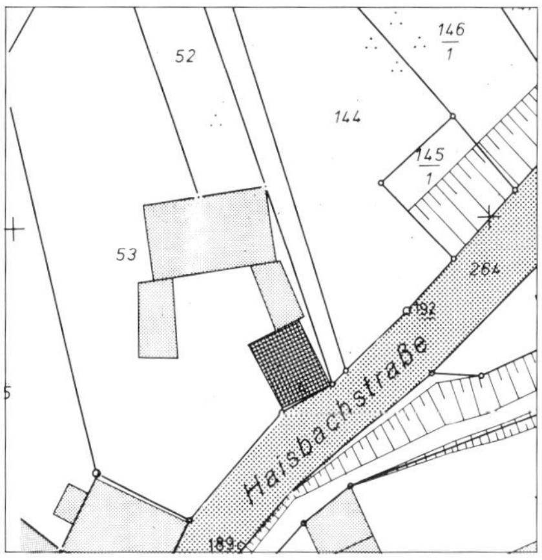

Haisbachstraße 4
Flur 1 Flurstück 53

Kleine, L-förmige Hofreite in gutem Erhaltungszustand mit teilweise massivem in Bruchstein ausgemauerten Stallgebäude; die Scheune in Fachwerk. Das Wohnhaus schmalbrüstig mit steiler Proportionierung, an drei Seiten holzverschindelt. Zierfachwerk aus der 2. Hälfte des 18. Jhs. Kulturdenkmal wegen seiner künstlerischen Bedeutung.

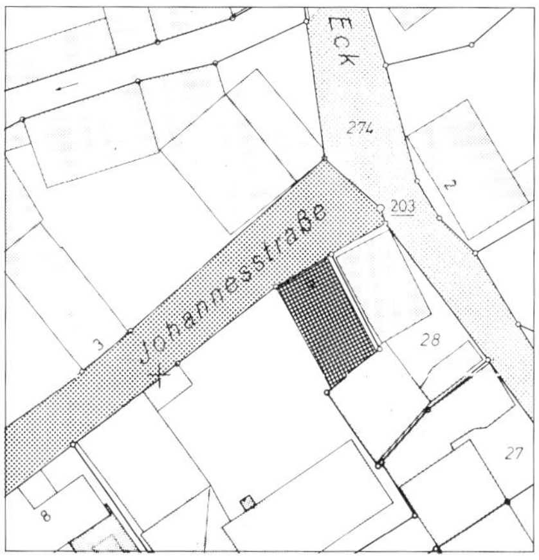

Johannesstraße 6
Flur 1 Flurstück 29

Große Hofreite, vierseitig geschlossen. Die Scheunen- und Stallgebäude bauhistorisch unbedeutend. Das Wohnhaus 2. Hälfte 18. Jh. mit durchgehend verschalter Querbalkenlage. Über dem Eingang interessante alte Schutzdachkonstruktion, zweiläufige Freitreppe. Das Fachwerk mit starken, spätbarocken Reminiszenzen, doppeltem Feuerbock an der Traufseite. Kulturdenkmal wegen seiner baukünstlerischen Bedeutung.

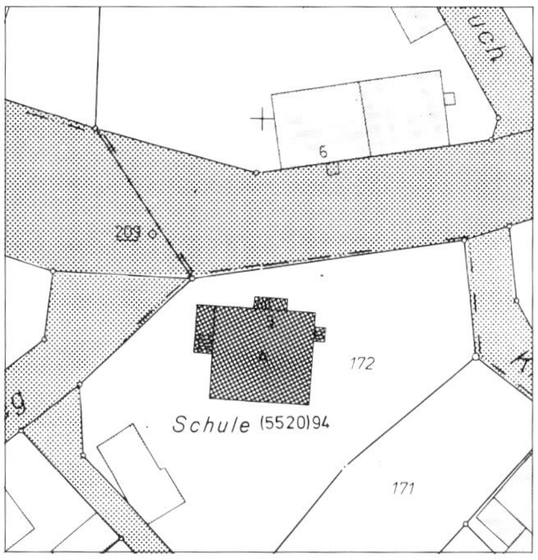

Lindenstraße 5
Flur 1 Flurstück 172

Schulgebäude in städtebaulich beherrschender Lage mit Tuffsteinummauerung, historisierend mit überdachtem Eingang auf Holzstützen, Giebel verschindelt, umlaufende Sandsteingesimse. Toilettengebäude, versetzt zum Schulgebäude, im gleichen Stil, ebenfalls holzverschindelt. Überdachter Tordurchgang, schmiedeeiserne Geländer. Wetterfahne mit Datum 1905. Kulturdenkmal wegen seiner geschichtlichen und städtebaulichen Bedeutung.

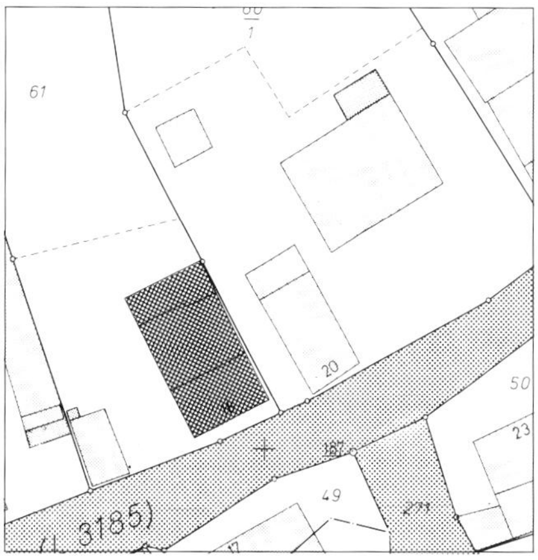

Lindenstraße 18
Flur 1 Flurstück 61

Großes Einhaus in den breitgelagerten Formen des 18. Jhs., in typischer Vogelsberger Manier. Der Giebel und die Traufseite teilweise verschiefert, ansonsten klares, ausgewogenes Fachwerk aus der 2. Hälfte des 18. Jhs. Durchlaufendes Karnies, verschaltes Quergebälk. Im hinteren Bereich Scheunen- und Stallteil unter einer Traufe. Bemerkenswert die unübliche Ausrichtung des sonst traufständigen Einhaustyps. Typologisch interessanter Bau; Kulturdenkmal wegen seiner künstlerischen und wissenschaftlichen Bedeutung.

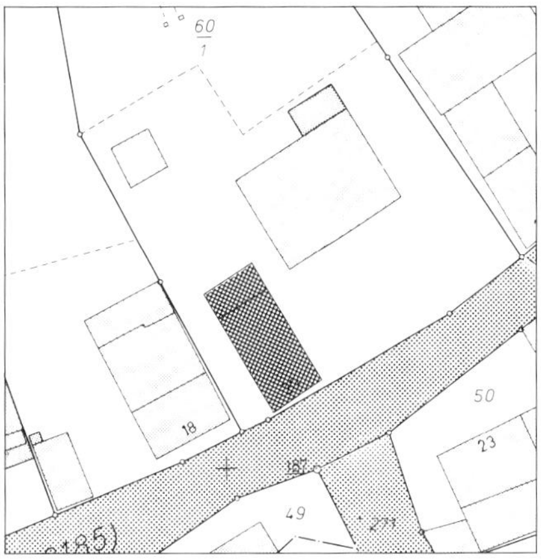

Lindenstraße 20
Flur 1 Flurstück 60/1

Wohnhaus als Rest einer kleinen Hofreite, die Scheunen und Stallgebäude zerstört und durch maßstabslosen Neubau ersetzt. Das Wohnhaus einfaches Fachwerk des späten 18. Jhs. noch in sehr gutem Erhaltungszustand und in guter Ausprägung der Details. Freitreppe mit Überdachung, gründerzeitliche Tür mit Kassetten- und Giebelauflage. Hohes, verputztes Bruchsteinsockelgeschoß, der Giebel zur Straße hin asbestzementverplattet. Wegen seiner Bedeutung für das Ortsbild Kulturdenkmal aus städtebaulichen Gründen.

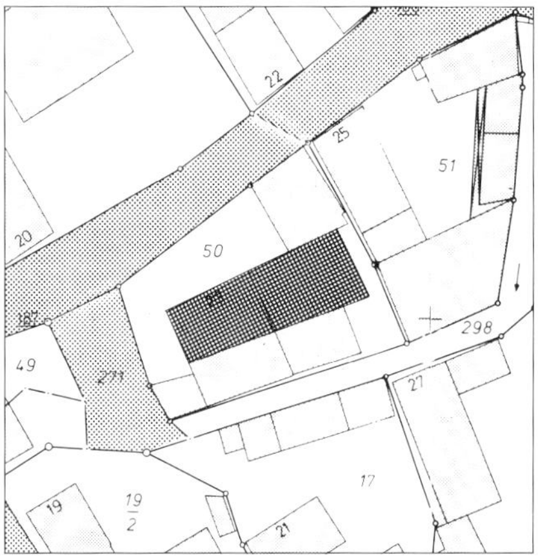

Lindenstraße 23
Flur 1 Flurstück 50

Traufständiges Einhaus parallel zur Straße ausgerichtet. Durch späteren Stallanbau im 19. Jh. verunklärt; ursprüngliches Einhaus in feinen barokken Fachwerkformen mit weitem Wilden Mann mit gespreizten Füßen und Gegenstreben. Fachwerk noch weitgehend ungestört, im Erdgeschoß nur teilweise erneuert. Daran anschließend Scheunenteil. Wichtige Lage im Straßenbild und gute Fachwerkformen, deshalb Kulturdenkmal aus städtebaulichen und künstlerischen Gründen.

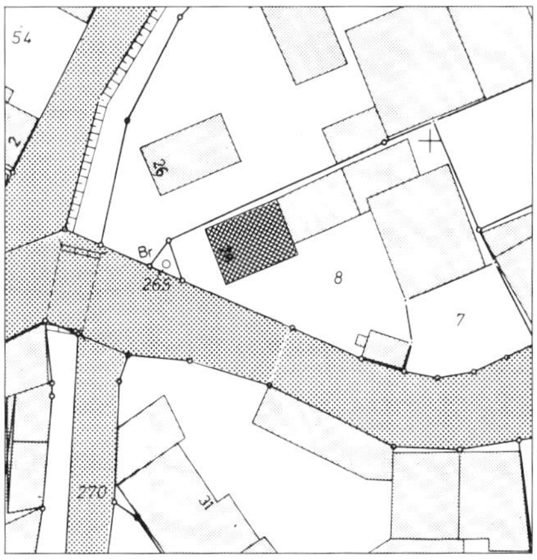

Lindenstraße 28
Flur 1 Flurstück 8

Kleine, malerisch gelegene Hofreite in wichtiger Position im Ortsbild. Freistehendes Wohnhaus an der Straßengabelung, holzverschindelt mit Krüppelwalm. Wohlproportioniertes, barockes Fachwerkhaus in guten Zierformen. Fensterteilung original erhalten. Anschließendes Bruchsteinstallgebäude und hinten querstehende Scheune, einfache konstruktive Formen des späten 18. Jhs. Kulturdenkmal wegen der kompletten Erhaltung und aus städtebaulichen Gründen.

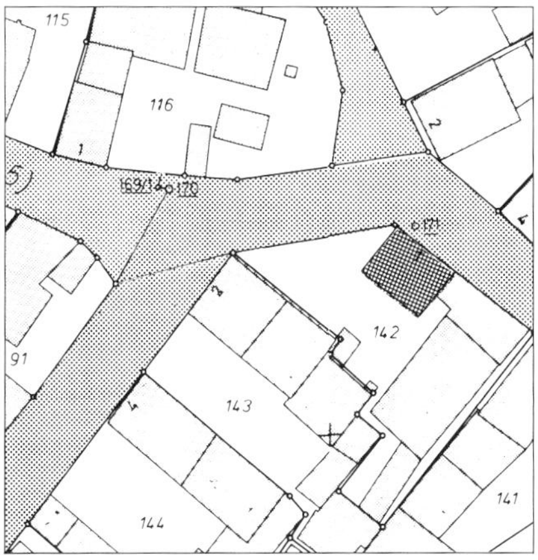

OBERLAIS

Glashütter Straße 1
Flur 1 Flurstück 142

Hakenförmige Fachwerkhofreite an einer städtebaulich wichtigen Ecke, einer Straßengabelung. Das Wohnhaus mit der Giebelseite im Blickpunkt aus Richtung Nidda. Einfaches, spätbarockes Fachwerk mit Fußgegenstreben in breitgelagerten Formen und Proportionen. Entstanden um 1800. Die Scheune ebenfalls aus dieser Zeit mit ursprünglich erhaltenen Figurationen. Der Bau ist bedeutend wegen seiner Lage im Ortsbild, deshalb Kulturdenkmal.

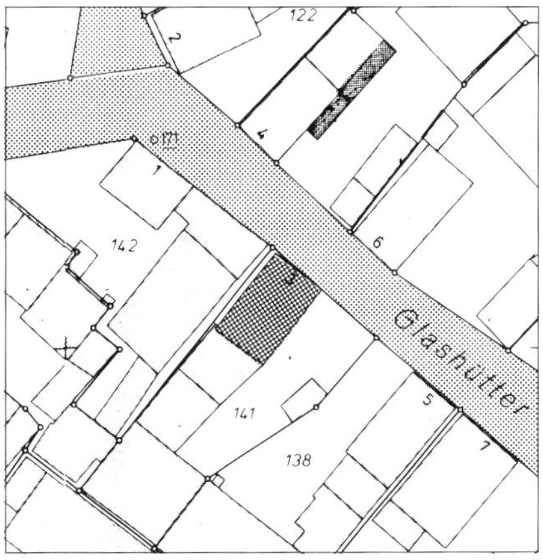

Glashütter Straße 3
Flur 1 Flurstück 141

Hakenhofreite in ursprünglichem Erhaltungszustand, das Wohnhaus giebelständig zur Straße. Völlig asbestzementverkleidet, jedoch anhand der Proportionen und der Fensterteilung als Fachwerkbau des 18. Jhs. zu erkennen. Gutes Fachwerk zu erwarten. Zweiläufige Freitreppe. Im Hintergrund L-förmig anschließend Stall- und Scheunengebäude. Der Bau wirkt in den Straßenraum hinein und ist Kulturdenkmal aus städtebaulichen Gründen.

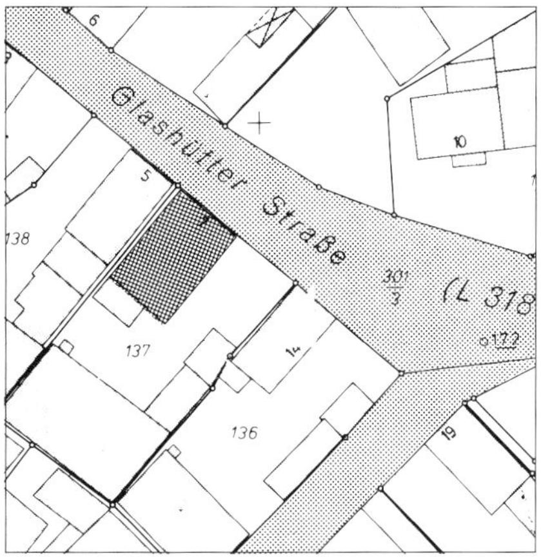

Glashütter Straße 7
Flur 1 Flurstück 137

Großvolumiger Fachwerkwohnbau in prominenter Lage am Ortseingang. Im Hintergrund, L-förmig angeordnet Stall- und Scheunengebäude. Das Wohnhaus in einfachen, spätbarocken Formen mit umlaufendem Karnies. Spätes Vorkommen des Wilden Mannes, entstanden um 1800. Kulturdenkmal wegen seiner städtebaulichen Bedeutung.

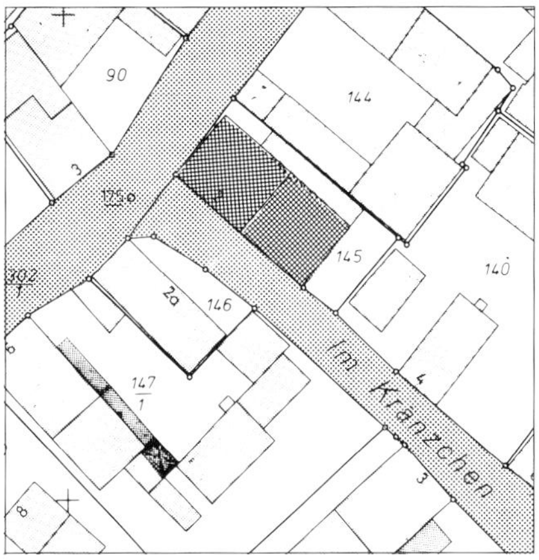

Im Kränzchen 2
Flur 1 Flurstück 145

Interessante Einhausanlage, das Wohnhaus als beherrschender Bau an der Straßenecke gelegen, ganz holzverschindelt, in den breiten Proportionen des Vogelsberger Bauernhauses, 18. Jh. Die Scheune in einfachem, konstruktiven Fachwerk, ebenfalls 18. Jh. Schöne Haustür, Mitte 19. Jh., einfache, dreistufige Treppe, die in den Straßenraum hineinragt. Der hier relativ seltene Haustyp ist in diesem Fall in sehr guter Ausprägung vertreten. Kulturdenkmal wegen seiner städtebaulichen und wissenschaftlichen Bedeutung.

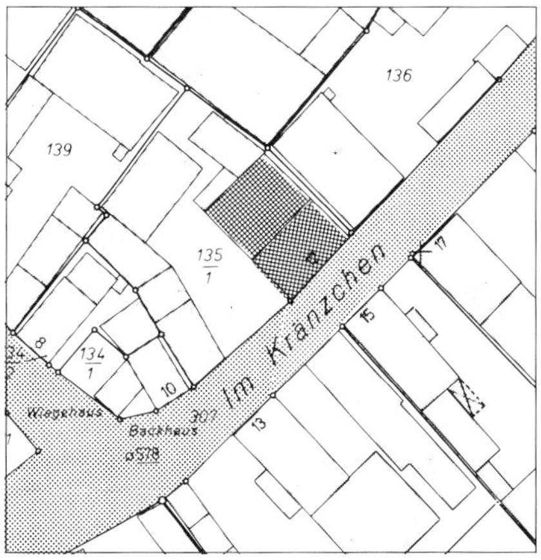

Im Kränzchen 12
Flur 1 Flurstück 135/1

Guter Vertreter des Vogelsberger Einhaustyps, in diesem Falle giebelständig zur Straße. Das Wohnhaus in niedrigen, breitgelagerten Proportionen mit weit ausladendem Dach. Die Fensterteilung noch klein und ursprünglich. Unter der Asbestzementverschindelung gutes Fachwerk des 18. Jhs. Einläufige Freitreppe, daran anschließend der Scheunenteil in einfachem, konstruktiven Fachwerk. Kulturdenkmal wegen seiner wissenschaftlich-typologischen Bedeutung.

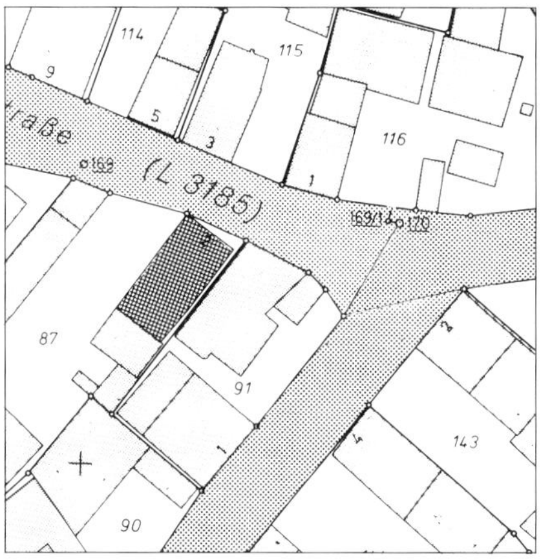

Michelnauer Straße 2
Flur 1 Flurstück 87

Große Hofreite auf unregelmäßigem Grundriß, das Wohnhaus über Eck gestellt in den Straßenraum hineinragend als wichtiger, ortsbildprägender Bestandteil der Kreuzung der Straßen nach Schwickartshausen und nach Glashütten. Die Scheunen und Wirtschaftsgebäude unbedeutend, z. T. in Nadelholz. Das Wohnhaus 2. Hälfte 18. Jh., im hinteren Bereich mit späteren Anbauten. Zweiläufige Freitreppe, umlaufendes Karnies, starre, symmetrisch angeordnete Streben. Kulturdenkmal wegen seiner städtebaulichen Bedeutung.

Michelnauer Straße 16
Flur 1 Flurstück 41

Kleine, U-förmige Hofreite mit unbedeutenden Wirtschafts- und Stallgebäuden. Das Wohnhaus kleiner Fachwerkbau aus der Mitte des 18. Jhs. mit Viertelkreisfußstreben und umlaufendem Karnies. Einfacher, gut proportionierter Bau an einer Straßenecke von städtebaulicher Bedeutung, deshalb Kulturdenkmal.

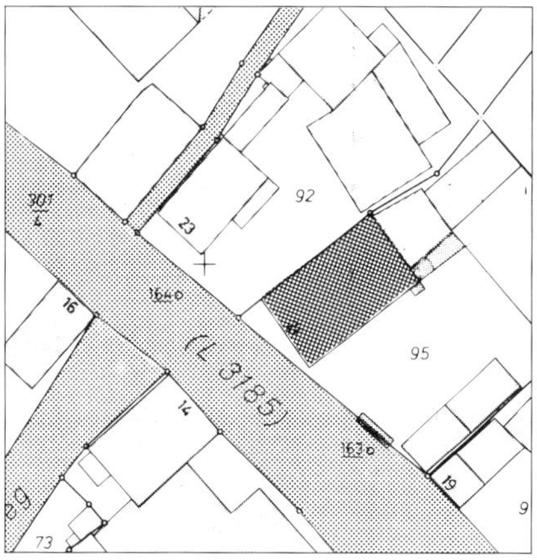

Michelnauer Straße 21
Flur 1 Flurstück 95

U-förmige Hofreite mit breitgelagertem Fachwerkwohnhaus, giebelständig zur Straße versetzt, wichtiger Blickpunkt. Fachwerk frühes 19. Jh. mit barocken Reminiszenzen. Außergewöhnliche Massierung von Feuerböcken in der Brüstung. Im hinteren Bereich massiver Bruchsteinstallteil; Zweiläufige Freitreppe mit Portal; Tür spätes 19. Jh. Das Wohnhaus ist Kulturdenkmal aus künstlerischen und städtebaulichen Gründen.

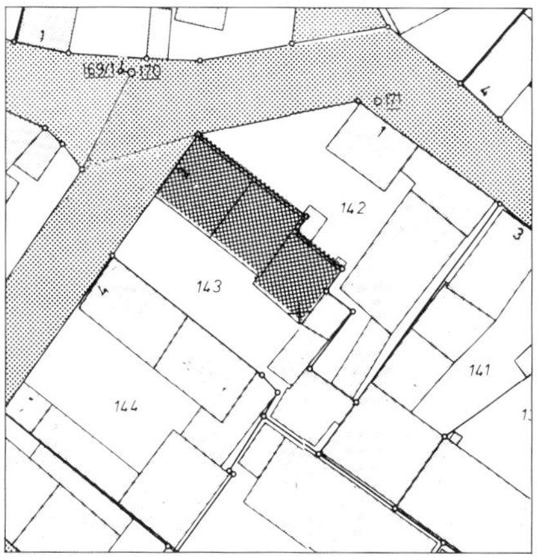

Unter-Laiser Straße 2
Flur 1 Flurstück 143

Langgestreckte Einhausanlage mit hinterem Anbau, dort malerische Holztreppe, allerdings in schlechtem Erhaltungszustand, 19. Jh. Das Einhaus z. T. asbestzementverkleidet, um 1800, in ortsbildlich wichtiger Lage an der Gabelung der Straße nach Fauerbach, Gedern und Nidda. Fenster teilweise gestört, jedoch ursprüngliches Fachwerk wohl erhalten. Kulturdenkmal wegen seiner städtebaulichen Bedeutung.

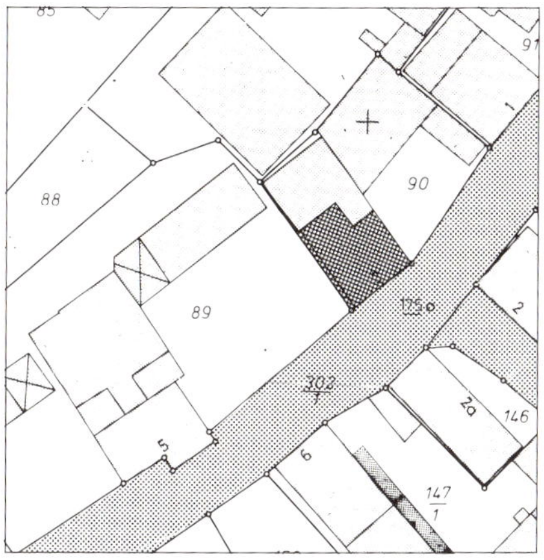

Unter-Laiser Straße 3
Flur 1 Flurstück 90

Hofreite auf engem, unregelmäßigen Grundriß mit wenig Hoftiefe, verursacht durch die Straßensituation. Das Haus ragt in den Straßenraum hinein und wirkt als Blickfang im Ortsbild. Einfaches, spätbarockes Fachwerk mit doppeltem Karnies und verschaltem Quergebälk. Im Giebel ein Feuerbock im Kopfbereich, ansonsten relativ einfaches, konstruktives Fachwerk des auslaufenden 18. Jhs. Kulturdenkmal wegen seiner städtebaulichen Bedeutung.

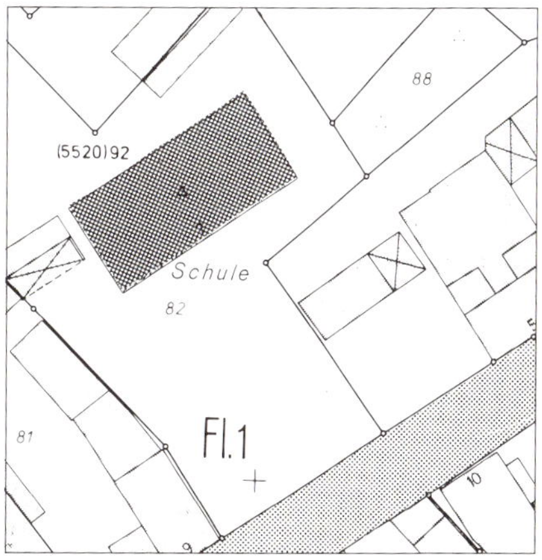

Unter-Laiser Straße 7
Flur 1 Flurstück 82

Etwas von der Straße zurückgesetztes, breitgelagertes Schulgebäude über Basaltbossensockel; gelbes Klinkermauerwerk mit stichbogigen, sandsteingerahmten, regelmäßigen Fenstern, darüber Fachwerkobergeschoß in den Formen des Vogelsberger Barock. Relativ stumpfes Dach, im Zentrum polygonaler Dachreiter mit Haube. Interessanter, qualitätvoller historisierender Bau der Großherzoglichen Bauverwaltung, frühes 20. Jh. Kulturdenkmal wegen seiner ortsgeschichtlichen und baukünstlerischen Bedeutung.

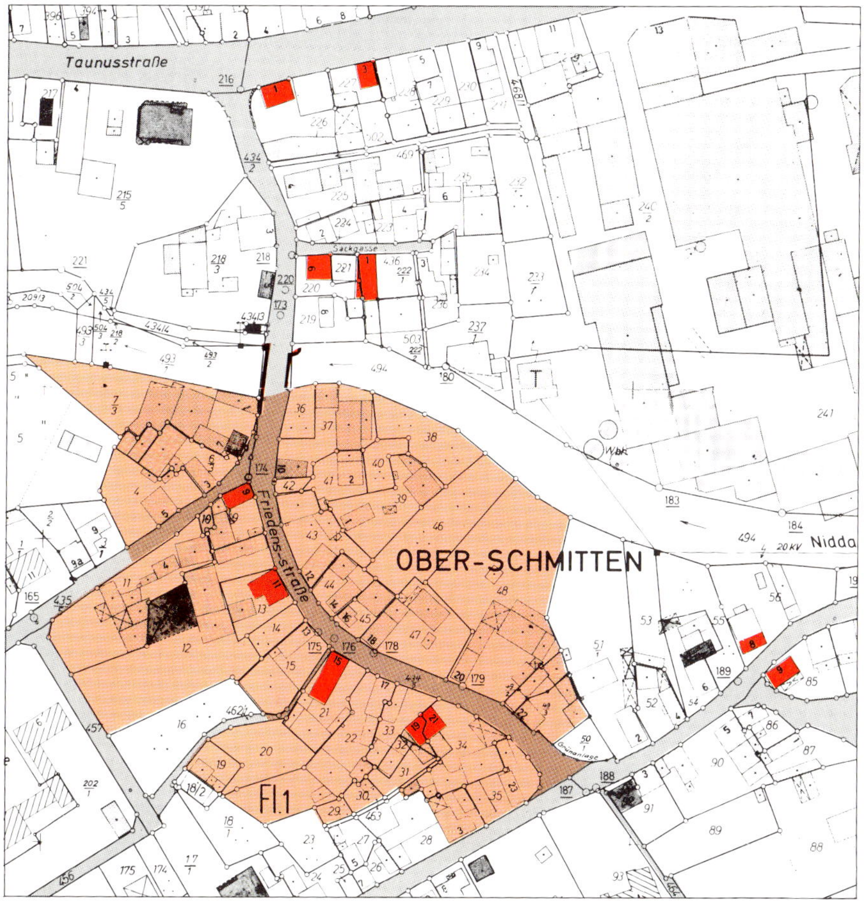

OBER-SCHMITTEN
Gesamtanlage

Der geschwungene Verlauf der Friedensstraße, beginnend mit der malerischen Niddabrücke, wird begrenzt durch eine dichte Folge architektonisch eindrucksvoller Hofreiten des 17. und 18. Jahrhunderts. Die giebelständigen Wohnhäuser bilden in ihrer Dichte und Qualität sowie durch ihre frühe Entstehungszeit ein außergewöhnliches Ensemble oberhessischer Fachwerkbaukunst.

Fotos auf S. 318:
Blick in die Friedensstraße

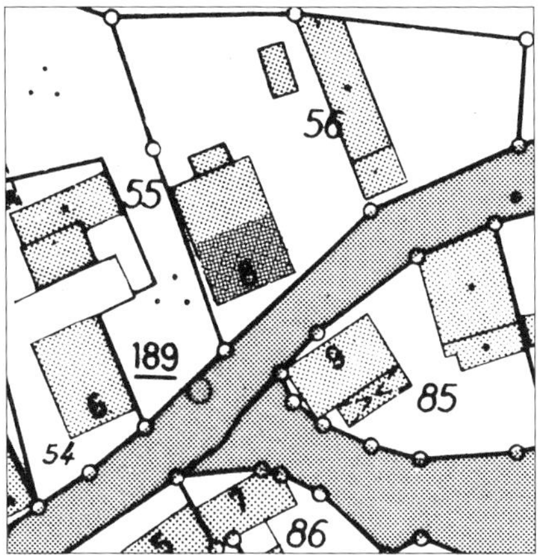

Alter Weg 8
Flur 1 Flurstück 56

Breitgelagertes, jedoch nicht sehr tiefes, barockes Fachwerkhaus. Der hintere Anbau massiv. Der Fachwerkbau selbst spätes 18. Jh. mit schöner verschalter Balkenlage. Er hat eine wichtige Funktion im Ortsbild und ist Kulturdenkmal wegen seiner städtebaulichen Bedeutung.

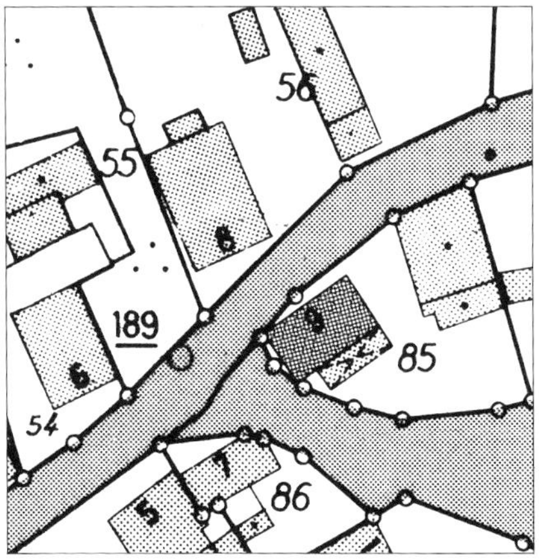

Alter Weg 9
Flur 1 Flurstück 85

Fachwerkhaus in prominenter Lage an einer Straßengabelung. Das Fachwerk sehr stattlich mit geschweiften Streben, großen Wilde Mann-Formen, geschuppten und mit Tau versehenen Ecksäulchen. Die städtebaulich wichtige Seite leider verkleidet. Krüppelwalmdach. Ursprünglich Stuckdecken im Erdgeschoß, heute zerstört. Entstanden um 1680. Kulturdenkmal wegen seiner baukünstlerischen und städtebaulichen Bedeutung.

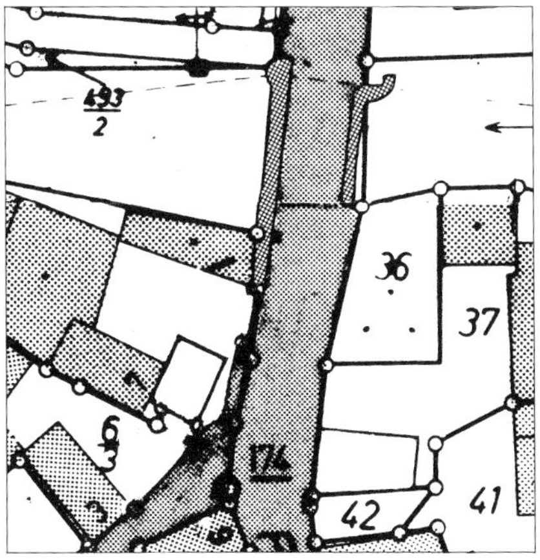

Brücke über die Nidda
Flur 1 Flurstück 174

Brückenbauwerk in Basalt mit breitem Korbbogen. Regelmäßig gemauert mit rundem Wangenabschluß nach oben und zungenförmigen Abknickungen zu den Straßen hin. Der Brückenbau ist in der Art des 17. oder 18. Jhs. erstellt. Im Keilstein Datum 1936. Entstanden im Geist der Heimatstilbewegung, reizvoll innerhalb des Ortsbildes, deshalb Kulturdenkmal wegen seiner geschichtlichen und städtebaulichen Bedeutung.

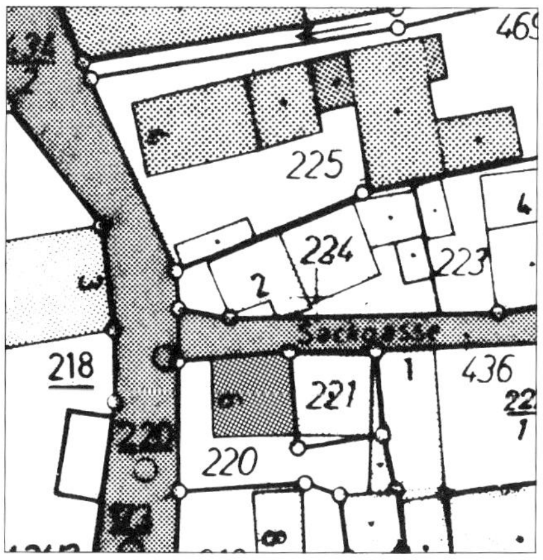

Friedensstraße 6
Flur 1 Flurstück 220

Verputzter Fachwerkbau, giebelständig zur Straße, in wichtiger Lage im Straßenbild. Völlig verputzt, jedoch an Hand der Proportionen und der Fensterteilung als Fachwerkbau zumindest des frühen 18. Jhs., vielleicht noch des 17. Jhs., zu identifizieren. Kulturdenkmal wegen seiner baukünstlerischen und städtebaulichen Bedeutung.

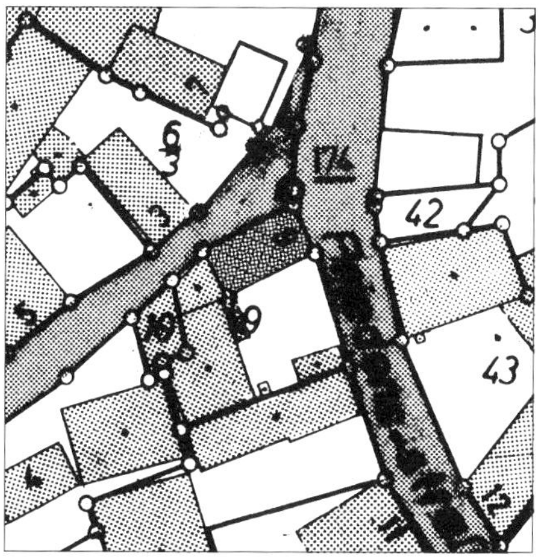

Friedensstraße 9
Flur 1 Flurstück 9

Hofreite in wichtiger Lage am Beginn der Gesamtanlage als Blickpunkt. Das Wohnhaus noch ungestört bis auf den hinteren Bereich; in schönem Fachwerk aus dem Beginn des 18. Jhs. mit Krüppelwalm, verschalter Balkenlage und reizvollem Baldachin aus dem späten 19. Jh. über der Freitreppe. Kulturdenkmal aus städtebaulichen Gründen.

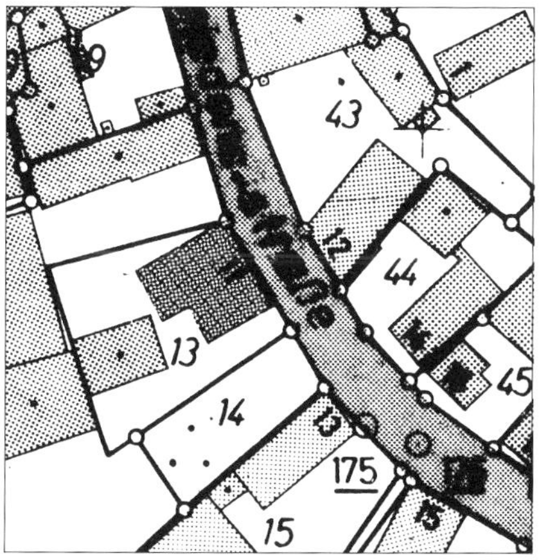

Friedensstraße 11
Flur 1 Flurstück 13

Fachwerkhof des 18. Jhs. Das Wohnhaus mit starker, ortsbildprägender Wirkung innerhalb des Straßenbildes. Gutes, geometrisierendes Fachwerk mit durchgehend verschalter Balkenlage. Im Obergeschoß herzförmige Aussparung in der Brüstung sowie Feuerbock. Abgewalmter Giebel. Späterer Anbau in gleichen Proportionen. Inschrift unleserlich, „1804, ZIMMERMANN AUS MICHELNAU". Die Rückwand massiv in Klinker. Kulturdenkmal wegen seiner baukünstlerischen und städtebaulichen Bedeutung.

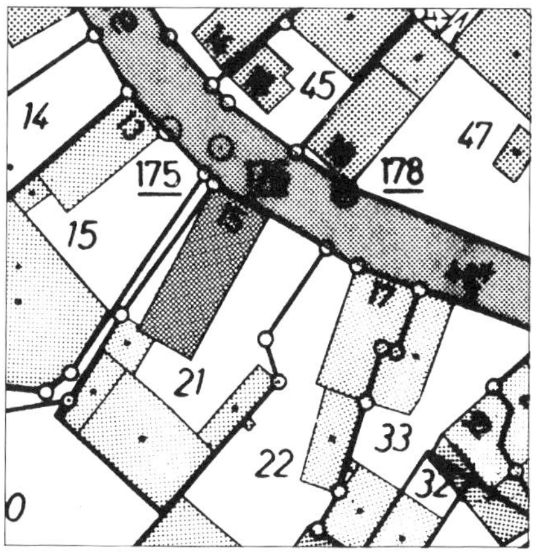

Friedensstraße 15
Flur 1 Flurstück 21

Großes, prominentes Fachwerkhaus, das innerhalb des Straßenbildes stark dominiert. Die Eckständer mit Wasserschlag abgefaßt bzw. im Obergeschoß mit geschupptem Säulchen. Kopfbänder mit Voluten und Blattornamenten. Geschweifte Streben. Teilweise erneuert. Wetterschutz über der zweiläufigen Freitreppe, 19. Jh. Erbaut im letzten Viertel des 17. Jhs. Dahinter zugehörig Scheune und Stallanbau, weniger bedeutend. Das Wohnhaus ist Kulturdenkmal wegen seiner künstlerischen und städtebaulichen Bedeutung.

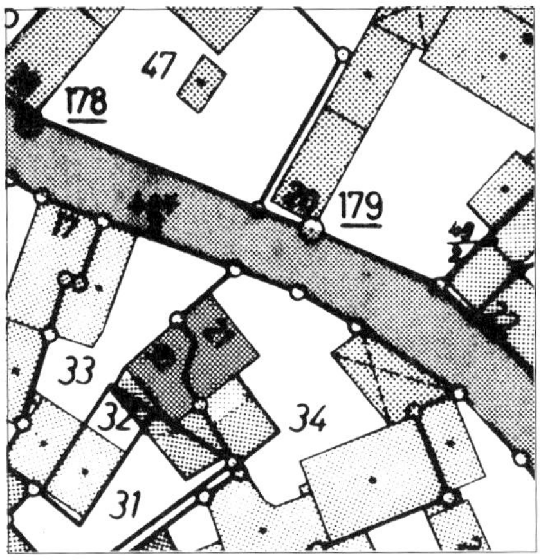

Friedensstraße 19/21
Flur 1 Flurstück 33 und 34

Fachwerkbau des frühen 17. Jhs. von außergewöhnlicher Bedeutung. Geometrischer, alle Geschosse durchlaufender Wilder Mann mit geschweiften Kopfbändern, Klötzchenfries, im Giebeldreieck Sonnenmotiv. Gewölbter Keller. Die Inschrift, die sich an der Traufseite befand, mit Baudatum 1616 jetzt am Anbau des 19. Jhs. Kulturdenkmal aus baukünstlerischen, wissenschaftlichen und geschichtlichen Gründen.

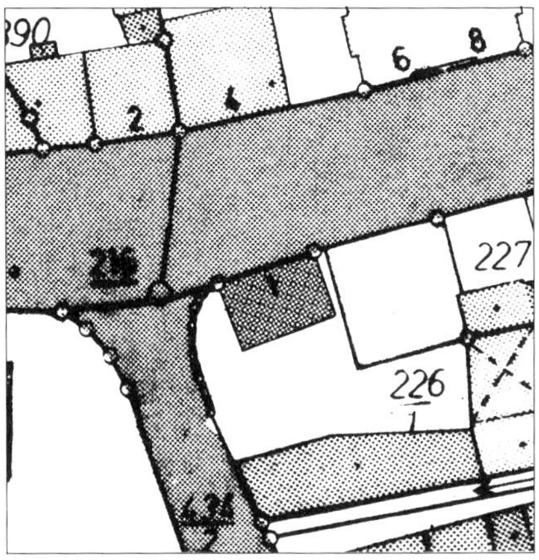

Rhönstraße 1
Flur 1 Flurstück 226/1

Wohnhaus in Fachwerk an der Ecke Friedensstraße/Rhönstraße in städtebaulich wichtiger Funktion. Gutes, frühes Fachwerk aus dem Ende des 17. Jhs., die Giebelseite verschindelt. Feines, umlaufendes Karnies erhalten. Kulturdenkmal wegen seiner städtebaulichen und künstlerischen Bedeutung.

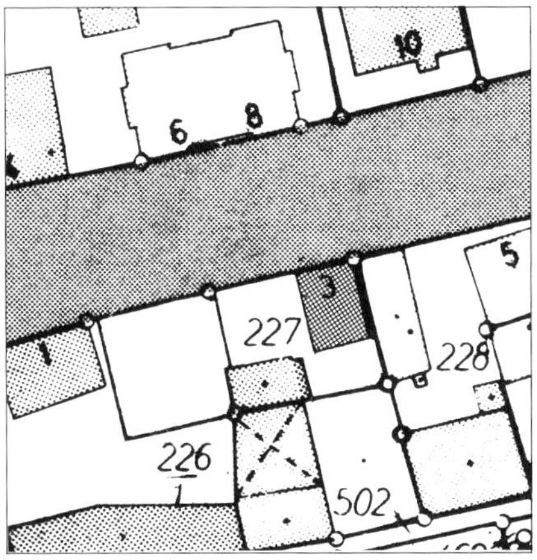

Rhönstraße 3
Flur 1 Flurstück 227

Kleines Fachwerkwohnhaus einer engen Landarbeiterhofreite aus der Zeit um 1800. Mit Krüppelwalm, durchlaufenden Profilen, ursprünglicher Fensterund auch Türteilung. Am Giebel unleserliche Inschrift. Schlechter Zustand. Kulturdenkmal wegen seiner künstlerischen und sozialgeschichtlichen Bedeutung.

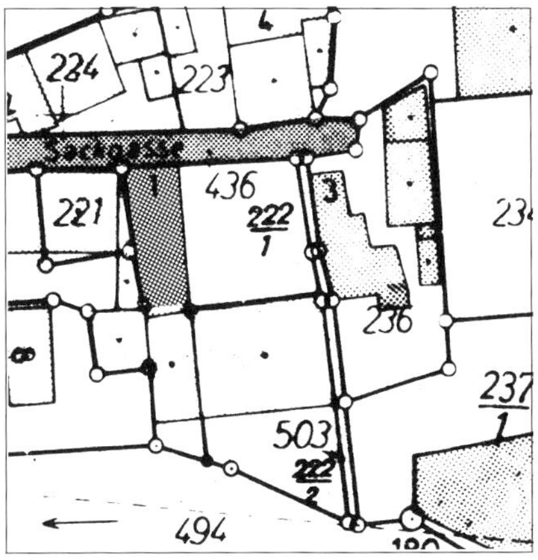

Sackgasse 1
Flur 1 Flurstück 222/1

Gut erhaltenes Fachwerkhaus des frühen 19. Jhs. in einfachen, konstruktiven Formen mit verschalter Balkenlage. Im Giebel des Hauses Inschrift: „DURCH WEISHEIT WIRD EIN HAUS GEBAUT, DURCH VERSTAND ERHALDEN, DENN MIT RATH MUSZ MANN KRIEG FÜHREN UND WO VIEL RATHGEBER SIND, DA IST DER SIEG. IM JAHR CHRISTI ANNO 1803". Kulturdenkmal wegen seiner geschichtlichen und wissenschaftlichen Bedeutung.

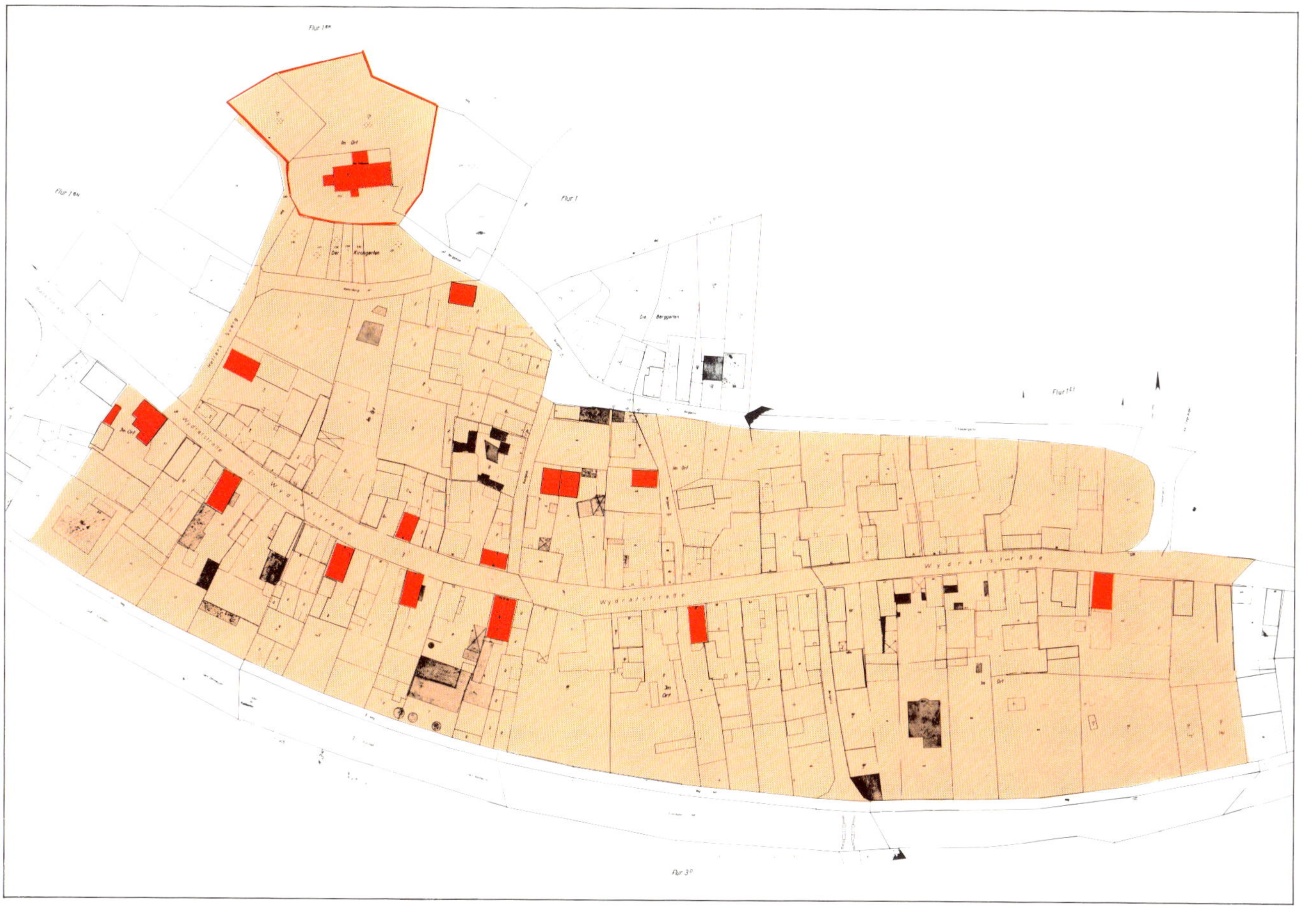

Gesamtanlage

Straßendorf mit Wehrkirchhof in außergewöhnlich gutem, geschlossenen Erhaltungszustand. Gutausgestattete Wetterauer Hofreiten reihen sich giebelständig aneinander und bilden ein geschlossenes Ensemble bäuerlicher Kultur des Barock. Die meisten Höfe sind im 18. Jh. entstanden, einige frühe Bauten entstammen noch der Wende des 16. zum 17. Jh. Das Dorf steht aufgrund seines guten Zustandes und seiner Dichte beispielhaft für das oberhessische Straßendorf und ist als Anlage von besonderer Bedeutung.

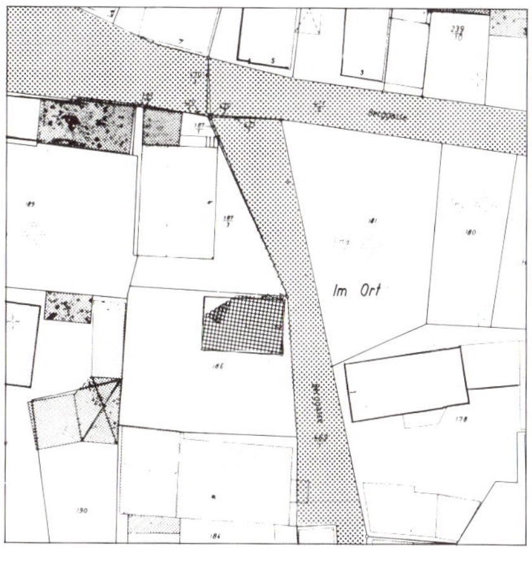

Berggasse 2
Flur 1 Flurstück 186

Kleines, über Eck gestelltes barockes Fachwerkwohnhaus, das sich dem ansteigenden Straßenverlauf anpaßt. Klares Fachwerk um 1690 von prägender Wirkung im Ortsbild. Kulturdenkmal wegen seiner städtebaulichen Bedeutung.

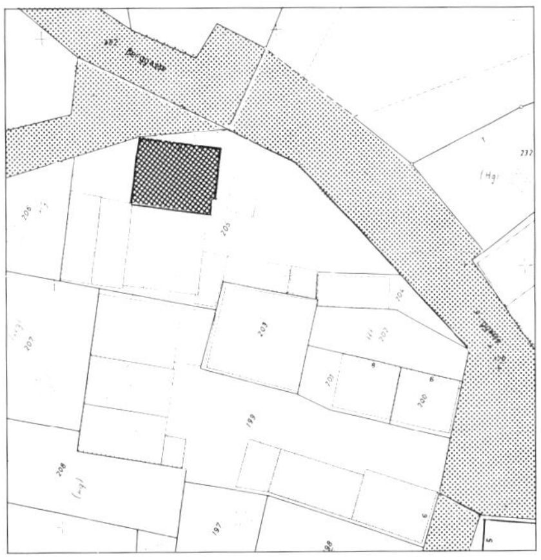

Berggasse 10
Flur 1 Flurstück 205

Traufständiger Fachwerkbau als städtebauliches Pendant zur Kirche. Klares Renaissancefachwerk mit nur geringen Veränderungen. Geschweifte Eckstrebe, die an einer Stelle Brustriegel und Pfosten überkreuzt. Seltener, früher Bau, in der Schwelle bezeichnet „ANNO DOMINI 1608". Hofsituation durch spätere An- und Umbauten verunklärt. Kulturdenkmal wegen seiner wissenschaftlichen und städtebaulichen Bedeutung.

Berggasse 11
Flur 1 Flurstück 224/1 und 225
Evang. Pfarrkirche

Burgartiger Wehrkirchhof mit alter Ummauerung. Saalbau mit Chor, Mitte 13. Jh., Fenster im 18. Jh. erneuert. An der Nordseite Wehrturm mit Zeltdach, 14. Jh. Flache Holzdecke mit geometrischem Stuck, 17. Jh. Barocke Empore. Im Chor frühgotische Wulstrippen mit guten Malereien des 15. Jhs. in den Gewölbekappen. Die Anlage ist Kulturdenkmal wegen ihrer geschichtlichen, städtebaulichen und künstlerischen Bedeutung.

Bräutgasse 3/1
Flur 1 Flurstück 192/191

Großdimensioniertes Doppelwohnhaus, am Berghang gelegen. Insgesamt verputzt, jedoch die alten Fensterteilungen erhalten. Starke Übersetzungen in den Geschossen sowie im Giebel. Früher Bau, wahrscheinlich noch des 16. oder 17. Jhs., von starker ortsbildprägender Wirkung. Unter dem Verputz das Schmuckfachwerk gut erhalten. Kulturdenkmal wegen seiner Bedeutung im Ortsbild und wegen seiner wissenschaftlichen Bedeutung als früher, repräsentativer Fachwerkwohnbau.

Hellersberg 3
Flur 1 Flurstück 220

Fachwerkhofreite auf einer Anhöhe in sehr malerischer Lage. Das Wohnhaus wirkt sehr stark in der topographischen Lage des Hanges zur Kirche hin. Gutes, starkes Fachwerk im Giebelbereich, im vorderen Drittel und im Obergeschoß noch des späten 17. Jhs. Im Eingangsbereich durch geometrisches Fachwerk ersetzt. Große, geschweifte Streben mit Fußgegenstreben, Schiffskehlen in der Schwelle usw. Im Giebel Wilde Mann-Form. Kulturdenkmal aus baukünstlerischen Gründen und wegen seiner Bedeutung für das Ortsbild.

Wydratstraße 3
Flur 1 Flurstück 51

Traufständig zur Straße gelegenes, verputztes Fachwerkhaus. Starker Geschoßüberstand, breitgelagerte Proportionen noch des 17. Jhs. Im Hof kleines Stall- und Schuppengebäude. Gutes starkes Fachwerk des späten 18. Jhs. Originelle seltene Bauform. Der Fachwerkbau ist Kulturdenkmal wegen seiner wissenschaftlichen Bedeutung in der Typologie landwirtschaftlicher Kleinbauten, das Wohnhaus aus bauhistorischen Gründen wegen des zu erwartenden frühbarocken Zierfachwerks.

Wydratstraße 7
Flur 1 Flurstück 56

Fachwerkhaus im EG massiv erneuert, jedoch mit Sandsteingewänden, wohl schon im 19. Jh. Obergeschoß sehr gutes, barockes Fachwerk in gutem Erhaltungszustand mit stark geschweiften Streben und Kopfbändern mit halben Rosetten und Herzchenornamentik; an den Eckpfosten Tauornamente. Im Giebel stehender Dachstuhl mit einwärts gekehrten Streben. Wegen seiner baukünstlerischen Bedeutung und wegen seiner Bedeutung im Straßenbild Kulturdenkmal.

Wydratstraße 12
Flur 1 Flurstück 213/2

Wichtiger Bau für das Straßenbild. Verputzt und in schlechtem Zustand, jedoch an Stellen, wo der Putz herabgefallen ist, sehr gutes stattliches Fachwerk noch des 17. Jhs. erkennbar, mit Fußgegenstreben, breitgeschweiften Eckstreben. Kulturdenkmal wegen seiner baukünstlerischen und städtebaulichen Bedeutung.

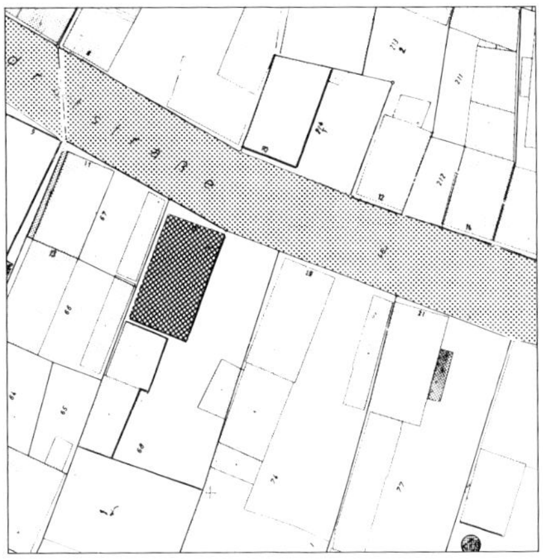

Wydratstraße 13
Flur 1 Flurstück 68

Giebelständiges Fachwerkhaus in ortsbildprägender Funktion. Starkes Fachwerk des 17. Jhs. Inschrift: „124 PSALM . . . JOHANN HICHER HIERAN DER BAUHERR WARD . . . DURCH GOTTES HÜLFF UND BEISTAND UND DES BAUHERRN HELBICH (helfende) HAND . . . IM 1663TEN JAHR . . .“ Kulturdenkmal wegen seiner wissenschaftlichen Bedeutung als qualitätvolles Fachwerkhaus unmittelbar nach dem Dreißigjährigen Krieg.

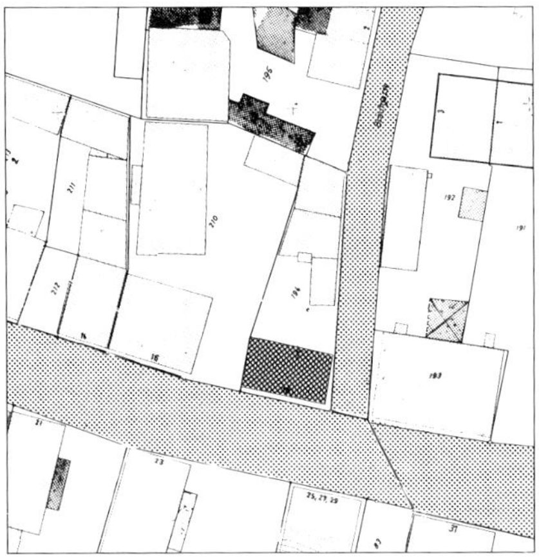

Wydratstraße 18
Flur 1 Flurstück 194

Kleines Eckhaus, untypische Bauform, keine giebelständige Wetterauer Hofreite. Sehr gutes, frühes Fachwerk in einfachen konstruktiven Formen ohne Zierrat und ähnliches, wahrscheinlich Kleinbauernhofreite. An der Giebelseite große Streben, die weit zur Mitte der Schwelle hin gehen, Bauform eigentlich vom Scheunenbau abgeleitet. Im Obergeschoß einwärts gekehrte Streben. Der Bau ist in seiner Einfachheit in der Mitte des 17. Jhs. entstanden und als Kulturdenkmal von wissenschaftlicher und städtebaulicher Bedeutung.

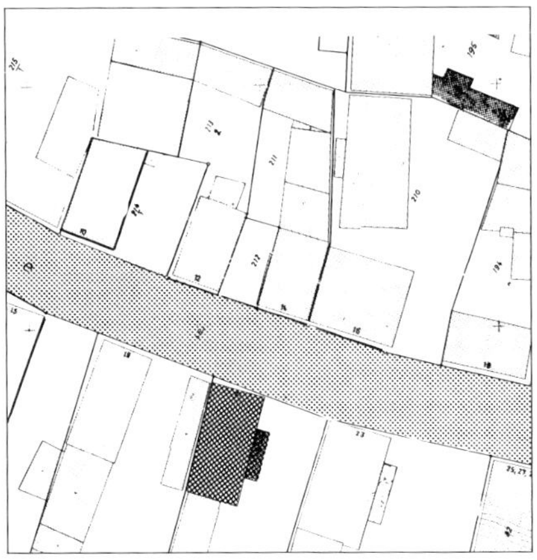

Wydratstraße 21
Flur 1 Flurstück 77

Guter Fachwerkbau, Rest einer Hofreite. Fachwerk z. T. erneuert; alte Eckständer und Schwellen im Erdgeschoß erhalten, urwüchsige Bauform. Im Obergeschoß Schwelleninschrift „ANNO 1676 (oder 1662)“. Schöne geschuppte Füllhölzer zwischen den Balken, geschuppte Eckstäbe mit Diamantquadern; stark durchgebogene Eckverstrebungen. Im Obergeschoß alte kleine Fensterteilung mit Setzholz. Aus baukünstlerischen und wissenschaftlichen Gründen Kulturdenkmal.

Wydratstraße 25/27/29
Flur 1 Flurstück 82

Großer Burgmannenhof des 16. Jhs. Massives Bruchsteinuntergeschoß, darauf Schwelle mit lat. Inschrift und Dat. 1577. Gut erhaltenes Fachwerk des späten 16. Jhs. Im massiven Erdgeschoßsockel auf der Traufseite mehrere Öffnungen, rundbogig bzw. angespitzt mit Inschrift „JOHANNES CHELIUS WPF ANNO DOMINI 1576“. Kulturdenkmal einerseits wegen seiner baukünstlerischen Bedeutung und seiner Wirkung im Straßenbild, andererseits auch als eine für die Ortsgeschichte bedeutende, herrschaftliche Hofanlage.

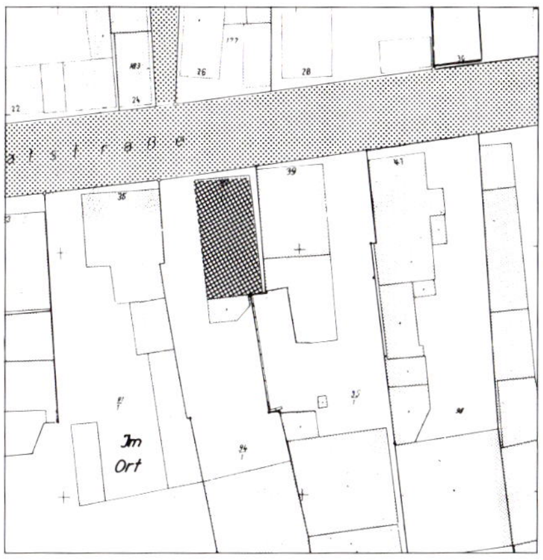

Wydratstraße 37
Flur 1 Flurstück 94/1

Fachwerkwohnhaus giebelständig zur Straße. Gut erhaltenes, starkes Fachwerk aus der 1. Hälfte des 18. Jhs. mit gänzlich verschalter Balkenlage, gutem Bruchsteinsockel und Freitreppe. Kulturdenkmal wegen seiner baukünstlerischen Bedeutung.

Wydratstraße 55
Flur 1 Flurstück 112

Große, spätbarocke Hofreite; unter altem Verputz des 19. Jhs. Fensterteilungen und Details erhalten. Tür um 1800. Der Bau stammt aus der Zeit um 1800. Wichtiger Akzent am Auftakt zur Gesamtanlage, an der Gabelung der Straße. Im hinteren Bereich Schuppen und bedeutende Scheune, ebenfalls spätes 18. Jh. Zur Straße hin Stallgebäude, 19. Jh. Das Wohnhaus ist Kulturdenkmal wegen seiner städtebaulichen und baukünstlerischen Bedeutung.

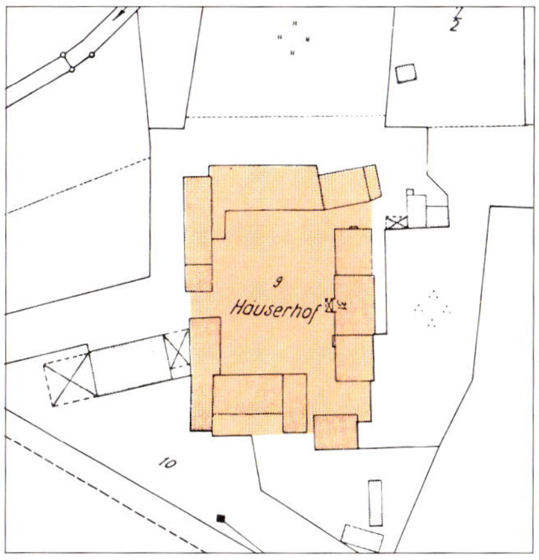

Gesamtanlage Häuserhof bei Ober-Widdersheim

In dem Tal eines Nebenflüßchens der Horloff eingebettet liegt die gut erhaltene rechteckige Hofanlage des 18. und 19. Jhs. mit axial angeordnetem Wohnhaus. Das steinerne Untergeschoß des Wohnhauses gehört zu einem ehemaligen Forsthaus. Die Bruchsteinscheunen stammen aus dem späten 18. Jh. Als gutes Beispiel für eine Hofanlage des 18. und 19. Jhs. in topographisch dominierender Lage ist der Häuserhof Gesamtanlage aus siedlungsgeschichtlichen Gründen.

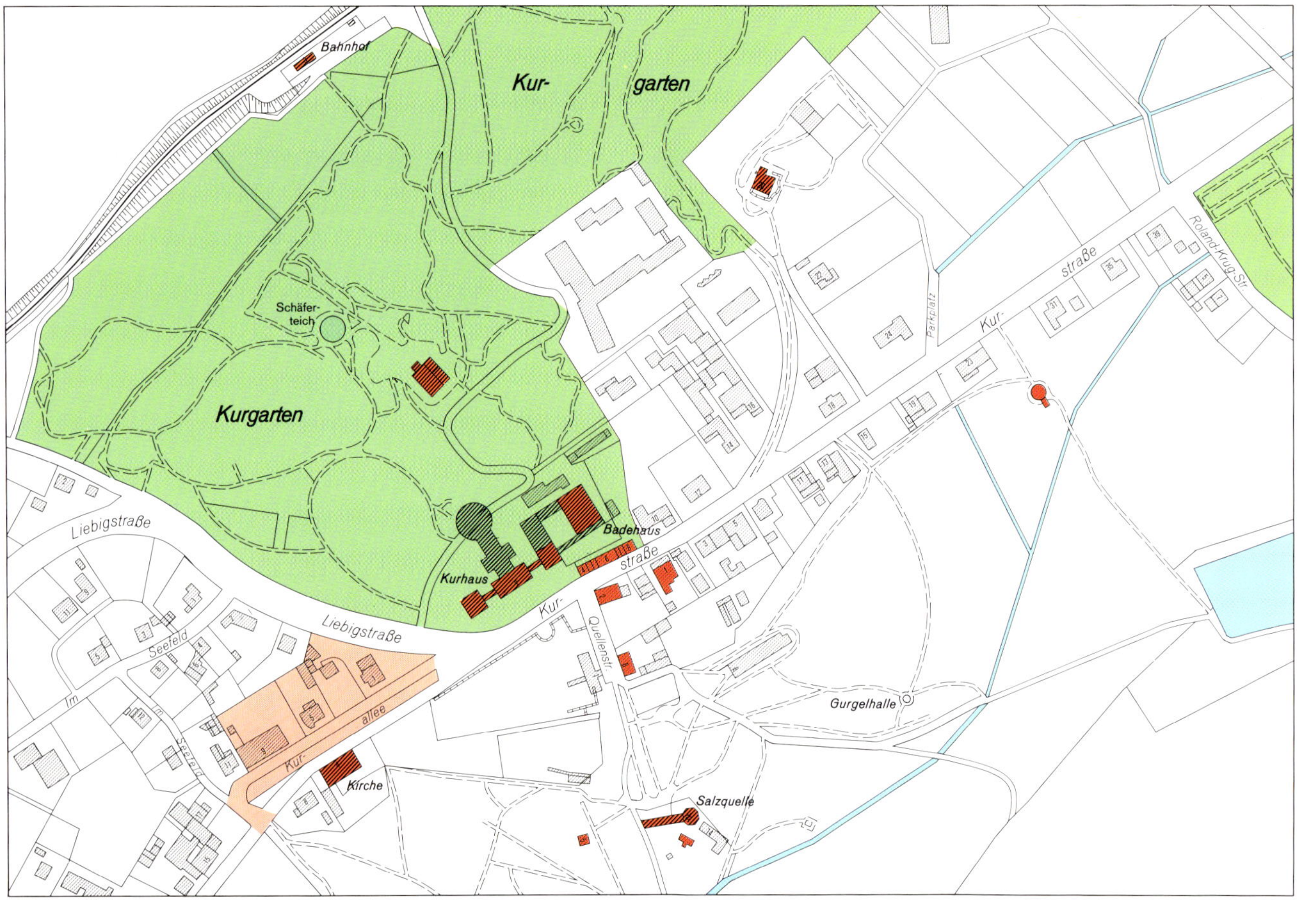
Bahnhof
Kur-
garten
Kurgarten
Schäfer-
teich
Liebigstraße
Kurhaus
Badehaus
Kur-
straße
Quellenstr.
Seefeld
Im
Kur-
allee
Kirche
Salzquelle
Gurgelhalle
Parkplatz
Roland-Krug-Str.

Bad Salzhausen, Kuranlage um 1900

BAD SALZHAUSEN

Salzgewinnung durch Sieden am Ort schon für das Mittelalter nachgewiesen. Unter Landgraf Ludwig V. führte der Niddaer Amtmann Roland Krug die ersten Strohleckwerke zur Salzgewinnung ein. 1729 Erwerb der Saline durch Hessen-Darmstadt. Von diesem Zeitpunkt an systematischer Ausbau der Salzproduktion unter J. W. Langsdorf. Mittels Pumpen, die über ein kompliziertes Stangensystem, die „Wasserkunst", durch ein im 2,5 km entfernten Kohden befindliches Wasserrad in der Nidda angetrieben wurden, wurde das Salzwasser aus sechs Brunnen zutagegefördert. Die technikgeschichtlich bedeutende Anlage wurde durch die Billigpreise des Steinsalzes schon um die Wende des 18. zum 19. Jh. unrentabel. 1810 wurde der Antrag eingebracht, die vorhandenen Anlagen zur Installierung eines Heilbades zu benutzen.

1826 begann der mit Nachdruck betriebene Ausbau mit Kurhaus, Anlage des Kurparks, Fassung der Quellen und Trinkanlage. Später erfolgte der Anschluß an die Eisenbahnstrecke Gießen-Gelnhausen.

Mehr als andere hessische Staatsbäder hat Bad Salzhausen in seiner Abgeschiedenheit das biedermeierliche Gepräge seiner Gründung und die barocken Relikte der vorausgegangenen frühindustriellen Salzgewinnung bewahren können.

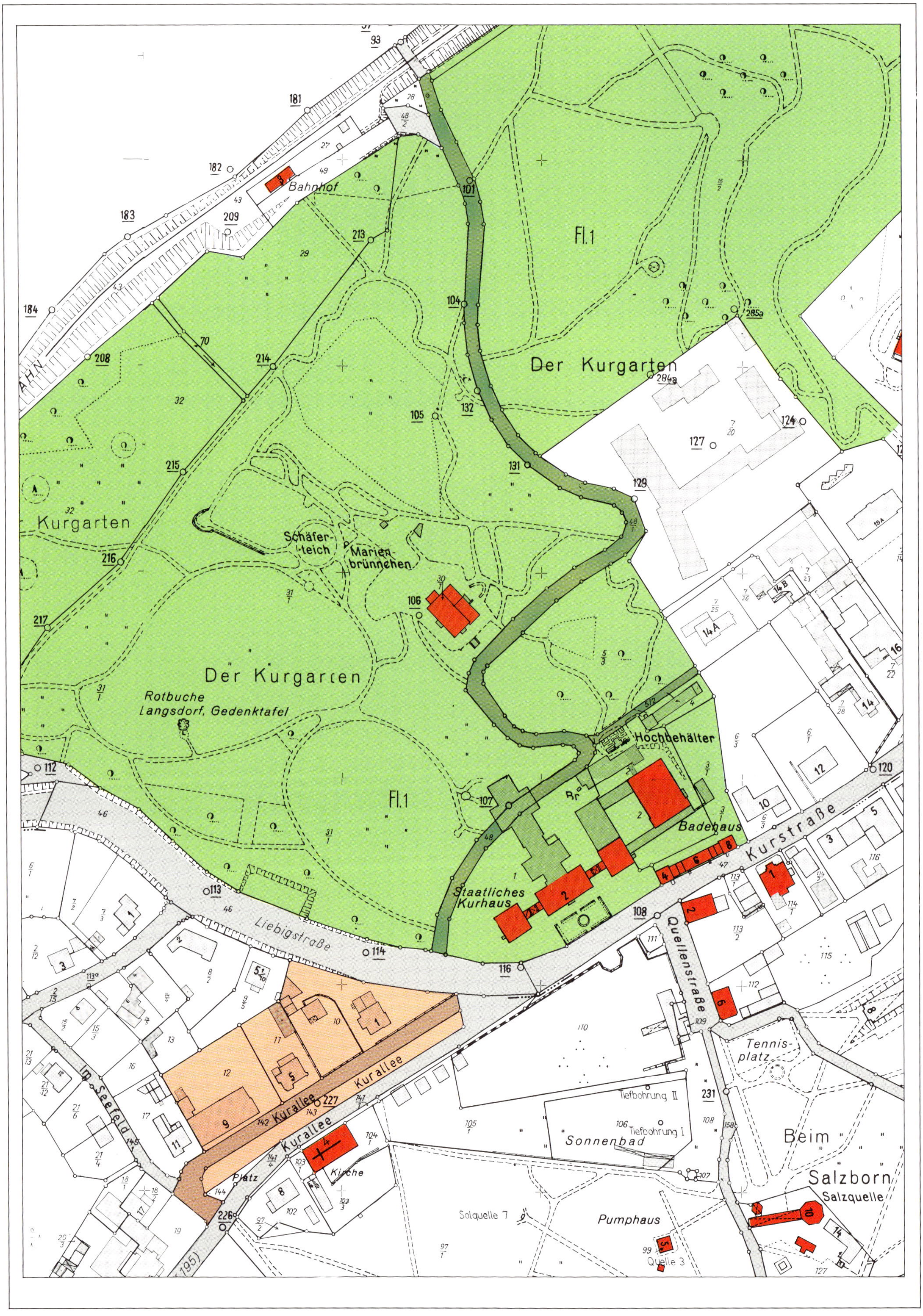
Bahnhof
Der Kurgarten
Fl.1
Schäfer-teich
Marien-brünnchen
Rotbuche Langsdorf, Gedenktafel
Hochbehälter
Badehaus
Staatliches Kurhaus
Kurstraße
Liebigstraße
Quellenstraße
Kurallee
Im Seefeld
Platz
Kirche
Tiefbohrung II
Tiefbohrung I
Sonnenbad
Tennis-platz
Beim Salzborn
Salzquelle
Solquelle 7
Pumphaus
Quelle 3

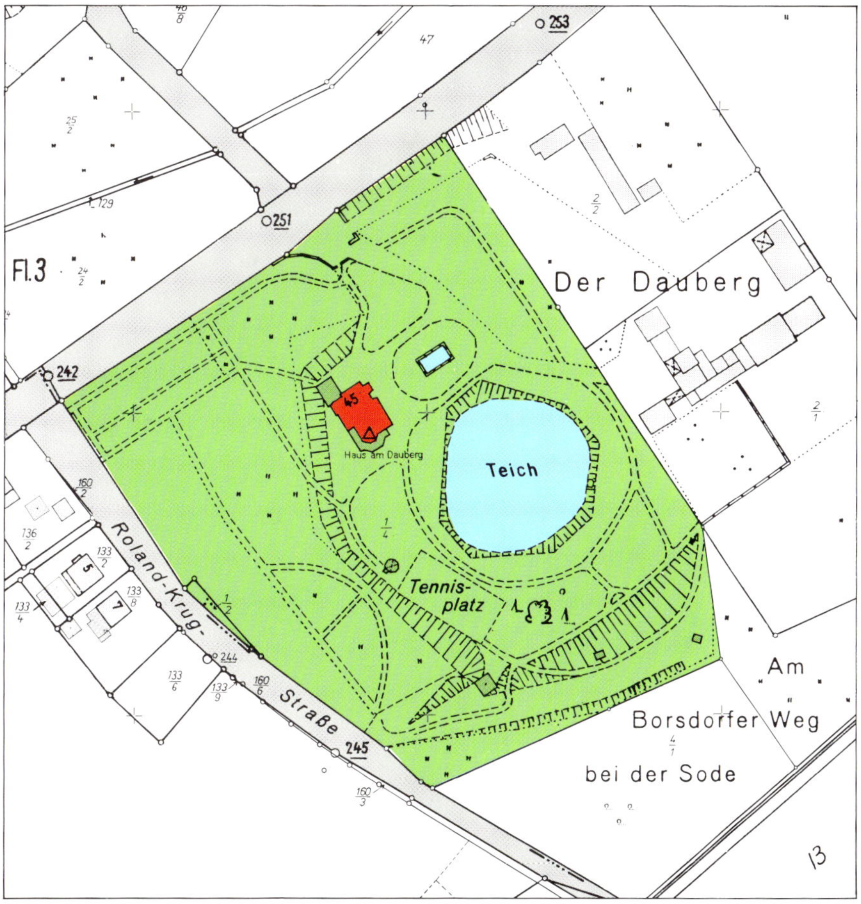

Gesamtanlage Kurallee

mit den Pensionen Wulle, Kurallee 1; Kurheim Eiser, Kurallee 5; beides kubische, gründerzeitliche Bauten, in ihrem Formenvokabular und inneren Aufbau der städtischen Wohnarchitektur entlehnt. Klinker- bzw. Ziegelverblendung, Sandsteinsockel, Eckbetonung durch Erker und Risalite; Mansarddächer.
In der Mitte der unter Moller angelegten Kurallee regelmäßige Anpflanzung amerikanischer Roteichen rechts und links der Kurpromenade als Ersatz für die früher hier stehenden Kastanien. Am Ende der Kurallee in Richtung Ortsausgang drei Bauten aus der Zeit der Jahrhundertwende, teils massiv, teils in Fachwerk mit charakteristischen Ecktürmchen. Die Gesamtanlage Kurallee stellt das typische Beispiel einer bescheidenen Promenade einer klassizistischen, in der Gründerzeit erweiterten Kurstadt dar.

Gesamtanlage Kurpark

Hinter dem Kurpark großräumiger Kurpark mit altem Baumbestand. Anpflanzung ab 1826 im Stil eines Englischen Gartens mit seltenen Baumarten. Die Gesamtanlage Kurpark erstreckt sich von der Kurstraße bzw. Liebigstraße nach Norden bis zum Bahnhof bzw. bis zur Bahnanlage. Hinter dem Kurhaus im Park das ehemalige Tanzhaus von 1827.

oben: Blick in die Kurallee
darunter: Haus Christiansruh
links: Gesamtanlage Haus Christiansruh

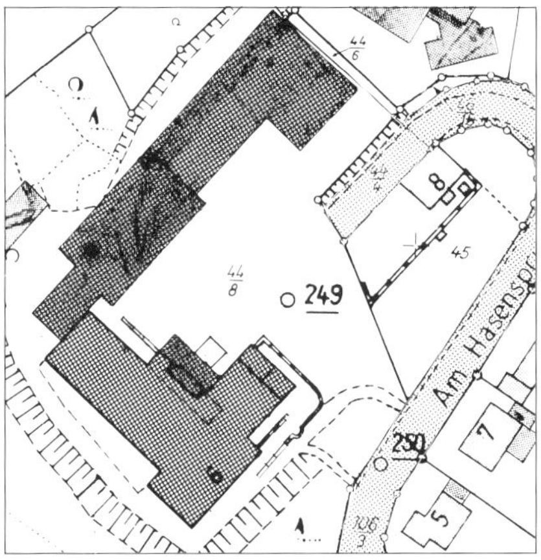

Am Hasensprung 6
Flur 3 Flurstück 44/8
Ernst Ludwigs-Heim

Großer, L-förmiger Sanatoriumsbau, 1. Jahrzehnt 20. Jh. am Ortsrand mit Freitreppenanlage. Klare Putzarchitektur mit Risaliten, kannelierten Stumpfsäulenordnungen, dreiteiligen, korbbogigen Fenstern. Mansardsatteldach durch große Giebel mit ornamentierten Putzfeldern akzentuiert. Ursprüngliche Fensterteilung großenteils erhalten. Kulturdenkmal aus geschichtlichen und künstlerischen Gründen.

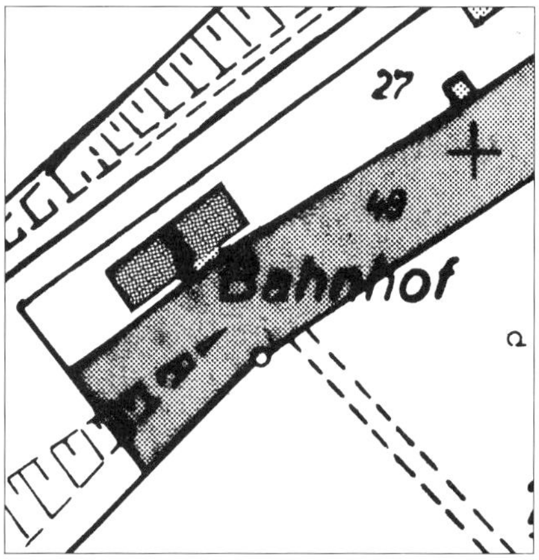

Bahnhof
Flur 1 Flurstück 27

Längsgerichteter satteldachgedeckter Bau mit offener, teilweise kunstvoll verglaster Wartehalle, ansonsten stahlkonstruktionsmäßig aufgefaßtes Zierfachwerk mit Hängezapfen und Klinkerausfachung in zwei Farbtönen. Auf dem Bahnsteig Bedürfnisanstalt in der gleichen Bauweise sowie gußeiserner Trinkbrunnen. Seltene, typische Anlage eines kleinen Kurstadtbahnhofs aus der Zeit um 1900 ohne spätere Entstellungen. Kulturdenkmal wegen seiner technischen und geschichtlichen Bedeutung.

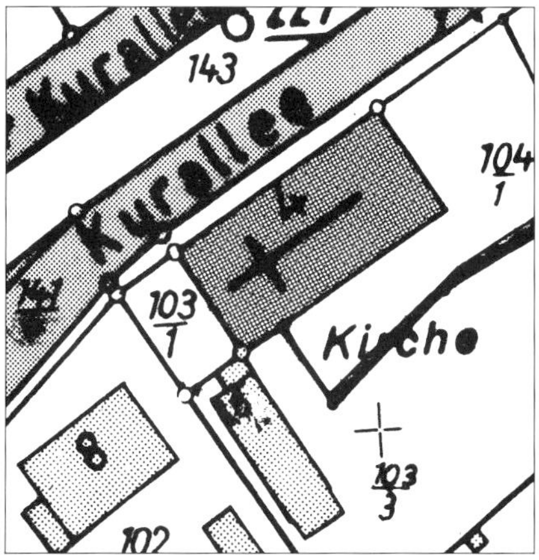

Kurallee 4
Flur 2 Flurstück 104/1
Evang. Kapelle.

Ehemaliges Laboratoriumsgebäude. Zu Anfang des 19. Jhs. für Justus von Liebig eingerichtet, der im Auftrage des Großherzogs die Qualität der im Salzhausener Wasser vorkommenden Bestandteile untersuchen und neue Verwendungsmöglichkeiten finden sollte. Einfacher, eingeschossiger klassizistischer Nutzbau. Kulturdenkmal wegen seiner Bedeutung für die Orts- und Landesgeschichte.

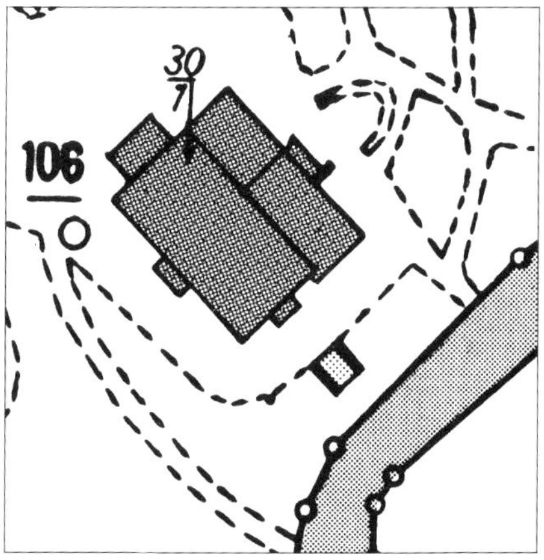

Kurpark
Flur 1 Flurstück 30/7
Ehem. Tanzsaal.

Klassizistischer Gesellschaftsbau im Kurpark, erbaut um 1827 von Georg Moller. Verputzter Bruchsteinbau mit Sandsteingewänden und Gurten. Gebäudetyp des Odeon mit bis zum Boden gehenden rundbogigen Öffnungen, z. T. bis zur Brüstung zugesetzt. Flaches Walmdach. Reizvolle Pergola. Kulturdenkmal wegen seiner künstlerischen und geschichtlichen Bedeutung.

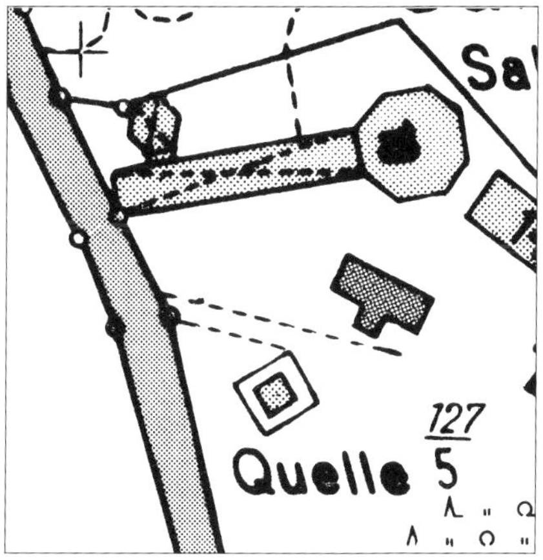

Wasserrad im Kurpark; hinter der Wandelhalle Quellenstraße 10
Flur 1 Flurstück 127

Wasserrad des 18. Jhs., das ursprünglich als Antrieb zum Hochpumpen der Sole diente. Die Nabe des Rades noch ursprünglich, sonst die Mechanik großenteils erneuert. 1863 aus Schwalheim übertragen. Kulturdenkmal wegen seiner technischen und geschichtlichen Bedeutung.

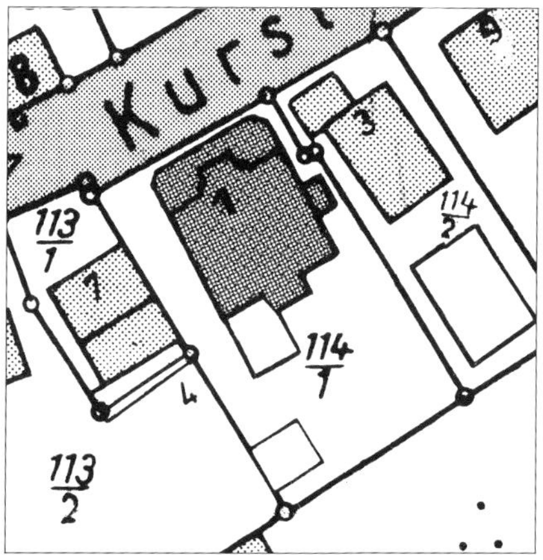

Kurstraße 1
Flur 1 Flurstück 114/1
Villa Quisisana.

Kubischer Bau mit Mittelrisaliten und Mansarddach. Gelber Klinker mit Renaissance-Gliederungen in Rot-Sandstein. Der Typ der Kurpension ist hier, abgeleitet von der Villa, im Ort am reinsten repräsentiert. Entstanden um 1885. Kulturdenkmal wegen seiner wissenschaftlichen und geschichtlichen Bedeutung.

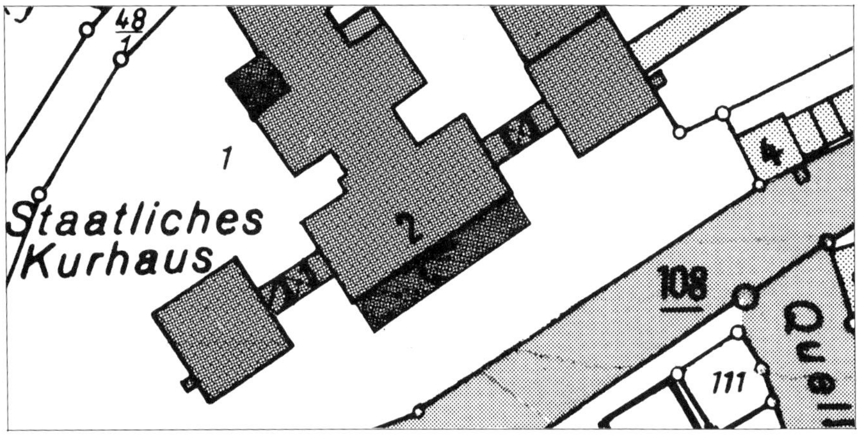

Kurstraße 2
Flur 1 Flurstück 1
Kurhaus.

Schloßartige Anlage, die den Ort beherrscht. Der regelmäßige, dreigeschossige Mittelbau 1826 von Georg Moller. Entstellt durch einen Vorbau der 50er und hinteren Anbau der 60er Jahre des 20. Jhs. Die Seitenpavillons von Moller 1835 hinzugefügt und durch Arkadengänge mit dem Hauptbau verbunden. Feine Baudetails, Gitter, Friese. Im Innern völlig verändert. Bedeutendster, unter Moller entstandener Kurhausbau in Hessen. Kulturdenkmal wegen seiner künstlerischen und geschichtlichen Bedeutung.

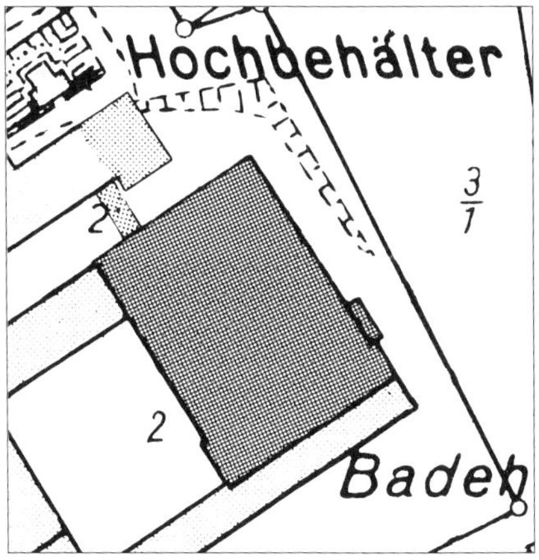

Kurstraße 2
Flur 1 Flurstück 2
Badehaus.

Längsorientierter Fachwerkbau mit zwei flankierenden Eckrisaliten, 1907 von Bad Nauheim hierher übertragen. Durchgehendes Mansarddach, historisierendes Fachwerk mit niedersächsischen Anklängen. Dieser Bau bildet einen Bestandteil der gesamten Kurhausanlage. Kulturdenkmal wegen seiner geschichtlichen Bedeutung.

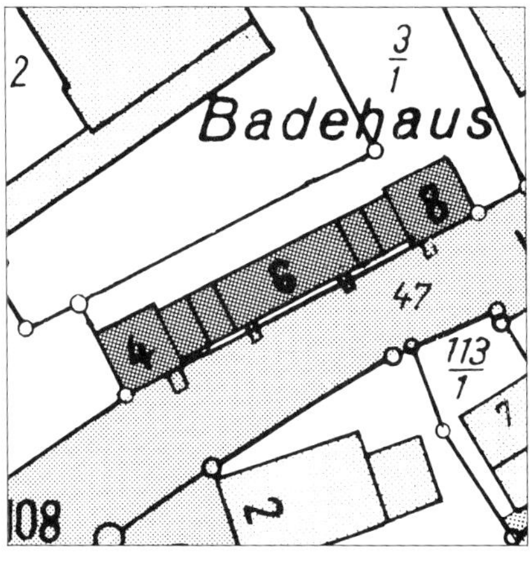

Kurhausstraße 4/6/8
Flur 1 Flurstück 3/1

Schmaler, entlang der Straße ausgerichteter Nutzbau im Zusammenhang mit der Frühgeschichte des Bades, flankiert von zwei kubischen, dreiachsigen Pavillons mit Mansarddach und Gauben, dazwischen mehrachsiger Verbindungsbau mit zwei Hofdurchfahrten. Ursprünglich im Zusammenhang mit der Salzherstellung. Entstanden in der 2. Hälfte des 18. Jhs. Kulturdenkmal wegen seiner geschichtlichen und städtebaulichen Bedeutung.

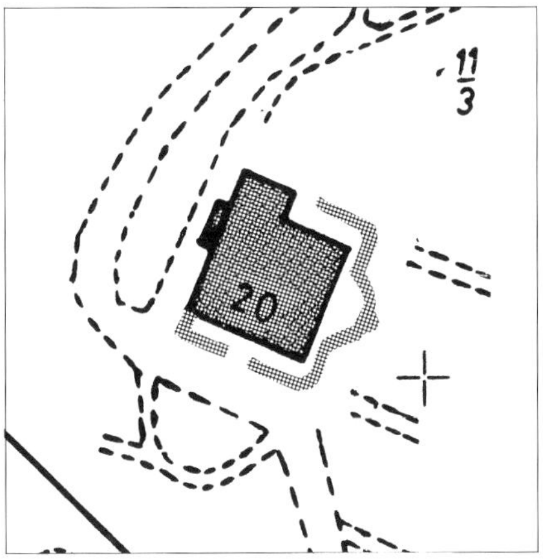

Kurstraße 20
Flur 1 Flurstück 11/3

Große kubische Villa mit steilem Walmdach am Rande des Kurparks. Geschwungene Terrassenanlage, Vordach auf mächtigen, gedrungenen Säulen, im Dach Fledermausgauben. Die geschwungene Terrasse mit Bossenquadern aus graugelblichem Sandstein verkleidet. An der Vorderfront kleiner Erker bzw. Brunnenanlage vor der Terrasse. Entstanden um 1910 stellt dieses Haus den bedeutendsten neoklassizistischen Villenkomplex des Ortes dar, deshalb Kulturdenkmal aus künstlerischen Gründen.

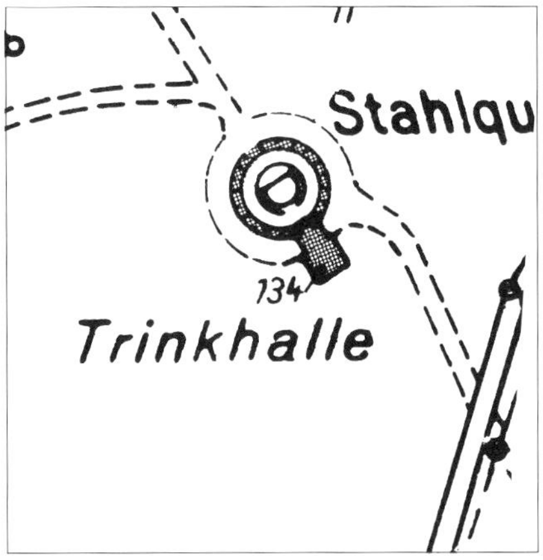

Kurstraße
Flur 2 Flurstück 134
Stahlquelle.

Kleiner, kubischer Pavillon mit Korbbogeneingang, im Keilstein datiert 1906. Vorhalle von zwei dorischen Säulen getragen, gewölbtes Zeltdach, Freitreppe zur symmetrischen, tiefliegenden Brunnenanlage. Bescheidener, kleiner Jugendstilnutzbau, der für die Bädergeschichte des Ortes von Bedeutung ist. Ersatz für einen klassizistischen Vorgängerbau. Kulturdenkmal wegen seiner geschichtlichen Bedeutung.

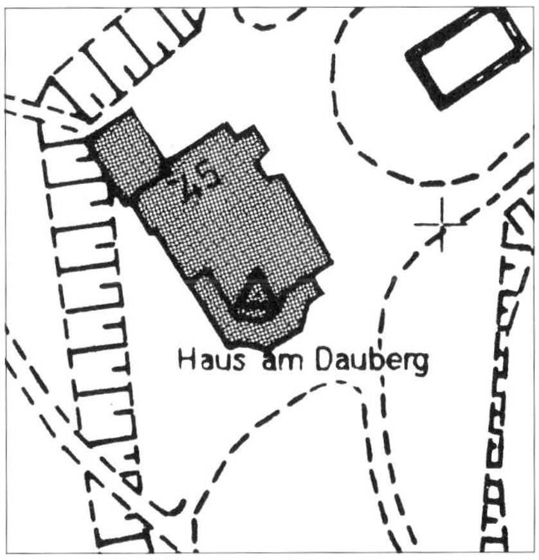

Kurstraße 45
Flur 3 Flurstück 1/4
Haus Christiansruh.

Portalanlage in Basaltlava mit Biberschwanzabdeckung; schwere, hölzerne Tore mit fein durchgearbeiteten Jugendstilbeschlägen. Verwinkelter Bau, EG in Basaltlava und Kalkstein, OG in Fachwerk. Dachgaube über dem Eingang modern aufgestockt. Innen großzügige englische „Hall" mit Freitreppenaufgang und Fachwerkgesprenge. Reiche historisierende Anlage von 1899 mit altem Baumbestand und Teich. Kulturdenkmal aus künstlerischen Gründen.

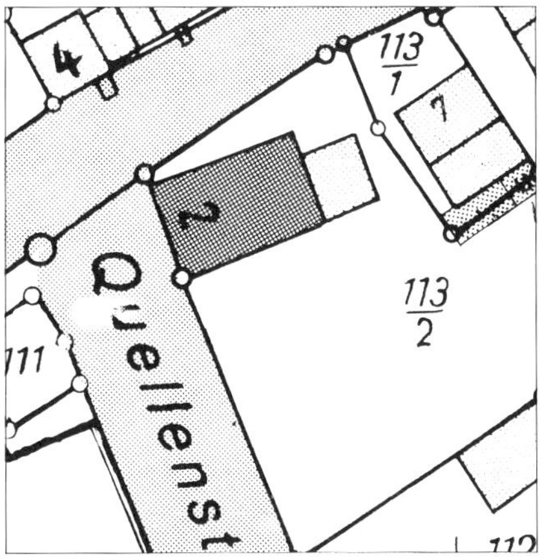

Quellenstraße 2
Flur 2 Flurstück 113/2

Repräsentativer, zweigeschossiger verschieferter Fachwerkbau des 18. Jhs. mit steilem Walmdach und ursprünglicher barocker Ummauerung und Toreinfahrt bzw. Pforte. An der Gartenseite elegante zweiläufige Balustertreppe. Entstanden im Zusammenhang mit der Neuorganisation der Salzgewinnung. Das Haus besitzt eine wichtige ortsbildprägende Funktion an der Ecke Quellenstraße. Kulturdenkmal wegen seiner künstlerischen, geschichtlichen und städtebaulichen Bedeutung.

Aufnahmen zu Quellenstraße 2

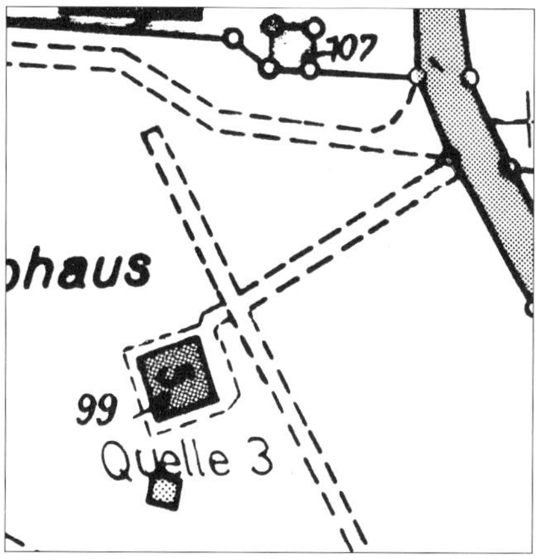

Quellenstraße 5
Flur 2 Flurstück 99
Pumphaus und Umlenkmechanik.

Eingeschossiger, rechteckiger Fachwerkbau mit konstruktivem Fachwerk aus der Zeit um 1820 mit flachem Zeltdach. Der Bau dient als Schutz der ursprünglichen Pumpanlage des 18. Jhs. Unmittelbar daneben Umlenkmechanik der Wasserkunst, nach altem Vorbild erneuert. Kulturdenkmal wegen der technischen und geschichtlichen Bedeutung.

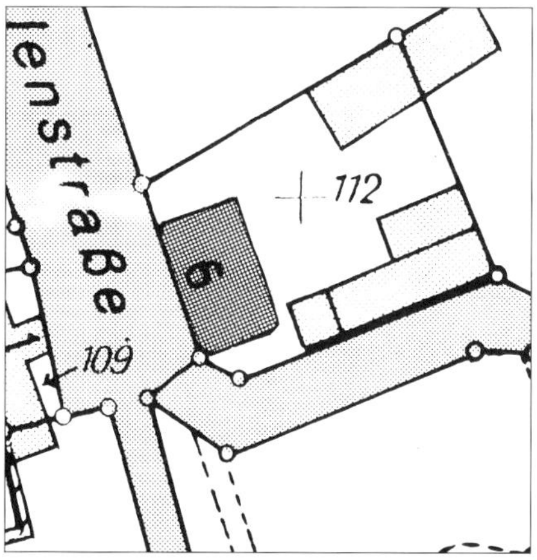

Quellenstraße 6
Flur 2 Flurstück 112
Sog. Glockenbau.

Feiner, zweigeschossiger spätbarocker Fachwerkbau mit abgefasten Ecken und zierlichem Mansarddach und Uhrtürmchen als Dachreiter in der Mittelachse; Freitreppe mit eingerollten Wangen. Entstanden um 1760. Ehemals Direktions- und Verwaltungsgebäude der Saline. Kulturdenkmal wegen seiner geschichtlichen und künstlerischen Bedeutung.

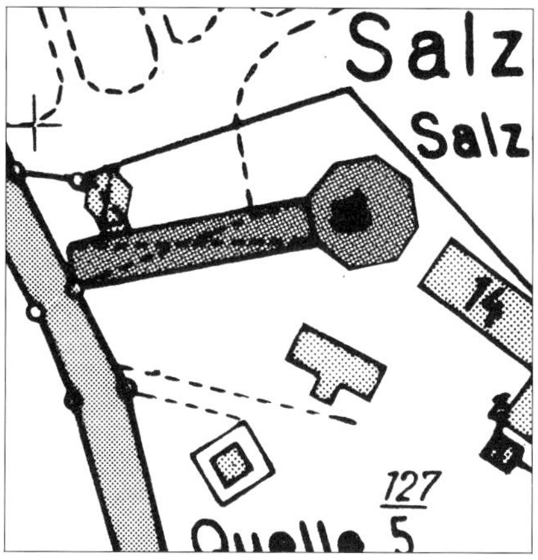

Quellenstraße 10
Flur 2 Flurstück 127

Trinkhalle und Konzertsaal; Quellenfassung mit Hochbehälter. Der Bau ist errichtet als Fassung der Hauptsolequelle und dient mit Trinkhalle, Wandelhalle und Konzertsaal den üblichen gesellschaftlichen Bedürfnissen des Kurortes. Das kürzere Ende der L-förmigen Anlage stellt den offenen Orchesterplatz dar, im Gelenkstück des Baues befindet sich der polygonale Kernbau aus dem 18. Jh. mit ursprünglicher aufgedoppelter Tür. Wandelhalle und Konzertsaal eingeschossig mit großen stichbogigen

Öffnungen, um 1830. In der Vorhalle Plastik von W. Habicht, Knabe auf Gans, 20. Jh. In der Wandelhalle feiner Brunnenstein aus schwarzem Granit mit alten Armaturen. An der Decke expressionistischer Stuck um 1920. Kulturdenkmal wegen seiner geschichtlichen Bedeutung.

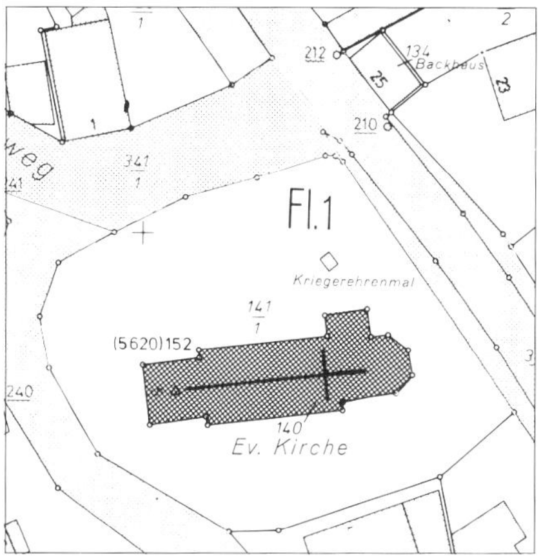

SCHWICKARTSHAUSEN

Alte Gasse 5
Flur 1 Flurstück 140 und 141/1
Evang. Pfarrkirche

Langgestreckter Saalbau mit eingezogenem Chor und dreiseitigem Schluß; Sakristei an der Nordseite. Wehrhafter Westturm mit einfachem Rundbogenportal um 1200. Einseitige Empore, Decke mit Langunterzug und Stuck um 1700. Grabsteine von 1348 und 1541. Der Kirchhof mit Resten einer im Grundriß ovalen Wehrkirchhofsmauer umgeben. Kulturdenkmal wegen seiner künstlerischen und geschichtlichen Bedeutung.

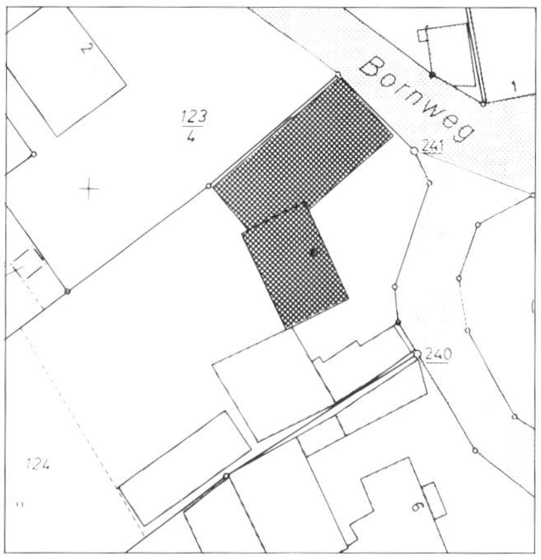

Alte Gasse 8
Flur 1 Flurstück 124

Intakte Hofanlage in stumpfer L-Form Wohnhaus und Scheune aus der 2. Hälfte des 18. Jhs. mit profilierter Schwelle und, als Besonderheit, ebenfalls profilierten Balkenköpfen, was sich im Verputz der Füllungen wiederholt. Stark geometrisiertes Fachwerk mit starren Streben und Gegenstreben. An der Scheune alte Putzornamentik. Durchlaufend profiliertes Aufsatzholz. Die Anlage ist Kulturdenkmal wegen ihrer städtebaulichen Wirkung gegenüber der Kirche und wegen ihrer unversehrten Erhaltung.

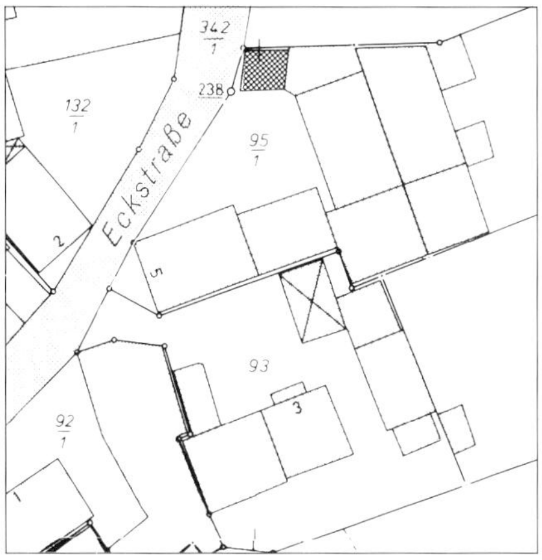

Eckstraße 5
Flur 1 Flurstück 95/1
Altes Schmiedengebäude.

Kleiner, quadratischer Bau mit auf Konsolen vorkragendem Dach mit alter Ritzung der Handwerkszeichen Hufeisen, Hammer und Zange, darüber kaum leserlich 1870; wahrscheinlich jedoch frühes 19. Jh. Umlaufende Ritzung im Putz, immer parallel zu den Balken. Reste von Rotfarbigkeit auf dem Holz. Eine der wenigen erhaltenen Dorfschmieden von beachtlichem Seltenheitswert. Kulturdenkmal wegen ihrer wissenschaftlichen Bedeutung.

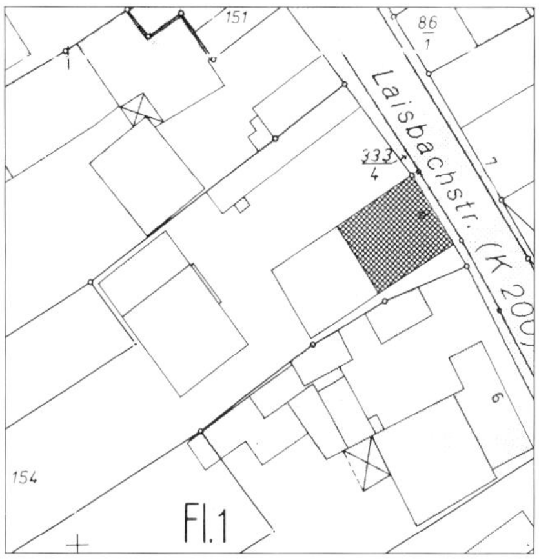

Laisbachstraße 8
Flur 1 Flurstück 154

Giebelständiges Einhaus, hart an der Straße. Seltene Konstruktion eines durchgehenden Ständers an der Traufseite, mit dem Einhaustyp zusammenhängend. An dieser Seite Inschrift mit Baudatum 1786. Im hinteren Bereich Scheunen- und Stallgebäude, ebenso profiliert wie das Wohnhaus. Interessanter, gut erhaltener Vertreter des Vogelsberger Einhaustyps. Kulturdenkmal aus wissenschaftlichen und städtebaulichen Gründen.

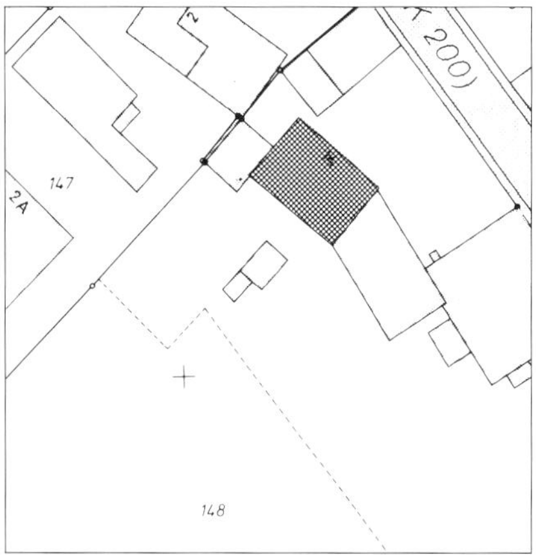

Laisbachstraße 14
Flur 1 Flurstück 148

Von der Straße zurückgesetzter, offener Hof, die Stall- und Wirtschaftsgebäude neueren Datums. Das Wohnhaus traufständig parallel zur Straße, zweigeschossig, das Untergeschoß im 19. Jh. erneuert. Im Obergeschoß starkes, reiches Fachwerk aus der 2. Hälfte des 17. Jhs. Überbreite Streben mit Kopfbändern, Tauornamentik. Klotzartige Balkenköpfe, Brustriegel durchbrochen. Das Haus ist Kulturdenkmal wegen seiner wissenschaftlichen Bedeutung als frühester Bau am Ort.

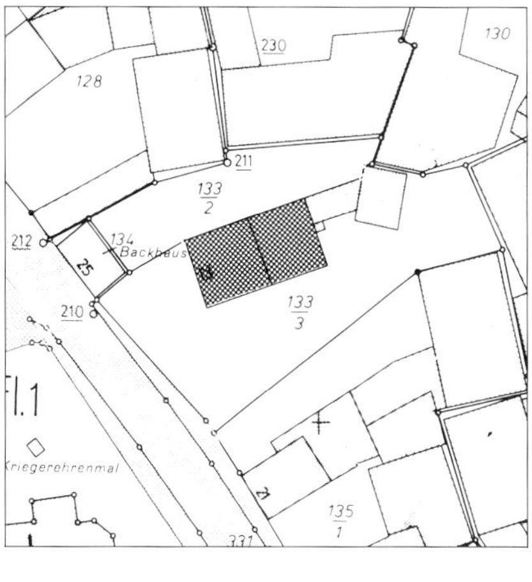

Laisbachstraße 23
Flur 1 Flurstück 133/3

Hofreite, vielleicht ursprünglich Pfarrhaus. Fachwerk des späten 18. Jhs. mit durchlaufendem Brust- und Kopfriegel, starren breiten Streben. Im Erdgeschoß ältere Teile noch aus der Zeit um 1700. Giebel verschiefert, Geschoßübersetzungen. Im hinteren Bereich Stallteil in massivem Sandstein aufgemauert. Kulturdenkmal wegen der städtebaulichen Bedeutung gegenüber der Kirche.

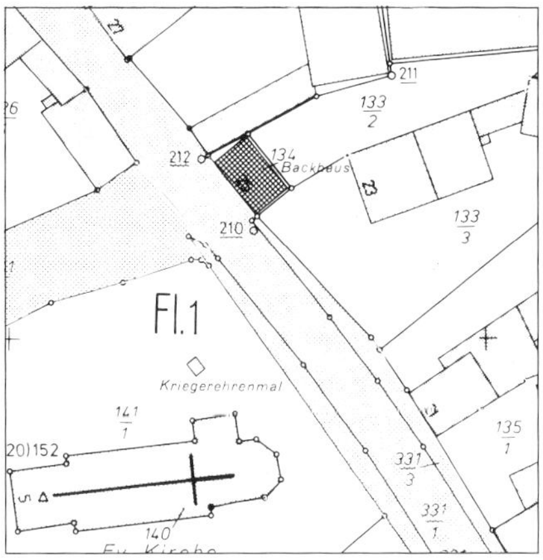

Laisbachstraße 25
Flur 1 Flurstück 134

Kleines Backhaus, direkt gegenüber der Kirche. Bruchsteinmauerwerk mit Fachwerkgiebel, 18. Jh. An einer Ecke modern in Klinker ergänzt. Wichtig für das Straßenbild an dieser Stelle. Bedeutung für das bäuerliche Leben am Ort, deshalb Kulturdenkmal aus wissenschaftlichen und städtebaulichen Gründen.

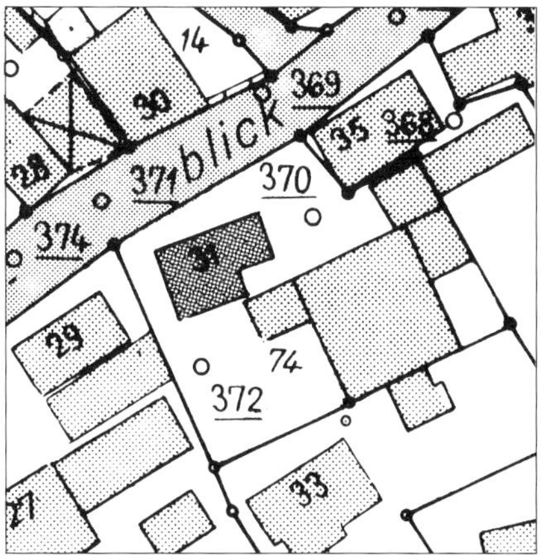

STORNFELS

Am Höhenblick 31
Flur 1 Flurstück 74

Fachwerkwohnhaus einer unregelmäßigen Hofreite, Blickpunkt im Straßenbild. Die Scheune parallel hinter dem Wohnhaus. Das Wohnhaus in gutem, konstruktiven Fachwerk um 1680 mit scharfem Karnies und Schiffskehlen in der Schwelle. Im Erdgeschoß teilweise im 19. Jh. erneuert. Dem zweizonigen Haus ist in Richtung auf die Kirche im 18. Jh. ein weiterer Teil angefügt worden. An der Rückseite in Bruchstein gemauerte Brunnenfassung. Kulturdenkmal wegen seiner baukünstlerischen und städtebaulichen Bedeutung.

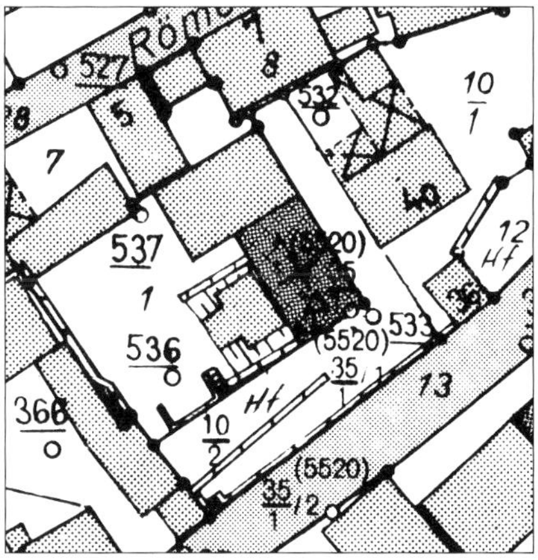

Am Höhenblick 42
Flur 1 Flurstück 1
Evang. Kirche

Interessanter Bau, auf den Resten einer spätmittelalterlichen Burg erbaut. An den beiden nördlichen Ecken die ehemaligen Ecktürme der Burg noch erkennbar. Später Zehntscheune, der Umbau zur Kirche ist 1837 erfolgt. Einfache Gewände, schmucklos, ohne Bezug zur Qualität des Vorgängerbaus. Über dem Portal Wappenstein mit Stern. Baugeschichtlich interessante Anlage, die auch topographisch durch den vorgelagerten Dachreiter dominiert. Wegen seiner Bedeutung für das Ortsbild und seinem Ursprung als Herrensitz ist der Bau Kulturdenkmal aus geschichtlichen und städtebaulichen Gründen.

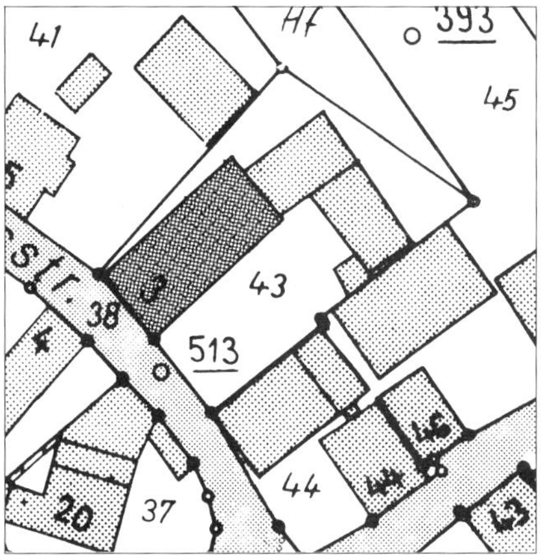

Forsthausstraße 3
Flur 1 Flurstück 43

Langgestrecktes Einhaus, Vogelsberger Typ, breitgelagert mit seltsamer Verbindung von barocken, schweren Eckständern mit gedrehten Tauen und regelmäßigem konstruktiven Fachwerk um 1800. Schwaches Karnies in der Schwelle; im hinteren Bereich ehemaliger Scheunenteil, heute zum Wohnteil umgebaut. Ein Mischtyp von Einhaus und Hakenhofreite. Innerhalb des Ortes der bedeutendste Vertreter dieses Typs. Entstanden um 1800. Kulturdenkmal wegen seiner wissenschaftlichen Bedeutung.

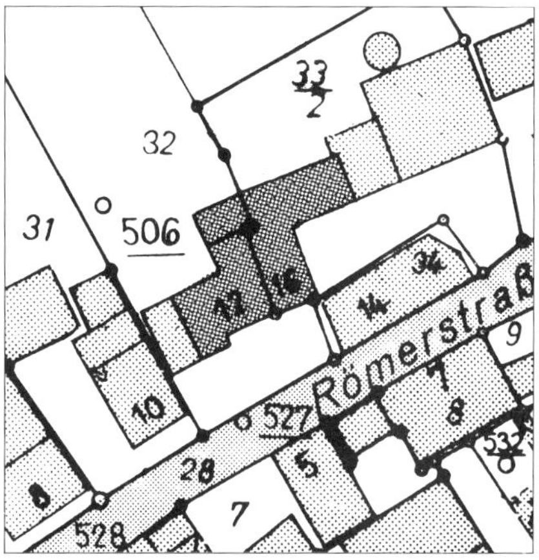

Römerstraße 12 und 16
Flur 1 Flurstück 32 und 33/2

Sehr interessantes, frühes Doppelwohnhaus mit einwärts gebogenen, geschweiften Streben in sehr starkem Durchmesser, um 1660. Hart profiliertes Karnies. Wohl ehemals Doppelhaus, da in der Mitte Abbund, jedoch kein Wilder Mann, anschließend Stall- und Scheunengebäude, Mischtyp eines Einhauses, wohl 1. Hälfte 19. Jh. Das Doppelhaus hat die Nummern 12 und 16. Kulturdenkmal wegen seiner künstlerischen und wissenschaftlich-typologischen Bedeutung.

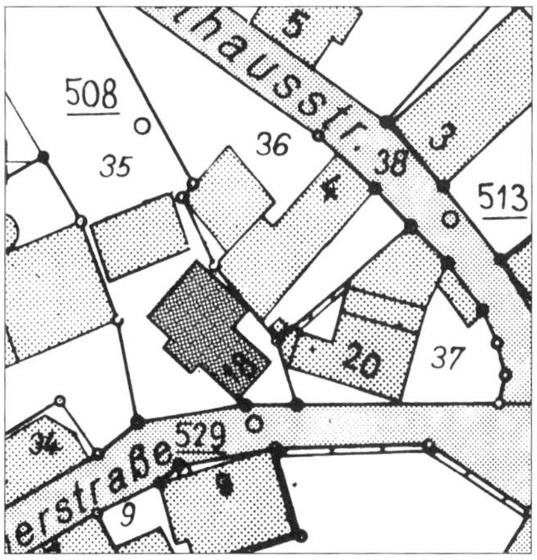

Römerstraße 18
Flur 1 Flurstück 35

Großformatiges, über Eck gestelltes Fachwerkwohnhaus in einfachen Umrissen des späten 18. Jhs. mit verschalter Balkenlage. Als besonderes Detail weist dieser Bau eine eigenartige Fachwerkzierde in Form einer „8" auf, das ehemals ein Wappen oder eine Inschrift aufnahm; heute nicht mehr erkennbar. An der Längsseite seltsame, runenartige Fachwerkfigurationen – „L" und „H", Diamantquader –, nicht mehr zu identifizieren. Reste eines Vorgängerbaus. Kulturdenkmal wegen seiner wissenschaftlichen Bedeutung.

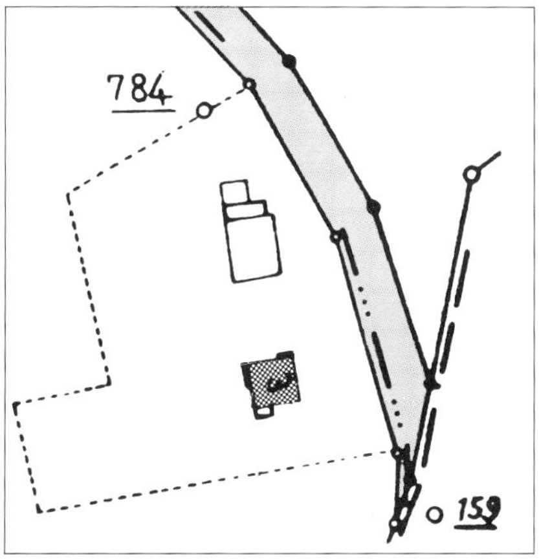

Jagdhaus Wolfslauf/Gemarkung Stornfels
Flur 8 Flurstück 64

Privates Jagdhaus, Ende 19. Jh. mit einem Dachreiter an der Giebelseite, außenliegender Treppe. An der Traufseite gebogene Dachgaube in der Trauflinie, leicht überkragendes Obergeschoß mit Zierfachwerk an der Giebelseite. Als Beispiel für ein wohlproportioniertes Jagd- und Ferienhaus Kulturdenkmal wegen seiner künstlerischen Bedeutung.

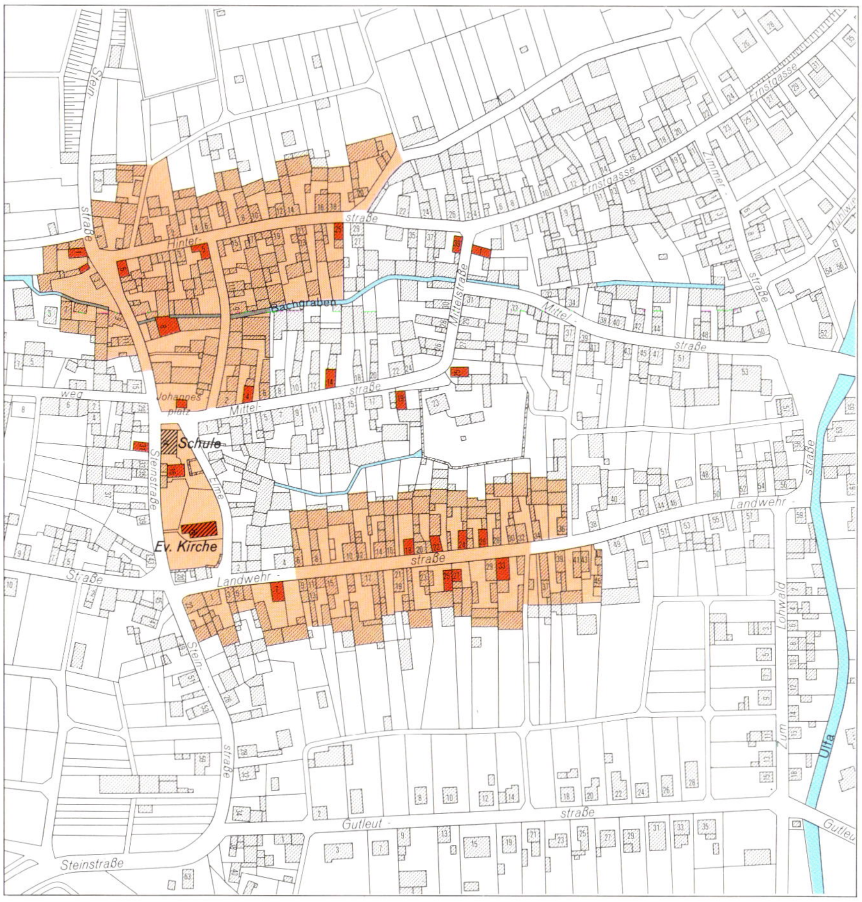

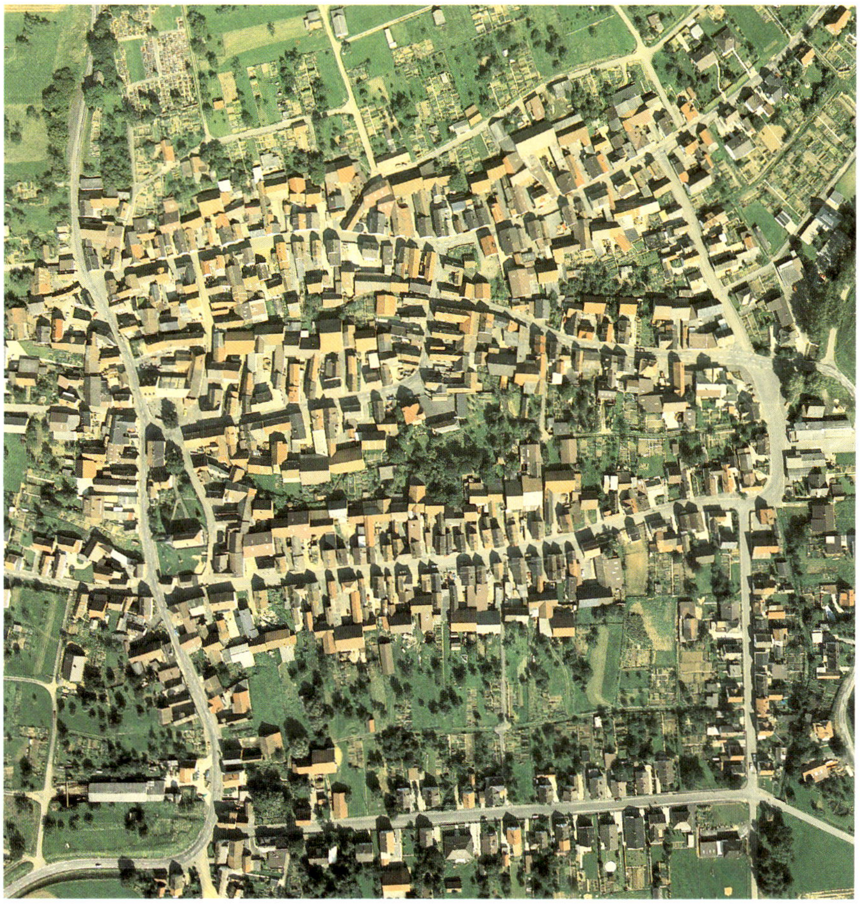

Gesamtanlage

Großes Dorf an der Ulfa auf erstaunlich regelmäßigem, systematisch angelegten Grundriß. Dem städtischen Charakter des Grundrisses entsprechen jedoch nicht die Gebäude. Die Anlage ist rechteckig, quergelagert, die geraden Straßen sind regelmäßig mit Hakenhofreiten auf recht engen Parzellen besetzt. In der Mitte des Areals liegt eine auffallend große Parzelle mit Ummauerung, auf der heute der Pfarrhof liegt. Ursprünglich war hier vielleicht ein Herrensitz. Das Dorf selbst war befestigt wohl mit Palisaden, Hecken und Gräben, wofür der Name Landwehrstraße spricht. An der südwestlichen Ecke liegt der ehemals befestigte Kirchhof.

Die regelmäßige Bebauung mit Wetterauer Hofreiten vor allem des 18. Jhs. in Verbindung mit der ungewöhnlichen Größe und Regelmäßigkeit der Dorfanlage sind ausschlaggebend für ihre wissenschaftliche und städtebauliche Bedeutung.

Plan der Gesamtanlage
links: Landwehrgasse
mitte: Blick in die Steinstraße von Norden

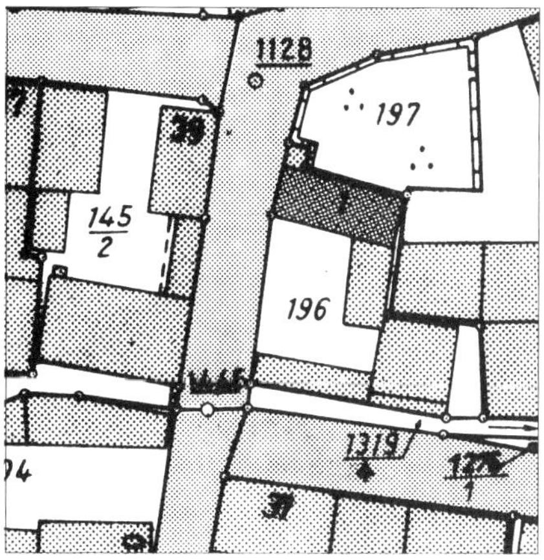

Ernstgasse 1
Flur 1 Flurstück 196

Kleine Landarbeiterhofreite des frühen 19. Jhs. in einfachem, konstruktiven Fachwerk. Alte Treppe und U-förmiger Hofraum. Die Wirtschaftsgebäude in Nadelholz, 20. Jh. Das Fachwerkgebäude sehr schönes Beispiel eines kleindimensionierten, spätbarocken Wohnhauses. Kulturdenkmal wegen seiner wissenschaftlichen Bedeutung.

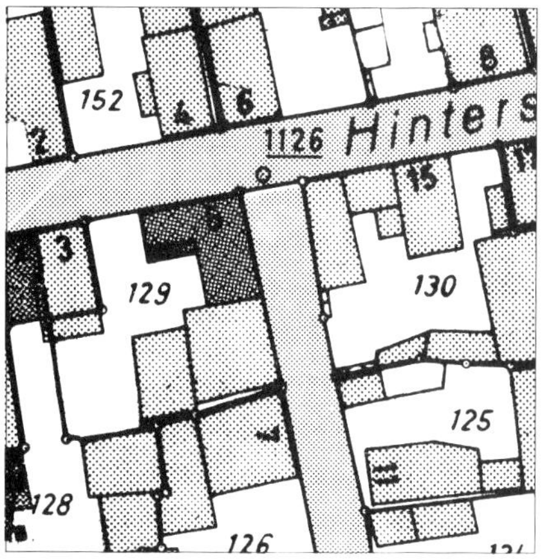

Hinterstraße 5
Flur 1 Flurstück 129

Gut erhaltenes, barockes Fachwerkwohnhaus aus dem Beginn des 18. Jhs. in klaren, regelmäßigen Formen. Obergeschoß ursprünglich, Erdgeschoß im 19. Jh. teilweise erneuert. Späterer Anbau. Wichtige Ecklage, deshalb Kulturdenkmal wegen seiner städtebaulichen Bedeutung.

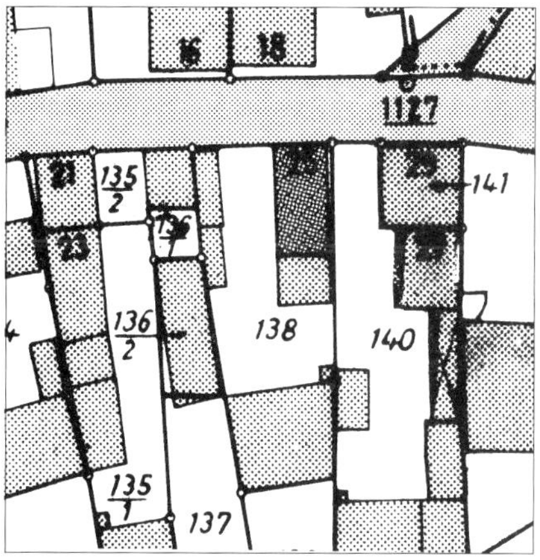

Hinterstraße 25
Flur 1 Flurstück 138

Gut erhaltenes, typisches Wetterauer Fachwerkwohnhaus aus der 1. Hälfte des 18. Jhs; in allen Details erhalten. Freitreppe, Ornamentik im Giebeldreieck mit Taubenschlag, verschalte Balkenlage, geschweifte Streben, im Erdgeschoß erneuert. Scharfes Karnies, umlaufend. Tür frühes 19. Jh. Stall- und Wirtschaftsgebäude uninteressant. Kulturdenkmal wegen seiner baugeschichtlichen Bedeutung.

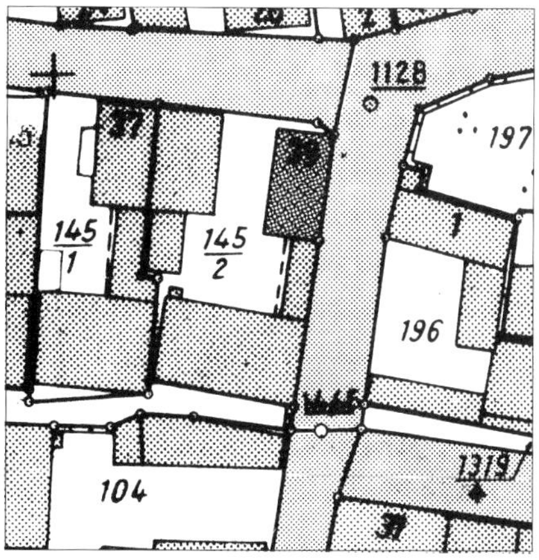

Hinterstraße 39
Flur 1 Flurstück 145/2

Für das Ortsbild wichtiger Gelenkbau an der Ecke Hinterstraße/Mittelstraße. Im Erdgeschoß verputzt, im Giebel verschiefert; im Obergeschoß sehr gutes Fachwerk aus der Zeit um 1700. Wilder Mann mit weit ausgreifenden Armen und Sporen. Im Obergeschoß s-förmige Schulterstreben. Kulturdenkmal wegen seiner Bedeutung für das Ortsbild und die oberhessische Holzarchitektur.

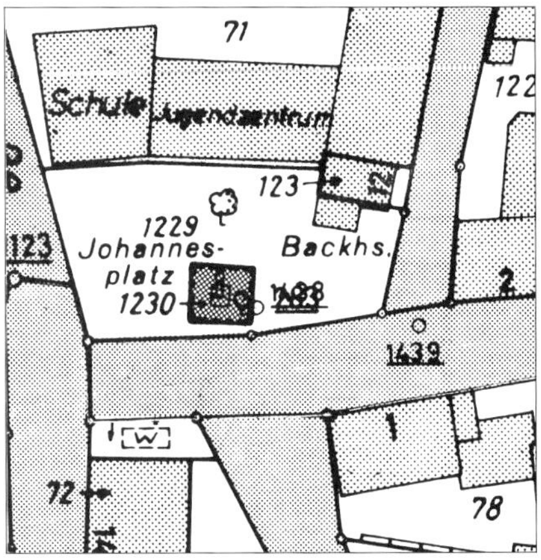

Johannesplatz
Flur 1 Flurstück 1230
Kriegerdenkmal.

Graue Granitstele mit bronzenem Adler auf Weltkugel. Inschrift: „Gott war mit uns. Ihm sei die Ehre". Mit eisernem Kreuz. „Im Jahre 1870/71 kämpften zur Ehre des Vaterlandes aus Ulfa ...", es folgen die Namen. „Den Gefallenen zum Gedächtnis, den Lebenden zur Anerkennung und den künftigen Geschlechtern zur Nacheiferung". Sockelinschrift: „Aus Dankbarkeit gestiftet vom Kriegerverein und der Gemeinde". Kulturdenkmal wegen seiner ortshistorischen Bedeutung.

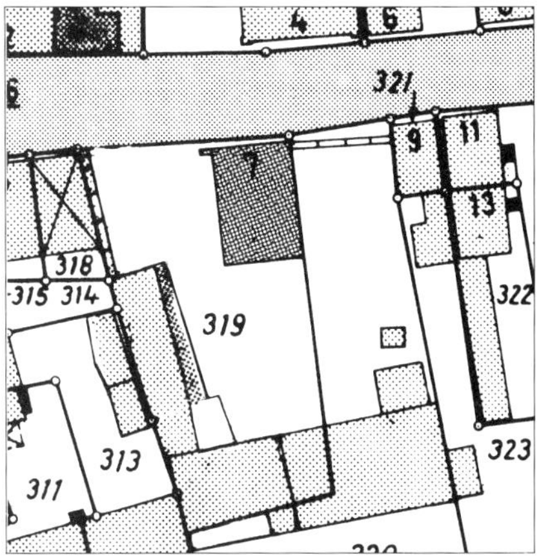

Landwehrstraße 7
Flur 1 Flurstück 319

Barocke Hofreite, beeinträchtigt durch angrenzenden Neubau, ursprüngliche Toreinfahrt zur Hälfte vorhanden. Das Wohnhaus insgesamt verputzt, jedoch mit alter Fensterteilung und Geschoßübersetzungen. An einigen Stellen ist der Putz herabgefallen und läßt Eichenfachwerk des frühen 18. Jhs. erkennen. Ursprüngliche Basaltvermauerung des Hofes z. T. erhalten. Kulturdenkmal wegen seiner künstlerischen Bedeutung.

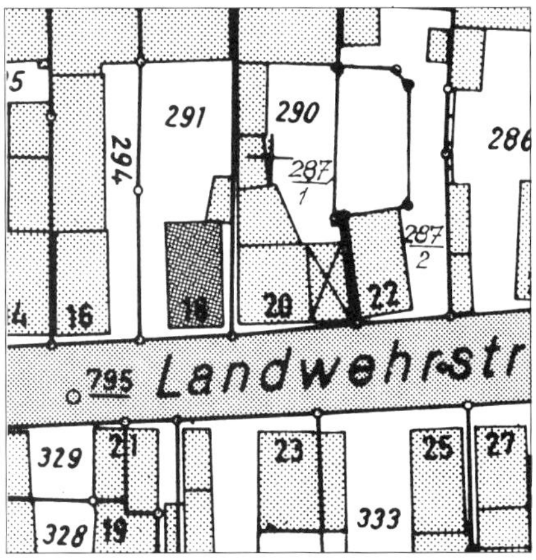

Landwehrstraße 18
Flur 1 Flurstück 291

Typische Wetterauer Hofreite. Das Wohnhaus um 1700 mit guter Wilde Mann-Form mit Gegenstreben im Obergeschoß. Untergeschoß teilweise im 19. Jh. erneuert. Giebel verputzt. Im Hof L-förmig die Scheune in schlechtem Zustand, z. T. massiv erneuert. Kulturdenkmal wegen seiner baukünstlerischen Bedeutung.

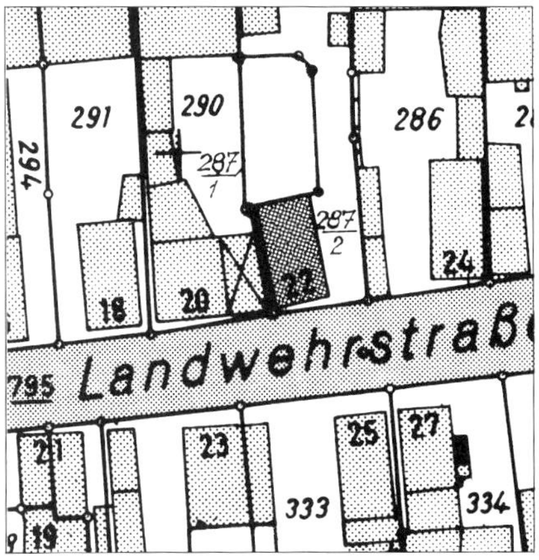

Landwehrstraße 22
Flur 1 Flurstück 287/2

Sehr gutes, barockes Fachwerk, das Haus dreizonig mit weit gespreizten Wilde Mann-Formen. Seltene Ohrmuschelornamente auf den Eckständern, starker Geschoßüberstand. Entstanden noch im letzten Viertel des 17. Jhs. Die Hintergebäude sind z. T. modern erneuert. Das Vorderhaus ist Kulturdenkmal wegen seiner baukünstlerischen und wissenschaftlichen Bedeutung.

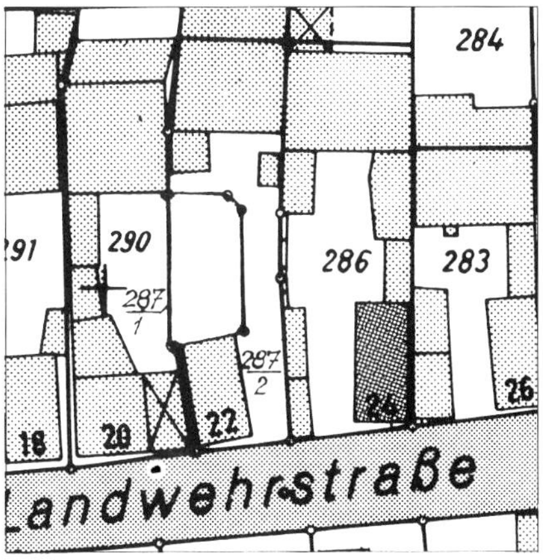

Landwehrstraße 24
Flur 1 Flurstück 286

Barocke Hakenhofreite, gut erhalten. Das Wohnhaus ganz verschindelt, teils mit Holz, teils mit Asbestzement. Alte Fensterteilungen vorhanden. An Hand der Proportionen und Geschoßüberstände ist eine Erbauungszeit Ende des 17. Jhs. anzunehmen. Gutes Schmuckfachwerk zu erwarten. Kulturdenkmal wegen seiner baukünstlerischen Bedeutung.

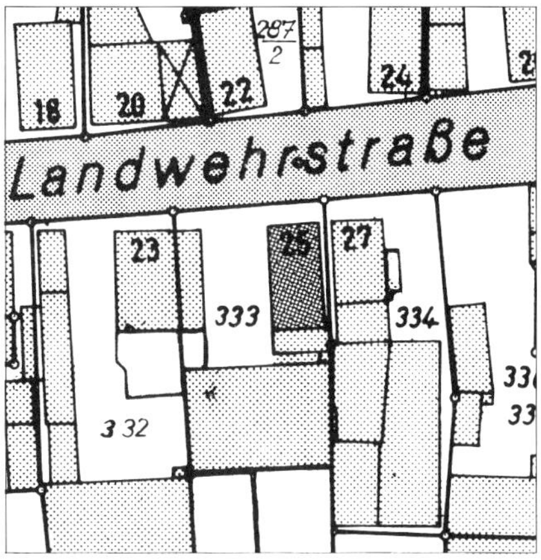

Landwehrstraße 25
Flur 1 Flurstück 333

Holzverschindeltes barockes Wohnhaus, Hakenhof. Geschoßüberstände, Fensterteilung ursprünglich, Basaltsockel. Gutes Zierfachwerk des 18. Jhs. zu erwarten. Die Scheune teilweise erneuert, in schlechtem Zustand. Kulturdenkmal wegen seiner baukünstlerischen Bedeutung.

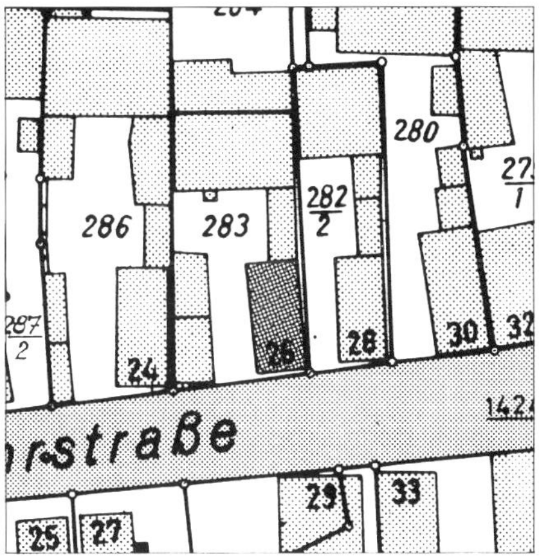

Landwehrstraße 26
Flur 1 Flurstück 283

Gute Hofreite des späten 17. Jhs. mit Scheune aus der gleichen Zeit. Das Fachwerk des Wohnhauses z. T. holzverschindelt. Weit ausladende Streben, relativ einfaches Fachwerk, jedoch innerhalb der sich hier massierenden guten barocken Fachwerkhäuser ein ausgewogenes Beispiel. Deshalb Kulturdenkmal aus künstlerischen Gründen.

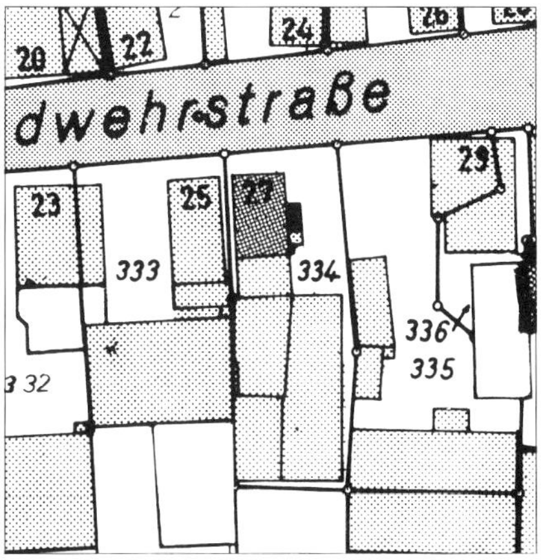

Landwehrstraße 27
Flur 1 Flurstück 334

Reich ornamentiertes Fachwerkwohnhaus mit sehr ausgefallenem Wilden Mann an der Traufseite mit O-beinartig gespreizten Streben und Gegenstreben. Auf den Eckständern Muschelornamentik sowie rocailleähnliche Zier. Entstanden um 1680. Das Wohnhaus ist im hinteren Bereich durch einen Ladenanbau gestört. Kulturdenkmal wegen seiner künstlerischen Bedeutung.

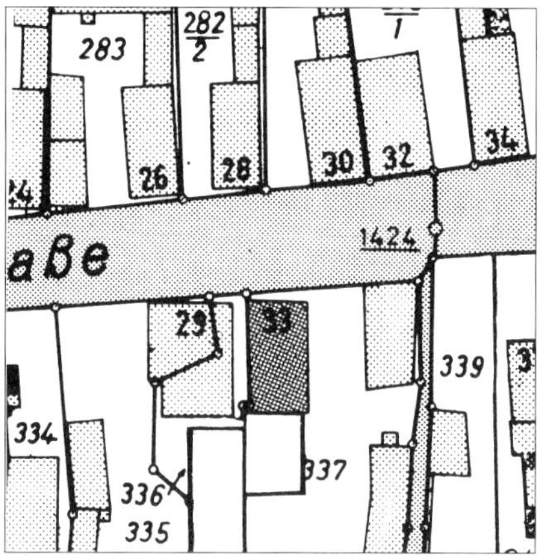

Landwehrstraße 33
Flur 1 Flurstück 337

Gutes Beispiel für ein Fachwerkwohnhaus des frühen 19. Jhs. Einfaches, konstruktives Fachwerk mit ganz schwachen Geschoßüberständen. An der Giebelseite Inschrift: „DIESES HAUS HAT ERBAUT JOHANN GEORG JÄGER UND SEINE EHEFRAU KATHARINA ENDERS UND DER ZIMMERMEISTER WAR JOHANN WILHELM STROH VON LANDS HAT ERBAUT IM JAHR 1814". Wegen seiner wissenschaftlichen Bedeutung Kulturdenkmal.

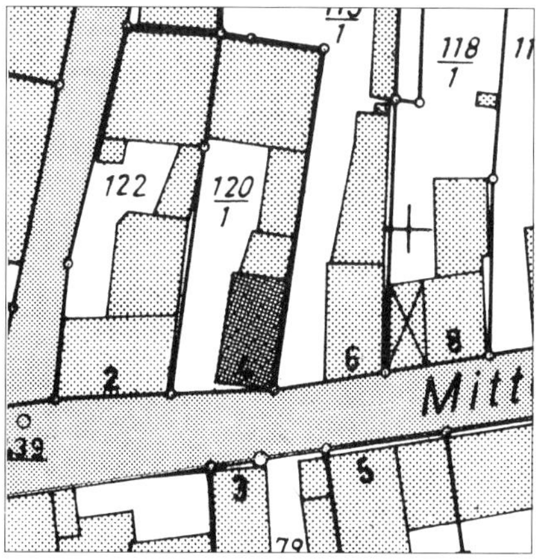

Mittelstraße 4
Flur 1 Flurstück 120/1

Frühes Fachwerkwohnhaus, unter Putz liegend, mit jedoch sehr guten Fachwerkfigurationen, die teilweise erkennbar sind. Noch spätes 17. Jh., gute Qualität. Kulturdenkmal wegen seiner wissenschaftlichen Bedeutung.

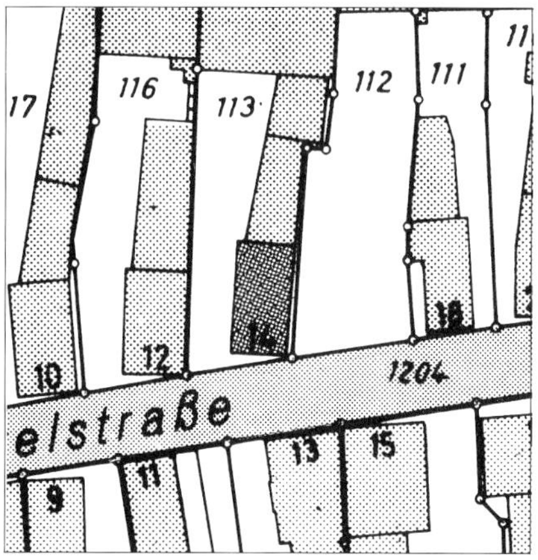

Mittelstraße 14
Flur 1 Flurstück 113

Hakenhofreite mit sehr interessantem Wohnhaus in Fachwerk des 17. Jhs. Fein profilierte Schwellen mit Schiffskehlen und Füllhölzern in Schuppenornamentik. Große Wilde Mann-Form an der Traufseite. Der Bau ist aus der Straßenachse gerückt und wirkt stark im Ortsbild. Kulturdenkmal wegen seiner städtebaulichen und künstlerischen Bedeutung.

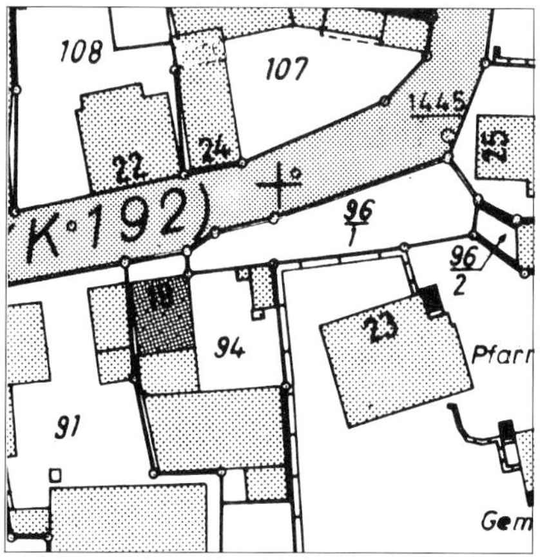

Mittelstraße 19
Flur 1 Flurstück 94

Rein erhaltene Fachwerkhofreite in Hakenform. Scheune mit Kratzputzornamentik, Bruchsteinsockelgeschoß, teilweise ruinös. Das Wohnhaus in einfachen Fachwerkformen der Zeit um 1790. Barocke, doppelläufige Treppe erhalten. Guter, unversehrter Bau. Kulturdenkmal wegen seiner wissenschaftlichen Bedeutung.

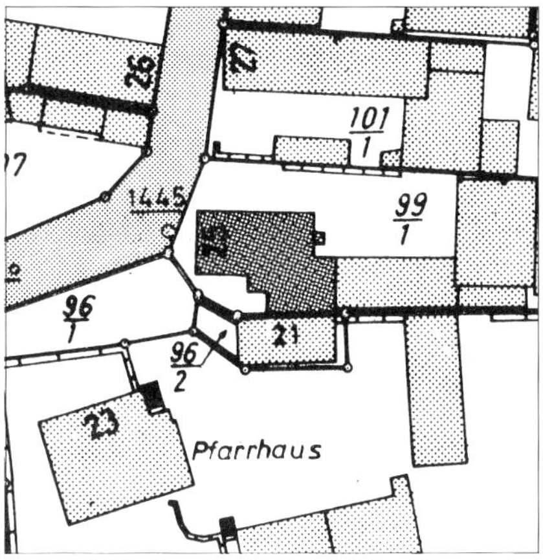

Mittelstraße 25
Flur 1 Flurstück 99/1

Fachwerkwohnhaus mit späteren Veränderungen, als Blickpunkt innerhalb der Mittelstraße. Der Bau datiert aus dem frühen 19. Jh. Krüppelwalm. Durch hintere Anbauten gestört, jedoch wirkt die Giebelwand des Kopfbaues stark in den Straßenraum hinein. Kulturdenkmal aus städtebaulichen Gründen.

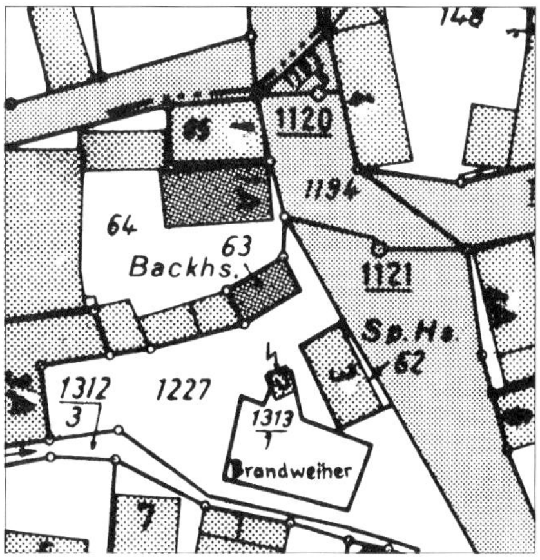

Steinstraße 1a
Flur 1 Flurstück 64

Hof direkt neben dem Backhaus. Gut erhaltenes Eichenfachwerk um 1800. Die Scheune aus der gleichen Zeit, teilweise erneuert. Das Wohnhaus in regelmäßigem, spätbarocken Fachwerk, jedoch ohne große Geschoßüberstände. Sehr gut proportionierte, zueinander einwärts gekehrte Eckstreben. Wichtig in der Wirkung zum Platz hin. Kulturdenkmal wegen seiner städtebaulichen Bedeutung und auch wegen seiner bauhistorischen Bedeutung.

Steinstraße 1a
Flur 1 Flurstück 63
Backhaus

Einfacher Nutzbau des frühen 19. Jhs. in Fachwerk, der Ofenteil in Basaltbruchstein. Von ortsgeschichtlicher und ortsbildprägender Bedeutung. Kulturdenkmal aus geschichtlichen und städtebaulichen Gründen.

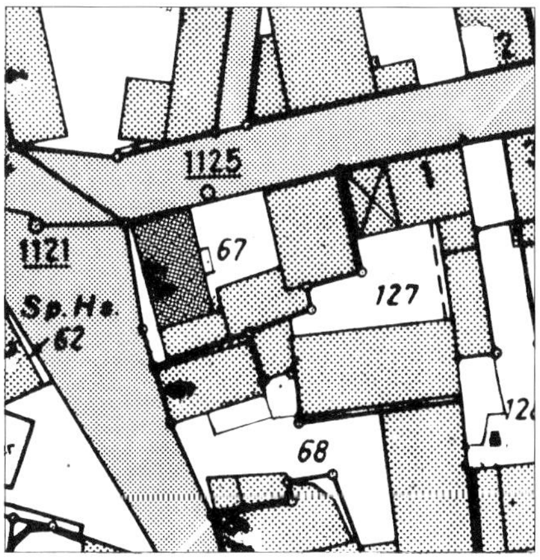

Steinstraße 4a
Flur 1 Flurstück 67

Kleines Fachwerkwohnhaus an einer ortsbildlich wichtigen Ecke. Über Basaltsockel mit interessantem Radabweiser (roh behauener, großer Stein, vielleicht Menhir). Regelmäßiges klares Fachwerk um 1800. Krüppelwalmdach. Kulturdenkmal wegen seiner städtebaulichen Bedeutung.

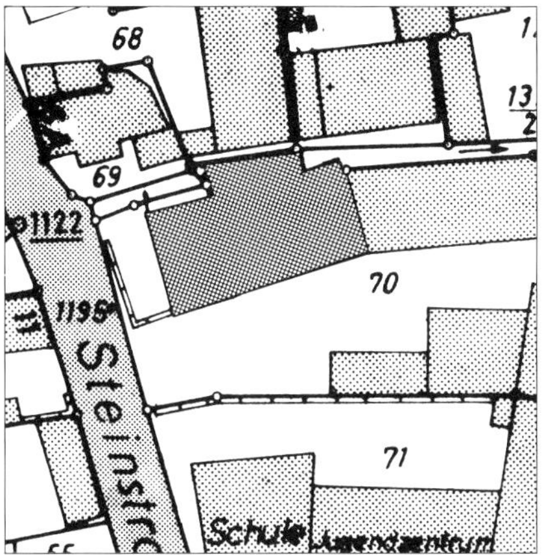

Steinstraße 8
Flur 1 Flurstück 70

Großvolumiges, barockes Wohnhaus, durch modernen Pavillonanbau an der Giebelseite gestört. Das Fachwerk selbst jedoch gut erhalten mit weit ausgreifenden Wilde Mann-Formen und sehr schön profilierten Balkenköpfen. Ursprüngliche Türumrahmung, umlaufendes Karnies. Erstklassige Architektur aus der Zeit um 1680. Kulturdenkmal wegen seiner künstlerischen Bedeutung.

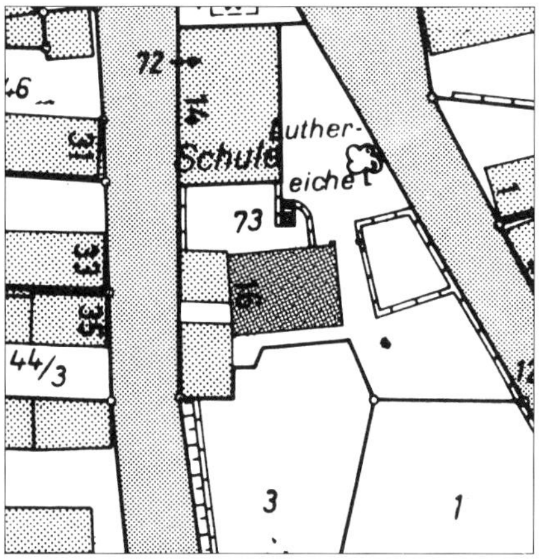

Steinstraße 16
Flur 1 Flurstück 73

Einfaches, großvolumiges Fachwerkhaus des frühen 19. Jhs. in schlichten, konstruktiven Formen. Teilweise holzverschindelt mit Krüppelwalmdach; in unmittelbarer architektonischer Beziehung zur Kirche und zur Luthereiche. Wegen seiner Bedeutung für das Ortsbild Kulturdenkmal.

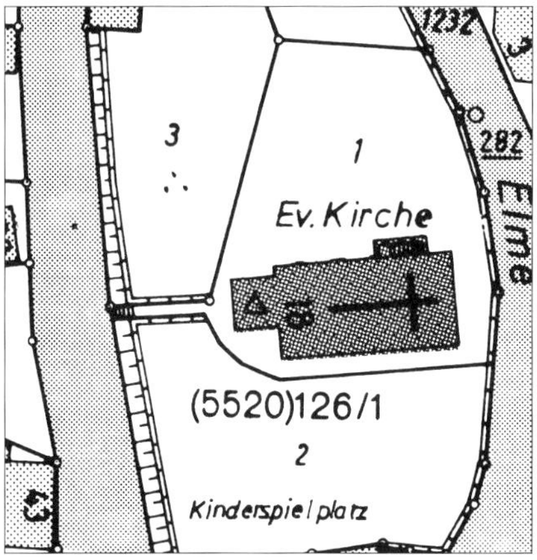

Steinstraße 18
Flur 1 Flurstück 1
Evang. Kirche

Ursprünglich Basilika des 12. Jhs. Aus dieser Zeit der Westturm, die nördliche Mittelschiffswand mit den kleinen, rundbogigen Obergadenfenstern und den beiden Seitenschiffsarkaden erhalten. Spätgotische Veränderungen. 1719-21 Umbau als Saalbau mit Empore; flache Decke mit Stuckmedaillon mit Pelikan bezeichnet 1721; Kanzel bezeichnet 1720. Kulturdenkmal wegen seiner künstlerischen Bedeutung.

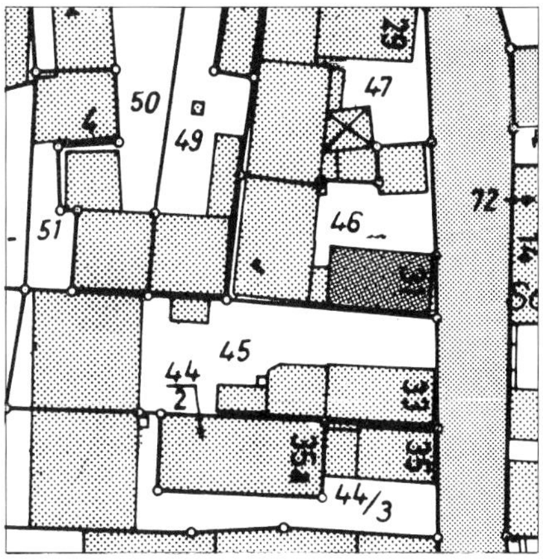

Steinstraße 31
Flur 1 Flurstück 46

Giebelständiges Fachwerkwohnhaus in ausgewogenem, breitgelagerten Fachwerk aus der Zeit um 1690. Im EG im 19. Jh. erneuert, ebenso im Giebel. Wichtig als Begrenzung zum Johannesplatz hin; kunsthistorisch bedeutend wegen seines ausgeprägten Wilden Mannes an der Traufseite. Kulturdenkmal wegen seiner wissenschaftlichen und städtebaulichen Bedeutung.

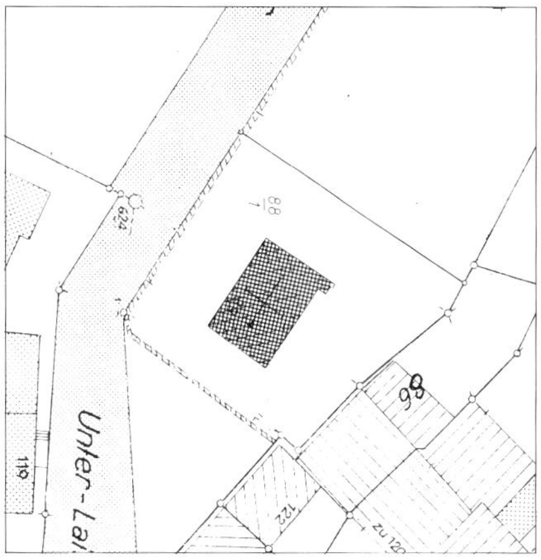

UNTER-LAIS

Unter-Laiser Straße 39
Flur 1 Flurstück 88/1
Evang. Kirche

Kleine, mittelalterliche Kirche mit Kirchhof, am Rand des sonst unbedeutenden Ortes. In der Westwand sehr schönes, spätgotisches, zweiteiliges Fenster mit Dreipaß und Fischblasenornament. An der südlichen Traufseite der Kirche zwei sehr interessante frühe Holzfenster mit Kehle, wohl auch spätmittelalterlich, darin barocke Butzen und farbige Glasfenster. Zugesetzte, spitzbogige Tür, spätes 15. Jh. Der Fachwerkchor von 1720 vor einigen Jahren abgebrochen. Bemerkenswerter Dachstuhl und Dachreiter in spätmittelalterlichen Konstruktionen mit Überblattungen. Unter dem neuen Putz teilweise alte Fassungsreste in eisenoxydrot und Kalk erkennbar. An der Südseite Zirkelschläge, in den Putz eingeritzt, u. U. Reste eines mittelalterlichen Zierputzes. Im Innern bemalte Emporenbrüstungen und flache Stuckdecke, Anfang 18. Jh. Die Kirche ist Kulturdenkmal wegen ihrer wissenschaftlichen und künstlerischen Bedeutung.

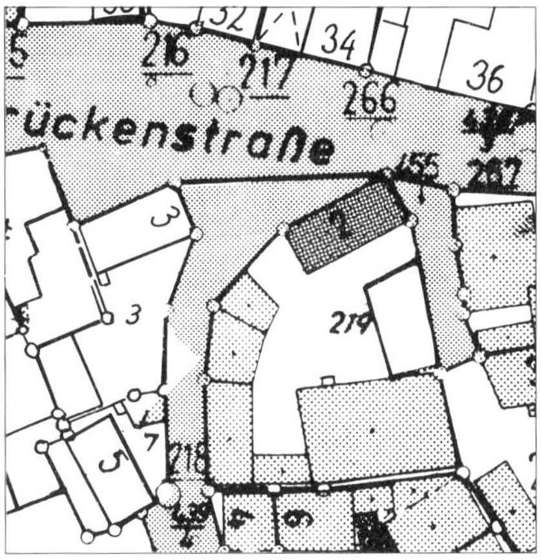

Am Hinterhof 2
Flur 1 Flurstück 219

Freistehendes, platzbestimmendes Fachwerkwohnhaus, ganz verputzt. Städtebaulich interessant, zum Platz hin wirkend. Geschoßüberstand, an Hand der Proportionen auf das späte 18. Jh. festlegbar. Kulturdenkmal wegen seiner Bedeutung für das Ortsbild.

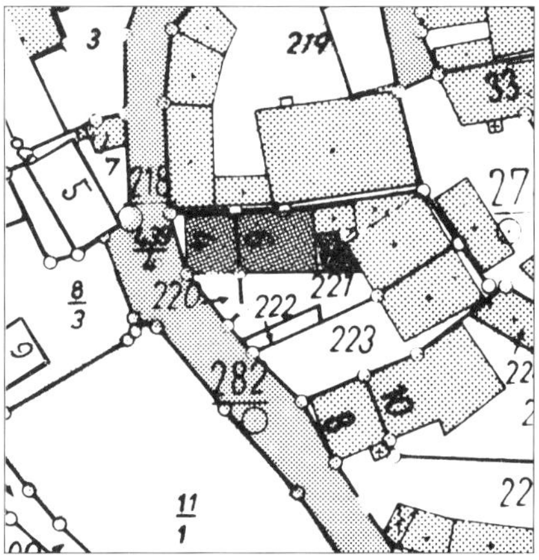

Am Hinterhof 4/6
Flur 1 Flurstück 220 und 221

Einfaches, kleines Fachwerkdoppelhaus aus der 1. Hälfte des 18. Jhs. mit einfachen Schmuckformen, umlaufendem Karnies. Diagonal versetzt zur Straße in ortsbildprägender Lage. Wie bei mehreren anderen Häusern im „Hinterhof" handelt es sich um zwei gekoppelte Kleinbauernhofreiten wohl von Mühlenarbeitern. Kulturdenkmal wegen seiner städtebaulichen und sozialgeschichtlichen Bedeutung.

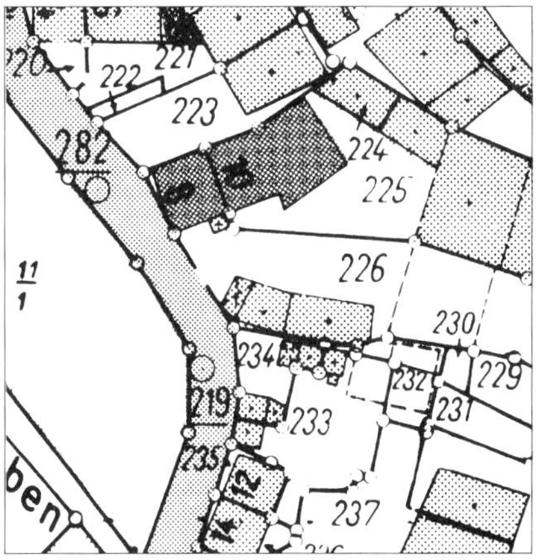

Im Hinterhof 8/10
Flur 1 Flurstück 225 und 226

Total verputztes bzw. verkleidetes Arbeiterdoppelhaus mit hohem, breitgelagerten Giebel. Öffnungen und Proportionen lassen auf eine Entstehungszeit im 18. Jh. schließen. Unmittelbare Sichtbeziehung zu dem kleinen Hügel gegenüber. Kulturdenkmal wegen der ortsbildprägenden und sozialgeschichtlichen Bedeutung.

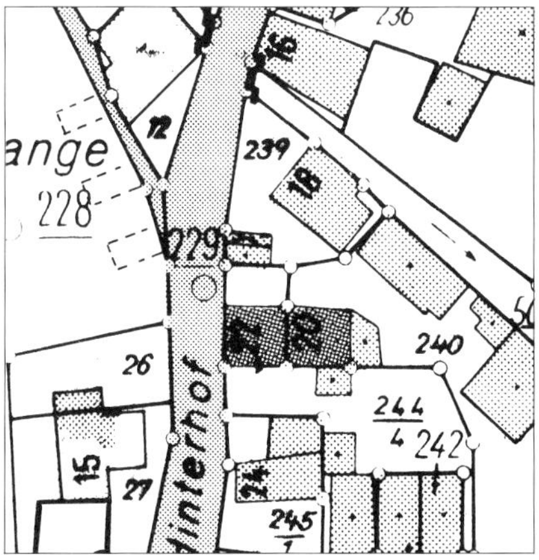

Am Hinterhof 20/22
Flur 1 Flurstück 244/4 u. 240

Stark in den Straßenraum wirkender Mühlenarbeiter-Doppelhof mit Teilung in der Querrichtung. Gutes Fachwerk aus der Zeit um 1700, profilierte Schwellen usw. Wichtig gegenüber der Bruchsteinmauer, in der die Felsenkeller liegen. Kulturdenkmal wegen seiner städtebaulichen, künstlerischen und sozialgeschichtlichen Bedeutung.

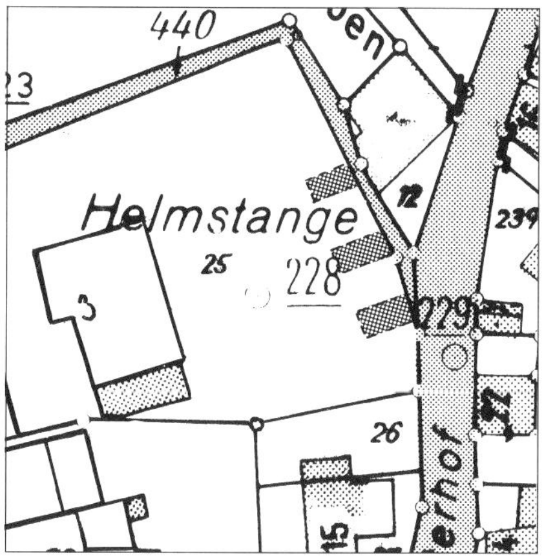

An der Ecke Schulweg/Am Hinterhof
Flur 1 Flurstück 25
Erdkeller.

Bruchsteinmauer, die dem Schwung der Straße folgt und die Stirnwand für mehrere Felsenkeller bildet. Einer der Keller trägt noch in einem stichbogigen Abschluß ein keilsteinartiges Ornament mit Jahreszahl 1769. Kulturdenkmal wegen ihrer Bedeutung für die Geschichte der Vorratshaltung in der Wetterau.

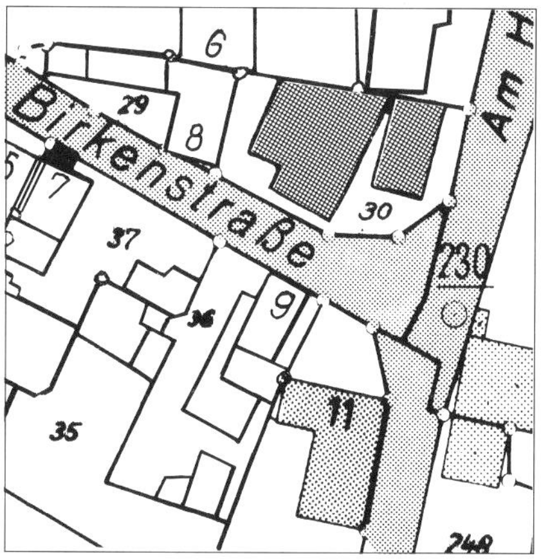

Birkenstraße 10
Flur 1 Flurstück 30

Kleiner Arbeiterhof, eingeschossig auf Bruchsteinsockel, der dem Straßenverlauf folgt. Giebelseite verschiefert, Traufseite asbestzementverschindelt. Sozialgeschichtlich interessanter Haustyp im Zusammenhang mit den Mühlen. Dahinter kleine Scheune an ein größeres Gebäude angebaut. Das Wohnhaus ist Kulturdenkmal wegen seiner sozialgeschichtlichen Bedeutung.

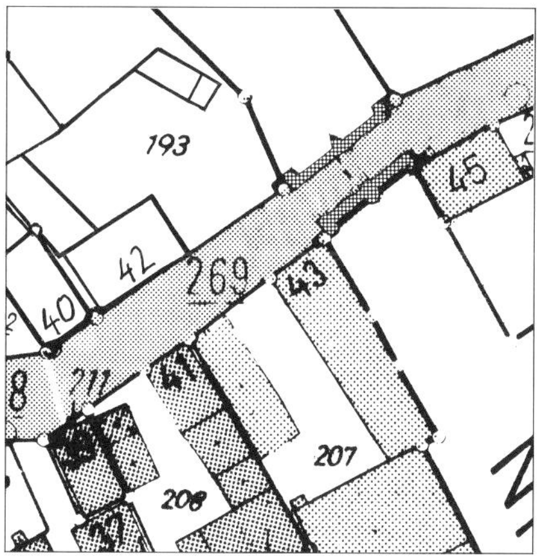

Brücke über die Nidda
Flur 1 Flurstück 487/1

Einfache zweibogige Konstruktion in Bruchstein. Halbrunde Pfeilervorlage an der einen, Strebepfeiler an der anderen Seite. Entstanden 17./18. Jh. Die Brücke ist Kulturdenkmal wegen ihrer technischen und geschichtlichen Bedeutung.

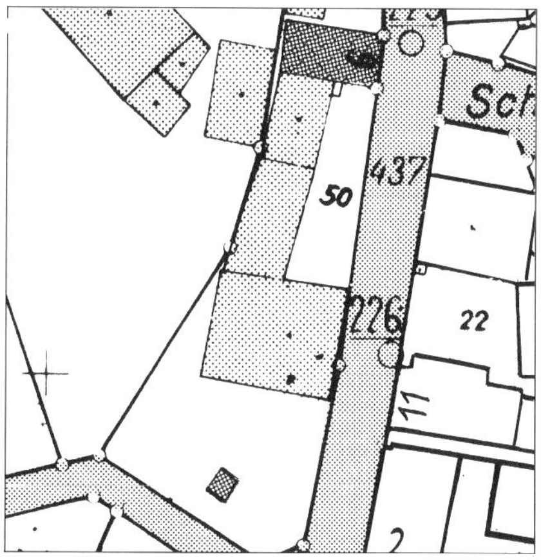

Brückenstraße 6
Flur 1 Flurstück 50

Sehr qualitätvolles Fachwerkwohnhaus, als Scheune dienend, im Obergeschoß noch ursprünglicher Fachwerkverband aus der Zeit um 1700 mit breiten, urwüchsig krummen Streben und kleinen Fußgegenstreben. Wilde Mann-Form. An der Traufseite noch die ursprüngliche Bruchsteintreppe in Resten erhalten. Der Bau wirkt prägend in den Straßenraum hinein und ist deshalb Kulturdenkmal aus städtebaulichen und künstlerischen Gründen.

Schräg gegenüber von diesem Haus kleiner Nutzbau. Fachwerkgebäude in Ständerbauweise, 17. oder 18. Jh., in gutem Erhaltungszustand. Heute relativ seltener Gebäudetyp. Kulturdenkmal wegen seiner wissenschaftlichen Bedeutung für die Geschichte der landwirtschaftlichen Nutzbauten.

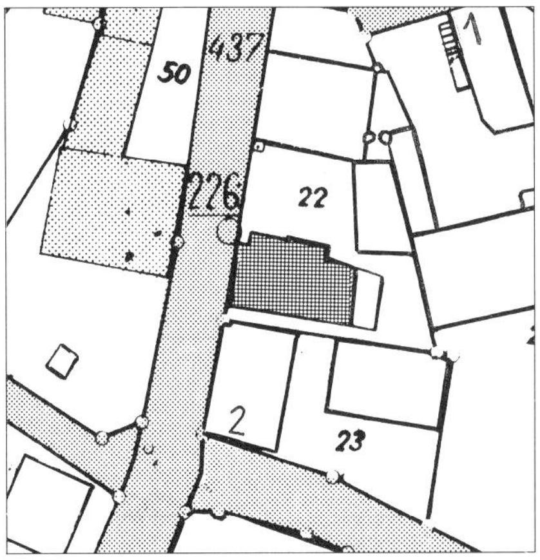

Brückenstraße 11
Flur 1 Flurstück 22

Wohnhaus in konstruktivem Fachwerk, breite Ständer, zierliche Feuerböcke mit Herzornamentik. Inschriftbalken und Feuerböcke offenbar von einem älteren Bau wiederverwandt; Inschrift: „DAS HAUS IST MEIN UND DOCH NICHT MEIN, DER NACH MIR KOMMT, WIRD AUCH SO SEIN". Guter Bau aus dem 1. Viertel des 19. Jhs. Kulturdenkmal wegen seiner baukünstlerischen und wissenschaftlichen Bedeutung.

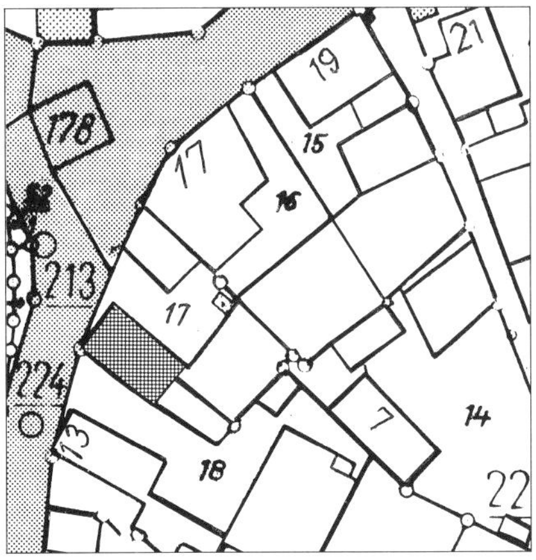

Brückenstraße 15
Flur 1 Flurstück 17

Leicht aus der Achse geschobenes, giebelständiges Fachwerkwohnhaus im Blickpunkt einer städtebaulich wichtigen Straßengabelung. Das Erdgeschoß im Fachwerk teilweise erneuert, im Obergeschoß an der Traufseite frühes Fachwerk aus der Zeit um 1700, ebenso im Giebel. Selten die ursprünglich erhaltenen Taubenschlagausflugslöcher mit Verbretterung. Umlaufende, scharfe Profilierung, gute Wilde Mann-Formen. Kulturdenkmal wegen seiner Bedeutung für das Ortsbild.

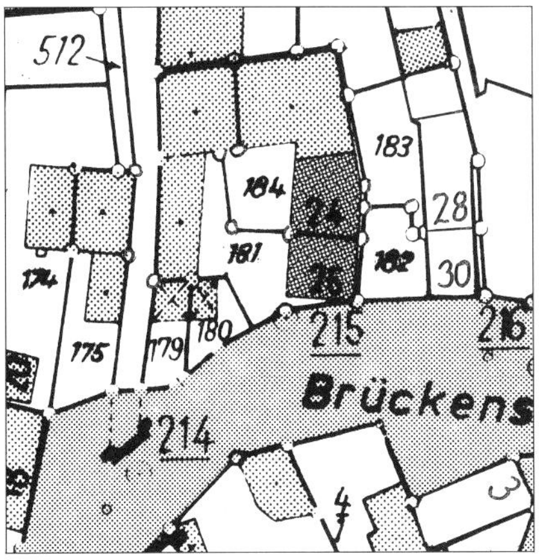

Brückenstraße 24/26
Flur 1 Flurstück 184 und 181

Gut proportioniertes Fachwerkgebäude über massivem modernen Sockelgeschoß. Wichtiger Blickpunkt. Im Obergeschoß alte Asbestzementverschieferung mit ungestörten Fensteröffnungen. An Hand der Proportionen gutes Fachwerk noch des 17. Jhs. zu erwarten. Kulturdenkmal wegen seiner städtebaulichen Bedeutung.

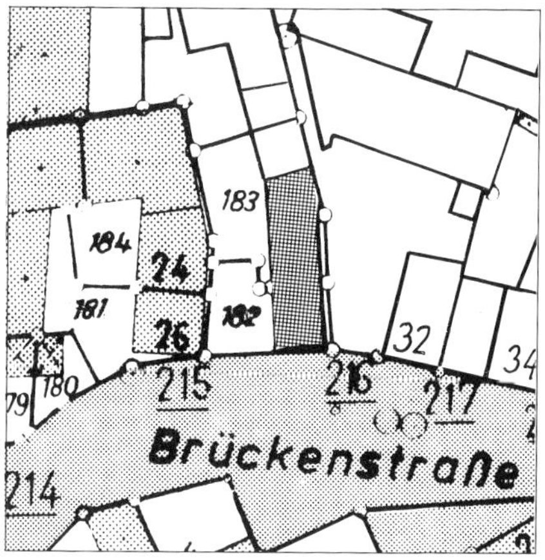

Brückenstraße 28/30
Flur 1 Flurstück 183 und 182

Kleines Fachwerkwohnhaus, längsgestreckt zur Straße, von wichtiger ortsbildprägender Bedeutung. Das Fachwerk stattlich aus der Zeit um 1720. Durchgehend verschalte Balkenlage in der Traufe, die Giebelseite asbestzementverschindelt. Originelle Überdachung der Treppe, 20. Jh. Kulturdenkmal wegen seiner städtebaulichen Bedeutung.

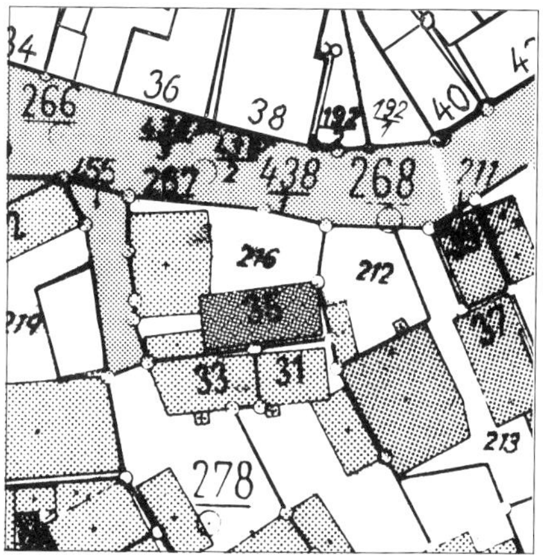

Brückenstraße 35
Flur 1 Flurstück 216

Konglomerat von zwei Kleinbauernhöfen des 17. Jhs. Im Erdgeschoß teilweise erneuert. Obergeschoß erweitert durch gebogene Streben; breite Dimensionen. Das rechte Gebäude besitzt einen späteren Drempelaufsatz. Im Giebel umlaufendes Karnies, doppelt profiliert. Kulturdenkmal wegen seiner wissenschaftlichen und sozialgeschichtlichen Bedeutung.

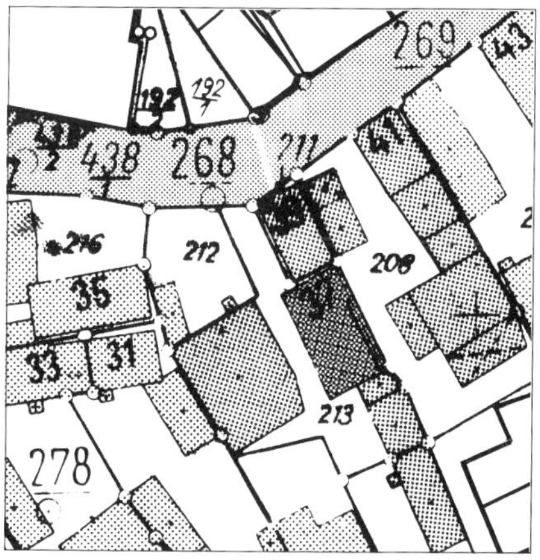

Brückenstraße 37
Flur 1 Flurstück 213

Zurückgesetztes Fachwerkwohnhaus in ausgewogenen Formen der Zeit um 1720. Umlaufendes Profil, im EG einfaches Fachwerk des frühen 19. Jhs. Der Bau steht mit einer Ecke vor und bildet ein malerisches Ensemble gemeinsam mit dem Haus Nr. 39. Kulturdenkmal wegen seiner städtebaulichen und künstlerischen Bedeutung.

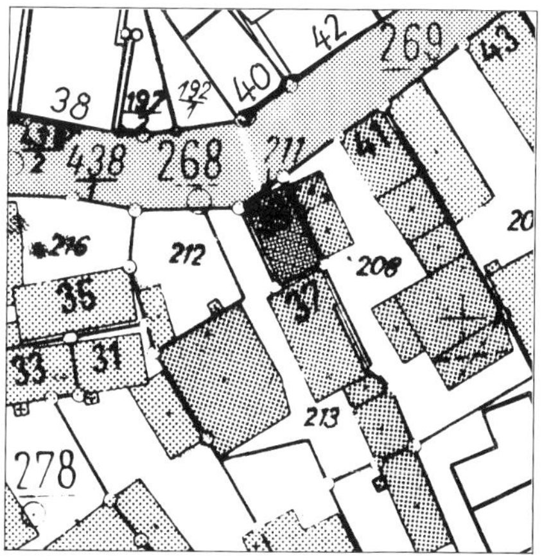

Brückenstraße 39
Flur 1 Flurstück 213

Giebelseitig zur Straße in der Kurve gelegen. Im Obergeschoß gutes Fachwerk aus der Zeit um 1700 mit Kopfbändern, Herz- und Blattornamenten. Im Untergeschoß Fachwerk teilweise erneuert. Kulturdenkmal wegen seiner baukünstlerischen und städtebaulichen Bedeutung.

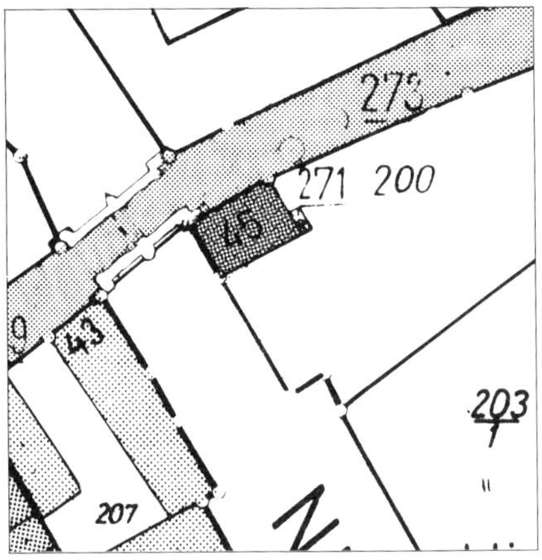

Brückenstraße 45
Flur 1 Flurstück 200

Einfacher Fachwerkbau aus der 1. Hälfte des 19. Jhs., verschiefert. Der Bau steht im Zusammenhang mit der Brücke und ist Kulturdenkmal wegen seiner städtebaulichen Bedeutung.

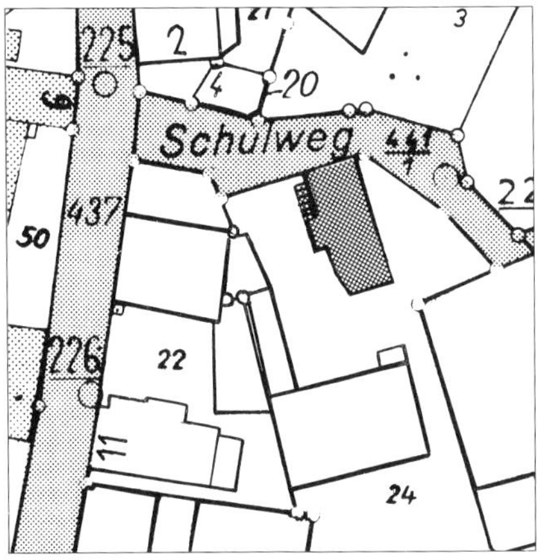

Schulweg 1
Flur 1 Flurstück 24

Gut proportionierter Bau an einer Steigung liegend von städtebaulichem Interesse. Reiches Zierfachwerk im Giebel aus der Zeit um 1720. Starke Wilde Mann-Form mit Kopfbändern, doppelt profilierte Schwelle. Im hinteren Bereich ist der Bau gestört. Kulturdenkmal wegen seiner städtebaulichen Bedeutung.

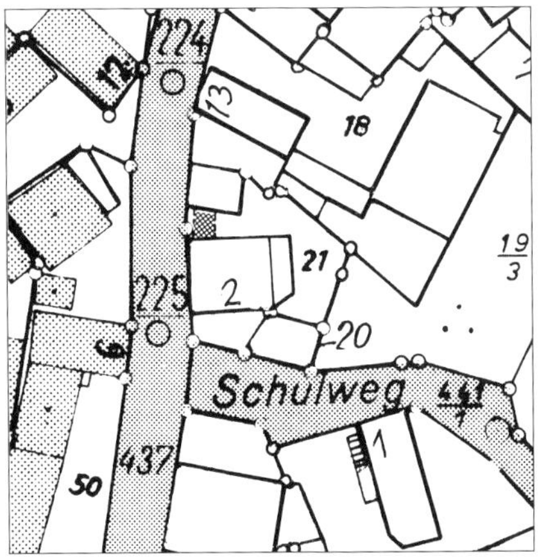

Schulweg 2
Flur 1 Flurstück 21

Auf dem Grundstück von Schulweg 2 befindet sich ein in den Boden getriebener Felsenkeller, im stichbogigen Sturz datiert 1761 oder 1763. In Bruchstein aufgemauert. Kulturdenkmal wegen seiner ortsgeschichtlichen Bedeutung.

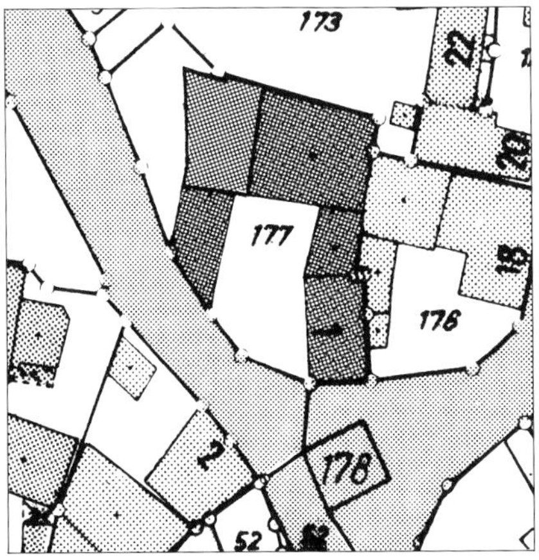

Vogelsbergstraße 1
Flur 1 Flurstück 177

Asbestzementverkleideter Bau in wichtiger Position im Straßenbild an einer Gabelung. Krüppelwalmschopf. Proportionen und Fensterteilung lassen auf eine Entstehung im frühen 19. Jh. schließen. Sehr interessant auch die anschließenden Stall- und Wirtschaftsgebäude auf spitzwinkligem Grundriß über Bruchsteinmauer. Kulturdenkmal wegen seiner städtebaulichen Bedeutung.

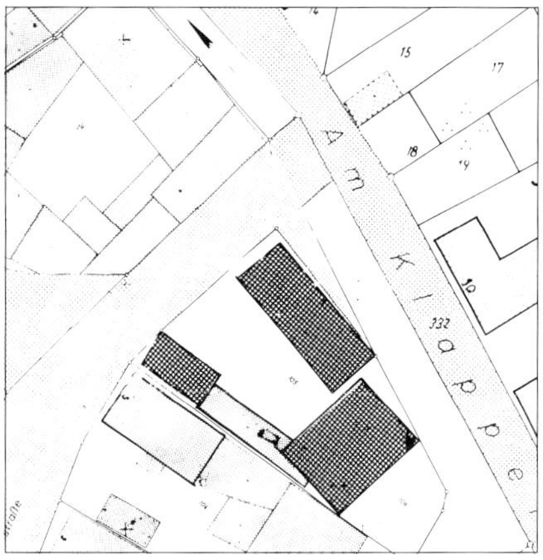

Am Klappersberg 1
Flur 1 Flurstück 105

Geschlossene U-förmige Hofreite an einer Straßeneinmündung. Guterhaltene Fachwerkkonstruktionen des 17. Jhs. an Haupt- und Nebengebäuden. Das Wohnhaus im Erdgeschoß massiv erneuert, im Obergeschoß sehr stattliche Wilde Mann-Formen. Kulturdenkmal aus wissenschaftlichen und künstlerischen Gründen.

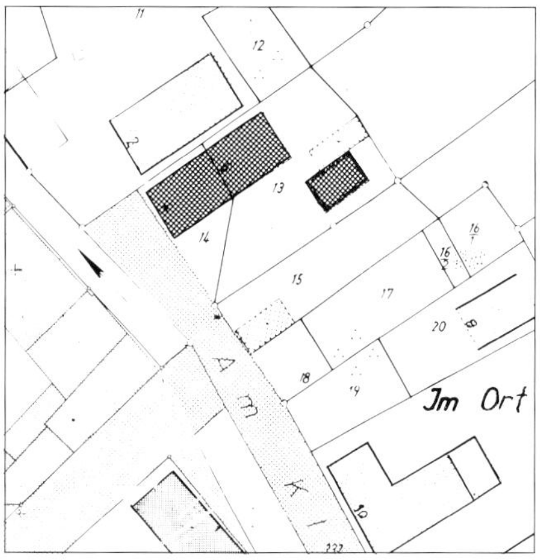

Am Klappersberg 4/6
Flur 1 Flurstück 14 und 13

Giebelständiges Fachwerkwohnhaus, in der Mitte geteilt. Einfaches, urwüchsiges Fachwerk des 18. Jhs. Starke Wirkung im Straßenbild. Kulturdenkmal wegen seiner städtebaulichen Bedeutung.

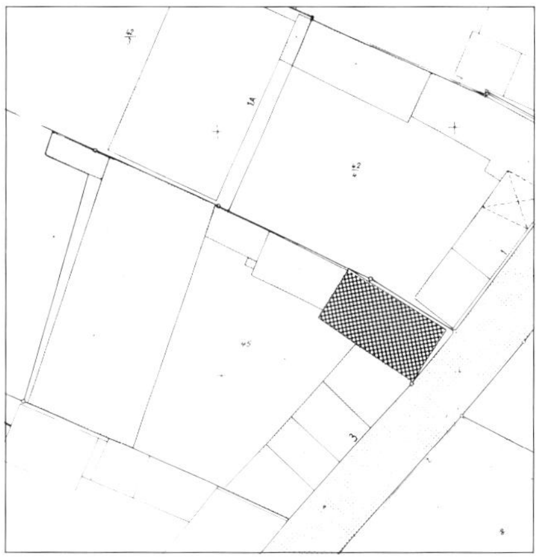

Hintergasse 3
Flur 1 Flurstück 45

Große geschlossene Wetterauer Hofanlage, wobei die Schließung neben dem barocken Wohnhaus erst im 19. Jh. erfolgt ist. Dieser Gebäudeteil weniger bedeutend. Das Wohnhaus giebelständig zur Straße mit reichen Fachwerkzierformen der Zeit um 1720. Durchgehend verschalte Balkenlage, seltsame fischgrätartige Fachwerkfiguration in der Mittelachse. Im OG alte seltene Ausflugsöffnung für Taubenschlag. Kulturdenkmal wegen seiner baukünstlerischen und wissenschaftlichen Bedeutung.

Oberdorfstraße 3
Flur 1 Flurstück 95

Ehemalige Hofreite, die Scheune durch massiven Neubau ersetzt. Das alte Fachwerkwohnhaus giebelständig zur Straße mit feinen Fachwerkzierformen des späten 17. Jhs. Die Traufseite verputzt. Kulturdenkmal wegen seiner künstlerischen Bedeutung.

Unterdorfstraße 8
Flur 1 Flurstück 36

Bedeutender quergelagerter Fachwerkbau, verputzt, mit rhythmischen, alten Fensteröffnungen. Lage und Größe des Baus sind am Ort ungewöhnlich. Mehrfache, starke Übersetzungen und das steile Dach legen eine Datierung in das 16./17. Jh. nahe. Es muß sich um ein mit aufwendigem Schmuckfachwerk versehenes Amtshaus o. ä. handeln. Kulturdenkmal wegen seiner künstlerischen, wissenschaftlichen und geschichtlichen Bedeutung.

WALLERNHAUSEN
Gesamtanlage

Der alte Dorfkern im Bereich Obergasse – Fußgasse ist bestanden mit gemischten Hoftypen vorwiegend des 18. und 19. Jahrhunderts in gutem Erhaltungszustand, oft mit reicher Fachwerkzier und Inschriften. Die dichte Abfolge der Hofreiten in Verbindung mit den großen Arealen von Kirche und Pfarrhaus ergibt ein malerisches Ensemble von hoher Qualität.

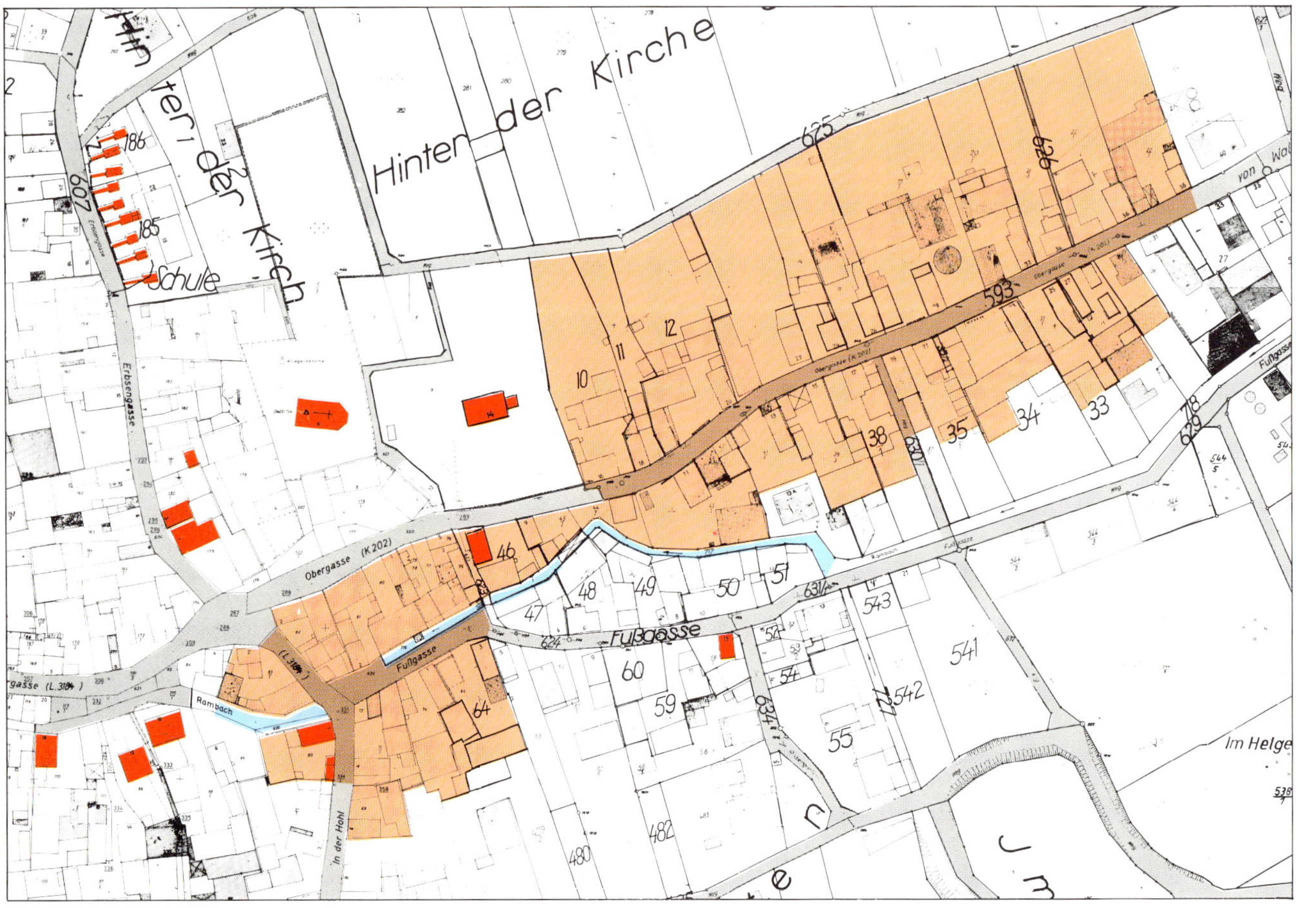

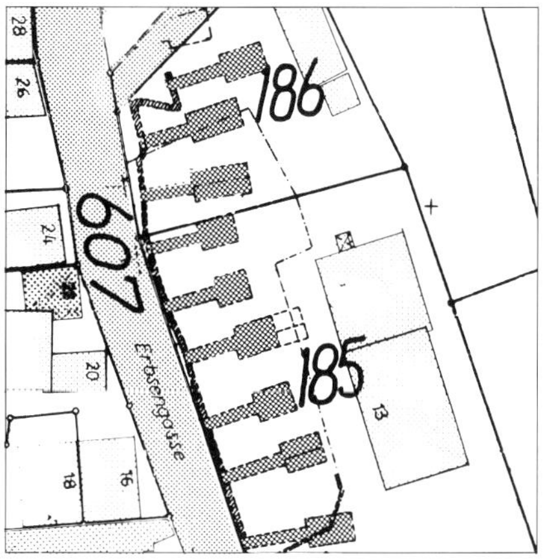

Erbsengasse
Flur 1 Flurstück 185 und 186
Felsenkeller.

Sehr gut erhaltene Reihe von barocken Felsenkellern in Basaltbruchstein, entstanden um die Mitte des 18. Jhs. Der erste Felsenkeller im stichbogigen Sturz bezeichnet 1755 H R P. Der zweite 1742 H P B, auf einem fast rundbogigen Sturz. Weiterer Stein 1744. Insgesamt handelt es sich um 9 Keller. Unter den Wetterauer Anlagen neben Dauernheim eines der bedeutenden Beispiele. Kulturdenkmal wegen seiner ortsgeschichtlichen und wissenschaftlichen Bedeutung.

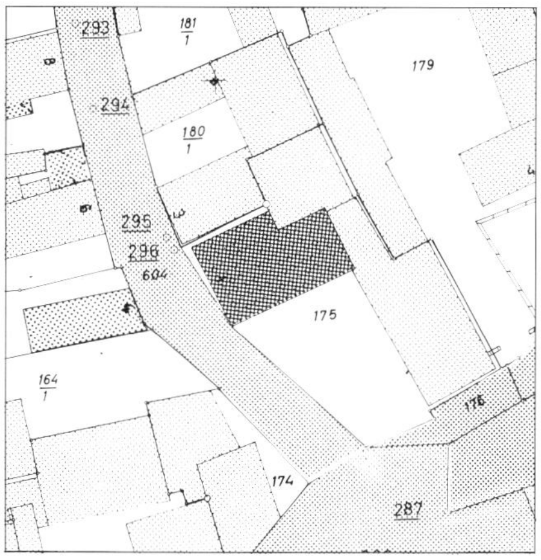

Erbsengasse 1
Flur 1 Flurstück 175

Großes, spätbarockes Wohnhaus aus der Zeit um 1810 mit repräsentativer, zweiläufiger Freitreppe mit Wappenstein und Inschrift: „ERBAUT 18 . ., HEINRICH RUPPEL". Im Zugang zum Keller noch der Rest einer schönen spätbarocken Tür. Einfaches, konstruktives Fachwerk. Der Bau öffnet sich zur Kreuzung hin und bietet einen wichtigen städtebaulichen Akzent mit seiner großen Freitreppe. Krüppelwalm, verschieferter Giebel, einfacher Bruchsteinsockel mit Hausteinteilen. Kulturdenkmal wegen seiner städtebaulichen Bedeutung.

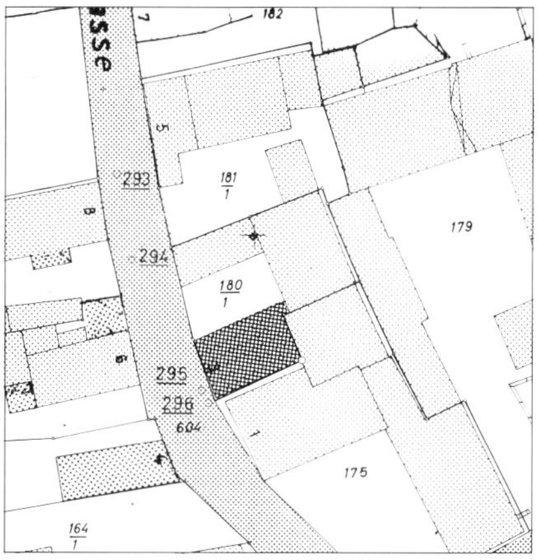

Erbsengasse 3
Flur 1 Flurstück 180/1

Total verputztes Fachwerkwohnhaus aus der Mitte des 18. Jhs., das sich unmittelbar an Haus Nr. 1 anlehnt. Giebelständig, von wichtiger Bedeutung im Straßenraum. Gutes Zierfachwerk zu erwarten, da Fensterteilung noch ungestört. Kulturdenkmal wegen seiner städtebaulichen und künstlerischen Bedeutung.

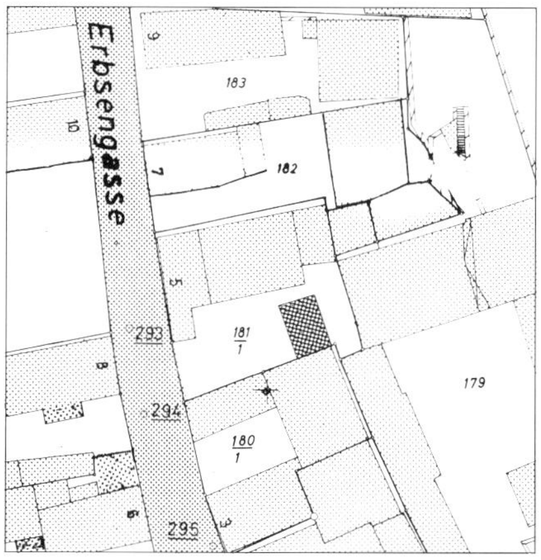

Erbsengasse 5
Flur 1 Flurstück 181/1

Kleinformatiges, ungewöhnliches Fachwerkgebäude des frühen 18. Jhs. im hinteren Hofbereich. Zweck unbekannt. Sehr seltsame Formen mit Drempel, traufständig zur Straße; der Drempel wird akzentuiert durch ein barockes, doppeltes Karniesprofil. Sonst einfache Fachwerkformen in konstruktiver Anordnung. Typologisch interessant. Kulturdenkmal wegen seiner wissenschaftlichen Bedeutung.

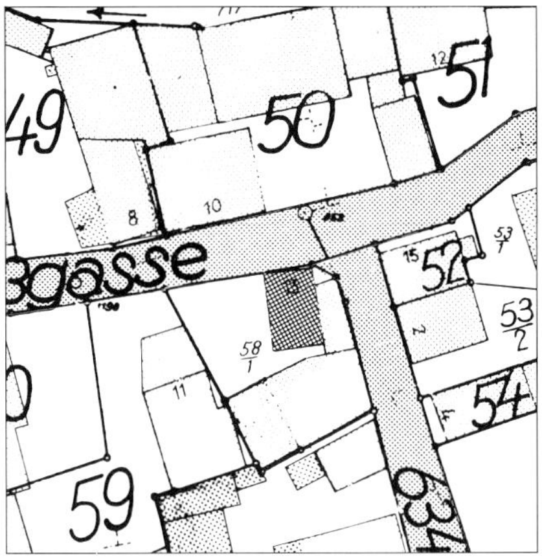

Fußgasse 13
Flur 1 Flurstück 58/1

Kleine Hakenhofreite in selten unversehrtem Erhaltungszustand mit sehr qualitätvollem, kleinen Fachwerkwohnhaus mit starker Profilierung in der Schwelle, gedrehtem Ecktau, urwüchsigen Streben. Entstanden um 1700. In der gleichen Qualität die kleine Scheune mit S-förmiger, großer Eckstrebe. Aufgrund der Unversehrtheit der Anlage und der handwerklichen Qualität der Details Kulturdenkmal wegen seiner wissenschaftlichen Bedeutung.

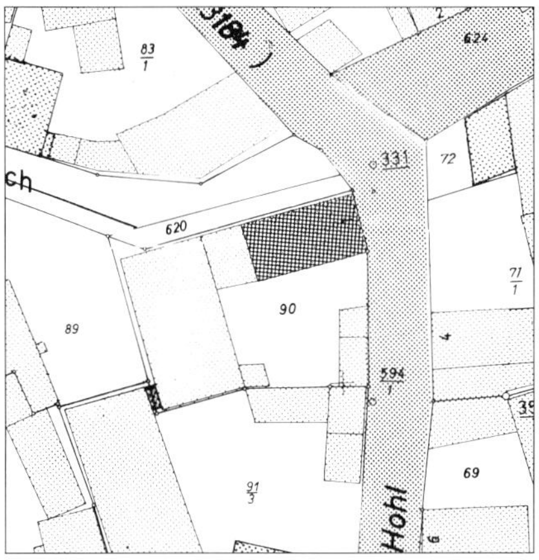

In der Hohl 1
Flur 1 Flurstück 90

Geschlossen erhaltene frühe Dreiseithofreite mit wichtiger Funktion im Straßenraum. Dazu L-förmig Scheune, als vorderer Riegel kleines Stallgebäude. Wohnhaus, Mitte 17. Jh., einfaches, klares Fachwerk in urwüchsigen Konstruktionsformen, eingezapfte Schwelle. Scheune 18. Jh. Kleines, für das Straßenbild wichtiges Stallgebäude. Die Anlage ist Kulturdenkmal aus wissenschaftlichen und städtebaulichen Gründen.

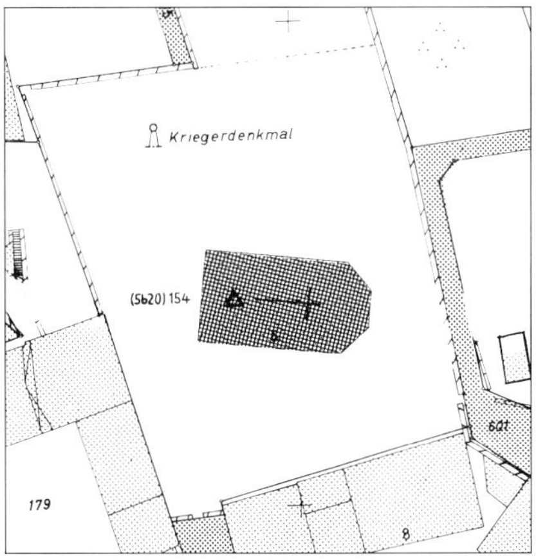

Obergasse 6
Flur 1 Flurstück 5/1
Evang. Kirche.

Einfacher Saalbau des Barock von 1740 mit Haubendachreiter und Krüppelwalmdach. Gute einheitliche Ausstattung aus der Erbauungszeit, Orgel, Gestühl, Empore und Kanzel. Auf dem Kirchhof einige spätbarocke und klassizistische Grabsteine in guter Qualität. Kulturdenkmal wegen seiner künstlerischen und geschichtlichen Bedeutung.

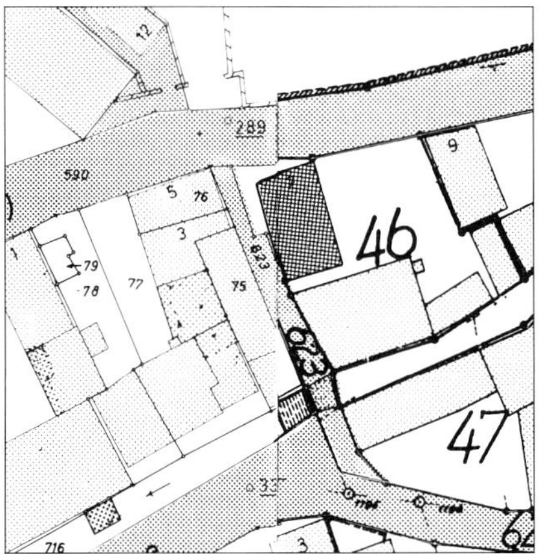

Obergasse 7
Flur 1 Flurstück 46

Herausragender Bau innerhalb der Fachwerkarchitektur am Ort. Sehr reiches, rheinisch beeinflußtes Fachwerk mit Rautenmustern und Feuerböcken an den Ecken doppelte und dreifache Taumuster und Schuppengeflecht. Breite Streben mit Fußgegenstreben, im Giebel starker, doppelter Zahnschnittfries. Im Erdgeschoß z. T. dünnes, junges Fachwerk. Entstanden um 1680, im 19. Jh. erneuert. Wegen seinem Wert für die Baugeschichte und wegen seiner handwerklichen Details Kulturdenkmal aus wiss. und künstl. Gründen.

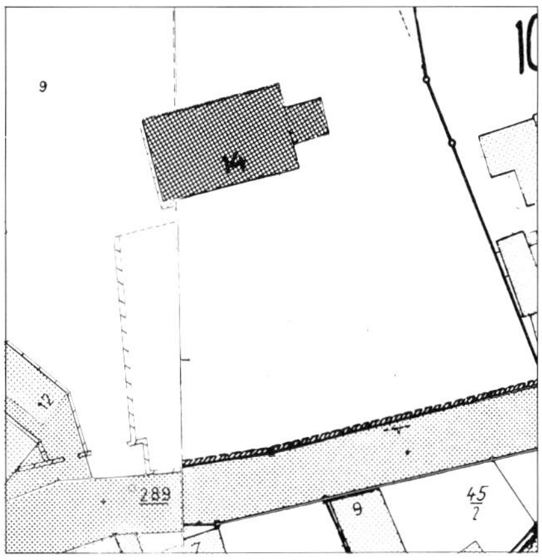

Obergasse 14
Flur 1 Flurstück 9
Pfarrhaus.

Regelmäßiger, klassizistischer Fachwerkbau, holzverschindelt. Mittelachse mit Portal und Freitreppe betont. Entstanden um 1810. Auffällige Wirkung im Ortsbild. Kulturdenkmal wegen seiner geschichtlichen, künstlerischen und städtebaulichen Bedeutung.

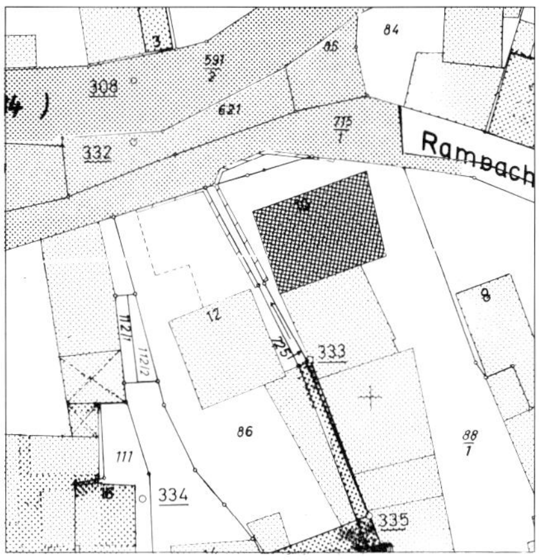

Untergasse 10
Flur 1 Flurstück 88/1

Breitgelagertes, spätbarockes Fachwerkhaus mit Krüppelwalm und konstruktivem Fachwerk mit starken Beilungsspuren. Ursprünglich sicher auf massive Wirkung hin verputzt. Sehr schöne, einläufige Treppe mit Sandsteinwangen, die in Voluten enden. Der Bau liegt unmittelbar am Bach und hat eine starke Wirkung in dieser platzartigen Erweiterung an dieser Stelle. Kulturdenkmal wegen seiner künstlerischen und städtebaulichen Bedeutung.

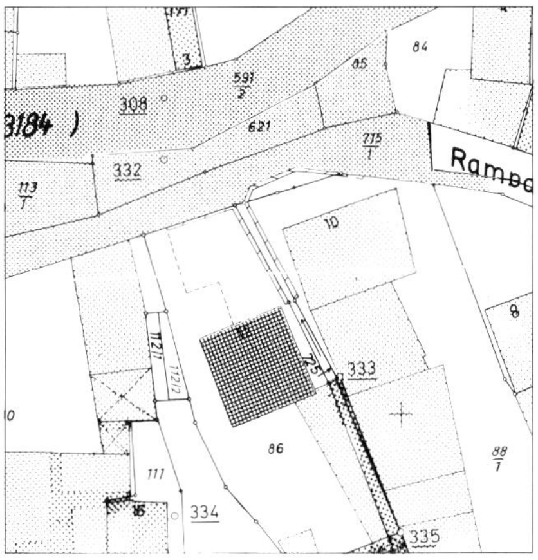

Untergasse 12
Flur 1 Flurstück 86

Etwas vom Nachbarhaus zurückgesetzter, breit gelagerter, fast kubischer Bau in den Proportionen des hohen Vogelsbergs. Total asbestzementverplattet, Fenster teilweise schon modern vergrößert, jedoch die Übersetzungen in den Geschossen und im Giebel voll erhalten, deshalb gutes, frühbarockes Fachwerk Vogelsberger Provenienz zu erwarten. Der Giebel des Hauses wirkt außerdem städtebaulich auf den Platz vor dem Nachbarhaus ein, deshalb Kulturdenkmal wegen seiner städtebaulichen und baukünstlerischen Bedeutung.

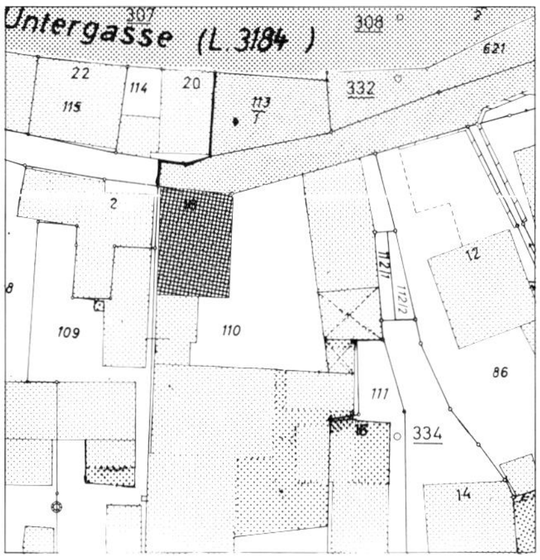

Untergasse 18
Flur 1 Flurstück 110

Gut proportionierter, barocker Wohnbau, etwas zurückgesetzt, von starker ortsbildprägender Wirkung. Konstruktives Fachwerk ohne Überstand, jedoch noch in spätbarocken Proportionen mit Krüppelwalm. Entstanden um 1800. Kulturdenkmal wegen seiner baukünstlerischen Bedeutung als reiner Vertreter dieses Typs am Ort und wegen seiner städtebaulichen Bedeutung.

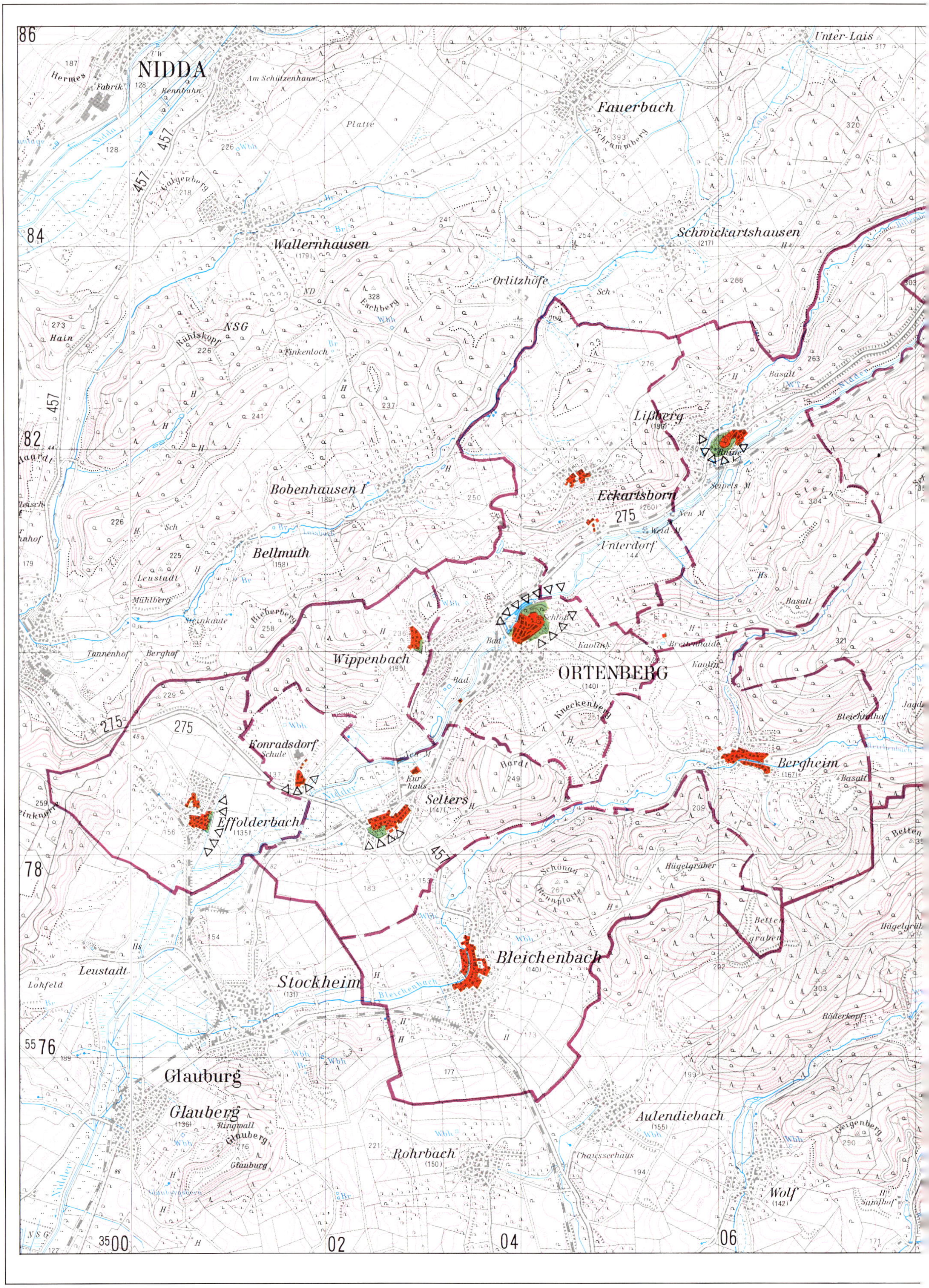
NIDDA
Fauerbach
Unter-Lais
Wallernhausen
Schwickartshausen
Orlitzhöfe
Bobenhausen I
Bellmuth
Lißberg
Eckartsborn
Unterdorf
Wippenbach
ORTENBERG
Konradsdorf
Effolderbach
Selters
Bergheim
Bleichenbach
Stockheim
Leustadt
Glauburg
Glauberg
Rohrbach
Aulendiebach
Wolf
Hain
Eschberg
Kneckenberg
Hardt
Schönau
Basalt
Kaolin
Hügelgräber
Tannenhof
Berghof
Lohfeld
Chausseehaus
Bleichenhof
Röderkopf

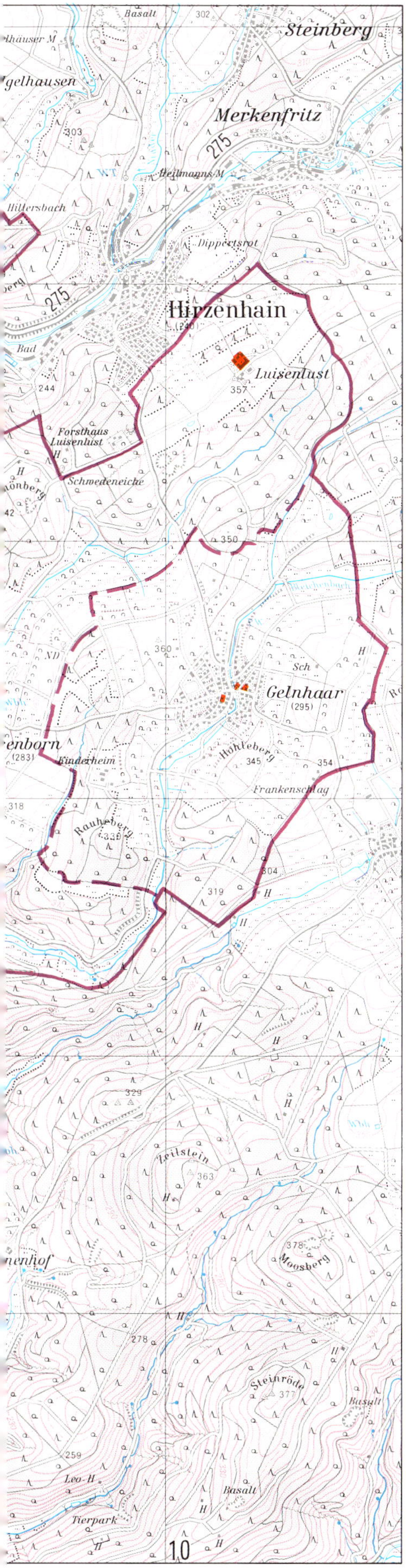

Erläuterung zu Karte 10 (M 1:50000): Gemeinde Ortenberg

Im Zentrum des Altkreises gelegen, gehört das Gemeindegebiet zu der Hügellandschaft der östlichen Wetterau. Bewaldete Hügelketten wechseln mit den Feldlagen in den Flußtälern ab. Das Gebiet wird diagonal von der Nidder und dem Bleichenbach durchflossen. Die Orte reihen sich in den beiden parallel laufenden Flußtälern hintereinander. Die Gemeinde verfügt über einen erstaunlich großen Denkmälerbestand. Das ist zunächst auf den guten Erhaltungszustand der Kerngemeinde Ortenberg zurückzuführen, deren mittelalterlicher Bereich noch fast ungestört erhalten ist. Das Schloß ist durch die zum größten Teil noch gut erhaltene Befestigungsanlage mit in den historischen Stadtkern eingeschlossen. Besonders deutlich wird der geschlossene Charakter der historischen Stadtanlage durch die Grünflächen des Schloßparks im Norden, der Nidderauen im Westen und der Wiesen vor der Stadtmauer im Osten. In der weiteren Umgebung sind die Hügel im Norden, Osten und Westen noch unbebaut und nur im Süden ist das Stadterweiterungsgebiet des 19. und 20. Jhs. angebunden. Diese vorteilhafte Einbettung der historischen Stadt- und Schloßanlage in die Topographie soll erhalten werden und liegt im denkmalpflegerischen Interesse. Die historische Bedeutung Ortenbergs wird durch die große Anzahl der Kulturdenkmale unterstrichen, von denen das Schloß, die Kirche und das Rathaus überregionale Bedeutung genießen.

Lißberg im Nordosten von Ortenberg liegt auf einer Bergnase, an deren Ende die Burgruine steht. Diese topographische Akzentuierung und die im Ortskern unterhalb der Burg noch gut erhaltene zusammenhängende Ortsstruktur stellen einen besonderen historischen Wert dar.

In der historischen Wertigkeit folgt als nächster Ort Bleichenbach im Süden des Gemeindegebietes. Der gleichnamige Fluß und die Landstraße prägen dieses Straßendorf, das allerdings nach Osten eine Erweiterung durch die Straßen erfährt. Abgesehen von den Randbereichen und einem kleinen gestörten Bereich in der Mitte ist die historische Dorfstruktur des gesamten Ortes noch so gut erhalten, daß Bleichenbach über eine der größten Gesamtanlagen des Gebietes verfügt. Seine Bedeutung wird weiterhin unterstrichen durch eine Reihe von wertvollen Kulturdenkmalen.

Effolderbach im äußersten Westen des Gemeindegebietes liegt am Rand des Niddatales. Zwei Bereiche innerhalb des Ortes verfügen über eine zusammenhängende, historische Ortsstruktur. Für den landschaftsbezogenen Wert Effolderbachs ist es im denkmalpflegerischen Interesse, die Niddawiesen zu erhalten und so von fern auf die topographische Einbindung der historischen Dorfsituation hinzuweisen.

Bei Selters, im Südwesten von Ortenberg gelegen, handelt es sich um ein typisches Straßendorf. Die Gesamtanlage der aneinandergereihten Hofreiten liegt entlang der Landstraße. Die Abgrenzung des Ortes nach Süden erfolgt durch einen Hügel. Die etwas von der Siedlung abgelöste historische Wehrkirche mit Friedhof und die anschließenden Obstbaumwiesen am Nordhang dieses Hügels bilden den Übergang zum freien Feld. Es liegt im denkmalpflegerischen Interesse, diese Freizone von Bebauung freizuhalten, um die geschlossene historische Dorfstruktur auch von außen und von der Ferne her erkennbar zu halten.

Eckartsborn im Norden von Ortenberg und Wippenbach im Westen besitzen kleinere Gesamtanlagen in den jeweiligen Ortskernen. Außerhalb der aufgezeigten Gesamtanlagen wurde noch eine Reihe von Einzelkulturdenkmalen in den Ortsteilen von Ortenberg ausgewiesen. Als historisch besonders erwähnenswerte Anlage ist das ehemalige Kloster Konradsdorf im Westen des Gemeindegebietes zu nennen. Von dem ehemaligen Nonnenkloster sind aus dem 12. Jh. noch die Kirche und das Nonnenhaus vorhanden. Konradsdorf liegt an einem leichten Abhang und ist topographisch so eingebunden, daß es von weither erkennbar ist; daher ist auf diese Situation im denkmalpflegerischen Interesse Rücksicht zu nehmen.

Im äußersten Nordosten des Gemeindegebiets liegt auf einer Höhe das Hofgut Luisenlust. Die vierflügelige Hofanlage mit einem Herrenhaus aus der 2. Hälfte des 18. Jhs. stellt eine bedeutende Gesamtanlage dar.

Ortenberg

Der Ursprung der Stadt liegt in der Burganlage auf der Spitze der Erhebung über der Nidder. 1176 werden erstmals die Herren von Ortenberg genannt. Nach dem Aussterben der Linie kam der Besitz im 13. Jh. an eine Ganerb-

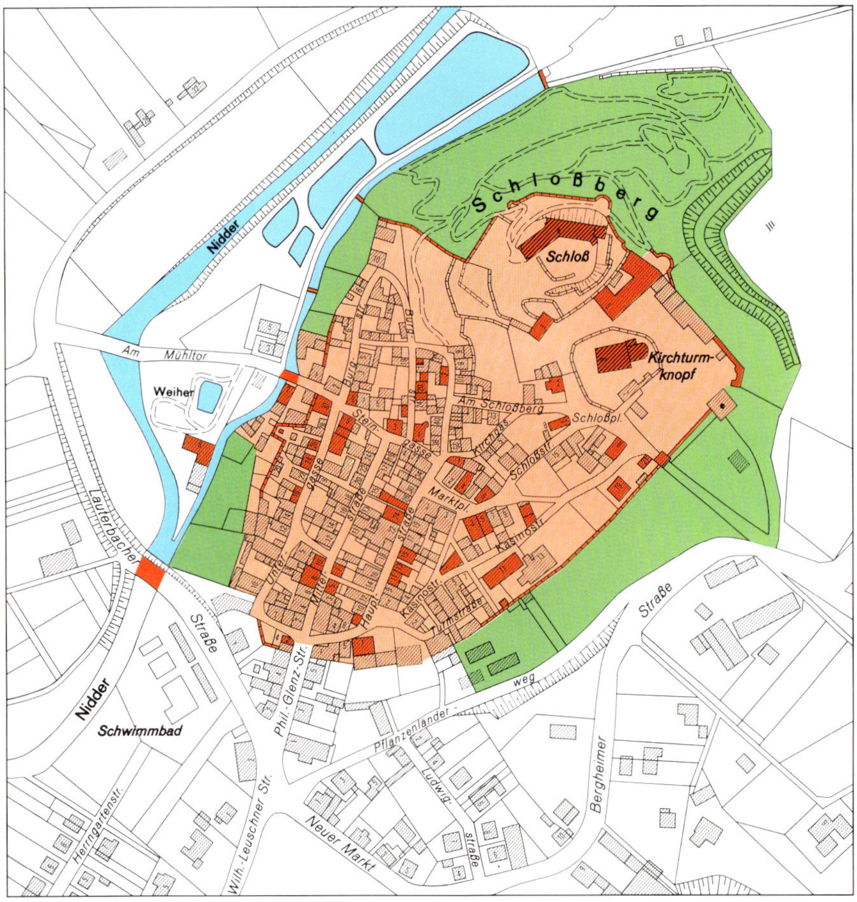
Nidder
Schloßberg
Schloß
Kirchturm-
knopf
Am Mühltor
Weiher
Am Schloßberg
Schloßpl.
Schloßstr.
Marktpl.
Kasinostr.
Turmstraße
Lauterbacher
Straße
Nidder
Schwimmbad
Herrngartenstr.
Wilh.-Leuschner Str.
Phil.-Glenz-Str.
Pflanzenländer
weg
Straße
Bergheimer
Ludwig
straße
Neuer Markt

Ortenberg.

schaft, der gleichzeitig bzw. nacheinander die Herren von Isenburg, Nassau, Breuberg, Trimberg, Hohenlohe-Brauneck, Eppstein, Weinsberg, Hanau, Falkenstein und Cronberg angehörten. Seit 1601 hatten die Grafen von Stolberg zwei Drittel, die Grafen von Hanau ein Drittel von Burg und Stadt. Der hanauische Teil fiel 1736 an Hessen-Kassel, der Stolbergische 1806 an Hessen-Darmstadt, das 1810 auch den Kasseler Teil erhielt.
Wirtschaftlich war der Ort vom Gewerbe bestimmt, u. a. durch die Gerberei. Ein Teil der Ackerbürger betrieb Viehzucht, bis in das 19. Jh. wurde Wein angebaut. 1541 gab es vier Mühlen. Außerdem hatte Ortenberg eine wichtige Funktion als Marktort (Wochenmarkt und 3 Jahrmärkte im Mittelalter).
Die Stadt hat auch stadtentwicklungsgeschichtlich ihren Ursprung in der an höchster Stelle gelegenen Burg. Südlich davon erstreckt sich der große Bereich der Kirche. Die Ansiedlung hat sich, dem Gelände entsprechend, in südwestlicher Richtung bis zur natürlichen Grenze, der Nidder, entwikkelt. In der Nähe von Burg und Kirche sind die Gassen ziemlich regellos und lassen zwischen sich unregelmäßige „Inseln" entstehen. Etwa von der Linie Steingasse-Marktplatz an ist ein regelmäßig parallel ausgerichtetes Straßensystem mit gleichen Breiten der Blöcke, die jeweils zwei Parzellen tief sind. Zwischen den Hauptachsen dieses Systems, Untergasse-Mittelstraße-Hauptstraße liegen schmale Verbindungsgänge. Der Marktplatz soll ursprünglich vor dem Untertor gelegen haben. 1749 wurde der Georgimarktplatz neu angelegt.
Das Befestigungssystem ist auf die Burg bezogen bzw. es nimmt von dort seinen Ausgang. An der östlichen Ecke ist der Verlauf der Mauer gerade und regelmäßig bis zum Ende des erhaltenen Teils am Gefängnisturm. Der Zugang in diesem Bereich erfolgt über die festungsgeschichtlich bedeutende, gut erhaltene Oberpforte des 13. Jhs. Im Bereich der nicht erhaltenen Unterpforte sind Teile der Mauer erhalten. Von dort läuft die Mauer etwa parallel zur Nidder bzw. zum Mühlgraben mit einer sackartigen Ausbuchtung, die die Hauptquelle der Stadt schützt. An der verschwundenen Schelmenpforte läuft die Mauer in Richtung Norden bis zu einem viereckigen Eckturm, der zur Burg überleitet. Die Rückseite der Burg ist durch ein doppeltes Mauersystem und das steil abfallende Gelände geschützt.
In der Haus- und Hoftypologie sind in Ortenberg ähnliche Beispiele zu finden wie in anderen oberhessischen Ackerbürger- und Marktstädten. Durch die Enge der Altstadt bedingt kommt der klassische Typ der Wetterauer Hakenhofreite kaum rein vor. Die Parzellenstruktur, die z. T. aus dem hohen Mittelalter stammt, läßt nur enge, der jeweiligen Situation angepaßte Hofgrundrisse zu. Bestimmend für Ortenberg sind die ziemlich voluminösen, giebelständig ausgerichteten, Traufe an Traufe gereihten Handwerker- oder Händlerhäuser mit hohem Hallengeschoß zur Aufnahme der Waren oder der Werkstatt. Der Eingang liegt auf einer Seite, an die Hausecke gerückt, und ist durch eine einläufige Freitreppe erschlossen. In dem hohen Sandsteinsockel liegt der Zugang zum Weinkeller. Über dem Wirtschaftsgeschoß, das meist in Ständerbauweise errichtet ist, liegt — in Rähmbauweise — das Wohngeschoß, darüber der Giebel. Die frühesten erhaltenen Häuser dieser Art stammen aus der 1. Hälfte des 17. Jhs. Es ist jedoch davon auszugehen, daß ein älterer Bautyp, vielleicht noch des Mittelalters tradiert wurde, der noch im 18. Jh. in Ortenberg Vorbild war. Gute Beispiele finden sich in der Hauptstraße, am Marktplatz und in der Mittelstraße sowie in der Schloßstraße.
Neben diesem spezifischen Haustyp gibt es, entsprechend den sozialen Gegebenheiten einer Marktstadt mit Ortsherrschaft kleine Bedienstetenhäuser bzw. „Nebenerwerbshöfe" des 17. und 18. Jhs., oft in Traufstellung, seltener auch giebelständig, vor allem im Bereich Burgstraße, Am Schloßberg.
Die Stadt hat sich seit dem 13. Jh. innerhalb der Grenzen der Stadtmauer gehalten, natürlich mit der üblichen Erneuerung der überwiegend aus Fachwerk bestehenden Bausubstanz, die in ihren jetzigen Vertretern vor allem aus dem 17. und 18. Jh. stammt. 1888 erfolgte der Bau der Eisenbahnlinie Vilbel-Stockheim-Gedern. Südlich der Altstadt hat sich in einigem Abstand seit dem späten 19. Jh. ein kleines Wohn- und Gewerbegebiet in aufgelokkerter Bauweise entwickelt.

Ansicht der Stadt um 1650

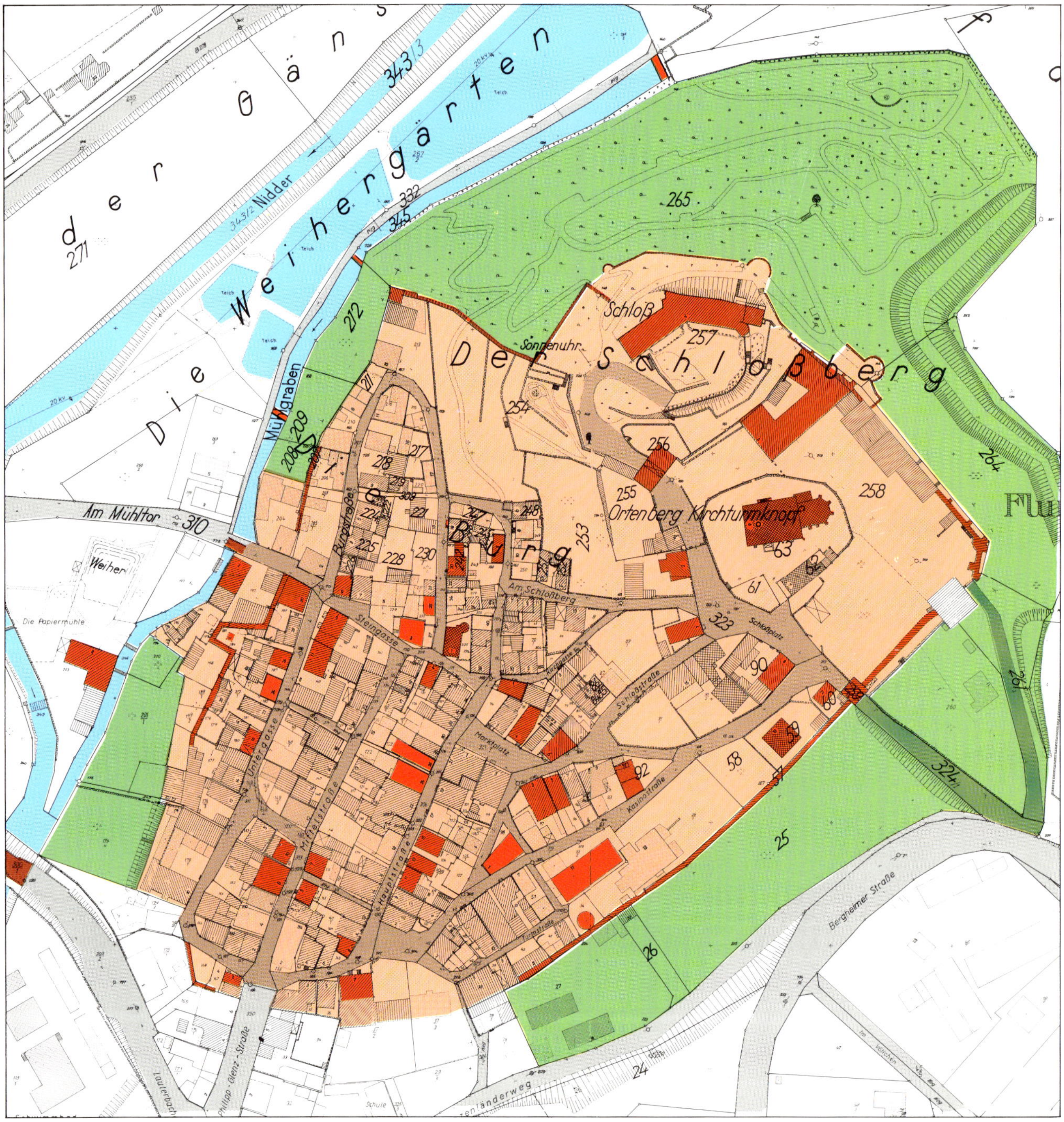

Gesamtanlage

Die mittelalterliche Stadt ist bis heute innerhalb der Mauern in der Struktur der Parzellen und Gassen erhalten. Auf der Spitze des Schloßberges liegt die Burg, die die Stadt beherrscht, welche sich in südwestlicher Richtung bis in die Nidderebene erstreckt. Die in ihren Bering eingeschlossene Stadt ist im Bereich des Doppelgrabens, dessen Profil an manchen Stellen zu erkennen ist, und am nördlichen Hang des Schloßberges völlig frei von moderner Bebauung, so daß die bei Merian dargestellte Situation des 17. Jhs. noch heute ziemlich deutlich ablesbar ist. Die Altstadt und die sie umziehenden Grüngürtel bzw. Nidderauen sind eine geschlossene Gesamtanlage wegen ihrer geschichtlichen und wissenschaftlichen Bedeutung.

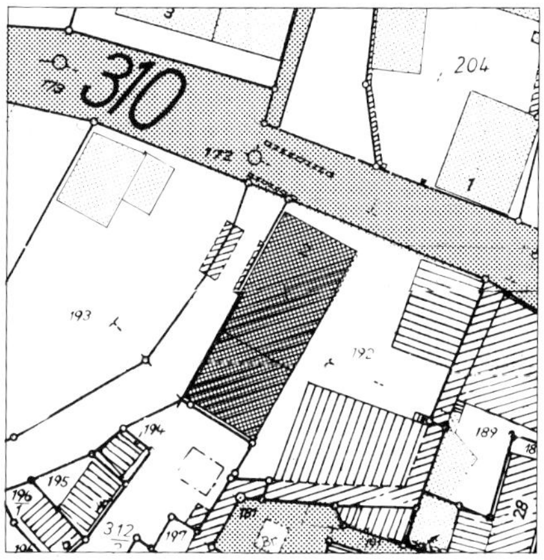

Am Mühltor 2
Flur 1 Flurstück 192

Großes Mühlengebäude direkt am Steg über den Mühlgraben, mit diesem einen malerischen Ortsauftakt bildend. Im EG z. T. Reste von Renaissance-Fachwerk, Mitte 16. Jh., Vorformen des Wilden Mannes, überkreuzte Streben. Umfassend erneuert bzw. Neubau um 1700. Geschnitzte Eckstreben, große Wilde Männer, verschalte Balkenlage. Im Giebel Feuerböcke, Krüppelwalmschopf. Kulturdenkmal aus künstlerischen, geschichtlichen, wissenschaftlichen und städtebaulichen Gründen.

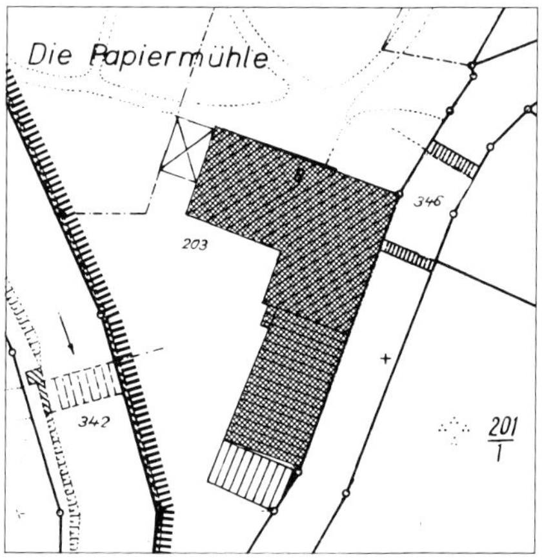

Am Mühltor 8
Flur 1 Flurstück 203
Alte Papiermühle.

Zweigeschossiger Putzbau zu neun Achsen mit dreiachsigem, giebelbekrönten Mittelrisalit, Mansarddach mit Gauben. In der Mittelachse schönes Portal mit zweiteiliger Tür im Zopfstil. Das in der Fassadenansicht herrschaftlich wirkende Gebäude von 1798 (Inschrift) ist im Grundriß L-förmig und liegt mit seiner Längsseite, in der sich die Produktionsanlagen befanden, entlang dem Mühlgraben. Kulturdenkmal wegen seiner künstlerischen, geschichtlichen und technischen Bedeutung.

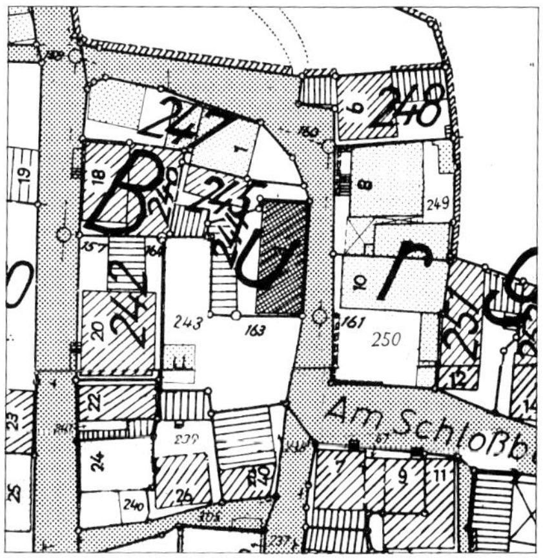

Am Schloßberg 3
Flur 1 Flurstück 245

Kleines Arbeiter- oder Handwerkerhaus, gutes Fachwerk, frühes 18. Jh. Durchgebogene Streben und Wilder Mann, umlaufendes Karnies. Einzoniger Anbau, frühes 19. Jh. Schöne Empiretür in starken Relief mit Tuchgehänge und Palmettenornamentik. Der Bau stellt den Typ des kleinen Handwerker- oder Schloßbedienstetenwohnhauses dar und liegt an einem Knick der Straße Am Schloßberg. Kulturdenkmal aus wissenschaftlichen, geschichtlichen und städtebaulichen Gründen.

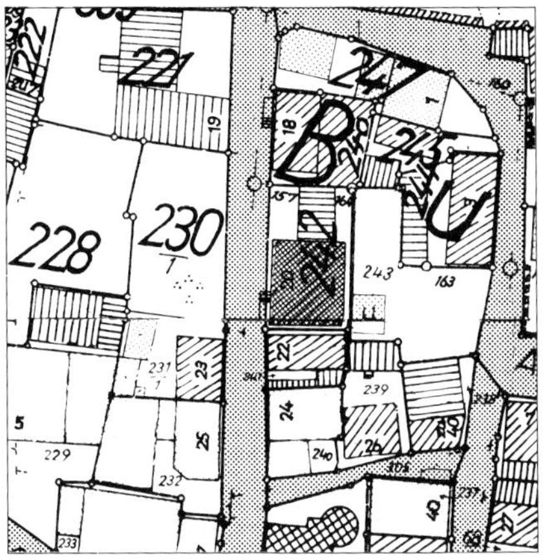

Burgstraße 20
Flur 1 Flurstück 242

Traufständiges, verschiefertes Fachwerkhaus mit weiten Geschoßüberständen und seltenem kleinen Stallanbau. Das Wohnhaus verrät durch eine gekehlte Schwelle an der Giebelseite seine Provenienz noch aus dem 15. Jh., andere Indizien für diese Entstehungszeit liegen im weiten Geschoßüberstand. Es ist einer der frühesten Wohnbauten am Ort. Anbau des späten 18. Jhs. Kulturdenkmal wegen seiner wissenschaftlichen Bedeutung.

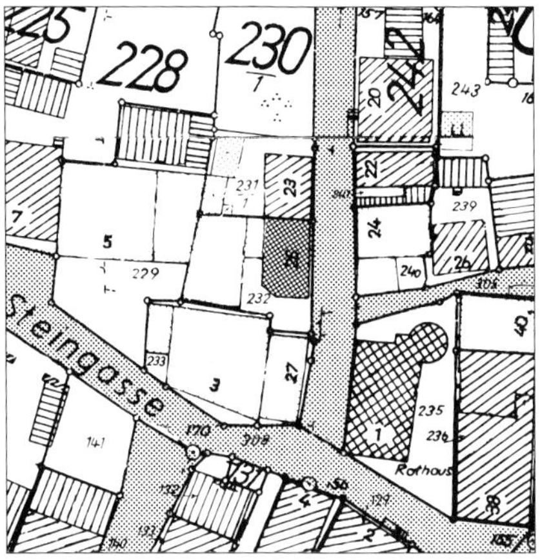

Burgstraße 25
Flur 1 Flurstück 232

Kleine Ackerbürgerhofreite auf engstem Raum. Scheune und Wohnhaus parallel. Das Wohnhaus in einfachen, barocken Fachwerkformen und vollplastischem Karnies aus der Zeit um 1730. Giebelseite verschiefert; dahinter die Scheune, frühes 19. Jh. mit schönen Kratz- und Stipp-Putzornamenten. Die Anlage ist typisch für Ortenberg. Kulturdenkmal wegen ihrer wissenschaftlichen Bedeutung.

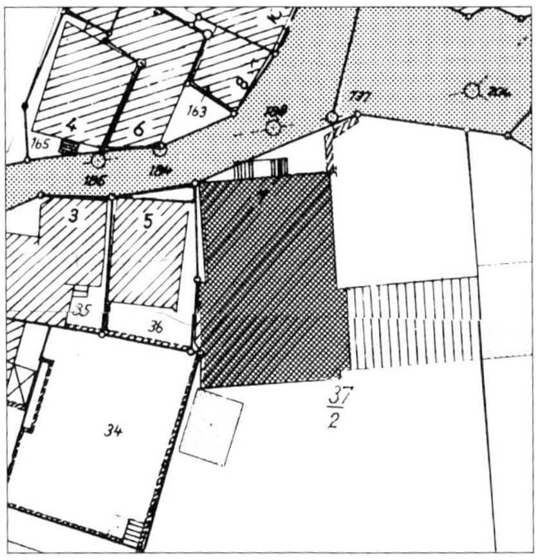

Hauptstraße 7
Flur 1 Flurstück 37/2

Spätbarocker Putzbau, zweiläufige Freitreppe, regelmäßig ausgerichtete 7 Fensterachsen. Mansarddach mit klassizistischem Giebel, Portal mit qualitätvoller Rokokotür. Im Wappenstein Ortenberger Stadtwappen, Datum 1770. Ehemaliges Gasthaus „Zur alten Post". Erbaut 1770, Dach 1818 verändert. Ortsgeschichtliche Bedeutung als Posthof, rahmende Funktion an der platzartigen Erweiterung. Kulturdenkmal aus ortsgeschichtlichen und städtebaulichen Gründen.

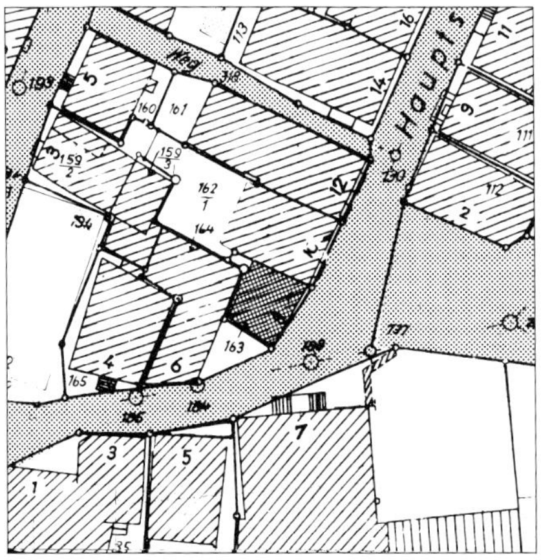

Hauptstraße 8
Flur 1 Flurstück 162/1

Kleines Fachwerkhaus mit delikater Flachschnitzerei. Im Eckständer Kandelaber mit Weinstock und Vogel (Adler oder Taube). In der Basis bezeichnet „A W 1634". Auch die übrigen Streben teilweise ungewöhnlich ornamentiert. An der Traufseite neueres Zwerchhaus, frühes 19. Jh. Die Ständer z. T. modern erneuert. Städtebaulich wichtiger Bestandteil der Aufweitung der Alten Marktstraße. Kulturdenkmal wegen seiner baukünstlerischen und städtebaulichen Bedeutung.

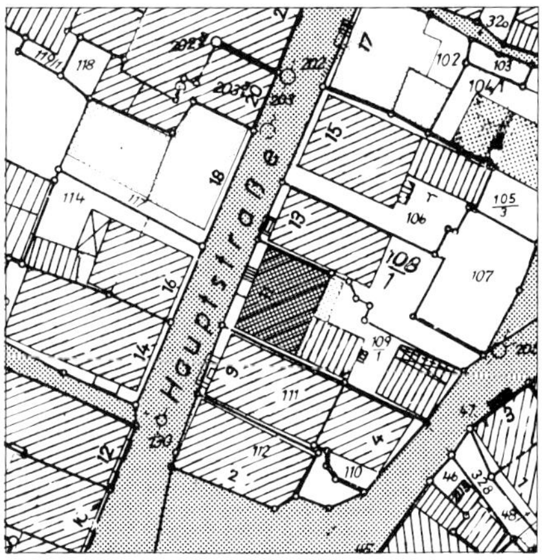

Hauptstraße 11
Flur 1 Flurstück 109/1

Breitgelagertes, verputztes Fachwerkhaus in gedrungenen Proportionen in wichtiger Funktion für das Straßenbild. Das Fachwerk verputzt, jedoch anhand der Maßverhältnisse gutes frühbarockes Fachwerk zu erwarten. Kulturdenkmal wegen seiner städtebaulichen Bedeutung.

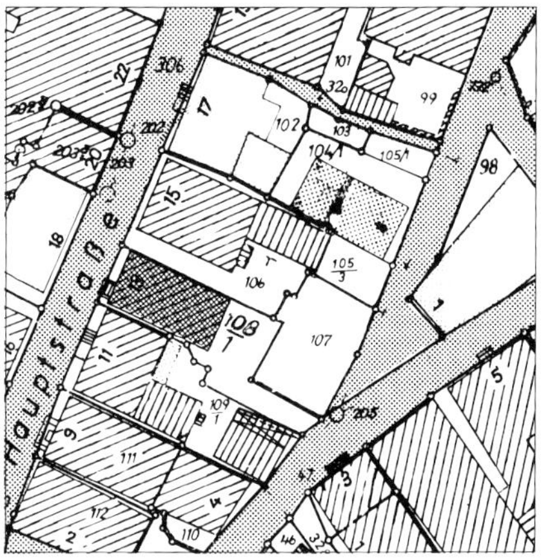

Hauptstraße 13
Flur 1 Flurstück 108/1

Steil proportioniertes barockes Fachwerkwohnhaus mit einläufiger Freitreppe mit Wangen. Überhöhtes Erdgeschoß mit Kellereingang, relativ einfaches Fachwerk des späten 17. Jhs. Im Obergeschoß mit Herzornamentik; klassizistische Tür mit sehr schönem Oberlicht und Blattgehängen. Kulturdenkmal wegen seiner künstlerischen und städtebaulichen Bedeutung.

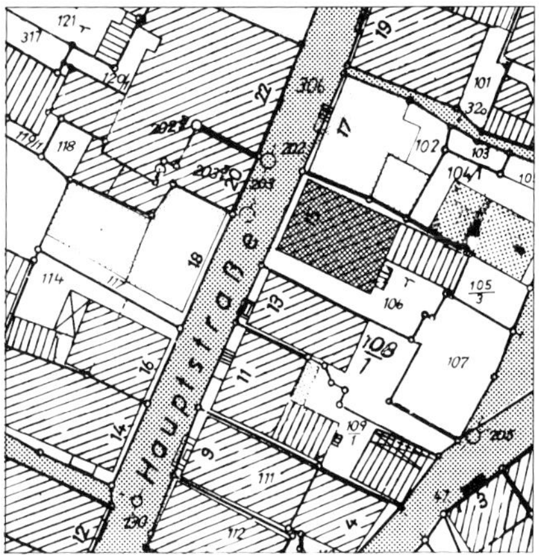

Hauptstraße 15
Flur 1 Flurstück 106

Breitgelagertes Fachwerkwohnhaus, frühes 17. Jh., mit überhohem Sockelgeschoß, dort Kellereingang und Freitreppe, in den zurückliegenden Eingang führend. Einfaches, regelmäßiges Fachwerk mit urwüchsiger Ständerkonstruktion, in den Eckständer eingezapfte Schwelle. Umlaufendes Karnies, Eckständer mit geschuppten Stäben, Weinranken. Der Bau beherrscht das Straßenbild, deshalb Kulturdenkmal aus städtebaulichen und baukünstlerischen Gründen.

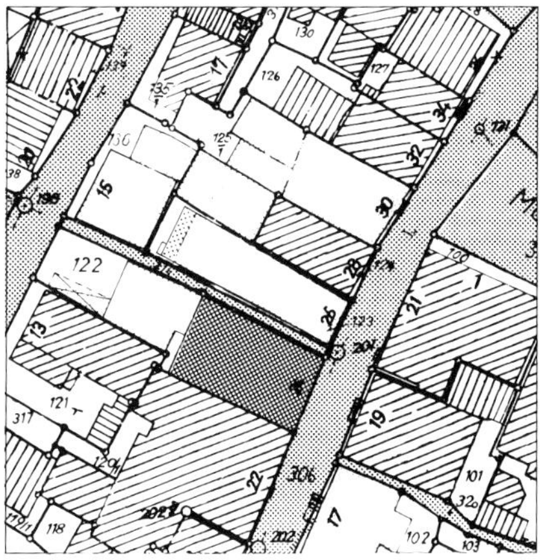

Hauptstraße 24
Flur 1 Flurstück 122

Breitgelagertes barockes Fachwerkwohnhaus von prägender Wirkung im Straßenbild. Das Erdgeschoß durch Ladeneinbauten zerstört, ansonsten wohl erhalten mit sehr guten, doppelt profilierten Schiffskehlen und Röllchenornamenten zwischen den Balkenköpfen. Beste Zimmermannsarbeit; die Balkenköpfe auch doppelt profiliert. Im Giebel einfaches Fachwerk, teilweise erneuert. Kulturdenkmal wegen seiner städtebaulichen Bedeutung.

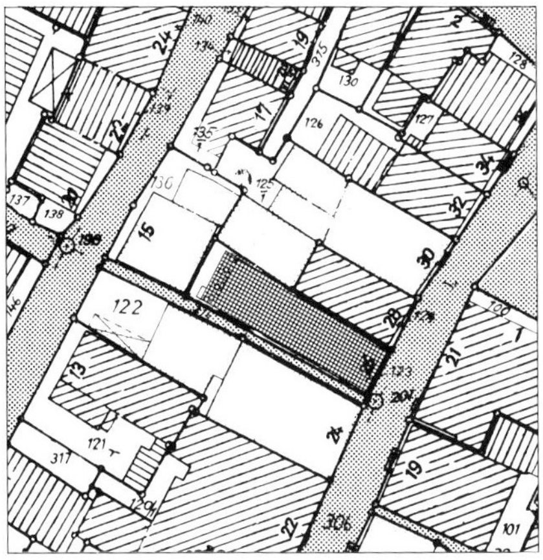

Hauptstraße 26
Flur 1 Flurstück 123

Kleiner, früher Fachwerkwohnbau mit interessanten Details, im Erdgeschoß durch Laden zerstört. Sehr hohes Obergeschoß mit weit ausladenden Streben und Fußgegenstreben. Im Giebel umlaufender Klötzchenfries, auf der Ecke großer Kandelaber mit Jahreszahl 1614. Langgestreckte Proportionen wegen der Tiefe der Parzelle. Der äußerlich zurückhaltende Bau ist typologisch wichtig als Vertreter eines neuen Kleinhauses kurz vor dem Dreißigjährigen Krieg. Kulturdenkmal wegen seiner wissenschaftlichen Bedeutung.

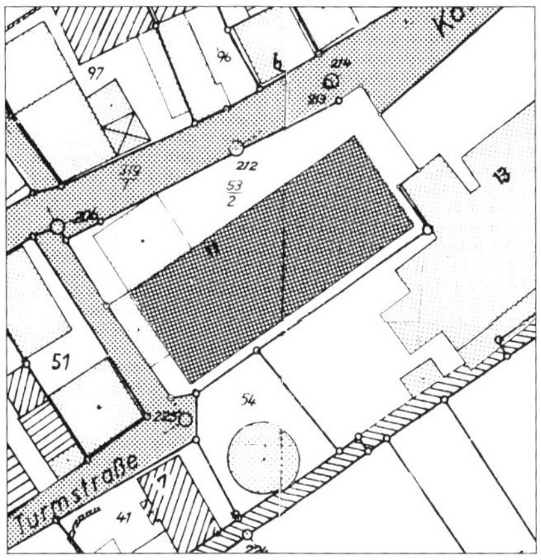

Kasinostraße 11
Flur 1 Flurstück 53/2
Marstall

Großes Bruchsteingebäude, Marstall, mit hervorgehobenen Ecklisenen und zwei großen, korbbogigen Einfahrten. Auf dem linken Portal Datum 1773, auf dem rechten das Stolberg'sche Wappen. Kulturdenkmal wegen seiner Bedeutung für die Ortsgeschichte.

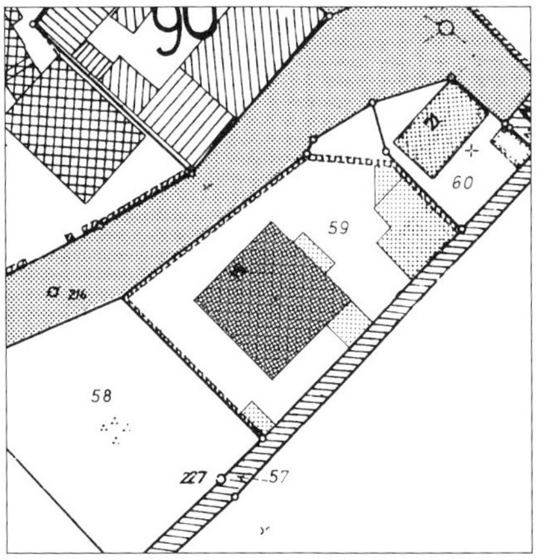

Kasinostraße 19
Flur 1 Flurstück 59

Alte Gefängnisanlage. In Bruchstein ummauert mit stichbogigem Portal und kleiner Schlupfpforte. Der Bau klassizistisch, dreigeschossig mit Zeltdach, konischen Gewänden in Bruchstein, umlaufenden Gesimsen, ca. 1840. Seltene kleine Gefängnisanlage des 19. Jhs. von wissenschaftlicher und geschichtlicher Bedeutung, deshalb Kulturdenkmal.

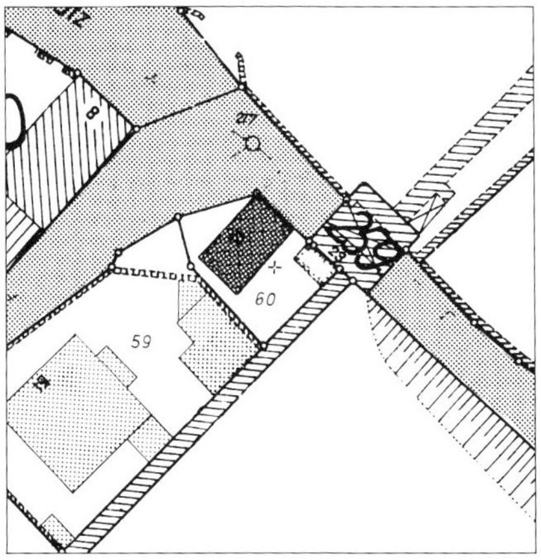

Kasinostraße 21
Flur 1 Flurstück 60

Kleines spätbarockes Fachwerkhaus mit teilweise massivem Untergeschoß, stattliches Fachwerk des späten 18. Jhs. mit durchgehend verschalter Balkenlage. Das bescheidene Haus besitzt eine wichtige, maßstabgebende Funktion neben dem Obertor. Es bildet mit diesem zusammen eine für das Ortsbild unverzichtbare Einheit, deshalb Kulturdenkmal aus städtebaulichen Gründen.

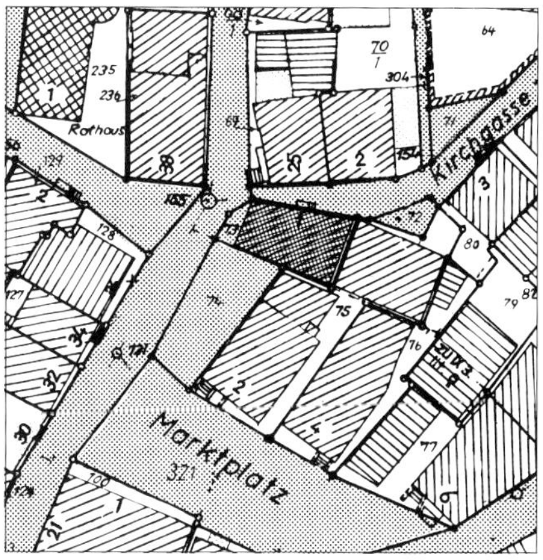

Kirchgasse 1
Flur 1 Flurstück 73

Für das Ortsbild wichtiger Kopfbau am Zusammentreffen von Marktplatz, Steingasse, Marienkirchgasse und Kirchgasse. Spätbarocker Bau mit durchgehend verschalter Balkenlage, mehrfachen Geschoßübersetzungen, im Giebel verschiefert. Qualitätvolles, einfaches Fachwerk um 1780 mit bescheidenen Ornamenten. Der Bau hat große Qualitäten im Ortsbild, deshalb Kulturdenkmal wegen seiner städtebaulichen Bedeutung.

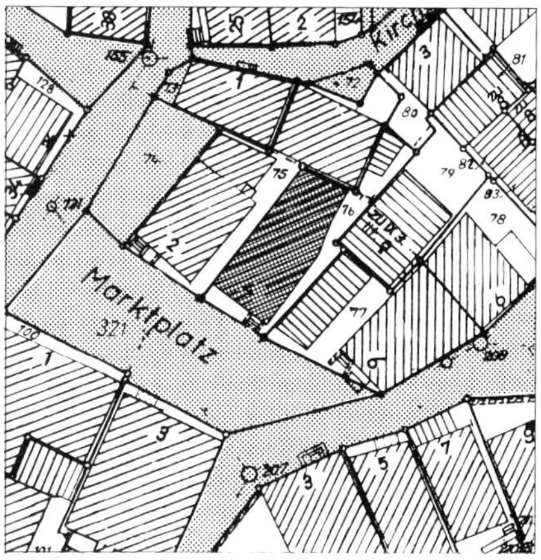

Marktplatz 4
Flur 1 Flurstück 76

Fachwerkgebäude in giebelständiger Bauweise zum Markt hin, ganz verputzt, jedoch mit alter Fensterteilung. Im Sturz des Kellerzugangs Datierung 1722, wahrscheinlich Jahr der Erbauung des ganzen Hauses. Geschoßvorsprung, mehrfache Übersetzungen im Giebel. Unter Putz gutes Sichtfachwerk des frühen 18. Jhs. zu erwarten. Der Bau besitzt eine wichtige maßstabbildende Funktion und ist Teil des historischen Ensembles Marktplatz, deshalb Kulturdenkmal.

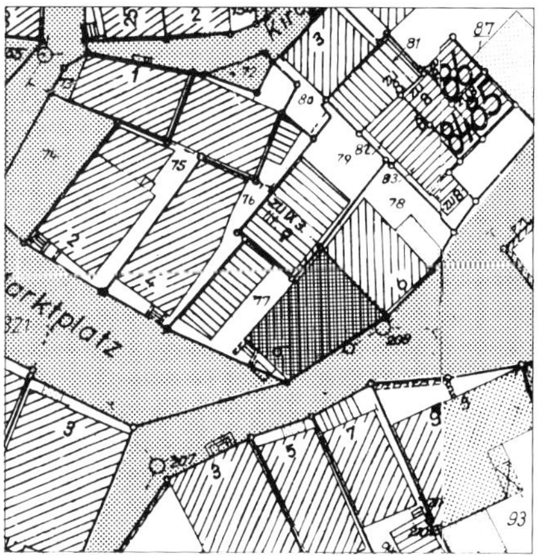

Marktplatz 6
Flur 1 Flurstück 77

Mischbau, im EG Bruchsteinmauerwerk mit Sandsteingewölben, im OG Fachwerk. Im EG zweiteiliges Renaissance-Steinstockfenster. Der Bau ganz verputzt bzw. verkleidet, im OG an der Traufseite Fachwerk des frühen 17. Jhs. erkennbar, der Giebel holzverschindelt. Gutes Zierfachwerk aus der Zeit um 1600 zu erwarten. Der Bau hat eine wichtige ortsbildprägende Funktion am alten Marktplatz an der Ecke der Aufweitung zur Schloßstraße hin. Kulturdenkmal wegen seiner städtebaulichen und baukünstlerischen Bedeutung.

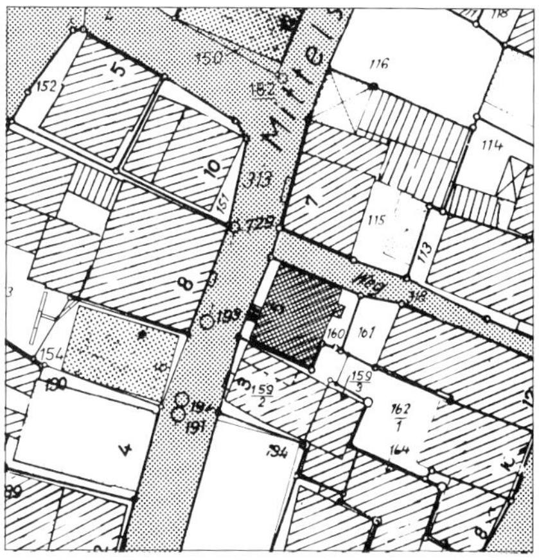

Mittelstraße 5
Flur 1 Flurstück 160

Barockes Fachwerkwohnhaus, traufständig, mit einfachem, konstruktiven Fachwerk, verschalter Balkenlage, an der Ecke zur Verbindungsstraße gelegen. Sehr gut bearbeiteter Bruchsteinsockel mit Kellereingängen und Kellerlichtern. Im Rähm Inschrift „DIESES HAUS HATE ERBAUET LENHART H UND A D H, SEIN EHEWEIB. IM JAHRE DES HERRN 1777". Davor Loggia auf Stützen, frühes 20. Jh., die sich sehr gut in das pittoreske Straßenbild einfügt. Kulturdenkmal wegen seiner städtebaulichen Bedeutung.

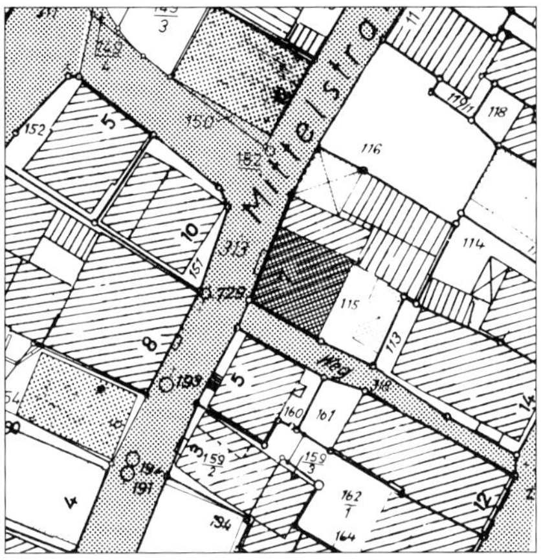

Mittelstraße 7
Flur 1 Flurstück 115

Fachwerkbau von straßenbildprägender Bedeutung. Kernbau in gutem, frühbarocken Fachwerk mit Rautenornamentik in Giebel und 1. Obergeschoß; Inschrift: „IM JAHR 1702, DEN 10 JULI HAT WIEGAND EMRICH UND KATHARINA DIS HAUS ERBAUET. WIR SOLLEN NICHT IN SINDE LEBEN, SONST WIRT ES UNS HERNACH GEREUEN". Stehender Dachstuhl, im Giebel schön ausgeprägt. Alter rundbogiger Eingang. Kulturdenkmal aus geschichtlichen und städtebaulichen Gründen.

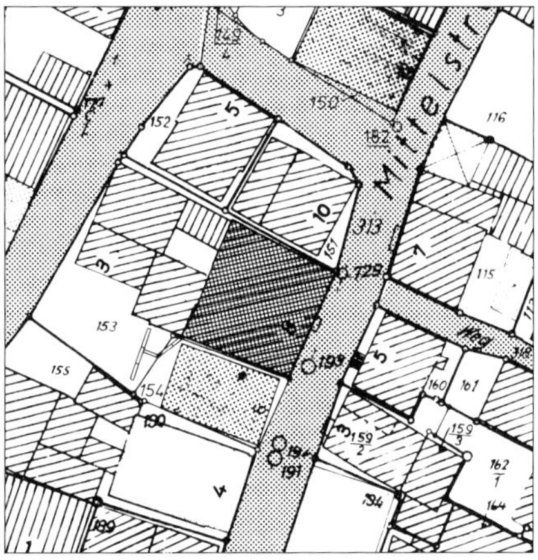

Mittelstraße 8
Flur 1 Flurstück 153

Großvolumiger, palaisartiger Wohnbau in Fachwerk zu 6 Achsen mit innenliegender zentraler Treppe. Hohes, das Straßenbild prägendes Mansarddach mit zwei Reihen Gauben. Der gänzlich verkleidete Barockbau stammt aus dem 18. Jh. und bildet als Bautyp eine Ausnahme in der sonst mit Ackerbürgerhäusern bebauten Straße. Kulturdenkmal wegen seiner städtebaulichen und wissenschaftlich-typologischen Bedeutung.

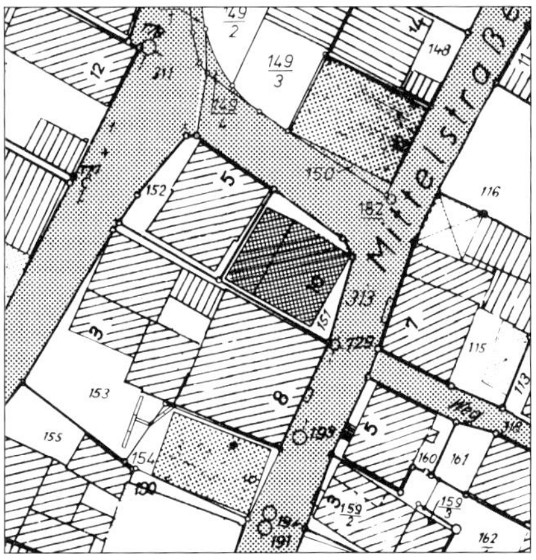

Mittelstraße 10
Flur 1 Flurstück 151

Qualitätvolles, kleineres Fachwerkwohnhaus mit späterem Anbau, an einer Straßenkreuzung mit wichtiger Funktion im Straßenbild; interessanter Einzelbau mit frühen Fachwerkfigurationen, weit ausladenden Streben, Taustäben. Umlaufend profiliert. Gute Portaleinfassung in Sandstein mit Steinmetzzunftzeichen und Datum 1743. Das Haus selbst älter, das Erdgeschoß 1. Hälfte 16. Jh., Obergeschoß und Giebel Mitte 17. Jh. Kulturdenkmal aus geschichtlichen und städtebaulichen Gründen.

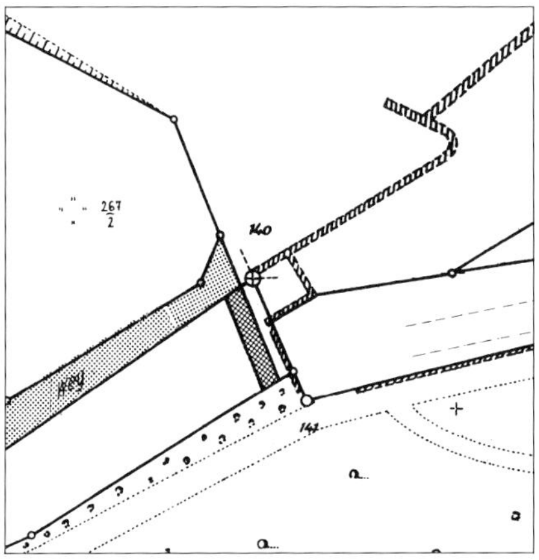

Brücke über den Mühlgraben
Flur 1 Flurstück 265

An der Stelle, wo sich der Mühlbach zu einem kleinen Staubecken aufweitet. Kleine Brücke, die gleichzeitig als Fassung für einen Stauschieber dient. Wohl 19. Jh. Kulturdenkmal wegen ihrer technischen und geschichtlichen Bedeutung.

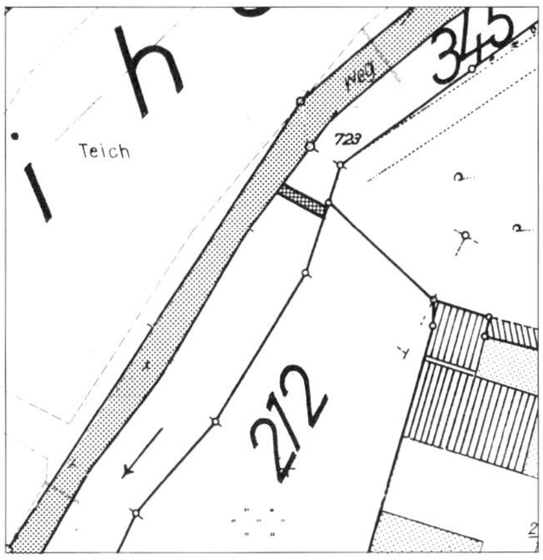

Steg über den Mühlgraben
Flur 1 Flurstück 265/212

Kleiner Steg aus einer massiven Platte, ca. 80 cm breit, 3 m lang, diagonal aufgelegt. Seltenes Stück in gutem Erhaltungszustand. Zugang zum hinteren Schloßparkbereich. Kulturdenkmal wegen seiner geschichtlichen und technischen Bedeutung.

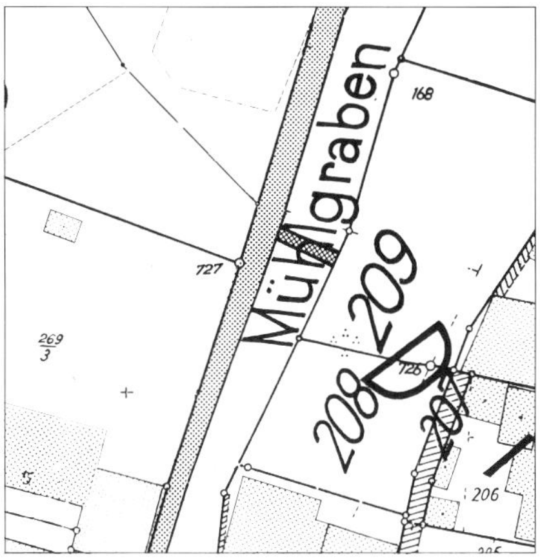

Steg über den Mühlgraben
Flur 1 Flurstück 209

Kleiner, urwüchsiger Steg, gebildet durch eine, etwa 4 m lange und 50 cm breite Steinplatte, die an beiden Seiten auf Konsolen aufgelegt ist. Sehr seltenes Stück, gut erhalten; wahrscheinlich 17. oder 18. Jh. Kulturdenkmal wegen seiner geschichtlichen und technischen Bedeutung.

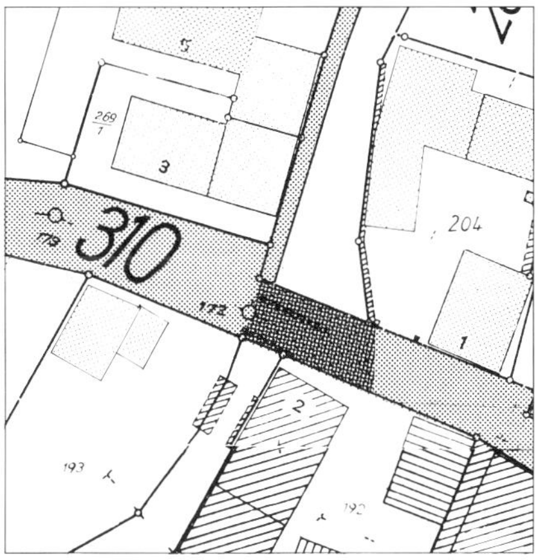

Brücke am Mühltor
Flur 1 Flurstück 310

Brücke mit kleinem Mittelpfeiler, darauf aufliegend große Sandsteinplatten. Schwere, breite Wangen mit Radabweisern. Entstanden im 17. Jh. Davor gut erhalten und noch ablesbar Waschplatz bzw. Viehwaschplatz, noch mit alter Pflasterung, die langsam in das Bachbett übergeht. Die Anlage ist Kulturdenkmal wegen ihrer geschichtlichen, technischen und wissenschaftlichen Bedeutung.

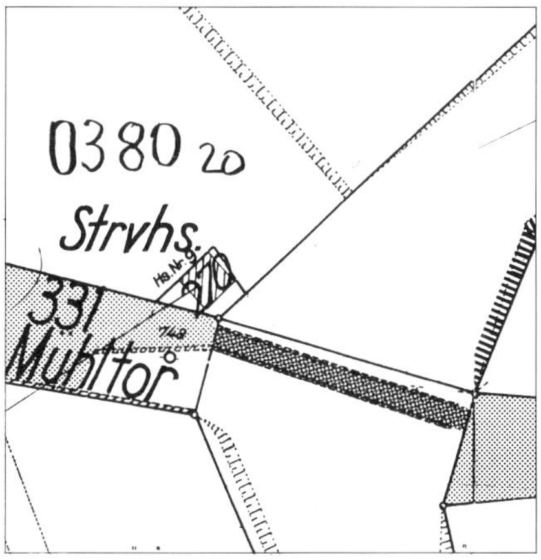

Brücke über die Nidder
Flur 1 Flurstück 300/71

Vierbogige, schmale Fußgängerbrücke aus Sandsteinquadern. Zur Fließseite hin mit drei breiten Eisbrechern, zur anderen Seite Strebepfeiler. Komplizierte Ummauerung an den Wangen am Eingang, offensichtlich durch spätere Radabweiser für den Wagenverkehr gemacht. Neben der Brücke Waschplatz. Das Bauwerk stellt eines der besterhaltenen Beispiele einer barocken Brücke im Kreis dar. Entstanden im 17. oder 18. Jh. Die Brücke ist Kulturdenkmal wegen ihrer technischen und städtebaulichen Bedeutung.

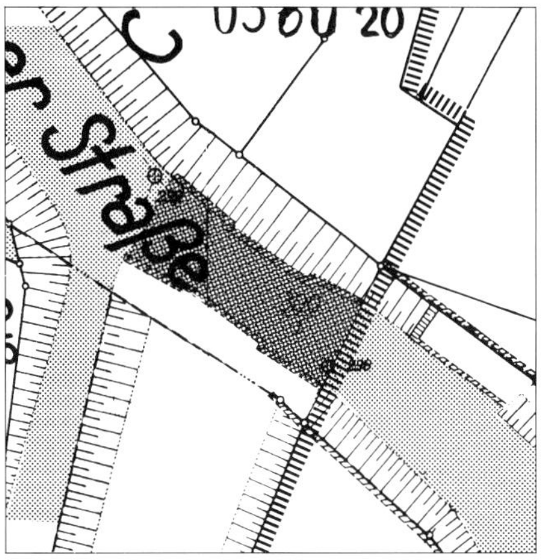

Brücke über die Nidder
Flur 1 Flurstück 300/1

Die Lauterbacher Straße führt an dieser Stelle über die Nidder. Stichbogige Anlage mit einer Öffnung, feine Hausteinarbeit mit massiver Brüstung, scharfprofilierter Gurt. Die klassizistischen Formen weisen auf eine Entstehungszeit im 1. Viertel des 19. Jh. hin. Kulturdenkmal wegen seiner technischen Bedeutung.

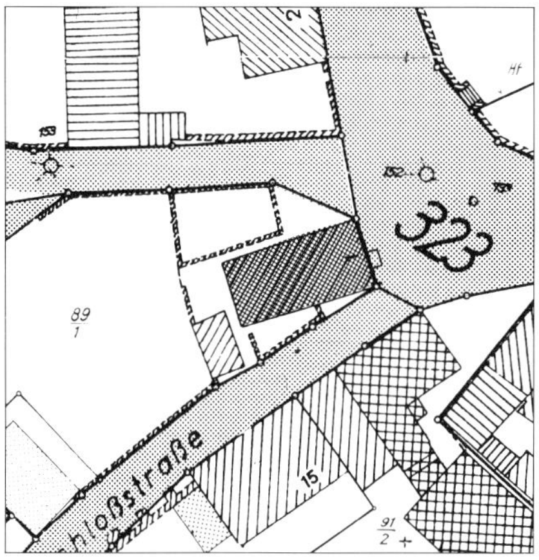

Schloßplatz 1
Flur 1 Flurstück 89/1

Frühes, giebelständiges verputztes Fachwerkwohnhaus in wichtiger platzbegrenzender Lage. Alte Fensterteilung und Fachwerkgerüst unter Verputz erhalten. Anhand der Größenverhältnisse ist als Entstehungszeit das 17. Jh. anzunehmen. Kulturdenkmal wegen seiner städtebaulichen und wissenschaftlichen Bedeutung.

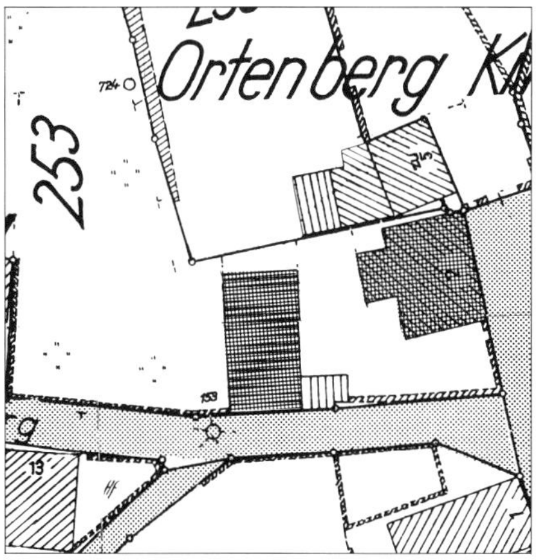

Schloßplatz 2
Flur 1 Flurstück 253

Große klassizistische Hofreite mit Bruchsteinmauerung und altem Portal. Das Wohnhaus um 1810 entstanden, verputzt, von wichtiger städtebaulicher Bedeutung im Eingangsbereich zum Schloß. Die Scheune in gutem konstruktiven Fachwerk um 1810, wie das Wohnhaus mit Krüppelwalmdach. Die Scheune beherrscht die Ansicht der Straße Am Schloßberg. Die Anlage ist Kulturdenkmal wegen ihrer städtebaulichen Bedeutung für das Ortsbild.

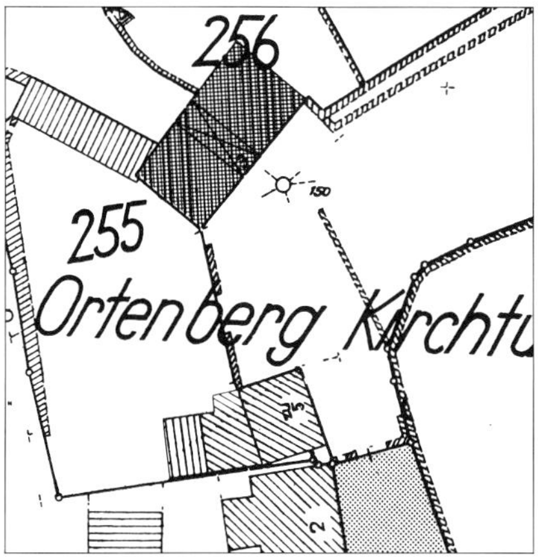

Schloßplatz 3
Flur 1 Flurstück 256

Querliegendes Torhaus, im Unterbau massiv mit rundbogiger Pforte, im Scheitel bezeichnet 1622. Der Fachwerkaufbau im 18. Jh. erneuert und im 19. Jh. nach Osten verlängert. Wichtiger Abschluß für den Schloßplatz, der zugleich den Zugang zum Schloßbezirk markiert. Kulturdenkmal wegen seiner geschichtlichen und städtebaulichen Bedeutung.

Schloßplatz 4
Flur 1 Flurstück 257
Schloß.

Malerische Anlage auf der Spitze der Erhebung, an deren Abhang die Stadt angelegt ist. Staufischer Ursprungsbau aus dem 12. und 13. Jh. mit Resten der Ringmauer mit Buckelquadern und ergrabenen Fundamenten eines Bergfrieds und Resten eines Torbaues erhalten. Der jetzige Hauptbau über drei ehemaligen Palasbauten des 13. Jhs. vorwiegend im 18. und 19. Jh. entstanden als stumpf geknickte zweiflügelige Anlage in einfachen klassizistischen Formen. Runder Eckturm, 15./16. Jh. mit Haube von 1775. Im Innern schönes klassizistisches Treppenhaus, Säulenportal mit gesprengtem Giebel und klassizistische Tür mit Festons. Kulturdenkmal wegen seiner wissenschaftlichen, künstlerischen, geschichtlichen und städtebaulichen Bedeutung.

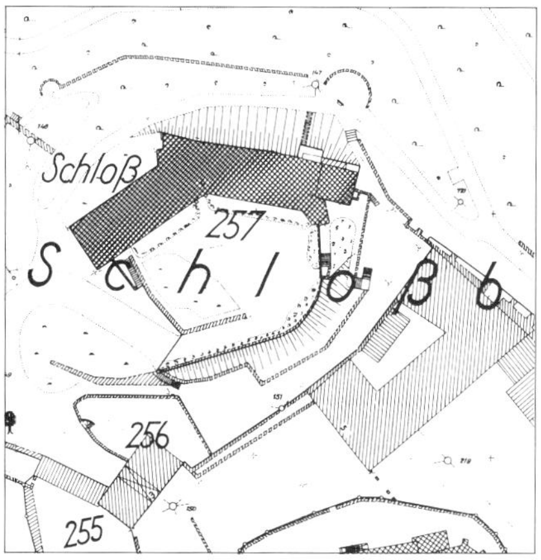

oben: Innenhof
links oben: östlicher Hauptbau
links: Portal
Mitte: Fensterdetail

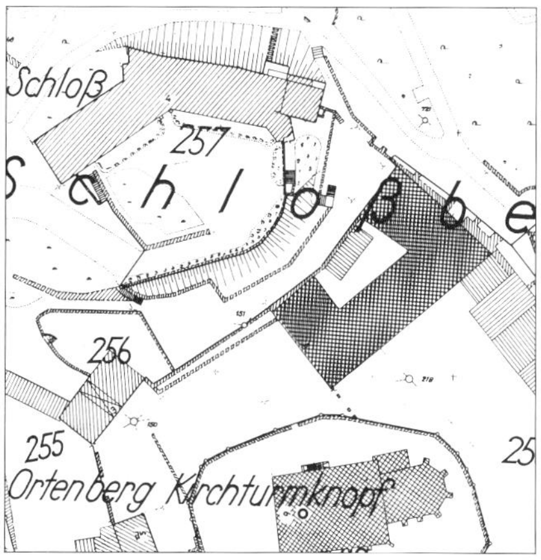

Schloßplatz 5
Flur 1 Flurstück 255
Fürstl. Stolberg'sches Rentamt

Spätbarocker Bruchsteinbau mit Hausteingewänden und -kanten, hohes Mansarddach. Gute klassizistische Portale mit Vase und Stoffgehänge. An der Längsseite Renaissance-Rundbogentür, zugesetzt. Klassizistisches, mehrfach gewendeltes Treppenhaus. Spätbarocke Anlage mit klassizistischen Details, um 1790. Kulturdenkmal aus geschichtlichen, künstlerischen und städtebaulichen Gründen.

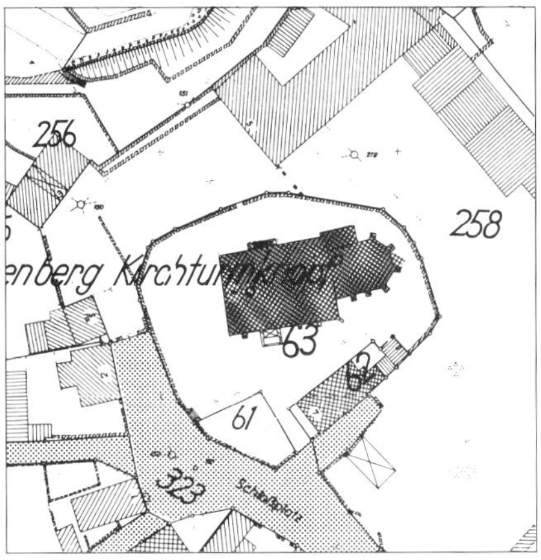

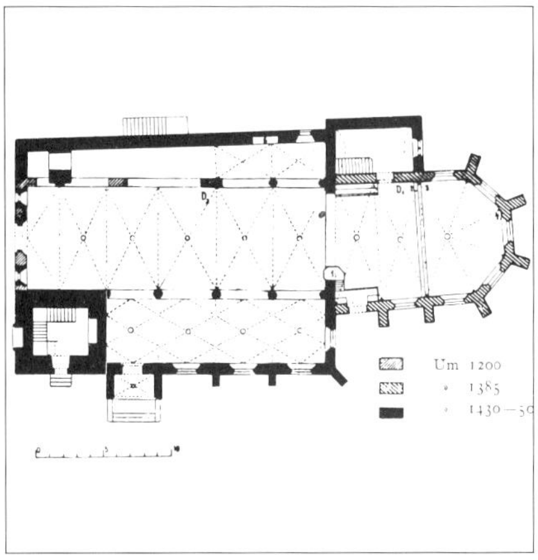

Schloßplatz 6
Flur 1 Flurstück 63
Evang. Stadtkirche.

Dreischiffige Hallenkirche mit breitem Chor mit Fünfachtelschluß. Ursprungsbau eine einschiffige, romanische Anlage mit Querhaus des 12. Jhs., davon Teile der Westwand, das Westportal und die nördliche Chorwand erhalten. Um 1385 Anbau des kreuzrippengewölbten Chors und der Sakristei. Die Formen gehen eng mit denen des Hirzenhainer Chors zusammen. Um 1430 Beginn der dritten Bauperiode mit Umbau des Langhauses zu einer dreischiffigen Halle von Norden nach Süden. Fertigstellung des Gewölbes um 1450. Die Fenster mit Fischblasenmaßwerk, das Südportal mit reicher gewölbter Vorhalle um 1450. Gleichzeitig Vollendung des Turmes mit spitzem Helm über vier verschieferten Giebeln. Im Gewölbe spätgotische Rankenmalereien, 2. Hälfte 15. Jh. Lichthäuschen und zwei Sakramentshäuschen im Chor. Chorgestühl Ende 14. Jh. Lebensgroßes Kruzifix um 1500. Gemalter Altarschrein des weichen Stils, Kopie des sog. Ortenberger Altars; Original heute im Landesmuseum Darmstadt. Bronzenes Vortragekreuz wohl 14. Jh. Kulturdenkmal wegen seiner künstlerischen, geschichtlichen, wissenschaftlichen und städtebaulichen Bedeutung.

mitte: Grundriß der Pfarrkirche

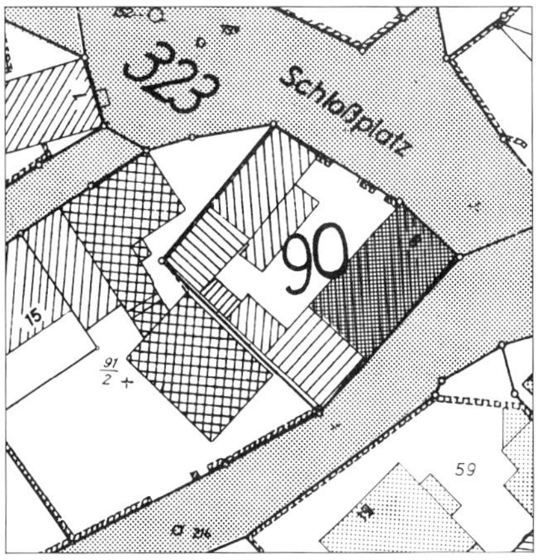

Schloßplatz 8
Flur 1 Flurstück 90

Großvolumiges, verputztes barockes Fachwerkhaus ohne Geschoßüberstände in wichtiger Ecklage an der Straßengabelung Kasinostraße/Schloßplatz. Gegenüber dem alten Befestigungsturm gelegen. Der Bau hat eine wichtige städtebauliche Funktion und ist deshalb Kulturdenkmal.

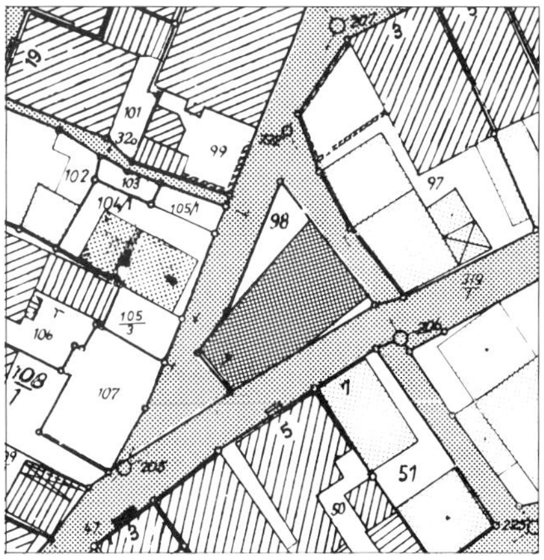

Schloßstraße 1
Flur 1 Flurstück 98

Vermittelnder Eckbau an der Gabelung der Kasinostraße und der Schloßstraße, am südlichen Anfang gelegen. Gedrungen wirkendes Fachwerkhaus über massivem Sockelgeschoß. Im 1. Obergeschoß die enge Straßensituation durch Vorkragung ausgenutzt, Obergeschoß dadurch verbreitert. Der Bau ist ganz verputzt, im Erdgeschoß teilweise massiv erneuert. Mansarddach mit kleinen Gauben. Die Proportionen, die auffälligen, verputzten, doppelt geschweiften Konsolen lassen an einen Bau zumindest des 17. Jhs. oder sogar des 16. Jhs. denken. Unter dem Putz ist sehr gutes Renaissance-Zierfachwerk zu erwarten. Zwei gute Türen des 18. Jhs., Radabweiser an den vier Gebäudeecken. Wegen seinem überragendem Wert für das Ortsbild und seiner individuellen baukünstlerischen Qualität Kulturdenkmal aus städtebaulichen, künstlerischen und wissenschaftlichen Gründen.

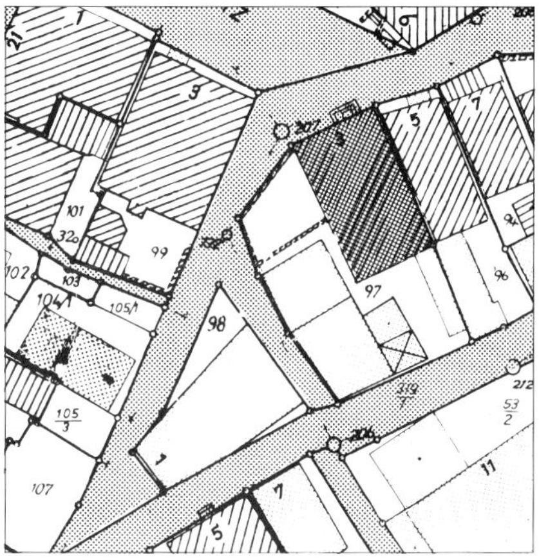

Schloßstraße 3
Flur 1 Flurstück 97

Den Markt beherrschendes, platzbildendes Haus. Barockes Fachwerk in altertümlichen Formen, die Proportionen des Hauses stark in sich überhöht. Am Kellereingang Inschrift „1792 FLAML". Relativ einfache Konstruktion mit gedrehten Tauen an den Ecken. Zwischen den Häusern Schloßstraße 3 und 5 alte Wasserablaufrille in Sandstein, fast über die ganze Parzellenlänge. Der Bau ist wegen seiner städtebaulichen Bedeutung für das Platzbild Kulturdenkmal.

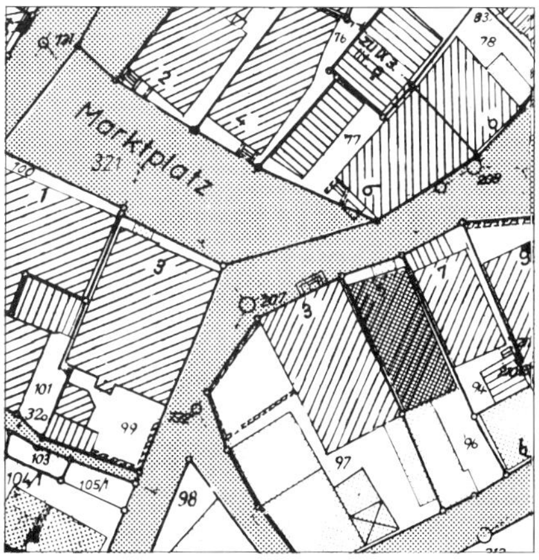

Schloßstraße 5
Flur 1 Flurstück 96

Kleinerer barocker Bau in kruden Architekturformen; interessanter alter Eingang im Erdgeschoß mit doppeltem Tauornament, Stichbogen, Knaggen in den Ecken, darüber Vergitterung. Typisches Ortenberger Ackerbürgerhaus, 1. Hälfte 18. Jh. Der Bau bildet den Abschluß des Prospektes am alten Marktplatz, deshalb Kulturdenkmal aus städtebaulichen Gründen sowie wegen der handwerklichen und baukünstlerischen Details aus künstlerischen Gründen.

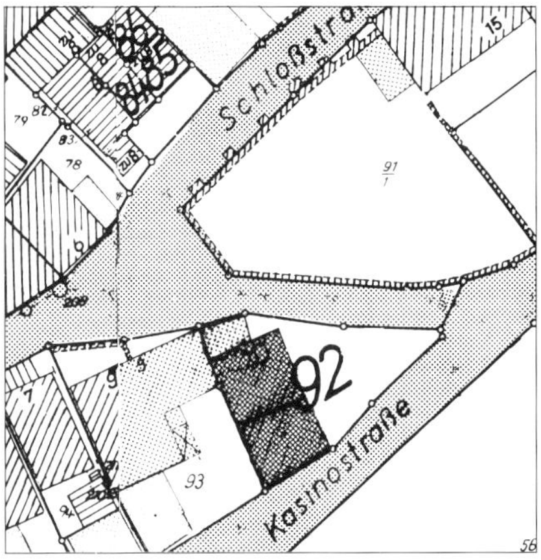

Schloßstraße 11
Flur 1 Flurstück 92

Quergelagerter Massivbau mit verkleideten Fachwerkteilen an der Gabelung Kasinostraße/Schloßstraße. Aus weiterer Entfernung aus Richtung Obertor hat das Gebäude als städtebaulicher Endpunkt eine wichtige Funktion. Die Giebelseite massiv mit zweiteiligen Steinstockfenstern der Zeit um 1600. Giebel und Traufseiten in Fachwerk. Der ungewöhnliche Mischbau weist in seiner Bedeutung über das ortsübliche Ackerbürgerhaus in Fachwerk hinaus. Kulturdenkmal wegen seiner geschichtlichen und städtebaulichen Bedeutung.

Steingasse 1
Flur 1 Flurstück 235
Rathaus

Bedeutender Fachwerkbau des späten 15. Jhs., das steinerne Untergeschoß (ehem. offene Halle) im 17. Jh. erneuert mit ausgefallenen Flachornamenten (Weinreben) zwischen den Fenstern und liegenden ovalen Okuli Inschrift „1605 PK AH PH". Der Fachwerkaufbau des Obergeschosses ähnlich dem Büdinger Rathaus mit durchlaufendem Brustriegel, Überkreuzten Eckstreben und Fußbändern. Knaggen an den Traufseiten. Die Ständer der ehemaligen Fachwerkhalle am Knaggenansatz abgeschnitten und in das Mauerwerk eingebunden. Im Innern Holzstützen. Der Bau liegt an prominenter Stelle und bildet eines der künstlerisch bedeutendsten und pittoreskesten Beispiele oberhessischer Rathausarchitektur. Im hinteren Bereich massiver Treppenturm von 1608. Dachreiter 1. Hälfte 19. Jh. Kulturdenkmal wegen seiner künstlerischen, geschichtlichen, wissenschaftlichen und städtebaulichen Bedeutung.

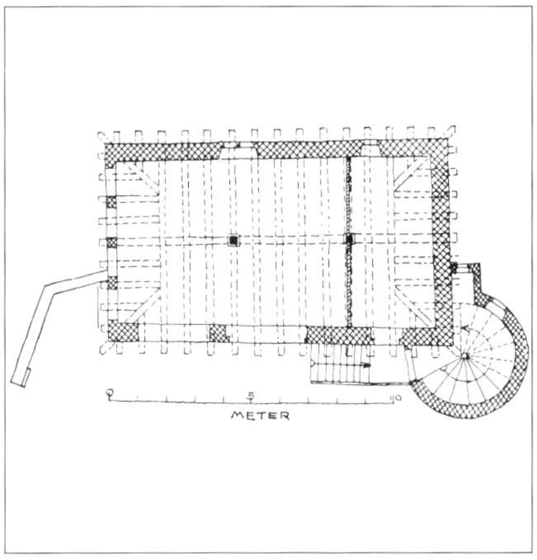

Grundriß Erdgeschoß

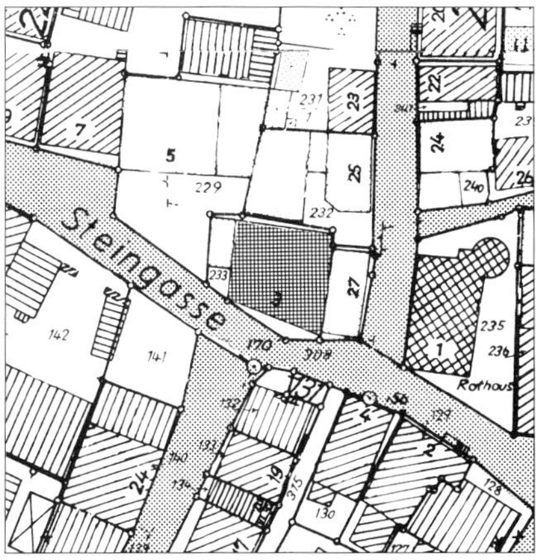

Steingasse 3
Flur 1 Flurstück 233

Großer, quergestellter Fachwerkbau auf unregelmäßigem Grundriß in städtebaulich wichtiger Lage am Auftreffen der Mittelstraße auf die Steingasse. Die Giebelseite mehrfach übersetzt, verschindelt; die Längsseite verputzt. Ursprüngliche Fensterteilung erhalten. Im massiven Sockelgeschoß stichbogiger Kellereingang mit Inschrift „JOHANN WEIGAND, ANNO 1728". Kulturdenkmal wegen seiner städtebaulichen Bedeutung.

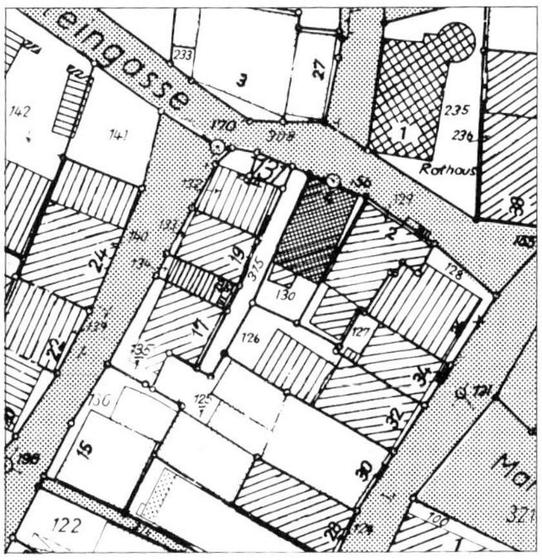

Steingasse 4
Flur 1 Flurstück 130

Kleines Fachwerkwohnhaus mit massivem Untergeschoß, weit in die Straße hineingeschoben, das gemeinsam mit dem Rathaus eine für das Ortsbild wichtige Verengung an dieser Stelle bildet. Im Obergeschoß gutes Fachwerk aus der Zeit um 1700 mit starken durchgebogenen Streben und Wilde Mann-Form. Kulturdenkmal wegen seiner künstlerischen und städtebaulichen Bedeutung.

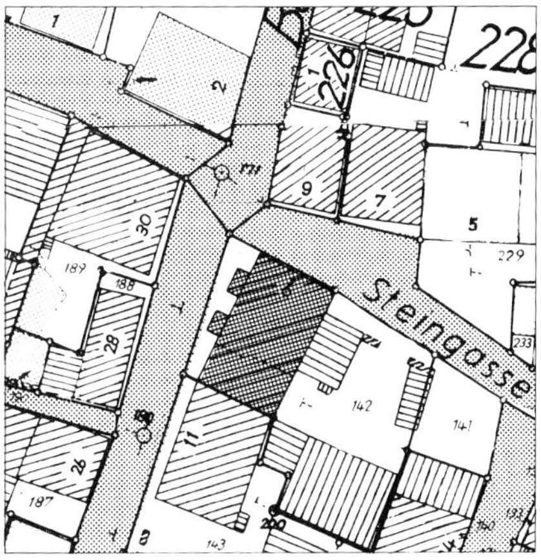

Steingasse 6
Flur 1 Flurstück 142

Ungewöhnliches Fachwerkwohnhaus; durch Zurücknahme des Eingangs kleine Laube mit umlaufender Steinbank. Feinprofiliertes Renaissance-Gewände. Inschrift: „ANNO 1664, DEN 18TEN DAG, ABRIL HAT ERBAUT HANS JACOB ENGEL UND MARGAREDA ...". An der Traufseite Portalrest mit Lilienwappen und Datum 1610. Portal mit Eselsrückensturz und Wappen. Kulturdenkmal aus künstlerischen, geschichtlichen, wissenschaftlichen und städtebaulichen Gründen.

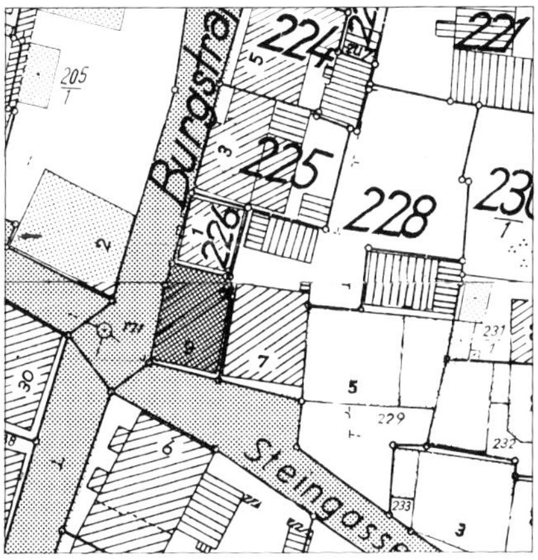

Steingasse 9
Flur 1 Flurstück 226

Kleiner, eingeschossiger Bau mit Krüppelwalmdach, über Eck gestellt an der wichtigen Kreuzung Steingasse/Mühltor/Untergasse. Einfaches, konstruktives Fachwerk aus der Zeit um 1800. Gut erhaltener Bruchsteinsockel mit Hausteinkanten; Freitreppe. Der einfache Bau hat eine wichtige Funktion im Ortsbild an dieser Stelle und bildet einen Schwerpunkt. Kulturdenkmal aus städtebaulichen Gründen.

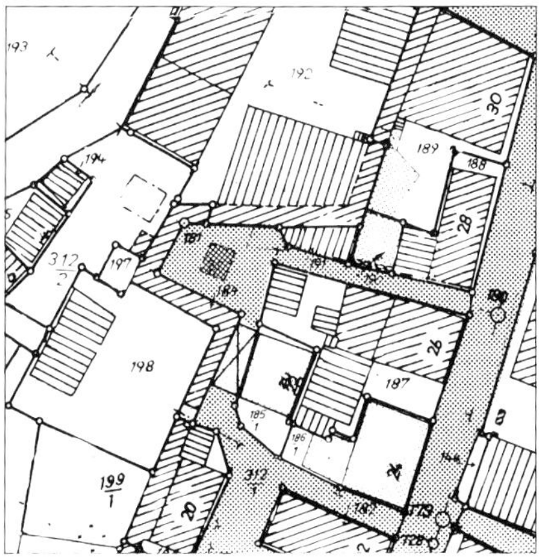

Untergasse
Flur 1 Flurstück 181
Stadtbrunnen bei der Schelmenpforte.

In einem breschenartigen Vorsprung der Stadtmauer liegt der alte Stadtbrunnen, die wichtigste Quelle im Mittelalter. Unpassender moderner Deckel. Kulturdenkmal wegen seiner technischen und geschichtlichen Bedeutung.

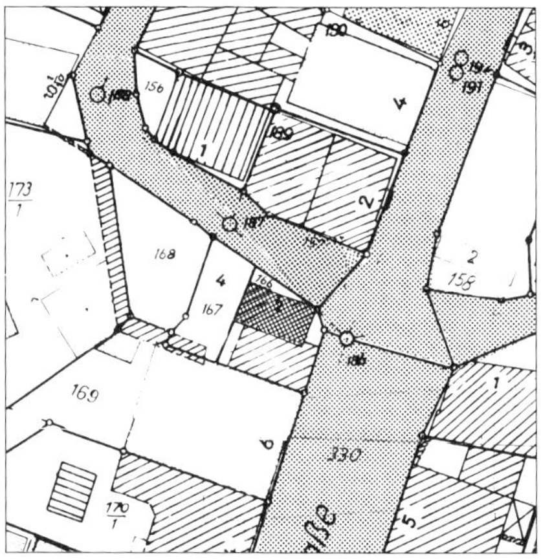

Untergasse 2
Flur 1 Flurstück 166

Kleiner intimer Fachwerkbau des Spätklassizismus mit völlig ursprünglicher Ausstattung, alten Fenstern, sehr schönem Empireportal mit Oberlicht, zwei Tauben mit Tuchgehängen und Buchstaben A G, guten, spätbarocken Türgriffen. Das Haus ist unmittelbar an die Stadtmauer angebaut und bildet eine malerische Einheit mit dem Rest der Stadtmauer. Kulturdenkmal wegen seiner städtebaulichen Bedeutung und aufgrund der baukünstlerischen Qualität der kunsthandwerklichen Details.

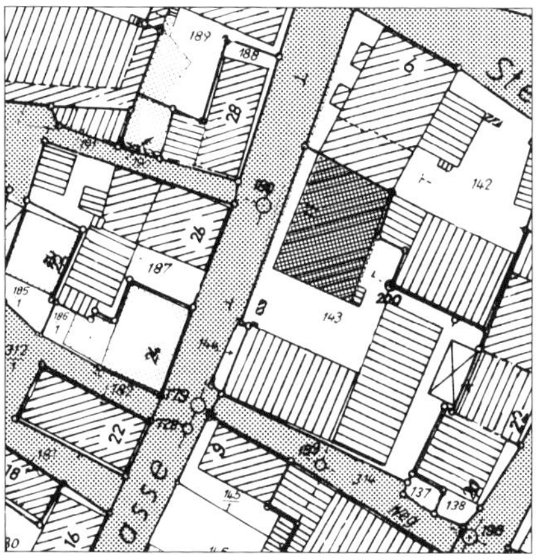

Untergasse 11
Flur 1 Flurstück 143

Fachwerkwohnhaus mit Scheune, großer Hof eines begüterten Bauern um 1700. Im Erdgeschoß Teile einer diamantierten Eckquaderung, dort auch Inschriftstein mit Datum 1511 und Wappenstein CWL mit Kreuz. Dazugehörende barocke Scheune und barockes Hofportal mit Scheuneneinfahrt und Mann-Pforte, dort Inschrift „J C S 1735". An der Traufseite einteilige Renaissancefenster mit Kehle. Kulturdenkmal wegen der Bedeutung für die Ortsgeschichte und das Ortsbild.

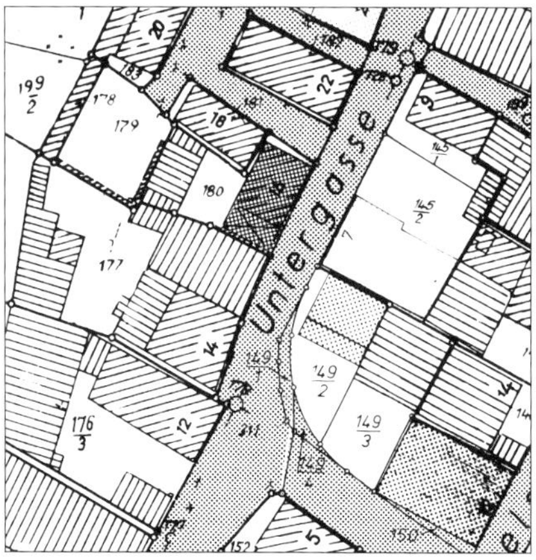

Untergasse 16
Flur 1 Flurstück 180

Kleiner Handwerkerhof, die Rückseite der Scheune direkt an die Stadtmauer gebaut. Das Wohnhaus traufseitig zur Untergasse. Zweigeschossig, gutes, starkes Barockfachwerk. Zunftzeichen Küfer und Zimmermann (Bauherr) am Eckpfosten, Schiffskehlenornament, umlaufendes starkes Karnies, Inschrift mit Datum 1704. Am Eckständer Reliefschnitzerei mit Zirkel, Beil u. Messer. Weitere Inschrift im Giebel. Kulturdenkmal aus geschichtlichen und künstlerischen Gründen.

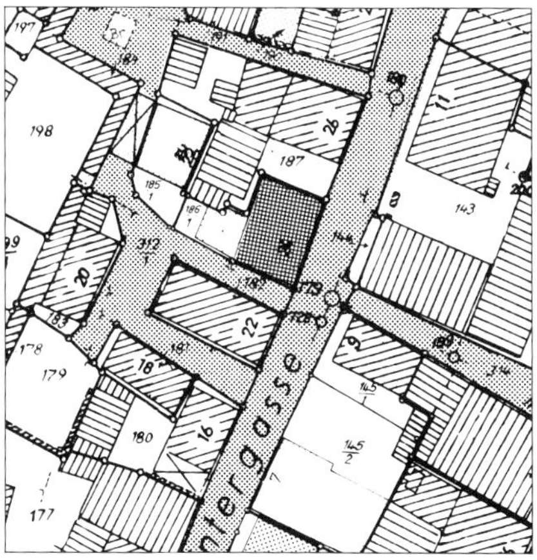

Untergasse 24
Flur 1 Flurstück 186/1

Kleindimensioniertes giebelständiges Fachwerkwohnhaus mit angeschlepptem Anbau, an einer Straßenecke gelegen. Fachwerkwohnhaus mit weiten Geschoßüberständen, Knaggen tragen den Giebel. Ursprüngliche Fensterteilung vorhanden. Nach Freilegung bedeutender Sichtfachwerkbau des 16. oder 17. Jhs. zu erwarten. Im Sockel noch alte Radabweiser. Kulturdenkmal aus wissenschaftlichen und städtebaulichen Gründen.

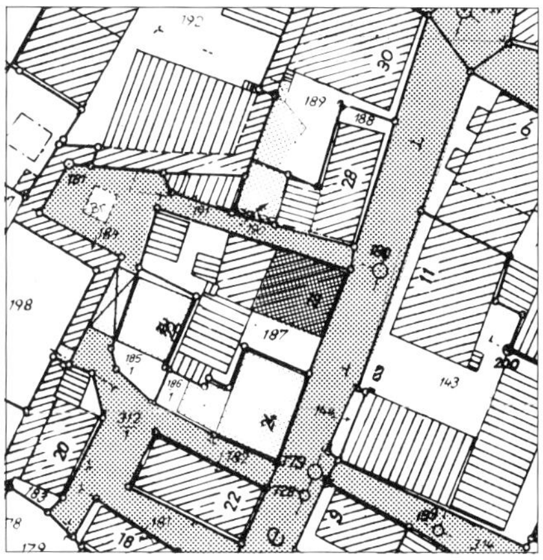

Untergasse 26
Flur 1 Flurstück 187

Verputztes, kubisches Fachwerkhaus in kleinen Dimensionen. Die Fensterteilung noch ungestört. Gutes Sichtfachwerk des 17. Jhs. zu erwarten. Sehr gute barocke Tür erhalten. Alte Toreinfahrtspfosten in Sandstein und alte Radabweiser ebenfalls erhalten. Innerhalb des Straßenbildes wichtiger Bau. Gutes Fachwerk unter Putz liegend, deshalb Kulturdenkmal aus künstlerischen und städtebaulichen Gründen.

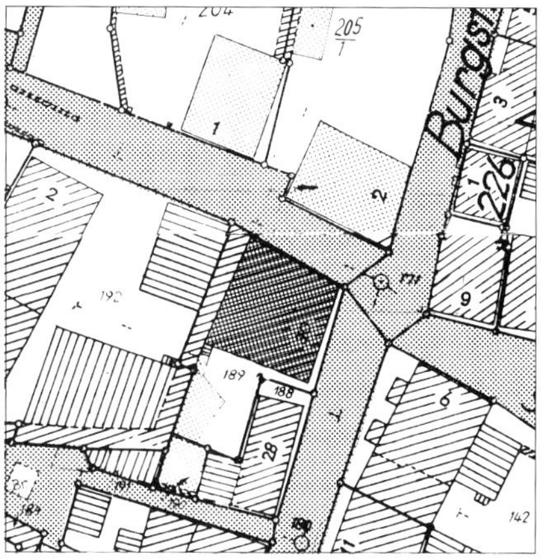

Untergasse 30
Flur 1 Flurstück 189

Breitgelagertes Fachwerkwohnhaus mit weit überstehendem Obergeschoß mit scharfem Karnies, Wildem Mann mit geschweiften Kopfbändern, Andreaskreuz und seltsamer fischgrätartiger Figuration. Auf dem Eckständer Inschrift „WB ZIMMERMANN VON VINDIP. HP 1604". Der ehemals traufständige Kernbau von 1604 später mehrfach verändert, zuletzt im 19. Jh. Das Haus hat eine wichtige Funktion im Ortsbild. Kulturdenkmal aus städtebaulichen und geschichtlichen Gründen.

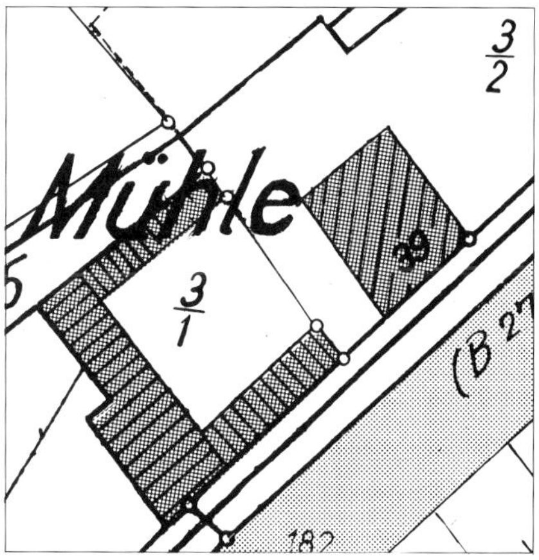

Wilhelm Leuschner-Straße 39
Flur 5 Flurstück 3/1 und 3/2

Geschlossene Ökonomieanlage vor den Toren der Stadt, ehemalige Mühle. Alle Gebäude aus Bruchstein. Das Wohnhaus mit Krüppelwalm, zentraler Eingang, dort Datum der Erbauung 1811. Große Scheune aus der gleichen Zeit und Stallgebäude mit regelmäßigen Öffnungen für Fütterung und Tränke. Beispielhafte, für die Zeit moderne Anlage in gutem Erhaltungszustand. Kulturdenkmal wegen seiner wissenschaftlichen Bedeutung.

Befestigung.

1266 wird Ortenberg als Stadt bezeichnet, das Siegel aus dem gleichen Jahr hat als Zeichen eine Pforte mit Mauern und Zinnen, Hauptturm und zwei Seitentürmen. Der festungsbaugeschichtlich bedeutende Turm der Oberpforte ist aus stilistischen Gründen in die 2. Hälfte des 13. Jhs. zu setzen.
Man kann davon ausgehen, daß Ortenberg zu dieser Zeit völlig befestigt und mit einem Doppelgraben umgeben war. Es existieren heute noch neben der Oberpforte der runde Gefängnisturm innerhalb des Zuges der in Teilen guterhaltenen südlichen Stadtmauer. An der Nordostecke ist ein viereckiger Turm erhalten. Über weite Bereiche ist die Stadtmauer sichtbar, z. T. auch eingebaut erhalten. Neben der Oberpforte gab es noch die Niederpforte bzw. das Mühltor im Westen und die Neuepforte im Süden. Es handelt sich hier um eine der frühesten, guterhaltenen Stadtbefestigungen in Hessen. Kulturdenkmal wegen ihrer geschichtlichen, künstlerischen und städtebaulichen Bedeutung.

Kasinostraße 23
Flur 1 Flurstück 259
Obertor mit Resten der Stadtmauer.

Bedeutender viereckiger Wehrturm des 13. Jhs. mit Wehrgang, Schlüssellochscharten und maßwerkverziertem Gußerker. Die Nut des Fallgatters durch sehr schöne, frühgotische Stabprofile mit Blattkapitellen, Mitte 13. Jh., verziert. Der Oberbau des 13. Jhs. ehemals mit Zinnen, der Aufbau mit Walmdach spätgotisch. Bedeutender Bau innerhalb der Fortifikationsarchitektur Hessens. Kulturdenkmal wegen seiner wissenschaftlichen, künstlerischen und städtebaulichen Bedeutung.

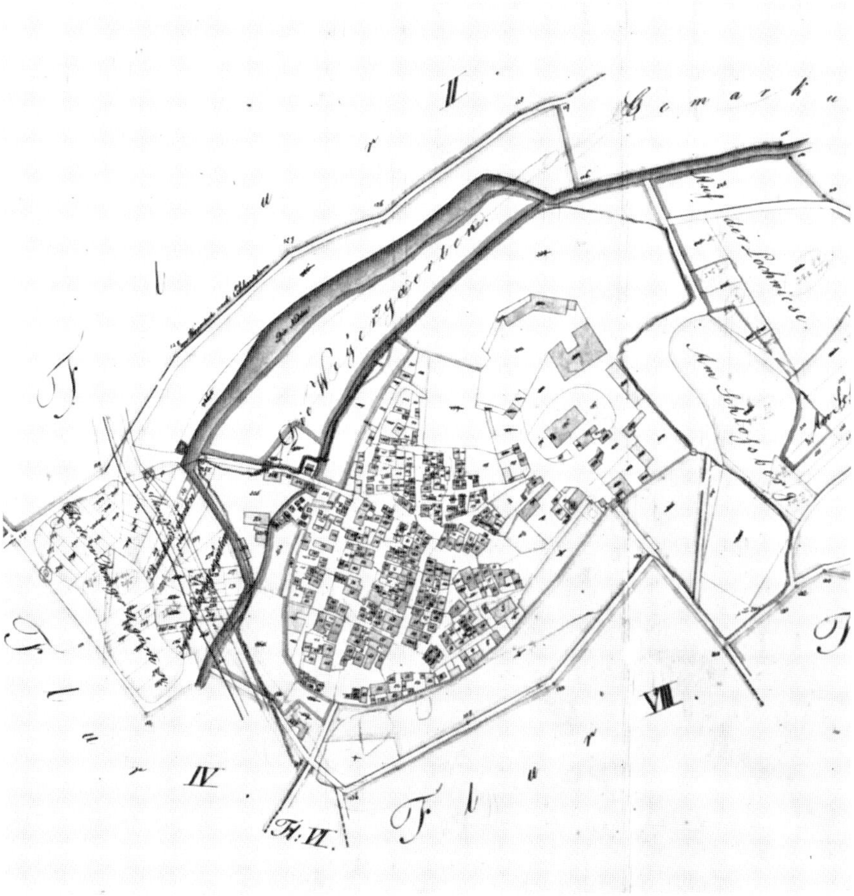

Urkataster mit Stadtbefestigung von 1836

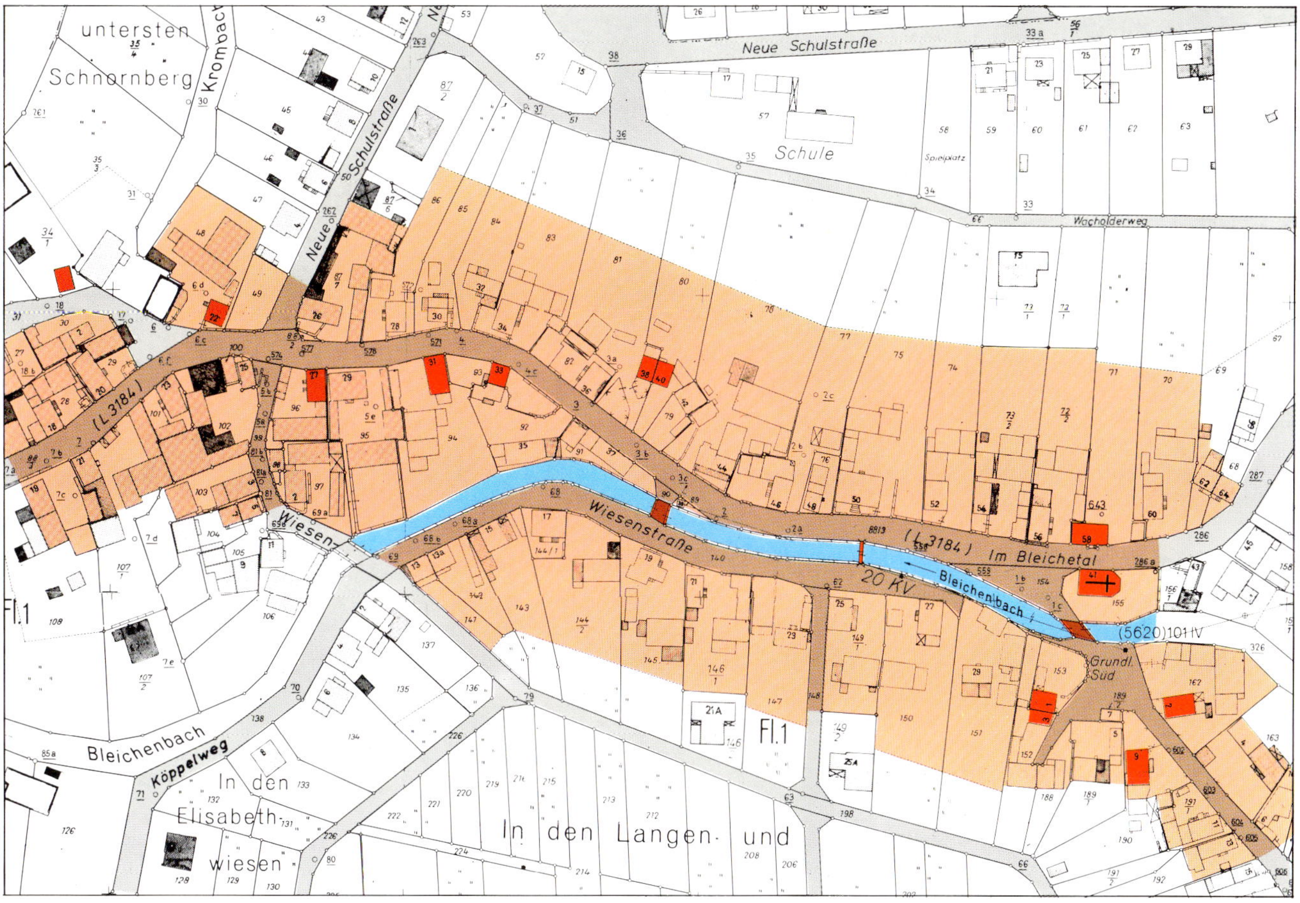

Gesamtanlage

Die städtebauliche Situation mit dem basaltgefaßten, das Ortsbild stark bestimmenden Bleichenbach, der nicht begradigt ist, und den seltenen, z. T. aus dem 18. Jh. stammenden Brücken ist außergewöhnlich. Die Häuser, überwiegend Fachwerkkonstruktionen des 18. Jhs., stehen versetzt und bieten als historisches Ensemble von verschiedenen Seiten malerische Ansichten.

links: östl. Teil der Straße Im Bleichetal mit Bleichenbach
Mitte: westl. Teil der Straße Im Bleichetal

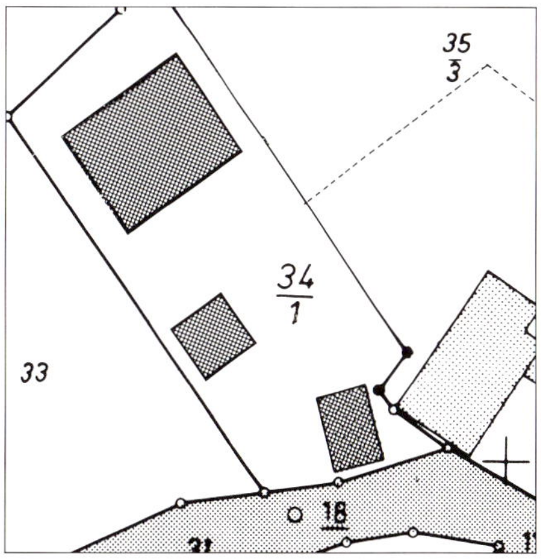

Breiteheidsweg 3, Vordergebäude
Flur 1 Flurstück 34/1

Kopfbau am Grundstück Nr. 3; das Wohnhaus Neubau, Vorderbau in den unteren Geschossen bedeutend. Klassizistischer Kellereingang in reicher Gestaltung mit halben Rundbogenfenstern, Inschrift mit Dat. 1845, gute Steinmetzarbeit mit Gesims. Fachwerkaufbau jünger. Ursprüngl. nur ein Erdkeller, Böschung rechts u. links durch roh behauene Steine gefaßt. Interessanter, für die Wetterau typischer Vorratskeller der 1. Hälfte des 19. Jhs., deshalb Kulturdenkmal aus technischen Gründen.

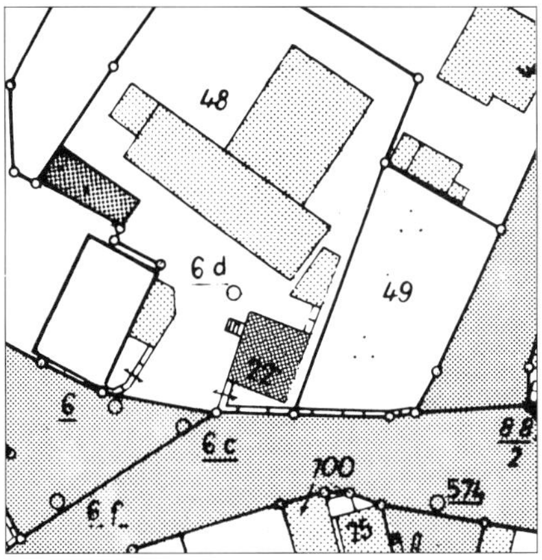

Im Bleichetal 22
Flur 1 Flurstück 48

Zweigeschossiges Fachwerkwohnhaus auf hohem Sockel, in der Einmündung Breiteheidsweg gelegen. Wichtige Wirkung im Ortsbild. Dreiseitig bebaute, intakte Hofreite, das Wohnhaus als prominenter Blickpunkt in den Straßenraum hineinragend. Einfaches, qualitätvolles Fachwerk aus der Zeit um 1800. Kulturdenkmal wegen seiner städtebaulichen und baukünstlerischen Bedeutung.

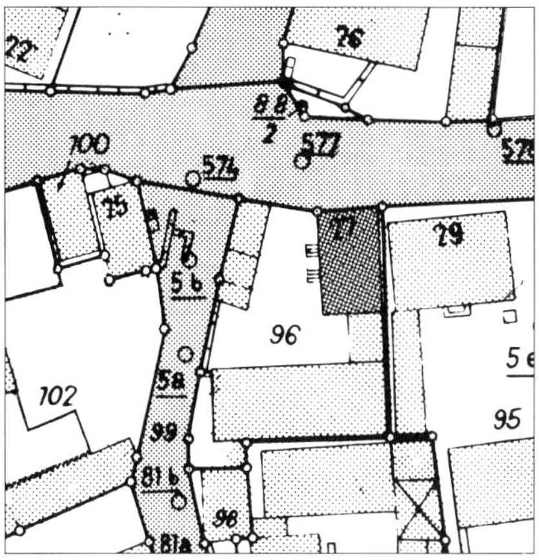

Im Bleichetal 27
Flur 1 Flurstück 96

Hofreite in ortsbildlich wichtiger Lage. Breitgelagertes Wohnhaus in qualitätvollen Fachwerkformen des späten 17. Jhs. Im Obergeschoß doppelte Tauornamentik in Schwelle und Rähm und als seltenes Schmuckdetail durchlaufendes konsolenartiges Gesims in Brüstungshöhe mit Volute und Karnies, thüringischer Einfluß. Wirtschafts- und Hofgebäude 18. bzw. 19. Jh. Kulturdenkmal aus wissenschaftlichen, künstlerischen und städtebaulichen Gründen.

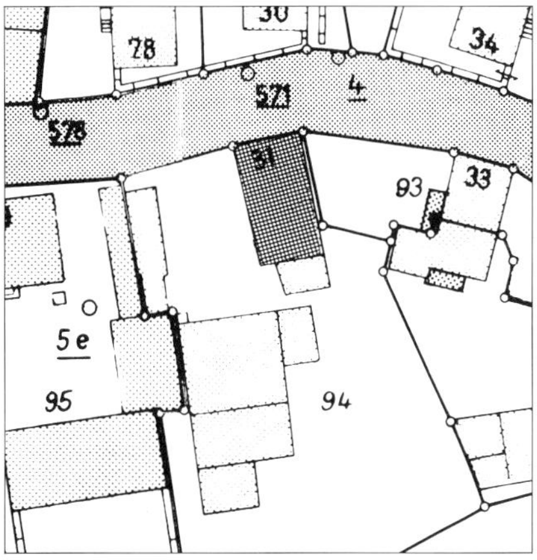

Im Bleichetal 31
Flur 1 Flurstück 94

U-förmige Hofreite in gutem Erhaltungszustand, das Wohnhaus giebelständig. Im hinteren Teil im Erdgeschoß massiv erneuert. Guter, breitgelagerter Barockbau mit geringen Geschoßüberständen, verschalter Balkenlage und konstruktivem Fachwerk um 1800. Der Bau leitet den alten Ortskern in einer Straßenkrümmung ein, deshalb Kulturdenkmal wegen seiner geschichtlichen und städtebaulichen Bedeutung.

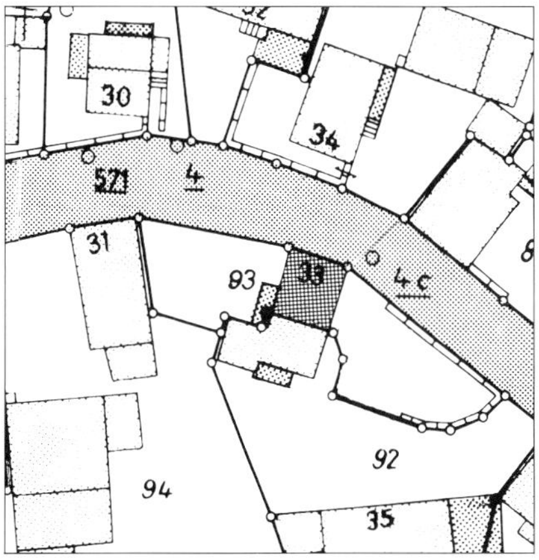

Im Bleichetal 33
Flur 1 Flurstück 93

In den Straßenraum vorgeschobenes Fachwerkwohnhaus von eminenter Wirkung im Straßenbild. Im Erdgeschoß massiv erneuert, im Obergeschoß noch sehr gutes Fachwerk aus dem letzten Viertel des 17. Jhs. Weit ausladende Streben, doppelte Wilde Mann-Form mit Halsriegel und Fußriegel. Gutes Beispiel für frühes, urwüchsiges Fachwerk. Wichtige Funktion im Ortsbild, deshalb Kulturdenkmal wegen seiner städtebaulichen Bedeutung.

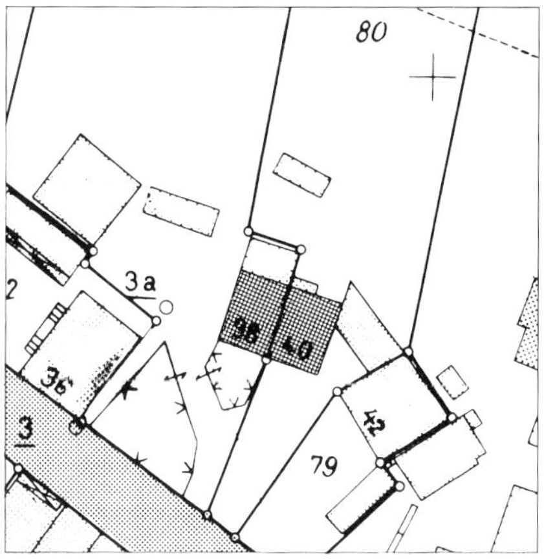

Im Bleichetal 38/40
Flur 1 Flurstück 81 und 80

Doppelhaus zu jeweils drei Achsen; der Hausteil Nr. 38 ist später erneuert, die alte Schwelle läuft durch das ganze Gebäude. Frühbarockes Fachwerk in einfachen Formen mit schön geschweiften Streben. Asymmetrisch dazu ein kleiner Scheunenanbau. Typologisch interessanter Bau des späten 17. Jhs. mit zwei Eigentümern unter einem traufständigen Dach. Kulturdenkmal wegen seiner wissenschaftlichen Bedeutung.

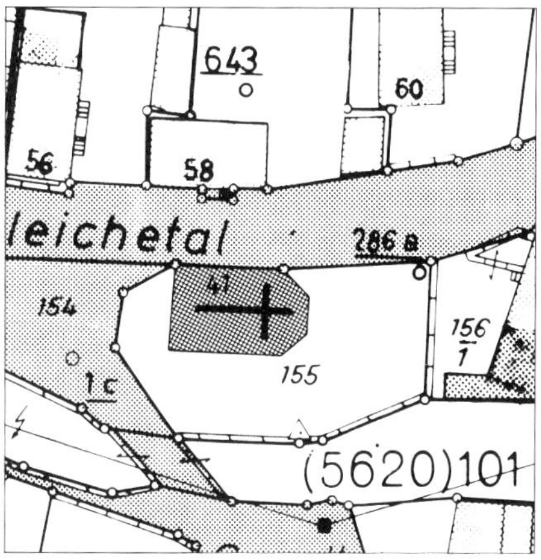

Im Bleichetal 41
Flur 1 Flurstück 155
Kirche.

Als Kopfbau der etwas längsgestreckten Dorfanlage auch von wichtiger Funktion im Ortsbild. Einfacher Saalbau mit Krüppelwalm und beherrschendem Dachreiter; dreiseitiger Schluß und sehr schönes Kreuz auf dem Haubendachreiter. Erbaut 1723-25. Ausstattung z. T. aus der Bauzeit. Kulturdenkmal wegen seiner geschichtlichen, künstlerischen und städtebaulichen Bedeutung.

Längsschnitt

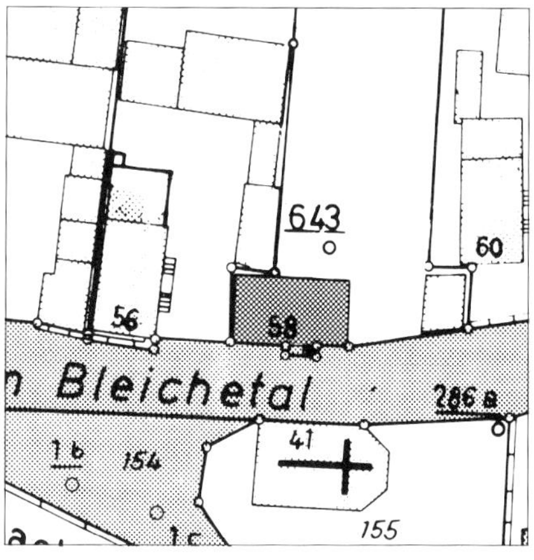

Im Bleichetal 58
Flur 1 Flurstück 71

Quergelagerter, klassizistischer Fachwerkbau neben der Kirche in wichtiger, ortsbildprägender Lage, korrespondierend mit der Kirche. Hoher Bruchsteinsockel, einläufige Freitreppe, flaches konstruktives Fachwerk mit fein profilierter Schwelle, um 1810. Bemerkenswert der ursprüngliche, profilierte Eingangsbereich mit schöner Tür im Zopfstil mit Festons und Stoffgehängen. Kulturdenkmal aus baukünstlerischen und ortsbildprägenden Gründen.

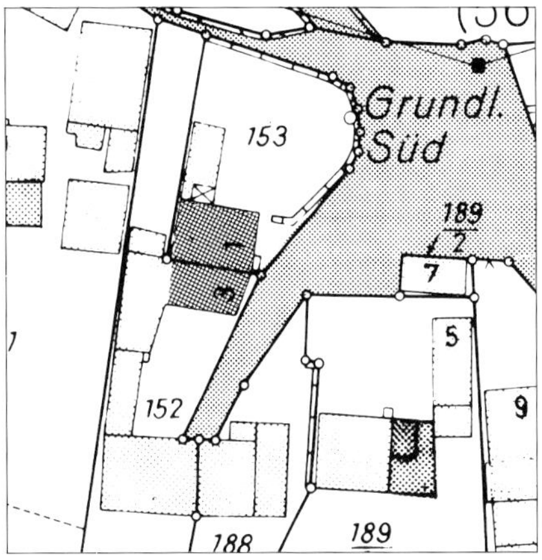

In der Burg 1/3
Flur 1 Flurstück 153 und 152

Doppelhaus, ursprünglich sicher Einhaus. Im Erdgeschoß massiv erneuert, jedoch in den Ständern des Obergeschosses und im Giebel mit bedeutenden Fachwerkzierraten. Flaches, umlaufendes Karnies, sehr breite Streben mit Kopfbändern, bandlwerkartige Flachschnitzerei und Eckstäbe, im Giebel Zahnschnittfries. Entstanden um 1700. Kulturdenkmal wegen seiner baukünstlerischen Bedeutung.

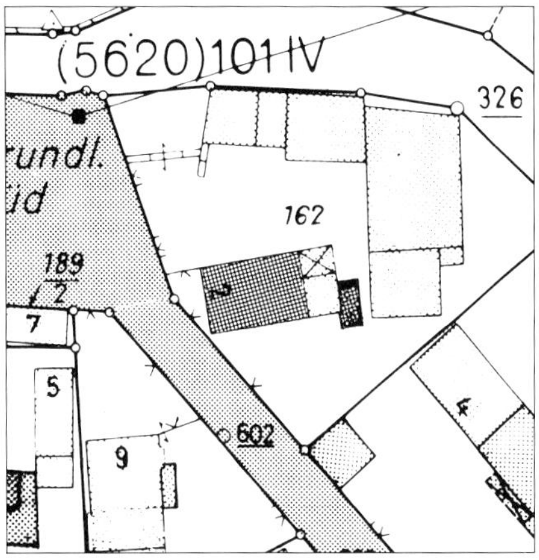

In der Burg 2
Flur 1 Flurstück 162

L-förmige Hofreite in wichtiger, ortsbildprägender Lage zur Kirche. Ausgefallenes Fachwerk, im Obergeschoß mit liegender Raute und erhaltenem durchgehenden Brustriegel, Konsolengesims, durchgehend mit thüringischem Einfluß (vgl. Im Bleichetal 27). Gutes barockes Haus um 1700. In hinteren Bereich Scheune über massivem Geschoß, nach Auskunft des Besitzers von 1906. Das Wohnhaus ist Kulturdenkmal aus baukünstlerischen und städtebaulichen Gründen.

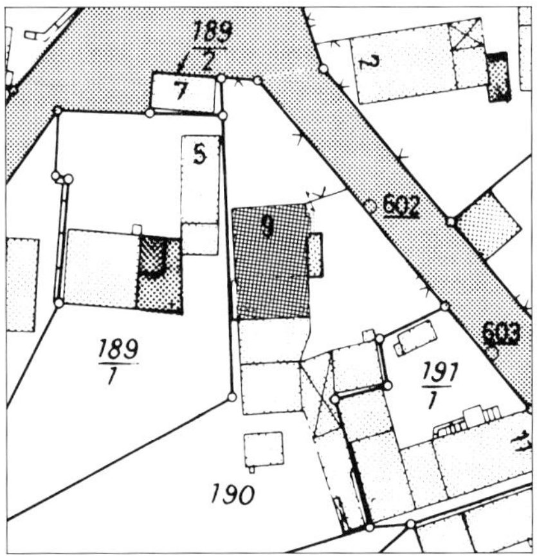

In der Burg 9
Flur 1 Flurstück 190

Über Eck gestellter Fachwerkbau mit späteren Veränderungen, jedoch mit bedeutenden Flachschnitzereien im Giebel. In direkter Sichtbeziehung zur Kirche. In der Mittelachse des OG Wilder Mann mit kandelaberartiger Schneckenornamentik. Geschweifte Kopfbänder an der Ecke, frühbarocke Säule mit Blattkapitell und Flachschnitzerei. Um 1680. Am Giebel noch ursprüngliches barockes Butzenfenster. Kulturdenkmal wegen seiner Bedeutung für das Ortsbild und der sehr qualitätvollen Fachwerkdetails.

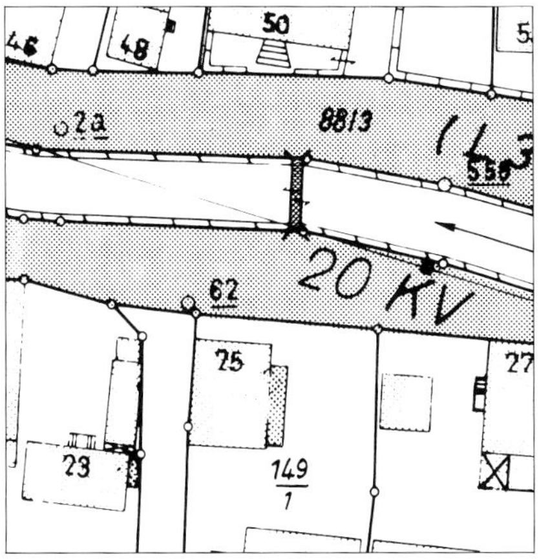

Brücke in der Achse des Hauses Wiesenstraße 19
Flur 1 Flurstück 139/1

Wohl älteste Brücke über den Bleichenbach mit elegantem, schmalen Mittelpfeiler, abgerundeten Ecken; malerische Anlage im Ortsbild. Die Brücke bestehend aus zwei monolithischen Sandsteinplatten mit Nut an den Enden, darauf aufgelegt. Das Geländer 19. Jh., die Brücke wahrscheinlich doch noch 18. Jh. Ähnlich den Brücken in Ortenberg und Büdingen, Schloßpark. Kulturdenkmal wegen ihrer technischen und städtebaulichen Bedeutung als altes Verkehrsbauwerk.

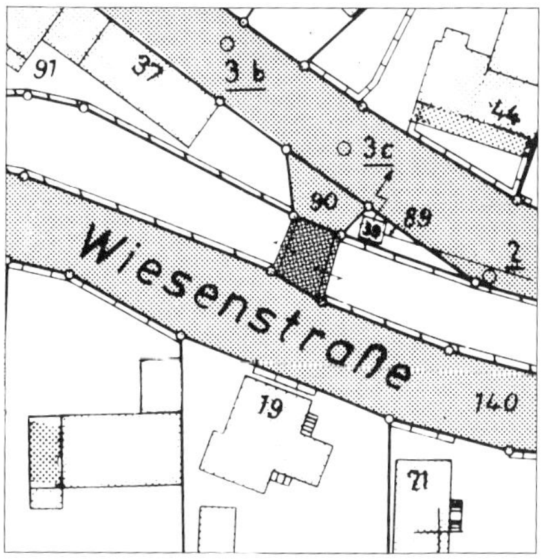

Brücke über den Bleichenbach
Flur 1 Flurstück 139/1

Stichbogige Steinbrücke zu zwei Bogen mit schlankem Mittelpfeiler mit Eisbrecher. Feine Hausteinarbeit, entstanden im 19. Jh. Kulturdenkmal wegen ihrer technischen Bedeutung.

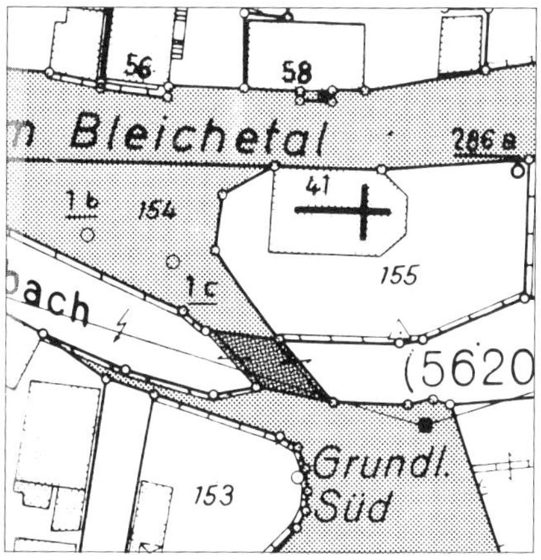

Brücke an der Kirche
Flur 1 Flurstück 139/1

Diagonalbrücke auf schlankem Mittelpfeiler mit Eisbrecher und ausgearbeiteten Konsolen. Sehr schöner Haustein mit Randschlag, darauf aufliegend Doppel-T-Träger, der die Fahrbahn trägt mit hohen, aufrecht gestellten Sandsteinwangen und großen Radabweisern an den Anfängen. Einfaches Ziergitter dazwischen. Die Brücke stammt aus dem letzten Viertel des 19. Jhs. Kulturdenkmal wegen ihrer technischen und geschichtlichen Bedeutung.

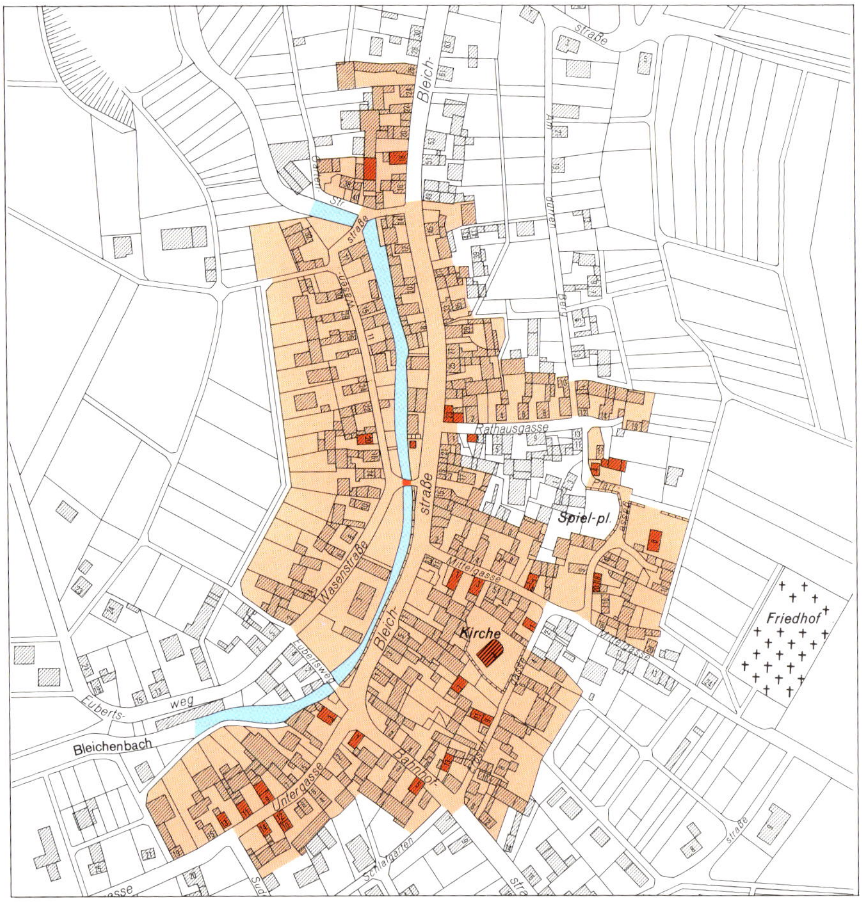

Gesamtanlage

Der Verlauf des Bleichenbachs markiert die Nord-Süd-Achse, an der sich das Dorf entwickelt hat. Der Schwerpunkt des Ortsbildes liegt im Bereich der alten Brücke des 17. Jhs. Zu beiden Seiten des Bleichenbaches erstrecken sich homogene Häuserabfolgen. Es handelt sich dabei um gute Fachwerksubstanz des 17. bis frühen 19. Jhs. in Form von Hakenhofreiten mit giebelständigem Wohnhaus. Bestimmend für das Orts-und Straßenbild sind diese stattlichen Wohnhäuser, die in ihrer Aneinanderreihung im Zusammenhang mit dem Bleichenbach, der seit altersher mit Bruchsteinen gefaßt ist, die Qualitäten des selten gut erhaltenen barocken Dorfbildes ausmachen.

Bleichenbach
Gartenstraße
Wasen-
straße
(B 457)
straße
Am dürren Berg
Rathausgasse
Raths.
Backhs.
Turnpl.
Bleich-
straße
Wasenstraße
Schule
Spielplatz
Bleichenbach
Euberts
weg
Euberts-
weg
Pfarr-
Spielplatz
Ev. Kirche
Mittelgasse
Erbsengasse
Untergasse
Bahnhofstraße
Im Schal-
garten
Betten-

links: Blick in die Erbsengasse
Mitte: Bleichstraße, Blick nach Süden
unten links: Rathausgasse
unten Mitte: Glauburgstraße
unten: Blick in die Mittelgasse

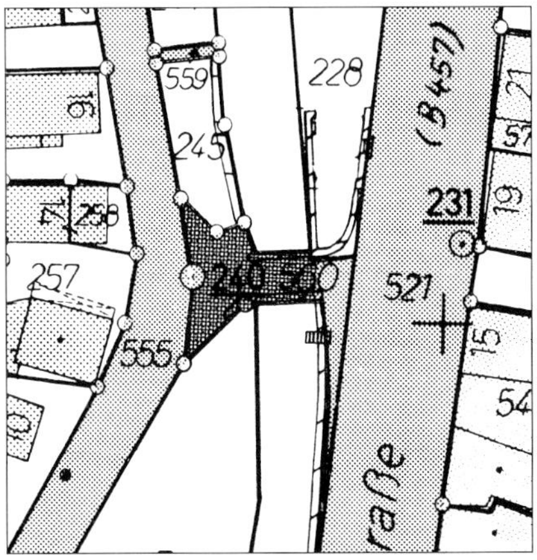

Brücke über den Bleichenbach
Flur 1 Flurstück 56

Kleine einbogige Brücke mit sandsteingedeckten Wangen. Der Brückenbogen in Bruchstein gemauert, wahrscheinlich 17. Jh. Der Oberbau 19. Jh. An der vom Kriegerdenkmal abgewandten Seite der Brücke Inschriftenstein „Renovatum 1714". Technisches Denkmal wegen seiner Bedeutung als seltenes Verkehrsbauwerk.

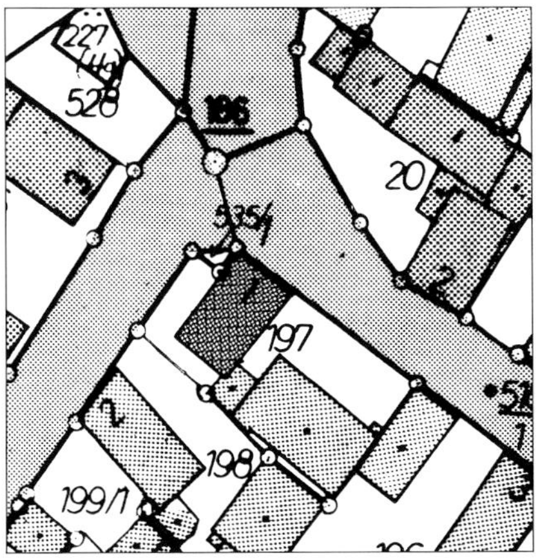

Bahnhofstraße 1
Flur 1 Flurstück 197

Einfaches Fachwerkwohnhaus mit frühbarocken Resten von eminenter städtebaulicher Wirkung. Das Fachwerkhaus an Hand der Schwelle in das späte 17. Jh. datierbar, im Obergeschoß noch mehrere starke Streben aus dieser Zeit, ebenso im Giebel; jedoch durchgreifend im frühen 19. Jh. erneuert. Wegen seiner städtebaulichen Bedeutung Kulturdenkmal.

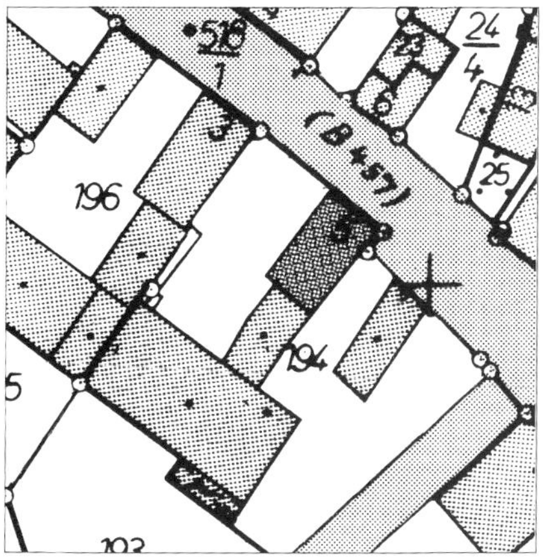

Bahnhofstraße 5
Flur 1 Flurstück 194

L-förmige Hofreite als Abschluß der Gesamtanlage Bahnhofstraße. Die Scheune in Hausteinmauerwerk, das Wohnhaus in konstruktivem Fachwerk des frühen 19. Jhs. mit schwacher Profilierung in der Balkenlage, ohne Geschoßüberstände. Wegen seiner städtebaulichen Bedeutung Kulturdenkmal.

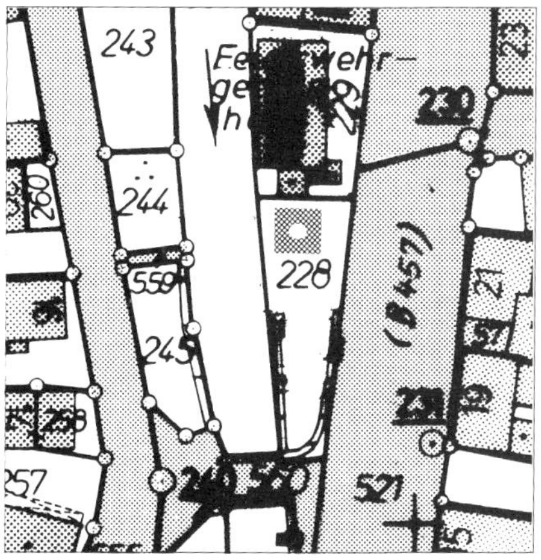

Brunnen in der Bleichstraße
Flur 1 Flurstück 228

Malerische barocke Stele in eigenartiger Form mit drei Austrittsöffnungen, davor Sandsteintrog und mehrere wiederverwandte Steine, einer hat die Inschrift „H M 1730". Die Fassung der Quelle ist Kulturdenkmal wegen ihrer technischen und städtebaulichen Bedeutung.

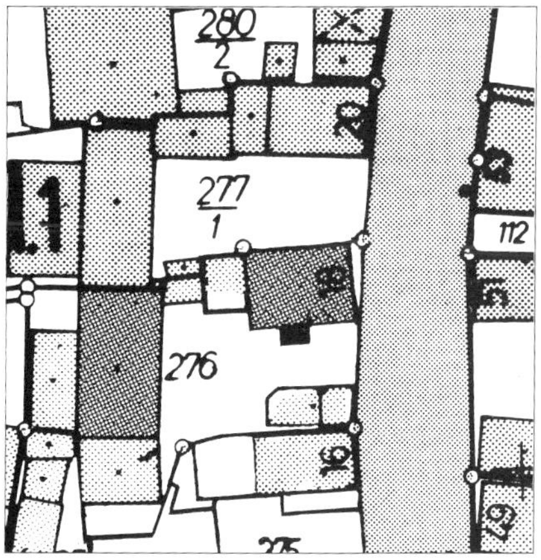

Bleichstraße 18
Flur 1 Flurstück 276

Barocke Hofreite mit breit proportioniertem, spätbarocken Wohnhaus. Entstanden um 1800. Interessante Hausteinscheune, ganz in Sandstein mit Stichbogengewänden der Scheuneneinfahrt und sehr gut gehauener Keilsteineinfassung, auch in den kleinen Mannpforten; entstanden in der Mitte des 19. Jhs. Das Wohnhaus ist Kulturdenkmal wegen seiner städtebaulichen Bedeutung, die Scheune wegen ihrer wissenschaftlichen Bedeutung als landwirtschaftlicher Reformbau aus der Mitte des 19. Jhs.

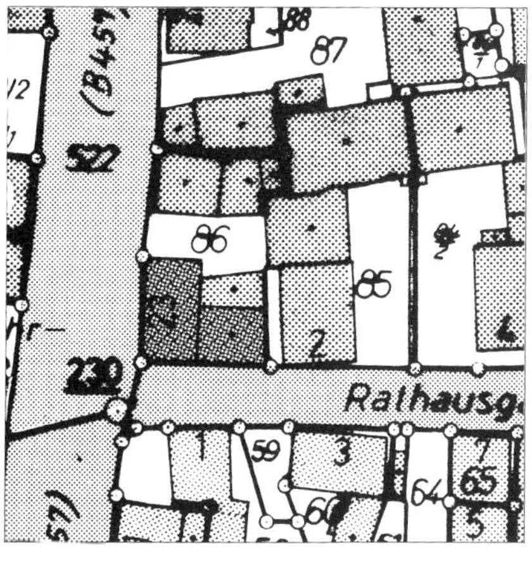

Bleichstraße 23
Flur 1 Flurstück 86

Eckbau, an der Einmündung der Rathausgasse gelegen. Völlig verputzt, jedoch gut erhaltenes Fachwerk um 1800. An der Traufseite dreistufige Freitreppe mit abgerundeten Ecken, schöne Biedermeiertür um 1830 mit ursprünglichen Beschlägen. Dazugehörig Stall- und Scheunengebäude mit Hausteinmauer zur Straße. Untypische Hofreite, die besondere Form wegen der Straßeneinmündung erhalten. Kulturdenkmal aus künstlerischen und städtebaulichen Gründen.

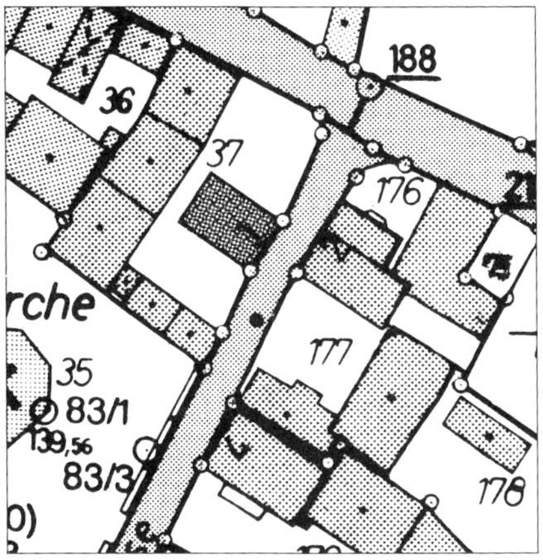

Erbsengasse 1
Flur 1 Flurstück 37

U-förmige Hofreite, an der Straßenecke in Sichtbeziehung zur Kirche gelegen. Stall- und Scheunengebäude 18. bzw. 19. Jh. Im Obergeschoß des Wohnbaues ursprüngliche Figurationen mit Ecksäulen und Fibelornamentik. Im Giebel Inschrift: „H + HENRICH LENZ ANNA MARIA EHELEUT ANNO 1688". Kulturdenkmal wegen seiner baukünstlerischen, wissenschaftlichen und städtebaulichen Bedeutung.

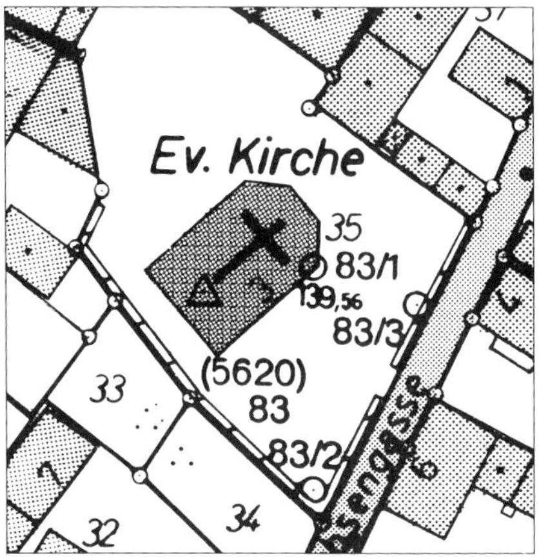

Erbsengasse 3
Flur 1 Flurstück 35
Evangelische Pfarrkirche.

Einfacher Saalbau mit dreiseitigem Schluß und Haubendachreiter. 1728-29 unter Graf Reinhard III. von Hanau von dem Hanauer Werkmeister Starck erbaut. Interessanter Innenraum mit umlaufender Empore, in die Stützen der Deckenunterzüge eingehängt. An Emporenbrüstungen Malereien 1732 von Isaak Koch. Reste der Kirchhofmauer mit Rundbogenportal erhalten. Kulturdenkmal aus künstlerischen, geschichtlichen und städtebaulichen Gründen.

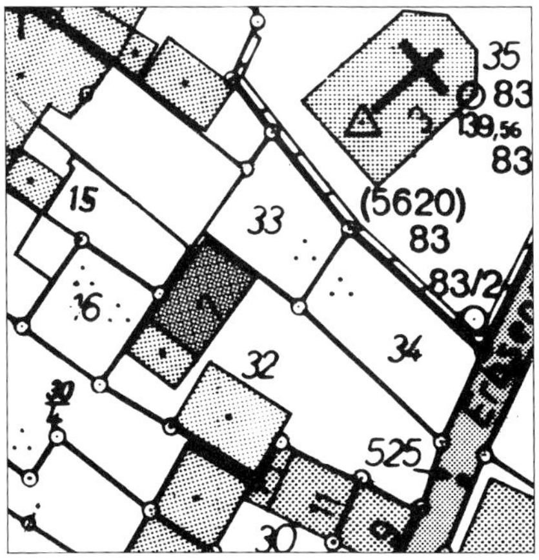

Erbsengasse 7
Flur 1 Flurstück 32

L-förmige Hofreite, etwas von der Straße zurückgesetzt, in unmittelbarer Sichtbeziehung zur Kirche. Das Wohnhaus starr, dreiachsig aufgefaßt mit breiten Wilde Mann-Formen, schönen Kopfbändern und Halsstreben. Durchlaufend verbretterter Balkenbereich. Die Kopfbänder herzförmig. Dazugehörig L-förmig die Scheune. Der Bau befindet sich unmittelbar im Sichtbereich der Kirche und ist Kulturdenkmal wegen seiner städtebaulichen und baukünstlerischen Bedeutung.

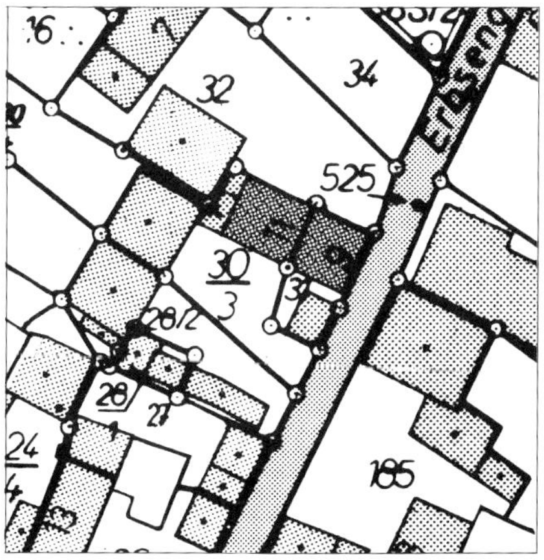

Erbsengasse 9/11
Flur 1 Flurstück 31 und 30/3

L-förmige Fachwerkhofreite. Wohnhaus in bedeutendem Fachwerk von herausragender Qualität in gutem Erhaltungszustand. Im Erdgeschoß große Eckstreben, die in das Rähm hineinlaufen, Eckständer mit Wasserschlag. Rähm und Schwelle mit tauartigem Friesornament. Starke Ecksäulen mit Palmetten und Masken, großer Wilder Mann. Im Obergeschoß doppelt genaste stehende Rauten, umlaufender, profilierter Fries. Um 1680. Kulturdenkmal aus wissenschaftlichen und künstlerischen Gründen.

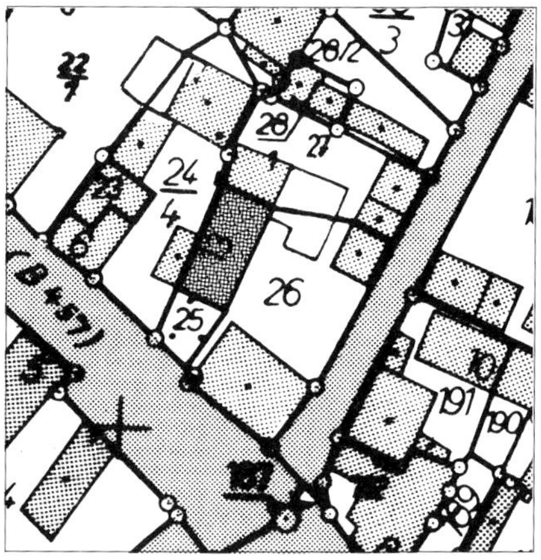

Erbsengasse 13
Flur 1 Flurstück 26

Frühes Fachwerkwohnhaus einer ehemaligen Hofreite, durch umstehende Neubauten verunklärt. Das Wohnhaus zurückgesetzt von der Straße, traufständig, in frühen Fachwerkformen des 17. Jhs. mit urwüchsig krummen Streben und starker Profilierung in der Schwelle. Wohl noch Mitte des 17. Jhs. Wegen seiner wissenschaftlichen Bedeutung Kulturdenkmal.

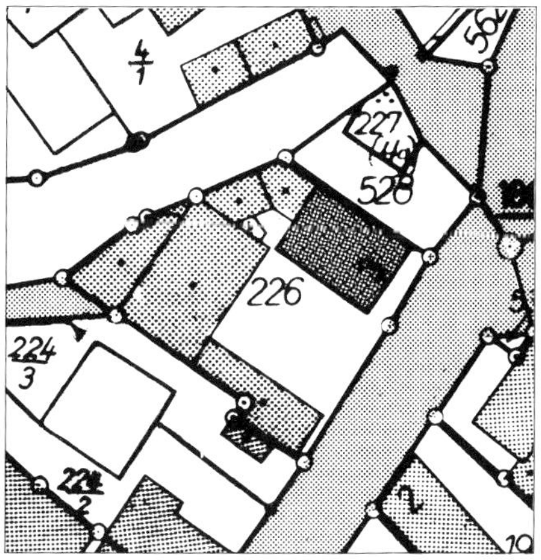

Glauburgstraße 3
Flur 1 Flurstück 226

U-förmige große Hofanlage an der städtebaulich sehr wichtigen Kreuzung von Eubertsweg/Glauburgstraße/Bahnhofstraße. Entstanden um 1800, in breiten Proportionen mit dominierenden Sandsteinsockeln an Wohnhaus, Scheune und Stallgebäuden. Gute funktionale Formen. Die Scheune im Erdgeschoß mit Rundbogenöffnung in Haustein, Obergeschoß in Fachwerk. Das Wohnhaus in einfachem, konstruktiven Fachwerk mit minimalen Geschoßübersetzungen. Kulturdenkmal aus städtebaulichen und wissenschaftlichen Gründen.

Glauburgstraße 9
Flur 1 Flurstück 219

L-förmige Hofreite in unversehrtem Erhaltungszustand. Das Wohnhaus giebelständig zur Straße, der Giebel holzverschindelt. Flaches, doppeltes Karnies, konstruktives Fachwerk um 1810. Gut erhalten ohne Zerstörungen. Wichtig im Straßenbild, deshalb Kulturdenkmal wegen seiner städtebaulichen Bedeutung.

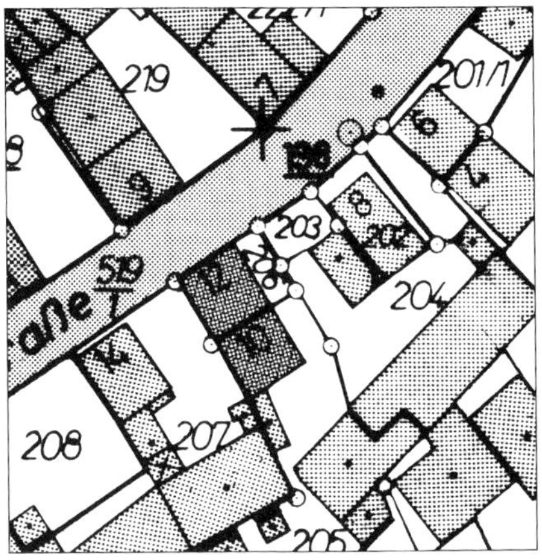

Glauburgstraße 10/12
Flur 1 Flurstück 205 und 206

Doppelwohnhaus, Teil einer L-förmigen Hofreite; Doppelscheune im hinteren Hofbereich. Das Wohnhaus ursprünglich für eine Familie erbaut mit zweiläufiger Freitreppe, dort Inschriftstein „HSL 1813". Über dem Eingang mit umlaufendem, doppelten Karnies ebenfalls Inschrift. Alte Treppenüberdachung. Wichtige Funktion im Ortsbild. Kulturdenkmal wegen seiner städtebaulichen Bedeutung.

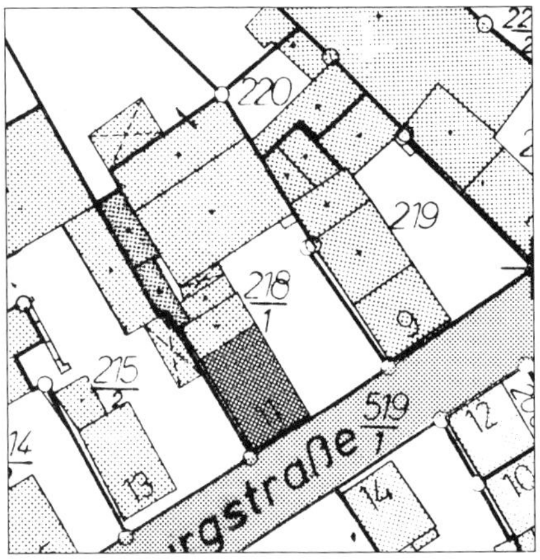

Glauburgstraße 11
Flur 1 Flurstück 218/1

Einhaus in selten gutem Erhaltungszustand mit wichtiger, ortsbildprägender Funktion im Straßenbild. Im hinteren Bereich spätere massive Scheune in Sandstein- bzw. Ziegelbauweise. Das Wohnhaus völlig ungestört, gutes konstruktives Fachwerk des frühen 19. Jhs. mit reich profilierter Schwelle und Rähm, verschalter Balkenlage. Konstruktives Fachwerk in regelmäßiger Anordnung, ursprüngliche klassizistische Tür mit alter Freitreppe. Kulturdenkmal wegen seiner wissenschaftlichen und städtebaulichen Bedeutung.

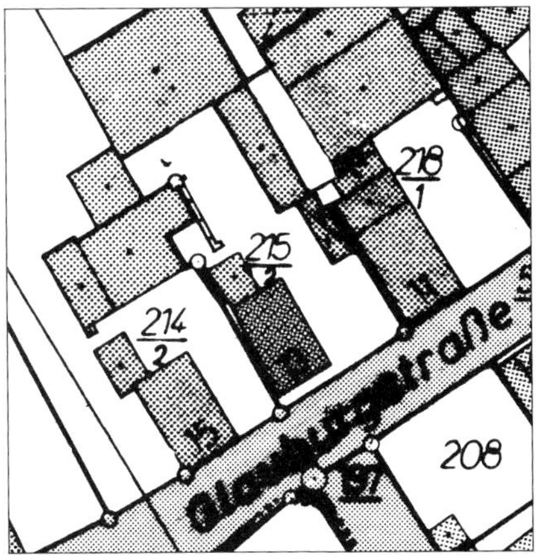

Glauburgstraße 13
Flur 1 Flurstück 215/2

Kleines Wohnhaus einer L-förmigen Hofreite im unversehrten Gesamtzusammenhang dieses Straßenteils der Häuser Nr. 9, 11, 13. Einfache Formen aus der Zeit um 1810, aus der alle Hofreiten dieses Straßenteiles stammen. Flach profilierte Schwelle, Tür aus dem frühen 19. Jh. mit Freitreppe; sehr schönes, geometrisierendes Jugendstiltor. Im hinteren Bereich massive Stallgebäude und Scheune. Kulturdenkmal wegen seiner wissenschaftlichen Bedeutung.

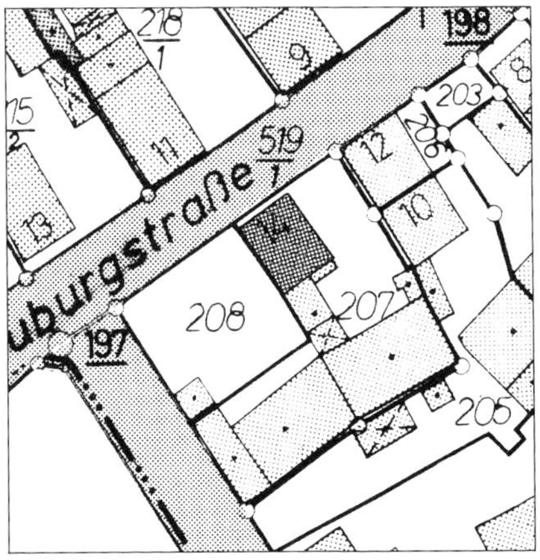

Glauburgstraße 14
Flur 1 Flurstück 207

Kleiner, L-förmiger Wetterauer Hof, Endpunkt der Anlage, von ortsbildprägender Bedeutung. Einfaches Fachwerkwohnhaus mit verschalter Balkenlage, flachem Karnies, konstruktivem, flachen Fachwerk. Die Scheune noch spätes 19. Jh., das Wohnhaus frühes 19. Jh. Schönes schmiedeeisernes Tor mit Holzverschalung an der Rückseite. Kulturdenkmal wegen seiner städtebaulichen Bedeutung.

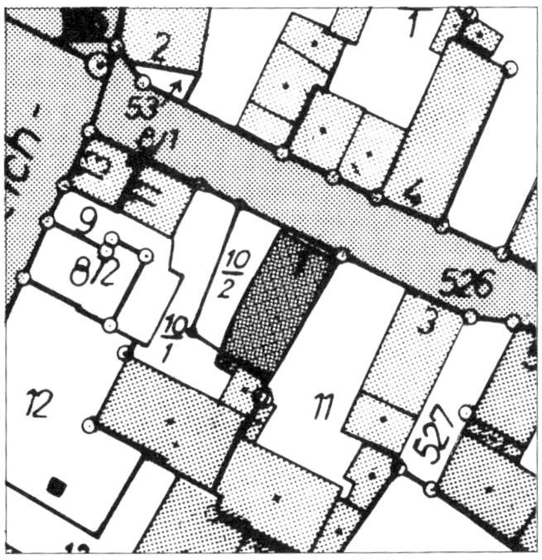

Mittelgasse 1
Flur 1 Flurstück 10/2

Zweiter Bau der Reihe von wechselweise giebel- und traufständigen barokken Fachwerkwohnhäusern bzw. Hofreiten. Das Haus mit zweiläufiger Freitreppe über Hausteinsockel. Total verputzt bis auf Eckständer und Schwellen, dort gutes barockes Fachwerk aus der Zeit um 1750. Die alte Fensterteilung erhalten, deshalb wohl auch das unter Putz liegende Zierfachwerk gut erhalten. Kulturdenkmal wegen seiner künstlerischen und städtebaulichen Bedeutung.

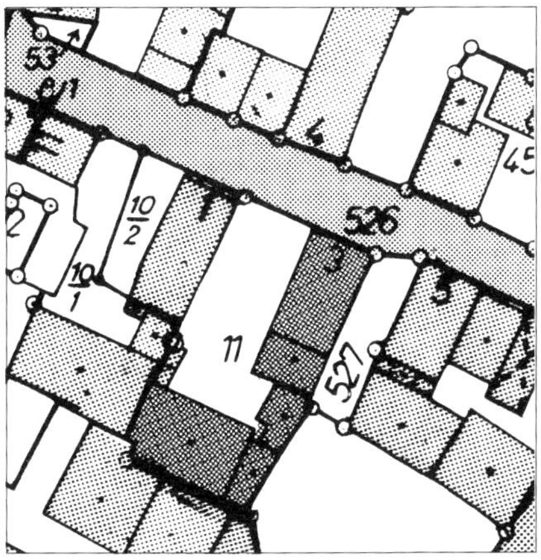

Mittelgasse 3
Flur 1 Flurstück 11

L-förmige Hofreite mit guter barocker Scheune. Das Wohnhaus mit massivem Erdgeschoß, Bruchsteinmauerwerk mit Hausteinlisenen und -fenstergewänden. Im Obergeschoß asbestzementverkleidet. Barockes Fachwerk. Die ursprüngliche Fensterteilung z. T. erhalten. Entstanden um 1790. Kulturdenkmal wegen ihrer baukünstlerischen und städtebaulichen Bedeutung an der Straßeneinmündung zum Kirchhof.

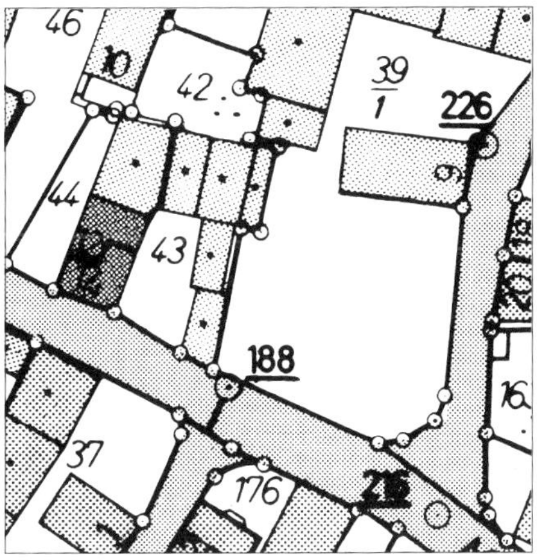

Mittelgasse 12/14
Flur 1 Flurstück 44 und 43

Ehemals U-förmige Hofreite, durch Abbruch im hinteren Bereich gestört. Das Wohnhaus giebelständig mit reichem, spätbarocken Fachwerk. Überreiche, für die Zeit ungewöhnliche Brüstungsausstattung mit handwerklich interessanten Rhombenkreuzen, Andreaskreuzen u. a. Erbaut um 1780. Kulturdenkmal aus städtebaulichen und künstlerischen Gründen.

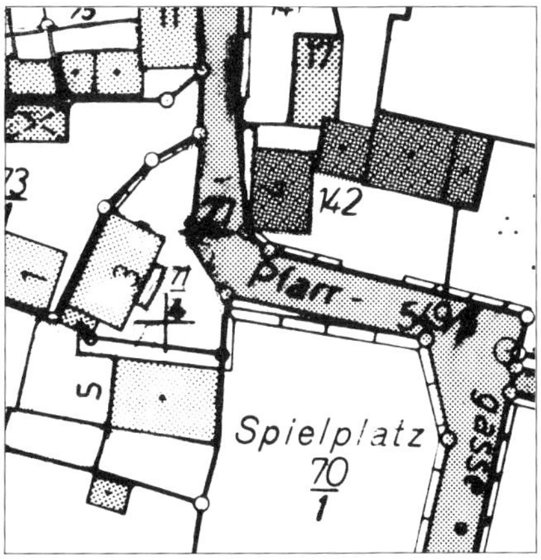

Pfarrgasse 4
Flur 1 Flurstück 142

L-förmige Hofreite in ungewöhnlicher Form. Quergelagertes Wohnhaus an der Straßengabelung, dazu T-förmig die Scheune. Starker Geschoßüberstand, Fachwerk spätes 16. Jh. mit barocken Ergänzungen. Beachtenswerter hoher Sockel mit Strebepfeilern. Historistische Hofeinfassung mit neogotischen Sandsteinpfeilern. Im Sockel noch spätbarokker Felsenkeller mit Segmentbogensturz. Scheune 17. Jh. Kulturdenkmal aus wissenschaftlichen und städtebaulichen Gründen.

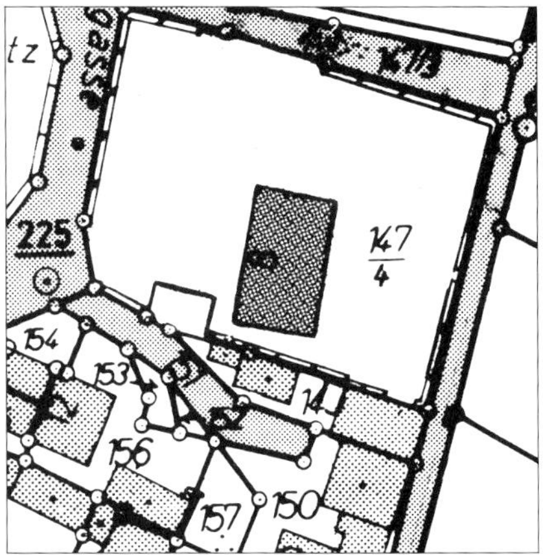

Pfarrgasse 8
Flur 1 Flurstück 147/4
Pfarrhaus.

Großer klassizistischer Bau mit hohem Sockelgeschoß in Hanglage. Im Sockel zwei rundbogige Kelleröffnungen des 16. Jhs. Fachwerkoberbau um 1815. Krüppelwalmdach, einfaches, konstruktives Fachwerk, profilierte Schwelle und Rähm. In der Umfriedungsmauer vermauerte Spolien bzw. Wappensteine, Fenstergewände u. ä. Auf der Mauer halbkreisförmige Zier. Kulturdenkmal aus geschichtlichen und baukünstlerischen Gründen.

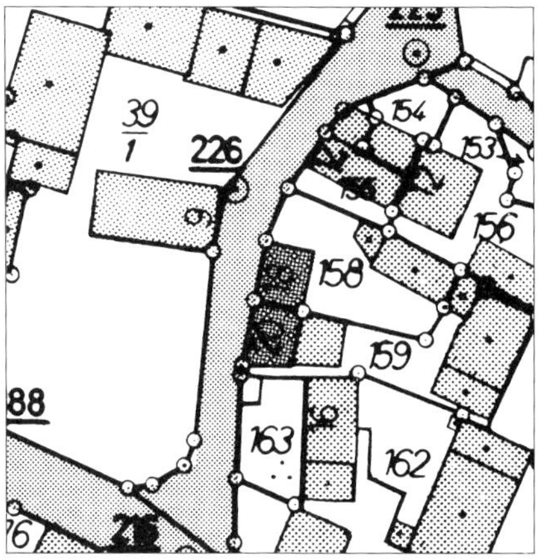

Pfarrgasse 18 und 20
Flur 1 Flurstück 158 und 159

Total verschindeltes Fachwerkhaus, traufständig zur Gasse mit weitem Geschoßüberstand. An einer kleinen Ecke an der Rückseite sehr gutes Zierfachwerk des Frühbarock erkennbar. Eierstabornament, Schlaufen- und Tauornamente. Durch die Asbestzementverschieferung jedoch völlig unkenntlich. Der Bau stammt aus dem letzten Drittel des 17. Jhs. Nach Freilegung wieder wichtiger Bezugspunkt innerhalb der Gesamtanlage. Kulturdenkmal wegen seiner wissenschaftlichen, künstlerischen und städtebaulichen Bedeutung.

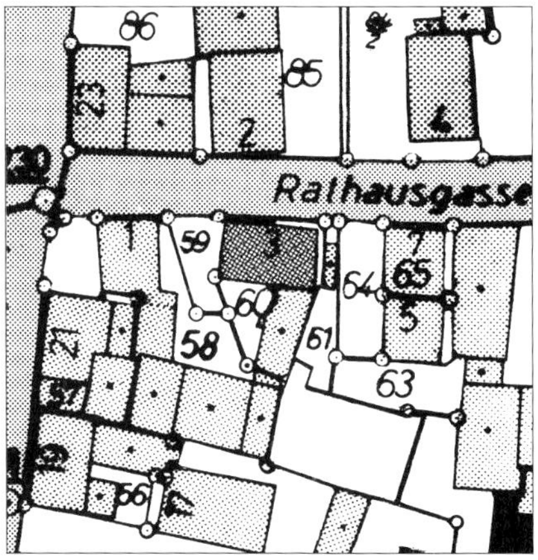

Rathausgasse 3
Flur 1 Flurstück 60

Traufständiger Bau, ganz verputzt, jedoch mit ursprünglicher Fensterteilung und Geschoßüberständen. Guter Bau des 17./18. Jhs. zu erwarten mit reicher Fachwerkzier. Er gibt an dieser Stelle der Gesamtanlage einen starken Akzent, da die Umgebung städtebaulich gestört ist. Kulturdenkmal wegen seiner baukünstlerischen und städtebaulichen Bedeutung.

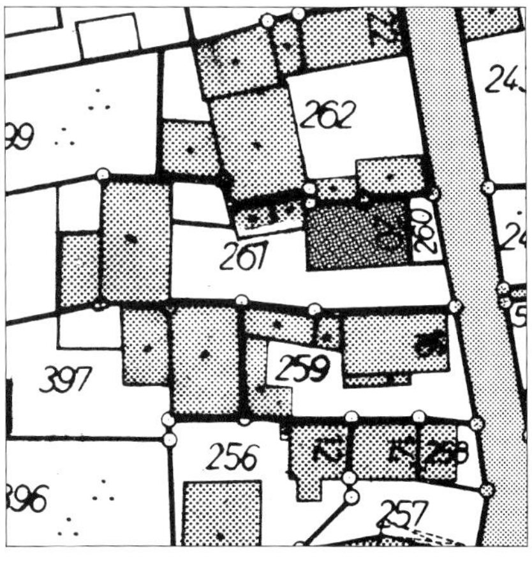

Wasenstraße 20
Flur 1 Flurstück 261

Innerhalb der Gesamtanlage bedeutende Hofreite mit frühbarockem Wohnhaus, teilweise verputzt, im Erdgeschoß massiv. Im 1. Obergeschoß des Giebels jedoch sehr ausgefallenes Zierfachwerk aus der Zeit um 1700 mit Rhombenbrüstungen und Kopfbändern mit Muschelornament. Durchgehend verschalte Balkenlage. Ein Blickpunkt innerhalb der Gesamtanlage, deshalb Kulturdenkmal aus baukünstlerischen und städtebaulichen Gründen.

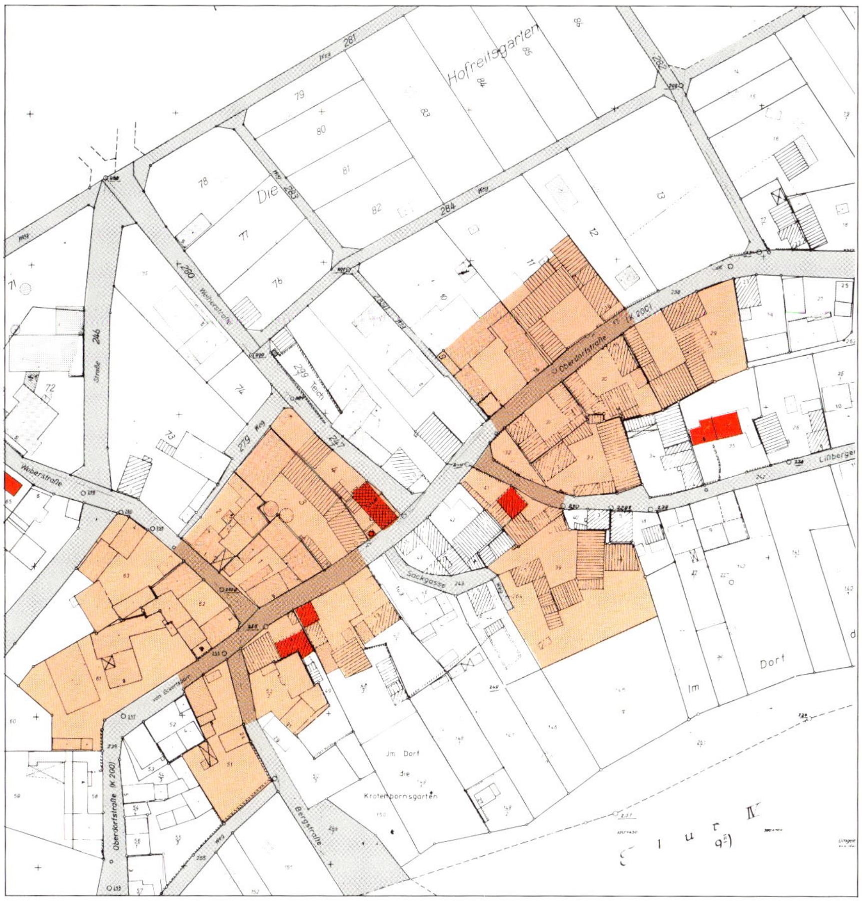

Gesamtanlage

Eine Gruppe gut erhaltener Hakenhöfe des 17. und 18. Jahrhunderts in Verbindung mit der barocken Schule und dem Brunnenhaus machen die Qualität des historischen Ortsbildes aus.

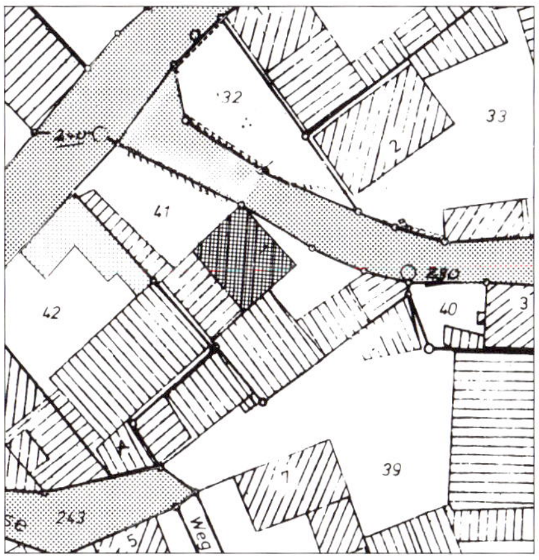

Lißberger Straße 1
Flur 1 Flurstück 41
Dreizoniger, zweigeschossiger Fachwerkbau mit Satteldach, Giebelstellung versetzt zur Straße hin, auffallend im Straßenbild. Bestandteil einer unregelmäßigen Hofreite. Gutes geometrisierendes Fachwerk mit originaller Fachwerkzier. Die Streben im OG mit Fußgegenstreben, Brüstungsfüllungen in Balusterform. An der Giebelseite geschwungene Hölzer, an der Traufseite ein Herz, aus gebogenen Hölzern und dem Brustriegel gebildet. 2. Hälfte 18. Jh. Kulturdenkmal wegen seiner künstlerischen und städtebaulichen Bedeutung.

Lißberger Straße 6
Flur 1 Flurstück 35

Längsausgerichtete Hofreite mit Wohnhaus und anschließender Scheune, von der Straße etwas zurückgesetzt. Ungewöhnliche Hofform. Das Wohnhaus noch in weitgehend originalem Zustand mit verputztem Zierfachwerk mit Geschoßüberstand, wohl 17. Jh. Kulturdenkmal wegen seiner wissenschaftlichen Bedeutung.

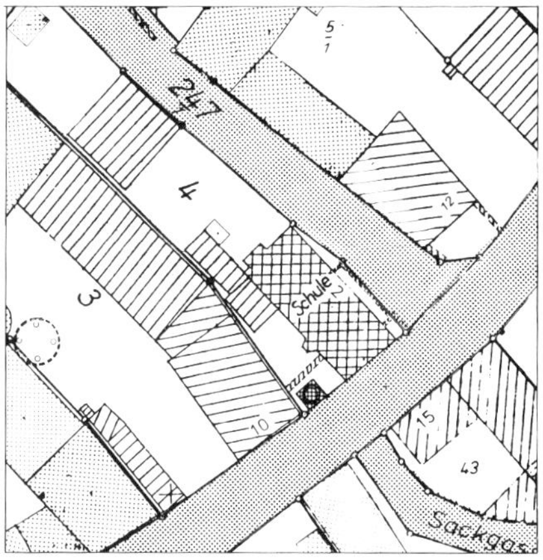

Oberdorfstraße
Flur 1 Flurstück 4
Brunnenhäuschen neben der Schule

In Form und Ausstattung einmaliges Brunnenhäuschen aus dem Beginn des 20. Jhs. Zur Straße hin Schmuckformen im Fachwerk, Rhombenformen unter den Fenstern. Die Rundbogenfenster sind noch in Originalform erhalten. Kulturdenkmal wegen seiner technischen und ortsgeschichtlichen Bedeutung.

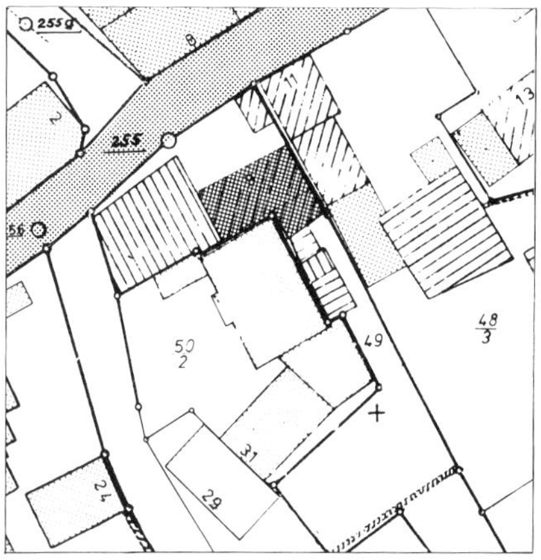

Oberdorfstraße 9
Flur 1 Flurstück 49

Etwas von der Straße zurückliegendes, traufständiges dreizoniges Fachwerkhaus des 17. Jh. mit Wilder Mann-Form. Bis auf die Fenstereinbrüche original erhalten. Gehört zu den ältesten Häusern am Ort. Kulturdenkmal wegen seiner geschichtlichen und wissenschaftlichen Bedeutung.

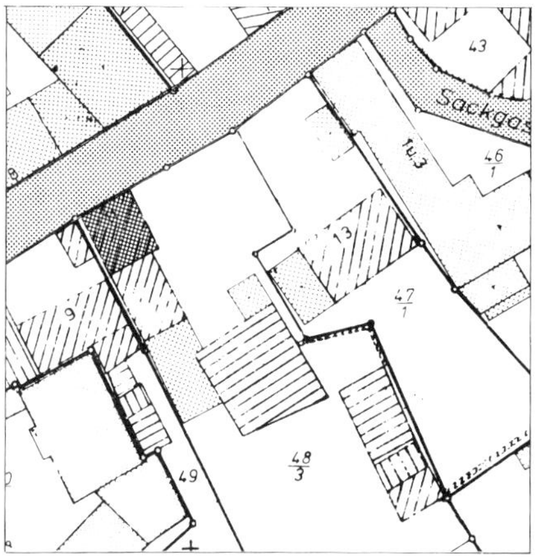

Oberdorfstraße 11
Flur 1 Flurstück 48/3

Giebelständiges Bauernhaus einer Hofreite in ortsbildprägender Lage mit konstruktivem Fachwerk und sehr schönem Rähm, um 1800. Kulturdenkmal wegen seiner städtebaulichen Bedeutung.

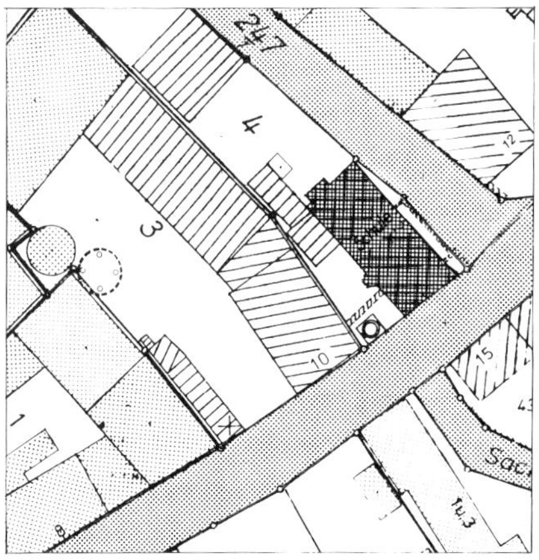

Oberdorfstraße 12
Flur 1 Flurstück 4
Altes Schulhaus

Zweigeschossiger, stattlicher Fachwerkbau an der Ecke Oberdorfstraße/-Weiherstraße gelegen. Verputzt, mit Vorkragung und sechsseitigem Haubendachreiter. Reste einer Uhr am Giebel. Massiver Sandsteinsockel. Entstanden wohl in der 1. Hälfte des 18. Jh., im Klassizismus mit Kranzgesims und Verputz versehen. Kulturdenkmal wegen seiner geschichtlichen, künstlerischen und städtebaulichen Bedeutung.

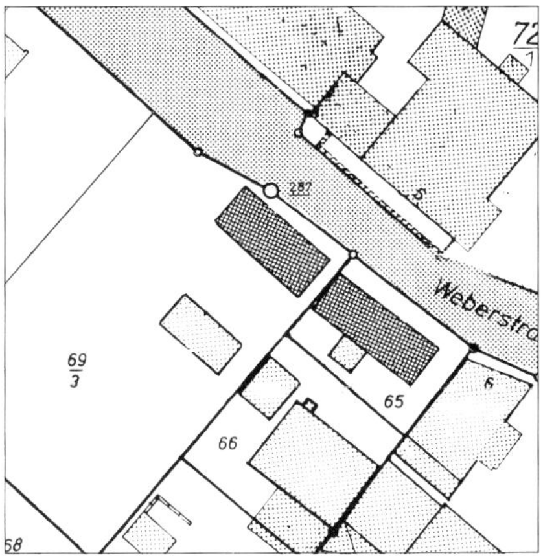

Weberstraße 8
Flur 1 Flurstück 65 und
Weberstraße 10
Flur 1 Flurstück 69/3

Zwei eingeschossige Landarbeiter- oder Kleinbauernhäuser mit einfachem Fachwerk auf massivem Steinsockel mit Stalleinbauten, Ende 18./Anf. 19. Jh., in ursprünglicher Form erhalten. Reizvolle Lage im Straßenbild. Kulturdenkmal wegen ihrer sozialgeschichtlichen Bedeutung.

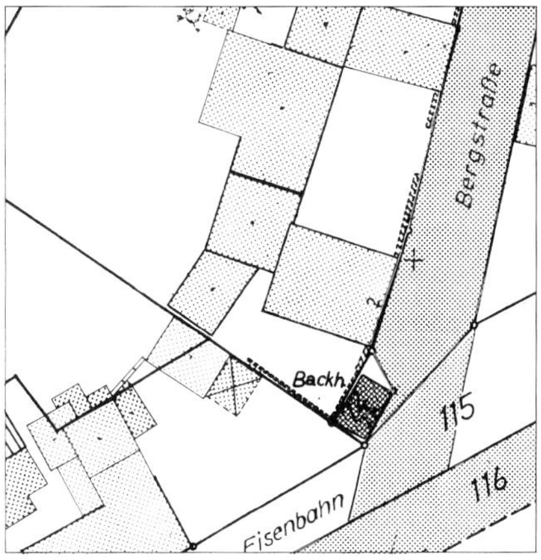

Unterdorf
Bergstraße
Flur 1 Flurstück 12
Backhaus.

Guterhaltenes Backhaus mit intakter Ofenanlage. Ganz in konstruktivem Zweckfachwerk der Zeit um 1800. Das Backhaus bildet einen wichtigen Auftakt am Beginn des alten Ortskerns. Kulturdenkmal wegen seiner technischen, geschichtlichen und städtebaulichen Bedeutung.

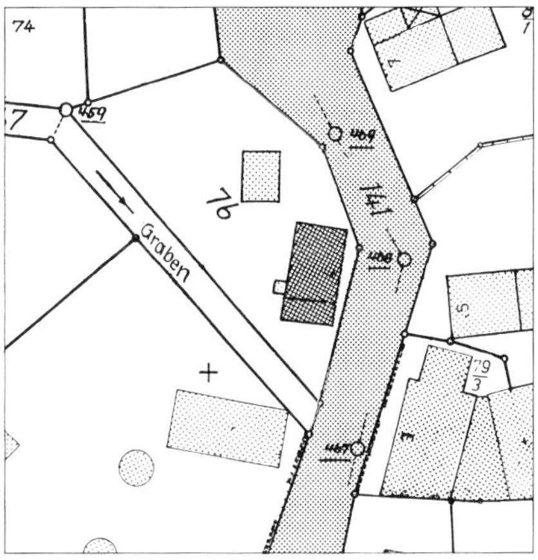

Bergstraße 4
Flur 1 Flurstück 76

Eingeschossiges kleines Arbeiterhaus eines Steinbrechers in schlichtem, einfachen Fachwerk aus der Zeit um 1800. Massives Sockelgeschoß, in dem sich ein kleiner Stall befindet. Kulturdenkmal wegen seiner sozialgeschichtlichen Bedeutung.

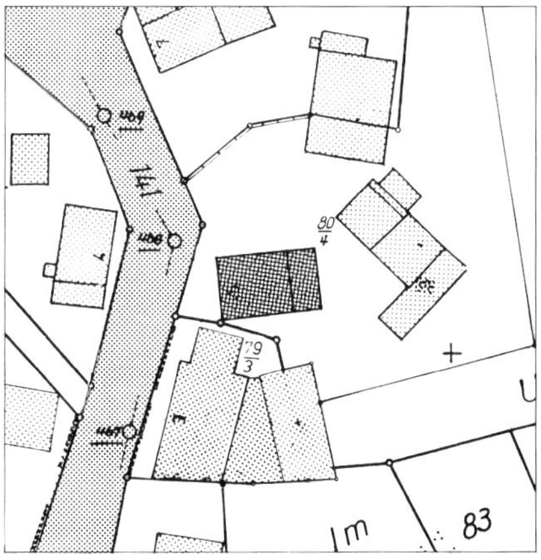

Bergstraße 5
Flur 1 Flurstück 80/4

Kleines zweigeschossiges Arbeiterhäuschen eines Steinbrechers mit profiliertem Schalgesims in originalem Zustand. Schlichtes, konstruktives Fachwerk, aus der Zeit um 1800. Kulturdenkmal wegen seiner sozialgeschichtlichen Bedeutung.

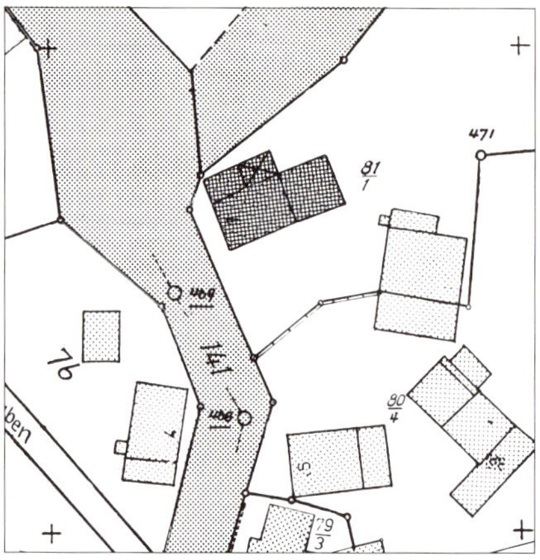

Bergstraße 7
Flur 1 Flurstück 81/1

Zweigeschossiger kleiner Fachwerkbau, Arbeiterwohnhaus eines Steinbrechers mit Anbau. Im UG verändert, im OG fast unverändert mit extrem weitmaschiger und gleichmäßiger Pfostenreihung. An den Eckpfosten kurze Fußstreben. Sehr gut erhaltenes konstruktiv interessantes Fachwerk des 17. Jhs. Kulturdenkmal wegen seiner sozialgeschichtlichen und wissenschaftlichen Bedeutung.

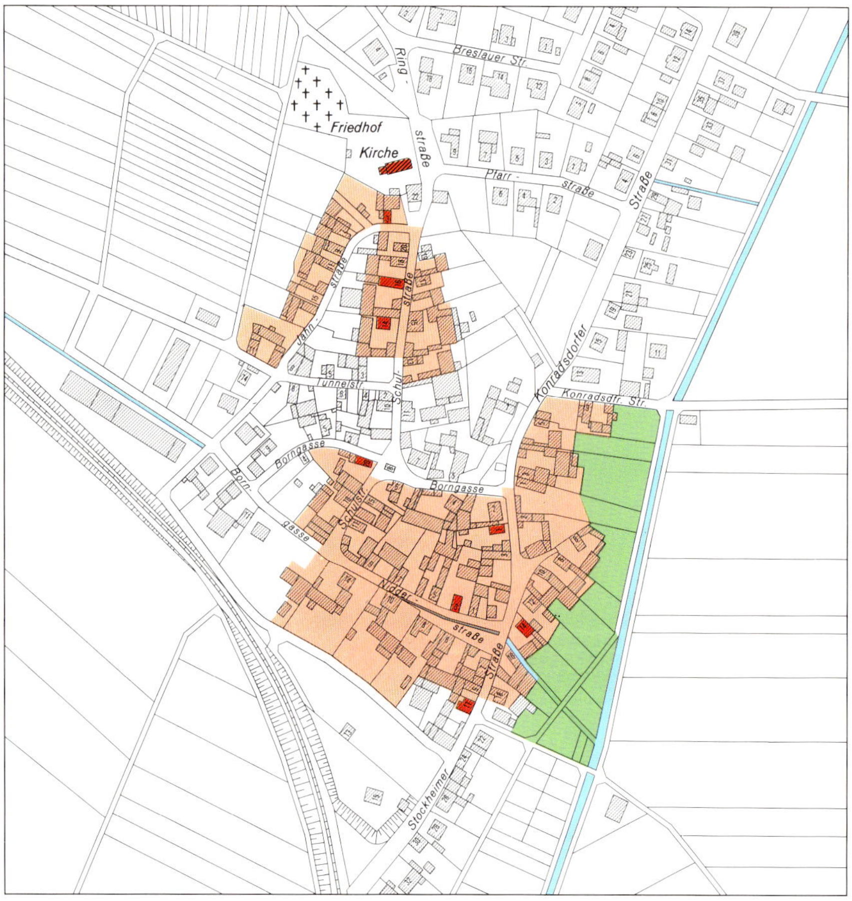

EFFOLDERBACH

links: Blick in die Jahnstraße
Mitte: Blick in die Stockheimer Straße

oben links: Blick in die Schulstraße
oben: Kirche von der Schulstraße aus gesehen

links: Blick in die Nidderstraße

Gesamtanlage

Im Bereich Nidderstraße, Schulstraße, Jahnstraße weist das Dorf noch ungestörte Straßenzüge auf, bestanden mit typischen Wetterauer Hakenhöfen des 18. Jhs. Der Charakter des vom barocken Holzbau bestimmten Dorfbildes ist als Ensemble zu erhalten.

Plan der Gesamtanlage

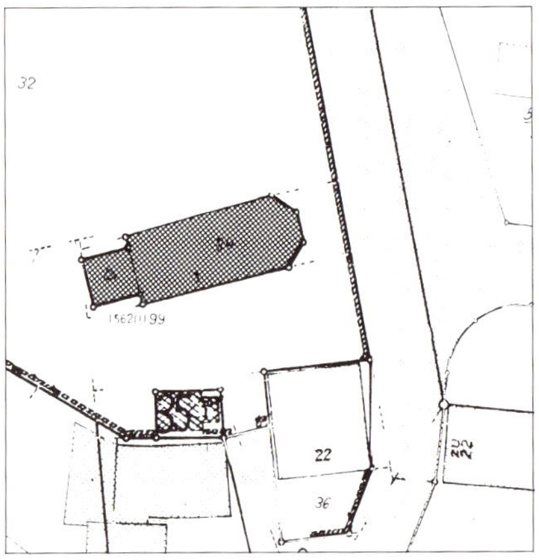

Jahnstraße 1
Flur 1 Flurstück 32
Evangelische Kirche.

Einfacher langgestreckter Bau mit Westturm. Der Chor dreiseitig mit Resten des 13. Jhs. Das Langhaus 17. Jh. Mittelalterliche Sakramentsnische mit Gittertürchen. Gotischer Taufstein mit Wappen und Kleeblattblenden. Kulturdenkmal wegen seiner geschichtlichen und städtebaulichen Bedeutung.

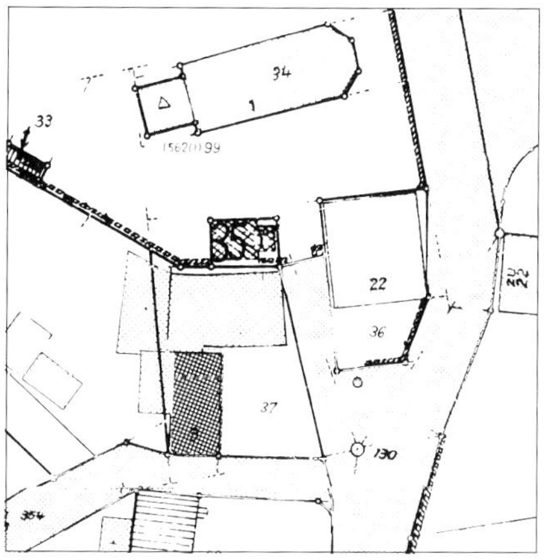

Jahnstraße 3
Flur 1 Flurstück 37

Dreizoniger, zweigeschossiger Fachwerkbau mit Satteldach. Wohnhaus einer einförmigen Hofreite in unmittelbarer Umgebung der Kirche. Im OG gutes Fachwerk aus der 2. Hälfte des 18. Jhs. mit Mann-Formen. Kulturdenkmal wegen seiner städtebaulichen Bedeutung.

Nidderstraße 3
Flur 1 Flurstück 9

Innerhalb der Nidderstraße ein gut erhaltenes Wohnhaus einer Hofreite. Freistehender, dreizoniger Fachwerkbau mit Satteldach, Giebelstellung zur Straße. Verputztes Fachwerk, geringfügige Vorkragung. Gute Proportionen, wenig neue Fenstereinbrüche; weitgehend ungestörtes Zierfachwerk des frühen 18. Jhs. zu erwarten. Kulturdenkmal wegen seiner künstlerischen Bedeutung.

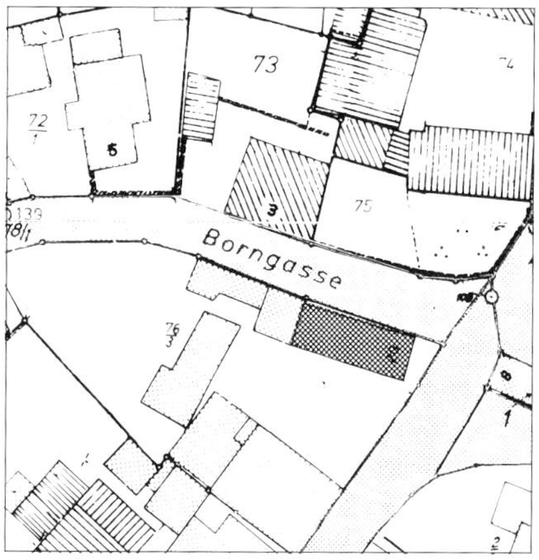

Nidderstraße 20
Flur 1 Flurstück 76/3

Giebelständiges Bauernhaus einer U-förmigen Hofreite, heute dreizonig, ursprünglich zweizonig. Gut erhaltenes Fachwerk des frühen 18. Jhs. in urwüchsigen Formen, im EG teilweise erneuert, sonst einfache Konstruktion. Kulturdenkmal wegen seiner künstlerischen Bedeutung.

Schulstraße 14
Flur 1 Flurstück 57

Dreizoniger, zweigeschossiger Fachwerkbau mit Satteldach. Giebelstellung zur Straße hin. Wohnhaus einer U-förmigen Hofreite, mit Asbestzementplatten verkleidet. Der Bau weist Vorkragungen auf und hat die ursprüngliche Fensterteilung, daher ungestörtes gutes Schmuckfachwerk aus dem 18. Jh. zu erwarten. Zweiläufige Freitreppe und Sandsteinsockel. Kulturdenkmal wegen seiner künstlerischen und wissenschaftlichen Bedeutung.

Schulstraße 16
Flur 1 Flurstück 55/1

Vierzoniger, ursprünglich dreizoniger Fachwerkbau mit Satteldach. Wohnhaus einer großen U-förmigen Hofreite. Aus dem 1. Viertel des 19. Jhs. Der Sockel aus sorgfältig behauenen Sandsteinquadern. Schlichtes und konstruktives Fachwerk, alte zweiflügelige Haustür mit Oberlicht, davor zweiläufige Freitreppe. Spätes Sichtfachwerk in guter Erhaltung. Kulturdenkmal wegen seiner künstlerischen Bedeutung.

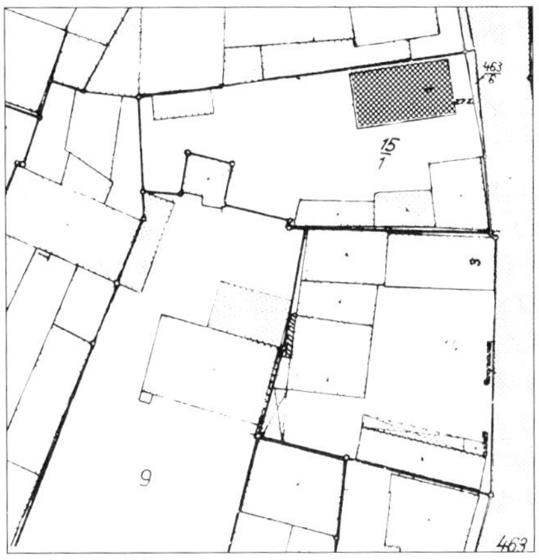

Stockheimer Straße 1
Flurstück 15/1

Wohnhaus, ehemals Teil einer Hofreite, zweigeschossig mit Giebelstellung und Satteldach. Im hinteren Bereich entstellender Neubau, im Obergeschoß Mannform mit schön geschwungener Gegenstrebe und Fußgegenstrebe. Guterhaltenes Fachwerk des frühen 18. Jhs. Kulturdenkmal wegen seiner künstlerischen Bedeutung.

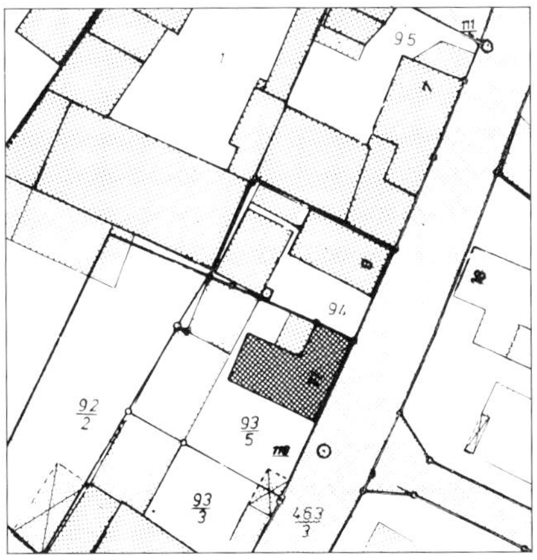

Stockheimer Straße 11
Flur 1 Flurstück 93/5

Zweigeschossiger Fachwerkbau auf L-förmigem Grundriß mit abgeknicktem Satteldach. Der Flügel zur Straße hin freigelegt, zur Hofseite hin verschindelt. 18. Jh. Schlichtes, konstruktives Fachwerk, ungewöhnliche Hausform. Kulturdenkmal wegen seiner wissenschaftlichen Bedeutung.

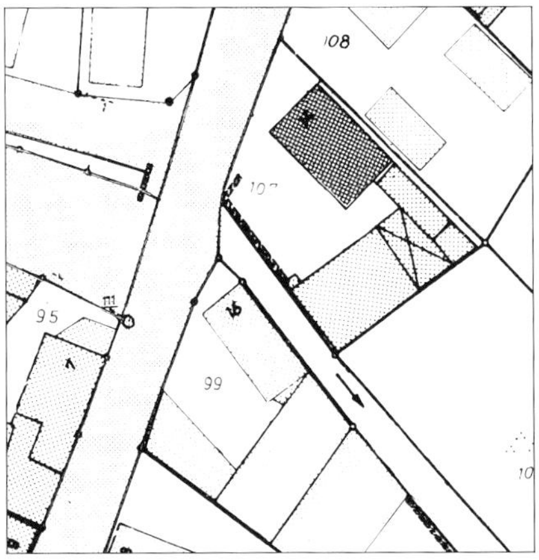

Stockheimer Straße 14
Flur 1 Flurstück 107

Giebelständiges, zweigeschossiges Wohnhaus einer L-förmigen Hofreite, dreizonig, aus dem frühen 18. Jh. Das Fachwerk im Erdgeschoß und an den Traufseiten teilweise erneuert. Schöne Mann-Formen mit Gegenstreben. In der Abwicklung der Stockheimer Straße ein herausragendes Element. Es schließt den Straßenraum der T-förmig auf die Stockheimer Straße stoßenden Nidderstraße. Kulturdenkmal aus künstlerischen und städtebaulichen Gründen.

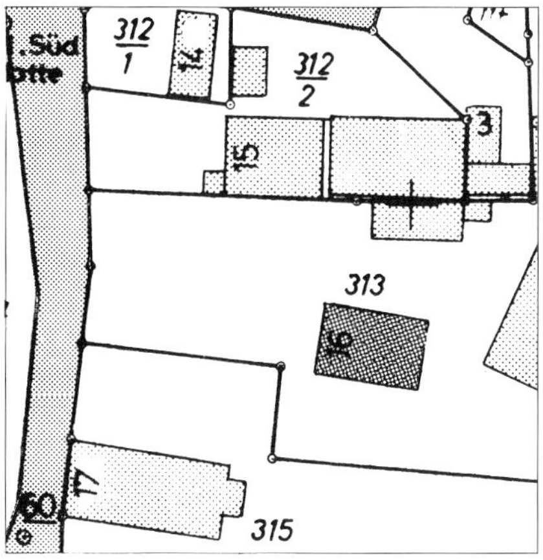

Hanauer Straße 16
Flur 6 Flurstück 313
Freistehendes Hakengehöft; das Wohnhaus intakt erhalten aus dem späten 17. Jh. Im Erdgeschoß das Fachwerk teilweise im 19. Jh. erneuert. Die Traufseite noch ursprünglich mit dem alten Verband, dreizonig mit breiten Wilde Mann-Formen und im mittleren Bereich des Wilden Mannes säulenartige Ausarbeitung mit Basis, Rundstab und Kapitell. Ähnliches Haus in Lißberg. Am Giebel Reste eines starken Zahnschnittfrieses. Die Scheune spätes 17. Jh. Das Wohnhaus ist Kulturdenkmal wegen seiner handwerklichen und baukünstlerischen Bedeutung.

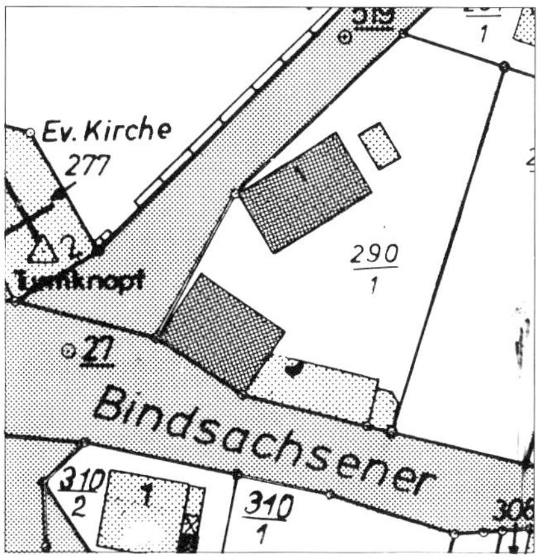

Kirchgasse 1
Flur 6 Flurstück 290/1

Unregelmäßige Hofreite in direkter Sichtbeziehung zur Kirche. Bedeutende, frühbarocke Scheune mit urwüchsigen, übermannshohen Eckstreben und Wildem Mann im Giebel. Der Hof bildet städtebaulich eine malerische Einheit mit der Kirche. Das Wohnhaus in spätbarokken Formen um 1790 mit reichem, geometrisierenden Fachwerk. Kulturdenkmal aus städtebaulichen und wissenschaftlichen Gründen.

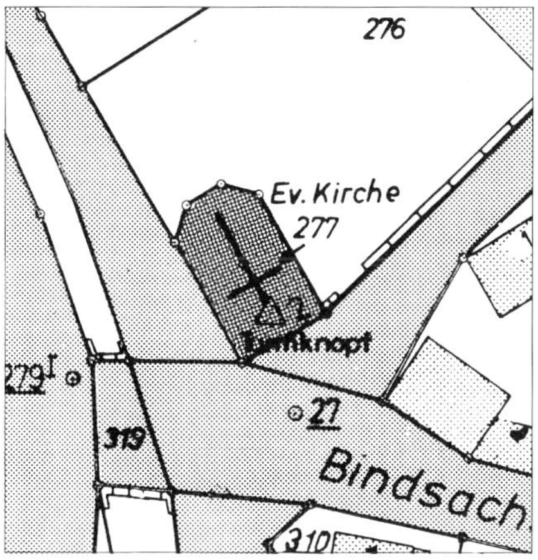

Kirchgasse 2
Flur 6 Flurstück 277
Evang. Pfarrkirche.

Kleiner Saalbau mit dreiseitigem Schluß. Das Äußere in der Art der oberhessischen, barocken Dorfkirchen schmucklos mit Haubendachreiter. Erbaut 1727-28 unter Graf Reinhard von Hanau. Im Innern durchgehende Holzstützen, in die die Emporen eingehängt sind. Die Kanzel ursprünglich in der Längsachse. Kulturdenkmal wegen seiner künstlerischen und geschichtlichen Bedeutung.

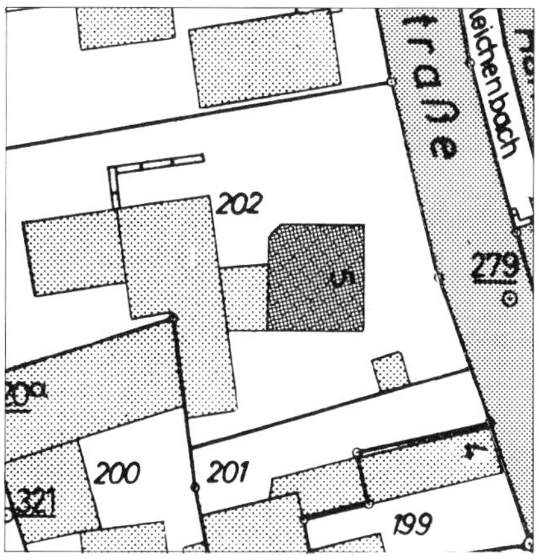

Weningser Straße 5
Flur 6 Flurstück 202

Freistehender Hof mit auffälligem Giebel, der den Straßenraum bestimmt. Das Interessante an der Giebelseite des ansonsten an der Traufseite uninteressanten, im 19. Jh. erneuerten Hauses, sind die barocken Reste in den beiden Geschoßübersetzungen, den Eckständern, dem stehenden Dachstuhl und als Unikum eine Knagge im Giebeldreieck mit grimmig blickender, bärtiger Maske. Aufgrund dieser Details Kulturdenkmal wegen seiner wissenschaftlichen und handwerklich-künstlerischen Bedeutung.

Gesamtanlage
Prämonstratenserkloster vermutlich um 1150 von Gerlach von Büdingen gegründet, ursprünglich Doppelkloster. Unter Gerlachs Sohn Hartmann Bau von Kirche und Klostergebäuden 1191 als vollendet genannt. Ab 1270 nur noch Nonnenkloster. Im 14. Jh. sinkender Wohlstand, Säkularisierung um 1580. 1810 an Hessen-Darmstadt.
Die vermutliche Begrenzung des mittelalterlichen Klosterbezirks, von dem nur Kirche und „Nonnenhaus" erhalten sind, deckt sich mit dem Gebiet des heutigen Ökonomiehofs. Wegen der historischen Bedeutung des Klosters ist der Bereich als Gesamtanlage ausgewiesen.

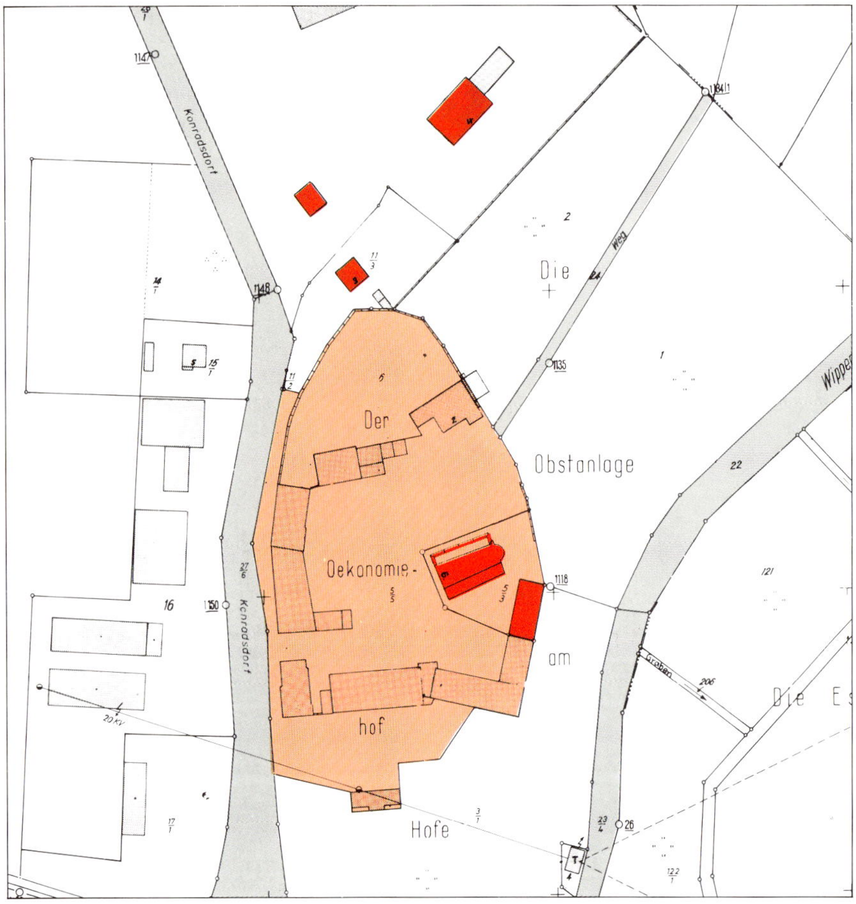

Wippenbacher Weg 6
Flur 4 Flurstück 5/3
Kirche.

Dreischiffige Pfeilerbasilika, flach gedeckt, ohne Querschiff mit Halbkreisapsis, erbaut um 1170-1190. Das nördliche Seitenschiff bis auf die Fundamente abgebrochen, das südliche im 18. Jh. als Hirtenwohnung verändert. Das Mittelschiff im Osten ca. 1 m schmäler als im Westen, offenbar durch örtliche Voraussetzungen (vorhandene Gebäude) bedingt. Die Westfassade schmucklos mit rundbogigem Stufenportal und zwei Rundbogenfenstern, die gleichen Fenster im Obergaden. Die Apsis in Quadermauerwerk – im Gegensatz zum Bruchstein des Langhauses und der Stirnwand. Im Osten vier Arkaden über quadratischen Pfeilern, im Südwesten niedriger Rundbogen, darüber Konsolen für die Nonnenempore. Ursprünglich vielleicht Wölbung geplant, vgl. die Basis für eine am ersten südwestlichen Pfeiler. Die Formen der Basen und Kämpfer sind Ilbenstadt und Gelnhausen verwandt.
Vier mittelalterliche Grabsteine, darunter der der Mechthild von Breuberg, geb. von Waldeck, um 1350.
Kulturdenkmal wegen seiner künstlerischen, geschichtlichen und wissenschaftlichen Bedeutung.

oben:
Innenaufnahme der Kirche
unten links: Kirche von Westen
unten mitte: Kirche von Osten

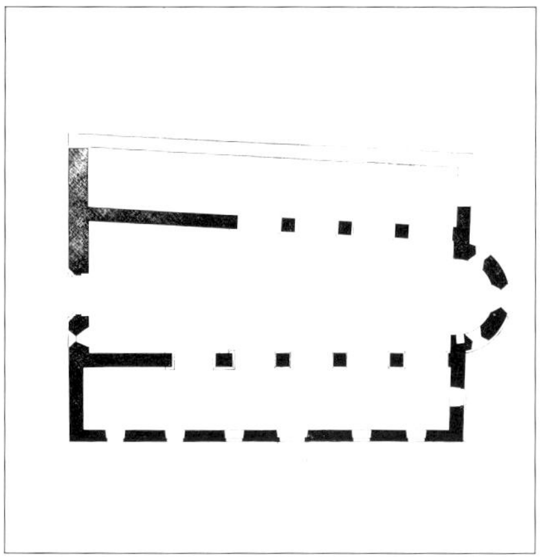
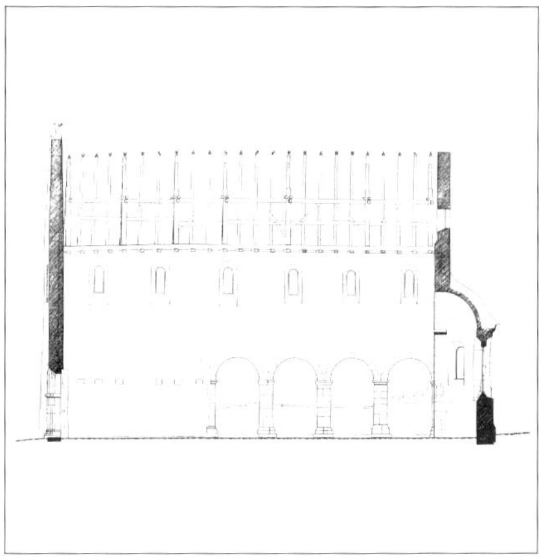
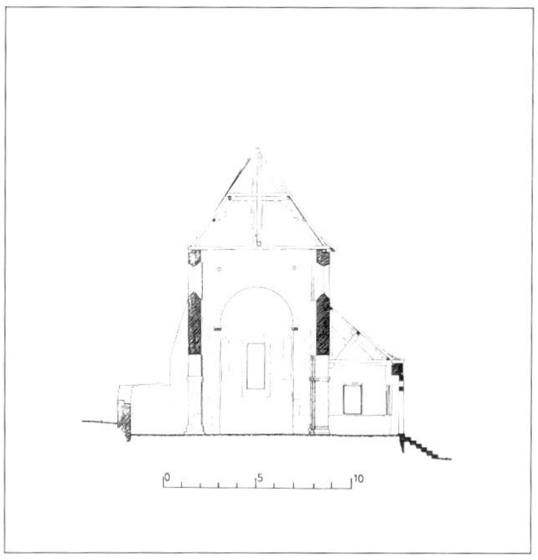

oben: Kirche

links: Grundriß
Mitte: Querschnitt
rechts: Längsschnitt

„Nonnenhaus"
Flur 4 Flurstück 5/3

Romanisches Wohnhaus, letztes Viertel 12. Jh. Bestimmung unbekannt. Zweigeschossiger rechteckiger Steinbau mit Satteldach im spitzen Winkel zur Kirche angeordnet. Im Untergeschoß Portal und Reste zweiteiliger Fensterarkaden. Ehemals hölzerne Freitreppe zum großen rundbogigen Portal im Obergeschoß. Dort Repräsentationsraum mit kunstvoll gearbeitetem umrahmten Doppelfenster. An der Talseite vierteilige Fensterarkade, großartiges Motiv mit Sitznischen im Innern. Über Kragstein mit drei Masken die leicht hervortretende Apsidiola einer Kapelle. Der bedeutende Wohnbau erinnert in Details stark an Münzenburg und Gelnhausen.

oben: „Nonnenhaus" von Norden
links: Westfassade
mitte: „Nonnenhaus" von Westen

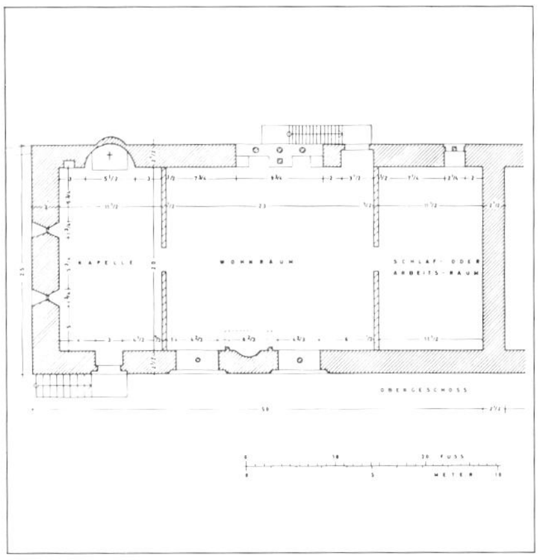

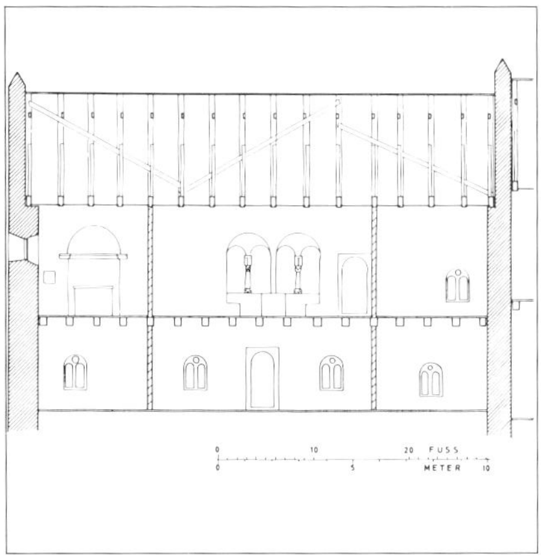

„Nonnenhaus"
links: Grundriß Obergeschoß
Mitte: Längsschnitt

Sommersitz des Großherzogs von Hessen
Flur 4 Flurstück 11/4, 11/3

Siebenachsiges Wohnhaus mit überdachtem Mitteleingang und Freitreppe. Die zurückhaltende, biedermeierliche Architektur betont durch flache, umlaufende Gesimsbänder und ein scharfprofiliertes Kranzgesims. Ganz im Sinne Mollers von strengem Äußeren, an städtische Wohnhausarchitektur erinnernd. Erbaut um 1830 wohl von Moller. Annähernd symmetrisch dazu zwei Kavaliershäuser, quadratisch mit steilem Mansarddach, entstanden im 18. Jh., wohl Rest der Vorgängeranlage. Der Sommersitz ist Kulturdenkmal wegen seiner geschichtlichen und künstlerischen Bedeutung.

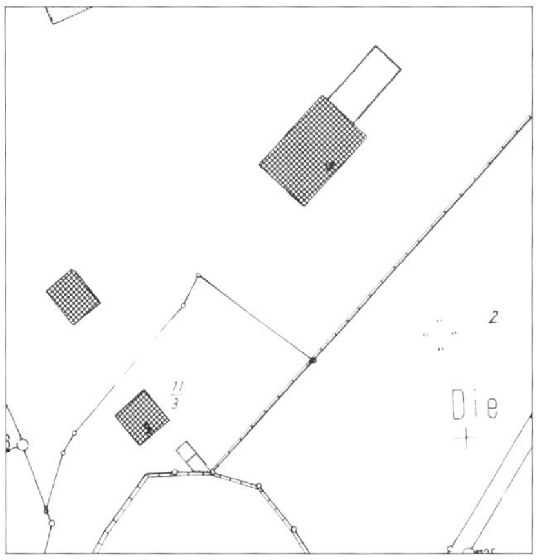

oben: Wohnhaus von Nord-Westen
links: Kavaliershaus

unten links: Kavaliershaus

Gesamtanlage

Die Gesamtanlage umfaßt den alten Dorfkern, den Bereich der Kirche und die Burgruine mit den sie umgebenden Hanggärten. Im Bereich der Mühlgasse sind einige barocke Erdkeller erhalten. Dorf, Kirche, Mühlenbezirk und die alles überragende Ruine bilden ein einmaliges, topographisch bedeutsames Ensemble.

links: Blick auf die Kirche

unten: Blick von oben in die Schloßgasse

Mitte: Mühlgasse

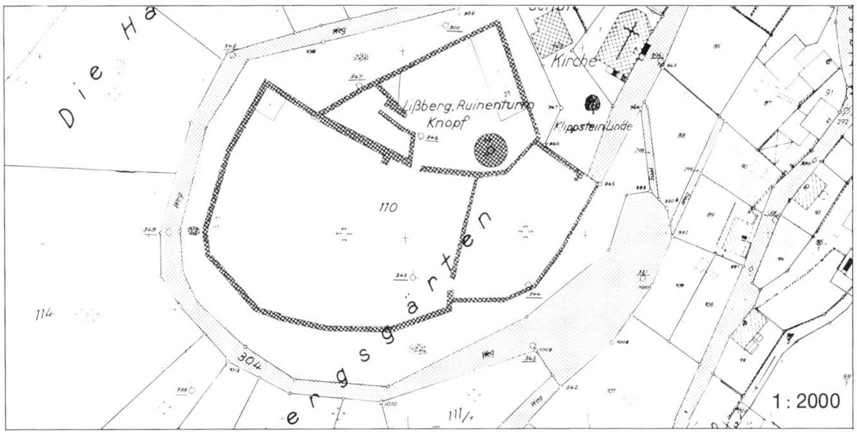

Burg
Flur 1 Flurstück 110

Ruinöse Anlage, auf einer Basaltkuppe gelegen. Großer Zwinger und Vorburg, die Mauern großenteils erhalten. Die fünfeckige Kernburg umschließt den guterhaltenen runden Burgfried des 14. Jhs. Die sich über unbebauten Abhängen erhebende Burg prägt das Bild des Ortes. Kulturdenkmal wegen ihrer geschichtlichen und städtebaulichen Bedeutung.

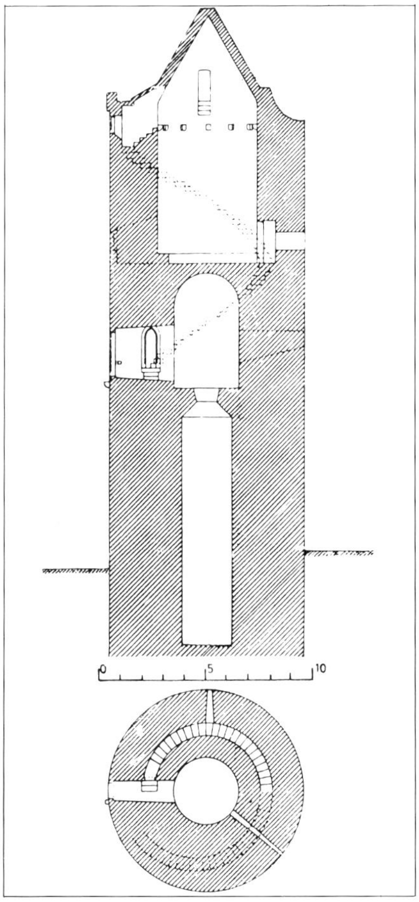

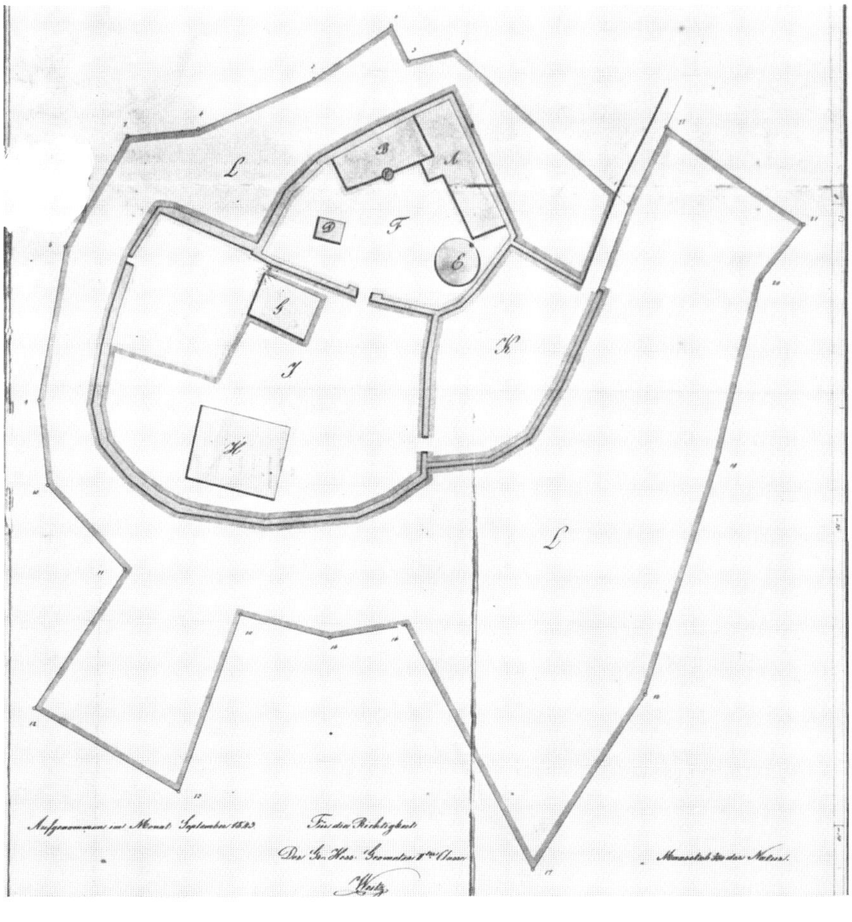

Plan des Schlosses von 1833
oben: Grundriß und Schnitt des Turmes

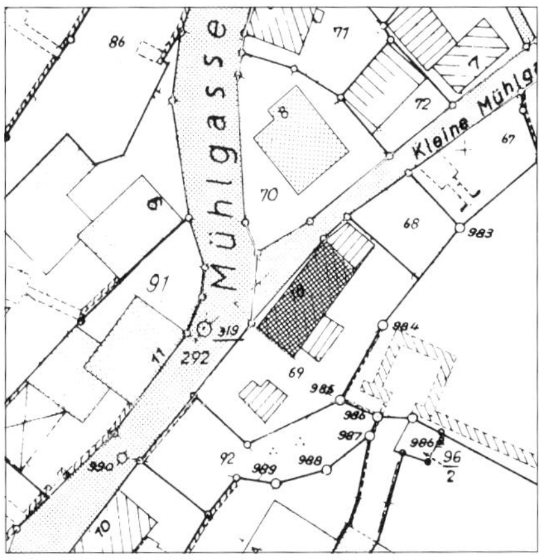

Kleine Mühlgasse 18
Flur 1 Flurstück 69

Wohnhaus unmittelbar am Steilabhang zum Stau an der Mühle gelegen. Urwüchsige Konstruktion in Ständerbauweise mit eingezapften Schwellen, eingeschobenem Drempel. Ursprüngliches, barockes Karnies am Eingang erhalten. Das Haus ist ein ungestörter Typ eines Landarbeiterhauses, wohl in Verbindung mit der großen Mühlenanlage unterhalb. Kulturdenkmal wegen seiner sozialgeschichtlichen Bedeutung und wegen seiner städtebaulichen Bedeutung als letzter Bau im Randbereich der historischen Ortslage.

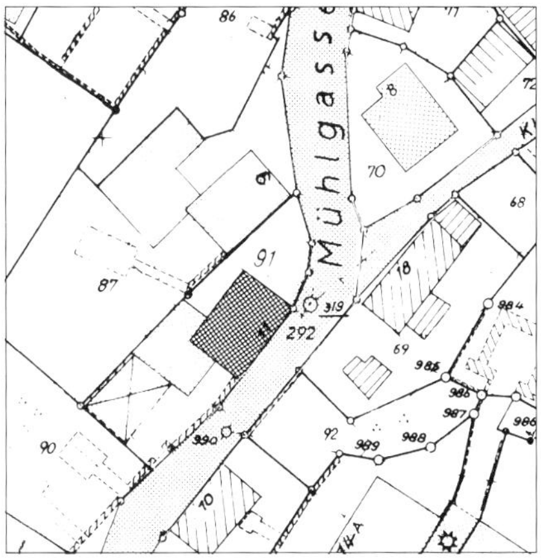

Mühlgasse 11
Flur 1 Flurstück 91

Hohes, breitgelagertes Fachwerkhaus über Bruchsteinsockel mit Kellereingang. Dort bezeichnet „1751 HPG". Das aufgehende Fachwerk jedoch jünger, Ende 18. Jh. Die Eckständer sind Reste eines barocken, im frühen 19. Jh. erneuerten Baues. Giebelseite mit fischgrätähnlichem Ornament, 19. Jh. Das Haus ist ein wichtiger, ortsbildlicher Bezugspunkt am Fuß des Schloßberges, Kulturdenkmal aus städtebaulichen und baukünstlerischen Gründen.

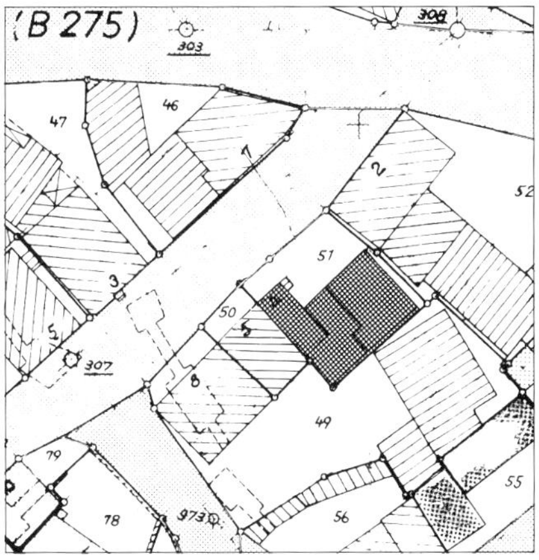

Schloßgasse 4
Flur 1 Flurstück 51

Etwas aus der Straßenflucht zurückgesetztes, barockes Einhaus in kleinen Proportionen. Scheune und Wohngebäude unter einer Traufe; Anbau des späten 19./frühen 20. Jhs. L-förmig zur Straße. Der barocke Kern sehr gut ablesbar, die Schwelle durchlaufend profiliert mit Karnies. Das alte Scheunentor mit den barocken Angeln erhalten. Ein Haustyp, der relativ selten vorkommt und der die Behausung und Wirtschaft einer Schicht von unvermögenden Kleinbauern bzw. Landarbeitern darstellt. Kulturd. weg. s. wiss. u. sozialg. Bedeutung.

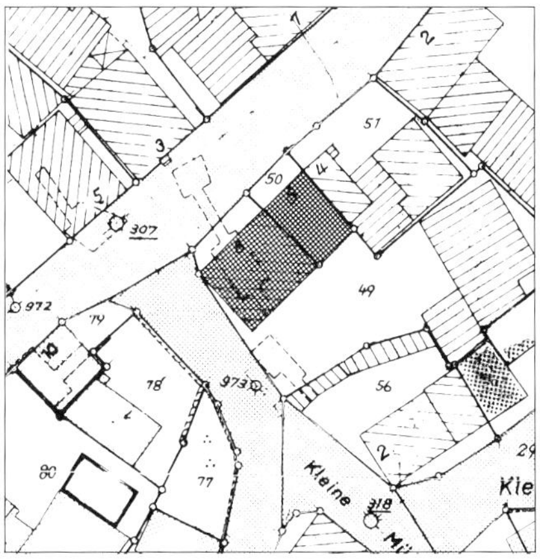

Schloßgasse 6/8
Flur 1 Flurstück 49 und 50

Prominenter Bau am Aufeinandertreffen von Mühlgasse und Schloßgasse. Giebelständig zur Mühlgasse in breitgelagerten Proportionen auf hohem Bruchsteinsockel mit Sandsteinkanten. Darüber Fachwerk, im Giebel verschiefert. Entstanden im 18. Jh. Unter dem Haus ein mittelalterlicher Keller, dessen Stollen weit in den Straßenraum hineinragt. Kulturdenkmal wegen seiner städtebaulichen und geschichtlichen Bedeutung.

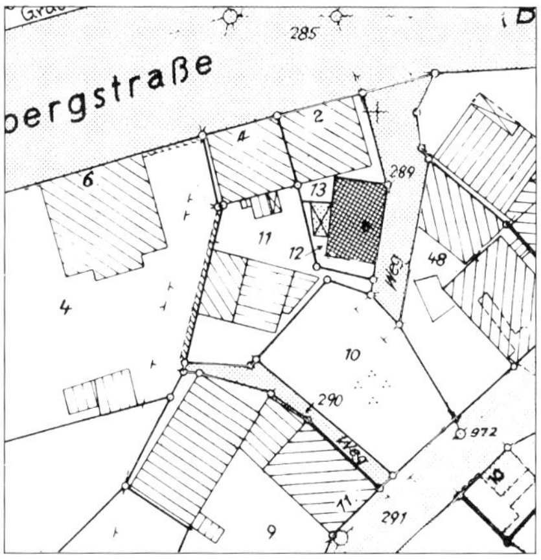

Schloßgasse 9
Flur 1 Flurstück 12

Kleines, eingebautes Haus, etwas aus der Straßenflucht zurückgesetzt. Über massivem Erdgeschoß, gutes Fachwerk aus der Zeit um 1690. Große, weit gespreizte Wilde Mann-Form. Das Haus selbst zweizonig. Umlaufende, feine Profilierung. Das Haus hat als Besonderheit säulenartig aufgesetzte Ornamente an den Eckständern zur Vogelsbergstraße hin und auch in der Mitte des Giebels aufzuweisen. Kulturdenkmal wegen seiner künstlerischen und wissenschaftlichen Bedeutung.

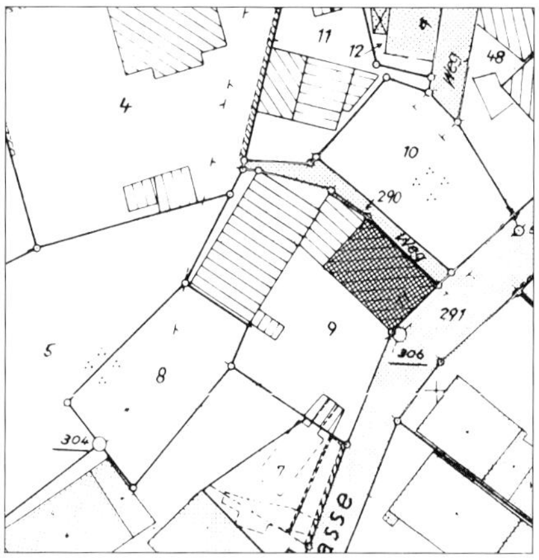

Schloßgasse 11
Flur 1 Flurstück 9

L-förmige Hofreite mit Erdkeller in malerischer Lage an der Straße, die zur Kirche und zum Schloß hinaufführt. Prägt an dieser Stelle stark das Ortsbild. Einfacher, qualitätvoller Bau aus der Zeit um 1790 mit barockem Schalgesims. Das Fachwerk selbst einfach konstruktiv ohne Krümmungen. Die Giebelseite verschindelt. Die Scheune aus der gleichen Zeit über Sandsteinsockelgeschoß. Kulturdenkmal wegen seiner Bedeutung für das Ortsbild und seinem unversehrten Zustand mit einfachem Fachwerk des beginnenden Klassizismus.

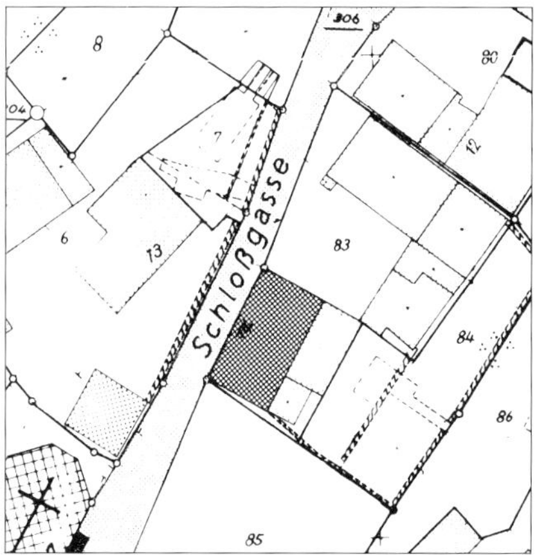

Schloßgasse 14
Flur 1 Flurstück 84

U-förmiger Hof, unmittelbar vor dem Chor der Kirche gelegen, mit späteren Anbauten. Das Wohnhaus in starkem Fachwerk aus der Zeit um 1700 mit Schalgesims. Die Zone zur Straße hin noch ursprünglich, im hinteren Bereich ist das Fachwerk erneuert. Im Giebel auch noch Fachwerk aus der Zeit um 1700. Zur Kirche hin Anbau des 18. Jhs. Wegen seiner Lage im Ortsbild unmittelbar in Sichtbeziehung zur Kirche und wegen seines frühen Fachwerks Kulturdenkmal aus städtebaulichen und wissenschaftlichen Gründen.

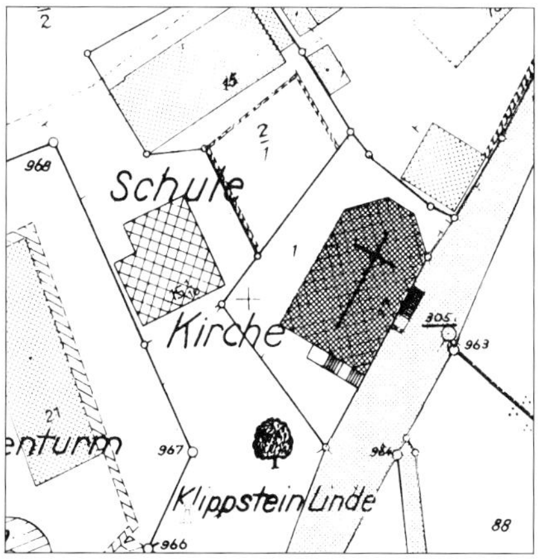

Schloßgasse 17
Flur 1 Flurstück 1
Pfarrkirche.

Nachgotischer Saalbau mit Dachreiter. Interessante Lage am Hof mit Freitreppe und Hauptportal an der Längsseite. Dort Datum der Erbauung 1618. Vorbild für den Bau ist die Niddaer Kirche. Flachdecke mit Längsunterzügen und Stuckornamenten. Kanzel und Orgel 18. Jh. Kulturdenkmal wegen seiner künstlerischen, wissenschaftlichen und städtebaulichen Bedeutung.

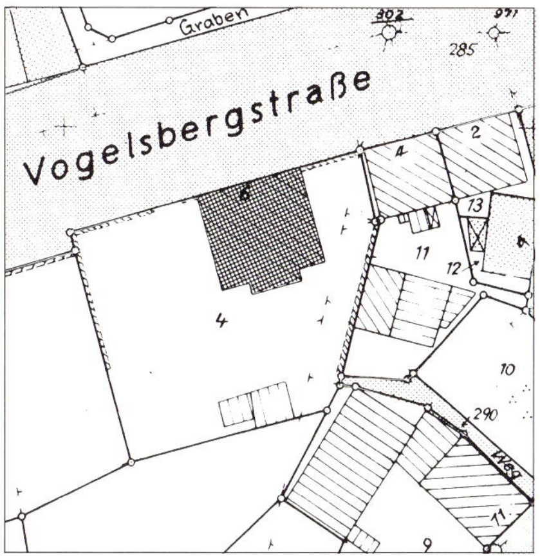

Vogelsbergstraße 6
Flur 1 Flurstück 4

Massives Haus in großem Garten, Auftakt zum historischen Bereich. Basaltbruchsteinsockel, die beiden Obergeschosse in roh behauenen Quadern; feine klassizistische Fensterprofile. Intakt erhaltene alte Gartenumfriedung mit Sandsteinpföstchen. Der Bau leitet in das freie Parkgelände unterhalb der Burg über. Entstanden um 1870. Als ausgefallener Vertreter des Historismus am Ort Kulturdenkmal wegen seiner baukünstlerischen Qualität sowie aus städtebaulichen Gründen.

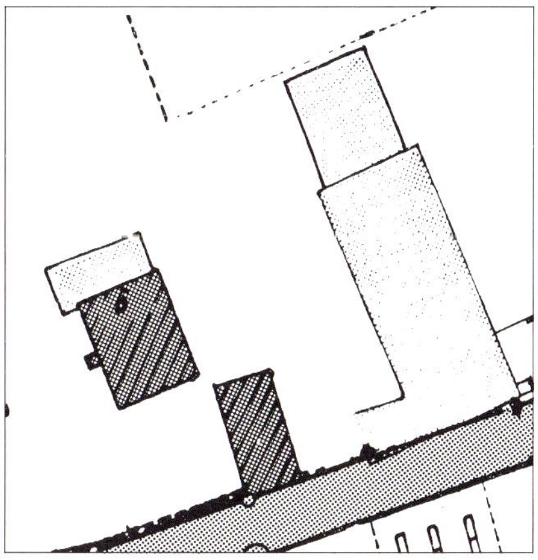

Ausspannhof, an der alten Überlandstraße gelegen
Flur 8 Flurstück 12

Barockes Hauptgebäude, dreiachsig mit reich ornamentiertem Portal, im Sturz datiert 1739, in weitgehend ursprünglichem Zustand erhalten. Stallgebäude aus Bruchstein, im Giebel Fachwerk, Fenster- und Türgewände sowie Okuli in Haustein, ein Türsturz datiert 1800. Unter der unpassenden Verkleidung des Hauptgebäudes gutes barockes Schmuckfachwerk zu erwarten. Kulturdenkmal wegen seiner künstlerischen und geschichtlichen Bedeutung.

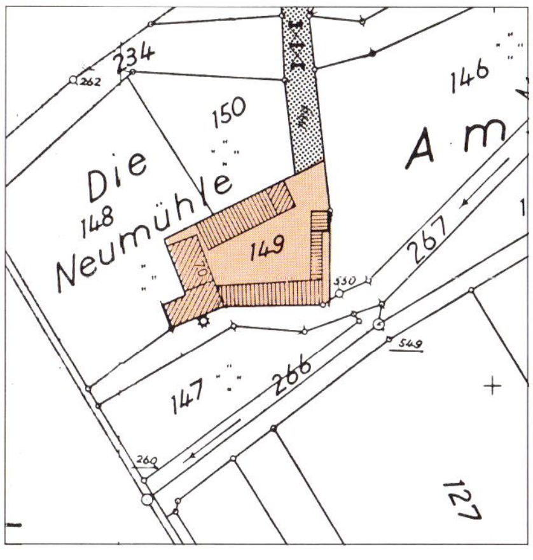

Gesamtanlage

Neumühle

Geschlossene Mühlenanlage des Barock als Ersatz für die eingegangene Konradsdorfer Klostermühle; erbaut 1722, im 19. Jh. mehrfach stark verändert. Zweibogige Sandsteinbrücke 18./19. Jh. Die topographische Einbindung der Anlage in die Landschaft hebt sie aus der Reihung der 3 Mühlen im Niddertal hervor. Die Erhaltung der Gesamtanlage aus siedlungs- und wirtschaftsgeschichtlichen Gründen liegt im öffentlichen Interesse.

Gesamtanlage

Der Ort Selters, in dem seit dem Mittelalter Salz gesotten wurde, hat sich als Straßendorf entlang der Hauptstraße entwickelt. Das Ortsbild ist durch landwirtschaftliche Wohn- und Nutzbauten des 17.-19. Jhs. geprägt, der Wetterauer Hakenhof ist der bestimmende Gebäudetyp. Trotz modernen Einbrüchen ist der Charakter eines barocken Straßendorfes erhalten.

Blick in die Hauptstraße

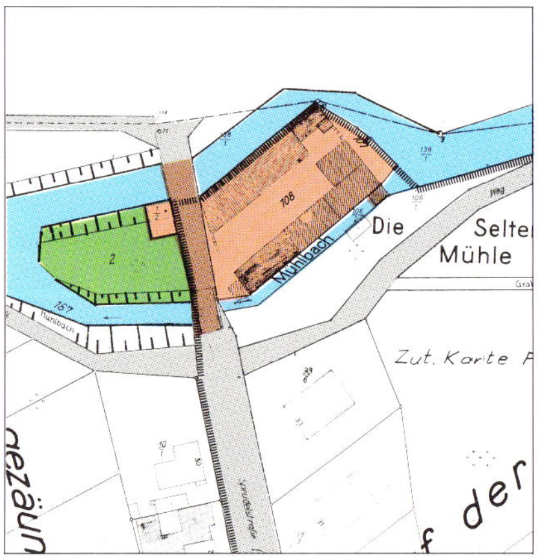

Gesamtanlage
Mühle

Nordwestlich der Ortslage liegt auf einer kleinen Insel, von der Nidder umflossen, eine gut erhaltene Mühlenanlage des 19. Jhs. Bruchsteinscheune mit Sandsteingewänden. Haupthaus langgestreckter zweigeschossiger Fachwerkbau. Als Hauptmühle des Dorfes ist die Mühle Gesamtanlage aus ortsgeschichtlichen Gründen.

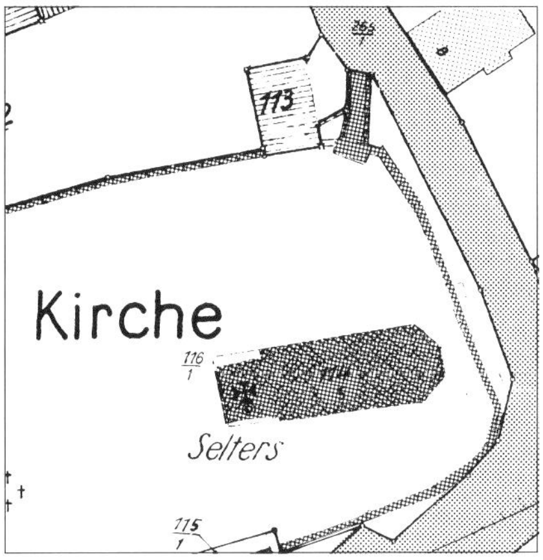

Am Berg 5
Flur 1 Flurstück 116/1
Evangelische Pfarrkirche.

Kirche mit Wehrkirchhof, im östlichen Bereich die mittelalterliche Mauer mit Spitzabdeckung und überdachte Pforte von 1701. Mittelalterlicher Saalbau mit Dreiseitschluß und wehrhaftem Westturm mit achteckigem Helm. Reste guter frühgotischer Wandmalereien im Chor, spätes 13. Jh. Umbau 1718-30, aus dieser Zeit einheitliche Ausstattung. Kulturdenkmal aus künstlerischen, wissenschaftlichen und geschichtlichen Gründen.

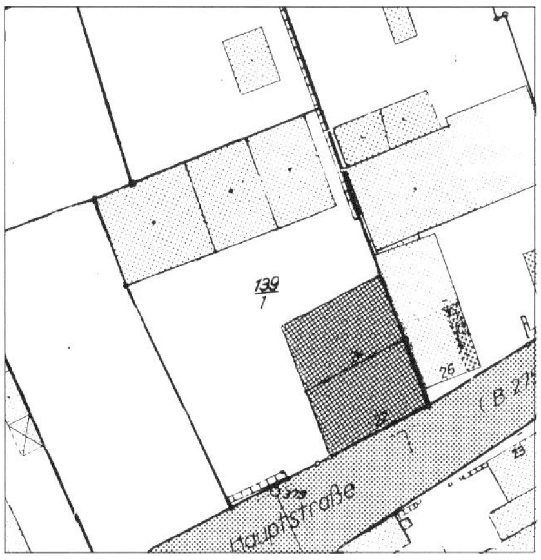

Hauptstraße 22/24
Flur 1 Flurstück 139/1

Großer Ökonomiehof, ein Teil der Stallungen abgebrochen. Zweigeschossiges Wohnhaus zu 5 Achsen, kubisch in Bruchsteinmauerwerk mit einfachen Hausteingewänden, elegantem Mansarddach, 18. Jh. L-förmige Scheune mit Fachwerkgiebel in Bruchstein mit Hausteinkanten. Das stattliche Wohnhaus nach Art eines barocken Herrenhauses prägt den Auftakt des alten Ortsbildes, deshalb Kulturdenkmal aus städtebaulichen und wissenschaftlichen Gründen.

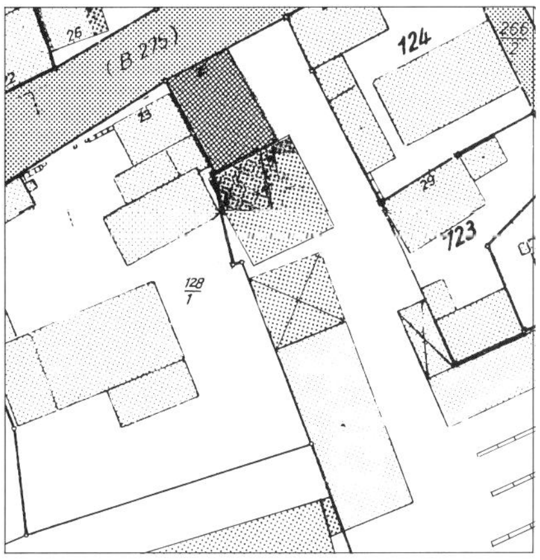

Hauptstraße 25
Flur 1 Flurstück 126/1

Wohnhaus einer ehemaligen Hofreite. Die Hofsituation heute zerstört durch neuen Wohnhausanbau in gleicher Firstrichtung. Jedoch wirkt das alte barocke Fachwerkwohnhaus stark in den Straßenraum als wichtiger Akzent. Die Giebelseite holzverschindelt, doppelt profiliertes Schalgesims. Konstruktives Fachwerk aus der Zeit um 1800. Kulturdenkmal wegen seiner eminenten städtebaulichen Bedeutung innerhalb einer Gruppe kleiner Häuser.

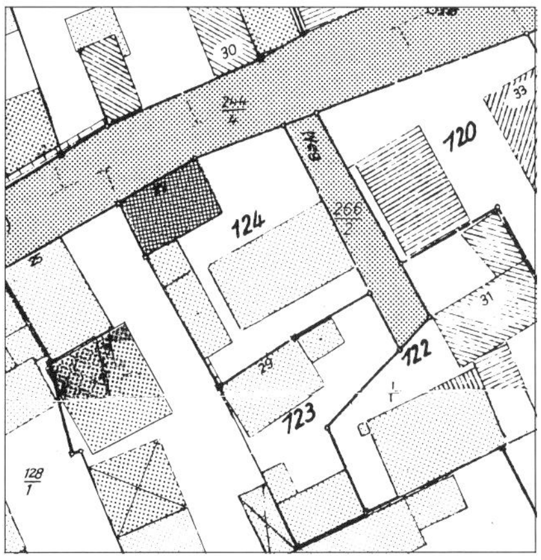

Hauptstraße 27
Flur 1 Flurstück 124

Traufständiges Fachwerkwohnhaus, zweigeschossig, in kleinen gedrungenen Proportionen mit ursprünglichen Fensteröffnungen, jedoch verschindelt. Die dazugehörende Scheune ist heute abgebrochen. Aber an Hand der Proportionen und Geschoßübersetzungen kleines, zierliches Schmuckfachwerkhaus des späten 18. Jhs. zu erkennen. Kulturdenkmal wegen seiner baukünstlerischen Bedeutung.

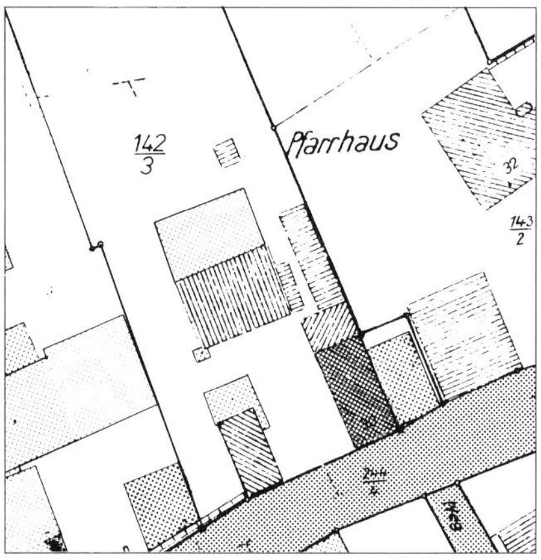

Hauptstraße 30
Flur 1 Flurstück 142/3

U-förmige Hofreite in Fachwerk. Die Scheune als Kopfbau abschließend zur Landschaft; rechtwinklig dazu kleines Auszügler- oder Stallgebäude mit hohem Bruchsteinsockel, Obergeschoß in Fachwerk. Das Wohnhaus zweigeschossig mit übersetzten Geschossen und übersetztem Giebel. Anfang 18. Jh. Typische Wetterauer Hofreite von wichtiger, ortsbildprägender Bedeutung im Straßenbild. Unter der Verschindelung liegt gutes Zierfachwerk (Archivfoto); deshalb Kulturdenkmal wegen seiner künstlerischen Bedeutung.

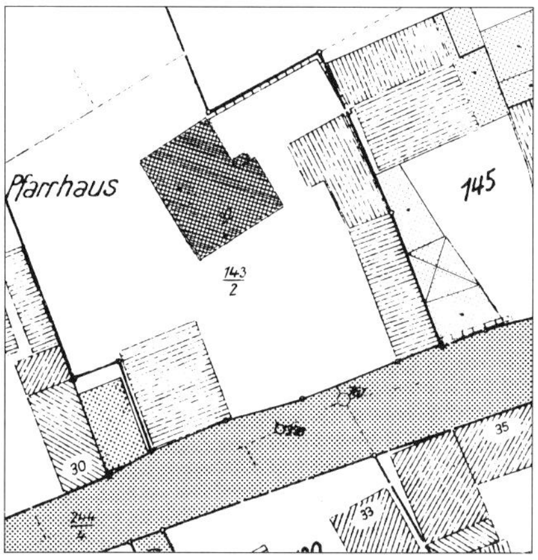

Hauptstraße 32
Flur 1 Flurstück 143/2
Pfarrhof.

Große, zur Straße offene Hofreite. Beide Seiten eingefaßt von großer, barocker Scheune, diese durch den Straßenausbau um ein Gefach dezimiert. Stall und andere Nebengebäude in Bruchstein bzw. Fachwerk. In der Mitte als Querriegel das Pfarrhaus, datiert 1615. Der Kernbau riegelförmig parallel zur Straße mit starkem Geschoßüberstand, holzverschindelt, seltenes Renaissance-Fachwerk zu erwarten. Kulturdenkmal aus wissenschaftlichen und ortsgeschichtlichen Gründen.

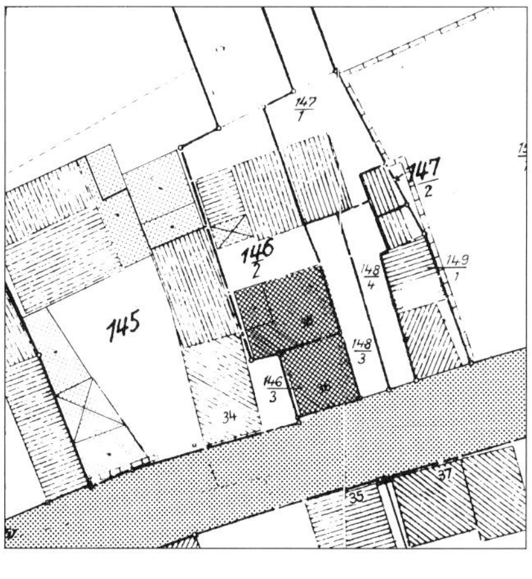

Hauptstraße 36/38
Flur 1 Flurstück 146/2 und 146/3

L-förmige Hofreite, Wohnhaus giebelständig zur Straße in klassischer Wetterauer Ausrichtung; starke Eckständer. Im Obergeschoß stark profiliert, schöner Wilder Mann mit geschweiften Kopfstreben; an der Traufseite elegante Feuerböcke mit Stipp-Putz-Ornamenten herzförmig und rautenförmig ausgelegt. Insgesamt gut erhaltener, ehemals dreizoniger Bau. Der Wohnbau ist Kulturdenkmal aus baukünstlerischen und städtebaulichen Gründen.

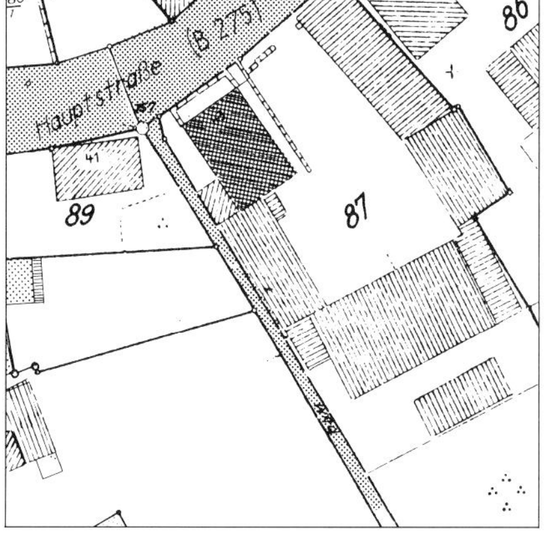

Hauptstraße 43
Flur 1 Flurstück 87

U-förmige Hofreite, das Wohnhaus in wichtiger Position an einem Knick der Hauptstraße; Giebelseite holzverschindelt. An der Traufseite des dreizonigen Baues gute Fachwerkfigurationen, 1. Hälfte 18. Jh. Geschuppte Eckstäbe mit Schneckenornament an Kopf und Fuß. Weit durchgebogene halbe Wilde Männer mit Kopfstreben. Kulturdenkmal wegen seiner städtebaulichen und baukünstlerischen Bedeutung.

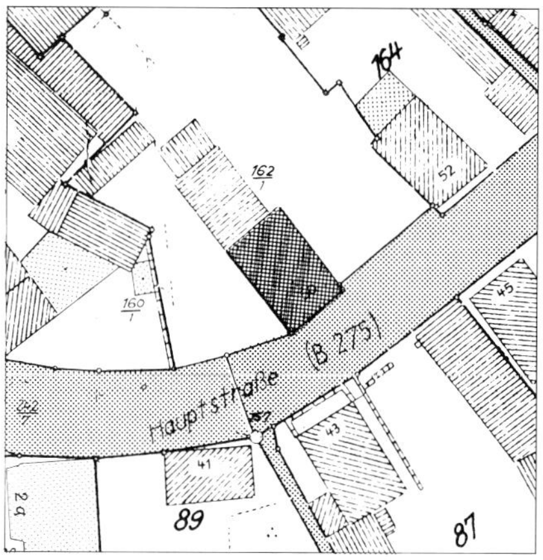

Hauptstraße 50
Flur 1 Flurstück 162/1

Weit in den Straßenraum hineinragender Fachwerkwohnbau über Bruchsteinsockelgeschoß, dort an der Giebelseite eingemauert Einstein-Rundbogen-Fenster, wohl Renaissance, wiederverwandt. Das Haus selbst dreizonig, im Giebelbereich verschindelt, an der Traufseite schön gestalteter Eckständer mit Ecksäulchen und fibelartigen Schneckenornamenten, Ende 17. Jh. Kopfbänder. Kulturdenkmal wegen seiner künstlerischen und städtebaulichen Bedeutung.

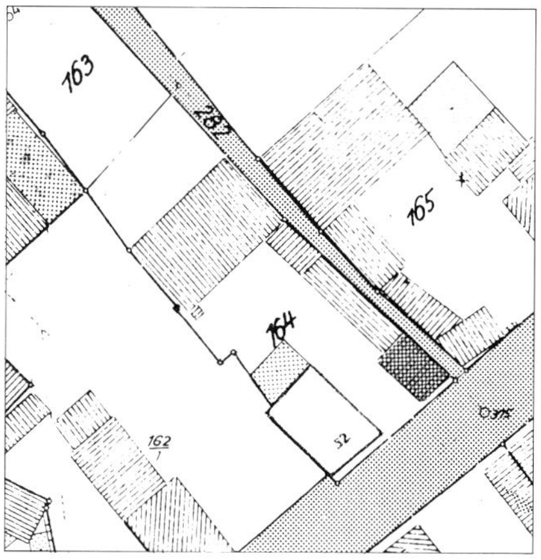

Hauptstraße 52
Flur 1 Flurstück 164
Schmiede

Einfacher Nutzbau über Bruchsteinsockel in Eichenholzfachwerk mit weit vorkragendem Schutzdach auf Konsolen. Die Hölzer teilweise wiederverwandt, erbaut um 1800. Kulturdenkmal wegen seiner ortsgeschichtlichen Bedeutung.

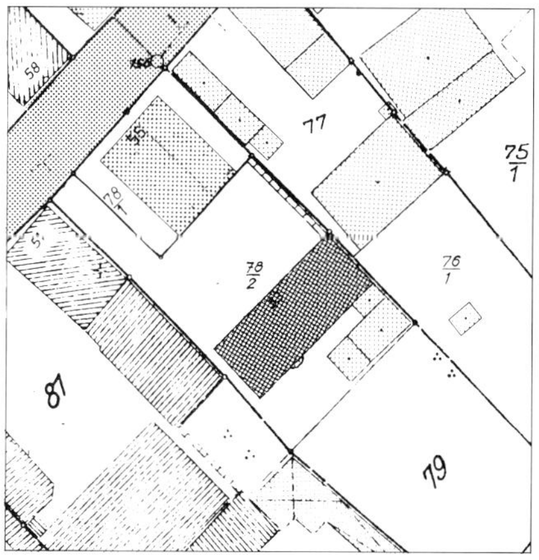

Hauptstraße 53
Flur 1 Flurstück 78/2
Schule

Bruchsteinkonstruktion mit lisenenartigen Vorsprüngen und zurückgesetzten Fenstern mit Hausteinumrahmung im Erdgeschoß. Darüber historistisches Fachwerkgeschoß mit großen, überkreuzten, andreaskreuzartigen geschoßhohen Streben und Sechseckformen. Entstanden 1879; Interessanter, ländlicher Schulbau. Kulturdenkmal wegen seiner historischen und wissenschaftlichen Bedeutung.

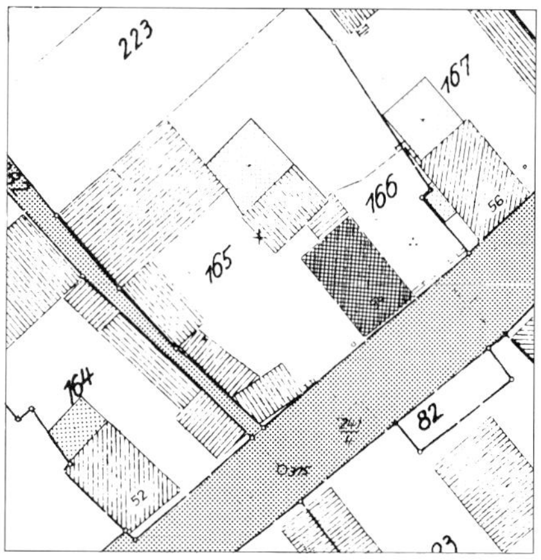

Hauptstraße 54
Flur 1 Flurstück 166

Große Hofreite des 18. Jhs. mit mehreren verschachtelten Fachwerkgebäuden im Hof. Das Wohnhaus parallel mit dem Giebel zur Straße, total mit Kunststoffpaneelen verkleidet, jedoch an Hand der Proportionen und Fensteröffnungen als barocker Fachwerkbau aus der Zeit um 1750 identifizierbar. Wichtig im Straßenbild, sehr gutes Zierfachwerk zu erwarten. Kulturdenkmal wegen seiner künstlerischen und städtebaulichen Bedeutung.

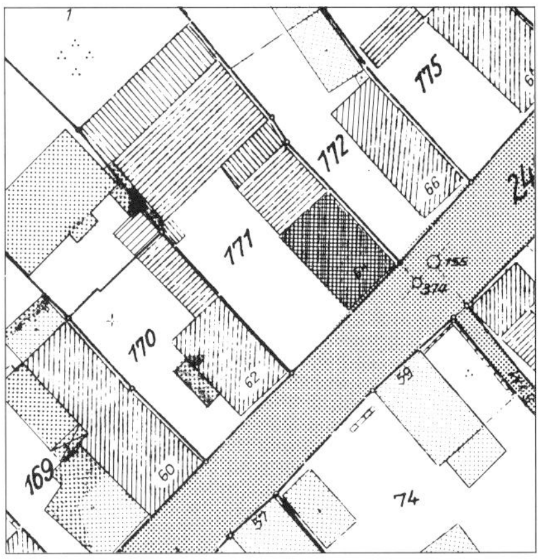

Hauptstraße 64
Flur 1 Flurstück 171

Klassische Wetterauer Hofreite in L-förmiger Anordnung. Wohnhaus um 1800 mit schwach profiliertem Schalgesims, spätbarocker Dachausbildung mit Krüppelwalm. Ansonsten schon regelmäßiges, klassizistisches Fachwerk, alte zweiläufige Freitreppe erhalten. Im hinteren Bereich Anbau des 19. Jh. Dazu L-förmig, riegelförmig die Scheune, ebenfalls um 1800. Innerhalb des Straßenraums ist der Bau durch sein Volumen bedeutend und prägt das Ortsbild. Kulturdenkmal wegen einer städtebaulichen Bedeutung.

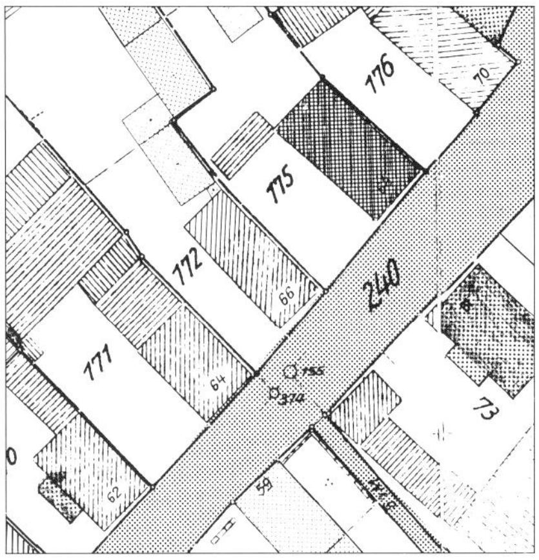

Hauptstraße 68
Flur 1 Flurstück 175

Zweigeschossiges Einhaus in typisch Vogelsberger Ausprägung, Giebel verschindelt. Wohnhaus, Scheune und Stallgebäude Mitte 18. Jh. mit fein profilierter Schwelle in Wohn- und Scheunenteil. Im Scheunenteil regelmäßig angeordnete Streben mit Fußgegenstreben. Bemerkenswerter verzierter Scheunensturz. Wohnhaus, Scheune und der Riegel des kleinen Stallgebäudes sind Kulturdenkmal wegen ihrer wissenschaftlich-bautypologischen Bedeutung.

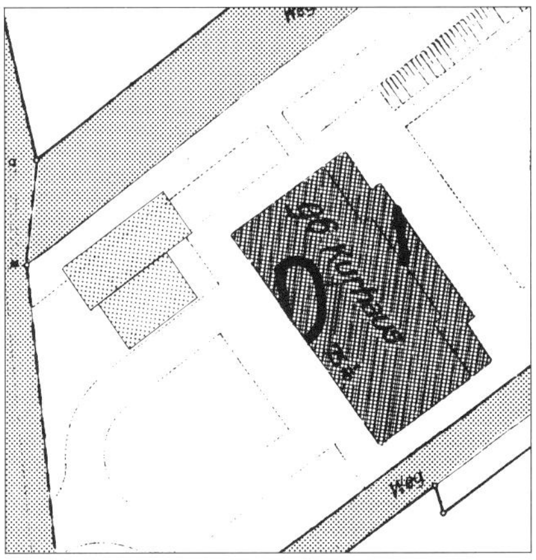

Sprudelstraße 75
Flur 1 Flurstück 96
Kurhaus

Erbaut 1924/25 nach Plänen von Hambacher. Breitgelagerter Baukörper in neobarockem Fachwerk mit steilem Walmdach und zentralen großen Zwerchhäusern auf beiden Seiten. Zentraler Eingang mit dreiläufiger Freitreppe und historisierender Überdachung. Das Gebäude ist Ausdruck der erneuten Anstrengungen der Gemeinde in den zwanziger Jahren, als Kurort anerkannt zu werden. Kulturdenkmal wegen seiner geschichtlichen Bedeutung.

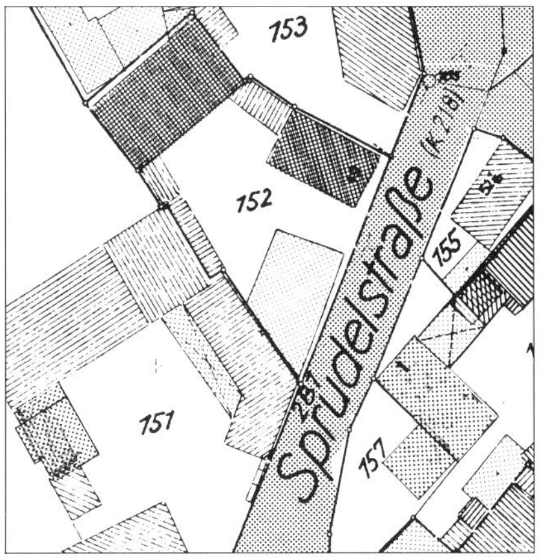

Sprudelstraße 2
Flur 1 Flurstück 152

Intakt erhaltene Hofreite, spätes 18. Jh. Scheune über Bruchsteinsockel mit Haussteingewänden. Gutes, regelmäßiges klassizistisches Fachwerk. Altes Schutzdach erhalten. Das Wohnhaus giebelständig zur Straße, im Obergeschoß leicht übersetzt. Die alte Fensterteilung läßt auf ungestörtes Fachwerk schließen. Beide Bauteile sind Kulturdenkmal aus wissenschaftlichen Gründen als Vertreter des Übergangs vom spätbarocken zum funktionalen Fachwerk des 19. Jhs.

Gesamtanlage

Entlang der Brunnenstraße bzw. dem Brunnenbach ist der alte Ort in Form eines Straßendorfes gut erhalten. Sein Bild ist bestimmt durch Hofreiten vorwiegend des 18. und frühen 19. Jhs., die unregelmäßig gestaffelt ein Ortsbild von überdurchschnittlicher Qualität ergeben.

Fotos aus der Brunnenstraße

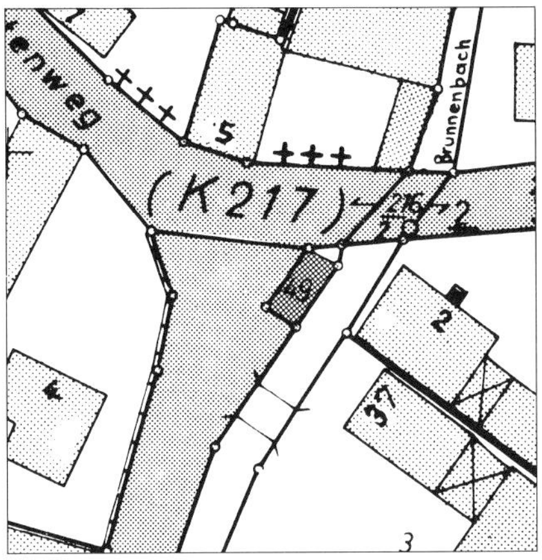

Brunnenstraße
Flur 1 Flurstück 49

Backhaus. Im Ofenteil massiv, im vorderen Teil Fachwerk des frühen 19. Jhs. in einfachen zweckmäßigen Formen. Kulturdenkmal aus ortshistorischen Gründen.

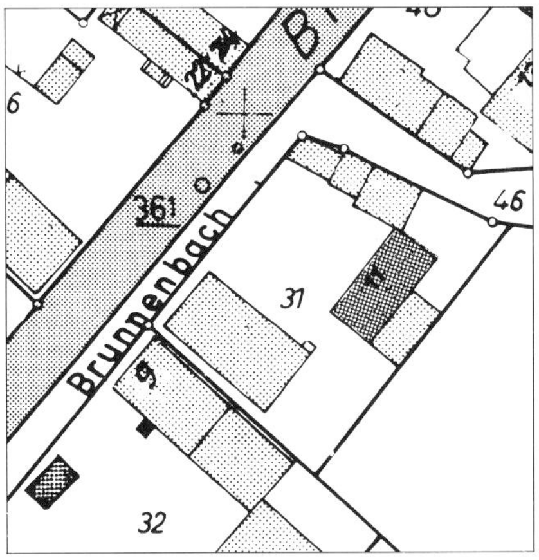

Brunnenstraße 11
Flur 1 Flurstück 31

Wohnhaus einer U-förmigen Hofreite eines Großbauern, vom Straßenraum etwas zurückgesetzt. Dreizoniger, zweigeschossiger Fachwerkbau mit Krüppelwalmdach. Moderne Inschrift „1767 bis 1967". Stilistisch letztes Drittel des 18. Jhs. Unter den Fenstern Brüstungsfüllungen – eine ausgesparte Raute aus Einzelhölzern –. Kulturdenkmal wegen seiner künstlerischen und sozialgeschichtlichen Bedeutung.

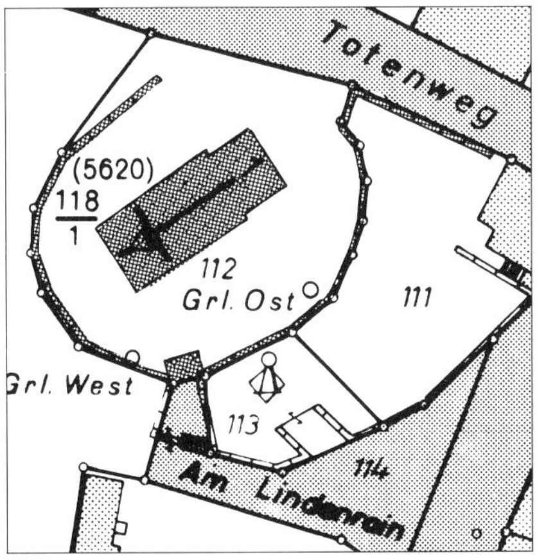

Am Lindenrain 1
Flur 1 Flurstück 112
Evangelische Pfarrkirche.

Einfacher Saalbau mit Haubendachreiter, erbaut 1706-08. Älterer, quadratischer Chor mit Kreuzrippengewölbe um 1300. Im Innern zweiseitige Empore auf Holzstützen. Der Chor mit bedeutender figürlicher und ornamentaler Ausmalung aus der 1. Hälfte des 14. Jhs. Kanzel von 1608. Der alte ovale Wehrkirchhof in großen Teilen erhalten, einmalig sein überdachtes romanisches Tor, aus der Zeit um 1200. Kulturdenkmal wegen seiner künstlerischen, geschichtlichen und wissenschaftlichen Bedeutung.

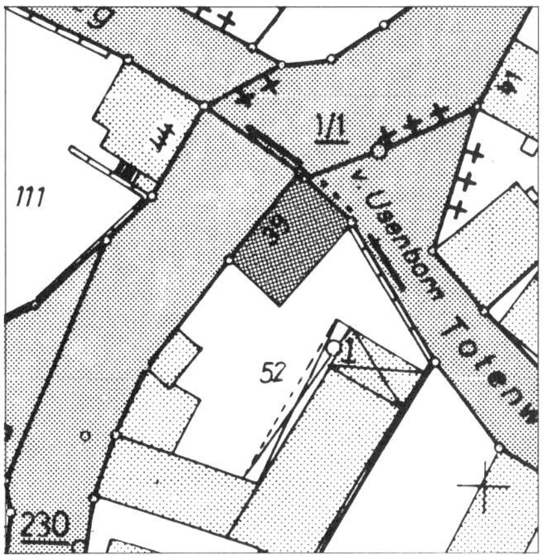

Stolberger Straße 39
Flur 1 Flurstück 52

Verputztes, zweigeschossiges Fachwerkhaus mit Krüppelwalmdach; städtebaulich dominierende Stellung an der Ecke Stolberger Straße/Totenweg. Weitgehend originale Bausubstanz des frühen 18. Jhs. Nach Freilegung reiche Fachwerkzier der Zeit um 1720 zu erwarten. Kulturdenkmal wegen seiner künstlerischen und städtebaulichen Bedeutung.

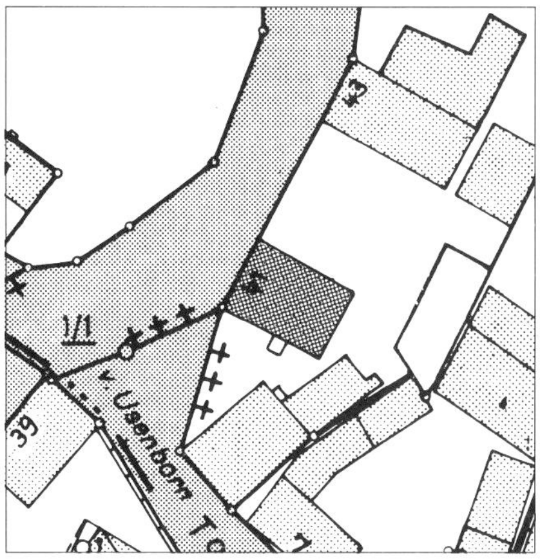

Stolberger Straße 41
Flur 1 Flurstück 152/2

Dreizoniger, zweigeschossiger Fachwerkbau mit Satteldach, Giebelstellung zur Straße hin. Wohnhaus einer L-förmigen Hofreite, an der Kreuzung Stolberger Straße/Totenweg gelegen. Putzinschrift 1767. Im Obergeschoß zwei Schauseiten, zur Straße hin mit Mann-Form, teilweise mit Gegenstreben. Über Pfosten und Streben läuft eine Riegelprofilierung (Thüringischer Einfluß). Gut erhaltenes, verhältnismäßig reiches Fachwerk des späten 17. Jhs. Kulturdenkmal wegen seiner wissenschaftlichen und künstlerischen Bedeutung.

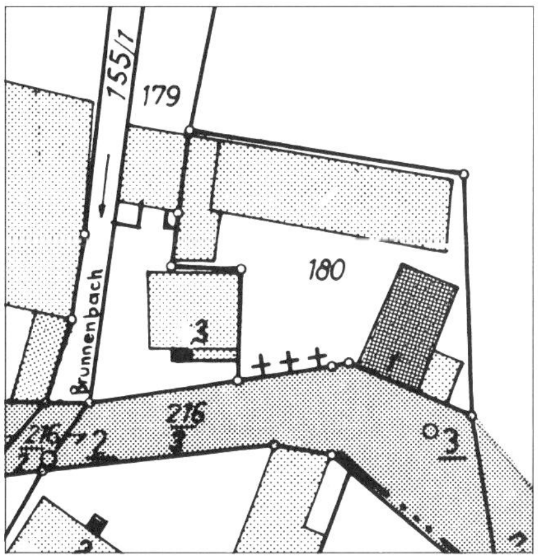

Totenweg 1
Flur 1 Flurstück 180

Dreizoniges, zweigeschossiges Wohnhaus einer Hofreite am Eingang des Ortes. Mit Krüppelwalmdach, Giebelstellung und beidseitig freistehend; mit kleinem Anbau. Einfaches, konstruktives Fachwerk, zur Giebelseite verplattet. Unter den Fenstern senkrechte Hölzer als Brüstungsfüllung. Breite Haustüröffnung mit profilierter Rahmung. Sehr gut erhaltenes Fachwerk des späten 18. Jhs. Wegen seiner dominierenden Lage am Ortsteingang Kulturdenkmal wegen seiner städtebaulichen Bedeutung.

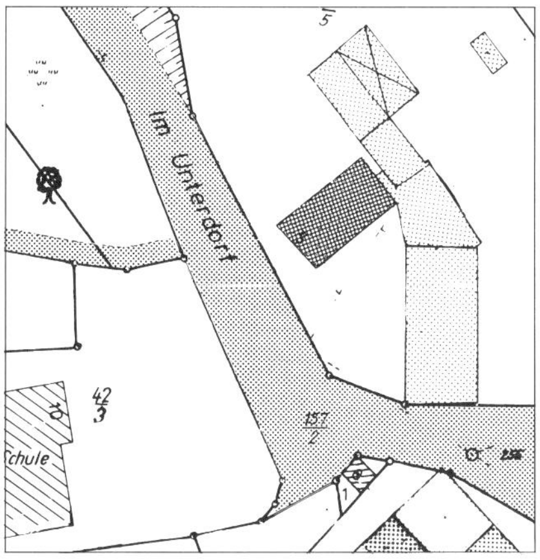

Totenweg 9
Flur 2 Flurstück 14

Kleines, eingeschossiges Fachwerkhaus mit massivem Kellergeschoß. Einläufige Freitreppe mit Überbauung des frühen 20. Jhs. Gutes Beispiel für ein Landarbeiterwohnhaus der Zeit um 1800. Kulturdenkmal wegen seiner sozialgeschichtlichen Bedeutung.

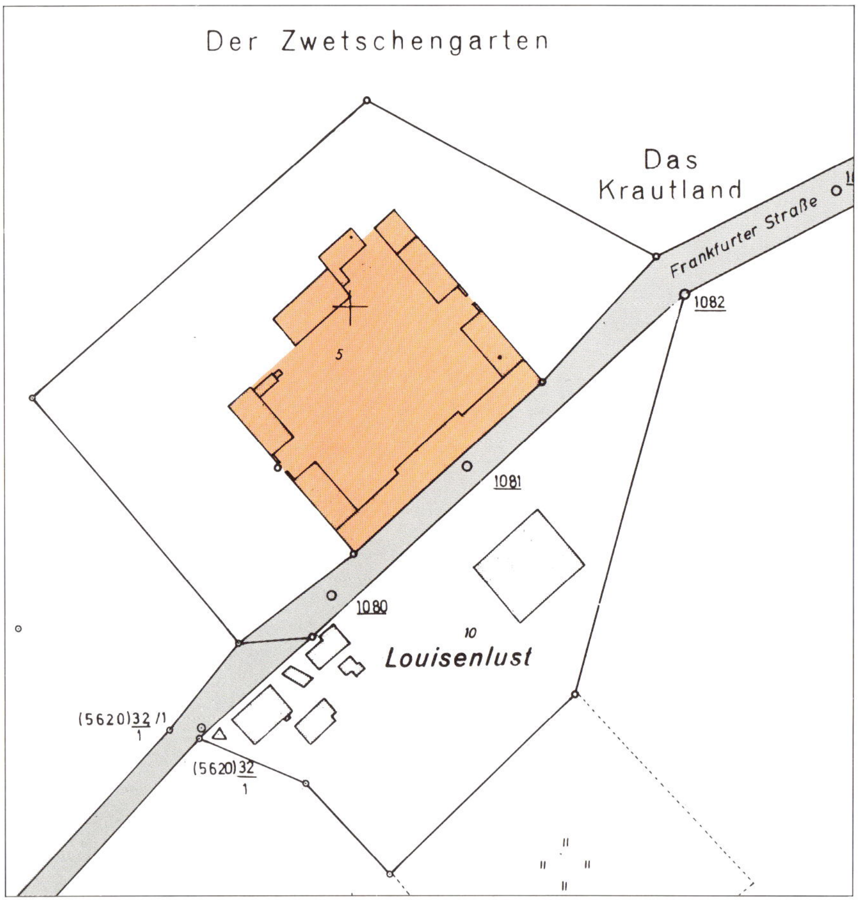

Gesamtanlage
Hof Louisenlust
Flur 5 Flurstück 5

Vierflügelige Hofanlage. Das eingeschossige Herrenhaus ist in der 2. Hälfte des 18. Jhs. erneuert. Die Wirtschaftsflügel nur teilweise verändert, Massivbauten aus Basaltmauerwerk. Die Öffnungen mit einfachen Sandsteingewänden. Die Giebel in Fachwerk. In der Mitte der drei Seiten sind die Flügel unterbrochen durch ursprüngliche Toröffnungen. Im Süden und Norden die Tore noch erhalten, breite, korbbogige Portale in hohen Basaltmauern. Typische Anlage der Zeit.

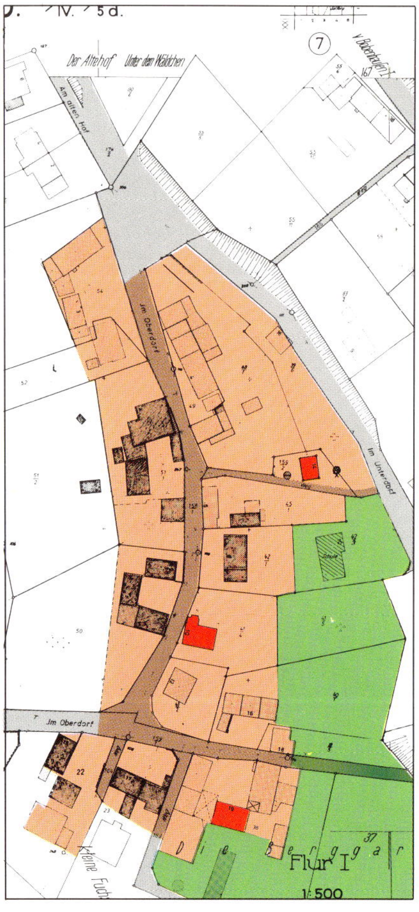

WIPPENBACH

Gesamtanlage

Die herausragende Lage der Schule im Zusammenhang mit einigen gut erhaltenen Fachwerkhofreiten des 18. und 19. Jhs., das Gefälle zwischen Oberdorf und Unterdorf, das unbebaute Gartengelände und die malerische Baugruppe von Backhaus und Brunnen bilden im Zusammenwirken eine topographisch-historische Struktur von hohem Reiz.

links: Fotos von Hofreiten im Oberdorf

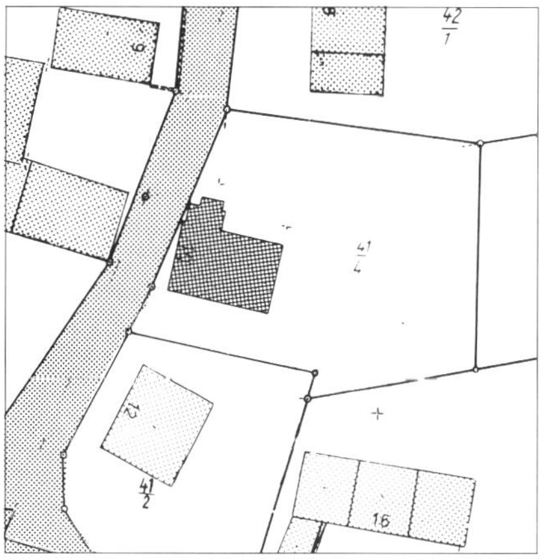

Im Oberdorf 10
Flur 1 Flurstück 41/4
Alte Schule.

Zweigeschossiger Bau auf hohem Bruchsteinsockel in Hanglage. Reiches, hochbarockes Fachwerk. Hohes, dreifach profiliertes Schalgesims. Im Obergeschoß rautenartige Füllungen, in der Brüstung S-Streben, Wilder Mann und Andreaskreuze. Polygonaler Dachreiter mit Stichbogenfenster. Einer der wenigen guterhaltenen Schulbauten des frühen 18. Jhs. in Oberhessen. Kulturdenkmal aus wissenschaftlichen, baugeschichtlichen und künstlerischen Gründen.

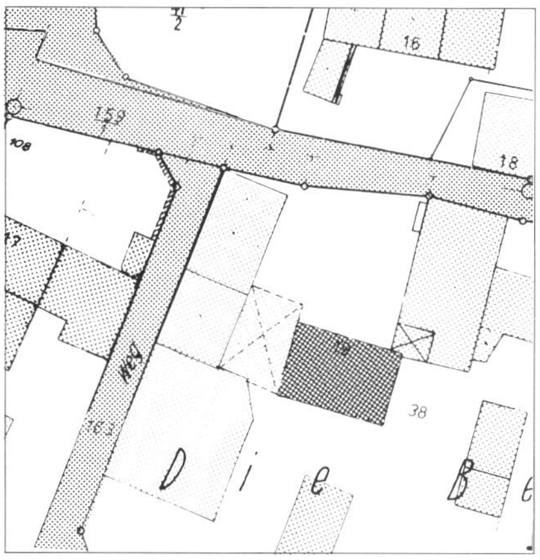

Im Oberdorf 19
Flur 1 Flurstück 38

L-förmige Hofreite, die Scheune und der Geräteschuppen 20. Jh. Scheune 18. Jh. mit Kopf zur Straße. Dahinter riegelartig das Wohngebäude in einfachen, klaren Fachwerkformen des späten 18. Jhs. mit alter Überdachung über dem Eingang, verschalter Balkenlage, regelmäßigen Brüstungsornamenten mit schrägen Hölzern. Klarer, ungestörter Hof aus der Zeit um 1780. Kulturdenkmal wegen seiner typologischen Bedeutung.

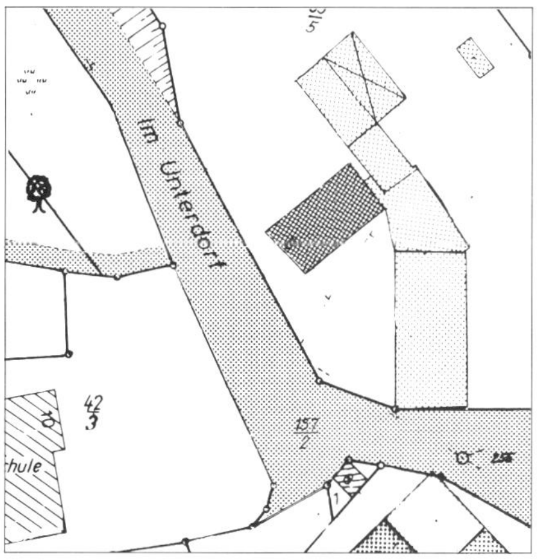

Im Unterdorf 5
Flur 1 Flurstück 63/5

Spitzwinkliges Grundstück an einer Straßenbiegung direkt gegenüber dem Oberdorf. Das Wohngebäude auffallend herausragend. Das Fachwerk anhand einiger Details – weit überstehende Schwelle und urwüchsig gekrümmte Streben – noch dem 16. Jh. zuzuordnen. Neben dem neuen Portal noch das alte Renaissanceportal. Dazu längsgerichtete Scheune mit massivem Stallteil im Untergeschoß. Alte Hofpflasterung z. T. erhalten. Kulturdenkmal aus wissenschaftlichen und städtebaulichen Gründen.

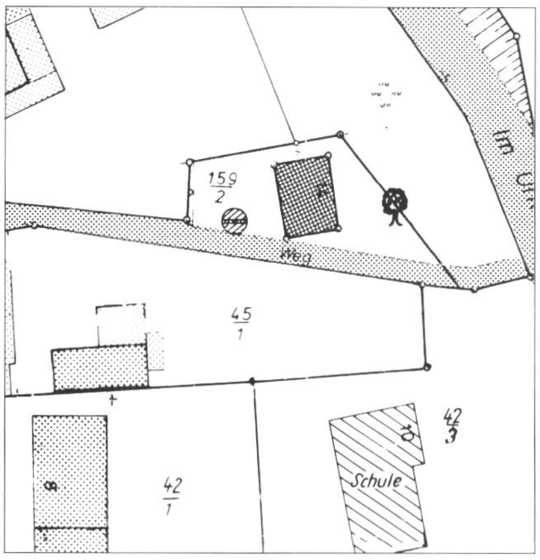

Im Unterdorf 14
Flur 1 Flurstück 159/2

Ehemaliges Backhaus. Einfaches Fachwerk des frühen 19. Jhs. in malerischer Lage am Hang.
Daneben alter Ziehbrunnen mit Fassung und Sturz, Inschrift: „GEGRABEN UND AUFGEBAUT MIT BEWILLIGUNG DES GEHEIMEN HESSISCHEN KREISRATES ZU NIDDA IM JAHRE 1834. OBERBÜRGERMEISTER MÜLLER." Die Baugruppe ist Kulturdenkmal wegen ihrer ortsgeschichtlichen und städtebaulichen Bedeutung.

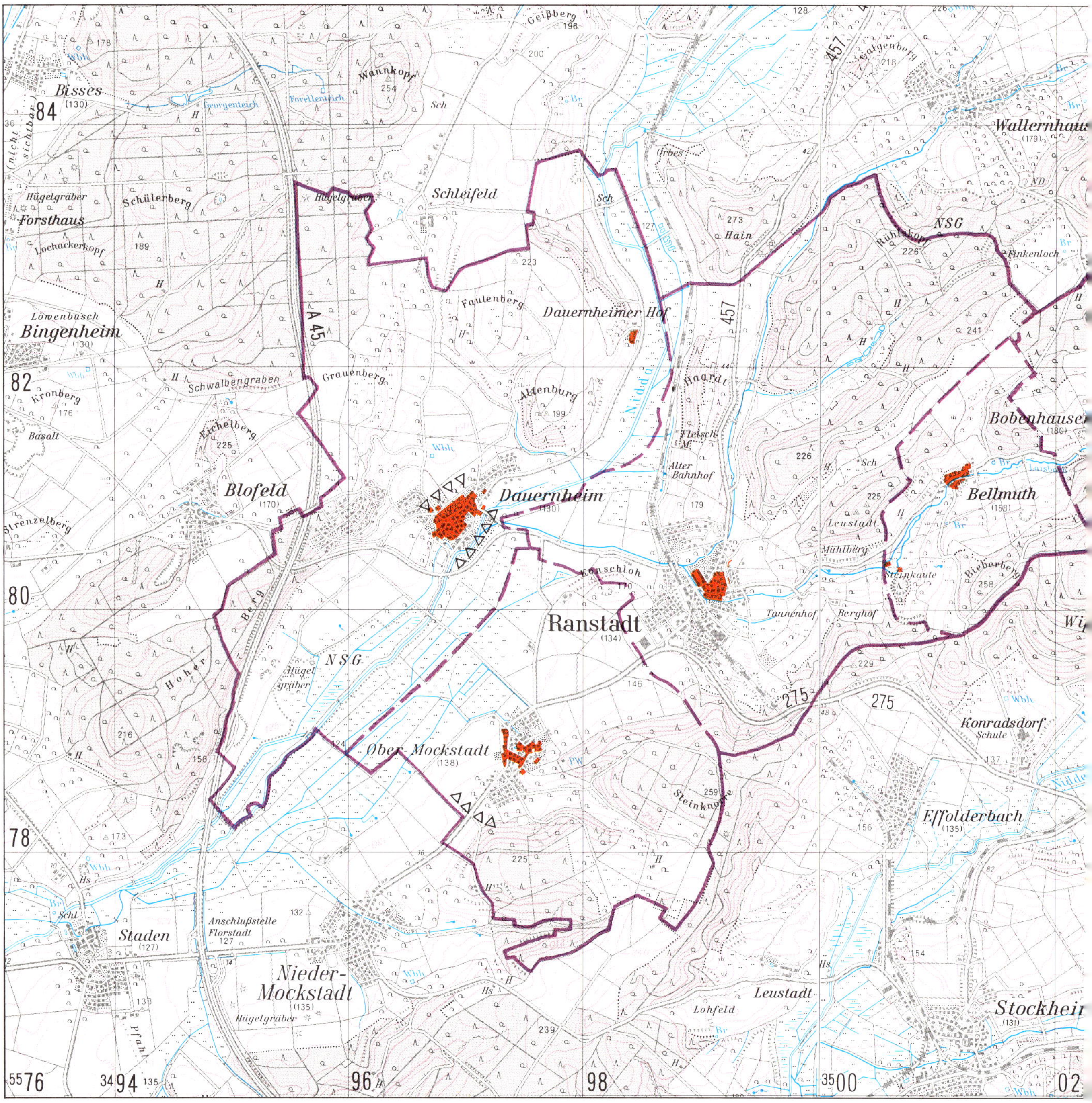

Erläuterung zu Karte 11 (M 1:50000): Gemeinde Ranstadt

Das Gemeindegebiet liegt am westlichen Rand des Altkreises, gehört aber noch nicht zu dem flachen Teil der Wetterauebene. Sanfte, wenig bewaldete Hügel charakterisieren die Landschaft. Die Nidda durchfließt am westlichen Rand von Norden nach Süden das Gebiet. An ihrem Nebenfluß, dem Laisbach, der von Osten nach Westen fließt, liegen die Ortsteile Bobenhausen, Bellmuth und Ranstadt aufgereiht; an der Mündung der beiden Flüsse Dauernheim. Ober-Mockstadt liegt abseits davon in einer Mulde an der Landstraße.

Dauernheim ist sowohl von seiner zusammenhängenden historischen Dorfstruktur her als auch von der Anzahl der Kulturdenkmale der bedeutendste Ort für die Gemeinde. Die bei weitem qualitätvollste Erdkelleranlage des Kreises unterstreicht noch die Bedeutung dieses Ortes. An einem zum Niddatal leicht abfallenden Hang gelegen, erkennt man schon von weitem das geschlossene historische Ortsbild. Um die deutliche Abgrenzung zur freien Natur hin zu erhalten, ist bei der Planung besonders auf den nordwestlich gelegenen Hang und die Niddawiesen zu achten. Daher wurde für diese Bereiche ein denkmalpflegerisches Interesse bekundet.

Ranstadt, die Kerngemeinde, verfügt über einen historischen Ortskern, neben dem sich ein Jagdschloß (heute herrschaftlicher Ökonomiehof) anschloß. Innerhalb dieser Gesamtanlage befindet sich eine Reihe von gut erhaltenen Fachwerkhäusern des Wetterauer Hakenhoftyps, die die Qualität von Kulturdenkmälern besitzen.

Von dem ehemals geschlossenen historischen Ortsbild von Ober-Mockstadt konnten nur noch Teile als Gesamtanlage ausgewiesen werden. Zu viele entstellende Veränderungen der Bausubstanz haben den ehemaligen ge-

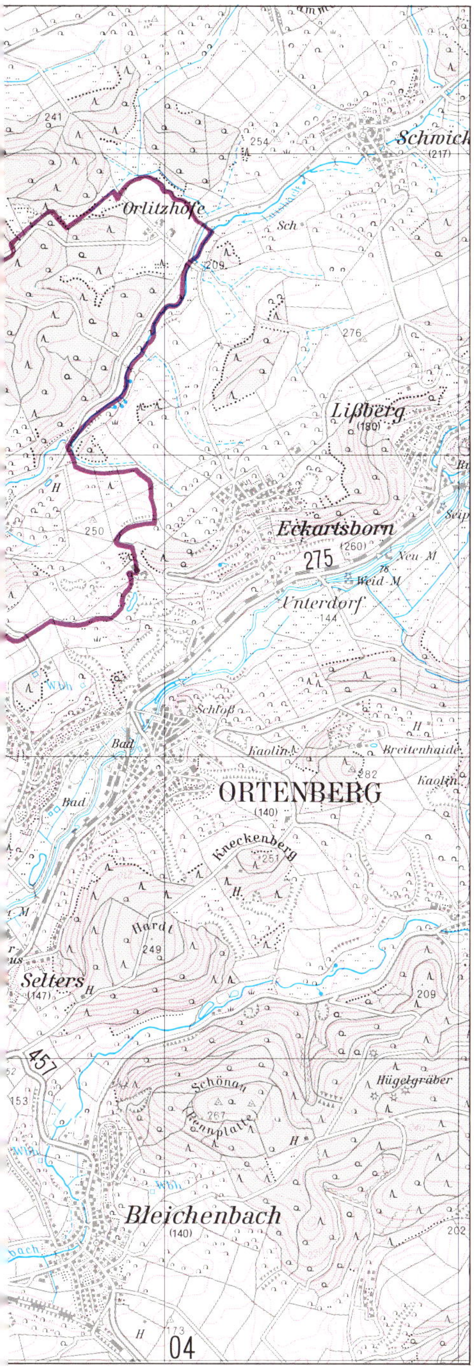

schlossenen Ortskern verändert. An der westlichen Seite der Landstraße ist in der Aneinanderreihung der Hofreiten noch zu erkennen, wie der Ort einmal ausgesehen hat. Unter den Kulturdenkmalen des Ortes hat die Kirche eine herausragende Stellung. Die etwas abseits gelegene ehemalige Wehrkirche auf einem kleinen Hügel prägt mit ihrem charakteristischen Turmhelm schon von weitem her das Ortsbild, besonders dann, wenn man von Südwesten auf der Landstraße auf den Ort zufährt. Diese Fernwirkung sollte von der Planung berücksichtigt werden und liegt im denkmalpflegerischen Interesse.

Bellmuth ist ein weiteres Beispiel der typischen Dörfer dieser Landschaft, in denen das Nebeneinander von Straße und Fluß den Charakter der Ortsmitte ausmacht. Die Erweiterung zu einem kleinen Platz mit Kirche, Backhaus, Dorflinde und einer historischen Steinbrücke bildet das Zentrum des Ortes.

Ranstadt

Der mittelalterliche Ort lag im Knie des Laisbach und war durch Mauern und einen Haingraben geschützt. Von der Vermauerung ist nichts erhalten, nur der Straßengrundriß und die Topographie erlauben eine Rekonstruktion. Die Anlage war oval, im Süden durch den Laisbach geschützt. Der Verlauf der Mauer folgte in einigem Abstand der Krümmung der Hintergasse und jenseits der Hauptstraße der hinteren Begrenzungslinie der langen, nach Nordwesten ausgerichteten Parzellen. Daran schloß sich das Jagdschloß an, das zu Beginn des 19. Jhs. dem herrschaftlichen Ökonomiehof weichen mußte. Die Befestigungsanlage hatte zwei Zugänge, die Unterpforte im Süden und im Norden die Oberpforte.
Der Ort war bestimmt von der Landwirtschaft. 1598 zählte Ranstadt 6 Bauern, die vier Pferde und mehr besaßen, 7 mit zwei Pferden und 33 ohne Pferde, die ihr Land mit Kühen oder der Hand bearbeiteten. Am Rand des Ortes lag eine Judensiedlung mit fünf Häusern. 1618 bestand Ranstadt aus 74 Hausgesäßen mit 370 Einwohnern. Als Hausform ist hier vorherrschend der Wetterauer Hakenhof mittlerer Größe in guten Ausprägungen des 18. und frühen 19. Jhs.

unten: Urkataster von 1839

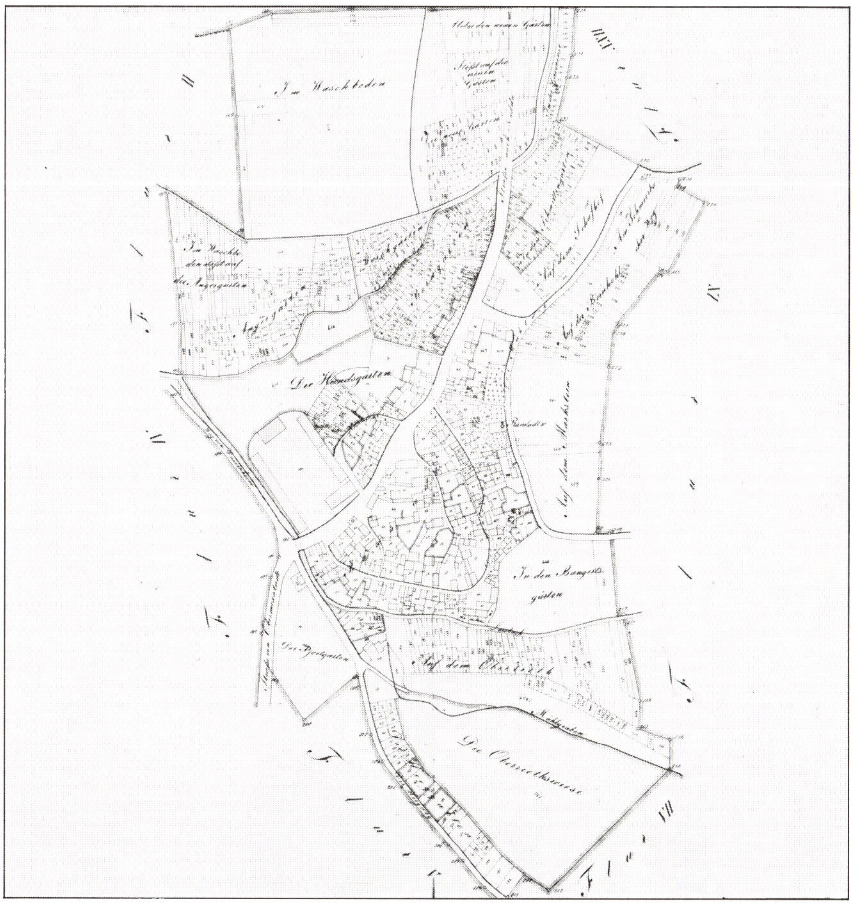

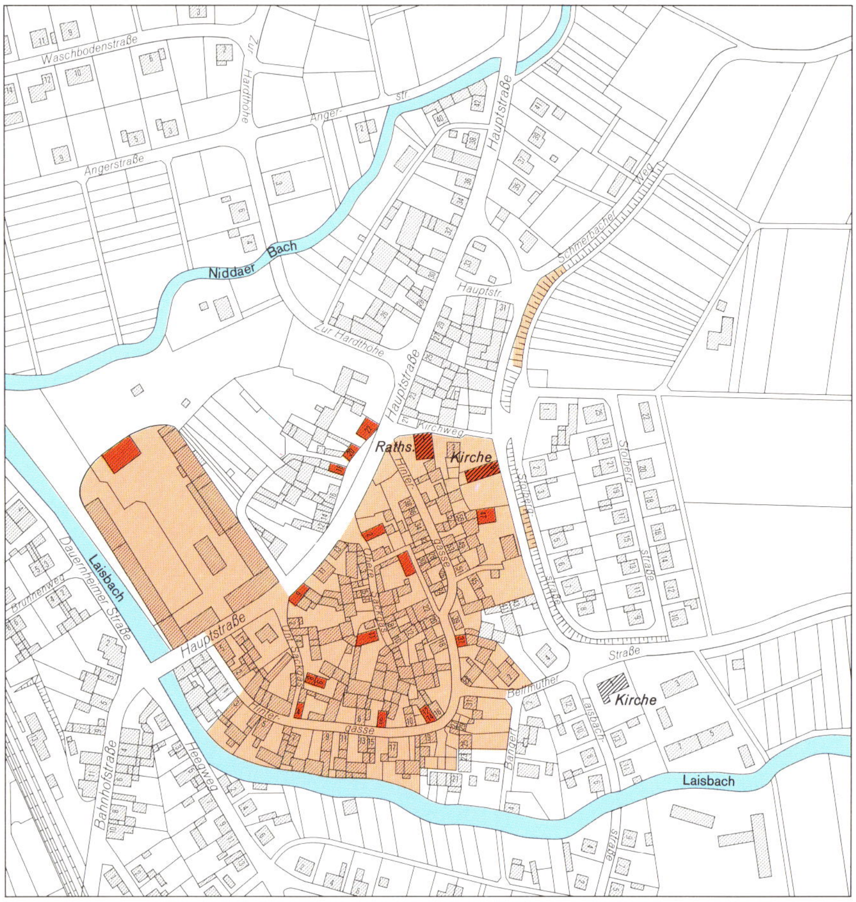
Waschbodenstraße
Angerstraße
Niddaer Bach
Hauptstraße
Hauptstr.
Zur Hardthöhe
Kirchweg
Raths.
Kirche
Laisbach
Dauernheimer Straße
Brunnenweg
Bahnhofstraße
Heegweg
Straße
Kirche
Laisbach

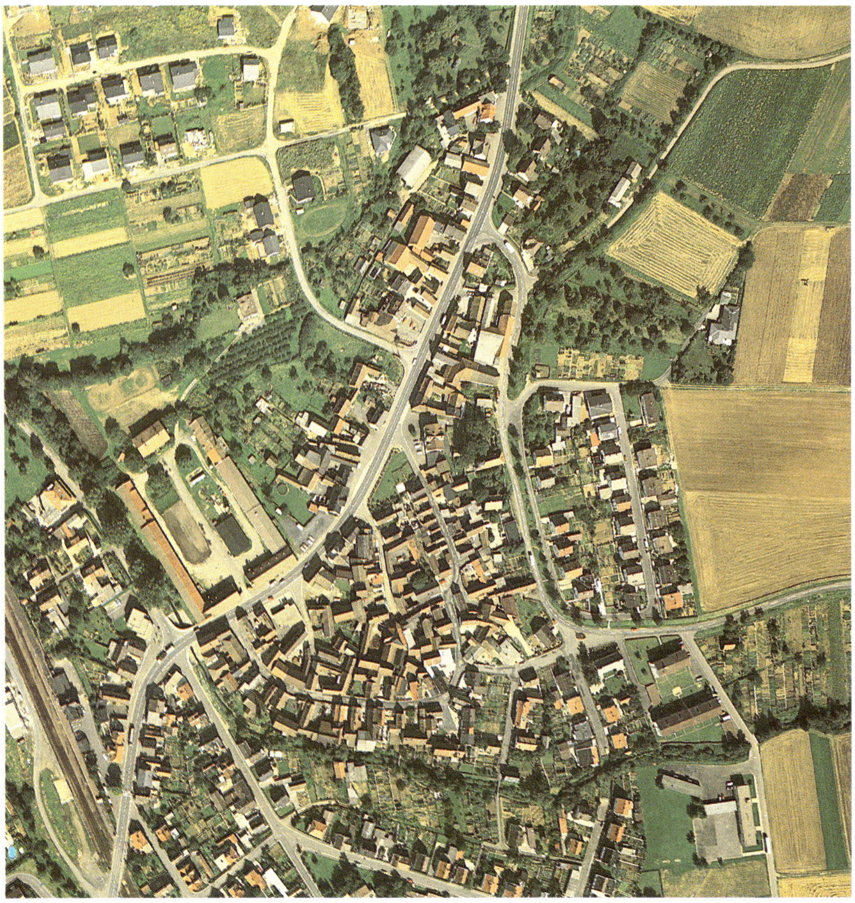

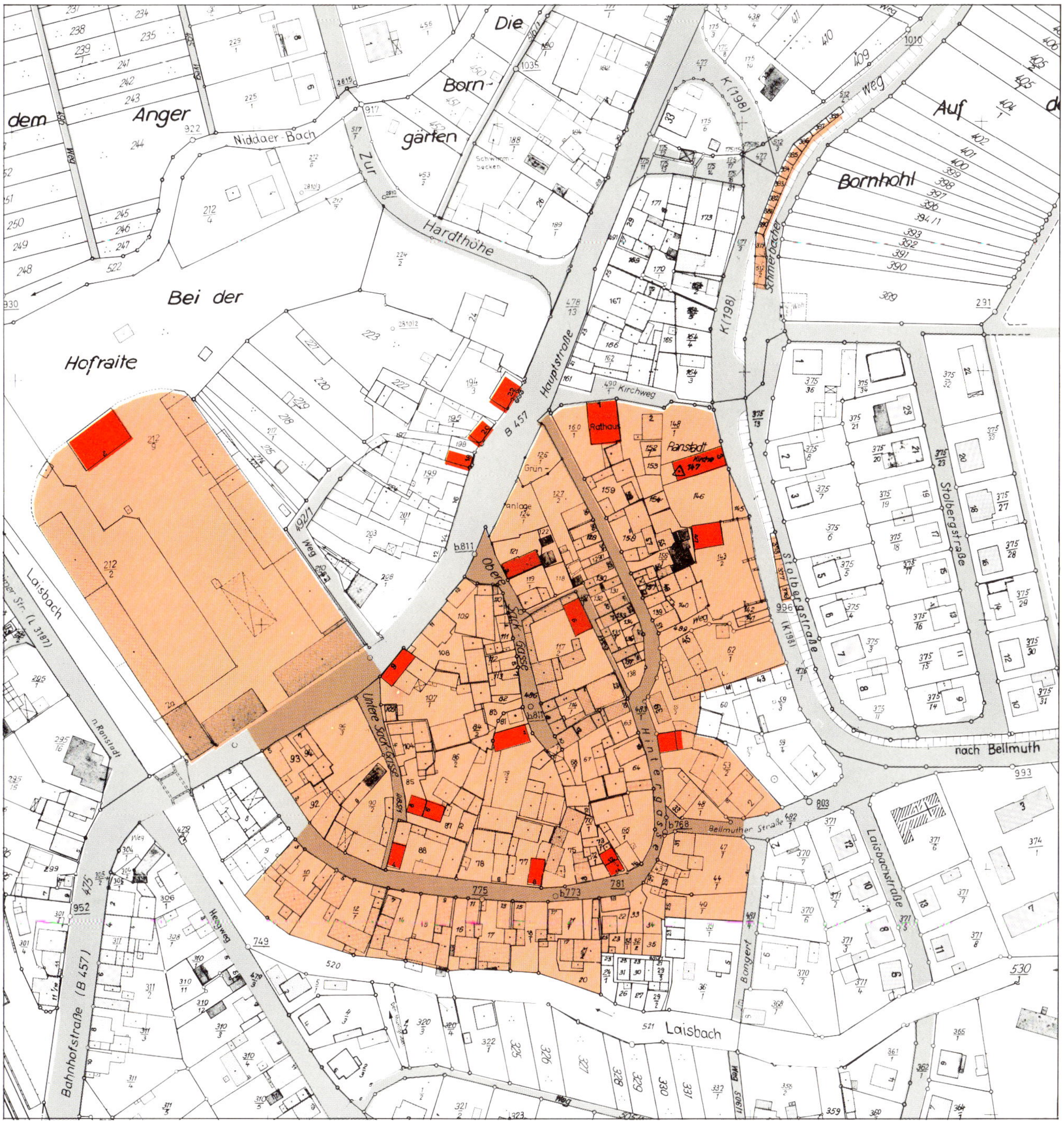

Gesamtanlage

Südöstlich der Hauptstraße hat sich im Grundriß das mittelalterliche Gefüge mit Parzellenzuschnitt und Verlauf der Gassen erhalten. Beidseitig der Hintergasse, die die innere Erschließungsgasse für die alte Befestigung darstellte, ist ein geschlossenes Bild nebeneinander liegender Hofreiten des 18. und frühen 19. Jhs. erhalten, die den Wohn- und Nutzbau der ehemaligen dörflichen Residenz repräsentieren. Jenseits der Hauptstraße dominiert das herrschaftliche Hofgut, das nach den damaligen neuesten Erkenntnissen der Landwirtschaft anstelle des Jagdschlosses in der 1. Hälfte des 19. Jhs. angelegt wurde. Die Großflächigkeit dieser Anlage in Bezug zu der Kleinteiligkeit der Strukturen des alten Ortes machen die historische Bedeutung der Gesamtanlage aus.

Gesamtanlage
Stolberger Straße
Erdkeller

Ab Haus Nr. 39, wo ein Feldweg abgeht, eine Staffelung von Erdkellern. Die Anlage stammt aus dem frühen 19. Jh. Die Eingänge teilweise mit Stichbogen, teilweise mit geraden Stürzen. Insgesamt 12 Erdkeller. Interessante und aufschlußreiche Anlage für die Vorratshaltung in der Wetterau. Mehrere Daten, so 1805, 1817, „1871 PK“, „H H S 1817“.

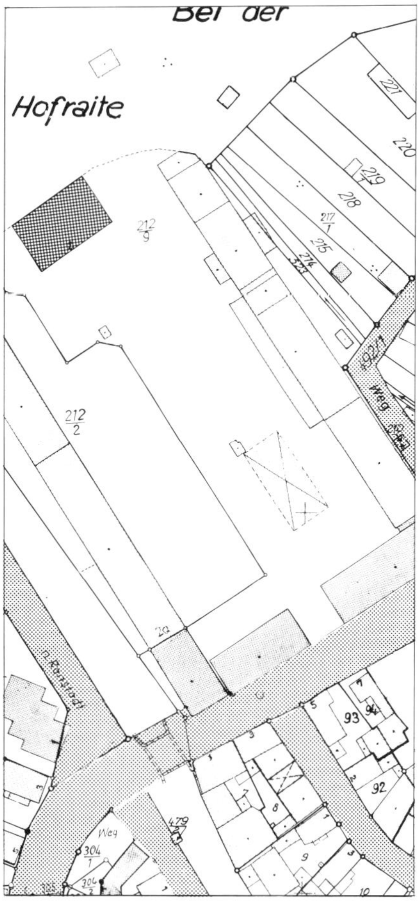

Hauptstraße 2
Flur 1 Flurstück 212/2 und 212/9
von Stolberg'sches Hofgut

Große, längsgestreckte, symmetrische Gutsanlage aus der Mitte des 19. Jhs., in symmetrischer Ausrichtung auf das hinten querliegende Herrenhaus. Die beiden Eingangsbauten – mächtige Bruchsteinstallbauten – werden durch das Portal gerahmt, welches bogenförmig ausgreift. Verwalterhaus als Abschluß der hinteren Anlage. Siebenachsig, zweigeschossig in Bruchstein mit Hausteingewänden. Risalitartige vorspringende Ecken, umlaufendes, schweres Gesims, das um die Pilaster herum verkröpft ist. Darüber Drempelgeschoß. An der Schmalseite weiterer Eingang. Stattlicher Nutzbau, von wissenschaftlicher Bedeutung als Teil dieses Musterökonomiehofes. Auf der Treppe aufgesetzt hölzerner Windfang mit interessanten Schnitzereien, ebenfalls aus der Zeit. Die Anlage ist an Stelle des ehemaligen Stolberg'schen Jagdschlosses errichtet. Kulturdenkmal wegen seiner wissenschaftlichen und geschichtlichen Bedeutung.

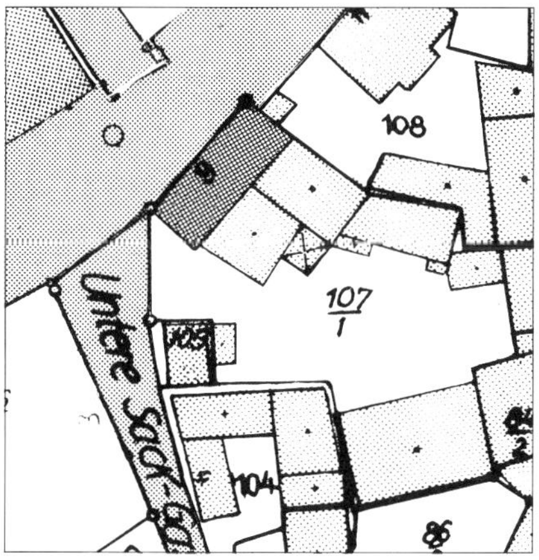

Hauptstraße 9
Flur 1 Flurstück 107/1

Prominenter Bau, der an der Ortsdurchfahrt von beiden Seiten als Blickpunkt wirkt. Starke Übersetzungen in den Geschossen, Erdgeschoß und Obergeschoß verputzt, Giebel verschiefert. Proportionen des sehr schmalen und hohen Baues lassen eine frühe Entstehungszeit vermuten, vermutlich noch im 16. Jh. Kulturdenkmal wegen seiner wissenschaftlichen Bedeutung und seiner Lage im Ortsbild.

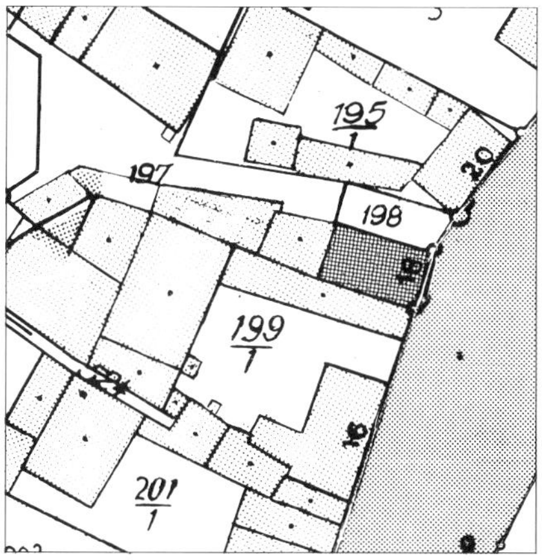

Hauptstraße 18
Flur 1 Flurstück 197

Langgestrecktes, giebelständiges Fachwerkhaus von starker, ortsbildprägender Wirkung. Völlig asbestzementverkleidet in barocken Proportionen mit alten Fensteröffnungen. Unter der Verkleidung Zierfachwerk des späten 18. Jhs. zu erwarten. Die Wetterauer Hofsituation ist nicht klar ausgeprägt, sondern ein langgestreckter, hintereinander angeordneter Hoftyp. An der Freitreppe interessantes, schmiedeeisernes Gitter aus dem 19. Jh. Der Bau ist Kulturdenkmal wegen seiner städtebaulichen und baukünstlerischen Bedeutung.

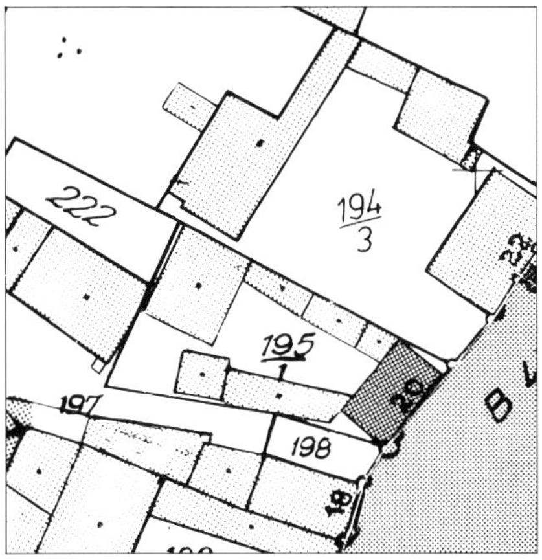

Hauptstraße 20
Flur 1 Flurstück 195/1

Auffälliges, quergelagertes Fachwerkhaus, an der platzartigen Aufweitung der Hauptstraße gegenüber dem Rathaus in wichtiger Lage im Ortsbild. Der Eingang ist in den Hof verlegt. Gutes, barockes Fachwerk, dreizonig, im Obergeschoß starke Wilde Mann-Form mit breiten, durchgebogenen Streben und Kopfbändern, umlaufendes Karnies. Entstanden um 1700. Kulturdenkmal wegen seiner künstlerischen und städtebaulichen Bedeutung.

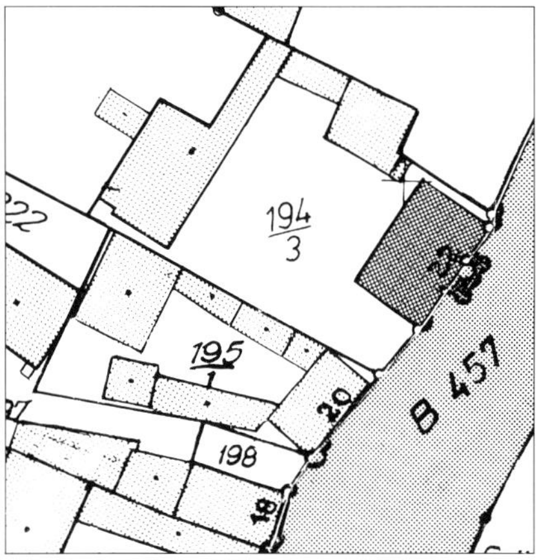

Hauptstraße 22
Flur 1 Flurstück 194/3

Große Hofreite an der Einengung der platzartigen Aufweitung der Hauptstraße. Fachwerk des frühen 19. Jhs. ohne Geschoßüberstand, jedoch mit sehr schönen rundbogigen Einstein-Kellerluken und vierstufiger Freitreppe. Ursprüngliche Portalüberdachung in Fachwerk. Der Bau ist verputzt, ursprünglich wohl auch verputzt angelegt. Außergewöhnlich schönes, klassizistisches Portal und Tür mit Jagdhundmotiv und alten Beschlägen um 1820. Im hinteren Hofbereich, im Verfall begriffen, mehrere landwirtschaftliche Gebäude des frühen 19. Jhs. Direkt vor der nördlichen Grenze des Grundstücks dieses Hauses alter Inschriftenstein aus Sandstein mit folgendem Text: „HIER STAND BIS ZUM JAHR 1817 DAS THOR UND AUSSERHALB DEMSELBEN WAREN ERBAUT DIE ZEHN HÄUSER NR. 28 BIS 37". An dieser Stelle lag die Oberpforte. Der Bau ist Kulturdenkmal wegen seiner städtebaulichen und baukünstlerischen Bedeutung.

Links: Haustür Hauptstraße 22
Mitte: Stallgebäude Hintergasse 4

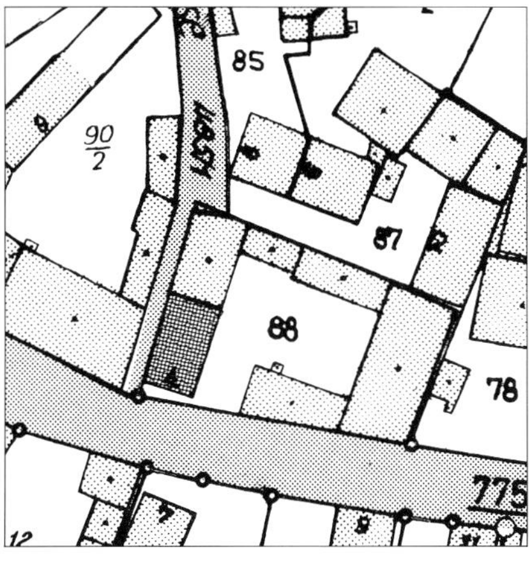

Hintergasse 4
Flur 1 Flurstück 88

Dreiseitig geschlossene Hofreite des 18. Jhs. Das Wohnhaus gut erhalten mit mächtigen Eckständern, weitem Geschoßüberstand. Balkenköpfe ganz verschalt. Auch im Rähm des Untergeschosses Profilierung. Stattliches Fachwerk aus der Mitte des 18. Jh. Das Haus ist von ortsbildlicher Bedeutung, weil es kurz vor dem Knick der Hintergasse eine städtebauliche Situation abschließt, darüberhinaus baukünstlerisch wertvoll. Kulturdenkmal wegen seiner städtebaulichen und künstlerischen Bedeutung.

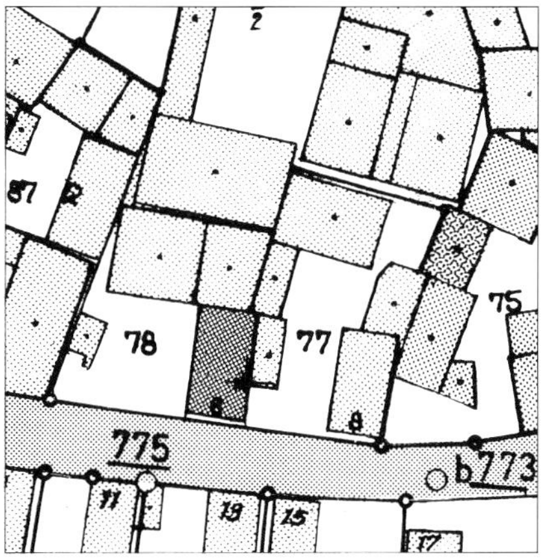

Hintergasse 6
Flur 1 Flurstück 78

Parallel zum Nachbarhaus Nr. 8 ausgerichteter Hakenhof mit sehr großer, quergelagerter Scheune. Das Wohnhaus zweigeschossig, giebelständig zur Straße mit Geschoßübersetzungen. Giebel holzverschindelt, an der Traufseite gutes Fachwerk aus dem frühen 18. Jh. erkennbar. Mit Kopfgegenstreben und starren halben Wilden Männern durchlaufendes Karnies. Die Scheune mit massiver Brandmauer aus Bruchstein. Das Wohnhaus ist Kulturdenkmal wegen seiner baukünstlerischen Bedeutung.

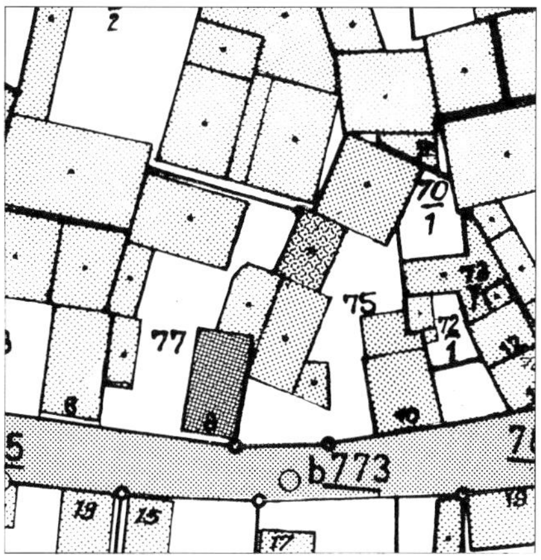

Hintergasse 8
Flur 1 Flurstück 77

Regelmäßig zur Straßenachse ausgerichtetes giebelständiges Fachwerkwohnhaus des 18. Jhs. Geschoßüberstand zwischen Erdgeschoß und 1. Obergeschoß im Giebel. Völlig verkleidet; Proportionen und Fenstergrößen lassen auf einen Zierfachwerkbau der Mitte des 18. Jhs. schließen. Gute historisierende Tür des 20. Jhs. Kulturdenkmal wegen seiner künstlerischen Bedeutung.

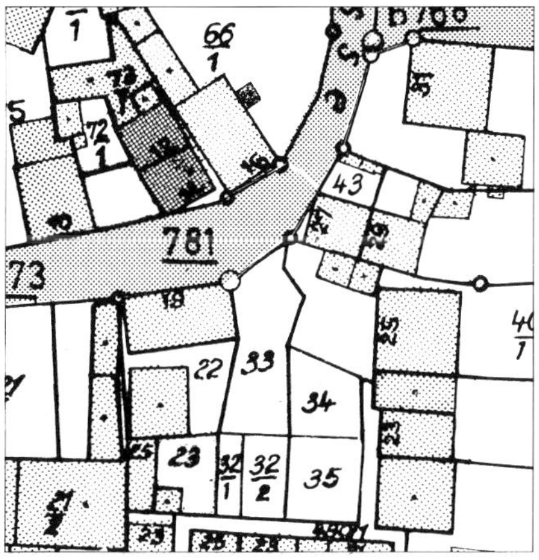

Hintergasse 12/14
Flur 1 Flurstück 73/1

Langgestreckte Hakenhofreite auf kleinem, keilförmigen Grundstück. Das Wohnhaus versetzt, den Straßenknick betonend. Später geteiltes Doppelwohnhaus. Im Hintergrund durch die Grundstücksenge wenig Raum für Scheune und Stallgebäude. Gutes Fachwerk um 1700, im Erdgeschoß und Giebel z. T. im 19. Jh. erneuert. Wegen der handwerklichen Qualität und der Bedeutung als herausragender Bau am Knick der Gasse Kulturdenkmal aus künstlerischen und städtebaulichen Gründen.

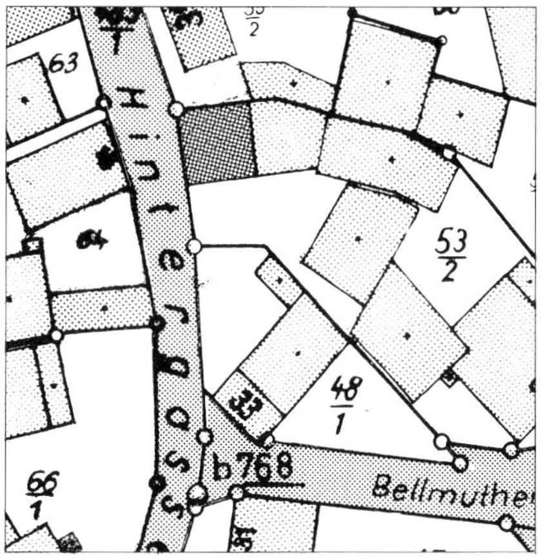

Hintergasse 37
Flur 1 Flurstück 53/2

Hakenhof kurz hinter dem Knick der Hintergasse. Das Wohnhaus überragt die umgebende Bebauung. Alte Fensterteilung, Freitreppe mit Schutzdach des frühen 20. Jhs. Proportionen und Verhältnis der Fenster zueinander lassen einen guten Zierfachwerkbau des 18. Jhs. erwarten. Gestörte Barockscheune mit noch z. T. lesbarer alter Inschrift. Der Wohnbau ist Kulturdenkmal wegen seiner baukünstlerischen Bedeutung.

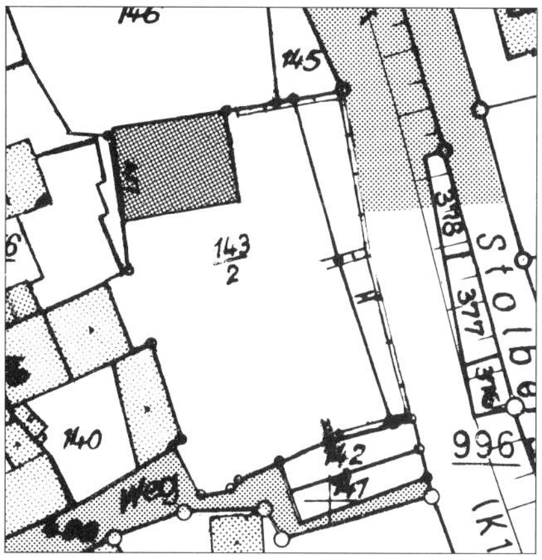

Hintergasse 47
Flur 1 Flurstück 143/2
Pfarrhaus

Großes, aus der Reihe der Hofreiten in der Gasse versetztes Fachwerkwohnhaus mit zweiläufiger Freitreppe. In deren Mitte Kellereingang. Überhohe Geschosse mit starker Übersetzung. Konstruktives Fachwerk, am Rähm des Hochparterre stark profiliert; Ursprungsbau wohl noch des 17. Jhs., als Putzbau gedacht, da sonst keinerlei Zierformen. Kulturdenkmal aus ortsgeschichtlichen und baukünstlerischen Gründen.

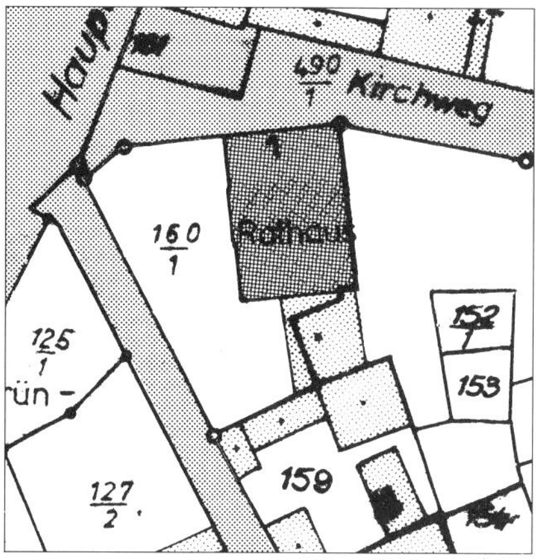

Kirchweg 1
Flur 1 Flurstück 160/1
Rathaus.

Freistehende, quergelagerte Anlage in klassizistisch-gotisierenden Formen, datiert 1875. Zweiläufige Freitreppe mit Tudorbogenportal, gekoppelte Fenster, darüber Lanzettfenster. Der Bau beherrscht die platzartige Erweiterung der Hauptstraße, eine eigenwillige historistische Lösung, wohl unter Stolbergischem Einfluß entstanden. Kulturdenkmal aus städtebaulichen und ortsgeschichtlichen Gründen.

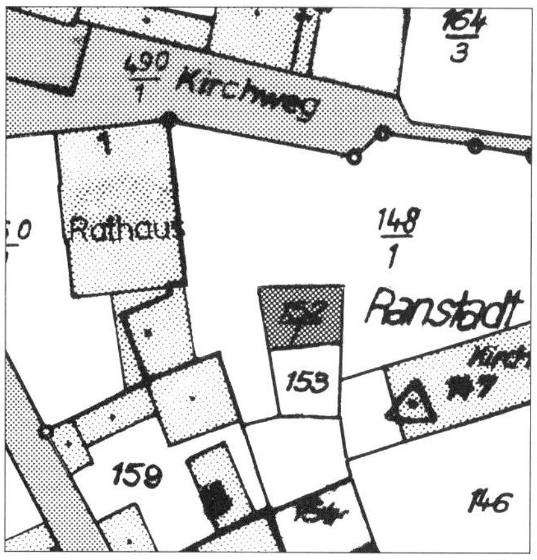

Kirchweg 2
Flur 1 Flurstück 152/1

Hinter dem Rathaus, zwischen Rathaus und Kirche, sandsteinumschlossener Erdkeller in Bruchstein, im hinteren Teil Basalt. Hausteineingang und Rundbogenöffnung, Keilstein. Dort Inschrift „JOHANNES JEREMIAS GODL 1756" und springender Hirsch. Kulturdenkmal wegen seiner ortsgeschichtlichen Bedeutung.

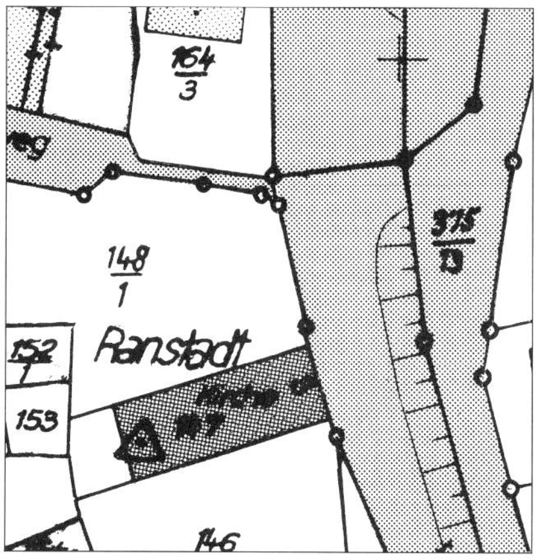

Kirchweg 3
Flur 1 Flurstück 147
Kirche

Alter Wehrkirchhof, der mit der Stadtbefestigung in Verbindung stand. Nach Norden hin alte Wehrmauer aus Bruchstein mit angespitzem Abschluß. Zwischen Pfarrhaus und Kirche alter Kirchhof mit mehreren interessanten barokken bzw. klassizistischen Grabsteinen und Stelen. Die Kirche selbst Saalbau mit Haubendachreiter, erbaut 1732-39 unter Einbeziehung romanischen Mauerwerks. Barocke Ausstattung Kanzel, Orgel und Empore. Kulturdenkmal we-

gen seiner künstlerischen und geschichtlichen Bedeutung.

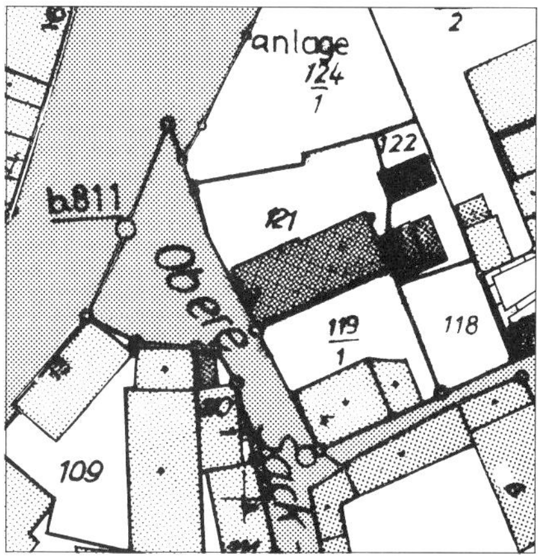

Obere Sackgasse 2
Flur 1 Flurstück 121

Längsorientiertes Wohnhaus, Rest einer L-förmigen Hofreite. Die Scheune schon vor längerer Zeit abgebrochen. Das Wohnhaus als städtebaulicher Auftakt der Sackgasse, asbestzementverkleidet, jedoch mit ursprünglicher Fensteraufteilung in den schlanken Proportionen des 18. Jhs. Um die Ecke herum liegt die ursprüngliche Konstruktion frei. Umlaufendes Karnies, gutes Zierfachwerk. Kulturdenkmal wegen seiner baukünstlerischen und städtebaulichen Bedeutung.

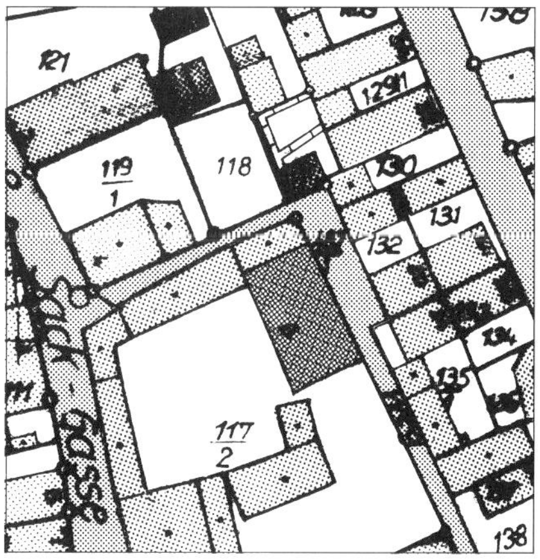

Obere Sackgasse 6
Flur 1 Flurstück 117/2
ehem. Amtshaus und Münze.

Polygonale, geschlossene Hofanlage. Das Amtshaus selbst zweigeschossig mit hohem Satteldach in verputztem Fachwerk mit massiven Teilen. Proportionen und Dachneigung lassen eine Entstehungszeit in der zweiten Hälfte des 16. Jhs. vermuten. An der Rückseite bäuerlich derber Wappenstein, sog. Münzstein. Der Hof ist umstellt von landwirtschaftlichen Nutzgebäuden und einer Wagnerei des 18. Jhs. Hier wurde bis 1604 das Schöffengericht abgehalten, es diente außerdem als Wohnhaus für den herrschaftlichen Schultheißen. 1604-22 als Stolberg'sche Münzstätte genutzt. Kulturdenkmal wegen seiner geschichtlichen und wissenschaftlichen Bedeutung.

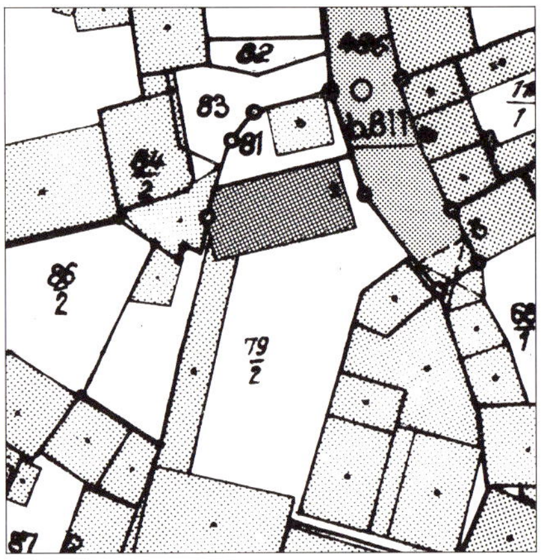

Obere Sackgasse 11
Flur 1 Flurstück 79/2

Großer, polygonaler Hof mit historisch unbedeutenden Stallgebäuden. Das Fachwerkwohnhaus als Abschluß der Sackgasse von wichtiger perspektivischer Wirkung im Ortsbild. Gutes Fachwerk des 18. Jhs. mit starkem Profil im Rähm und Geschoßübersetzung. Kulturdenkmal wegen seiner städtebaulichen Bedeutung.

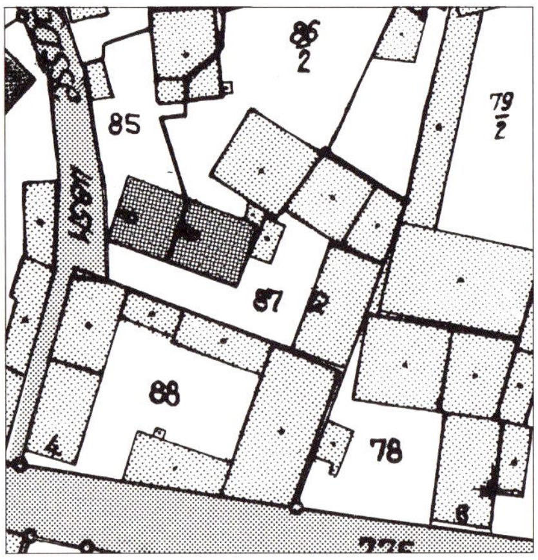

Untere Sackgasse 8
Flur 1 Flurstück 85, 87 und 86/2

Unregelmäßige, sog. Doppelhofreite. Wohnhaus zweigeschossig mit übersetzten Geschossen, dazu stumpf abgewinkelt die Scheune. Dem langgestreckten Wohnhaus sind zwei Scheunen des 18. Jhs. zugeordnet. Typologisch interessante Anlage, vom üblichen Schema der L-förmigen Hofreite abweichend. Am Wohnhaus relativ einfaches Fachwerk des späten 18. Jhs., verkleidet. Kulturdenkmal aus wissenschaftlichen und geschichtlichen Gründen.

BELLMUTH

Gesamtanlage

Abfolge von Hofreiten unregelmäßiger Bauform mit großen Höfen. Stattliche Fachwerkbauten des 18. und 19. Jhs., teilweise mit massiven Sockelgeschossen in Sandstein mit Eckquaderung oder ganz in Basaltstein mit Sandsteineckquadern. Diese Gesamtanlage bildet zusammen mit den Hofreiten an der Kapellenstraße und dem Bach mit der Steinbrücke den alten historischen Ortskern.

S431
oben links: Ortseingang Kapellenstraße
oben rechts: Friedhofstraße

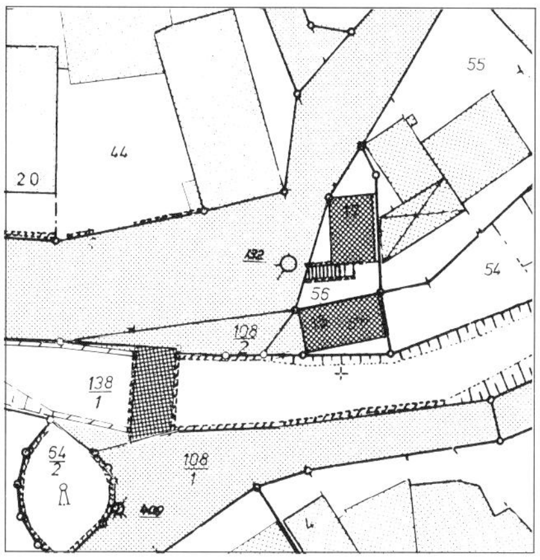

Brücke
von der Kapellenstraße zur Friedhofstraße
Flur 1 Flurstück 138/1

Kleine, zweibogige Steinbrücke. In einer Brückenwange Inschriftenstein, durch Geländeranfügung unleserlich. Entstanden im 18. Jh. Malerische Wirkung im Ortsbild. Kulturdenkmal wegen ihrer ortsgeschichtlichen und städtebaulichen Bedeutung.

Kapellenstraße 17
Flur 1 Flurstück 55
Kirche, Rathaus und Feuerwehrgerätehaus

Kleiner, zweigeschossiger Fachwerkbau von 1731 mit massivem Sockelgeschoß und Satteldach. An der Südseite führt eine einläufige Freitreppe zum Betraum im OG. Quadratischer Dachreiter mit Haube und Wetterfahne. Im Innern derbe, originelle Darstellungen der Apostel und Kreuzigung. In seinem mehrfachen Verwendungszweck seltener Gebäudetyp. Kulturdenkmal wegen seiner wissenschaftlichen und ortsgeschichtlichen Bedeutung.

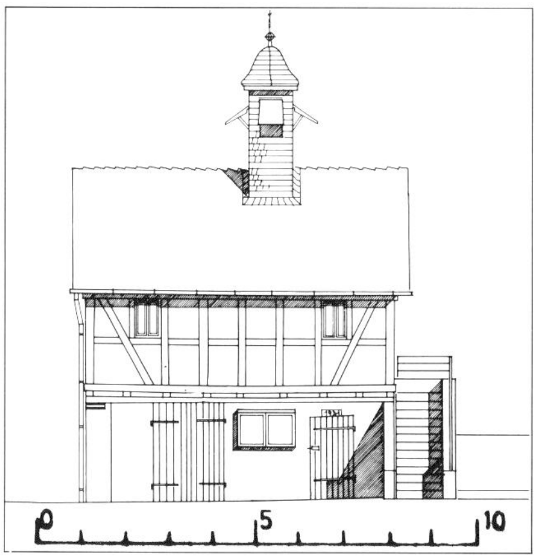

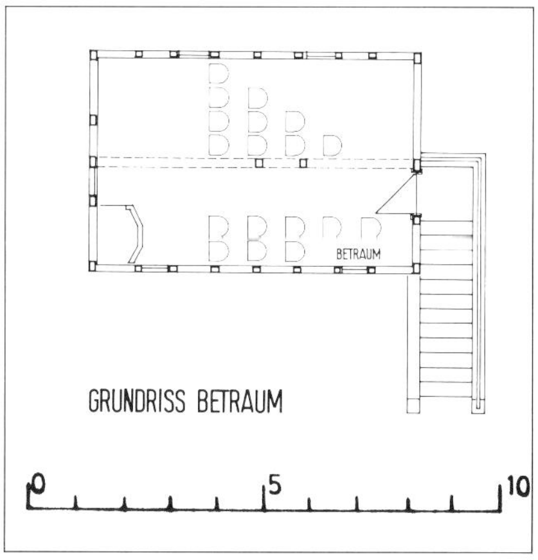

Grundriß und Ansicht

Kapellenstraße 15
Flur 1 Flurstück 57
ehem. Backhaus

Massiver Sandsteinbau, 19. Jh. Giebelstellung zur Straße hin. Zusammen mit Brücke und Kirche bildet das Backhaus eine malerische Gruppe im Ortsbild. Kulturdenkmal wegen seiner ortsgeschichtlichen und städtebaulichen Bedeutung.

Links: Backhaus
Mitte: Kirche, Rathaus und Feuerwehrgerätehaus

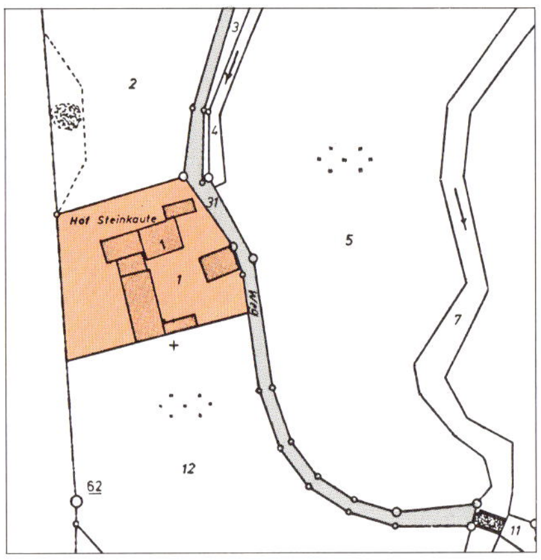

Gesamtanlage

Steinkautmühle

Mühlenanlage in topographisch aufschlußreicher Lage südlich von Bellmuth. Bestehend aus Wohnhaus und großem Mühlentrakt, Scheune noch aus dem 18. Jh. Hier ist eine noch gut erhaltene Mühlenanlage des 18./19. Jhs. dokumentiert. Sie ist Gesamtanlage wegen ihrer geschichtlichen Bedeutung.

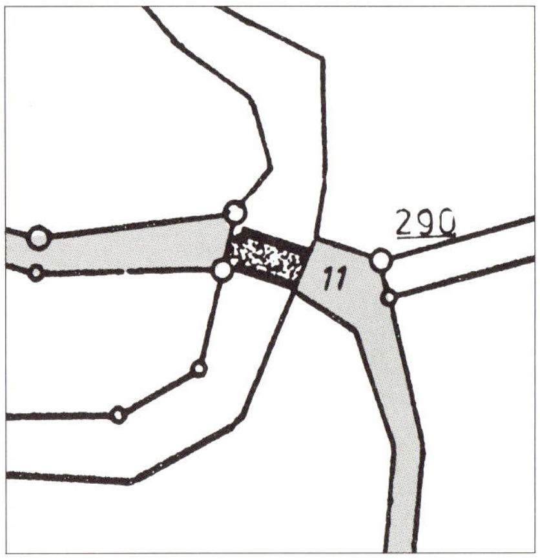

Unmittelbar unterhalb der Mühle führt eine einbogige Sandsteinbrücke über den Laisbach; Datierung Anfang 19. Jh. Technisches Kulturdenkmal.

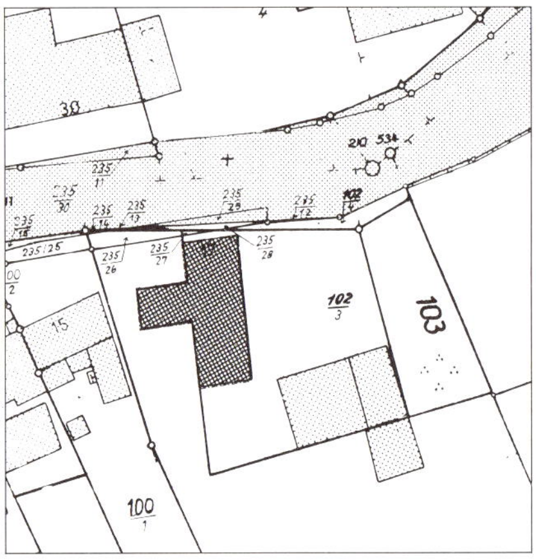

BOBENHAUSEN

Frankfurter Straße 17
Flur 1 Flurstück 102/3

Fachwerkbauernhaus einer L-förmigen Hofreite, zweigeschossig mit Satteldach, giebelständig zur Straße. Schlichtes, konstruktives Fachwerk mit leichter Profilierung an der Schwelle. Datiert 1820. In ortsbildlich dominierender Lage, daher Kulturdenkmal aus städtebaulichen Gründen.

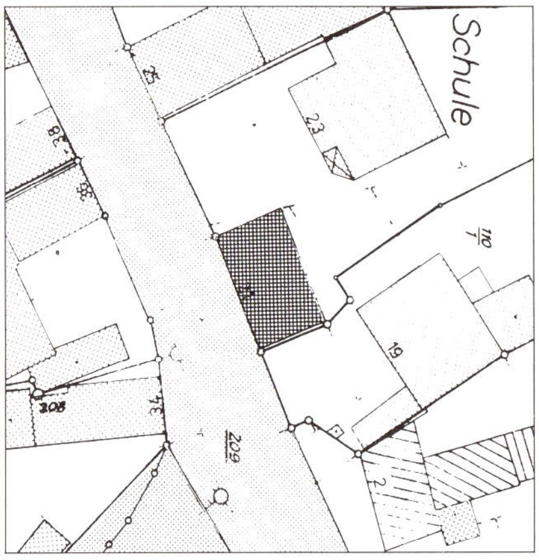

Frankfurter Straße 21
Flur 1 Flurstück 111/1
Ehem. Schule.

Zweigeschossiges Fachwerkhaus auf massivem Sandsteinsockel, dreizonig mit sechseckigem, verschieferten kleinen Dachreiter mit Wetterfahne, bezeichnet 1800. Ganz verkleidet, jedoch die ursprüngliche Fensteraufteilung vorhanden. Gutes, konstruktives Fachwerk zu erwarten. Kulturdenkmal aus ortsgeschichtlichen Gründen.

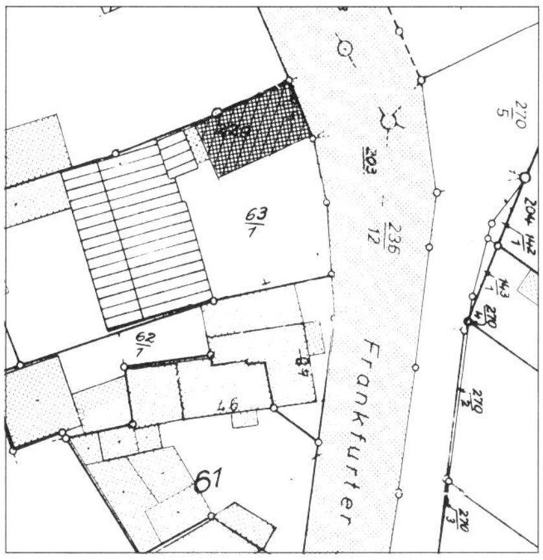

Frankfurter Straße 50
Flur 1 Flurstück 63/1

Zweigeschossiges, giebelständiges Fachwerkhaus mit einfachem, konstruktiven Fachwerk, im Untergeschoß und im hinteren Teil durch Massiveinbauten leicht verändert, entstanden Ende 18. Jhs. als Teil einer L-förmigen Hofreite mit großer Scheune aus dem Beginn des 20. Jhs. Kulturdenkmal aus städtebaulichen Gründen, da es in einer Kurve im Ortseingang für das Dorfbild ganz entscheidend ortsbildprägend ist.

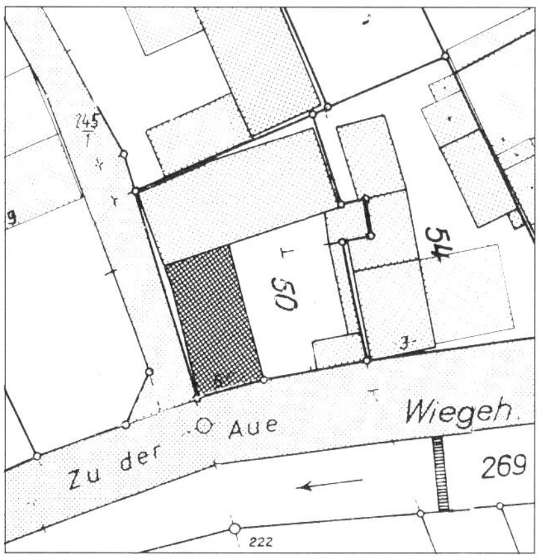

Zu der Au 5
Flur 1 Flurstück 50

Dreizoniges Fachwerkwohnhaus mit Anschluß im Obergeschoß an die zur L-förmigen Hofreite gehörende Scheune. Schlichtes Fachwerk, im vorderen Teil profiliertes Schalgesims. Profilierte Haustürrahmung, im Türstock Inschrift mit Jahreszahl 1824. Das Haus ist innerhalb dieses Straßenbildes besonders gut erhalten. Kulturdenkmal wegen seiner städtebaulichen Bedeutung.

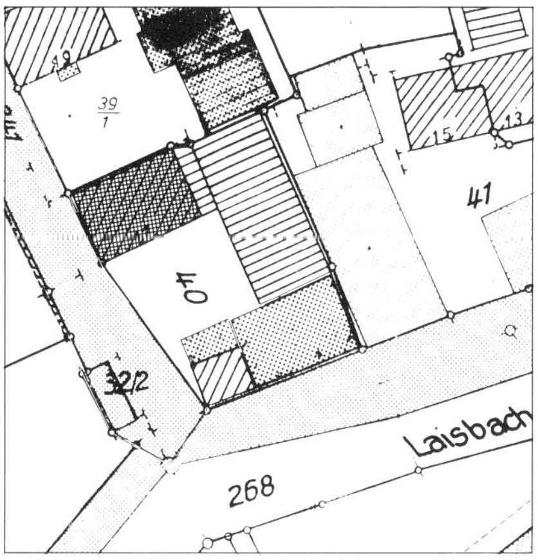

Zu der Au 17
Flur 1 Flurstück 40

Wohngebäude einer Fachwerkhofreite auf Sandsteinsockel mit zweiläufiger Treppe und kleinem Vordach. Gutes, stattliches Fachwerk aus der Zeit um 1800. Profilierte Türeinrahmung und originale Haustür. Kulturdenkmal wegen seiner wissenschaftlichen Bedeutung.

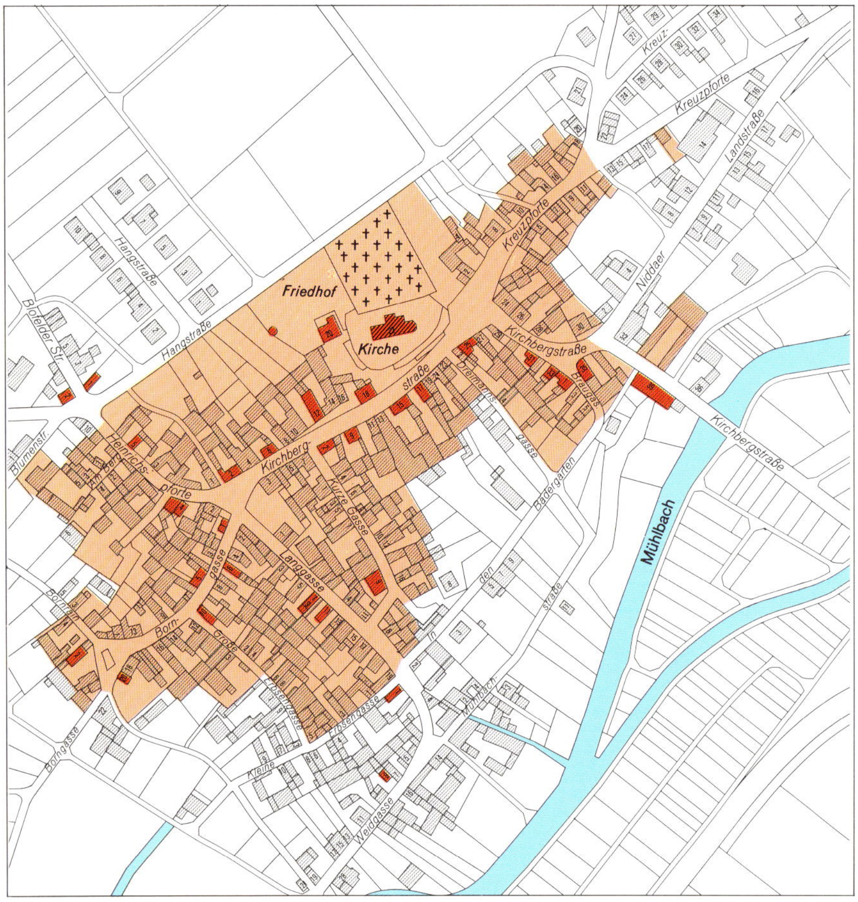

Dauernheim

Der Marktflecken Dauernheim liegt 7 km westlich von Büdingen am Seemenbach. Die Anlage des Ortes orientiert sich an der Kirchbergstraße, die in west-östlicher Richtung verläuft, entlang dem Fuß eines Hanges, der von Norden nach Süden abfällt. Markanter Punkt im Ortsbild ist der Kirchberg mit dem wehrhaften Kirchhof, der innerhalb des befestigten Ortes als letzte Zuflucht benutzt wurde. Dauernheim war umgeben von einem Haingraben. Offenbar gab es eine steinerne Befestigung, die zumindest in Teilen das Gebück, ein undurchdringliches Dornengestrüpp, verstärkte. Westlich der Kirche liegt ein stattlicher Wehrturm mit Zinnenkranz, der einen Teil der Ortsbefestigung darstellt. Der weitere Verlauf der Befestigung in Form von Mauern o. ä. ist nicht feststellbar. Einen weiteren Hinweis geben die beiden Straßenbezeichnungen „Heinrichspforte" und „Kreuzpforte", die zwei ehemalige Zugänge in die Ansiedlung von Westen und von Osten bezeichnen.
In die Erhebung des Kirchberges und in die Stützmauern sind Felsenkeller eingebaut, eine für Oberhessen typische Art der Bevorratung, besonders auch in Verbindung mit dem früher umfangreichen Weinbau.

Gesamtanlage

Entlang der Kirchbergstraße als Hauptader und den von ihr abzweigenden Nebenstraßen ist ein geschlossener Komplex aufeinanderfolgender Hofreiten in Sichtfachwerk und verputztem Fachwerk des 17.-19. Jhs. in besonderer Dichte und Qualität erhalten. Neben dem Typ der Wetterauer Hakenhofreite mit giebelständigem Wohnhaus existieren auch Varianten des Hüttenberger Hofs, traufständig mit überbauter Tordurchfahrt. In beiden Gruppen sind einige besonders ausgeprägte und aufwendige Vertreter erhalten. Die Gesamtanlage verdichtet sich im Bereich des Kirchbergs, wo der das Dorf überragende Wehrkirchhof in Verbindung mit der einmaligen Felsenkelleranlage im Bereich der Stützmauern einen ortsgeschichtlich-architektonischen Schwerpunkt von besonderer Wirkung schafft. Deshalb ausgewiesen als Gesamtanlage wegen der ortsgeschichtlichen und siedlungsgeschichtlichen Bedeutung.

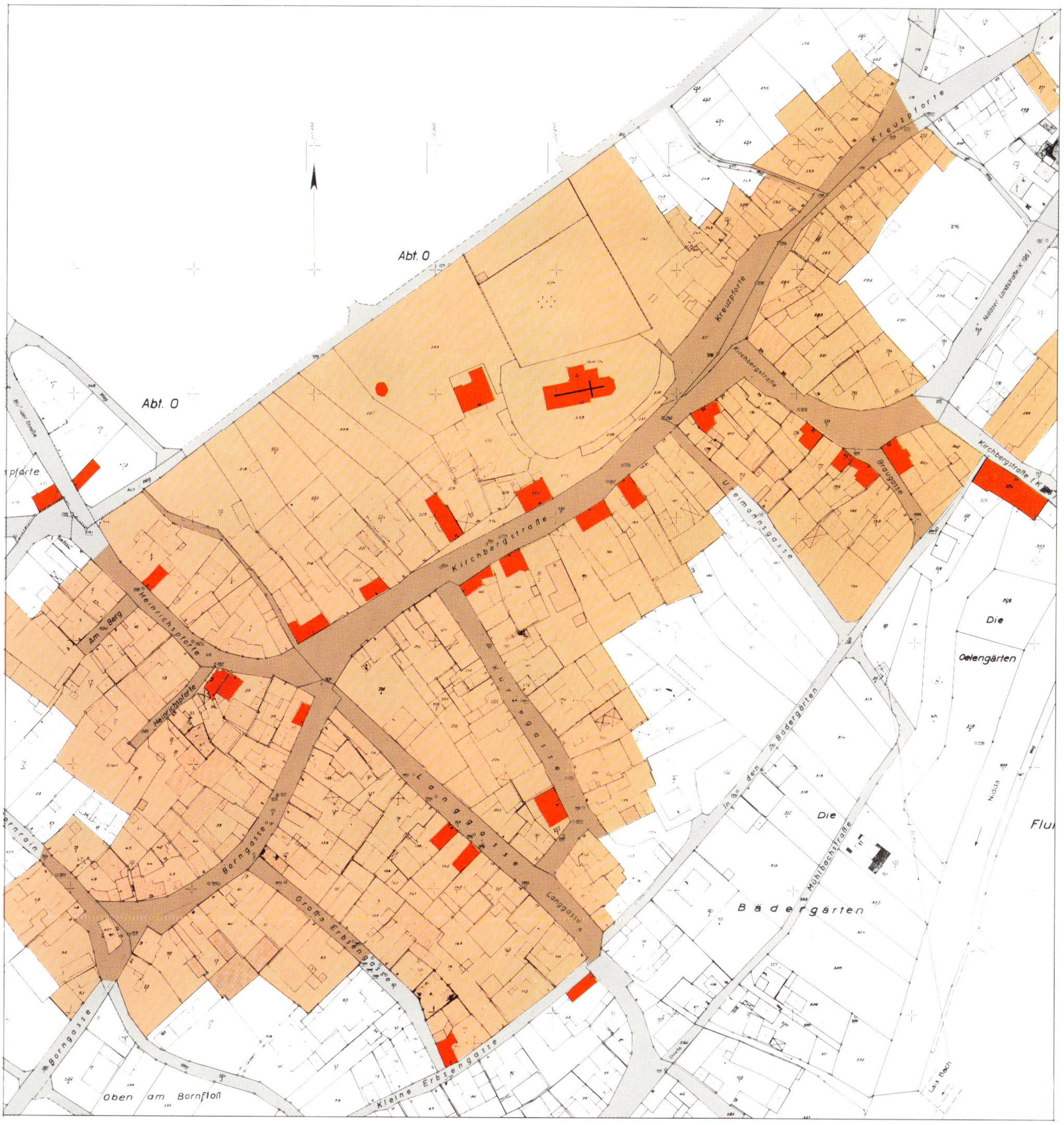

Plan der Gesamtanlage
links: Luftschrägaufnahme des Ortskernes

Kirchbergstraße
Flur 1 Flurstück 236, 237, 238
Kelleranlage

Große, städtebaulich eindrucksvolle Anlage mit separaten Zugängen in den Kirchberg hineingetrieben, teilweise in die Stützmauern integriert. Die Eingänge in der Regel mit Sandsteingewänden gefaßt und mit Haus- bzw. Zunftzeichen und Monogrammen versehen. Die frühesten Beispiele datieren in die 2. Hälfte des 16. Jhs.; Kontinuität durch das 17. und 18. bis zur Mitte des 19. Jhs. Typisches und eindrucksvolles Beispiel für die Art der Bevorratung in Oberhessen, besonders als hier noch der Weinbau blühte. Jeder Keller ist einem Hof zugeordnet, der oft an entfernter Stelle im Ort liegt. Die Anlage besitzt hohen Quellenwert für die Kultur- und Wirtschaftsgeschichte der Wetterau und ist als Sachgesamtheit Kulturdenkmal wegen ihrer wissenschaftlichen, geschichtlichen und städtebaulichen Bedeutung.

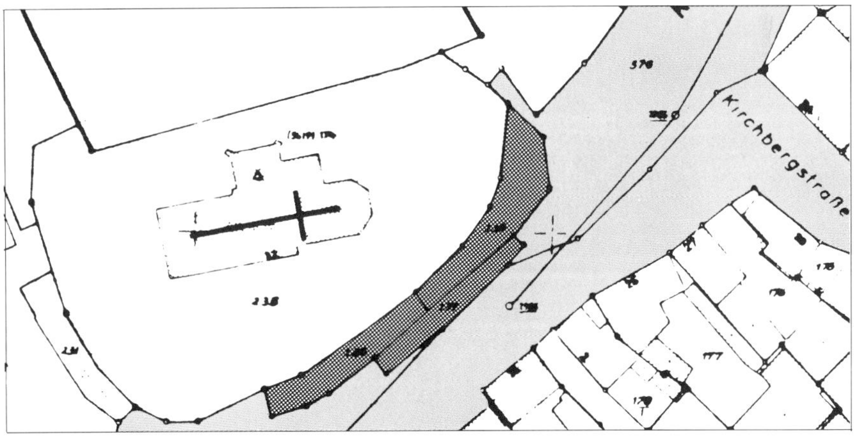

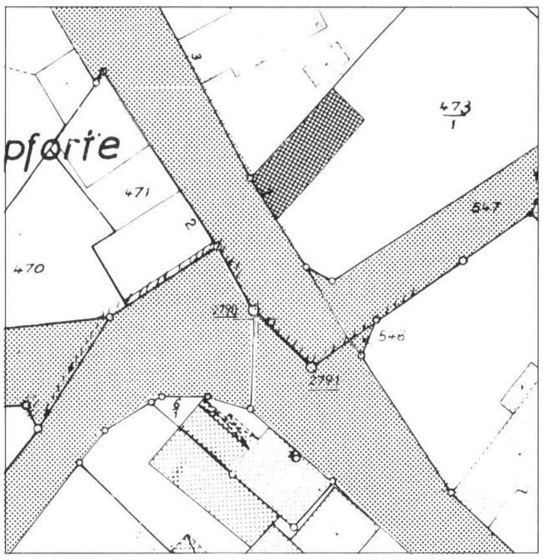

Blofelder Straße 1
Flur 1 Flurstück 473/1

Kleines Landarbeiterhaus, am Rande des alten Kerns, vielleicht Schäferwohnung. Etwas aus der Achse gedreht, eingeschossig mit Zwerchhaus. Alte zweiläufige Sandsteinfreitreppe, Sandsteinbruchsteinsockel. Unter der Verschindelung einfaches, konstruktives Fachwerk der Zeit um 1800. Seltenes Beispiel für diesen Haustyp der ländlichen Unterschichten des 18. Jhs. Kulturdenkmal wegen seiner sozialgeschichtlichen und wissenschaftlich-typengeschichtlichen Bedeutung.

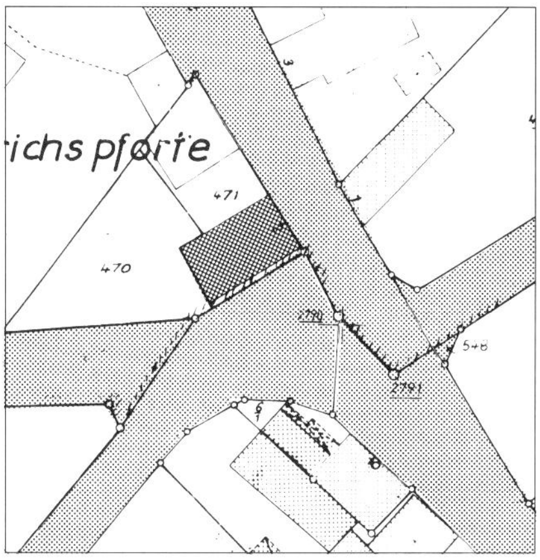

Blofelder Straße 2
Flur 1 Flurstück 471

Kopfbau der Heinrichspforte; vom Ortsinnern kommend als Blickpunkt wirkend. Breit gelagerter, über Eck gestellter barocker Fachwerkbau mit Asbestzementverkleidung, im 19./20. Jh. erweitert. Der Bau ist unverzichtbar im Straßenbild, weil er in einzigartiger Weise den ortsbildlichen Abschluß garantiert. Kulturdenkmal wegen seiner städtebaulichen Bedeutung für das Ortsbild.

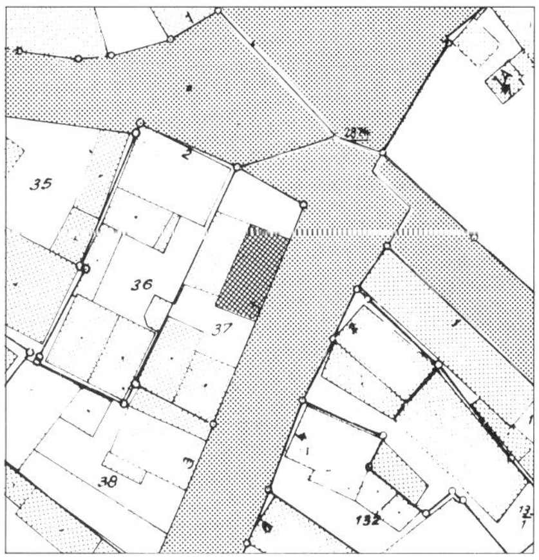

Borngasse 1
Flur 1 Flurstück 37

Kopfbau der Borngasse. Schmales hochproportioniertes Fachwerkhaus mit schönen handwerklichen Details, Öffnung im Giebel als Kranz ausgebildet. Zwei S-förmige Streben mit Nase, umlaufendes Karnies. Guter Bau um 1720, der die städtebauliche Situation an der Ecke Borngasse akzentuiert. Kulturdenkmal wegen seiner künstlerisch-handwerklichen und städtebaulichen Bedeutung.

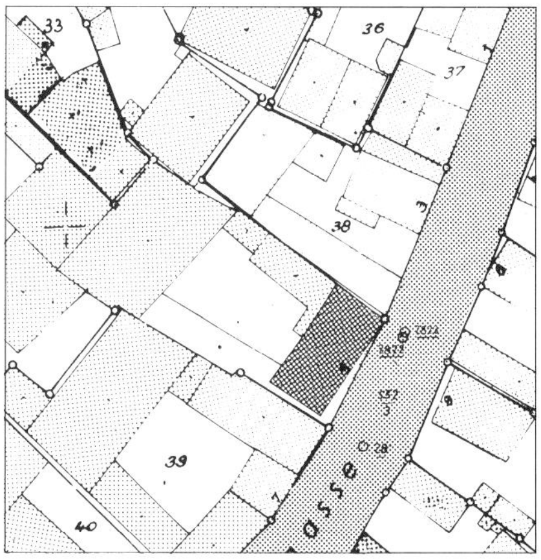

Borngasse 5
Flur 1 Flurstück 32/1

Breitgelagerter Hüttenberger Hof. Im Erdgeschoß verputzt, im Obergeschoß barockes Fachwerk der Zeit um 1690 frei sichtbar; qualitätvolle Anordnung regelmäßiger Streben, profilierter Füllhölzer und Schiffskehlengebälk. Dach mit Drempel erneuert. Kulturdenkmal wegen seiner handwerklich-künstlerischen Bedeutung.

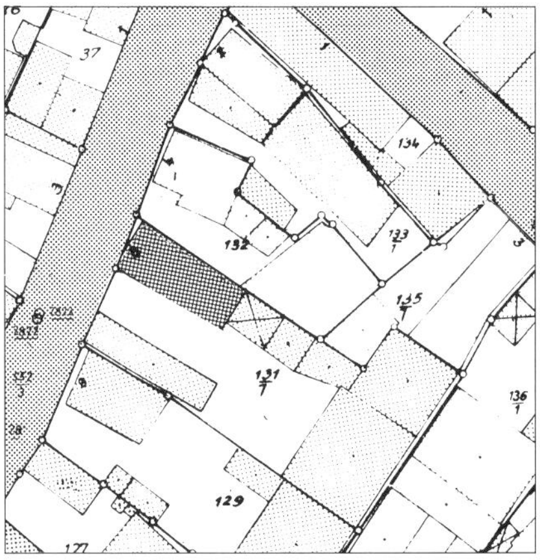

Borngasse 6
Flur 1 Flurstück 131/1

Etwas über Eck gestellter, gestaffelter Bau mit auffallender Wirkung im Straßenraum; mit dem ehemals typischen alten Weinstock im hinteren Bereich. Das Holz verwittert, jedoch gut erhalten. Im Erdgeschoß z. T. erneuert, im Obergeschoß noch die weiten, durchgebogenen Streben mit Kopfbändern. Um 1720 entstanden, das hintere Drittel im 19. Jh. angebaut. Kulturdenkmal wegen seiner baukünstlerischen und städtebaulichen Bedeutung.

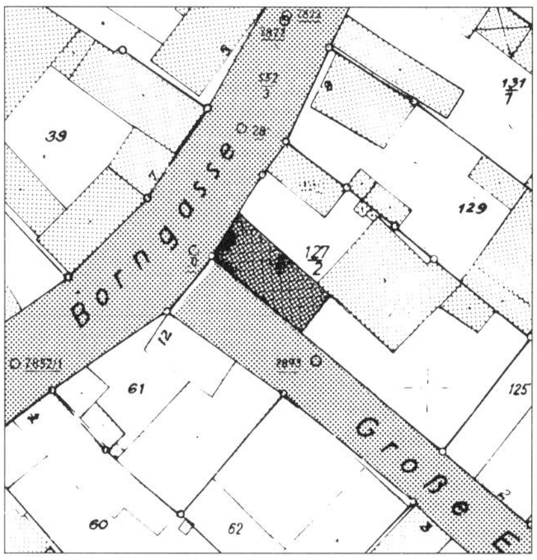

Borngasse 10
Flur 1 Flurstück 127/2

Dreiseithof in gutem Erhaltungszustand. Freiliegende Scheune in Fachwerk mit altem Scheunentor; neueres Stallgebäude. Zur Straße Abschluß durch gutes Jugendstiltor. Das Wohnhaus verputzt, als städtebaulicher Eckpunkt zwischen Borngasse und Großer Erbsengasse. An Hand der Proportionen als Fachwerkbau der Zeit um 1780 erkennbar. Kulturdenkmal wegen seiner städtebaulichen Bedeutung.

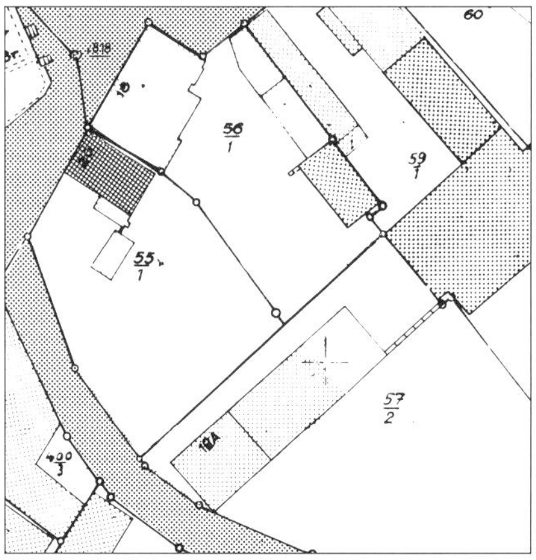

Borngasse 20
Flur 1 Flurstück 55/1

Kleinbauernhaus in gutem Erhaltungszustand. Zweigeschossig, giebelständig zur platzartigen Erweiterung der Borngasse; wichtig für die städtebauliche Erscheinung dieser Anlage. Gutes Fachwerk in strenger Ausprägung mit urwüchsig gekrümmten Streben der Zeit um 1700. Eigenartig verschalte Balkenlage, umlaufende Profilierung im Dachstuhl. Kulturdenkmal wegen seiner handwerklich-künstlerischen und städtebaulichen Bedeutung.

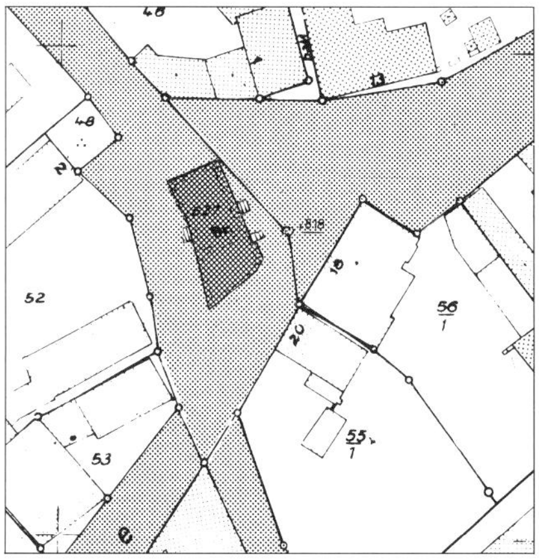

Bornrain
Flur 1 Flurstück 627
Brunnen

Große, zweigeteilte Brunnenanlage, die von einer oberhalb am Berg liegenden Quelle versorgt wird. Doppelfunktion als Brunnen und Feuerlöschteich. Hohe Bruchsteinummauerung, mit Sandsteinplatten abgedeckt. Alter unbestimmt. Brunnen- bzw. Bassinanlagen dieser Art sind sehr selten geworden. Wichtiges Dokument für die Wasserversorgung im Dorf. Kulturdenkmal wegen seiner geschichtlichen und technischen Bedeutung

Bornrain 2
Flur 1 Flurstück 52

Große Fachwerkhofreite, die vor dem Waschplatz als Blickfang im Ortsbild wirkt. Davor hohe Stützmauer mit zwei sehr schönen, frühen Kellerportalen, datiert 1603 und 1610. Das Wohnhaus giebelständig in verputztem Fachwerk, durch Fenstereinbrüche wenig gestört. Qualitätsvoller Bau des 17./18. Jhs. Proportionen und Größe lassen gutes Zierfachwerk vermuten. Kulturdenkmal wegen seiner künstlerischen Bedeutung und seiner städtebaulichen Bedeutung für das Ortsbild.

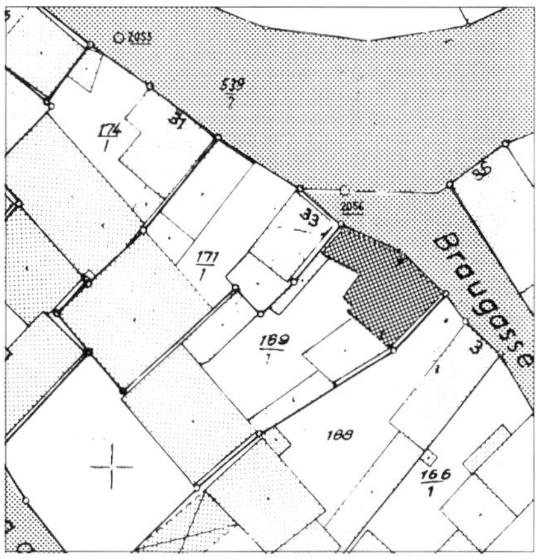

Braugasse 1
Flur 1 Flurstück 169/1

Variante des Hüttenberger Hoftyps; giebelständiges Wohnhaus und quergelagerte, überbaute Hofeinfahrt. Die Anlage ist verputzt, jedoch an Hand von Dachdeckung und Fensterteilung als spätbarocker Zierfachwerkbau zu qualifizieren. Der Bau hat eine wichtige Prospektfunktion am Beginn der Braugasse hin zur Anlage der Kirche mit den Felsenkellern. Kulturdenkmal wegen seiner bauhistorischen und städtebaulichen Bedeutung.

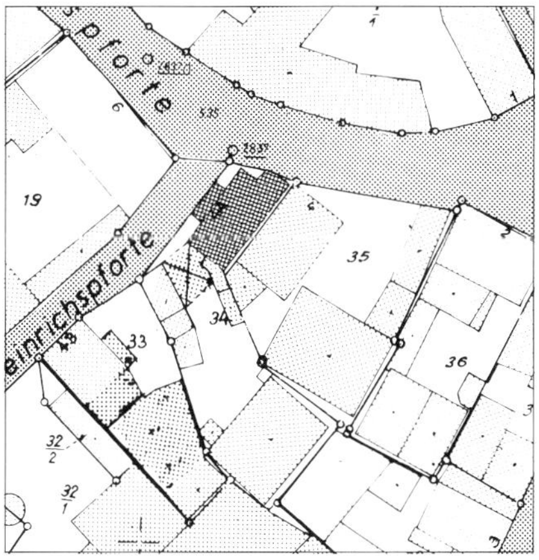

Heinrichspforte 4 a
Flur 1 Flurstück 34

Ungewöhnlicher Bau an der Krümmung der Heinrichspforte, die Enge der Parzelle in städtebaulich eindrucksvoller Weise mitbenutzend. Über zwei Geschosse gehender, auf dem Kellereingang aufsitzender Erker. Starkes urwüchsiges Fachwerk der Zeit um 1680 mit scharfer Kehlung in der Schwelle. An der Traufseite verputzt, durch Treppenanbau verunstaltet. Ursprünglich wohl Vogtei o. ä. Kulturdenkmal wegen seiner wissenschaftlich-typologischen und städtebaulichen Bedeutung als repräsentatives Fachwerkgebäude mit Auslucht (Erker).

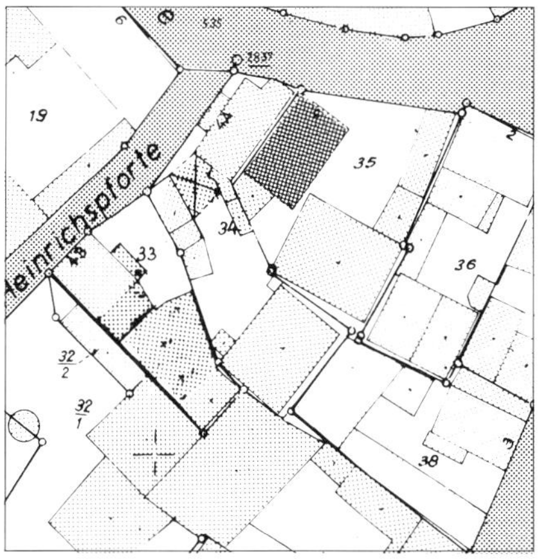

Heinrichspforte 4
Flur 1 Flurstück 35

Gemeinsam mit dem Nebenhaus interessante, ortsbildlich wirkungsvolle Gruppe am Knick der Heinrichspforte. Breitgelagertes Haus mit flacher Giebelneigung. Völlig verputzt, an der Traufseite frühe Fachwerkstrukturen noch des 17. Jhs. Die Flügelbauten dieser Hofreite durch einen unpassenden Neubau ersetzt. Wegen der wissenschaftlichen Bedeutung als seltener, früher Fachwerkbau am Ort (gute handwerkliche Arbeit) und wegen seiner städtebaulich eindrucksvollen Position im Straßenbild Kulturdenkmal.

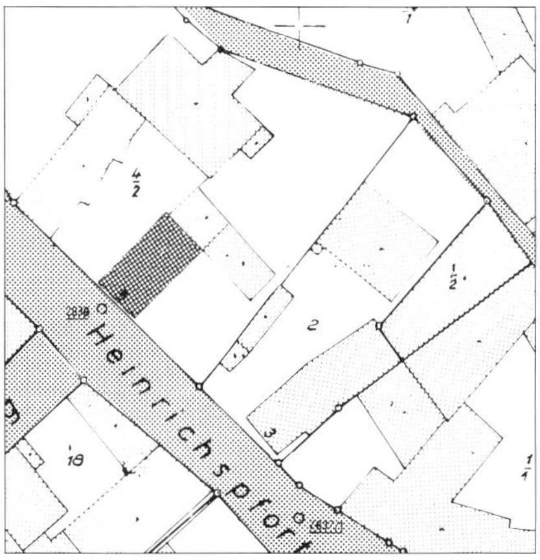

Heinrichspforte 5
Flur 1 Flurstück 4/2

Klassische Wetterauer Hofreite, als Abschluß zur Straße qualitätvolles barockes Portal mit der Inschrift „JOHANNES HESS 1764". Das Wohnhaus giebelständig zur Straße über hohem Sockel mit Kellereingang, Geschoßübersetzungen. Alte Fensterteilung, jedoch verputzt. Entstanden Mitte des 18. Jhs., gutes spätbarockes Fachwerk zu erwarten. Portal und Wohnhaus sind Kulturdenkmäler wegen ihrer baukünstlerischen Bedeutung sowie aus wissenschaftlich-typengeschichtlichen Gründen als komplett erhaltener Dreiseithof.

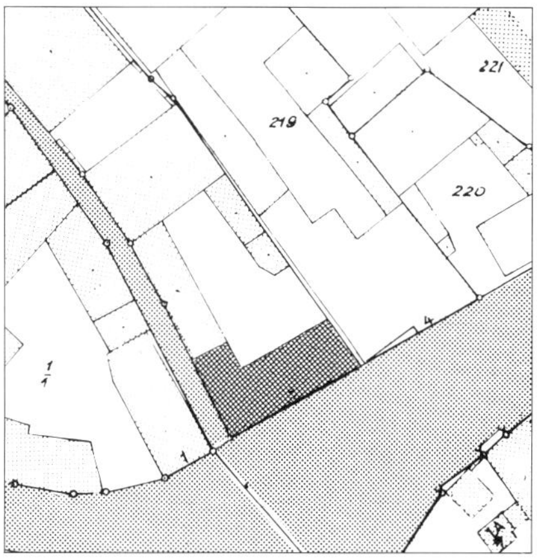

Kirchbergstraße 2
Flur 1 Flurstück 215/1

Quergelagerter Hüttenberger Hof des späten 18. Jhs. mit ausladendem Krüppelwalmdach. Einfaches, konstruktives Fachwerk in guten Proportionen. Der Bau bildet das Gelenk zwischen Heinrichspforte und Kirchbergstraße am Auftreffen von Langgasse und Borngasse. Kulturdenkmal wegen seiner städtebaulichen und wissenschaftlichen Bedeutung, da Hüttenberger Höfe dieser Qualität hier selten sind.

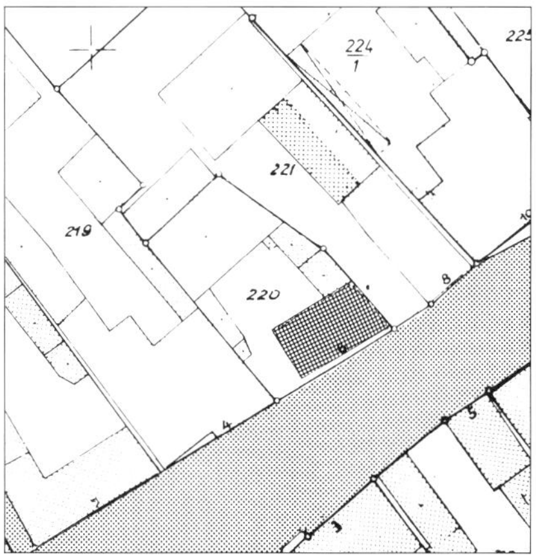

Kirchbergstraße 6
Flur 1 Flurstück 220

Kleine Hofreite auf engem Terrain. Das Wohnhaus quergestellt, seltene Variante der fränkischen Hofreite. Im Obergeschoß barockes Fachwerk mit durchlaufendem Profil, relativ starre Wilde Mann-Form, entstanden um 1740. Innerhalb des Straßenraums von wichtiger, ortsbildprägender Funktion, deshalb Kulturdenkmal wegen seiner Bedeutung für das Straßenbild und aus wissenschaftlichen Gründen.

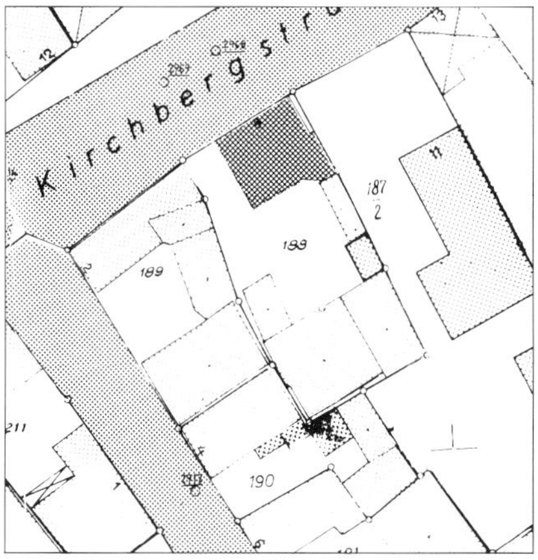

Kirchbergstraße 9
Flur 1 Flurstück 188
Schmiede.

Einfacher, breitgelagerter Bau, ganz verputzt. Ehemalige Dorfschmiede mit teilweise erhaltener Ausstattung wie Befestigungshaken für die Pferde, Esse und Amboß. Schmieden dieses Zustandes (mit Einrichtung) haben Seltenheitswert. Sie hat Bedeutung für die Ortsgeschichte und die handwerkliche Tradition am Ort, deshalb Kulturdenkmal aus geschichtlichen Gründen.

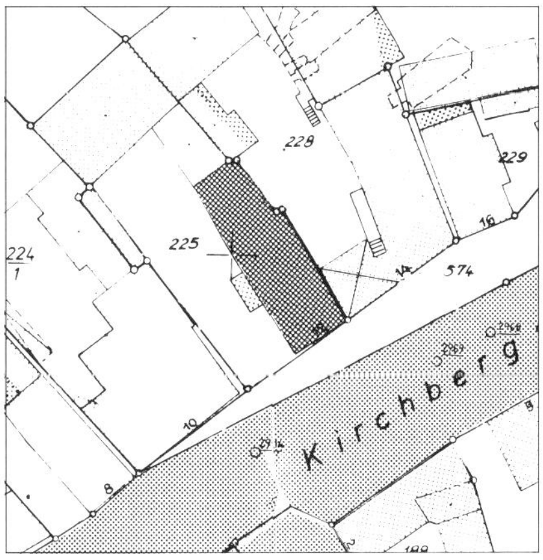

Kirchbergstraße 12
Flur 1 Flurstück 225

Spätbarocke Hakenhofreite mit steinernen Torpfosten, dort Inschrift „H M W A 1805". Das verplattete Wohnhaus durch modernen Windfang gestört, jedoch an einer Stelle gutes Fachwerk mit Geschoßübersetzungen, wahrscheinlich der Zeit um 1800, feststellbar. Das Wohnhaus wirkt in seiner Größe und seinen Proportionen als Stütze zwischen Rathaus und den beiden dazwischenliegenden einfacheren Bauten, deshalb Kulturdenkmal wegen seiner städtebaulichen Bedeutung.

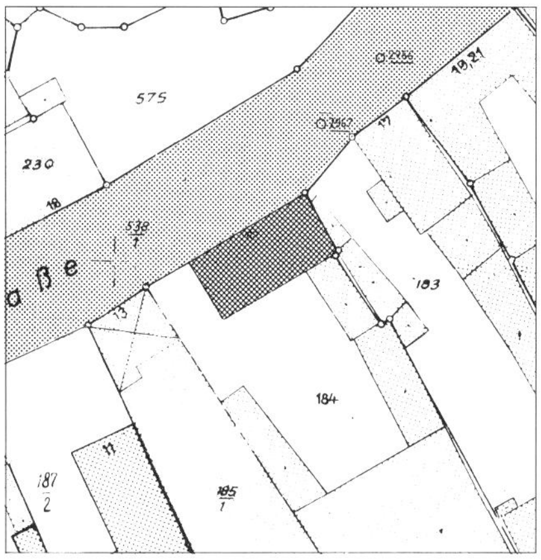

Kirchbergstraße 15
Flur 1 Flurstück 184

Quergelagerter Barockhof, symmetrische Anlage mit Krüppelwalmdach. Relativ niedrige Geschosse mit starken Übersetzungen. Entstanden in der 1. Hälfte des 18. Jhs. Das verkleidete Gebäude ist durch Fenstereinbauten nur wenig gestört, gutes Schmuckfachwerk zu erwarten. Kulturdenkmal wegen seiner städtebaulichen Bedeutung gegenüber dem Rathaus sowie aus künstlerischen Gründen.

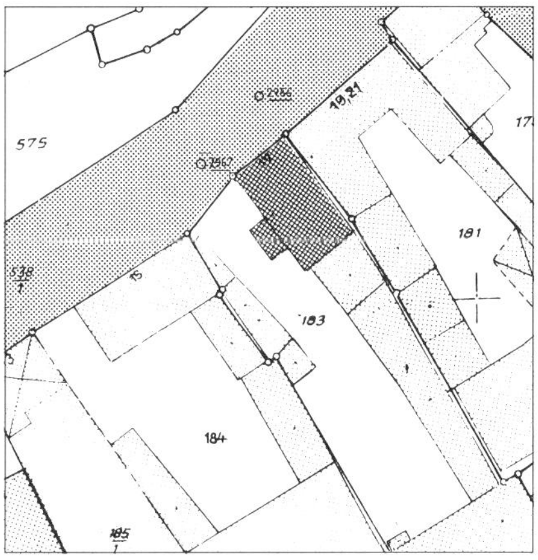

Kirchbergstraße 17
Flur 1 Flurstück 183

Stattliches Wohnhaus einer längsorientierten Hofreite, auffällig im Straßenraum. Völlig verputzt, jedoch lassen Merkmale wie Fensterreihung, Proportionen auf gutes Schmuckfachwerk des 18. Jhs. schließen. Angebaut qualitätvolles Stichbogenportal — Rest einer größeren Toranlage — mit Hohlkehle mit Rosetten und Diamanten. Inschrift „HEIA 1605 ERCK". Haus und Portal sind Kulturdenkmale wegen ihrer städtebaulichen bzw. künstlerischen Bedeutung.

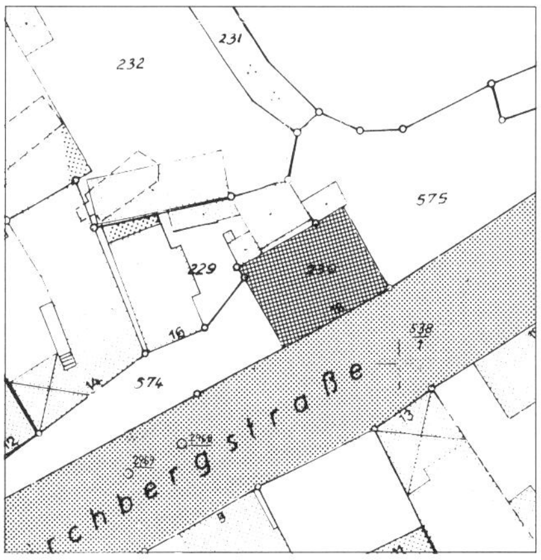

Kirchbergstraße 18
Flur 1 Flurstück 230
ehem. Rathaus.

Das Rathaus ist in die Stützmauer integriert. Das Obergeschoß in einfachem konstruktiven Fachwerk der 1. Hälfte des 19. Jhs., auf älteren Resten. Verschiedene Inschriftensteine bzw. Spolien eingemauert, so u. a. „JAKOB DMSCHLS HÜLF 1600", ein weiterer Stein in Herzform, bezeichnet 1602. Das Rathaus ragt durch sein hohes Sockelgeschoß weit aus der umgebenden Bebauung heraus und bildet so das Gegengewicht zur Kirche. Kulturdenkmal wegen seiner gesch. u. städtebaulichen Bedeutung.

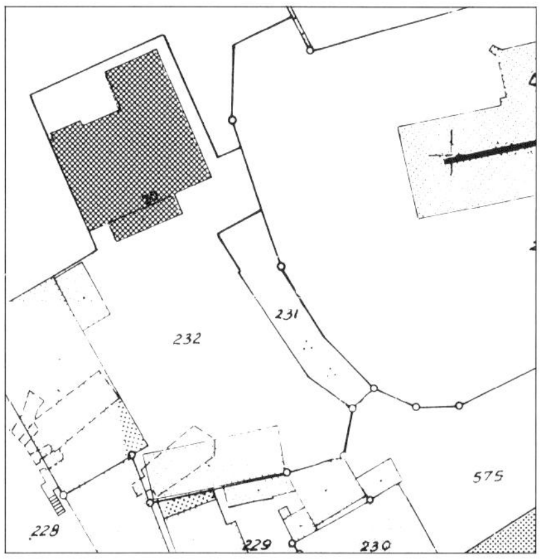

Kirchbergstraße 20
Flur 1 Flurstück 232
Pfarrhaus.

Breitgelagerter, barocker, dreiachsiger Bau mit vorgelagertem Kellereingang, darauf schöne Überdachung, 19. Jh. Originelle Schleierbretter um die Fenster, 19. Jh. Das relativ einfache, jedoch imposante, um 1700 entstandene Haus wurde später mehrfach erneuert. Im Sturz des Kellers die Jahreszahl 1712, wahrscheinlich das Erbauungsjahr. Der Bau steht in direkter Korrespondenz zur Kirche und ist wegen seiner topographischen Lage, seiner baukünstlerischen sowie ortshistorischen Bedeutung Kulturdenkmal.

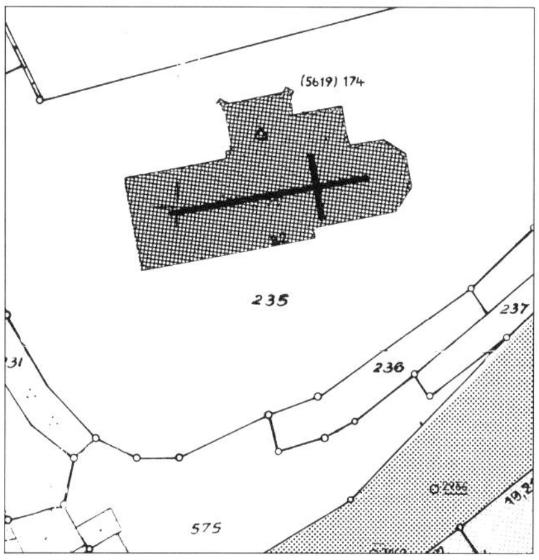

Kirchbergstraße 22
Flur 1 Flurstück 235
Kirche.

Mittelalterliche Kirche in topographisch hervorragender Lage als oberer Abschluß des Dorfes. Wehrkirchhof mit z. T. ursprünglichen Mauern. Verstreut an die Mauer gelehnt gute, barocke Grabsteine. Die Kirche des 13. Jhs. mit Turm an der Nordseite. Flachgedeckter Saal mit netzgewölbtem Chor, 5/8-Schluß. Emporen 1697, Wandmalereien 15. Jh., Kruzifix 16. Jh., Orgel 1777. Kulturdenkmal wegen ihrer künstlerischen, geschichtlichen und städtebaulichen Bedeutung.

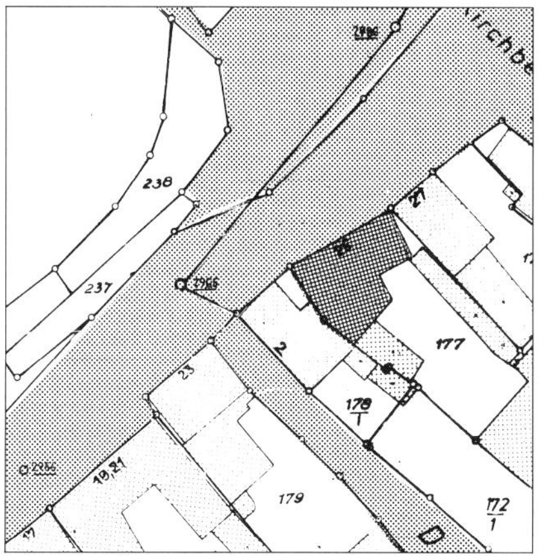

Kirchbergstraße 25
Flur 1 Flurstück 177

Außergewöhnliche, zweigeschossige Hofanlage des Hüttenberger Typs; in allen Details ursprünglich, um 1700. In dieser Qualität sehr selten; feines Zierfachwerk. Eines der besten Beispiele für diesen Hoftyp im Kreis, deshalb Kulturdenkmal wegen seiner wissenschaftlichen Bedeutung, baukünstlerisch wegen der handwerklichen Ausführung und städtebaulich wegen der prominenten Lage gegenüber der Gesamtanlage des Kirchberges.

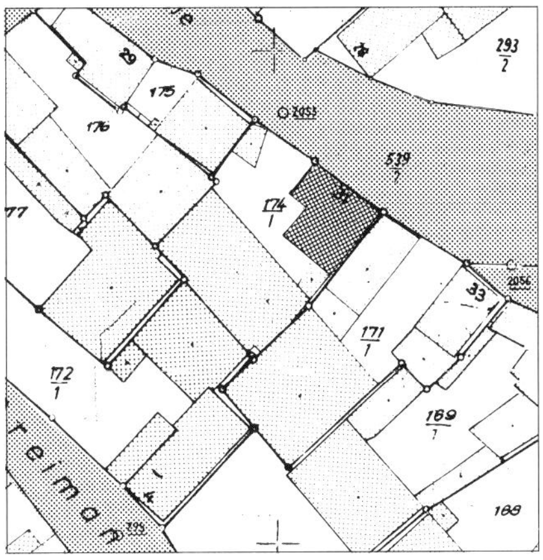

Kirchbergstraße 31
Flur 1 Flurstück 174/1

Hofreite in eigentümlicher Lage mit dem Wohnhaus parallel zur Straße und der Scheune parallel dahinter. Das Dach zum Nachbarn einseitig abgewalmt. Zur Hofeinfahrt hin Giebel mit Übersetzung, zur Straße repräsentatives Obergeschoß um 1730 mit rhombenförmigen Brüstungsfüllungen unter den Fenstern. Als Unikum aus der regional üblichen Bauweise herausfallend. Kulturdenkmal wegen seiner baukünstlerischen und wissenschaftlichen Bedeutung.

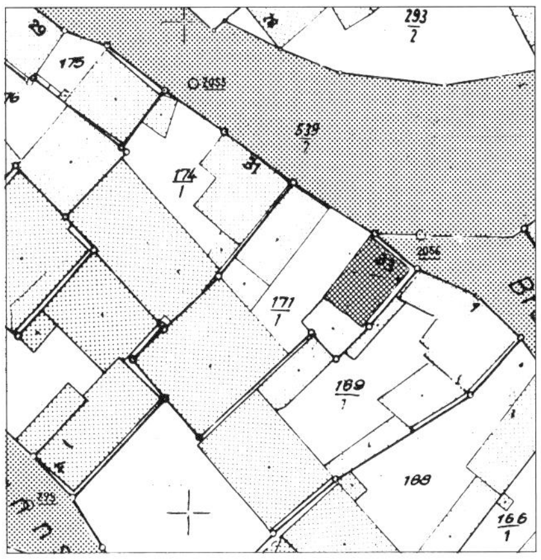

Kirchbergstraße 33
Flur 1 Flurstück 171/1

U-förmige Hofreite am Knick der Kirchbergstraße. Stall- und Scheunengebäude unbedeutend (19. u. 20. Jh.) das Wohnhaus jedoch in sehr ausgewogenen, qualitätvollen Formen der Zeit um 1700. Im Obergeschoß ursprünglicher Verband mit weit ausgreifenden, geschwungenen Wilden Männern, Fußgegenstreben und reich ornamentierten Eckständern mit Tauornamenten, ohrenartigen Ornamenten, Schuppenbändern. Kulturdenkmal wegen seiner künstlerisch-handwerklichen Qualität und wegen seiner Bedeutung für das Ortsbild.

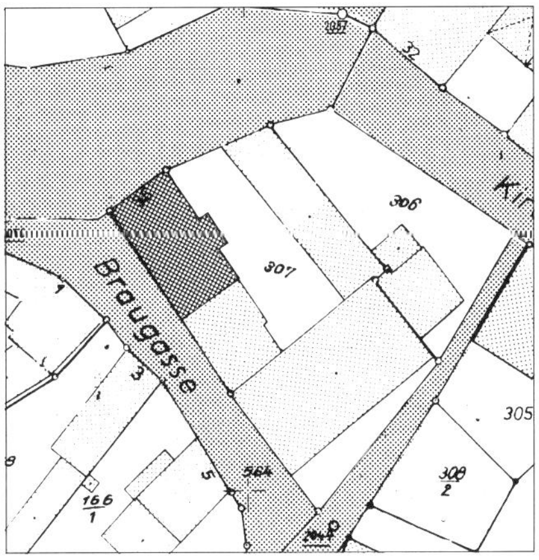

Kirchbergstraße 35
Flur 1 Flurstück 307

U-förmige Hofreite, das Straßendreieck Kirchbergstraße/Braugasse städtebaulich akzentuierend. Großdimensionierter, zweigeschossiger Wohnbau mit weit heruntergezogenem Krüppelwalm. Spätbarockes Fachwerk der Zeit um 1800. Wegen seiner Stellung im Ortsbild Kulturdenkmal aus städtebaulichen Gründen.

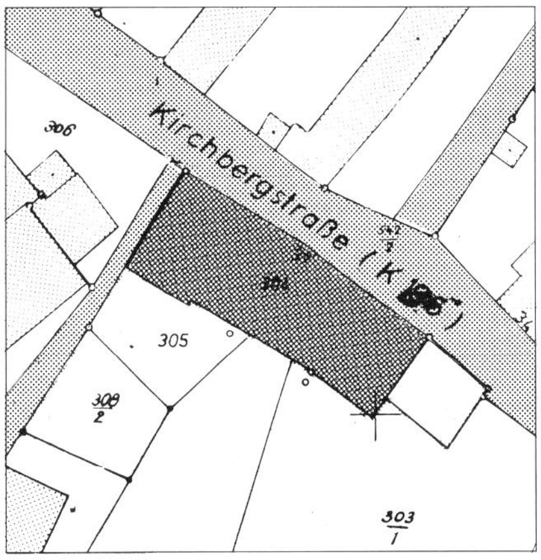

Kirchbergstraße 37
Flur 1 Flurstück 304
Mühle.

Groß angelegter, repräsentativer Mühlenbau mit massivem Sockelgeschoß und Hausteinportal. Letzteres mit mehrfach profiliertem Gewände, umlaufendem Karnies, Stichbogen und Wappen im Ährenkranz; dort Bezeichnung „I H E 1754" und Mühlrad mit Zirkel. Das Obergeschoß mit feiner Fachwerkzier, um 1700. Kulturdenkmal wegen seiner Bedeutung für die Ortsgeschichte und aus künstlerischen Gründen. Am Wirtschaftsgebäude barocker Konsolstein mit dem gleichen Wappen. Der alte

Mühlbach heute verrohrt und nicht mehr sichtbar.
Direkt gegenüberliegend der zur Mühle gehörende Ökonomiehof, auch dort im Türsturz z. T. alte Wappensteine vermauert. Zur Straße Portal mit Stichbogensturz, durch Erhöhung der Straße im Boden steckend, bezeichnet „I C B 1743". An der Nachbarhofreite barockes Portal, ebenfalls „I C B 1743". Diese Portale sind als Sachteile Kulturdenkmale wegen ihrer geschichtlichen und künstlerischen Bedeutung, das Gebäude ist Kulturdenkmal wegen seiner künstlerischen und geschichtlichen Bedeutung.

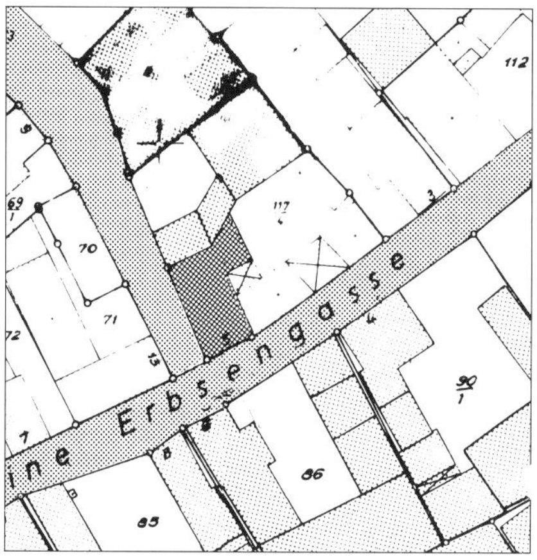

Kleine Erbsengasse 5
Flur 1 Flurstück 117/4

Eckbau, am Knick Kleine Erbsengasse/-Große Erbsengasse gelegen. Barocker Fachwerkbau mit breiten Eckständern und Geschoßübersetzungen. Der Bau hat eine wichtige, eckbetonende Funktion an dieser Stelle des Ortes. Kulturdenkmal wegen seiner städtebaulichen Bedeutung.

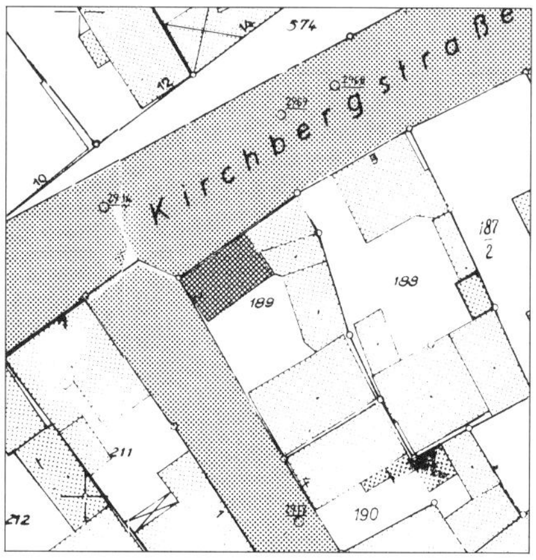

Kurze Gasse 2
Flur 1 Flurstück 189

Kleine intakt erhaltene, U-förmige Hofreite auf engem Eckgrundstück. Giebel und Längsseite verplattet. Auf der Rückseite jedoch qualitätvolles Fachwerk in sehr frühen Formen mit profiliertem Rähm im Erdgeschoß, stark profilierter Schwelle, schönen Bandornamenten und Voluten auf den Eckständern. Entstanden um 1700. Die Scheune 18. Jh. mit späteren Veränderungen. Das Wohnhaus ist Kulturdenkmal wegen seiner handwerklich-künstlerischen Bedeutung und wegen seiner Bedeutung für das Ortsbild.

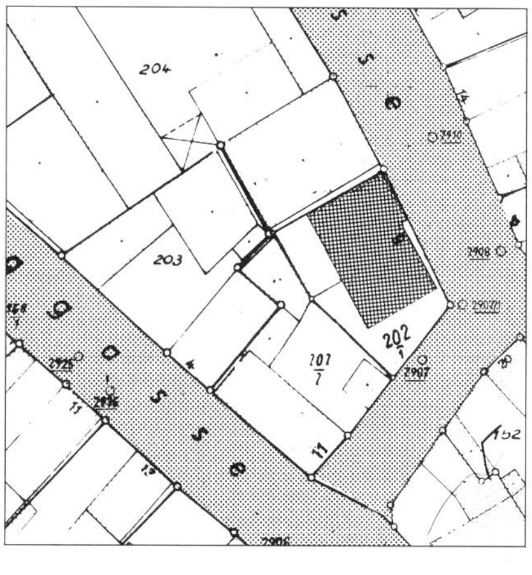

Kurze Gasse 9
Flur 1 Flurstück 202/1

Langgezogenes, schmales Fachwerkhaus; L-förmiger Hof, über Eck gestellt zwischen Kurze Gasse und Langgasse. Das frühe Fachwerk im Obergeschoß erhalten. Sehr gute Arbeit mit Feuerböcken, großer Mittelstütze mit Kopfbändern, starker Profilierung. In der Schwelle Inschrift „WEIGAND DIEFFENBACH ANNO 1667". Kulturdenkmal wegen seiner wissenschaftlichen Bedeutung als seltener, früher Bau mit reicher Fachwerkzier

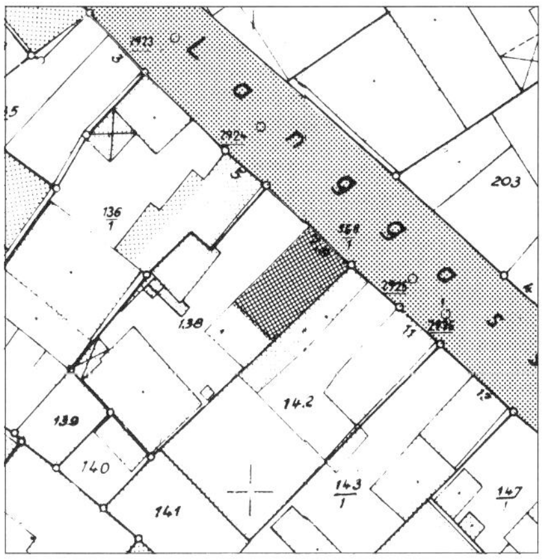

Langgasse 7/9
Flur 1 Flurstück 138

Fachwerkhofreite mit späteren Veränderungen. Das Wohnhaus innerhalb der Fassadenabwicklung auffällig, da es als einziger Bau der näheren Umgebung noch die barocken Strukturen unverfälscht darbietet. Doppelhaus, jedoch wahrscheinlich später geteilt. Mit schönen Wilde Mann-Formen, Fußgegenstreben und Kopfbändern um 1740. Scheune aus der gleichen Zeit im hinteren Hofbereich. Kulturdenkmal wegen seiner städtebaulichen und wissenschaftlichen Bedeutung.

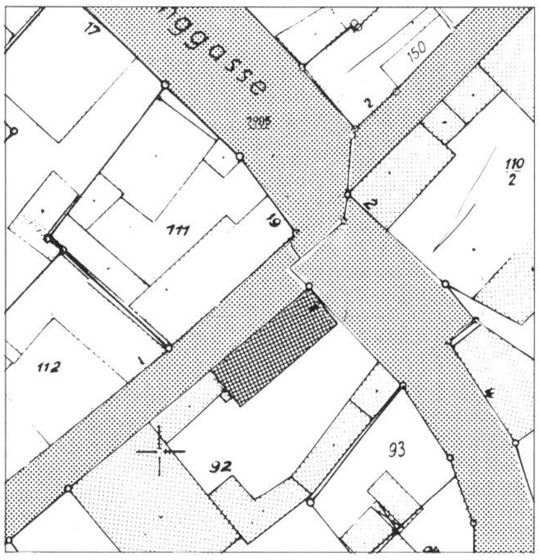

Weidgasse 1
Flur 1 Flurstück 92

Dreiseithof, der die Ecke Kleine Erbsengasse/Weidgasse betont. Scheune und Stallgebäude im 19. Jh. erneuert. Das Wohnhaus in guten barocken Proportionen der Zeit um 1750, Fachwerk im Erdgeschoß erneuert. Typische, verschalte Balkenlage, oben Eckstreben mit Kopfgegenstreben, Taubenschlagöffnungen im Giebel. Im hinteren Bereich vier Gefache angebaut. Kulturdenkmal wegen seiner städtebaulichen Bedeutung.

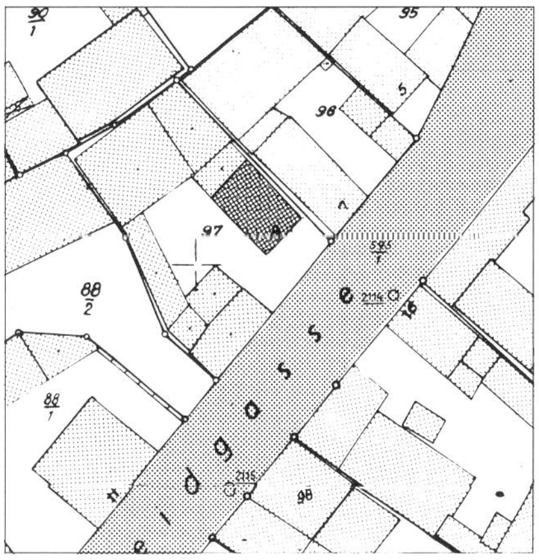

Weidgasse 9
Flur 1 Flurstück 97

L-förmige Hofreite, etwas aus dem Straßenraum zurückgesetzt. Scheune unbedeutend, das Wohnhaus jedoch sehr feiner barocker Fachwerkbau mit starken auswärtsgebogenen Streben. Durchgehend verschalte Balkenlage, alter Weinstock. Bedeutende Ornamentierung der Eckständer; sehr schöne, verwitterte Ornamente pflanzlicher Art mit Muscheln und Kandelabern. Entstanden in der Zeit um 1680. Kulturdenkmal wegen seiner baukünstlerischen Bedeutung.

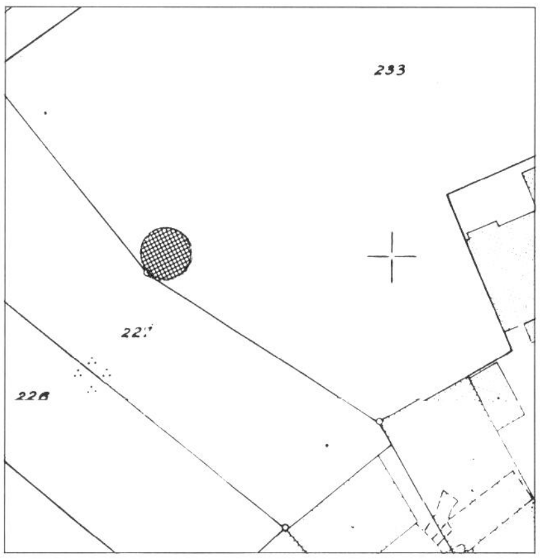

Turm hinter der Kirche
Flur 1 Flurstück 233

Rest der Stadtbefestigung, in die der Turm eingebunden war. Verlauf der Mauer unklar. Der runde Turm 14./15. Jh. mit Schießscharten und Zinnen, letztere modern erneuert. Kulturdenkmal wegen seiner Bedeutung für die Ortsgeschichte.

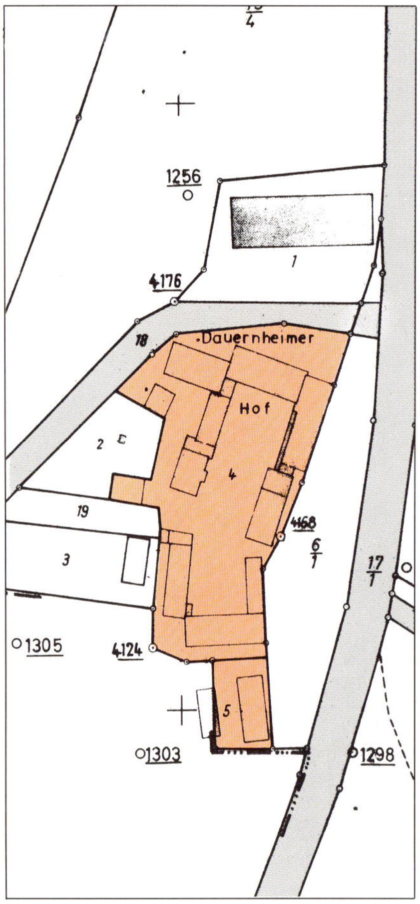

Gesamtanlage
Dauernheimer Hof

Ökonomiehof des 19. Jhs. in unregelmäßiger Anordnung. Scheunen und Wirtschaftsgebäude in Bruchstein mit Fachwerkobergeschoß, 1. Hälfte 19. Jh., das Wohnhaus Ende 19. Jh. Guterhaltene landwirtschaftliche Produktionsanlage des 19. Jhs.

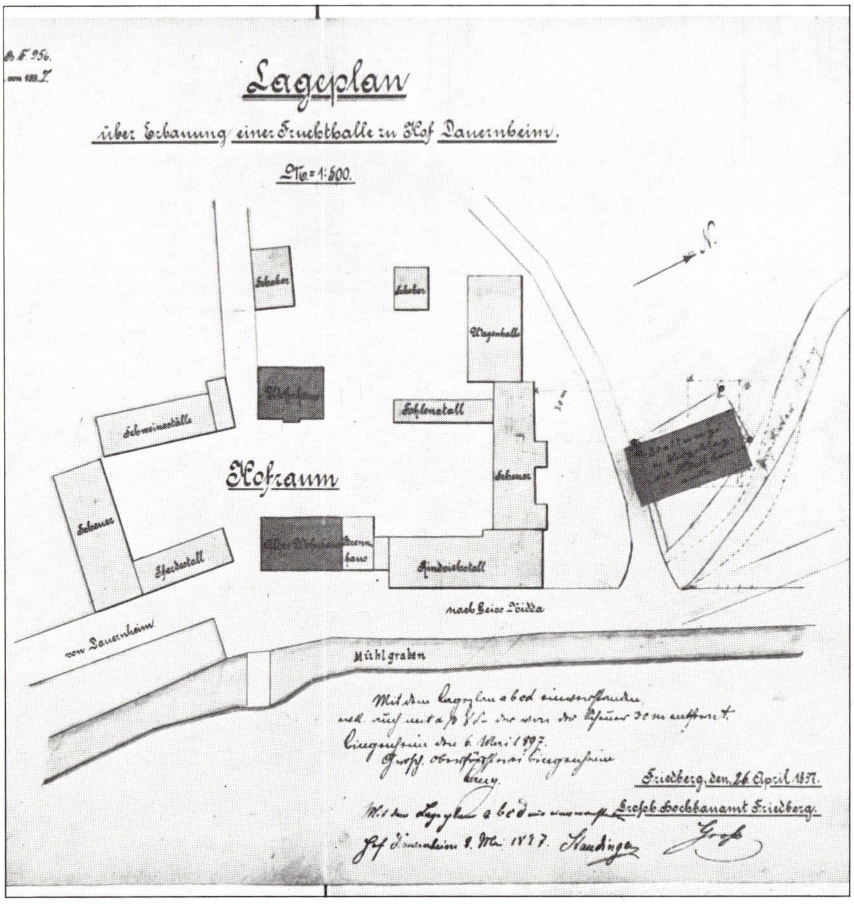

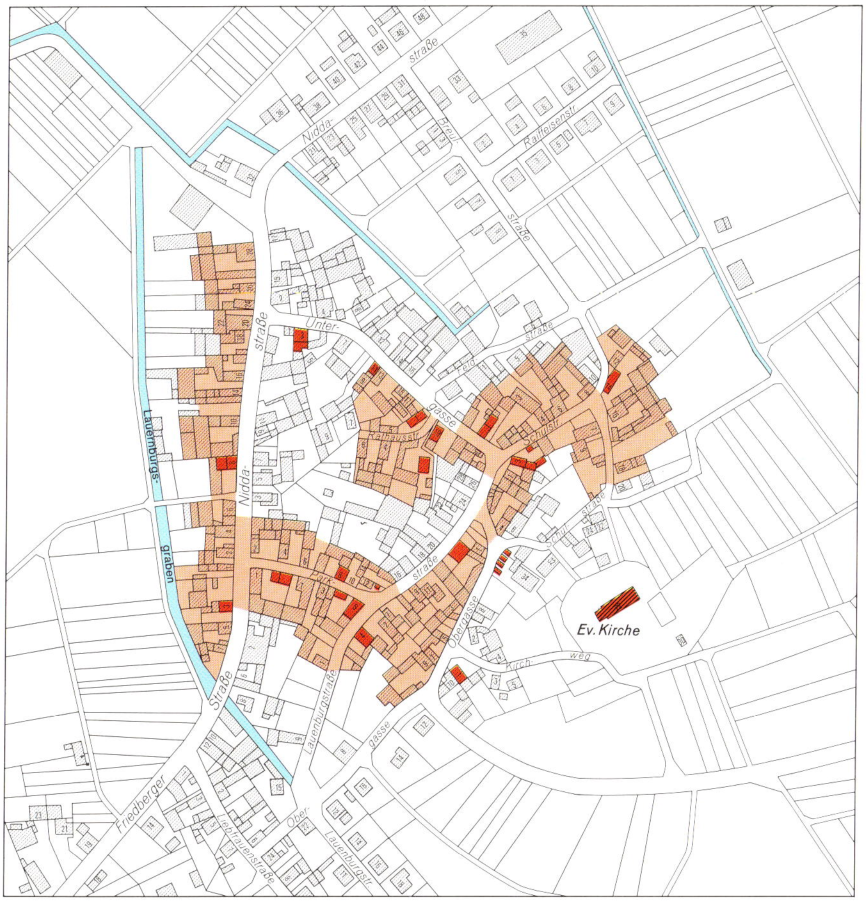

Gesamtanlage

Der Ursprung des Ortes liegt an dem westlich an den Kirchhof anschließenden Areal mit der alten Flurbezeichnung „Im Ort". Im Knick der Obergasse liegt eine Reihe von Erdkellern, die z. T. noch in das 16. Jh. datieren. Später entwickelte sich der Ort nach Westen weiter in Richtung auf den Lauenburggraben. Das Ortsbild von Ober-Mockstadt wird bestimmt durch teilweise sehr aufwendig gestaltete Hofreiten noch des 17. Jhs., wobei sich die giebelständigen Wohnhäuser durch auffällig reiche Fachwerkzier auszeichnen. Dazwischen finden sich kleinere Höfe des 17.-19. Jhs. in der üblichen Hakenform mit meist giebelständigem Wohnhaus, die die Dichte des vom Fachwerk bestimmten historischen Ortsbildes bewirken.

Ober-Mockstadt verfügt über eine handwerkliche Besonderheit, die zwar vereinzelt auch in anderen oberhessischen Orten vorkommt, hier aber qualitativ und quantitativ besonders ausgeprägt ist. Es handelt sich um tönerne Dachreiter zumeist auf der der Straße zugewandten Giebelseite mit vielfältigen Motiven, darunter Reitergestalten mit Zweispitz (angebl. Napoleondarstellungen), aber auch Gruppen wie z. B. eine Jagdgruppe. Die Schmuckfreude, die sich in den Dachreitern manifestiert, hat sicher alte, vorchristliche Wurzeln. Materiell sind diese Arbeiten dem Nebenerwerb der Bewohner zu verdanken, die in den Ziegeleien um Ober-Mockstadt Arbeit fanden. Es existieren noch einige gute Exemplare, die Bestandteile der Kulturdenkmale und Gesamtanlage sind.

Die Gesamtanlage umfaßt die Gebiete der Niddastraße, Unter-/Obergasse und Parkstraße, die von guterhaltenen Fachwerkhöfen des 17.-19. Jhs. geprägt sind.

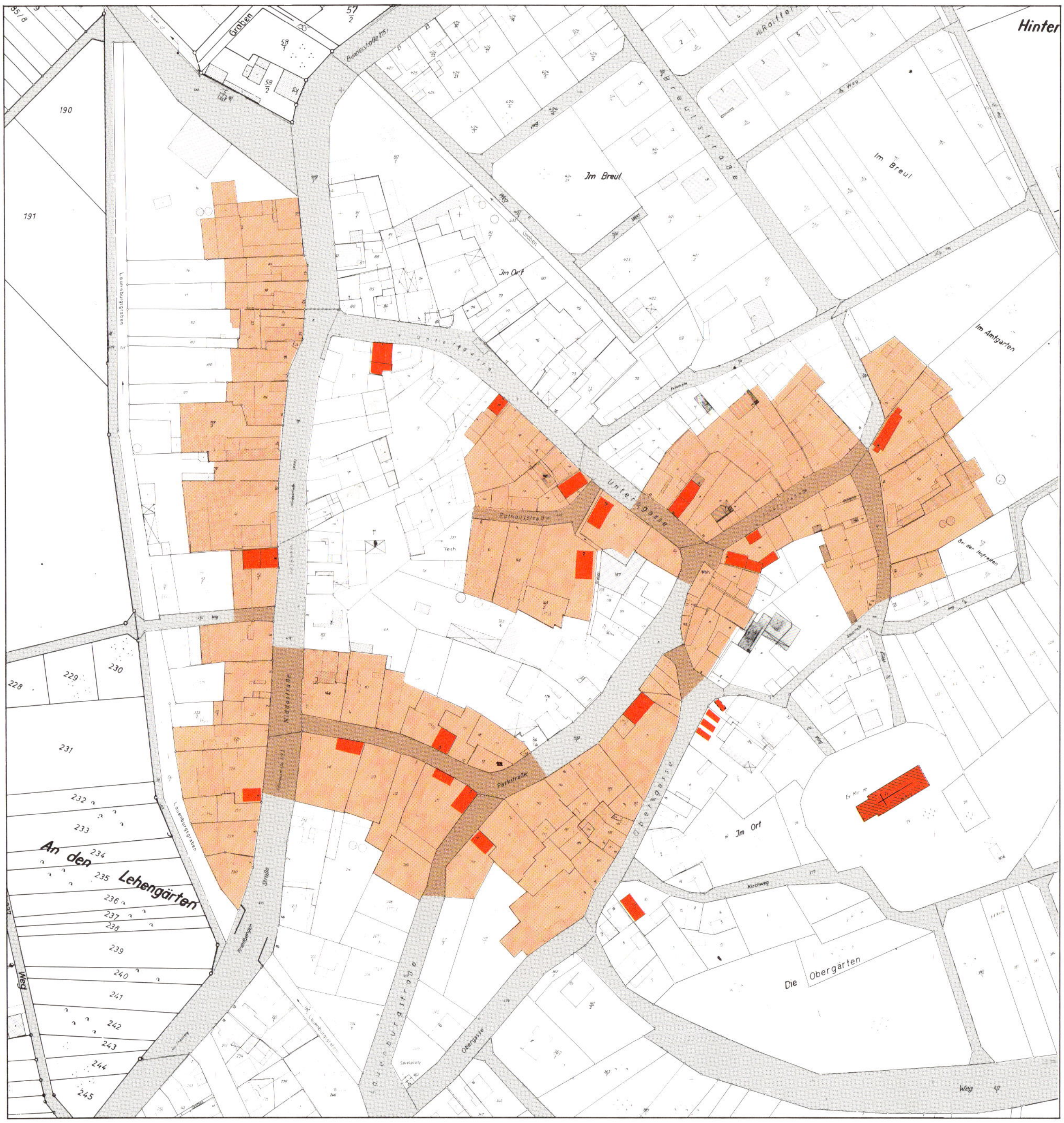

Plan der Gesamtanlage
links: Blick in die Niddastraße

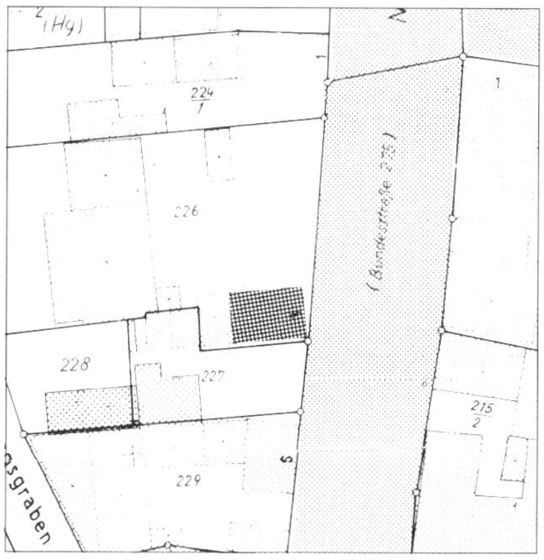

Friedberger Straße 3
Flur 1 Flurstück 226

Große hakenförmige Hofanlage mit ungewöhnlichem Wohnhaus, zur Straße hin etwas versetzt ausgerichtet. Zweigeschossig mit Überbauung des Eingangs, 20. Jh. Das Wohnhaus im vorderen Bereich verputzt, im Obergeschoß sehr gutes, qualitätvolles, frühbarockes Fachwerk mit großen Wilde Mann-Formen, zweizonig im Giebel. Darüber Rauten und Andreaskreuze. S-Streben, alter Taubenschlag. Sehr qualitätvoller Bau um 1700. Kulturdenkmal wegen seiner künstlerischen Bedeutung.

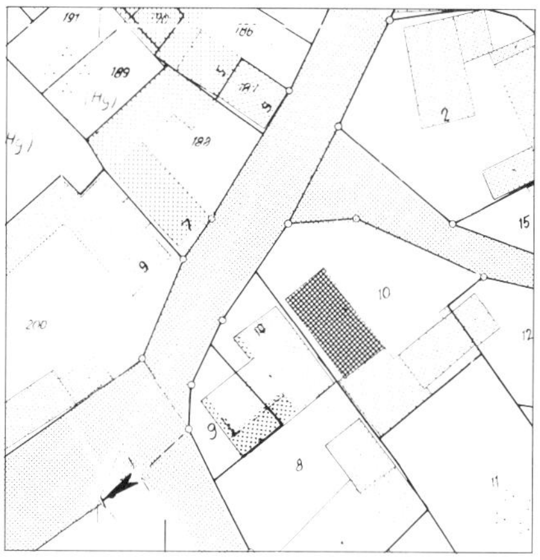

Kirchweg 1
Flur 1 Flurstück 10

Zweigeschossiges Fachwerkwohnhaus als Rest einer Hofreite, jetzt als Einzelwohnhaus umgebaut. Auf hohem Sokkel, als Blickpunkt wirkend, wenn man die Obergasse durch den Kirchweg heraufkommt. Exponierte, ortsbildlich prägnante Lage. Einfaches, spätbarockes Fachwerk aus der Zeit um 1790 mit leicht gekrümmten Streben. Wichtig für das Ortsbild, deshalb Kulturdenkmal wegen seiner städtebaulichen Bedeutung.

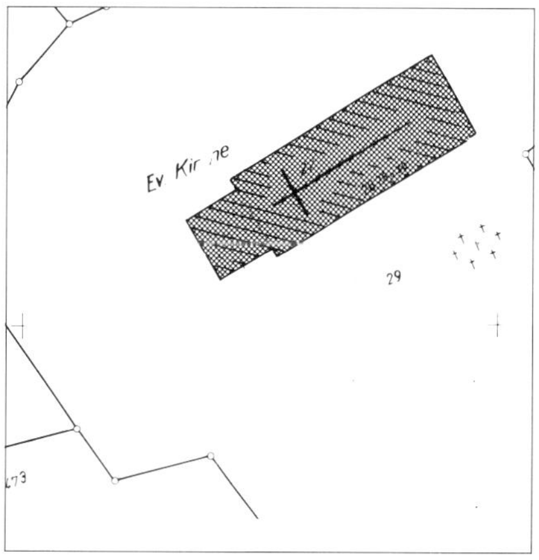

Kirchweg 2
Flur 1 Flurstück 29
Evang. Pfarrkirche

Hoch über dem Dorf gelegen. Umbau der mittelalterlichen Kirche 1720-26 von Joh. David Schieber. Langgestreckter Saalbau, im Osten der Ansatz des 1836 abgebrochenen Chors erkennbar, nachdem 1710 der Chor von der Kirche abgemauert war (Simultankirche). 1755-56 Westturm von J. Ph. Seitz mit eleganter, doppelter Zwiebelhaube. Im Schiff Flachdecke mit Längsunterzug. Ölbilder von Joh. Jak. Hauck aus Frankfurt 1726. Seltener Kanzelaltar um 1725. Romanischer Taufstein. Kulturdenkmal wegen seiner künstlerischen, geschichtlichen und städtebaulichen Bedeutung.

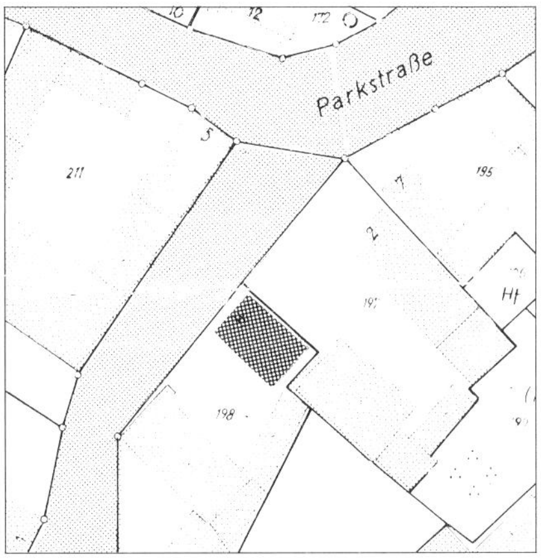

Lauenburgstraße 4
Flur 1 Flurstück 198

Kleine Hofreite am Ortsausgang in U-Form. Das Wohnhaus giebelständig mit alter Freitreppe, scharf profilierter Schwelle und relativ regelmäßigem Fachwerk aus der Mitte des 18. Jhs. Am Giebel S-förmige Streben, die ins obere Rähm laufen. Kleine Scheune und Stallgebäude, letzteres als hinterer Abschluß. Die Baugruppe ist so unversehrt erhalten, daß sie als Beispiel für den typischen Kleinbauernhof aus der Zeit um 1750 gilt. Kulturdenkmal wegen seiner wissenschaftlichen und geschichtlichen Bedeutung.

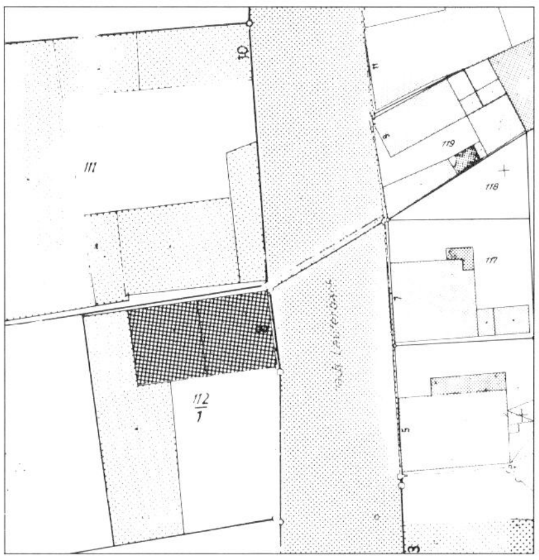

Niddastraße 8
Flur 1 Flurstück 112/1

Winkelförmige Hofreite an der Einmündung einer Seitenstraße. Das Wohnhaus relativ breit und gedrungen, Vogelsberger Typus mit spätbarocken Fachwerkformen, viertelkreisförmigen Gegenstreben, profiliertem Giebel und doppeltem Karnies, verschalter Balkenlage. Um 1790. Krüppelwalm. Innerhalb des Ortsbildes ein wichtiger Fixpunkt, bei dem auch die historische Substanz von Bedeutung ist. Die Scheune unbedeutend, 20. Jh. Kulturdenkmal wegen seiner wissenschaftlichen und städtebaulichen Bedeutung.

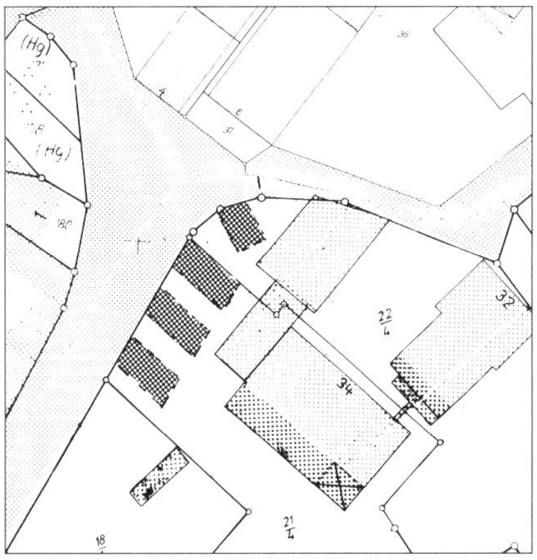

Obergasse
Flur 1 Flurstück 21/4 und 22/4

An einer Krümmung der Obergasse hohe Basalt- und Sandsteinstützmauer mit mehreren Felsenkellern. Der erste mit verschiedenen Daten versehen, mit stichbogigem Sturz 1696 und Inschrift „Tobias Schmidt". Die nächste Inschrift „1699 H P D 1751 H V", stichbogig und ein sehr schönes Renaissance-Gewände mit der Datierung „1617 H L B" mit Diamantquaderung. Einige weitere Inschriften des 17. Jhs. Die Anlage ist offenbar in den letzten beiden Jahrzehnten des 17. Jh. entstanden. Kulturdenkmal wegen seiner geschichtlichen Bedeutung.

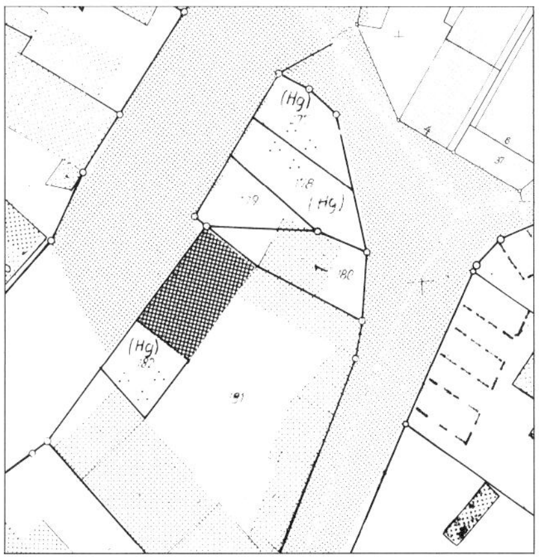

Obergasse 1
Flur 1 Flurstück 191

Großes, auffallendes Haus auf hohem Sockel mit schöner alter, leicht gebogener Freitreppe am Sockel in Verbindung mit den Felsenkellern der Parkstraße. Zweigeschossig, verschiefert mit Geschoßüberstand, alten kleinen Fensteröffnungen und sehr malerisch wirkendem hohen Bruchsteinsockel. Spätere Anbauten 19. Jh., Scheune 18. Jh., das Wohnhaus selbst Mitte 18. Jh. Im Sockel Kellereingang mit dem Datum 1816. Kulturdenkmal wegen seiner städtebaulichen Bedeutung für das Ortsbild.

Parkstraße 1
Flur 1 Flurstück 216

Gut proportionierter, barocker Fachwerkbau; ehemals Wohnhaus, Krüppelwalmdach. Das Erdgeschoß heute massiv, als Stall genutzt, darüber das sehr qualitätvolle barocke Fachwerk mit stark plastischem Karnies im Schalgesims. Darüber stehende Rhomben und Rhombenfüllungen. Alte Durchfensterung z. T. auch noch erhalten. Datierung um 1720. Kulturdenkmal wegen seiner künstlerischen Bedeutung.

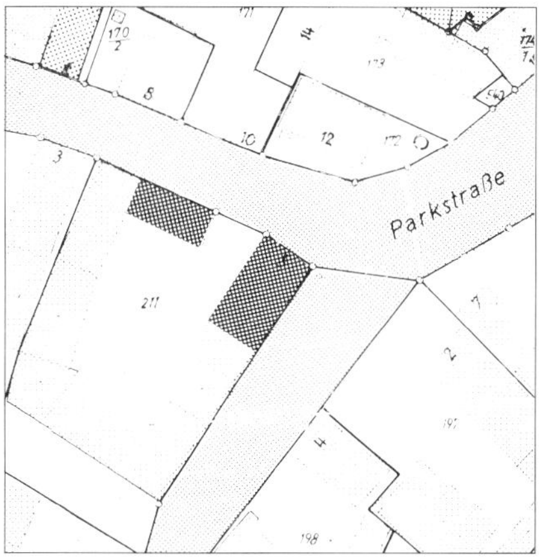

Parkstraße 5
Flur 1 Flurstück 211

Abschließendes Gehöft an der Parkstraße, wo die Lauenburger Straße einmündet. Große, unregelmäßige Hofreite, durch den Abschluß des Grundstücks bedingt. Für die städtebauliche Situation ist der kleine Bau bedeutend, traufständig zur Straße, wohl Flachshaus. Das Wohnhaus in Giebelstellung, stattliches gut erhaltenes Fachwerk des frühen 18. Jhs. Kulturdenkmal wegen seiner künstlerischen und städtebaulichen Bedeutung.

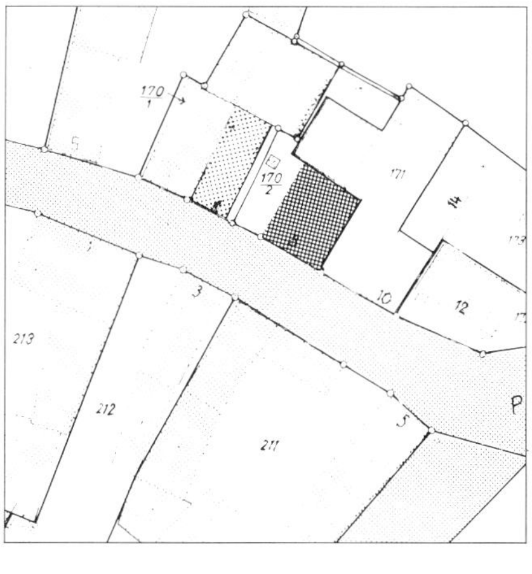

Parkstraße 8
Flur 1 Flurstück 170/2

Auf knappem Raum erbautes Wohnhaus einer Hofreite in spätbarocken Formen mit hohem Mansarddach, zweiläufiger Freitreppe, übersetztem Geschoß in sehr guter Erhaltung. Unter der Treppe Eingang zum Keller. Tür aus der Zeit um 1830. Der Bau fällt als Typus heraus aus den barocken Hofreiten der Straße durch seine hohen Proportionen, die durch die Enge des Grundstücks bedingt sind. Trotz der äußeren barocken Erscheinung erst frühes 19. Jh. Kulturdenkmal aus wissenschaftlichen Gründen.

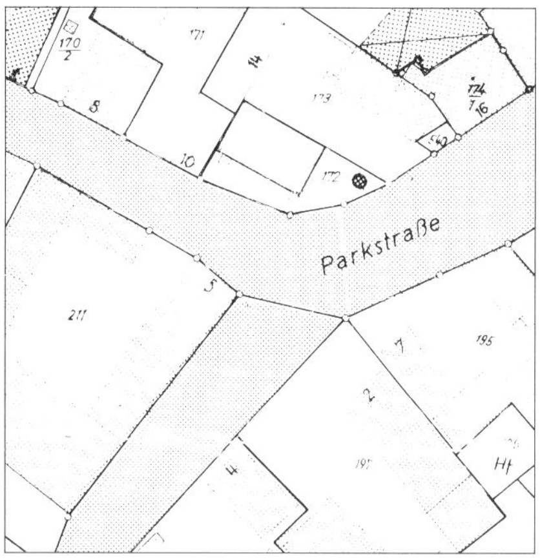

Parkstraße 12
Flur 1 Flurstück 172

Alter Brunnen, ursprünglich Ziehbrunnen, im 19. Jh. zum Pumpbrunnen umgewandelt. Durch die Anhebung des Straßenniveaus ist das Brunnengewände zur Hälfte in Teer eingegossen. Der obere Rand zeigt Stilelemente des 18. Jhs., schöne Fassung. Kulturdenkmal wegen seiner geschichtlichen Bedeutung.

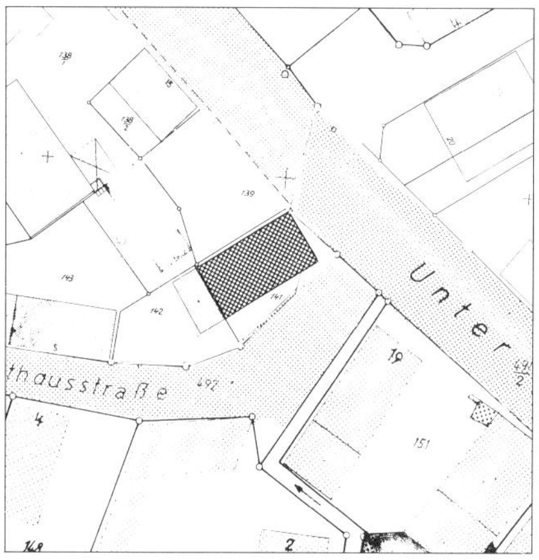

Rathausstraße 1
Flur 1 Flurstück 141

Freistehender Fachwerkbau im Typus des Wetterauer Fachwerkwohnhauses. Der Haustyp hier übernommen für das Rathaus. Bruchsteinsockel, verputzt mit Geschoßüberstand. Unter dem Putz barockes Fachwerk zu erwarten. Der Bau steht frei auf einer inselartigen Situation, entstanden in der ersten Hälfte des 18. Jhs. Kulturdenkmal wegen seiner künstlerischen, geschichtlichen und städtebaulichen Bedeutung.

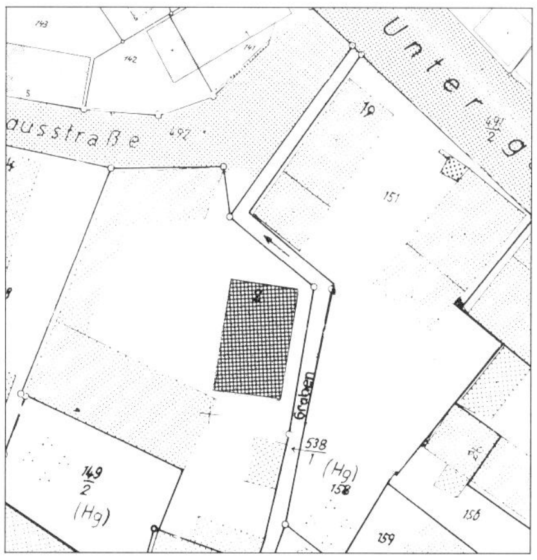

Rathausstraße 2
Flur 1 Flurstück 149/1

Zurückliegender, verschachtelter Hof auf unregelmäßigem Grundriß. Die Stall- und Wirtschaftsgebäude in relativ jungem Fachwerk, das Wohnhaus jedoch sehr gut proportioniert in reifen barocken Formen mit weit ausladenden Eckstreben, stehendem Stuhl mit Fußgegenstreben, verschalter Balkenlage. Gutes symmetrisches Fachwerk mit Halsriegel und Kopfbändern, entstanden um 1740/50. Kulturdenkmal wegen seiner baukünstlerischen Bedeutung.

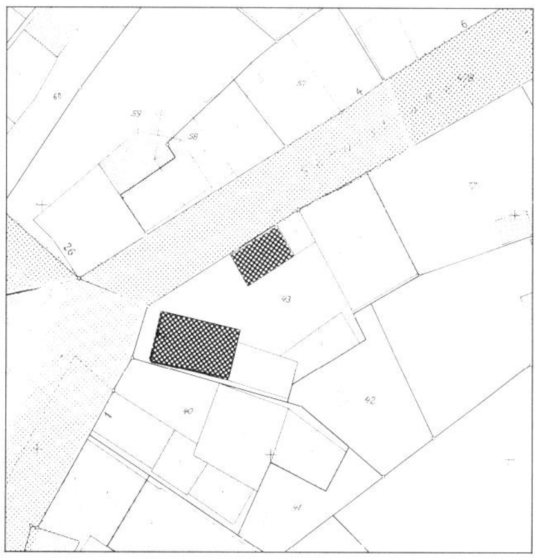

Schulstraße 3
Flur 1 Flurstück 43
Dorfschmiede

Unregelmäßige Hofreite, Wohnhaus verkleidet, jedoch mit ursprünglichen bleigefaßten Fenstern. Um 1800. Anschließend Stall- und Scheunengebäude, 19. Jh. und als Besonderheit kleiner Schmiedebau um 1800. Innen noch die alte Esse. Im Hang Kellerstollen mit stichbogigem Türsturz und Inschrift 1763 und den Symbolen Hammer, Hufeisen, Zange. Schmiede und Wohnhaus sind Kulturdenkmal aus städtebaulichen und ortsgeschichtlichen Gründen.

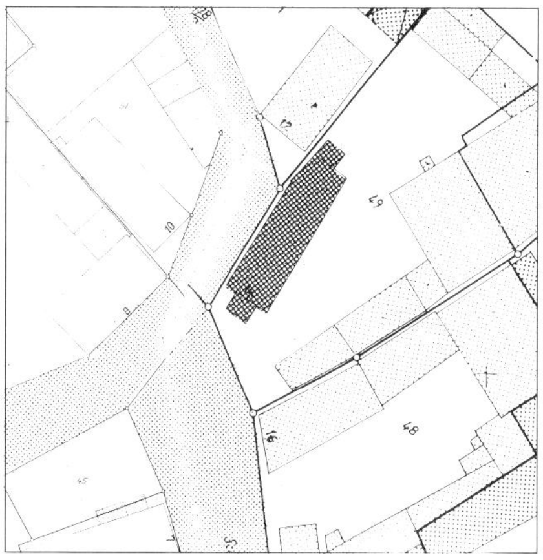

Schulstraße 14
Flur 1 Flurstück 49

U-förmige Hofreite an einer städtebaulich wichtigen Situation am Knick der Schulstraße zur Kirche. Der Bau liegt genau in der Achse dieses Knicks. Außergewöhnliches Haus, das den Charakter des hier üblichen Wohnhauses weit übersteigt. Hoher Bruchsteinsockel, mit Eingang zum Kellergewölbe. Schönes Renaissancegewände mit der Jahreszahl 1571 und einem Schmiedezeichen, Hufnagel und Hufeisen und den Initialen „IB". Links davon Reliefansicht eines bärtigen Männerkopfes mit der kreisrunden Inschrift „Anno 1571 EN". An der Giebelseite weit vorspringender Erkervorbau, einachsig auf jeder Seite, mit breitem Renaissancegebälk, Kopfbändern und Walmhaube. Dahinter das Wohnhaus mit stark überkragender Schwelle und weit herausragenden Balkenköpfen. 2. Hälfte 16. Jh. Im hinteren Teil moderner Anbau. Das Haus wird begleitet von mehreren Stall- und Scheunengebäuden, dort offensichtliche Wiederverwendung eines Kellerportals mit dem Datum 1581.
Kulturdenkmal wegen seiner künstlerischen und städtebaulichen Bedeutung.

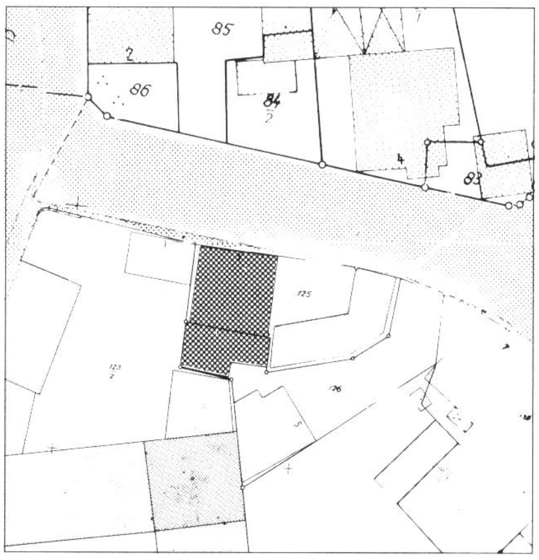

Untergasse 3
Flur 1 Flurstück 125

Fachwerkwohnhaus in ausgefallenen Proportionen auf engem Grundstück, quergelagert, breiter als tief. Proportionen des Vogelbergs. Das Obergeschoß verschiefert, Untergeschoß, ruhiges, konstruktives Fachwerk aus der Zeit um 1790. An der Traufseite Karnies erkennbar. Die Hofgebäude später, frühes 20. Jh. Als Typ ist das Fachwerkhaus für den Ort ungewöhnlich. Die alte Kassettentür, offenbar aus der Erbauungszeit, ist erhalten. Kulturdenkmal wegen seiner baugeschichtlichen Bedeutung.

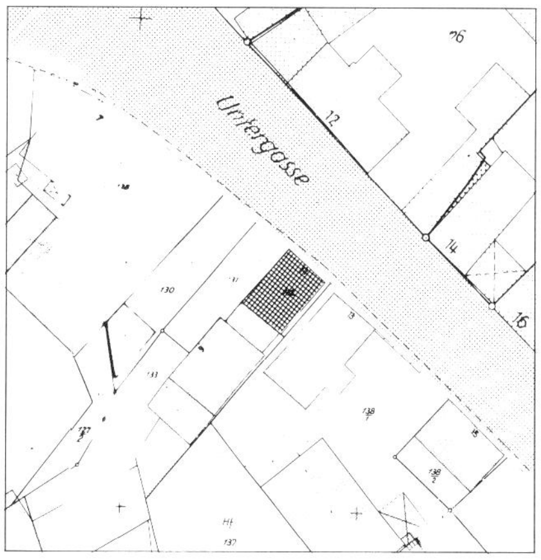

Untergasse 11
Flur 1 Flurstück 132

Fachwerkwohnhaus auf einem langgestreckten Grundstück. Die ursprüngliche Hofsituation nicht mehr klar erkennbar. Das Wohnhaus bietet jedoch in der ansonsten gestörten Straße einen historischen Akzent als Auftakt zur Baugruppe um das Rathaus. Einfaches, spätbarockes Fachwerk mit umlaufendem Karnies, hohem Sockel, leicht geschwungenen Streben um 1760. Die alte einläufige Treppe auch erhalten. Gute alte Tür aus der Zeit um 1820. Kulturdenkmal wegen seiner städtebaulichen Bedeutung an dieser Stelle.

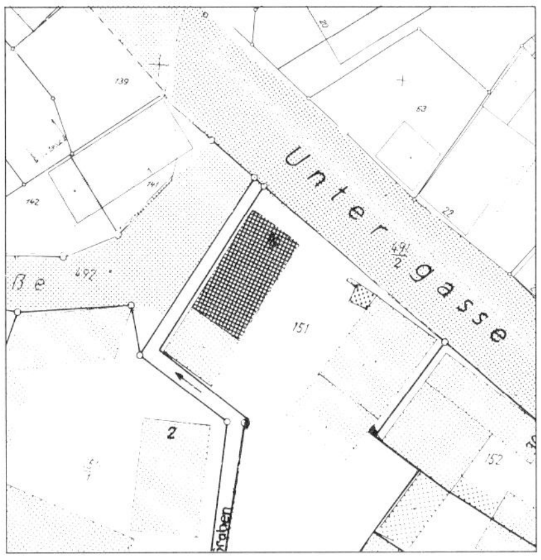

Untergasse 19
Flur 1 Flurstück 151

Feines barockes Wohnhaus mit seltenen Fachwerkfigurationen. Ornamentierte Eckständer, Taue, Schuppenwerk, Flechtwerk. In den Giebelbrüstungen stehende Rauten und Andreaskreuze. Der Bau der Zeit um 1690 ist der bedeutendste Vertreter der Fachwerkbaukunst am Ort. Kulturdenkmal wegen seiner baukünstlerischen, wissenschaftlichen und städtebaulichen Bedeutung gegenüber dem Rathaus.

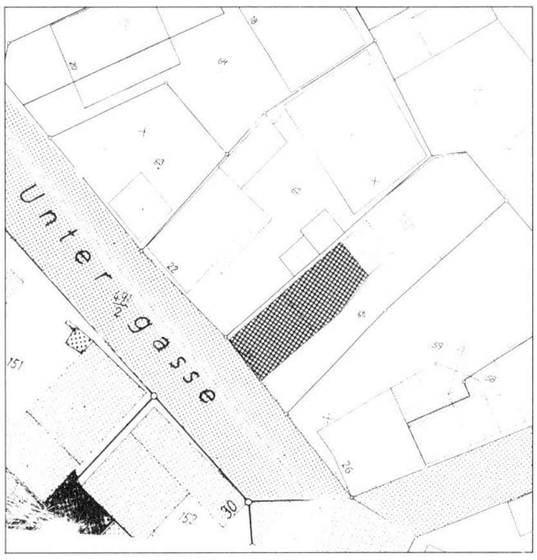

Untergasse 24
Flur 1 Flurstück 60

Kleindimensioniertes giebelständiges Fachwerkwohnhaus mit angeschlepptem Anbau, an einer Straßenecke gelegen. Fachwerkwohnhaus mit weiten Geschoßüberständen, Knaggen tragen den Giebel. Ursprüngliche Fensterteilung vorhanden. Nach Freilegung bedeutender Sichtfachwerkbau des 16. oder 17. Jhs. zu erwarten. Im Sockel noch alte Radabweiser. Kulturdenkmal aus wissenschaftlichen und städtebaulichen Gründen.